단기완성 1회독 합격 플랜

구분	PART	내용	한달 꼼꼼코스	2주 집중코스	1주 속성코스
필기	PART 1. 핵심 이론	Chapter 1. 일반 화학	☐ DAY 1 ☐ DAY 2	☐ DAY 1	
		Chapter 2. 무기 화학	☐ DAY 3		☐ DAY 1
		Chapter 3. 유기 화학	☐ DAY 4 ☐ DAY 5		
		Chapter 4. 화학 반응	☐ DAY 6	☐ DAY 2	
		Chapter 5. 분석 일반	☐ DAY 7 ☐ DAY 8		☐ DAY 2
		Chapter 6. 이화학 분석	☐ DAY 9		
		Chapter 7. 기기 분석 일반	☐ DAY 10 ☐ DAY 11	☐ DAY 3	
		Chapter 8. 분석 실험 준비			
		Chapter 9. 분석 시료 준비	☐ DAY 12		
		Chapter 10. 기초 화학 분석			
		Chapter 11. 실험실 환경 · 안전 점검			☐ DAY 3
		Chapter 12. 화학 물질 유형 파악			
		Chapter 13. 화학 물질 취급 시 안전 작업 준수	☐ DAY 13		
		Chapter 14. 실험실 문서 관리			
	PART 2. 부록	1. 원자량표 외	☐ DAY 14		
	PART 3. 기출문제	2012~2013년 필기 기출문제	☐ DAY 15		
		2014년 필기 기출문제	☐ DAY 16	☐ DAY 5	
		2015년 필기 기출문제	☐ DAY 17		☐ DAY 4
		2016년 필기 기출문제	☐ DAY 18	☐ DAY 6	
		2017년 필기 기출문제	☐ DAY 19		
		2018년 필기 기출문제	☐ DAY 20	☐ DAY 7	
		2019년 필기 기출문제	☐ DAY 21		☐ DAY 5
		2020년 필기 기출문제	☐ DAY 22	☐ DAY 8	
		2021년 필기 기출문제	☐ DAY 23		
		2022년 필기 기출문제	☐ DAY 24		
		2023년 필기 기출문제	☐ DAY 25	☐ DAY 9	☐ DAY6
		2024년 필기 기출문제	☐ DAY 26		
	CBT 모의고사	**실전대비 CBT 온라인 모의고사(1~3회)**	☐ DAY 27	☐ DAY 10	
	복습	PART 1. 핵심 이론~PART 2. 부록	☐ DAY 28	☐ DAY 11	–
		PART 3. 2012~2024년 필기 기출문제	☐ DAY 29	☐ DAY 12	
실기	PART 4. 필답형	필답형 적중문제(1~12회)	☐ DAY 30	☐ DAY 13	☐ DAY 7
	PART 5. 작업형	작업형 시험 관련 내용	☐ DAY 31	☐ DAY 14	

한번에 합격하기

화학분석기능사 필기 + 실기 합격플래너

유일무이 나만의 합격 플랜

나만의 합격코스

			나만의 합격코스	1회독	2회독	3회독	MEMO
필기	PART 1. 핵심 이론	Chapter 1. 일반 화학	월 일	☐	☐	☐	
		Chapter 2. 무기 화학	월 일	☐	☐	☐	
		Chapter 3. 유기 화학	월 일	☐	☐	☐	
		Chapter 4. 화학 반응	월 일	☐	☐	☐	
		Chapter 5. 분석 일반	월 일	☐	☐	☐	
		Chapter 6. 이화학 분석	월 일	☐	☐	☐	
		Chapter 7. 기기 분석 일반	월 일	☐	☐	☐	
		Chapter 8. 분석 실험 준비	월 일	☐	☐	☐	
		Chapter 9. 분석 시료 준비	월 일	☐	☐	☐	
		Chapter 10. 기초 화학 분석	월 일	☐	☐	☐	
		Chapter 11. 실험실 환경·안전 점검	월 일	☐	☐	☐	
		Chapter 12. 화학 물질 유형 파악	월 일	☐	☐	☐	
		Chapter 13. 화학 물질 취급 시 안전 작업 준수	월 일	☐	☐	☐	
		Chapter 14. 실험실 문서 관리	월 일	☐	☐	☐	
	PART 2. 부록	1. 원자량표 외	월 일	☐	☐	☐	
	PART 3. 기출문제	2012~2013년 필기 기출문제	월 일	☐	☐	☐	
		2014년 필기 기출문제	월 일	☐	☐	☐	
		2015년 필기 기출문제	월 일	☐	☐	☐	
		2016년 필기 기출문제	월 일	☐	☐	☐	
		2017년 필기 기출문제	월 일	☐	☐	☐	
		2018년 필기 기출문제	월 일	☐	☐	☐	
		2019년 필기 기출문제	월 일	☐	☐	☐	
		2020년 필기 기출문제	월 일	☐	☐	☐	
		2021년 필기 기출문제	월 일	☐	☐	☐	
		2022년 필기 기출문제	월 일	☐	☐	☐	
		2023년 필기 기출문제	월 일	☐	☐	☐	
		2024년 필기 기출문제	월 일	☐	☐	☐	
	CBT 모의고사	**실전대비 CBT 온라인 모의고사(1~3회)**	월 일	☐	☐	☐	
	복습	PART 1. 핵심 이론~PART 2. 부록	월 일	☐	☐	☐	
		PART 3. 2012~2024년 필기 기출문제	월 일	☐	☐	☐	
실기	PART 4. 필답형	필답형 적중문제(1~12회)	월 일	☐	☐	☐	
	PART 5. 작업형	작업형 시험 관련 내용	월 일	☐	☐	☐	

주기율표 (Periodic table)

족 / 주기	1A	2A	3A	4A	5A	6A	7A	8			1B	2B	3B	4B	5B	6B	7B	0	족 / 주기
	알칼리금속원소	알칼리토금속원소						철족 원소(위 3) 백금족 원소(아래 6개)			구리족원소	아연족원소	붕소족원소	탄소족원소	질소족원소	산소족원소	할로겐족원소	비활성기체	
1	1.00797 1 **H** 1 수소																	4.0026 0 **He** 2 헬륨	1
2	6.939 1 **Li** 3 리튬	9.0122 2 **Be** 4 베릴륨											10.811 3 **B** 5 붕소	12.01115 2, ±4 **C** 6 탄소	14.0067 ±3, 5 **N** 7 질소	15.9994 -2 **O** 8 산소	18.9984 -1 **F** 9 플루오르	20.179 0 **Ne** 10 네온	2
3	22.9898 1 **Na** 11 나트륨	24.312 2 **Mg** 12 마그네슘											26.9815 3 **Al** 13 알루미늄	28.086 4 **Si** 14 규소	30.9738 ±3, 5 **P** 15 인	32.064 -2, 4, 6 **S** 16 황	35.453 -1, 3, 5, 7 **Cl** 17 염소	39.948 0 **Ar** 18 아르곤	3
4	39.098 1 **K** 19 칼륨	40.08 2 **Ca** 20 칼슘	44.956 3 **Sc** 21 스칸듐	47.90 3, 4 **Ti** 22 티탄	50.942 3, 5 **V** 23 바나듐	51.996 2, 3, 6 **Cr** 24 크롬	54.9380 2, 3, 4, 6, 7 **Mn** 25 망간	55.847 2, 3 **Fe** 26 철	58.9332 2, 3 **Co** 27 코발트	58.70 2, 3 **Ni** 28 니켈	63.546 1, 2 **Cu** 29 구리	65.38 2 **Zn** 30 아연	69.72 2, 3 **Ga** 31 갈륨	72.59 4 **Ge** 32 게르마늄	74.9216 ±3, 5 **As** 33 비소	78.96 -2, 4, 6 **Se** 34 셀렌	79.904 -1, 3, 5, 7 **Br** 35 브롬	83.80 0 **Kr** 36 크립톤	4
5	85.47 1 **Rb** 37 루비듐	87.62 2 **Sr** 38 스트론튬	88.905 3 **Y** 39 이트륨	91.22 4 **Zr** 40 지르코늄	92.906 3, 5 **Nb** 41 나오브	95.94 3, 4, 6 **Mo** 42 몰리브덴	[97] 6, 7 **Tc** 43 테크네튬	101.07 3, 4, 6, 8 **Ru** 44 루테늄	102.905 3 **Rh** 45 로듐	106.4 2, 4, 6 **Pd** 46 팔라듐	107.868 1 **Ag** 47 은	112.40 2 **Cd** 48 카드뮴	114.82 3 **In** 49 인듐	118.69 2, 4 **Sn** 50 주석	121.75 3, 5 **Sb** 51 안티몬	127.60 -2, 4, 6 **Te** 52 텔루르	126.9044 -1, 3, 5, 7 **I** 53 요오드	131.30 0 **Xe** 54 크세논	5
6	132.905 1 **Cs** 55 세슘	137.34 2 **Ba** 56 바륨	☆ 57~71 란탄계열	178.49 4 **Hf** 72 하프늄	180.948 5 **Ta** 73 탄탈	183.85 6 **W** 74 텅스텐	186.2 1, 4, 7 **Re** 75 레늄	190.2 2, 3, 4, 8 **Os** 76 오스뮴	192.2 3, 4 **Ir** 77 이리듐	195.09 2, 4 **Pt** 78 백금	196.967 1, 3 **Au** 79 금	200.59 1, 2 **Hg** 80 수은	204.37 1, 3 **Tl** 81 탈륨	207.19 2, 4 **Pb** 82 납	208.980 3, 5 **Bi** 83 비스무트	[209] 2, 4 **Po** 84 폴로늄	[210] 1, 3, 5, 7 **At** 85 아스타틴	[222] 0 **Rn** 86 라돈	6
7	[233] 1 **Fr** 87 프랑슘	[226] 2 **Ra** 88 라듐	◎ 89~ 악티늄계열																

☆ 란탄계열	138.91 3 **La** 57 란탄	140.12 3, 4 **Ce** 58 세륨	140.907 3 **Pr** 59 프라세오디뮴	144.24 3 **Nd** 60 네오디뮴	[145] 3 **Pm** 61 프로메튬	150.35 2, 3 **Sm** 62 사마륨	151.96 2, 3 **Eu** 63 유로퓸	157.25 3 **Gd** 64 가돌리늄	158.925 3 **Tb** 65 테르븀	162.50 3 **Dy** 66 디스프로슘	164.930 3 **Ho** 67 홀뮴	167.26 3 **Er** 68 에르븀	168.934 3 **Tm** 69 툴륨	173.04 2, 3 **Yb** 70 이테르븀	174.97 3 **Lu** 71 루테튬
◎ 악티늄계열	[227] 3 **Ac** 89 악티늄	232.038 4 **Th** 90 토륨	[231] 5 **Pa** 91 프로트악티늄	238.03 4, 6 **U** 92 우라늄	[237] 4, 5, 6 **Np** 93 넵투늄	[244] 3, 4, 5, 6 **Pu** 94 플루토늄	[243] 3 **Am** 95 아메리슘	[247] 3 **Cm** 96 퀴륨	[247] 3, 4 **Bk** 97 버클륨	[251] 3 **Cf** 98 칼리포르늄	[254] **Es** 99 아인시타이늄	[257] **Fm** 100 페르뮴	[258] **Md** 101 멘델레븀	[259] **No** 102 노벨륨	[260] **Lr** 103 로렌슘

- 금속 원소
- 비금속 원소
- 전이 원소, 나머지는 전형 원소

원자량 → 55.847; 원소기호 → Fe; 원자번호 → 26; 원소명 → 철; 2 **3** → 원자가 (**고딕**글자는 보다 안정한 원자가)

[ ] 안의 원자량은 가장 안전한 동위체의 질량수

한번에 합격하는 화학분석기능사

필기 + 실기

김재호 지음

BM (주)도서출판 성안당

■ 도서 A/S 안내

성안당에서 발행하는 모든 도서는 저자와 출판사, 그리고 독자가 함께 만들어 나갑니다.

좋은 책을 펴내기 위해 많은 노력을 기울이고 있습니다. 혹시라도 내용상의 오류나 오탈자 등이 발견되면 **"좋은 책은 나라의 보배"**로서 우리 모두가 함께 만들어 간다는 마음으로 연락주시기 바랍니다. 수정 보완하여 더 나은 책이 되도록 최선을 다하겠습니다.

성안당은 늘 독자 여러분들의 소중한 의견을 기다리고 있습니다. 좋은 의견을 보내주시는 분께는 성안당 쇼핑몰의 포인트(3,000포인트)를 적립해 드립니다.

잘못 만들어진 책이나 부록 등이 파손된 경우에는 교환해 드립니다.

본서 기획자 e-mail : coh@cyber.co.kr(최옥현)
홈페이지 : http://www.cyber.co.kr
전화 : 031) 950-6300

머리말

Practice makes perfect!

화학 분석의 원리와 기초적인 지식은 우리의 생활과 밀접한 관련이 있으며 우리는 화학에 대한 상식이 필요한 시대에 살고 있다.

인류의 미래를 편리하게 변화시킬 신기술의 대부분은 화학과 관련이 있으며, 미래 학자들도 인류의 희망을 화학 기술의 발달에서 찾아내려고 노력하고 있다. 21세기의 문명을 꽃피운 원동력이 화학이며 판도라의 상자처럼 화학으로 다양한 원료에 포함된 성분을 마술처럼 꺼낼 수 있다. 화학 분석은 전가의 보도처럼 활용되고 있는 중요한 분석기술이며, 세계화가 될수록 화학 분석 실험이 차지하는 비중이 커질 것이다. 일상생활 속에서 우리는 직·간접적으로 화학 분석의 영향을 많이 받고 있다는 사실을 부인할 수 없다. 예를 들면, 농산물의 잔류 농약 분석, 비타민 분석, 한우의 DNA 분석, 수돗물의 분석 등이 있다. 이러한 면에서 볼 때 화학 분석 관련 전문 자격증이 차지하는 비중은 매우 크며 어느 다른 분야의 자격증보다 vision이 있다는 것을 알 수 있다.

본서의 특징은 다음과 같다.

첫째, 출제문제의 핵심을 파악하여 전 처리과정의 해결력을 높이는 데 중점을 두고 집필하였다.

둘째, 기출문제를 검토 분석하여 출제 경향에 맞게 이론을 체계적으로 정리한 후 완벽하게 습득하고 넘어갈 수 있도록 관련 예제 문제도 추가하였다.

셋째, 다년간(2012~2024년)의 기출문제에 상세하고 정확한 해설을 달아 수록하였다.

넷째, 실기 필답형+작업형 내용을 포함하고 있어 한권으로 자격증 취득 시험에 부족함 없이 대비할 수 있도록 하였다.

마지막으로 전공분야의 선후배 제현들의 아낌 없는 충고와 도움에 감사드리며 노력하는 자세로 임할 것을 다짐하면서 본서의 발간에 말없이 도움을 주신 이종춘 회장님과 성안당 편집부 여러분께 감사드린다.

저자 **김재호**

자격 안내

1 자격 기본 정보

- 자격명 : 화학분석기능사(Craftsman Chemical Analysis)
- 관련 부처 : 산업통상자원부
- 시행 기관 : 한국산업인력공단

화학분석기능사 자격시험은 한국산업인력공단에서 시행하며, 과정평가형으로도 자격을 취득할 수 있습니다. 원서접수 및 시험일정 등 기타 자세한 사항은 한국산업인력공단에서 운영하는 사이트인 큐넷(q-net.or.kr)에서 확인하시기 바랍니다.

(1) 자격 개요

화학 반응, 유기 화합물, 원자 구조 등 화학 물질의 성분을 분석하기 위해 필요한 화학적 소양을 갖추고 안전하게 화학물질을 취급할 수 있는 숙련 기능 인력을 양성하고자 자격 제도를 제정하였다.

(2) 수행 직무

실험 및 검사 부문에 소속되어 물질을 구성하고 있는 성분의 종류나 그 조성비를 알기 위하여 약품, 기기, 기구를 사용하여 물질을 분석하는 업무를 수행한다.

화학분석기능사는 화학 관련 산업제품이나 의약품, 식품, 고분자, 반도체, 신소재 등 광범위한 분야의 화학제품이나 원료에 함유되어 있는 유기·무기 화합물들의 화학적 조성 및 성분 함량을 분석하여 제품 및 원료의 품질을 평가하거나 제품 생산 공정의 이상 유무를 파악하며 신제품을 연구하고 개발하는 데 필요한 정보를 제공하는 직무를 수행합니다.

(3) 진로 및 전망

① 석유, 시멘트, 도료, 비누, 화학섬유 원사, 고무 등 화학제품을 제조·취급하는 전 산업 분야에 진출할 수 있다.

② 「식품위생법」에 의하면 식품 제조·가공업, 즉석판매 제조·가공업 및 식품 첨가물 제조업에 해당하는 업체는 식품위생관리인을 의무적으로 고용해야 하는데, 자격증 취득 후에는 2종 식품위생관리인으로서 종사 가능하다.

③ 「대기환경보전법」에서도 산업체의 대기오염물질을 채취하여 대기오염공정시험방법에 의하여 측정 분석 업무를 하는 데 있어 자격을 취득한 측정대행기술자를 고용하도록 되어 있어 자격증 취득 시 취업이 유리한 편이다. 그리고 자격 취득 후 2년 이상의 실무 경력이 있으면 오수처리시설 업체 등에서 기술관리인으로 종사가 가능하는 등 화학분석기능사의 진출 분야는 다양하다.

화학분석기능사에 도전하는 응시 인원은 점점 증가하고 있습니다. 이는 화학분석기능사 자격을 사회에서 많이 필요로 하고 있기 때문이며, 앞으로의 전망 또한 높게 평가되고 있습니다.

(4) 연도별 검정 현황

연 도	필 기			실 기		
	응시	합격	합격률	응시	합격	합격률
2023	3,874명	1,176명	30.4%	2,520명	1,762명	69.9%
2022	3,369명	995명	29.5%	2,480명	1,733명	69.9%
2021	3,455명	1,788명	51.8%	3,118명	2,194명	70.4%
2020	2,323명	1,243명	53.5%	2,860명	2,192명	76.6%
2019	2,742명	1,489명	54.3%	3,178명	2,111명	66.4%
2018	2,171명	1,209명	55.7%	2,849명	2,346명	82.3%
2017	1,295명	713명	55.1%	2,664명	2,193명	82.3%
2016	1,226명	685명	55.9%	2,758명	2,415명	87.6%
2015	1,239명	571명	46.1%	2,769명	2,480명	89.6%
2014	1,202명	415명	34.5%	2,625명	2,355명	89.7%

2 자격증 취득 정보

(1) 응시 자격

응시 자격에는 제한이 없다. 연령, 학력, 경력, 성별, 지역 등에 제한을 두지 않는다.

(2) 취득 방법

화학분석기능사는 검정형과 과정평가형의 두 가지 방법으로 자격을 취득할 수 있다.

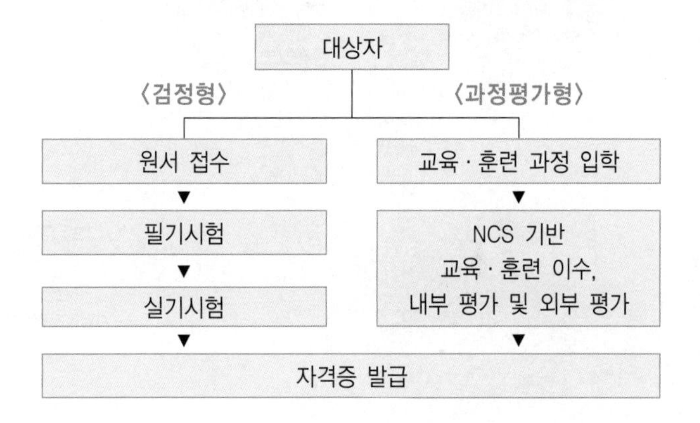

과정평가형 안내

과정평가형 자격은 국가직무능력표준으로 설계된 교육 · 훈련 과정을 체계적으로 이수하고 내 · 외부 평가를 거쳐 취득하는 국가기술자격입니다.

1 과정평가형 자격제도 안내

(1) 도입 배경

산업현장 일 중심으로 직업 교육 · 훈련과 자격의 유기적 연계 강화로 현장 맞춤형 우수 기술인재 배출을 위해 과정평가형 자격제도를 도입하였다.

(2) 기존 자격제도와 차이점

구 분	검정형	과정평가형
응시 자격	학력, 경력 요건 등 응시 요건 충족자	해당 과정을 이수한 누구나
평가 방법	지필 평가 · 실무 평가	내부 평가 · 외부 평가
합격 기준	필기 : 평균 60점 이상 / 실기 : 60점 이상	내부 평가와 외부 평가 결과를 1:1로 반영하여 평균 80점 이상
자격증	기재 내용 : 자격 종목, 인적 사항	검정형 기재 내용+교육 · 훈련 기관명, 교육 · 훈련 기간 및 이수 시간, NCS 능력단위명

2 국가직무능력표준(NCS) 안내

(1) 국가직무능력표준의 개념

국가직무능력표준(NCS ; National Competency Standards)은 산업현장에서 직무를 수행하는 데 필요한 능력(지식 · 기술 · 태도)을 국가가 표준화한 것이다. 교육 훈련 · 자격에 NCS를 활용하여 현장 중심의 인재를 양성할 수 있도록 지원하고 있다.

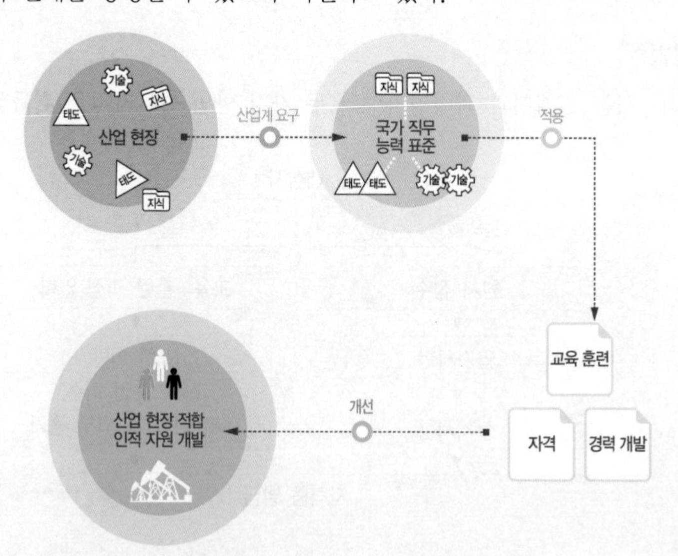

(2) 국가직무능력표준의 적용

능력 있는 인재를 개발해 핵심 인프라를 구축하고, 나아가 국가 경쟁력을 향상시키기 위해 국가직무능력표준이 필요하다.

이렇게 달라졌어요! 보다 효율적이고 현실적인 대안 마련

- 실무 중심의 교육 · 훈련 과정 개편
- 국가 자격의 종목 신설 및 재설계
- 산업 현장 직무에 맞게 자격시험 전면 개편
- NCS 채용을 통한 기업의 능력 중심 인사관리 및 근로자의 평생경력개발관리 지원

(3) 국가직무능력표준의 활용 범위

기업체(Corporation)	교육훈련기관(Education and training)	자격시험기관(Qualification)
• 현장 수요 기반의 인력 채용 및 인사관리 기준 • 근로자 경력 개발 • 직무기술서	• 직업교육훈련과정 개발 • 교수 계획 및 매체, 교재 개발 • 훈련기준 개발	• 직업교육훈련과정 개발 • 자격 종목의 신설 · 통합 · 폐지 • 출제 기준 개발 및 개정 • 시험 문항 및 평가 방법 • 교수 계획 및 매체, 교재 개발 • 훈련기준 개발

3 화학분석기능사 시험 과목 및 활용 국가직무능력표준

(1) 국가기술자격의 현장성과 활용성 제고를 위해 국가직무능력표준(NCS)을 기반으로 자격의 내용(시험 과목, 출제 기준 등)을 직무 중심으로 개편하여 시행한다.(적용 시기 2022.1.1.부터)

필기 과목명	NCS 능력단위	NCS 세분류	실기 과목명	NCS 능력단위	NCS 세분류
화학 분석 및 실험실 안전 관리	분석 실험 준비	화학 물질 분석	화학 분석 실무	분석 실험 준비	화학 물질 분석
	분석 시료 준비			분석 시료 준비	
	기초 화학 분석			기초 화학 분석	
	실험실 환경 · 안전 점검			실험실 환경 · 안전 점검	
	실험실 문서 관리			실험실 문서 관리	
	시험결과보고서 작성			시험결과보고서 작성	
	화학 물질 유형 파악	화학 물질 취급 관리		화학 물질 유형 파악	화학 물질 취급 관리
	화학 물질 취급 시 안전 작업 준수			화학 물질 취급 시 안전 작업 준수	
	GHS-MSDS 파악				

(2) 직무 정의

직무명	직무 정의
화학 물질 분석	화학 물질 분석은 화학 물질의 성분, 조성, 구조, 함량, 특성 등을 확인하기 위해 화학 반응이나 분석기기 등을 활용하여 분석 계획 수립, 시료 채취, 전처리, 분석, 데이터 해석, 결과보고서 작성 등의 분석 업무를 수행하는 일이다.
화학 물질 취급 관리	화학 물질 취급 관리는 화학 물질 · 화약류로 인하여 발생할 수 있는 국민의 생명과 재산을 보호하기 위해 유해 화학 물질 · 화약류 사고 예방 관리 체계 구축, 산업 안전 점검, 화학 물질 · 화약류 사고의 대비와 초기 대응 능력 제고를 통해 환경 위해 또는 안전 사고를 예방하고, 사고 피해를 최소화할 수 있도록 화학 물질 · 화약류를 체계적으로 관리하여 공공의 안전을 유지하는 일이다.

검정형 시험 안내

검정형 시험은 이전부터 시행하여 오던 필기시험과 실기시험으로 나누어진 시험 형태입니다.

1 검정형 자격시험 일반 사항

(1) 시험 일정

연간 총 3회의 시험을 실시한다.

(2) 시험 과정 안내

① 원서 접수 확인 및 수험표 출력 기간은 접수 당일부터 시험 시행일까지이며, 이외 기간에는 조회가 불가하다. ※ 출력 장애 등을 대비하여 사전에 출력 보관할 것

② 원서 접수는 온라인(인터넷, 모바일앱)에서만 가능하다.

③ 스마트폰, 태블릿 PC 사용자는 모바일앱 프로그램을 설치한 후 접수 및 취소/환불 서비스를 이용한다.

STEP 01 필기시험 원서 접수
- Q-net(q-net.or.kr) 사이트 회원 가입 후 접수 가능
- 반명함 사진 등록 필요 (6개월 이내 촬영본, 3.5cm×4.5cm)
- 화학분석기능사 필기시험 수수료 14,500원

STEP 02 필기시험 응시
- 입실 시간 미준수 시 시험 응시 불가 (시험 시작 20분 전까지 입실)
- 수험표, 신분증, 필기구 지참 (공학용 계산기 지참 시 반드시 포맷)

STEP 03 필기시험 합격자 확인
- CBT 시험 종료 후 즉시 합격여부 확인 가능
- Q-net 사이트에 게시된 공고로 확인 가능

STEP 04 실기시험 원서 접수
- Q-net 사이트에서 접수
- 실기 시험 시험 일자 및 시험장은 접수 시 수험자 본인이 선택 (먼저 접수하는 수험자가 선택의 폭이 넓음)
- 화학분석기능사 실기시험 수수료 38,500원

(3) 검정 방법

① 필기시험(객관식)과 실기시험(복합형 : 작업형+필답형)을 치르게 되며, 필기시험에 합격한 자에 한하여 실기시험을 응시할 기회가 주어진다.

② 필기시험에 합격한 자에 대하여는 필기시험 합격자 발표일로부터 2년간 필기시험을 면제한다.

(4) 합격 기준

필기와 실기 모두 100점을 만점으로 하여 60점 이상을 합격으로 본다.

① 필기 : 과목 구분 없이 총 60문제를 100점 만점으로 하여 60점 이상을 합격으로 본다.

② 실기 : 작업형 60점과 필답형 40점을 합산한 100점 만점으로 하여 60점 이상을 합격으로 본다.

※ 필답형의 경우 10문항 내외(문항당 4점 내외)로 출제된다.

STEP 05

실기시험 응시

- 수험표, 신분증, 필기구, 공학용 계산기, 종목별 수험자 준비물 지참 (공학용 계산기는 허용된 종류에 한하여 사용 가능하며, 수험자 지참 준비물은 실기시험 접수 기간에 확인 가능)

STEP 06

실기시험 합격자 확인

- 문자메시지, SNS 메신저를 통해 합격 통보 (합격자만 통보)
- Q-net 사이트 및 ARS (1666-0100)를 통해서 확인 가능

STEP 07

자격증 교부 신청

- Q-net 사이트에서 신청 가능
- 상장형 자격증, 수첩형 자격증 형식 신청 가능

STEP 08

자격증 수령

- 상장형 자격증은 합격자 발표 당일부터 인터넷으로 발급 가능 (직접 출력하여 사용)
- 수첩형 자격증은 인터넷 신청 후 우편 수령만 가능

2 CBT 안내

(1) CBT란?

CBT란 Computer Based Test의 약자로, 컴퓨터 기반 시험을 의미한다. 정보기기운용기능사, 정보처리기능사, 굴삭기운전기능사, 지게차운전기능사, 제과기능사, 제빵기능사, 한식조리기능사, 양식조리기능사, 일식조리기능사, 중식조리기능사, 미용사(일반), 미용사(피부) 등 12종목은 이미 오래 전부터 CBT 시험을 시행하고 있으며, 화학분석기능사는 2017년 1회 시험부터 CBT 시험이 시행되었다.

CBT 필기시험은 컴퓨터로 보는 만큼 수험자가 답안을 제출함과 동시에 합격여부를 확인할 수 있다.

(2) CBT 시험 과정

한국산업인력공단에서 운영하는 홈페이지 **큐넷(Q-net)**에서는 누구나 쉽게 CBT 시험을 볼 수 있도록 실제 자격 시험 환경과 동일하게 구성한 **가상 웹 체험 서비스**를 **제공**하고 있다.

가상 웹 체험 서비스를 통해 CBT 시험을 연습하는 과정은 다음과 같다.

① 시험 시작 전 신분 확인 절차

- 수험자가 자신에게 배정된 좌석에 앉아 있으면 신분 확인 절차가 진행된다.

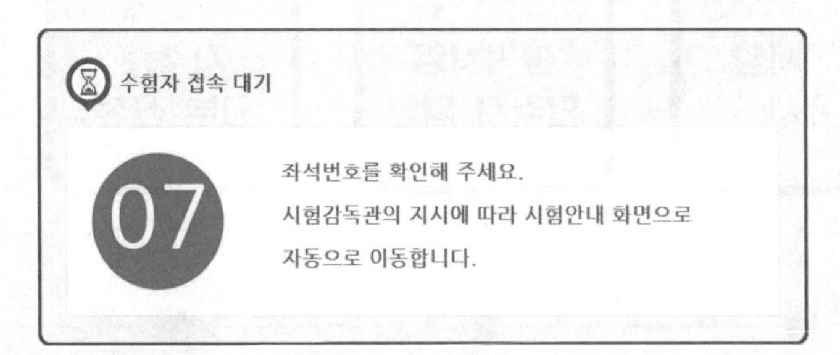

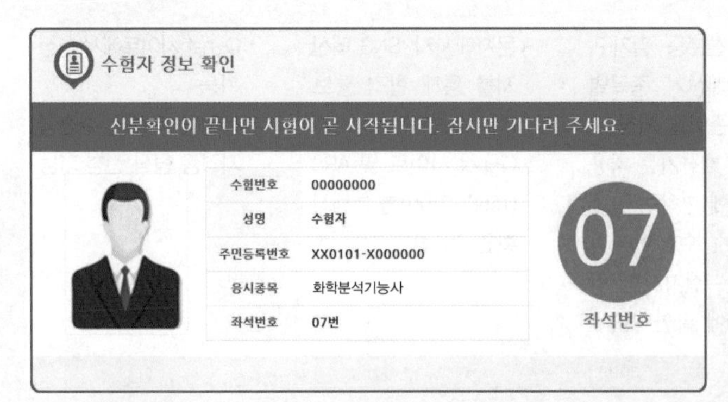

• 신분 확인이 끝난 후 시험 시작 전 CBT 시험 안내가 진행된다.

안내 사항 > 유의 사항 > 메뉴 설명 > 문제풀이 연습 > 시험 준비 완료

② 시험 [안내 사항]을 확인한다.

• 시험은 총 5문제로 구성되어 있으며, 5분간 진행된다.
  자격 종목별로 시험 문제 수와 시험 시간은 다를 수 있다.
  ※ 화학분석기능사 필기 – 60문제/1시간
• 시험 도중 수험자 PC 장애 발생 시 손을 들어 시험감독관에게 알리면 긴급 장애 조치 또는 자리 이동을 할 수 있다.
• 시험이 끝나면 합격여부를 바로 확인할 수 있다.

③ 시험 [유의 사항]을 확인한다.

시험 중 금지되는 행위 및 저작권 보호에 관한 유의 사항이 제시된다.

④ 문제풀이 [메뉴 설명]을 확인한다.

문제풀이 기능 설명을 유의해서 읽고 기능을 숙지해야 한다.

⑤ 자격 검정 CBT [문제풀이 연습]을 진행한다.

실제 시험과 동일한 방식의 문제풀이 연습을 통해 CBT 시험을 준비한다.

• CBT 시험 문제 화면의 기본 글자 크기는 150%이다. 글자가 크거나 작을 경우 크기를 변경할 수 있다.
• 화면 배치는 '1단 배치'가 기본 설정이다. 더 많은 문제를 볼 수 있는 '2단 배치'와 '한 문제씩 보기' 설정이 가능하다.

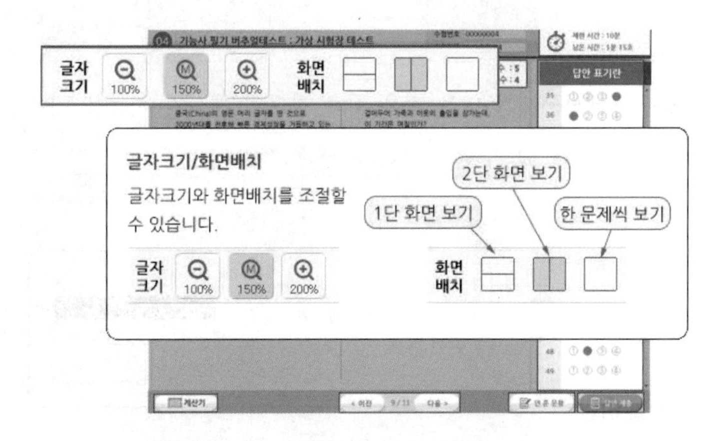

• 답안은 문제의 보기 번호를 클릭하거나 답안 표기 칸의 번호를 클릭하여 입력할 수 있다.
• 입력된 답안은 문제 화면 또는 답안 표기 칸의 보기 번호를 클릭하여 변경할 수 있다.

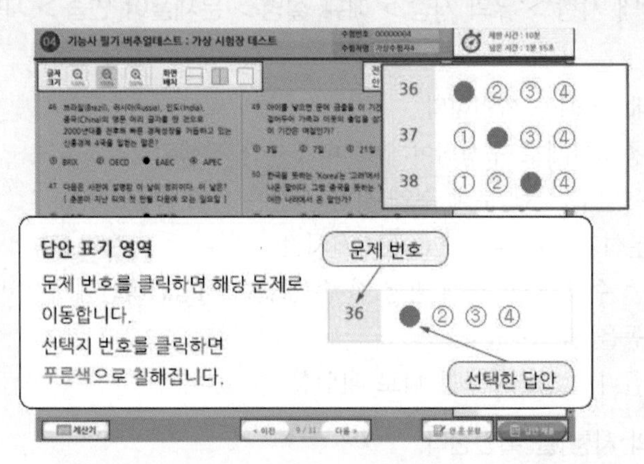

• 페이지 이동은 '페이지 이동' 버튼 또는 답안 표기 칸의 문제 번호를 클릭하여 이동할 수 있다.

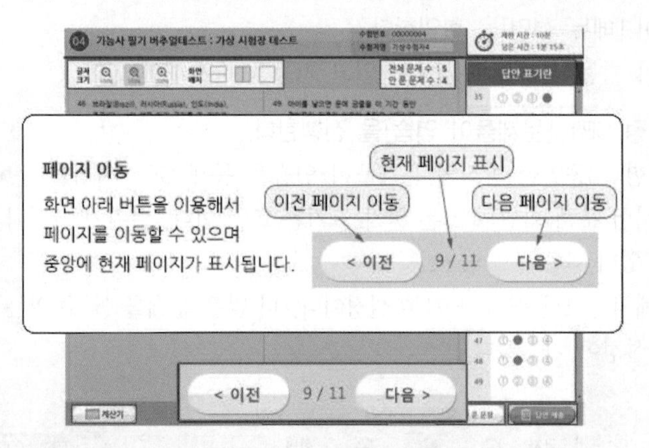

• 응시 종목에 계산문제가 있을 경우 좌측 하단의 계산기 기능을 이용할 수 있다.

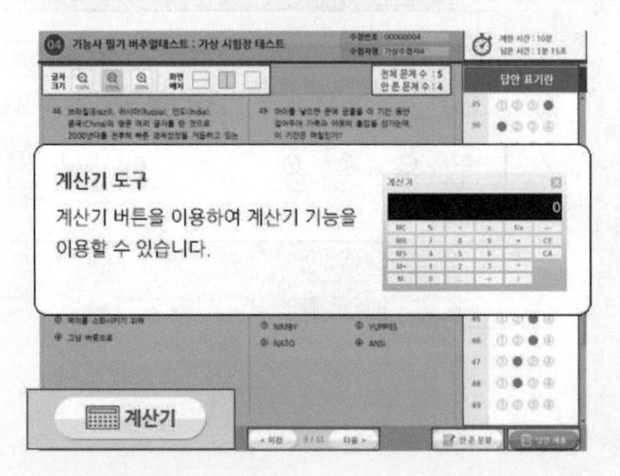

• 안 푼 문제 확인은 답안 표기란 좌측에 안 푼 문제 수를 확인하거나 답안 표기란 하단 '안 푼 문제' 버튼을 클릭하여 확인할 수 있다. 안 푼 문제 번호 보기 팝업창에 안 푼 문제 번호가 표시된다. 번호를 클릭하면 해당 문제로 이동한다.

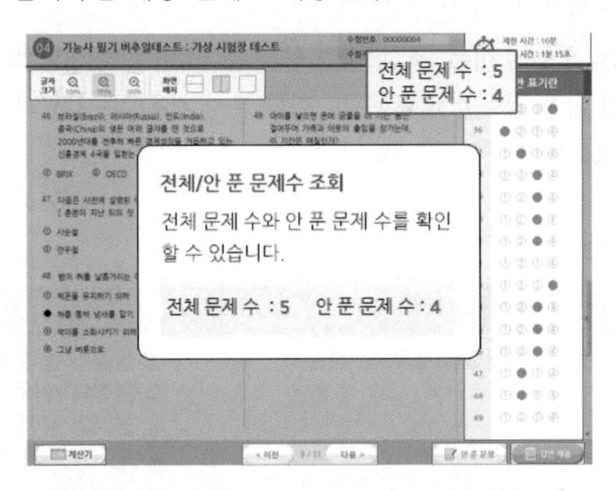

• 시험 문제를 다 푼 후 답안 제출을 하거나 시험 시간이 모두 경과되었을 경우 시험이 종료되며, 시험 결과를 바로 확인할 수 있다.
• '답안 제출' 버튼을 클릭하면 답안 제출 승인 알림창이 나온다. 시험을 마치려면 '예'를, 시험을 계속 진행하려면 '아니오'를 클릭하면 된다. 답안 제출은 실수 방지를 위해 두 번의 확인 과정을 거친다. 이상이 없으면 '예' 버튼을 한 번 더 클릭한다.

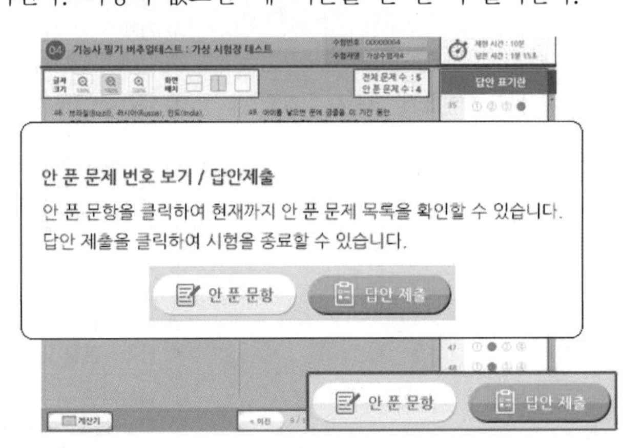

⑥ [시험 준비 완료]를 한다.

시험 안내 사항 및 문제풀이 연습까지 모두 마친 수험자는 '시험 준비 완료' 버튼을 클릭한 후 잠시 대기한다.

⑦ 연습한 대로 CBT 시험을 시행한다.

⑧ 답안 제출 및 합격여부를 확인한다.

3 출제 기준

- 직무/중직무 분야 : 화학/화공
- 자격 종목 : 화학분석기능사
- 직무 내용 : 화학 물질의 성분, 조성, 함량 등을 분석하기 위해 실험실의 안전을 고려하여 화학 반응이나 분석 기기 등을 활용한 시료 준비, 화학 분석 기초, 문서 관리 등의 화학 분석 업무를 수행
- 적용 기간 : 2022.1.1. ~ 2026.12.31.

(1) 필기 출제 기준

주요 항목	세부 항목	세세 항목
1. 일반 화학	(1) 물질의 종류 및 성질	① 물질의 종류 및 구성 ② 물질의 상태와 변화 ③ 용액의 성질 ④ 오차와 유효 숫자
	(2) 원자의 구조와 주기율	원소의 주기성과 원자 구조
	(3) 화학 결합 및 분자 간의 힘	① 이온 결합, 금속 결합 ② 공유 결합과 분자 ③ 분자 간의 힘
2. 무기 화학	금속 및 비금속 원소와 그 화합물	① 금속과 그 화합물 ② 비금속 원소와 그 화합물 ③ 방사성 원소 ④ 기체 ⑤ 액체 및 고체
3. 유기 화학	유기 화합물 및 고분자 화합물	① 유기 화합물의 특성 ② 유기 화합물의 명명법 ③ 지방족 탄화수소 ④ 방향족 탄화수소 ⑤ 고분자 화합물
4. 화학 반응	화학 반응	① 화학 반응 속도론 ② 화학 평형 ③ 산과 염기의 반응 ④ 산화·환원 반응
5. 분석 일반	분석 화학 이론	① 실험기구 ② 화학 농도, 이온화도 ③ 용해도, 평형상수 ④ 용해도곱 ⑤ 산과 염기 ⑥ 활동도

〈필기시험 안내 사항〉

- 필기 검정 방법 : 객관식
- 문항 수 : 60문제
- 필기 시험 시간 : 1시간
- 필기 과목명 : 화학 분석 및 실험실 안전 관리

주요 항목	세부 항목	세세 항목
6. 이화학 분석	정량 · 정성 분석	① 양 · 음이온 정성 분석 ② 양 · 음이온 정량 분석 ③ 산 · 염기 평형 ④ 산 · 염기 적정법 ⑤ 산화 · 환원 원리 ⑥ 산화 · 환원 적정법 ⑦ 침전 적정법 ⑧ 킬레이트 적정법 ⑨ 무게 분석법
7. 기기 분석 일반	(1) 분광 광도법	① 빛의 성질 ② 빛의 흡수, 방출 ③ 분광 광도기 및 광학 부품 ④ 가시-자외선 흡수 분광법 ⑤ 원자 흡수 분광법
	(2) 크로마토그래피	① 기본 원리 ② 종이 크로마토그래피 ③ 액체 크로마토그래피 ④ 기체 크로마토그래피 ⑤ 이온 크로마토그래피
	(3) 전기 분석법	① 전기 분석법 기초 이론 ② pH 측정법 및 전위차 적정 ③ 전지의 형성과 전극 ④ 폴라로그래피
8. 분석 실험 준비	(1) 분석 장비 준비	① 분석 장비 종류 및 특성 ② 분석 장비 원리와 구조 ③ 분석 장비 검 · 교정 ④ 분석 장비 점검 ⑤ 분석 장비 가동 시 주의 사항
	(2) 실험 기구 준비	① 실험 기구 종류 및 기능 ② 초자 기구 준비 및 조작
	(3) 시약 준비	① 시약 관리 ② 시약 취급 주의 사항
9. 분석 시료 준비	(1) 고체 시료 준비	① 고체 시료 채취 ② 고체 시료 물리 · 화학적 특성 ③ 분쇄기 활용 입도 조절 ④ 분석용 저울 사용 및 교정

주요 항목	세부 항목	세세 항목
	(2) 액체 시료 준비	① 액체 시료 채취 ② 액체 시료 물리 · 화학적 특성 ③ 분석용 용액 제조 ④ 액체 시료 농도 계산 ⑤ 액체 시료 필터링 및 원심 분리 ⑥ pH 측정 및 pH미터 보정
	(3) 기체 시료 준비	① 기체 시료 채취 ② 기체 시료 물리 · 화학적 특성 ③ 분석 물질 기체화 및 포집 ④ 기체 시료 보관 조건
10. 기초 화학 분석	(1) 기초 이화학 분석	① 기초 이화학 분석 실험 ② 기초 이화학 분석 장비 조작
	(2) 기초 분광 분석	① 분광 분석장비 조작 ② 분광 분석 기초 실험(UV, AAS) ③ 분광 분석 결과 해석 ④ 분광학적 특성을 이용한 정성 및 정량 분석
	(3) 기초 크로마토그래피 분석	① 크로마토그래피 분석장비 조작 ② 크로마토그래피 분석 기초 실험 ③ 크로마토그래피 특성을 이용한 정성 및 정량 분석 ④ 크로마토그래피 칼럼과 이동상
11. 실험실 환경 · 안전 점검	(1) 안전수칙 파악	① 실험실 안전 수칙 ② 실험 장비 안전 수칙 ③ 안전, 보건 표지 ④ 안전 장비 사용법
	(2) 위해 요소 확인	① 화학 물질 취급 사고 예방 ② 화학 물질 위험성(발화성, 폭발성) ③ 실험실 내 위험 요소
	(3) 폐수 · 폐기물 처리	① 시약, 검액, 폐기물 분류 ② 혼합 금지 폐기물 종류 ③ 폐수, 폐기물의 처리와 보관
12. 화학 물질 유형 파악	화학 물질 정보 확인	① 화학 물질 종류(대분류) ② 화학 물질 MSDS
13. 화학 물질 취급 시 안전 작업 준수	(1) 개인 보호구 착용	① 화학 물질 취급 시 개인 보호 장구
	(2) 작업별 안전 수칙 준수	① 화학 물질 취급 작업별 안전수칙
14. 실험실 문서 관리	(1) 시험 분석 결과 정리	① 가공되지 않은 데이터(Raw Data) 처리 ② 유효숫자 처리 ③ 실험 결과값 통계 처리 ④ 측정 결과 도식화(그래프, 도표)
	(2) 실험실 관리일지 · 시험기록서 작성	① 실험실 점검 체크리스트 ② 실험실 관리일지 ③ 분석 장비 사용일지 ④ 시험기록서
	(3) 시약 · 소모품 대장 기록	① 시약 및 소모품 관리대장

(2) 실기 출제 기준

■ 수행 준거

1. 분석 실험을 위하여 분석 표준작업지침서에 따라 분석 장비, 실험 기구, 시약을 준비할 수 있다.
2. 화학 물질 분석을 위하여 고체 시료, 액체 시료, 기체 시료를 준비할 수 있다.
3. 물질의 물리적 특성과 조성 분석을 위하여 실험 목적에 적합한 기구와 장비를 준비하고, 분석 진행을 토대로 결과를 도출할 수 있다.
4. 실험실 환경과 안전 관리를 위하여 안전 수칙을 숙지하고, 위해 요소를 확인하며 폐기물을 처리할 수 있다.
5. 분석 업무에 필요한 실험실 문서를 분류하거나 정리 · 기록하고, 측정 결과를 항목별로 기록 작성할 수 있다.
6. 화학 물질의 유해성 · 위험성을 확인하기 위하여 화학물질안전관리규정 검색, 화학 물질 종류를 확인, 정보를 파악할 수 있다.
7. 화학 물질을 안전하게 취급하기 위하여 물질의 특성에 따라 개인 보호구를 선별하여 착용하고, 작업별 안전 수칙을 준수할 수 있다.
8. 시험결과보고서 작성 항목에 대한 이해를 토대로 시험 분석 결과를 정리하고 측정 결과를 분석하여 항목별로 시험 결과를 기록, 작성할 수 있다.

〈실기시험 안내 사항〉

- **실기 검정 방법** : 복합형(필답형+작업형)
- **실기 시험 시간** : 총 4시간 정도 (필답형 1시간, 작업형 3시간 정도)
- **실기 과목명** : 화학 분석 실무

주요 항목	세부 항목
1. 분석 실험 준비	(1) 분석 장비 준비하기
	(2) 실험 기구 준비하기
	(3) 시약 준비하기
2. 분석 시료 준비	(1) 고체 시료 준비하기
	(2) 액체 시료 준비하기
	(3) 기체 시료 준비하기
3. 기초 화학 분석	(1) 기초 이화학 분석하기
	(2) 기초 분광 분석하기
	(3) 기초 크로마토그래피 분석하기
4. 실험실 환경 · 안전 점검	(1) 안전 수칙 파악하기
	(2) 위해 요소 확인하기
	(3) 폐수 · 폐기물 처리하기
5. 실험실 문서 관리	(1) 실험실 관리일지 · 시험기록서 작성하기
	(2) 시약 · 소모품 대장 기록하기
	(3) 실험 결과 정리하기
6. 화학 물질 유형 파악	(1) 화학물질안전관리규정 검색하기
	(2) 화학 물질 종류 확인하기
	(3) 화학 물질 정보 확인하기
7. 화학 물질 취급 시 안전 작업 준수	(1) 개인 보호구 착용하기
	(2) 작업별 안전 수칙 준수하기
8. 시험결과보고서 작성	(1) 시험 분석 결과 정리하기
	(2) 시험 측정 결과 분석하기
	(3) 시험결과보고서 작성하기

차례

<필기>

핵심 이론
(화학 분석 및 실험실 안전 관리)

Chapter 1 일반 화학

Chapter 2 무기 화학

Chapter 3 유기 화학

1. 유기 화합물 및 고분자 화합물

Chapter 4 화학 반응

1. 화학 반응

Chapter 5 분석 일반

1. 분석 화학 이론

Chapter 6 이화학 분석

Chapter 7 기기 분석 일반

Chapter 13 화학 물질 취급 시 안전 작업 준수

Chapter 14 실험실 문서 관리

부 록

필기 기출문제

화학분석기능사 필기는 2017년 제1회 시험부터 CBT(Computer Based Test) 방식으로 시행되고 있으므로 이 책에 수록된 기출문제 중 2017년 제1회부터는 기출복원문제임을 알려드립니다.

또한 컴퓨터 기반 시험(CBT)에 익숙해질 수 있도록 성안당 문제은행서비스(exam.cyber.co.kr)에서 실제 CBT 형태의 화학분석기능사 온라인 모의고사를 제공하고 있습니다.
※ 온라인 모의고사 응시방법은 이 책의 표지 안쪽에 수록된 쿠폰을 참고해 주시기 바랍니다!

<실기>

실기 필답형

실기 작업형

PART 01

핵심 이론

화학 분석 및 실험실 안전 관리

Chapter 01 일반 화학

1. 물질의 종류 및 성질

1 물질의 종류 및 구성

1-1 물체와 물질

(1) 물체

일정한 형태나 크기를 가지는 것을 말한다.

예 신발, 가위, 칼, 그릇, 책상 등

(2) 물질

물체를 구성하는 본질, 즉 재료를 말한다.

예 쇠, 나무, 물, 유리 등

1-2 물질의 성질

(1) 물리적 성질

물질이 가지는 고유의 성질을 나타내는 것이다.

예 색깔, 용해도, 비중, 비등점, 전기 전도성 등

(2) 화학적 성질

물질의 성질 가운데 반응성을 나타내는 것이다.

예 화합, 분해, 치환, 복분해 등

1-3 물질의 변화

(1) 물리적 변화

물질의 본질에는 아무런 변화가 없고 그 상태나 모양만이 변하는 것을 말한다.

예 얼음이 녹아 물이 되는 것, 소금이 녹아 소금물이 되는 것, 고체인 철이 녹아 액체인 쇳물이 되는 것 등

① 물질의 상태와 에너지와의 관계

모든 물질은 고체, 액체, 기체 상태로 존재하는 것이 가능하므로 이것을 물질의 삼태라 한다.

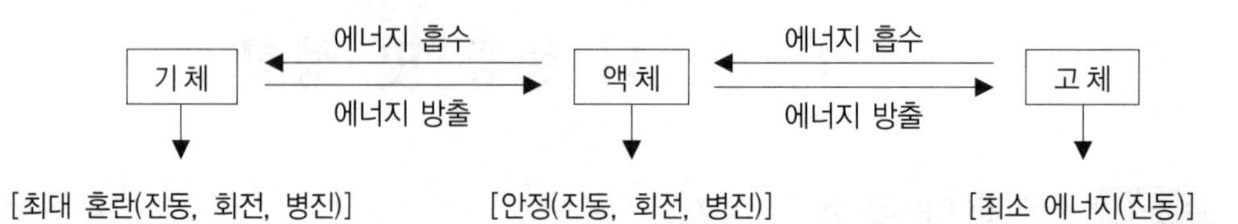

즉, 모든 물질의 화학적 또는 물리적 변화인 상태 변화에는 반드시 에너지의 출입이 따른다.

② 물질의 상태 변화

㉮ 융해 : 고체가 액체로 되는 변화

㉯ 응고 : 액체가 고체로 되는 변화

㉰ 기화 : 액체가 기체로 되는 변화

㉱ 액화 : 기체가 액체로 되는 변화

㉲ 승화 : 고체가 기체로 되는 변화

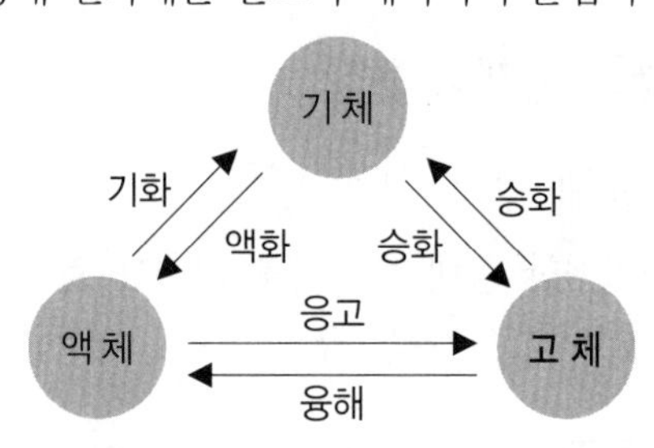

③ 물질의 상태와 성질

구분 \ 상태	고체	액체	기체
모양	일정	용기에 따라 다름	일정치 않음.
부피	일정	일정	일정치 않음.
분자 운동	일정 위치에서 진동 운동	위치가 변하며, 느린 진동, 병진, 회전 운동	고속 진동, 병진, 회전 운동
분자 간 힘	강함.	조금 강함.	극히 약함.
에너지 상태	최소(안정한 상태)	보통(보통 상태)	최대(무질서한 상태)

(2) 화학적 변화

물질의 본질이 변하여 전혀 다른 물질로 변화되는 본질적인 변화를 말하며, 에너지의 변화가 항상 수반된다.

예 철(Fe)이 녹슬어 산화철(Fe_2O_3)로 되는 것, 물(H_2O)이 전기 분해되어 수소(H_2)와 산소(O_2)로 되는 것, 발효, 양초가 타는 것 등

① 화합(combination)

두 가지 이상의 물질이 결합하여 한 가지 새로운 물질이 생기는 화학 변화

$$A + B \rightarrow AB$$

예 $C+O_2 \rightarrow CO_2$

② 분해(decomposition)

한 물질이 쪼개져서 두 가지 이상의 새로운 물질로 되는 화학 변화

$$AB \rightarrow A+B$$

예 $2H_2O \rightarrow 2H_2 + O_2$

③ 치환(substitution)

화합물의 성분 중 일부가 다른 원소로 바뀌는 화학 변화

$$A+BC \rightarrow AC+B \quad \text{또는} \quad A+BC \rightarrow AB+C$$

예 $Zn + H_2SO_4 \rightarrow ZnSO_4 + H_2$

④ 복분해(double decomposition)

두 종류 이상의 화합물 성분 중 일부가 서로 바뀌는 화학 변화

$$AB+CD \rightarrow AD+BC \quad \text{또는} \quad AB+CD \rightarrow AC+BD$$

예 $HCl + NaOH \rightarrow NaCl + H_2O$

1-4 순물질과 혼합물

(1) 순물질

하나의 물질로만 구성되어 있는 것으로서 끓는점, 어는점, 밀도, 용해도 등의 물리적 성질이 일정하다.

① 단체(홑몸)

다른 물질로 분해될 수 없는 한 종류의 원자만으로 된 물질을 말한다. 즉, 물질을 구성하는 가장 기본적인 성분으로 이루어진 물질이다.

예 산소(O_2), 황(S), 철(Fe), 수소(H_2), 염소(Cl_2) 등

② 화합물

두 종류 이상의 원소로 이루어진 순물질이며, 화학적 방법으로 분해가 가능하다.

예 물(H_2O), 염화나트륨(NaCl), 황산(H_2SO_4), 이산화탄소(CO_2) 등

(2) 혼합물

두 종류의 순물질이 섞여 있는 것으로서 균일 혼합물과 불균일 혼합물로 나눈다.

① 균일 혼합물

혼합물 중 그 성분이 고르게 되어 있는 것을 말한다.

예 소금물, 설탕물, 공기 등

② 불균일 혼합물

혼합물 중 그 성분이 고르지 못한 것을 말한다.

예 우유, 찰흙, 흙탕물 등

(3) 순물질과 혼합물의 구별법

① 융점과 비등점을 조사하여 구별하는 방법

㉮ 순물질 : 고체인 경우 융점과 액체인 경우 비등점이 일정한 값을 가진다.

㉯ 혼합물 : 융점과 비등점이 일정한 값을 가지지 않는다.

참고

순물질과 혼합물이 끓을 때의 성질 비교

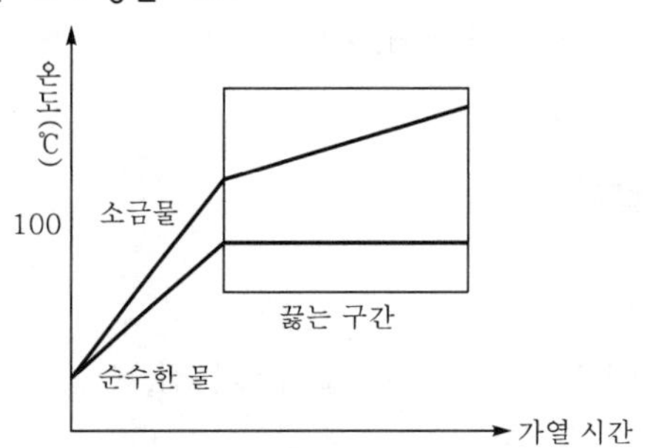

예 1. **순수한 물** : 0℃에서 얼고, 100℃에서 끓는다(1기압 상태).
2. **소금물** : 끓는점은 100℃보다 높으며, 끓는 동안 소금물은 계속 농축되므로 시간이 흐를수록 끓는점이 높아진다.

② 성분비를 조사하여 구별하는 방법

㉮ 순물질 : 성분의 비율이 항상 일정하고 불변하다.

㉯ 혼합물 : 성분의 비율이 일정하지 않다.

③ 분리 방법으로 구별하는 방법

㉮ 순물질 : 전기 분해와 같은 화학적 분리 방법으로 분리가 가능하다.

㉯ 혼합물 : 물리적 분리 방법으로 분리가 가능하다.

1-5 혼합물의 분리 방법

(1) 기체 혼합물의 분리법

① 액화 분류법

액체의 비등점의 차를 이용하여 분리하는 방법이다.

예 공기를 액화시켜 질소(BP : −196℃), 아르곤(BP : −186℃), 산소(BP : −183℃) 등으로 분리하는 방법

㉮ 액화되는 순서 : 산소 → 아르곤 → 질소

㉯ 기화되는 순서 : 질소 → 아르곤 → 산소

② 흡수법

혼합 기체를 흡수제로 통과시켜 성분을 분석하는 방법이다.

예 오르자트법, 케겔법 등

(2) 액체 혼합물의 분리법

① 여과법(거름법)

고체와 액체의 혼합물을 걸러서 분리하는 방법이다.

예 흙탕물 등과 같은 고체와 액체를 여과기를 통해 물과 흙으로 분리하는 것

② 분별 깔때기법

액체의 비중차를 이용하여 분리하는 방법이다.

예 물이나 니트로벤젠 등과 같이 섞이지 않고 비중차에 의해 두 층으로 분리되는 것을 이용하는 방법

③ 분별 증류법

액체의 비등점 차를 이용하여 분리하는 방법이다.

예 에틸알코올과 물과의 혼합물을 증류하면 비등점이 낮은 에틸알코올(BP : 78℃)이 먼저 기화되는 것을 이용하여 분리하는 방법

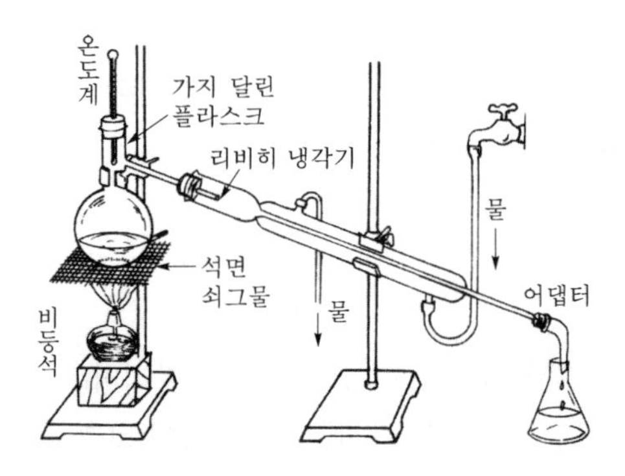

▌실험실에서의 증류 장치▐

㉮ 증류 기기의 종류

㉠ 가지 달린 플라스크 : 주로 증류기에 사용되는 것으로서 열에 잘 견디는 바닥이 둥근 것을 사용하며, 여기에 증류하고자 하는 물질을 $\frac{1}{3}$ 가량 넣는다.

㉡ 비등석 : 다공성인 초벌구이 조각 등으로서 원액 가열 시 돌비 현상을 막기 위해서 사용한다.

참고

돌비 현상

액체가 비등점 이상에서도 비등하지 않다가 어떤 자극으로 인하여 액체 전체 또는 일부분이 폭발적으로 일시에 비등하는 현상으로, 액체가 외부로 튀어 나갈 위험이 있다(보통 돌비를 방지하기 위해 비등석을 2~3개 정도 넣는다).

㉢ 온도계 : 보통 수은 온도계를 사용하며, 온도계의 구 부분이 가지 달린 부분에 오도록 한다. 이것은 유출되는 증기의 온도가 구하고자 하는 액체의 비등점인가를 확인하여 유출물을 포집하기 위해서이다.

㉣ 냉각기 : 증류에 주로 사용되는 냉각기로는 리비히 냉각기가 있으며, 냉각기의 구조는 찬물을 아래쪽으로 서서히 넣어 주고 데워진 물이 위쪽으로 빠져 나가는 형태로 되어 있다.

㉯ 주의 사항

㉠ 증류해서 최초와 마지막에서 얻은 증류액은 불순물이 섞여 있을 위험이 있으므로 버려야 한다.

㉡ 휘발성 물질이나 인화성 물질(알코올, 에테르 등)은 직접 가열하는 것을 피하고 중탕 냄비(bath pot)를 사용한다.

(3) 고체 혼합물의 분리법

① 재(분별) 결정법

용해도의 차를 이용하여 분리 정제하는 방법이다.

예 질산칼륨(KNO_3)+소금

② 추출법

특정한 용매에 녹여서 추출하여 분리하는 방법이다.

③ 승화법

승화성이 있는 고체 가연 물질을 가열하여 분리하는 방법이다.

예 장뇌, 나프탈렌, 요오드, 모래, 드라이아이스(CO_2) 등

1-6 원소와 동소체

(1) 원소

물질을 구성하는 가장 기본적인 성분으로, 더 이상 나누어서 다른 물질로 만들 수 없는 성분으로 현재 103종이 있다.

(2) 동소체(allotrope)

① 같은 원소로 되어 있으나 성질이 다른 단체를 말한다.

동소체의 구성 원소	동소체의 종류	연소 생성물
산소(O)	산소(O_2), 오존(O_3)	–
탄소(C)	다이아몬드, 흑연, 숯, 금강석, 활성탄	이산화탄소(CO_2)
인(P_4)	황린(백린), 적린(붉은인)	오산화인(P_2O_5)
황(S_8)	사방황, 단사황, 고무상황(무정형황)	이산화황(SO_2)

② 동소체의 구별 방법

연소 생성물이 같은가를 확인하여 동소체임을 구별한다.

③ 원소의 종류보다 단체의 종류가 많은 것은 동소체가 존재하기 때문이다.

1-7 원자, 분자, 이온

(1) 원자

물질을 구성하는 가장 작은 입자를 말하며, 정상적인 조건에서 더 간단한 물질로 쪼개질 수 없는 것으로서 물질의 가장 기본적인 단위이다.

① 원자의 구조

원자는 (+) 전기를 띤 원자핵과 그 주위에 도는 (−) 전기를 띤 전자로 구성되어 있으며, 원자핵은 (+) 전기를 띤 양성자와 전기적으로 중성인 중성자로 구성되어 원자 전체는 전기적으로 중성이다.

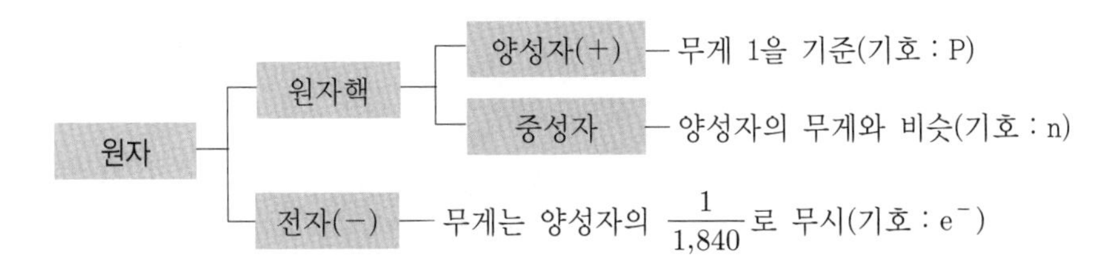

② 원자 번호와 질량 수

㉮ 원자 번호 = 양성자 수 = 전자 수

㉯ 질량 수 = 양성자 수(원자 번호) + 중성자 수

예 $^{39}_{19}K$

- 질량 수 : 39
- 양성자 수(원자 번호 = 전자 수) : 19
- 중성자 수 : 20

참고

➡ 전자 수

분자들 사이의 분산력을 결정하는 요인

③ 원자량

탄소 원자 $^{12}_{6}C$ 1개의 질량을 12로 정하고 이와 비교한 다른 원자들의 질량비를 원자량이라 한다.

④ 그램 원자(1 g 원자, 1 mol의 원자)

원자량에 g을 붙여 나타낸 값이다.

예 탄소 1 g, 원자는 12 g

⑤ 원자량을 구하는 방법

㉮ 뒬롱-프티(Dulong-Petit)의 법칙 : 상온에서 고체인 단체의 근사치 원자량과 비열의 관계이다.

$$원자량 \times 비열 ≒ 6.4(원자\ 열용량)$$

예제 텅스텐의 비열은 약 0.035cal/g이다. 텅스텐의 근사한 원자량은 얼마인가? (단, 원자 열용량은 6.3이다.)

풀이 $\frac{6.3}{0.035} = 180$

㉯ 당량과 원자가로 원자량을 구하는 방법

$$당량 \times 원자가 = 원자량$$

예제 실험식이 N_xO_y인 질소의 산화물에서 질소의 당량이 14였다고 하면 x와 y의 값은? (단, 질소의 원자량은 14이다.)

풀이 N_xO_y에서

$14 \times x : 16 \times y = 14 : 8$

$14 \times x \times 8 = 16 \times y \times 14$

$\therefore\ x = 16 \div 8 = 2$

$y = \dfrac{8x}{16} = \dfrac{8 \times 2}{16} = 1$

(2) 분자

순물질(단체, 화합물)의 성질을 띠고 있는 가장 작은 입자로서 1개 또는 그 이상의 원자가 모여 형성되고 원자 수에 따라 구분(Avogadro가 제창)된다.

① 분자의 종류

㉮ 단원자 분자 : 1개의 원자로 구성된 분자

예 He, Ne, Ar 등 주로 불활성 기체

㉯ 2원자 분자 : 2개의 원자로 구성된 분자

예 H_2, O_2, CO, F_2, Cl_2, HCl 등

㉰ 3원자 분자 : 3개의 원자로 구성된 분자

예 H_2O, O_3, CO_2 등

㉱ 고분자 : 다수의 원자로 구성된 분자

예 녹말, 수지 등

② 분자량

분자를 구성하는 각 원자의 원자량 합이다.

예 물(H_2O)의 분자량$=1 \times 2 + 16 = 18$

③ 그램 분자량(1 g 분자, g 분자량, 1 mol 분자)

분자량에 g 단위를 붙여 질량을 나타낸 값으로서 6.02×10^{23}개 분자의 질량을 나타낸 값이다.

예 산소(O_2) 1 mol은 32 g이다.

(3) 이온

중성인 원자가 전자를 잃거나(양이온) 얻어서(음이온) 전기를 띤 상태를 이온이라 하며, 양이온 · 음이온 · 라디칼(radical) 이온으로 구분한다.

① 이온의 종류

㉮ 양이온 : 원자가 전자를 잃어서 (+) 전기를 띤 입자

예 $Na \rightarrow Na^{+} + e^{-}$

㉯ 음이온 : 원자가 전자를 얻어서 (−) 전기를 띤 입자

예 $Cl + e^{-} \rightarrow Cl^{-}$

㉰ 라디칼(radical : 원자단, 기) 이온 : 원자단(2개 이상의 원자가 결합되어 있는 것)이 전하 +, −를 띤 이온

예 NH_4^{+}, SO_4^{2-}, OH^{-} 등

② 이온식량

이온을 구성하는 각 원자의 원자량 총합을 이온식량이라 한다.

예 나트륨 이온(Na^{+})의 이온식량은 23.0, 염화 이온(Cl^{-})의 이온식량은 35.5이다. 따라서 염화나트륨(NaCl)의 화학식량은 23.0+35.5 = 58.5이다.

참고

몰(mole)의 개념

물질을 이루는 기본 입자인 원자 · 분자 · 이온 등은 질량이 너무 작기 때문에 6.02×10^{23}개의 입자를 1몰(mol)로 하여 수량을 나타낸 것이다.

즉, 원자 · 분자 · 이온의 각 1mol에는 원자 · 분자 · 이온의 수가 각각 6.02×10^{23}개가 들어 있다는 것을 의미한다.

이 수를 아보가드로수(Avogadro's number)라 한다.

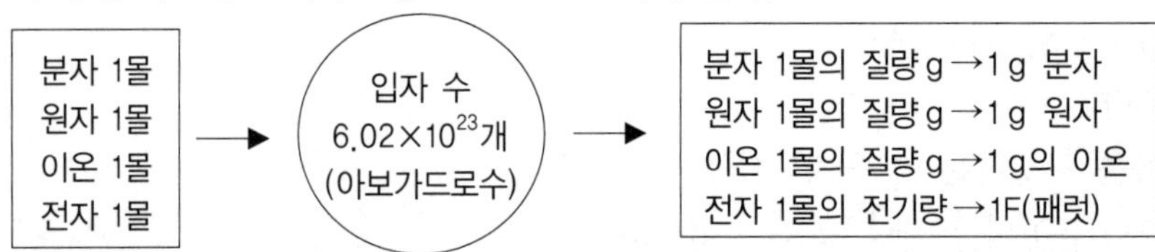

1-8 원자 및 분자에 관한 법칙

(1) 원자에 관한 법칙(Dalton의 원자설)

① 질량 불변(보존)의 법칙

화학 변화에서 그 변화의 전후에서 반응에 참여한 물질의 질량 총합은 일정 불변이다. 즉, 화학 반응에서 반응 물질의 질량 총합과 생성된 물질의 총합은 같다(라부아지에가 발견).

예 $C + O_2 \rightarrow CO_2$

[12 g+32 g = 44 g]

② 일정 성분비의 법칙(정비례의 법칙)

순수한 화합물에서 성분 원소의 중량비는 항상 일정하다. 즉, 한 가지 화합물을 구성하는 각 성분 원소의 질량비는 항상 일정하다(프루스트가 발견).

예 $2H_2 + O_2 \rightarrow 2H_2O$

[4 g : 32 g]

즉, 물을 구성하는 수소(H_2)와 산소(O_2)의 질량비는 항상 1 : 8이다.

③ 배수비례의 법칙

두 가지 원소가 두 가지 이상의 화합물을 만들 때, 한 원소의 일정 중량에 대하여 결합하는 다른 원소의 중량 간에는 항상 간단한 정수비가 성립된다(돌턴이 발견).

예 물(H_2O)과 과산화수소(H_2O_2)에서 수소(H)의 일정량 2와 화합하는 산소(O)의 질량 사이에는 16 : 32, 즉 1 : 2의 정수비가 성립된다.

참고

배수비례의 법칙이 성립되는 경우

두 원소가 두 가지 이상의 화합물을 만드는 경우에만 성립한다.

예 CO와 CO_2, H_2O와 H_2O_2, SO_2와 SO_3, NO와 NO_2, $FeCl_2$와 $FeCl_3$ 등

배수비례의 법칙이 성립되지 않는 경우

1. 한 원소와 결합하는 원소가 다를 경우

   예 CH_4와 CCl_4, NH_3와 NO_2 등

2. 세 원소로 된 화합물인 경우

   예 H_2SO_3와 H_2SO_4 등

(2) 분자에 관한 법칙(Avogadro의 분자설)

① 기체 반응의 법칙

화학 반응을 하는 물질이 기체일 때, 반응 물질과 생성 물질의 부피 사이에는 간단한 정수비가 성립된다(게이뤼삭이 발견).

예 • $2H_2 + O_2 \rightarrow 2H_2O$ (2부피 1부피 2부피)

• $N_2 + 3H_2 \rightarrow 2NH_3$ (1부피 3부피 2부피)

즉, 수소 20 mL와 산소 10 mL를 반응시키면 수증기 20 mL가 얻어진다. 따라서 이들 기체의 부피 사이에는 간단한 정수비 2 : 1 : 2가 성립된다.

② 아보가드로의 법칙

온도와 압력이 일정하면 모든 기체는 같은 부피 속에 같은 수의 분자가 들어 있다. 즉, 모든 기체 1 mol이 차지하는 부피는 표준 상태(0℃, 1기압)에서 22.4 L이며, 그 속에는 6.02×10^{23}개의 분자가 들어 있다.

따라서 0℃, 1기압에서 22.4 L의 기체 질량은 그 기체 1 mol(6.02×10^{23}개)의 질량이 되며, 이것을 측정하면 그 기체의 분자량도 구할 수 있다.

1-9 화학식과 화학 반응식

(1) 원자가와 당량

① 원자가

어떤 원소의 원자 한 개가 수소 원자 몇 개와 결합 또는 치환할 수 있는가를 나타내는 수이다.

원자가 \ 주기표의 족	Ⅰ족	Ⅱ족	Ⅲ족	Ⅳ족	Ⅴ족	Ⅵ족	Ⅶ족
양성 원자가	+1	+2	+3	+4 +2	+5 +3	+6 +4	+7 +5
음성 원자가				−4	−3	−2	−1

참고

원자가와 화학식의 관계

화합물은 전체가 중성이므로 원자가를 알면 다음과 같이 구한다.

(+)원자가×원자 수 = (−)원자가×원자 수

예 원자가가 +3가인 Al과 원자가가 −2가인 O의 화학식은 다음과 같이 구한다.

$Al^{3+} + O^{2-} \rightarrow Al_2{}^{3+}O_3{}^{2-} = Al_2O_3$

② 당량

수소 1 g$\left(\frac{1}{2}\text{mol}\right)$ 또는 산소 8 g$\left(\frac{1}{4}\text{mol}\right)$과 결합하거나 치환되는 다른 원소의 양을 말한다. 즉, 수소 원자 1개의 원자량과 결합하는 원소의 양으로서 원자가 1에 해당하는 원소의 양이다.

$$당량 = \frac{원자량}{원자가} \qquad \therefore\ 원자량 = 당량 \times 원자가$$

예 CO_2에서 탄소(C)의 g 당량은 12 ÷ 4 = 3 g이다.

(2) 화학식

화학식에는 실험식 · 분자식 · 시성식 · 구조식이 있다.

① 실험식(조성식)

물질의 조성을 원소 기호로써 간단하게 표시한 식이다.

㉮ 분자가 없는 물질인 경우(즉, 이온 화합물인 경우)

예 NaCl

㉯ 분자가 있는 물질인 경우

예

물질	분자식	실험식	비고
물	H_2O	H_2O	분자식과 실험식이 같다.
과산화수소	H_2O_2	HO	실험식을 정수배하면 분자식으로 된다.
벤젠	C_6H_6	CH	-

참고

실험식을 구하는 방법

화학식 $A_mB_nC_p$라고 하면

$$m:n:p=\frac{\text{A의 질량(\%)}}{\text{A의 원자량}}:\frac{\text{B의 질량(\%)}}{\text{B의 원자량}}:\frac{\text{C의 질량(\%)}}{\text{C의 원자량}}$$

즉, 화합물 성분 원소의 질량 또는 백분율을 알면 그 실험식을 알 수 있으며, 실험식을 정수배하면 분자식이 된다.

예제 1 어떤 유기 화합물을 원소 분석한 결과 C 39.9%, H 6.7%, O 53.4%이었다. 이 실험식은? (단, C=12, O=16, H=1)

풀이 $C:H:O=\frac{39.9}{12}:\frac{6.7}{1}:\frac{53.4}{16}=1:2:1$ $\therefore CH_2O$

예제 2 탄소, 산소, 수소로 되어 있는 유기물 8mg을 태워서 CO_2 15.40mg, H_2O 9.18mg을 얻었다. 이 실험식은?

풀이 ㉠ 각 원소의 함량을 구한다.

$$\text{C의 양}=CO_2\text{의 양}\times\frac{\text{C의 양}}{CO_2\text{의 분자량}}=15.40\times\frac{12}{44}=4.2$$

$$\text{H의 양}=H_2O\text{의 양}\times\frac{\text{2H의 양}}{H_2O\text{의 분자량}}=9.18\times\frac{2}{18}=1.02$$

O의 양=8−(4.2+1.02)=2.78

㉡ 각 원소의 원소수비를 구한다.

$$C:H:O=\frac{4.2}{12}:\frac{1.02}{1}:\frac{2.78}{16}=2:6:1$$

∴ 실험식=C_2H_6O

② 분자식

분자를 구성하는 원자의 종류와 그 수를 나타낸 식, 즉 조성식에 양수를 곱한 식이다.

$$\text{분자식} = \text{실험식} \times n$$

예 아세틸렌 : $(CH) \times 2 = C_2H_2$

예제 실험식이 CH_2O이고, 분자량이 60인 물질의 분자식은?

풀이 분자량은 실험식량의 정수 비례이므로

$$n = \frac{60}{30} = 2$$

$\therefore\ CH_2O \times 2 = C_2H_4O_2$

③ 시성식

분자식 속에 원자단(라디칼) 등의 결합 상태를 나타낸 식으로서, 물질의 성질을 나타낸 것이다.

④ 구조식

분자 내의 원자 결합 상태를 원소 기호와 결합선을 이용하여 표시한 식이다.

예

물질	암모니아(NH_3)	초산(CH_3COOH)	황산(H_2SO_4)	물(H_2O)
구조식	H │ H−N−H	H O │ ‖ H−C−C−O−H │ H	O O−H ⫽ / S / ⫽ H−O O	O / \\ H H

(3) 화학 반응식

화학 반응식이란 물질의 화학 반응 변화에서 반응 물질과 생성 물질을 화학식을 이용하여 나타낸 것을 말하며, 화학 반응 전후의 정성적 · 정량적 관계를 나타냄으로써 이를 이용하여 반응물과 생성물의 몰 수 및 분자 수, 질량 또는 부피 등을 구할 수 있다.

예 화학 반응식의 의미

반응식	$2H_2 + O_2 \rightarrow 2H_2O$		
물질명	수소	산소	물
몰(mol)	2 mol	1 mol	2 mol
분자 수	$2 \times 6.02 \times 10^{23}$개	$1 \times 6.02 \times 10^{23}$개	$2 \times 6.02 \times 10^{23}$개
부피	2×22.4 L	1×22.4 L	2×22.4 L
질량	2×2 g	1×32 g	2×18 g

2 물질의 상태와 변화

2-1 기체(gas)

(1) 기체 분자 운동론

① 기체 분자는 계속적으로 불규칙한 직선 운동을 한다.

② 기체의 운동 에너지는 기체 분자의 성질 또는 종류에 관계없이 온도에 의해서만 변화한다.

③ 기체 분자 자체의 체적은 무시되며 온도와 압력에 의해 기체 분자 사이의 거리가 변화되어 기체의 부피가 결정된다.

④ 기체 분자와 분자 간에는 인력이나 반발력은 작용하지 않지만 충돌에 의해서 에너지가 손실되지 않는 완전 탄성체로 되어 있다.

(2) 보일의 법칙(Boyle's law)

일정한 온도에서 기체가 차지하는 부피는 압력에 반비례한다. 즉, 압력을 P, 부피를 V라 하면 $PV=\text{Const.}$(일정)하다.

$$P_1V_1 = P_2V_2 = \text{Const.}(\text{일정})$$

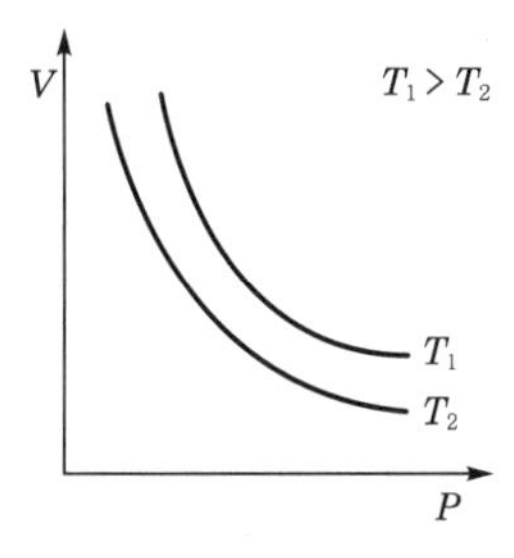

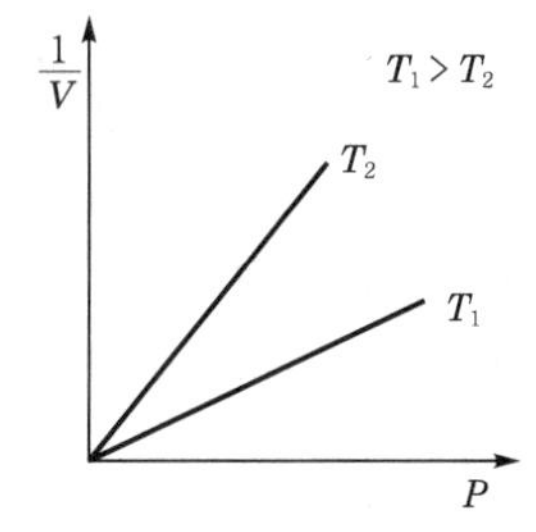

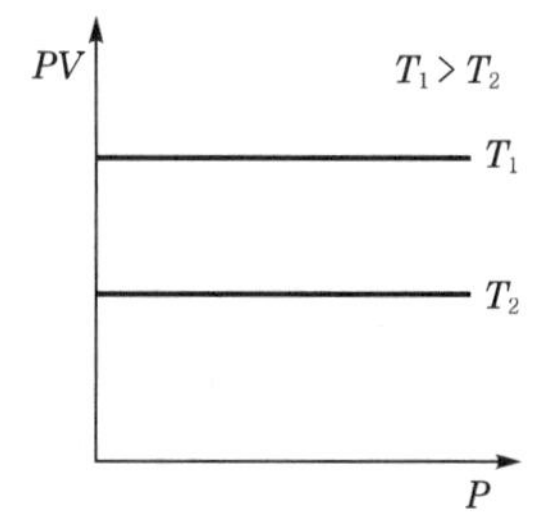

예제 101.325kPa에서 부피가 22.4L인 어떤 기체가 있다. 이 기체를 같은 온도에서 압력을 202.650kPa로 하면 이 기체의 부피는 얼마가 되겠는가?

풀이 보일의 법칙 : $PV = P'V'$에서

$101.325 \times 22.4 = 202.650 \times V'$

$V' = \dfrac{101.325 \times 22.4}{202.650}$

$\therefore\ V' = 11.2\text{L}$

(3) 샤를의 법칙(Charles' law)

일정한 압력에서 기체 부피는 온도가 1℃ 상승할 때마다 0℃일 때 부피의 $\frac{1}{273}$ 만큼 증가한다. 즉, 일정한 압력하에서 기체의 부피는 절대 온도에 비례한다.

따라서, 절대 온도를 T, 부피를 V라 하면 $\frac{V}{T}$= Const.(일정)하다.

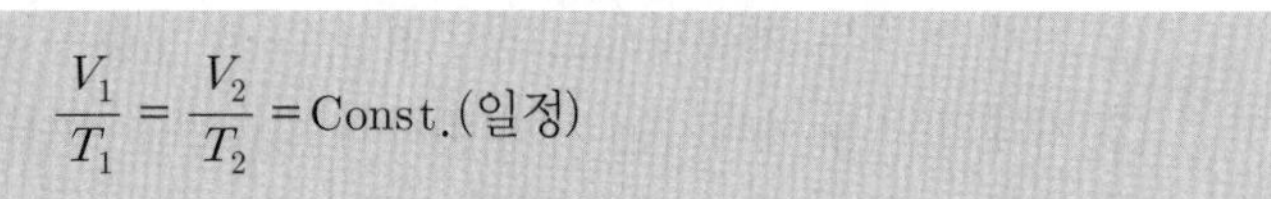

$$\frac{V_1}{T_1} = \frac{V_2}{T_2} = \text{Const.(일정)}$$

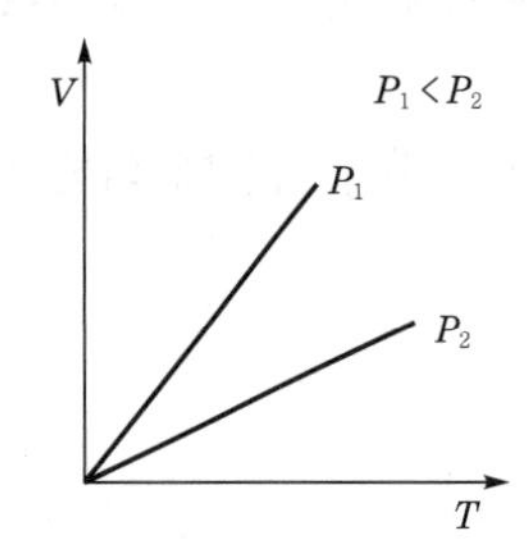

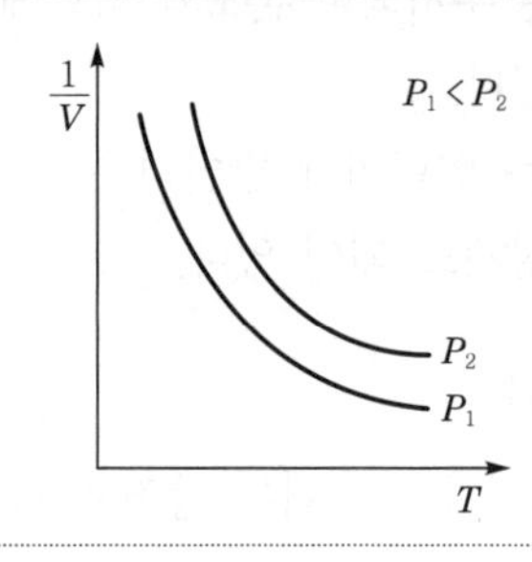

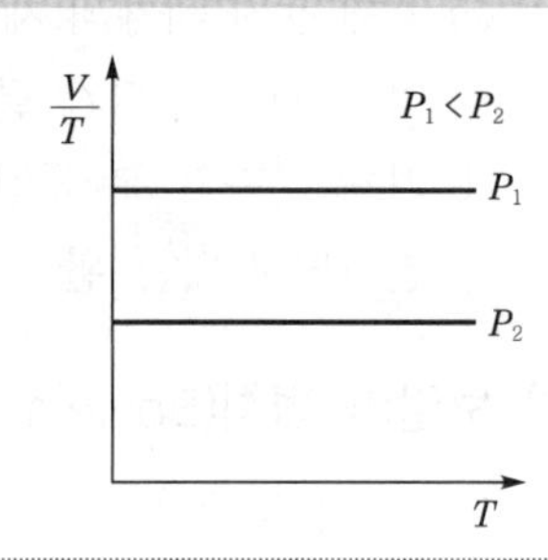

예제 기체 산소가 있다. 1℃에서 부피는 274cc이다. 2℃에서의 부피는 얼마나 되는가? (단, 압력은 일정)

풀이 $\frac{V_1}{T_1} = \frac{V_2}{T_2}$

$\therefore\ V_2 = V_1 \times \frac{T_2}{T_1} = 274 \times \frac{(273+2)}{(273+1)} = 275\,\text{cc}$

(4) 보일-샤를의 법칙(Boyle-Charles' law)

일정량의 기체가 차지하는 부피는 압력에 반비례하고 절대 온도에 비례한다. 즉, 압력을 P, 부피를 V, 절대 온도를 T라 하면 다음과 같은 관계를 갖는다.

예 적용되는 기체 : H_2

$$\frac{P_1 V_1}{T_1} = \frac{P_2 V_2}{T_2} = \text{Const.(일정)}$$

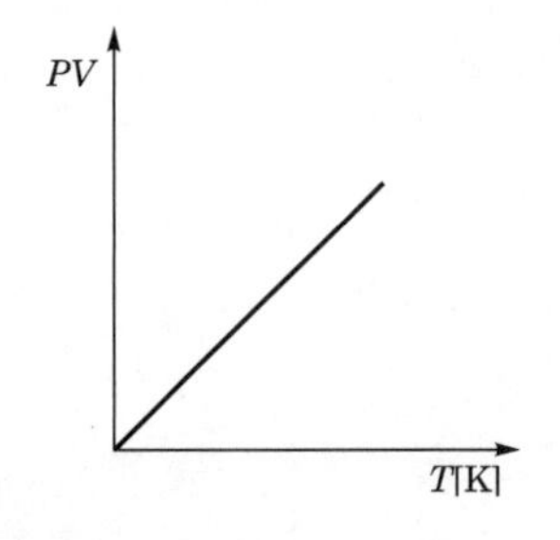

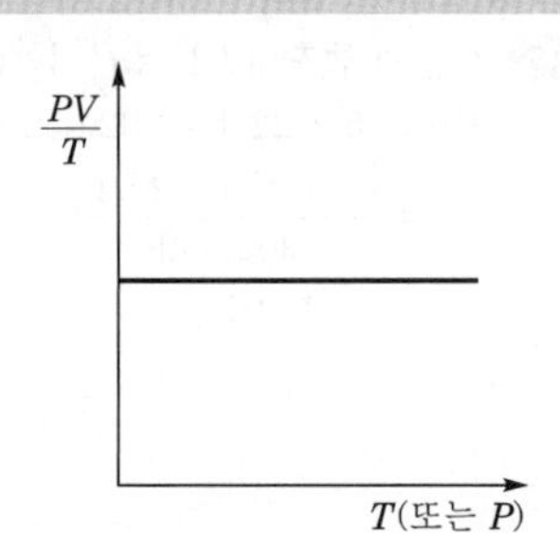

예제 273℃, 5기압에 있는 산소 10L를 100℃, 압력 2기압으로 하면 부피는?

풀이 보일-샤를의 법칙에 의해 $\frac{P_1V_1}{T_1} = \frac{P_2V_2}{T_2}$에서 부피($V_2$)를 구한다.

$$\therefore V_2 = V_1 \times \frac{P_1}{P_2} \times \frac{T_2}{T_1} = 10 \times \frac{5}{2} \times \frac{(273+100)}{(273+273)} = 17\text{L}$$

(5) 이상 기체의 상태 방정식

① 이상 기체

분자 상호간의 인력을 무시하고 분자 자체의 부피가 전체 부피에 비해 너무 적어서 무시될 때의 기체로서 보일-샤를의 법칙을 완전히 따르는 기체이다.

예 헬륨(He)

참고

실제 기체가 이상 기체에 가까울 조건

1. 기체 분자 간의 인력을 무시할 수 있는 조건 : 온도가 높고 압력이 낮을 경우

   실제 기체 $\xrightarrow{\text{(고온, 저압)}}$ 이상 기체

2. 분자 자체의 부피를 무시할 수 있는 경우 : 분자량이 적고 비점이 낮을 경우

   예 H_2, He 등

② 이상 기체 상태 방정식

보일-샤를의 법칙에 아보가드로의 법칙을 대입시킨 것으로서 표준 상태(0℃, 101.3kPa)에서 기체 1 mol이 차지하는 부피는 22.4 L이며,

$$\frac{PV}{T} = \frac{1\text{atm} \times 22.4\text{L}}{(273+0)\text{K}} = 0.082\text{atm} \cdot \text{L}/[\text{K} \cdot \text{mol}] = R$$

$$\frac{PV}{T} = \frac{1\text{atm} \times 22.4\text{L}}{(273+0)\text{K}} = 0.082\text{atm} \cdot \text{L}/[\text{K} \cdot \text{mol}] = R(\text{기체 상수})$$

$$\therefore PV = RT$$

만약, n[mol]의 기체라면 표준 상태에서 기체 n[mol]이 차지하는 부피는 22.4L × n이므로

$$\frac{PV}{T} = \frac{1\text{atm} \times 22.4\text{L} \times n}{(273+0)\text{K}} = n \times 0.082\text{atm} \cdot \text{L}/[\text{K} \cdot \text{mol}] = nR(\text{기체 상수})$$

$$\therefore PV = nRT\left(n = \frac{W(\text{무게})}{M(\text{분자량})}\right)$$

기체의 분자량을 구하는 방법

1. **기체의 밀도로부터 구하는 방법**
   표준 상태(0℃, 101.3kPa)에서 기체의 밀도(d)는
   $d = \dfrac{\text{분자량(g)}}{22.4\text{L}} = \dfrac{M}{22.4}$ 〔g/L〕이 되므로
   ∴ 분자량(M)=밀도(d)×22.4
2. **같은 부피의 무게 비로부터 구하는 방법**
   아보가드로의 법칙에 의하면 같은 온도와 압력에서 같은 부피 속에 같은 수의 분자 수가 들어 있으므로 같은 조건에서 부피가 같은 두 기체 무게의 비는 분자 1개의 무게 비와 같다. 따라서 같은 조건에서 부피가 같은 두 기체 무게의 비를 $a : b$ 라 하고, 분자량을 아는 A 기체의 분자량을 M_A, 모르는 B 기체의 분자량을 M_B라 하면
   ∴ $M_B = M_A \times \dfrac{b}{a}$
3. **기체의 비중으로부터 구하는 방법**
   기체의 비중은 공기의 밀도에 대한 기체 밀도의 비로서(단, 공기의 평균 분자량=29)
   기체 비중 $= \dfrac{\text{기체 분자량}(M)}{29}$ 이다.
   ∴ 기체 분자량(M) = 기체 비중 × 29

(6) 돌턴(Dalton)의 분압 법칙

① 혼합 기체의 전압은 각 성분 기체들의 분압의 합과 같다.

$$P = P_A + P_B + P_C$$

여기서, P : 전압

P_A, P_B, P_C : 성분 기체 A, B, C의 각 분압

② 혼합 기체에서 각 성분의 분압은 전압에 각 성분의 몰 분율(또는 부피 분율)을 곱한 것과 같다.

$$\text{분압} = \text{전압} \times \frac{\text{성분 기체의 몰 수}}{\text{전체 몰 수}} = \text{전압} \times \frac{\text{성분 기체의 부피}}{\text{전체 부피}}$$

$$P_A = P \times \frac{n_A}{n_A + n_B + n_C} = P \times \frac{V_A}{V_A + V_B + V_C}$$

③ 기체 A(P_1, V_1)와 기체 B(P_2, V_2)를 혼합했을 때 전압을 구하는 식은 다음과 같다.

$$PV = P_1 V_1 + P_2 V_2, \quad P = \frac{P_1 V_1 + P_2 V_2}{V}$$

예제 2기압의 산소 4L와 4기압의 산소 5L를 같은 온도에서 7L의 용기에 넣으면 전체 압력은 얼마인가?

풀이 돌턴의 분압 법칙에서 혼합 기체 전압은 각 성분 기체의 분압의 합과 같다.
$P_1V_1 + P_2V_2 = PV$에서 전압(P)을 구한다.
$\therefore P = \dfrac{P_1V_1 + P_2V_2}{V} = \dfrac{(2\times4)+(4\times5)}{7} = 4$기압

④ 몰 비(mole %) = 압력 비(압력 %) = 부피 비(vol %) = 무게 비(중량 %)

(7) 그레이엄(Graham)의 기체 확산 속도 법칙

일정한 온도에서 기체의 확산 속도는 그 기체 밀도(분자량)의 제곱근에 반비례한다. 즉, A 기체의 확산 속도를 U_1, 그 분자량을 M_1, 밀도를 d_1이라 하고, B 기체의 확산 속도를 U_2, 그 분자량을 M_2, 밀도를 d_2라고 하면 식은 다음과 같다.

$$\frac{U_1}{U_2} = \sqrt{\frac{M_2}{M_1}} = \sqrt{\frac{d_2}{d_1}}$$

예제 산소와 수소의 확산 속도비는?

풀이 $\dfrac{u_1}{u_2} = \sqrt{\dfrac{M_2}{M_1}}$, $\dfrac{수소}{산소} = \sqrt{\dfrac{32}{2}} = \sqrt{\dfrac{16}{1}} = \dfrac{4}{1}$
$\therefore 1:4$

2-2 액체(liquid)

(1) 액체 상태

① 일정한 부피를 가지나 입자의 위치가 고정되어 있지 않아 모양이 일정치 않다.
② 액체의 분자 운동은 비교적 느린 병진 운동과 회전 및 진동 운동을 한다.
③ 기체에 비해 운동 에너지가 작고 고체에 비해서는 크며, 분자 간의 간격도 기체보다 짧아서 온도와 압력 변화에 의한 부피의 변화가 크지 않다.

(2) 증발과 증기압

① 증발
액체를 공기 중에 방치하여 가열하면 액체 표면의 분자 가운데 운동 에너지가 큰 것은 분자 간의 인력을 이겨내어 표면에서 분자가 기체 상태로 튀어나가는 현상이다.

② 증발열

액체 1 g이 같은 온도에서 기체 1 g으로 되는 데 필요한 열량이다.

예 물의 증발열=539 cal/g

③ 증기압

액체가 평형 상태, 즉 기화 속도와 액화 속도가 같아졌을 때 증기가 나타내는 압력을 말한다. 즉, 증발에 의해 나타나는 압력으로서 포화 증기 압력이라 한다.

(평형 상태) H_2O (액체) $\underset{V_2}{\overset{V_1}{\rightleftarrows}}$ H_2O (기체)

$$V_1 = V_2$$

여기서, V_1 : 기화 속도, V_2 : 액화 속도

(3) 증기압 곡선과 비등점

① 증기압 곡선

액체의 증기압은 온도와 물질에 따라 그 값이 달라진다. 따라서 온도와 증기압과의 관계를 그래프로 나타낸 것을 증기압 곡선이라 한다. 즉, 액체를 가열하면 분자의 운동 에너지는 커지고, 표면으로부터 증발이 점차 심하게 일어나 증기압도 커지게 된다.

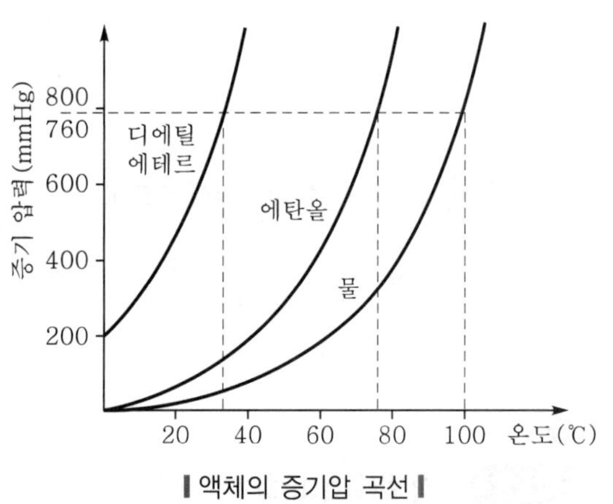

▌액체의 증기압 곡선▐

② 비등점(boiling point ; BP)

액체의 증기압이 대기압과 같아지는 온도로서 휘발성 물질일수록 증기압이 커지며 비등점은 낮아진다.

2-3 고체(solid)

(1) 고체 상태

고체는 입자들이 가까이 결합되어 있어 진동 운동만을 하며, 일정한 모양과 부피를 갖는다. 즉, 입자가 규칙적으로 배열되어 있어 에너지의 상태는 액체나 기체에 비해 낮다.

(2) 융해열

고체 1 g이 같은 온도에서 액체 1 g으로 되는 데 필요한 열량을 말한다.

예 얼음의 융해열=80 cal/g

2-4 물질의 상태도

(1) 물질의 상태도

순수한 물질의 상태를 온도와 압력의 조건에 의해 평면에 도시한 것이다.

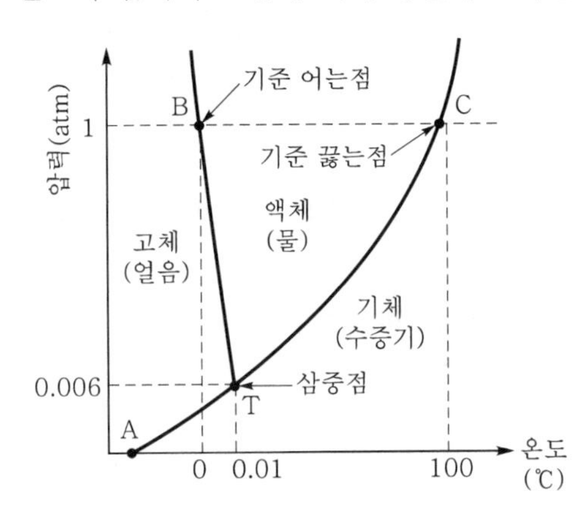

(2) 물의 3중점(T)

고체(얼음), 액체(물), 기체(수증기)의 삼태가 함께 존재하는 점으로서 0.01℃, 4.58 mmHg 이다.

3 용액의 성질

3-1 용액과 용해도

(1) 용액(solution)의 성질

① 정의

두 종류의 순물질이 균일 상태에 섞여 있는 것으로서 용매(녹이는 물질)와 용질(녹는 물질)로 이루어진 것을 용액이라 한다.

예 설탕물(용액) = 설탕(용질) + 물(용매)

② 용액의 분류

㉮ 포화 용액 : 일정한 온도, 압력하에서 일정량의 용매에 용질이 최대한 녹아 있는 용액(용해 속도 = 석출 속도)

㉯ 불포화 용액 : 일정한 온도, 압력하에서 일정량의 용매에 용질이 용해도 이하로 용해된 용액(용해 속도 > 석출 속도)

㉰ 과포화 용액 : 일정한 온도, 압력하에서 일정량의 용매에 용질이 용해도 이상으로 용해된 용액(용해 속도 < 석출 속도)

(2) 용해도(solubility)와 용해도 곡선

① 고체의 용해도

일정한 온도에서 용매 100 g에 최대로 녹을 수 있는 용질의 g 수이다.

$$용해도 = \frac{용질의\ g\ 수}{용매의\ g\ 수} \times 100$$

예제 40℃에서 어떤 물질은 그 포화 용액 84g 속에 24g이 녹아 있다. 이 온도에서 이 물질의 용해도는?

풀이 용해도 : 용매 100g에 녹아서 포화 용액이 되는 데 필요한 용질의 g수

$(84-24) : 24 = 100 : x$

$60x = 2,400$

$\therefore\ x = 40$

② 용해도 곡선

온도 변화에 따른 용해도의 변화를 나타낸 것이다.

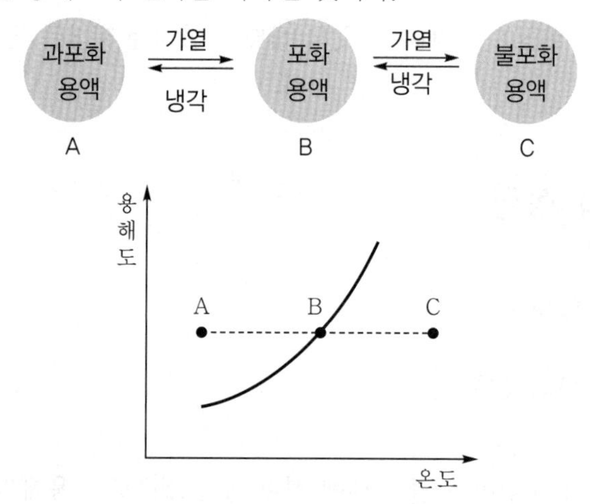

즉, 용해도 곡선에서 곡선의 점 B는 모두 포화 상태, 온도를 올려 곡선보다 오른쪽인 점 C는 불포화 상태, 포화 상태 B보다 온도를 내려 곡선보다 왼쪽인 점 A는 과포화 상태이다.

(3) 고체, 액체, 기체의 용해도

① 고체의 용해도

대부분이 온도 상승에 따라 용해도가 증가하며, 압력의 영향은 받지 않는다. 그러나 NaCl의 용해도는 온도에 영향을 거의 받지 않으며, $Ca(OH)_2$, Li_2SO_4, $CaSO_4$ 등은 발열 반응이므로 온도가 상승함에 따라 오히려 용해도는 감소하는 경향이 있다.

② 액체의 용해도

액체의 용해도는 용매와 용질의 극성 유무와 관계가 깊다. 즉, 극성 물질은 극성 용매에 잘 녹고, 비극성 물질은 비극성 용매에 잘 녹는다.

㉮ 극성 용매 : 물(H_2O), 아세톤(CH_3COCH_3) 등

예 극성 물질 : HF, HCl, NH_3, H_2S 등

㉯ 비극성 용매 : 벤젠(C_6H_6), 사염화탄소(CCl_4) 등

예 비극성 물질 : CH_4, CO_2, H_2, O_2, N_2 등

참고

쌍극자 모멘트

1. 극성 분자에서 두 원자의 전하와 거리를 곱한 벡터값 쌍극자 모멘트가 클수록 극성이 강하다.
2. 극성 공유 결합을 하더라도 분자의 모양이 대칭 구조를 이루어 쌍극자 모멘트가 상쇄되어 합이 0이 되는 분자이다.
   예 CO_2, BF_3, CH_4 등

③ 기체의 용해도

기체의 용해도는 온도가 올라감에 따라 줄어들지만, 압력을 올리면 용해도는 커진다.

참고

헨리(Henry)의 법칙

일정 온도에서 일정량의 용매에 용해하는 그 기체의 질량은 압력에 정비례한다. 그러나 보일의 법칙에 따라 기체의 부피는 압력에 반비례하므로, 결국 녹아 있는 기체의 부피는 압력에 관계없이 일정하다. 또한 헨리의 법칙은 용해도가 큰 기체에는 잘 적용되지 않는다.

1. **적용되는 기체** : 물에 대한 용해도가 작다.
   예 CH_4, CO_2, H_2, O_2, N_2 등
2. **적용되지 않는 기체** : 물에 대한 용해도가 크다.
   예 HF, HCl, NH_3, H_2S 등

기체를 포집하는 방법

1. **수상 치환** : 물에 녹지 않는 기체를 물과 바꿔 놓아서 모으는 방법으로 순수한 기체를 모을 수 있다.
   예 산소(O_2), 수소(H_2), 일산화탄소(CO) 등
2. **상방 치환** : 물에 녹는 기체 중에서 공기보다 가벼운 기체를 모으기에 적당한 방법이다.
   예 암모니아(NH_3)
3. **하방 치환** : 물에 녹는 기체 중에서 공기보다 무거운 기체를 모으기에 적당한 방법이다.
   예 염화수소(HCl), 이산화탄소(CO_2) 등

3-2 용액의 농도

(1) 중량 백분율(wt% 농도)

용액 속에 녹아 있는 용질의 g 수를 나타낸 농도이다.

$$중량\ 퍼센트\ 농도(\%) = \frac{용질의\ 양(g)}{용액의\ 양(g)} \times 100$$

예제 물 200g에 $C_6H_{12}O_6$(포도당) 18g을 용해하였을 때 용액의 wt% 농도는?

풀이 $wt\% = \frac{용질의\ g\ 수}{용액의\ g\ 수} \times 100 = \frac{18}{200+18} \times 100 = 8.26$

∴ 8.26wt%

(2) 몰 농도(M 농도, mol 농도)

용액 1L 속에 녹아 있는 용질의 몰 수$\left(\frac{용질의\ 무게}{용질의\ 분자량}\right)$를 나타낸 농도이다.

$$M\ 농도 = \frac{용질의\ 무게\ W(g)}{용질의\ 분자량\ M(g)} \times \frac{1{,}000}{용액의\ 부피(mL)}$$

예제 순황산 9.8g을 물에 녹여 전체 부피가 500mL가 되게 한 용액은 몇 mol인가?

풀이

$M농도 = \frac{용질의\ 무게}{용질의\ 분자량} \times \frac{1{,}000}{용액의\ 부피(mL)}$

$\frac{9.8}{98} \times \frac{1{,}000}{500} = \frac{9{,}800}{49{,}000} = 0.2mol$

(3) 몰랄 농도(m 농도, molality 농도)

용매 1kg(1,000g)에 녹아 있는 용질의 몰 수$\left(\frac{용질의\ 무게}{용질의\ 분자량}\right)$를 나타낸 농도이다.

$$m\ 농도 = \frac{용질의\ 무게\ W(g)}{용질의\ 분자량\ M(g)} \times \frac{1{,}000}{용매의\ 무게(g\ 수)}$$

예제 0.205mol의 $Ba(OH)_2$ 용액이 있다. 이 용액의 몰랄 농도(m)는 얼마인가? (단, $Ba(OH)_2$의 분자량은 171.34임.)

풀이 몰랄 농도$\left(\frac{mol}{kg}\right) = \frac{0.205mol}{L} \Big| \frac{L}{1kg}$

$= 0.205mol/kg$

여기서, 1kg/L → 물의 밀도(4℃ 가정)

(4) 규정 농도(N 농도, 노르말 농도)

용액 1L 속에 녹아 있는 용질의 g 당량 수를 나타낸 농도이다.

$$N\ 농도 = \frac{용질의\ 무게\ W(g)}{용질의\ g당량\ (g)} \times \frac{1,000}{용액의\ 부피(mL)}$$

예제 순황산 9.8g을 물에 녹여 250mL로 만든 용액은 몇 노르말 농도인가? (단 황산의 분자량은 98이다.)

풀이 $\frac{용질의\ g\ 수}{용질의\ g당량\ 수} \times \frac{1,000}{용액의 부피(mL)} = \frac{9.8}{49} \times \frac{1,000}{250} = 0.8N$

참고

산, 염기의 당량

1. 계산식

$$산\ 또는\ 염기의\ 당량 = \frac{산\ 또는\ 염기의\ g\ 분자량}{염기의\ 산도\ 또는\ 산의\ 염기도}$$

2. 염기의 산도 : OH^- 수
   산의 염기도 : H^+ 수
3. 1g 당량값

$NaOH$의 1g 당량 $= \frac{40\,g}{1} = 40\,g$

$Ca(OH)_2$의 1g 당량 $= \frac{74\,g}{2} = 37\,g$

HCl의 1g 당량 $= \frac{36.5\,g}{1} = 36.5\,g$

H_2SO_4의 1g 당량 $= \frac{98\,g}{2} = 49\,g$

(5) 몰 농도(mol 농도)와 규정 농도(N 농도)와의 관계

$$N\ 농도 = mol\ 농도 \times 산도수(염기도수)$$

(6) % 농도와 몰 농도(mol 농도) 또는 규정 농도(N 농도)와의 관계

$$M\ 농도 = \frac{용액의\ 비중 \times 1,000}{용질의\ 분자량} \times \frac{\%\ 농도}{100}$$

$$N\ 농도 = \frac{용액의\ 비중 \times 1,000}{용질의\ 1g\ 당량} \times \frac{\%\ 농도}{100}$$

3-3 묽은 용액과 콜로이드 용액의 성질

(1) 묽은 용액

① 묽은 용액의 비등점 상승과 빙점 강하

소금이나 설탕 등과 같은 비휘발성 물질을 녹인 용액의 증기압은 용매의 증기압보다 작다. 그 이유는 비휘발성 용질이 녹아 있어 증발이 어렵기 때문이다. 따라서 비휘발성 물질이 녹아 있는 용액의 비등점은 순수한 용매(순수한 물 등)일 때 보다 높고, 빙점은 낮아진다.

② 비등점 상승도(ΔT_b)와 빙점 강하도(ΔT_f)

㉮ 비등점 상승도(ΔT_b) = 용액의 비등점 − 순 용매의 비등점

㉯ 빙점 강하도(ΔT_f) = 순 용매의 빙점 − 용액의 빙점

③ 라울(Raoult)의 법칙

묽은 용액에서의 비등점 상승도(ΔT_b)와 빙점 강하도(ΔT_f)는 그 물질의 몰랄 농도(m)에 비례한다.

> 비등점 상승도(ΔT_b)=m(몰랄 농도)×K_b(분자 상승, 몰 오름)
> 빙점 강하도(ΔT_f)=m(몰랄 농도)×K_f(분자 강하, 몰 내림)

몰랄 농도(m 농도, 중량 몰 농도) : 용매 1,000 g에 녹아 있는 용질의 몰 수를 나타낸 농도

몰 오름(K_b) : 1몰랄 농도 용액의 비등점 상승도

예 용매가 물인 경우 K_b=0.52℃/m

몰 내림(K_f) : 1몰랄 농도 용액의 빙점 강하도

예 용매가 물인 경우 K_f=1.86℃/m

참고

비전해질 분자량 측정법

라울의 법칙에 의해 비전해질과 비휘발성 물질 용액의 비등점 상승도(ΔT_b)와 빙점 강하도(ΔT_f)는 몰랄 농도(m 농도)에 비례하므로 분자량을 계산할 수 있다.

$\Delta T_b = m \times K_b$

$$\text{몰랄 농도(m)} = \frac{\text{용질의 무게 } W[\text{g}]}{\text{용질의 분자량 } M[\text{g}]} \times \frac{1{,}000}{\text{용매의 무게 } A(\text{g 수})}$$

$$\therefore\ \Delta T_b = \frac{W}{M} \times \frac{1{,}000}{A} \times K_b,\ \text{즉 } M(\text{분자량}) = \frac{1{,}000 \times W \times K_b}{A \cdot \Delta T_b}$$

예제 물 500g에 비전해질 물질이 12g 녹아 있다. 이 용액의 어는점이 -0.93℃일 때 녹아 있는 비전해질의 분자량은 얼마인가? (단, 물의 어는점 내림 상수(K_f)는 1.86이다.)

풀이

$$\Delta T_f = K_f \times m,\ 0.93 = 1.86 \times \frac{\frac{12}{M}}{\frac{500}{1,000}} = 1.86 \times \frac{1,000 \times 12}{500M}$$

$$500M = \frac{1.86 \times 1,000 \times 12}{0.93}$$

$$\therefore\ M = \frac{1.86 \times 1,000 \times 12}{0.93 \times 500} = \frac{22,320}{465} = 48$$

④ 삼투압과 반트 호프의 법칙(Van't Hoff's law)

㉮ 삼투압 : 반투막을 사이에 두고 용매와 용액을 접촉시킬 경우 양쪽의 농도가 같게 되려고 용매가 용액쪽으로 침투하는 현상을 삼투라 하고, 이에 나타나는 압력을 삼투압이라 한다.

㉯ 반트 호프의 법칙(Van't Hoff's law)

㉠ 비전해질의 묽은 용액 삼투압(P)은 용매와 용질의 종류에 관계없이 용액의 몰농도와 절대 온도에 비례한다. 따라서 어떤 물질 n몰이 V[L] 중에 녹아 있을 때의 농도는 $\frac{n}{V}$[mol/L]가 되므로 관계식은 다음과 같다.

$$PV = nRT = \frac{W}{M}RT$$

여기서, P : 삼투압

예제 27℃에서 9g의 비전해질을 녹인 수용액 500cc가 나타내는 삼투압은 7.4기압이었다. 이 물질의 분자량은 얼마인가?

풀이 반트 호프의 법칙(Van't Hoff's law)

비전해질인 묽은 용액의 삼투압(P)은 용매와 용질의 종류에 관계없이 용액의 몰 농도와 절대 온도에 비례한다. 따라서, 어떤 물질 n몰이 V[L] 중에 녹아 있을 때의 농도는 n/V[몰/L]이 되므로 관계식은 다음과 같다.

$PV = nRT = \frac{W}{M}RT$ 에서

$$\therefore\ M = \frac{WRT}{PV} = \frac{9 \times 0.082 \times (273+27)}{7.4 \times 0.5} = 60$$

㉡ 일반적으로 반트 호프의 법칙에 의한 삼투압은 단백질·녹말·고무 등의 고분자 물질의 분자량 측정에 이용된다.

(2) 콜로이드 용액

종류 : 우유, 비눗물, 안개

① 콜로이드 용액

진용액(용존 물질)과 현탁액(부유물)의 중간 크기(0.001~0.1 μm : 10^{-7}~10^{-5} cm) 정도의 입자를 콜로이드 입자라 하고, 거름종이를 통과하지만 반투막을 통과하지 못한다. 이 콜로이드 입자가 분산되어 있는 용액을 콜로이드 용액이라고 한다.

콜로이드 용액 = 분산매 + 분산질

② 콜로이드의 종류

㉮ 소수 콜로이드 : 물과의 친화력이 작고 소량의 전해질에 의해 응석이 일어나는 콜로이드이다.

예 주로 무기 물질로서 금, 백금, 탄소, 황, $Fe(OH)_3$, $Al(OH)_3$ 등의 콜로이드

㉯ 친수 콜로이드 : 물과의 친화력이 크고 다량의 전해질에 의해 염석이 일어나는 콜로이드이다.

예 주로 유기 물질로서 녹말, 단백질, 비누, 한천, 젤라틴 등의 콜로이드

㉰ 보호 콜로이드 : 불안정한 소수 콜로이드에 친수 콜로이드를 가하면 친수 콜로이드가 소수 콜로이드를 둘러싸서 안정하게 되며, 전해질을 가하여도 응석이 잘 일어나지 않도록 하는 콜로이드이다.

예 먹물 속의 아교, 잉크 속의 아라비아 고무 등

③ 콜로이드 용액의 성질

㉮ 틴들 현상(Tyndall phenomenon) : 콜로이드 입자의 산란성에 의해 빛의 진로가 보이는 현상이다.

예 어두운 방에서 문틈으로 들어오는 햇빛의 진로가 밝게 보이는 것

㉯ 브라운 운동(Brownian motion) : 콜로이드 입자가 용매 분자의 불균일한 충돌을 받아서 불규칙한 운동을 하는 현상이다.

㉰ 투석(dialysis) : 반투막을 이용하여 보통 분자나 이온과 콜로이드 입자를 분리시키는 조작 방법이다.

㉱ 흡착 : 콜로이드 입자는 그 무게에 비하여 표면적이 대단히 크므로 흡착력이 강해 수질 오염의 정체에 이용하는 방법이다.

㉲ 전기 영동 : 콜로이드 용액에 (+), (−)의 전극을 넣고 직류 전압을 걸어 주면 콜로이드 입자가 어느 한쪽 극으로 이동하는 현상이다.

㉳ 응석과 염석 : 콜로이드 용액에 전해질을 넣어 주었을 때 침전하는 현상이다.

4 오차와 유효 숫자

4-1 오차론

정확한 기기를 이용하여 측정하더라도 참값(진실치)을 얻기 어렵다. 이때 측정값과 참값과의 차이를 절대 오차 또는 오차라 하며, 참값 또는 측정값에 대한 오차의 비율을 상대 오차라 하고, 상대 오차는 백분율(%)로 표시하며 백분율 오차라고도 한다.

① 오차=측정값−참값

② 상대 오차=오차/참값 또는 측정값

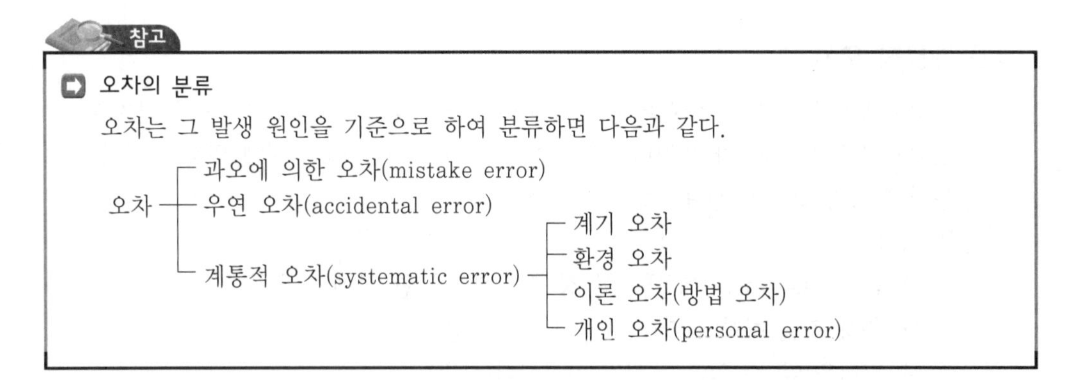

(1) 과오에 의한 오차

측정자의 부주의로 생기는 오차를 말한다(세심한 주의를 요함).

(2) 우연 오차

우연하고도 필연적으로 생기는 오차로서 이 오차는 아무리 노력하여도 피할 수 없고 상대적인 분포 현상을 가진 측정값을 나타낸다. 이러한 분포 현상을 산포라 하고, 산포에 의하여 일어나는 오차를 우연 오차라고 말하며 정밀도를 표시한다.

① 특징

㉮ 정(+), 부(−)의 오차가 동일한 분포 상태를 말한다(측정 치수가 많으면 정, 부의 우연 오차는 기회가 같아지고 오차는 서로 상쇄되어 그 총합은 0이 된다).

㉯ 원인을 찾을 수 없다(그 원인은 온도・습도・먼지・조명・기압・진동 등이 될 수 있다).

㉰ 완전한 제거가 불가능하다.

② 우연 오차의 발생 원인

㉮ 측정기 자신의 산포

㉯ 측정자 자신의 산포 및 관측의 오차와 시차

㉰ 측정 환경에 의한 산포

㉱ 온도·습도·진동 등의 조건에 의한 오차

③ 우연 오차로써 계측기의 정밀도를 표시하며, 이를 줄이기 위하여 측정값의 산술 평균치를 얻는다. 또한 평균값과 측정값의 차를 편차라 하고 이 편차의 크기를 일반적으로 표준편차라 표시한다.

㉮ 평균값 : 측정값을 전부 합하여 측정 횟수로 나눈 값

㉯ 표준 편차 : 측정값에서 평균값을 뺀 값(편차)의 제곱의 산술 평균 제곱근

(3) 계통적 오차

측정값에 어떤 일정한 영향을 주는 원인에 의하여 생기는 오차로서, 즉 평균치를 구하였으나 진실치(참값)와 차이가 생긴다. 이 차이를 편위라 하고 이 편위에 의하여 생기는 오차를 계통적 오차라 말하며 정확도를 표시한다.

① 특징

㉮ 참값(true valve)에 대하여 정(+), 부(−) 한 쪽에 치우친다.

㉯ 측정 조건 변화에 따라 규칙적으로 발생한다.

㉰ 원인을 알 수 있고 제거가 가능하다(보정).

㉱ 편위로써 정확도를 표시한다.

② 계기 오차

측정기가 불완전하거나 내부적 요인(마찰 경연 변화)의 설치 상황에 따른 영향, 사용상의 제한 등으로 생기는 오차를 말한다.

③ 환경 오차

온도·압력·습도 등 측정 환경의 변화에 의하여 측정기나 측정량이 규칙적으로 변화하기 때문에 생기는 오차를 말한다.

④ 개인 오차(판단 오차)

개인의 버릇 판단으로 생기는 오차를 말한다.

⑤ 이론 오차(방법 오차)

사용하는 공식이나 근사, 계산 등으로 생기는 오차를 말한다.

⑥ 오차를 제거하는 방법

㉮ 외부적인 조건을 공업 표준 조건으로 유지(온도 20℃, 기압 760mmHg, 습도 58%)한다.

㉯ 진동·충격 등을 제거(항온·항습실을 사용)한다.

㉰ 제작 시부터 생긴 기차는 보정한다.

4-2 오차의 보정

(1) 보정

측정값이 참값에 가깝도록 하기 위해 수치적으로 가감하는 행위를 보정이라 하며, 오차의 크기는 같고 부호와 반대인 값을 보정치라 한다.

(2) 기차의 보정

기준기를 사용할 때 기준기의 검사 성적에 명시된 기차(기재 오차)를 보정 방법에 따라 보정시켜 주는 것을 말한다.

4-3 기차와 공차

(1) 기차(instrument error)

계측기가 가지고 있는 고유의 오차로서, 제작 당시부터 어쩔 수 없이 가지고 있는 계통적인 오차를 말한다.

(2) 공차

계량기가 가지고 있는 기차의 최대 허용 한도를 일종의 사회 규범 또는 규정에 의하여 정한 것으로 계량법상 검정 공차와 사용 공차가 있다.

① 검정 공차 : 정확한 계량기 공급을 위해 계량기 제작의 수리 또는 수입 시 계량법으로 명시한 공차이다.

② 사용 공차 : 계량기의 사용 시 계량법으로 명시된 공차의 최대 한도는 검정 공차와 같거나 1.5배 또는 2배한 값이다.

4-4 정밀도와 정확도

(1) 정밀도(precision)

같은 계기로써 같은 양을 몇 번이고 반복하여 측정하면 측정값은 흩어진다. 흩어짐(dispression)이 작은 측정을 정밀하다고 하며, 작은 정도를 정밀도라 한다.

(2) 정확도(accuracy)

같은 조건하에서 무한히 많은 횟수의 측정을 하여 그 측정값을 평균해보아도 참값에는 일치하지 않는다. 이 평균값과 참값과의 차를 쏠림(bias) 또는 바이어스, 편의라 하고, 쏠림이 작은 측정을 정확하다고 하며 작은 정도를 정확도라고 한다(정밀도는 우연 오차가 작을수록, 정확도는 계통 오차가 작을수록 높다).

4-5 정도와 감도

(1) 정도

계측기가 나타내는 값 또는 측정 결과의 정확도와 정밀도를 포함한 종합적인 결과가 좋음을 뜻한다. 즉 측정 결과에 대한 신뢰도를 수량적으로 표시한 척도를 말한다. 그리고 정도의 표시는 정량적으로 나타내며 정확도 또는 정확률로 표시한다.

(2) 감도

계측기가 측정량의 변화에 민감한 정도를 말하며 측정량의 변화에 대한 지시량 변화의 비로 나타낸다.

① 감도$=\dfrac{\text{지시량 변화}}{\text{측정량 변화}}$

② 감도가 좋으면 측정 시간이 길어지고 측정 범위가 좁아진다.

③ 감도의 표시는 지시계의 감도와 눈금너비(인접한 눈금의 중심 간격) 또는 눈금량으로 표시한다.

2. 원자 구조와 주기율

1 원소의 주기성과 원자 구조

1-1 원소의 주기율

(1) 주기율

원소를 원자 번호 순으로 배열하면 성질이 비슷한 원소가 주기적으로 나타내는 성질이다.

① 멘델레예프(Mendeleev)의 주기율표

원소를 원자량 순으로 배열한 주기율표이다.

② 모즐리(Moseley)의 주기율표

원소를 원자 번호 순으로 배열한 주기율표(현재 사용)이다.

(2) 주기율표

주기율에 따라 원소를 배열한 표이다.

① 족(group)

주기율표의 세로 줄을 족이라 하며, 1족부터 7족까지와 0족이 있다.

㉮ 족은 최외각 전자(가전자)를 결정한다.

㉯ 같은 족의 원소를 동족 원소라고 한다(동족 원소는 가전자 수가 같기 때문에 화학적 성질이 비슷함).

㉰ 같은 족에서 원자 번호가 클수록 금속성이 증가한다.

② 주기(period)

㉮ 주기율표의 가로 줄을 주기라 하고, 1~7주기가 있으며 전자 껍질을 결정한다.

㉯ 주기율표의 같은 주기에 있는 원소들은 왼쪽에서 오른쪽으로 갈수록 산화물들이 점점 산성이 강해진다.

㉠ 단주기형 주기표 : 2주기와 3주기의 8개 원소를 기준으로 만든 것이다.

㉡ 장주기형 주기표 : 4주기와 5주기의 18개 원소를 기준으로 만든 것이다.

(3) 전형 원소와 전이 원소

① 전형 원소

㉮ 전자 배열에서 s나 p 오비탈에서 전자가 채워지는 원소(1A, 2A족, 3B~7B족, 0족 원소)이다.

㉯ 원자 번호 1~20번까지의 원소와 1~3주기의 원소이다.

㉰ 전형 원소의 같은 족의 원자들은 가전자 수(최외각 전자)가 같아 화학적 성질이 비슷하다.

㉱ 전형 원소는 금속 원소와 비금속 원소가 있다.

㉲ 전형 원소는 원자 가전자 수가 족의 끝 번호와 일치한다.

② 전이 원소

㉮ 전자 배열에서 s오비탈을 채우고 d나 f 오비탈에 전자가 채워지는 원소(3A~7A족, 8족, 1B, 2B족 원소)이다.

㉯ 전이 원소의 특징

㉠ 모두 금속이며, 대부분 중금속이다.

㉡ 녹는점이 매우 높은 편이고, 열과 전기 전도성이 좋다.

㉢ 착염을 잘 만들어 색이 있는 화합물을 만든다.

㉣ 활성이 적어 공업적으로 촉매로 많이 사용한다.

㉤ 두 종류 이상의 이온 원자를 가진다.

예 염화제일철($FeCl_2$)과 염화제이철($FeCl_3$), 염화제일수은(Hg_2Cl_2)과 염화제이수은($HgCl_2$)

▌장주기형 주기율표▐

주기 \ 족	1A	2A	3A	4A	5A	6A	7A	8			1B	2B	3B	4B	5B	6B	7B	0
1	1 H																	2 He
2	3 Li	4 Be											5 B	6 C	7 N	8 O	9 F	10 Ne
3	11 Na	12 Mg											13 Al	14 Si	15 P	16 S	17 Cl	18 Ar
4	19 K	20 Ca	21 Sc	22 Ti	23 V	24 Cr	25 Mn	26 Fe	27 Co	28 Ni	29 Cu	30 Zn	31 Ga	32 Ge	33 As	34 Se	35 Br	36 Kr
5	37 Rb	38 Sr	39 Y	40 Zr	41 Nb	42 Mo	43 Tc	44 Ru	45 Rh	46 Pd	47 Ag	48 Cd	49 In	50 Sn	51 Sb	52 Te	53 I	54 Xe
6	55 Cs	56 Ba	57~71 란타니드	72 Hf	73 Ta	74 W	75 Re	76 Os	77 Ir	78 Pt	79 Au	80 Hg	81 Tl	82 Pb	83 Bi	84 Po	85 At	86 Rn
7	87 Fr	88 Ra	89~103 악티니드															

란탄계	57 La	58 Ce	59 Pr	60 Nd	61 Pm	62 Sm	63 Eu	64 Gd	65 Tb	66 Dy	67 Ho	68 Er	69 Tm	70 Yb	71 Lu
악티늄계	89 Ac	90 Th	91 Pa	92 U	93 Np	94 Pu	95 Am	96 Cm	97 Bk	98 Cf	99 Es	100 Fm	101 Md	102 No	103 Lr

1-2 주기표에 의한 원소의 주기성

(1) 금속성과 비금속성

① 금속성

최외각의 전자를 방출하여 양이온으로 되려는 성질(전자를 잃고자 하는 성질)이다.

② 비금속성

최외각의 전자를 받아들여 음이온으로 되려는 성질(전자를 얻고자 하는 성질)이다.

(2) 원자 반지름과 이온 반지름

① 원자 반지름

㉮ 같은 주기에서는 1족에서 7족으로 갈수록 원자 반지름이 작아진다.

㉯ 같은 족에서는 원자 번호가 증가할수록 원자 반지름이 커진다. 이유는 전자껍질이 증가하기 때문이다.

② 이온 반지름

㉮ 양이온은 원자로부터 전자를 잃어 이온 반지름이 원자 반지름보다 작아진다.

㉯ 음이온은 전자를 얻어서 전자가 서로 반발함으로써 이온 반지름이 원자 반지름보다 커진다.

참고

전자 친화도

기체 상태의 원자가 전자 1개를 받아들여 음이온으로 될 때 방출되는 에너지로서, 전자 친화력이 큰 원소일수록 음이온이 되기 쉽다.

(3) 이온화 에너지

중성인 원자로부터 전자 1개를 떼어 양이온으로 만드는 데 필요로 하는 최소한의 에너지이다.

① 이온화 에너지는 0족으로 갈수록 증가하고 같은 족에서는 원자 번호가 증가할수록 작아진다. 즉, 비금속성이 강할수록 이온화 에너지는 증가한다.

② 이온화 에너지가 가장 작은 것은 1족 원소인 알칼리 금속이다. 즉, 양이온이 되기 쉽다.

③ 이온화 에너지가 가장 큰 것은 0족 원소인 불활성 원소이다. 즉, 이온이 되기 어렵다.

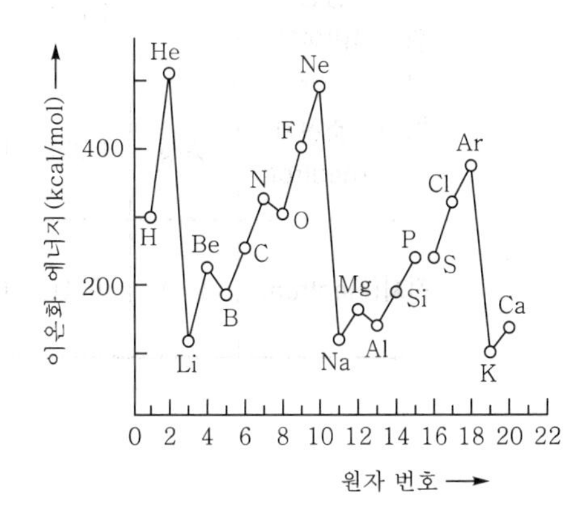

(4) 전기 음성도(폴링(Pauling)이 발견)

중성인 원자가 전자 1개를 잡아당기는 상대적인 수치이다.

(증가) F	> O	> N	> Cl	> Br	> C	> S	> I	> H	> P (감소)
4.10	3.50	3.07	2.83	2.74	2.50	2.44	2.21	2.10	2.06

① 전기 음성도는 비금속성이 강할수록 커진다.
② 전기 음성도가 클수록 음이온의 비금속성이 커지며 산화성이 큰 산화제가 된다.

1-3 원자의 구성 입자

(1) 원자 구조

① 원자는 (+)전기를 띤 원자핵과 그 주위에 구름처럼 퍼져 있는 (−) 전기를 띤 전자로 되어 있다(원자의 크기는 10^{-8} cm 정도).
② 원자핵은 (+)전기를 띤 양성자와 전기를 띠지 않는 중성자로 되어 있다(크기는 10^{-12}cm 정도).

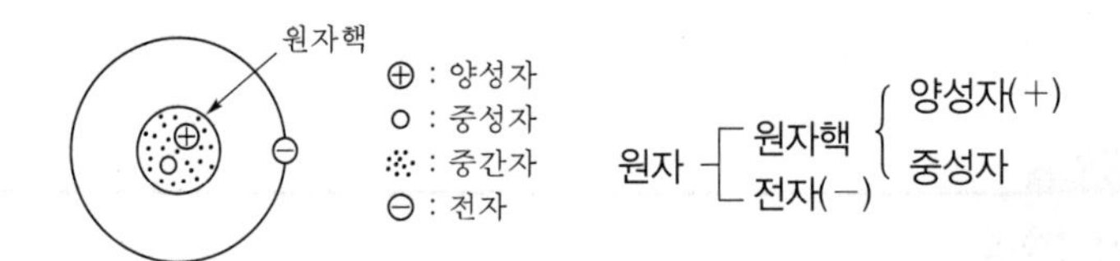

▌원자의 구성 입자▐

소립자		전하	실제 질량	원자량 단위	기호	발견자	비고
원자핵	양성자 (proton)	(+)	1.673×10^{-24} g	1(가정)	p 또는 $^1_1$H	러더퍼드 (Rutherford, 1919)	원자 번호를 정함.
	중성자 (neutron)	중성	1.675×10^{-24} g	1	n 또는 $^1_0$n	채드윅 (Chadwick, 1932)	−
전자(electron)		(−)	9.11×10^{-28} g	양성자의 $\frac{1}{1,840}$	e^-	톰슨 (Thomson, 1898)	양성자 수와 같음.

(2) 동위 원소(동위체)와 동중 원소(동중체)

① 동위 원소

㉮ 양성자 수는 같으나 질량 수가 다른 원소, 즉 중성자 수가 다른 원소이다.

㉯ 동위 원소는 핵의 전자 수가 같으므로 화학적 성질은 같고 질량 수가 달라 물리적 성질은 서로 다르다.

예 • 수소(H)의 동위 원소 : $^{1}_{1}H$(경 수소), $^{2}_{1}D$(중 수소), $^{3}_{1}T$(삼중 수소)

• 염소(Cl)의 동위 원소 : $^{35}_{17}Cl$, $^{37}_{17}Cl$

• 우라늄(U)의 동위 원소 : $^{235}_{92}U$, $^{238}_{92}U$

② 동중 원소

원자 번호가 서로 달라서 서로 다른 원소나 질량 수가 같은 원소, 즉 화학적 성질이 다른 원소이다.

예 $^{14}_{6}C$와 $^{14}_{7}N$

1-4 전자 껍질과 전자 배열

(1) 전자 껍질

원자핵을 중심으로 하여 에너지 준위가 다른 몇 개의 전자층을 이루는데 이 전자층을 전자 껍질이라 하며, 주전자 껍질(K, L, M, N, … 껍질)과 부전자 껍질(s, p, d, f 껍질)로 나눈다.

▍전자 껍질의 종류▍

전자 껍질	K 껍질($n=1$)	L 껍질($n=2$)	M 껍질($n=3$)	N 껍질($n=4$)
최대 전자 수($2n^2$)	2	8	18	32
부전자 껍질	$1s^2$	$2s^2$, $2p^6$	$3s^2$, $3p^6$, $3d^{10}$	$4s^2$, $4p^6$, $4d^{10}$, $4f^{14}$

① 부전자 껍질(s, p, d, f)에 수용할 수 있는 전자 수는 각각 s는 2개, p는 6개, d는 10개, f는 14개이다.

② 주기율표의 족 수=가전자 수(화학적 성질을 결정)

③ 주기율표의 주기 수=전자 껍질의 수

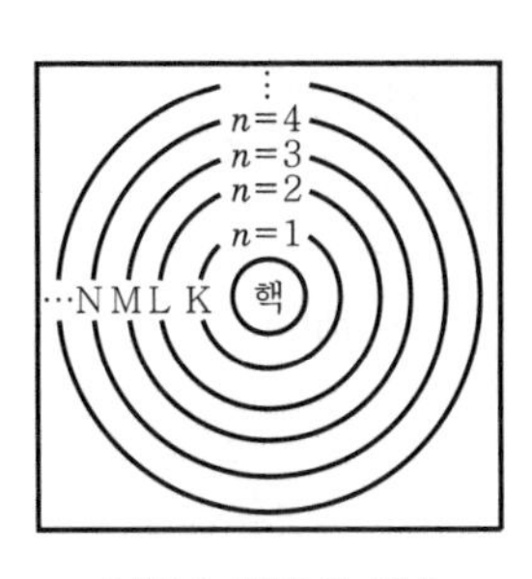

▍전자 껍질의 예▍

(2) 전자의 에너지 준위

전자 껍질을 전자의 에너지 상태로 나타낼 때를 전자의 에너지 준위라 한다.

① 주전자 껍질은 핵에서 가까운 층으로부터 에너지 준위(n : 주양자 수) 1, 2, 3, 4, … 또는 K, L, M, N, … 층으로 나눈다.

② 각 층에 들어갈 수 있는 전자의 최대 수는 $2n^2$이다.

③ 전자의 에너지 준위 크기는 K < L < M < N … 순이다.

(3) 가전자(최외각 전자)

전자 껍질에 전자가 채워졌을 때 제일 바깥 전자 껍질에 들어 있는 전자로서 최외각 전자라고 하며 그 원자의 화학적 성질을 결정한다.

참고

팔우설(octetrule)

모든 원자들은 주기율표 0족에 있는 비활성 기체(Ne, Ar, Kr, Xe 등)와 같이 최외각 전자 8개를 가져서 안정되려는 경향을 말한다(단, He은 2개의 가전자를 가지고 있으며 안정함).

(4) 이온

중성 원자가 전자를 잃어서 (+) 이온이 되고, 전자를 얻어서 (−) 이온이 되는 것은 최외각 전자가 옥태드(전자 수 8개)를 이루어 불활성 기체와 같이 안정하게 되는 것이다.

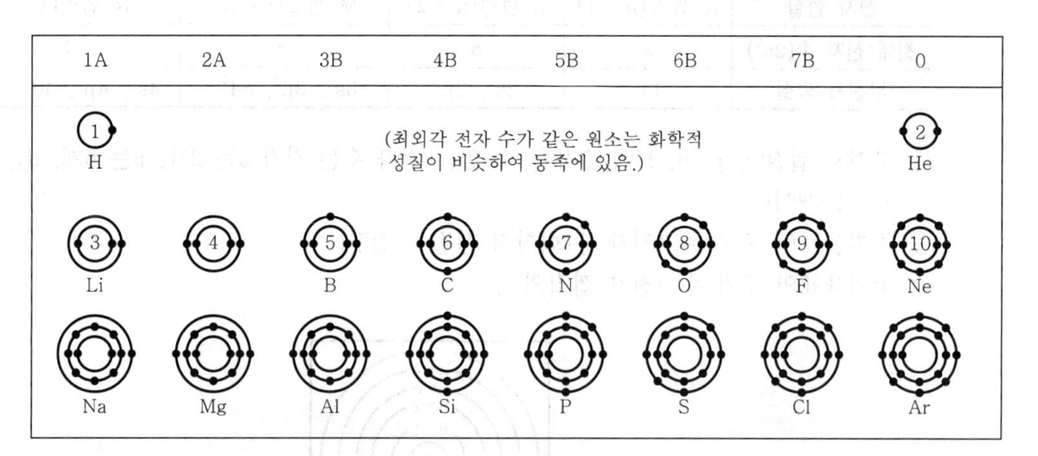

▌원자의 전자 배열(1, 2, 3, …은 주기율표의 족 번호)▌

(5) 궤도 함수(오비탈, orbital)

원자핵 주위에 분포되어 있는 전자의 확률적 분포 상태이다.

오비탈의 이름	s-오비탈	p-오비탈	d-오비탈	f-오비탈
전자 수	2	6	10	14
오비탈의 표시법	s^2	p^6	d^{10}	f^{14}
	↑↓	↑↓ ↑↓ ↑↓	↑↓ ↑↓ ↑↓ ↑↓ ↑↓	↑↓ ↑↓ ↑↓ ↑↓ ↑↓ ↑↓

(6) 오비탈의 전자 배열

원자의 전자 배열 순서(에너지 준위의 순서)는 다음과 같다.

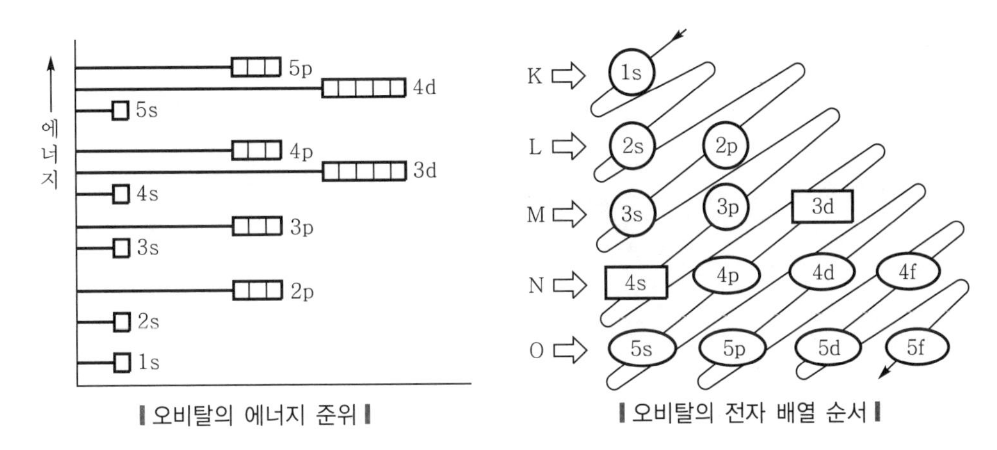

❙ 오비탈의 에너지 준위 ❙　　❙ 오비탈의 전자 배열 순서 ❙

예
- $_{17}Cl$의 전자 배열 : $1s^2 2s^2 2p^6 3s^2 3p^5$
- $_{19}K$의 전자 배열 : $1s^2 2s^2 2p^6 3s^2 3p^6 4s^1$

참고

훈트(Hunt)의 법칙

같은 에너지 준위의 오비탈이 여러 개가 있고 여기에 여러 개의 전자가 들어갈 때에는 모든 오비탈에 분산되어 들어가는 성질이다.

1. p오비탈에 전자가 채워지는 순서 : | ① ④ | ② ⑤ | ③ ⑥ |
2. 부대 전자 : s, p, d, f 등으로 오비탈에 전자가 들어갈 때 쌍을 이루지 않고 혼자 있는 전자

   예 $_8O$: $1s^2 2s^2 2p^4$

   ↑↓ ↑↓ ↑↓ ↑ ↓ : 부대 전자 2개

(7) 전자 배치의 원리

① 파울리(Pauli)의 배타 원리

한 오비탈에는 전자가 2개까지만 배치된다.

② 훈트(Hunt)의 규칙

같은 에너지 준위의 오비탈에는 먼저 전자가 각 오비탈에 1개씩 채워진 후 두 번째 전자가 채워진다. 그러므로 홀전자 수가 많을수록 에너지가 안정한 전자 배치가 된다.

③ 쌓음의 원리

전자가 낮은 에너지 준위의 오비탈부터 차례로 채워진다.

3. 화학 결합과 분자 간의 힘

1 이온 결합, 금속 결합, 공유 결합과 분자, 분자 간의 힘

(1) 이온 결합(ionic bond)

① 정의

양이온과 음이온의 정전 인력(전기적 인력)이 작용하여 쿨롱의 힘에 의해 결합하는 화학 결합이다.

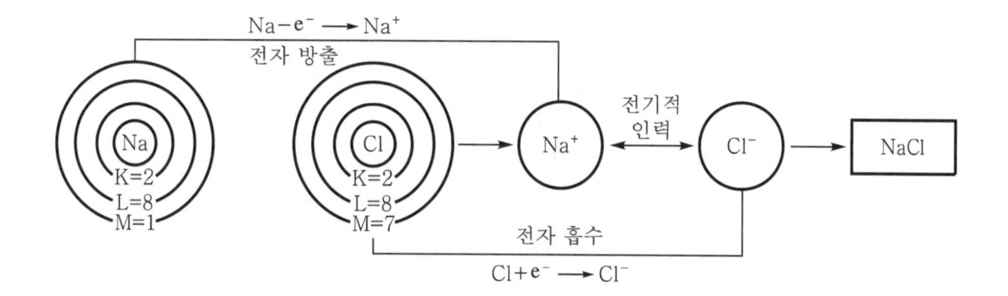

즉, 이온 결합은 금속성이 강한 원소(1A, 2A족)와 비금속성이 강한 원소(6B, 7B족) 간의 결합을 말한다.

예 NaCl, KCl, BeF_2, CaO 등

② 특성

㉮ 결합되는 물질은 분자가 존재하지 않는 이온성 결정으로 전기 전도성 등이 없으나, 용융되거나 수용액 상태에서는 전기 전도성이 있다.

㉯ 쿨롱의 힘에 의한 강한 결합이므로 융점(MP)이나 비등점(BP)이 높다.

물질	녹는점
NaF	993℃
RbF	775℃
CsF	232℃
KF	-83.7℃

㉰ 극성 용매(물, 암모니아 등)에 잘 녹는다.

(2) 공유 결합(covalent bond)

① 정의

㉮ 안정된 물질 형태인 비활성 기체(0족 원소)의 전자 배열을 이루기 위해 각 원자가 같은 수의 맨 바깥 껍질의 전자를 내놓아 전자쌍을 이루어 서로 공유하여 결합하는 것이다.

㉯ 주로 전기 음성도가 같은 비금속 단체나 전기 음성도의 차이가 비슷한(1.7 이하) 비금속과 비금속 간의 결합을 말한다.

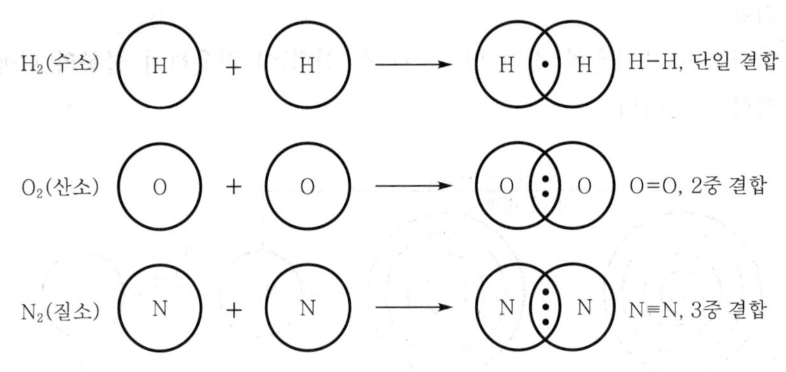

※ 전자쌍(:) 한 개는 결합선(−) 하나로 표시한다.

② 종류

㉮ 극성 공유 결합

㉠ 전기 음성도가 다른 두 원자(또는 원자단) 사이에 결합이 이루어질 때 형성된다.

㉡ 전기 음성도가 큰 쪽의 원자가 더 강하게 전자쌍을 잡아당기게 되어 분자가 전기적인 극성을 가지게 되는 공유 결합이며 주로 비대칭 구조로 이루어진 분자이다.

예 HF, HCl, NH_3, CH_3COOH, CH_3COCH_3 등

㉯ 비극성 공유 결합

㉠ 전기 음성도가 같거나 비슷한 원자들 사이의 결합이다.

㉡ 극성을 지니지 않아 전기적으로 중성인 결합으로서 단체(동종 이원자 분자) 및 대칭 구조로 이루어진 분자이다.

예 Cl_2, O_2, F_2, CO_2, BF_3, CCl_4, C_6H_6 등

③ 특성

㉮ 분자성 물질이므로 분자 간의 인력이 약하여 융점과 비등점이 낮다(단, 그물 구조를 이루고 있는 다이아몬드, 수정 등의 공유 결합 물질은 원자성 결정이므로 융점(MP)과 비등점(BP)이 높음).

㉯ 모두 전기의 부도체이다.

㉰ 극성 용매(H_2O)에 잘 녹지 않으나 비극성 용매(C_6H_6, CCl_4, CS_2 등)에 잘 녹는다.

㉣ 반응 속도가 느리다.

㉤ 공유 결합 분자의 기하학적인 모양의 예측은 전자쌍 반발의 원리를 근거로 판단할 수 있다.

참고

전기 음성도 차이에 의한 화학 결합

1. 전기 음성도의 차이가 1.7보다 크면 극성이 강한 이온 결합
2. 전기 음성도의 차이가 1.7보다 작으면 극성 공유 결합
3. 전기 음성도의 차이가 비슷하거나 같으면 비극성 공유 결합

(3) 배위 결합(배위 공유 결합 ; coordinate covalent bond)

① 정의

공유할 전자쌍을 한쪽 원자에서만 일방적으로 제공하는 형식의 공유 결합으로 주로 착이온을 형성하는 물질이다(단, 배위 결합을 하기 위해서는 반드시 비공유 전자쌍을 가진 원자나 원자단이 있어야 함).

$$H:\overset{H}{\underset{H}{\ddot{\underset{\cdot\cdot}{N}}}}: + H^{+} \longrightarrow \left[H:\overset{H}{\underset{H}{\ddot{\underset{\cdot\cdot}{N}}}}:H \right]^{+}$$

비공유 전자쌍

② 종류

NH_4^+, H_3O^+, SO_4^{2-}, NO_3^-, $Cu(NH_3)_4^+$, $Ag(NH_3)_2^+$ 등이 있다.

(4) 금속 결합(metallic bond)

① 정의

금속의 양이온들이 자유 전자(free electron)와의 정전기적 인력에 형성되는 금속 원자끼리의 결합이며 모든 금속은 금속 결합을 한다.

② 특성

㉮ 자유 전자에 의해 고체 상태나 액체 상태에서 열·전기의 전도성이 크다.

㉯ 일반적으로 융점이나 비등점이 높다.

㉰ 모든 파장의 빛을 반사하므로 고유한 금속 광택이 있고 연성·전성이 크나 양이온과 자유 전자에 의한 결합이므로 방향성이 없다.

(5) 수소 결합(hydrogen bond)

① 정의

전기 음성도가 매우 큰 F, O, N와 전기 음성도가 작은 H 원자가 공유 결합을 이룰 때 H 원자가 다른 분자 중의 F, O, N에 끌리면서 이루어지는 분자와 분자 사이의 결합을 말한다.

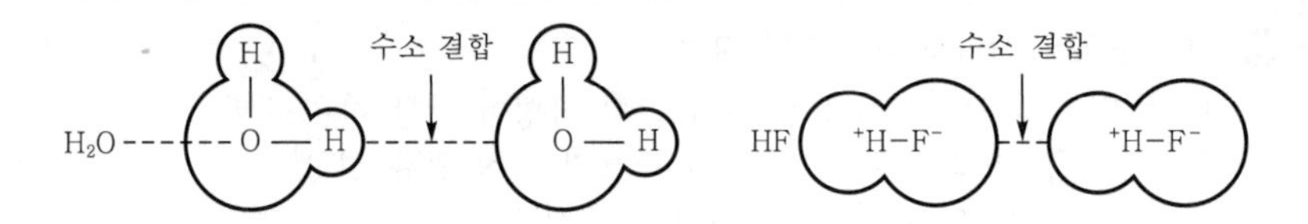

예 HF, H_2O, NH_3, CH_3OH, CH_3COOH 등

② 특성

㉮ 전기 음성도의 차이가 클수록 극성이 커지며 수소 결합이 강해진다.

㉯ 분자 간의 인력이 커져서 같은 족의 다른 수소 화합물보다 녹는점, 비등점이 높고 증발열도 크다.

(6) 반 데르 발스 결합(Van der Waals bond)

① 정의

분자와 분자 사이에 약한 전기적 쌍극자에 의해 생기는 반 데르 발스 힘으로 액체나 고체를 이루는 분자 간의 결합을 말한다.

예 I_2(요오드), 드라이아이스(CO_2), 나프탈렌, 장뇌 등의 승화성 물질

② 특성

㉮ 결합력이 약하여 가열하면 결합이 쉽게 끊어지는 승화성을 갖는다.

㉯ 분자 간의 결합력이 약해 일반적으로 융점이나 비등점이 낮다.

㉰ 분산력은 분자들이 접근할 때 서로 영향을 주어 전하의 분포가 비대칭이 되는 편극 현상에 의해 나타나는 힘이다.

㉱ 분산력은 일반적으로 분자의 분자량이 커질수록 강해지고, 분자의 크기가 클수록 강해진다.

㉲ 헬륨이나 수소 기체도 낮은 온도와 높은 압력에서는 액체나 고체 상태로 존재할 수 있는데, 이는 각각의 분자 간에 분산력이 작용하기 때문이다.

㉳ 분자들 사이의 분산력을 결정하는 요인으로 전자 수가 가장 중요하다.

참고

결합력의 세기

1. 공유 결합(그물 구조체)>이온 결합>금속 결합>수소 결합>반 데르 발스 결합
2. 공유 결합 : 수소 결합 : 반 데르 발스 결합=100 : 10 : 1

2 결정의 특징

결정		이온 결정	원자 결정	금속 결정	분자 결정
성분 원소		금속+비금속	비금속+비금속	금속	비금속+비금속
구성 입자		양이온, 음이온	원자	양이온, 자유전자	분자
결합력		이온 결합력	공유 결합력	금속 결합력	분자 간 힘
녹는점		높음.	매우 높음.	높음.	낮음.
전기 전도성	고체	없음.	없음.	있음.	없음.
	액체	있음.	없음.	있음.	없음.

3 분자 궤도 함수와 분자 모형

(1) 분자 궤도 함수

공유 결합 물질에서 공유 결합을 하는 물질들은 전자를 서로 공유함으로써 새로운 전자 구름을 형성하게 되는데, 이 새로운 전자 구름을 분자 궤도 함수라 한다.

(2) 분자 궤도 함수와 분자 모형

분자 궤도 함수	s 결합	sp 결합	sp^2 결합	sp^3 결합	p^3 결합	p^2 결합	p 결합
분자 모형	구형	직선형	평면 정삼각형	정사면체형	피라미드형	굽은형 (V자형)	직선형
결합각	180°	180°	120°	109°28′	90~93°	90~92°	108°
화합물	H_2	$BeCl_2$ BeF_2 BeH_2 C_2H_2	BF_3 BH_3 C_2H_4 NO_3^-	CH_4 CCl_4 SiH_4 BH_4^- NH_4^+	PH_3(93.3°) AsH_3(91.8°) SbH_3(91.3°) NH_3	H_2S(92.2°) H_2Se(90.9°) H_2Te(90°) H_2O	HF HCl HBr HI

Chapter 02 무기 화학

1. 금속 및 비금속 원소와 그 화합물

1 금속과 그 화합물

1-1 금속 원소의 성질

(1) 일반적 성질

① 상온에서 고체이다(단, Hg은 액체 상태).
② 비중은 1보다 크다(단, K, Na, Li은 1보다 작음).
③ 금속은 주로 전자를 방출하여 양이온으로 되며 주로 자유 전자에 의한 금속 결합을 하므로 전기 전도성이 크다.
④ 전기 전도성 · 전성을 가지며, 일반적으로 융해점이 높다.
⑤ 염기성 산화물을 만들며, 산에 녹는 것이 많다(단, Au, Pt들은 왕수에만 녹음).
⑥ 수소와 반응하여 화합물을 만들기 어렵다.
⑦ 원자 반지름은 크며, 이온화 에너지는 작다.

(2) 물리적 성질

① 열 및 전기 전도성이 크다(Ag > Cu > Au > Al …).
② 전성(퍼짐성) 및 연성(뽑힘성)이 크다(Au > Ag > Cu …).
③ 융점이 높다(W(3,370℃) > Pt(1,549~2,700℃) > Au(1,064℃) > Na(97.5℃) > Hg(−38.9℃)).
④ 비중이 크다(중금속 > 비중 4 > 경금속).
⑤ 합금을 만든다.
㉮ 황동(brass ; 놋쇠) : 구리(Cu) + 주석(Sn)
㉯ 청동(bronze) : 구리(Cu) + 아연(Zn)
㉰ 양은(German silver) : 구리(Cu) + 니켈(Ni) + 아연(Zn)
㉱ 두랄루민(Duralumin) : 알루미늄(Al) + 구리(Cu) + 마그네슘(Mg) + 규소(Si)
㉲ 땜납(solder) : 주석(Sn) + 납(Pb)

1-2 알칼리 금속(1A족)과 그 화합물

(1) 알칼리 금속(1A족)의 특성

리튬(Li), 나트륨(Na), 칼륨(K), 루비듐(Rb), 세슘(Cs), 프랑슘(Fr) 등의 6개 원소로 화학적으로 활성이 큰 금속이다.

① 은백색의 연하고 가벼운 금속으로 융점이 낮고 특유의 불꽃 반응을 한다.

원소	Li	Na	K	Rb	Cs
불꽃 반응색	빨강	노랑(황색)	보라	연빨강	연파랑

② 최외각 전자(가전자)가 1개이므로 전자를 잃어 1가의 양이온이 되기 쉽다.

③ 물과 쉽게 반응하여 수소가 발생하며, 수용액은 강알칼리성이다(단, K과 Na은 석유나 벤젠 속에 저장). $2K+2H_2O \rightarrow 2KOH+H_2\uparrow+92.8kcal$

④ 원자 번호가 증가함에 따라 활성이 커지고, 비점 · 융점은 낮아진다.

⑤ 화합물은 모두 이온 결합을 잘하며, 물에 잘 녹는다.

(2) 알칼리 금속의 화합물

① 수산화나트륨(NaOH)

㉮ 성질

㉠ 조해성이 있는 백색 고체로 수용액은 알칼리성이다.

㉡ 물에 잘 녹는다.

㉢ 공기 중의 CO_2를 흡수하여 탄산나트륨(Na_2CO_3)이 된다.

㉯ 제법(소금물의 전기 분해법 : 격막법, 수은법)

$$2NaCl+2H_2O \rightarrow 2NaOH+\underset{(-극)}{H_2\uparrow}+\underset{(+극)}{Cl_2\uparrow}$$

참고

소금물의 전기 분해법

1. 격막법 : (+)극을 탄소, (−)극을 철(Fe)로 하여 두 극 사이에 격막으로 석면을 사용하여 두 극의 생성물이 혼합되는 것을 막는다.
2. 수은법 : (+)극을 탄소, 수은(Hg)을 (−)극으로 하여 소금물을 전기 분해하면 Na^+이 방전하여 Na으로 되고, 이 Na이 수은 속에 녹아서 Na아말감(수은과 다른 금속의 합금)을 만든다.
   $Na^++e^-+Hg(음극) \rightarrow Na(Hg)$
   이 아말감[Na(Hg)]을 별실에 보내어 물과 반응시키면 NaOH가 생성된다.
   $2Na(Hg)+2H_2O \rightarrow 2NaOH+H_2+2Hg$

② 탄산나트륨(Na_2CO_3), 소다회

㉮ 성질 : 무수물은 백색 분말이며, 수화물은 풍해성이 있으며, 강산에 의해 CO_2를 발생한다.

풍해

결정(수화물)이 공기 중에서 결정수를 잃고 부스러지는 현상이다.

예 Na_2CO_3, $10H_2O$ 등

㉯ 제법(Solvay법, 암모니아 소다법)

$2NaCl+CaCO_3 \rightarrow Na_2CO_3+CaCl_2$

$NH_3+CO_2+H_2O+NaCl \rightarrow NH_4Cl+NHCO_3$

$2NaHCO_3 \rightarrow Na_2CO_3+CO_2\uparrow+H_2O$

$CaCO_3 \xrightarrow{\text{가열}} CaO+CO_2$

$CaO+H_2O \rightarrow Ca(OH)_2$

$2NH_4Cl+Ca(OH)_2 \rightarrow CaCl_2+2NH_3+2H_2O$

참고

솔베이법

솔베이(Solvay)법에서 유일한 부산물은 염화칼슘($CaCl_2$)이다.

③ 탄산수소나트륨($NaHCO_3$)

㉮ 성질 : 수용액에서 염기성을 나타낸다.

$NaHCO_3 \rightleftarrows Na^+ + HCO_3^-$

$HCO_3^- + H_2O \rightleftarrows H_2CO_3 + OH^-$

수용액에서 OH^-를 내기 때문에 염기성을 띤다.

1-3 알칼리 토금속(2A족)과 그 화합물

(1) 알칼리 토금속(2A족)의 특성

베릴륨(Be), 마그네슘(Mg), 칼슘(Ca), 스트론튬(Sr), 바륨(Ba), 라듐(Ra)의 6개 원소로서, 반응이 크며 원자 가전자가 2개로서 +2가의 양이온을 이루는 금속이다.

① 알칼리 금속과 비슷한 성질을 갖는 은회백색의 금속으로 가볍고 연하다.

② Be, Mg은 찬물과 반응하지 않으나 Ca, Sr, Ba, Ra은 찬물에 녹아 수소를 발생한다.

③ Be과 Mg을 제외한 산화물·수산화물은 물에 잘 녹으며 황산염(Be, Mg은 제외)과 탄산염은 물에 잘 녹지 않는다.

④ Be, Mg을 제외한 금속은 불꽃 반응을 하여 독특한 색을 나타낸다.

예

원소	Ca	Sr	Ba	Ra
불꽃 반응색	등색	적색	황록색	적색

⑤ 식물에서 클로로필렌은 Mg^{2+} 금속 이온과 포르피란과의 착화합물을 만든다.

(2) 알칼리 토금속의 화합물

① 염화마그네슘($MgCl_2 \cdot 6H_2O$), 간수

㉮ 조해성의 결정으로 단백질을 응고시킨다.

㉯ 천일제염으로 만든 굵은 소금에 함유되어 있으며 간수의 주성분이다.

㉰ 간수는 아주 떫은 액체로 두부를 응고시키는 데 사용한다.

참고

조해

결정이 공기 중에서 수분을 흡수하여 용해하는 현상이다.

예 NaOH, KOH, $CaCl_2$, $MgCl_2$ 등

② 산화칼슘(CaO), 생석회

석회석($CaCO_3$)을 열분해시켜 생성하며 물과 반응하여 석회유[$Ca(OH)_2$]를 생성한다.

예 $CaCO_3 \rightarrow CaO+CO_2$, $CaO+H_2O \rightarrow Ca(OH)_2$

③ 탄산칼슘, 카바이드(CaC_2)

생석회(CaO)와 코크스(C)를 고온에서 반응시켜 생성하며 물과 반응하여 아세틸렌을 생성한다.

예 $CaC_2+2H_2O \rightarrow Ca(OH)_2+C_2H_2\uparrow$

④ 소석고($CaSO_4 \cdot \frac{1}{2}H_2O$), 황산칼슘 반수화염 : 석고붕대의 재료로 사용되는 소석고의 성분

(3) 센물과 단물

① 센물

물 속에 칼슘 이온(Ca^{2+})이나 마그네슘 이온(Mg^{2+})이 비교적 많이 포함되어 비누 거품이 잘 일지 않는 물이다.

② 단물

빗물과 같이 칼슘 이온(Ca^{2+})이나 마그네슘 이온(Mg^{2+})이 적게 포함된 물이다.

③ 센물을 단물로 만드는 방법(연화법)

㉮ 탄산나트륨(Na_2CO_3)법

㉯ 퍼뮤티트(permutite)법

㉰ 이온 교환 수지법

1-4 붕소족(3B족) 원소와 그 화합물

(1) 붕소(B)

① 준금속 원소로 유리 상태로 자연계에 존재하지 않고 붕산이나 붕사($Na_2B_4O_7 \cdot 10H_2O$)로 존재한다.

② 수소와 할로겐 원소와 반응하여 BH_3, BF_3와 같은 옥테드를 이루지 않는 물질을 만들어 루이스산이 된다.

(2) 알루미늄(Al)

① 연성·진성이 큰 은백색의 연한 금속으로 열·전기의 양도체이다.

② 공기 중에서 산화막(Al_2O_3)를 만들어 내부를 보호한다(알루마이트 : 인공으로 만든 Al_2O_3막).

③ 결정형 산화알루미늄을 알루미나 또는 강옥이라고 부르며 순수한 강옥은 보석으로 흰 사파이어라고 부른다.

④ 강한 환원력이 있어 금속 산화물을 환원시킨다.

㉮ 테르밋(thermit)법 : Al가루와 Fe_2O_3가루의 혼합물(특수 용접에 사용)

㉯ 골드슈미트(Goldschmidt)법 : 금속(Cr, Mn, W 등)을 유리시키는 야금법

⑤ 양쪽성 원소로 산·알칼리에 모두 반응하여 수소가 발생한다.

⑥ 진한 질산(c-HNO_3)과는 표면에 치밀한 산화막의 부동태를 만들어 내부를 보호한다.

(3) 알루미늄의 화합물

① 백반($KAl(SO_4)_2 \cdot 12H_2O$)

복염으로서 가수분해되어 산성을 나타내고 물의 정화 매염제로 이용된다.

② 산화알루미늄(Al_2O_3)

산화크로뮴(Cr_2O_3)이 미량 함유된 것은 루비, 이산화티탄(TiO_2)이 미량 함유된 것은 사파이어이다.

③ 황산알루미늄(황산 반토, $Al_2(SO_4)_3$)

물의 불순물 침전제로 사용되며 포말 소화기의 내통제로도 사용한다.

(4) 갈륨(Ga)

P형 반도체를 만드는 데 사용한다.

1-5 철족(8족) 원소와 기타 화합물

(1) 철족(8족) 원소

철(Fe), 코발트(Co), 니켈(Ni) 등의 전이 원소로서 착염과 착이온의 촉매로 사용된다. 특히 철(Fe)은 +2 또는 +3의 산화 수를 갖으며, +3의 산화 수 상태가 가장 안정하다.

① 철이온 검출
 ㉮ Fe^{2+} : $K_3Fe(CN)_6$를 가하면 푸른색 침전
 ㉯ Fe^{3+} : $K_4Fe(CN)_6$를 가하면 청색 침전

② 착염 생성
 ㉮ 페로시안화칼륨 : $K_4Fe(CN)_6 \rightleftarrows 4K^+ + Fe(CN)_6^{4-}$
 ㉯ 페리시안화칼륨 : $K_3Fe(CN)_6 \rightleftarrows 3K^+ + Fe(CN)_6^{3-}$

③ 사산화삼철(Fe_3O_4)은 자철광을 주성분으로 부식을 방지하는 방식용으로 사용된다.

참고

➡ 추가예프 반응
Ni의 검출 반응이다.

(2) 기타 화합물

① 염화제일수은(Hg_2Cl_2)
감홍이라 하며, 물에 녹지 않고 독성이 없다.

② 염화제이수은($HgCl_2$)
승홍이라 하며, 물에 잘 녹고 맹독성이 있으나 0.1%의 용액은 소독제로 사용된다.

2 비금속 원소와 그 화합물

2-1 비금속 원소의 일반적 성질

① 상온에서 기체 또는 고체이다(단, Br_2은 액체 상태).
② 비중은 1보다 작다.
③ 주로 전자를 받아들여 음이온으로 되며 주로 공유 결합을 한다.
④ 전성·연성을 가지며 일반적으로 융해점이 높다.
⑤ 산성 산화물을 만들며 산과 반응하기 힘들다.
⑥ 수소와 반응하여 화합물을 만들기 쉽다.
⑦ 원자 반지름은 작으며 이온화 에너지는 크다.

2-2 비활성 기체(0족)와 수소(1A족)

(1) 비활성 기체(0족 원소)

헬륨(He), 네온(Ne), 아르곤(Ar), 크립톤(Kr), 크세논(Xe), 라돈(Rn) 등의 6개 원소를 말하며 최외각 전자가 8개로 안정하며 단원자 분자이다. 또한 대부분 화합물을 만들지 않는 원소이다.

① 일반적 성질

㉮ 상온에서 무색·무미·무취의 단원자 분자의 기체이다.

㉯ 융점, 비등점이 낮아서 액화하기 어렵다.

㉰ 분자 간에 반 데르 발스 힘만이 존재하므로 비등점이 낮다.

㉱ 이온화 에너지가 가장 크다.

㉲ 낮은 압력에서 방전할 때 특유한 색상을 나타내므로 야간 광고용으로 사용된다.

㉳ 전자 배열이 안정하다.

㉴ 다른 원소와 화합하여 반응을 일으키기 어렵다.

㉵ 가볍고, 불연소성이므로 기구, 비행기 타이어 등에 사용한다.

② 비활성 기체의 성상

원소 기호	He	Ne	Ar	Kr	Xe	Rn
방전색	황백색	주황색	적색	녹자색	청자색	청록색
비등점(℃)	−185.9	−246.0	−269.0	−152.9	−107.1	−65.0

(2) 수소(H_2)와 그 화합물

① 수소(H_2)

㉮ 성질

㉠ 무색·무취·무미로 원소 중 가장 가벼운 기체이다(확산 속도가 가장 빠름).

㉡ 공기 중에서 산소와 반응하여 수소 폭명기를 형성하여 폭발한다.

예 $2H_2+O_2 \rightarrow 2H_2O$

㉢ 햇빛이나 가열에 의해 염소 폭명기를 형성한다.

예 $H_2+Cl_2 \rightarrow 2HCl$

㉣ 알칼리 금속, 알칼리 토금속과는 이온 결합을 하며 비금속과는 공유 결합을 한다.

㉤ 고온에서 금속 산화물을 환원시킨다.

예 $CuO+H_2 \rightarrow Cu+H_2O$

㉯ 제법

㉠ 키프(Kipp) 장치를 사용하여 수소보다 이온화 경향이 큰 금속에 묽은 산을 가하여 생성한다.

예 $Zn+2HCl \rightarrow ZnCl_2+H_2\uparrow$

㉡ 가열된 코크스에 수증기를 작용시켜 수소를 발생한다.

예 $C+H_2O \rightarrow \underline{CO+H_2}$ (수성 가스법)
수성가스(water gas)

㉢ 물을 전기 분해하여 (−)극에서 수소를 발생한다.

예 $2H_2O \rightarrow \underline{2H_2} + \underline{O_2}$
(−)극 (+)극

㉣ 소금물을 전기 분해하여 (−)극에서 수소를 발생한다.

예 $2NaCl+2H_2O \rightarrow 2NaOH+\underline{H_2} + \underline{Cl_2}$
(−)극 (+)극

㉤ 양쪽성 원소(Al, Zn, Sn, Pb 등)에 산 또는 알칼리를 작용시켜 수소를 발생한다.

② 과산화수소(H_2O_2)

㉮ 성질

㉠ 무색의 액체로 물에 잘 녹으며 3%의 수용액을 과산화수소 또는 옥시풀이라 한다.

㉡ 극히 불안정하며, 햇빛에 의해 분해되고, 살균・소독・표백・산화 작용을 한다.

㉢ 무색의 요오드화칼륨(KI) 녹말 종이를 푸른 보라색으로 변색시킨다(산화제로 작용).

㉣ 환원제로도 사용한다(과망간산칼륨의 적자색 수용액에 묽은 황산을 가하고 여기에 H_2O를 가하면 적자색이 없어짐).

㉯ 제법

과산화물(Na_2O_2 또는 BaO_2 등)에 묽은 황산을 반응시켜 생성한다.

예 $Na_2O_2+H_2SO_4 \rightarrow Na_2SO_4+H_2O_2$

2-3 할로겐족 원소(7B족)와 그 화합물

(1) 할로겐족 원소의 일반적 성질

불소(F), 염소(Cl), 브롬(Br), 요오드(I), 아스타틴(At) 등의 5개 원소를 말하며, 최외각 전자가 7개로서 전자 1개를 받아서 −1가의 음이온이 되는 원소이다.

① 일반적 특성

㉮ 단체의 상태는 옥테드의 전자 배치를 한 이원자 분자이다.

예 F_2, Cl_2, Br_2, I_2 등

㉯ 수소나 금속에 대하여 화합력(산화력)이 매우 크다.

㉰ 할로겐화 수소는 HF(약산)를 제외하고는 모두 강산이다.

예 HI > HBr > HCl > HF

㉱ 할로겐 원소는 물에는 거의 녹지 않는다.

㉲ 수소 기체와 반응하여 할로겐화 수소를 만든다.

㉥ 원자 번호가 작을수록 반응성은 커진다(전기 음성도가 증가).

예 반응성의 크기 : $F_2 > Cl_2 > Br_2 > I_2$

㉦ 단체의 비등점과 융점은 원자 번호가 커질수록 커진다(반 데르 발스 힘이 강해짐).

㉧ 금속 화합물은 F를 제외한 할로겐 원소의 은염, 염화일수은, 납염을 제외하고는 물에 잘 녹는다.

예 물에 불용인 염 : $AgCl$, Hg_2Cl_2, $PbCl_2$, Cu_2Cl_2 등

㉨ 특유한 색깔을 가지며, 원자 번호가 증가함에 따라 색깔이 진해진다.

㉩ 자연 상태에서 2원자 분자로 존재한다.

㉪ 전자를 얻어 음이온이 되기 쉽다.

㉫ 기체로 변했을 때도 독성이 매우 강하다.

② 종류

㉮ 불소(F_2) : 연한 황색 기체이며, 자극성이 강하고 가장 강한 산화제로서 화합력이 강해 모든 원소와 반응한다.

㉯ 염소(Cl_2)

㉠ 황록색의 자극성 기체로 매우 유독하며, 액화하기 쉬운 물질이다.

㉡ 요오드화칼륨 녹말 종이를 보라색으로 변색시킨다(염소 검출법).

㉢ 알칼리 용액에 잘 녹는다(표백제로 사용).

참고

염소 및 표백분의 표백 작용

1. 염소나 표백분은 물속에 녹아 차아염소산(HClO)을 만들어 발생기 산소를 내므로 표백 작용을 한다.
   $Cl_2 + H_2O \rightarrow HCl + HClO$
   $CaOCl_2 + H_2O + CO_2 \rightarrow CaCO_3 + HCl + HClO$
2. 표백한 후 여분의 염소를 제거시키는 방법 : 아황산나트륨의 수용액에 담근다.
   $Cl_2 + NaSO_2 + H_2O \rightarrow NaSO_4 + 2HCl$

㉰ 브롬(Br_2)

㉠ 해수 속에 존재하며, 상온에서 붉은 갈색의 액체로 강한 자극성을 지닌다.

㉡ 수용액은 브롬수로서 표백 작용을 한다.

㉱ 요오드(I_2)

㉠ 판상 흑자색의 고체로 승화성이 있다.

㉡ 물에는 잘 녹지 않으나 KI 용액 · 알코올 · 클로로폼 등에 녹는다.

㉢ 요오드 녹말 반응(I_2+녹말 → 청색으로 변색)을 한다(요오드의 검출법).

㉣ 요오드는 티오황산나트륨($Na_2S_2O_3$)과 작용하여 무색으로 된다.

(2) 할로겐족 원소의 화합물

① 플루오르화수소(HF)

㉮ 무색의 자극성이 있는 기체로 물에 잘 녹으며, 수용액은 약산인 플루오르화수소산이다.

㉯ 모래·석영을 부식시킨다(특히 유리를 부식시키는 유일한 물질).

예 $SiO_2+4HF \rightarrow 2H_2O+SiF_2\uparrow$

② 염화수소(HCl)

㉮ 자극성 냄새를 가진 무색 기체로서 공기보다 약 1.3배 무겁다.

㉯ 물에 잘 녹고 수용액은 염산이며 강한 산성을 나타낸다.

㉰ 암모니아와 반응하여 흰 연기를 발생시킨다(염화수소의 검출법).

예 $NH_3+HCl \rightarrow NH_4Cl\uparrow$

㉱ 염산은 수소보다 이온화 경향이 큰 금속(K~Sn까지)과 반응하여 수소를 발생시킨다.

㉲ 제조법은 합성법과 소금의 황산 분해법 등이 있다.

③ 브롬화수소(HBr)와 요오드화수소(HI)

㉮ HBr, HI는 발연성 기체로 물에 녹아 강산을 만든다.

㉯ HF 이외에 할로겐화수소산은 질산은 수용액을 가하면 침전이 생긴다.

예 $HX+AgNO_3 \rightarrow HNO_3+AgX$(X : Cl, Br, I)

$AgCl\downarrow$(흰색 침전), $AgBr\downarrow$(담황색 침전), $AgI\downarrow$(노란색 침전)

▌할로겐화수소의 성질▐

구분	비등점(℃)	융점(℃)	산성	할로겐화은
HF	19.9	-83.0	약산	AgF(물에 용해)
HCl	-85.1	-114.2	강산	$AgCl\downarrow$(흰색 침전)
HBr	-66.7	-86.9	강산	$AgBr\downarrow$(담황색 침전)
HI	-35.4	-50.8	강산	$AgI\downarrow$(노란색 침전)

2-4 산소족(6B족) 원소와 그 화합물

(1) 산소족 원소의 일반적 성질

산소(O), 황(S), 셀레늄(Se), 텔루르(Te), 폴로늄(Po)의 5개 원소를 말하며, 최외각 전자가 6개 있어 산화 수가 −2로서 전자를 2개 잃는 2가의 음이온이 되는 원소이다.

(2) 산소족 원소의 종류

① 산소(O_2)

㉮ 성질

㉠ 무미·무취의 기체로서 물에 조금 녹으며 수상 치환하여 얻는다.

㉡ 비활성 기체와 금·은·백금 등을 제외한 모든 원소와 화합하여 산화물을 생성한다.

㈏ 제법

㉠ 화학적 방법 : 산소 화합물은 이산화망간(MnO_2)의 촉매하에서 분해시켜 생성한다.

예 $2KClO_3 \rightarrow 2KCl+3O_2$, $2H_2O_2 \rightarrow 2H_2O+O_2$

㉡ 물리적 방법(액체 공기 분류법) : 공업적으로 공기를 액화시켜 액체 공기를 만든 후 비등점의 차이에 의해 분별 증류시켜 질소와 아르곤, 산소를 분리한다.

② 유황(S_8)

㈎ 성질

㉠ 노란색 고체로서 열과 전기의 부도체이다.

㉡ 황에는 결정형의 단사황과 사방황이 있고 무정형의 고무상황이 있다(황의 동소체).

㉢ 물에는 불용이며, 단사황·사방황은 CS_2에 잘 녹으나 고무상황은 녹지 않는다.

㉣ 연소시키면 푸른 불꽃을 내면서 타고 이산화황(SO_2)이 된다.

예 $S+O_2 \rightarrow SO_2$

㈏ 제법

실험적으로 황화수소(H_2S)에 이산화황(SO_2)을 반응시켜 황(S)을 얻는다.

예 $2H_2S+SO_2 \rightarrow 2H_2O+3S$

(3) 산소족 원소의 화합물

① 오존(O_3)

㈎ 특이한 냄새를 가진 담청색의 기체이며, 산소(O_2)와 동소체이다.

㈏ 강한 산화 작용이 있다.

㈐ 요오드화칼륨 녹말 종이를 보라색으로 변화시킨다.

예 $2KI+O_3+H_2O \rightarrow I_2+O_2+2KOH$

㈑ 소독제, 산화제, 표백제 등으로 이용된다.

② 이산화황(SO_2, 아황산가스)

㈎ 무색·자극성의 유독성 기체이며, 공기보다 약 2.5배 무겁다.

㈏ 물에 잘 녹으며, 약산성을 나타낸다(아황산을 생성).

㈐ 수용액에서는 발생기 수소(H)를 내므로 강한 환원 작용을 한다(환원성 표백제로 이용).

예 $SO_2+2H_2O \rightarrow H_2SO_4+2[H]$

㈑ 환원력이 큰 물질과는 산화제로도 작용한다.

예 $SO_2+2H_2SO_4 \rightarrow 2H_2O+3S+2O_2$

㈒ 기화열이 커서 냉동제(냉매)로도 이용한다(기화열 : 91.3kcal).

③ 황산(H_2SO_4)

연실법과 접촉법에 의해 만든다.

㉮ 진한 황산(c−H_2SO_4)

㉠ 점성이 큰 무색 액체로 비휘발성이다(비등점 : 338℃).

㉡ 흡수성이 커진 산성 기체(NO_2, Cl_2, HCl 등)의 건조제로 사용한다.

㉢ 흡습성과 탈수 작용이 강하여 탈수제로 사용한다.

㉣ 용해열이 크다. 따라서 묽은 황산을 만들 때는 물에다 진한 황산을 조금씩 가한다.

㉤ 가열된 진한 황산은 발생기 산소를 내므로 산화 작용을 한다.

예 $H_2SO_4 \rightarrow H_2O+SO_2+[O]$

㉥ 수소보다 이온화 경향이 작은 금속(Cu, Hg, Ag)과 반응하여 이산화황(SO_2)을 발생한다.

예 $Cu+2H_2SO_4 \rightarrow CuSO_4+2H_2O+SO_2$

㉯ 묽은 황산(d−H_2SO_4)

㉠ 강한 산성 작용을 나타내므로 전리도가 크다.

예 $H_2SO_4 \rightarrow H^+ + HSO_4^- \rightarrow 2H^+ + SO_4^{2-}$

㉡ 흡수성 · 탈수성 · 산화성이 없다.

㉢ 수소보다 이온화 경향이 큰 금속과 반응하여 수소를 발생한다.

예 $Zn+H_2SO_4 \rightarrow ZnSO_4+H_2$

㉣ 염화바륨($BaCl_2$)과 반응하여 흰색 침전을 만든다(황산의 검출법).

예 $H_2SO_4+BaCl_2 \rightarrow BaSO_4+2HCl$

④ **황화수소(H_2S)**

㉮ 성질

㉠ 무색, 달걀 썩는 냄새를 가진 유독한 기체이다.

㉡ 물에 녹아 약산성을 나타낸다.

㉢ 강한 환원제로 작용한다.

예 $2H_2S+SO_2 \rightarrow 2H_2O+3S$

㉣ 완전 연소 시 이산화황(SO_2)이 발생하고 불완전 연소는 황(S)을 유리시킨다.

예 • 완전 연소 시 : $2H_2S+3O_2 \rightarrow 2H_2O+2SO_2$
• 불완전 연소 시 : $2H_2S+O_2 \rightarrow 2H_2O+2S$

㉤ 초산납 종이(연당지)를 흑색으로 변색시킨다(검출법).

㉯ 제법

황화철(FeS)에 묽은 황산이나 묽은 염산을 가한다(Kipp 장치를 이용).

예 • $FeS+2HCl \rightarrow FeCl_2+H_2S$
• $FeS+H_2SO_4 \rightarrow FeSO_4+H_2S$

참고

키프 장치(Kipp's apparatus)

고체에 액체를 넣어 가열하지 않고 기체를 발생시킬 때 사용하는 장치를 말한다.

예
- $Zn + d-H_2SO_4 \rightarrow ZnSO_4 + H_2 \uparrow$
- 대리석($CaCO_3$) $+ 2HCl \rightarrow CaCl_2 + H_2O + CO_2 \uparrow$
- $FeS + 2HCl \rightarrow FeCl_2 + H_2S \uparrow$

2-5 질소족(5B족) 원소와 그 화합물

(1) 질소족 원소의 일반적 성질

질소(N), 인(P), 비소(As), 안티몬(Sb), 비스무트(Bi) 등의 5개 원소를 말하며, 최외각 전자가 5개 있어 산화 수가 +5 또는 −3인 원소이다.

(2) 질소족 원소의 종류

① 질소(N_2)

㉮ 무색 · 무미 · 무취의 기체로 공기 중에 약 79vol%가 존재한다.

㉯ 상온에서는 안정하여 화학적으로 반응성이 작은 기체이다.

㉰ 고온에서 촉매 작용으로 금속 · 비금속과 반응하여 질소 화합물을 만든다.

㉱ 화학적으로 아질산암모늄(NH_4NO_2)이나 아질산나트륨($NaNO_2$)과 염화암모늄(NH_4Cl)의 혼합물을 가열하여 만든다.

㉲ 공업적으로 액체 공기를 분별 증류하여 얻는다.

② 인(P_4)

㉮ 4원자 분자로 두 가지의 동소체를 갖는다.

성질	황린	적린
상태	백색 또는 담황색의 고체	암적색 무취의 분말
독성	맹독성이 있음.	없음.
융해성	CS_2, C_6H_6 등 유기 용매에 녹음.	CS_2에 녹지 않음.
자연 발화성	자연 발화함. ⇒ 꼭 물속에 보관	자연 발화하지 않음.
연소	P_2O_5 생성	P_2O_5 생성

㉯ 물에는 녹지 않으나 연소시키면 오산화인(P_2O_5)을 생성한다.

예 $4P + 5O_2 \rightarrow 2P_2O_5$

(3) 질소족 원소의 화합물

① 암모니아(NH_3)

㉮ 성질

㉠ 무색의 자극성 기체이며, 물에 잘 녹고 액화하기 쉽다.

㉡ 주위의 기화열을 흡수하므로 냉매로 사용한다.

㉢ 수용액은 약한 알칼리성이다(붉은 리트머스 종이를 푸르게 변화시킴).

㉣ 염화수소(HCl)와 반응하여 흰 연기를 낸다(암모니아 검출법).

예 $HCl + NH_3 \rightarrow NH_4Cl$

㉤ 네슬러 시약에 의해 암모늄염 중 암모니아 적정에서 암모니아가 완전히 추출되었는지를 확인한다.

㉥ 공기와의 혼합물을 백금 촉매하에 가열하면 산화질소가 된다.

㉦ Cu^{2+}, Zn^{2+}, Ag^{+}과 반응하여 착이온을 만든다.

㉯ 제법

㉠ 하버-보슈법(Harber-Bosch) : 질소(N_2)와 수소(H_2)를 500℃, 200기압에서 $Fe + Al_2O_3$ 촉매를 사용하여 반응시킨다. 이때 더 많은 양의 암모니아를 얻으려면 질소와 수소의 분압을 높이고 온도를 낮춘다.

예 $N_2 + 3H_2 \rightarrow 2NH_3 + 22kcal$

㉡ 석회질소법

예 $CaCN_2 + 3H_2O \rightarrow 2NH_3 + CaCO_3$

② 질산(HNO_3)

㉮ 성질

㉠ 무색의 발연성 기체로 빛에 의해 분해되므로 갈색병에 보관한다.

㉡ 수용액은 강산성이며, 분해 시 산소를 내어 강한 산화력을 가진다.

㉢ 왕수(royal water, 염산 3 : 질산 1)를 만들어 백금(Pt), 금(Au) 등을 녹인다.

㉣ Fe, Ni, Cr, Al 등은 묽은 질산에는 녹으나 진한 질산에는 금속 표면에 치밀한 금속 산화물의 피막을 형성시켜 부동태를 만들기 때문에 녹지 않는다.

㉤ 단백질에 진한 질산을 가하면 황색으로 변한다(크산토프로테인 반응).

㉯ 제법

㉠ 칠레초석($NaNO_3$)의 황산 분해법

예
- $NaNO_3 + H_2SO_4 \rightarrow NaHSO_4 + HNO_3$ (저온)
- $2NaNO_3 + H_2SO_4 \rightarrow Na_2SO_4 + 2HNO_3$ (고온)

㉡ 오스트발트법(Ostwald process, 암모니아 산화법)

예
- $4NH_3 + 5O_2 \rightarrow 4NO + 6H_2O$ (Pt 촉매, 700℃)
- $2NO + O_2 \rightarrow 2NO_2$
- $3NO_2 + H_2O \rightarrow 2HNO_3 + NO$

③ 질소 산화물

㉮ 일산화질소(NO)

㉠ 무색의 기체로 물에 녹지 않는다.

㉡ 상온에서 공기 중의 산소와 반응하여 적갈색의 NO_2가 된다.

예 $2NO + O_2 \rightarrow 2NO_2$

㉢ 산성 산화물의 성질이 없다.

㉯ 이산화질소(NO_2)

㉠ 적갈색의 특유한 냄새가 나는 유독성 기체이다.

㉡ 산성 산화물질로서 물과 반응하여 질산을 만든다.

예 $3NO_2 + H_2O \rightarrow 2HNO_3 + NO$

㉢ 적갈색의 NO_2를 20℃ 이하로 냉각시키거나, 600℃ 이상으로 가열하면 무색으로 된다.

④ 인산(H_3PO_4)

㉮ 3 염기산으로 염기와 중화 반응하여 3가지 종류의 염을 생성한다.

예 NaH_2PO_4 : 산성, Na_2HPO_4, Na_3PO_4 : 염기성

㉯ 제조법에는 습식법(인광석의 황산 분해법)과 건식법 등이 있다.

⑤ 비소(As)

㉮ 금속과 비금속의 중간 성질을 가지는 준금속 원소로 회색, 노란색, 검정색의 3가지 동소체가 있다.

㉯ 검출하는 방법

㉠ 마시의 시험(Marsh test) 반응 : 아연과 황산을 반응시켜 생성된 수소를 As_2O_3와 결합시키는 것이다. As_2O_3가 수소와 반응하면 독가스인 아르신(AsH_3)이 생성되고, 아르신 기체가 가열되면 분해되어 비소가 생성된다. 비소는 금속성 광택으로 확인한다.

㉡ 최근에는 CP-MS[5]를 사용해서 검출한다.

㉰ 용도 : 합금 재료와 반도체 제조 등

2-6 탄소족(4B족) 원소와 그 화합물

(1) 탄소족 원소의 일반적 성질

탄소(C), 규소(Si), 게르마늄(Ge), 주석(Sn), 납(Pb) 등의 원소를 말하며, C, Si는 비금속 원소, Ge은 준금속 원소, Sn, Pb은 양쪽성 원소이다.

(2) 탄소족 원소의 종류

① 탄소(C)

㉮ 세 가지의 동소체가 존재한다.

예 숯, 흑연, 다이아몬드 등

동소체	결정체		무정형
	다이아몬드	흑연	숯, 활성탄, 코크스
결정 구조	무색 8면체의 원자성 결정, 그물 구조를 형성	금속 광택의 6각형 판상 결정	흑연 구조의 미세한 입자의 불규칙한 모임
성질	• 전기의 절연체 • 모든 물질 중에 가장 단단하고 굴절률이 큼. • 연소하면 CO_2로 됨(900℃).	• 전기의 양도체 • 구조의 상하 결합력이 약해 층으로 벗겨짐. • 연소하면 CO_2로 됨(700℃).	• 전기의 도체 • 입자가 작고 표면적이 크므로 흡착력이 큼.
용도	보석 연마제, 유리칼	탄소 섬유를 만드는 데 사용되는 원료, 연필심, 원자로 감속제	흑색 안료, 탈색제, 탈취제

㉯ 환원 작용이 강하다.

예 • $Fe_2O_3 + 3C \rightarrow 2Fe + 3CO$

• $ZnO + C \rightarrow Zn + CO$

• $C + H_2O \rightarrow CO + H_2$(수성 가스, water gas)

② 규소(Si)

㉮ 실리콘이라고도 하며, 자연계에는 이산화규소(SiO_2)나 규산염의 광석으로 존재한다.

㉯ 그물 구조로 경도가 크고 용융점과 비등점이 높다.

㉰ 게르마늄(Ge) 등과 같이 반도체로서, 트랜지스터나 다이오드 등의 원료가 된다.

③ 게르마늄(Ge)

반도체 산업의 핵심 재료로 사용되며, 최근에는 친환경 농업에도 활용한다.

(3) 탄소족 원소의 화합물

① 이산화탄소(CO_2)

㉮ 성질

㉠ 무색·무취의 불연성 기체로 공기 중에 약 0.03% 정도 존재한다.

㉡ 물에 약간 녹아 약산성(H_2CO_3)이 된다.

㉢ 압력을 가해 액화·응고시키면 승화성이 있는 고체 드라이아이스(dry ice)가 된다.

㉣ 석회수[$Ca(OH)_2$]를 통과시키면 탄산칼슘($CaCO_3$)의 흰색 침전이 일어난다(CO_2의 검출법).

예 $Ca(OH)_2 + CO_2 \rightarrow CaCO_3 + H_2O$

㉤ 소다 및 요소 제조의 원료, 청량 음료수 등에 사용한다.

㉯ 제법

카프(Kipp) 장치를 이용하여 석회석($CaCO_3$)에 HCl을 가하여 CO_2를 발생시킨다.

예 $CaCO_3 + 2HCl \rightarrow CaCl_2 + H_2O + CO_2 \uparrow$

② 일산화탄소(CO)

㉮ 성질

㉠ 무색 · 무취의 독성 가스이다.

㉡ 환원성이 강한 기체이며, 금속 산화물을 환원시킨다.

예 $Fe_2O_3 + 3CO \rightarrow 2Fe + 3CO_2$

㉢ 메탄올(CH_3OH)의 합성 원료, 야금 등에 사용한다.

㉯ 제법

㉠ 포름산(HCOOH, 개미산)에 c-H_2SO_4를 작용시켜 얻는다.

예 $HCOOH \rightarrow CO + H_2O$

㉡ 옥살산에 c-H_2SO_4를 작용시켜 얻는다.

예 $HOOCCOOH \rightarrow H_2O + CO_2 + CO$

㉢ 가열된 코크스(C)에 수증기나 CO_2를 가하여 생성한다.

예 • $C + H_2O \rightarrow CO + H_2$ (수성 가스법)

• $C + CO_2 \rightarrow 2CO$

③ 이산화규소(SiO_2)

㉮ 무색 투명한 6방정계에 속하며, 수정, 석영, 규사(모래) 등의 주성분이다.

㉯ 그물 구조의 결정으로서 경도가 크고 용융점과 비등점이 높다.

㉰ HF(플루오르화수소산 : 불화수소산)에는 잘 녹으나 보통 산이나 물에는 잘 녹지 않는다.

예 $SiO_2 + 4HF \rightarrow 2H_2O + SiF_4$

㉱ KOH, NaOH 등 강한 알칼리와 함께 가열하면 서서히 녹는다.

예 $2NaOH + SiO_2 \rightarrow Na_2SiO_3 + H_2O$

㉲ 규산나트륨을 물과 함께 끓이면 물유리가 된다.

3 방사성 원소

(1) 방사성 원소의 종류와 성질

방사선	본체	전기량	질량	투과력	감광, 전기, 형광
α선	헬륨의 원자핵 $_2He^4$	+2	4	가장 약함.	가장 강함.
β선	전자(e^-)의 흐름	−1	H의 $\frac{1}{1,840}$	중간	중간
γ선	극초단파의 전자기파	0	0	가장 강함.	가장 약함.

(2) 방사선의 투과력

① α 붕괴

반사성 원소가 α선을 방출하고 다른 원소로 되는 현상으로서 원자 번호가 2 감소되며, 질량 수는 4 감소한다(붕괴 원인은 He 원자핵의 방출).

② β 붕괴

방사성 원소에서 β선을 방출하고 다른 원소로 되는 현상으로서 원자 번호는 1 증가하고, 질량 수는 변화하지 않는다(붕괴 원인은 전자 방출).

③ γ 붕괴

방사성 원소에서 γ선을 방출하나, 원자 번호나 질량 수가 변하지 않는 현상이다.

예제 우라늄 ${}^{235}_{92}U$는 다음과 같이 붕괴한다. 생성된 Ac의 원자 번호는?

$$ {}^{235}_{92}U \xrightarrow{\alpha} Th \xrightarrow{\beta} Pa \xrightarrow{\alpha} Ac $$

풀이 α 붕괴 : 원자 번호 2 감소, 질량 수 4 감소
β 붕괴 : 원자 번호 1 증가
$92-(2\times2)+(1\times1)=89$ $\therefore$ 89

(3) 방사능 세기의 단위

1큐리(curie) : 1초에 370억 개의 원자핵이 붕괴하여 방사선을 내는 방사능 물질의 양으로서 방사능의 강도 및 방사능 물질의 양이다.

(4) 반감기

방사성 원소가 붕괴하여 다른 원소로 될 때 그 질량이 처음 양의 $\frac{1}{2}$이 되는 데 걸리는 시간이다.

$$ m = M \times \left(\frac{1}{2}\right)^{\frac{t}{T}} $$

여기서, m : t시간 후에 남은 질량, M : 처음 질량,
t : 경과된 시간, T : 반감기

예제 반감기가 5일인 미지 시료가 2g 있을 때 10일이 경과하면 남은 양은 몇 g인가?

풀이 $m = M\times\left(\frac{1}{2}\right)^{\frac{t}{T}}$

여기서, m : t시간 후에 남은 질량, M : 처음 질량,
t : 경과된 시간, T : 반감기

$\therefore\ 2g\times\left(\frac{1}{2}\right)^2 = 0.5g$

(5) 원자핵의 반응

① 원자핵 에너지(아인슈타인의 상대성 이론)

질량 결손과 에너지와의 관계식이다.

$$E = mc^2$$

여기서, E : 생성되는 에너지(erg), m : 질량 결손(g),
c : 광속도(3×10^{10}cm/s)

② 핵반응

원자핵이 자연적으로 붕괴되거나 고속도 입자로서 질량 수, 기타 변화를 일으키는 것을 말한다.

③ 인공 변환

인공적으로 원자핵을 고속도 입자로서 충격을 가하면 핵붕괴가 일어나서 새로운 원소를 만드는 조작을 원자핵의 인공 변환이라 한다.

참고

입자의 가속 장치 종류

1. 사이클로트론(cyclotron)
2. 싱클로트론(synclotron)
3. 코스모트론(cosmotron)
4. 베타트론(betatron)

④ 핵분열

U에 속도가 느린 중성자(n)로 충격을 주면 원자 핵분열이 연쇄 반응으로 일어나며 막대한 에너지가 생기는 반응(원자 폭탄의 원리)을 말한다.

예 $^{235}_{92}U + ^{1}_{0}n \rightarrow ^{92}_{36}Kr + ^{141}_{56}Ba$ + 에너지

⑤ 핵융합

가벼운 원자핵 몇 개가 하나로 합쳐 다른 종류의 원자핵으로 변하는 것(수소 폭탄의 원리)을 말한다.

예 $^{2}_{1}D + ^{3}_{1}T \rightarrow ^{4}_{2}He + ^{1}_{0}n$ + 에너지

Chapter 03

유기 화학

1. 유기 화합물 및 고분자 화합물

1 유기 화합물

1-1 유기 화합물의 개요

(1) 유기 화합물의 정의와 특성

① 정의

유기 화합물이란 탄소를 가지는 화합물, 즉 탄소 화합물로서 독일의 화학자 뵐러(Wöhler)가 무기 화합물인 NH_4CNO(시안산암모늄)에서 유기 화합물인 $(NH_2)_2CO$(요소)를 합성한 것이 기초가 되었다.

$$\underset{\text{시안산암모늄}}{NH_4CNO} \rightarrow \underset{\text{요소}}{(NH_2)_2CO}$$

예제 요소($(NH_2)_2CO$)의 질소 함유량은?

풀이 $\dfrac{N_2}{(NH_2)_2CO} \times 100 = \dfrac{28}{60} \times 100 = 46.7\%$

② 특성

㉮ 성분 원소 : 주로 C, H, O이고, 기타 N, P, S 등의 비금속 원소를 포함하며, 가연성이 있다.

㉯ 종류 : 이성체가 많아 종류가 대단히 많다.

㉰ 융점과 비등점 : 분자 사이의 힘이 약하므로 융점이나 비등점이 무기 화합물보다 낮으며, 가열했을 때 열에 약하여 쉽게 분해된다.

㉱ 화학 결합 : 공유 결합을 하고 있으므로 비전해질이 많다(단, 포름산, 아세트산, 옥살산 등은 전해질임).

㉲ 연소 : 대부분 연소하여 연소 생성물인 CO_2와 H_2O을 생성한다.

㉳ 용해성 : 대부분 물에 녹기 어려우나 알코올, 벤젠, 아세톤, 에테르 등의 유기 용매에 잘 녹는다(단, 알코올, 아세트산, 알데히드, 설탕, 포도당 등은 물에 녹음).

㉴ 반응 속도 : 유기 화합물은 이온 반응이 아니고 분자와 분자 사이의 반응이므로 반응 속도가 느리다.

(2) 탄소 화합물의 분류

① 탄소 원자의 결합 형식(모양)에 따른 분류

㉮ 사슬 모양 화합물(지방족 탄화수소 화합물)의 구조식

C_2H_6(에탄) C_2H_4(에틸렌) C_2H_2(아세틸렌)

㉯ 고리 모양 화합물(방향족 탄화수소 화합물)의 구조식

C_6H_{12}(시클로헥산) C_6H_6(벤젠) C_5H_5N(피리딘)

② 관능기(작용기, 원자단)에 의한 분류

원자단(관능기)		일반 명칭	특성	보기
히드록시기 (수산기)	−OH	알코올, 페놀	지방족 − OH 중성 / 방향족 − OH 산성] Na과 반응하여 H_2 발생	C_2H_5OH 에틸알코올 C_6H_5OH 페놀
포르밀기 (알데히드기)	−CHO	알데히드	환원성 (펠링 용액을 환원, 은거울 반응)	HCHO 포름알데히드 CH_3CHO 아세트알데히드
카르복시기	−COOH	카르복시산	산성, 알코올과 에스테르 반응	CH_3COOH 아세트산
카르보닐기	−CO−	케톤	저급은 용매로 사용	CH_3COCH_3 아세톤
에스테르기	−COO−	에스테르	저급은 방향성, 가수분해됨.	CH_3COOCH_3 아세트산 메틸

원자단(관능기)		일반 명칭	특성	보기
에테르기	$-O-$	에테르	저급은 마취성, 휘발성, 인화성 가수분해 안 됨.	CH_3OCH_3 메틸에테르
비닐기	$CH_2=CH-$	비닐	첨가 반응과 중합 반응을 잘 함.	$CH_2=CHCl$ 염화비닐
니트로기	$-NO_2$	니트로화합물	폭발성이 있으며, 환원하면 아민이 됨.	$C_6H_5NO_2$ 니트로벤젠
아미노기	$-NH_2$	아민	염기성을 나타냄.	$C_6H_5NH_2$ 아닐린
술폰산기	$-SO_3H$	술폰산	강산성을 나타냄.	$C_6H_5SO_3H$ 벤젠술폰산

1-2 이성질체

(1) 정의

분자를 구성하는 원소 수는 같으나 원자의 배열이나 구조가 달라서 물리적·화학적 성질이 다른 화합물을 말한다.
즉, 분자식은 같으나 시성식이나 구조식이 다른 물질이다.

(2) 분류

① 구조 이성질체

㉮ 사슬 이성질체 : 탄소 골격이 달라서 생기는 이성질체이다.

분자식	C_4H_{10}	C_5H_{12}	C_6H_{14}	C_7H_{16}	C_8H_{18}	C_9H_{20}	$C_{10}H_{22}$
이성질체	2	3	5	9	18	36	75

예 C_5H_{12}(펜탄)의 경우

$CH_3-CH_2-CH_2-CH_2-CH_3$
노르말(n)－펜탄
(BP : 36℃)

$CH_3-CH_2-CH_2-H_3$ (가운데 CH_2에 CH_3 결합)
이소(iso)－펜탄
(BP : 28℃)

CH_3-C-CH_3 (C에 위아래 CH_3 결합)
네오(neo)－펜탄
(BP : 9.5℃)

참고

➡ 같은 탄소 수에서는 가지 수가 많을수록 BP(비등점)가 낮다.

㉯ 위치 이성질체 : 치환체나 2중 결합의 위치에 따라 생기는 이성질체이다.

㉠ 치환체의 위치에 따라 생기는 이성질체

예 C_3H_7Cl(모노클로로 프로페인)의 경우

$$\overset{1}{CH_2}(-Cl) - \overset{2}{CH_2} - \overset{3}{CH_3}$$

1-모노클로로 프로페인

$$\overset{1}{CH_3} - \overset{2}{CH}(-Cl) - \overset{3}{CH_3}$$

2-모노클로로 프로페인

㉡ 2중 결합의 위치에 따라 생기는 이성질체

예 C_4H_8(부틸렌)의 경우

$$\overset{1}{CH_2} = \overset{2}{CH} - \overset{3}{CH_2} - \overset{4}{CH_3}$$

1-부텐(1-부틸렌)

$$\overset{1}{CH_3} - \overset{2}{CH} = \overset{3}{CH} - \overset{4}{CH_3}$$

2-부텐(2- 부틸렌)

② 입체 이성질체

㉮ 기하 이성질체 : 두 탄소 원자가 2중 결합으로 연결될 때 탄소에 결합된 원자나 원자단의 위치가 다음으로 인하여 생기는 이성질체로서 cis형과 trans형으로 구분한다.

예 $CH_3-CH=CH-CH_3$(2-부텐)의 경우

H, H / C=C / H_3C, CH_3

cis-2-부텐

H, CH_3 / C=C / H_3C, H

trans-2-부텐

참고

기하 이성질체의 해설

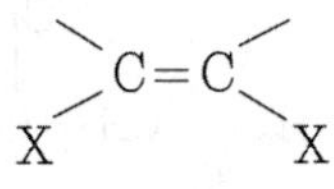

cis형(극성 분자)

X / C=C / X

trans형(비극성 분자)

▸ C와 C 사이에 2중 결합

ⓐ≠ⓑ, ⓒ≠ⓓ

cis형은 ⓐ=ⓓ 이거나 ⓑ=ⓒ

trans형은 ⓐ=ⓒ ⓑ=ⓓ

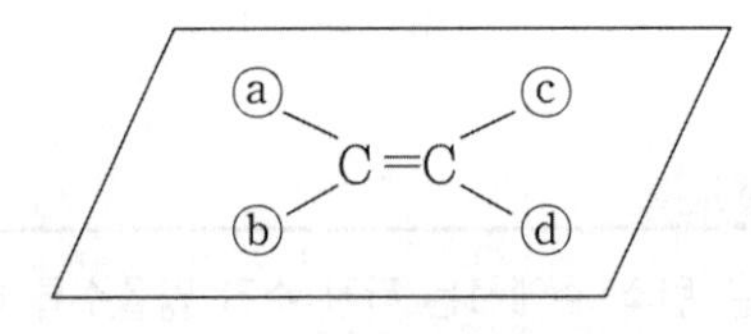

㈏ 광학 이성질체

㉠ 탄소가 존재하는 화합물에는 편광에 대한 성질을 가지는 이성질체로부터 부제 탄소 또는 비대칭 탄소가 존재하는 경우 생기는 이성질체이다.

예 젖산(락트산)의 경우

H
| 부제 탄소
CH_3 — C — COOH
|
OH

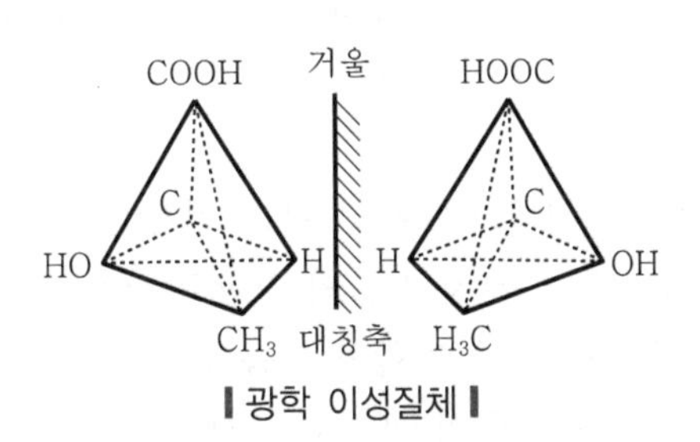

▌광학 이성질체▐

㉡ 광학 이성질체는 사면체 구조일 것

- ⓐ, ⓑ, ⓒ, ⓓ가 모두 달라야 한다(부제 탄소).
- 편광면을 우측으로 회전 ⇒ 우선성
- 편광면을 좌측으로 회전 ⇒ 좌선성

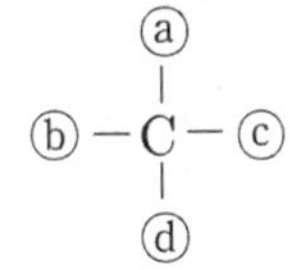

참고

➡ 부제 탄소(비대칭 탄소)

탄소 원자의 4개 꼭짓점에 각각 다른 원자단이 결합되어 있는 탄소이다.

2 지방족 탄화수소(유기 화합물의 명명법 포함)

2-1 지방족 탄화수소의 개요

(1) 정의

탄소와 수소만으로 이루어진 화합물을 탄화수소라 하며, 탄소가 사슬 모양으로 결합된 화합물을 지방족 탄화수소라 한다.

(2) 분류

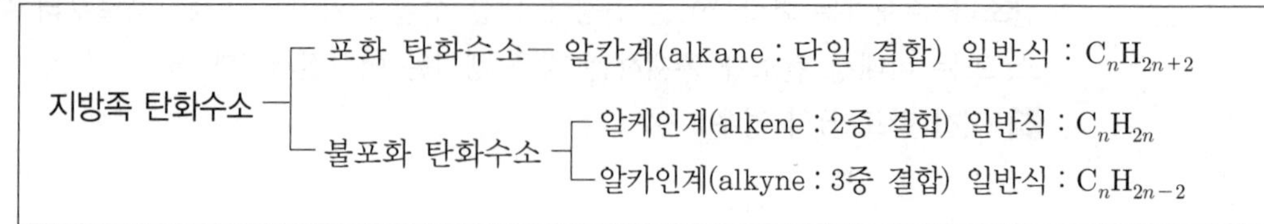

(3) 탄화수소의 명명법

① 분자 구조 내에서 가장 긴 탄소 사슬을 결정한다.

② 가장 긴 탄소 사슬의 어느 쪽 끝으로부터 분지 사슬, 2중 결합, 3중 결합이 가까운지 결정한다.

③ 단계 2에서 결정된 끝으로부터 탄소 원자에 번호를 부여한다.

④ 분지 사슬의 이름을 분지 사슬의 결합된 탄소 번호와 함께 명명하고, 가장 긴 탄소 사슬의 이름, 2중 또는 3중 결합의 이름 순서로 명명한다.

⑤ 같은 탄소 원자에 2개 이상의 분지 사슬이 있을 경우, 분지 사슬이 결합되어 있는 탄소 원자의 번호와 함께 영어의 알파벳 순서로 명명한다.

⑥ 같은 분지 사슬 또는 2중, 3중 결합이 2개 존재할 때에는 '디(di)－', 3개 존재할 때에는 '트리(tri)－', 4개 존재할 때에는 '테트라(tetra)－'를 첨가한다.

2-2 메탄계 탄화수소(alkane족, 알칸계, C_nH_{2n+2}, 파라핀계)

(1) 특성과 명명법

① 일반적 특성

㉮ 메탄계 또는 파라핀계 탄화수소(일반식 : C_nH_{2n+2})이다.

㉯ 단일 결합으로 반응성이 작아 안정된 화합물이다.

㉰ 할로겐 원소와 치환 반응을 한다.

㉱ 탄화수소가 많을수록 비중 · 용융점 · 비등점이 높아진다(일반적으로 탄소 수가 4개 이하는 기체, 탄소 수가 5~16개는 액체, 탄소 수가 17개 이상은 고체).

② 명명법(이름 끝에 －ane를 붙임)

CH_4	C_2H_6	C_3H_8	C_4H_{10}	C_5H_{12}	C_6H_{14}	C_7H_{16}	C_8H_{18}	C_9H_{20}	$C_{10}H_{22}$
methane	ethane	propane	butane	pentane	hexane	heptane	octane	nonane	decane
메탄	에탄	프로페인	부탄	펜탄	헥산	헵탄	옥탄	노난	데칸

(2) 메탄(CH_4)

① 성질

㉮ 무색 · 무미 · 무취의 기체로서 연소 시 파란 불꽃을 내면서 탄다.

㉯ 공기 또는 산소와 혼합 시 점화하면 폭발한다(메탄의 연소 범위 : 5~15 %).

㉰ 연료로 사용되며 열분해나 불완전 연소로서 생성되는 카본 블랙(carbon black)은 흑색 잉크의 원료로 사용된다.

㉱ 할로겐 원소와 치환 반응을 하여 염화수소와 치환체를 생성한다.

예
- $CH_4 + Cl_2 \rightarrow HCl + CH_3Cl$(염화메탄) : 냉동제
- $CH_3Cl + Cl_2 \rightarrow HCl + CH_2Cl_2$(염화메틸렌)
- $CH_2Cl_2 + Cl_2 \rightarrow HCl + CHCl_3$(클로로포름) : 마취제
- $CHCl_3 + Cl_2 \rightarrow HCl + CCl_4$(사염화탄소) : 소화제

② 메탄의 할로겐 치환제의 종류

㉮ 염화메틸(CH_3Cl) : 무색의 기체로 액화하기 쉽고 기화열이 크므로 냉동기 등의 냉매로 이용한다.

㉯ 클로로폼($CHCl_3$) : 무색의 특유한 냄새를 가진 액체로 마취제로 이용한다.

㉰ 사염화탄소(CCl_4) : 특수한 냄새를 가진 액체로 불연성이므로 소화제나 용제로 이용한다.

㉱ 요오드포름(CHI_3) : 노란색의 특수한 냄새를 가진 고체로 승화성이 있으며, 살균 · 소독 · 방부제 등으로 이용한다.

㉲ 프레온(CCl_2F_2) : 무색 · 무취의 불연성 기체로 냉동기의 냉매로 이용한다.

참고

시클로로헥산(C_6H_{12})

1. 탄소 6원자로 구성된 포화 고리 모양 탄화수소이다.
2. 벤젠과 비슷한 냄새가 나는 무색 액체로 분자량 84.16, 녹는점 6.5℃, 비점 80.8℃, 비중 0.78이다.
3. 에탄올, 에테르 등과는 임의의 비율로 섞이지만, 물에는 녹지 않는다.
4. 화학적으로는 비활성이며, 잘 반응하지 않는다.

2-3 에틸렌계 탄화수소(alkene족, 알케인계, C_nH_{2n}, 올레핀계)

(1) 특성과 명명법

① 일반적 특성

㉮ 에틸렌계 또는 올레핀계 탄화수소(일반식 : C_nH_{2n})이다.

㉯ 불포화 탄화수소로서 2중 결합을 하여 메탄계보다 반응성이 크다.

㉰ 부가나 부가 중합 반응이 일어나기 쉽고 치환 반응이 일어나기 어렵다.

㉱ 탄소 수가 많을수록 비중 · 용융점 · 비등점이 높아진다.

㉲ 구조 이성질체와 기하 이성질체(시스형과 트랜스형)를 갖는다.

② 명명법(이름 끝에 -ene를 붙임)

$$\overset{4}{CH_3}-\overset{3}{CH_2}-\overset{2}{CH}=\overset{1}{CH_2}$$

1-butene

$$\overset{1}{CH_3}-\overset{2}{CH}=\overset{3}{CH}-\overset{4}{CH_3}$$

2-butene

$$\overset{1}{H_3C}-\overset{\overset{CH_3}{|}}{\underset{2}{C}}=\overset{3}{CH_2}$$

2-methyl propene

$$\overset{1}{H_3C}-\overset{\overset{CH_3}{|}}{\underset{2}{C}}=\overset{3}{CH}-\overset{4}{CH_3}$$

2-methyl 2-butene

(2) 에틸렌(C_2H_4)

① 성질

㉮ 달콤한 냄새를 가진 무색의 기체로, 공기 중에서 연소시키면 밝은 빛을 내면서 타며 물에 녹지 않는 마취성 기체이다.

㉯ 백금(Pt)이나 니켈(Ni) 촉매하에서 수소를 첨가시키면 에탄(C_2H_6)이 생성된다(첨가 반응 또는 부가 반응 : $C_2H_4+H_2 \rightarrow C_2H_6$).

㉰ 할로겐 원소 또는 할로겐 수소(HCl, HBr 등)와 첨가 반응을 한다.

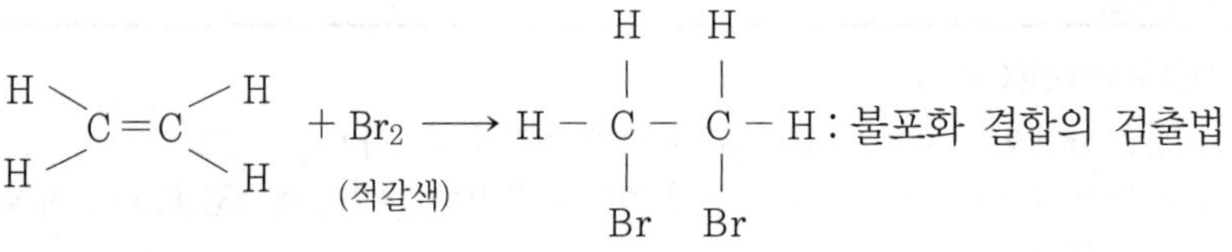

$$H_2C=CH_2 + \underset{(적갈색)}{Br_2} \longrightarrow H-\underset{Br}{\overset{H}{C}}-\underset{Br}{\overset{H}{C}}-H$$

: 불포화 결합의 검출법

디브롬화에탄(무색)

㉱ 묽은 황산을 촉매로 하여 물(H_2O)을 부가시키면 에탄올(C_2H_5OH)이 생성된다.

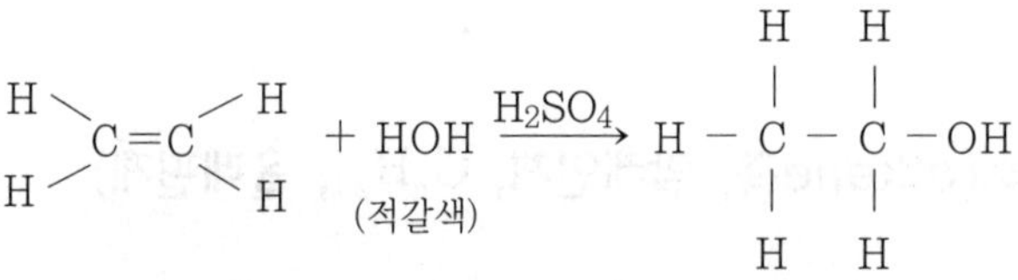

$$H_2C=CH_2 + \underset{(적갈색)}{HOH} \xrightarrow{H_2SO_4} H-\underset{H}{\overset{H}{C}}-\underset{H}{\overset{H}{C}}-OH$$

에탄올(C_2H_5OH)

㉲ 에틸렌 기체에 지글러(ziegler) 촉매를 사용하여 1,000~2,000기압으로 부가 중합시키면 폴리에틸렌이 된다.

예 $_{n}CH_2=CH_2 \longrightarrow -CH_2-CH_2-_{n}$

에틸렌 (단량체 ; monomer) → 폴리에틸렌 (중합체 ; polymer)

참고

중합 반응과 마르코브니코프(Markovnikoff)의 법칙

1. **중합 반응** : 분자량이 적은 분자 몇 개가 결합하여 큰 분자인 고분자 화합물을 만드는 것을 중합이라 하고, 부가 반응에 의하여 중합되는 반응을 부가 중합 또는 첨가 중합이라 한다. 또한 중합 생성물을 중합체(polymer)라 하고, 중합체를 만드는 저분자량 물질을 단량체(monomer)라 한다.
2. **마르코브니코프(Markovnikoff)의 법칙** : 프로필렌($CH_3-CH=CH_2$)과 같이 비대칭 2중 결합물(2중 결합의 탄소에 결합된 수소 원자 수가 다른 화합물)에 부가 시약(HCl, HBr 등)이 부가될 때는 부가 시약의 양성 부분은 수소 원자가 더 많이 결합된 2중 결합의 탄소에, 수소 원자 수가 적은 탄소에는 다른 원자가 부가된다.

$$CH_3-CH=CH_2+HBr \rightarrow CH_3-\underset{\displaystyle Br}{\underset{|}{CH}}-CH_3$$

② 제법

에틸알코올(에탄올 : C_2H_5OH)에 $c-H_2SO_4$을 가하여 160~170℃로 가열하여 탈수시킨다.

$$H-\overset{\displaystyle H}{\overset{|}{\underset{\displaystyle H}{\underset{|}{C}}}}-\overset{\displaystyle H}{\overset{|}{\underset{\displaystyle OH}{\underset{|}{C}}}}-H \xrightarrow[160\sim180℃]{c-H_2SO_4} CH_2=CH_2 + H_2O$$

2-4 아세틸렌계 탄화수소(alkyne족, 알카인계, C_nH_{2n-2})

(1) 특성과 명명법

① 일반적 특성

불포화 탄화수소(일반식 : C_nH_{2n-2})로서 3중 결합을 하여 반응성이 크며, 부가 반응 및 중합 반응이 쉽게 일어나고 치환 반응도 한다.

참고

반응성의 크기

알카인계(3중 결합) > 알케인계(2중 결합) > 알칸계(단일 결합)

② 명명법(이름 끝에 -yne을 붙임)

$CH \equiv CH$
ethyne(에틴) 또는 아세틸렌

$CH_3-C \equiv CH$
propyne(프로핀)

5 4 3 2 1
$CH_3-CH_2-C \equiv C-CH_3$
2-pentyne(펜틴)

1 2 3 4 5 6
$CH_3 \equiv C-CH_2-C \equiv C-CH_3$
1, 4-hexadyne(헥사딘)

(2) 아세틸렌(C_2H_2)

① 성질

㉮ 순수한 것은 무색·무취인 기체이나 H_2S, PH_3 등 불순물이 있는 것은 불쾌한 냄새를 가진다.

㉯ 공기 중에서 밝은 불꽃을 내면서 연소한다.

예 $2C_2H_2+5O_2 \rightarrow 4CO_2+2H_2O+62.48kcal$

㉰ 금속의 용접 또는 절단에 이용한다.

㉱ 합성 수지나 합성 고무의 제조 원료로 이용된다.

② 제법

㉮ 칼슘카바이드(CaC_2)에 물을 가하여 얻는다(주수식·투입식·접촉식).

예 $CaC_2+2H_2O \rightarrow C_2H_2\uparrow+Ca(OH)_2$

㉯ 공업적으로 천연 가스나 석유 분해 가스 속에 포함된 탄화수소를 1,200~2,000℃로 열분해하여 얻는다.

예
- $C_2H_4 \rightarrow C_2H_2+H_2$
- $C_3H_8 \rightarrow C_2H_2+CH_4+H_2$

③ 반응성

㉮ 부가 반응

㉠ 수소와 부가 반응 : 에틸렌 또는 에탄 생성

$$H-C \equiv C-H \xrightarrow{H_2} H_2C=CH_2 \xrightarrow{H_2} H_3C-CH_3$$

에틸렌(C_2H_4) 에탄(C_2H_6)

㉡ 할로겐과 부가 반응 : 디클로로에틸렌 생성

$$H-C \equiv C-H \xrightarrow{Cl_2} H_2C=CH_2 \xrightarrow{Cl_2} H-CCl_2-CCl_2-H$$

디클로로에틸렌 테트라클로로에탄

㉢ 할로겐 수소와 부가 반응 : **염화비닐 생성**

$H-C\equiv C-H + HCl \rightarrow CH_2=CHCl$ (염화비닐)

* $CH_2=CH-$: 비닐기

㉣ 초산과 부가 반응 : **초산비닐 생성**

$H-C\equiv C-H + CH_3-C(=O)-OH$ (초산) $\longrightarrow$ $H_2C=CH-O-C(=O)-CH_3$ (초산비닐)

㉤ 물과 부가 반응 : **아세트알데히드 생성**

$H-C\equiv C-H + HOH \xrightarrow{\text{촉매 : }HgSO_4\text{(황산수은)}} [CH_2=CH-OH] \rightarrow CH_3CHO$

(순간적으로 비닐알코올) (아세트알데히드)

㉥ HCN(시안화수소)와 부가 반응 : **아크릴로니트릴 생성**

$H-C\equiv C-H + HCN \rightarrow CH_2=CH-CN$ (아크릴로니트릴)

㉯ 중합 반응

㉠ 아세틸렌 2분자의 중합 반응(촉매 : Cu2Cl2) : **비닐아세틸렌 생성**

$H-C\equiv C-H + H-C\equiv C-H \xrightarrow[\text{중합}]{Cu_2Cl_2} CH_2=CH-C\equiv CH$

비닐아세틸렌 (합성 고무의 원료)

㉡ 아세틸렌 3분자의 중합 반응 : **벤젠 생성**

$3H-C\equiv C-H \longrightarrow$ (벤젠 고리, 각 탄소에 H) : 벤젠(C_6H_6)

㉰ 치환 반응 : 금속(Ag, Cu 등)과 반응하여 폭발성인 금속 아세틸라이드(M_2C_2)를 생성

$H-C\equiv C-H + Cu_2Cl_2 \rightarrow Cu-C\equiv C-Cu + 2HCl$ (구리아세틸리드)

$H-C\equiv C-H + 2AgNO_3 \rightarrow Ag-C\equiv C-Ag + 2HNO_3$ (은아세틸리드)

2-5 석유(petroleum)

(1) 석유의 성분 및 정유

① 성분

㉮ 파라핀계(메탄계 : C5H12~C118H38)+나프텐계(cyclo계 : C5H10, C6H12) : 80~90 %

㉯ 방향족 탄화수소 : 5~15 %

㉰ 비탄화수소 성분(N, P, S 등) : 4 % 이하

② 정유(비등점의 차를 이용)

원유를 가열하면 먼저 에탄, 프로페인이 나오며, 계속 증류하면 나프타(가솔린), 등유, 경유, 중유 등이 비등점의 차에 의해 분리되어 정제된다.

유분	온도	탄소 수	용 도
가스상 탄화수소	30℃ 이하	C_1~C_4 (파라핀 가스)	LPG, 석유 화학 원료
나프타(가솔린)	40~200℃	C_5~C_{12}	용매, 내연 기관의 연료
등유	150~250℃	C_9~C_{18}	용매, 석유 발동기 연료, 가정용 연료
경유	200~350℃	C_{14}~C_{23}	디젤 엔진 연료(대형 기관용), 크래킹의 원료
중유	300℃ 이상	C_{17} 이상	디젤 엔진 원료
피치	잔류물	유리탄소	도로 포장, 방수제

* BP 30~120℃의 것을 경질 나프타, BP 100~200℃의 것을 중질 나프타라 한다.

(2) 크래킹(cracking)과 리포밍(reforming)

① 크래킹(cracking)

탄소 수가 많은 탄화수소를 500~600℃의 고온에서 SiO_2나 Al_2O_3 촉매하에서 가열하여 열분해시켜 탄소 수가 적은 탄화수소를 만드는 것을 말한다.

예 펜탄(C_6H_{12})의 열분해 반응

$$C_5H_{12} \xrightarrow[Al_2O_3(\text{촉매})]{\text{열분해}} \underset{\text{에틸렌}}{CH_2=CH_2} + \underset{\text{프로페인}}{C_3H_8} \qquad C_5H_{12} \xrightarrow{\text{열분해}} \underset{\text{프로필렌}}{CH_3-CH=CH_2} + \underset{\text{에탄}}{C_2H_6}$$

② 리포밍(reforming)

옥탄가가 낮은 탄화수소 중질 나프타(가솔린 등)를 옥탄가가 높은 가솔린으로 만들거나 파라핀계 탄화수소나 나프텐계 탄화수소를 방향족 탄화수소로 이성화하는 조작을 말한다.

예 $n-C_7H_{16}$($n-$헵탄)과 C_6H_{12}(시클로헥산)의 개질법

$$\underset{n-\text{헵탄}}{C_7H_{16}} \xrightarrow{Pt(\text{촉매})} \underset{\text{톨루엔 }(C_6H_5CH_3)}{C_6H_5CH_3} + 4H_2 \qquad \underset{\text{시클로헥산}}{C_6H_{12}} \longrightarrow \underset{\text{벤젠 }(C_6H_6)}{C_6H_6} + 3H_2$$

(3) 옥탄가(octane number)

① 정의

옥탄가란 가솔린의 안티 노킹(anti knocking)성을 수치로 나타낸 값이다.

참고

> ■ 안티 노킹(anti knocking)제 : 사에틸납(T.E.L : $Pb(C_2H_5)_4$)

② 계산식

iso－옥탄(C_8H_{18})의 옥탄가 100, n－헵탄(C_7H_{16})의 옥탄가 0을 기준으로 나타낸 값이다.

$$\text{옥탄가}(\%) = \frac{\text{iso}-\text{옥탄}}{\text{iso}-\text{옥탄}+n-\text{헵탄}} \times 100$$

참고

> ■ 옥탄가 70이란?
>
> iso－옥탄이 70 %, n－헵탄이 30 %인 휘발유를 의미한다.
>
> → 일반적으로 포화 탄화수소에서는 분자가 많은 탄화수소가 직쇄의 탄화수소보다 옥탄가가 높고 분자량이 적을수록 높다. 또, 포화 탄화수소보다는 불포화 탄화수소가 높고, 나프텐계 탄화수소보다는 방향족 탄화수소가 옥탄가가 높다.

2-6 지방족 탄화수소의 유도체

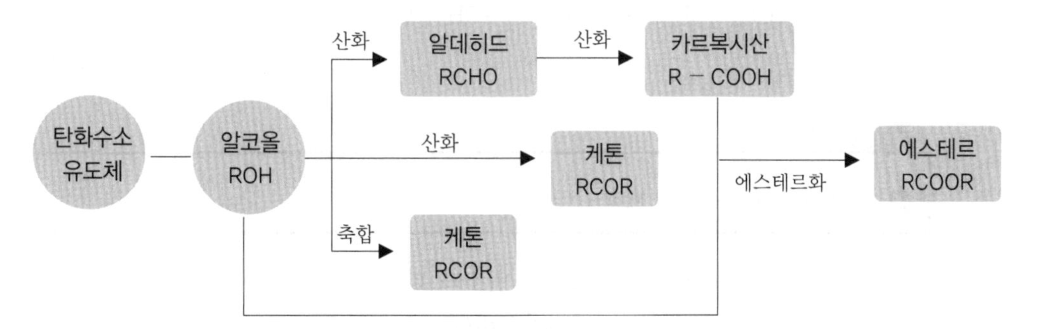

2-7 알코올류($C_nH_{2n+1}OH$, R－OH)

(1) 알코올의 개요

① 정의

지방족(사슬 모양) 탄화수소의 수소 원자 일부가 수산기(－OH)로 치환되는 것이다.

화학식	만국명(학술명)	관용명	카르비놀(carbinol)명
CH_3OH	methanol(메탄올)	methyl alcohol	carbinol(메틸알코올)
C_2H_5OH	ethanol(에탄올)	ethyl alcohol	methyl carbinol
C_3H_7OH	propanol(프로페인올)	propyl alcohol	ethyl carbinol
C_4H_9OH	n−butanol(n−부탄올)	n−bytyl alcohol	propyl carbinol
$C_5H_{11}OH$	n−pentanol(n−펜탄올)	n−amyl alcohol	n−butyl carbinol

② 분류

㉮ OH기 수에 의한 분류

㉠ 1가(차) 알코올(OH 수 1개) : CH_3OH, C_2H_5OH 등

㉡ 2가(차) 알코올(OH 수 2개) : $C_2H_4(OH)_2$(에틸렌글리콜) 등

㉢ 3가(차) 알코올(OH 수 3개) : $C_3H_5(OH)_3$(글리세린) 등

㉯ OH기가 결합된 탄소 수에 따른 분류

㉠ 1차 알코올 : OH기가 결합된 탄소가 다른 탄소 1개와 연결된 알코올이다.

예 $CH_3CH_2OH \xrightarrow{\text{산화}} CH_3CHO \xrightarrow{\text{산화}} CH_3COOH$

▶ 제1차 알코올 $\xrightarrow{\text{산화}}$ 알데히드 $\xrightarrow{\text{산화}}$ 카르복실산

㉡ 2차 알코올 : OH기가 결합된 탄소가 다른 탄소 2개와 연결된 알코올이다.

예 $2CH_3-\underset{\underset{OH}{|}}{CH}-CH_3 + O_2 \rightarrow 2CH_3-CO-CH_3 + 2H_2O$

▶ 제2차 알코올 $\xrightarrow{\text{산화}}$ 케톤

㉢ 3차 알코올 : OH기가 결합된 탄소가 다른 탄소 3개와 연결된 알코올이다.

예 $(CH_3)_3COH$: 트리메틸카르비놀

▶ 제3차 알코올은 산화가 안 된다.

③ 일반적 특성

㉮ 탄소 수에 따라 그 성질이 다르다.

㉯ 고급 알코올일수록 비등점과 융점이 높다.

㉰ 물에 녹아 전리되지 않는 비전해질이며, 액성은 중성이다.

㉱ 알칼리 금속(Na, K 등)과 반응하여 수소(H_2)가 발생한다.

예 $2C_2H_5OH + 2Na \rightarrow 2C_2H_5ONa + H_2$

㉲ 산과 반응하여 에스테르를 만든다(c−H_2SO_4는 탈수제).

$$R-O\boxed{H} + R-CO\boxed{OH} \xrightarrow[\text{에스테르화}]{c-H_2SO_4} R'-COO-R + H_2O$$

㉳ 알코올 2분자에 c−H_2SO_4를 가한 후 130℃로 가열하면 에테르(R−O−R)가 생기고, 알코올 1분자에 c−H_2SO_4를 가한 후 160℃로 가열하면 에틸렌(C_2H_4)이 생성된다.

$$CH_3CH_2-\boxed{H} + CH_3CH_2\boxed{OH} \xrightarrow{c-H_2SO_4} \underset{\text{디에틸에테르}}{CH_3CH_2-O-CH_2CH_3} + H_2O$$

$$H-\overset{H}{\underset{H}{C}}-\overset{H}{\underset{\boxed{H}}{C}}-\boxed{OH} \xrightarrow[160℃]{c-H_2SO_4} \underset{\text{에틸렌}}{CH_2=CH_2} + H_2O$$

㉴ 할로겐화수소(HX)와 반응하여 할로겐화알킬(RX)이 생성된다.

예 $R-OH + HX \rightarrow RX + H_2O$

(2) 메탄올(CH_3OH)의 성질

① 무색의 향기로운 액체로 독성을 지닌다.

② 공기 중에서 연소시키면 연한 파란 불꽃을 내면서 탄다.

③ 산화시키면 HCHO(포름알데히드)를 거쳐 HCOOH(포름산)이 된다.

$$H-\overset{H}{\underset{H}{C}}-O-H \xrightarrow[-H_2O]{[O]} \underset{\text{포름알데히드}}{H-C(=O)-H} \xrightarrow{[O]} \underset{\text{포름산}}{H-C(=O)-O-H}$$

④ 금속 Na과 반응하여 수소(H_2)가 발생한다.

예 $2CH_3OH + 2Na \rightarrow \underset{\text{나트륨메틸레이트}}{2CH_3ONa} + H_2\uparrow$

⑤ 메탄올 검출법

시험관에 메탄올을 넣고 여기에 불에 달군 구리줄을 넣으면 자극성의 HCHO(포름알데히드)의 냄새가 나며, 붉은색 침전(Cu)이 생긴다.

예 $CH_3OH + CuO \rightarrow Cu\downarrow + H_2O + HCHO$

⑥ 메탄올 합성

CO와 H_2의 혼합 기체를 ZnO 또는 Cr_2O_3의 촉매하에서 200기압, 400℃로 가열하여 얻는다.

예 $CO + H_2 \rightarrow CH_3OH$

(3) 에탄올(C_2H_5OH)의 성질

① 무색의 향기가 있는 휘발성 액체(BP : 78℃)로서, 수용성이며 공기 중에서 태우면 연한 불꽃을 내면서 탄다.

② 산화시키면 CH_3CHO(아세트알데히드)를 거쳐 CH_3COOH(아세트산)이 된다.

$$CH_3CH_2OH \xrightarrow[H_2O]{[O]} \underset{\text{아세트알데히드}}{CH_3CHO} \xrightarrow{[O]} \underset{\text{아세트산}}{CH_3COOH}$$

③ c-H_2SO_4을 넣고 가열하면 130℃에서는 에테르(R−O−R′), 160℃에서는 에틸렌(C_2H_4)을 생성한다.

④ 아세트산(CH_3COOH)과 에탄올(C_2H_5OH)의 혼합액에 c−H_2SO_4를 넣고 140℃로 가열하면 에스테르(R−COO−R′)와 물(H_2O)이 생성된다.

⑤ 에탄올 검출법(요오드포름 반응)

에탄올(C_2H_5OH)에 NaOH와 I_2(요오드)를 작용시키면 독특한 냄새를 가진 CHI_3(요오드포름)의 노란색 침전이 생기는 반응이다.

예 $C_2H_5OH + 4I_2 + 6NaOH \rightarrow CHI_3 \downarrow + 5NaI + 7COONa + 5H_2O$

요오드포름 반응을 하는 물질의 예

CH_3CHO(아세트알데히드), CH_3COCH_3(아세톤, 디메틸케톤), C_2H_5OH(에탄올), $CH_3CH(OH)CH_3$(이소프로필알코올) 등

⑥ 저급의 알데히드는 물에 잘 녹는다.

2-8 에테르류(R−O−R′)

(1) 일반적 특성

① 두 개의 알킬기(R : C_nH_{2n+1})가 산소 원자 하나와 결합된 형태이다.

② 인화성 및 마취성이 있으며, 유기 용제로 사용한다.

③ 비등점이 낮고, 휘발성이 크다.

④ 극성을 띠지 않아 물에 불용이다.

⑤ 알코올 두 분자에서 탈수 축합 반응을 하여 생성된다.

예 $R-OH + R'-OH \rightarrow R-O-R' + H_2O$

(2) 디에틸에테르($PC_2H_5OC_2H_5$)

① 두 분자의 에틸알코올을 130℃에서 $c-H_2SO_4$에 의해 탈수 축합시켜서 얻는다.

② 무색의 향기로운 액체로 비등점이 낮다(BP : 35℃).

③ 휘발성 · 인화성 · 마취성이 강하다.

④ 물에 불용이며, 알코올 등에 녹는다.

⑤ 금속 Na과는 반응하지 않으며 가수분해되지도 않는다.

2-9 알데히드류(R-CHO)

(1) 일반적 특성

① 알킬기(R-)와 포르밀기(-CHO)가 결합된 형태이다(R-CHO).

② 1차 알코올($R-CH_3OH$)을 산화시켜 얻으며, 알데히드(R-CHO)는 계속 산화하여 카르복시산(R-COOH)이 된다.

$$R-CH_3OH \xrightarrow{[O]} R-CHO \xrightarrow{[O]} RCOOH$$

③ 알데히드는 쉽게 산화하므로 강한 환원성을 가지며, 은거울 반응(알데히드의 검출법)과 펠링 반응을 한다.

참고

은거울 반응(silver mirror reaction) : 알데히드(R-CHO)의 검출법

R-CHO에 암모니아성 질산은 용액(Ag_2O)을 가하면 은(Ag)이 환원되어 석출되는 반응이다.

$R-CHO+Ag_2O \rightarrow RCOOH+2Ag$

펠링 반응(Fehling's solution)

R-CHO에 푸른색의 펠링 용액을 반응시키면 환원 반응에 의해 적색의 Cu_2O 침전이 생기는 반응이다.

$R-CHO+2CuO \rightarrow RCOOH+Cu_2O\downarrow$

(2) 종류

① 포름알데히드(HCHO)

㉮ 메탄올(CH_3OH)의 증기를 300℃로 가열된 Pt 또는 Cu를 촉매로 하여 산화시켜 얻는다.

예 $CH_3OH+[O] \rightarrow HCHO+H_2O$

㉯ 자극성의 무색 기체로 물에 잘 녹으며, 40 %의 수용액을 포르말린(formalin)이라 한다.

㉰ 쉽게 산화되어 포름산(HCOOH)이 된다.

㉱ 환원력이 강하므로 은거울 반응과 펠링 반응을 한다.

㉲ 소독, 방부제, 환원제, 페놀수지 및 요소수지의 원료로 사용한다.

② 아세트알데히드(CH3CHO)

㉮ 에틸알코올(C_2H_5OH)을 산화시키거나, 아세틸렌(C_2H_2)을 $HgSO_4$ 촉매하에서 물을 부가 반응시켜서 얻는다.

$$C_2H_5OH \xrightarrow[\text{[O]}]{(K_2Cr_2O_7+H_2SO_4 : \text{산화제})} CH_3CHO+H_2O$$

$$CH\equiv CH+H_2O \xrightarrow{HgSO_4} CH_3CHO$$

㉯ 자극성인 무색 액체로 물에 잘 녹는다.

㉰ 공기 중에서 산화하여 아세트산(CH_3COOH : 초산)이 된다.

㉱ 환원력이 강하므로 은거울 반응과 펠링 반응을 한다.

㉲ 요오드포름(CHI_3) 반응을 한다.

2-10 케톤류(R−CO−R')

(1) 일반적 특성

① 알킬기(R−) 두 개와 카르보닐기(−CO−) 한 개가 결합된 형태이다(R−CO−R′).

② 2차 알코올을 산화시켜 얻는다.

$$\begin{matrix} R \\ & \diagdown \\ & & CHOH \xrightarrow{[O]} R-CO-R' + H_2O \\ & \diagup \\ R' \end{matrix}$$

③ 케톤은 알데히드보다 안정되며 잘 산화되지 않는다. 따라서 환원성이 없으므로 은거울 반응을 하지 않고 펠링 용액을 환원시키지 못한다.

④ 저급의 케톤은 물에 잘 녹는다.

(2) 아세톤(CH_3COCH_3 : 디메틸케톤)

① 프로필렌($CH_3CH=CH_2$)에 물을 부가시켜 이소프로필알코올($(CH_3)_2CH \cdot OH$)을 만들고, 이것을 산화시켜 얻는다.

$$CH_3-CH=CH_2 + H_2O \rightarrow \underset{\underset{\text{이소프로필알코올}}{OH}}{CH_3-\underset{|}{CH}-CH_3}$$

$$\begin{matrix} CH_3 \\ \diagdown \\ CH-OH \xrightarrow{[O]} CH_3COCH_3 + H_2O \\ \diagup \\ CH_3 \end{matrix}$$

② 자극성인 무색 액체로 극성 분자이므로 물에 잘 녹는다.
③ 환원성이 없으므로 은거울 반응이 일어나지 않고 펠링 용액을 환원시키지 못한다.
④ 요오드포름(CHI_3) 반응을 한다.
⑤ 용해 작용이 커서 용매제로 사용된다.

2-11 카르복시산류(R−COOH)

(1) 일반적 특성

① 유기산이라고도 하며, 유기물 분자 내에 카르복시기(−COOH)를 갖는 화합물을 말한다.
② 알데히드(R−CHO)를 산화시키면 카르복시산(R−COOH)이 된다.
③ 물에 녹아 약산성을 나타낸다.
④ 수소 결합을 하므로 비등점이 높다.
⑤ 알코올(R−OH)과 반응하여 에스테르(R−O−R′)가 생성된다.

예 $CH_3COOH + C_2H_5OH \xrightarrow[\text{탈수 축합}]{c-H_2SO_4} CH_3COOC_2H_5 + H_2O$

⑥ 염기와 중화 반응을 한다.

예 $RCOOH + NaOH \rightarrow RCOONa + H_2O$

⑦ 알칼리 금속(K, Na 등)과 반응하여 수소(H_2)를 발생시킨다.

예 $2R-COOH + 2Na \rightarrow 2RCOONa + H_2\uparrow$

참고

옥시산(옥시 카르복시산)

같은 분자 속에 카르복시기(−COOH)와 수산기(−OH)를 동시에 갖는 유기산

이름	락트산(젖산)	타르타르산(주석산)	시트르산(구연산)
화학식	$CH_3-\underset{COOH}{\overset{H}{C}}-OH$	$CH(OH)COOH$ │ $CH(OH)COOH$	CH_2COOH │ $C(OH)COOH$ │ CH_2COOH
특성	광학 이성질체를 갖음.	무색 결정으로 포도 속에 있음.	무색 결정으로 귤 속에 있음.

(2) 종류

① 포름산(HCOOH ; 개미산)

㉮ 메틸알코올(CH_3OH)이나 포름알데히드(HCHO)를 산화시켜 만든다.

$$CH_3OH \xrightarrow{[O]} HCHO \xrightarrow{[O]} HCOOH$$

㉯ 무색의 자극성 액체로서 물에 잘 녹아 약산성을 나타낸다.
(지방산 중 제일 강한 산성 반응)

$$HCOOH \rightarrow HCOO^- + H^+$$

㉰ 진한 황산과 가열하면 탈수되어 일산화탄소(CO)를 생성한다.

$$HCOOH \xrightarrow{c-H_2SO_4} H_2O + CO\uparrow$$

㉱ 강한 환원력이 있으므로 은거울 반응을 하고 펠링 용액을 환원시킨다.

㉲ 포름산(개미산)은 분자 속에 산성을 나타내는 카르복시기(－COOH)와 환원성을 나타내는 알데히드기(－CHO)를 동시에 갖고 있다.

② 아세트산(CH3COOH ; 초산)

㉮ 에틸알코올(C_2H_5OH)이나 아세트알데히드(CH_3CHO)를 산화시켜 만든다.

$$C_2H_5OH \xrightarrow{[O]} CH_3CHO \xrightarrow{[O]} CH_3COOH$$

㉯ 아세틸렌(C_2H_2)을 $HgSO_4$ 촉매하에 물을 부가시켜 아세트알데히드(CH_3CHO)를 만들고, 다시 초산망간 촉매하에서 공기로 산화시켜 얻는다.

$$HC\equiv CH + H_2O \xrightarrow{HgSO_4} CH_3CHO \xrightarrow[\text{Mn염}]{[O]} CH_3COOH$$

㉰ 무색의 자극성 액체로 순수한 것은 16.5℃에서 얼음과 같이 되므로 빙초산이라고도 한다(일반적으로 3~4 %의 수용액을 식초라 함).

㉱ 물에 잘 녹아 약산성을 나타내며 연소 시 푸른 불꽃을 내면서 탄다.

㉲ 알코올과 에스테르 반응을 한다.

2-12 에스테르류(R－COO－R′)

(1) 일반적 특성

① 산과 알코올로부터 물이 빠지고 축합된 화합물(R－COO－R′)이다.

에스테르(ester) 반응

$$\text{산}+\text{알코올} \underset{\text{가수분해}}{\overset{\text{에스테르화}}{\rightleftarrows}} \text{에스테르}+\text{물} \qquad ROOH + R'OH \underset{\text{가수분해}}{\overset{\text{에스테르화}}{\rightleftarrows}} RCOOR' + H_2O$$

② 저급 에스테르는 무색 액체로 향기가 나며, 고급 에스테르는 고체이다.
③ 물에는 녹지 않으나 오래 방치하거나 묽은 산성 용액에서 가수분해된다.
④ 알칼리에 의해서 비누화된다.

예 R−COO−R′ + NaOH → R−COONa + R′−OH

(2) 아세트산에틸($CH_3COOC_2H_5$)

① 아세트산(CH_3COOH)과 에틸알코올(C_2H_5OH)을 혼합하여 탈수제로 c−H_2SO_4를 가하여 가열하면 에스터화 반응이 일어나 아세트산에틸($CH_3COOC_2H_5$)이 생성된다.

예 $CH_3COOH + C_2H_5OH \xrightarrow{c-H_2SO_4} CH_3COOC_2H_5 + H_2O$

② 과일 냄새가 나는 무색의 액체이다.
③ 물에 녹기 어렵고 유기 물질에 잘 녹는다.
④ 알칼리를 가해 가열하면 비누화가 일어나 초산염과 에틸알코올이 생성된다.

예 $CH_3COOC_2H_5 + NaOH \rightarrow CH_3COONa + C_2H_5OH$

⑤ 소량의 산에 의하여 가수분해된다.

3 방향족(aromatic) 탄화수소

3-1 방향족 탄화수소와 벤젠

방향족 탄화수소는 대부분 강한 냄새를 가지고 있으며 이들은 또한 독특한 화학적 성질을 가지고 있다. 유기 화학에서 방향족이라는 말은 향기와 관련이 있기보다는 일종의 화학적 구조상 특성을 가진 부류의 물질들을 의미한다. 방향족이 아닌 많은 유기 화합물들도 방향성을 나타내며, 그와 반대로 무취인 방향족 유기 화합물도 다수 존재한다.

(1) 방향족 탄화수소

방향족 탄화수소는 벤젠 고리 또는 나프탈렌 고리를 가진 탄화수소로서, 석탄을 건류할 때 생기는 콜타르를 분별 증류하여 얻는 화합물이며, 벤젠 · 톨루엔 · 크실렌이 대표적이다.

(2) 벤젠(C_6H_6)

벤젠(benzene)은 19세기에 패러데이(Faraday)에 의하여 발견된 이후 이 화합물의 구조에 대하여 여러 논쟁이 있었다. 케쿨레(Kekule)와 쿠퍼(Couper)가 합리적인 구조식을 처음으로 발전시킨 이래로 유기 화학에서 방향족 탄화수소에 관한 연구가 활발히 진행되었다.

① 벤젠(C_6H_6)의 구조(케쿨레의 벤젠 구조)

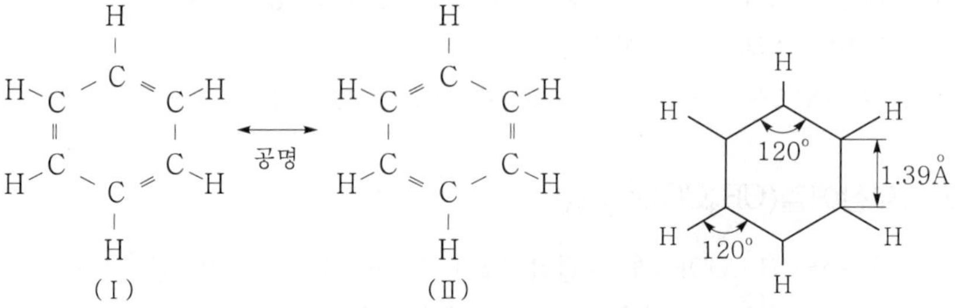

(Ⅰ) 공명 (Ⅱ)

120° 1.39Å 120°

㉮ 벤젠은 반응성이 작고 부가 반응을 하지 않는 것으로 보아 사슬 모양이 아닌 고리 모양으로 되어 있다.

㉯ 벤젠의 탄소(C) 원자는 고리 모양으로 되어 있으며 하나 건너 2중 결합으로 되어 있기 때문에 탄소의 원자가 수소의 원자가를 모두 만족시키므로 안정한 화합물이다.

㉰ 원자 간의 거리가 1.39Å(단일 결합인 경우 1.54Å, 2중 결합인 경우 1.34Å)으로 단일 결합도 아니고 2중 결합도 아닌 공명 혼성체의 구조로 되어 있다.

㉱ 벤젠의 육각형 구조의 고리 모양을 벤젠 핵 또는 벤젠 고리라고 한다.

② 성질

㉮ 무색의 휘발성 액체(BP : 80.13℃)인 특수한 냄새를 지닌 인화성 물질이다.

㉯ 물보다 가벼우며(비중 : 0.88), 비극성 공유 결합 물질로서 물에는 녹지 않고 유기 물질에 녹는다.

㉰ 부가 반응보다 치환 반응이 잘 일어난다(공명 혼성체의 구조로 되어 있기 때문에).

㉱ 불이 붙으면 그을음을 많이 내면서 탄다. 그 이유는 수소(H) 수에 비해 탄소(C)의 함량이 많기 때문이다.

예 $2C_6H_6 + 15O_2 \rightarrow 12CO_2 + 6H_2O$

㉲ 치환 반응

㉠ 할로겐화(halogenation) : 소량의 철이 존재하는 상황에서 벤젠과 염소 가스를 반응시키면 수소 원자와 염소 원자의 치환이 일어나 클로로벤젠이 생긴다.

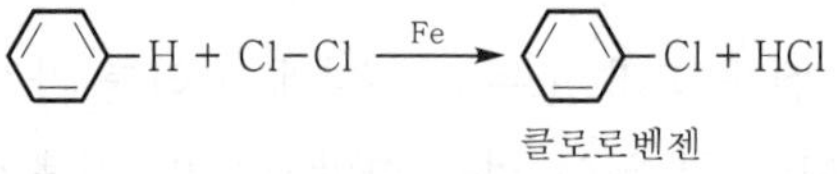

$$C_6H_5-H + Cl-Cl \xrightarrow{Fe} C_6H_5-Cl + HCl$$

클로로벤젠

㉡ 니트로화(nitration) : 벤젠에 진한 황산과 진한 질산의 혼합물을 가하면 니트로기가 수소 원자와 치환되어 니트로벤젠이 생성된다.

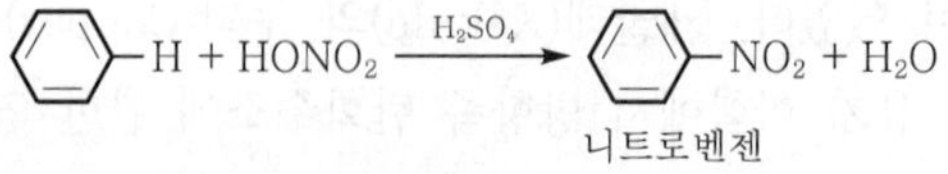

$$C_6H_5-H + HONO_2 \xrightarrow{H_2SO_4} C_6H_5-NO_2 + H_2O$$

니트로벤젠

㉢ 술폰화(sulfonation) : 벤젠을 진한 황산과 반응시키면 술폰기가 도입되어 벤젠술폰산이 얻어진다.

$$C_6H_5-H + HOSO_3H \xrightarrow[\text{가열}]{SO_3} C_6H_5-SO_3H + H_2O$$

벤젠술폰산

㉣ 알킬화(alkylation)(일명 : 프리델-그라프츠 반응) : 염화알루미늄 무수물을 촉매로 하여 벤젠과 할로겐화 알킬 또는 할로겐화 알킬기를 반응시키면 알킬벤젠(C_6H_5R)이 생성된다.

$$C_6H_5-H + Cl-R \xrightarrow{AlCl_3} C_6H_5-R + HC$$

알킬벤젠

㉥ 부가 반응 : 특수한 촉매와 특수한 조건에 의해서만 발생한다.

㉠ 수소(H_2) 부가 반응 : 벤젠을 180~200 ℃의 고온에서 Ni 촉매하에 수소(H_2)를 부가시키면 시클로헥산(C_6H_{12})이 생성된다.

예 $C_6H_6 + 3H_2 \rightarrow C_6H_{12}$

$$C_6H_6 + 3H_2 \xrightarrow{Ni} C_6H_{12}$$

시클로헥산

㉡ 염소(Cl_2) 부가 반응 : 햇빛을 쬐면서 벤젠에 염소 가스를 통하면 2중 결합에 염소의 첨가가 일어난다. 1개의 2중 결합이 포화되면 첨가는 계속적으로 일어나 결국 BHC(Benzene Hexa Chloride)가 얻어진다.

예 $C_6H_6 + 3Cl_2 \rightarrow C_6H_6Cl_6$

3-2 벤젠의 유도체

(1) 톨루엔($C_6H_5CH_3$)

① 콜타르를 분별 증류하거나 벤젠의 알킬화 반응(프리델-그라프츠 반응)에 의해서 얻는다.

$$C_6H_5-H + CH_3Cl \xrightarrow{AlCl_3} C_6H_5-CH_3 + HCl$$

② 방향족 화합물로서, 방향성을 가진 무색 액체이다.

③ 톨루엔에 산화제($KMnO_4+H_2SO_4$)를 작용시키면 산화되어 벤젠알데히드(C_6H_5CHO)를 거쳐 벤조산(C_6H_5COOH, 안식향산)이 된다.

④ 진한 질산과 진한 황산으로 니트로화시키면 폭약인 TNT(TriNitroToluene)가 제조된다.

CH_3 + $3HNO_3$ $\xrightarrow[\text{니트로화}]{c-H_2SO_4}$ CH_3, O_2N, NO_2, NO_2 + $3H_2O$

TNT(TriNitroToluene)

⑤ 톨루엔은 핵 치환과 측쇄 치환을 한다.

㉮ 핵 치환 : 톨루엔에 Fe을 촉매로 하여 염소(Cl_2)를 작용시키면 벤젠 핵을 구성하는 6개의 탄소(C)에 붙은 수소가 치환되는 것으로서, 오르토($o-$), 메타($m-$), 파라($p-$)의 3가지 이성질체가 생성된다.

CH_3 + Cl_2 $\xrightarrow{\text{Fe 촉매}}$ CH_3, Cl (*o*-클로로톨루엔) 또는 CH_3, Cl (*m*-클로로톨루엔 (극소량 생성)) 또는 CH_3, Cl (*p*-클로로톨루엔)

㉯ 측쇄 치환 : 톨루엔에 햇빛을 촉매로 하여 염소(Cl_2)를 작용시키면 벤젠 핵에 붙어 있는 메틸기($-CH_3$)의 수소가 치환되는 것이다.

CH_3 $\xrightarrow{Cl_2}$ CH_2Cl (염화벤질) $\xrightarrow{Cl_2}$ $CHCl_2$ (염화벤잘) $\xrightarrow{Cl_2}$ CCl_3 (삼염화벤즈)

참고

핵 치환 방법

1. 벤젠 핵에서 제1치환제로서 $-Cl$, $-CH_3$, $-OH$, $-NH_2$, $-COCH_3$ 등이 치환되어 있을 때, 제2의 치환기는 제1치환기에 대하여 주로 오르토, 파라 위치에 핵 치환이 일어난다.
2. 벤젠 핵에서 제1치환제로 $-NO_2$, $-SO_3H$, $-CHO$, $-COOH$ 등이 치환되어 있을 때, 제2의 치환기는 제1치환기에 대하여 주로 메타 위치에 핵 치환이 일어난다.

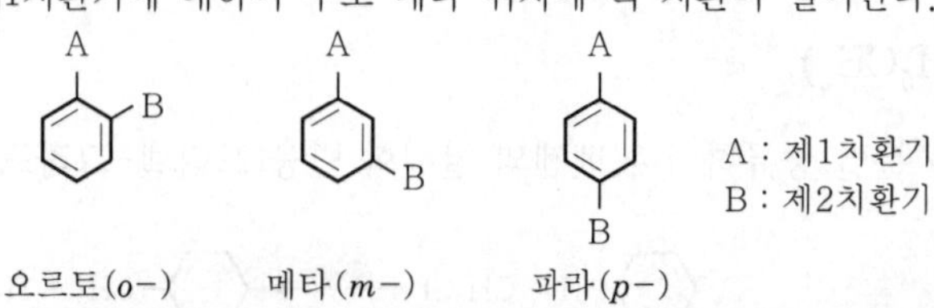

오르토($o-$) 메타($m-$) 파라($p-$)

(2) 크실렌($C_6H_4(CH_3)_2$, 자일렌)

① 콜타르를 분별 증류하여 얻는다.
② 크실렌에는 3가지 이성질체(o-크실렌, m-크실렌, p-크실렌)가 있다.
③ 산화되면 프탈산이 된다.

(3) 나프탈렌($C_{10}H_8$)

① 벤젠 고리가 2개 연결된 구조이다.
② 무색이며 특유한 냄새를 지닌 판상 결정이다.
③ 승화성이 있고 산화시키면 프탈산이 된다.
④ 나프탈렌에는 2가지 이성질체가 있다(α-나프탈렌, β-나프탈렌).
⑤ 염료의 원료나 방충제로 이용된다.

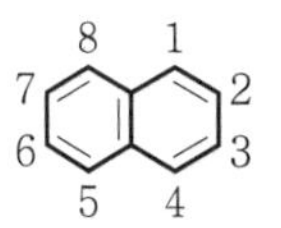

나프탈렌의 구조식

3-3 페놀(C_6H_5OH)과 그 유도체

(1) 페놀(C_6H_5OH, 석탄산)

① 제조법

㉮ 쿠멘법(cumene)

$$C_6H_6 + CH_3CH=CH_2 \text{ (프로필렌)} \xrightarrow{AlCl_3} C_6H_5\text{-}CH(CH_3)_2 \xrightarrow[100℃]{4\sim6\text{기압}} C_6H_5\text{-}C(CH_3)_2OOH \xrightarrow[45\sim75℃]{H_2SO_4} C_6H_5OH + CH_3COCH_3$$

㉯ 벤젠의 알칼리 용융법

$$\underset{\text{벤젠}}{C_6H_5\text{-}H} \xrightarrow[\text{술폰화}]{+HOSO_3\cdot H} \underset{\text{벤젠술폰화}}{C_6H_5\text{-}SO_3\cdot H} \xrightarrow[\text{중화}]{+NaOH} \underset{\text{벤젠술폰화 나트륨}}{C_6H_5\text{-}SO_3\cdot Na} \xrightarrow[\text{알칼리에 용융}]{+NaOH} \underset{\text{나트륨 페놀레이트}}{C_6H_5\text{-}ONa} \xrightarrow[\text{가수 분해}]{H_2O+CO_2} \underset{\text{페놀}}{C_6H_5\text{-}OH}$$

② 성질

㉮ 특유한 강한 냄새를 가진 무색의 결정이며, 물에 약간 녹아 약산성을 나타낸다.
㉯ 공기나 햇빛을 쪼이면 붉은색으로 변하므로 갈색병에 보관한다.
㉰ 염기(NaOH)와 중화 반응을 하여 나트륨페놀레이터(C_6H_5ONa)와 물로 된다.
㉱ 진한 질산과 진한 황산으로 니트로화시키면 피크린산(picric acid)이 된다.

OH + $3HNO_3$ $\xrightarrow[\text{니트로화}]{H_2SO_4}$ (OH, O_2N, NO_2, NO_2)

피크린산

㉳ 페놀류의 검출법 : 벤젠 핵에 수산기(−OH)가 붙어 있는 페놀류의 수용액에 염화제이철($FeCl_3$) 용액을 넣으면 히드록시기에 의하여 정색 반응(적색~청색)을 하므로 쉽게 검출할 수 있다.

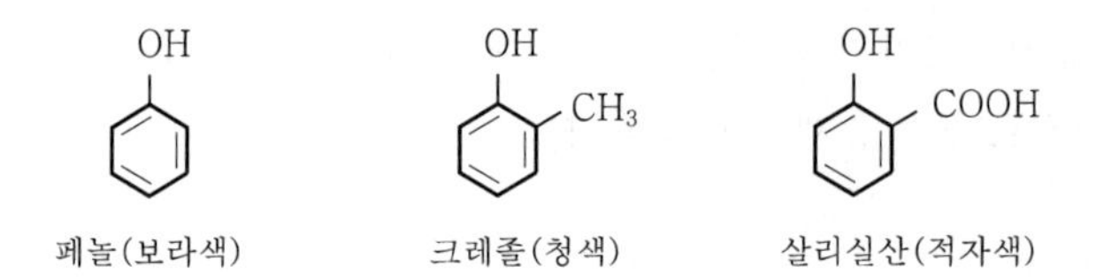

페놀(보라색) 크레졸(청색) 살리실산(적자색)

(2) 페놀의 유도체

① 크레졸($C_6H_4(CH_3)OH$)

페놀과 비슷하여 알칼리와 반응하여 염을 만들고 알칼리성 비눗물에 잘 녹으며 소독 살균제로 이용하고, 3개의 이성질체가 있다.

OH, CH_3 / OH, CH_3 / OH, CH_3

o−크레졸 *m*−크레졸 *p*−크레졸

② 다가 페놀

OH의 수	2가 페놀(세 종류의 이성질체)			3가 페놀
명칭	카테콜	레조르시놀	히드로키논	피로가롤
구조식	OH, OH *o*−형	OH, OH *m*−형	HO, OH *p*−형	OH, HO, OH

③ 나프톨($C_{10}H_7OH$)

염료의 원료로 이용된다.

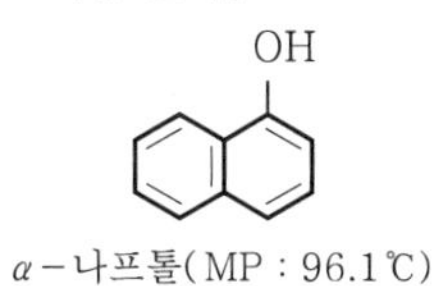

α-나프톨(MP : 96.1℃)　　β-나프톨(MP : 123℃)

3-4 방향족 카르복시산의 종류

(1) 벤조산(안식향산, C_6H_5COOH)

무색의 판상 결정으로 살균 작용이 있다.

(2) 살리실산($C_6H_4(OH)COOH$)

아스피린을 제조한다.

(3) 프탈산($C_6H_4(COOH)_2$)

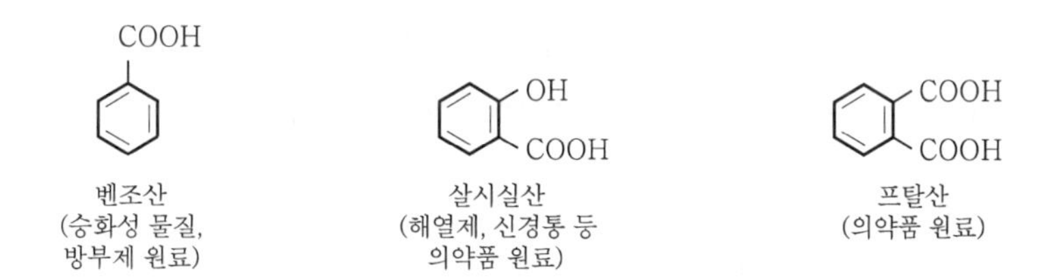

벤조산 (승화성 물질, 방부제 원료)　　살시실산 (해열제, 신경통 등 의약품 원료)　　프탈산 (의약품 원료)

3-5 방향족 아민과 염료

(1) 아닐린($C_6H_5NH_2$)

① 무색의 기름 모양 액체로서 물에는 불용이다(BP : 180℃, 비중 : 1.02).

② 방향족 1차 아민으로 염기성이며, 산과 중화 반응을 하여 염을 생성한다.

③ 합성 염료의 제조 및 의약품 원료로 이용된다.

④ 아닐린의 검출법

아닐린에 표백분($CaOCl_2$)을 가하면 붉은 보라색으로 변색된다.

참고

디아조화(diazotation) 반응과 커플링(coupling) 반응

1. 디아조화 반응 : 방향족 1차 아민의 산성 용액에 아질산염을 작용시켜 디아조늄염을 얻는 반응이다.

$$C_6H_5-NH_2 + NaNO_2 + 2HCl \xrightarrow{\text{디아조화}} [C_6H_5-N^+\equiv N]Cl^- + NaCl + 2H_2O$$

염화벤젠디아조늄

2. 커플링 반응 : 방향족 디아조늄 화합물에 페놀류나 방향족 아민을 작용시키면 아조기(−N=N−)를 갖는 새로운 아조 화합물을 만드는 반응이다.

$$C_6H_5-N_2\boxed{Cl}\boxed{+}\boxed{H}-C_6H_4-OH+\boxed{NaOH} \longrightarrow C_6H_5-N=N-C_6H_4-OH+NaCl+H_2O$$

중화

파라히드록시아조벤젠(염료)

아민(amine)

암모니아의 수소 원자가 탄화수소기[알킬기($C_nH_{2n+1}-$), 페닐기(C_6H_5-)]로 치환된 형태의 화합물, 즉 탄화수소에 아미노기($-NH_2$)가 결합된 화합물이다.

(2) 염료(dye)

① 염료의 분자 구조

발색단과 조색단의 두 가지 원자단을 동시에 가지고 있는 유기 물질이다.

예 $H_2N-C_6H_4-NO_2$ (조색단: H_2N, 발색단: NO_2) — p−니트로아닐린

$C_6H_5-N=N-C_6H_4-NH_2$ (조색단: NH_2) — p−아미노아조벤젠

㉮ 발색단 : 염료가 색을 나타내는 원인이 되는 원자단이다.

원자단	구조	원자단	구조
아조기	−N=N−	니트로소기	−N=O
카르보닐기	>C=O	티오카르보닐기	>C=S
에틸렌기	>C=C<	니트로기	$-NO_2$ (−N(=O)O)

㉯ 조색단 : 색을 진하게 하고 염색이 잘 되도록 하는 산성·염기성의 원자단이다.

원자단	구조	원자단	구조
아미노기	$-NH_2$	히드록시기	−OH
카르복시기	−COOH	술폰산기	$-SO_3H$

② 염료의 종류

㉮ 직접 염료(direct dye) : 대부분의 아조 염료(콩코렛 등)

㉯ 산성 염료(acid dye) : 에오신, 메틸 오렌지 등

㉰ 염기성 염료(basic dye) : 메틸렌 블루
㉱ 배트 염료(vat dye) : 인디고 등
㉲ 매염 염료(mordant dye) : 알리자린 등

4 고분자 화합물(high molecular compound)

분자량이 매우 커 약 1만 이상이 되는 화합물을 말하며, 녹말, 단백질, 셀룰로오스, 천연 고무 등의 천연 고분자 화합물과 합성 섬유, 합성 수지(플라스틱), 합성 고무 등의 합성 고분자 화합물이 있다.

4-1 천연 고분자 화합물

생체에 의하여 합성이 되는 천연 고분자 화합물은 무기 고분자(석면, 운모, 다이아몬드 등)와 유기 고분자(단백질, 녹말, 셀룰로오스, 고무 등)로 분류된다.

식물의 세포벽은 셀룰로오스로 이루어져 있고, 동물 세포는 세포벽이 없고 세포막만 가진다.

(1) 탄수화물의 정의

C, H, O의 3가지 원소로 되어 있으며, 일반식이 $C_m(H_2O)_n$으로 표시되는 탄소와 물의 화합물이다.

(2) 탄수화물의 종류와 성질

분류	정의	분자식	종류	가수분해 생성물	환원 작용	단맛과 융해성
단당류	가수분해되지 않는 탄수화물	$C_6H_{12}O_6$, $C_6(H_2O)_6$	포도당, 과당, 갈락토오스	가수분해되지 않음.	있음.	있음.
이당류	가수분해에 의해 두 분자의 단당류가 생기는 화합물	$C_{12}H_{22}O_{11}$, $C_{12}(H_2O)_{11}$	설탕	포도당 +과당	없음.	있음.
			맥아당	포도당 +포도당	있음.	있음.
			젖당	포도당 +갈락토오스	있음.	있음.
다당류 (비당류)	가수분해에 의해 많은 분자의 단당류가 생기는 화합물	$(C_6H_{10}O_5)_n$, $[C_6(H_2O)_5]_n$	녹말(전분), 셀룰로오스, 글리코겐	포도당	없음.	없음.
			이눌린	과당	없음.	없음.

4-2 아미노산과 단백질

(1) 아미노산(amino acid)

① 한 분자 속에 염기성을 나타내는 아미노기($-NH_2$)와 산성을 나타내는 카르복시기($-COOH$)를 가지지 못한 양쪽성 물질로서, 수용액은 중성이며 대표적인 물질에는 글라이신, 알라닌, 글루탐산 등이 있다.

② 아미노산은 3가지 이성질체가 있다(α, β, γ 아미노산).

③ 물에는 잘 녹으나 유기 용매인 에테르, 벤젠 등에는 녹지 않는다.

④ 휘발성이 없고, 밀도나 융점이 비교적 높다(MP : 200~300℃ 정도).

(2) 단백질(protein)

① 여러 개의 아미노산의 탈수 축합 반응에 의해 펩티드(peptide) 결합($-CO-NH-$)으로 된 고분자 물질이다. 또한 펩티드 결합을 갖는 물질을 폴리아미드(poly amide)라 한다.

② 물에는 잘 녹지 않으나 산·알칼리 촉매 및 효소 등에 의해 가수분해되어 아미노산이 된다.

③ 정색 반응을 한다.

참고

단백질의 검출에 이용되는 정색 반응

1. **뷰렛(biuret) 반응** : 수산화나트륨 용액에 단백질을 녹이고, 여기에 1%의 황산구리 용액을 몇 방울 떨어뜨리면 붉은 보라색이 나타나는 반응이다.

   단백질 용액$+NaOH \xrightarrow{1\%\ CuSO_4}$ 붉은 보라색

2. **크산토프로테인(xanthoprotein) 반응** : 단백질 용액에 진한 질산을 끓이면 노란색이 되는데, 이것을 냉각한 다음 암모니아수를 가하여 알칼리성으로 하면 오렌지색으로 되는 반응이다.

   단백질 용액 $\xrightarrow[\text{가열}]{HNO_3}$ 노란색 $\xrightarrow{NaOH}$ 오렌지색

3. **밀롱(millon) 반응**

   단백질 용액+밀롱 시약$[HNO_3+Hg(NO_3)_2] \xrightarrow[\text{가열}]{}$ 적색

4. **닌히드린(ninhydrine) 반응** : 단백질에 닌히드린 용액을 넣고 가열하면 푸른 보라색이 되는 반응이다.

   단백질 용액+1% 닌히드린 용액 ⇒ 끓인 후 냉각 ⇒ 푸른 보라색

4-3 합성 고분자 화합물

(1) 합성 수지

① 열가소성 수지(thermoplastic resin)

㉮ 정의

부가 중합에 의한 중합체로 가열하면 부드러워져 가소성을 가지며, 냉각하면 다시 굳어지는 수지이다.

㉯ 종류

㉠ 폴리염화비닐 수지($[CH2=CHCl]_n$) : 염화비닐 과산화물 촉매하에서 부가 중합시켜 만든 수지로서, 상수도관으로 이용한다.

㉡ 폴리스티렌 수지 : 스티렌을 과산화물 촉매하에서 부가 중합시켜 만든 수지로서, 내약품성이 강해 주로 화학용 기구나 내산 도료 등에 이용한다.

㉢ 아크릴 수지 : 메타아크릴산 또는 메틸에스테르 등의 부가 중합체로서, 주로 항공기의 방풍 유리로 이용한다.

㉣ 실리콘(규소) 수지 : 규소(Si)를 포함한 유기물 중합체로서, 내열성·내약품성·전지 절연성 등이 우수한 수지이다.

② 열경화성 수지(thermosetting resin)

㉮ 정의

축합 중합에 의한 중합체로, 가열하면 굳어져서 열에 의하여 다시 녹일 수 없는 수지이다.

㉯ 종류

㉠ 페놀 수지(베이클라이트, bakelite) : 페놀(C_6H_5OH)과 포름알데히드(HCHO)의 혼합 용액을 알칼리나 산 촉매하에서 가열하여 축합 중합시킨 수지로서, 내열·전기 절연성이 우수하여 전기 절연 재료 또는 기계 부속에 이용한다.

㉡ 요소 수지 : 요소($CO(NH_2)_2$)와 포름알데히드(HCHO)를 알칼리 촉매하에서 축합 중합시킨 것으로서, 내수성·내열성이 좋아 파이프나 접착제에 이용한다.

㉢ 멜라민 수지 : 멜라민과 포름알데히드를 축합 중합시킨 것으로서, 내수성·내열성·전기 절연성이 우수한 수지이다.

(2) 합성 섬유

① 나일론 6, 6(폴리아미드계 합성 수지)

헥사메틸렌디아민과 아디프산의 축합 중합체로서, 펩티드 결합을 하는 섬유이다.

② 테트론(폴리에스테르계 합성 수지)

테레프탈산과 에틸렌글리콜의 중합체이다.

③ 비닐론(폴리비닐계 합성 수지)

초산비닐을 중합시켜 가수분해한 후 포름알데히드를 작용 · 산화시켜 만든 축합 중합체이다.

(3) 천연 고무와 합성 고무

① 천연 고무

열대 지방에서 고무 나무에 상처를 내면 우유와 같은 액체인 라텍스(latex)가 얻어지며, 이에 아세트산이나 포름산을 가하여 응고시키면 생고무가 된다. 이 생고무를 이루는 단위체는 이소프렌(isoprene)이다.

② 합성 고무

이소프렌, 부타디엔, 스티렌, 아크릴로니트릴, 클로로프렌 등의 중합체

㉮ 부나-S(SBR)

㉠ 부타디엔과 스티렌의 공중합체(에멀션 중합 방법 이용)이다.

㉡ 가황 조작이 가능하고 내열 · 내수성이 좋아 타이어, 벨트, 패킹 등에 이용한다.

㉯ 부나-N(니트릴 고무, NBR)

㉠ 부타디엔과 아크릴로니트릴의 공중합체이다.

㉡ 내유성이 좋아 기계 부속에 이용한다.

㉰ 네오프렌 고무(CR)

㉠ 클로로프렌의 중합체이다.

㉡ 내약품성 · 내열성 · 내유성 등이 강해 타이어, 튜브, 호스 등에 이용한다.

4-4 유지와 비누

(1) 유지(fats & oils)

① 유지의 정의

고급 지방산과 글리세린의 에스터 화합물로서, 트리글리세라이드가 주성분이다.

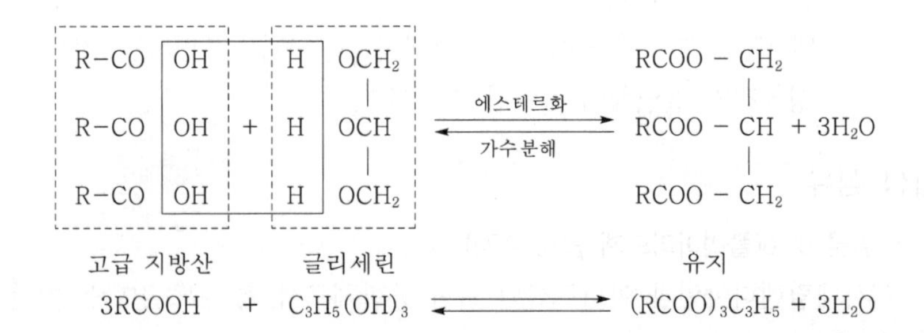

② 유지의 종류

구분	결합 관계	지방산	글리세린에스테르	존재
포화	단일 결합	팔미트산 $C_{15}H_{31}COOH$ 스테아르산 $C_{17}H_{35}COOH$	팔미트산 $(C_{15}H_{31}COO)_3C_3H_5$ 스테아린 $(C_{17}H_{35}COO)_3C_3H_5$	모든 유지 모든 유지
불포화	2중 결합 1개 2중 결합 2개 2중 결합 3개	올레산 $C_{17}H_{33}COOH$ 리놀산 $C_{17}H_{31}COOH$ 리놀레산 $C_{17}H_{29}COOH$	올레인 $(C_{17}H_{33}COO)_3C_3H_5$ 리놀 $(C_{17}H_{31}COO)_3C_3H_5$ 리놀레인 $(C_{17}H_{29}COO)_3C_3H_5$	모든 유지 많은 건성유 모든 건성유

③ 유지(지방 또는 기름)의 분류

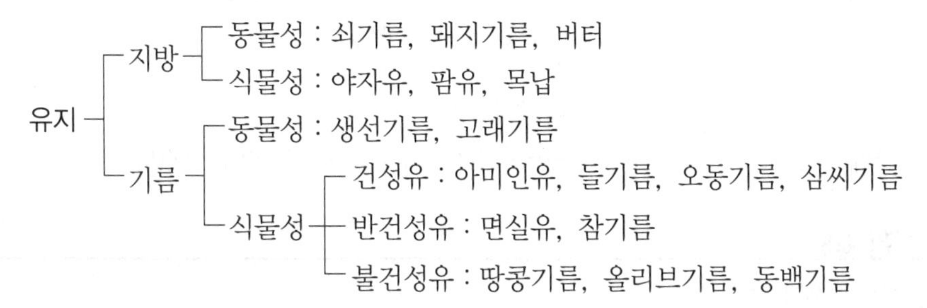

④ 유지의 성질

㉮ 무색 · 무취 · 무미의 중성 물질이다.

㉯ 공기 중에서 방치하면 산성을 띠게 된다(산패).

㉰ 물 · 알코올에는 녹지 않으나, 벤젠 · 사염화탄소 · 에테르 등 유기 용매에 잘 녹는다.

㉱ 효소 · 산 · 알칼리에 의해 가수분해되어 고급 지방산과 글리세린이 된다.

㉲ 염기(NaOH, KOH)에 의해 비누화되면 고급 지방산의 알칼리염(비누)과 글리세린이 된다.

$$\underset{\text{유지}}{(RCOO)_3C_3H_5} + 3NaOH \xrightarrow{\text{비누화}} \underset{\text{비누}}{3RCOONa} + \underset{\text{글리세린}}{C_3H_5(OH)_3}$$

⑤ 유지의 가공

㉮ 보일유 : 건성유에 금속화물(Pb, Mn, Co의 산화물)을 넣어서 건성도를 높인 것으로서, 건조가 빠른 페인트의 원료로 이용한다.

㉯ 경화유 : 불포화 액체 상태의 기름을 Ni 촉매하에서 H_2를 첨가하여 포함된 고체 상태의 유지로서, 버터의 제조 등에 이용한다.

⑥ 유지의 시험값

㉮ 요오드화 값 : 기름 100 g에 부가되는 요오드(I_2)의 g 수로서 기름의 불포화도를 규정하며, 2중 결합이 많을수록 요오드화 값은 커진다.

㉠ 건성유 : 요오드화 값 130 이상

㉡ 반건성유 : 요오드화 값 100 이상 130 이하

㉢ 불건성유 : 요오드화 값 100 이하

㉯ 비누화 값 : 유지 1 g을 비누화하는 데 필요한 KOH의 mg 수이다.

㉠ 비누화 값이 클 때(분자량이 적음) : 저급 지방산의 에스테르

㉡ 비누화 값이 적을 때(분자량이 큼) : 고급 지방산의 에스테르

(2) 비누(soap)

① 고급 지방산의 알칼리 금속염이다.

② 유지에 알칼리 용액(KOH, NaOH)을 가하여 가열한 후 소금 등으로 염석시키면 비누화되어 고급 지방산의 알칼리 금속염(비누)과 글리세린이 생성된다.

$$\underset{\text{유지}}{(RCOO)_3C_3H_5} + 3NaOH \rightarrow \underset{\text{비누}}{3RCOONa} + C_3H_5(OH)_3$$

③ 물에 잘 녹으며 수용액은 알칼리성이다.

④ 센물에서는 Ca^{2+}, Mg^{2+}과 작용하며 물에 녹지 않는 침전이 생긴다.

참고

비누의 세척 작용

비누는 소수성(친유성)기인 탄화수소기(R)와 친수성기인 $-COONa$, $-SO_3Na$ 등을 모두 가지고 있으므로 세척 작용을 한다.

1. **유화 작용** : 비누의 소수성(친유성)기는 때와 배합하고, 친수성기는 물과 배합하여 입자를 물 속에 분산시킴으로써 유화시키는 작용이다.
2. **침투·흡착 작용** : 비누는 계면 활성제의 역할을 하므로 섬유소 깊숙히 침투하여 흡착하는 작용이다.

(3) 합성 세제

① 강산과 강염기의 염으로서 수용액은 중성이며 센물에서도 세척 효과를 가진다.

② 종류

㉮ 알킬벤젠술폰산나트륨(ABS) : $R-C_6H_4-SO_3H$

㉯ 라우릴황산나트륨(LAS)

㉰ 역성 비누

Chapter 04

화학 반응

1. 화학 반응

1 화학 반응과 화학 평형

1-1 화학 반응과 에너지

(1) 열화학 반응식

① 물질이 화학 반응을 일으키는 경우에는 반드시 열의 출입(열의 발생 또는 흡수)이 따르며, 이때 발생되는 열을 반응열(Q)이라 한다. 이와 같은 반응열을 포함시켜 나타낸 화학 반응식을 열화학 반응식이라 한다.

참고

열의 표시 방법

1. **반응열(Q)** : 화학 반응이 일어날 때 열이 발생 또는 흡수되는 에너지의 양(단위 : cal)
2. **엔탈피(H)** : 어떤 물질이 생성되는 동안 그 물질 속에 축적된 에너지로서의 열함량(단위 : cal)
3. **반응 엔탈피(ΔH)** : 엔탈피(enthalpy)의 변화된 차이
   ∴ 생성 물질의 엔탈피 − 반응 물질의 엔탈피

② 화학 반응의 종류

㉮ 발열 반응 : 열이 발생하는 반응, 즉 반응계 에너지>생성계 에너지, $\Delta H=(-)$, $Q=(+)$

$$H_2(g)+\frac{1}{2}O_2(g) \rightarrow H_2O(l)+68.3\,\text{kcal}$$

$\therefore\ \Delta H=-68.3\,\text{kcal}$

㉯ 흡열 반응 : 열을 흡수시키는 반응, 즉 반응계 에너지<생성계 에너지, $\Delta H=(+)$, $Q=(-)$

$$\frac{1}{2}N_2(g)+\frac{1}{2}O_2(g) \rightarrow NO-21.6\,\text{kcal}$$

$\therefore\ \Delta H=+21.6\,\text{kcal}$

㉰ 반응열과 안정성 : 화학 반응에서 방출하는 반응열이 클수록 생성 물질은 안정하다. 즉, 엔탈피가 작아질수록 안정하다.

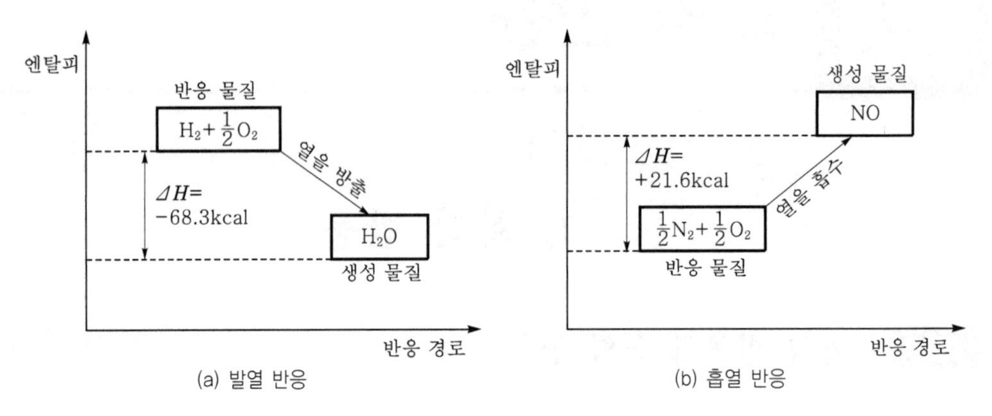

(a) 발열 반응 (b) 흡열 반응

▌화학 반응에 따른 엔탈피의 변화▐

(2) 반응열의 종류

화학 변화에서 수반되어 발생 또는 흡수되는 에너지의 양을 반응열(Q)이라 하며, 일정량의 물질이 25℃, 1기압에서 반응할 때 발생 또는 흡수되는 열량으로 표시한다.

① 생성열(heat of formation)

물질 1몰이 그 성분 원소의 단체로부터 생성될 때 발생 또는 흡수되는 에너지(열량)이다.

$$H_2(g)+\frac{1}{2}O_2(g) \rightarrow H_2O(l)+68.3\ \text{kcal}$$

$$\therefore\ \Delta H=-68.3\ \text{kcal}$$

예제 1 다음의 열화학 반응식에서 물의 생성열은 몇 kcal인가?

$$2H_2+O_2 \rightarrow 2H_2O+136\text{kcal}$$

풀이 생성열 : 물질 1몰이 성분 원소로부터 생성될 때 발생 또는 흡수되는 열
$2H_2O$: +136kcal, H_2O : x+kcal
$\therefore\ x = 68\text{kcal}$

예제 2 $N_2+O_2 \rightarrow 2NO-43\text{kcal}$에서 NO의 생성열은 몇 kcal인가?

풀이 생성열 : 물질 1몰이 성분 원소로부터 생성될 때 발생 또는 흡수되는 열
2NO : −43kcal, NO : x−kcal
$\therefore\ x=-21.5\text{kcal}$

② 분해열(heat of decomposition)

물질 1몰을 그 성분 원소로 분해하는 데 발생 또는 흡수하는 에너지(열량)이다.

$$H_2O(l) \rightarrow H_2+\frac{1}{2}O_2-68.3\ \text{kcal}$$

$$\therefore\ \Delta H=+68.3\ \text{kcal}$$

③ 연소열(heat of combustion)

물질 1몰을 완전 연소시킬 때 발생하는 에너지(열량)이다.

$C+O_2 \rightarrow CO_2+94.1\,kcal$

$\therefore\ \Delta H=-94.1\,kcal$

예제 프로판가스(C_3H_8)의 연소 반응식은 $C_3H_8+5O_2 \rightarrow 3CO_2+4H_2O+530cal$이다. 프로판가스 1 g을 연소시켰을 때 나오는 열량은 몇 cal인가?

풀이 $C_3H_8 + 5O_2 \rightarrow 3CO_2 + 4H_2O + 530cal$

44g 530cal

1g x[cal]

$x=\dfrac{1\times 530}{44}$ $\therefore\ x=12.05\,cal$

④ 용해열(heat of solution)

물질 1몰이 물(aq)에 녹을 때 수반되는 에너지(열량)이다.

$H_2SO_4+aq \rightarrow H_2SO_4(aq)+17.9\,kcal$

$\therefore\ \Delta H=-17.9\,kcal$

⑤ 중화열(heat of neutralization)

산 1 g 당량과 염기 1 g 당량이 중화할 때 발생하는 에너지(열량)이다.

$HCl(aq)+NaOH(aq) \rightarrow NaCl(aq)+H_2O+13.7\,kcal$

$\therefore\ \Delta H=-13.7\,kcal$

(3) 총 열량 불변의 법칙

일명 "Hess' law(헤스의 법칙)"이라고 하며, 화학 반응에서 발생 또는 흡수되는 열량은 그 반응 최초의 상태와 최종의 상태만 결정되면 그 도중의 경로와는 무관하다. 즉, 반응 경로와는 관계없이 출입하는 총 열량은 같다. 따라서 에너지 보존의 법칙이라고도 한다.

예 $C+O_2 \rightarrow CO_2+94.1\,kcal : Q$

$$\begin{cases} C+\dfrac{1}{2}O_2 \rightarrow CO+26.5\,kcal : Q_1 \\ CO+\dfrac{1}{2}O_2 \rightarrow CO_2+67.6\,kcal : Q_2 \end{cases}$$

$\therefore\ Q=Q_1+Q_2=26.5+67.6=94.1\,kcal$

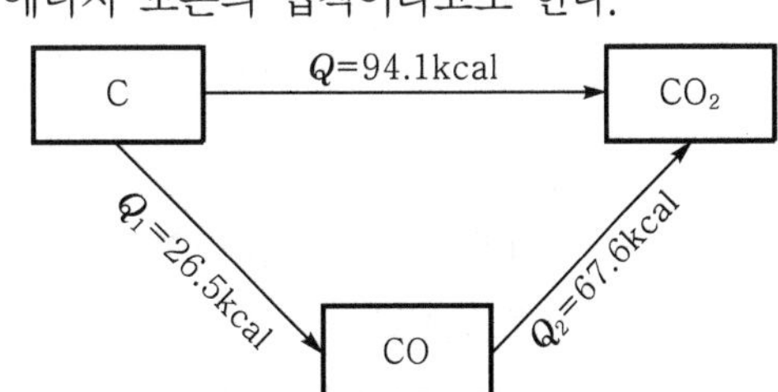

1-2 반응 속도

(1) 정의

반응 속도란 단위 시간 동안 감소된 물질의 양(몰 수) 또는 생성된 물질의 증가량(몰 수)이다.

(2) 영향 인자

반응 속도는 물질 자체의 성질에 따라 좌우되기는 하나, 이들은 농도, 압력, 촉매, 표면적, 빛 등에 의해 크게 영향을 받는다.

① 농도

반응 속도는 반응하는 각 물질의 농도의 곱에 비례한다. 즉, 농도가 증가함에 따라 단위 부피 속의 입자 수가 증가하므로 입자 간의 충돌 횟수가 증가하여 반응 속도가 빨라진다.

예제 $A+2B \rightarrow 3C+4D$와 같은 기초 반응에서 A, B의 농도를 각각 2배로 하면 반응 속도는 몇 배로 되겠는가?

풀이 반응 속도 $V=[A][B]^2$에서 A와 B의 농도를 두 배로 하면
$V=[2][2]^2=2^3=8$배

∴ V는 8배 증가(빨라짐)

② 온도

온도가 상승하면 반응 속도는 증가한다. 일반적으로 아레니우스의 화학 반응 속도론에 의해서 온도가 10℃ 상승할 때마다 반응 속도는 약 2배 증가한다(2^n 배).

예제 온도가 10℃ 올라감에 따라 반응 속도는 2배 빨라진다. 10℃에서 50℃로 온도를 올리면 반응 속도는 몇 배 빨라지는가?

풀이 온도가 상승하면 반응 속도는 증가(약 10℃ 온도 상승 시 반응 속도는 2배 증가, 즉 2^n배 증가)한다.
따라서, 50−10 = 40℃이므로 반응 속도는 16배 증가한다. 즉 2^n으로서 $2^4=16$배이다.
∴ 16배 빨라짐

③ 촉매

촉매란 자신은 소비되지 않고 소량을 가하더라도 반응 속도만 변화시키는 물질이며, 물리적 변화를 일으킨다.

㉮ 정촉매 : 활성화 에너지를 낮게 하여 반응 속도를 빠르게 하는 물질

㉯ 부촉매 : 활성화 에너지를 높게 하여 반응 속도를 느리게 하는 물질

1-3 화학 평형

(1) 정의

가역 반응에서 정반응 속도와 역반응 속도가 같아져서 외관상 반응이 정지된 것처럼 보이는 상태, 즉 정반응 속도(V_1)=역반응 속도(V_2)이다.

$$A+B \underset{V_2}{\overset{V_1}{\rightleftarrows}} C+D$$

(2) 평형 상수(K)

① 화학 평형 상태에서 반응 물질 농도의 곱과 생성 물질 농도의 곱의 비는 일정하며, 이 일정한 값을 평형 상수(K)라 한다.

② 평형 상수 K 값은 각 물질의 농도의 변화에는 관계없이 온도가 일정할 때는 일정한 값을 가진다. 즉, 평형 상수는 반응의 종류와 온도에 의해서만 결정되는 상수이다.

[가역 반응] $a\text{A}+b\text{B} \underset{V_2}{\overset{V_1}{\rightleftarrows}} c\text{C}+d\text{D}$ (a, b, c, d는 계수)

$V_1 = K_1[\text{A}]^a[\text{B}]^b$, $V_2 = K_2[\text{C}]^c[\text{D}]^d$, $V_1 = V_2$

$K_1[\text{A}]^a[\text{B}]^b = K_2[\text{C}]^c[\text{D}]^d$

$\therefore \dfrac{[\text{C}]^c[\text{D}]^d}{[\text{A}]^a[\text{B}]^b} = \dfrac{K_1}{K_2} = K$(일정) ($K$: 평형 상수)

1-4 평형 이동의 법칙

(1) 정의

평형 상태에 있는 어떤 물질계의 온도, 압력, 농도의 조건을 변화시키며 이 조건의 변화를 없애려는 방향으로 반응이 진행되어 새로운 평형 상태에 도달하려는 것을 말하며, 르 샤틀리에의 평형 이동의 법칙이라 한다.

(2) 평형 이동에 영향을 주는 인자

① 농도

㉮ 농도를 증가시키면 → 농도가 감소하는 방향

㉯ 농도를 감소시키면 → 농도를 증가하는 방향

② 온도

㉮ 온도를 올리면 → 온도가 내려가는 방향(흡열 반응 쪽)

㉯ 온도를 내리면 → 온도가 올라가는 방향(발열 반응 쪽)

③ 압력

㉮ 압력을 높이면 → 분자 수가 감소하는 방향(몰 수가 적은 쪽)

㉯ 압력을 내리면 → 분자 수가 증가하는 방향(몰 수가 큰 쪽)

참고

공통 이온 효과

공통 이온을 가하면 그 이온이 감소하는 방향으로 평형이 진행되는 것

예 $CH_3COOH+H_2O \rightleftarrows CH_3COO^-+H_3O^+$

위 화학 반응식에서 염산을 가하면 $HCl+H_2O \rightarrow H_3O^++Cl^-$로서 H_3O^+가 공통 이온이 된다. 따라서, H_3O^+가 감소하는 방향(←)으로 평형 이동하여 CH_3COOH가 많아지고, CH_3COO^-는 적어진다.

2 산(acid)과 염기(base)

2-1 산과 염기의 반응

(1) 산(acid)의 정의와 성질

① 정의

수용액에서 수소 이온(H^+)을 나타내는 물질이다.

예 $HCl \leftrightarrows H^++Cl^-$

$H^++H_2O \rightarrow H_3O^+$(하이드로늄 이온 또는 옥소늄 이온)

$HCl+H_2O \leftrightarrows H_3O^++Cl^-$

② 성질

㉮ 수용액은 신맛이 난다.

㉯ 푸른색 리트머스 종이를 붉게 변화시킨다.

㉰ 염기와 작용하여 염과 물을 생성(중화 작용)한다.

㉱ 이온화 경향이 (H)보다 큰 금속과 반응하여 수소(H_2)가 발생한다.

(2) 염기(base)의 정의와 성질

① 정의

수용액에서 수산화 이온(OH^-)을 내는 물질이다.

예 $NaOH \leftrightarrows Na^+ + OH^-$

$Ca(OH)_2 \leftrightarrows Ca^{2+} + 2OH^-$

② 성질

㉮ 수용액은 쓴 맛이 난다.

㉯ 붉은 리트머스 종이를 푸르게 변화시킨다.

㉰ 산과 작용하여 염과 물을 생성(중화 반응)한다.

㉱ 양쪽성 원소(Al, Zn, Sn, Pb 등)와 반응하여 수소(H_2)가 발생한다.

(3) 산 · 염기의 학설

학설	산(acid)	염기(base)
아레니우스설	수용액에서 H^+(H_3O^+)을 내는 것	수용액에서 OH^-을 내는 것
브뢴스테드설	H^+을 줄 수 있는 것	H^+을 받을 수 있는 것
루이스설	비공유 전자쌍을 받는 물질	비공유 전자쌍을 줄 수 있는 물질

참고

브뢴스테드설의 짝산과 짝염기

$NH_3 + H_2O \rightleftarrows NH_4^+ + OH^-$

염기 산 산 염기

(4) 산 · 염기의 구분

① 산도

산 1분자 속에 포함되어 있는 H^+의 수로 구분한다.

구분	산	
	강산	약산
1가의 산	HCl, HNO_3	CH_3COOH
2가의 산	H_2SO_4	H_2CO_3, H_2S
3가의 산	H_3PO_4	H_3BO_3

② 염기도

염기의 1분자 속에 포함되어 있는 OH^-의 수로 구분한다.

구분	염기	
	강염기	약염기
1가의 염기	NaOH, KOH	NH_4OH
2가의 염기	$Ca(OH)_2$, $Ba(OH)_2$	$Mg(OH)_2$
3가의 염기		$Fe(OH)_3$, $Al(OH)_3$

(5) 산 · 염기의 강약(강전해질과 약전해질)

① 강전해질

전리도가 커서 전류가 잘 통하는 물질이다.

예 강산(염산, 질산, 황산), 강염기(NaOH, KOH, $Ca(OH)_2$, $Ba(OH)_2$ 등)

② 약전해질

전리도가 낮아 전류가 잘 통하지 못하는 물질이다.

예 약산(CH_3COOH, H_2CO_3 등), 약염기(NH_4OH 등)

참고

전리 평형 상수(전리 상수)

1. **전리 평형 상수(K)** : 약전해질(약산 또는 약염기)은 수용액 중에서 전리하여 평형 상태를 이룬다.
   이때 K값을 전리 상수라 하며, 일정 온도에서 항상 일정한 값을 갖는다.
   즉, 온도에 의해서만 변화되는 값이다.
   $aA+bB \leftrightarrows cC+dD$의 반응이 평형 상태에서
   $$\frac{[C]^c[D]^d}{[A]^a[B]^b}=K\text{ (일정)} \Rightarrow \frac{\text{생성물의 농도의 곱}}{\text{반응물의 농도의 곱}}=\text{평형 상수(일정)}$$
2. **전리도(α)** : 전해질이 수용액에서 전리되어 이온으로 되는 비율로서 전리도가 클수록 강전해질이며 일반적으로 전리도는 온도가 높을수록, 농도(c)가 묽을수록 커진다.
   $CH_3COOH \leftrightarrows CH_3COO^- + H^+$
   전리 전 농도 : c
   전리 후 농도 : $c-c\alpha$
   $$\therefore \text{ 전리 상수 } K=\frac{[CH_3COO^-][H^+]}{[CH_3COOH]}=\frac{c^2\alpha^2}{c(1-\alpha)}=\frac{c\alpha^2}{1-\alpha}$$
   약산의 전리도는 매우 낮은 $1-\alpha \fallingdotseq 1$이므로
   $$\therefore \alpha=\sqrt{\frac{K}{C}}$$

2-2 산화물

(1) 정의

물에 녹으면 산 또는 염기가 될 수 있는 산소와의 화합물이다.

(2) 산화물의 종류

① 산성 산화물(무수산)

물에 녹아 산이 되거나 염기와 반응할 때 염과 물을 만드는 비금속 산화물(대부분 산화 수가 +3가 이상)이다.

예 CO_2, SiO_2, NO_2, SO_3, P_2O_5 등

② 염기성 산화물(무수염기)

물에 녹아 염기가 되거나 산과 반응하여 염과 물을 만드는 금속 산화물(대부분 산화 수가 +2가 이하)이다.

예 CaO, MgO, Na_2O, CuO 등

③ 양쪽성 산화물

양쪽성 원소(Al, Zn, Sn, Pb 등)의 산화물로서 산·염기와 모두 반응하여 염과 물을 만드는 양쪽성 산화물이다.

예 Al_2O_3, ZnO, SnO, PbO

참고

➡ 산화물의 성질과 주기율표와의 관계

족	I	II	III	IV	V	VI	VII
원소	Na	Mg	Al	Si	P	S	Cl
산화물	Na_2O	MgO	Al_2O_3	SiO_2	P_2O_5	SO_3	Cl_2O_7
분류	염기성 산화물		양쪽성 산화물	산성 화합물			
산·염기의 강약	강염기성 ↔ 약염기성			약산성 ↔ 강산성			
물과의 화합물	$NaOH$	$Mg(OH)_2$	$Al(OH)_3$, $HAlO_2$	H_2SiO_3	H_3PO_4	H_2SO_4	$HClO_4$

2-3 염과 염의 가수분해

(1) 염(salt)의 정의

산의 수소 원자 일부 또는 전부가 금속 또는 NH_4^+기로 치환된 화합물이다.

염=염기의 양이온(금속 또는 NH_4^+)+산의 음이온(산기)

(2) 염의 종류

① 산성염

염 속에 수소 원자(H)가 들어 있는 염을 말한다.

예 $NaHCO_3$, $NaHSO_4$ 등

② 염기성염

염 속에 수산기(OH)를 포함하는 염을 말한다.

예 $Mg(OH)Cl$ 등

③ 중성염(정염)

염 속에 수소 원자(H)나 수산기(OH)를 포함하지 않는 염을 말한다.

예 $NaCl$ 등

④ 복염

2종의 염이 결합하여 만들어진 새로운 염으로서, 이들 염이 물에 녹아서 성분염이 내는 이온과 동일한 이온으로 전리되는 염을 말한다.

예 $KAl(SO_4)_2 \cdot 12H_2O$(백반) 등

⑤ 착염

2종의 염이 결합하여 만들어진 염으로서, 성분염의 이온과 다른 이온으로 전리되는 염을 말한다.

예 $K_4Fe(CN)_6$(황혈염) 등

(3) 염의 가수분해

염과 물이 반응하여 산과 염기로 되는 현상이다.

① 강산과 강염기로 된 염 : 가수분해하지 않는다.

② 강산과 약염기로 된 염 : 가수분해하고 산성을 띤다.

예 NH_4Cl

③ 약산과 강염기로 된 염 : 가수분해하고 염기성(알칼리성)을 띤다.

④ 약산과 약염기로 된 염 : 가수분해하고 중성을 띤다.

(4) 산기, 염기와 염의 반응

① 약산의 염+강산→강산의 염+약산

② 약염기의 염+강염기→강염기의 염+약염기

③ 휘발성 산의 염+비휘발성 산→비휘발성 산의 염+휘발성 산

④ 휘발성 염기의 염+비휘발성 염기→비휘발성 염기의 염+휘발성 염기

⑤ 가용성 염+가용성 염→불용성 염+가용성 염

2-4 중화 반응과 수소 이온 지수(pH)

(1) 중화와 당량의 관계

① 중화 반응

산과 염기가 반응하여 염과 물이 생기는 반응, 즉 산의 수소 이온(H^+)과 염기의 수산화 이온(OH^-)이 반응하여 중성인 물을 만드는 반응이다.

② 중화 반응의 예

$HCl + NaOH \rightarrow NaCl$(염)$+H_2O$(물)

$H^+ + OH^- \rightarrow H_2O$

(2) 중화 적정

① 산과 염기가 완전히 중화하려면 산의 g 당량 수와 염기의 g 당량 수가 같아야 한다. 즉, 산의 g 당량 수 = 염기의 g 당량 수이다.

② g 당량 수

$$\text{g 당량 수} = \text{규정 농도}(N) = \frac{\text{g 당량 수}}{\text{용액 1 L}} \times \text{용액의 부피}(V[\text{L}])$$

$\therefore$ g 당량 수 $= N \times V$

③ 중화 공식

N_1 농도의 산 V_1[mL]를 완전히 중화시키는 데 N_2 농도의 염기 V_2[mL]가 소비되었다면 다음 식이 성립된다.

즉, 산의 g 당량 수 = 염기의 g 당량 수

$$N_1 \times \frac{V_1}{1{,}000} = N_2 \times \frac{V_2}{1{,}000}$$

$\therefore N_1 V_1 = N_2 V_2$(중화 적정 공식)

예제 0.2N 산 10mL를 중화시키는 데 11.4mL의 염기 용액이 소비되었다. 이 염기의 노르말 농도(N)는 얼마인가?

풀이 $NV = N'V'$

$0.2 \times 10 = N' \times 11.4$, $N' = \frac{0.2 \times 10}{11.4}$

$\therefore N' = 0.175$N

(3) 수소 이온 지수(Power of Hydrogen, pH)

① 물의 이온곱(K_w)

㉮ 물의 전리와 수소 이온 농도

$H_2O = H^+ + OH^-$

$[H^+] = [OH^-] = 10^{-7}$mol/L(g 이온/L)

㉯ 물의 이온곱 상수(K_w)

$H_2O = H^+ + OH^-$에서 전리 상수를 구하면

$$K = \frac{[H^+][OH^-]}{[H_2O]}$$

$[H^+][OH^-] = 10^{-7} \times 10^{-7} = 10^{-14} mol/L^2$ (25℃, 1기압)

물의 이온곱(K_w)은 용액의 농도에 관계없이 온도가 높아지면 커지며, 온도가 일정하면 항상 일정하다.

② 수소 이온 지수(pH)

㉮ 수소 이온 지수(pH) : 수소 이온 농도의 역수를 상용 대수(log)로 나타낸 값이다.

$$pH = \log \frac{1}{[H^+]} = -\log [H^+]$$

$\therefore$ pH+pOH = 14

예제 1 염산이 0.365g 녹아 있는 용액이 1L 있다. 이 용액의 pH는 얼마인가?

풀이 HCl의 몰 농도$=\frac{0.365}{36.5}=0.01mol/L$

$HCl \rightarrow H^+ + Cl^-$에서, $[H^+]=0.01=10^{-2}$

$\therefore pH = -\log[10^{-2}] = 2$

예제 2 0.001N－HCl 용액의 pH는?

풀이 $pH = -\log[H^+] = -\log[10^{-3}] = 3$

㉯ 용액의 액성과 pH

액성	산성							중성							알칼리성
pH	0	1	2	3	4	5	6	7	8	9	10	11	12	13	14
$[H^+]$	1	10^{-1}	10^{-2}	10^{-3}	10^{-4}	10^{-5}	10^{-6}	10^{-7}	10^{-8}	10^{-9}	10^{-10}	10^{-11}	10^{-12}	10^{-13}	10^{-14}
$[OH^-]$	10^{-14}	10^{-13}	10^{-12}	10^{-11}	10^{-10}	10^{-9}	10^{-8}	10^{-7}	10^{-6}	10^{-5}	10^{-4}	10^{-3}	10^{-2}	10^{-1}	1
$[H^+][OH^-]$	10^{-14}	10^{-14}	10^{-14}	10^{-14}	10^{-14}	10^{-14}	10^{-14}	10^{-14}	10^{-14}	10^{-14}	10^{-14}	10^{-14}	10^{-14}	10^{-14}	10^{-14}

(4) 지시약과 완충 용액

① 지시약

㉮ 지시약 : 색의 변화로 용액의 액성을 나타내는 시약이다.

지시약 \ pH	산성 ← 1	2	3	4	5	6	중성 7	8	9	10	11	12	13	→ 알칼리성 14	pH 변색 범위
메틸 오렌지		적색			등황색										3.2~4.4
메틸 레드			적색			황색									4.2~6.3
리트머스					적색			청색							6.0~8.0
크레졸 레드						황색			적색						7.0~8.8
페놀프탈레인							무색			적색					8.0~10.0

㉯ 지시약의 선택

㉠ 강산+강염기($HCl+NaOH$) ⇒ 메틸 오렌지 또는 페놀프탈레인

㉡ 강산+약염기($HCl+NH_4OH$) ⇒ 메틸 오렌지 또는 메틸 레드

㉢ 약산+강염기($CH_3COOH+NaOH$) ⇒ 페놀프탈레인

㉣ 약산+약염기($CH_3COOH+NH_4OH$) ⇒ 적합한 시약 없음.

② 완충 용액(buffer solution)

약산에 그 약산의 염을 포함한 혼합 용액에 산을 가하거나 또는 약염기에 그 약염기의 염을 포함한 혼합 용액에 염기를 가하여도 혼합 용액의 pH는 그다지 변하지 않는다. 이와 같은 용액을 완충 용액이라 한다.

참고

pH가 변하지 않는 이유

평형 이동 법칙에 의한 공통 이온 효과와 전리 평형에 의하여 H^+ 또는 OH^-의 농도가 별로 변하지 않기 때문이다.

예 완충 용액 : $CH_3COOH+CH_3COONa$(약산+약산의 염)
└ 완충 용액 ┘
NH_4OH+NH_4Cl(약염기+약염기의 염)
└ 완충 용액 ┘

3 산화 · 환원

3-1 산화와 환원

(1) 산화

한 원소가 낮은 산화 상태로부터 전자를 잃어서 보다 높은 산화 상태로 되는 화학 변화

(2) 환원

한 원소가 높은 산화 상태로부터 전자를 얻어서 보다 낮은 산화 상태로 되는 화학 변화

구분	산화(oxidation)	환원(reduction)
산소 관계	산소와 결합하는 현상 (산화) $C + O_2 \rightarrow CO_2$	산소를 잃는 현상 (환원) $CuO + H_2 \rightarrow Cu + H_2O$
수소 관계	수소를 잃는 현상 (산화) $2H_2S + O_2 \rightarrow 2S + 2H_2O$	수소와 결합하는 현상 (환원) $H_2S + S \rightarrow H_2S$
전자 관계	전자를 잃는 현상 (산화) $Na \rightarrow Na^+ + e^-$	전자를 얻는 현상 (환원) $Ag^+ + e^- \rightarrow Ag$
산화 수 관계	산화 수가 증가하는 현상 (산화, 환원) $Cu^{+2}O + H_2^0 \rightarrow Cu^0 + H_2^+O$	산화 수가 감소되는 현상 (환원, 산화) $H_2S^{2-} + Cl_2^0 \rightarrow 2HCl^{-1} + S^0$

(3) 산화 수의 결정법

① 단체로 되어 있는 원자의 산화 수는 0이다.

② 화합물에서 수소(H)의 산화 수는 +1로 한다(단, 수소(H)보다 이온화 경향이 큰 금속과 화합되어 있을 때는 수소(H)의 산화 수는 −1이다).

③ 화합물 중 원자의 산화 수는 원자가와 같다.

예 NaCl에서 Na^{+1}, Cl^{-1}

$CuSO_4$에서 Cu^{+2}, SO_4^{-2}

④ 화합물에서 산소(O)의 산화 수는 −2로 한다. (단, 과산화물에서는 O=−1이고, OF_2에서는 O=+2이다.)

⑤ 이온의 산화 수는 그 이온의 전하와 같다.

예 Cu^{+2}에서 Cu의 산화 수는 +2이다.

⑥ 라디칼 이온에서 산화 수의 총합은 라디칼 이온의 전하와 같다.

예 $Cr_2O_7^{-2} \rightarrow 2Cr+(-)\times7=-2$ ∴ Cr의 산화 수는 +6이다.

⑦ 화합물 중에 포함되어 있는 원자의 산화 수 총합은 0이다.

예 $NH_3 \rightarrow N+(+1)\times3=0$ ∴ N의 산화 수 = −3

$H_2SO_4 \rightarrow (+1)\times2+S+(-2)\times4=0$ ∴ S의 산화 수 = +6

$KMnO_4 \rightarrow (+1)+Mn+(-2)\times4=0$ ∴ Mn의 산화 수 = +7

$K_2CrO_4 \rightarrow (+1)\times2+Cr+(-2)\times4=0$ ∴ Cr의 산화 수 = +6

3-2 산화제와 환원제

(1) 산화제

다음 물질을 산화시켜 주는 물질로서 자기 자신은 환원된다.

예 O_3, H_2O_2, Br_2, Cl_2, MnO_2, $KMnO_4$, $K_2Cr_2O_7$ 등

➡ $KMnO_4$는 갈색 유리병에 보관한다.

(2) 환원제

다른 물질을 환원시켜 주는 물질로서 자기 자신은 산화된다.

예 H_2, CO, H_2S, $H_2C_2O_4$, Na, K, SO_2, KI, $SnCl_2$, $FeSO_4$ 등

(3) 산화제, 환원제 양쪽으로 작용하는 물질

① 아황산가스(SO_2)

SO_2는 환원제이지만, SO_2보다 더 강한 환원제와 만나면 산화제로 작용한다.

② 과산화수소(H_2O_2)

H_2O_2는 산화제이지만, 자신보다 더 강한 산화제와 만나면 환원제로 작용한다.

4 전기 화학

4-1 금속의 이온화 경향

(1) 정의

금속 원자는 최외각 전자를 잃어 양이온이 되려는 성질이 있다. 이 성질을 금속의 이온화 경향이라 한다.

(2) 금속의 이온화 경향의 크기와 성질

크	카	나	마	알	아	철	니	주	납	수	구	수	은	백	금
K	Ca	Na	Mg	Al	Zn	Fe	Ni	Sn	Pb	[H]	Cu	Hg	Ag	Pt	Au

◀──────────▶

① 이온화 경향이 크다.
② 양이온이 되기 쉽다.
(전자를 방출하기 쉽다.)
③ 산화되기 쉽다.

① 이온화 경향이 작다.
② 양이온이 되기 어렵다.
(전자를 방출하기 어렵다.)
③ 환원되기 쉽다.

※ 이온화 경향이 큰 금속일수록 강환원제이다.

예 Cu^{2+} 시료 용액에 깨끗한 쇠못을 담가 두고 5년간 방치한 후 못 표면을 관찰하면 쇠못 표면에 붉은색 구리가 석출하는 이유 : $Fe(s) + Cu^{2+}(aq) \rightarrow Fe(aq) + Cu$: 철이 구리보다 이온화 경향이 크기 때문이다.

(3) 금속의 이온화 경향과 화학적 성질

① 공기 속 산소와의 반응

㉮ K, Ca, Na, Mg : 산화되기 쉽다.

㉯ Al, Zn, Fe, Ni, Sn, Pb, Cu : 습기 있는 공기 속에서 산화된다.

㉰ Hg, Ag, Pt, Au : 산화되기 어렵다.

② 물과의 반응

㉮ K, Ca, Na : 찬물과 반응해도 심하게 수소를 발생시킨다.

㉯ Mg, Al, Zn, Fe : 고온의 수증기와 반응하여 수소를 발생시킨다.

③ 산과의 반응

㉮ 수소(H)보다 이온화 경향이 큰 금속은 보통 산과 반응하여 수소를 발생시킨다.

㉯ Cu, Hg, Ag : 보통의 산에는 녹지 않으나, 산화력이 있는 HNO_3, c-H_2SO_4 등에는 녹는다.

㉰ Pt, Au : 왕수($3HCl + HNO_3$)에만 녹는다.

4-2 전지

(1) 정의

화학 변화로 생긴 화학적 에너지를 전기적 에너지로 변환시키는 장치

(2) 전지의 종류

① 볼타 전지(Voltaic cell)

동판과 아연판을 도선으로 연결하고 묽은 황산에 넣어 전기를 얻는 구조

$$(-)\ Zn \ \| \ H_2SO_4 \ \| \ Cu\ (+)$$

(−)극 : $Zn \rightarrow Zn^{2+} + 2e^-$: 산화 반응

(+)극 : $2H^+ + 2e^- \rightarrow H_2\uparrow$: 환원 반응

∴ 전체 반응 : $Zn + 2H^+ \rightarrow Zn^{2+} + H_2\uparrow$ (구리판에서 수소 발생)

참고

분극 작용과 소극제

1. **분극 작용** : (+)극에서 발생한 수소가 다시 전자를 방출하고 수소 이온으로 되려는 성질 때문에 기전력이 약화되는 현상
2. **소극제(감극제)** : 분극 작용을 하는 수소를 산화시켜 물로 만드는 산화제
   예 MnO_2, H_2O_2, $K_2Cr_2O_7$ 등

② 다니엘 전지(Daniel's cell)

분극 작용을 없애기 위해 볼타 전지를 개량한 것

(−) Zn ‖ $ZnSO_4$ 용액 ‖ $CuSO_4$ 용액 ‖ Cu (+)

(−)극 : $Zn \rightarrow Zn^{2+} + 2e^-$

(+)극 : $Cu^{2+} + 2e^- \rightarrow Cu$

∴ 전체 반응 : $Zn + Cu^{2+} \rightarrow Zn^{2+} + Cu$

③ 건전지(dry cell)

아연통 속에 염화암모늄의 포화 용액과 흑연, 그리고 소극제로 이산화망간(MnO_2)을 넣고 중앙에 탄소 막대를 꽂아 도선으로 연결한 전지

(−) Zn ‖ NH_4Cl 용액 ‖ $MnO_2 \cdot C$ (+)

(−)극 : $Zn \rightarrow Zn^{2+} + 2e^-$

(+)극 : $2MnO_2 + 2NH_4^+ + 2e^- \rightarrow Mn_2O_3 + 2NH_3 + H_2O$

④ 납축전지(storage battery)

납(Pb)을 (−)극으로 하고 과산화납(PbO_2)을 (+)극으로 하여 묽은 황산에 담근 구조

(−) Pb ‖ H_2SO_4 용액 ‖ PbO_2 (+)

(−)극 : $Pb + SO_4^{2-} \rightarrow PbSO_4 + 2e^-$

(+)극 : $PbO_2 + 2H^+ + H_2SO_4 + 2e^- \rightarrow PbSO_4 + 2H_2O$

∴ 전체 반응 : $Pb + PbO_2 + 2H_2SO_4 \rightleftarrows 2PbSO_4 + 2H_2O$ (방전 및 충전 원리식)

㉮ 방전 : (−)극의 $Pb \rightarrow PbSO_4$, (+)극의 $PbO_2 \rightarrow PbSO_4$로 되어 두 극의 무게가 증가하며, 용액의 비중은 감소한다(H_2SO_4 감소).

㉯ 충전 : 납충전지를 그대로 놓고 전기 분해시키면 전지의 역반응이 일어나서 처음의 전지로 되돌아간다.

4-3 전기 분해

(1) 원리

전해질의 수용액이나 용융점에 전극을 담그고 직류 전류를 통하면 두 극에서 화학 변화를 일으키는 것을 전기 분해라 한다.

예 전해질 ⇄ ⊕ 이온 + ⊖ 이온

(+)극 : ⊖ 이온 → 중성 + e^- : 산화 반응

(−)극 : ⊕ 이온 + e^- → 중성 : 환원 반응

(2) 전기 분해의 예

① 소금물(NaCl)의 전기 분해

$NaCl \rightleftharpoons Na^+ + Cl^-$, $H_2O \rightleftharpoons H^+ + OH^-$

(+)극에서의 변환 : $2Cl^- \rightarrow Cl_2 \uparrow + 2e^-$ (산화)

(−)극에서의 변환 : $2H^+ + 2e^- \rightarrow H_2 \uparrow$ (환원)

∴ 전체 반응 : $2NaCl + 2H_2O \xrightarrow{\text{전기분해}} \underbrace{2NaOH + H_2 \uparrow}_{(-)\text{극}} + \underbrace{Cl_2 \uparrow}_{(+)\text{극}}$

② 물(H_2O)의 전기 분해

(+)극에서의 변환 : $2OH^- \rightarrow H_2O + \frac{1}{2}O_2 \uparrow + 2e^-$ (산화)

(−)극에서의 변환 : $2H^+ + 2e^- \rightarrow H_2 \uparrow$ (환원)

∴ 전체 반응 : $H_2O \xrightarrow{\text{전기 분해}} H_2 + \frac{1}{2}O_2$

③ 황산구리($CuSO_4$) 수용액의 전기 분해

$CuSO_4 \rightleftharpoons Cu^{2+} + SO_4^{2-}$, $H_2O \rightleftharpoons H^+ + OH^-$

(+)극에서의 변환 : $2OH^- \rightarrow H_2O + \frac{1}{2}O_2 \uparrow + 2e^-$

(−)극에서의 변환 : $Cu^{2+} + 2e^- \rightarrow Cu \downarrow$

$CuSO_4$ 수용액 $\dfrac{\text{전기 분해}}{\text{Pt 전극 사용}}$ (+)극 : 산소(O_2) 발생 / (−)극 : 구리(Cu) 석출

5 패러데이의 법칙(law of Faraday)

(1) 전기분해 시 석출하는 물질의 양은 통한 전기량에 비례한다.

석출량(g) = 패럿 수 × 당량

(2) 1F의 전기량으로 석출하는 물질의 양은 1화학 당량이다.

전기량	전해질	무게	부피(표준 상태)	전자 수	분자 수
1F	H_2	1.008g	11.2L	6×10^{23}개	$\frac{1}{2}\times6\times10^{23}$개
1F	O_2	8.00g	5.6L	$\frac{1}{2}\times6\times10^{23}$개	$\frac{1}{4}\times6\times10^{23}$개
1F	Cu	$\frac{63.5}{2}$g	–	$\frac{1}{2}\times6\times10^{23}$개	$\frac{1}{2}\times6\times10^{23}$개
1F	Ag	108g	–	6×10^{23}개	6×10^{23}개

* 1F(패럿) : 물질 1g 당량을 석출(또는 분해)하는 데 필요한 전기량은 96,500C(쿨롬)이다.

6 온도, 열역학의 법칙, 엔탈피, 엔트로피, 자유 에너지

6-1 온도(temperature)

(1) 온도의 정의

온도란 물질의 뜨겁고 차가운 정도를 표시하는 척도로서 표준 온도와 절대 온도로 나눈다.

(2) 표준 온도(standard temperature)

① 섭씨 온도(℃)

표준 대기압하에서 물의 끓는점을 100℃, 물의 어는점을 0℃로 하여 그 사이를 100등분 하여 한 눈금을 1℃로 한 것

② 화씨 온도(°F)

표준 대기압하에서 물의 끓는점을 212°F, 물의 어는점을 32°F로 하여 그 사이를 180등분 하여 한 눈금을 1°F로 한 것

③ 섭씨 온도(℃)와 화씨 온도(°F)와의 관계(온도 환산법)

$$℃ = \frac{5}{9}(°F - 32)$$

$$°F = \frac{9}{5}℃ + 32$$

(3) 절대 온도(absolute temperature)

열역학적으로 물체가 도달할 수 있는 최저 온도를 기준으로 하여 물의 삼중점을 273.15K으로 정한 온도이다. 즉, −273℃를 절대 영도로 하여 섭씨 온도를 기준으로 한 켈빈(Kelvin) 온도(K)와 화씨 온도를 기준으로 하는 랭킨 온도(°R)로 구분한다.

① 켈빈 온도(K)

T〔K〕= t〔℃〕+273.15 ≒ t〔℃〕+273

② 랭킨 온도(°R)

R〔°R〕= t〔°F〕+459.67 ≒ t〔°F〕+460

구분	표준 온도		절대 온도	
	섭씨 온도(℃)	화씨 온도(°F)	켈빈 온도(K)	랭킨 온도(°R)
끓는점(BP)	100	212	373	672
어는점(MP)	0	32	273	492
절대 영도	−273	−460	0	0

예제 600K을 랭킨 온도(°R)로 표시하면 얼마인가?

풀이 600K = 273 + ℃

℃ = 327

°F = 1.8 × ℃ + 32 = 1.8 × 327 + 32 = 620.6

∴ °R = 620.6 + 460 = 1080.6

※ 온도 단위 환산

- °F(화씨) = 1.8 × ℃(섭씨) + 32
- K(켈빈 온도) = ℃ + 273
- °R(랭킨 온도) = °F + 460

(4) 열(heat)의 종류

① 현열(sensible heat)

상태의 변화없이 온도가 변화될 때 필요한 열량

$$Q = G \cdot c \cdot \Delta t = G \cdot c \cdot (t_2 - t_1)$$

여기서, Q : 열량(kcal)

G : 물질의 무게(kg)

c : 비열(kcal/kg · ℃)

t_1 : 변화 전의 온도(℃)

t_2 : 변화 후의 온도(℃)

예제 비열이 0.6kcal/kg · ℃인 어떤 연료 30kg을 15℃에서 35℃까지 예열하고자 할 때 필요한 열량을 구하시오.

풀이 $Q = G \times C \times (t_2 - t_1)$

$= 30 \times 0.6 \times (35-15)$

$= 360\text{kcal}$

② 잠열(latent heat)

온도의 변화 없이 상태를 변화시키는 데 필요한 열량

$$Q = G \cdot \gamma$$

여기서, Q : 열량(kcal)

G : 물질의 무게(kg)

γ : 잠열(얼음의 융해 잠열은 80kcal/kg, 물의 증발(기화) 잠열은 539kcal/kg)

예제 0℃의 얼음 10kg을 100℃의 수증기로 만들 때 필요한 열량(kcal)을 구하시오.

풀이 $Q = Q_1(\text{잠열}) + Q_2(\text{현열}) + Q_3(\text{잠열})$

$Q_1 = G\gamma = 10 \times 80 = 800\text{kcal}$

$Q_2 = G \cdot c \cdot \Delta T = 10 \times 1 \times (100-0) = 1{,}000\text{kcal}$

$Q_3 = G\gamma = 10 \times 539 = 5{,}390\text{kcal}$

$\therefore\ Q = 800 + 1{,}000 + 5{,}390 = 7{,}190\text{kcal}$

Q_1 Q_2 Q_3

0℃ 얼음 | 0℃ 물 | 100℃ 물 | 100℃ 수증기

6-2 열역학의 법칙

(1) 열역학 제0법칙

온도가 서로 다른 두 물체를 접촉시키면 높은 온도를 지닌 물체의 온도는 내려가고(열량을 방출), 낮은 온도의 물체는 온도가 올라가서(열량을 흡수), 두 물체의 온도차가 없어지고 두 물체는 열평형이 된다.

$$t_m(\text{평균 온도}) = \frac{G_1C_1t_1 + G_2C_2t_2}{G_1C_1 + G_2C_2}$$

여기서, G_1, G_2 : 물질의 무게(kg)

C_1, C_2 : 물질의 비열(kcal/kg · ℃)

t_1, t_2 : 물질의 온도(℃)

예제 10℃의 물 400kg과 90℃의 더운물 100kg을 혼합하면 혼합 후의 물의 온도는?

풀이 $\dfrac{(G_1C_1t_1+G_2C_2t_2)}{(G_1C_1+G_2C_2)}=\dfrac{(400\times10+100\times90)}{500}=26℃$

(2) 열역학 제1법칙(에너지 보존의 법칙)

열(Q)은 일(W)에너지로, 일에너지는 열로 상호 쉽게 바뀔 수 있으며 그 비는 일정하다.

$$Q=AW \quad \text{또는} \quad W=\frac{1}{A}Q=JQ$$

여기서, Q : 열량(kcal)

W : 일(kg · m)

A : 일의 열당량$\left(\dfrac{1}{427}\text{kcal}/(\text{kg}\cdot\text{m})\right)$

J: 열의 일당량(427kg · m/kcal)

(3) 열역학 제2법칙

열역학 제1법칙은 에너지 변환의 양적 관계를 나타낸 것이며, 제2법칙은 열 이동의 방향성을 나타내는 경험 법칙이다.

① 켈빈–플랭크(Kelvin–Plank)의 표현

열을 일로 전부 바꿀 수 없다. 즉, 열효율이 100%인 기관은 만들 수 없다.

② 클라우시우스(Clausius)의 표현

저온체에서 고온체로 아무 일도 없이 열을 전달할 수 없다.

열은 높은 곳에서 낮은 곳으로 흐르며, 일을 열로 바꾸기는 쉬워도 열을 일로 바꾸기는 쉽지 않다.

(4) 열역학 제3법칙

어떠한 이상적인 방법으로도 어떤 계를 절대영도(0K)에 이르게 할 수 없다.

6-3 엔탈피(enthalpy)

어떤 물체가 가지는 단위 중량당의 열에너지, 즉 전열량 또는 함열량을 말하는 것으로 기체 분자 자체가 갖는 내부 에너지(U)와 어떤 상태에서 외부로부터 가해진 외부 에너지(APV)의 합을 말한다. H(엔탈피 : total enthalpy), h(비엔탈피 : specific enthalpy)로 표시한다.

$$H=U+APV\ [\text{kcal}]$$
$$h=u+APv\ [\text{kcal/kg}]$$

여기서, u : 내부 에너지(kcal/kg)

A : 일의 열당량$\left(\frac{1}{427}\text{kcal/(kg}\cdot\text{m)}\right)$

P : 압력(kg/cm^2)

v : 체적(m^3/kg)

6-4 엔트로피(entropy)

단위 중량의 물체가 일정 온도하에서 갖는 열량(엔탈피) dQ를 그 상태에서의 절대 온도 T로 나눈 값이다. 비가역성의 정도를 나타내는 상태량으로서 단위는 kcal/(kg · K)를 사용하며, S로 표시한다.

계의 온도 T에서 흡수된 미소 열량을 dQ라 하면

$$dS = \frac{dQ}{T}$$

$$\Delta S = S_2 - S_1 = \int_1^2 dS = \int_1^2 \frac{dQ}{T}$$

6-5 자유 에너지(free energy)

① 엔탈피 H가 $H = U + PV$로 정의된 유도 성질인 것과 같이 다른 성질도 필요에 따라 유도될 수 있다. 흔히 사용되는 성질로서 헬름홀츠(Helmholtz) 함수 또는 자유 에너지(free energy)라 부르는 F와 기브스(Gibbs) 함수 또는 자유 엔탈피(free enethalpy)라 부르는 G가 있다. 이것은 화학 방면에 중요한 상태량이다.

② 어떤 밀폐계가 온도 T에서 주위와 등온 변화를 하는 경우 계가 받는 열량은 열역학 제2법칙으로 부터 $dq \leq T \cdot ds$이다.

③ 계가 하는 미소일 dw는 팽창일 PdV와 그 외의 일부일 dw_o로 나누어 생각하면 열역학 제1법칙으로부터 $dw_o + PdV = dw = dq - du$이다.

④ 위의 식으로부터

$$dw_o \leq -(du - T \cdot ds) - PdV$$

$$f = u - T \cdot S$$

계가 하는 외부일은 가역 변화일 때 최대이며 f의 감소량과 같고, 비가역 변화에서는 작아진다. f는 성질로서 헬름홀츠의 함수 또는 자유 에너지라 한다.

Chapter 05

분석 일반

1. 분석 화학 이론

1 화학 농도

(1) 퍼센트 농도(wt(%))

용액 100g 중에 녹아 있는 용질의 g 수

$$wt(\%)=\frac{용질(g)}{용액(g)}\times 100$$

예제 1 염화나트륨 10g을 물 100mL에 용해한 액의 중량 농도는?

풀이 중량 농도(%) $=\frac{용질의\ g수}{용액의\ g수}\times 100=\frac{10}{10+100}\times 100$
$=9.09\%$

예제 2 30% 수산화나트륨 용액 200g에 물 20g을 가하면 약 몇 %의 수산화나트륨 용액이 되겠는가?

풀이 퍼센트 농도(%) $=\frac{용질}{용액+용매}\times 100=\frac{200\times\frac{30}{100}}{200+20}\times 100$
$=27.27\%\fallingdotseq 27.3\%$

(2) 몰 농도(M)

용액 1L 중에 녹아 있는 용질의 몰 수

$$M=\frac{용질(mol)}{용액(L)}$$

예제 일반적으로 바닷물은 1,000mL당 27g의 NaCl을 함유하고 있다. 바닷물 중에서 NaCl의 몰 농도는 약 얼마인가? (단, NaCl의 분자량은 58.5g/mol이다.)

풀이 NaCl의 몰 농도 $=\frac{27g\ NaCl}{바닷물\ 1L}\times\frac{1mol}{58.5g\ NaCl}=0.46mol/L$

(3) 노르말 농도=규정 농도(N)

용액 1L에 녹아 있는 용질의 g 당량 수

$$N = \frac{\text{용질(g)}}{\text{용질의 당량 수(g)}} \times \frac{1}{\text{용매(L)}}$$

① N= 몰 농도×산도수(염기도수)

② 당량 : $\frac{\text{분자량}}{\text{반응 단위 수}}$

예제 1 황산 용액 100mL에 황산이 4.9g 용해되어 있다. 이 황산 용액의 노르말 농도는?

풀이 $N = \frac{\text{용질(g)}}{\text{용질의 당량 수(g)}} \times \frac{1}{\text{용매(L)}}$

$= \frac{4.9\text{g}}{49\text{g}} \times \frac{1}{0.1\text{L}} = 1$

여기서, 황산의 당량 수는 49g이다. 왜냐하면, 황산은 2단위이고 분자량은 98이므로 $\frac{98}{2}$ =49이기 때문이다.

예제 2 97% 황산의 비중이 1.836이라면 이 용액은 몇 N인가? (단, 황산의 MW=98.08)

풀이 $N = \frac{\text{용질(g)}}{\text{용질의 당량 수(g)}} \times \frac{1}{\text{용매(L)}}$ 에서 용매의 부피를 구하면,

용매$= 100\text{g} \times \frac{1\text{mL}}{1.837\text{g}} \times \frac{1\text{L}}{1{,}000\text{mL}} = 0.054\text{L}$

$N = \frac{\text{용질(g)}}{\text{용질의 당량 수(g)}} \times \frac{1}{\text{용매(L)}}$

$= \frac{97\text{g}}{49\text{g}} \times \frac{1}{0.054\text{L}} = 36.66$

여기서, 97%를 $\left(\frac{\text{용질 97\%}}{\text{용액 100g}}\right)$로 생각하고 풀어야 한다.

예제 3 3N-HCl 60mL에 5N-HCl 40mL를 혼합한 용액의 노르말 농도(N)는 얼마인가?

풀이 $N = \frac{N_1 V_1 + N_2 V_2}{V_1 + V_2} = \frac{3 \times 60 + 5 \times 40}{60 + 40} = 3.8\text{N}$

예제 4 과망간산칼륨($KMnO_4$, MW=158.05)의 당량은?

풀이 여기서, 과망간산칼륨 반응식을 보면 전자 5개가 이동한다.

$\therefore \frac{158.05}{5} = 31.6$

(4) 몰랄 농도(m)

용매 1,000g(1kg)에 녹아있는 용질의 몰 수

$$\text{m} = \frac{\text{용질(mol)}}{\text{용매(g)}}$$

예제 물 100t에 분자량 200인 용질 10g을 녹였다. 이 용액의 몰랄 농도는?

풀이 $\text{m} = \dfrac{\text{용질(mol)}}{\text{용매(kg)}} = \dfrac{\dfrac{10\text{g}}{200\text{g/mol}}}{0.1\text{kg}} = 0.5$

(5) 백만분율 농도(ppm)

$$\text{ppm} = \frac{\text{용질(g)}}{\text{용액(g)}} \times 10^6$$

예제 1 0.2ppm Hg^{2+}를 함유하는 하천수 100mL 중에 함유된 Hg^{2+}의 양은?

풀이 물의 밀도는 1g/mL이므로,

물 100mL의 질량은 100mL×1g/mL=100g이다.

$\text{ppm} = \dfrac{\text{용질(g)}}{\text{용액(g)}} \times 10^6$이므로,

$0.2\text{ppm} = \dfrac{\text{용질(g)}}{100\text{g}} \times 10^6$

∴ 용질(Hg^{2+})g $= 2 \times 10^5$g $= 0.02$mg

예제 2 물 50mL를 취하여 0.01M EDTA 용액으로 적정하였더니 25mL가 소요되었다. 이 물의 경도는? (단, 경도는 물 1L당 포함된 $CaCO_3$의 양으로 나타낸다.)

풀이 물 시료에서 Ca^{2+}의 전체 몰 수=EDTA 몰 수

=EDTA M 농도×EDTA 적가 부피(L)

=0.01M×0.025L

$= 2.5 \times 10^{-4}$mol

$$CaCO_3\ \text{ppm(mg/L)} = \frac{CaCO_3\ \text{몰 수} \times CaCO_3\ \text{화학식량} \times 1{,}000\text{mg/g}}{\text{시료 부피(L)}}$$

$$= \frac{2.5 \times 10^{-4}\text{mol} \times 100\text{g/mol} \times 1{,}000\text{mg/g}}{0.05\text{L}}$$

$$= 500\text{ppm}$$

(6) 십억분율 농도(ppb)

$$ppb = \frac{용질(g)}{용액(g)} \times 10^9$$

예제 Cu^{2+} 20μg이 용해되어 있는 수용액 100mL에서의 ppb 농도는?

풀이 물의 밀도는 1g/mL이므로 물 100mL의 질량은 100mL × 1g/mL=100g이다.

$$ppb = \frac{용질(g)}{용액(g)} \times 10^9 = \frac{(20 \times 10^{-6})g}{100g} \times 10^9 = 200$$

(7) 묽힘 공식

진한 용액의 농도 × 진한 용액의 부피 = 묽은 용액의 농도 × 묽은 용액의 부피

예제 1 황산 18M에서 9N의 황산 60mL를 만드는 데 약 몇 mL의 물이 필요한가?

풀이 황산 18M=황산 36N이므로 묽힘 공식을 사용하면,

$36N \times x$〔mL〕$= 9N \times 60mL$

$\therefore\ x = 15mL$

60mL를 만드는 데 황산이 15mL 필요하므로, 필요한 물의 양은 60mL−15mL=45mL이다.

예제 2 황산(MW=98) 1.5N 용액 3L를 1N 용액으로 만들고자 할 때, 물은 몇 L가 필요한가?

풀이 $NV = N'V'$

$1.5N \times 3L = 1N \times x$〔L〕

$\therefore\ x = 4.5L$

4.5L 중 3L는 기존에 있던 1.5N 황산 용액의 것이므로 필요한 물은 4.5L−3L=1.5L이다.

(8) 농도 변환

① % → M

예제 20wt% 소금 용액 d=1.10g/cm^{3}로 표시된 시약이 있다. 소금의 몰 농도는? (단, d는 밀도이고, NaCl의 분자량은 58.5g/mol이다.)

풀이 $\frac{20mL\ 용질}{100g\ 용액} \times \frac{1.10g\ 용액}{1mL\ 용액} \times \frac{1{,}000mL\ 용액}{1L\ 용액} \times \frac{1mol}{58.5g} = 3.76M$

여기서, 20wt%를 $\frac{용질\ 20g}{용액\ 100g}$으로 생각하고 밀도에서는 1cm^3=1mL이므로 mL로 고쳐서 풀어야 한다.

② % → N

예제 1 밀도 1.2g/mL인 36.25% 아세트산의 규정 농도는? (단, 아세트산 MW=60)

풀이 아세트산은 1개의 OH^-와 반응하므로 염기도수가 1이다. 따라서 아세트산 1N은 아세트산 1M과 같다.

$$\frac{36.25\text{g 용질}}{100\text{g 용액}} \times \frac{1.2\text{g 용액}}{1\text{mL 용액}} \times \frac{1{,}000\text{mL 용액}}{1\text{L 용액}} \times \frac{1\text{mol}}{60\text{g}} = 7.25\text{M}$$

아세트산 7.25M=아세트산 7.25N ∴ 7.25N

예제 2 97% 황산의 비중이 1.836이라면, 이 용액은 몇 N인가? (단, 황산의 MW=98.08)

풀이 황산은 2개의 OH^-와 반응하므로 염기도수가 2이다. 따라서 황산 2N은 황산 1M과 같다.

$$\frac{97\text{g 용질}}{100\text{g 용액}} \times \frac{1.836\text{g 용액}}{1\text{mL 용액}} \times \frac{1{,}000\text{mL 용액}}{1\text{L 용액}} \times \frac{1\text{mol}}{98.08\text{g}} = 18.16\text{M}$$

N=몰 농도×염기도수(또는 산도수)=18.16×2=36.32N

③ M → m

$$m = \frac{\text{용질(mol)}}{\text{용매(kg)}}$$

예제 비중이 1.2인 6M NaOH의 몰랄 농도는? (단, NaOH의 MW= 40)

풀이 $M = \frac{\text{용질(mol)}}{\text{용액(L)}}$ 이므로, 6M NaOH는 $\frac{6\text{mol}}{1\text{L}}$ 이다. 용액 1L 속에는 6mol(즉, 6×40=240g)의 NaOH가 들어 있다 여기서, 비중이 1.2g/mL이므로, 용액의 질량을 계산해 보면, 1,200g이 된다(1.2g/mL×1000mL=1,200g).

$m = \frac{\text{용질(mol)}}{\text{용매(kg)}}$ 이므로 용매의 질량을 다시 계산하면, 1,200g−240g=960g=0.96kg

따라서, $m = \frac{6\text{mol}}{0.96\text{kg}} = 6.25\text{m}$이 된다.

(9) 용액의 제조

용액을 제조할 때에는 묽힘 공식을 주로 사용한다.

예제 1 과망간산칼륨 표준 용액 1,000ppm을 이용하여 30ppm의 시료 용액을 제조하는 방법은?

풀이 1,000ppm짜리 3mL를 취하여 메스 플라스크에 넣고 증류수로 채워 100mL가 되게 한다.

예제 2 중크롬산칼륨 표준 용액 1,000ppm으로 10ppm의 시료 용액 100mL를 제조하려고 할 때 필요한 표준 용액의 양은 몇 mL인가?

풀이 1,000ppm×x〔mL〕=10ppm×100mL ∴ x=1mL

2 전리도

(1) 전리도, 결속성 및 콜라우슈(Kohlrausch) 법칙

① 전리도(α)

전체의 분자 수에 대한 전리된 분자 수의 비이며, 전리도가 클수록 강전해질이다.

$$전리도=\frac{이온화된\ 용질의\ 몰\ 수}{용질의\ 전체\ 몰\ 수}=\frac{전리된\ 질량}{전체의\ 질량}=\frac{전리된\ g당량\ 수}{전체의\ g당량\ 수}$$

예제 어떤 전해질 5mol이 녹아 있는 용액 속에서 그 중 0.2mol이 전리되었다면 전리도는 얼마인가?

풀이 용액의 전리도$=\frac{전리된\ 몰\ 농도}{전체\ 몰\ 농도}=\frac{0.2}{5}=0.04$

㉮ 전리 : 이온화

㉯ 전리도 : 이온화도(이온화되는 정도)

㉠ 강전해질 : 수용액 속에서 물질이 거의 100% 이온화되는 것(전리도가 크다.)

예 강산, 강염기는 모두 강전해질

㉡ 약전해질 : 수용액 속에서 물질이 거의 이온화되지 않는 것(전리도가 작다.)

예 약산, 약염기는 모두 약전해질

㉢ 비전해질 : 물에는 녹지만 이온화되지 않는 것

예 설탕, 포도당, 알코올 등

㉰ 같은 전해질의 전리도 크기

㉠ 같은 온도일 때 농도가 묽어지면 전리도가 커진다.

→ 이온들이 움직일 수 있는 행동반경이 커지므로 전리도가 커진다.

㉡ 같은 몰 수가 녹아 있는 경우에는 온도가 높아지면 전리도가 커진다.

→ 온도가 높아지면 전해질의 활동량(운동 에너지)이 커지므로 전리도가 커진다.

② 전리도(α)를 구하는 방법

㉮ 어는점 내림으로 구하는 방법 : 전해질의 전리도 비교

㉠ 이원 전해질의 경우 : $D=1.85(1+\alpha)$ (여기서, D : 실측한 빙점 강하도)

㉡ 삼원 전해질의 경우 : $D=1.85(1+2\alpha)$

㉢ n원 전해질의 경우 : $D=\{1+(n-1)\alpha\}\times P\times K$

여기서, K : 용질의 분자 어는점 내림(수용액 1.85)

P : 용매 1,000 g에 사용한 전해질의 양, 즉 몰 수에 해당

㉯ 삼투압으로부터 구하는 방법

$$\alpha = \frac{P - P_0}{(n-1)P_0}$$

삼투압에 있어서도 동일하게 용액의 삼투압은 용질의 입자 수에 비례한다고 할 수 있으므로 이 실속값 P, 그리고 전리가 전혀 일어나지 않는다고 가정할 때의 계산값을 P_0라고 한다.

㉰ 전기 전도도로 구하는 방법

$$\text{비전도도} \times V \times 1{,}000 = \text{분자 전도도}$$

즉, 비전도도의 값 K에 전해질 1 g 당량을 함유한 용액의 mL 수(묽힘도)를 곱한 값(1 g 당량의 전해질이 동일한 조건하에서 나타낸 전도도)을 말한다.

$$K \times V = \lambda$$

③ **용액의 결속성(혹은 총괄성 : colligative property of solution)**

㉮ 개념 : 일정량의 용매 중에 존재하는 용질의 입자 수에 의하여 좌우되는 성질을 말하는 것으로, 가령 끓는점 상승, 어는점 내림 및 증기압에 미치는 관계들을 들 수 있다.

㉯ 콜라우슈(Kohlrausch) 법칙

$$\alpha = \frac{\lambda_n}{\lambda_0} \text{ 또는 } \alpha = \frac{M_n}{M_0}$$

λ_0는 극한 당량 전도도로서 강전해질의 경우 어느 극한값에 접근하며, λ_n은 어떤 임의의 농도 때의 당량 전도도로서 약전해질의 경우이다. 여기서 λ_0^+과 λ_0^-을 각각 두 이온의 극한 전도도라 한다면 콜라우슈 법칙(Kohlrausch's law)에 의하여 $\lambda_0 = \lambda_0^+ + \lambda_0^-$이 된다.

(2) 전리 상수(K_a)

$$CH_3COOH \leftrightarrows CH_3COO^- + H^-$$

$$K_a = \frac{[CH_3COO^-][H^+]}{[CH_3COOH]} = 1.8 \times 10^{-5}$$

① 25℃에서 K_a의 값이 크면 강산(또는 강염기), 작으면 약산(또는 약염기)이 된다.

② 일정 온도에서는 항상 일정한 값을 갖는다. 즉, 온도에 의해서만 변한다.

③ 전리 상수=이온화 상수

㉮ K_a, K_b가 있다.

㉯ K_a 값이 크면 강산, K_b 값이 크면 강염기이다.

㉰ $pK_a = -\log K_a$

㉱ pK_a 값은 K_a와 반대로 생각해야 한다.

㉲ pK_a 값이 클수록 약산, pK_b 값이 클수록 약염기이다.

(3) pH, pOH

① $pH = -\log[H^+]$

② $pOH = -\log[OH^-]$

③ $pH + pOH = 14$

④ 전리도를 이용하여 pH, pOH를 구할 때

㉮ $pH = -\log([H^+] \times$ 전리도$)$

㉯ $pOH = -\log([OH^-] \times$ 전리도$)$

예제 수산화이온의 농도가 5×10^{-5}일 때 이 용액의 pH는?

풀이 $pH + pOH = 14$

$pH = 14 - pOH$

$= 14 - (-\log[OH^-])$

$= 14 - (-\log[5 \times 10^{-5}])$

$= 9.699$

3 용해도

(1) 용해도 및 f_D값

① 용해도

용매 100g에 녹아서 포화 용액이 되는 데 필요한 용질의 g수, 즉 용매 100g 중에 녹아 있는 용질의 질량. 즉 용질이 용매에 녹아 용액을 형성할 때 용질의 특성을 나타내는 것으로 어떤 물질의 용매에 대한 용해도는 이 물질이 주어진 온도에서 주어진 부피의 용매에 대해 용해되어 평형을 이루는 최대량으로 정의된다.

$$\text{용해도} = \frac{\text{용질의 g수}}{\text{용매의 g수}} \times 100$$

예제 어떤 물질 30g을 넣어 용액 150g을 만들었더니 더 이상 녹지 않았다. 이 물질의 용해도는? (단, 온도는 변하지 않았다.)

풀이 용해도는 용매 100g에 녹는 용질의 양이며, 용액은 용질(녹는 물질)+용매(녹이는 물질)이다. 따라서 용매=용액−용질=150−30=120g이다.

$$\therefore \text{용해도} = \frac{\text{용질의 g수}}{\text{용매의 g수}} \times 100 = \frac{30}{120} \times 100 = 25$$

㉮ 고체의 용해도 : 일반적으로 용해 과정이 흡열 과정이므로 온도가 높아지면 용해도가 증가한다. 또한 교반 속도의 상승, 고체 표면적의 크기가 클 때에도 용해도는 증가한다. 압력의 영향은 거의 없다. 예외적으로 황산칼슘, 황산리튬, 수산화칼슘 등은 용해 과정이 발열 반응이기 때문에 온도가 높아지면 용해도가 감소한다.

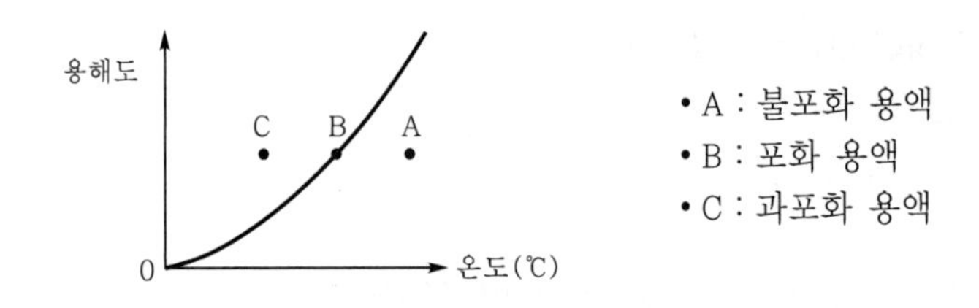

예 재결정(분별 결정) : 용해도의 차이를 이용해서 혼합물 중 한 성분만 분리한다.

㉯ 기체의 용해도 : 용해 과정이 발열 과정이므로 온도가 낮을수록, 압력이 높을수록 용해도가 증가한다.

㉰ 헨리의 법칙 : 용해도가 작은 기체일 때, 일정한 온도에서 일정량의 용매에 용해하는 기체의 질량은 압력에 비례한다. 헨리의 법칙은 무극성 분자에 잘 적용되는 법칙이다.

예 H_2, O_2, N_2

② 용해도에 영향을 주는 세 가지 인자

㉮ 용액의 구성 성분

㉯ 온도

㉰ 압력

③ f_D값의 변화에 의한 용해도 관계

일반적으로 어떤 물질의 용해도 관계를 알아내는 데 있어서 각 이온의 반지름(r)과 그 전하(ε)를 계산하여 f_D값을 대조함으로써 일반적으로 그 값이 0.2보다 크면 물에 녹지 않는 화합물이며, 0.2보다 작은 경우에는 물에 잘 녹는 화합물이다. 즉,

$$f = \frac{\varepsilon_1 \varepsilon_2}{D(r^+ + r^-)^2}$$

$$\therefore\ f_D = \frac{\varepsilon_1 \varepsilon_2}{(r^+ + r^-)^2}$$

$$Q = I \times t$$

$$\therefore\ 1\,\text{F(farad)} = 96,500\text{C(coulomb)}$$

(2) 용해도곱(K_{sp})

① 고체 염이 용액 내에서 녹아, 성분 이온으로 나누어지는 반응에 대한 평형 상수

② 용해도곱의 표현

$$PbI_2(s) \rightleftarrows [Pb^{2+}] + 2[I^-]$$

$$K = \frac{[Pb^{2+}][I^-]^2}{[PbI_2(s)]}$$ 에서, 고체는 평형 상수 식에서 제외함.

$$K \times [PbI_2(s)] = K_{sp} = [Pb^{2+}][I^-]^2$$

예제 1 AgCl의 용해도가 0.0016g/L일 때, AgCl의 용해도곱은 얼마인가? (단, AgCl의 분자량=143.5)

풀이 $AgCl(s) \rightleftarrows Ag^+ + Cl^-$에서, $K_{sp} = [Ag^+][Cl^-]$이다.

$$[AgCl] = \frac{0.0016\text{g}}{1\text{L}} \times \frac{1\text{mol}}{143.5\text{g}} = 1.11 \times 10^{-5}\text{M}$$

$$K_{sp} = (1.11 \times 10^{-5})^2 = 1.24 \times 10^{-10}$$

예제 2 초산은의 포화 수용액은 1L 속에 0.059mol을 함유하고 있다. 전리도가 50%라 하면 이 물질의 용해도곱은 얼마인가?

풀이 $CH_3COOAg(s) \rightleftarrows CH_3COO^-(aq) + Ag^+(aq)$

0.059몰　　　0.059몰×0.5　0.059몰×0.5

$$\therefore\ K_{sp} = [CH_3COO^-][Ag^+] = (0.059 \times 0.5)^2 = 8.7 \times 10^{-4}$$

(3) 침전 생성

$AB \rightleftarrows [A^+] + [B^-]$ 에서,

$K_{sp} = [A^+][B^-]$: 평형 상태(포화)

$K_{sp} > [A^+][B^-]$: 불포화

$K_{sp} < [A^+][B^-]$: 침전 생성(과포화)

4 화학 평형

(1) 화학 평형과 평형 상수

가역 반응에서 정반응의 속도와 역반응의 속도가 같아져서 반응이 외면상 정지된 것처럼 보이는 상태를 화학 평형 또는 평형 상태라 한다.

$a\text{A} + b\text{B} \leftrightarrows c\text{C} + d\text{D}$ 에서

$K = \dfrac{[\text{C}]^c[\text{D}]^d}{[\text{A}]^a[\text{B}]^b}$ (K는 평형 상수)

※ K의 값은 온도 조건에 의해서만 변한다.

(2) 평형 이동의 법칙(르 샤틀리에의 법칙)

가역 반응이 평형 상태에 있을 때 반응하는 물질은 농도·온도·압력을 변화시키면 정반응(→), 역반응(←) 어느 한쪽의 반응만이 진행되는데, 이동되는 방향은 다음과 같이 경우에 따라 다르다.

① 온도

가열하면 흡열 반응 방향으로, 냉각하면 발열 반응 방향으로 진행한다.

② 압력

가압하면 기체의 부피가 감소(몰 수가 감소)하는 방향으로 진행하고, 감압하면 기체의 부피가 증가(몰 수가 증가)하는 방향으로 진행한다.

③ 농도

반응 물질의 농도가 진하면 정반응(→), 묽으면 역반응(←)으로 진행한다.

※ 촉매는 가역 반응의 평형은 이동시키지 못하며 반응 속도에만 영향을 준다.

5 활동도

(1) 활동도 개요

$a\text{A} + b\text{B} \rightleftarrows c\text{C} + d\text{D}$

$K = \dfrac{[\text{C}]^c[\text{D}]^d}{[\text{A}]^a[\text{B}]^b}$

지금까지는 평형 상수를 위와 같이 적었다. 그러나 약산의 용액에 질산암모늄과 같은 염을 첨가하면 농도 비 $K'' = [\text{A}^-][\text{H}^+]/[\text{HA}]$는 염의 농도에 따라 상당히 달라지게 된다. 그러므로 농도를 활동도로 대치하여 사용한다.

① 염의 용해도에 주는 이온 세기의 영향

㉮ 비활성 염을 난용성 염에 가하면 난용성 염의 용해도가 증가한다.

㉠ 비활성은 이온이 다른 이온과 반응하지 않는다.

㉡ 용액에 염을 추가할 때마다 이온 세기가 증가한다.

㉯ A^-이 이온으로 존재할 때 그 주위에는 음이온과 양이온이 둘러싸고 있는데 A^-의 주위에는 양이온이 더 많다. 즉, 정전기적 인력과 비슷하다. 이러한 현상으로 A^- 주위에는 알짜 양전하의 영역이 생긴다. 이를 이온 분위기(ionic atmosphere)라 한다.

㉰ 용액의 이온 세기가 증가하면

㉠ 이온 분위기의 전하가 커진다.

㉡ 이온 분위기가 더해진 이온은 전하를 적게 가진다.

㉢ 양이온과 음이온 사이의 인력이 감소한다.

㉣ 용해도가 증가한다.

(2) 활동도 계수

① 이온 세기의 영향

이온 세기의 영향을 밝히려면 농도를 활동도 C로 대치해야 한다.

$$C\text{의 활동도 } A_C = [C]r_C$$

여기서, r_C : C의 활동도 계수

② 활동도

활동도 = 활동도 계수×농도

$$K = \frac{A_C^c A_D^d}{A_A^a B_B^b} = \frac{[C]^c r_C^c [D]^d r_D^d}{[A]^a r_A^a \cdot [B]^b r_B^b}$$

③ 이온의 활동도 계수

25℃에서 활동도 계수를 이온 세기와 관련짓는 확장된 Debye-Huckel 식을 얻는다.

$$\log\gamma = \frac{-0.51z^2\sqrt{\mu}}{1+(\alpha\sqrt{\mu}/305)} \quad (25℃에서)$$

γ는 이온 세기가 μ인 수용액에서 전하가 $\pm z$이고 크기가 α〔pm〕인 이온의 활동도 계수, 이 식은 $\mu \le 0.1$M에서 잘 들어 맞는다.

④ 이온 세기, 이온 전하, 이온 크기가 활동도 계수에 주는 영향

㉮ 이온 세기가 증가하면 활동도 계수는 감소한다. 모든 이온에 대해 μ가 0에 접근하면 γ는 1에 접근한다.

㉯ 이온의 전하가 증가하면 활동도 계수가 1에서 벗어나는 정도가 커진다. 활동도 보정은 전하가 ±1인 이온에 비해 ±3인 이온에 대해 훨씬 더 중요하다.

㉰ 이온의 수화 반경이 작으면 작을수록 활동도의 영향은 더 중요해진다.

⑤ 비이온성 화합물의 활동도 계수

㉮ 중성 분자의 활동도는 그 농도와 같다고 가정한다.
H_2와 같은 기체 반응물의 활동도는
$A_{H_2} = P_{H_2}\gamma_{H_2}$

㉯ 기체의 활동도는 퓨개시티(fugacity)라고 하며, 활동 계수는 퓨개시티 계수라 한다.

㉰ 모든 기체에 대해서 $A=P$〔atm〕라 가정한다.

(3) pH와 활동도 계수

$pH=-\log[H^+]$로 나타내지만 이는 이상 용액에 대한 값이고, 실제 용액은 활동도 계수를 곱한 농도 값으로 표시를 해야 하므로 $pH=-\log[H^+]_{\gamma H^+}$이다.

6 중화 및 가수분해

(1) 중화 적정

x 농도와 산 V〔mL〕를 완전 중화시키는 데 x' 농도의 염기 V〔mL〕가 소요되었다면 다음 식이 성립된다.

산 + 염기

$x-N$, V〔mL〕 $x'-N'$, V'〔mL〕

$$N\times\frac{V}{1,000} = N'\times\frac{V'}{1,000}$$

즉, $NV=N'V'$이다.

(2) 물의 전리

$H_2O \rightleftarrows H^+ + OH^-$

25℃에서 H^+과 OH^-의 농도의 곱은 10^{-14}이다.

$K_w=[H^+]\cdot[OH^-]=10^{-14}$

(K_w는 물의 이온곱이고, 높은 온도에서는 증가됨.)

(3) 염의 가수분해

$$\text{염}+\text{물} \underset{\text{중화 반응}}{\overset{\text{가수분해}}{\rightleftarrows}} \text{산}+\text{염기}$$

① 강산+강염기 → 중성

예 $NaCl$, $NaNO_3$, K_2SO_4

단, 산성염은 염이 산성이라서 산성염이 아니라 H를 포함하고 있기 때문에 산성염이라 부르며, 산성염 중에는 산성인 것도 있고, 아닌 것도 있다.

산성염은 산성 : $NaHSO_4$, 염기성은 알칼리성 : $Ca(OH)Cl$

② 강산+약염기 → 산성

예 NH_4Cl, $CuSO_4$, $AgNO_3$, $AlCl_3$

③ 약산+강염기 → 알칼리성

예 KCN, Na_2CO_3, CH_3COONa, $NaHCO_3$

④ 약산+약염기 → 중성

예 HCN, $(NH_4)_2S$, CH_3COONH_4

7 천칭 및 측정 용기

(1) 천칭

① 영점(zero point)의 조정

㉮ 정지점 : 천칭을 수평의 위치에 두고 지침을 움직인 그대로 둔 경우 정지하는 곳을 말한다.

㉯ 영점 : 접시에 아무것도 올려놓지 않은 경우의 정지점을 말한다.

㉰ 영점을 알려면 지침을 진동시켜 정지함을 기다리면 된다. 그러나 이런 경우에는 시간이 걸리므로 지침이 눈금판의 중심을 기준하여 좌우로 진동하는 정도가 거의 같은지 어떤지를 확인한다.

㉱ 만약 지침의 진동이 크게 한쪽으로 기울어진 경우에는 올바르게 무게를 측정할 수 없으므로 천칭 양쪽의 나사를 움직여 좌우 진동이 같도록 조절한다.

② 칭량 방법

㉮ 영점을 조절한 다음 시료를 왼쪽의 접시에 올려놓고 지침의 정지점이 영점(zero point)과 일치하도록 오른쪽의 접시에 분동을 올린다. 올린 분동 전체의 무게가 그 시료의 중량이 된다.

㉯ 분말이나 입자 상태의 시료 등을 측정하려면 양쪽의 접시에 같은 무게의 종이(유산지)를 올려놓거나 왼쪽 접시에 시계 접시, 오른쪽 접시에 납알을 올려 무게가 같도록 하고 시계 접시 위에 시료를 올려놓고 오른쪽 접시에 분동을 올려 칭량한다.

(2) 화학 천칭에 의한 칭량

① 영점(zero point)의 측정 순서

㉮ 화학 천칭 상자의 밑모서리에 붙어 있는 나사를 돌려 수증기의 기포 위치를 올바르게 하여 천칭을 수평이 되도록 유지한다.

㉯ 다음에는 천칭 접시 위에 아무 것도 올려놓지 않고 상자문을 닫은 그대로 핸들을 조심스럽게 돌려 지침을 진동시켜 1~2회 왕복시킨 후 좌우의 진동을 눈금으로 보고 읽는다.

㉰ 진동의 눈금을 읽는 법은 눈금판의 중앙이 0, 그의 왼편을 －, 오른편을 ＋로 하고 처음 진동한 쪽을 3회, 다른 쪽을 2회, 서로 지침이 닿는 곳의 눈금을 $\frac{1}{10}$까지 읽는다.

㉱ 눈금을 확인한 다음에는 핸들을 원래의 상태로 하여 지침을 원위치에 가도록 한다.

㉲ 좌우의 정지점을 각각 평균하고, 또 이 두 개의 평균값을 합하여 2로 나눈 것이 영점이다. 이 영점은 눈금판의 0 위치와 일치할 필요는 없다. 그러나 만약 영점이 눈금판의 중앙 0에 대해서 좌우 어느 한편으로 크게 기울어 있을 때에는 천칭을 고정해 두고 천칭대 끝에 있는 나사를 돌려 조절한다.

② 감도의 측정

㉮ 감도의 정의 : 천칭을 수평으로 하고 한쪽 접시에 1 mg의 분동을 올려놓았을 때 지침이 영점에서 이동되는 눈금판의 눈금 수를 감도(感度, sensibility)라 한다. 천칭의 감도는 천칭의 종류 또는 칭량의 대소에 따라 변화한다.

㉯ 측정 방법

㉠ 1 g의 물체를 칭량할 때 감도를 측정하기 위해서는 좌우 접시에 분동을 1 g씩 올려놓고 영점을 구하는 방법과 같이, 진동법으로 지침이 정지하는 위치를 구한 후 오른쪽 접시에 라이더(rider)로서 1 mg을 가하여 재차 진동법으로 정지점을 구한다. 이때 눈금판에서 움직인 눈금 수가 1 g의 물체를 칭량할 때의 감도이다. 이 값은 같은 측정을 3회 반복하여 그 평균값을 구한다.

㉡ 이와 같이 분동을 0, 0.5, 1, 2, 3, 5, 10, 20, 30, 50, 100 g 등 여러 가지 분동에 대하여 감도를 측정하고, 그 결과를 방안지에 옮겨 그 천칭의 감도 곡선을 그리면 칭량 시마다 감도를 구할 필요가 없어 편리하다.

㉢ 곡선의 응용은 먼저 천칭의 접시에 물체를 올려놓지 않았을 때의 영점을 ＋0.2로 가정하고 칭량하려는 물체를 놓고 분동 7.484 g을 놓았을 때 정지점이 －0.3이며, 이때 천칭의 감도가 3.0(x축에서 y축으로 읽음)이라면 7.484 g부터 감하여야 할 양은 $0.2 - \frac{-0.3}{2.0} \fallingdotseq 0.3$mg으로 되고 칭량 물체의 참 무게는 7.4837 g이다.

③ 물체의 칭량 순서

㉮ 먼저 상명 천칭으로 무게를 단 물체를 왼쪽 접시에 올려놓고 오른쪽 접시에는 그 물체보다 약간 무겁다고 생각되는 분동을 올려놓는다.

㉯ 조심스럽게 진동시키고 그 움직인 방향에 따라 올려둔 분동의 과부족을 확인하여 곧 핸들에 의하여 지침을 원상태로 회복·정지시킨다. 분동의 무게가 더 무거우면 다음 무게의 분동을 바꾸어 올려 다시 그 과부족을 확인한다.

㉰ 이렇게 하여 분동을 바꾸며 물체와의 균형을 조절할 때 분동 A는 너무 무겁고, B는 너무 가벼운 점을 발견한다. 여기서 물체의 무게가 A와 B 사이임을 알았으므로 그 범위 안의 분동으로 바꾸어 올리면서 이를 되풀이하고 그 차이를 좁혀간다.

(3) 전자 자동 천칭에 의한 칭량

① 전자 자동 천칭(electronic balance, model AP250D)에 의해 물체나 시료를 칭량할 경우의 순서

㉮ MODE를 눌러 사용할 칭량 단위를 선택한다. 보통 원래 제조 회사에서 그램(grams) 단위로 세팅되어 있다.

㉯ ON TARE를 눌러 제로가 표시되도록 한다.

㉰ 칭량할 물체나 시료를 접시(pan) 위에 올려놓는다.

㉱ 안정 표시(stability indicator)가 나타날 때까지 기다린 후 표시판의 중량을 읽는다.

② 용기를 사용하여 칭량할 경우의 조작 순서

㉮ 빈 용기를 접시 위에 올려놓는다. 그의 중량이 표시된다.

㉯ ON TARE를 누른다. 표시가 제로를 나타내고 용기의 중량이 메모리에 저장된다.

㉰ 용기에 칭량할 시료를 넣는다. 시료가 가해질 때 그 시료 자체만의 중량이 표시된다.

㉱ 용기와 시료를 접시로부터 제거하면 천칭 용기의 중량이 마이너스 숫자로 표시된다. ON TARE를 다시 누를 때까지 용기의 중량은 천칭의 메모리에 남는다.

(4) 직시 천칭의 사용법

직시 천칭은 그 종류가 다양하나 사용법은 기본적으로 동일하다. 직시 천칭 사용법 및 측정은 다음과 같다.

① 흔들림을 방지하기 위하여 진동이 없는 천칭 받침대 위에 천칭을 올려 놓는다.

② 천칭의 수평을 유지시키기 위하여 천칭의 수평 조절 나사를 이용하여 수평을 잡는다.

③ 0점 조정을 하기 위하여 zero point 스위치를 누른 후 0점을 확인한다.

④ 직시 천칭의 문이 있는 경우 문을 열고 시료를 핀셋이나 링 집게로 조심스럽게 올려 놓는다.

⑤ 시료가 액체일 경우는 시료병을 사용하여 측정하고 분말일 경우는 약포지를 사용한다.

⑥ 시료를 넣고 천천히 문을 닫은 다음 계기판의 눈금을 소숫점까지 정확히 읽는다.

⑦ 휘발성이 강한 액체는 시료병의 뚜껑을 막고 조해성이 강한 액체는 눈금을 읽은 후에 다음 실험을 할 수 있도록 미리 준비하는 자세가 필요하다.

(a) 외형

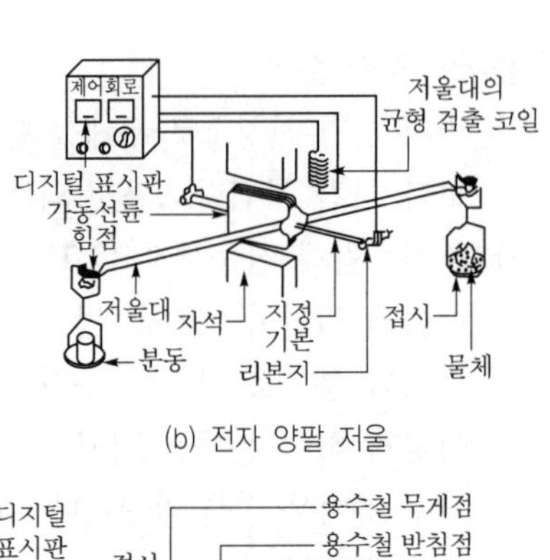

(b) 전자 양팔 저울

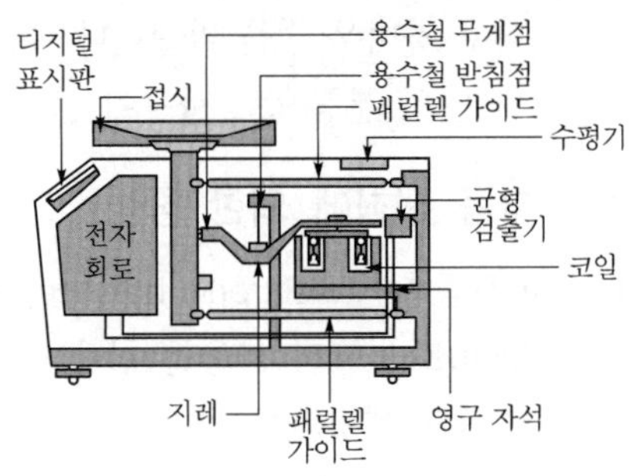

(c) 윗접시 전자 저울

▌전자 자동 천칭의 구조▐

(5) 측정 용기

① 비중 측정 기구

㉮ 비중병

㉠ 처음에 빈 비중병의 무게를 측정한 다음, 측정하려는 액체를 가득 채워 무게를 잰다. 다음에 물을 채워 무게를 측정한 다음, 시료의 참무게와 물의 참무게를 비교한다.

$$비중 = \frac{시료의\ 참무게(g)}{물의\ 참무게(g)}$$

㉡ 비중병은 50 mL의 것이 가장 많이 쓰인다.

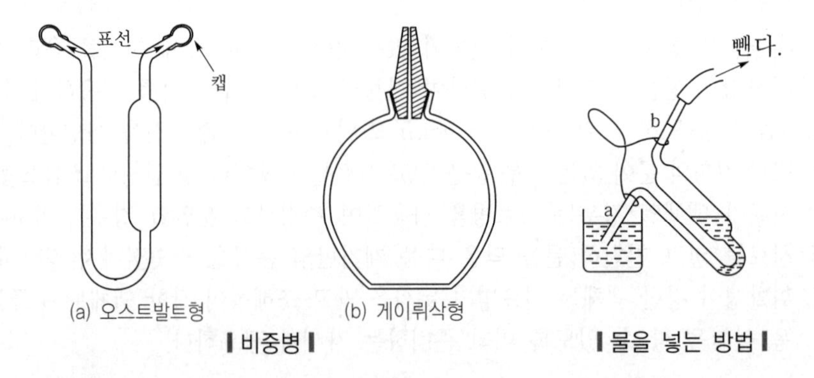

(a) 오스트발트형 (b) 게이뤼삭형

▌비중병▐ ▌물을 넣는 방법▐

㉯ 비중계(hydrometer)

㉠ 비중계의 구조 : 제일 밑부분에 수은 또는 납 덩어리가 들어 있고, 부자 윗부분의 가느다란 관 속에는 눈금이 있는 종이 조각이 넣어져 봉해져 있다.

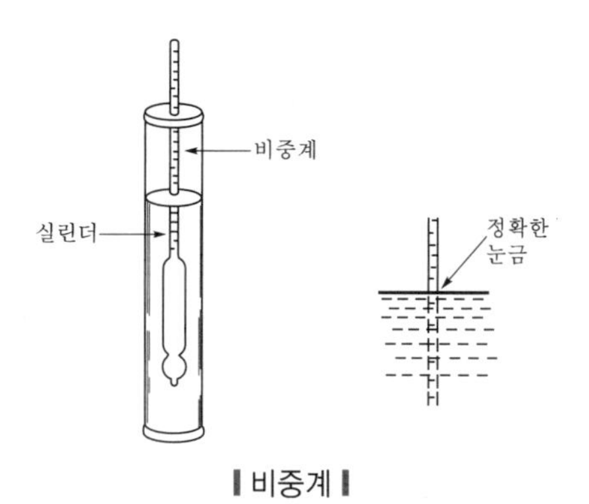

▌비중계▐

㉡ 비중계의 종류 : 비중계는 보메 비중계 이외에도 당·아세트산·알코올의 수용액을 직접 백분율까지 구할 수 있도록 눈금이 되어 있는 당액 비중계(saccharimeter), 알코올 비중계(alcoholometer), 주정계 등이 있다.

㉰ 비중 천칭 : 비중 천칭은 용액의 농도와 부력 관계를 이용한 것으로, 여러 가지 모양이 있다. 조작 방법도 제작 회사에 따라 조금씩 다르나 그 원리는 같다. 다음 그림은 비중 천칭의 한 보기이다.

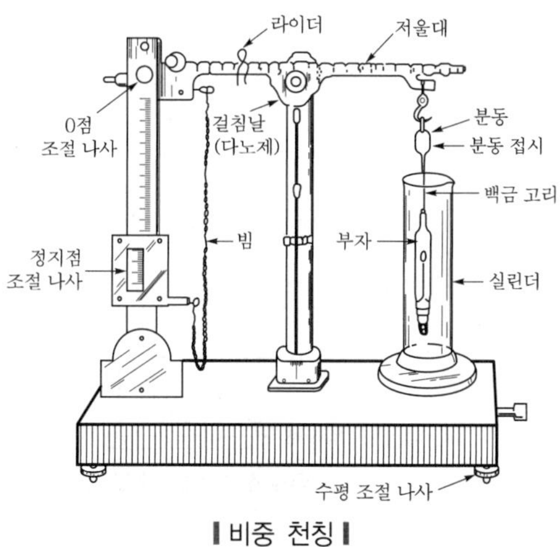

▌비중 천칭▐

㉱ 고체의 비중 측정 방법 : 고체 물질이 물속에 잠겼을 때 그 물질의 부피에 해당하는 물의 무게만큼 가벼워지는 원리(아르키메데스(Archimedes)의 원리)를 이용하여 비중을 측정한다.

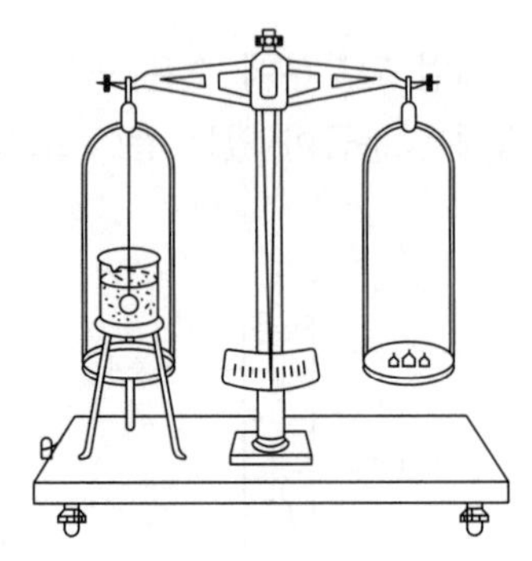

▌고체의 비중 측정 장치▐

② 비색법

㉮ 비색계의 원리

㉠ 두 용액의 물질 조성이 같고, 용액의 깊이가 같을 때 두 용액의 색깔 진하기는 같다.

㉡ 용액층의 깊이가 같을 때 색깔의 진하기는 용액의 농도에 비례한다.

㉢ 농도가 같은 용액에서 그 색깔의 진하기는 용액의 농도에 비례한다.

㉣ 두 용액의 색깔이 같고 색깔의 진하기가 같을 때라도 같은 물질이 아닐 수 있다.

㉯ 비색법의 종류와 비색 장치

비색법은 색깔의 농도를 직접 육안으로 측정하는 방법과 광도계를 사용하여 용액을 투과한 광량을 직접 측정하는 방법이 있다.

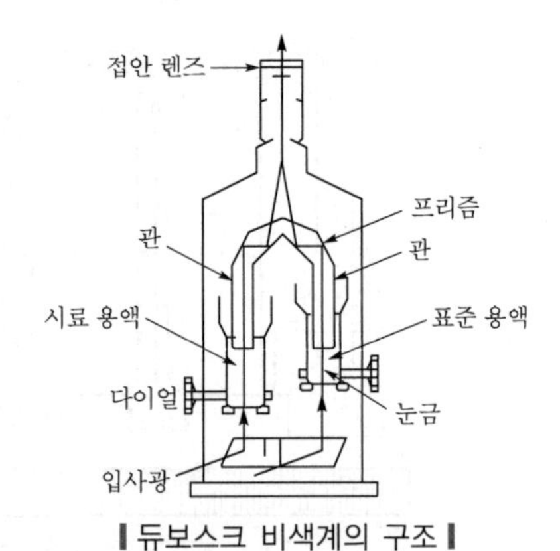

▌듀보스크 비색계의 구조▐

㉠ 표준열법

ⓐ 정의 : 정량 분석을 하고자 하는 성분에 대하여 농도가 다른 표준 용액을 단계적으로 만들어 하나의 표준열을 만든다. 시료를 동일한 조건에서 발색시켜 표준열과 비교하고, 색깔의 농도가 가장 가까운 표준열의 농도로부터 시료 용액의 농도를 아는 방법이다.

ⓑ 장치가 간단하여 현재 가장 널리 이용되고 있다.

ⓒ 측정 장치 : 네슬러(Nessler) 비색관, 우케나 비색관, 이거스(Eggerts) 비색관, 헬리지(Helige) 비색기 등이 있다.

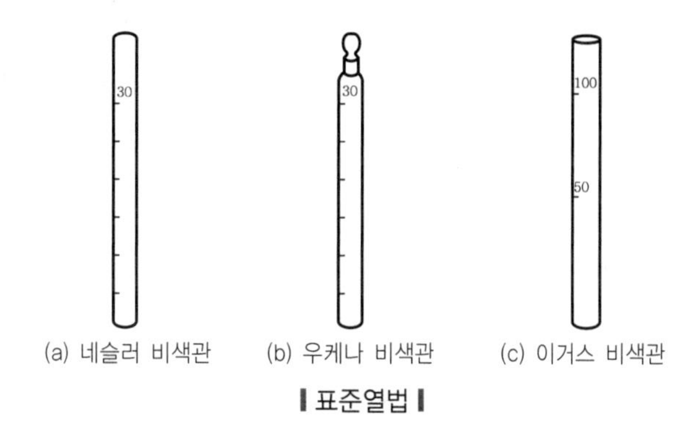

(a) 네슬러 비색관 (b) 우케나 비색관 (c) 이거스 비색관

▍표준열법▍

㉡ 희석법

ⓐ 정의 : 표준 용액과 시료 용액이 나타내는 색깔을 비교하고, 그 중에서 농후한 쪽을 희석하여 양쪽의 색깔을 일치시킨 다음, 이때의 부피비로부터 시료 용액의 농도를 구하는 방법이다.

ⓑ 이 방법은 비어의 법칙이 성립할 때에만 적용되었으나 현재는 그 밖의 것에도 이용되고 있다.

ⓒ 측정 장치 : 줄리안 비색관, 마이엘(Maiel) 비색관이 있다.

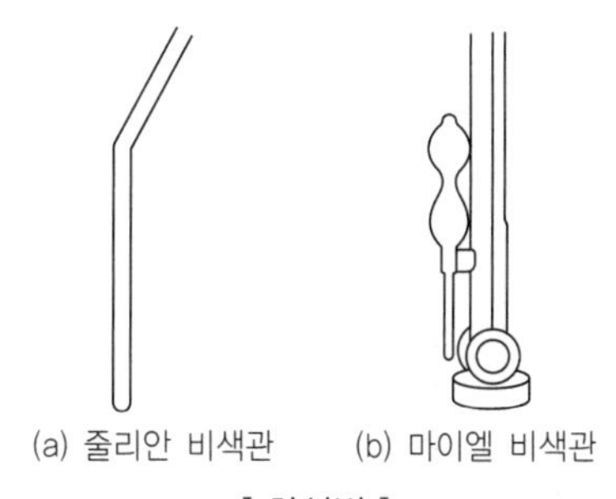
(a) 줄리안 비색관 (b) 마이엘 비색관

▍희석법▍

㉢ 광전 비색법 : 위에서 설명한 비색 측정 방법은 색깔의 농도를 비교할 때 육안으로 볼 수 있는 가시광선의 흡수만을 다루는 비색계를 사용하는 것이다.

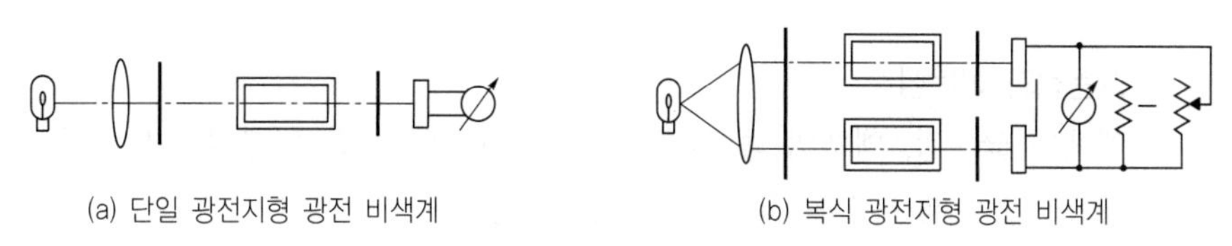
(a) 단일 광전지형 광전 비색계 (b) 복식 광전지형 광전 비색계

▍광전 비색계의 구조▍

③ 녹는점

㉮ 정의 : 녹는점은 고상과 액상이 평형 상태에 있을 때의 온도를 말한다. 이 온도는 물질에 따라 다른 상수이므로, 결정성 물질의 순도를 결정하는 중요한 성질의 하나이다.

㉯ 측정 방법 : 정확한 녹는점을 측정하기 위해서는 많은 시료가 필요하나 실습실에서는 모세관을 이용하여 적은 양의 시료를 사용하여 녹는점(모세관 녹는점)을 측정한다. 이 모세관 녹는점은 실제 녹는점보다 약간 높다.

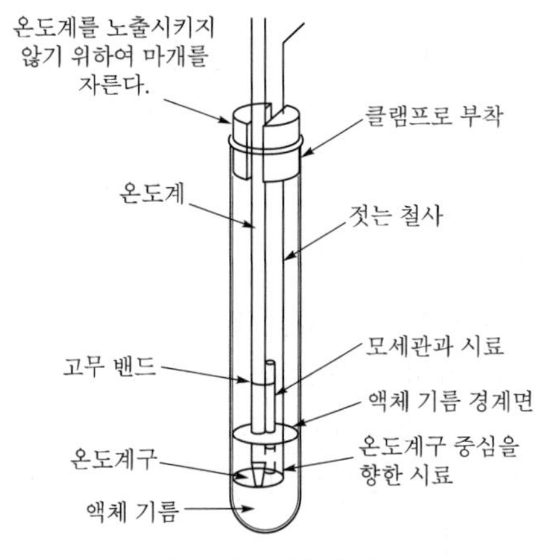

▌녹는점 측정 장치▐

㉰ 물질을 가열하여 완전히 녹을 때까지 경과하는 외관의 변화를 그림에 나타내었다.

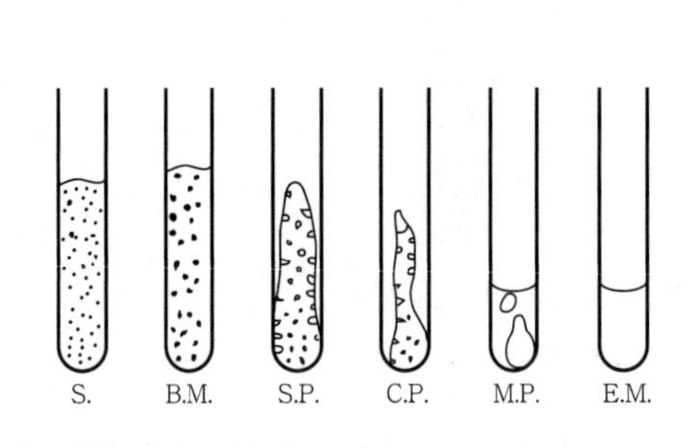

- S. : 가열하기 전 물질의 외관
- B.M. : 물질의 용기나 모세관에 접하는 면에 작은 물방울이 생길 때
- S.P. : 물질의 수축이 일어나서 물질과 모세관 사이에 명확한 간격이 생길 때
- C.P. : 수축한 물질이 아래로 수축되어 녹기 시작할 때
- M.P. : 붕괴한 물질이 약간 있지만 거의 녹아 있는 상태
- E.M. : 완전히 녹아 있는 상태

▌물질의 녹는 상태▐

④ 끓는점과 어는점

액체의 끓는점, 액체의 증기압이 그때의 대기압과 같을 때의 온도로써 정의되며, 대기압이 1기압일 때 측정된 끓는점을 표준 끓는점이라 하고 어는점일 경우에는 표준 어는점이라 한다. 그림은 가열할 때와 냉각시킬 때의 온도 변화를 나타낸 것이다.

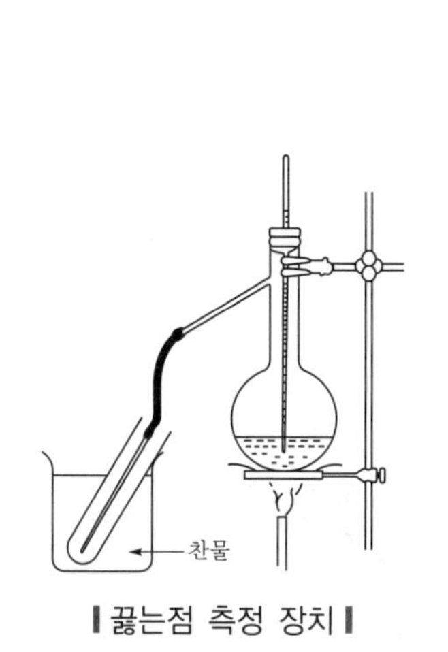

▌끓는점 측정 장치▐

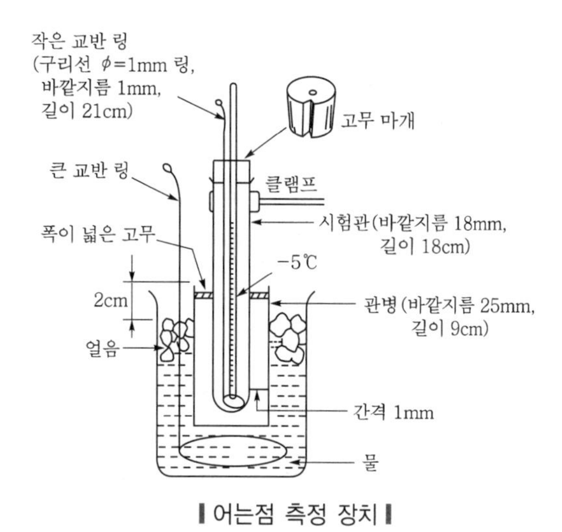

▌어는점 측정 장치▐

⑤ 용해도(solubility)

㉮ 개요 : 순수한 고체를 액체에 녹일 경우 어떤 온도에서 용해하는 양에는 한도가 있다. 일정량의 액체에 녹는 그 한도를 용해도라 하고 용해도에 달할 때까지 녹인 용액을 포화 용액, 아직 용해도에 도달하지 않은 용액을 불포화 용액이라 한다.

㉯ 용해도 곡선 : 고체의 용해도는 보통 100 g의 용매에 녹는 고체의 g 수로 표시된다. 일반적으로 온도가 올라감에 따라 용해도는 증가하지만 수산화칼슘, 황산나트륨, 황산세슘과 같이 감소하는 것도 있다. 온도와 용해도와의 관계를 그래프로 나타낸 것을 용해도 곡선이라 한다.

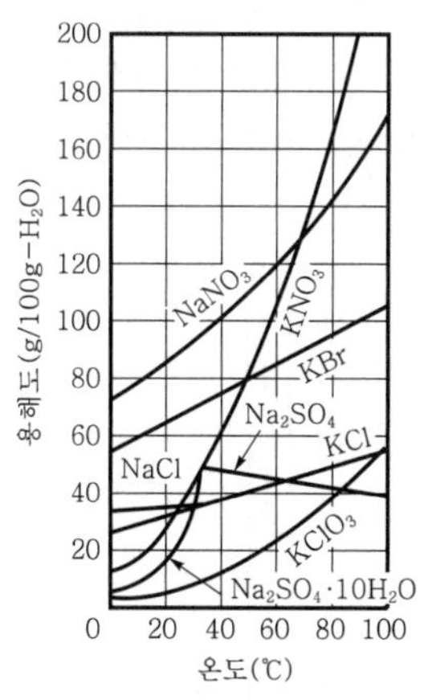

▌용해도 곡선▐

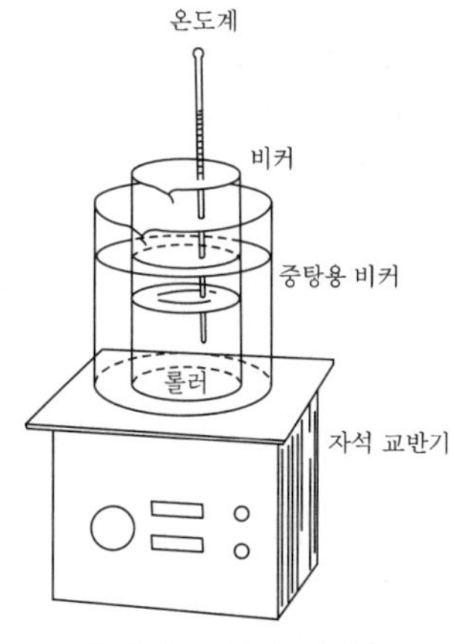

▌용해도 측정 장치▐

⑥ 굴절률

그림에서 빛이 진공 또는 공기 속에서 어떤 물질 속으로 투과될 때 그의 진로가 굴절하게 되는데, 입사각을 i, 굴절각을 γ라 하면 굴절률 n은 다음과 같이 표시된다.

$$n=\frac{\sin i}{\sin\gamma}$$

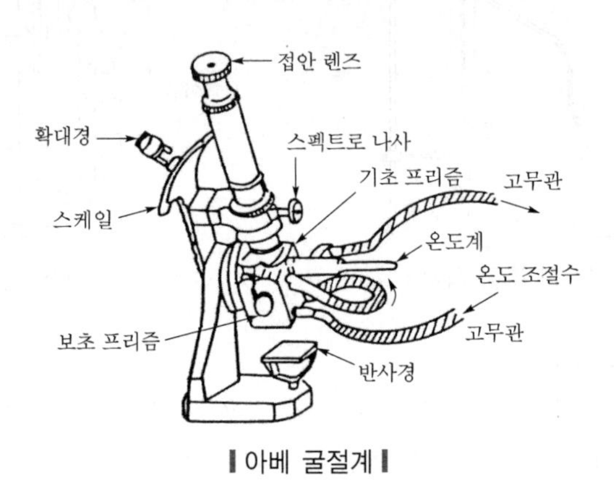

▌아베 굴절계▐

⑦ 점도

㉮ 점도란 유체의 점성, 즉 끈적끈적함의 정도를 나타내는 것이다.

㉯ 점도의 단위는 g/cm·s로서, 이것을 푸아즈(poise, P)라고 부르고, 이 $\frac{1}{100}$을 센티푸아즈(centipoise, cP)라 한다.

㉰ 점도는 유체의 종류와 온도에 따라 변하지만, 압력의 영향은 거의 무시할 수 있다.

㉱ 동점도란 점성 유체의 흐르는 모양 또는 유체의 역학적인 문제에 있어서는 점도를 그 상태의 유체 밀도로 나눈 양에 지배된다. 이때의 양을 말한다.

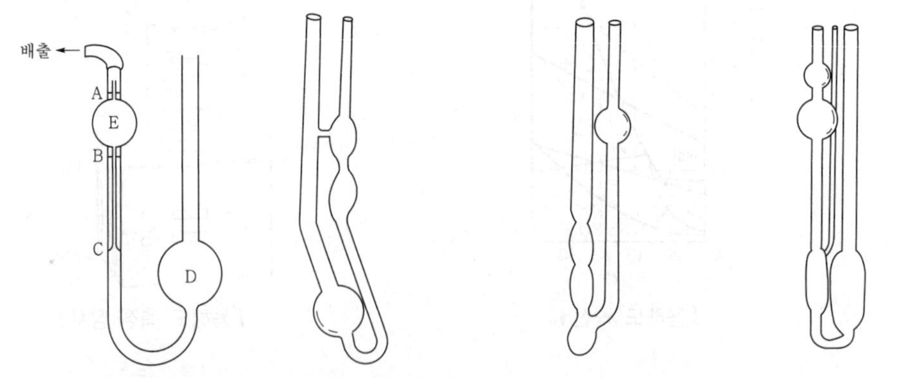

(a) 오스트발트 점도계 (b) 캐넌-팬스케 점도계 (c) 역류형 캐넌-펜스케 점도계 (d) 우벨로데 점도계

▌점도계의 종류▐

예제 1 오스트발트 점도계를 사용하여 다음의 값을 얻었다. 액체의 점도는 얼마인가?

㉠ 액체의 밀도 : $0.97g/cm^3$
㉡ 물의 밀도 : $1.00g/cm^3$
㉢ 액체가 흘러내리는 데 걸린 시간 : 18.6초
㉣ 물이 흘러내리는 데 걸린 시간 : 20초
㉤ 물의 점도 : 1cP

풀이 $0.97 \times \frac{18.6}{20} \times 1 = 0.9021$

$\therefore$ 0.9021cP

예제 2 글리세린을 20℃에서 점도를 측정했더니 2,300cP이었다. 동점도(ν)로는 약 몇 stokes인가? (단, 글리세린의 밀도$=1.6g/cm^3$임.)

풀이 $동점도(\nu) = \frac{점도(\mu)}{밀도(\rho)}$

$= \frac{2,300\,cP}{1.6\,g/cm^3} = \frac{23\,P}{1.6\,g/cm^3}$

$=14.375$ stokes$=14.38$ stokes

⑧ 비열

질량 m〔g〕인 물질이 Q〔cal〕의 열을 흡수하여 온도가 t〔℃〕 올라갔다고 하면 다음 식이 성립된다.

$$Q = cmt$$

이 식에서 비례 상수 c 〔cal/(g · ℃)〕를 그 물질의 비열(specific heat)이라 한다. 즉, 어떤 물질 1g을 1℃ 올리는 데 필요한 열량을 말한다.

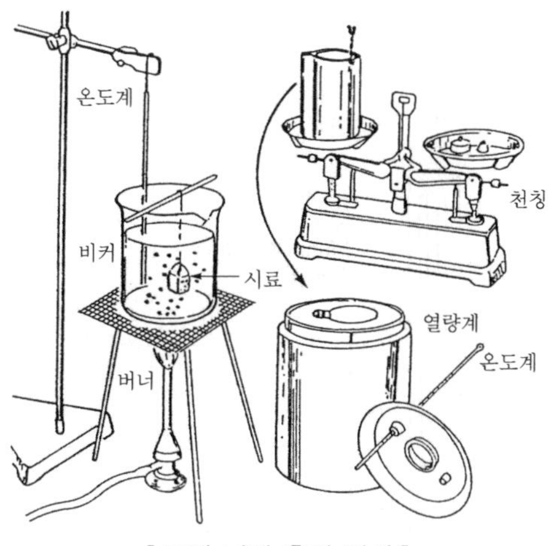

▌고체 비열 측정 장치▐

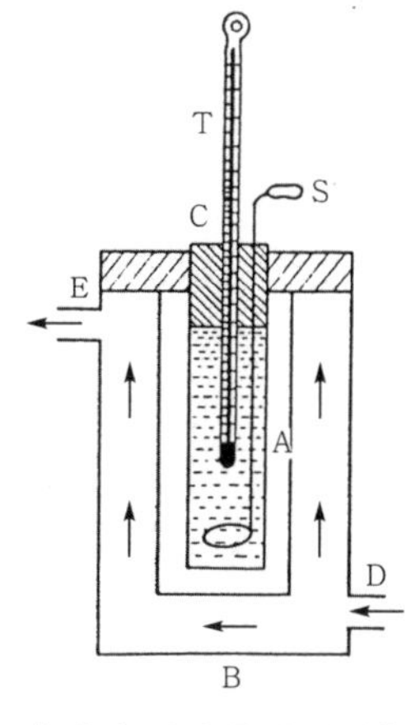

▌액체 비열 측정 장치▐

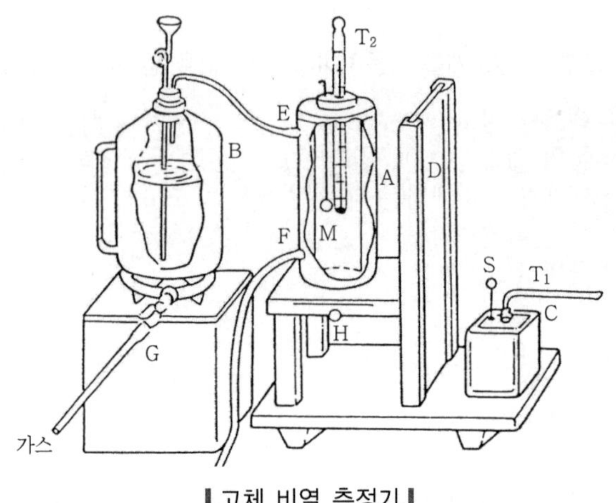

▌고체 비열 측정기▌

⑨ 중화열

㉮ 정의 : 산과 염기가 반응하여 1몰의 물을 만들 때에 발생하는 열량을 중화열이라 하고 이온 방정식은 다음과 같다.

$$H^+ + OH^- \rightarrow H_2O + 13.7\ \text{kcal}$$

㉯ 발생하는 열량은 반응하는 산 및 염기의 양에만 관계하고, 강산과 강염기일 때에는 종류에 의존하지 않는다. 예를 들면, 3N－HCl 용액 100 mL와 3N－NaOH 용액 100 mL가 중화할 때에 발생하는 열량은 3N－HCl 용액 100 mL와 3N－KOH 용액 100 mL가 중화할 때에 발생하는 열량과 같다.

㉰ 발생하는 열의 측정은 결코 쉬운 일은 아니다. 왜냐하면 발생열의 일부는 용액과 측정 장치의 온도를 높이는 데 쓰이고 일부는 대기 중으로 복사되기 때문이다. 화학 반응의 과정에는 에너지 방출과 흡수의 과정이 수반된다.

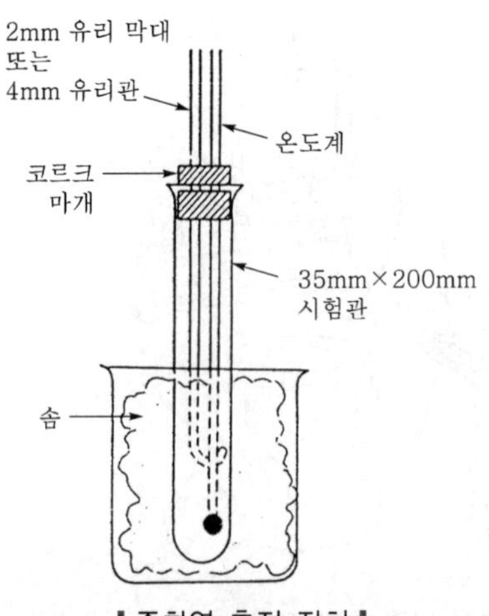

▌중화열 측정 장치▌

⑩ 용액의 전도율

㉮ 아레니우스(Arrhenius)의 전리설

㉠ 전해질은 물에 용해하면 그의 일부가 곧 양이온과 음이온으로 해리되고, 이 이온이 용액 중에서 전류를 흐르게 하는 역할을 하게 된다. 그러나 비전해질은 수용액 중에서 이온으로 해리되지 않으므로 전류가 흐르지 않는다. 따라서 수용액 중에 전극을 넣고 전기를 통하여 전류의 흐름을 전류계로 측정함으로써 전해질과 비전해질 물질을 구별할 수 있다.

㉡ 전기 전도성은 전극의 크기(전극이 수용액과 접촉된 넓이), 두 전극 사이의 거리, 용액 중의 이온 농도, 이온 종류, 이온의 이동도, 용액의 온도 등에 따라 차이가 있다.

㉯ 전해질의 전도율

㉠ 일반적으로 저항의 역수를 전도율이라고 한다.

㉡ 저항은 전극의 넓이에 반비례하고 전극 사이의 길이에 비례한다. 전압(E), 전류(i), 전극의 면적(A)과 전극 사이의 거리(l) 관계는 다음과 같다.

$$\frac{i_1 l_1}{E_1 A_1} = \frac{i_2 l_2}{E_2 A_2} = \text{전해액의 전도율}$$

㉢ 전해액의 전도율은 온도가 높을수록 커진다. 농도에 따른 변화는 전해액의 성질에 따라 차이가 있으나 수용액의 전도율은 농도가 증가하면 같이 증가하다가 어떤 농도 이상에서는 감소한다.

㉣ 방출되는 에너지는 SI 단위인 줄(joule, J)로 나타낸다. 일반적으로 반응에 수반되는 열 측정은 칼로리(cal)로 측정되었다. 물질의 비열은 물질 온도를 1℃ 올리는데 필요로 하는 열량이다.

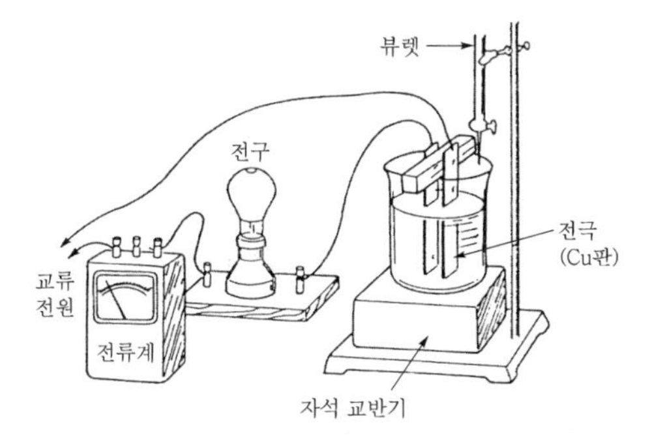

▌전해질 수용액의 전도성을 측정하는 장치▐

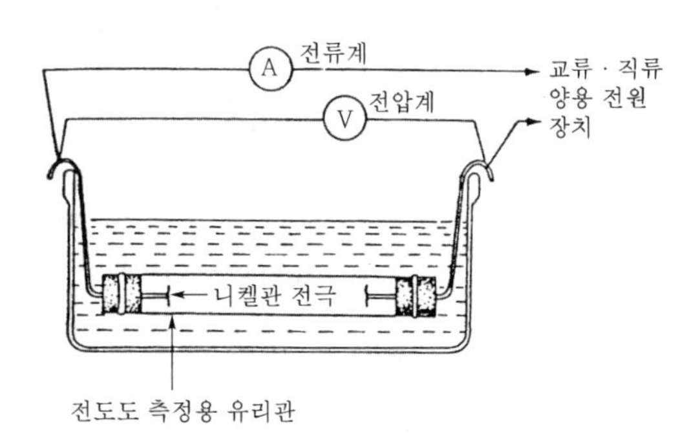

▌전기 전도도 측정 장치▐

⑪ 삼투압

㉮ 삼투압은 반투막으로 측정하는데, 어떤 물질을 통과시키고 다른 어떤 물질은 통과시키지 않기 때문에 반투막(semipermeable membrane)이란 이름이 붙여졌다.

㉯ 반투막(셀로판지, 방광막, 콜로디온막, 세포막 등)은 자연물이나 합성 물질로 되어 있다.

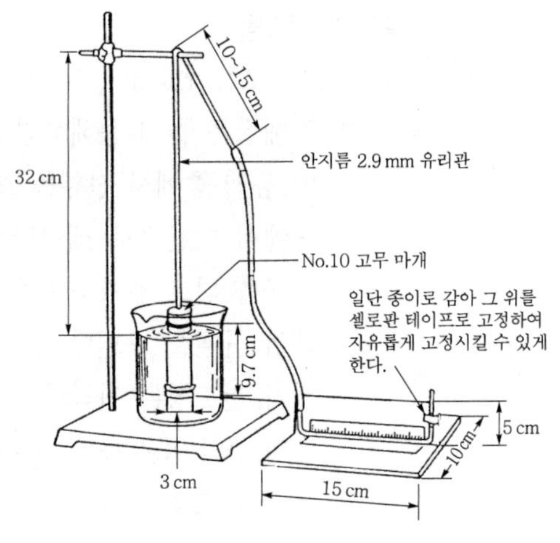

▌삼투압 측정 장치▐

⑫ 선광도

㉮ 편광 : 빛은 그 진행 방향과 직각인 방향으로 진행하고 있는 횡파이지만 니콜 프리즘을 통해 일정 방향으로 진동하는 빛이 된다. 이것을 편광(polarized light)이라 한다. 이 편광은 직각의 니콜 프리즘을 통과하지 못한다.

㉯ 선광성 : 유기 화합물에서 액체나 용액 상태로 편광하고 그 진행 방향을 회전시키는 성질을 말한다.

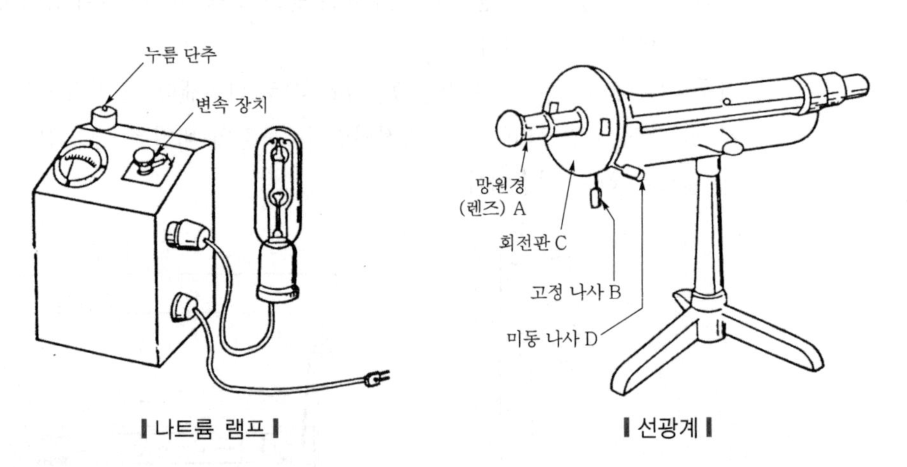

▌나트륨 램프▐ ▌선광계▐

⑬ 표면 장력(surface tention)

액체 내부 분자는 분자 간 인력이 작용하는 범위에 있는 분자에 의해 인력을 받는다. 그러나 표면에 있는 분자는 그 윗면의 증기 중에 의해서도 내부액 쪽이 분자 밀도가 크므로 내부 방향에 의해 강하게 끌어들여 항상 그 표면적을 작게 하려는 하나의 막을 형성한다. 이때의 장력을 표면 장력이라 한다.

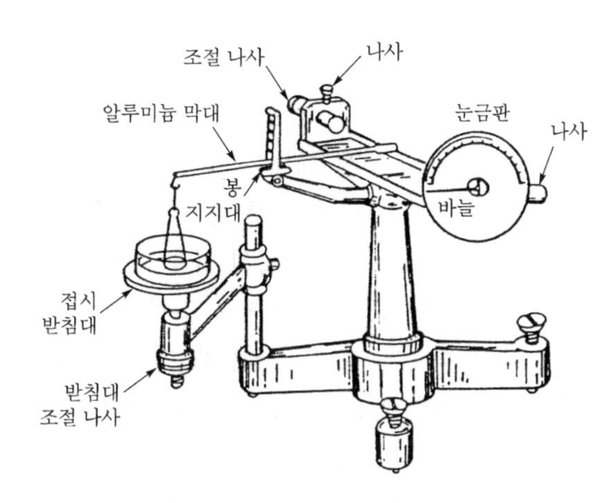

▌뒤 누이 표면 장력계▌

⑭ 인화점 및 연소점

㉮ 인화점

㉠ 정의 : 시료를 시료 컵에 넣고 규정된 방법으로 가열하여 인화점 근처에 도달하게 되면, 시료의 온도가 2℃ 상승할 때마다 규정의 시험 불꽃을 시료 컵 위로 통과시켜 시료의 증기와 공기의 혼합 기체에 인화하는 최저 온도를 말한다.

㉡ 석유 제품을 저장 또는 사용할 때에 화재를 예방하기 위한 기준으로서 중요한 성질이다.

㉯ 연소점 : 인화점을 측정한 다음, 다시 가열을 계속하며 시료가 최소한 5초 동안 연소를 계속하는 최저 온도를 말한다.

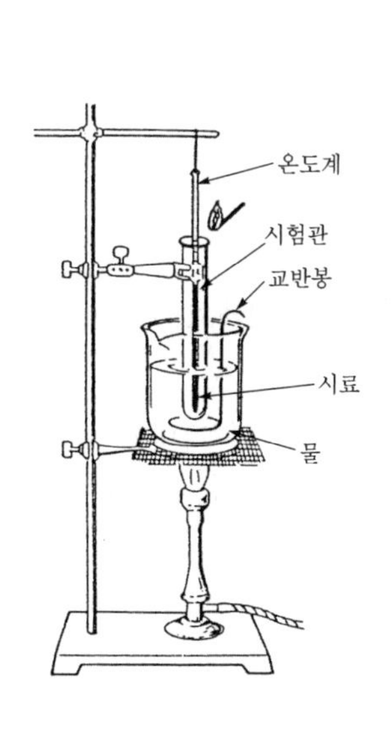

▌시험관법▌

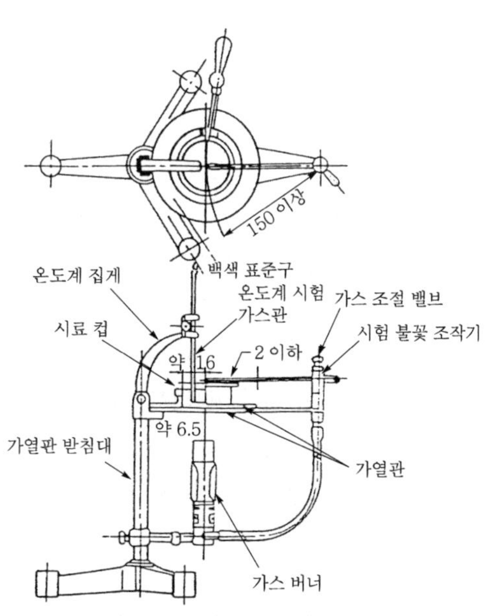

▌클리브랜드 개방식 인화점 시험기▌

(6) 기타

① 용량(메스) 플라스크

여러 가지 모양으로 되어 있으며, 대개는 경질 유리 · 파이렉스 유리 · 석영 유리 등으로 만들어진다. 보통 바닥이 편평한 플라스크의 목 부분을 가늘게 하여(눈금을 정확히 읽을 수 있도록 하기 위해) 여기에 눈금이 매겨져 있다. 액체를 넣고 일정한 온도에서 액면의 메니스커스 바닥이 눈금과 일치했을 때 이 플라스크의 일정 용량이 들어간 것이 된다. 표준 용액을 만들 때 항상 사용되며, 주로 사용되는 크기는 보통 10~1,000mL의 것이다. 플라스크의 부피 검정은 물 또는 수은을 넣고 무게를 측정하여 결정한다.

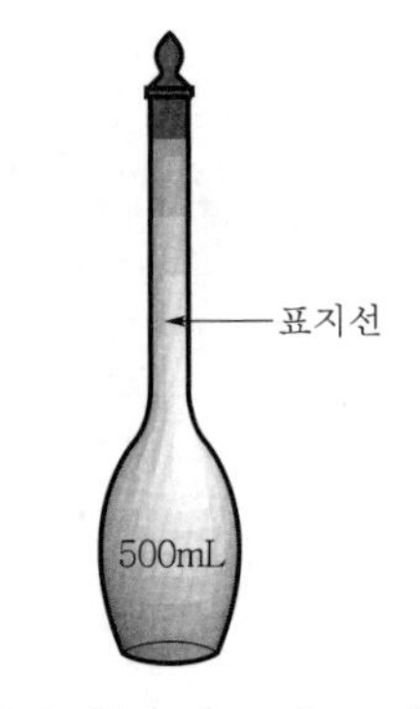

▎용량(메스) 플라스크▎

② 데시케이터(Desiccator)

유리제 뚜껑이 달린 용기로, 내부에 건조제를 넣어 시료, 시약 등의 건조나 보존을 위해 사용하며, 유리 뚜껑에 감압용 코크를 부착시킨 것도 있다. 건조제로는 실리카겔, 염화칼슘, 농황산 등을 사용하며, 뚜껑의 밑부분에는 그리스 또는 바셀린을 얇게 도포하여 외부로부터 공기가 들어가지 않도록 밀폐한다.

▎데시케이터▎

③ 필러와 피펫

강산이나 강알칼리 등과 같은 유독한 액체를 취할 때, 실험자가 입으로 빨아올리지 않기 위하여 사용하는 기구이다.

㉮ 필러 : 주로 고무 재질로 되어 있으며 홀 피펫이나 눈금 피펫에 끼워서 시약을 옮기기 위한 기구이다. 필러를 끼우고 납작하게 누르면 고무의 복원력 때문에 필러 내부의 압력이 낮아지고 이 상태에서 아래쪽 피펫과 근접해 있는 볼을 누르면 피펫이 담겨 있는 액체를 빨아올리게 된다.

A : A를 누르고 필러 내부 공기를 빼준다.

S : 용액에 피펫을 담그고 S를 누르면 용액이 빨려 올라온다.

E : 정확한 부피만큼 채워진 후 E를 눌러 용액을 배출한다.

※ 피펫의 모세관 현상으로 용액이 일부 피펫에 잔류되어 있는 것을 제거하기 위해 E 옆의 구멍을 손으로 막고 누르면 마지막 방울까지 나온다.

㉯ 피펫 : 가장 정확하게 시료를 채취할 수 있는 실험기구이다. 일정 체적의 액체 또는 기체를 측정하거나 다른 용기에 추가할 수 있는 기구를 말한다. 보통은 유리제로 1~100mL의 용적이며, 정해진 일정한 체적밖에 취할 수 없는 홀 피펫(전용 피펫)과 임의의 체적을 측정할 수 있는 메스 피펫(몰 피펫)이 있다. 메스실린더에 비해 정도가 높고, 특히 홀 피펫은 정도가 매우 높다. 이외에 구입 피펫, 점적 피펫, 미크로 피펫(초미량 피펫) 등이 있으며, 기체용은 가스 피펫이라 불린다.

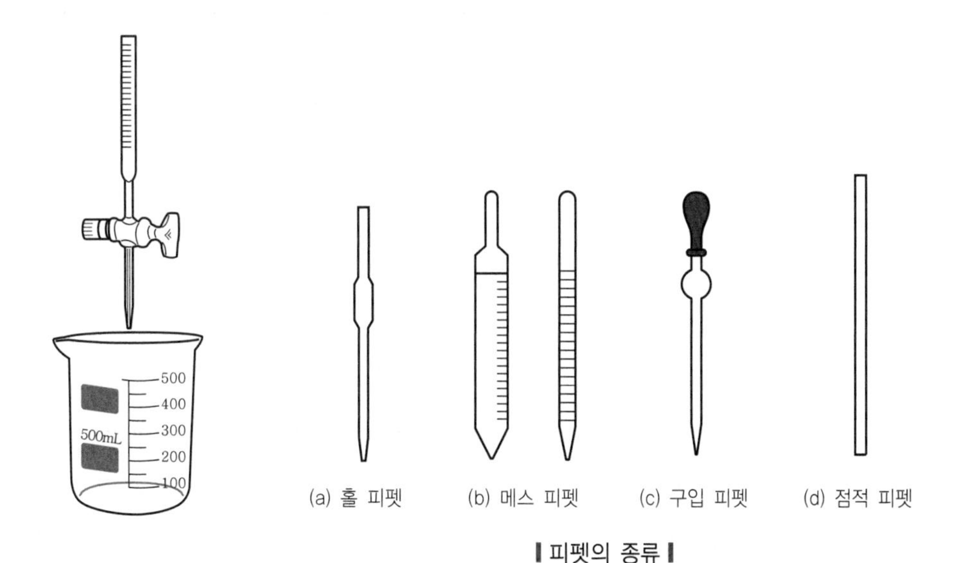

▌피펫의 종류▐

Chapter 06

이화학 분석

1. 정성 분석(qualitative analysis)

1 양이온 정성 분석

정성 분석이란 주어진 물질의 성분이 무엇인지 찾아내는 분석법이며, 물질의 성분을 검출한다. 화학적 성질이 비슷한 여러 종류의 이온을 동일한 침전제를 추가하여 침전 분리하고 몇 개의 속으로 나눈다. 이를 분족 시약이라 한다.

① 분족 시약(group reagent)이란 분족에 쓰는 시약 침전제이다.

② 양이온은 6족으로 분류하며, 제1족 양이온에서부터 순서 있게 분석을 한다.

(1) 양이온의 분류

족		분족 시약	소속 양이온	침전
1족		묽은 HCl	Ag^{+}, Pb^{2+}, Hg_2^{2+}	염화물
2족	구리족	H_2S(0.3N−HCl)	Pb^{2+}, Bi^{3+}, Cu^{2+}, Cd^{2+}, Hg^{2+}	황화물
	주석족		As^{3+} 또는 As^{5+}, Sb^{3+} 또는 Sb^{5+}, Sn^{2+} 또는 Sn^{4+}	
3족		$NH_4OH(NH_4Cl)$	Fe^{3+}, Al^{3+}, Cr^{3+}	수산화물
4족		H_2S와 NH_4OH	Co^{2+}, Ni^{2+}, Mn^{2+}, Zn^{2+}	황화물
5족		$(NH_4)_2CO_3(NH_4OH)$	Ba^{2+}, Sr^{2+}, Ca^{2+}	탄산염
6족		없음.	Mg^{2+}, K^{+}, Na^{+}, NH_4^{+}	없음.

(2) 분석의 족과 주기율표의 족

① 1족 양이온 : $HCl \rightleftarrows H^{+} + Cl^{-}$

$Ag^{+} + Cl^{-} \rightarrow AgCl\downarrow$ (백색)

$Pb^{2+} + 2Cl^{-} \rightarrow PbCl_2$ (백색)

$Hg^{2+} + 2Cl^{-} \rightarrow Hg_2Cl_2\downarrow$ (백색)

② 2족 양이온 : $H_2S \rightleftarrows 2H^{+} + S^{2-}$

$Pb^{2+} + S^{2-} \rightarrow PbS\downarrow$ (흑색)

$2Bi^{3+} + 3S^{2-} \rightarrow Bi_2S_3 \downarrow$ (흑갈색)
$Cu^{2+} + S^{2-} \rightarrow CuS \downarrow$ (흑색)
$Cd^{2+} + S^{2-} \rightarrow CdS \downarrow$ (황색)
$Hg^{2+} + S^{2-} \rightarrow HgS \downarrow$ (흑색)
$2As^{3+} + 3S^{2-} \rightarrow As_2S_3 \downarrow$ (황색)
$2Sb^{3+} + 3S^{2-} \rightarrow Sb_2S_3 \downarrow$ (오렌지색)
$Sn^{2+} + S^{2-} \rightarrow SnS \downarrow$ (갈색)

③ 3족 양이온 : $NH_4OH \rightleftarrows NH_4^+ + OH^-$
$Fe^{3+} + 3OH^- \rightarrow Fe(OH)_3 \downarrow$ (갈색)
$Fe^{2+} + 2OH^- \rightarrow Fe(OH)_2 \downarrow$ (백색)
$Al^{3+} + 3OH^- \rightarrow Al(OH)_3 \downarrow$ (백색)
$Cr^{3+} + 3OH^- \rightarrow Cr(OH)_3 \downarrow$ (회녹색)

④ 4족 양이온 : $H_2S \rightleftarrows 2H^+ + S^{2-}$
$Co^{2+} + S^{2-} \rightarrow CoS \downarrow$ (흑색)
$Ni^{2+} + S^{2-} \rightarrow NiS \downarrow$ (흑색)
$Mn^{2+} + S^{2-} \rightarrow MnS \downarrow$ (연주황)
$Zn^{2+} + S^{2-} \rightarrow ZnS \downarrow$ (백색)

⑤ 5족 양이온 : $(NH_4)_2CO_3 \rightleftarrows 2NH_4^+ + CO_3^{2-}$
$Ba^{2+} + CO_3^{2-} \rightarrow BaCO_3 \downarrow$ (백색)
$Sr^{2+} + CO_3^{2-} \rightarrow SrCO_3 \downarrow$ (백색)
$Ca^{2+} + CO_3^{2-} \rightarrow CaCO_3 \downarrow$ (백색)

⑥ 6족 양이온
6족 양이온(Mg^{2+}, K^+, $Na^+ + NH_4^+$)을 침전시키는 분족 시약은 없다.

참고

제2족 양이온 분족 시 염산의 농도가 너무 묽으면, 제4족 양이온의 황화물로 침전한다.

⑦ 기타
㉮ Pb+2이온을 확인하는 최종확인 시약 : K_2CrO_4
㉯ [Ag(NH3)2]Cl에서 AgCl 침전을 얻기 위해 사용되는 물질 : HNO_3
㉰ [$Al_2(OH)_3$]의 침전은 pH 6~8 범위에서 이루어진다.

2 음이온 정성 분석

정성 분석에 있어서 음이온은 비금속 원소로 되는 단이온이나 착이온 이외의 초산, 수산, 주석산 등의 유기 이온이 있다.

① 시료 용액의 일부에 $AgNO_3$, $Ba(NO_3)_2$, $BaCl_2$ 용액 등을 가하여 생성하는 은염, 바륨염의 용해도의 차를 이용하여 분족한다.

② 재차 시료 용액의 일부를 취해서 각 족에 속하는 각각의 음이온의 특성 반응을 이용하여 검출한다. 음이온 정성 분석을 행하려면 최후까지 원시료 용액을 손 가까이에 남겨 두어야 한다.

구분		분석의 족					
		1	2	3	4	5	6
주기율표의 족	Ⅰ	Ag^+	Cu^{2+}				K^+, Na^+
	Ⅱ	Hg_2^{2+}	Hg^{2+}, Cd^{2+}		Zn^{2+}	Ba^{2+}, Sr^{2+}, Ca^{2+}	Mg^{2+}
	Ⅲ			Al^{3+}			
	Ⅳ	Pb^{2+}	Pb^{2+}, Sn^{2+}, Sn^{4+}				
	Ⅴ		Bi^{3+}, Sb^{3+}, As^{3+}				
	Ⅵ			Cr^{3+}			
	Ⅶ				Mn^{2+}		
	Ⅷ			Fe^{3+}	Co^{2+}, Ni^{2+}		

③ 히파반응(Hepar reaction)에 의해 주로 검출되는 것은 SO_4^{-2}이다.

3 계통 분석 및 분족 시약

양이온의 계통적인 분리 검출법에서 방해 물질로 작용하는 것은 유기물, 옥살산 이온($C_2O_4^{2-}$), 규산 이온(SiO_4^{4-}) 등이고, 이 물질을 제거시켜 주어야 한다.

3-1 양이온 계통 분석 방법

(1) 양이온 제1족

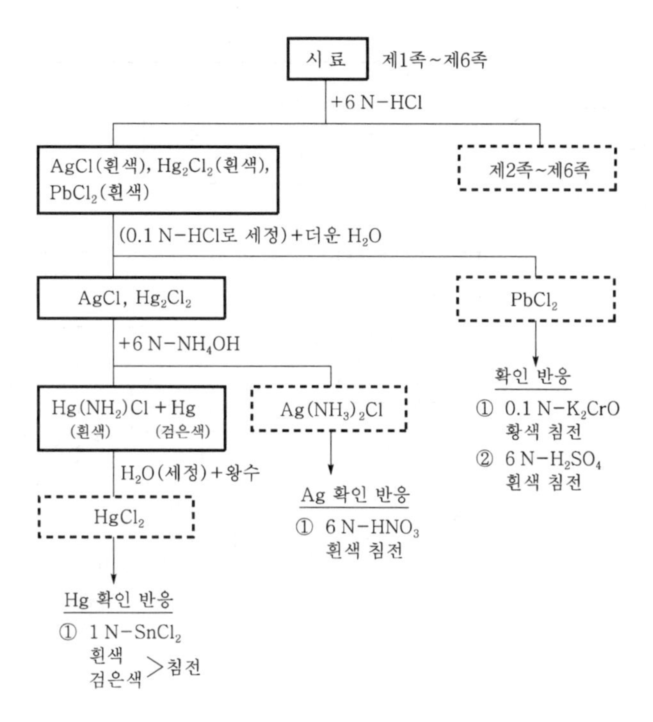

(2) 양이온 제2족

어떤 용액에 황화수소(H_2S) 가스를 통하였을 때 황화물로 침전되는 족

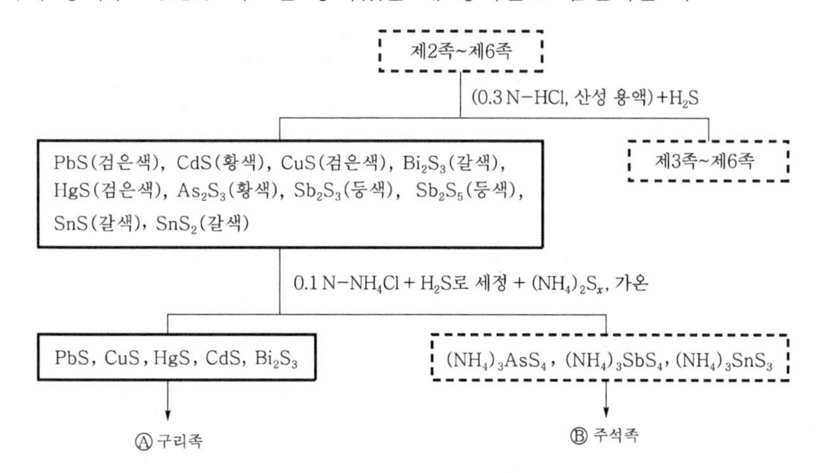

(3) 양이온 제2족 · 구리족

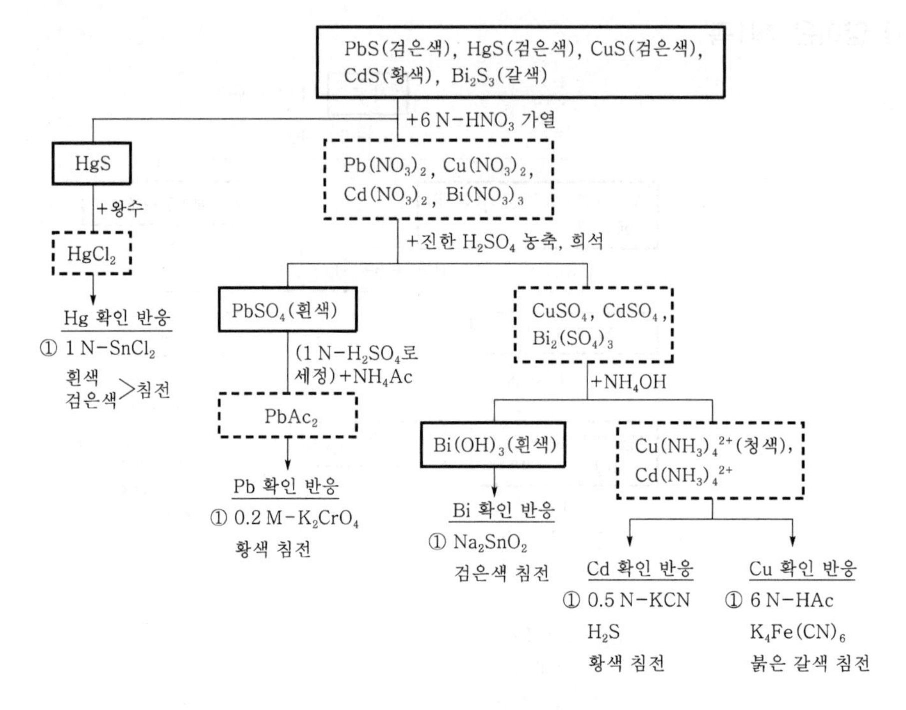

양이온 제2족 분석에서 진한 황산을 가하고, 흰 연기가 날 때까지 증발 · 건조시키는 이유는 질산을 제거하기 위함이다.

(4) 양이온 제2족 · 주석족

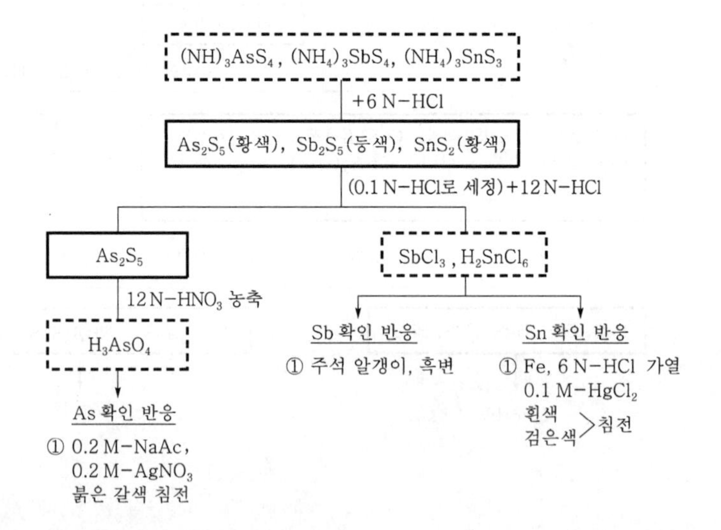

(5) 양이온 제3족

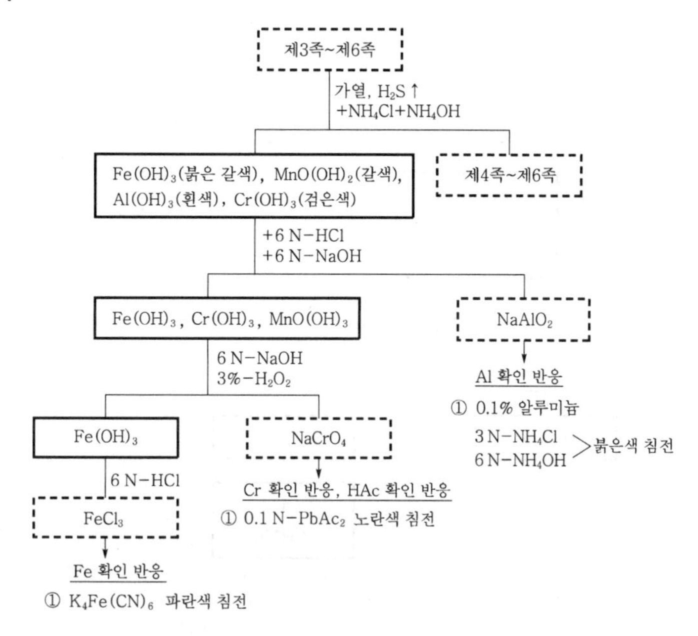

(6) 양이온 제4족

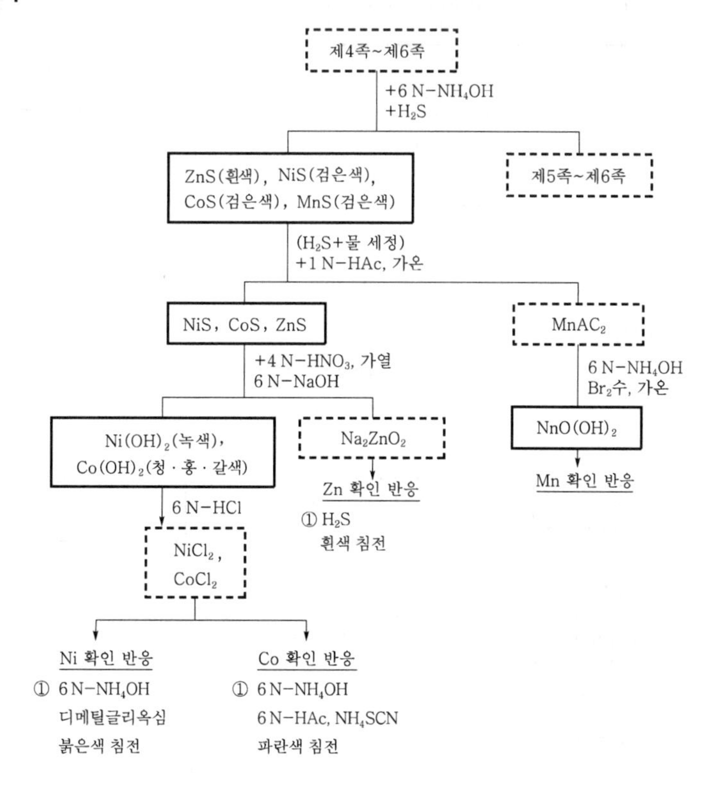

(7) 양이온 제5족

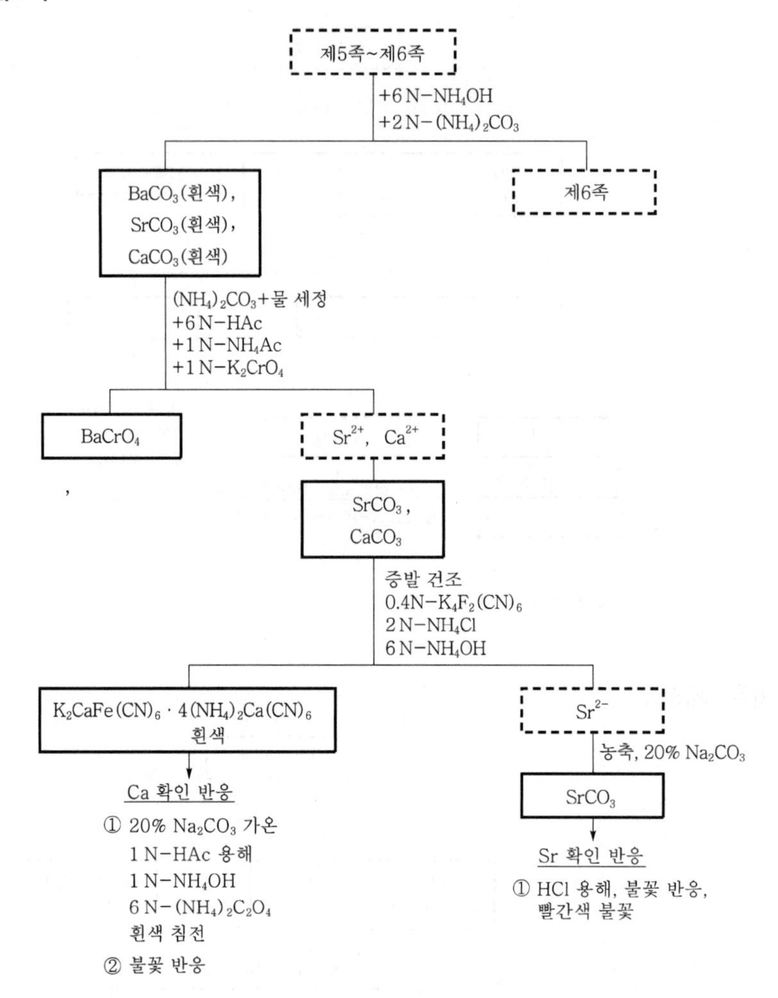

(8) 양이온 제6족

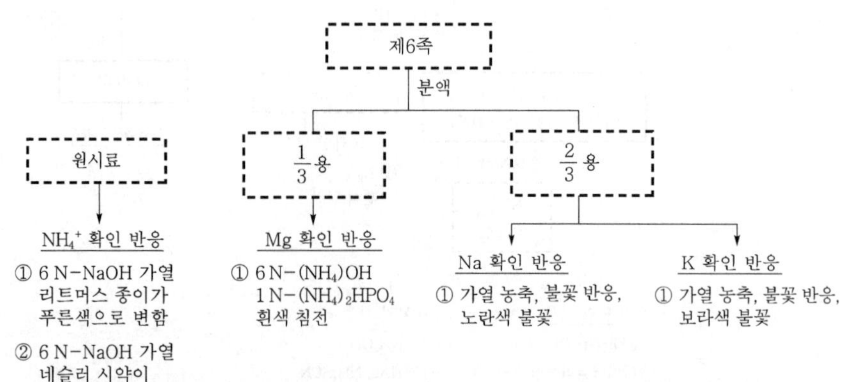

3-2 지시약

(1) 단일 지시약

이름	변색 범위(pH)	조제 방법
티몰 블루 (산성 쪽)	1.2~2.3 (빨강) (노랑)	0.10 g을 에탄올(95 %) 20 mL에 녹인 다음, 물을 넣어 100 mL로 만든다.
디메틸 옐로	2.9~4.0 (빨강) (노랑)	0.10 g을 에탄올(95 %) 90 mL에 녹인 다음, 물을 넣어 100 mL로 만든다.
브롬페놀 블루	3.0~4.6 (노랑) (푸른 보라)	0.10 g을 에탄올(95 %) 20 mL에 녹인 다음, 물을 넣어 100 mL로 만든다.
메틸 오렌지	3.1~4.4 (빨강) (오렌지색)	0.10 g을 물에 녹여 100 mL로 만든다.
콩고 레드	3.0~5.0 (파랑) (빨강)	0.10 g을 물에 녹여 100 mL로 만든다.
브롬크레졸 그린	3.8~5.4 (노랑) (파랑)	0.04 g을 에탄올(95 %) 20 mL에 녹인 다음, 물을 넣어 100 mL로 만든다.
메틸 레드	4.2~6.3 (빨강) (노랑)	0.20 g을 에탄올(95 %) 50 mL에 녹인 다음, 물을 넣어 100 mL로 만든다.
크롬페놀 레드	5.0~6.6 (노랑) (빨강)	0.10 g을 에탄올(95 %) 20 mL에 녹인 다음, 물을 넣어 100 mL로 만든다.
페놀 레드	6.8~8.4 (노랑) (빨강)	0.10 g을 에탄올(95 %) 20 mL에 녹인 다음, 물을 넣어 100 mL로 만든다.
티몰 블루 (알칼리 쪽)	8.0~9.6 (노랑) (파랑)	0.10 g을 에탄올(95 %) 20 mL에 녹인 다음, 물을 넣어 100 mL로 만든다.
페놀프탈레인	8.3~10.0 (무색) (분홍)	1.0 g을 에탄올(95 %) 90 mL에 녹인 다음, 물을 넣어 100 mL로 만든다.

(2) 혼합 지시약

이름	산성 쪽 색깔	변색 pH	알칼리성 쪽 색깔	조제 방법
{ 브롬크레졸 그린 디메틸 옐로	빨강	4.2	녹색~파랑	브롬크레졸 그린 0.8 g+디메틸 옐로 0.2 g을 에탄올(90 %) 500 mL에 녹인다.
{ 브롬크레졸 그린 메틸 레드	빨강~노랑	5.0 (녹색)	보라	브롬크레졸 그린 0.3 g+메틸 레드 0.2g을 에탄올(90 %) 400 mL에 녹인다.
{ 브롬크레졸 그린 클로로페놀 레드	노란 녹색 ~파란 녹색 ~파랑	6.1 (엷은 보라)	파란 보라	브롬크레졸 그린 0.1 g+클로로페놀 레드 0.1 g을 에탄올(90 %) 200 mL에 녹인다.
{ 브롬티몰 블루 페놀 레드	노랑~어두운 녹색	7.4 (엷은 보라)	보라	브롬티몰 블루 0.1 g+페놀 레드 0.1 g을 에탄올(90 %) 50 mL에 녹인 다음, 물을 넣어 200 mL로 만든다.

네슬러(Nessler) 시약 제조

1. 요오드화칼륨 5g을 물 5mL에 용해시키고, 염화제이수은 2.5g을 뜨거운 물 10mL에 용해시킨 용액을 잘 저으면서 조금씩 넣는다.
2. 생긴 침전의 일부가 용해되지 않고 남아 있는 정도로 한다.
3. 냉각한 다음 수산화칼륨용액(수산화칼륨 15g)을 물 30mL에 용해시킨 용액과 물을 넣어 100mL가 되게 한다.
4. 염화제이수은용액(5%) 0.5mL를 넣어 잘 젓고, 원심분리하여 상층액을 사용한다.

2. 정량 분석(quantitative analysis)

1 중화 적정법

정량 분석이란 물질의 성분의 함량을 알아내는 분석법이다.

(1) 산, 염기의 해리 상수

① 산 해리 상수(K_a)

$HNO_3 + H_2O \rightarrow H_3O^+ + NO_2^-$

$$K_a = \frac{[H_3O^+][NO_2^-]}{[HNO_3]}$$

② 염기 해리 상수(K_b)

$NH_3 + H_2O \rightarrow NH_4^+ + OH^-$

$$K_b = \frac{[NH_4^+][OH^-]}{[NH_3]}$$

(2) 산, 염기 적정

① 산, 염기 적정의 지시약과 용액

㉮ 표준 용액

㉠ 중화 적정법에 사용하는 표준 용액은 강산이나 강염기이며, 분석 물질과 완전히 반응하고 종말점이 더 뚜렷하게 나타난다.

㉡ 산의 표준 용액 : 진한 염산, 과염소산, 황산을 묽혀서 조제한다.

㉢ 염기의 표준 용액 : 나트륨, 칼륨, 바륨의 수산화물로 조제한다.

㉯ 산, 염기의 지시약 : 약한 산성, 약한 염기성, 유기 화합물이고, 해리하지 않은 형태의 색과 그 짝염기 또는 짝산 형의 색은 서로 다르다. 그래서 물질의 pH에 따라 색을 나타내게 된다.

▌몇 가지 중요한 산 · 염기 지시약▐

관용명	변색 범위, pH	pK_a[1]	변색[2]	지시약형[3]
티몰 블루	1.2~2.8 8.0~9.6	1.65[4] 8.90[4]	R－Y Y－B	1
메틸 옐로	2.9~4.0		R－Y	2
메틸 오렌지	3.1~4.4	4.46[4]	R－O	2

관용명	변색 범위, pH	pK_a[1]	변색[2]	지시약형[3]
브롬크레졸 그린	3.8~5.4	4.66[4]	Y−B	1
메틸 레드	4.2~6.3	5.00[4]	R−Y	2
브롬크레졸 퍼플	5.2~6.8	6.12[4]	Y−P	1
브롬티몰 블루	6.2~7.6	7.10[4]	Y−B	1
페놀 레드	6.8~8.4	7.81[4]	Y−R	1
크레졸 퍼플	7.6~9.2		Y−P	1
페놀프탈레인	8.3~10.0		C−R	1
티몰프탈레인	9.3~10.5		C−B	1
알리자린 옐로 GG	10~12		C−Y	2

* 1) 이온 세기 0.1에서
2) B=푸른색, C=무색, O=오렌지색, P=자주색, R=붉은색, Y=노란색
3) ① 산형 : $HIn+H_2O \rightleftarrows H_3O^++In^-$
② 염기형 : $In+H_2O \rightleftarrows InH^++OH^-$
4) $InH^++H_2O \rightleftarrows H_3O^++In^-$ 반응에 대하여 지시약이 변색하는 pH 범위는 유기 용매, 콜로이드 입자, 온도, 이온 세기에 의존한다.

② 강산과 강염기의 적정 곡선

강산을 강염기로 적정 : 각각 분명한 적정 단계에서 세 가지 계산 방법이 필요하다.

㉮ 당량점 이전 : 처음 산의 농도와 부피로 분석 농도를 계산한다.

㉯ 당량점 : $[OH^-]$와 $[H^+]$이 같아지므로 $[H^+]$은 K_w의 곱으로 알 수 있다.

㉰ 당량점 이후 : 과량의 염기 분석 농도를 계산한다.

$K_w=[H_3O^+][OH^-]$

$-\log K_w=-\log [H_3O^+][OH^-] =-\log [H_3O^+]-\log [OH^-]$

$pK_w=pH+$

pOH

$-\log 10^{-14}=14.00=pH+pOH$

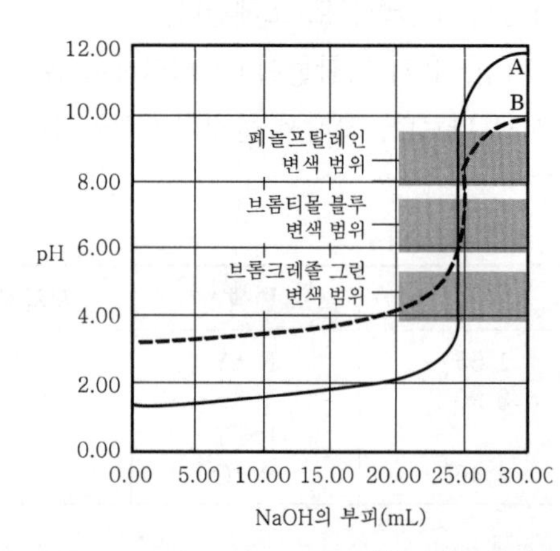

여기서, A : 0.1000 M NaOH로 50.00 mL의 0.0500 M HCl을 적정
B : 0.00100 M NaOH로 50.00 mL의 0.000500 M HCl을 적정

▌NaOH으로 HCl을 적정할 때의 적정 곡선▐

약염기를 강산으로 적정할 때 당량점 pH
pH 7 이하로 약산의 당량점을 가진다.

③ 약산의 적정 곡선

㉮ 처음 용액 중 약산 또는 약염기만 포함되어 있고 용질의 농도와 pH를 계산할 수 있다.

㉯ 당량점 이전 용액은 일련의 완충 용액을 구성한다. pH는 짝염기와 짝산 그리고 남아 있는 산과 염기의 분석 농도를 계산하여 구한다.

㉰ 당량점에서 용액은 오직 약산의 짝염기로만 구성된다. 이 생성물로 pH를 계산한다.

㉱ 당량점 이후 용액의 pH는 주로 다량의 적가액의 농도에 의해 지배된다.

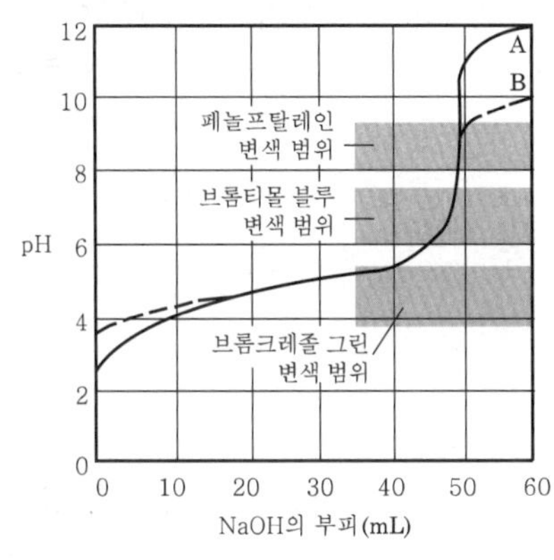

여기서, A : 0.1000 M 염기로 0.1000 M 산을 적정
B : 0.001000 M 염기로 0.001000 M 산을 적정

| NaOH으로 CH_3COOH을 적정할 때의 적정 곡선 |

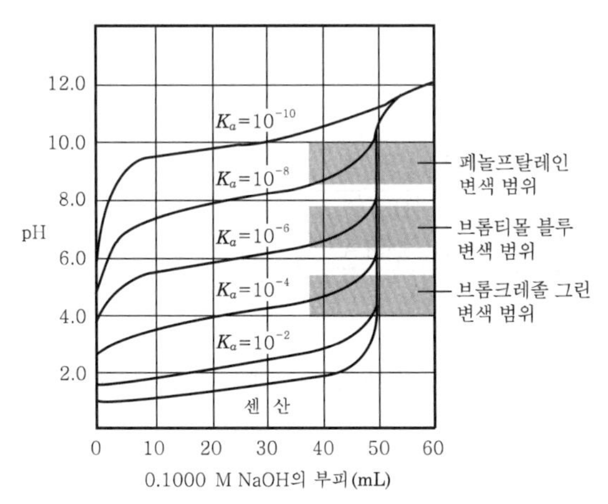

단, 적정 곡선에 미치는 산 세기의 효과

| 0.1000M NaOH에 의한 0.100 M 산 적정 곡선 |

④ 약염기의 적정 곡선

약산의 경우와 비슷한 방법으로 구한다.

⑤ 중화 적정 곡선

지시약은 pH가 급변하는 곳에서 변색되는 것을 선택한다. 페놀프탈레인은 8~10에서 변색되고, 메틸 오렌지는 3~5에서 변색된다(pH > 7 : PP(페놀프탈레인) 사용 / pH < 7 : MO(메틸 오렌지) or MR(메틸 레드) 사용).

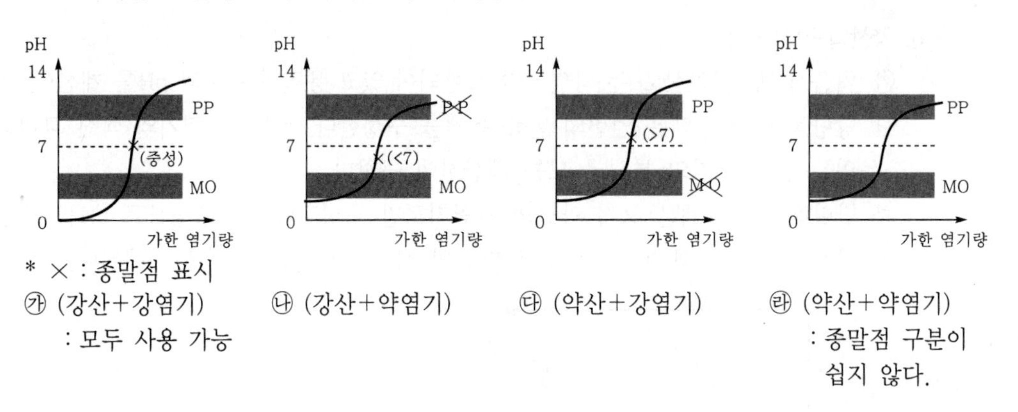

* × : 종말점 표시

㉮ (강산+강염기) : 모두 사용 가능 ㉯ (강산+약염기) ㉰ (약산+강염기) ㉱ (약산+약염기) : 종말점 구분이 쉽지 않다.

예제 약산과 강염기 적정 시 사용할 수 있는 지시약은?

풀이 페놀프탈레인(phenolphthalein)

(3) 완충 용액(buffer solution)

약산에 그 약산의 염 또는 약염기에 그 약염기의 염을 가하였을 때의 혼합 용액이다. 약산을 강염기로 적정하거나 약염기를 강산으로 적정할 때 짝산, 짝염기 쌍을 포함하는 완충 용액을 생성한다. pH의 변화에 저항하는 짝산, 짝염기 쌍의 용액이며, pH를 일정하게 유지하고 미리 pH를 조절할 필요가 있을 때 사용한다.

① 완충 용액의 pH 계산

㉮ 약산 그것의 짝염기 완충 용액

$$HA + H_2O \rightarrow H_3O^+ + A^-, \ K_a = \frac{[H_3O^+][A^-]}{[HA]}$$

$$A^- + H_2O \rightarrow OH^- + HA, \ K_b = \frac{[OH^-][HA]}{[A^-]} = \frac{K_w}{K_a}$$

두 반응의 경쟁적 평형에 따라서 pH를 결정한다.

산 HA와 그것의 염 NaA를 포함하는 용액의 pH 계산은 다음과 같다.

$[HA] = C_{HA}, \ [A^-] = C_{NaA}$

$$\therefore \ K_a = \frac{[H_3O^+][A^-]}{[HA]} = \frac{[H_3O^+]C_{NaA}}{C_{HA}}$$

$$[H_3O^+] = \frac{C_{NA}}{C_{HaA}} \times K_a$$

㉯ 약염기 그것의 짝산 완충 용액

$$[OH^-] = \frac{C_{OH^-}}{C_{HA}} \times K_b$$

② 완충 용액의 성질

㉮ 묽힘 효과

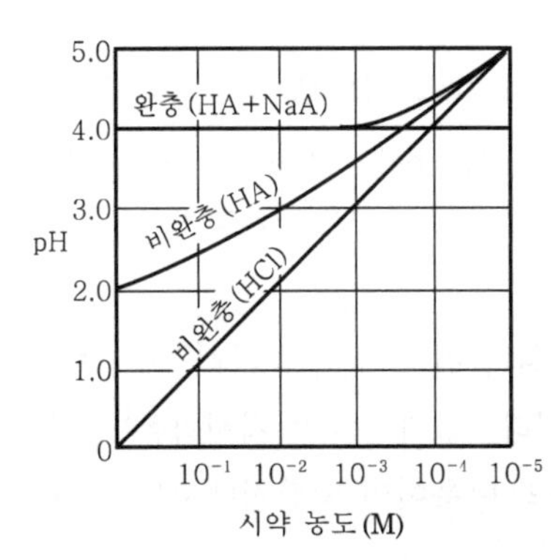

단, HA의 해리 상수=1.00×10^{-4},
초기 용질 농도=1.00 M

▌완충 용액과 비완충 용액의 pH에 미치는 묽힘 효과▐

㉯ 첨가한 산과 염기의 영향은 pH의 변화를 억제한다.

㉰ 완충 용량(buffer capacity)은 1 L 완충 용액의 pH를 1단위 변화하는 데 필요한 강산 또는 강염기의 몰 수이다.

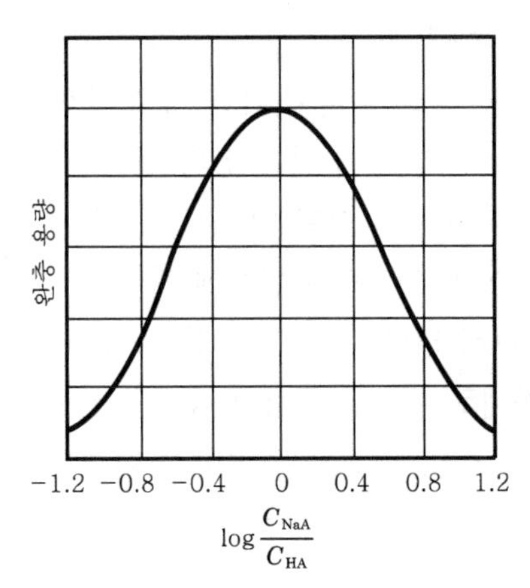

▌$\frac{C_{NaA}}{C_{HA}}$ 비의 함수로 나타낸 완충 용액▐

(4) 지시약을 이용하는 경우

① 자체 지시약

적정에 사용하는 용액 자체가 짙은 색깔을 가지고 있는 경우에는 이것이 곧 지시약의 역할을 겸하게 된다. $KMnO_4$는 이의 대표적인 예이고, 당량점을 지나 조금만 여분으로 떨어뜨리면 분홍색을 선명하게 띤다.

② 특수 지시약

적정에 참여하는 물질과 반응하여 선명한 색을 나타낼 수 있는 물질이 지시약의 역할을 할 수 있는 경우이고, 요오드법 적정에서 사용하는 전분(starch)은 이의 좋은 예이다. 이것은 적정에서 여분으로 남아 있는 I_3^-과 짙은 푸른색의 착화합물을 만들기 때문이다.

③ 산화·환원 지식약

적정 용액 중에서 그 물질계의 전극 전위가 변하는 데에 따라 색이 변하는 물질은 산화·환원 적정에서 지시약 역할을 할 수 있다. 산화·환원 지시약은 그 색이 진한 것이어야 감도가 높고, 지시약의 발색 반응이 가역 반응이면 역적정에서도 그대로 이용할 수 있다.

2 산화·환원 적정법(oxidation-reduction potential redox potential)

표준 용액(산화제 또는 환원제)으로 환원성 물질 또는 산화성 물질을 적정하는 방법이다. 산화·환원 반응에 있어서 반응 자체로 또는 적당한 지시약 사용으로 반응 종결을 쉽게 확인하는 경우 산화성 표준 용액의 필요 용적으로부터 산화한 시료 물질의 양을 결정하게 된다. 일반적으로 산화·환원 반응에서는 2개의 물질 간에 같은 양의 전기를 주고받음으로써 어떤 한 물질이 산화되는 동시에 상대방 물질은 환원된다. 산화·환원 적정에서는 같은 산화제일지라도 반응에 관여하여 전자의 수에 따라 당량이 달라지므로 반응에 관여하는 전자의 수를 알아야 한다. 산화·환원 적정법의 응용 범위는 대단히 넓다. 그러므로 산화·환원 반응에서 용량 분석 조작에 쓰이는 표준 용액은 산화제 및 산화제로서 그 작용력이 각자의 산화·환원 전위의 관계로서 다르다. 예로, $KMnO_4$는 강력한 산화제이지만, 요오드는 약한 산화제이다.

(1) 산화, 환원 지시약

① 지시약은 산, 염기 적정에 쓰인 것처럼 산화·환원 적정의 종말점을 검출하는 데에도 이용된다.

② 산화·환원 지시약은 산화된 상태에서 환원된 상태로 될 때 색깔이 변한다.

▌산화 · 환원 지시약▌

지시약	색깔		
	산화형	환원형	$E°$
페노사프라닌(phenosafranine)	붉은색	무색	0.28
테트라술폰산 인디고	푸른색	무색	0.36
메틸렌 블루(methylene blue)	푸른색	무색	0.53
디페닐아민(diphenylamine)	보라색	무색	0.75
4′－에톡시－2, 4－디아미노아조벤젠	노란색	붉은색	0.76
디페닐아민 술폰산	붉은색－보라색	무색	0.85
디페닐벤지딘 술폰산	보라색	무색	0.87
트리스(2, 2′－비피리딘) 철	연한 푸른색	붉은색	1.120
트리스(1, 10－페난트롤린) 철(페로인)	연한 푸른색	붉은색	1.147
트리스(5－니트로－1, 10－페난트롤린) 철	연한 푸른색	붉은 보라색	1.25
트리스(2－2′－비피리딘) 루테늄	연한 푸른색	노란색	1.29

(2) 분석 물질의 산화 상태 조절

분석 물질을 적정하기 전에 산화 상태를 조절할 필요가 있다. 예비 조절은 정량적은 동시에 과량의 예비 조절 시약을 제거 또는 파괴시키는 것이 가능해야만 한다.

① 예비 산화

예비 산화 후 쉽게 제거시킬 수 있는 유용한 산화제

㉮ 과황산 이온($S_2O_8^{2-}$)은 강산화제로 작용하는데 촉매로 Ag^+이 필요하다.

$S_2O_8^{2-} + Ag^+ \rightarrow SO_4^{2-} + SO_4^- + Ag^{2+}$

과량의 시약은 분석 물질의 산화가 완결된 후 용액을 끓이면 파괴된다.

$2S_2O_4^{2-} + 2H_2O \underset{\triangle}{\rightarrow} 4SO_4^{2-} + O_2 + 4H^+$

㉯ 산화은(Ⅱ)(AgO)은 진한 광물산에 녹이면 $S_2O_8^{2-}/Ag^+$ 짝과 비슷한 산화력을 갖는 Ag^{2+}을 생성한다.

과량의 Ag^{2+}은 끓임으로써 제거시킬 수 있다.

$4Ag^{2+} + 2H_2O \underset{\triangle}{\rightarrow} 4Ag^+ + O_2 + 4H^+$

㉰ 비스무트산나트륨($NaBiO_3$)은 $Ag^{2+}S_2O_8^{2-}$과 산화력이 비슷하다. 과량의 고체 산화물은 유리 필터로 걸러서 제거시킨다.

㉱ 과산화수소(H_2O_2)는 염기성 용액에서 좋은 산화제이다. 산성 용액에서는 환원제로 작용한다.

과량의 H_2O_2는 끓는 물 중에서 자발적인 불균등화 반응을 일으킨다.

$2H_2O_2 \underset{\triangle}{\rightarrow} 2H_2O + O_2$

② 예비 환원

㉮ 염화주석($SnCl_2$)은 뜨거운 HCl 용액 중에서 Fe^{3+}을 Fe^{2+}으로 환원시키는 데 이용된다. 과량의 환원제는 과량의 $HgCl_2$를 가하면 파괴된다.

㉯ 염화크롬(Ⅱ)은 강력한 환원제이다. 일부 과량의 Cr^{2+}은 공기 중의 산소에 의해 산화된다.

㉰ 이산화황과 황화수소는 강력하지 않은 환원제, 환원이 완결된 후 산성 용액을 끓이면 제거시킬 수 있다.

㉱ 아연 아밀감(amilgam) 알맹이로 채워진 Jones 환원관(reductor)

$Zn^{2+} + 2e^- \rightarrow Zn(s)$

아연은 대단히 강력한 환원제이므로 Jones 환원관은 그다지 선택적이지 못하다.

㉲ 더 선택적인 것은 고체 Ag과 1 M HCl이 채워져 있는 Waldern 환원관이다.

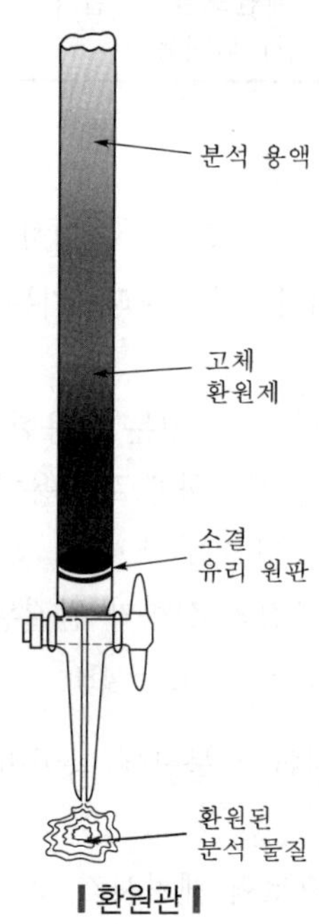

▌환원관▌

(3) 산화 · 환원 적정법의 종류

① 요오드법

사용하는 지시약은 전분(starch)이다.

② 과망간산염법

③ 중크롬산염법

(4) 산화제와 환원제

① 같은 산화제일지라도 반응에 관여하여 전자의 수에 따라 당량이 달라지므로 반응에 관여하는 전자의 수를 알아야 한다.

② 당량점 부근에서 물질계의 환원 전위가 급변하는 특성이 있고, 당량점을 구할 때는 산화·환원 지시약을 사용하는 법과 적당한 전극을 사용하여 그 물질계의 전위를 직접 측정하는 전위차법이 있다.

3 침전 적정법

침전 적정법은 정량하고자 하는 물질이 정량적으로 침전하는 반응을 응용하는 적정법이다. 조작이 비교적 간단하고, 신속히 정량할 수 있지만 반응의 종말점을 확인하는 방법이 적기 때문에 이용되는 침전 반응은 한정되어 있다. 침전 반응을 이용하는 부피 분석법이며, 시료 이온과 표준 용액이 서로 반응하여 침전이 모두 완결된 다음 침전제인 표준 용액 한 방울의 과량에 의한 지시약의 변색으로 그 종말점을 결정하는 원리를 이용한 정량법이다.

① 침전 적정법은 불용성 염이나 난용성 염을 생성하는 반응을 이용하는 적정법이다.

② 착염 생성 적정법이라고도 한다.

③ 침전 반응이 정량적이고, 종말점을 쉽게 인식할 수 있다면 적정이 가능하다.

④ 침전 적정법은 적정 시 이론상의 당량점과 실험상의 종말점과의 오차가 발생할 수 있다.

⑤ 오차의 주요 원인은 지시약에 의한다.

⑥ 주로 사용하는 지시약은 $AgNO_3$이고, 그 외에도 NaCl, 티오시안산암모늄(NH_4SCN)이 사용된다.

(1) 침전 적정법의 종류

① 모어법(Mohr method)

㉮ 염화나트륨 용액에 지시약으로 크롬산칼륨(K_2CrO_4)을 소량 넣고 뷰렛으로부터 질산은 용액으로 적정하면 염화 이온(Cl^-) 모두가 염화은(백색 침전)으로 침전이 끝난 다음, 크롬산은(Ag_2CrO_4)의 적색 침전이 생기기 때문에 이를 종말점으로 하는 방법이다.

㉯ 질산은은 염소 이온과 반응하여 염화은의 흰색 침전이 생긴다.

$AgNO_3 + NaCl \rightarrow AgCl\downarrow + NaNO_3$

㉰ 질산은이 과잉으로 되면 붉은색의 크롬산은이 침전한다.

$2AgNO_3 + K_2CrO_4 \rightarrow Ag_2CrO_4\downarrow + 2KNO_3$

㉱ 용액이 중성이 아니면 크롬산은의 침전이 잘 일어나지 않으므로 산성일 때에는 탄산수소나트륨으로, 알칼리성일 때에는 질산으로 중화한 뒤 적정한다.

② 파얀스법(Fajans method)

㉮ 플루오레세인 등의 흡착 지시약을 사용하는 방법이다.

㉯ 보통 플루오레세인은 중성이 아닌 pH 7~10 범위의 약염기성 용액 중에서 지시약으로 사용된다.

③ 폴하르트법(Volhard method)

㉮ Cl^-을 적정할 때 Ag^+을 넣어서 AgCl을 형성한 뒤 남은 Ag^+을 SCN^-으로 적정하는 방법이다.

㉯ 지시약으로 철(Fe^{3+})염 용액을 사용한다. 티오시안칼륨 표준 용액을 사용하므로 티오시안산 적정법이라고도 한다.

(2) 침전 적정법의 지시약 등

적정법	지시약	표준액	액성	적정 온도	응용
Mohr법	K_2CrO_4	$AgNO_3$	중성	상온	Cl^-, Br^-, CN^-
Fajans법	Flourescein, eosin 등	$AgNO_3$	중성	상온	Cl^-, Br^-, I^-, CN^-, SCN^-
Volhard법	철명반 : $Fe(NH_4)(SO_4)_2 \cdot 12H_2O$, Fe^{3+}	KSCN, NH_4SCN	질산산성	25℃ 이하	직접법 : Ag^+, Hg^{2+} 간접법 : Cl^-, Br^-, I^-, CN^-, SCN^-

(3) 침전 적정의 종말점 검출법

① 전위차법

pH-meter 등을 사용하여 전위차를 측정하여 종말점을 검출

② 빛 산란법

침전 입자에 의해 빛의 산란이 증가하며, 비탁법과 네펠로법을 이용한다.

네펠로법

혼탁 입자들에 의해 산란도를 측정하는 방법으로, 탁도 측정 방법 중 기기 분석법에 속한다.

③ 지시약법

지시약의 색 변화로 종말점 검출

(4) 전위

① 산화·환원 전위 : 산화·환원 때 측정되는 전위

예 $Fe^{2+} + e^- \rightleftarrows Fe^{3+}$ $E^\circ = 0.48V$

② 전극 전위 : 어떤 금속을 그 금속 이온을 포함한 용액 중에 넣었을 때 금속이 용액에 대하여 나타내는 전위

③ 분극 전위 : 용액상에서 용액의 분극이 일어나 더 높은 전위가 필요해지거나 교반·작용 면적 확장이 필요한 전위

④ 과전압 전위 : 반응에 필요한 이론 전압보다 실제로 더 들어감. 필요한 전위 이상의 전위(오차의 원인으로는 double layer effect, junction potential이 있다.)

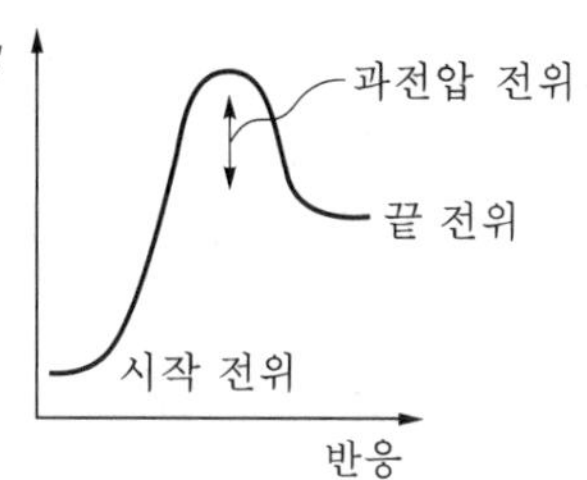

(5) 간장 중의 염화나트륨 농도 계산

① 0.01 N−$AgNO_3$ 표준 용액의 역가

$$\frac{\text{NaCl의 채취량(g)} \times \dfrac{\text{염화나트륨 용액의 채취량(mL)}}{\text{묽게 만든 전체 염화나트륨 용액의 양(mL)}}}{0.0005845 \times V}$$

여기서, V : 적정에 소비된 0.01 N−$AgNO_3$ 표준 용액의 양(mL)

0.0005845 : 0.01 N−$AgNO_3$ 표준 용액 1 mL에 대응하는 염화나트륨의 양(g)

② 간장 중의 염화나트륨 농도(%)

$$\text{NaCl(\%)} = \frac{0.0005845 \times f \times (a-b)}{M \times \dfrac{25.0}{500.0}} \times 100$$

여기서, f : 0.01N−$AgNO_3$ 표준 용액의 역가

a : 적정에서 소비된 0.01 N−$AgNO_3$ 표준 용액의 양(mL)

b : 공시험에서 소비된 0.01 N−$AgNO_3$ 표준 용액의 양(mL)

M : 시료(간장)의 채취량(g)

25.0 : 간장 용액의 채취량(mL)

500.0 : 묽게 만든 전체 간장 용액의 양(mL)

(6) 주의 사항

① 질산은 표준 용액을 적정에 사용하였을 때 폐액은 정해진 용기에 모아 은을 회수한다.

② 질산은 표준 용액은 갈색 시약병에 보관하고, 적정할 때에는 갈색 뷰렛을 사용한다.

③ 질산은을 칭량할 때에는 전자 천칭으로 신속하게 칭량한다.

④ 오차를 줄이기 위하여 적정이나 표정은 3회 이상 반복하여 평균값을 계산한다.

⑤ 질산은 용액이 손에 묻으면 살갗이 검게 변하므로 주의한다.

4 킬레이트(chelate) 적정법

착염 적정법이라고도 하며, 킬레이트 시약을 사용하여 금속 이온을 정량하는 방법을 말한다. 이것은 금속 킬레이트 화합물의 생성 반응을 이용하여 물의 경도, 광물 중의 각종 금속의 정량, 간수 중의 칼슘의 정량 등에 가장 적합하다.
킬레이트 적정에는 킬레이트 시약, 완충액, 금속 지시약 등이 필요하다.

킬레이트
1개의 리간드가 금속 이온과 두 자리 이상에서 배위 결합을 이루어 생긴 고리 모양의 착이온

(1) 킬레이트 시약

킬레이트 적정 중에 가장 중요한 것은 킬레이트 시약인 에틸렌디아민 4 아세트산(ethylene-diamine-tetraacetic acid, EDTA)을 사용하는 EDTA 적정이다. 또한 NTA, CyDTA, dichlorofluoroscein도 킬레이트 지시약이다.

(2) 킬레이트 적정에 사용되는 물질

완충 용액, 금속 지시약, 은폐제

(3) 킬레이트 적정법의 종류

① 치환 적정법
분석 물질을 적당한 다른 작용기로 치환하여 적정

② 직접 적정법
목적하는 금속 이온 용액에 완충제를 넣어 적당한 pH의 지시약을 넣어 킬레이트 시약으로 적정

③ 역 적정법
과량의 표준 물질로 결합시키고 남은 물질을 적정

(4) EDTA에서 역 적정을 이용하는 경우

① 사용할 지시약이 없는 금속 이온을 분석하는 경우
② 시료 중 금속 이온이 EDTA를 가하기 전에 침전물을 형성하는 경우
③ 시료 중 금속 이온 적정 조건에서 EDTA와 너무 천천히 반응하는 경우

(5) 완충 용액

EDTA와 금속 이온이 생성하는 킬레이트 화합물의 안정도는 pH의 영향을 받게 된다. 완충 용액이 없으면 반응이 진행됨에 따라 pH가 자동적으로 변하여 적정이 정확하게 이루어지지 못한다. 그러므로 적정 시 알맞은 pH를 유지하기 위하여 킬레이트 적정에서 EDTA 표준 용액 사용 시 완충 용액을 가하여 준다.

참고

완충 용액

약한 산에 그 짝염기를 넣은 용액이나 약한 염기에 그 짝산을 넣은 용액은 산이나 염기를 가하여도 공통 이온 효과에 의해 그 pH가 거의 변하지 않는 용액이다.

(6) 금속 지시약

① 킬레이트 적정에 있어서 종말점을 결정하기 위해서는 보통 금속 지시약을 사용한다.

② 중화 적정 지시약이 수소 이온과 반응해서 변색되는 색소인 반면, 금속 지시약은 금속 이온과 반응해서 변색하는 색소이다.

③ 이 실습에 사용한 금속 지시약 에리오크롬 블랙 T(EBT)는 흑자색 분말로 물이나 알코올에 용해되며, Ca, Mg, Zn, Cd 등과 결합되면 붉은색을 띤다.

④ EDTA 적정 시 사용하는 금속 지시약은 MX(Murexide), PAN, EBT(Eriochrome Black T)를 사용한다.

⑤ 킬레이트 적정에 있어서 종말점을 결정하는 것으로서 킬레이트 화합물을 만들며, 자신만의 고유색을 갖고, 킬레이트 지시약에 속한다.

㉮ MX(Murexide) : CO, Cu, Ni 검출 시 이용

㉯ PAN[1-(2-pyridylazo)-2-naphthol] : pH 3~10 유지

㉰ EBT(Eriochrome Black T) : 대표적인 EDTA 지시약

㉱ PV(Pyrocatechol Violet)

(7) 검출 반응

① 단백질 : 리베르만 반응

② 아세틸(CH_3CO), 에탄올(CH_3CH_2OH) : 요오드포름 반응

③ 아미노산 : 난히드린 반응

④ 알데히드(CHO) : 은거울 반응(톨렌 시약을 사용한다.)

⑤ 에스테르 가수분해 : 비누화 반응

(8) 흡착력의 세기

① 음이온 흡착력 세기

$Br^- > F^- > NO_3^- > I^-$

② 양이온 흡착력 세기

$Ag^+ > K^+ > Na^+ > Rb^+$

(9) 산화아연 중 아연의 함유율 계산

① 0.01 M-EDTA 표준 용액의 역가

$$\frac{CaCO_3\text{의 채취량(g)} \times \dfrac{\text{탄산칼슘 용액의 채취량(mL)}}{\text{묽게 만든 전체 탄산칼슘 용액의 양(mL)}}}{0.001001 \times V}$$

여기서, V : 적정에 소비된 0.01 M-EDTA 표준 용액의 양(mL)

0.001001 : 0.01 M-EDTA 표준 용액 1 mL에 대응하는 $CaCO_3$의 양(g)

② 산화아연 중 아연의 함유율(%)

$$\frac{0.0006538 \times f \times V}{g \times \dfrac{s}{S}} \times 100$$

여기서, f : 0.01 M-EDTA 표준 용액의 역가

V : 적정에 소비된 0.01 M-EDTA 표준 용액의 양(mL)

g : 산화아연의 채취량(g)

s : 산화아연 용액의 채취량(mL)

S : 묽게 만든 전체 산화아연 용액의 양(mL)

0.0006538 : 0.01 M-EDTA 표준 용액 1 mL와 반응하는 Zn의 양(g)

(10) 주의 사항

① EDTA는 물에 대한 용해도가 크지 않고, 또 시료 중의 금속 이온의 농도가 크면 종말점 판정이 어렵게 되므로 0.01 M 용액을 사용해야 한다.

② EDTA가 금속과 킬레이트 화합물을 만들 때 생성되는 수소 이온은 용액의 pH값을 감소시켜 지시약의 색 변화를 방해할 수 있다. 따라서 킬레이트 적정 시에는 완충 용액을 꼭 넣어 주어야 한다.

③ 적정의 종말점이 분명하지 않는 경우에는 pH가 낮은 것이 원인일 때가 많으므로 이때는 수산화암모늄 용액을 조금 가하면 좋다.

5 중량 적정법

(1) 중량 분석에 이용되는 조작 방법

시료 중 목적 성분을 침전, 휘발, 침출, 전기 분해 등의 방법에 따라 조성이 일정한 화합물을 만든 다음, 무게를 달아 목적 성분의 양을 구하는 방법이다.
목적 성분을 분리하는 방법에 따라 다음과 같이 분리한다.

① 침전 중량법

가장 많이 사용되는 방법으로 일정량의 시료를 취하여 용액으로 만든 다음 적당한 시약을 넣어 정량하고자 하는 이온 성분을 불용성 화합물로 만들어 여과, 세척, 작열(ignition)시켜 잔여물을 칭량하여 함유량을 구하는 방법이다.

② 휘발 중량법

수분, CO_2, 그 밖의 휘발성 성분을 가열하여 휘발시킨 다음, 그 감량으로부터 함유량을 구하는 방법이다.

③ 침출 중량법

시료 중 어떤 용매에 용해되는 성분을 분리해 내고 감량을 측정함으로써 함유량을 구하는 방법이다.

예 인화성 물질의 용제를 사용하여 유지를 추출한다.

④ 전해 중량법

금속 이온의 수용액에 음극과 양극 2개의 전극을 담그고 직류 전압을 통하여 주면 금속 이온이 환원되어 석출된다. 이때 석출된 금속 또는 금속 산화물을 칭량하여 금속 시료를 분석하는 방법을 전해 분석이라 한다.

㉮ 전기 분해에서의 양적 관계

㉠ g(전하량)$=n$(몰 수)$\times F$(패럿 수)

㉡ $A(\text{전류}) = \dfrac{C(\text{전하량})}{s(\text{초})}$

㉢ 1몰 전자의 전하량 = 전자 1개의 전하량(1.602×10^{-19})$\times$아보가드로수(6.022×10^{23})
= 96,500C

㉯ 부가제 : 전해 방해 요소를 제거, 보정하는 시약이다. 과량으로 사용하지 않아야 하고, 정량적인 반응이 일어나도록 도움을 준다.

예 벤조산, 숙신산, 수크로오스 등

㉰ 분해 전압 : 전해를 지속시키는 데 필요한 최소한의 전압으로, 전해로부터 형성되는 전지의 기전력이다.

㉱ 과전압 : 전해를 유지하고자 할 때에는 기존의 전압으로는 유지하기가 어렵기 때문에 그 이상의 전압을 가해주는 것이다. 과전압은 오차의 한 종류가 된다.

(2) 침전 중량법에서 침전을 생성시키는 데 유의해야 할 사항

① 침전의 용해도는 작아야 한다.
② 여과되기 쉬운 침전을 만들어야 한다.
③ 조성이 일정하고 순수한 침전을 만들어야 한다.

(3) 침전의 조건

① 모액에 대하여 불용성이어야 한다.
② 침전의 생성이 신속하고 정량적이어야 한다.
③ 모액 중의 다른 성분과 흡착되지 않아야 한다.
④ 오염 물질의 제거(세척)가 쉬워야 한다.

(4) 표준 용액의 조건

① 분석물과 빠르게 반응해야 한다.
② 농도의 변화가 없어야 한다.
③ 분석물과 단순한 과정에 의해서 반응이 일어나야 한다.
④ 분석물과 전부 반응해야 한다.

(5) 1차 표준 물질

① 물질의 조성이 일정하고, 매우 순수해야 한다.
② 칭량 오차를 줄이기 위해 화학식량(분자량)이 가능한 높아야 한다.
③ 건조 중에 조성의 변화가 없어야 한다.
④ 대기 중의 습기와 이산화탄소 등의 흡수가 없어야 한다.

Chapter 07

기기 분석 일반

1. 분광 광도법

1 원자 분광법

1-1 분광법 서론

(1) 빛(전자기 복사선)의 성질

① 전자기 복사선은 이중성(파동성, 입자성)을 가지고 있다.

② 파동성은 파장, 진동수, 진폭 등으로 표현된다.

㉮ 파장 λ[m] : 연속되는 파의 봉우리 사이의 거리

㉯ 진동수 ν(s^{-1} 또는 Hz) : 전기장이 매 초당 진동하는 수

㉰ 진폭 : 중심점부터 봉우리까지의 높이

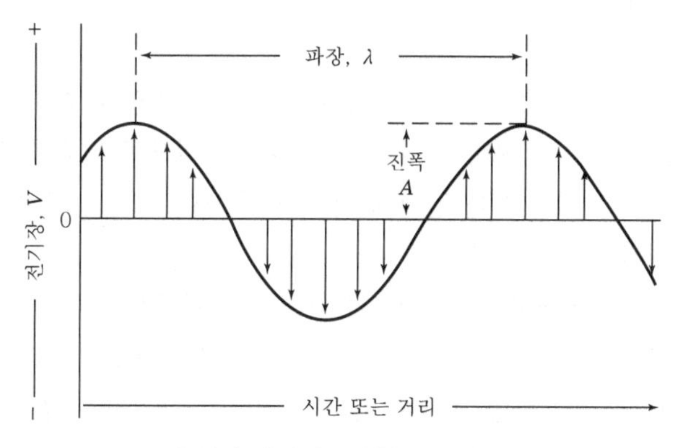

▌전기 벡터의 2차원적 표현▐

③ 전자기 에너지는 양자라 불리는 불연속적인 에너지 묶음으로 전달된다.

$$E = h\nu = \frac{hc}{\lambda}$$

여기서, E : 1광자 에너지(1양자), h : 플랑크(Planck) 상수(6.62×10^{-34}J · s)
ν : 진동수(s^{-1}), λ : 파장(m), c : 광속도(3×10^{8}m/s)

즉, 파장이 짧을수록 에너지는 커진다.

④ 아래 그림에서 나타내는 바와 같이 전자기 스펙트럼은 대단히 넓은 범위의 파장과 주파수에 걸쳐 있다.

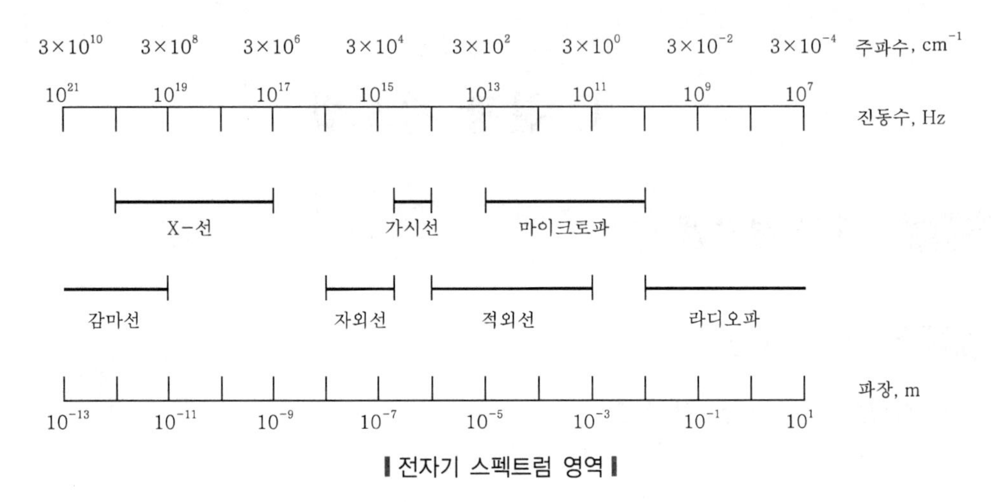

▌전자기 스펙트럼 영역▐

예제 분자가 자외선과 가시광선 영역의 광 에너지를 흡수할 때 전자가 낮은 에너지 상태에서 높은 에너지 상태로 변화하게 된다. 이때 흡수된 에너지를 무엇이라 하는가?

풀이 여기 에너지

⑤ **빛의 간섭** : 음파처럼 여러 가지 빛이 합쳐 빛의 세기를 증가시키거나 서로 상쇄하여 없앨 수 있다. 예를 들면 여러 개의 종이에 같은 물감으로 그림을 그린 다음, 한 장만 보면 연하게 보이지만 여러 장을 겹쳐 보면 진하게 보이고 여러 가지 물감을 섞으면 본래의 색이 다르게 나타나는 현상이다.

⑥ **빛의 상쇄** : 물질에서 전반사가 일어날 때 표면에서 일어나는 파를 말한다.

⑦ **빛의 이중성** : 빛은 파동의 성질과 입자의 성질을 모두 가지고 있다. 빛이 입자나 파동 어느 하나로 고정되어 있는 것이 아니고, 입자와 파동의 성질을 동시에 지니고 있으며, 상황에 따라 파동처럼 행동하기도 하고, 입자처럼 행동하기도 한다.

⑧ **빛의 회절** : 파동이 장애물 뒤쪽으로 돌아 들어가는 현상으로, 입자가 아닌 파동에서만 나타나는 성질이다. 입자의 진행 경로에 틈이 있는 장애물이 있으면 입자는 그 틈을 지나 직선으로 진행하지만, 이와 달리 파동의 경우, 틈을 지나는 직선 경로뿐만 아니라 그 주변의 일정 범위까지 돌아 들어간다. 이처럼 입자로서는 도저히 갈 수 없는 영역에 파동이 휘어져 도달하는 현상이 회절이다. 물결파를 좁은 틈으로 통과시켜보면 회절을 쉽게 관찰할 수 있다.

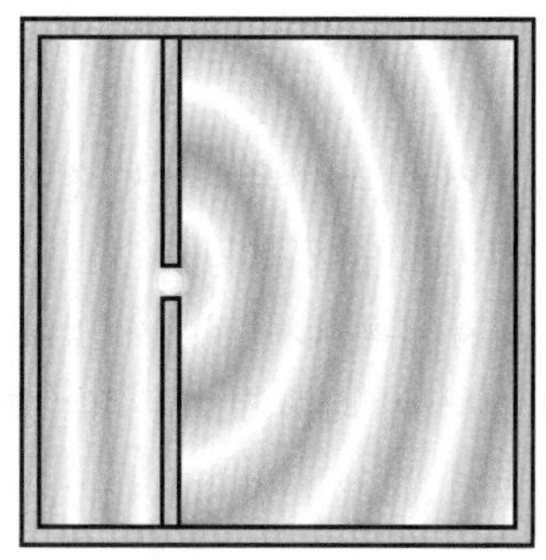

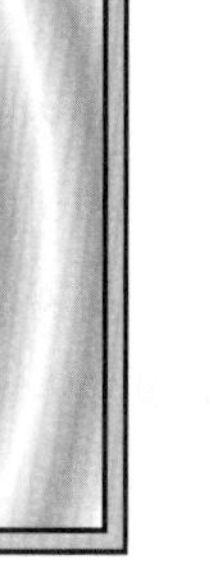

(a) 파동의 회절 현상

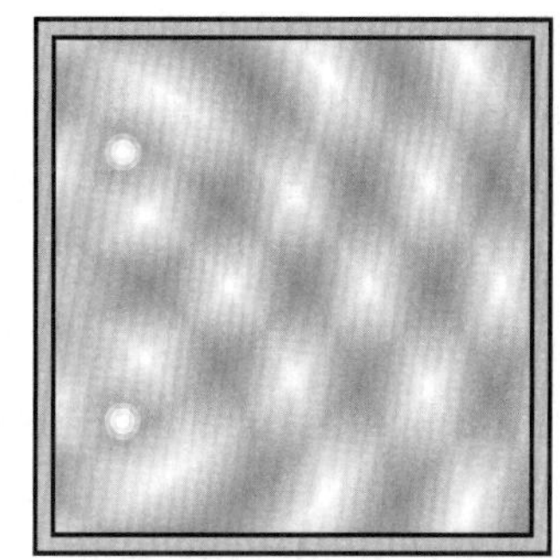

(b) 파동의 간섭 현상

▌파동의 회절과 간섭 현상▌

⑨ **백색광** : 여러 가지 파장의 빛이 모여 있는 것이다.

⑩ **단색광** : 단일 파장으로 이루어진 빛이다.

⑪ **편광** : 진동면이 같은 것으로 이루어진 빛을 말하며, 태양빛으로도 편광을 만들 수 있다.

⑫ **광전 효과** : 충분히 큰 에너지의 복사선을 금속 표면에 쪼이면 금속의 자유전자가 방출되는 현상이다.

(2) 빛(전자기 복사선)의 방출 · 흡수

① 복사선의 방출

㉮ 들뜬 에너지 상태의 입자(원자, 이온, 분자)가 낮은 에너지 상태로 이완될 때 복사선을 방출한다.

㉯ 입자를 들뜨게 하는 방법

㉠ X선 : 전자나 소립자로 충격을 가함

㉡ 자외선, 가시선, 적외선 : 교류 전류 스파크, 불꽃, 아크, 흑연로에 노출시킴

㉢ 형광 복사선 : 전자기 복사선을 쪼여줌

㉣ 화학 발광 복사선 : 발열 화학 반응을 이용

㉰ 선 스펙트럼 : 자외선 또는 가시선 영역의 선 스펙트럼은 기체 중성 원자의 들뜬 전자 상태에서 바닥 전자 상태로 되돌아오면서 방출한다. X선 선 스펙트럼은 내각 궤도 함수의 전자 전이에 관계되어 있다.

㉱ 띠 스펙트럼 : 기체 상태의 라디칼 분자나 작은 분자들로 인하여 나타난다.

㉲ 연속 스펙트럼 : 밀집된 고체를 백열 상태로 가열하였을 때 수많은 원자나 분자가 열에너지에 의해 들뜨지만 독립적이지 못하기 때문에 연속 스펙트럼을 생성한다.

② 복사선의 흡수

㉮ 복사선이 고체, 액체, 기체를 통과할 때 어떤 진동수가 선택적으로 흡수되므로 이 입자들은 바닥 상태에서 들뜬 상태로 이동한다.

㉯ 원자는 전자 에너지 준위 사이에서만 전이가 일어나기 때문에 선 스펙트럼을 흡수한다.

㉰ 분자는 띠 스펙트럼을 흡수한다.

㉠ 자외-가시 복사선 : 전자, 진동, 회전 에너지 준위에서 전이가 일어난다.

㉡ 적외선 : 진동 에너지 준위에서 전이가 일어난다.

㉢ 마이크로파와 원적외선 : 회전 에너지 준위에서 전이가 일어난다.

㉱ 최대 흡수 파장 : 분광광도계에서 정성분석에 대한 정보를 주는 흡수 스펙트럼 파장이다.

1-2 분광 광도기 및 광학 부품

(1) 광학 분광 기기의 부분 장치

① 분광 광도계 : 용액 중의 물질이 빛을 흡수하는 성질을 이용하는 분석 기기

② 분광 기기는 일반적으로 광원, 시료 용기, 파장 선택기, 복사선 검출기, 신호 처리 장치 및 판독 장치로 구성된다.

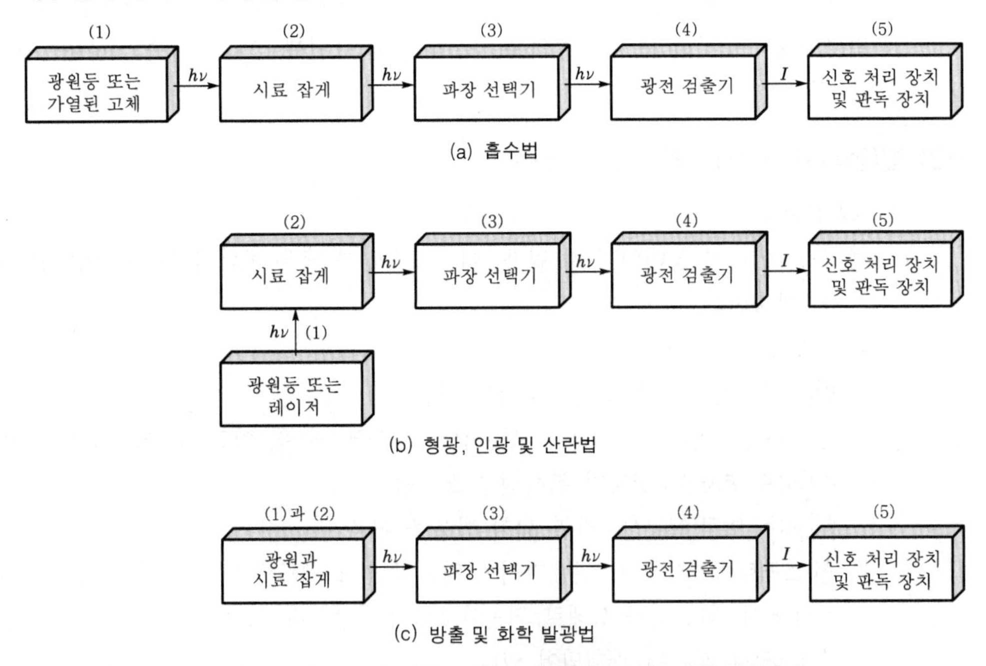

▌여러 가지 종류의 광학 분광 기기의 부분 장치 배열 방식▐

(2) 복사선 광원

① 연속 광원

㉮ 자외선 : 중수소등(흡수법), 아르곤, 크세논, 수은 고압 아크등(형광법)

㉯ 가시선 : 텅스텐 필라멘트등

㉰ 적외선 : Nernst 백열등, globar 광원, 수은 아크등, 텅스텐 필라멘트등

② 선 광원

㉮ 수은 증기등, 나트륨 증기등 : 분자 흡수법, 원자 흡수법

㉯ 속빈 음극등, 전극 없는 방전등 : 원자 흡수법, 원자 형광법

㉰ 레이저 : 분자 형광법, FT-IR 분광법

> **나트륨 공기램프**
> 선광계(편광계)의 광원으로 사용된다.

(3) 파장 선택기

① 필터

㉮ 한정된 복사선의 띠를 선택적으로 얻는다.

㉯ 넓은 띠 바탕 복사선에서 분석 신호만을 분리하여 얻는다.

② 단색화 장치 : 빛의 파장을 선택하기 위한 장치

㉮ 프리즘 : 자외선, 가시선, 적외선을 분산시킨다.

㉯ 회절격자

㉠ 복사선을 초점면에 따라 선형으로 분산시킬 수 있다.

㉡ 에셀레트, 오목, 홀로그래피, 에셀레 회절발이 있다.

㉢ 스펙트럼띠가 1, 2차로 병렬적으로 나타나는 분광장치

예제 분광 광도계의 구조 중 일반적으로 단색화 장치나 필터가 사용되는 곳은?

풀이 파장 선택부

(4) 시료 용기 : 미지시료의 농도를 측정할 때 시료를 담아 측정하는 기구

① 흡수셀(cell)또는 큐벳(cuvette)이라고 한다.

② 측정 영역의 복사선을 흡수하지 말아야 하고, 용매와 반응하지 않아야 한다.

③ 시료 용기에 용액을 채울 때 $\frac{2}{3}$가 가장 적당하다.

④

구 분	시료셀
자외선	석영, 용융실리카
가시선	플라스틱, 규산염유리
적외선	NaCl, KBr, TlI

예제 분광 광도법에서 자외선 영역에는 어떤 셀을 주로 이용하는가?

풀이 석영 셀

(5) 복사선 변환기

① 이상적인 복사선 변환기
㉮ 넓은 파장 영역에서 같은 크기의 감도를 가져야 한다.
㉯ 신호대 잡음비가 높아야 한다.
㉰ 감도가 높아야 한다.
㉱ 감응 시간이 빨라야 한다.
㉲ 복사선이 없을 때 감응하지 않아야 한다.
㉳ 변환기의 전기 신호는 복사선의 세기에 정비례해야 한다.

② 복사선 검출기의 종류
㉮ 광자 검출기 : 광자에 감응하며 자외-가시선, 근적외선 영역에서 사용된다.
㉠ 진공 광전관 : 음극에 복사선이 들어오면 전자가 방출되어 전류가 흐르는데 이 전류의 크기는 복사선의 세기에 비례한다.
㉡ 광전 증배관 : 광전관과 비슷하나 다이노드라는 여러 개의 전극이 신호를 증폭하고, 자외선과 가시선에 감도가 매우 좋다.
㉢ 광다이오드 배열(광다이오드 어레이) : 개개의 광 감응 요소들은 작은 규소 광다이오드인데, 실리콘 결정 위에 직선형으로 광다이오드를 배열시킨 구조이다.
㉯ 열 검출기 : 열에 감응하며 적외선 영역에서 사용된다.
㉠ 열전기쌍 : 온도 차이로 인해 두 금속선의 전위차가 변화되어 복사선과 비례하는 신호를 낸다.
㉡ 볼로미터 : 금속이나 반도체로 만들어진 저항 온도계이다.

1-3 원자 흡수 분광법(AAS ; Atomic Absorption Spectrometry)

원리는 증기화 하여 생긴 기저 상태의 원자가 그 원자층을 투과하는 특유 파장의 빛을 흡수하는 성질을 이용한 것으로 극소량의 금속 성분 분석에 많이 사용하는 분석법이다.

(1) 기본 원리

① 어떤 원자의 증기층이 공간 가운데 있을 때 알맞은 파장의 빛을 투과시키면 바닥 상태에 있는 원자가 빛을 흡수한다.
② 원자를 증기화하여 생긴 기저 상태 즉 에너지가 최소인 바닥 상태를 뜻한다. 주로 사용하는 광원은 자외선-가시광선(ultraviolet-visible)이며 원자가 그 원자층을 투과하는 특유 파장의 빛을 흡수하는 성질을 이용한다.

③ Lambert-Beer의 법칙 : 정량 분석의 기본

$$A(\text{absorbance}) = -\log\left(\frac{I}{I_0}\right) = \log\left(\frac{I_0}{I}\right) = \varepsilon bC$$

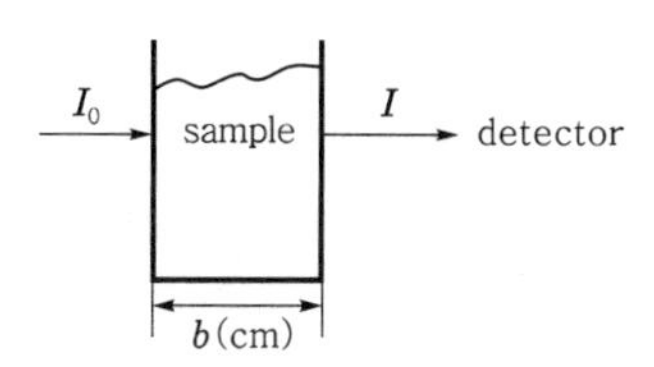

여기서, A : 흡광도

ε : 몰 흡광 계수 또는 비례상수($M^{-1}cm^{-1}$ = L/cm · mol)

I : cell 통과 후 빛살의 세기

b : cell의 길이(폭) 또는 액층의 두께(cm)

I_0 : cell 통과 전 빛살의 세기

C : 시료의 농도(M = mol/L)

예제 분광 광도법에서 정량 분석의 검량선 그래프에 X축은 농도를 나타내고, Y축에는 무엇을 나타내는가?

풀이 Y축 : 흡광도

④ 특성

㉮ 선택성이 좋고, 감도가 좋다.

㉯ 방해 물질의 영향이 비교적 적다.

㉰ 반복하는 유사 분석을 단시간에 할 수 있다.

㉱ 하나의 원소씩 검출 가능하다.

㉲ 시료가 용액인 경우 전처리가 필요 없고, 정량 대상으로 목적 성분의 원소 분석이 가능하다.

㉳ 조작이나 전처리가 비교적 용이하다.

㉴ 금속의 미량 분석에 편리하다.

㉵ 공해물질의 측정에 사용된다.

㉶ 정성 분석보다는 정량 분석에 주로 이용된다.

㉷ 감도에 영향을 끼치는 가장 중요한 요인은 중성원자를 만드는 원자화 과정이다.

(2) 기본 장치의 원리

① 광원부

일반적으로 중공 음극 램프 또는 속빈 음극 램프가 사용된다.

② 시료 원자화부 : 시료를 원자 상태로 환원시킨다.

㉮ 버너

㉠ 예비 버너 : 분무기를 이용하여 정밀도는 좋으나 시료의 유출이 있다.

㉡ 전체 버너 : 직접 시료를 도입하며 시료의 도입률은 좋으나 원자화의 효율은 떨어진다.

㉯ 불꽃법

㉠ 불꽃의 열에너지로 원자화시킨다.

㉡ 아세틸렌-공기, 수소-공기, 아세틸렌-이산화질소, 프로판/석탄 가스-산소

㉢ 무불꽃법 : 고온 발열체를 이용한다.

㉣ 불꽃 없는 원자 흡수 중 차가운 공기 생성법을 이용하는 금속 원소 : Hg

불꽃 없는 원자화 기기의 특징

1. 강도가 매우 좋다.
2. 시료를 전처리하지 않고 직접 분석이 가능하다.
3. 산화작용을 방지할 수 있어 원자화 효율이 크다.
4. 상대정밀도가 낮고, 측정농도범위가 아주 좁다.

③ 분광부 및 측광부

가시, 자외선, 분광 광도계와 동일하다.

측광부

빛의 세기를 측정하여 전기 신호로 바꾸는 장치

(3) 측정 방법

① 시료의 조제 방법

착화제를 가하여 착화합물을 형성한 후, 유기 용매로 추출하는 용매 추출법은 감도가 증가하기 때문에 원자 흡수 분광법의 시료 전처리에 주로 사용된다.

㉮ 분석 시료 용액

㉯ 표준 시료 용액 : 분석 시료 용액과 화학적 성질이 비슷해야 한다.

② 측정 조건의 결정법

㉮ 버너 및 불꽃 종류의 선택

㉯ 분석선의 선택

㉰ 광원 램프의 사용 전류값 결정

㉣ 분광부의 슬릿 폭 결정
㉤ 연료 가스 및 조연 가스의 유량 조절
㉥ 광원이 잘 지나가도록 버너 위치 조절

③ **분석값을 구하는 방법**

검량선법, 표준 부가법, 내부 표준법이 있다.

④ **간섭**

측정값에 오차를 주는 현상이다.

㉮ 분광학적 간섭
㉠ 다른 근접선과 분리되지 않은 경우이다.
㉡ 다른 분석선을 이용하거나 표준 시료와 분석 시료의 조성을 다시 근접시켜서 간섭을 억제한다.

㉯ 물리적 간섭
㉠ 시료 용액의 물리적 조건의 영향은 점도, 밀도, 표면 장력이다.
㉡ 점도가 크면 분무 효율 및 흡광도가 낮아진다.

㉰ 화학적 간섭
㉠ 이온화 간섭은 목적하는 원소의 일부가 이온화하는 경우이다.
㉡ 목적하는 원소가 난해리성의 화합물을 생성하여 유리 원자로써 존재량이 감소할 경우이다.

㉱ 화학적 간섭의 제거
㉠ 측정 조건, 특히 흡광에 관계하는 몇 가지 조건을 봐 준다.
㉡ 첨가제를 사용하여 공론한 원소의 영향을 감소시킨다. 이온화 억제제, 간섭 방지제, 과잉의 간섭 원소, 표준 첨가법에 이용한다.
㉢ 간섭 원소를 제거한다.

1-4 원자 형광 분광법(AFS)

(1) 기기

① **광원**

연속 광원이 바람직하며 전극 없는 방전등이다.

② **분산형 기기**

변조된 광원, 원자화 장치, 단색화 장치 또는 간섭 필터 시스템, 검출기, 신호 처리기 및 판독 장치로 구성한다.

③ **비분산형 기기**

광원, 원자화 장치 및 검출기만으로 구성한다.

㉮ 단순하고 기기가 저렴하다.
㉯ 다원소 분석에 쉽게 적용한다.
㉰ 높은 에너지를 유지하고 강도가 높다.
㉱ 다중 방출선의 에너지를 동시 수집하고 감도가 증가한다.

(2) 간섭

원자 흡수 분광법과 동일하다.

(3) 응용

윤활유, 바닷물, 생체 자료, 흙연 및 농업용 시료 등 금속 분석에 이용한다.

1-5 원자 방출 분광법

(1) 플라스마

진한 농도의 양이온과 전자를 포함하는 전도성 기체 혼합물을 말한다.

(2) 유도쌍 플라스마 광원

일정 유속(5~20L/min)으로 흐르는 Ar을 테슬라(Tesla) 코일의 스파크로 이온화시킨다. 이렇게 얻은 이온과 전자들이 유도 코일에 의해 유도 발생한 변동하는 자기장과 작용한다.

① 시료 주입
Ar 흐름 속에 주입한다.

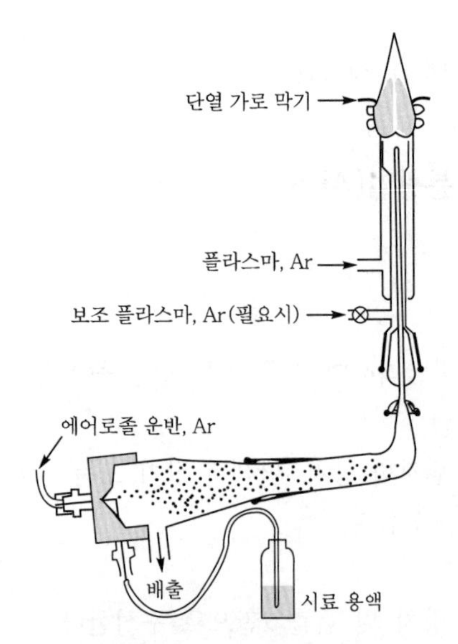

▎시료를 플라스마 광원으로 주입하는 분무기▎

② 플라스마 모습과 그 스펙트럼

전형적인 플라스마는 매우 세고 찬란하게 빛나는 백열인데 중심부는 불투명하고 상부 꼭지는 불꽃 모양의 꼬리를 가졌다.

③ 분석 물질의 원자화와 이온화

플라스마 광원을 사용하는 데 대한 장점은 다음과 같다.

㉮ 화학적 활성이 없는 환경에서 원자화가 일어나서 산화물의 생성이 없으며, 그 원자 수명이 길어진다.

㉯ 플라스마 단면의 온도 분포가 균일하다.

㉰ 자체 흡수와 자체 반전 효과가 없다.

1-6 원자 X-선 분광법

(1) 기본 원리

X-선은 높은 에너지 전자의 감속이나 원자의 속껍질에 있는 전자 전이에 발생되는 짧은 파장의 전자기 복사선을 말한다.

① X-선의 방출

㉮ 전자살 광원으로부터의 연속 스펙트럼

㉯ 전자살 광원으로부터 얻은 선 스펙트럼

㉰ 형광 광원으로부터의 선 스펙트럼

㉱ 방사선 광원으로부터의 스펙트럼

② 흡수 스펙트럼

X-선 빛살이 얇은 막의 물질을 통과할 때 흡수와 산란의 결과 그 세기가 감소한다.

㉮ 흡수 과정 : X-선 광자의 흡수는 원자로부터 최내각 전자를 제거하여 들뜬 이온을 생성한다.

㉯ 질량 흡수 계수는 X-선 복사선의 흡수에 Beer 법칙이 적용된다.

③ X-선 형광

㉮ X-선 흡수로 들뜬 이온이 일련의 전이에 의해 바닥 상태로 돌아갈 때 방출된다.

㉯ 형광선의 파장은 흡수 끝 파장보다 더 큰 값을 갖는다.

④ X-선 회절

물질의 전자 간 상호 작용은 산란을 유발하고 산란선 중에서 간섭이 일어나서 회절이 일어난다.

(2) 기기 부품

스펙트럼 분해 방법에 따라 파장 분산형 기기와 에너지 분산형 기기로 나눈다.

① 광원

㉮ X-선 관 : 쿨리지(Coolidge) 관이라고 불리며, 광원은 텅스텐 필라멘트의 음극과 부피가 큰 양극이 장치되어 있는 고진공의 관이다.

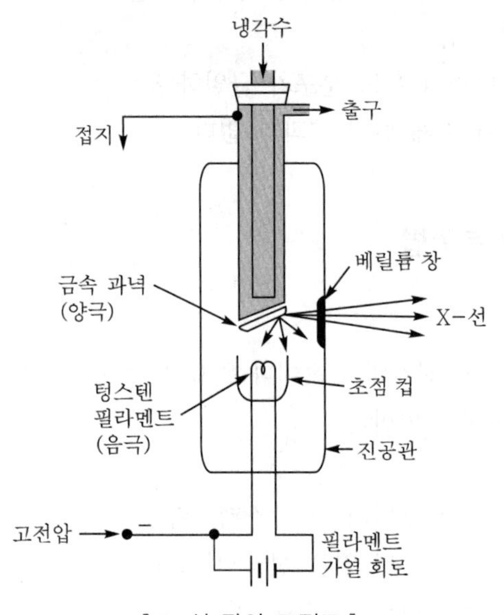

▌X-선 관의 조직도▐

㉯ 방사성 동위 원소

㉰ 2차 형광 광원

② X-선용 필터

단색화 복사선을 얻기 위하여 필터를 사용한다.

③ X-선 단색화 장치

쌍의 빛살 평행화 장치로 구성되어 있고 광학 기기의 슬릿, 분산 장치와 같은 목적으로 이용한다.

㉮ 빛살에 대한 검출기의 각(2θ)이 결정면 각의 2배임에 유의한다.

㉯ 흡수 연구를 위해서는 광원이 X-선 관이고, 시료는 빛살에 위치한다.

㉰ 방출 연구를 위해서는 X-선의 형광 광원이 된다.

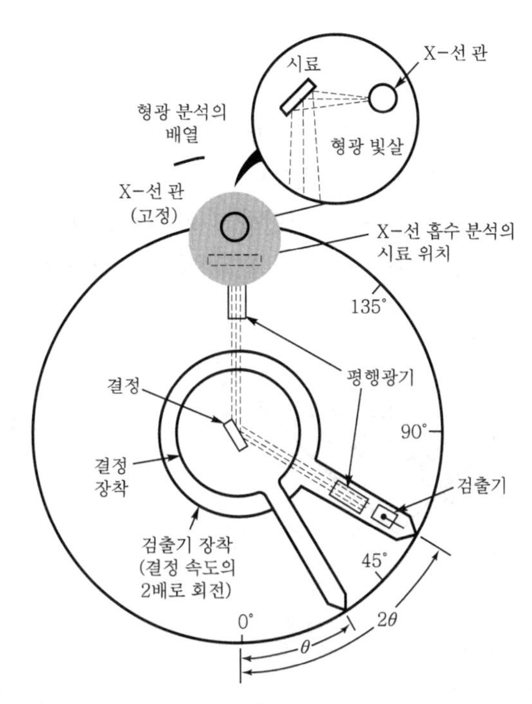

▌X-선 단색화 장치와 검출기▐

④ X-선 신호 변환기와 신호 처리 장치

복사선 에너지를 전기 신호로 변환시키는 변환기가 설치되어 있다.

㉮ 광자 계수법

㉯ 기체-충전 변환기

㉰ 가이거(Geiger) 관

㉱ 비례 계수기

㉲ 이온화 상자

㉳ 섬광 계수기

㉴ 반도체 변환기

㉵ X-선 변환기로부터의 펄스 높이 분포

⑤ 신호 처리 장치

㉮ 펄스 높이 선택기 : 낮은 잡음을 제거한다.

㉯ 펄스 높이 분석기 : 스펙트럼을 기록한다.

㉰ 눈금계와 계수기 : 전자 눈금계와 전자 계수기로 계수한다.

(3) X-선 형광법

① 기기

㉮ 파장 분산형 기기 : X-선 빛살이 파장으로 평행화되어 분산될 때 커다란 에너지 손실이 있으며 X-선 관을 항상 광원으로 사용한다.

㉯ 에너지 분산형 기기 : 부품이 간단하고 회절기가 없어서 도달하는 에너지가 크며 방사선 물질이나 낮은 출력의 X-선 관과 같은 약한 광원을 사용한다.

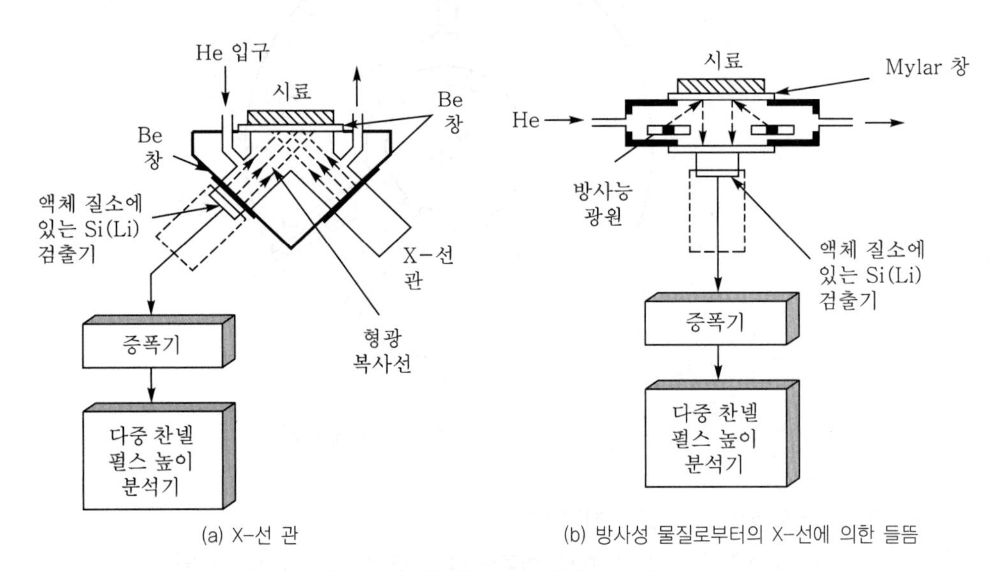

(a) X-선 관　　　(b) 방사성 물질로부터의 X-선에 의한 들뜸

▌에너지 분산형 X-선 형광 분석기▐

㉰ 비분산형 기기 : 휘발유 중 황과 납의 통상적인 정량을 한다.

② 정성 및 반정량 분석

③ 정량 분석

㉮ 매트릭스 효과

㉯ 표준물에 대한 검정

㉰ 내부 표준물의 사용

㉱ 시료와 표준물의 해석

㉲ X-선 형광의 몇 가지 정량적 응용

(4) X-선 흡수법

① 매트릭스 효과가 적은 시료에 한정된다.

② 원자 번호가 큰 것과 단일 원소를 정량할 때 사용한다.

(5) X-선 회절법

① 개요

㉮ 스테로이드, 비타민, 안티바오틱과 같은 복잡한 천연물의 구조를 밝히는 데 중요하다.

㉯ 결정성 화합물의 정성적 확인을 위한 편리하고 실용적인 수단을 제공한다.

② 결정성 화합물의 원리

㉮ 시료 준비 : 결정성 시료는 고운 균일한 분말로 분쇄한다.

㉯ 자동 회절 분석기

㉰ 사진법 기록 : Debye-Scherrer 분말 카메라로 조직도를 보여 준다.

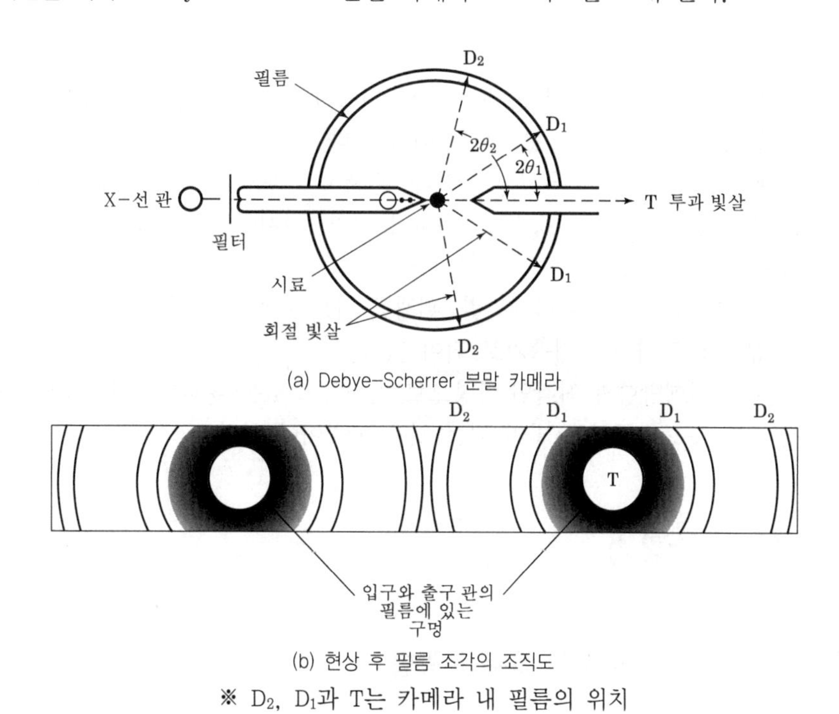

(a) Debye-Scherrer 분말 카메라

(b) 현상 후 필름 조각의 조직도

※ D_2, D_1과 T는 카메라 내 필름의 위치

▎사진법 기록▎

③ 회절 패턴의 해석

(6) 전자 마이크로 탐침법

표면의 원소 조성을 정량한다.

참고

광학적 방법의 종류

1. 분광 분석법
2. 적외선 분광법
3. X-선 분석법

(7) 선광도 측정

① 유기 화합물에는 액체나 용액 상태로 편광하고 그 진행방향을 회전시키는 성질을 가진 것이 있다. 이러한 성질을 선광성이라 한다.

② 선광성에는 좌선성과 우선성이 있다. 관측자가 보았을 때 반시계 방향으로 회전하는 것을 좌선성이라 하고 선광도에 [-]를 붙이며, 시계방향으로 회전시키는 것을 우선성이라 하고 [+]를 붙인다.

③ 선광계의 기본 구성은 단색광원, 편광을 만드는 편광 프리즘, 시료용기, 원형 눈금을 가진 분석용 프리즘과 검출기로 되어 있다.

④ 빛은 그 진행방향과 직각인 방향으로 진행하고 있는 횡파이지만, 니콜 프리즘을 통해 일정 방향으로 파동하는 빛이 되는 것을 편광이라 한다.

2 분자 분광법

2-1 자외선-가시선 분자 흡수 분광법

(1) 흡수 분광법의 이론

① 투과도

$T=\dfrac{I}{I_0}$, $T[\%]=\dfrac{I}{I_0}\times 100$

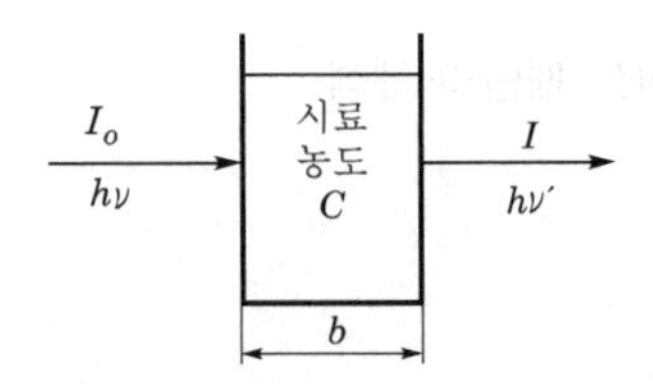

② 흡광도

$A=-\log T=-\log\dfrac{I}{I_0}$

③ Lambert-Beer의 법칙

$$A=-\log T=-\log\frac{I}{I_0}=\varepsilon bC$$

여기서, ε : 몰 흡광 계수(L/mol · cm)
b : 용기의 길이(cm)
C : 시료의 농도(M)

④ 분자 전이의 종류
㉮ 전자 전이 : orbital 간의 전자 이동
㉯ 진동 전이 : 신축(stretching) 진동, 굽힘(bending) 진동
㉰ 회전 전이

(2) 분광 광도법의 원리

① 흡광이 일어나는 정확한 파장이 그 분자의 매우 뚜렷한 특징이 된다. 어떤 물질에 대한 흡광도와 파장의 관계를 나타낸 것을 그 물질의 흡수 스펙트럼이라고 한다. 이때 전자가 낮은 에너지 상태에서 높은 에너지 상태로 변화할 때 흡수된 에너지를 여기 에너지라 한다.

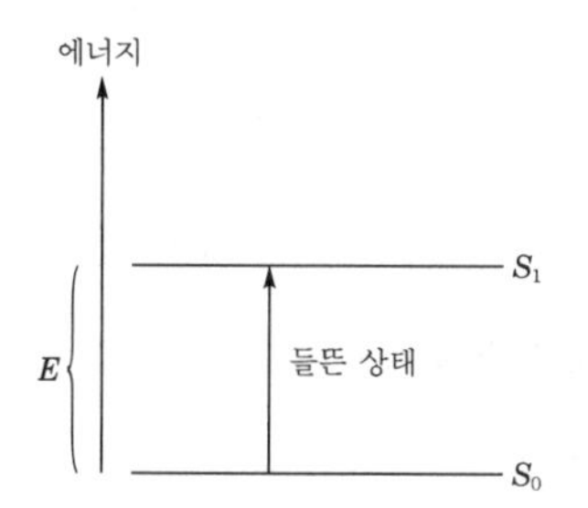

여기서, s_0 : 바닥상태, S_1 : 들뜬 상태, E : 들뜬 에너지

▌흡광의 단순화된 모델▐

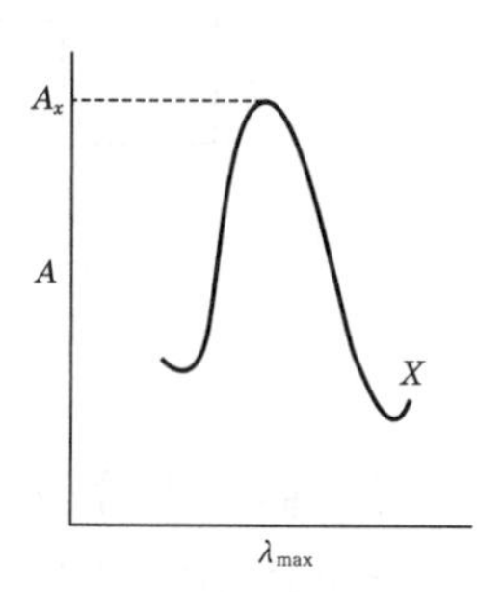

▌흡수 스펙트럼▐

② 그림의 흡수 스펙트럼에서 피크(peak)의 높이 A_x값은 농도에 비례하여 정량 분석에 이용되며, 이때의 파장(λ_{max})은 정성 분석에 대한 정보를 준다.

③ 빛이 물질을 통과할 때 통과되어 나오는 빛의 세기는 항상 입사광의 세기보다 작다. 입사광이 흡수되는 비율은 물질의 두께(광도의 길이)와 흡수 물질의 함수로 나타낸다.

$$A = \log \frac{I_0}{I} = \varepsilon C b$$

$$A = 2 - \log(\% T) = \varepsilon C b$$

$\% T = \frac{I}{I_0} \times 100$ 이므로 이 식을 위의 식에 대입하면 다음과 같다.

$$A = \log \frac{100}{\% T} = 2 - \log(\% T) = \varepsilon C b$$

여기서, A : 흡광도
$\% T$: 백분율 투광도
ε : 몰 흡광 계수(L/mol · cm)
C : 농도(mol/L)

b : 광도의 길이(cm)

I_0 : 입사광의 농도

I : 투과광의 농도

이를 람베르트-비어(Lambert-Beer) 법칙이라고 한다.

④ 투광도와 농도의 관계는 아래에서 비선형적 그림의 (a)이지만 흡광도와 농도의 관계는 선형적 그림의 (b)이며, 이는 대부분의 정량 분석의 검량선이 된다.

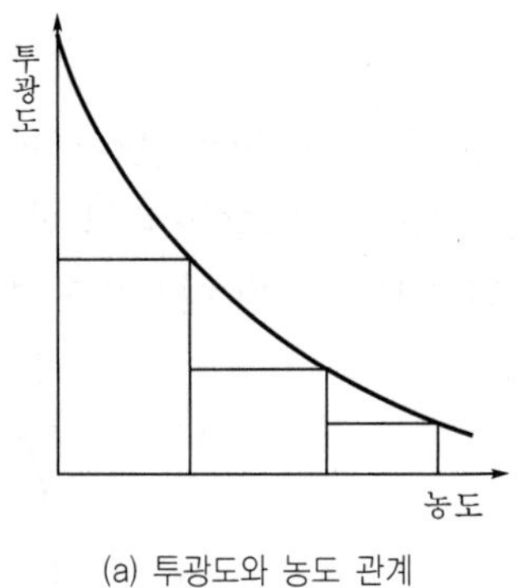

(a) 투광도와 농도 관계

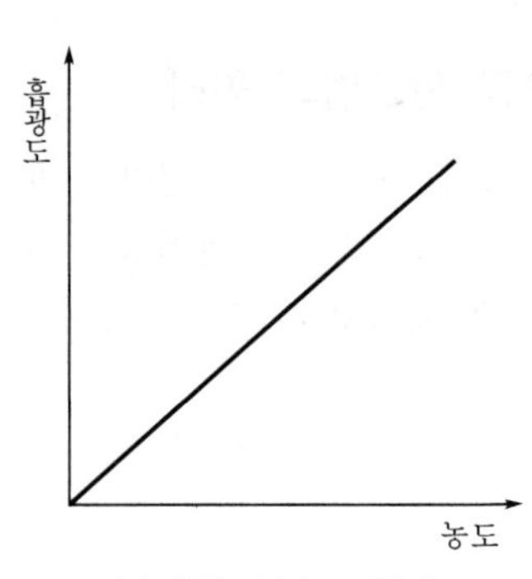

(b) 흡광도와 농도 관계

▌검량선의 보기▐

⑤ 유기물의 전자는 σ, π, n 전자가 있다.

㉮ σ는 단일 결합

예 C–C

㉯ π는 다중 결합(이중, 삼중)

예 C=C

㉰ n은 비결합 전자

예 $R\ddot{\underset{..}{O}}H$

㉱

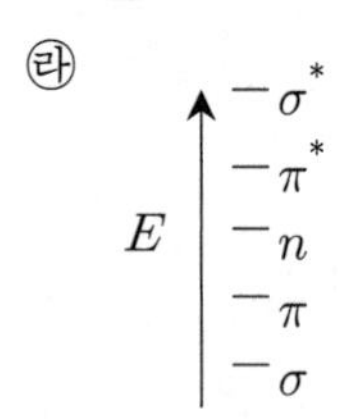

㉲ ΔE

$\sigma \rightarrow \sigma^* > \sigma \rightarrow \pi^* > \pi \rightarrow \pi^* > n \rightarrow \sigma^* > n \rightarrow \pi^*$

㉯ $n \rightarrow \pi^*$: ΔE 작다.=λ 크다.

ε 작다.(10~100)=흡광 크기 작다.

㉰ $\pi \rightarrow \pi^*$: ΔE 크다.=λ 작다.

ε 작다.(>1,000)=흡광 크기 크다.

가장 많이 보임.

예제 1 유기 화합물의 전자 전이 중에서 가장 작은 에너지의 빛을 필요로 하고, 일반적으로 약 280nm 이상에서 흡수를 일으키는 것은?

풀이 $n^* \rightarrow \pi^*$

예제 2 전자 전이가 일어날 때 흡수하는 ΔE값을 순서대로 나타내시오.

풀이 $\Delta E : \sigma \rightarrow \sigma^* \gg n \rightarrow \sigma^* > \pi \rightarrow \pi^*$

예제 3 전자 전이를 유발하는 데 가장 큰 에너지를 요하는 것은?

풀이 분자 궤도 함수 이론에서 에너지 준위는 $(\sigma_{1s})^2(\sigma_{1s^*})^2(\sigma_{2s})^2(\sigma_{2s^*})^2(\pi_{2p})^4(\sigma_{2p})^2(\pi_{2p^*})^4(\sigma_{2p^*})^2$ 순서로 나타내어진다. 따라서 $\sigma \rightarrow \sigma^*$로 전이할 때 가장 큰 에너지를 요한다.

(3) 흡광도 측정

자외선과 가시 복사선을 이용하는 흡수 측정법은 분자 화학종의 정량 및 정성 분석에 널리 이용되고 있다.

① 유기 발색단

㉮ 대부분 유기 화합물의 흡수 파장은 진공 자외선 영역($\lambda < 185$nm)인데 이 영역에서의 실험은 대단히 곤란하다. 그러므로 185nm보다 긴 파장의 자외선과 가시선 영역의 복사선을 흡수하는 발색단(chromophore)을 포함하고 있는 유기물 분자 분석에 흡수 분광법이 이용된다.

㉯ 발색단은 주로 $\pi \rightarrow \pi^*$을 가진다. 일부는 $n \rightarrow \pi^*$를 보이기도 한다.

㉰ 조색단은 n전자를 갖고 있다(비결합 전자에 의해 색이 더 강화됨).

㉱ 이중 결합을 많이 가질수록 ΔE가 감소한다. 즉 λ가 증가한다.

㉲ 유기 발색단과 흡수 극대의 대략적 파장을 다음 표에 나타내었다.

▌몇 가지 일반적인 발색단의 흡광 특성▐

발색단	보기	용매	λ_{max} [nm]	ε_{max}
알켄(alkene)	$C_6H_{13}CH=CH_2$	n−헵탄	177	13,000
알킨(alkyne)	$C_5H_{11}C\equiv C-CH_3$	n−헵탄	178 196 225	10,000
카르보닐(carbonyl)기	$CH_3C(=O)CH_3$	n−헥산	186 293	1,000 16
	$CH_3CH(=O)$	n−헥산	180 293	큰 값 12
카르복시(carboxyl)기	$CH_3C(=O)OH$	에탄올	204	41
아미도(amido)기	$CH_3C(=O)NH_2$	물	214	60
아조(azo)기	$CH_3N=NCH_3$	에탄올	339	5
니트로(nitro)기	CH_3NO_2	이소옥탄	280	22
니트로소(nitroso)기	C_4H_9NO	에틸에테르	300 665	100 20
질산(nitrate)기	$C_2H_5ONO_2$	디옥산	270	12

㉳ 흡수대의 구조와 위치는 용매와 분자의 미세 구조에 의하여 영향을 받으므로 극대값의 정확한 위치 측정은 쉬운 일이 아니다.

② 발색 시약

㉮ 금속 화합물의 분석은 흡광 광도법으로 직접 분석되는 경우도 있으나 자외선, 가시선 영역에 거의 흡수되지 않을 때에는 적당한 발색 시약과 반응시켜서 가시선 영역에 흡수되는 화합물로 변화시켜야 된다. 이러한 경우에 필요한 조건은 다음과 같다.

㉠ 발색된 색이 예민하고 안정해야 한다.

㉡ 방해 성분이 적고 목적 성분에만 반응해야 한다.

㉢ 발색된 화합물의 조성이 명확해야 한다.

㉣ 람베르트−비어의 법칙에 따라야 한다.

㉯ 발색 반응에는 산화·환원 반응이나 염의 생성 반응도 있으나, 유기 시약에 의한 금속 킬레이트 생성 반응을 이용하는 경우가 많다.

㉰ 발색 시약으로 주로 사용되는 것은 아래 표에 나타낸 것과 같다. 또 최근에는 각 분야에서 극미량 분석의 요구가 높아짐에 따라 고감도 시약이나 고감도 발색 반응의 연구가 활발하다.
특히 폴리핀 계통의 시약이 몰 흡광 계수 ε이 5×10^5과 같이 큰 값을 나타내어 고감도 발색 시약으로 주목되고 있다.

▌발색 시약의 보기▐

시약	구조식	정량 목적 원소	비고
암모늄 몰리브 데이트 (ammonium molybdate) (+환원제)	$(NH_4)_2MoO_4$	As, P, Si	헤테로폴리산[$H_3P(Mo_3O_{10})_4$ 등]을 생성(황색)하고 이를 환원하면 헤테로폴리 블루를 생성 P : 830nm, 0.0012μg/cm^3
디메틸 글리옥심 (dimethyl-glyoxime)	$H_3C-C-C-CH_3$ HO−N N−OH	Ni, Pd	Ni : ε=31,600 445nm
1,10-페난 트롤린 (1,10-phenan-throline)	N N	Fe(Ⅱ)	Fe(Ⅱ) : ε=11,000 508nm(물)
네오쿠프로인 (neocuproin)	H_3C CH_3	Cu(Ⅰ)	Cu(Ⅰ) : ε=8,000 407nm($C_2H_5OH+CHCl_3$)
나이트로소-R염 (nitroso-R염)	NO OH NaO_3S SO_3	Co	Co : ε=31,000 420nm
옥신(oxine)	HO N	Al, Fe 외의 많은 금속	Al : ε=6,700 390nm($CHCl_3$)
에세틸아세톤 (acetylacetone)	$H_3C-C(=O)-CH_2-C(=O)-CH_3$	Be 외의 많은 금속	Be : ε=31,600 295nm($CHCl_3$)
디티존(dithizone)	S=C(NH−NH−Ph)(N=N−Ph)	Hg, Pb, Cd 외의 많은 금속	Cd : ε=79,000 517nm(CCl_4) Hg : ε=46,000 490~510nm($CHCl_3$)
알리자린 콤프렉숀 La (alizarine compleone-La)	O OH OH O $CH_2N(CH_2COOH)_2$	F^-	ε=30,000 580nm

(4) 비어 법칙의 적용 한계

① 흡광도와 빛의 진로 길이 사이에는 직선적 관계가 성립한다는 사실에 거의 예외가 없다. 한편, 광도의 길이가 일정할 때에 측정한 흡광도와 농도 사이에 성립하는 정비례 관계에는 때때로 편차가 나타난다.

② 편차는 흡광도를 측정하는 실험 작업에서 생기는 경우가 있고, 또 농도 변화에 따른 화학 변화 때문에 나타날 수도 있다. 이들은 각기 기기 편차와 화학 편차로 알려져 있다.

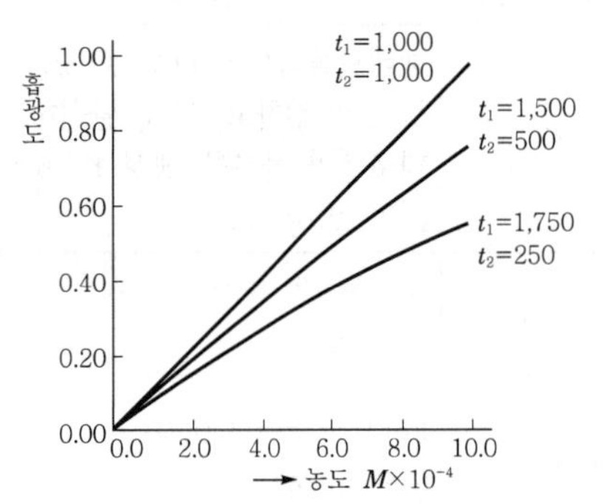

▌비어의 법칙에 어긋나는 다색광의 기기 편차▐

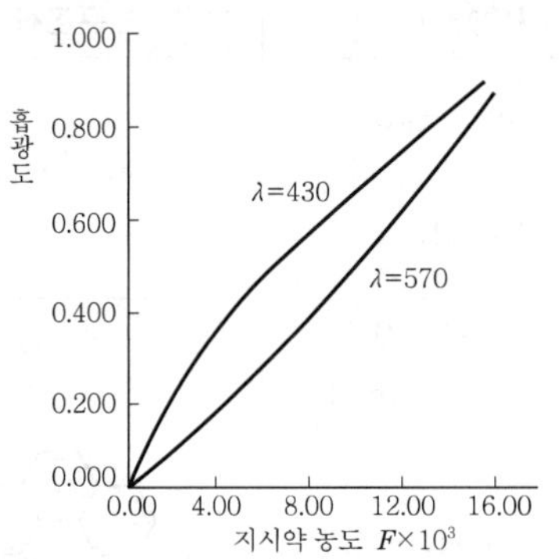

▌지시약 인의 비완충 용액이 비어의 법칙에서 어긋나는 화학 편차▐

(5) 분광 광도계의 구조

① 분광 광도계는 광전 비색계와 원리나 구조는 거의 같으나 단색광을 잡는 것으로 필터 대신 프리즘이나 회절 격자를 사용하여 텅스텐 램프에서 발생한 백색광을 분산시켜 파장의 폭이 매우 좁은 단색광을 잡을 수 있도록 되어 있다.

② 분광 광도계의 종류

여러 가지가 있으나 대표적인 분광 광도계에는 작동 범위가 250~710nm이고, 8nm의 띠 너비를 가지는 분광 광도계(스펙트로닉 20)와 작동 범위가 더 좁은 띠 너비를 가지는 베크만(Beckman) 분광 광도계가 있다.

③ 분광 광도계에서 빛이 지나가는 순서

입구 슬릿 → 분산 장치 → 출구 슬릿 → 시료부 → 검출부

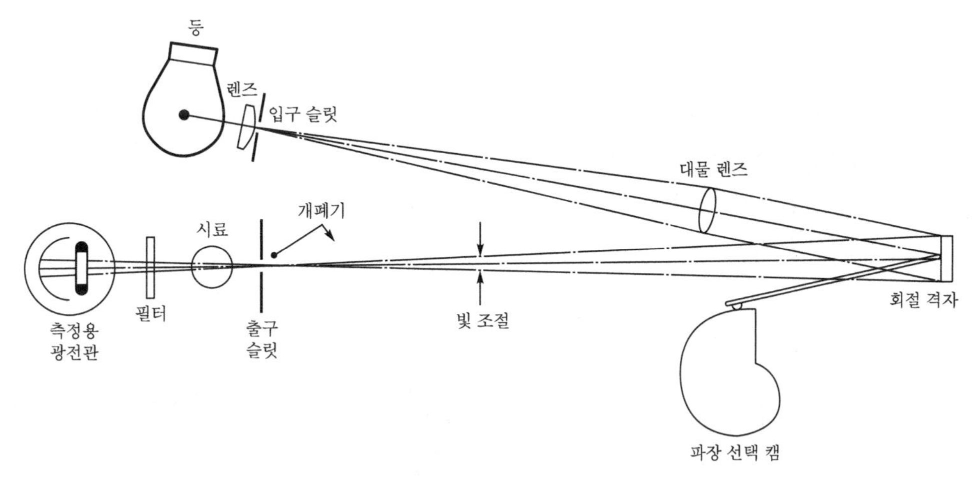

(a) 분광 광도계(spectronic 20)

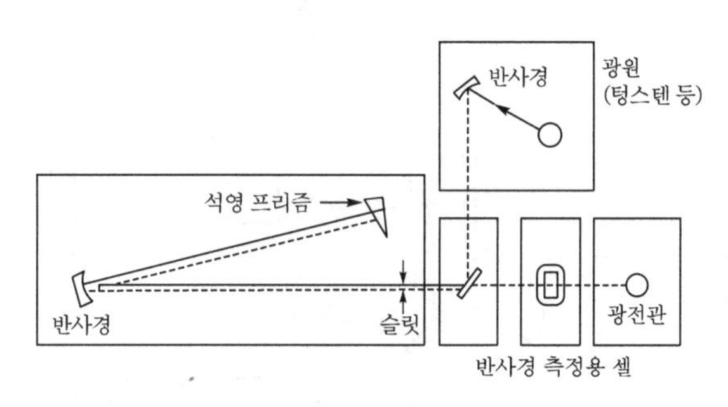

(b) 베크만 분광 광도계

▎분광 광도계의 구조▎

(6) 자외선-가시선(UV-vis) 흡수 분광법

① 기기 부품 장치

㉮ 광원은 분자 흡수 측정의 목적을 위해 적정 범위의 파장에서 예민하게 변하지 않는 연속 광원이 필요하다.

㉯ 자외선 영역의 연속 스펙트럼은 낮은 압력에서 중수소나 수소의 전기적 들뜸에 의해 발생한다.

㉰ 가장 흔한 가시 및 근적외선 복사선의 광원은 텅스텐 필라멘트 등이다.

㉱ 크세논의 분위기를 통하여 전류가 흐름으로 세기가 큰 복사선을 생성한다.

㉲ 시료 용기

㉠ 자외선 영역(350nm 이하)은 석영, ~~용융~~ 실리카가 필요하다.

㉡ 350~2,000nm은 ~~용융~~ 유리가 필요하다.

㉢ 가시선 영역은 플라스틱 용기가 필요하다.

예제 UV-vis는 빛과 물질의 상호 작용 중에서 어느 작용을 이용한 것인가?

풀이 흡수 작용(UV-vis : 빛과 물질의 상호 작용 중에서 흡수 작용을 이용한 것이다.)

② 기본적인 구성요소의 순서

광원－단색화 장치－흡수 용기－검출기－기록계

③ 기기의 종류

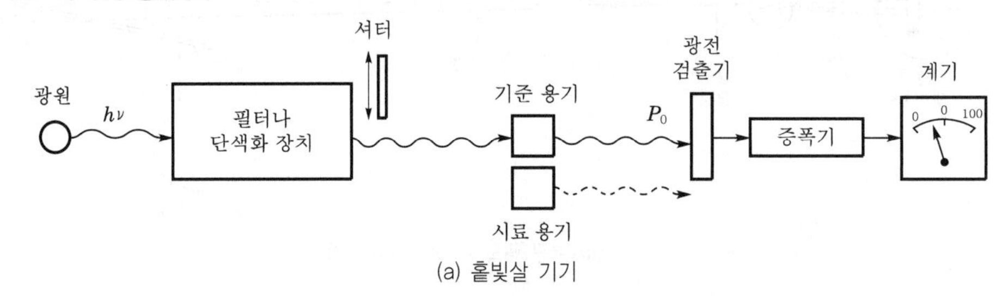

(a) 홑빛살 기기

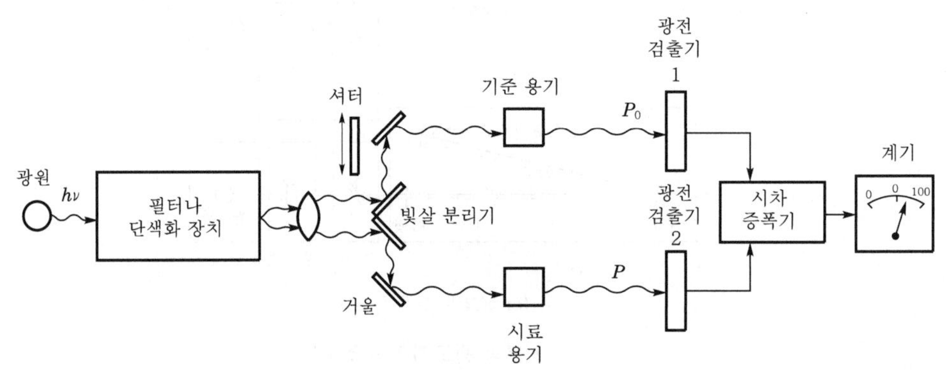

(b) 공간적으로 분리하는 겹빛살 기기

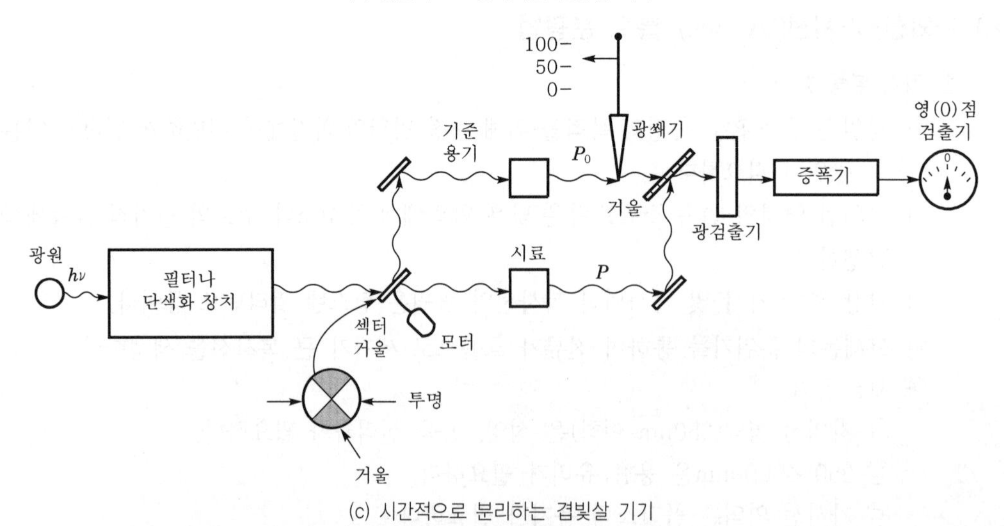

(c) 시간적으로 분리하는 겹빛살 기기

▌광도계와 분광 광도계의 기기 설계▐

④ 대표적 기기

㉮ 광도계 : 스펙트럼 순도가 그리 중요하지 않은 경우에 정확한 정량 분석이 가능하다.

㉯ 가시선 광도계

㉰ 탐침형 광도계

㉠ 흡광도는 처음에 탐침을 용매에 담그고, 다음에는 측정 용액에 담가서 측정한다.

㉡ 광도법 적정에 유용하다.

㉱ 자외선 흡수 광도계 : 고성능 액체 크로마토그래피의 검출기로 사용한다.

㉲ 분광 광도계

㉳ 가시선 영역을 위한 기기

㉴ 자외선/가시선 영역용 홑빛살 기기

㉵ 컴퓨터화된 홑빛살 분광 광도계

㉶ 겹빛살 기기

㉷ 이중 분산형 기기

㉸ 다이오드 배열 기기 : 단색화 장치의 초점면에 위치한 이들 장치로 기계적인 주사보다 전자 공학적 주사로 스펙트럼을 얻는다.

2-2 분자 발광 분광법

(1) 형광 인광 광도법

① 개요

㉮ 형광 현상은 기체 · 액체 및 고체 상태에 있는 복잡한 물질계뿐만 아니라 단순한 화학 물질계에서도 나타난다.

㉯ 공명 복사(resonance radiation) 또는 공명 형광(resonance fluorescence)은 흡수한 파장을 변화 없이 그대로 방출하는 형광이다.

㉰ Stokes 이동이란 분자 형광은 공명선보다 긴 파장을 중심으로 복사선 띠로 나타나는 경우가 훨씬 많다. 이 경우보다 긴 파장쪽으로서의 이동이다.

② 형광과 인광을 내는 들뜬 상태

㉮ 전자 스핀 : 파울리의 배타 원리는 원자 중의 2개의 전자들이 네 가지 양자수 중 같은 것을 갖는 것이 없다는 것이다.

㉯ 단일 상태, 삼중 상태, 들뜬 상태

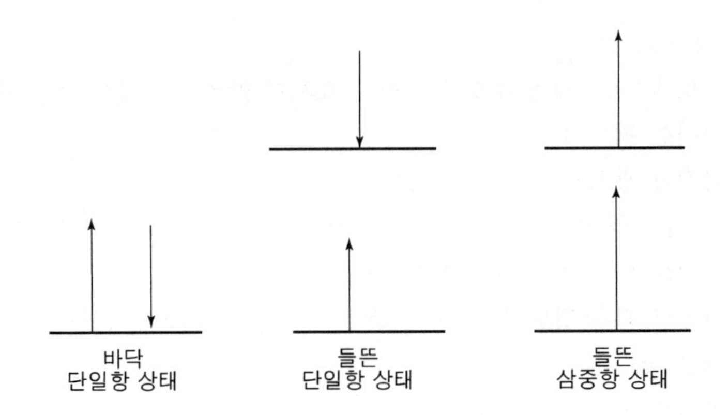

㉰ 광발공 물질계의 에너지 준위도

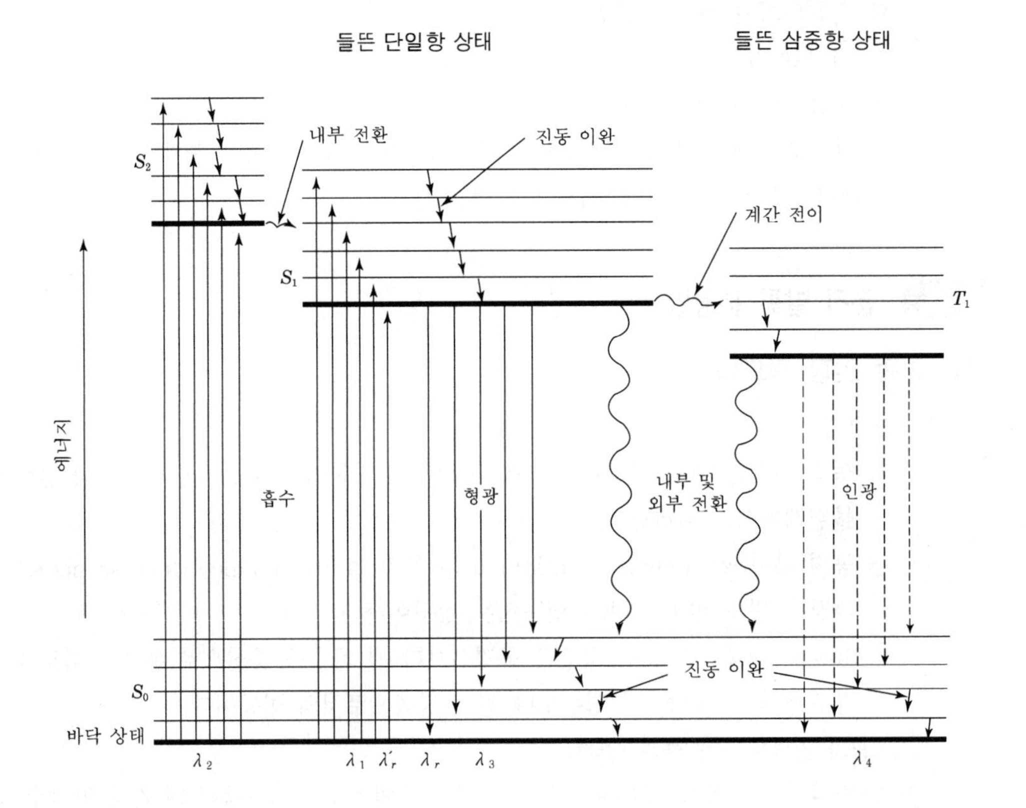

③ 흡수와 발광의 속도

④ 이완 과정

들뜬 분자가 바닥 상태로 되돌아가는 데는 몇 가지 복잡한 단계를 거친다.

㉮ 진동 이완 : 전자가 들뜨면서 분자는 여러 가지 진동 준위의 한 준위에 놓이게 되는 데 여분의 진동 에너지가 들뜬 분자와 용매 분자 사이의 충돌로 인해 소실되고 에너지가 열로 전환된다.

㉯ 내부 전환(internal conversion) : 복사선을 발광하지 않고 더 낮은 에너지 준위의 전자 상태로 되돌아가는 분자 내부에서 일어나는 과정이다.

㉰ 외부 전환(external conversion) : 충돌 소광이라고 하며, 전자 상태의 이완 과정은 들뜬 분자와 용매 또는 다른 용질 사이에서 일어나는 상호 작용의 에너지 전이와 관계할 수 있다.

㉱ 계간 전이(intersystem crossing) : 들뜬 전자의 스핀이 반대 방향으로 되고 분자의 다중도가 변하는 과정이다.

㉲ 인광 : 내부 · 외부 전환 또는 인광 현상 등에 의하여 일어난다.

(2) 형광과 인광 측정 기기

① 형광계와 분광 형광계의 부분 장치

㉮ 광원

㉠ 흡수 측정에 사용되는 텅스텐이나 수소등 광원보다 센 광원이 필요하다.

㉡ 수은이나 크세논 아크등을 사용한다.

㉯ 등

㉠ 필터 형광계는 응용 실리카 창을 가진 저압 수은 증기등이다.

㉡ 분광 형광계는 연속 복사선의 광원이 필요하다.

㉢ 고압 크세논 아크등이 사용된다.

㉰ 레이저 : 광발광에서는 들뜬 광원으로 여러 가지 형태의 레이저광을 사용한다.

㉱ 필터와 단색화 장치 : 분광 형광계에서는 회절발 단색화 장치가 사용된다.

㉲ 검출기 : 예민한 형광 측정 장치에는 광전자 증배관이 많이 사용된다.

② 시료 용기 및 용기 설치실

유리 또는 실리카로 만든 원통형 또는 정방형 용기를 형광 측정에 사용한다.

③ 기기 설계

㉮ 형광계 : 필터 형광계는 정량적으로 형광 물질을 분석할 수 있는 아주 간단하고 저렴한 것이다.

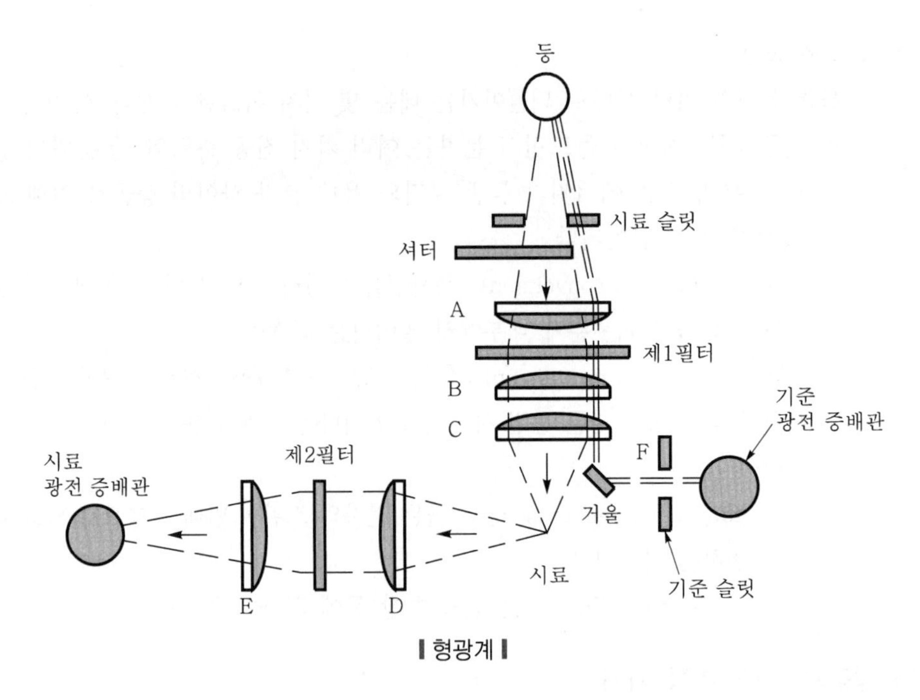

▮형광계▮

㉯ 인광계

㉠ 교대로 시료에 빛을 쪼이고 적당한 시간이 지난 다음 인광 세기를 측정하는 장치이다.

㉡ 충돌 이완에 의한 출력의 감소를 방지하려고 액체 질소 온도에서 측정한다.

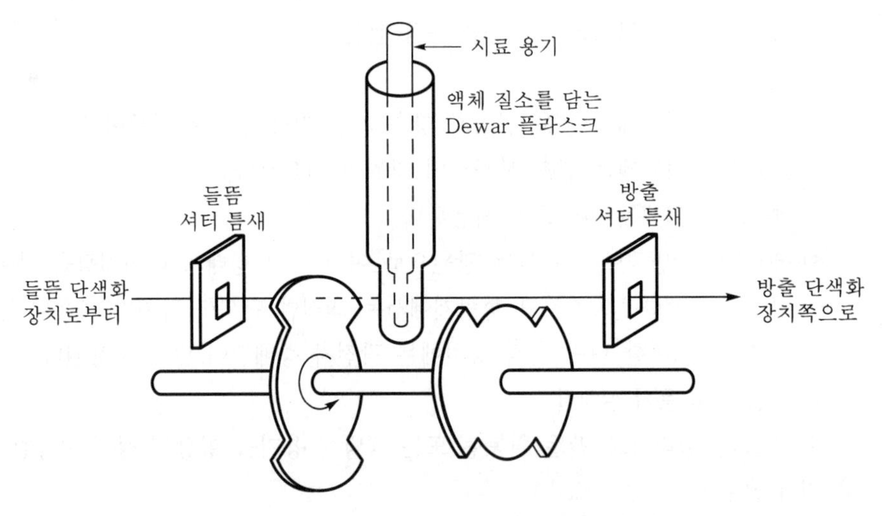

▮들뜸과 측정을 교대로 하는 인광 측정 장치▮

2-3 적외선(IR) 분광법

적외선 흡수는 여러 진동 상태 사이의 작은 에너지 차가 존재하는 화학 종에서만 일어난다. 적외선을 흡수하기 위해서는 분자가 진동할 때 쌍극자 모멘트의 알짜 변화를 일으켜야 한다.

예 HCl, NH_3 등 O_2, N_2, H_2 같은 동핵 화학종은 IR 흡수가 불가능하다. 또한 작용기가 있다고 하더라도 대칭적 구조를 갖는다면 IR의 흡수가 없다.

(1) 적외선 흡수 분광법의 이론

① 분자 진동의 종류

㉮ 신축(stretching) 진동 : 두 원자 사이의 결합축을 따라서 원자 간 거리가 연속적으로 변화하는 것이다.

㉯ 굽힘(bending) 진동 : 두 결합 사이의 각도 변화를 말하며, 가위질 진동(scissoring), 좌우 흔듦 진동(rocking), 앞뒤 흔듬 진동(wagging), 꼬임 진동(twisting)이 있다.

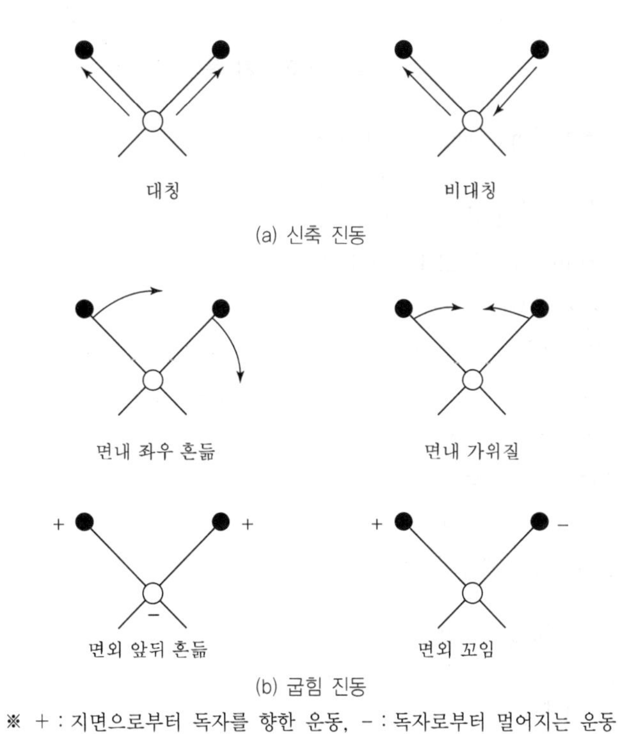

▌분자 진동 종류▌

② 이원자 분자 신축 진동의 기계적 모델

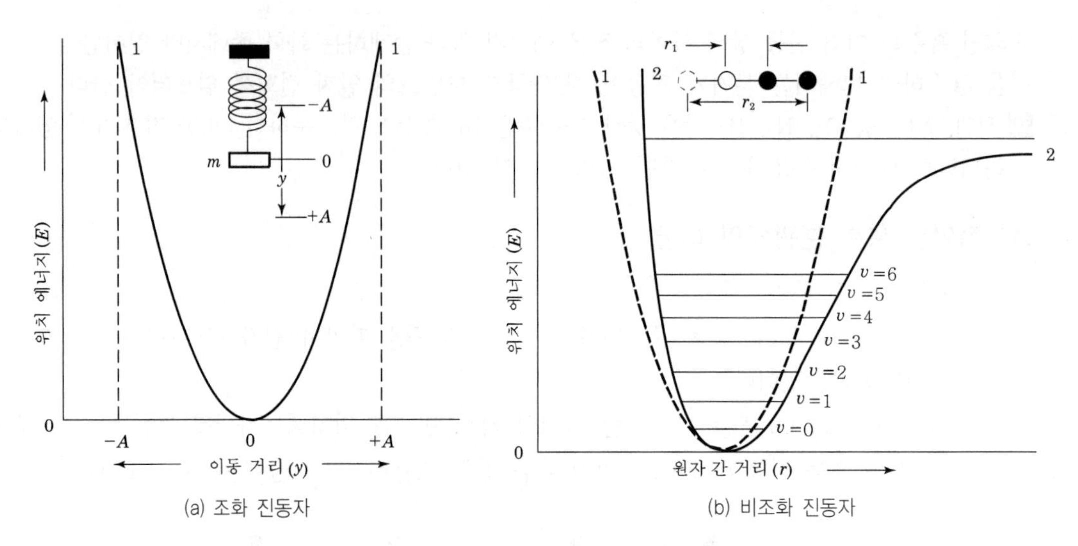

(a) 조화 진동자

(b) 비조화 진동자

▌위치 에너지 곡선▐

㉮ 조화 진동자(harmonic oscillator)

$$E = h\nu\left(v + \frac{1}{2}\right),\ v = \frac{1}{2\pi}\sqrt{\frac{K}{\mu}}$$

selection rule은 $\Delta V = \pm 1$이다.

㉯ 비조화 진동자

㉠ 선택 규칙(selection rule)을 따르지 않는 결과로 $\Delta V = \pm 2,\ \pm 3$ 전이도 관찰된다.

㉡ 이와 같은 전이들이 기본 선의 두 배 또는 세 배 정도 되는 주파수의 배진동수 선(over tore line)이 나타난다.

㉰ FG 별로 다른 에너지를 흡수(FG : 작용기)

㉠ 각 FG은 고유의 흡수 spectrum을 보인다.

㉡ IR에서는 결합의 세기에 기인하는 FG를 알 수 있다.

㉱ 1번 원자　　　　　2번 원자

① ⅇⅇⅇⅇⅇⅇⅇⅇⅇⅇⅇⅇ ②

r

두 원자핵 사이의 거리

$E = h\nu$

여기서, ν : 계속 진동하는(oscillation) 주파수(전자기파 주파수가 아님)

㉤ $\mu = \dfrac{m_1 m_2}{m_1 + m_2}$ (환원 질량)

여기서, m_1 : 원자 1의 질량

m_2 : 원자 2의 질량

㉥ $F = -K(\delta r)$: Hooke's law

여기서, F : 복원력(스프링을 늘리면 다시 돌아가려고 하는 힘)

K : 복원력 상수

$\delta r (= \Delta r)$: 거리의 변화(Δr이 크면 클수록 복원력은 세진다.)

㉦ $\nu = \dfrac{1}{2\pi}\sqrt{\dfrac{K}{\mu}}$ 또는 $\bar{\nu} = \dfrac{1}{2\pi C}\sqrt{\dfrac{K}{\mu}}$

여기서, ν와 $\bar{\nu}$는 같은 개념이다. C(광속)를 사용하는 것의 차이이다.

μ : 환원 질량

K : 복원력 상수

이 식에서 변수는 K와 μ이다.

㉠ $\bar{\nu}$는 K에 비례(강한 결합일수록 K값 증가 → $\bar{\nu}$ 커진다.)

	$2{,}150cm^{-1}$		$1{,}200cm^{-1}$
	C≡C(강한 결합)		C−C(약한 결합)
결합 길이	짧다.		길다.
결합 세기	강하다.		약하다.
	≡ C−H	= C−H	− C−H
	SP	SP^2	SP^3
	$3{,}300cm^{-1}$	$3{,}100cm^{-1}$	$2{,}900cm^{-1}$

- C−H stretching은 K값이 크다. 즉, 강한 힘 : $\sim 3{,}000cm^{-1}$
- C−H bending은 K값이 작다. 즉, 약한 힘 : $\sim 1{,}340cm^{-1}$

일반적으로 에너지는 stretching이 더 든다.

∴ 강한 힘(높은 파수를 갖는다.)

㉡ $\bar{\nu}$는 μ에 반비례

C−H	C−O	C−I
$3{,}000cm^{-1}$	$1{,}100cm^{-1}$	$500cm^{-1}$
$\mu = \dfrac{12 \times 1}{12 + 1}$	$\mu = \dfrac{12 \times 16}{12 + 16}$	$\mu = \dfrac{12 \times 127}{12 + 127}$
$= 0.92$	$= 6.86$	$= 11.0$

→ μ이 클수록 $\bar{\nu}$는 작아진다.

따라서, C−D는 C−H보다 $\bar{\nu}$가 작아진다.(D가 H보다 무겁기 때문이다.)

③ IR 흡수 범위

$2.5 \sim 15\mu m(\bar{\nu} = 4{,}000cm^{-1} \sim 667cm^{-1})$이며, 분자 진동을 흡수하는 에너지이다.

④ IR 스펙트럼의 원리

분자의 진동이나 회전 운동

⑤ IR 시료 제조

Cell 재료로는 유리, 플라스틱은 사용하지 않는다. 왜냐하면 유리와 플라스틱에는 공유결합이 있어 IR의 강한 흡수 반응이 일어나기 때문이다. 따라서 고가의 NaCl이나 KBr을 사용한다. NaCl, KBr은 이온 결합 물질로 격자 형태를 가지며 진동이 없다. 물이나 수증기(수분)에 녹기 때문에 접촉을 금지한다.

㉮ 고체 시료 제조

㉠ KBr 펠렛을 만든다. : 시료+KBr 분말을 갈아서 압축기로 눌러 판으로 만든다.

㉡ 멀(mull) : 용매로 탄화수소 오일인 Nujol을 사용한다. 누졸에 고체를 녹이거나 서스펜션(액체 속에 고체의 미립자가 분산되어 있는 것) 시킨다. 액체 시료와 유사하나 KBr 펠렛은 누졸의 흡수가 있다.

㉢ 용액으로 만들어 준다. : CCl_4를 용매로 하여 고체를 녹인다. 물이 닿지 않도록 주의한다.

㉯ 액체 시료 제조 : 두 장의 NaCl이나 KBr 판 사이에 액체를 한 방울 정도 떨어뜨린 후 두 판을 비벼서 얇은 막을 형성한다. 액체 시료는 제조 시 용매가 필요 없다는 것이 장점이다.

⑥ IR은 스펙트럼에서 가로축에 파수(cm^{-1})를 사용한다.

스펙트럼에서 위치는 정량 분석에, 크기와 모양은 정성 분석에 사용된다.

⑦ IR의 용매

$-CCl_4$ Nujol이 주로 사용된다.

(2) 적외선 광원과 검출기

적외선 흡수 측정 기기는 모두 연속 적외선 광원과 예민한 적외선 변환기나 검출기를 필요로 한다.

① 광원 : 네른스트 램프

적외선 광원은 1,500K과 2,200K 사이의 온도까지 전기적으로 가열되는 불활성 고체로 구성되어 있다.

② 적외선 검출기

㉮ 열법 검출기(thermal transducer) : 복사선의 가열 효과에 따라 감응한다.

㉯ 파이로 전기 검출기(pyroelectric detector) : 특별한 열적·전기적 성질을 갖고 있는 절연체인 파이로 전기 물질의 단결정 웨이퍼로 구성되어 있다.

㉰ 광전도 검출기(photoconducting detector) : 비전도성 유리 표면에 증착되어 있는 황화납, 텔루르화 카드뮴의 수은 광전 도체 또는 안티몬화 인듐과 같은 반도체 물질의 얇은 필름으로 구성되어 있다.

㉣ 주요 작용기별 스펙트럼

구분	Type of Vibration	Frequency(cm^{-1})	Intens
C−H	Alkanes (stretch)	3,000~2,850	s
	$-CH_3$ (bend)	1,450 and 1,375	m
	$-CH_2-$ (bend)	1,465	m
	Alkenes (stretch)	3,100~3,000	m
	(out-of-plane bend)	1,000~650	s
	Aromatics (stretch)	3,150~3,050	s
	(out-of-plane bend)	900~690	s
	Alkyne (stretch)	ca. 3,300	s
	Aldehyde	2,900~2,800	w
		2,800~2,700	w
C−C	Alkane	Not interpretatively useful	
C=C	Alkene	1,680~1,600	m−w
	Aromatic	1,600 and 1,475	m−w
C≡C	Alkyne	2,250~2,100	m−w
C=O	Aldehyde	1,740~1,720	s
	Ketone	1,725~1,705	s
	Carboxylic acid	1,725~1,700	s
	Ester	1,750~1,730	s
	Amide	1,680~1,630	s
	Anhydride	1,810 and 1,760	s
	Acid chloride	1,800	s
C−O	Alcohols, ethers, esters, carboxylic acids, anhydrides	1,300~1,000	s
O−H	Alcohols, phenols		
	Free	3,650~3,600	m
	H-bonded	3,400~3,200	m
	Carboxylic acids	3,400~2,400	m
N−H	Primary and secondary amines and amides		
	(stretch)	3,500~3,100	m
	(bend)	1,640~1,550	m−s
C−N	Amines	1,350~1,000	m−s
C=N	Imines and oximes	1,690~1,640	w−s
C≡N	Nitriles	2,260~2,240	m
X=C=Y	Allenes, ketenes, isothiocyanates, isocyanates	2,270~1,940	m−s
N=O	Nitro($R-NO_2$)	1,550 and 1,350	s
S−H	Mercaptans	2,550	w
S=O	Sulfoxides	1,050	s
	Sulfones, sulfonyl chlorides, sulfates, sulfonamides	1,375~1,300 and 1,350~1,140	s
C−X	Fluoride	1,400~1,000	s
	Chloride	785~540	s
	Bromide, iodide	< 667	s

(3) 적외선 기기

① 분산형 회절발 분광 광도계는 정성에 사용한다.

② 푸리에(Fourier) 변환 적외선 분광기(FTIR)는 정성 및 정량법 적외선 측정에 사용한다.

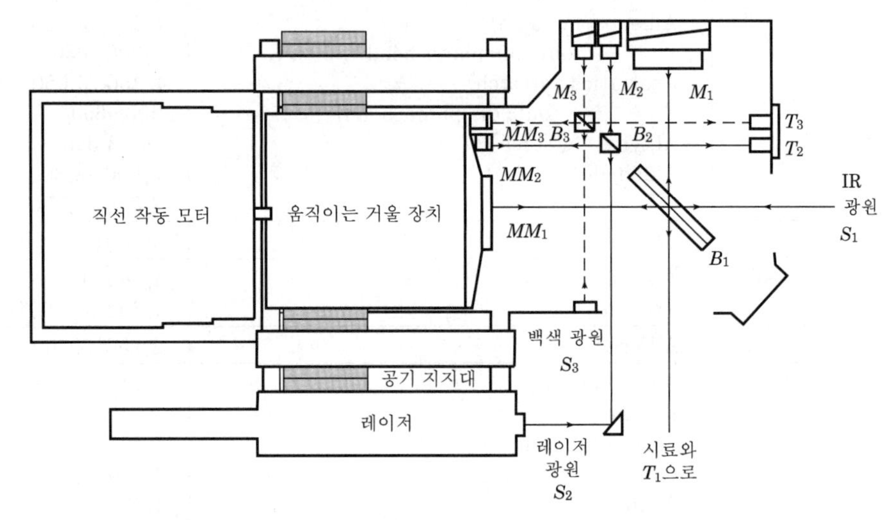

※ 하첨자 1은 적외선 간섭계 내의 복사선의 통로를 정의하고, 하첨자 2와 3은 각각 레이저와 백색 광 간섭계를 나타낸다.

▌적외선 푸리에(Fourier) 변환 분광기의 간섭계▐

③ 비분산형 광도계는 흡수 방출 및 반사 분광법에 의한 대기 중 다양한 유기 화학종들의 정량 분석에 사용한다.

2-4 핵자기 공명(NMR) 분광법

(1) 핵스핀 상태

① 많은 원자핵은 스핀이라고 불리는 성질이 있다.

② 홉수 원자 수와 홉수 질량을 갖는 원자핵은 양자화된 spin 각 운동량과 자기 모멘트를 가지며 원자 번호가 홀수이거나 원자량이 홀수일 때 에너지 라이오파를 흡수한다.

예 ${}^{1}_{1}H$, ${}^{2}_{1}H$, ${}^{13}_{6}C$, ${}^{17}_{8}O$, ${}^{14}_{7}N$, ${}^{19}_{9}F$ 등

③ ${}^{12}_{6}C$, ${}^{16}_{8}O$는 스핀을 갖지 않는다.

④ 허용된 스핀 상태는 양자화되어 있으며, 핵스핀 양자 수 I로 구한다.

⑤ 각각 핵에서 그 번호는 물리 상수이며, $+I$로부터 $-I$까지의 정수로 $(2I+I)$개의 spin 상태가 있다.

$+I$, $(I-1)$, $\cdots$, $(-I+1)$, $-I$

⑥ 외부 자장이 없을 경우 주어진 핵종의 모든 스핀 상태의 에너지는 같고, 각 스핀의 점유도도 같다.

⑦ 중요 핵종의 spin 양자 수

원소	$^{1}_{1}H$	$^{2}_{1}H$	$^{12}_{6}C$	$^{13}_{6}C$	$^{14}_{7}N$	$^{16}_{8}O$	$^{17}_{8}O$	$^{19}_{9}F$	$^{31}_{15}P$	$^{35}_{17}Cl$
핵스핀 양자 수	$\frac{1}{2}$	1	0	$\frac{1}{2}$	1	0	$\frac{5}{2}$	$\frac{1}{2}$	$\frac{1}{2}$	$\frac{3}{2}$
스핀 상태 개수	2	3	0	2	3	0	6	2	2	4

(2) 핵자기 모멘트

① 외부 자장이 걸리면 스핀 상태의 에너지가 같지 않게 된다.

② 핵은 자신의 스핀으로 인해 자기 모멘트 μ를 갖게 된다.

③ 수소핵의 경우 $-\frac{1}{2}$과 $+\frac{1}{2}$ 스핀 상태를 갖게 되는데 μ가 반대 방향의 배향이 가능하다.

④ 외부 자장이 걸리면 하나는 자장의 방향과 나란히 되어 에너지가 낮아지고, 하나는 반대 방향이 되어 에너지가 높아진다.

⑤ 외부의 자장이 걸림으로써 동일 에너지 스핀 상태는 에너지를 띤 두 상태로 갈라진다.

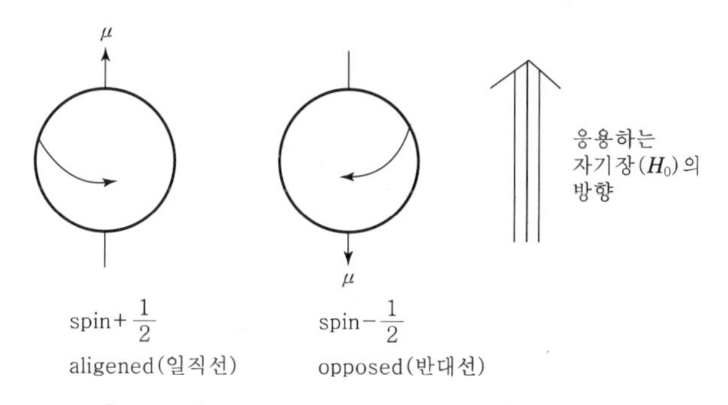

▌프로톤(Proton)의 두 가지 허용된 스핀 상태▐

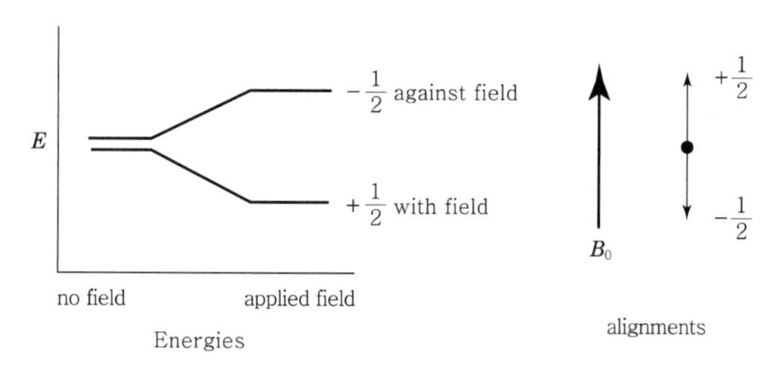

▌외부 자장 유무 시의 Proton의 스핀 상태▐

(3) 에너지 흡수

① 핵자기 공명 현상은 외부 자장과 나란한 핵종이 에너지를 흡수하여 외부 자장에 대하여 스핀 배향을 바꿀 때 일어난다.

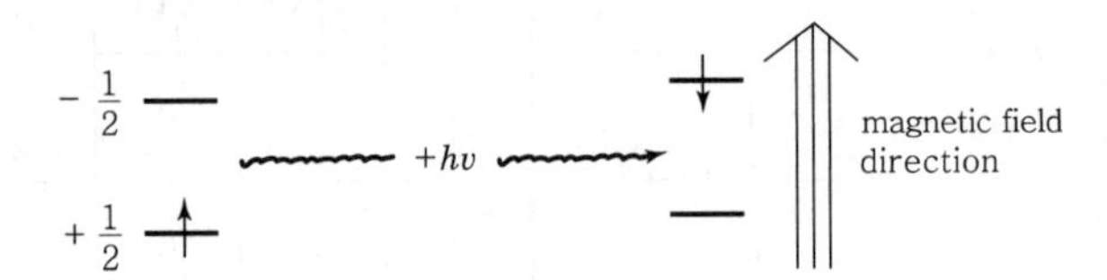

▎프로톤(Proton)의 NMR 흡수 과정▎

② 흡수된 에너지는 두 개의 스핀 상태의 에너지와 같다.

$$E_{흡수} = \left(E_{-\frac{1}{2}상태} - E_{+\frac{1}{2}상태}\right) = h\nu$$

실제로 이 에너지 차이는 외부 자장 B_0의 세기 함수이다.

$$\Delta E = f(B_0)$$

③ 에너지 준위가 갈라지는 크기의 정도는 핵종마다 다르다. 자기 회전 비율(magnetogyric ratio)이라고 부르는 이 비율은 각각 핵종에 대해 상수이며, 외부 자장에 대한 에너지 의존도를 결정한다.

$$\Delta E = f(r - B_0) = h\nu$$

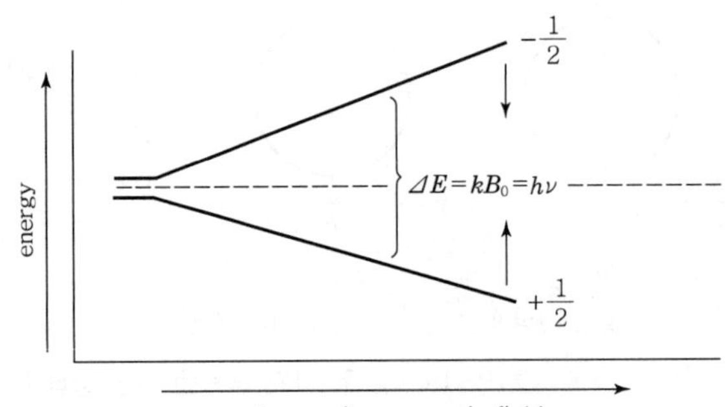

▎외부 자장 세기 B_0의 함수로서의 스핀 상태 에너지 갈라짐▎

④ 핵의 각 운동량은 $\frac{h}{2\pi}$ 단위로 양자화되어 있다.

$$\Delta E = f\left(\frac{h}{2\pi}\right)B_0 = h\nu,\ v = \left(\frac{r}{2\pi}\right)B_0$$

(4) 흡수 메커니즘(공명)

① 프로톤(proton)은 외부 자장에서 세차 운동하기 때문에 에너지를 흡수한다.

② 외부 자장이 걸리면 핵은 회전축을 중심으로 각 주파수 ω로 세차 운동을 한다. 주파수(ω)는 라머(Larmor) 주파수라고 부른다.

③ 세차 운동하는 주파수는 자장의 세기가 클수록 증가한다.

④ 세차 운동하는 주파수와 같은 파장의 라디오파가 쪼여지면 그 에너지는 흡수된다. 그 에너지가 핵으로 전달되며 스핀의 변화가 생기는데, 이 조건을 공명이라고 한다.

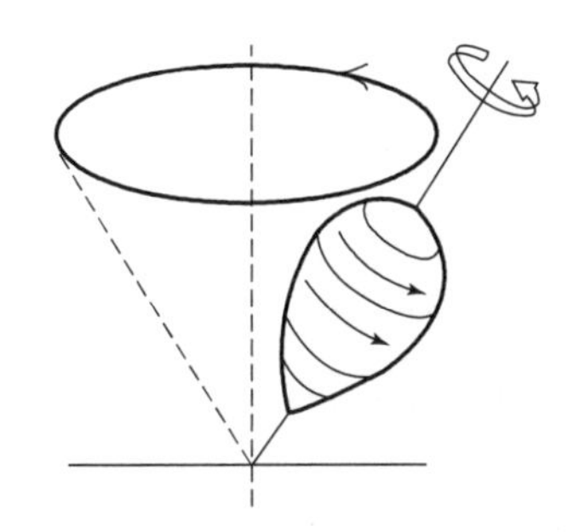

(a) 지구의 중력장에서 세차 운동하는 팽이

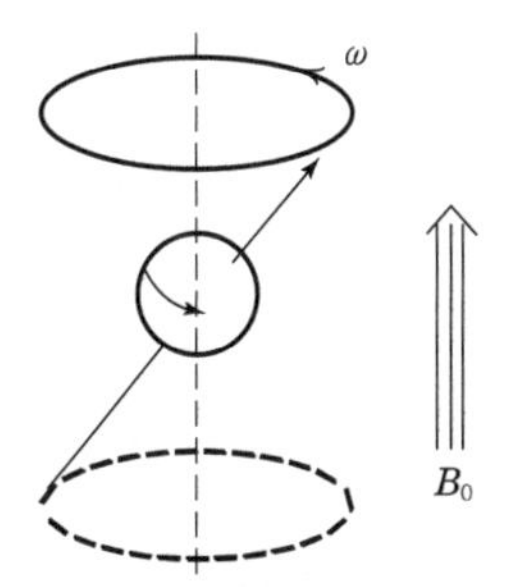

(b) 외부 자장의 영향으로 세차 운동하는 핵

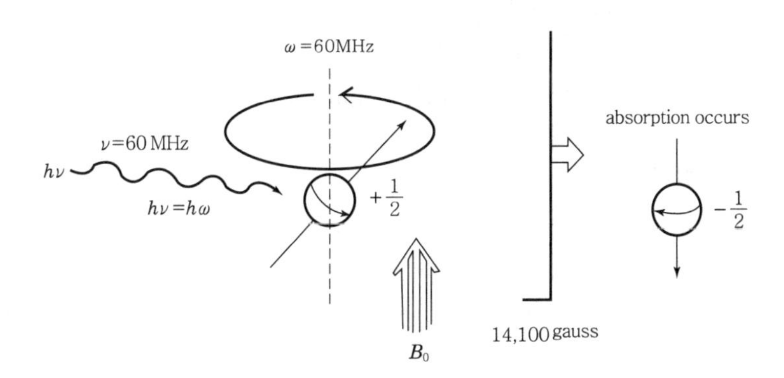

▌핵자기 공명 과정($\nu = \omega$일 때 흡수가 일어남)▐

(5) 화학적 이동(chemichal shift)과 가리움(shielding)

① 실제 모든 수소가 다같은 파장에 공명을 일으키지 않는데 이는 각각 다른 환경에 있기 때문이다.

② 원자가 껍질(valence−shell) 전자 밀도는 수소마다 각각 다르다. 그리고 수소는 원자가 전자에 의해 가려져(shielded) 있다.

③ 외부 자장하에 수소의 원자가 전자가 회전하는데 이를 국소 반자기성 전류(local diamagnetic current)라고 부른다. 이는 외부 자장과 반대인 역자장을 생성한다.

④ 반자기성 가리움, 반자기성 비등방성(diamagnetic anisotropy)

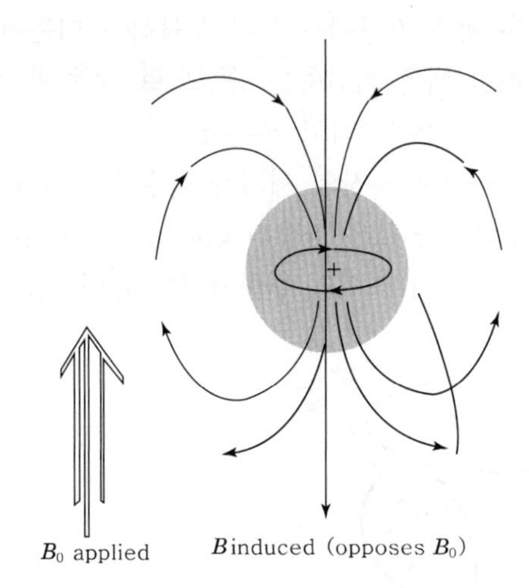

▌반자기성 비등방성 - 원자가전자의 회전에 의한 핵의 반자기성 가려 막기▐

⑤ 화학적 이동(chemical shift, δ)

㉮ $\delta = \dfrac{\text{이동값(Hz)}}{\text{기기 작동 주파수(MHz)}}$

㉯ 화학적 이동은 δ(delta), 단위는 ppm으로 표시한다.

(6) 핵자기 공명 분광기

① NMR 기기

㉮ 고분해능 : 7,000 G 이상의 큰 자기장 사용

㉯ 넓은－선형 기기－저분해능 스펙트럼, 원소의 정량 분석과 물리적 환경 연구

② 기기의 구성

㉮ 균일하고 강한 자기장을 갖는 자석

㉯ 작은 범위에서 자기장을 연속적으로 변화할 수 있는 장치(Helmholtz coil 또는 sweep coil)

㉰ 라디오파(RF) 발신기

㉱ RF 검출기

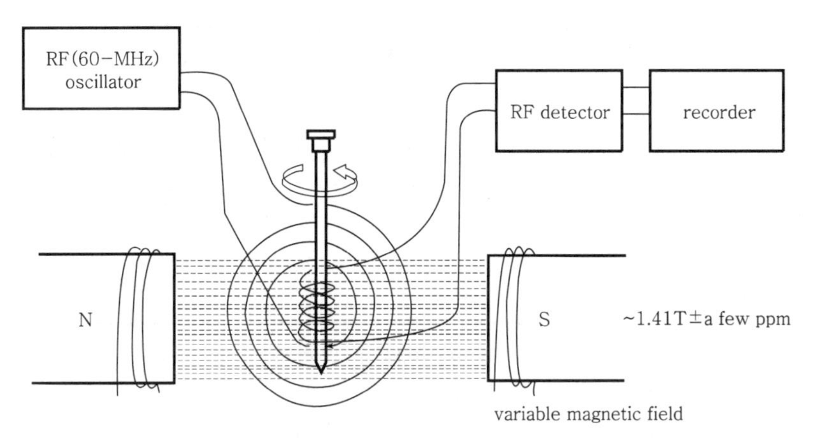

▌고전적 핵자기 공명 분광기의 기본 구성▌

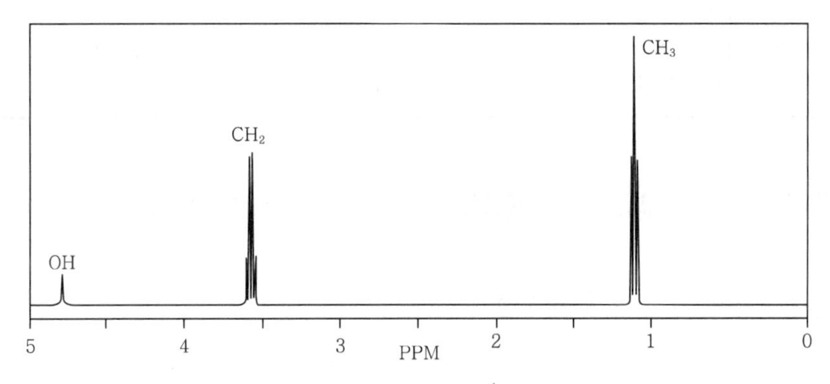

▌에탄올(CH_3CH_2OH)의 ^{1}HNMR▌

③ 자석은 강할수록 좋다.

㉮ 화학적 이동(chemichal shift)은 자기장의 세기에 비례한다.

㉯ 자기장이 강할수록 흡수 신호는 커지고 잡음 비율은 작아진다.

㉰ 영구 자석이나 전자석을 사용한다.

④ RF 발신기는 외부 자기장에 대한 수직 방향의 평면 내에서 라디오파 신호를 내보내서 핵에 공명·흡수시켜 들뜨게 만든다.

⑤ 검출기는 자성을 띤 시료에 RF 신호를 통과시킬 때 분산의 두 가지 현상을 측정한다.

2. 크로마토그래피법

두 가지 이상의 혼합 물질을 단일 성분으로 분리하여 분석하고, 복잡한 혼합물을 구성하고 있는 매우 유사한 성분들을 분리할 수 있는 분리법으로, 시료는 이동상에 의해 이동하며 이동상은 정지상을 통해 지나간다.

참고

- 이동상(mobile phase) : 분리된 성분을 운반하는 상
  1. 기체나 액체 또는 초임계 유체
  2. 물, 유기 용매, 기체(질소, 수소, 0족 기체)
- 정지상(stationary phase) : 성분을 분리할 때 움직이지 않고 고정된 위치를 유지하는 상
  1. 대부분의 고체
  2. 이온 교환 수지, 실리카 겔 입자, 규조토 입자와 그 표면에 도포한 고분자 물질, 종이 크로마토그래피, 얇은 막 크로마토그래피

1 종이 크로마토그래피(paper chromatography)

(1) 종이 크로마토그래피 제조법

① 종이 조각은 사용 전에 습도가 조절된 상태에서 보관한다.
② 점적의 크기는 직경을 약 5mm 이상으로 만든다.
③ 시료를 점적할 때에는 주사기나 미세 피펫을 사용한다.
④ 시료의 농도가 너무 묽으면 여러 방울을 찍어서 농도를 증가시킨다.

참고

- 크로마토그래피법
  1. 이온 교환 크로마토그래피 : 정지상을 일정 전위로 전하시키고, 혼합된 전위가 있는 이동상을 정지상으로 지나가게 해서 분리하는 방법
  2. 겔 투과 크로마토그래피 : 이동상의 크기에 따라 분리되는 크로마토그래피법(거름종이와 유사)으로 고분자 유기 화합물 분리 시 사용
  3. 얇은 막 크로마토그래피 : 정지상이 고체 지지체(실리카 겔) 등으로 도포된 얇은 막으로 이루어진 크로마토그래피로 종이 크로마토그래피보다 전개 시간이 짧고, 분리 효율이 좋으며, 강산 및 강염기 등의 발색 시약을 사용할 수 있는 평면 크로마토그래피
- 크롬산 용액

  얇은 막 크로마토그래피를 제조하는 과정에서 도포용 유리의 표면이 더렵혀져 있으면 균일한 얇은 막을 만들기 어렵다. 이를 방지하기 위하여 유리를 크롬산 용액에 담가둔다.

(2) 종이 크로마토그래피

종이 크로마토그래피는 매우 간단한 분석 방법의 하나로서, 적은 양의 혼합 시료 각 성분을 거름종이와 같은 흡착성이 있는 종이 위에서 분리·검출하는 데 다음의 조작에 의한다.

① 거름종이의 한쪽 끝에 시료를 묻힌다.

② 밀폐된 그릇 속에서 거름종이를 적당한 전개 용매에 담그고 시료를 전개시킨다.

③ 거름종이 위에 전개된 각 성분을 적당한 시약에 의하여 발색시킨다.

④ 이동도(R_f)로 각 물질이 무엇인지를 판별한다.

⑤ 이동도(R_f)가 0.4~0.8일 때 분리도가 우수하다.

$$\text{이동도}(R_f) = \frac{C\,[\text{기본선과 이온이 나타난 사이의 거리(cm)}]}{K\,[\text{기본선과 용매가 전개한 곳까지의 거리(cm)}]}$$

(3) 구리, 비스무트, 카드뮴 이온을 분리할 때 사용하는 전개액

묽은 염산, n-부탄올

참고

크로마토그래피의 종류

1. PC : 종이 크로마토그래피(paper chromatography)
2. EPC : 전기 이동 크로마토그래피(electrophoresis chromatography)
3. TLC : 얇은 층 크로마토그래피(thin-layer chromatography)
4. LLC : 액체-액체 크로마토그래피(liquid-liquid chromatography)
5. LSC : 액체-고체 크로마토그래피(liquid-solid chromatography)
6. LBC : 액체 결합 크로마토그래피(liquid bonded chromatography)
7. IEC : 이온 교환 크로마토그래피(ion-exchange chromatography)
8. GPC : 겔 투과 크로마토그래피(gel-permeation chromatography)
9. GLC : 기체-액체 크로마토그래피(gas-liquid chromatography)
10. GSC : 기체-고체 크로마토그래피(gas-solid chromatography)
11. SFC : 초임계 액체 크로마토그래피(superfluid chromatography)

초임계 액체 크로마토그래피(SFC) 이동상 기체 : CO_2

2 고성능 액체 크로마토그래피(HPLC ; High Performance Liquid Chromatography)

물질의 밀도차를 이용하여 물질을 분리하는 실험으로, 입자가 고운 액체에 녹지 않는 물체에 분해하려는 물질을 묻히고, 다른 액체 등에 일부를 담가두면 스며들어서 분해가 되는 원리이다.

예 운동선수의 약물 검사 등 비휘발성 또는 열에 불안정한 시료의 분석에 가장 적합하다.

예제 HPLC에서 Y축을 높이로 하여 파형의 축을 밑변으로 한 넓이로 알 수 있는 것은?

풀이 성분의 양

(1) 분배 크로마토그래피

분배(partition) 크로마토그래피는 정지상의 종류에 따라 분류한다.

① 액체－액체(liquid－liquid) 크로마토그래피
정지상은 충진 입자 표면에 시료를 물리적으로 흡착한다.

② 결합상(bonded－phase) 크로마토그래피
정지상은 충진 입자 표면에 결합되어 있다.

③ 흡착 또는 액체－고체(adsorption or liquid－solid) 크로마토그래피
정지상은 실리카 알루미나를 사용한다.

④ 이온(ion) 크로마토그래피
이온 교환 수지를 정지상으로 사용한다.

⑤ 크기 배제 또는 젤(size exclusion or gel) 크로마토그래피
일정한 구멍 크기를 갖는 입자를 정지상으로 사용한다.

(2) HPLC의 기기 장치

용액으로 불리는 이동상을 고압 펌프로 운반하는 크로마토그래피 장치를 말하며, 펌프, 주입기, 칼럼, 검출기, 데이터 장치 등으로 구성되어 있다.

① 이동상 액체의 흐름 순서
이동상 저장병 → 광학 자동 청소 밸브 → 시료 주입구 → 분리관 → 재순환 밸브 → 폐액병

② 이동상 용매의 처리 기기
㉮ 이동상에 미세 입자들이 불순물로 포함되어 있으면 분리관을 통과하면서 통로를 막아버린다.
㉯ 이동상에 대기 중의 O_2나 CO_2 등이 녹아 있으면 용리액의 흐름을 방해한다.
㉰ 거름 장치를 사용한다.
㉱ 비활성 기체를 통해서 용존 기체를 제거한다.
㉲ 가압 펌프, 용액의 입구와 출구에 각기 용액 압력을 나타내는 압력계를 부착한다.

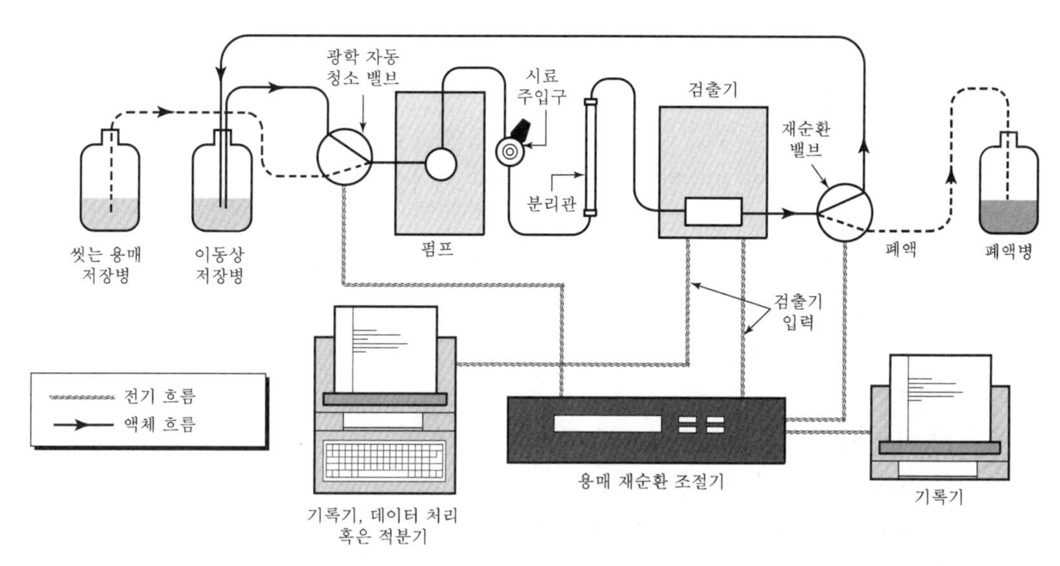

▎HPLC 흐름 순서와 용매 재순환▎

③ 이동상 용매 구비 조건

㉮ 분석 시료를 녹일 수 있어야 한다.

㉯ 분석물의 봉우리와 겹치지 않는 고순도이어야 한다.

㉰ 관 온도보다 20~50℃ 정도 끓는점이 높아야 한다.

㉱ 점도는 낮을수록 좋다.

㉲ 용질이나 충전물과 화학 반응하지 않아야 한다.

㉳ 정지상을 용해하지 않아야 한다.

㉴ 적당한 가격으로 쉽게 구입할 수 있어야 한다.

④ 시료 주입구

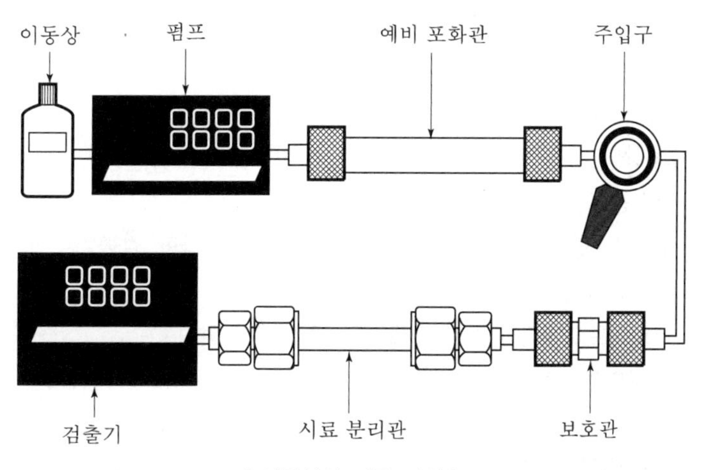

▎이동상의 이동 과정▎

㉮ 시료 주입구 앞에 설치한 예비 포화관을 통해 분리관 충진물로 이동상 용액을 미리 포화시킨 후에 도입한다.

㉯ 보호관의 목적은 주로 시료 용액 중 녹지 않고 존재하는 입자 제거이다. 충진제는 분리관의 충진제와 비슷할 수도 있고, 입자 제거용 필터를 설치하여 사용한다.

⑤ 분리관

㉮ 큰 압력이 필요한 HPLC의 경우에는 대부분이 스테인리스 스틸관을 사용한다.

㉯ 충진제는 다공성(porous)과 표피형(pellicular)이 있다.

㉰ 분리 원리 : 흡착

⑥ 검출기

㉮ 이동상의 농도 변화에 감응한다.

㉯ 용질의 어떤 성질에 감응한다.

㉰ 이동상을 제거하고 남은 용질에 감응한다.

⑦ 데이터 처리 장치

검출기에서 나오는 전기적 신호를 시간에 대한 신호의 크기로 받아 크로마토그램을 그려내는 장치

⑧ 이동상

GC는 한 종류의 기체만, LC는 여러 가지의 용매를 이동상으로 사용한다.

⑨ 갖추어야 할 조건

㉮ 펌프 내부는 용매와 화학적인 상호 반응이 없어야 한다.

㉯ 최소한 5,000psi의 고압에 견디어야 한다.

㉰ 펌프에서 나오는 용매는 펄스가 존재하지 않아야 한다.

㉱ 기울기 용리가 가능해야 한다.

⑩ 정상 용리(normal phase elution)

㉮ 극성의 정지상을 사용한다.

㉯ 이동상의 극성은 작다.

㉰ 극성이 작은 성분이 먼저 용리된다.

㉱ 이동상의 극성이 증가하면 용리 시간이 감소한다.

⑪ 검출기의 종류

UV 검출기, 형광 검출기, 굴절률 검출기, 전기 화학 검출기, 전도도 검출기, 질량 분석 검출기, IR 검출기 등

⑫ 액체 크로마토그래피와 가스 크로마토그래피의 차이점

액체 크로마토그래피에는 펌프가 있지만, 가스 크로마토그래피에는 펌프가 없다. 가스 크로마토그래피의 운반기체는 건조하고 순수해야 한다. 펌프를 사용하게 될 경우 실린더 내로 수분이 들어갈 수 있으므로 일반적으로 가스 크로마토그래피에는 펌프를 사용하지 않는다.

3 기체 크로마토그래피(GC ; Gas Chromatography)

혼합 기체인 시료를 액체나 고체로 채운 분리관 속으로 통과시켜 기체 시료 속의 각 성분을 분리하여 검출하거나 농도를 재는 분리 분석법이다. 시료를 증발시켜 기체 상태로 만들 수 있는 경우에만 작용하며, 증발 시료를 분리관에 주입한 다음 비활성 기체의 이동상 흐름을 이용하여 용리해서 분리한다. 이동상으로 사용되는 비활성 기체는 분석 시료와 반응하지 않는 헬륨, 질소, 아르곤 등을 이용한다.

기체 – 고체 크로마토그래피(GSC ; Gas Solid Chromatography), 기체 – 액체 크로마토그래피(GLC ; Gas Liquid Chromatography)로 분류한다.

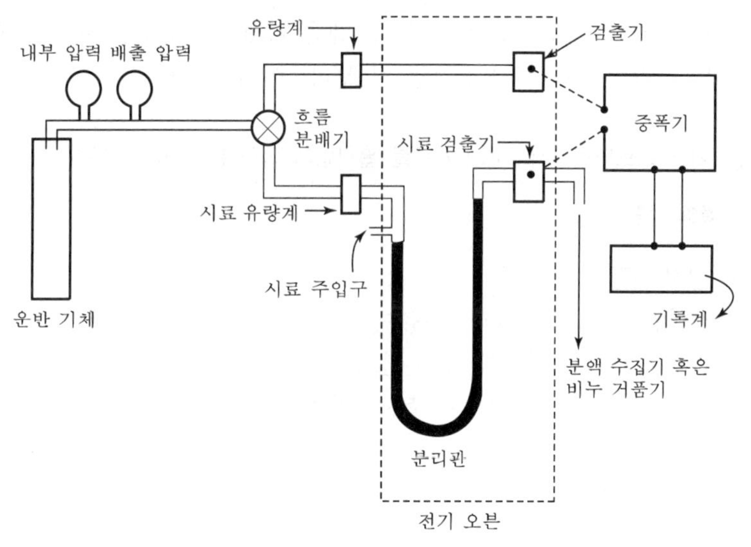

▌GC 기기의 기체 흐름▐

① 종류

㉮ 기체-고체 크로마토그래피 : 고체 정지망에 분석물이 물리적 흡착으로 머무르게 되는 현상을 이용한다.

㉯ 기체-액체 크로마토그래피 : 비활성 고체의 표면에 고정시킨 액체상과 기체 이동상 사이에 분석물이 분해하는 것을 이용한다.

② 기체를 분석하는 방법

GC, Orsat 분석

③ 분석 방법

㉮ 정성 분석 : 머무름 시간을 이용한다.

㉠ 내부 표준물을 첨가하여 분리, 화학 구조를 변화시킨다(내부 표준물 첨가법).

㉯ 정량 분석 : 크로마토그래피의 면적을 이용한다.

㉠ 시료의 정량 분석 방법으로는 내부 규정화법과 내부 표준법이 있다.

㉡ 측정할 때에는 반드시 온도와 유속이 일정하게 유지되어야 한다.

㉢ 근본적으로 시료에 대하여 완전한 크로마토그램을 만드는 것이 중요하다.

㉣ 열전도 셀을 사용할 때 생기는 화학적 오차를 고려해야 한다.

④ GC 주요부

㉮ 시료 주입부, 운반 기체부, 데이터 처리 장치

㉯ 주요 장치 : 운반 기체 공급기, 유량계, 전기 오븐, 분리관(칼럼), 데이터 처리 장치

㉰ 운반 기체 공급기 : 운반 기체는 단지 용질만을 이동시키는 역할을 하여 화학적 반응성이 없는 He, N_2, H_2를 이용한다.

㉱ 시료 주입 장치 : 적당량의 시료를 짧은 기체층으로 주입 시 칼럼 효율이 좋아지고, 많은 양의 시료를 서서히 주입 시 분리능이 떨어진다.

예제 가스 크로마토그래프에서 시료를 흡착법에 의해 분리하는 곳은?

풀이 칼럼

⑤ GC 칼럼 재질

㉮ 스테인리스 스틸, 유리, 용융 실리카, 테플론을 주로 사용한다.

㉯ 유리는 비결합 전자를 갖는 원소 화합물을 분리할 때 주로 사용한다.

㉰ 가스 크로마토그래피에서 충진제의 입자는 일반적으로 60~100mesh 크기를 사용하는데, 이보다 더 작은 입자를 사용하지 않는 주된 이유는 분리관에서 압력강하가 발생하기 때문이다.

⑥ 시료 주입구 온도

㉮ 시료 중 휘발성이 가장 낮은 성분의 끓는점보다 50℃ 높게 설정해야 한다.

㉯ 시료 주입구 온도가 매우 높게 설정되면 분석 시료가 분해된다.

㉰ 온도가 낮게 설정되면 시료가 시료 주입구에서 응축되어 오차가 발생한다.

⑦ 운반 기체(carrer gas)

㉮ 화학적으로 비활성이어야 한다.

㉯ 운반 기체와 공기의 순도는 99.995% 이상이 요구된다.

㉰ 운반 기체의 선택은 검출기의 종류에 의해 결정된다.

㉱ 이동상의 기체가 기체 시료를 밀어내어 운반한다.

㉲ 시료 또는 분리관의 충진물과 반응하지 않아야 한다.

㉳ 질소, 헬륨, 아르곤, 수소, 이산화탄소, 메탄, 에탄 등 비활성 기체를 사용한다. 주로 시료와 반응하지 않고 운반만 해야 하기 때문이다.

㉴ 2차 압력 조절기(needle valve)로 유량을 조절한다.

⑧ 정지상에 사용되는 흡착제의 조건

㉮ 점성이 낮아야 한다.

㉯ 성분이 일정해야 한다.

㉰ 화학적으로 안정해야 한다.

㉱ 낮은 증기압을 가져야 한다.

⑨ 분리관과 검출기

온도를 조절할 수 있는 전기 오븐 안에 설치되어 있다. 전기 가열기를 이용하여 ±0.1℃ 안에서 원하는 온도를 일정하게 유지한다. 분리 원리는 혼합물의 각 성분에 따른 이동속도 차이이다.

㉮ FID(불꽃 이온화 검출기)

㉠ 운반 기체 : H_2, He

㉡ 탄화수소 화합물의 검출기에 가장 적합한 가스 크로마토그래피 검출기이다(탄소의 수에 비례한다).

㉢ 유기 및 무기 화합물을 모두 검출할 수 있다.

㉣ 시료를 파괴한다는 단점이 있고, 강도가 비교적 낮다.

㉤ 기체의 전기 전도도가 기체 중 전하를 띤 입자의 농도에 직접 비례한다.

㉯ TCD(열전도도 검출기)

㉠ 운반 기체 : H_2, He

㉡ 저항이 4개인 wheatstone 다리가 핵심 장치이다.

㉰ ECD(전자 포착 검출기)

㉠ 운반 기체 : Ar, N_2

㉡ 전자를 포착할 수 있는 유기 분자에 감응한다(전기 음성도가 큰 작용기, 할로겐, 과산화물, 퀴논, 니트릴 등).

㉱ TID(열이온 검출기)

㉠ 운반 기체 : H_2

㉡ P, N을 포함하는 화합물 검출에 유용하다.

㉲ FPD(불꽃 광도 검출기)

㉠ 공기와 물의 오염물질, 살충제, 석탄 수소화 생성물 등의 분석에 이용한다.

㉡ 주로 S, P를 포함하는 화합물에 감응한다.

⑩ 분리관의 성능에 영향을 주는 요인

㉮ 분리관 길이

㉯ 분리관 온도

㉰ 고정상의 충전 방법

⑪ 기체 흐름 분배기

운반 기체를 시료 분리관과 기준관의 양쪽으로 분배한다.

⑫ 기준관은 운반 기체 중의 불순물, 분기관 충진물, 오븐 온도 등의 영향을 검출기로 감지한 다음에 시료 분리관의 검출기 값에서 상쇄한다.

⑬ 시료는 μL 정도의 소량을 빠르게 기체나 액체 상태로 주입한다.

⑭ 점성 유체의 흐르는 모양 또는 유체 역학적인 문제에 있어서는 점도를 그 상태의 유체 밀도로 나눈 양에 지배되는데 이 양을 동점도라고 한다.

$$\text{동점도}(\nu) = \frac{\text{점도}}{\text{밀도}} = \frac{\text{P}}{\text{g/cm}^3}$$

※ 점도의 단위가 cP면 P로 고쳐서 계산한다.

㉮ 점도의 단위 : P(Poise), g/cm · sec

㉯ 동점도의 단위 : St(Stokes), cm^2/sec

⑮ 비점도는 두 물질의 점도를 비교하는 것으로 아래의 식으로 구한다.

$$\frac{\text{A가 흘러내리는 데 걸린 시간(초)}}{\text{A의 점도(cP)}} \times \text{A의 밀도}$$

$$= \frac{\text{B가 흘러내리는 데 걸린 시간(초)}}{\text{B의 점도(cP)}} \times \text{B의 밀도}$$

※ 점도의 단위나 시간의 단위는 A와 B를 서로 같게 해 주면 된다.

⑯ 검출기가 갖추어야 할 조건

㉮ 검출 한계가 낮아야 한다.

㉯ 시료에 대해 검출기의 응답 신호가 선형이 되어야 한다.

㉰ 가능하면 모든 시료에 같은 응답 신호를 보여야 한다.

㉱ 응답 시간이 짧아야 한다.

㉲ S/N비가 커야 한다.

㉳ 검출기 내에 시료가 머무르는 부피가 작아야 한다.

⑰ 두 가지 이상의 성분을 단일 성분으로 분리하는데, 혼합물의 각 성분은 이동 속도 차이에 의해 분리한다.

⑱ 가스 크로마토그래프의 정성 및 정량 분석 절차

㉮ 표준용액의 조제

㉯ 본체 및 기록계의 준비

㉰ 가스 크로마토그래프에 의한 정성 및 정량 분석

⑲ 가스 크로마토그래피의 설치 장소

㉮ 온도 변화가 없는 곳

㉯ 진동이 없는 곳

㉰ 공급 전원의 용량이 일정한 곳

㉱ 주파수 변동이 없는 곳

3. 전기 분석법

1 pH 측정법 및 전위차 적정

1-1 pH 측정법

(1) pH 시험지를 사용한 pH 측정

① pH 시험지는 pH 지시약을 여과지에 흡수시킨 것으로 지시약과 같이 용액의 pH에 따라 변색한다. 용액을 pH 시험지에 한 방울 떨어뜨리거나 용액 속에 시험지의 끝을 담그고, 변한 색의 중앙부의 색과 표준 변색표(시험지의 변색 범위의 색과 pH의 관계를 각각 나타낸 표)의 색을 비교하여 pH를 결정한다.

② 위의 ①에서 구한 pH값이 표준 변색표의 거의 중간에 있을 때에는 그 중간의 pH 시험지를 구해 재차 핀셋으로 집어서 시료 용액 중에 한 끝을 담갔다가 꺼내어 표준 변색표와 비교하여 정확한 pH를 구한다.

(2) pH 지시약 용액을 사용한 pH 측정

① 산성 표준 용액을 만든다.

② 0.1 M 염산 약 5mL를 시험관에 취한다.

③ 0.1 M임을 표시한다.

④ 0.1 M 염산에서 0.5mL를 다른 시험관에 취한다.

⑤ 산성일 때에는 한 시험관에 트로페올린 ○○ 지시약을, 다른 시험관에는 메틸 오렌지 지시약을 한 방울씩 가한다.

⑥ 염기성일 경우에는 한 시험관에는 인디고 카민 지시약을, 다른 시험관에는 알리자린 옐로 R 지시약을 가한다.

⑦ 각각의 경우에 대하여 색깔 변화를 관찰한다.

⑧ 위의 ①에서 만든 표준 색깔과 비교하여 미지 시료 용액 pH를 결정한다.

(3) 유리 전극 pH 미터를 사용한 pH 측정

① 사용 전에 미리 pH 미터의 전원을 넣는다.

② 유리 전극 및 칼로멜 전극 검출부를 증류수로 3회 이상 씻고 깨끗한 기름종이나 탈지면으로 닦는다. 특히 오물이 묻어 있을 때에는 필요에 따라서 묽은 염산, 크롬산 혼합액, 비눗물 또는 다른 세정제 등으로 단시간에 씻어 내리고, 다시 흐르는 물로 충분히 씻는다. 또 오랫동안 건조한 상태로 있었던 유리 전극은 미리 증류수에 담가 평형에 도달한 다음 사용한다.

③ 측정 중 사용하는 표준 용액의 온도는 시료 용액의 온도와 ±1℃ 이내에서 일치하도록 한다. 또, 온도 보정용 다이얼이 있는 것은 그 다이얼 눈금을 표준 용액의 온도와 일치시킨다.

④ 검출부를 중성 인산염 표준 용액 중에 넣고 pH 미터의 지시를 감도 조절용 다이얼로 조절한다.

⑤ 검출부를 반복해서 3회 이상 증류수로 씻고, 시료 용액의 pH에 따라 다음 조작을 한다.

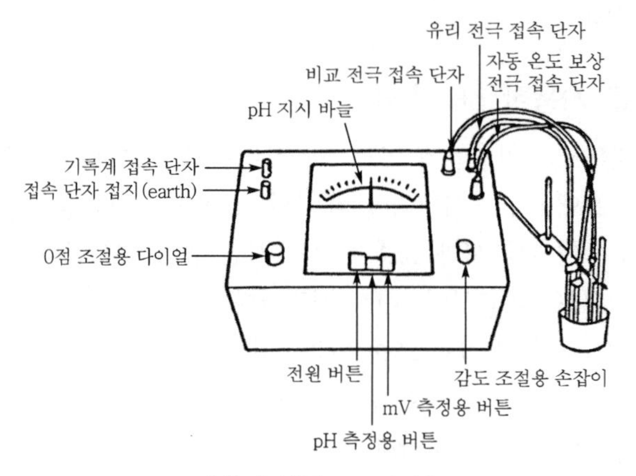

▌유리 전극 pH 미터▐

⑥ 시료 용액의 pH가 7 이하인 경우에는 검출부를 프탈산염 표준 용액 중에 넣고 pH 지시값이 (5)의 ③ pH값과 일치하는지를 조사한다. 만약 일치하지 않으면 감도 조절용 다이얼이나 표준 용액의 온도에 관계하지 않고 온도 보정용 다이얼만을 움직여서 일치시킨다. 다이얼을 움직일 때에는 반드시 중성 인산염 표준 용액에 검출부를 넣고 지시값이 (5)의 ③ 표준 용액의 각 온도에서의 pH값과 재현성의 한도 안에서 일치하는지를 확인하고, 일치하지 않을 때에는 이 조작을 되풀이한다.

⑦ 시료 용액의 pH 값이 7 이상일 때에는 검출부를 붕산염 표준 용액에 넣고, 그 다음 조작은 위의 (3)의 ⑥과 같이 한다.

⑧ 시료 용액이 pH 2 이하인 경우에는 옥살산염 표준 용액을 사용하고, 온도가 38℃ 이하이고 pH 10 이상인 경우에는 탄산염 표준 용액을 사용하여 위의 (3)의 ⑥ 조작에 의해 조절한다. 알칼리성 용액의 측정에서는 특히 온도는 적어도 ±0.1℃ 정도의 정밀도를 필요로 한다. pH 11 이상의 측정에 대해서는 탄산염을 포함하고 있지 않은 묽은 수산화나트륨 용액이나 포화 수산화칼슘 용액(25℃)을 표준 용액으로 사용한다.

⑨ 위에서와 같이 pH 미터의 조절이 끝나면 곧 시료 용액의 pH 측정을 한다. 측정 중에 시료 용액의 온도는 ±1℃ 이상의 변동이 있어서는 안 된다. 시료 용액의 액량은 측정값의 변화가 없을 정도로 충분하게 취한다.

⑩ 시료 용액 온도와 다른 온도의 표준 용액으로 조절했을 때에는 온도 보정 다이얼 눈금을 시료 용액 온도와 일치시키든지 또는 자동 온도 보정용 감온부를 시료 용액 중에 넣고 측정한다. pH 미터의 전극 유리막은 항상 젖어 있어야 하고, 보관 시에도 pH 7의 KCl 포화 용액 속에 보관해야 한다.

예제 pH를 측정하는 전극으로 맨 끝에 얇은 막(0.03~0.01mm)이 있고, 그 얇은 막의 양쪽에 pH가 다른 두 용액이 있으며 그 사이에 전위차가 생기는 것을 이용한 측정법은?

풀이 유리 전극법

(4) 물의 전리와 수소 이온 농도

① 물을 정제하여 그 속에 녹아 있는 다른 이온을 완전히 제거해도 미약하게 전기가 통하는데 이와 같은 현상은 순수한 물도 극히 적은 양이기는 하지만 다음과 같이 전리하고 있음을 나타낸다.

$H_2O \rightleftarrows H^+ + OH^-$

이 전리에 대하여 질량 작용 법칙을 적용하면 아래 식과 같다.

$$\frac{[H^+]\cdot[OH^-]}{[H_2O]} = K$$

② 전리하고 있는 $[H^+]$, $[OH^-]$은 매우 미량이기 때문에 분자 상태의 물의 농도 $[H_2O]$에 비하면 전리한 부분의 $[H_2O]$를 무시할 수 있으므로 상수라고 보아도 좋다.

따라서 관계는 다음과 같다.

$[H^+]\cdot[OH^-] = K[H_2O] = K_w$

이 새로운 상수 K_w를 물의 이온곱(ion product)이라 하며 이는 온도의 변화에 따라 변화하지만 상온에서는 거의 $K_w = 1\times10^{-14}$이 된다. 따라서 순수한 물에서는 $[H^+]=[OH^-]$이므로 K_w의 값은 다음처럼 된다.

$[H^+]=[OH^-]=\sqrt{K_w}=\sqrt{1\times10^{-14}}=10^{-7}$

③ 수용액이 산성이 되었을 때에는 $[OH^-]$보다 $[H^+]$이 더 많이 존재하게 되며, 알칼리성 수용액이 되면 $[H^+]$보다 $[OH^-]$이 더 많이 포함되어 있게 된다.

㉮ 산성 : $[H^+] > 10^{-7}$

㉯ 알칼리성 : $[H^+] < 10^{-7}$

④ $[H^+]$의 값이 작으므로 오히려 취급하기에 불편한 점이 많다. 그래서 수소 이온 농도 $[H^+]$의 역수에 상용로그를 취하여 이를 pH라는 부호를 사용하며 이를 수소 이온 지수라고 한다. 수소 이온 지수는 다음과 같이 나타낸다.

$$pH = \log\frac{1}{[H^+]} = -\log[H^+]$$

이 pH를 사용하면 산성 용액은 pH<7, 중성 용액은 pH=7, 알칼리성 용액은 pH>7이 된다.

(5) 완충 용액

① 정의

액산과 그 염기의 혼합 용액 또는 약염기와 그 염의 혼합 용액은 어느 정도까지 묽게 하거나 적은 양의 산이나 알칼리를 가해도 그 용액 본래의 $[H^+]$ 농도를 유지하려는 성질이 있다. 이와 같은 성질을 완충성이라 하고 이러한 성질의 용액을 말한다.

② 표준 용액의 명칭과 조성

명칭	조성
옥살산염 표준 용액	0.05mol/L 옥살산삼수소칼륨[$KH_3(C_2O_4)_2 \cdot 2H_2O$] 수용액
프탈산염 표준 용액	0.05mol/L 프탈산수소칼륨[$C_6H_4(COOK)(COOH)$] 수용액
중성 인산염 표준 용액	0.025mol/L 인산이수소칼륨(KH_2PO_4), 0.025mol/L 인산일수소나트륨(Na_2CO_3) 수용액
붕산염 표준 용액	0.01mol/L 붕산나트륨($Na_2B_4O_7 \cdot 10H_2O$) 수용액
탄산염 표준 용액	0.025mol/L 탄산수소나트륨($NaHCO_3$), 0.025mol/L 탄산나트륨(Na_2CO_3) 수용액

③ 표준 용액의 각 온도에서의 pH값

구분 / 온도(℃)	표준 용액의 pH값				
	옥살산염	프탈산염	중성 인산염	붕산염	탄산염
0	1.67	4.01	6.98	9.46	10.32
5	1.67	4.01	6.95	9.39	(10.25)
10	1.67	4.00	6.92	9.33	10.18
15	1.67	4.00	6.90	9.27	(10.12)
20	1.68	4.00	6.83	9.22	(10.70)
25	1.68	4.01	6.86	9.18	(10.02)
30	1.69	4.01	6.85	9.14	(9.97)
35	1.69	4.03	6.84	9.10	(9.93)
40	1.70	4.03	6.84	9.07	–
45	1.70	4.04	6.83	9.04	–
50	1.71	4.06	6.83	9.01	–
55	1.72	4.08	6.84	8.99	–
60	1.73	4.10	6.84	8.96	–
70	1.74	4.12	6.85	8.93	–
80	1.77	4.16	6.86	8.89	–
90	1.80	4.20	6.88	8.85	–
95	1.81	4.23	6.89	8.83	–

(6) pH 미터의 원리 및 구조

pH 미터는 유리 전극 및 비교 전극으로 이루어진 검출부와 검출된 전위차를 지시하는 지시부로 구성되어 있으며 그림에서 보면 다음과 같다.

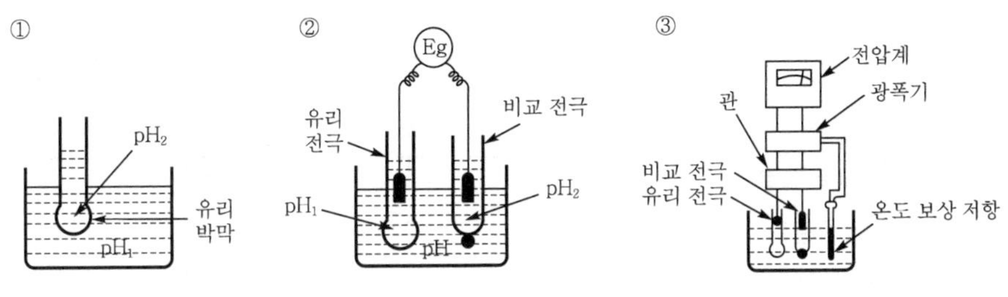

▌pH계의 원리▐

① 유리의 얇은 막(0.03~0.01mm)을 통해 양쪽의 서로 다른 두 종류 용액의 pH 차에 비례하는 기전력이 유리막 양쪽에 생긴다.

② 위 ①에서 발생된 기전력을 측정하는 데에는 양쪽 용액에 각각 칼로멜 전극(또는 염화은 전극)을 넣어 두 전극 간의 전위차를 측정한다(각 칼로멜 전극은 전극 전위가 같으므로 ①에서 발생된 기전력을 알게 됨).

③ 검액과 완충용액 사이에 생기는 기전력에 의해 용액의 농도를 측정한다.

④ 유리막은 전기 저항이 크고 대개의 전위차계에서는 측정될 수 없으므로 증폭기로 증폭한 전압계에서 읽는다. 온도의 영향은 온도 보정용 감온부로 보정한다.

(7) pH 시험지 제조 방법

① 콜토프(Kolthoff) pH 시험지

메틸 레드, 브로모티몰 블루, α－나트톨프탈레인, 페놀프탈레인, 티몰프탈레인의 0.1% 용액을 각각 동일한 양씩 혼합하여 거름종이에 흡착시킨 후 건조한 것이 있으며, 이것은 다음과 같이 변색한다.

pH	4	5	6	7	8	9	10	11
색	빨강	등적	노랑	녹황	녹	청록	청자	적자

② 보겐(Bogen)의 만능 pH 시험지

100mg의 페놀프탈레인, 200mg의 메틸 레드, 300mg의 디메틸아미노아조 벤젠, 400mg의 브롬티몰 블루, 500mg의 티몰 블루를 500mL의 순수한 에탄올에 용해하고 여기에 0.1N －NaOH을 지시약 색깔이 노란색으로 될 때까지 넣은 다음 이를 거름종이에 흡착시킨 후 건조한 것이며, 이것은 다음과 같이 변색한다.

pH	2	4	6	8	10
색	빨강	등색	노랑	녹	파랑

③ 시판되고 있는 pH 시험지 세트
지시약으로서 티몰 블루, 브롬페놀 블루, 브롬크레졸, 메틸 레드, 브롬티몰 블루, 크레졸 레드, 티몰프탈레인, 알리자린 옐로, 인디고 카민 등을 사용한다.

▌지시약의 변색 범위▐

지시약	변색 범위(pH)	지시약	변색 범위(pH)
티몰 블루	1.2~2.8	페놀 레드	6.8~8.2
브롬페놀 블루	3.0~4.6	크레졸 레드	7.2~8.8
메틸 오렌지	3.2~4.4	페놀프탈레인	8.3~10.0
브롬크레졸	3.8~5.4	티몰프탈레인	9.4~10.6
메틸 레드	4.4~6.2	알리자린 옐로 R	10.0~12.0
브롬티몰 블루	5.2~6.8	인디고 카민	11.4~13.0

(8) pH 미터의 용도

pH 미터는 액성을 정확히 측정하는 기구로서 유기 합성, 수질 검사, 토양 검사, 염색 공업, 그 밖의 제조 화학 공업 부분에 널리 쓰인다.

이상적인 pH 전극에서 pH가 1단위 변할 때, pH 전극의 전압은 59.16mV씩 변한다.

1-2 전위차 적정

(1) 산 · 염기 적정에서의 기준

① 지시 전극으로는 유리 전극을 사용한다.
② 측정되는 전위는 용액이 수소 이온 농도에 비례한다.
③ 종말점 부근에서는 염기 첨가에 대한 전위 변화가 매우 크다.
④ pH가 한 단위 변화함에 따라 측정 전위는 59.1mV씩 변한다.

(2) 산 · 염기의 농도 분석 시 사용하는 전극

포화 카르멜 전극-유리 전극

2 전지의 형성과 전극

2-1 전기 화학 전지(electrochemical cell)

(1) 전지

(+)극	(−)극
음극	양극
환원	산화
구리 line(이온화 경향↓)	아연 line(이온화 경향↑)
cathode	anode
$E°$ 크다.	$E°$ 작다.

(2) 전기 화학 전지의 종류

① 갈바니 전지(볼타 전지)

외부 에너지 공급 없이 자발적으로 산화·환원 반응이 일어나 전위를 발생하며 회로를 통해 전자들이 흐르는 전지를 말한다.

② 전기 분해 전지

외부에서 에너지를 공급해야 산화·환원 반응이 일어나는 전지를 말한다.

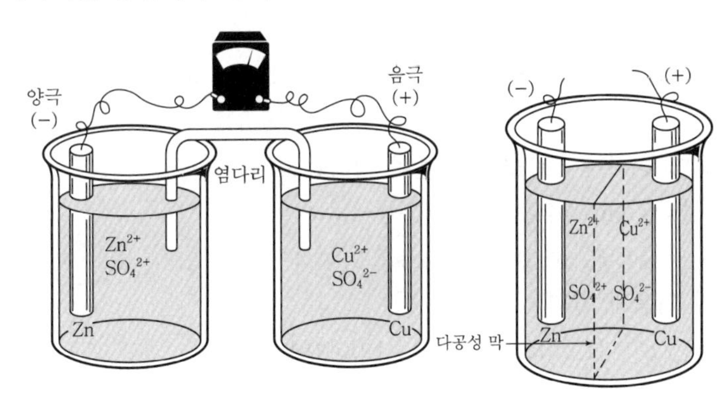

▌갈바니 전지[$Zn(s) + Cu^{2+}(aq) \rightarrow Zn^{2+}(aq) + Cu(s)$]▌

③ 왼쪽 전지(산화 전극－anode)

$Zn(s) \rightleftarrows Zn^{2+} + 2e^-$(산화 양극 반응)

④ 오른쪽 전지(환원 전극－cathode)

$Cu^{2+} + 2e^- \rightleftarrows Cu(s)$(환원 음극 반응)

⑤ 아연이 구리보다 이온화 경향이 크기 때문에 아연이 이온화되며 구리는 석출된다.

(3) 염다리(salt bridge)

① 두 용액의 빠른 혼합을 방지한다. 양전하화나 음전하화를 방지한다.

② 이온들의 이동 통로가 되어 전체 회로를 연결시키는 역할과 전해질의 전하가 균형을 이루도록 한다.

③ 포화 KCl 용액 또는 포화 KNO_3 용액에 한천 또는 젤라틴을 4~25% 녹인 다음 가열한 용액을 U자 유리관에 부어서 만든다.

(4) 전지 전위(cell potential)

갈바니 전극에서 생긴 기전력이다.

① **기전력(electromotive force)**

전자들이 도선을 통해 이동하는 힘이다. 볼트(V) 단위로 나타내며, 1V=1J/C이다.

② **분극 현상**

(+)극에서 발생한 H_2 기체가 Cu 판에 붙어서 H^+의 환원 반응을 방해하기 때문에 전지의 기전력이 급격히 떨어지는 현상

㉮ 전지의 분극 현상을 줄이기 위한 방법

㉠ 염다리 사용

㉡ 감극제(소극제) 사용 : MnO_2, H_2O_2, $K_2Cr_2O_7$

㉯ 감극제 : 분극 작용을 없애기 위해 사용하는 강한 산화제로서 H_2 기체를 물로 산화시킨다.

③ **표준 전지 전위(standard cell portential)**

이온 농도는 1M이고 반응물 기체의 분압이 1atm, 온도 25℃일 때의 기전력이며 $E°$로 표시한다.

④ **각 용액의 농도가 1.00 M일 때 반쪽 전지의 표시**

산화 양극 : $Zn(s) | Zn^{2+}$ (1.00M)

환원 음극 : Cu^{2+} (1.00M) | $Cu(s)$

합치면 다음과 같다.

$Zn(s) | Zn^{2+}$ (1.00M) ‖ Cu^{2+} (1.00M) | $Cu(s)$

⑤ **전지의 표기**

금속 | 전해질 ‖ 전해질 | 금속

산화　　염다리　　환원

(5) 2차 전지

① **납축전지** : $Pb | H_2SO_4 | PbO_2$

(−)극 : $Pb + SO_4^{2-} \rightarrow PbSO_4 \downarrow + 2e^-$

(+)극 : $PbO_2+4H^++SO_4^{2-}+2e^- \rightarrow PbSO_4\downarrow+2H_2O$

전체 : $Pb+PbO_2+2H_2SO_4 \underset{충전}{\overset{방전}{\rightleftarrows}} 2PbSO_4\downarrow+2H_2O$

→ 납축전지는 방전 시 물이 생기기 때문에 전해질 용액이 묽어진다.

② **수소-산소 연료 전지** : H_2 | KOH | O_2

(-)극 : $2H_2+4OH^- \rightarrow 4H_2O+4e^-$

(+)극 : $O_2+2H_2O+4e^- \rightarrow 4OH^-$

전체 : $2H_2+O_2 \rightarrow 2H_2O$

수소-산소 연료 전지는 무공해 전지이고 에너지 효율이 높다.

(6) 환원 전위(reduction potential)

$E°_{cell}=E°_{환원\ 음극\ 물질}-E°_{산화\ 양극\ 물질}$

환원 전위는 표준 수소 전극(Standard Hydrogen Electrode ; SHE)이 환원 전위를 0V로 하고 다른 전이의 값과 비교해서 상대적 $E°$를 구한다. $E°$는 서로 다른 반쪽 전지를 연결할 때 생성되는 전압을 예측하기 위하여 SHE(표준 수소 전극)에 대하여 측정하고자 하는 반쪽 전지를 표준 상태로 하여 측정한 전압이며, 표준 상태에서 표준 수소 전극을 (-)극으로 하여 얻은 반쪽 전지의 전위이다. 표준 상태란 화학종이 고체, 액체, 용액의 농도가 1M 또는 1기압인 것을 의미하며 항상 환원 반응으로만 나타내 $E°$값이 클수록 환원이 잘된다. 즉, 좋은 산화제라고 할 수 있고, 전지의 (+)극이 된다. $E°$값은 반응식의 계수가 변하여도 변하지 않는다.

▌25℃에서 표준 환원 전위▐

$E°$(volt)	반반응
2.85	$F_2+2e^- \rightleftarrows 2F^-$
2.00	$S_2O_8^{2-}+2e^- \rightleftarrows 2SO_4^{2-}$
1.78	$H_2O_2+2H^++2e^- \rightleftarrows 2H_2O$
1.69	$PbO_2+SO_4^{2-}+4H^++2e^- \rightleftarrows PbSO_4+2H_2O$
1.49	$8H^++MnO_4^-+5e^- \rightleftarrows Mn^{2+}+4H_2O$
1.47	$2ClO_3^-+12H^++10e^- \rightleftarrows Cl_2+6H_2O$
1.36	$Cl_2(g)+2e^- \rightleftarrows 2Cl^-$
1.33	$Cr_2O_7^{2-}+14H^++6e^- \rightleftarrows 2Cr^{3+}+7H_2O$
1.28	$MnO_2+4H^++2e^- \rightleftarrows Mn^{2+}+2H_2O$

① 표에서 화살표의 왼쪽 화학종은 위로 갈수록 더 좋은 산화제이다.

② 표에서 화살표의 오른쪽은 환원제이고 아래로 갈수록 더 좋은 환원제이다.

③ $E°_{cell}=E°_{환원\ 음극\ 물질}-E°_{산화\ 양극\ 물질}$에서 $E°_{cell}$의 값이 양의 값이면 환원 반응이 자발적이고 음의 값이면 환원 반응이 비자발적이다.

예제 Fe^{3+}/Fe^{2+} 및 Cu^{2+}/Cu^{0}로 구성되어 있는 가상 전지에서 얻을 수 있는 전위는? (단, 표준 환원 전위는 다음과 같다.)

$$Fe^{3+} + e^- \rightarrow Fe^{2+},\ E^0 = 0.771$$
$$Cu^{2+} + 2e^- \rightarrow Cu^0,\ E^0 = 0.337$$

풀이 0.771−0.337=0.434　∴ 0.434V

(7) 전지 내부의 이온 거동

전기는 전기 화학 전지 내부의 이온 이동 때문에 흐른다.

(8) 전기 화학 전지의 전위 계산

Nernst식은 아래와 같다.

$$E = E° - \frac{RT}{nF}\ln Q,\ E = E° - \frac{0.0592\,V}{n}\log Q$$

$$Q = aA + bB \rightleftarrows cC + dD \text{ 이며 } \frac{[C]^c[D]^d}{[A]^a[B]^b}$$

(9) 표준 수소 전극(표준 전극 전위)

① 표준 수소 전극(Standard Hydrogen Electrode ; SHE)

㉮ $[H^+]$가 1몰인 산성 용액에 촉매성의 백금 전극이 담겨져 있고 수소 기체가 1atm으로 백금 전극을 통하여 기포를 내며 넣어진다.

㉯ 백금 전극 표면에서의 반응(환원 반응)

$$H^+(aq,\ 1M) + e^- \rightleftarrows \frac{1}{2}H_2(g,\ 1atm)$$

㉰ 위의 ㉯반응에서 생긴 전극 전위를 기준으로 하여 다른 반응의 표준 전극 전위를 정한다. 즉, 각 표준 전극 전위는 0.000V를 기준으로 하여 정한다.

㉱ 약속에 의해 SHE의 전위는 0V이다.

㉲ 수소의 환원 반쪽 반응에 대한 전극 전위는 0.000V이다.

㉳ 전위차계의 −단자에 SHE를 연결하고, 측정하는 반쪽 전지는 +단자에 연결한다. 즉, SHE ‖ 측정하고자 하는 대상

(10) 측정되는 전압

측정되는 전압=오른쪽 전극 전압−왼쪽 전극 전압

(11) 전체 반응의 $E°$

$$E° = E_+° - E_-°$$

여기서, $E_{+}°$: +단자에 연결된 전지의 표준 전위
$E_{-}°$: −단자에 연결된 전지의 표준 전위

2-2 전위차법

전류가 거의 흐르지 않은 상태에서 전지 전위를 측정하여 분석에 이용하는 방법이다. 이때 기준 전극, 지시 전극 및 전지 전위 측정기기가 필요하다.

(1) 기준 전극(reference electrode)

표준 수소 전극(SHE) 대신에 다른 기준 전극을 사용하며, 기준 전극과 짝지은 상태 전극을 지시 전극 또는 작업 전극이라고 한다.

① 구비 조건

㉮ 반전지 전위값이 알려져 있어야 한다.
㉯ 시간에 대하여 일정한 전위를 유지해야 한다.
㉰ 측정하려는 조성 물질과 비활성이다.
㉱ 가역적이어야 하며, Nernst식에 따라야 한다.

참고

Nernst식

$$E = E° + \frac{0.0591}{n}\log C$$

여기서, E : 단극 전위차
$E°$: 표준 전위차
n : 산화 수 변화(=반쪽 반응의 전자 수)
C : 이온 농도

반반응의 Nernst식

${}_{a}O_x + ne^- \rightleftarrows {}_{b}Red$일 때,

$$E = E° - \frac{0.0591}{n}\log\frac{[Red]^b}{[O_x]^a}$$

여기서, O_x : 산화형, Red : 환원형
E : 전극 전위, $E°$: 표준 전극 전위

㉲ 빠른 시간에 평형 전위를 나타낸다.
㉳ 온도 변화에 히스테리시스(hysterisis) 현상을 나타내지 않는다.
㉴ 이상적인 비편극 전극으로 작동한다.
㉵ 작은 전류가 흐른 후에는 본래 전위로 돌아와야 한다.

② 포화 칼로멜 전극과 은-염화은 전극

㉮ 포화 칼로멜 전극 : pH 미터에 사용하는 전극. Hg, Hg_2Cl_2, 포화 KCl로 전극 내부 관에 채워져 있다.

‖ Hg_2Cl_2(포화), KCl(x〔M〕) | Hg

x는 염화칼륨의 몰 농도이며, 전극 반응은 다음과 같다.

$Hg_2Cl_2(s) + 2e^- \rightarrow Hg(l) + Cl^-$

㉯ 은-염화은 전극

‖ AgCl(포화), KCl(x〔M〕) | Ag

반전지 반응은 다음과 같다.

$AgCl(s) + 2e^- \rightarrow Ag(s) + Cl^-$

▌칼로멜 전극과 은-염화은 전극의 전극 전위▐

온도(℃)	0.1 M KCl 칼로멜 전극(V)	포화 KCl 칼로멜 전극(V)	포화 KCl Ag-AgCl 전극(V)
15	0.3362	0.2511	0.209
20	0.3359	0.2479	0.204
25	0.3356	0.2444	0.199
30	1.3351	0.2411	0.194
35	0.3341	0.2367	0.186

(2) 지시 전극(indicator electrode)

작업 전극(working electrode)이라고도 하며, 측정 용액의 성분 농도에 따라 전위값이 변한다.

① 금속 지시 전극

㉮ 1종 전극 : 금속과 그 금속 이온으로 구성된 전극이다.

$Cu^{2+} + 2e^- \rightarrow Cu(s)$

㉯ 2종 전극 : 안정한 금속 이온 침전물 또는 안정한 착물이 음이온의 농도 변화에 감응하는 전극이다.

$AgCl + e^- \rightarrow Ag(s) + Cl^-$, $E° = 0.222V$

㉰ 3종 전극 : 3종 전극을 만드는 이온과 다른 금속 이온에 감응한다.

㉱ 산화·환원 전극 : 비활성 금속 전극을 산화·환원 반응계의 지시 전극으로 사용한다.

예 백금 전극

② 막지시 전극(membrance indicator electrode)

㉮ 이온 선택성 막지시 전극

㉠ 결정 막지시 전극

ⓐ 한 가지 결정만으로 된 막지시 전극 : F^-에 대한 선택적 감응을 한다.

ⓑ 다결정 막지시 전극 : Ag_2S 막을 이용 Ag^+, S^{2-}에 선택적 감응을 한다.

㉡ 비결정 막지시 전극

ⓐ 유리막 지시 전극 : 1족과 2족 이온 및 H^+에 선택적 감응을 한다.

ⓑ 액체막 지시 전극 : 액체 이온 교환체를 이용한 Ca^{2+} 이온, 중성 운반체를 이용한 K^+ 이온을 검출한다.

㉯ 분자 선택성 막지시 전극

㉠ 기체 감응 탈침 막지시 전극 : CO_2나 NH_3 기체를 막을 통해 물에 흡수한 다음 용액의 pH를 유리 전극으로 측정한다.

(산성 용액) $SO_2 + H_2O \rightarrow H_2SO_3 + H^+$

(산성 용액) $CO_2 + H_2O \rightarrow HCO_3^- + H^+$

(염기성 용액) $NH_3 + H_2O \rightarrow NH_4^+ + OH^-$

(산성 용액) $2NO_2 + H_2O \rightarrow NO_2^- + NO_3^- + H^+$

㉡ 효소 기질 막지시 전극 : 기질+물+효소 → 산성 또는 염기성 생성물

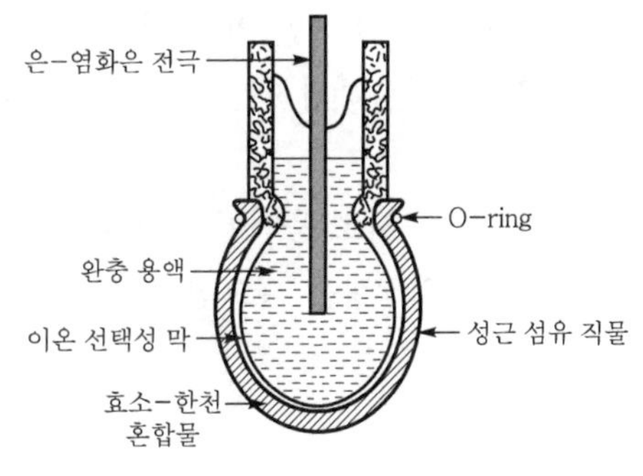

▌효소 전극▐

③ 유리막 지시 전극

㉮ 수소 이온에 선택적으로 감응하며 가장 많이 사용하는 막지시 전극이다.

㉯ 복합 유리 전극(combination electrode)은 유리 전극과 칼로멜 전극을 합쳐 1개의 유리관 속에 넣은 것이다.

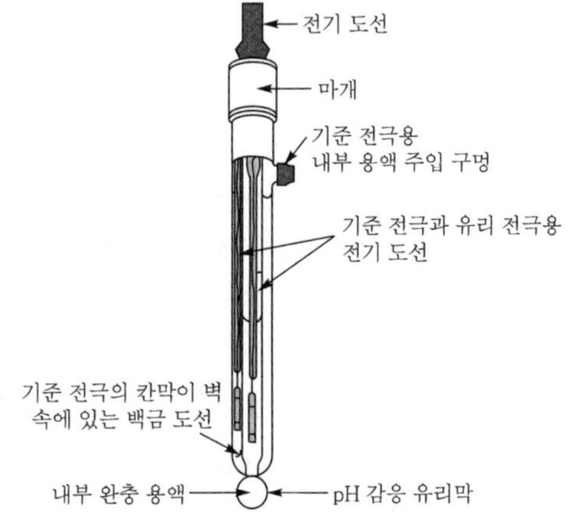

▌pH/기준 복합 유리▐

(3) 전지 전위의 측정

① 전지 전위 측정법

㉮ 기준 전극과 지시 전극을 표준 용액에 담그고 측정기의 눈금을 표준 용액의 pH값 또는 전위값을 조절하여 맞춘 다음 시료 용액에 기준 전극과 지시 전극을 담가 전지 전위를 읽는다.

㉯ 주의점

㉠ 액간 접촉 전위와 비대칭 전위 때문에 수시로 표준 용액을 이용하여 보정한다.

㉡ 용액의 온도 변화를 보정해야 한다.

㉢ 측정 기기를 보정하는 표준 용액은 1회 사용한 후 버린다.

㉣ 전극 전위를 측정한 값은 활동도이다.

㉤ 산, 염기 오차 범위에서 오차를 많이 발생한다.

㉥ 유리 전극 표면을 건조하면 안 된다.

㉦ pH값을 측정할 때는 해당하는 전극을 사용한다.

② 전위차법 적정

기준 전극과 지시 전극을 시료 용액에 담근 다음 적정하되 종말점 근처에서 뷰렛의 끝을 용액에 담그고 소량씩 일정량을 넣으면서 전위를 읽는다.

2-3 전기량법

(1) 전기 분해의 전류와 전압 관계

$$E_{\text{전위}} = E_{\text{환원 음극}} - (E_{\text{산화 양극}} + E_{\text{편극}}) = IR$$

① 일정 전류 전기 분해(constant current electolysis)

㉮ 일정한 전류를 유지하려면 주기적으로 환원 음극 전위를 증가시켜야 한다.

㉯ 전기 분해 중 농도차 편극으로 전류가 감소하는 것을 보정하기 위해 전위가 증가한다.

② 일정 전위 전기 분해(constant potential electolysis)

㉮ 용액 중 이온 농도 감소에 따라 전극에 걸어주는 전위는 감소한다.

㉯ 농도차 편극 이외에 IR 강하도 함께 전극 전위에 영향을 주므로 정교한 전위 조절 장치가 필요하다.

(2) 전기량법

① 한 분석물을 충분한 시간 동안 완전히 산화 또는 환원시켜 정량적으로 변화할 때 필요한 전기량을 측정하여 분석하는 방법이다.

② 전기량은 쿨롬(coulomb, C) 또는 패럿(farad, F)의 단위로 측정한다.

$$q = nF$$
$$C(\text{쿨롬}) = \text{전자 몰수} \times \text{패러데이 상수}$$

③ 1F : 물질 1g당량을 석출하는 데 필요한 전기량

④ 사용된 전기량이 분석물의 양에 비례한다.

(3) 일정 전위 전기량법

전기 분해 생성물이 용액에 녹아 무게로 달 수 없는 경우에도 사용할 수 있다.

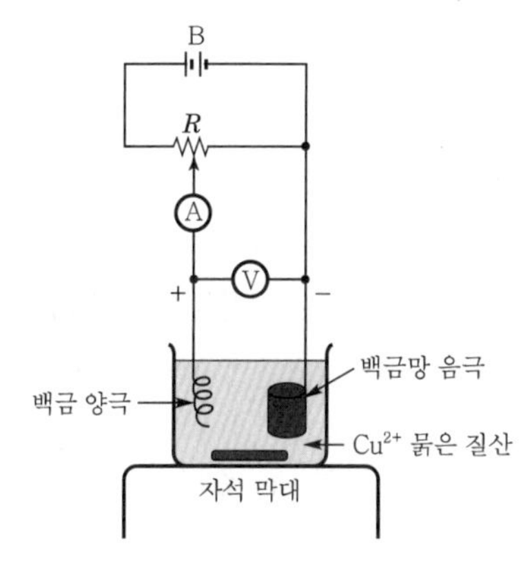

▌일정 전위 전기 분해법▐

여기서, A : 전지에 걸어준 전압 측정용 전압계
B : DC 전원
R : 전지에 걸어주는 전압 변화용 저항

(4) 일정 전류 전기량법(constant current coulometry)

전기량 적정법이라고 하며 일정한 전류량에 의해 100 % 효율로 발생된 시약을 적정에 이용한다.

(5) 전해 무게 분석법(electrogravimetry)

분석하려는 시료 용액에 음극과 양극을 담근 후 음극의 금속은 전기 화학적으로 도금하여 전해 전·후의 음극 무게 차이로부터 시료에 있는 금속의 양을 계산하는 분석법

① 많은 양의 분석에도 적당하다.

② 용액 중 금속 이온을 백금 환원 음극에 전해 석출하여 무게를 측정한다.

참고

전기 분석법의 분류 중 전자의 이동이 있는 분석 방법

1. 전위차 적정법
2. 전기 분해법
3. 전압 전류법

(6) 대시간 전위차법(chronopotentiometry)

전기 화학 전지의 젓지 않은 용액을 통하여 일정 전류가 흐르는 전기 화학적 방법이다.

> **역기전력**
> 전해결과 두 전극에 전지가 생성되면 외부로부터 가해지는 전압을 상쇄시키는 기전력

3 전도도(conductivity)

(1) 개요

① 단위는 $\Omega^{-1}cm^{-1}$(μs/cm)로, 전기저항의 역수이다.
② 전류가 통과하기 쉬운 정도를 나타내는 양이다.
③ 전도도는 휘트스톤브리지(Wheatstone bridge) 원리를 이용하여 측정한다.

(2) 전기 전도도법

① 같은 전도도를 가진 용액은 구성 성분과 농도가 다를 수 있다.
② 전류가 흐르는 정도는 이온의 수와 종류에 따라 다르다.
③ 전도도는 이온의 농도 및 이동도에 따라 다르다.
④ 적정을 통해 많은 물질을 정량할 수 있는 전기 화학적 분석법 중의 하나이다.

4 휘트스톤 브리지(Wheatstone bridge)

① 브리지 회로의 한 종류로, 4개의 저항이 사각형의 형태를 이루며 대각선을 연결하는 브리지(bridge)로 저항이나 전압계, 검류계를 사용한다.
② 일반적으로 알려지지 않은 저항값을 측정하기 위해서 사용한다. 그림과 같이 4개의 저항이 사각형의 각 변에 위치하고 대각선 cd를 잇는 저항이나 전압계를 브리지로 하는 회로이다. ab 사이에는 기전력이 주어지며, 일반적으로 P, Q는 정해진 값을 가지는 저항을 사용하고 R에는 가변저항을 사용한다. X에 미지의 저항을 연결하고 브리지로 전압계나 검류계를 사용하면 X의 저항값을 측정할 수 있다.

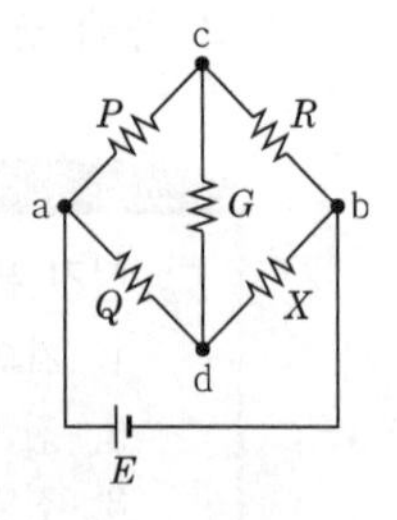

5 폴라로그래피(polarography)

분극성의 미소전극과 비극성의 대극과의 사이에 연속적으로 변화하는 전압을 가하여 전해에 의해 생긴 전류를 측정하여, 전압과 전류의 관계곡선을 그려 이것을 해석하여 목적 성분을 분리하는 방법으로 편극 상태의 작업 전극 전위를 외부로부터 변화시키면서 농도에 비례하는 전류의 변화를 측정하는 방법으로 작업 전극은 편극이 잘 일어나게 겉넓이가 작은 미소 전극(micro electrode)을 사용한다.

- 기준 전극 : 포화 칼로멜 전극
- 작업 전극 : 수은 적하 전극

(1) 고전적 폴라로그래피법의 기기와 원리

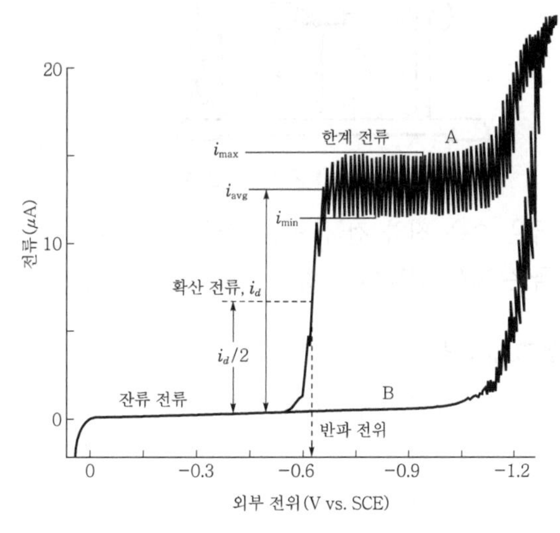

▌폴라로그램▌

① 잔류 전류(residual current)

㉮ 한계 전류−확산 전류

㉯ 전류가 거의 흐르지 않는다.

② 확산 전류(diffusion current)

전류는 이온 농도에 비례해서 빠르게 증가하며 정량 분석에 사용한다.

③ 반파 전위(half wave potential)

확산 전류의 $\frac{1}{2}$이 되는 전위는 정성 분석에 사용한다.

④ 한계 전류(limitting current)

미소 전극 주위의 이온이 모두 전해되고, 전류는 일정한 값을 유지하며 전해로 석출되는 속도와 확산에 의해 보충되는 물질의 속도가 같아서 흐르는 전류이다.

⑤ 이동 전류(migration current)

한계 전류의 일부분, 용액 가운데를 전류가 흐를 때에 용액 내에서 생기는 전위 강하, 즉 전류×저항에 기인한 전류

⑥ 2전극계

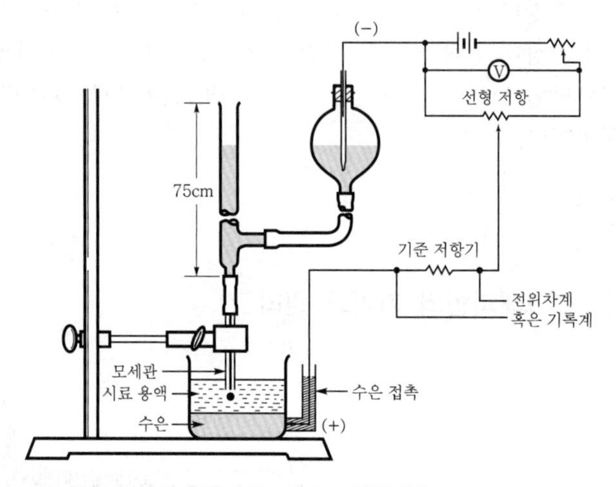

▌폴라로그래프 2전극계▐

㉮ 미소 전극은 수은 적하 전극 또는 백금 회전 전극(−)을 사용한다.

㉯ 대소 전극은 넓은 겉넓이의 평면 전극(+)을 사용한다.

(2) 현대적 폴라로그래피법

비패러데이 전류를 억제하는 새로운 법이다.

① 전류 채취 폴라로그래피법

② 시차 펄스 폴라로그래피법

③ 사각형파 폴라로그래피법

④ 벗김법

⑤ 순환 전압 전류법

(3) 적하 수은 전극(dropping mercury electrode)

① 폴라로그래피에서 작업 전극으로 주로 사용하는 전극(음극), 선단에 수은 적하용의 유리 모세관이 있어 측정용의 전해액에 침지시킨다.

② 상부의 수은 그릇에서 수은을 흘려내리면 수은방울은 유리모세관에서 수초 간격으로 적하한다. 이 수은방울은 적극으로서 사용하며, 수은방울의 표면은 계속적으로 갱신되므로 재현성이 높다.

③ 모세관의 다른 쪽은 비닐관이나 고무관을 통하여 수은 그릇에 연결되어 있으므로 수은 그릇의 높이를 바꿈으로써 수은방울의 적하 간격을 변화시킬 수 있다.

4. 기기 분석 안전

1 화학 실험실 유의 사항

화학 분석 계측 실습에는 여러 가지 화공 약품, 실험 실습 기계 및 기구, 전기·가스 설비 등이 있다. 이들 약품의 취급, 기계 및 기구의 조작, 전기 및 가스 설비의 사용 방법에 대한 유의 사항을 잘 알아야 불의의 사고를 예방할 수 있다. 또 만약의 사고에 대비하여 긴급 처리 방법도 잘 알고 있어야 큰 사고로 확대되는 것을 막을 수 있다.
화학 분석 계측 실습에는 많은 종류의 화공 약품과 가격이 비싼 실험 기계·기구 등을 이용하여 물질의 조성과 성분을 분석하고 계측하는 경우가 많으므로 다음 사항에 유의해야 한다.

(1) 실습의 목적

화학 분석 계측 실습을 통하여 이론 교과에서 배운 기초 지식을 활용하고, 실제의 작업을 통하여 조작 방법을 습득함으로서 화합물의 물성·구조·농도 등을 측정·분석할 수 있도록 하여 산업 현장에서 유용하게 활용해야 한다.

① 교과서에서 배운 지식을 실습을 통하여 이해하고 활용할 수 있는 능력을 가진다.
② 물질의 물성 측정을 통하여 각 물질들의 성질과 용도를 이해하고 산업 분야에 응용할 수 있는 방법을 익힌다.
③ 계측에 필요한 기초 지식과 원리를 이해하여 계측 기기들의 조작 능력을 기른다.
④ 화학 공업에서 사용되고 있는 계측 기기들의 모델과 적절한 규격을 선정하여 설치·활용할 수 있는 능력을 기른다.
⑤ 기기 분석의 기본 이론과 기기의 작동 원리를 습득하여 분석·조작할 수 있는 능력을 기른다.

(2) 실습 진행 시 유의 사항

① 실습장에서 지켜야 할 유의 사항
㉮ 실습을 시작하기 전에 반드시 실습복을 착용해야 한다. 이는 여러 가지 약품으로부터 자기 자신의 의복과 몸을 보호하기 위해서이다.
㉯ 실습장에서는 인화성 물질 취급에 주의해야 한다. 이는 인화성이 강한 기체 및 약품 등에 의하여 인화되어 큰 위험을 초래할 우려가 많기 때문이다.
㉰ 실습장에서는 쓸데없는 잡담 및 큰 소리로 떠들어서는 안 된다. 이는 공동 실습장에서 반드시 지켜야 할 예의이다.

㉣ 실습대는 항상 깨끗하게 정리해 두어야 한다. 왜냐하면 시약병・기구 및 장치 등을 넘어뜨리거나 시약병의 약품들이 혼합되면 폭발 또는 인화되어 본의 아니게 큰 사고의 위험이 따르기 때문이다.

㉤ 만약의 경우 불의의 사고로 인한 화재의 예방을 위해서 소화기와 모래를 항상 일정한 장소에 비치해 두어야 한다.

㉥ 어떠한 물질을 사용한 후 버릴 때에는 반드시 주의하여 버려야 한다. 즉 농도가 진한 산 또는 염기 등은 어느 정도 묽게 한 다음 일정한 장소에 모아 중화 처리하고, 이때 중금속의 침전물은 분리・건조 후 폐기물 처리 방법에 따라 처리한다.

㉦ 실습 제목에 다른 준비와 계획 없이 다른 학생이 하니까 마지못해 한다든지, 빨리 끝내려고 무리하게 또는 적당히 장치를 하고 약품 등을 사용하여 실험을 하면 사고의 위험이 크다. 따라서 자신이 이론으로 배운 것을 체험한다는 것에 흥미와 의욕을 가지고, 철저한 준비와 계획을 하여 단계별로 차근차근 실험을 해야 한다.

(3) 실습 시 유의 사항

① 실습 시작 전의 유의 사항

㉮ 실습 제목에 따라 관계 지식과 실습 순서를 잘 연구하여 준비와 계획을 세워야 한다. 예를 들면, A라는 물질을 분석하려고 할 때, 이 조작 다음으로 필요한 약품과 기구류 및 이에 따르는 장치를 준비해야 한다. 또 그 다음 조작 과정을 단계적으로 계획을 세워야 한다. 끝으로 물질의 분석 결과를 검토해야 한다. 따라서 준비와 계획은 반드시 실험 시작 전에 되어 있어야 한다.

㉯ 실습대 위는 청결하게 정돈되어 있어야 하며 폭발성이 있는 위험한 실습이라면 눈을 보호할 수 있는 안경도 준비하도록 한다.

② 실습 중의 유의 사항

㉮ 실습 중에 사용되는 모든 약품류・기구류 등을 아끼고 조심하여 사용함은 물론 수돗물, 전기 및 가스 등도 낭비가 없도록 해야 한다.

㉯ 실험을 빨리 끝내기 위하여 두 가지 이상의 실험을 해서는 안 되며, 약품의 정확한 칭량과 정확한 온도 및 측정 시간을 유지하면서 모든 과정을 잘 관찰해야 한다.

㉰ 실습 과정을 반드시 노트에 기록하면서 그때그때의 측정 사항을 정확하게 기입해 놓아야 한다. 아무 데나 기록해 놓는다든가 조금 있다가 기록한다든가 하는 것은 좋지 않은 습관이며 혼동되거나 잊어버리기 쉽다.

③ 실습이 끝난 후 유의 사항

㉮ 실습이 끝남과 동시에 전기・수도 그리고 가스 등을 잘 잠가 놓아야 하며 사용하였던 약품은 제자리에 정리해야 하고 기구류들은 잘 세척하여 제 위치에 놓아야 한다.

㉯ 일정한 양식의 보고서를 작성하여 지도 교사에게 제출해야 한다.

(4) 유리 기구의 취급 방법

① 유리 기구를 세척할 때에는 중크산롬칼륨과 황산의 혼합 용액을 사용한다.
② 메스플라스크, 뷰렛, 메스실린더, 피펫 등 눈금이 표시된 유리 기구는 가열하지 않는다.
③ 깨끗이 세척된 유리 기구는 유리 기구의 벽에 물방울이 없으며, 깨끗이 세척되지 않은 유리 기구의 벽은 물방울이 남아 있다.
④ 유리 기구와 철제, 스테인리스강 등 금속 재질의 실험 기구는 같이 보관하면 유리 기구가 깨질 위험이 있다.

(5) 피펫 필러

강산이나 강알칼리 등과 같은 유독한 액체를 취할 때 실험자가 입으로 빨아 올리지 않기 위하여 사용하는 기구

(6) 유리 기구 장치를 조립할 때 주의 사항

① 가연성 물질을 다룰 때에는 특히 화기에 조심한다.
② 유리 기구를 다룰 때에는 필히 안전 수칙을 따른다.
③ 안전 장비의 위치와 다루는 방법을 미리 숙지하여야 한다.
④ 독성이 강한 가스를 발생하는 시약이나 용매는 독성에 주의하여야 한다.

(7) 화학 실험 시 사용하는 약품의 보관 방법

① 폭발성 또는 자연 발화성의 약품은 화기를 사용하는 곳에서 멀리 떨어져 있는 창고에 보관한다.
② 흡습성 약품은 완전히 건조시켜 건조한 곳이나 석유 속에 보관한다.
③ 모든 화합물은 될 수 있는 대로 각각 다른 장소에 보관하고, 정리 정돈을 잘한다.
④ 직사광선을 피하고, 약품에 따라 유색병에 보관한다.
⑤ 인화성 약품은 자연 발화성 약품과 각각 보관한다.
⑥ 인화성 약품은 전기적 스파크로부터 멀고, 찬 곳에 보관한다.
⑦ 산소를 포함한 강한 산화제인 화학 약품의 보관 장소는 습기가 없고, 찬 곳에 보관한다.

2 유해 시약 취급법

일반적으로 분석 화학 실험에서는 위험한 때가 많다. 특히 유기 화학 실험에서는 위험성이 더 많으므로 주의하여 조작하도록 한다.
다음에 몇 가지 주의할 점을 보기로 든다.

(1) 위험에 대한 주의

① 인화

일반적으로 흔히 쓰이는 약품 중에서 인화성이 큰 것에는 에테르, 석유 에테르, 리그로인, 벤젠, 이황화탄소 및 알코올과 같은 것이 있다.

㉮ 이 액체들은 한 번에 1L 이상을 취급하지 않도록 한다. 특히 에테르, 벤젠, 이황화탄소 같은 것은 증기가 1m 이상까지 위로 가서 인화되므로, 될 수 있으면 불에서 멀리 놓아두도록 한다.

㉯ 인화성 물질을 사용하여 침출을 할 때에는 반드시 역류 냉각기를 달고 중탕 냄비 위에서 가열하도록 하며 절대로 쇠그물 위에서 직접 가열하지 않도록 한다.

㉰ 만일 증류할 때 플라스크에 인화되었으면 우선 플라스크에 붙은 불을 먼저 끄고, 작은 불은 나중에 끄도록 한다.

㉱ 인화성 액체는 실험대 근처에 버리지 말고 땅을 파 놓은 곳에 버리거나 땅에 파묻도록 한다.

② 발화

일반적으로 흔히 쓰이는 약품 중에서 발화성이 큰 것은 흰인, 칼륨, 나트륨 등이다.

㉮ 발화성 약품은 한 번에 5g 이상 실험대에서 취급하지 않도록 한다.

㉯ 발화성 약품은 공기 중에 놓아두면 안 된다. 사용할 때 이외에는 반드시 흰인은 물속에, 칼륨, 나트륨은 석유 속에 저장해 두도록 한다.

③ 소화

㉮ 불행히도 불이 일어났을 때에는 연소물에 모래를 끼얹거나 이산화탄소 봄베(bombe)로부터 이산화탄소를 뿌리거나 사염화탄소를 뿌려야 한다.

㉯ 물을 끼얹으면 도리어 위험할 때가 있으므로 주의하도록 한다.

④ 폭발

폭발성 물질은 디아조염, 니트로 화합물 등으로서 이들은 한번에 많이 만들면 안 된다. 또 이것들을 만들어서 저장해 둘 필요가 있을 때에는 담은 그릇의 마개를 꼭 막아 두면 위험하므로 조금 헐겁게 막아 통풍이 잘 되는 곳에 놓도록 한다.

㉮ 화학 실험실에서 발생하는 폭발 사고의 유형

㉠ 조절 불가능한 발열 반응

㉡ 불안전한 화합물의 가열·건조·증류 등에 의한 폭발
㉢ 에테르 용액 증류 시 남아 있는 과산화물에 의한 폭발

⑤ 중독

염소, 브롬, 아질산 또는 질산, 황화수소, 인화수소, 염화인, 아닐린 등은 반드시 통풍이 잘 되는 곳에서 다루도록 한다. 만약, 독가스를 들이마셨을 때에는 순수한 에틸알코올을 깨끗한 헝겊에 적셔서 들이마시도록 한다.

⑥ 농축 및 가열

농축 및 가열 등의 조작 시 액체가 끓는점 이상으로 가열되어 끓어오르는 현상을 막아주는 역할을 하는 끓임쪽을 넣는다.

(2) 위험물 취급 시 주의 사항

화학 공업은 다른 사업에 비하여 각종 위험물을 다루는 기회가 많으므로 재해의 발생 가능성도 높다. 따라서 위험물의 취급 방법·성질 등을 철저히 알아두고, 취급에 필요한 자격증도 취득하여 두어야 한다.

다음 표는 각종 위험물의 위험성에 따른 저장 및 취급 방법의 일반적인 사항들이다.

▌위험물의 위험성에 따른 저장 및 취급 방법▐

위험성	위험의 정도	위험물 명칭	저장 취급 방법
발화성	물과의 접촉 발화, 공기 중 발화점 40℃ 미만인 것	칼륨, 나트륨, 황, 인, 트라이에틸알루미늄	밀봉, 격리 저장, 기구 사용, 피부 접촉 주의
인화성	인화점 30℃ 미만인 것, 가연성 가스	수소, 아세톤, 에탄올, 에틸에테르, 일산화탄소	밀봉, 방폭형에 저장, 화기 사용 금지
가연성	인화점이 30~100℃ 미만, 발화점이 비교적 낮은 것	등유, 아크릴산, 아세트산, 무수 아세트산아닐린, 크레졸, 테레빈유	밀봉, 화기 사용 금지, 30℃ 미만의 온도에서는 인화하지 않음.
폭발성	5 kg의 추로 1 m 미만의 높이에서 떨어뜨렸을 때 분해 폭발, 가열에 의해 분해 폭발	질산암모늄, 니트로셀룰로스, 피크린산	다량 저장 취급 금지, 화기 사용 금지, 강한 충격이나 마찰 금지
산화성	가열, 압축, 강산·알칼리 등의 첨가에 의해 강한 산화성을 나타내는 것	과염소산, 질산, 아질산나트륨, 과산화바륨, 요오드산나트륨	강환원성 물질, 유기물과의 접촉 혼합 금지, 산화성 염류는 강산과 혼합 금지
금수성	흡습, 물과의 접촉으로 발열 또는 발화하는 것, 유해 가스를 발생하는 것	삼산화황, 수소화리튬, 탄화칼슘, 발열 황산, 분말 마그네슘, 발열 질산, 오산화인	습기·물과 접촉 금지, 피부 접촉 금지
강산성	무기, 유기의 강산류, 가연성 수소 발생, 금속 기타 재료 부식, 물과 접촉으로 발열, 인체에 접촉하면 피부·점막 부식	염산, 불화수소산, 질산, 발연 질산, 발연 황산	물과 접촉 금지, 산화성 염류와 접촉 금지, 피부 접촉 금지

위험성	위험의 정도	위험물 명칭	저장 취급 방법
부식성	인체 접촉 시 피부나 점막을 자극·손상	암모니아수, 과망간산칼륨, 질산은, 살리실산	피부 및 의복 접촉 금지, 보안경 착용
유독성	흡입 독성 50ppm 미만, 허용 농도 $50mg/m^3$, 경구 치사량 30mg 미만	안티몬 분말, 암모니아, 일산화탄소, 염소, 시안화칼륨, 수은, 인, 클로로폼, 톨루엔	국소 환기 장치 설치, 피부 접촉 금지, 피부로부터 흡수되어 중독
유해성	흡입 독성 50~200ppm 미만, 허용 농도 $50\sim200mg/m^3$, 경구 치사량 30mg 미만	아질산나트륨, 염화안티몬, 에틸에테르, 염화아닐린, 아세트산납, 포르말린	흡입 및 피부 접촉 금지, 입에 들어가지 않도록 방지
방사성	전리 방사선을 방출하는 핵종을 함유한 것, 비방사능이 천연칼륨의 것 이하의 것은 제외	산화토륨, 질산우라늄, 플루오르화우란	다량 저장과 취급 금지, 분말의 흡입이나 피부 접촉 금지

※ 질산암모늄(NH_4NO_3) : 산화성 고체로 급격한 가열·충격 등으로 인해 단독으로 분해·폭발할 수 있다.

(3) 화재의 종류

화재의 크기, 대상물의 종류, 원인, 발생 기시, 가연 물질의 종류 등 각각의 주관적인 판단에 따라 구분할 수 있다. 일반적인 분류로서 연소의 3요소 중 하나인 가연 물질의 종류에 따라 A, B, C, D급 화재로 분류한다.

▌화재의 구분▐

화재별 급수	가연 물질의 종류
A급 화재	목재, 종이, 섬유류 등 일반 가연물
B급 화재	유류(가연성 액체 포함)
C급 화재	전기
D급 화재	금속

(4) 위험물

① 제1류 위험물(산화성 고체)
㉮ 분해하여 산소를 방출한다.
㉯ 다른 가연성 물질의 연소를 돕는다.
㉰ 대부분 물에 잘 녹으며, 물에 접촉하면 격렬한 반응을 일으키는 것도 있다.
㉱ 불연성 물질로서 환원성 물질 또는 가연성 물질에 대하여 강한 산화성을 가진다.
② 제2류 위험물(가연성 고체)
③ 제3류 위험물(자연발화성 및 금수성 물질)
④ 제4류 위험물(인화성 액체)
⑤ 제5류 위험물(자기반응성 물질)
⑥ 제6류 위험물(산화성 액체)

3 실험실 안전 대책

(1) 실험 조작에 있어서 주의할 일

① 실험 실습을 할 때에는 미리 실습 지시서에 주어진 실습 순서를 확실히 이해한 다음 실험 실습을 시작하도록 한다. 그리고 참고 사항도 미리 알아두면 실험 실습에 크게 도움이 될 것이다.

② 실험을 할 때에는 왜 이와 같은 조작을 하여야 하며 또 결과는 어떻게 될 것인가에 대하여 항상 관심을 가지고 조작하도록 하고, 그 밖의 조작 방법에 대해서도 연구해 보려는 태도를 가지도록 한다.

③ 실험 실습은 여러 학생이 동시에 같은 실험을 같은 장소에서 하게 되는 수가 많으므로, 서로 잘 협조하도록 노력하여야 한다. 그리고 공동 시약이나 기구 등은 정해진 장소에서 임의로 옮겨서는 안 된다.

④ 중량 분석 등에서 침전을 회화시키는 조작과 같이 많은 시간을 기다릴 때에는 그 시간을 유효하게 이용하여야 한다. 즉, 다음 실험 준비를 하거나 두 가지 이상의 조작을 함께 함으로써 시간의 공백이 생기지 않도록 하는 것이 좋다. 그러나 너무 서두르면 실수하기 쉽다.

⑤ 시간이 허락하는 대로 같은 실험을 되풀이하여 자기의 기술에 자신을 가지도록 하는 데 게을리해서는 안 된다.

⑥ 실습 보고서에서 실험 데이터를 빠짐없이 기록하되 방식은 통일하는 것이 좋다.

⑦ 실험 실습을 끝마쳤을 때에는 실험실의 정리 · 정돈을 하는 습관을 가지도록 한다.

(2) 실험실 안전 수칙

① 시약병 마개는 실습대 바닥에 놓지 않도록 한다.

② 실험 실습실에는 음식물을 가지고 올 수 없다.

③ 시약병에 꽂혀 있는 피펫을 디른 시약병에 넣지 않도록 한다.

④ 화학 약품의 냄새는 직접 맡지 않도록 하며 부득이 냄새를 맡아야 할 경우에는 손을 사용하여 코가 있는 방향으로 증기를 날려서 맡는다.

(3) 급작스런 사고 시 대책

① 화재의 긴급 처리

㉮ 의복에 불이 붙었으면 소화기나 샤워로 끄는 것이 가장 빠르다. 그러나 없을 때에는 실습복이나 모포로 감아서 끄는데 당황하여 뛰어다니면 공기의 접촉이 심하여 더 잘 타게 되므로 주의해야 한다. 이때 당황하여 사염화탄소(CCl_4) 소화기를 사용해서는 안 된다.

㉯ 약품에 불이 붙었으면 불의 근원인 알코올 램프나 가스 버너, 전기 등을 끈 다음 인화성 용매를 빨리 들어내고 모래나 소화기를 사용하여 끄도록 한다.

㉰ 화상이 적을 때에는 아연화 연고를 바르거나 타닌산을 바르도록 한다. 그러나 화상이 클 때에는 병원에 가서 치료를 받아야 한다. 이때 주의할 것은 심적인 충격을 방지하기 위하여 음료수를 마시거나 안정을 취하도록 해야 한다.

② 약품이 묻어 있을 때 긴급 처리

㉮ 알칼리가 피부에 묻었으면 즉시 물로 씻고 묽은 아세톤으로 씻은 다음, 다시 물로 씻어서 말리고 아연화 연고를 바른다.

㉯ 산이 피부에 묻었으면 수돗물에 흘러내리게 한 다음 탄산수소나트륨($NaHCO_3$) 용액으로 씻어 말린 다음 아연화 연고를 바른다. 이때 타닌산이나 피크르산을 바르면 안 된다.

㉰ 만약 눈에 약품이 들어갔으면 즉시 수돗물로 씻은 다음, 산이면 묽은 탄산수소나트륨 용액으로 씻고, 알칼리인 경우에는 붕산 용액으로 씻어야 한다. 이때 당황하여 혼돈하여 사용하는 일이 없도록 주의해야 한다.

㉱ 강산이 피부나 의복에 묻었을 경우 묽은 암모니아수로 중화한다.

㉲ 브롬수가 피부에 묻었으면 글리세린을 다량으로 발라 문질러서 닦아 낸다. 많이 묻었을 때에는 여러 번 반복한 다음 아연화 연고를 바르도록 한다.

③ 상해를 입은 경우의 긴급 처리

㉮ 상처 부위를 에틸알코올, 옥시돌 등으로 잘 소독한다.

㉯ 항생제 계통의 연고를 잘 바른다.

㉰ 붕대를 잘 감아 놓는다.

㉱ 만약 상처가 큰 경우 병원에 가서 치료를 받도록 한다. 이때 충격이 심하지 않도록 안정을 시켜야 한다.

(4) 전기 사용에 대한 주의 사항

① 전기 기기는 손을 건조시킨 후 만진다.

② 전선을 연결할 때에는 전원을 차단하고 작업한다.

③ 전기 기기는 접지를 하여야 한다.

④ 전기 화재가 발생하였을 때는 전원을 먼저 차단한다.

(5) 실험실에서 일어나는 사고 원인과 요소

① 정신적 원인 : 성격적 결함, 지각적 결함

② 신체적 결함 : 피로

③ 기술적 요인 : 기계 장치의 설계 불량

④ 교육적 원인 : 지식의 부족, 수칙의 오해

분석 실험 준비

1. 분석 장비 준비

1 분석 장비 종류 및 특성

(1) 질량 분광법(MS, Mass Spectrometry)

분자 질량과 분자량을 결정하는 분석법으로 분석하는 물질의 크기와 화학식을 알 수 있다.

(2) 스펙트럼 분석법(SA, Spectroscopic Analysis)

분석하고자 하는 물질에 빛을 흡수시켜서 빛의 흡수 정도를 이용하여 농도 등을 분석하는 방법이다.

(3) 고성능 액체 크로마토그래피(HPLC, High Performance Liquid Chromatography)

기체 크로마토그래피와 같은 속도와 뛰어난 분리 기능을 얻을 수 있다.

(4) 핵자기 공명(NMR, Nuclear Magnetic Resonance)

원자핵이 가지고 있는 핵스핀이 자기장 내에서 특정 주파수의 전자기파와 반응하는 현상을 말한다.

(5) 기체 크로마토그래피(GC, Gas Chromatography)

기체 상태의 분석 물질이 운반 기체라고 불리는 기체 상태의 이동상에 의해 칼럼을 통해 운반된다.

2 분석 장비 원리와 구조

(1) 질량 분광법(MS, Mass Spectrometry)

고에너지의 분자가 깨져서 생기는 토막의 질량을 측정함으로써 분자 구조의 결정에 힌트를 제공한다.

(2) 스펙트럼 분석법(SA, Spectroscopic Analysis)

분석 기기와 시료에 적외선을 비추어 쌍극자 모멘트가 변화하는 분자 골격의 진동, 회전에 대응하는 에너지의 흡수를 측정하여 분석한다.

(3) 고성능 액체 크로마토그래피(HPLC, High Performance Liquid Chromatography)

보통의 액체 크로마토그래피에서 입자를 더욱 작게 하고, 가는 분리관을 사용하여 알맞은 압력을 가해 용매를 흘린다.

(4) 핵자기 공명(NMR, Nuclear Magnetic Resonance)

H_2, C, Si 등의 원자핵들을 4,700gauss의 자기장 내에서 각각 200MHz, 50.3MHz, 39.7MHz의 전자기파와 공명을 이용해 분석한다.

3 분석 장비 검·교정

분석 장비의 성능을 유지하기 위해 규정에 의한 일정한 시간의 경과나 장비 사용 횟수에 따라 검·교정을 하며, 검·교정 과정은 분석 장비의 매뉴얼에서 제시하는 방법에 따라 주어진 절차에 의해서 실시한다.

4 분석 장비 점검

(1) 분석 장비 연간 점검계획서 항목

① 결재자(장비 현장관리자, 책임관리자, 최고책임관리자 등)
② 분석 장비명
③ 분석 장비 세부 내역(제조회사명, 모델번호, 규격이나 용량, 일련번호)
④ 분석 장비 비치 장소
⑤ 분석 장비 교정 주기
⑥ 연간 점검 계획의 세부 내역(장비 점검 내용, 점검 일자 및 기간, 점검자, 점검 방법)

5 분석 장비 가동 시 주의 사항

(1) 이상 발견

① 이상한 냄새, 오작동, 이상 소음 등
② 이상 발견 시 즉시 분석 장비의 운전을 정지하고 이상의 원인을 찾는다.

(2) 이상 발견 시 조치 사항

① 이상이 발견된 곳에서부터 시작해 원인을 추적하여 분석한다.
② 분석 장비의 구조와 작동 메커니즘을 충분히 파악한 후 이해한다.
③ 자체적으로 응급조치가 불가능한 경우 분석 장비 전문가에게 의뢰한다.

예제 1 분석하는 물질의 크기와 화학식을 알 수 있는 분석 장비는?

풀이 질량 분광법

예제 2 가스 크로마토그래프의 3가지 주요 요소는?

풀이 주입부, 분리관, 검출기

예제 3 분석 장비 연간 점검계획서 항목은?

풀이 결재자, 분석 장비명, 분석 장비 세부 내역, 분석 장비 비치 장소, 분석 장비 교정 주기, 연간 점검계획의 세부 내역

2. 실험 기구 준비

1 실험 기구 종류 및 기능

(1) 전자저울

0.1~0.0001g까지 측정이 가능하며, 정밀한 분석 실습에 적합하다.

(2) 메스 실린더

용액의 양을 계량할 때 사용한다.

(3) 메스 플라스크

정확한 농도의 용액을 제조할 때 또는 시료 용액을 일정 배율로 희석할 때 사용한다.

(4) 피펫

일정한 부피의 액체를 취하여 한 용기에서 다른 용기로 정확히 알고 있는 부피를 옮기는 데 사용한다.

(5) 뷰렛

적정에 사용한다.

2 초자 기구 준비 및 조작

(1) 부피 측정용 유리 기구로 계량할 때의 수치 표시 방법

① '10mL', '10.0mL' : 끝맺음한 결과를 나타낸 값
② '(5±0.2)mL' : 끝맺음한 결과를 4.8~5.2mL의 범위를 허용하는 것
③ '10~15mL' : 끝맺음한 수치 결과가 10~15mL의 범위에 들어있는 임의의 값
④ '약 2mL' : 2mL에 가까운 값

(2) 부피 피펫, 부피 플라스크 및 뷰렛의 교정 방법

① 부피 피펫
새겨진 눈금을 사용했을 때의 정확한 부피를 구하고, 호칭 용량과의 차를 보정값으로 해도 된다.

② 부피 플라스크
충분히 씻은 부피 플라스크를 세워서 자연 건조시키거나, 물, 에탄올, 다이에틸 에터를 사용해 순서대로 씻고 공기를 통하게 하여 건조하며 모눈종이를 이용하여 실온과 거의 같은 온도의 물을 넣어 질량을 단다.

③ 뷰렛
충분히 씻은 뷰렛에 실온과 거의 같은 온도의 물을 넣어서 정확히 0mL의 눈금에 액면을 맞춘다.

(3) 건조 용기(데시케이터)

① 고체 · 액체 등의 건조, 습기 제거 또는 흡습성 물질의 보존 등에 사용되나, 젖은 물체를 건조하는 것이 목적은 아니다.

② 용기의 본체와 뚜껑은 어느 정도 밀착되어 있으나, 그 사이에 그리스를 발라 외부 기체의 침입을 완벽하게 차단한다.

③ 중간에 구멍이 뚫린 도자기제의 밑판을 놓고, 밑판 밑에 건조제를, 그 위에 시료를 둔다.

④ 건조제로는 실리카 젤, 진한 황산, 염화칼슘, 오산화인 등 시료에 알맞는 물질을 사용한다.

(4) 밀폐 용기

① 먼지 등 고형의 물질 혼입을 막고 내용물의 손실이 거의 생기지 않도록 꽉 닫을 수 있는 용기이다.

② 종이 상자, 종이 자루, 폴리에틸렌 자루 등이 있다.

(5) 기밀 용기

① 액체 침입, 내용물의 변질, 휘산, 손실 등이 거의 생기지 않도록 꽉 닫을 수 있는 용기이다.

② 유리병, 폴리에틸렌병, 열로 봉하여 사용하는 폴리에틸렌 자루 등이 있다.

(6) 밀봉 용기

① 기체의 침입이 생기지 않는 용기이다.

② 유리 앰플, 바이알 병 등이 있다.

예제 1 부피를 측정하는 데 사용 가능한 기구는?

풀이 눈금 실린더, 뷰렛, 피펫, 눈금 플라스크 등

예제 2 건조 용기에서 건조제로 사용하는 물질은?

풀이 실리카 젤, 진한 황산, 염화칼슘, 오산화인 등

예제 3 실리카 젤을 넣은 감압 건조 용기의 내압은 몇 Pa 이하로 하는가?

풀이 2.0kPa 이하

3. 시약 준비

1 시약 관리

정밀한 화학 분석을 위해 공인된 순도의 시약과 용액을 사용한다.

2 시약 취급 시 주의 사항

① 가장 고급의 시약을 선택한다.
② 시약을 덜어낸 후 즉시 본인이 직접 모든 용기의 뚜껑을 덮는다.
③ 남은 시약은 다시 병에 넣지 않는다.
④ 깨끗한 시약 스푼을 사용한다.
⑤ 시약은 선반 위에 두며, 실험 저울은 깨끗하게 정돈한다.
⑥ 남은 고체 시약과 용액은 규칙을 준수하여서 폐기한다.

분석 시료 준비

분석에 있어서 원 검체의 성분을 정확하게 알려면, 시료는 원 검체의 완전한 축합체이어야 한다. 그러므로 시료는 평균 시료가 되어야 하며, 또 시료의 종류에 따라서는 수분을 흡수하는 것, 휘발성인 것, 산화되기 쉬운 것 등이 있으므로 그 특성에 따라서 주의하여 채취한다.

1. 고체 시료 준비

1 고체 시료 채취

(1) 체취 방법

① 우선 많은 양의 큰 덩어리를 채취한다.
② 가루 모양, 알갱이 모양 등 어떠한 때라도 일정한 간격, 일정한 거리를 두고 조금씩 채취하여 혼합한다.
③ 요소와 같이 부대에 들어있는 것을 시료로 채취할 때에는 몇 부대에 1개씩 또는 각 부대마다 일정량을 채취하여 혼합한다.

(2) 사분법(quartering)

사분법은 중심을 높게 쌓아 올리고 이것을 편평하게 하여 십자선을 긋고 그 상대 위치의 두 부분 또는 일부분만 취하여 막자사발에 넣어 고운 가루로 만드는 것이다.

2 고체 시료의 물리 · 화학적 특성

(1) 물리적 특성

물질의 고유성과 조성을 바꾸지 않아도 알 수 있는 성질
예 색깔, 냄새, 밀도, 융점, 비점, 경도, 결정 등

(2) 화학적 특성

물질이 변하거나 반응하거나 또는 다른 물질을 생성하는 것
예 철이 녹스는 것, 연소 등

3 분쇄기 활용 입도 조절

(1) 고체 시료의 분쇄

① 고체 시료는 그 형상, 입도, 경도, 비중 등이 불균일하기 때문에 분쇄한다.
② 막자사발에 일정량의 시료를 넣고 막자를 이용하여 분쇄한다.
③ 약 200mesh 크기의 분말이 되도록 분쇄한다.

(2) 볼 밀(ball mill) 등의 기기를 이용하여 분쇄 시 주의 사항

① 처음에는 거칠게 분쇄한다.
② 경질 자기의 통 안에 몇 개의 세라믹 공과 시료를 함께 넣는다.
③ 장시간 회전시키며 세라믹 공과 시료의 마찰에 의해서 분쇄한다.

4 분석용 저울 사용 및 교정

(1) 분석 저울

① 개별 표준에서 규정하는 경우를 제외하고 정확히 단다.
② 분석용 저울은 전자저울로 최대 160~200g의 범위로 표준편차 ±0.1mg인 전자식 저울을 주로 사용한다.

(2) 미량 화학 저울

칭량 10~20g으로 0.001mg의 차를 읽을 수 있다.

(3) 접시저울 칭량

100~2,000g 정도로 0.1~0.2g의 차를 읽을 수 있는 것을 사용한다.

예제 1 고체 시료의 물리적 성질은?

풀이 색깔, 냄새, 밀도, 융점, 비점, 경도, 결정 등

예제 2 분쇄기에서 분쇄된 분말의 크기는 몇 mesh이어야 하는가?

풀이 200mesh

2. 액체 시료 준비

1 액체 시료 채취

액체 시료는 유리관을 시료 용액 속에 꽂은 다음 손가락으로 유리관 끝을 막으면 채취할 수 있다.

2 액체 시료의 물리·화학적 특성

(1) 물리적 특성

성상, 용해도, 녹는점, 입도 등

(2) 화학적 특성

구조식, 반응성 등

3 분석용 용액 제조

(1) 분석용 용액 제조 방법

농도 37%, 비중 1.19인 HCl을 이용하여 0.5M HCl 용액 500mL를 제조 시

① 0.5M HCl 용액 500mL 제조를 위해 필요한 HCl의 양을 구한다.

$36.5g/mol \times 0.5mol/L \times 0.5L = 9.13g - HCl$

② HCl의 농도가 100%가 아니고 37%이므로 환산된 양을 구한다.

$9.13 \times (100/37) = 24.7g - 37\%\ HCl$

③ 일반적으로 부피 단위로 HCl을 채취하여 용액을 조제한다.

④ 무게 단위(g)를 부피 단위(mL)로 전환하기 위하여 HCl의 비중 1.19를 이용한다.

$24.7g \div 1.19g/mL = 20.8mL - 37\%\ HCl$

즉, 37% HCl 20.8mL를 채취하고 물을 첨가하면서 녹여 전체 용액의 양을 500mL로 만든다.

4 액체 시료 농도 계산

(1) 몰(M, mol/L) 농도

용액 1L 중에 녹아 있는 용질의 몰수

$$몰\ 농도(M) = \frac{용질의\ mol수}{용액의\ 부피(L)}$$

(2) 노말(N, eq/L) 농도

용약 1L 속에 포함된 용질의 g당량수

$$노말\ 농도(N) = \frac{용질의\ 당량수(eq)}{용액의\ 부피(L)}$$

5 액체 시료 필터링 및 원심 분리

(1) 필터링

① 보통 여과

자연 여과라 하며, 원액 자체의 무게에 의한 압력을 이용한다.

② 원심 여과

원심력을 이용한다.

(2) 원심 분리

① 분별 원심법

㉮ 균일한 용매를 사용하는 보통 원심 분리법이다.

㉯ 여러 종류의 시료를 한 번에 처리한다.

㉰ 비교적 작은 원심력으로 단시간에 분리한다.

㉱ 침강 계수가 비슷한 입자 간에는 적합하지 않다.

② 밀도 구배 원심법

㉮ 원심관 내에 자당 또는 염화세슘 등의 밀도 기울기를 만들고, 이 속에서 원심 분리하여 두 종류를 분리한다.

㉯ 세 종류의 혼합물을 분리할 수도 있다.

㉰ 시료 상태에 따라 적절한 rpm을 설정한다.

6 pH 측정 및 pH미터 보정

(1) pH 측정

용액의 수소 이온 농도를 측정하는 기기이다.

(2) pH미터 보정

pH를 측정하려고 하는 용액 속에 유리 전극을 삽입하여 기준 전극에 대해서 전위차 또는 그 변동을 직류 또는 교류 증폭으로 pH의 값이 읽혀질 수 있도록 한다.

예제 1 순황산 9.8g을 물에 녹여 전체 부피가 500mL가 되게 한 용액은 몇 N인가?

풀이 500mL 속에 H_2SO_4 9.8g이므로

500 : 9.8 = 1,000 : x에서 x=19.6

∴ N농도 = $\frac{19.6}{49}$ =0.4N

예제 2 20% HCl(비중 1.10)은 몇 M농도인가?

풀이 M = 1,000×비중×%÷용질의 분자량

$= 1,000 \times 1.10 \times \frac{20}{100} \div 36.5$

$= 6$

3. 기체 시료 준비

1 기체 시료 채취

(1) 채취 방법

가스 잡이관을 사용하여 기체 시료를 통하게 한 다음 양쪽 콕을 잠그면 채취할 수 있다.

(2) 헴펠 가스 뷰렛을 써서 채취하는 방법

① 헴펠 가스 뷰렛은 가스 뷰렛과 수준관의 두 부분으로 되어 있다.

② 가스 뷰렛에 물이나 수은을 넣고 위아래로 움직인다. 이것은 가스 뷰렛 안 기체의 부피를 임의로 할 수 있는 방법이다.

③ 시료를 채취할 때에는 수준관에 물 또는 수은을 넣은 후 가스 뷰렛 위의 콕을 잠그고 수준관의 물 수준과 가스 뷰렛의 물 수준을 같게 하여 눈금을 본다. 이때의 가스 부피는 760mm 대기압일 때의 기체가 부피가 된다.

2 기체 시료 물리·화학적 특성

(1) 물리적 특성

밀도는 일정온도에서 재료의 단위체적당 질량이며, g/cm^3로 나타낸다.

(2) 화학적 특성

물에 대한 기체의 용해도는 온도가 증가함에 따라 감소한다.

3 분석 물질 기체화 및 포집

밀폐된 용기에서 직접 기상 중으로 추출하여 사용하며, 헤드 스페이스 방법을 주로 사용한다.

4 기체 시료 보관 조건

비활성 재질의 용기에 담아 밀봉한다.

예제 1 헴펠(Hempel)법에 의한 가스 분석 시 성분 분석의 순서는?

풀이 이산화탄소 → 탄화수소 → 산소 → 일산화탄소

예제 2 기체 시료의 보관 조건은?

풀이 비활성 재질의 용기에 담아 밀봉한다.

Chapter 10

기초 화학 분석

1. 기초 이화학 분석

1 기초 이화학 분석 실험

(1) 물리적 특성 분석

① 길이 측정　② 무게 측정
③ 부피 측정　④ 굴절률 측정
⑤ 비점 측정　⑥ 융점 측정

(2) 화학적 특성 분석

① pH 측정
② 침전
③ 정색 반응을 이용한 정성 분석
④ 비색 분석
⑤ 불꽃 시험

2 기초 이화학 분석 장비 조작

(1) 전자저울

① 분석용 저울(analytical balance)은 최대 160~200g 범위로 표준 편차 ±0.1mg인 전자식 저울이 사용된다.
② 시료, 시약 등의 질량을 달 때 미량 화학 저울, 화학 저울, 접시 저울 등을 사용한다.

(2) pH미터

① 사용 방법에 따라서 휴대용, 탁상용, 정치용이 있다.
② 보통 유리 전극 및 비교 전극으로 된 검출부와 검출된 pH를 지시하는 지시부로 되어 있다.
③ 지시부는 비대칭 영점 조절용 꼭지 및 온도 보상용 꼭지가 있다.

(3) 원심 분리기

① 원심력을 이용하여 밀도가 다른 액체-액체 혼합물, 또는 고체-액체 분산계를 분리 조작하는 기기이다.

② 원심 분리할 때 시료를 넣는 관을 원심관이라 한다.

(4) 교반기

① 여러 가지 크기를 가진 마그네틱 바를 회전시켜서 내용물을 혼합한다.

② 분석 화학 실험에는 주로 자석식 교반기를 많이 사용한다.

참고

열판 자석 교반기
온도 스위치를 사용하여 가열할 수 있는 교반기

예제 1 분석 이화학 분석 실험에서 물리적 특성 분석은?

풀이 길이 측정, 무게 측정, 부피 측정, 굴절률 측정, 비점 측정, 융점 측정

예제 2 사용 방법에 따른 pH미터의 종류는?

풀이 휴대용, 탁상용, 정치용

2. 기초 분광 분석

1 분광 분석 장비 조작

(1) 광학적 분석법

물질이나 용액이 복사 에너지를 흡수하는 능력이나, 어떤 에너지원에 의하여 들뜰 때 복사선을 방출하는 능력, 또는 복사선을 분산시키거나 산란하는 능력 등을 측정하는 방법이다.

(2) 분광 분석법

빛, 가시광선을 이용하여 화합물의 성질과 농도를 측정하는 방법이다.

2 분광 분석 기초 실험(UV, AAS)

(1) UV/vis spectrophotometer

① 시료 용액을 준비한다.

② 표준 인증 물질을 사용해 미리 장치 및 조정 방법에 따라서 광원, 검출기, 장치의 측정 모드, 측정 파장 또는 측정 파장 범위, 스펙트럼 폭, 파장 주사 속도 등을 선택하여 설정한다.

③ 검체 광로의 셔터를 뜯어서 광을 차단하고 측정 파장 또는 측정 파장 범위에서의 투과율의 지시값이 0%가 되도록 조정한다.

④ 다시 셔터를 열고서 측정 파장 또는 측정 파장 범위의 투과율의 지시값이 100%가 되도록 조정한다.

⑤ 농도를 달리 한 표준 용액을 넣을 셀을 검체 광로에 넣고 측정 파장에서의 흡광도 또는 측정 파장 범위에서 흡수 스펙트럼을 측정한다. 자외부 흡수 측정에는 석영으로 만든 셀을 쓰고, 가시부 흡수 측정에는 유리 또는 석영으로 만든 셀을 쓰며, 층 길이는 1cm이다.

⑥ 측정한 표준 용액의 흡광도로부터 검정선을 작성한다.

⑦ 시료의 흡광도를 측정하고 검정선으로부터 농도를 구한다.

(2) AAS

① 시료 원자화로부터 flame법을 사용할 경우 이에 적합한 연료 가스와 보조 가스를 준비한다.

② 시료 원자화로부터 냉증기법을 사용할 경우에는 이에 적합한 환원 시약을 준비한다.

3 분광 분석 결과 해석

(1) 10mg/L 표준 용액과 1mg/L 표준 용액의 조제

① 10mg/L 표준 용액

피펫으로 페놀 표준 원액(1,000mg/L) 10mL를 정확히 취하여 1L 부피의 플라스크에 넣고 정제수를 넣어 정확하게 1L로 희석하여 조제한다.

② 1mg/L 표준 용액

10mg/L 페놀 표준 용액 10mL를 정확히 취하여 100mL 부피의 플라스크에 넣고 정제수로 10배 희석하여 조제한다.

(2) 표준 용액은 사용할 때마다 조제한다.

4 분광학적 특성을 이용한 정성 및 정량 분석

(1) 정성 분석

유도 결합 플라스마 발광 분광 분석법에서는 검액 중에 함유된 원소 유래의 복수 발광선의 파장 및 상대적인 발광 강도가 표준 용액 중에 함유된 원소의 발광선의 파장 및 상대적인 발광 강도와 일치할 경우 이들 원소의 함유를 확인한다.

(2) 정량 분석

검액 중의 무기 원소에 대한 정량적 평가는 일정 시간의 적분에 의해 얻어진 발광 강도 또는 이온 검출 개수를 바탕으로 검량선법, 내부 표준법, 표준 첨가법, 동위원소 희석법 중 어느 하나의 방법에 따라 실시한다.

예제 1 가시광선의 파장 범위는?

풀이 약 350~800nm 정도

예제 2 원자 흡수 분광법(AAS)에 이용되는 불꽃에 사용되는 가스는?

풀이 ① 천연가스－산소, ② 수소－산소, ③ 아세틸렌－공기, ④ 아세틸렌－산소

예제 3 원자 흡수 분광법(AAS)에서 발견되는 이온화 방해 효과를 발생시키는 물질로서, 비교적 낮은 불꽃 온도에서 분석 시 문제가 될 수 있는 원소는?

풀이 Na

3. 기초 크로마토그래피 분석

1 크로마토그래피 분석 장비 조작

(1) 기체 크로마토그래피

① 분석 조건 설정 시 기본적인 고려 사항을 확인한다.
② 시료를 조제한다.
③ 검정 곡선 작성용 시료를 조제한다.

④ 칼럼을 연결한다.
⑤ 전원을 올린다.
⑥ 가스 밸브를 열고 유량을 점검한다.
⑦ 직접 기체 크로마토그래피 기기의 조작 패널을 이용하거나 소프트웨어를 이용해 분석 조건을 입력하고 기기를 작동한다.
⑧ 온도가 설정된 값까지 올라가고 이동상 가스를 계속 일정하게 흘려 검출선의 기준선이 안정화될 때까지 기다린다.
⑨ 주사기를 이용하여 시료를 직접 주입하거나 시료 자동 주입기를 이용하여 주입한다.
⑩ 시료의 크로마토그램에서 분리도, 감도, 분석 시간 등을 확인한 후, 분석 결과가 만족스러울 때까지 분석 조건을 최적화한다.

(2) 액체 크로마토그래피

① 분석 조건 설정 시 기본적인 고려 사항을 확인한다.
② 검량선을 작성한다.
③ 전원을 올린다.
④ 제조한 이동상을 펌프에 연결한다.
⑤ 적절한 칼럼을 선택하여 액체 크로마토그래피 기기에 연결한다.
⑥ 직접 액체 크로마토그래피 기기의 조작 패널을 이용하거나 소프트웨어를 이용하여 분석 조건을 입력하고 기기를 작동한다.
⑦ 이동상을 계속 일정하게 흘려 검출기의 기준선이 안정화될 때까지 기다린다.
⑧ 주사기를 이용하여 시료를 직접 주입하거나 시료 자동 주입기를 이용하여 주입한다.
⑨ 시료의 크로마토그램에서 분리도, 감도, 분석 시간 등을 확인한 후, 분석 결과가 만족스러울 때까지 분석 조건을 최적화한다.

2 크로마토그래피 분석 기초 실험

① 시료가 이동상과 고정상에 분배되는 성질을 이용하여 혼합물에 포함된 성분들을 각각의 단일 성분으로 분리한다.
② 미지 시료 속에 포함된 성분들을 분리하고 각 성분들을 확인함으로써 크로마토그래피의 원리를 이해한다.

3 크로마토그래피 특성을 이용한 정성 및 정량 분석

(1) 정성 분석

가스 크로마토그래피에서 미지 시료의 절대 머무름 시간과 순물질의 절대 머무름 시간을 비교하여 미지 시료의 성분을 확인한다.

(2) 정량 분석

가스 크로마토그래피는 식품 중에 잔류 농약 성분이 들어있을 때 각 성분에 대한 피크가 따로 나타나게 되고 이 피크의 높이 또는 넓이를 측정하여 잔류 농약의 정량 분석을 할 수 있다.

4 크로마토그래피 칼럼과 이동상

(1) 칼럼

충전 칼럼은 길이 1~6m, 반지름 2~4mm인 금속관 또는 유리관으로 되어 있으며, 내부에 충전물을 직접 충전하여 사용할 수 있기 때문에 사용자의 목적에 따라 매우 다양한 분리관을 만들 수 있다. 또한 가격이 저렴하며, 충전물로 GLC의 경우 규조토, 할로카본 등을 사용하고 여기에 다양한 액상 고정상이 코팅된 뒤 분리관에 충전되어 사용한다.

(2) 이동상

운반 기체는 기체이므로 이들 사이의 거리가 멀리 떨어져 있어서 분석물 분자와 상호작용을 하지 않는다. 따라서 분배 · 분리에 영향을 주지 않으며 단지 정지상으로부터 나온 분석물 분자를 이용하게만 한다.

예제 1 크로마토그래피에서 칼럼 효율은 일반적으로 이론 단수(N)로 나타낸다. 이때 N값에 영향을 주는 요인은?

풀이 ① 칼럼 제작 방법, ② 이동상의 흐름 속도, ③ 분리 온도

예제 2 크로마토그래피 칼럼에서 정지상(stationary phase)의 직경이 커질 때 에디 확산(Eddy diffusion)에 미치는 영향은?

풀이 확산 계수의 단위가 m^2/s이므로 에디 확산이 정비례하여 증가한다.

예제 3 가스 크로마토그래피(GS)에서 전개 가스로 많이 쓰이는 것은?

풀이 He, Ne, Ar 등 불활성 기체

Chapter

11 실험실 환경 · 안전 점검

1. 안전 수칙 파악

1 실험실 안전 수칙

① 실험실에서는 반드시 실험복을 입는다.
② 옷은 긴 바지를 입고, 신발은 운동화를 신는다.
③ 긴 머리는 늘어뜨리지 않도록 묶어서 위로 올린다.
④ 시약을 취급할 때에는 손을 보호할 수 있는 실험실용 고무장갑을 착용한다.
⑤ 콘택트렌즈와 유리렌즈로 된 안경을 착용한 학생은 반드시 보안경을 착용하도록 한다.
⑥ 실험대와 그 주위는 늘 청결히 해야 하며, 마른 걸레를 준비하여 서랍에 넣어 두고 필요할 때 즉시 사용할 수 있도록 한다.
⑦ 실험 중에는 실험대를 이탈하지 않도록 하며, 실험을 다 끝낸 후에는 시약 및 기구들을 잘 정리한 다음 실험대를 깨끗이 닦는다.

2 실험 장비 안전 수칙

① 실험실에서는 허가 받지 않은 실험은 절대 하지 말아야 하며, 실험을 하기 전에 실험 내용에 대해서 충분히 알아 둔다.
② 일부 실험은 조심하지 않으면 폭발이나 화재 등의 사고가 일어날 수 있기 때문에 사용하는 시약과 기구의 특성에 대해서 미리 알아 두어야 한다.
③ 시약은 사용하기 전에 반드시 라벨을 읽어 자신이 필요한 것인가를 확인하고, 시약병은 반드시 두 손으로 옮긴다.
④ 고체 상태의 시약을 시약병에서 덜어낼 때에는 깨끗한 스테인리스 약숟가락으로 근사량을 덜어내어 필요한 양만 달아서 사용하고 나머지는 시약병에 직접 넣지 말고 다른 실험자에게 넘겨주던가 아니면 버린다.
⑤ 액체 상태의 시약을 덜어낼 때에는 피펫을 시약병에 직접 넣지 말고 라벨이 상하지 않도록 유의하면서 필요한 근사량을 취하여 사용한 다음 남은 양은 버린다.

⑥ 적정량의 시약을 사용한다. 필요 이상의 시약을 사용하면 뜻하지 않은 실험 결과가 나올 수 있다.

⑦ 저울에 약품을 달 때 고체 시약은 시계접시나 셀로판종이를 사용하여 달아 시약이 저울판에 직접 닿지 않도록 해야 한다. 그리고 액체 시약은 적당한 크기의 비커나 플라스크를 사용하여 달며 시약병 입구 주위를 깨끗하게 한 다음 시약이 밖으로 튀어나오지 않도록 조심스럽게 따른다.

⑧ 유독한 시약, 화재나 폭발의 위험성이 큰 시약, 자극성 기체를 취급하는 실험은 반드시 후드 속에서 한다.

⑨ 시험관을 직접 불꽃으로 가열하지 않도록 하며, 시약이 담긴 시험관은 물중탕을 이용해서 가열하도록 한다. 또한 액체를 가열할 때에는 끓임쪽을 넣어서 액체가 갑자기 끓어오르지 않도록 한다.

⑩ 뜨거운 유리 기구를 다룰 때에는 면장갑을 끼고 집게를 사용하도록 한다.

⑪ 피펫을 사용할 때에는 피펫 필러를 사용하도록 하며, 입으로 피펫을 빨지 않도록 한다.

3 안전 보건 표지

(1) 금지 표지

흰색 바탕에 기본 모형은 빨강, 관련 부호 및 그림은 검은색

(2) 경고 표지

바탕은 노란색, 기본 모형, 관련 부호 및 그림은 검은색

(3) 지시 표지

바탕은 파란색, 관련 그림은 흰색

(4) 안내 표지

바탕은 흰색, 기본 모형 및 관련 부호는 녹색, 바탕은 녹색, 관련 부호 및 그림은 흰색

4 안전 장비 사용법

① 소화기, 비상 샤워, 구급약이 놓인 곳의 위치를 확인한다.
② 실험실에서 시약이 담겨진 기구를 들고 움직일 때에는 매우 조심하고 뛰어다녀서는 안 된다.
③ 신발은 발등을 덮는 잘 미끄러지지 않는 운동화 또는 구두를 착용하는 것이 좋다.
④ 눈을 보호하기 위하여 반드시 보안경을 착용한다.
⑤ 실험실의 창문을 열고 후드를 작동시켜 통풍이 잘 되도록 한다.
⑥ 시약병은 반드시 두 손을 사용하여 병의 몸통 부분과 바닥을 받쳐들어야 하며, 한 손으로 병의 마개를 잡고 옮기지 않는다.
⑦ 가스 버너를 사용하는 경우에는 사전에 사용 방법을 숙지하고, 유리 기구를 가열할 경우에는 반드시 석면판을 사용하여 유리 기구에 직접 가스 불꽃이 닿지 않도록 한다.
⑧ 액체를 가열할 때에는 비등석을 사용하여 액체가 튀어 오르지 않도록 하고, 시험관의 입구가 주위의 사람들에게 향하지 않도록 조심하며, 인화성이 있는 액체는 반드시 물중탕을 하여 가열한다.
⑨ 유리관을 취급하는 경우에는 장갑을 착용하거나 수건을 사용하고, 유리관을 자른 후에는 반드시 가스 불꽃으로 끝을 둥글게 하며, 유리관은 물을 묻혀 고무마개를 끼우고 무리한 힘을 가하지 않도록 한다.

예제 1 실험실 안전 수칙에 대해 쓰면?

풀이 ① 실험실에서는 반드시 실험복을 입는다.
② 옷은 긴 바지를 입고, 신발은 운동화를 신는다.
③ 긴 머리는 늘어뜨리지 않도록 묶어서 위로 올린다.
④ 시약을 취급할 때는 손을 보호할 수 있는 실험실용 고무장갑을 착용한다.
⑤ 콘택트렌즈와 유리렌즈로 된 안경을 착용한 학생은 반드시 보안경을 착용하도록 한다.
⑥ 실험대와 그 주위는 늘 청결히 해야 하며, 마른 걸레를 준비하여 서랍에 넣어 두고 필요할 때 즉시 사용할 수 있도록 한다.
⑦ 실험 중에는 실험대를 이탈하지 않도록 하며, 실험을 다 끝낸 후에는 시약 및 기구들을 잘 정리한 다음 실험대를 깨끗이 닦는다.

예제 2 산업안전보건법상 안전 · 보건 표지의 종류 중 바탕은 파란색, 관련 그림은 흰색을 사용하는 표지는?

풀이 지시 표지

2. 위해 요소 확인

1 화학 물질 취급 사고 예방

① 유해 물질의 제조 · 사용의 중지, 유해성이 적은 물질로 대체
② 생산 공정 및 작업 방법의 개선
③ 유해 물질 취급 설비의 밀폐 및 격리
④ 유해한 생산 공정의 격리와 원격 조정의 적용
⑤ 국소 배기에 의한 오염 물질의 확산 방지
⑥ 유해 물질에 노출되는 시간을 단축
⑦ 표준 작업 절차 수립 및 준수

2 화학 물질 위험성(발화성, 폭발성)

(1) 발화성

① 공기 중에서 가연성 물질을 가열할 경우 여기에 화염, 전기 불꽃의 접촉 없이도 연소가 일어나 계속 유지되는 것을 발화라 한다.
② 화학 반응에 의해 발생하는 열과 전도, 대류 및 방사에 의해 잃게 되는 열을 비교해서 전자가 큰 경우 열의 축적에 의해 반응계의 온도는 점점 증가하고 발화에 이르며, 후자가 큰 경우 반응계의 온도는 저하하고 발화에 이르지 않는다.

(2) 폭발성

① 연소는 발열과 발광을 수반하는 산화 반응이고, 폭발은 그 반응이 급격히 진행하여 빛을 발하는 것 외에 폭발음과 충격 압력을 내며 순간적으로 반응이 완료되는 것이다.
② 폭발 현상에 수반하여 고온 · 고압 하에서 용기의 파열, 파괴, 고열 발생, 발광 등이 생기는 것도 광의의 폭발 현상이다.

3 실험실 내 위험 요소

① 시약을 쏟았을 경우
② 눈에 시약이 들어갔을 경우
③ 화재가 발생했을 경우
④ 옷에 불이 붙었을 경우
⑤ 화상을 입었을 경우
⑥ 피부를 베었을 경우
⑦ 유독한 기체를 마셨을 경우
⑧ 폭발이 발생했을 경우

예제 화학 물질 취급 사고 예방에 대해 쓰면?

풀이 ① 유해 물질의 제조 · 사용의 중지, 유해성이 적은 물질로 대체
② 생산 공정 및 작업 방법의 개선
③ 유해 물질 취급 설비의 밀폐 및 격리
④ 유해한 생산 공정의 격리와 원격 조정의 적용
⑤ 국소 배기에 의한 오염 물질의 확산 방지
⑥ 유해 물질에 노출되는 시간을 단축
⑦ 표준 작업 절차 수립 및 준수

3. 폐수 · 폐기물 처리

1 시약, 검액, 폐기물 분류

(1) 시약

① 정의
화학 반응에 이용되는 약품
② 종류
묽은 염산(6N－HCl), 묽은 질산(6N－HNO_3), 묽은 암모니아수(6N－NH_4OH), 묽은 수산화나트륨 용액(3N-NaOH), 묽은 황산(6N-H_2SO_4), 염화 제일주석 용액($SnCl_2$), 크롬산칼륨 용액(1N－K_2CrO_4) 등

(2) 검액

액체 검사

(3) 폐기물 분류(폐기물관리법)

① 생활 폐기물
  사업장 폐기물 이외의 폐기물
② 사업장 폐기물
  ㉮ 건설 폐기물
  ㉯ 지정 폐기물
    ⓐ 폐유 · 폐산 등 사업장 폐기물
    ⓑ 의료 폐기물(구, 감염성 폐기물)
  ㉰ 사업장 일반 폐기물

참고

➡ 생활 폐기물과 지정 폐기물의 분류 기준
유해성

2 혼합 금지 폐기물의 종류

폐기물을 수집할 때는 폐산, 폐알칼리, 폐유기용제(할로겐족, 비할로겐족), 폐유 등 종류별로 구분해 수집하며, 다음의 폐액은 혼합하여 보관하면 안된다.

① 과산화물과 유기물
② 시안화물, 황화물, 차아염소산염과산
③ 염산, 불화수소 등의 휘발성 산과 비휘발성 산
④ 암모늄염, 휘발성 아민과 알칼리
⑤ 진한 황산, 술폰산, 옥살산, 폴리인산 등의 산과 기타 산

3 폐수, 폐기물의 처리와 보관

(1) 폐수

생산 · 사업의 과정과 생활에서 사용되고 불필요하게 된 많고 적은 오수

(2) 폐기물의 처리

폐기물의 소각 · 중화 · 파쇄 · 고령화 등의 중간 처분과 매립하거나 해역으로 배출하는 등의 최종 처분을 말한다.

(3) 폐기물의 보관

① 지정 폐기물 배출자는 사업장에서 발생하는 지정 폐기물 중 폐산 · 폐알칼리 · 폐유 · 폐유기용제 · 폐촉매 · 폐흡착제 · 폐흡수제 · 폐농약 · 폴리클로리네이티드비페닐 함유 폐기물, 폐수 처리 오니 중 유기성 오니를 보관 시작일로부터 45일을 초과하여 보관하여서는 안 되며, 그 밖의 지정 폐기물은 60일을 초과하여 보관하여서는 안 된다.

② 지정 폐기물의 보관 창고에는 보관 중인 지정 폐기물의 종류, 보관 가능 용량, 취급 시 주의 사항 및 관리 책임자 등을 표기한 표지판을 설치한다.

예제 1 사업장 폐기물을 분류하면?

풀이 ① 건설 폐기물
② 지정 폐기물
③ 사업장 일반 폐기물

예제 2 혼합 금지 폐기물의 종류는?

풀이 ① 과산화물과 유기물
② 시안화물, 황화물, 차아염소산염과산
③ 염산, 불화수소 등의 휘발성 산과 비휘발성 산
④ 암모늄염, 휘발성 아민과 알칼리
⑤ 진한 황산, 술폰산, 옥살산, 폴리인산 등의 산과 기타 산

Chapter 12

화학 물질 유형 파악

1. 화학 물질 정보 확인

1 화학 물질 종류(대분류)

(1) GHS에 따른 화학 물질의 분류

① 물리적 위험성 물질
- ㉮ 폭발성 물질
- ㉯ 인화성 가스
- ㉰ 에어로졸
- ㉱ 산화성 가스
- ㉲ 고압가스
- ㉳ 인화성 액체
- ㉴ 인화성 고체
- ㉵ 자기반응성 물질 및 혼합물
- ㉶ 자연발화성 액체
- ㉷ 자연발화성 고체
- ㉸ 자기발열성 물질 및 혼합물
- ㉹ 물반응성 물질 및 혼합물
- ㉺ 산화성 액체
- ㉻ 산화성 고체
- ㉼ 유기과산화물
- ㉽ 금속 부식성 물질

② 건강 유해성 물질
- ㉮ 급성 독성
- ㉯ 피부 부식성 · 피부 자극성
- ㉰ 심한 눈 손상성 · 눈 자극성
- ㉱ 호흡기 또는 피부 과민성
- ㉲ 생식 세포 변이원성

㉶ 발암성
㉷ 생식 독성
㉸ 특정 표적 장기 독성(1회 노출)
㉹ 특정 표적 장기 독성(반복 노출)
㉺ 흡인 유해성

③ 환경 유해성 물질
㉮ 수생 환경 유해성
㉯ 오존층 유해성

(2) 화학 물질의 분류 기준

① 물리적 위험성 분류 기준
㉮ 폭발성 물질
㉯ 인화성 가스
㉰ 인화성 액체
㉱ 인화성 고체
㉲ 에어로졸
㉶ 물반응성 물질
㉷ 산화성 가스
㉸ 산화성 액체
㉹ 산화성 고체
㉺ 고압가스
㉻ 자기반응성 물질
㉼ 자연발화성 액체
㉽ 자연발화성 고체
㉾ 자기발열성 물질
㉠ 유기 과산화물
㉡ 금속 부식성 물질

② 건강 및 환경 유해성 분류 기준
㉮ 급성 독성 물질
㉯ 피부 부식성 또는 자극성 물질
㉰ 심한 눈 손상성 또는 자극성 물질
㉱ 호흡기 과민성 물질
㉲ 피부 과민성 물질

㉶ 발암성 물질
㉷ 생식세포 변이원성 물질
㉸ 생식 독성 물질
㉹ 특정 표적 장기 독성 물질(1회 노출)
㉺ 특정 표적 장기 독성 물질(반복 노출)
㉻ 흡인 유해성 물질
㉼ 수생 환경 유해성 물질
㉽ 오존층 유해성 물질

2 화학 물질 MSDS

(1) 화학 물질의 유해성 · 위험성, 응급조치 요령, 취급 방법 등을 설명한 자료

① 사업주는 MSDS 상의 유해성 · 위험성 정보, 취급 · 저장 방법, 응급조치 요령, 독성 등의 정보를 통해 사업장에서 취급하는 화학 물질에 대한 관리를 철저히 해야 한다.
② 근로자는 이를 통해 자신이 취급하는 화학 물질의 유해성 · 위험성 등에 대한 정보를 알게 됨으로써 직업병이나 사고로부터 스스로를 보호할 수 있게 한다.

(2) MSDS 작성 시 포함되어 있는 주요 작성 항목

① 법적 규제 현황
② 폐기 시 주의 사항
③ 화학 제품과 회사에 관한 정보

(3) MSDS 작성 항목

① 물리 화학적 특성
② 환경에 미치는 영향
③ 누출 사고 시 대처 방법

예제 물리적 위험성 물질은?

풀이 ① 폭발성 물질　② 인화성 가스
③ 인화성 액체　④ 인화성 고체
⑤ 에어로졸　⑥ 물반응성 물질

Chapter 13 화학 물질 취급 시 안전 작업 준수

1. 개인 보호구 착용

1 화학 물질 취급 시 개인 보호 장구

(1) 개인 보호 장구(personal protective equipment)

근로자의 신체 일부 또는 전체에 착용하여 외부의 유해 · 위험 요인을 차단하거나 그 영향을 감소시켜 산업재해를 예방하거나 피해의 정도를 줄여 주는 기구

(2) 개인 보호 장구의 종류

① 실험복

피부 보호를 위한 최소한의 보호 장비

② 보안경(glasses or safety, goggle)

화학 물질이나 유리 파편 등으로부터 눈을 보호하는 장비

③ 보안면(face shield)

안면 전체를 보호하는 장비

④ 보호장갑

손을 보호하기 위한 장비

> 참고
>
> **보호 장갑을 착용할 때 주의 사항**
>
> 1. 고무장갑 착용 전에 구멍이나 찢김이 확인되면 즉시 폐기한다.
> 2. 장갑에 묻은 오염 물질이 다른 곳을 오염시키지 않게 항상 주의한다.
> 3. 유리 기구를 세척할 때 유리가 깨져 손을 베는 경우가 많이 발생하므로 세척용 장갑 안에 목장갑을 착용하여 사고를 예방한다.

⑤ 귀마개 및 귀덮개

85dB 이상의 소음이 발생하는 곳에서는 귀마개, 초음파를 사용하는 곳에서는 헤드폰 모양의 귀덮개를 착용한다.

⑥ 방독면(gas mask)

유기용제, 산, 알칼리성 화학 물질의 가스와 증기 독성을 제거해 호흡기를 보호하는 보호 장비

참고

방독 마스크 흡수관(정화통)의 종류

종류	시험 가스	정화통 외부 측면 표시색
유기용제, 유기 화합물 등의 가스 또는 증기	시클로헥산(C_6H_{12}), 디메틸에테르, 이소부탄	갈색
할로겐용	염소(Cl_2) 가스 또는 증기	회색
황화수소용	황화수소(H_2S) 가스	회색
시안화수소용	시안화수소(HCN) 가스	회색
아황산용	아황산(SO_2) 가스	노란색
암모니아용	암모니아(NH_3) 가스	녹색
일산화탄소 가스용	일산화탄소(CO) 가스	적색

⑦ 안전화(safety shose)

발을 보호하기 위한 보호 장비

⑧ 기타

앞치마, 방진 마스크

예제 방독 마스크에서 할로겐용 정화통 외부 측면 표시색은?

풀이 회색

2. 작업별 안전 수칙 준수

1 화학 물질 취급 작업별 안전 수칙

(1) 발화성 물질

① 화기나 분해를 촉진하는 물질과 분리되도록 직사광선을 차단하며 가열을 피한다.

② 강환원제, 유기 물질, 가연성 위험물 등과의 접촉도 피한다.

(2) 저온 착화성 물질

① 가열하면 발화하므로 열원이나 화기로부터 격리시키고 냉암소에 보관한다.
② 분말로 된 황은 습기를 빨아들여 열을 발생하며 발화한다.

(3) 인화성 물질

① 특수 인화성 물질은 화기로부터 멀리하고 통풍이 잘되는 곳에서 사용한다.
② 일반 인화성 물질은 고온의 물체와의 접근을 피하고 완전하게 밀폐하여 차가운 장소에 보관하며 통풍과 환기를 충분히 시켜야 한다.

(4) 폭발성 물질

① 가연성 기체는 용기에서 새어 체류할 때 인화되어 폭발하므로 실린더 용기는 통풍이 잘 되는 실외에 비치하고 직사광선이 닿지 않도록 한다.
② 분해 폭발성 물질은 환원성 물질과 접촉하면 폭발하므로 시약을 섞을 때 특히 주의한다.

(5) 유독성 물질

① 독성 가스는 증기가 새지 않도록 잘 밀봉하여 보관하고 가끔 가스 검지기로 점검한다.
② 유독성 금속인 중금속 이온은 우리 몸에 쌓이면 혈관계 및 신경계 장애와 소화기 장애 등을 유발하므로 취급에 유의한다.

예제 발화성 물질과 접촉하면 안되는 물질은?

풀이 강환원제, 유기 물질, 가연성 위험물 등

Chapter 14

실험실 문서 관리

1. 시험 분석 결과 정리

1 가공되지 않은 데이터(Raw Data) 처리

(1) 모집단

모든 공정이나 로트를 말한다.

(2) 시료

모집단에서 어떤 목적을 가지고 샘플링한 것을 말한다.

(3) 시료 평균

측정치의 시료에 대한 평균치

(4) 편차

편차=측정치−모평균

(5) 잔차

잔차=측정치−시료 평균

(6) 쏠림

쏠림=모평균−참값

(7) 시료 표준편차

측정치의 모집단에 관하여 편차의 제곱합의 평균치의 제곱근을 의미하며, 모평균 주위의 측정치의 흩어짐 정도를 나타내는 하나의 척도이다.

2 유효숫자 처리

① 유효숫자란 측정 결과를 정밀하게 표시하는 데 필요한 숫자로서 믿을 수 있는 숫자들을 말한다.

② 유효숫자의 수는 일정한 값을 정확도를 잃지 않고 과학적으로 표기하는 데 필요한 자릿수의 최소수이다.
③ 모든 실험에서 측정 결과를 표시할 때에 실험의 정밀도를 넘어서 많은 숫자를 나열하여도 아무 의미가 없다.
④ 측정 결과를 가지고 계산할 때에도 정밀도의 한계를 벗어난 계산 결과는 아무런 가치가 없다.

참고

유효숫자의 사용에 관하여 유의할 사항과 규칙

1. 소수점의 위치는 유효숫자의 수와는 아무 관계가 없다.
2. 0이 숫자 사이에 있거나 마지막 자리가 0으로 끝난 수의 경우에는 0도 유효숫자이다.
3. 불확실한 숫자를 하나만 포함시키기 위하여 숫자 하나를 줄일 때에는 마지막 자리를 반올림한다.
4. 두 숫자를 더하거나 뺄 경우에는 두 숫자 중에서 불확실한 숫자의 위치가 소수점에서 가장 왼쪽에 있는 숫자를 기준으로 한다. 숫자의 위치가 어느 하나 값의 최종 유효숫자보다 오른쪽에 있는 모든 숫자는 계산 후에 최종적으로 제외시켜야 한다.
5. 곱하거나 나눌 때에는 유효숫자의 개수가 가장 적은 수의 개수를 유효숫자로 한다.

3 실험 결과값 통계 처리

(1) 실험 결과값

① 실험 결과값이 측정한 데이터를 계산식에 입력하여 산출된 경우 계산 과정에서 오류가 일어날 수 있으므로 반드시 계산식의 내용을 검산하여야 한다.
② 계산 내용 검산은 스프레드시트 프로그램을 이용하는 것이 가장 일반적이다.
③ 기본적으로 측정한 관련된 숫자를 다루는 데 있어서 과학적 표기법, 유효숫자, 반올림 오차, 절단 오차는 반드시 숙지해야 할 개념이다.
④ 이를 바탕으로 데이터를 처리해야 시험 결과값의 신뢰성도 확인될 수 있다.

(2) 통계 처리

① 실험결과보고서가 오용되지 않도록 하기 위해서 실험 제목, 실험 목적, 실험 기관, 실험 조건, 분석 환경, 실험 절차, 실험 결과 등을 빠뜨리지 않고 정확하게 기재한다.
② 실험 결과에 대한 필수적인 내용들을 별첨을 이용하여 첨가한다.

4 측정 결과 도식화(그래프, 도표)

① 표를 이용한 표현 방법
② 그래프를 이용한 표현 방법

예제 유효숫자의 사용에 관하여 유의할 사항과 규칙에 대해 쓰면?

풀이 ① 소수점의 위치는 유효숫자의 수와는 아무 관계가 없다.
② 0이 숫자 사이에 있거나 마지막 자리가 0으로 끝난 수의 경우에는 0도 유효숫자이다.
③ 불확실한 숫자를 하나만 포함시키기 위하여 숫자 하나를 줄일 때에는 마지막 자리를 반올림한다.
④ 두 숫자를 더하거나 뺄 경우에는 두 숫자 중에서 불확실한 숫자의 위치가 소수점에서 가장 왼쪽에 있는 숫자를 기준으로 한다. 숫자의 위치가 어느 하나 값의 최종 유효숫자보다 오른쪽에 있는 모든 숫자는 계산 후에 최종적으로 제외시켜야 한다.
⑤ 곱하거나 나눌 때에는 유효숫자의 개수가 가장 적은 수의 개수를 유효숫자로 한다.

2. 실험실 관리일지 · 시험기록서 작성

1 실험실 점검 체크리스트

구분	점검 내용	점검 결과		
		양호	불량	미해당
일반 안전	실험실 정리정돈 및 청결 상태			
	실험실 내 흡연 및 음식물 섭취 여부			
	안전 수칙, 안전 표지, 개인 보호구, 구급약품 등 실험 장비 관리 상태			
	사전 유해 인자 위험분석보고서 게시			
화공 안전	유해 인자 취급 및 관리대장, MSDS의 비치			
	화학 물질의 성상별 분류 및 시약장 등 안전한 장소에 보관 여부			
	소량을 덜어서 사용하는 통, 화학 물질의 보관함, 보관용기에 경고 표시 부착 여부			
	실험 폐액 및 폐기물 관리 상태(폐액 분류 표시, 적정 용기 사용, 폐액 용기, 덮개 체결 상태 등)			
	발암 물질, 독성 물질 등 유해 화학 물질의 격리 보관 및 시건 장치 사용 여부			

2 실험실 관리일지

(1) 정의

효율적인 실험실 관리를 위해 날짜, 이상 유무, 처리 내용 등을 기록하여 사용한다.

실험실명				담당자		
점검 연월일			이상 유무	처리 내용	점검자	서명

3 분석 장비 사용일지

(1) 분석 장비의 사용 설명서 및 매뉴얼

모든 장비의 사용 설명서 및 장비 매뉴얼을 문서 · 정보 관리 절차에 따라 등록하고 시험실과 교정실에 관리한다.

(2) 장비의 사용 이력

① 장비명 ② 사용일자 ③ 품명
④ 수량 ⑤ 작업 내용 ⑥ 사용 시간
⑦ 금액 ⑧ 사용자

(3) 장비의 관리 이력

① 계정 번호 ② 자산 번호(장비 번호) ③ 장비명
④ 모델명 및 규격 ⑤ 구성품 ⑥ 용도
⑦ 제작사 ⑧ 도입일자 ⑨ 구입 금액
⑩ 설치 장소 ⑪ 국내 공급자
⑫ 내역(순위, 연월일, 계정 번호, 금액 수리 내역, 수리 후 상태, 확인자 등을 기록)

4 시험기록서

① 시험 제목, 시험 목적, 시험 기간, 시험 기관, 시험자, 시험 조건, 분석 환경, 시험 절차, 시험 결과 등으로 구성되어 있다.

② 시험 제목 및 시험 목적은 시험을 의뢰한 고객의 요구 사항에 따라 결정한다.

③ 시험 기간, 시험 기관, 시험자 등은 기초 구성 요소로서 반드시 표시하여야 하고, 특히 시험 절차에는 시험 조건, 분석 환경 등 기준 및 시험 절차와의 일치 여부를 확인할 수 있도록 상세하게 기재해야 한다.

④ 시험 전 과정을 자세히 기재하여 최종 결과값이 시험 기초 자료와 일치해야 한다.

예제 분석 장비 사용 이력은?

풀이 ① 장비명　② 사용일자
③ 품명　④ 수량
⑤ 작업 내용　⑥ 사용 시간
⑦ 금액　⑧ 사용자

3. 시약 · 소모품 대장 기록

1 시약 · 소모품 관리대장

(1) 시약

① 화학 분석에서 물질의 성분을 검출하거나 정량하는 데 쓰는 약품

② 시약과 용액의 취급에 관한 규칙

㉮ 정밀한 화학 분석을 위해 공인된 시약과 용액을 사용한다.

㉯ 시약과 용액의 우발적인 오염을 막기 위한 규칙을 적용한다.

㉠ 가장 고급의 시약을 선택한다.

㉡ 시약을 덜어낸 즉시 본인이 직접 모든 용기의 뚜껑을 덮는다.

㉢ 남은 시약은 다시 병에 넣지 않는다.

㉣ 깨끗한 시약 스푼을 사용한다.

㉤ 시약은 선반 위에 두며, 실험 저울은 깨끗하게 정돈한다.

㉥ 남은 고체 시약과 용액은 규칙을 준수하여 폐기한다.

(2) 소모품 관리대장

분석 장비를 운영하는 데 필요한 소모품은 분석 장비에 따라서 다양한 품목이 있으며, 이러한 소모품의 용도와 기능에 따라서 종류를 파악하고 목록을 작성해 두어야 분석 장비에 필요한 소모품을 정확하고 신속하게 교체 또는 보충할 수 있다.

① 일반 소모품의 종류

㉮ 유리

㉯ 석영 유리

㉰ 자기

㉱ 백금

㉲ 플라스틱

② 분석 장비 관련 소모품

㉮ 분광 광도계

㉠ 램프(lamp)

㉡ 셀(cell)

㉯ 기체 크로마토그래피

㉠ 운반 기체(carrier gas)

㉡ 분리관(column)

㉢ 검출기(detector)

㉰ 액체 크로마토그래피

㉠ 분리관(column)

㉡ 검출기 램프(detector lamp)

㉱ 원자 흡광 광도계

㉠ 음극 램프(cathode lamp)

예제 일반 소모품의 종류는?

풀이 ① 유리 ② 석영 유리 ③ 자기
④ 백금 ⑤ 플라스틱

화학분석기능사
www.cyber.co.kr

PART 02

부 록

1. 원자량표
2. 물 및 수은의 비열
3. 물의 표면 장력
4. 연료의 발열량
5. 물의 비중
6. 관능기의 진동수와 파장의 관계

PART 02

원자량표 등

1. 원자량표

([ ] 안의 값은 가장 안전한 동위 원소임).

원자 번호	원소명	원소 기호	원자량
1	수소(Hydrogen)	H	1.00797
2	헬륨(Helium)	He	4.002
3	리튬(Lithium)	Li	6.939
4	베릴륨(Beryllium)	Be	9.0122
5	붕소(Boron)	B	10.811
6	탄소(Carbon)	C	12.01115
7	질소(Nitrogen)	N	14.0067
8	산소(Oxygen)	O	15.9994
9	플루오르(Fluorine)	F	18.9984
10	네온(Neon)	Ne	20.183
11	나트륨(Natrium/Sodium)	Na	22.9898
12	마그네슘(Magnesium)	Mg	24.312
13	알루미늄(Aluminium)	Al	26.9815
14	규소(Silicon)	Si	28.086
15	인(Phosphorous)	P	30.9738
16	황(Sulfur)	S	32.064
17	염소(Chlorine)	Cl	35.453
18	아르곤(Argon)	Ar	39.948
19	칼륨(Potassium)	K	39.102
20	칼슘(Calcium)	Ca	40.08
21	스칸듐(Scandium)	Sc	44.956
22	티탄(Titanium)	Ti	47.90
23	바나듐(Vanadium)	V	50.942
24	크롬(Chromium)	Cr	51.996
25	망간(Manganese)	Mn	54.9381

원자 번호	원소명	원소 기호	원자량
26	철(Iron)	Fe	55.847
27	코발트(Cobalt)	Co	58.9332
28	니켈(Nickel)	Ni	58.71
29	구리(Copper)	Cu	63.54
30	아연(Zinc)	Zn	65.37
31	갈륨(Gallium)	Ga	69.72
32	게르마늄(Germanium)	Ge	72.59
33	비소(Arsenic)	As	74.9216
34	셀렌(Selenium)	Se	78.96
35	브롬(Bromine)	Br	79.909
36	크립톤(Krypton)	Kr	83.80
37	루비듐(Rubidium)	Rb	85.47
38	스트론튬(Strontium)	Sr	87.62
39	이트륨(Yttrium)	Y	88.905
40	지르코늄(Zirconium)	Zr	91.22
41	니오브(Niobium)	Nb	92.906
42	몰리브덴(Molybdenum)	Mo	95.94
43	테크네튬(Technetium)	Tc	[99]
44	루테늄(Ruthenium)	Ru	101.07
45	로듐(Rhodium)	Rh	102.905
46	팔라듐(Palladium)	Pd	106.4
47	은(Silver)	Ag	107.870
48	카드뮴(Cadmium)	Cd	112.40
49	인듐(Indium)	In	114.82
50	주석(Tin)	Sn	118.69
51	안티몬(Antimony)	Sb	121.75
52	텔루르(Tellurium)	Te	127.60
53	요오드(Iodine)	I	126.9044
54	크세논(Xenon)	Xe	131.30
55	세슘(Cesium)	Cs	132.905

원자 번호	원소명	원소 기호	원자량
56	바륨(Barium)	Ba	137.34
57	란탄(Lanthanum)	La	138.91
58	세륨(Cerium)	Ce	140.12
59	프라세오디뮴(Praseodymium)	Pr	140.907
60	네오디뮴(Neodymium)	Nd	144.24
61	프로메튬(Promethium)	Pm	[147]
62	사마륨(Samarium)	Sm	150.35
63	유로퓸(Europium)	Eu	151.96
64	가돌리늄(Gadolinium)	Gd	157.25
65	테르븀(Terbium)	Tb	158.924
66	디스프로슘(Dysprosium)	Dy	162.50
67	홀뮴(Holmium)	Ho	164.930
68	에르븀(Erbium)	Er	167.26
69	툴륨(Thulium)	Tm	168.934
70	이테르븀(Ytterbium)	Yb	173.04
71	루테튬(Lutetium)	Lu	174.97
72	하프늄(Hafnium)	Hf	178.49
73	탄탈(Tantalum)	Ta	180.948
74	텅스텐(Tungsten)	W	183.85
75	레늄(Rhenium)	Re	186.2
76	오스뮴(Osmium)	Os	190.2
77	이리듐(Iridium)	Ir	192.2
78	백금(Platinum)	Pt	195.09
79	금(Gold)	Au	196.967
80	수은(Mercury)	Hg	200.59
81	탈륨(Thallium)	Tl	204.37
82	납(Lead)	Pb	207.19
83	비스무트(Bismuth)	Bi	208.980
84	폴로늄(Polonium)	Po	[210]
85	아스타틴(Astatine)	At	[210]

원자 번호	원소명	원소 기호	원자량
86	라돈(Radon)	Rn	[222]
87	프란슘(Francium)	Fr	[223]
88	라듐(Radium)	Ra	[226]
89	악티늄(Actinium)	Ac	[227]
90	토륨(Thorium)	Th	232.038
91	프로트악티늄(Protactinium)	Pa	[231]
92	우라늄(Uranium)	U	238.03
93	넵투늄(Neptunium)	Np	[237]
94	플루토늄(Plutonium)	Pu	[242]
95	아메리슘(Americium)	Am	[243]
96	퀴륨(Curium)	Cm	[247]
97	버클륨(Berkelium)	Bk	[249]
98	칼리포르늄(Californium)	Cf	[251]
99	아인시타이늄(Einsteinium)	Es	[254]
100	페르뮴(Fermium)	Fm	[253]
101	멘델레븀(Mendelevium)	Md	[256]
102	노벨륨(Nobelium)	No	[253]
103	로렌슘(Lawrencium)	Lr	[257]

2. 물 및 수은의 비열

(* : −10℃에서 고상의 값)

온도(℃)	물	수은	온도(℃)	물	수은
−10	0.48*	−	80	1.00239	0.03283
−6	1.0119	−	90	1.00433	0.03274
−4	1.0105	−	100	1.00645	0.03267
−2	1.0097	−	110	1.0116	0.03260
0	1.00874	0.03346	120	1.0144	0.03253
5	1.00477	0.03340	130	1.0174	0.03246
10	1.00184	0.03335	140	1.0206	0.03239
15	1.00000	0.03330	150	1.0240	0.03232
20	0.99859	0.03325	160	1.0275	0.03225
25	0.99765	0.03320	170	1.0313	0.03218
30	0.99745	0.03316	180	1.0353	0.03211
35	0.99743	0.03312	190	1.0395	0.03203
40	0.99761	0.03308	200	1.0439	0.03196
45	0.99790	−	220	1.0769	0.03185
50	0.99829	0.03300	240	1.0939	0.03217
55	0.99873	−	260	1.1126	0.03320
60	0.99934	0.03294	280	1.1329	−
70	1.00077	0.03200	300	1.1549	−

3. 물의 표면 장력(공기 중에서)

(단위 : dyn/cm)

온도(℃)	표면 장력	온도(℃)	표면 장력	온도(℃)	표면 장력	온도(℃)	표면 장력
−8	76.96	16	73.34	26	71.82	70	64.42
−5	76.42	17	73.19	27	71.66	80	62.61
0	75.64	18	73.05	28	71.50	90	60.75
5	74.92	19	72.90	29	71.35	100	58.85
10	74.22	20	72.75	30	71.18	110	56.89
11	74.07	21	72.59	35	70.38	120	54.89
12	73.93	22	72.44	40	69.56	130	52.84
13	73.78	23	72.28	45	68.74		
14	73.64	24	72.12	50	67.91		
15	73.49	25	71.97	60	66.18		

4. 연료의 발열량(연료 1 kg 또는 1 m^3를 완전히 연소시킬 때의 연소열 : cal)

고체 연료	발열량(cal/kg)	액체 연료	발열량(cal/kg)
탄소	8,100	벤젠	10,026
목탄	7,000~8,000	톨루엔	10,167
무연탄	8,000~9,000	중타르유(석탄 타르)	9,350
석탄	7,000~8,000	발동기용 벤젠(석탄 타르)	10,050
크온코크스	6,000~7,500	디젤유 또는 파라핀유	11,000
반성코크스	5,000~7,000	**기체 연료**	**발열량(cal/kg)**
갈탄	6,000~7,000	수소	3,052
니탄	5,000~6,000	메탄	9,257
목재	1,500~4,500	에탄	16,610
액체 연료	**발열량(cal/kg)**	에틸렌	14,900
석유 원유	9,000~11,000	아세틸렌	13,800
디젤용 중유	10,700~10,875	일산화탄소	3,034
중유	10,000	천연 가스	7,000~16,000
경유	10,700	석탄 가스	4,000~5,000
등유	10,800	저온 건류 가스	6,000~7,000
벤진(d=0.70)	11,400	발생로 가스	1,000~1,200
벤진(d=0.725)	11,050	수성 가스	2,700~2,900
n-헥산	11,490	혼성 가스	3,000~3,500
n-목탄	11,408	유가스	8,000~12,000
메탄올	5,333	고로 가스	600~900
에탄올	7,110		

5. 물의 비중

온도(℃)	물의 비중	온도(℃)	물의 비중
−13	0.99693	20	0.99823
−10	0.99794	30	0.99568
−5	0.99918	40	0.99225
0	0.99987	50	0.98807
2	0.99993	60	0.98324
4	1.00000	70	0.97781
6	0.99997	80	0.97183
8	0.99988	90	0.96534
10	0.99973	100	0.95838

6. 관능기의 진동수와 파장의 관계

관능기	진동의 형태		주파수(cm^{-1})	파장(μ)
C－H	알칸류(alkanes)	신축	3,000~2,850	3.33~3.51
	CH_3	변각	1,450 and 1,375	6.90 and 7.27
	$-CH_2-$	변각	1,465	6.83
	알켄류(alkenes)	신축	3,100~3,000	3.23~3.33
		면외 변각	1,000~650	10.0~15.3
	방향족류(aromatics)	신축	3,150~3,050	3.17~3.28
		면외 변각	900~690	11.1~14.5
	알킨(alkyne)	신축	ca. 3300	ca. 3.03
	알데히드(aldehyde)		2,900~2,800	3.45~3.57
			2,800~2,700	3.57~3.70
C－C	알칸(alkane)			
C＝C	알켄(alkene)		1,680~1,600	5.95~6.25
	방향족(aromatic)		1,600 and 1,475	6.25 and 6.78
C≡C	알킨(alkyne)		2,250~2,100	4.44~4.76
C＝O	알데히드(aldehyde)		1,740~1,720	5.75~5.81
	케톤(ketone)		1,725~1,705	5.80~5.87
	카르복실산(carboxylic acid)		1,725~1,700	5.80~5.88
	에스테르(ester)		1,750~1,730	5.71~5.78
	아미드(amide)		1,670~1,640	6.00~6.10
	무수물(anhydride)		1,810 and 1,760	5.52 and 5.68
	산염화물(acid chloride)		1,800	5.56
C－O	알코올, 에테르, 에스테르류, 카르복실산류, 무수물 (alcohols, ethers, esters, carboxylic acids, anhydrides)		1,300~1,000	7.69~10.0
O－H	알코올류, 페놀류(alcohols, phenols)			
	free		3,650~3,600	2.74~2.78
	H-bonded		3,500~3,200	2.86~3.13
	카르복실산류(carboxylic acids)		3,400~2,400	2.94~4.17
N－H	1차, 2차 아민류(primary and secondary amines)와 아미드류 and amides(stretch)		3,500~3,100	2.86~3.23
	(bend)		1,640~1,550	6.10~6.45
C－N	아민류(amines)		1,350~1,000	7.4~10.0
C＝N	이민류와 옥심류(imines and oximes)		1,690~1,640	5.92~6.10
C≡N	니트릴류(nitriles)		2,260~2,240	4.42~4.46
X＝C－Y	알렌류, 케텐류, 이소시안화물류, 이소디오시안화물류 (allenes, ketenes, isocyanates, isothrocyanates)		2,270~1,950	4.40~5.13

화학분석기능사
www.cyber.co.kr

PART 03

필기 기출문제

최근의 과년도 출제문제 수록

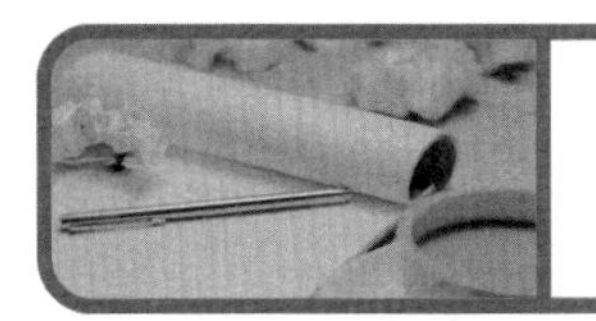

화학분석기능사

제4회 필기시험 ◀▶ 2012년 7월 22일 시행

01 전기 전하를 나타내는 Faraday의 식 $q = nF$에서 F의 값은 얼마인가?

① 96,500coulomb
② 9,650coulomb
③ 6,023coulomb
④ 6.023×10^{23}coulomb

해설 Faraday의 식 $q = nF$에서
패러데이(Faraday) 상수 : 96,500coulomb

02 101.325kPa에서 부피가 22.4L인 어떤 기체가 있다. 이 기체를, 같은 온도에서 압력을 202.650kPa로 하면 이 기체의 부피는 얼마가 되겠는가?

① 5.6L　② 11.2L
③ 22.4L　④ 44.8L

해설 보일의 법칙 : $PV = P'V'$에서
$101.325 \times 22.4 = 202.650 \times V'$
$$V' = \frac{101.325 \times 22.4}{202.650} = 11.2\text{L}$$

03 0℃의 얼음 1g을 100℃의 수증기로 변화시키는 데 필요한 열량은?

① 539cal
② 639cal
③ 719cal
④ 839cal

해설 Q_1(잠열) $= G\gamma = 1\text{g} \times 80\text{cal/g} = 80\text{cal}$
Q_2(현열) $= Gc\Delta t = 1\text{g} \times 1 \times (100 - 0) = 100\text{cal}$
Q_3(잠열) $= G\gamma = 1\text{g} \times 539\text{cal/g} = 539\text{cal}$
$Q = Q_1 + Q_2 + Q_3 = 80 + 100 + 539 = 719\text{cal}$

04 한 원소의 화학적 성질을 주로 결정하는 것은?

① 원자량　② 전자의 수
③ 원자 번호　④ 최외각의 전자수

해설 원소의 화학적 성질을 결정하는 것은 최외각 전자의 수이다. 원자 껍질에서 가장 바깥 껍질에 존재하는 전자로써 원자의 화학적 성질을 규정한다. Na은 최외각 전자가 1개로 전자를 잃고 최외각 전자가 8개인 안정한 상태로 존재하길 원하고, F는 최외각 전자가 7개로 전자 1개를 얻어 안정한 상태가 되길 원한다. 따라서 Na는 Na^+인 양이온의 상태를, F는 F^-인 음이온의 상태를 가진다.

05 금속 결합 물질에 대한 설명 중 틀린 것은?

① 금속 원자끼리의 결합이다.
② 금속 결합의 특성은 이온 전자 때문에 나타난다.
③ 고체 상태나 액체 상태에서 전기를 통한다.
④ 모든 파장의 빛을 반사하므로 고유한 금속 광택을 가진다.

해설 금속 결합의 특성은 자유 전자 때문에 나타난다.

06 반응 속도에 영향을 주는 인자로서 가장 거리가 먼 것은?

① 반응 온도
② 반응식
③ 반응물의 농도
④ 촉매

해설 반응식은 반응에 참여한 매체들에 관한 식으로 반응 속도와는 관계 없다.

정답 01.① 02.② 03.③ 04.④ 05.② 06.②

07 R-O-R의 일반식을 가지는 지방족 탄화수소의 명칭은?

① 알데히드 ② 카르복실산
③ 에스테르 ④ 에테르

해설 ① $R-C(=O)-H$: aldehyde

② $R-C(=O)-OH$: carboxylic acid

③ $R-C(=O)-O-R'$: ester

④ $R-O-R'$: ether

08 다음 중 착이온을 형성할 수 없는 이온이나 분자는?

① H_2O ② NH_4^+
③ Br^- ④ NH_3

해설 착이온은 비공유 전자쌍이 있어야 중심 금속 이온에 결합하면서 배위 결합을 이룰 수 있다.

NH_4^+ (H, H, H, H가 N^+에 결합) 비공유 전자쌍이 존재하지 않으므로 착이온을 형성할 수 없다.

09 다음 수성 가스 반응의 표준 반응열은?

$$C+H_2O(l) \rightleftarrows CO+H_2$$

㉠ 표준 생성열(290K) : $\Delta H_f(H_2O)=-68,317cal$
㉡ $\Delta H_f(CO)=-26,416cal$

① 68,317cal ② 26,416cal
③ 41,901cal ④ 94,733cal

해설 ㉠ $2H_2+O_2 \rightarrow 2H_2O$
㉡ $2C+O_2 \rightarrow 2CO$
두 식을 가지고 위 관계식을 성립시키려면 ㉡-㉠하면 된다.
∴ $-26,416cal-(-68,317cal)=41,901cal$

10 어떤 원소(M)의 1g당량과 원자량이 같을 때 이 원소 산화물의 일반적인 표현을 바르게 나타낸 것은?

① M_2O ② MO
③ MO_2 ④ M_2O_2

해설 1g당량과 원자량이 같다는 것은 1족 원소라는 것과 같다.
∴ $M^+ + O^{2-} \rightarrow M_2O$

11 단백질의 검출에 이용되는 정색 반응이 아닌 것은?

① 뷰렛 반응
② 크산토프로테인 반응
③ 난히드린 반응
④ 은거울 반응

해설 은거울 반응 : aldehyde의 환원성을 알아보기 위한 반응이다.

12 다음 중 분자 1개의 질량이 가장 작은 것은?

① H_2 ② NO_2
③ HCl ④ SO_2

해설 ① $H_2=2g/mol$
② $NO_2=14+32=46g/mol$
③ $HCl=1+35.5=36.5g/mol$
④ $SO_2=32+32=64g/mol$

13 주기율표에서 전형 원소에 대한 설명으로 틀린 것은?

① 전형 원소는 1족, 2족, 12~18족이다.
② 전형 원소는 대부분 밀도가 큰 금속이다.
③ 전형 원소는 금속 원소와 비금속 원소가 있다.
④ 전형 원소는 원자가전자수가 족의 끝 번호와 일치한다.

해설 전형 원소는 대부분 밀도가 작은 금속이다.

정답 07.④ 08.② 09.③ 10.① 11.④ 12.① 13.②

14 pH가 3인 산성 용액이 있다. 이 용액의 몰 농도(M)는 얼마인가? (단, 용액은 일염기산이며, 100% 이온화함.)

① 0.0001　　② 0.001
③ 0.01　　④ 0.1

해설 $pH = -\log[H^+]$
$3 = -\log 10^{-3}$
$\therefore$ 0.001M

15 수산화나트륨과 같이 공기 중의 수분을 흡수하여 스스로 녹는 성질을 무엇이라 하는가?

① 조해성　　② 승화성
③ 풍해성　　④ 산화성

해설 조해성 : 고체 결정이 공기 중의 수분을 흡수하여 스스로 용해되는 현상으로 조해성을 가진 물질은 물에 대한 용해도가 크다.

16 어떤 기체의 공기에 대한 비중이 1.10이라면 이것은 어떤 기체의 분자량과 같은가? (단, 공기의 평균 분자량은 29임.)

① H_2　　② O_2
③ N_2　　④ CO_2

해설 공기에 대한 비중이 1.10이므로 공기의 평균 분자량의 비가 1.1인 것을 찾으면 된다.
$\therefore \frac{32}{29} \fallingdotseq 1.1(O_2)$

17 나트륨(Na) 원자는 11개의 양성자와 12개의 중성자를 가지고 있다. 원자 번호와 질량수는 각각 얼마인가?

① 원자 번호 : 11, 질량수 : 12
② 원자 번호 : 12, 질량수 : 11
③ 원자 번호 : 11, 질량수 : 23
④ 원자 번호 : 11, 질량수 : 1

해설 양성자+중성자=질량수
원자 번호=양성자수=전자수
원자 번호 : 11, 질량수 : 23

18 페놀과 중화 반응하여 염을 만드는 것은?

① HCl　　② $NaOH$
③ $Cl_6H_5CO_2H$　　④ $C_6H_5CH_3$

해설
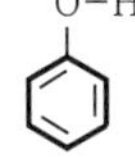

Phenol은 물에 약간 녹으며, 약한 산성을 띤다.

O–H (벤젠 고리) → O^- (벤젠 고리) + H^+

염기와 만나서 중화 반응을 하고 염을 생성한다.
$C_6H_5OH + NaOH$
$\rightarrow H_2O + C_6H_5ONa$
(나트륨페놀레이트)

19 다음 물질 중 0℃, 1기압하에서 물에 대한 용해도가 가장 큰 물질은?

① CO_2　　② O_2
③ CH_3COOH　　④ N_2

해설 물에 대한 용해도가 크려면 극성을 띠는 물질이 존재해야 한다.
$\therefore$ CH_3COOH는 $CH_3-\overset{\overset{\displaystyle O}{\|}}{C}-OH$, 극성을 띠는 부분이 존재하므로 물에 대한 용해도가 크다.

20 0.205M의 $Ba(OH)_2$ 용액이 있다. 이 용액의 몰랄 농도(m)는 얼마인가? (단, $Ba(OH)_2$의 분자량은 171.34임.)

① 0.205　　② 0.212
③ 0.351　　④ 3.51

해설 몰랄 농도$\left(\frac{mol}{kg}\right) = \frac{0.205mol}{L}\bigg|\frac{L}{1kg} = 0.205mol/kg$
여기서, 1kg/L → 물의 밀도(4℃ 가정)

21 다음 탄수화물 중 단당류인 것은?

① 녹말　　② 포도당
③ 글리코겐　　④ 셀룰로오스

해설 ① 녹말 : 다당류
② 포도당 : 단당류
③ 글리코겐 : 다당류
④ 셀룰로오스 : 다당류

정답 14.② 15.① 16.② 17.③ 18.② 19.③ 20.① 21.②

22 포화탄화수소 중 알케인(alkane) 계열의 일반식은?

① C_nH_{2n}
② C_nH_{2n+2}
③ C_nH_{2n-2}
④ C_nH_{2n-1}

해설
- 알케인(Alkane) : C_nH_{2n+2}
- 알켄(Alkene) : C_nH_{2n}
- 알킨(알카인)(Alkyne) : $C_nH_{2n-2}(n \geq 2)$

23 원자의 K껍질에 들어 있는 오비탈은?

① s　② p
③ d　④ f

해설 $^3K=1s^22s^1$
s orbital만 존재한다.

24 결합 전자쌍이 전기 음성도가 큰 원자 쪽으로 치우치는 공유 결합을 무엇이라 하는가?

① 극성 공유 결합
② 다중 공유 결합
③ 이온 공유 결합
④ 배위 공유 결합

해설 전기 음성도 차이에 의해서 생기는 결합은 극성 공유 결합이다.

25 할로겐 분자의 일반적인 성질에 대한 설명으로 틀린 것은?

① 특유한 색깔을 가지며, 원자 번호가 증가함에 따라 색깔이 진해진다.
② 원자 번호가 증가함에 따라 분자간의 인력이 커지므로 녹는점과 끓는점이 높아진다.
③ 수소 기체와 반응하여 할로겐화수소를 만든다.
④ 원자 번호가 작을수록 산화력이 작아진다.

해설 할로겐 분자의 원자 번호가 커질수록 인력이 커진다. 그만큼 반응하기 위해서는 많은 E가 필요하다. 따라서 전자를 얻어 자신은 환원되고 남을 산화시키는 산화력은 원자 번호가 작을수록 커진다.

26 0.2mol/L H_2SO_4 수용액 100mL를 중화시키는 데 필요한 NaOH의 질량은?

① 0.4g　② 0.8g
③ 1.2g　④ 1.6g

해설 0.2mol/L H_2SO_4
- 중화 반응은 H^+와 OH^-가 만나서 이루어지는 반응이다. H_2SO_4에서 수소가 2개, 그리고 100mL이므로 0.04mol이다.
- NaOH는 OH^-의 수가 1개이므로 NaOH 0.04mol이 필요하다.

$$\frac{x(g)}{40mol/g}=0.04mol$$

$$\therefore\ x=1.6g$$

27 제3족 Al^{3+}의 양이온을 NH_4OH로 침전시킬 때 $Al(OH)_3$가 콜로이드로 되는 것을 방지하기 위하여 함께 가하는 것은?

① NaOH　② H_2O_2
③ H_2S　④ NH_4Cl

해설 제3족 Al^{3+}의 양이온을 NH_4OH로 침전시킬 때 $Al(OH)_3$가 콜로이드로 되는 것을 방지하기 위하여 함께 가하는 것은 NH_4Cl이다.

28 산화 · 환원 적정법 중의 하나인 과망간산칼륨 적정은 주로 산성 용액 상태에서 이루어진다. 이때 분석액을 산성화하기 위하여 주로 사용하는 산은?

① 황산(H_2SO_4)
② 질산(HNO_3)
③ 염산(HCl)
④ 아세트산(CH_3COOH)

해설 과망간산칼륨 적정에서 분석액을 산성으로 만들어 주기 위해서 H_2SO_4를 사용한다.

정답 22.② 23.① 24.① 25.④ 26.④ 27.④ 28.①

29 다음의 반응으로 철을 분석한다면 N/10 $KMnO_4$(f=1.000) 1mL에 대응하는 철의 양은 몇 g인가? (단, Fe의 원자량은 55.85임.)

$$10FeSO_4 + 8H_2SO_4 + 2KMnO_4 = 5Fe_2(SO_4)_3 + K_2SO_4$$

① 0.005585g Fe ② 0.05585g Fe
③ 0.5585g Fe ④ 5.585g Fe

해설 주어진 반응식 이용
10Fe : $2KMnO_4$
10×55.85g : 2×158g

$$x(g) : \frac{0.1eq}{L}\bigg|\frac{1mL}{}\bigg|\frac{\left(\frac{158}{5}\right)g}{1eq}\bigg|\frac{1L}{10^3mL}$$

∴ x(Fe)=5.585×10^{-3}g=0.005585g Fe

30 중화 적정법에서 당량점(equivalence point)에 대한 설명으로 가장 거리가 먼 것은?

① 실질적으로 적정이 끝난 점을 말한다.
② 적정에서 얻고자 하는 이상적인 결과이다.
③ 분석 물질과 가해준 적정액의 화학양론적 양이 정확하게 동일한 점을 말한다.
④ 당량점을 정하는 데는 지시약 등을 이용한다.

해설 반응이 끝나는 점은 종말점이라 한다.

31 공기 중에 방치하면 불안정하여 검은 갈색으로 변화되는 수산화물은?

① $Cu(OH)_2$ ② $Pb(OH)_2$
③ $Fe(OH)_3$ ④ $Cd(OH)_2$

해설 $Cu(OH)_2$는 공기 중의 산화 효소의 작용으로 인하여 갈색으로 변한다.

32 양이온 정성 분석에서 어떤 용액에 황화수소(H_2S) 가스를 통하였을 때 황화물로 침전되는 족은?

① 제1족 ② 제2족
③ 제3족 ④ 제4족

해설 제2족은 황화수소(H_2S) 가스를 통하였을 때 황화물로 침전된다.

33 다음 중 산의 성질이 아닌 것은?

① 신맛이 있다.
② 붉은 리트머스를 푸르게 변색시킨다.
③ 금속과 반응하여 수소를 발생한다.
④ 염기와 중화 반응한다.

해설 붉은 리트머스 종이를 푸르게 변화시키는 것은 염기성의 성질이다.

34 다음 중 강산과 약염기의 반응으로 생성된 염은?

① NH_4Cl ② NaCl
③ K_2SO_4 ④ $CaCl_2$

해설 $HCl + NH_4OH \rightarrow NH_4Cl + H_2O$

35 SO_4^{2-} 이온을 함유하는 용액으로부터 황산바륨의 침전을 만들기 위하여 염화바륨 용액을 사용할 수 있으나 질산바륨은 사용할 수 없다. 주된 이유는?

① 침전을 생성시킬 수 없기 때문에
② 질산기가 황산바륨의 용해도를 크게 하기 때문에
③ 침전의 입자를 작게 생성하기 때문에
④ 황산기에 흡착되기 때문에

해설 NO_3^-가 황산바륨의 용해도를 크게 하기 때문에 황산바륨의 침전을 만들 수 없다.

36 다음 중 Ni의 검출 반응은?

① 포겔 반응 ② 리만그리인 반응
③ 추가예프 반응 ④ 테나르 반응

해설 추가예프 반응 : Ni의 검출 반응이다.

정답 29.① 30.① 31.① 32.② 33.② 34.① 35.② 36.③

37 다음 중 융점(녹는점)이 가장 낮은 금속은?

① W ② Pt
③ Hg ④ Na

해설 금속의 융점
① W : 3,370℃
② Pt : 1,549 ~ 2,700℃
③ Hg : −38.9℃
④ Na : 97.5℃

38 다음 반응에서 생성되는 침전물의 색상은?

$$Pb^{2+} + H_2SO_4 \rightarrow PbSO_4 + 2H^+$$

① 흰색 ② 노란색
③ 초록색 ④ 검정색

해설 $PbSO_4$는 흰색이다.

39 다음 중 용해도의 정의를 가장 바르게 나타낸 것은?

① 용액 100g 중에 녹아 있는 용질의 질량
② 용액 1L 중에 녹아 있는 용질의 몰 수
③ 용매 1kg 중에 녹아 있는 용질의 몰 수
④ 용매 100g에 녹아서 포화 용액이 되는 데 필요한 용질의 g 수

해설 용해도는 용액 100g 중에 녹아 있는 용질의 g 수이다.

40 황산(H_2SO_4)의 1당량은 얼마인가? (단, 황산의 분자량은 98g/mol임.)

① 4.9g
② 49g
③ 9.8g
④ 98g

해설 1당량은 H^+, OH^- 이온 1개와 동일하게 반응할 수 있는 양을 말한다.
황산은 H가 2개 있으므로 $\frac{98}{2} = 49g$ 이다.

41 원자 흡수 분광법의 시료 전처리에서 착화제를 가하여 착화합물을 형성한 후, 유기 용매로 추출하여 분석하는 용매 추출법을 이용하는 주된 이유는?

① 분석 재현성이 증가하기 때문에
② 감도가 증가하기 때문에
③ pH의 영향이 적어지기 때문에
④ 조작이 간편하기 때문에

해설 감도를 증가시켜 효율을 증대시키기 때문이다.

42 적외선 분광기의 광원으로 사용되는 램프는?

① 텅스텐 램프
② 네른스트 램프
③ 음극 방전관(측정하고자 하는 원소로 만든 것)
④ 모노크로미터

해설 적외선 분광기의 광원 : 네른스트 램프

43 다음 중 1nm에 해당되는 값은?

① 10^{-7}m
② 1μm
③ 10^{-9}m
④ 1Å

해설 $1nm = 10^{-9}m$

44 분광 광도계 실험에서 과망간산칼륨 시료 1,000ppm을 40ppm으로 희석시키려면, 100mL 플라스크에 시료 몇 mL를 넣고 표선까지 물을 채워야 하는가?

① 2 ② 4
③ 20 ④ 40

해설
$1{,}000ppm \rightarrow 40ppm\left(\frac{1}{25}\right)$
$100mL \rightarrow 4mL\left(\frac{1}{25}\right)$

정답 37.③ 38.① 39.① 40.② 41.② 42.② 43.③ 44.②

45 화학 실험 시 사용하는 약품의 보관에 대한 설명으로 틀린 것은?

① 폭발성 또는 자연발화성의 약품은 화기를 멀리 한다.
② 흡습성 약품은 완전히 건조시켜 건조한 곳이나 석유 속에 보관한다.
③ 모든 화합물은 될 수 있는 대로 같은 장소에 보관하고 정리정돈을 잘한다.
④ 직사광선을 피하고, 약품에 따라 유색병에 보관한다.

해설 화학적 성질 및 빛과의 반응 유무에 따라 시료를 따로 보관한다.

46 다음 중 가스 크로마토그래피의 검출기가 아닌 것은?

① 열전도도 검출기
② 불꽃 이온화 검출기
③ 전자 포획 검출기
④ 광전 증배관 검출기

해설 광전 증배관 검출기는 UV-vis 분광 광도계의 검출기이다.

47 전위차 적정으로 중화 적정을 할 때 반드시 필요로 하지 않는 것은?

① pH미터　② 자석 교반기
③ 페놀프탈레인　④ 뷰렛과 피펫

해설 페놀프탈레인은 중화 적정 시 필요하다.
※ 전위차 적정 시와 다르다.

48 pH 측정기에 사용하는 유리 전극의 내부에는 보통 어떤 용액이 들어 있는가?

① 0.1N-HCl 표준 용액
② pH 7의 KCl 포화 용액
③ pH 9의 KCl 포화 용액
④ pH 7의 NaCl 포화 용액

해설 유리 전극 내부에는 포화 KCl(pH 7) 용액이 들어 있다.

49 전위차 적정에 의한 당량점 측정 실험에서 필요하지 않은 재료는?

① 0.1N-HCl
② 0.1N-NaOH
③ 증류수
④ 황산구리

해설 전위차 적정에 의한 당량점 측정 실험에서 필요한 재료
① 0.1N-HCl
② 0.1N-NaOH
③ 증류수

50 실험실 안전 수칙에 대한 설명으로 틀린 것은?

① 시약병 마개를 실습대 바닥에 놓지 않도록 한다.
② 실험 실습실에 음식물을 가지고 올 때에는 한쪽에서 먹는다.
③ 시약병에 꽂혀 있는 피펫을 다른 시약병에 넣지 않도록 한다.
④ 화학 약품의 냄새는 직접 맡지 않도록 하며 부득이 냄새를 맡아야 할 경우에는 손을 사용하여 코가 있는 방향으로 증기를 날려서 맡는다.

해설 실험 실습실에는 음식물을 가지고 올 수 없다.

51 이상적인 pH 전극에서 pH가 1단위 변할 때, pH 전극의 전압은 약 얼마나 변하는가?

① 96.5mV
② 59.2mV
③ 96.5V
④ 59.2V

해설 $[H^+]=-\log[H^+]$
$E_v=2.303RT/nF$
표준 상태 25℃ 1기압=59.16mV/pH값
pH가 1씩 변할 때
$\frac{59.16\text{mV}}{1}=59.16\text{mV}$

정답 45.③ 46.④ 47.③ 48.② 49.④ 50.② 51.②

52 AAS(원자 흡수 분광법)을 화학 분석에 이용하는 특성이 아닌 것은?

① 선택성이 좋으며, 감도가 좋다.
② 방해 물질의 영향이 비교적 적다.
③ 반복하는 유사 분석을 단시간에 할 수 있다.
④ 대부분의 원소를 동시에 검출할 수 있다.

해설 하나의 원소씩 검출 가능하다.

53 다음 결합 중 적외선 흡수 분광법에서 파수가 가장 큰 것은?

① C-H 결합 ② C-N 결합
③ C-O 결합 ④ C-Cl 결합

해설 ① C-H 결합 : 3,000 ~ 2,850cm^{-1} 검출
② C-N 결합 : 1,350 ~ 1,000cm^{-1} 검출
③ C-O 결합 : 1,740 ~ 1,720cm^{-1} 검출
④ C-Cl 결합 : 할로겐 검출 부분은 1,000cm^{-1} 이하에서 검출

54 눈에 산이 들어갔을 때 다음 중 가장 적절한 조치는?

① 메틸알코올로 씻는다.
② 즉시 물로 씻고, 묽은 나트륨 용액으로 씻는다.
③ 즉시 물로 씻고, 묽은 수산화나트륨 용액으로 씻는다.
④ 즉시 물로 씻고, 묽은 탄산수소나트륨 용액으로 씻는다.

해설 눈에 산이 들어갔을 때 가장 적절한 조치 : 즉시 물로 씻고, 묽은 탄산수소나트륨 용액으로 씻는다.

55 다음 중 수소 이온 농도(pH)의 정의는?

① $pH = \frac{1}{[H^+]}$ ② $pH = \log[H^+]$
③ $pH = -\frac{1}{[H^-]}$ ④ $pH = -\log[H^+]$

해설 수소 이온 지수(pH) : 수소 이온 농도의 역수를 상용대수(log)로 나타낸 값

56 poise는 무엇을 나타내는 단위인가?

① 비열 ② 무게
③ 밀도 ④ 점도

해설 poise는 점도를 나타내는 단위이다.

57 적외선 흡수 스펙트럼의 1,700cm^{-1} 부근에서 강한 신축 진동(stretching vibration) 피크를 나타내는 물질은?

① 아세틸렌 ② 아세톤
③ 메탄 ④ 에탄올

해설 1,718cm^{-1} 부근에서 C=O bend가 나오므로 케톤 결합을 가지고 있는 아세톤이 강한 신축 진동 피크를 나타낸다.

$$CH_3 - \overset{\overset{\displaystyle O}{\|}}{C} - CH_3$$

58 선광도 측정에 대한 설명으로 틀린 것은?

① 선광성은 관측자가 보았을 때 시계 방향으로 회전하는 것을 좌선성이라 하고 선광도에 [-]를 붙인다.
② 선광계의 기본 구성은 단색 광원, 편광을 만드는 편광 프리즘, 시료 용기, 원형 눈금을 가진 분석용 프리즘과 검출기로 되어 있다.
③ 유기 화합물에서는 액체나 용액 상태로 편광하고 그 진행 방향을 회전시키는 성질을 가진 것이 있다. 이러한 성질을 선광성이라 한다.
④ 빛은 그 진행 방향과 직각인 방향으로 진행하고 있는 횡파이지만, 니콜 프리즘을 통해 일정 방향으로 파동하는 빛이 된다. 이것을 편광이라 한다.

해설 반시계 방향으로 회전하는 것을 좌선성이라 한다.

정답 52.④ 53.① 54.④ 55.④ 56.④ 57.② 58.①

59 기체 크로마토그래피법에서 이상적인 검출기가 갖추어야 할 특성이 아닌 것은?

① 적당한 감도를 가져야 한다.
② 안정성과 재현성이 좋아야 한다.
③ 실온에서 약 600℃까지의 온도 영역을 꼭 지녀야 한다.
④ 유속과 무관하게 짧은 시간에 감응을 보여야 한다.

해설 기체 크로마토그래피의 종류는 TCD, NPD, MSD, ECD, FPD 등이 있으며 열전도율, 농도, 질량 감응에 따라 다르게 이용된다. 반드시 고온의 온도 영역을 지닐 필요는 없다.

60 전위차법에서 사용되는 기준 전극의 구비 조건이 아닌 것은?

① 반전지 전위값이 알려져 있어야 한다.
② 비가역적이고, 편극 전극으로 작동하여야 한다.
③ 일정한 전위를 유지하여야 한다.
④ 온도 변화에 히스테리시스 현상이 없어야 한다.

해설 전위차법에서 기준 전극의 구비 조건
㉠ 반전지 전위값이 알려져 있어야 한다.
㉡ 일정한 전위를 유지해야 한다.
㉢ 측정하려는 조성 물질과 비활성이어야 한다.
㉣ 가역적이어야 하며, Nernst식에 따라야 한다.
㉤ 빠른 시간에 평형 전위를 나타내야 한다.
㉥ 온도 변화에 히스테리시스(hysterisis) 현상을 나타내지 않아야 한다.
㉦ 이상적인 비편극 전극으로 작동해야 한다.

정답 59.③ 60.②

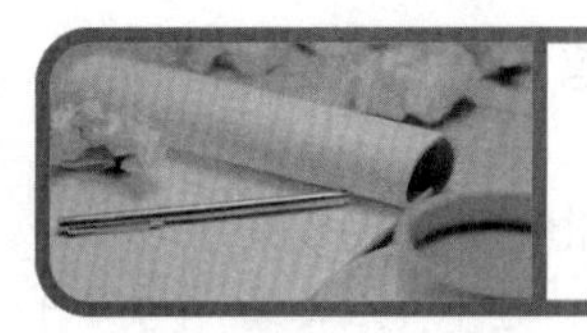

화학분석기능사

제1회 필기시험 ◀▶ 2013년 1월 27일 시행

01 다음 중 비극성인 물질은?

① H_2O　② NH_3
③ HF　④ C_6H_6

해설
- 비극성 물질 : 전자들의 치우치는 힘의 합력이 '0'에 가깝다.
  예 F_2, Cl_2, Br_2, CO_2, CH_4, CCl_4, C_6H_6
- 극성 물질 : 전자들의 치우치는 힘의 합력이 '0'이 아니다.
  예 HF, HCl, HBr, NH_3, H_2O

※ 전자쌍 반발의 원리 : 전자쌍들은 반발력이 최소가 되도록 서로 가장 멀리 떨어지려고 한다.
예 • CH_4(비극성)　• NH_3(극성)

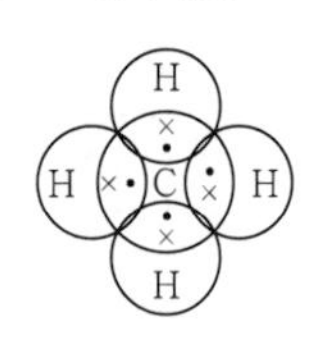

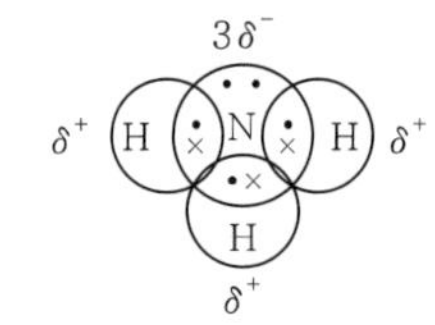

02 어떤 석회석의 분석치는 다음과 같다. 이 석회석 5ton에서 생성되는 CaO의 양은 약 몇 kg인가? (단, Ca의 원자량은 40, Mg의 원자량은 24.8이다.)

$CaCO_3$: 92%, $MgCO_3$: 5.1%, 불용물 : 2.9%

① 2,576　② 2,776
③ 2,976　④ 3,176

해설
$CaCO_3 \rightarrow CaO + CO_2$
100g : 56g
5,000kg : x(kg)

$x = \frac{5,000 \times 56}{100}$, $x = 2,800$kg

$\therefore x = 2,800\text{kg} \times \frac{92}{100} = 2,576\text{kg}$

03 다음 물질의 공통된 성질을 나타낸 것은?

K_2O_2, Na_2O_2, BaO_2, MgO_2

① 과산화물이다.
② 수소를 발생시킨다.
③ 물에 잘 녹는다.
④ 양쪽성 산화물이다.

해설 과산화물(peroxide) : 분자 내에 −2가의 O_2기를 가지고 있는 산화물. 무기 화합물에서는 알칼리금속 및 알칼리토금속 등의 화합물 즉, 금속과산화물이 대표적인 것이며, 각각 M_2O_2', MO_2''의 형이 알려져 있다. 이들 금속과산화물은 금속의 양성이 강할수록 안정하고, 양성이 약해짐에 따라 불안정해진다. 따라서 리튬을 제외한 알칼리금속과 바륨, 스트론튬, 칼슘 등은 안정한 과산화물을 만들지만 리튬, 마그네슘, 아연, 카드뮴 등의 과산화물은 불안정하다.

04 전이원소의 특성에 대한 설명으로 옳지 않은 것은?

① 모두 금속이며, 대부분 중금속이다.
② 녹는점이 매우 높은 편이고, 열과 전기 전도성이 좋다.
③ 색깔을 띤 화합물이나 이온이 대부분이다.
④ 반응성이 아주 강하며, 모두 환원제로 작용한다.

해설 ④ 반응성이 약하며, 촉매로 쓰이는 것이 많다.

05 30% 수산화나트륨 용액 200g에 물 20g을 가하면 약 몇 %의 수산화나트륨 용액이 되겠는가?

① 27.3%　② 25.3%
③ 23.3%　④ 20.3%

정답 01.④ 02.① 03.① 04.④ 05.①

해설 퍼센트 농도(%) $= \frac{용질}{용액+용매} \times 100$

$= \frac{200 \times \frac{30}{100}}{200+20} \times 100$

$= 27.27\% ≒ 27.3\%$

06 다음 중 Na^+ 이온의 전자 배열에 해당하는 것은?

① $1s^2 2s^2 2p^6$ ② $1s^2 2s^2 3s^2 2p^4$
③ $1s^2 2s^2 3s^2 2p^5$ ④ $1s^2 2s^2 2p^6 3s^1$

해설 원자 번호=양성자 수=전자 수
Na^+ 이온 전자 $= 10 = 1s^2 2s^2 2p^6$

07 다음 물질과 그 분류가 바르게 연결된 것은?

① 물 – 홑원소 물질
② 소금물 – 균일 혼합물
③ 산소 – 화합물
④ 염화수소 – 불균일 혼합물

해설
- 화합물 : 두 가지 이상의 성분으로 되어 있으며, 성분 원소가 일정한 순물질
  예 물, 염화수소
- 균일 혼합물 : 혼합물의 조성이 용액 전체에 걸쳐서 동일하게 되는 것
  예 소금물
- 단체(홑몸) : 한 가지 성분으로 된 것으로 더 이상 분해시킬 수 없는 물질
  예 산소
- 불균일 혼합물 : 각 성분들이 고르게 섞이지 않아 부분마다 성질이 다른 혼합물
  예 우유 등

08 다음 중 삼원자 분자가 아닌 것은?

① 아르곤 ② 오존
③ 물 ④ 이산화탄소

해설
- 단원자 분자 : 1개의 원자로 구성된 분자
  예 아르곤(Ar)
- 삼원자 분자 : 3개의 원자로 구성된 분자
  예 오존(O_3), 물(H_2O), 이산화탄소(CO_2)

09 탄소 화합물의 특징에 대한 설명으로 옳은 것은?

① CO_2, $CaCO_3$는 유기 화합물로 분류된다.
② CH_4, C_2H_6, C_3H_8은 포화 탄화수소이다.
③ CH_4에서 결합각은 90°이다.
④ 탄소의 수가 많아도 이성질체 수는 변하지 않는다.

해설 ① CO_2, $CaCO_3$는 무기 화합물로 분류된다.
③ CH_4의 결합각은 109°28′이다.
④ 탄소의 수가 많으면 이성질체 수가 많아진다.

10 원소는 색깔이 없는 일원자 분자 기체이며, 반응성이 거의 없어 비활성 기체라고도 하는 것은?

① Li, Na
② Mg, Al
③ F, Cl
④ Ne, Ar

해설 비활성 기체(0족 원소) : He(헬륨), Ne(네온), Ar(아르곤), Kr(크립톤), Xe(크세논), Rn(라돈) 등의 6개의 원소이며, 최외각 전자가 8개로 안정하여 단원자 분자이다. 또한 대부분 화합물을 만들지 않는 원소이다.

11 할로겐에 대한 설명으로 옳지 않은 것은?

① 자연상태에서 2원자 분자로 존재한다.
② 전자를 얻어 음이온이 되기 쉽다.
③ 물에는 거의 녹지 않는다.
④ 원자 번호가 증가할수록 녹는점이 낮아진다.

해설 ④ 원자 번호가 증가할수록 녹는점이 높아진다.

12 전자궤도 d－오비탈에 들어갈 수 있는 전자의 총 수는?

① 2 ② 6
③ 10 ④ 14

해설 부전자 껍질에 수용할 수 있는 전자 수
s : 2개, p : 6개, d : 10개, f : 14개

정답 06.① 07.② 08.① 09.② 10.④ 11.④ 12.③

13 다음 물질 중 물에 가장 잘 녹는 기체는?

① NO ② C_2H_2
③ NH_3 ④ CH_4

해설
- 물에 대한 용해도가 큰 기체 : NH_3, HCl, HF, H_2S 등
- 물에 대한 용해도가 작은 기체 : NO, C_2H_2, CH_4, CO_2, H_2, O_2, N_2 등

14 농도가 1.0×10^{-5}mol/L인 HCl 용액이 있다. HCl 용액이 100% 전리한다고 한다면 25℃에서 OH^-의 농도는 몇 mol/L인가?

① 1.0×10^{-14}
② 1.0×10^{-10}
③ 1.0×10^{-9}
④ 1.0×10^{-7}

해설

$$HCl \rightleftarrows H^+ + Cl^-$$
$$1.0\times10^{-5} \quad 1.0\times10^{-5} \quad 1.0\times10^{-5}$$

$K_w=[H^+][OH^-]$, $1.0\times10^{-14}=1.0\times10^{-5}\times[OH^-]$

$[OH^-]=1.0\times10^{-9}$mol/L

15 해수 속에 존재하며, 상온에서 붉은 갈색의 액체인 할로겐 물질은?

① F_2 ② Cl_2
③ Br_2 ④ I_2

해설
① F_2(불소) : 연한 황색 기체이며, 자극성이 강하고, 가장 강한 산화제로서 화합력이 강해 모든 원소와 반응한다.
② Cl_2(염소) : 황록색의 자극성 기체로 매우 유독하며, 액화하기 쉬운 물질이다.
③ Br_2(브롬) : 해수 속에 존재하며, 상온에서 붉은 갈색의 액체인 할로겐 물질이다.
④ I_2(요오드) : 판상 흑자색의 고체로 승화성이 있다.

16 화학 평형의 이동에 영향을 주지 않는 것은?

① 온도 ② 농도
③ 압력 ④ 촉매

해설 화학 평형의 이동에 영향을 주는 인자
① 온도
② 농도
③ 압력

17 다음 중 동소체끼리 짝지어진 것이 아닌 것은?

① 흰인 – 붉은인
② 일산화질소 – 이산화질소
③ 사방황 – 단사황
④ 산소 – 오존

해설 동소체 : 같은 원소로 되어 있으나 성질이 다른 단체

동소체의 구성 원소	동소체의 종류
인(P_4)	흰인, 붉은인
황(S_8)	사방황, 단사황, 고무상황
산소(O)	산소, 오존

18 알데히드는 공기와 접촉하였을 때 무엇이 생성되는가?

① 알코올
② 카르복실산
③ 글리세린
④ 케톤

해설
제1차 알코올 $\xrightarrow{\text{산화}}$ 알데히드 $\xrightarrow{\text{산화}}$ 카르복실산

$CH_3CH_2OH \xrightarrow{\text{산화}} CH_3CHO \xrightarrow{\text{산화}} CH_3COOH$

19 0℃, 1기압에서 수소 22.4L 속의 분자의 수는 얼마인가?

① 5.38×10^{22}
② 3.01×10^{23}
③ 6.02×10^{23}
④ 1.20×10^{24}

해설 아보가드로의 법칙 : 온도와 압력이 일정하면 모든 기체는 같은 부피 속에 같은 수의 분자가 들어있다. 즉, 표준상태(0℃, 1기압)에서 모든 기체 22.4L 속에는 6.02×10^{23}개의 분자가 들어 있다.

정답 13.③ 14.③ 15.③ 16.④ 17.② 18.② 19.③

20 화학 평형에 대한 설명으로 틀린 것은?

① 화학 반응에서 반응 물질(왼쪽)로부터 생성 물질(오른쪽)로 가는 반응을 정반응이라고 한다.
② 화학 반응에서 생성 물질(오른쪽)로부터 반응 물질(왼쪽)로 가는 반응을 비가역 반응이라고 한다.
③ 온도, 압력, 농도 등 반응 조건에 따라 정반응과 역반응이 모두 일어날 수 있는 반응을 가역 반응이라고 한다.
④ 가역 반응에서 정반응 속도와 역반응 속도가 같아져서 겉보기에는 반응이 정지된 것처럼 보이는 상태를 화학 평형 상태라고 한다.

해설 ② 화학 반응에서 생성 물질(오른쪽)로부터 반응 물질(왼쪽)로 가는 반응을 가역 반응이라고 한다.

21 다음 중 같은 족 원소로만 나열된 것은?

① F, Cl, Br
② Li, H, Mg
③ C, N, P
④ Ca, K, B

해설 할로겐족 : F, Cl, Br, I, At

22 다음 화합물 중 반응성이 가장 큰 것은?

① $CH_3-CH=CH_2$
② $CH_3-CH=CH-CH_3$
③ $CH\equiv C-CH_3$
④ C_4H_8

해설
- 단일 결합 : 결합이 강한 시그마 결합. 1개라서 강하다.
  예 C_4H_8
- 이중 결합 : 시그마+파이라서 오히려 결합이 약하다.
  예 $CH_3-CH=CH_2$, $CH_3-CH=CH-CH_3$
- 삼중 결합 : 시그마+파이+파이라서 결합이 가장 약해 반응성이 크다.
  예 $CH\equiv C-CH_3$

23 다음 유기 화합물의 화학식이 틀린 것은?

① 메탄 – CH_4
② 프로필렌 – C_3H_8
③ 펜탄 – C_5H_{12}
④ 아세틸렌 – C_2H_2

해설 ② 프로필렌 – C_3H_6

24 분자식이 $C_{18}H_{30}$인 탄화수소 1분자 속에는 2중 결합이 최대 몇 개 존재할 수 있는가? (단, 3중 결합은 없다.)

① 2　② 3
③ 4　④ 5

해설 $C_nH_{2n}+2$, $C_{18}H_{38}-C_{18}H_{30}=8$
$8\div2=4$개

25 다음 알칼리 금속 중 이온화 에너지가 가장 작은 것은?

① Li
② Na
③ K
④ Rb

해설 이온화 에너지 : 중성인 원자로부터 전자 1개를 떼어 양이온으로 만드는 데 필요로 하는 최소한의 에너지. 같은 족에서는 원자 번호가 증가할수록 작아진다.
예 $_{3}Li$, $_{11}Na$, $_{19}K$, $_{37}Rb$

26 양이온 제1족부터 제5족까지의 혼합액으로부터 양이온 제2족을 분리시키려고 할 때의 액성은?

① 중성
② 알칼리성
③ 산성
④ 액성과는 관계가 없다.

해설 양이온 제2족을 분리시키려고 할 때의 액성은 산성이다.

정답 20.② 21.① 22.③ 23.② 24.③ 25.④ 26.③

27 산 · 염기 지시약 중 변색 범위가 pH 약 8.3~10 정도이며, 무색~분홍색으로 변하는 지시약은?

① 메틸 오렌지
② 페놀프탈레인
③ 콩고 레드
④ 디메틸 옐로

해설 지시약의 종류
㉠ 메틸 오렌지 : 변색 범위가 pH 약 3.2~4.4 정도까지이며 적색~등황색으로 변한다.
㉡ 콩고 레드 : 물, 알코올에 가용성인 산성 색소, pH 지시약, pH 3.0에서 청자색, pH 4.5에서 적색이 된다. 2% 콩고 레드는 음성 염색에 사용한다.
㉢ 디메틸 옐로 : 산성일 때 색깔은 빨강, 변색 pH 4.2, 알칼리성일 때 색깔은 녹색~파랑이다.

28 공실험(blank test)을 하는 가장 주된 목적은?

① 불순물 제거
② 시약의 절약
③ 시간의 단축
④ 오차를 줄이기 위함

해설 공실험(blank test)을 하는 목적 : 오차를 줄이기 위함이다.

29 일정한 온도 및 압력하에서 용질이 용매에 용해도 이하로 용해된 용액을 무엇이라고 하는가?

① 포화 용액
② 불포화 용액
③ 과포화 용액
④ 일반 용액

해설 용액의 종류
① 포화 용액 : 일정한 온도, 압력하에서 일정량의 용매에 용질이 최대한 녹아 있는 용액
② 불포화 용액 : 일정한 온도, 압력하에서 용질이 용매에 용해도 이하로 용해된 용액
③ 과포화 용액 : 용질이 한도 이상으로 녹아 있는 용액

30 0.1038N인 중크롬산칼륨 표준 용액 25mL를 취하여 티오황산나트륨 용액으로 적정하였더니 25mL가 사용되었다. 티오황산나트륨의 역가는?

① 0.1021 ② 0.1038
③ 1.021 ④ 1.038

해설 $NVF=N'V'F'$
여기서, N : 시약의 노말 농도
N' : 표준 용액의 노말 농도
V : 사용된 시약의 양
V' : 사용된 표준 용액의 양
F : 시약의 역가
F' : 표준 용액의 역가
표준 용액이란 보통 역가가 1로 되어 있는 것을 사용하고 시약의 농도는 0.1N의 것을 사용하므로
$0.1\text{N}\times25\text{mL}\times$역가$=0.1038\text{N}\times25\text{mL}\times1$
$\therefore$ 역가 $F=\dfrac{0.1038\text{N}\times25\text{mL}\times1}{0.1\text{N}\times25\text{mL}}=1.038$

31 다음 중 양이온 제4족 원소는?

① 납 ② 바륨
③ 철 ④ 아연

해설 ① 납 : 제2족 원소
② 바륨 : 제5족 원소
③ 철 : 제3족 원소
④ 아연 : 제4족 원소

32 I^-, SCN^-, $Fe(CN)_6^{4-}$, $Fe(CN)_6^{3-}$, NO_3^- 등이 공존할 때 NO_3^-을 분리하기 위하여 필요한 시약은?

① $BaCl_2$ ② CH_3COOH
③ $AgNO_3$ ④ H_2SO_4

해설 NO_3^-을 분리하기 위하여 필요한 시약 : $AgNO_3$

33 양이온 제2족 분석에서 진한 황산을 가하고 흰 연기가 날 때까지 증발 건고시키는 이유는 무엇을 제거하기 위함인가?

① 황산 ② 염산
③ 질산 ④ 초산

정답	27.②	28.④	29.②	30.④	31.④	32.③	33.③

해설 양이온 제2족 분석에서 진한 황산을 가하고 흰 연기가 날 때까지 증발 건고시키는 이유 : 질산을 제거하기 위해서이다.

34 중성 용액에서 $KMnO_4$ 1g당량은 몇 g인가? (단, $KMnO_4$의 분자량은 158.03이다.)

① 52.68 ② 79.02
③ 105.35 ④ 158.03

해설 $2KMnO_4 \rightarrow K_2O + 2MnO_2 + 3O$
$+7 \rightarrow +4$
즉, $(+7)-(+4)=+3$이다.
$\therefore \frac{158.03}{3}=52.68\,g$

35 다음과 같은 반응에 대해 평형상수(K)를 옳게 나타낸 것은?

$$aA+bB \leftrightarrow cC+dD$$

① $K=[C]^c\,[D]^d\,/\,[A]^a\,[B]^b$
② $K=[A]^a\,[B]^b\,/\,[C]^c\,[D]^d$
③ $K=[C]^c\,/\,[A]^a\,[B]^b$
④ $K=1\,/\,[A]^a\,[B]^b$

해설 $aA+bB \leftrightarrow cC+dD$에서
평형상수$(K)=[C]^c\,[D]^d\,/\,[A]^a\,[B]^b$

36 물 500g에 비전해질 물질이 12g 녹아 있다. 이 용액의 어는점이 −0.93℃일 때 녹아 있는 비전해질의 분자량은 얼마인가? (단, 물의 어는점 내림상수(K_f)는 1.86이다.)

① 6 ② 12
③ 24 ④ 48

해설 $\Delta T_f = K_f \times m$,

$$0.93 = 1.86 \times \frac{\frac{12}{M}}{\frac{500}{1,000}} = 1.86 \times \frac{1,000 \times 12}{500M},$$

$$500M = \frac{1.86 \times 1,000 \times 12}{0.93},$$

$$M = \frac{1.86 \times 1,000 \times 12}{0.93 \times 500} = \frac{22,320}{465} = 48$$

37 침전 적정에서 Ag^+에 의한 은법 적정 중 지시약법이 아닌 것은?

① Mohr법
② Fajans법
③ Volhard법
④ 네펠로법(nephelometry)

해설 네펠로법 : 혼탁 입자들에 의해 산란도를 측정하는 방법으로 탁도 측정 방법 중 기기 분석법에 속한다.

38 전해질이 보통 농도의 수용액에서도 거의 완전히 이온화되는 것을 무슨 전해질이라고 하는가?

① 약전해질 ② 초전해질
③ 비전해질 ④ 강전해질

해설 전해질 종류
① 약전해질 : 용매에 용해시켰을 때, 이온으로 해리하는 정도가 낮은 물질
② 강전해질 : 전해질이 보통 농도의 수용액에서도 거의 완전히 이온화되는 것을 말한다.
③ 비전해질 : 물 등의 용매에 녹았을 때 이온화하지 않는 물질로 전하 입자가 생기지 않아 전류가 흐르지 못한다.

39 $SrCO_3$, $BaCO_3$ 및 $CaCO_3$를 모두 녹일 수 있는 시약은?

① NH_4OH ② CH_3COOH
③ H_2SO_4 ④ HNO_3

해설 $SrCO_3$, $BaCO_3$, $CaCO_3$를 모두 녹일 수 있는 시약 : CH_3COOH

40 적정 반응에서 용액의 물리적 성질이 갑자기 변화되는 점이며, 실질 적정 반응에서 적정의 종결을 나타내는 점은?

① 당량점 ② 종말점
③ 시작점 ④ 중화점

해설 ① 당량점(equivalence point) : 중화 반응을 포함한 모든 적정에서 적정 당하는 물질과 적정하는 물질 사이에 양적인 관계를 이론적으로 계산해서 구한 점

정답 34.① 35.① 36.④ 37.④ 38.④ 39.② 40.②

③ 시작점(initial point, starting piont) : 표시 장치에서 데이터 표시를 시작하는 표시 화면상의 위치 또는 좌표
④ 중화점(neutral point) : 산과 염기의 중화 반응이 완결된 지점

41 액체 크로마토그래피법 중 고체 정지상에 흡착된 상태와 액체 이동상 사이의 평형으로 용질 분자를 분리하는 방법은?

① 친화 크로마토그래피(affinity chromato-graphy)
② 분배 크로마토그래피(partition chromato-graphy)
③ 흡착 크로마토그래피(adsorption chromato-graphy)
④ 이온 교환 크로마토그래피(ion-exchange chromatography)

해설 ① 친화 크로마토그래피 : 여러 가지 성분이 특이성을 가지는 성질을 이용하여 분리시키는 크로마토그래피
② 분배 크로마토그래피 : 2개의 서로 섞이지 않는 액체를 각각 이동상과 고정상으로 하여 이 양자에 대하는 시료 성분의 친화성의 차, 즉, 분배계수의 차이를 이용하여 성분 분리를 하는 크로마토그래피
④ 이온 교환 크로마토그래피 : 고정상에 이온 교환체를 사용하여 고정상과 이동상과의 사이에서 가역적인 이온 교환을 하여 시료 이온의 고정상에 대한 친화성의 차를 이용하여 분리, 분석하는 방법

42 분광 광도계에 이용되는 빛의 성질은?

① 굴절 ② 흡수
③ 산란 ④ 전도

해설 분광 광도계에 이용되는 빛의 성질은 흡수이다.

43 분광 분석에 쓰이는 분광계의 검출기 중 광자 검출기(photo detectors)는?

① 볼로미터(bolometers)
② 열전기쌍(thermocouples)
③ 규소 다이오드(silicon diodes)
④ 초전기 전지(pyroelectric cells)

해설 분광계의 검출기 중 광자 검출기 : 규소 다이오드(silicon diodes)

44 가스 크로마토그래피에서 운반 기체에 대한 설명으로 옳지 않은 것은?

① 화학적으로 비활성이어야 한다.
② 수증기, 산소 등이 주로 이용된다.
③ 운반 기체와 공기의 순도는 99.995% 이상이 요구된다.
④ 운반 기체의 선택은 검출기의 종류에 의해 결정된다.

해설 운반 기체로는 질소, 헬륨, 아르곤, 수소, 이산화탄소, 메테인, 에테인 등 비활성 기체를 사용한다.

45 약품을 보관하는 방법에 대한 설명으로 틀린 것은?

① 인화성 약품은 자연발화성 약품과 함께 보관한다.
② 인화성 약품은 전기 스파크로부터 멀고 찬 곳에 보관한다.
③ 흡습성 약품은 완전히 건조시켜 건조한 곳이나 석유 속에 보관한다.
④ 폭발성 약품은 화기를 사용하는 곳에서 멀리 떨어져 있는 창고에 보관한다.

해설 ① 인화성 약품은 자연발화성 약품과 각각 보관한다.

46 다음 표준 전극 전위에 대한 설명 중 틀린 것은?

① 각 표준 전극 전위는 0.000V를 기준으로 하여 정한다.
② 수소의 환원 반쪽 반응에 대한 전극 전위는 0.000V이다.
③ $2H^+ + 2e \rightarrow H_2$은 산화 반응이다.
④ $2H^+ + 2e \rightarrow H_2$의 반응에서 생긴 전극 전위를 기준으로 하여 다른 반응의 표준 전극 전위를 정한다.

해설 ③ $2H^+ + 2e \rightarrow H_2$는 환원 반응이다.

정답 41.③ 42.② 43.③ 44.② 45.① 46.③

47 분광 광도계의 광원으로 사용되는 램프의 종류로만 짝지어진 것은?

① 형광 램프, 텅스텐 램프
② 형광 램프, 나트륨 램프
③ 나트륨 램프, 중수소 램프
④ 텅스텐 램프, 중수소 램프

해설 분광 광도계의 광원으로 사용되는 램프의 종류 : 텅스텐 램프, 중수소 램프

48 분광 광도계의 구조로 옳은 것은?

① 광원→입구 슬릿→회절격자→출구 슬릿→시료부→검출부
② 광원→회절격자→입구 슬릿→출구 슬릿→시료부→검출부
③ 광원→입구 슬릿→회절격자→출구 슬릿→검출부→시료부
④ 광원→입구 슬릿→시료부→출구 슬릿→회절격자→검출부

해설 분광 광도계의 구조 : 광원→입구 슬릿→회절 격자→출구 슬릿→시료부→검출부

49 다음의 전자기 복사선 중 주파수가 가장 높은 것은?

① X선 ② 자외선
③ 가시광선 ④ 적외선

해설 주파수(frequency)가 높은 순서 : 감마선 > X선 > 자외선 > 가시광선 > 적외선

50 다음 중 전기 전류의 분석 신호를 이용하여 분석하는 방법은?

① 비탁법
② 방출 분광법
③ 폴라로그래피법
④ 분광 광도법

해설
- 전기 전류의 분석 신호를 이용하여 분석하는 방법 : 폴라로그래피법
- 폴라로그래피(polarography)법 : 전기 분해를 이용한 분석법의 일종이며, 모세관에서 적하하는 수은방울을 음극, 표면적이 큰 수은면을 양극으로 하고, 시료 용액을 전해할 때의 전류, 전압 곡선을 구하여 해석하는 방법이다.

51 Fe^{3+} 용액 1L가 있다. Fe^{3+}를 Fe^{2+}로 환원시키기 위해 48.246C의 전기량을 가하였다. Fe^{2+}의 몰 농도(M)는?

① 0.0005 ② 0.001
③ 0.05 ④ 1.0

해설 $q = nF$
(쿨롱 C)=전자 몰 수×패러데이 상수
Fe^{2+} 몰 수=전자 몰 수

$$= n = \frac{q}{F} = \frac{48.246\text{C}}{96,500\text{C}} = 0.0005\text{mol}$$

Fe^{2+} 몰 농도$= \frac{0.0005\,\text{mol}}{1\text{L}} = 0.0005\text{M}$

52 분광 분석법에서는 파장을 nm단위로 사용한다. 1nm는 몇 m인가?

① 10^{-3} ② 10^{-6}
③ 10^{-9} ④ 10^{-12}

해설 $1\text{nm} = 10^{-9}\text{m}$

53 전기 무게 분석법에 사용되는 방법이 아닌 것은?

① 일정 전압 전기 분해
② 일정 전류 전기 분해
③ 조절 전위 전기 분해
④ 일정 저항 전기 분해

해설 전기 무게 분석법에 사용되는 방법
① 일정 전압 전기 분해
② 일정 전류 전기 분해
③ 조절 전위 전기 분해

정답 47.④ 48.① 49.① 50.③ 51.① 52.③ 53.④

54 전위차법에 사용되는 이상적인 기준 전극이 갖추어야 할 조건 중 틀린 것은?

① 시간에 대하여 일정한 전위를 나타내어야 한다.
② 분석물 용액에 감응이 잘되고 비가역적이어야 한다.
③ 작은 전류가 흐른 후에는 본래 전위로 돌아와야 한다.
④ 온도 사이클에 대하여 히스테리시스를 나타내지 않아야 한다.

해설 ② 가역적이어야 하며, Nernst식에 따라야 한다.

55 가스 크로마토그래피의 설치 장소로 적당한 곳은?

① 온도 변화가 심한 곳
② 진동이 없는 곳
③ 공급 전원의 용량이 일정하지 않은 곳
④ 주파수 변동이 심한 곳

해설 가스 크로마토그래피의 설치 장소
㉠ 온도 변화가 없는 곳
㉡ 진동이 없는 곳
㉢ 공급 전원의 용량이 일정한 곳
㉣ 주파수 변동이 없는 곳

56 가스 크로마토그래피의 기록계에 나타난 크로마토그램을 이용하여 피크의 넓이 또는 높이를 측정하여 분석할 수 있는 것은?

① 정성 분석 ② 정량 분석
③ 이동 속도 분석 ④ 전위차 분석

해설 ① 정성 분석 : 화학 분석법 중에서 시료가 어떤 성분으로 구성되어 있는지 알아내기 위한 분석법의 총칭
④ 전위차 분석 : 계면 반응이 화학 평형의 상태로 되었을 때 전극 전위는 안정되며, 이와 같은 계를 평형 전극이라고 한다. 일반적으로 평형 전극의 전위를 측정하여 용액의 화학적 조성이나 농도를 분석하는 방법을 전위차 분석법이라고 한다.

57 원자 흡광 광도계로 시료를 측정하기 위하여 시료를 원자상태로 환원해야 한다. 이때 적합한 방법은?

① 냉각
② 동결
③ 불꽃에 의한 가열
④ 급속 해동

해설 불꽃에 의한 가열 : 원자 흡광 광도계로 시료를 측정하기 위하여 시료를 원자상태로 환원한다.

58 기체 크로마토그래피에서 충진제의 입자는 일반적으로 60~100mesh 크기로 사용되는데 이보다 더 작은 입자를 사용하지 않는 주된 이유는?

① 분리관에서 압력 강하가 발생하므로
② 분리관에서 압력 상승이 발생하므로
③ 분리관의 청소를 불가능하게 하므로
④ 고정상과 이동상이 화학적으로 반응하므로

해설 기체 크로마토그래피에서 충진제의 입자는 일반적으로 60~100mesh 크기로 사용되는데, 이보다 더 작은 입자를 사용하지 않는 주된 이유는 분리관에서 압력 강하가 발생하기 때문이다.

59 다음 중 실험실에서 일어나는 사고의 원인과 그 요소를 연결한 것으로 옳지 않은 것은 어느 것인가?

① 정신적 원인 – 성격적 결함
② 신체적 결함 – 피로
③ 기술적 원인 – 기계 장치의 설계 불량
④ 교육적 원인 – 지각적 결함

해설 ① 정신적 원인 – 성격적 결함, 지각적 결함
② 신체적 결함 – 피로
③ 기술적 원인 – 기계 장치의 설계 불량
④ 교육적 원인 – 지식의 부족, 수칙의 오해

정답 54.② 55.② 56.② 57.③ 58.① 59.④

60 수산화 이온의 농도가 5×10^{-5}일 때 이 용액의 pH는 얼마인가?

① 7.7　　② 8.3
③ 9.7　　④ 10.3

해설 $pH = 14 - pOH$

$= 14 - \log\frac{1}{[OH^-]}$

$= 14 - \log\frac{1}{5\times10^{-5}} = 9.699 = 9.7$

정답 60.③

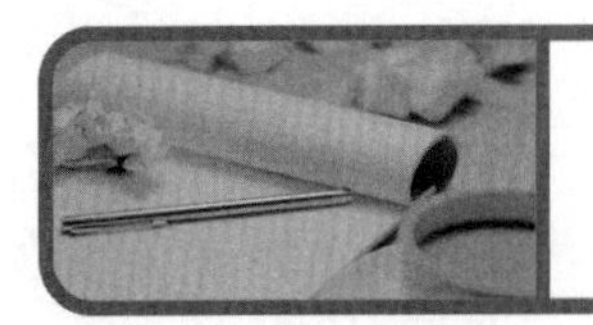

화학분석기능사

제4회 필기시험 ◀▶ 2013년 7월 11일 시행

01 산소의 원자 번호는 8이다. O^{2-} 이온의 바닥 상태의 전자 배치로 맞는 것은?

① $1s^2$, $2s^2$, $2p^4$
② $1s^2$, $2s^2$, $2p^6$, $3s^2$
③ $1s^2$, $2s^2$, $2p^6$
④ $1s^2$, $2s^2$, $2s^4$, $3s^2$

해설 O^{2-}는 O가 전자 2개를 얻는 상태이므로 전자수는 10개가 된다.
∴ O^{2-} : $1s^2$, $2s^2$, $2p^6$

02 P형 반도체를 만드는 데 사용하는 것은?

① P ② Sb
③ Ga ④ As

해설 P형 반도체 : 순도가 높은 4가의 Ge(게르미늄)이나 Si(실리콘)의 결정에 3가의 In(인듐)이나 Ga(갈륨)을 극미량 넣으면 8개의 전자가 서로 공유 결합하여야 되는데 하나가 부족한 곳이 생긴다. 이와 같은 곳을 정공(hole)이라고 한다. 이때 이 홀을 이웃한 전자들이 자꾸 메움으로써 회로에 전류가 흐른다. 홀은 음(−)전하를 띤 전자가 하나 모자란 상태이므로 양(+)전하로 볼 수 있다. 이 홀이 전하의 운반체 역할을 하는 반도체를 말한다.

03 건조 공기 속의 헬륨은 0.00052%를 차지한다. 이 농도는 몇 ppm인가?

① 0.052 ② 0.52
③ 5.2 ④ 52

해설 ppm=%×10^4
0.00052%×10^4=5.2ppm

04 다음 화합물 중 NaOH 용액과 HCl 용액에 가장 잘 용해되는 물질은?

① Al_2O_3 ② Cu_2O
③ Fe_2O_3 ④ SiO_2

해설 양쪽성 산화물 : 양쪽성 원소(Al, Zn, Sn, Pb 등)의 산화물로서 산, 염기와 모두 반응하여 염과 물을 만든다.
예 Al_2O_3, ZnO, SnO, PbO 등

05 30℃에서 소금의 용해도는 37g NaCl/100g H_2O이다. 이 온도에서 포화되어 있는 소금물 100g 중에 함유되어 있는 소금의 양은 얼마인가?

① 18.5g ② 27.0g
③ 37.0g ④ 58.7g

해설 $용해도=\frac{용질의\ g수}{용매의\ g수}\times 100$
소금(용질)의 양을 x라고 하면 물(용매)의 양은 $100-x$이므로
$37=\frac{x}{100-x}\times 100$, $0.37=\frac{x}{100-x}$
$37-0.37x=x$, $1.37x=37$
∴ $x=27g$

06 다음 중 은백색의 연성으로 석유 속에 저장하여야 하는 금속은?

① Na ② Al
③ Mg ④ Sn

해설

물 질	보호액
Na	석유(등유)

정답 01.③ 02.③ 03.③ 04.① 05.② 06.①

07 산화알루미늄 Al_2O_3 분자식으로부터 Al의 원자가는 얼마인가?

① +2　　② −2
③ +3　　④ −3

해설 $Al_2O_3 \rightarrow 2Al^{x+} + 3O^{2-}$
$2x = 6$
$\therefore x = 3$

08 다음 중 산화제는?

① 염소　　② 나트륨
③ 수소　　④ 옥살산

해설 산화제 : 다른 물질을 산화시키는 성질이 강한 물질. 즉 자신은 환원되기 쉬운 물질
예 Cl_2, O_2 등

09 다음 중에서 이온 결합으로 이루어진 물질은 어느 것인가?

① H_2
② Cl_2
③ C_2H_2
④ NaCl

해설
- 이온 결합 : 양이온과 음이온의 정전인력에 의해 결합하는 화학 결합
  예 NaCl
- 공유 결합 : 전기음성도가 같은 비금속 단체나 전기음성도의 차이가 심하지 않은(1.7 이하) 비금속과 비금속 간의 결합
  예 H_2, Cl_2, C_2H_2

10 표준 상태(0℃, 1atm)에서 부피가 22.4L인 어떤 기체가 있다. 이 기체를 같은 온도에서 4atm으로 압력을 증가시키면 부피는 얼마가 되는가?

① 5.6L　　② 11.2L
③ 22.4L　　④ 44.8L

해설 보일의 법칙을 이용한다.
$P_1V_1 = P_2V_2$, $1 \times 22.4 = 4 \times V_2$
$\therefore V_2 = 5.6L$

11 1초에 370억 개의 원자핵이 붕괴하여 방사선을 내는 방사능 물질의 양으로서 방사능의 강도 및 방사성 물질의 양을 나타내는 단위는 어느 것인가?

① 1렘
② 1그레이
③ 1래드
④ 1큐리

해설
① 1렘 : 인체가 방사선을 받았을 때의 영향을 나타내는 단위. 보통 1g의 라듐(1큐리의 방사능)으로부터 1m 떨어진 거리에서 1시간 동안 받는 방사선의 영향이 약 1렘에 해당된다. 방사선량을 측정한다고 하는 것은 어떤 물체에 방사선의 에너지가 얼마나 흡수되는지를 측정하는 것이고 방사선은 우리 몸(신체)에 생물학적 영향을 주기 때문에 이 경우에는 특별히 렘(rem)이라는 단위를 사용한다. 1렘의 1천분의 1을 1밀리렘(mrem)이라고 하며 밀리렘은 우리가 일상생활에서 많이 사용하는 단위이다. 예를 들어, 가슴에 X−선을 1회 촬영하는 데에는 약 100밀리렘의 방사선량을 받는다는 식이다.
② 1그레이 : 흡수선량의 새로운 단위로, 1gray=100rad이다.
③ 1래드 : 방사선량을 나타내는 단위로서, 방사선의 조사를 받는 물질 1g당의 흡수 에너지가 100에르그(erg)인 경우의 흡수선량이 1래드이다.($1red = 10^{-2}J/kg$)

12 할로겐 원소의 성질에 대한 설명으로 틀린 것은?

① Fe, Cl, Br, I 등이 있다.
② 전자 2개를 얻어 −2가의 음이온이 된다.
③ 물에는 거의 녹지 않는다.
④ 기체로 변했을 때도 독성이 매우 강하다.

해설 ② 최외각 전자가 7개이므로 전자 1개를 받아서 −1가의 음이온이 된다.

정답 07.③ 08.① 09.④ 10.① 11.④ 12.②

13 크레졸에 대한 설명으로 옳은 것은?

① $-OH$기가 3개 있다.
② 3개의 이성질체가 있다.
③ 벤젠의 니트로화 반응으로 얻어진다.
④ 벤젠 고리가 2개 붙어 있다.

해설 ① $-OH$기가 1개 있다.
② 3개의 이성질체가 있다(ortho, meta, para).
③ 콜타르를 분류하여 만든다.
④ 벤젠의 고리가 1개 붙어 있다.

14 다음 중 기하학적 구조가 굽은형인 것은?

① H_2O
② HCl
③ HF
④ HI

해설 ① H_2O : p^2결합, 굽은형(V자형)
② HCl, ③ HF, ④ HI : p결합, 직선형

15 다음 중 카르보닐기는?

① $-COOH$
② $-CHO$
③ $=CO$
④ $-OH$

해설 ① $-COOH$: 카르복시기
② $-CHO$: 포르밀기(알데히드기)
③ $=CO$: 카르보닐기
④ $-OH$: 히드록시기(수산기)

16 주기율표에서 원소들의 족의 성질 중 원자 번호가 증가할수록 원자 반지름이 일반적으로 증가하는 이유는?

① 전자 친화도가 증가하기 때문에
② 전자껍질이 증가하기 때문에
③ 핵의 전하량이 증가하기 때문에
④ 양성자수가 증가하기 때문에

해설 같은 족에서 원자 번호가 증가할수록 원자 반지름이 커지는 것은 전자껍질이 증가하기 때문이다.

17 에탄올과 아세트산에 소량의 진한 황산을 넣고 반응시켰을 때 주생성물은?

① $HCOONa$ ② $(CH_3)_2CHOH$
③ $CH_3COOC_2H_5$ ④ $HCHO$

해설 $$CH_3COOH + C_2H_5OH \xrightarrow{c-H_2SO_4} \underset{\text{초산에틸}}{\underline{CH_3COOC_2H_5}} + H_2O$$

18 각 원자가 같은 수의 맨 바깥 전자껍질의 전자를 내놓아 전자쌍을 이루어 서로 공유하여 결합하는 것을 무엇이라 하는가?

① 이온 결합
② 배위 결합
③ 다중 결합
④ 공유 결합

해설 ① 이온 결합 : 양이온과 음이온의 정전인력에 의해 결합하는 화학 결합이다.
② 배위 결합 : 공유할 전자쌍을 한쪽 원자에서만 일방적으로 제공하는 형식의 공유 결합으로, 주로 착이온을 형성하는 물질이다.
③ 다중 결합(multiple bond) : 이중 결합과 삼중 결합의 총칭, 혹은 그러한 것을 일반화한 개념으로 불포화 결합이라 부르는 일도 있다. 2개의 원자가 2 또는 3조의 전자쌍을 공유하는 결합을 삼중 결합이라 하며, 예를 들면 C=C, C≡C, C=O, C=N, N=O 결합과 같이 표시한다.

19 주기율표의 같은 주기에 있는 원소들은 왼쪽에서 오른쪽으로 갈수록 어떻게 변하는가?

① 금속성이 증가한다.
② 전자를 끄는 힘이 약해진다.
③ 양이온이 되려는 경향이 커진다.
④ 산화물들이 점점 산성이 강해진다.

해설 ④ 같은 주기에 있는 원소들은 왼쪽에서 오른쪽으로 갈수록 산화물들이 점점 산성이 강해진다.

정답 13.② 14.① 15.③ 16.② 17.③ 18.④ 19.④

20 어두운 방에서 문 틈으로 들어오는 햇빛의 진로가 밝게 보이는데 이와 같은 현상은 무엇이라 하는가?

① 필러 현상
② 뱅뱅 현상
③ 틴들 현상
④ 필터링 현상

해설 ③ 틴들 현상 : 콜로이드 입자의 산란성에 의해 빛의 진로가 보이는 현상
예 어두운 방에서 문틈으로 들어오는 햇빛의 진로가 밝게 보이는 것

21 $_{92}U^{235}$와 $_{92}U^{238}$은 다음 중 어느 것인가?

① 동족체 ② 동소체
③ 동족원소 ④ 동위원소

해설 ④ 동위원소 : 원자 번호가 같고 질량수가 다른 것, 또는 원자 번호가 같고 중성자수가 다른 것
예 $^{235}_{92}U$와 $^{238}_{92}U$

22 어떤 전해질 5mol이 녹아있는 용액 속에서 그 중 0.2mol이 전리되었다면 전리도는 얼마인가?

① 0.01 ② 0.04
③ 1 ④ 25

해설 용액의 전리도$=\dfrac{\text{전리된 몰 농도}}{\text{전체 몰 농도}}=\dfrac{0.2}{5}=0.04$

23 40℃에서 어떤 물질은 그 포화 용액 84g 속에 24g이 녹아있다. 이 온도에서 이 물질의 용해도는?

① 30 ② 40
③ 50 ④ 60

해설 용해도 : 용매 100g에 녹아서 포화 용액이 되는 데 필요한 용질의 g수
$(84-24):24=100:x$
$60x=2,400 \quad \therefore x=40$

24 물질의 상태변화에서 드라이아이스(고체 CO_2)가 공기 중에서 기체로 변화하는데, 이와 같은 현상을 무엇이라 하는가?

① 증발 ② 응축
③ 액화 ④ 승화

해설 ① 증발(vaporization) : 액체의 표면에서 일어나는 기화 현상
② 응축(condensation) : 기체가 액체로 변화하는 현상
③ 액화(liquefaction) : 기체상태에 있는 물질이 에너지를 방출하고 응축되어 액체로 변하는 현상

25 소량의 철이 존재하는 상황에서 벤젠과 염소가스를 반응시킬 때 수소 원자와 염소 원자의 치환이 일어나 생성되는 것은?

① 클로로벤젠 ② 니트로벤젠
③ 벤젠술폰산 ④ 톨루엔

해설 할로겐화(halogenation) : Fe 촉매하에 염소화 반응을 한다.

$C_6H_5{-}H + Cl{-}Cl \xrightarrow{Fe} C_6H_5{-}Cl + HCl$
클로로벤젠

26 다음 중 수용액에서 만들어질 때 흰색(백색)인 침전물은?

① ZnS ② Cds
③ CuS ④ MnS

해설 Zn^{2+} : $Zn(NO_3)_2 + (NH_4)_2S \rightarrow ZnS\downarrow + 2NH_4NO_3$
질산아연 → 황화아연(흰색)

27 다음 중 침전 적정법에서 표준 용액으로 KSCN 용액을 이용하고자 Fe^{3+}을 지시약으로 이용하는 방법을 무엇이라고 하는가?

① Volhard법 ② Fajans법
③ Mohr법 ④ Gay-lussac법

해설 ② Fajans법은 플루오린세인나트륨을 이용한다.
③ Mohr법은 $AgNO_3$를 이용한다.
④ Gay-lussac법은 기체 팽창 법칙을 이용한다.

정답 20.③ 21.④ 22.② 23.② 24.④ 25.① 26.① 27.①

28 킬레이트 적정 시 금속 이온이 킬레이트 시약과 반응하기 위한 최적의 pH가 있는데 적정의 진행에 따라 수소 이온이 생겨 pH의 변화가 생긴다. 이것을 조절하고 pH를 일정하게 유지하기 위하여 가하는 것은?

① chelate reagent
② buffer solution
③ metal indicator
④ metal chelate compound

해설 킬레이트 적정 시 pH를 일정하게 유지하기 위하여 가하는 것 : buffer solution

29 산화-환원 반응에 대한 설명으로 틀린 것은?

① 산화는 전자를 잃는(산화수가 증가하는) 반응을 말한다.
② 환원은 전자를 얻는(산화수가 감소하는) 반응을 말한다.
③ 산화제는 자신이 쉽게 환원되면서 다른 물질을 산화시키는 성질이 강한 물질이다.
④ 산화-환원 반응에서 어떤 원자가 전자를 방출하면 방출한 전자수만큼 원자의 산화수가 감소된다.

해설 ④ 산화-환원 반응에서 어떤 원자가 전자를 방출하면 방출한 전자수만큼 원자의 산화수가 증가한다.

30 FeS와 HgS를 묽은 염산으로 반응시키면 FeS는 HCl에 녹으나 HgS는 녹지 않는다. 그 이유는 무엇인가?

① FeS가 HgS보다 용해도적이 크므로
② FeS가 HgS보다 이온화 경향이 크므로
③ HgS가 FeS보다 용해도적이 크므로
④ HgS가 FeS보다 이온화 경향이 크므로

해설 FeS와 HgS를 묽은 염산으로 반응시키면 HgS가 HCl에 녹지 않는 이유 : FeS가 HgS보다 용해도적이 크기 때문이다.

31 Mg^{++}에 $(NH_4)_2CO_3$를 작용시켜 침전을 만들 때 침전을 방해하는 물질은?

① $NaNO_3$
② $NaCl$
③ NH_4Cl
④ KCl

해설 Mg^{++}에 $(NH_4)_2CO_3$를 작용시켜 침전을 만들 때 침전을 방해하는 물질 : NH_4Cl

32 물 50mL를 취하여 0.01M EDTA 용액으로 적정하였더니 25mL가 소요되었다. 이 물의 경도는? (단, 경도는 물 1L당 포함된 $CaCO_3$의 양으로 나타낸다.)

① 100ppm
② 300ppm
③ 500ppm
④ 1,000ppm

해설 물시료에서 Ca^{2+}의 전체 몰수=EDTA 몰수
=EDTA M 농도×ETDA 적가 부피(L)
$=0.01M\times0.025L$
$=2.5\times10^{-4}mol$

$$CaCO_3\ ppm(mg/L)=\frac{CaCO_3\ 몰수\times CaCO_3\ 화학식량\times1{,}000mg/g}{시료\ 부피(L)}$$

$$=\frac{2.5\times10^{-4}mol\times100g/mol\times1{,}000mg/g}{0.05L}$$

= 500ppm

33 다음과 같은 화학 반응식으로 나타낸 반응이 어느 일정한 온도에서 평형을 이루고 있다. 여기에 AgCl의 분말을 더 넣어주면 어떠한 변화가 일어나겠는가?

$$Ag^+(수용액)+Cl^-(수용액)\rightleftarrows AgCl(고체)$$

① AgCl이 더 용해한다.
② Cl^-의 농도가 증가한다.
③ Ag^+의 농도가 증가한다.
④ 외견상 아무 변화가 없다.

해설 어느 일정 온도에서 평형을 이루고 있으므로 AgCl의 분말을 더 넣어도 외견상 아무 변화가 없다.

정답 28.② 29.④ 30.① 31.③ 32.③ 33.④

34 전해질의 전리도 비교는 주로 무엇을 측정하여 구할 수 있는가?

① 용해도 ② 어는점 내림
③ 융점 ④ 중화적 정량

해설 전해질의 전리도 비교는 어는점 내림을 측정하여 구한다.

35 일정량의 용매 중에 존재하는 용질의 입자수에 의하여 결정되는 성질을 무엇이라고 하는가?

① 용액의 용매성 ② 용액의 결속성
③ 용액의 해리성 ④ 용액의 입자성

해설 용액의 결속성 : 일정량의 용매 중에 존재하는 용질의 입자수에 의하여 결정되는 성질

36 산화·환원 적정법 중의 하나인 요오드 적정법에서는 산화제인 요오드(I_2) 자체만의 색으로 종말점을 확인하기가 어려우므로 지시약을 사용한다. 이때 사용하는 지시약은 어느 것인가?

① 전분(starch)
② 과망간산칼륨($KMnO_4$)
③ EBT(에리오크롬블랙 T)
④ 페놀프탈레인(phenolphthalene)

해설 요오드 적정법에서 사용하는 지시약 : 전분(starch)

37 다음 중 금속 지시약이 아닌 것은?

① EBT(Eriochrom Black T)
② MX(Murexide)
③ PC(Phthalein Complexone)
④ B.T.B.(Brom-thymol Blue)

해설 금속 지시약 : 킬레이트 적정에 있어서 종말점을 결정하는 것
예 EBT(Eriochrom Black T), MX(Murexide), PC (Phthalein Complexone), PAN

38 킬레이트 적정에 사용되는 물질에 해당되지 않은 것은?

① 완충 용액 ② 금속 지시약
③ 은폐제 ④ 반응판

해설 킬레이트 적정에 사용되는 물질
① 완충 용액
② 금속 지시약
③ 은폐제

39 산성 용액에서 0.1N $KMnO_4$ 용액 1L를 조제하려면 $KMnO_4$ 몇 mol이 필요한가?

① 0.02 ② 0.04
③ 0.08 ④ 0.1

해설 몰 농도=노말 농도÷당량수
$KMnO_4$는 산성 조건에서 5당량이므로
몰 농도=0.1÷5=0.02M

40 일정한 온도 및 압력하에서 용질이 용해도 이상으로 용해된 용액을 무엇이라고 하는가?

① 포화 용액 ② 불포화 용액
③ 과포화 용액 ④ 일반 용액

해설 용액의 분류
① 포화 용액 : 일정한 온도, 압력하에서 일정량의 용매에 용질이 최대한 녹아있는 용액
② 불포화 용액 : 용질이 더 녹을 수 있는 상태의 용액
③ 과포화 용액 : 일정한 온도, 압력하에서 용질이 용해도 이상으로 용해된 용액

41 스펙트럼 띠가 1차, 2차로 병렬적으로 나타나는 분광 장치로 분광 광도계에서 가장 많이 쓰이는 것은?

① 프리즘 ② 회절격자
③ 렌즈 ④ 거울

해설 회절격자(grating) : 스펙트럼 띠가 1차, 2차로 병렬적으로 나타나는 분광 장치로 분광 광도계에서 가장 많이 사용한다.

정답 34.② 35.② 36.① 37.④ 38.④ 39.① 40.③ 41.②

42 pH미터는 검액과 완충 용액 사이에 생기는 기전력에 의해 용액의 무엇을 측정하는가?

① 비색 ② 농도
③ 점도 ④ 비중

해설 pH미터 : 검액과 완충 용액 사이에 생기는 기전력에 의해 용액의 농도를 측정한다.

43 분광계의 검출기 중 열전기쌍(thermocouples)이 검출할 수 있는 복사선의 파장 범위는 얼마인가?

① 1.5~30nm
② 150~300nm
③ 600~20,000nm
④ 30,000~700,000nm

해설 분광계의 검출기 중 열전기쌍이 검출할 수 있는 복사선의 파장 범위 : 600~20,000nm

44 크로마토그램에서 시료의 주입점으로부터 피크의 최고점까지의 간격을 나타낸 것은?

① 절대 피크
② 주입점 간격
③ 절대 머무름 시간
④ 피크 주기

해설 절대 머무름 시간 : 크로마토그램에서 시료의 주입점으로부터 피크의 최고점까지의 간격

45 원자 흡수 분광 광도계에 대한 설명으로 틀린 것은?

① 다른 분광 광도계의 원리와 비슷하다.
② 광원으로는 속빈 음극 램프를 사용할 수 있다.
③ 정량 분석보다는 정성 분석에 주로 이용된다.
④ 감도에 영향을 끼치는 가장 중요한 요인은 중성 원자를 만드는 원자화 과정이다.

해설 ③ 정성 분석보다는 정량 분석에 주로 이용된다.

46 순수한 물이 다음과 같이 전리 평형을 이룰 때 평형상수(K)를 구하는 식은?

$$H_2O \rightleftarrows H^+ + OH^-$$

① $\dfrac{[H^+]\cdot[OH^-]}{[H_2O]}$

② $\dfrac{[H_2O]}{[H^+]\cdot[OH^-]}$

③ $\dfrac{[H^+]\cdot[OH^-]}{[H_2O]^2}$

④ $\dfrac{[H_2O]^2}{[H^+]\cdot[OH^-]}$

해설 $H_2O \rightleftarrows H^+ + OH^-$, $K=\dfrac{[H^+]\cdot[OH^-]}{[H_2O]}$

47 가스 크로마토그래피의 검출기에서 황, 인을 포함한 화합물을 선택적으로 검출하는 것은?

① 열전도도 검출기(TCD)
② 불꽃 광도 검출기(FPD)
③ 열이온화 검출기(TID)
④ 전자 포획형 검출기(ECD)

해설 ① 열전도도 검출기(TCD) : 분석물이 운반 기체와 함께 용출됨으로 인해 운반 기체의 열전도도가 변하는 것에 근거한다. 운반 기체는 H_2 또는 He을 주로 이용한다.
② 불꽃 광도 검출기(FPD) : 황(S)과 인(P)을 포함하는 화합물에 감응이 매우 큰 검출기로서, 용출물이 낮은 온도의 수소-공기 불꽃으로 들어간다.
③ 열이온화 검출기(TID) : 인과 질소를 함유한 유기 화합물에 선택적이며 칼럼에 나오는 용출 기체가 수소와 혼합되어 불꽃을 지나며 연소된다. 이때 인과 질소를 함유한 분자들은 많은 이온을 생성해 전류가 흐르는데, 이는 분석물 양과 관련이 있다.
④ 전자 포획형 검출기(ECD) : 전기 음성도가 큰 작용기(할로겐, 퀴논, 콘주게이션된 카르보닐) 등이 포함된 분자에 감도가 좋다.

정답 42.② 43.③ 44.③ 45.③ 46.① 47.②

48 종이 크로마토그래피 제조법에 대한 설명 중 틀린 것은?

① 종이 조각은 사용 전에 습도가 조절된 상태에서 보관한다.
② 점적의 크기는 직경을 약 2mm 이상으로 만든다.
③ 시료를 점적할 때는 주사기나 미세 피펫을 사용한다.
④ 시료의 농도가 너무 묽으면 여러 방울을 찍어서 농도를 증가시킨다.

해설 ② 점적의 크기는 직경을 약 5mm 이상으로 만든다.

49 톨루엔에 대한 설명으로 옳은 것은?

① 방향족 화합물이다.
② 독성이 거의 없다.
③ 물에 잘 녹는다.
④ 화기에 안전하다.

해설 ② 독성이 있다.
③ 물에 녹지 않는다.
④ 화기에 불안하다.

50 액체 크로마토그래피 분석법 중 정상 용리(normal phase elution)의 특성이 아닌 것은?

① 극성의 정지상을 사용한다.
② 이동상의 극성은 작다.
③ 극성이 큰 성분이 먼저 용리된다.
④ 이동상의 극성이 증가하면 용리 시간이 감소한다.

해설 ③ 극성이 작은 성분이 먼저 용리된다.

51 산소를 포함한 강한 산화제인 화약 약품은 다음 중 어느 곳에 보관하는 것이 가장 적당한가?

① 통풍이 잘되고 따뜻한 곳
② 습기가 많고 따뜻한 곳
③ 습기가 없고 찬 곳
④ 햇빛이 잘 드는 곳

해설 산소를 포함한 강한 산화제인 화약 약품 보관 장소 : 습기가 없고 찬 곳

52 전위차법에서 이상적인 기준 전극에 대한 설명 중 옳은 것은?

① 비가역적이어야 한다.
② 작은 전류가 흐른 후에는 본래 전위로 돌아오지 않아야 한다.
③ Nernst식에 벗어나도 상관이 없다.
④ 온도 사이클에 대하여 히스테리시스를 나타내지 않아야 한다.

해설 ① 가역적이어야 한다.
② 큰 전류가 흐른 후에는 본래 전위로 돌아오지 않아야 한다.
③ Nernst식에 벗어나지 않아야 한다.

53 빛의 성질에 대한 설명으로 틀린 것은?

① 백색광은 여러 가지 파장의 빛이 모여 있는 것을 말한다.
② 단색광은 단일 파장으로 이루어진 빛을 말한다.
③ 편광은 빛의 진동면이 같은 것으로 이루어진 빛을 말한다.
④ 태양빛으로는 편광을 만들 수 없다.

해설 ④ 태양빛으로도 편광을 만들 수 있다.

54 고성능 액체 크로마토그래피의 구성 중 검출기에서 나오는 전기적 신호를 시간에 대한 신호의 크기로 받아 크로마토그램을 그려내는 장치는?

① 펌프
② 주입구
③ 데이터 처리 장치
④ 검출기

해설 데이터 처리 장치 : 고성능 액체 크로마토그래피의 구성 중 검출기에서 나오는 전기적 신호를 시간에 대한 신호의 크기로 받아 크로마토그램을 그려내는 장치

정답 48.② 49.① 50.③ 51.③ 52.④ 53.④ 54.③

55 유리 기구 장치를 조립할 때 주의해야 할 사항으로 틀린 것은?

① 가연성 물질을 다룰 때에는 특히 화기에 조심한다.
② 유리 기구를 다룰 때에는 필히 안전수칙을 따른다.
③ 안전장비의 위치와 다루는 방법을 미리 숙지하여야 한다.
④ 독성이 강한 가스를 발생하는 시약이나 용매는 일체 사용하지 말아야 한다.

해설 ④ 독성이 강한 가스를 발생하는 시약이나 용매는 독성에 주의하여야 한다.

56 가스 크로마토그래피에서 검출기 필라멘트 온도에 따른 전류는 일반적으로 전개가스가 헬륨인 경우에는 몇 mA 정도인가?

① 100 ② 200
③ 350 ④ 450

해설 가스 크로마토그래피에서 검출기 필라멘트 온도에 따른 전류 전개가스가 헬륨인 경우에는 200mA 정도이다.

57 분광 광도계에서 낮은 에너지의 전자가 자외선과 가시광선 영역에서 어떤 에너지를 흡수하여 들뜬 상태의 에너지가 되는가?

① 빛 에너지
② 열 에너지
③ 운동 에너지
④ 위치 에너지

해설 분광 광도계에서 낮은 에너지의 전자가 자외선과 가시광선 영역에서 빛 에너지를 흡수하여 들뜬 상태의 에너지가 된다.

58 다음은 전자 전이가 일어날 때 흡수하는 ΔE값을 순서로 나타낸 것이다. 맞는 것은?

① $\sigma \rightarrow \sigma^* \gg n \rightarrow \sigma^* > \pi \rightarrow \pi^*$
② $n \rightarrow \sigma^* \gg \sigma \rightarrow \sigma^* > \pi \rightarrow \pi^*$
③ $n \rightarrow \sigma^* \gg \sigma \rightarrow \sigma^* > n \rightarrow \pi^*$
④ $n \rightarrow \pi^* \gg n \rightarrow \sigma^* > \sigma \rightarrow \sigma^*$

해설 ΔE값 : $\sigma \rightarrow \sigma^* \gg n \rightarrow \sigma^* > \pi \rightarrow \pi^*$

59 Sn^{4+} 용액이 3.6mmol/h의 일정한 속도로 Sn^{2+}로 환원된다면 용액에 흐르는 전류는 얼마인가?

$$Sn^{4+} + 2e^- \rightarrow Sn^{2+}$$

① 96.5mA ② 193mA
③ 290mA ④ 386mA

해설 하나의 Sn^{4+} 이온이 환원되려면 두 개의 전자가 필요하다.
$Sn^{4+} + 2e^- \rightarrow Sn^{2+}$
Sn^{4+}가 3.6mmol/h의 속도로 반응하면 전자는 $2 \times (3.6) = 7.2$mmol/h의 속도이다.

$$\frac{7.2\text{mmol/h}}{3{,}600\text{s/h}} = 2 \times 10^{-3}\text{mmol/s} = 2 \times 10^{-6}\text{mol/s}$$

$$\text{전류} = (2 \times 10^{-6}\text{mol/s})\left(9.649 \times 10^4 \frac{\text{C}}{\text{mol}}\right)$$
$$= 0.193\text{C/S} = 0.193\text{A} = 193\text{mA}$$

60 실습할 때 사용하는 약품 중 나트륨을 보관하여야 하는 곳으로 옳은 것은?

① 공기 ② 물 속
③ 석유 속 ④ 모래 속

해설

실습 약품	보호액
K, Na, 적린	석유(등유)
황린, CS_2	물 속(수조)

정답 55.④ 56.② 57.① 58.① 59.② 60.③

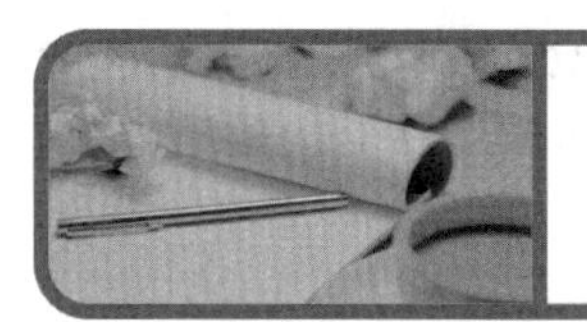

화학분석기능사

제1회 필기시험 ◀▶ 2014년 1월 26일 시행

01 다음 중 물리적 상태가 엿과 같이 비결정 상태인 것은?

① 수정 ② 유리
③ 다이아몬드 ④ 소금

해설
- 비결정성(무정형) 상태 : 결정을 이루지 못한 고체 물질의 상태, 즉 원자나 분자가 규칙적인 결정격자를 만들지 않고 무질서하게 모여 있는 것으로 엔트로피가 높아진다.
  예 유리, 진흙, 고무 등
- 결정성 상태 : 필요한 결합 에너지 부분은 있지만, 결정형 입자가 비결정 상태로 존재하기 위해 필요한 에너지 준위보다는 낮다.
  예 수정, 다이아몬드 등

02 실리콘이라고도 하며, 반도체로서 트랜지스터나 다이오드 등의 원료가 되는 물질은?

① C ② Si
③ Cu ④ Mn

해설 규소(Si) : 실리콘이라고도 하며, 반도체로서 트랜지스터나 다이오드 등의 원료가 된다.

03 0.400M의 암모니아 용액의 pH는? (단, 암모니아의 K_b 값은 1.8×10^{-5}이다.)

① 9.25 ② 10.33
③ 11.43 ④ 12.57

해설 $NH_3 + H_2O \rightleftarrows NH_4^+ + OH^-$

$$K_b = \frac{[NH_4^+][OH^-]}{[NH_3]} = \frac{[OH^-]^2}{0.400} = 1.8\times10^{-5}$$

$[OH^-] = 2.68\times10^{-3}$

$pOH = -\log[OH^-] = 2.57$

$\therefore\ pH = 14 - 2.57 = 11.43$

04 다음 중 환원의 정의를 나타내는 것은?

① 어떤 물질이 산소와 화합하는 것
② 어떤 물질이 수소를 잃는 것
③ 어떤 물질에서 전자를 방출하는 것
④ 어떤 물질에서 산화수가 감소하는 것

해설

구 분	산화(oxidation)	환원(reduction)
산소	산소와 화합하는 것	산소를 잃는 것
수소	수소를 잃는 것	수소와 결합하는 것
전자	전자를 방출하는 것	전자를 얻는 것
산화수	산화수가 증가하는 것	산화수가 감소하는 것

05 다음 중 이온 결합인 것은?

① 염화나트륨(Na−Cl)
② 암모니아(N−H_3)
③ 염화수소(H−Cl)
④ 에틸렌(CH_2−CH_2)

해설
- 이온 결합 : 양이온과 음이온 간의 전기적 인력이 작용하여 쿨롱의 힘에 의해 결합하는 것
  예 NaCl, KCl, MgO, CaO 등
- 극성 공유 결합 : 전기 음성도가 다른 두 원자 사이에 결합이 이루어질 때는 전기 음성도가 큰 쪽의 원자가 더 강하게 전자쌍을 잡아당기게 되고, 이때 한쪽의 원자는 음성을, 다른 한쪽의 원자는 양성을 띠어 극성을 가지며 결합하는 것
  예 HF, HCl, H_2O, NH_3
- 비극성 공유 결합 : 전기 음성도가 같거나 비슷한 원자들은 그 전자쌍이 두 개의 원자로부터 같은 거리에 있게 되는데, 이러한 결합을 비극성 공유 결합이라고 한다. 극성 공유 결합 물질이 대칭구조를 이룰 때는 극성이 서로 상쇄되어 비극성 분자가 된다.
  예 CO_2, BF_3, CH_4, CCl_4, C_2H_4, C_6H_6 등

정답 01.② 02.② 03.③ 04.④ 05.①

06 유기 화합물은 무기 화합물에 비하여 다음과 같은 특성을 가지고 있다. 이에 대한 설명 중 틀린 것은?

① 유기 화합물은 일반적으로 탄소 화합물이므로 가연성이 있다.
② 유기 화합물은 일반적으로 물에 용해되기 어렵고, 알코올이나 에테르 등의 유기 용매에 용해되는 것이 많다.
③ 유기 화합물은 일반적으로 녹는점, 끓는점이 무기 화합물보다 낮으며, 가열했을 때 열에 약하여 쉽게 분해된다.
④ 유기 화합물에는 물에 용해 시 양이온과 음이온으로 해리되는 전해질이 많으나 무기 화합물은 이온화되지 않는 비전해질이 많다.

해설 ④ 유기 화합물은 물에 녹기 어렵고, 무기 화합물은 이온화되는 전해질이 많다.

07 무색의 액체로 흡습성과 탈수 작용이 강하여 탈수제로 사용되는 것은?

① 염산
② 인산
③ 진한 황산
④ 진한 질산

해설 탈수제(dehydrating agent) : 물질에서 수소 원자와 산소 원자를 2 : 1의 비율로 빼앗는 능력이 있는 물질
예 진한 황산, 오산화인, 염화아연 등

08 K_2CrO_4에서 Cr의 산화상태(원자가)는?

① +3
② +4
③ +5
④ +6

해설 $(+1)\times 2+\text{Cr}+(-2)\times 4=0$
$\therefore \text{Cr}=+6$

09 순황산 9.8g을 물에 녹여 250mL로 만든 용액은 몇 노르말 농도인가? (단, 황산의 분자량은 98이다.)

① 0.2N ② 0.4N
③ 0.6N ④ 0.8N

해설
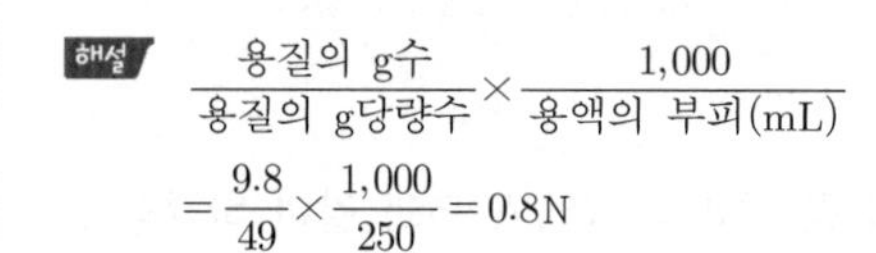
$$\frac{\text{용질의 g수}}{\text{용질의 g당량수}}\times\frac{1,000}{\text{용액의 부피(mL)}}$$
$$=\frac{9.8}{49}\times\frac{1,000}{250}=0.8\text{N}$$

10 분자간에 작용하는 힘에 대한 설명으로 틀린 것은?

① 반 데르 발스 힘은 분자간에 작용하는 힘으로서 분산력, 이중극자간 인력 등이 있다.
② 분산력은 분자들이 접근할 때 서로 영향을 주어 전하의 분포가 비대칭이 되는 편극 현상에 의해 나타나는 힘이다.
③ 분산력은 일반적으로 분자의 분자량이 커질수록 강해지나 분자의 크기와는 무관하다.
④ 헬륨이나 수소 기체도 낮은 온도와 높은 압력에서는 액체나 고체 상태로 존재할 수 있는데, 이는 각각의 분자간에 분산력이 작용하기 때문이다.

해설 ③ 분산력은 일반적으로 분자의 분자량이 커질수록 강해지고, 분자의 크기가 클수록 강해진다.

11 초산은의 포화 수용액은 1L 속에 0.059몰을 함유하고 있다. 전리도가 50%라 하면 이 물질의 용해도곱은 얼마인가?

① 2.95×10^{-2} ② 5.9×10^{-2}
③ 5.9×10^{-4} ④ 8.7×10^{-4}

해설 $CH_3COOAg(s) \rightleftarrows CH_3COO^-(aq)+Ag^+(aq)$
0.059몰 0.059몰×0.5 0.059몰×0.5
$\therefore Ksp=[CH_3COO^-][Ag^+]$
$=(0.059\times0.5)^2$
$=8.7\times10^{-4}$

정답 06.④ 07.③ 08.④ 09.④ 10.③ 11.④

12 전기 음성도가 비슷한 비금속 사이에서 주로 일어나는 결합은?

① 이온 결합　② 공유 결합
③ 배위 결합　④ 수소 결합

해설 공유 결합(비극성 공유 결합) : 전기 음성도가 같거나 비슷한 원자들은 그 전자쌍이 두 개의 원자로부터 같은 거리에 있게 되는데 이러한 결합을 말한다.

13 다음 중 표준 상태(0℃, 101.3kPa)에서 22.4L의 무게가 가장 가벼운 기체는?

① 질소　② 산소
③ 아르곤　④ 이산화탄소

해설 ① 질소 : 28
② 산소 : 32
③ 아르곤 : 40
④ 이산화탄소 : 44

14 다음 금속 이온을 포함한 수용액으로부터 전기 분해로 같은 무게의 금속을 각각 석출시킬 때 전기량이 가장 적게 드는 것은?

① Ag^+　② Cu^{2+}
③ Ni^{2+}　④ Fe^{3+}

해설 ① $Ag^+ + e^- \rightarrow Ag$
Ag 108g 석출에 필요한 전하량 : e^-
Ag 1g 석출에 필요한 전하량을 x 라 하면
$108g : e^- = 1g : x$에서 $x = \frac{1}{108} \times e^- = 0.0093e^-$
② $Cu^{2+} + 2e^- \rightarrow Cu$
Cu 63.5g 석출에 필요한 전하량 : $2e^-$
Cu 1g 석출에 필요한 전하량을 x 라 하면
$63.5g : 2e^- = 1g : x$에서 $x = \frac{2}{63.5} \times e^- = 0.031e^-$
③ $Ni^{2+} + 2e^- \rightarrow Ni$
Ni 59g 석출에 필요한 전하량 : $2e^-$
Ni 1g 석출에 필요한 전하량을 x 라 하면
$59g : 2e^- = 1g : x$에서 $x = \frac{2}{59} \times e^- = 0.034e^-$
④ $Fe^{3+} + 3e^- \rightarrow Fe$
Fe 56g 석출에 필요한 전하량 : $3e^-$
Fe 1g 석출에 필요한 전하량을 x 라 하면
$56g : 3e^- = 1g : x$에서 $x = \frac{3}{56} \times e^- = 0.054e^-$

15 유효 숫자 규칙에 맞게 계산한 결과는?

2.1+123.21+20.126

① 145.136　② 145.43
③ 145.44　④ 145.4

해설 $2.1 + 123.2 + 20.1 = 145.4$

16 Na의 전자 배열에 대한 설명으로 옳은 것은?

① 전자 배치는 $1s^2 2s^2 2p^6 3s^1$이다.
② 부껍질은 f껍질까지 갖는다.
③ 최외각 껍질에 존재하는 전자는 2개이다.
④ 전자껍질은 2개를 갖는다.

해설 ② 부껍질은 d껍질까지 갖는다.
③ 최외각 껍질에 존재하는 전자는 1개이다.
④ 전자껍질은 1개를 갖는다.

17 가수분해 생성물이 포도당과 과당인 것은?

① 맥아당　② 설탕
③ 젖당　④ 글리코겐

해설 가수분해 생성물
① 맥아당=포도당+포도당
② 설탕=포도당+과당
③ 젖당=포도당+갈락토오스
④ 글리코겐=포도당

18 수산화나트륨에 대한 설명 중 틀린 것은?

① 물에 잘 녹는다.
② 조해성 물질이다.
③ 양쪽성 원소와 반응하여 수소를 발생한다.
④ 공기 중의 이산화탄소를 흡수하여 탄산나트륨이 된다.

해설 ③ 양쪽성 원소와 반응하여 산소를 발생한다.
$Zn + 2NaOH \rightarrow Na_2ZnO_2 + H_2$

정답	12.② 13.① 14.① 15.④ 16.① 17.② 18.③

19 탄소 섬유를 만드는 데 사용되는 원료로 가장 적당한 것은?

① 흑연 ② 단사황
③ 실리콘 ④ 고무상황

해설 흑연 : 탄소 섬유를 만드는 데 사용되는 원료

20 하나의 물질로만 구성되어 있는 것으로 물, 소금, 산소 등이 예이고, 끓는점, 어는점, 밀도, 용해도 등의 물리적 성질이 일정한 것을 가리키는 말은?

① 단체 ② 순물질
③ 화합물 ④ 균일 혼합물

해설 ① 단체 : 한 가지 원소로 된 순물질
③ 화합물 : 두 가지 이상의 원소로 된 순물질
④ 균일 혼합물 : 혼합물의 조성이 용액 전체에 걸쳐 동일하게 되는 것

21 다음 이온 결합 물질 중 녹는점이 가장 높은 것은?

① NaF ② KF
③ RbF ④ CsF

해설 이온화 물질의 녹는점
① 993℃
② −83.7℃
③ 775℃
④ 232℃

22 같은 주기에서 이온화 에너지가 가장 작은 것은?

① 알칼리 금속
② 알칼리 토금속
③ 할로겐족
④ 비활성 기체

해설
- 이온화 에너지 : 중성인 원자로부터 전자 1개를 제거하는 데 필요한 에너지
- 이온화 에너지가 가장 작은 것은 I족 원소인 알칼리 금속이며, 가장 큰 것은 0족 원소인 비활성 기체이다.

23 다음 중 물체에 해당하는 것은?

① 나무 ② 유리
③ 신발 ④ 쇠

해설
- 물체 : 일정한 공간을 차지하며, 무게와 형태를 가지고 있다.
  예 신발
- 물질 : 물체를 이루고 있는 기본 성분이다.
  예 나무, 유리, 쇠

24 비활성 기체에 대한 설명으로 틀린 것은?

① 전자 배열이 안정하다.
② 특유의 색깔, 맛, 냄새가 있다.
③ 방전할 때 특유한 색상을 나타내므로 야간 광고용으로 사용된다.
④ 다른 원소와 화합하여 반응을 일으키기 어렵다.

해설 ② 특유의 색깔, 맛, 냄새가 없다.

25 염화나트륨 10g을 물 100mL에 용해한 액의 중량 농도는?

① 9.09% ② 10%
③ 11% ④ 12%

해설
$$\text{중량 농도(\%)} = \frac{\text{용질의 g수}}{\text{용액의 g수}} \times 100 = \frac{10}{10+100} \times 100 = 9.09\%$$

26 다음 중 제1차 이온화 에너지가 가장 큰 원소는?

① 나트륨 ② 헬륨
③ 마그네슘 ④ 티타늄

해설
- 1차 이온화 에너지 : 원자에서는 중성 원자에서 전자를 1개 꺼낼 경우이고, 분자에서는 중성 분자 중에서 가장 높은 에너지를 꺼내는 경우이다.
- 1차 이온화 에너지는 0족으로 갈수록 증가하고, 같은 족에서는 원자 번호가 증가할수록 작아진다.
- 1차 이온화 에너지가 가장 큰 것은 0족 원소인 불활성 원소이고, 이온화 에너지가 가장 작은 것은 I족 원소인 알칼리 금속이다.

정답 19.① 20.② 21.① 22.① 23.③ 24.② 25.① 26.②

27 다음 황화물 중 흑색 침전이 아닌 것은?

① PbS ② AgS
③ CuS ④ ZnS

해설 ④ $Zn^{2+} + S^{2-} \rightarrow ZnS\downarrow$ (백색 침전)

28 다음 중 용액에 대한 설명으로 옳은 것은?

① 물에 대한 고체의 용해도는 일반적으로 물 1,000g에 녹아 있는 용질의 최대 질량을 말한다.
② 몰분율은 용액 중 어느 한 성분의 몰 수를 용액 전체의 몰 수로 나눈 값이다.
③ 질량 백분율은 용질의 질량을 용액의 부피로 나눈 값을 말한다.
④ 몰 농도는 용액 1L 중에 들어 있는 용질의 질량을 말한다.

해설 ① 물에 대한 고체의 용해도는 용질과 용매의 종류에 따라 달라지며, 압력의 영향은 거의 받지 않으나 온도의 영향을 크게 받는다. 용해 과정이 흡열 과정인 경우에는 온도를 높이면 용해도가 증가하고, 온도를 낮추면 용해도는 감소한다. 하지만, 발열 과정인 경우에는 그 반대가 된다. 따라서 고체의 용해도를 나타낼 때는 용매의 종류와 온도를 반드시 표시해야 한다.
③ 질량 백분율 : 여러 가지 원소가 결합하여 화합물을 구성할 때 각각의 원소가 이 화합물에서 차지하는 질량의 비이다.
④ 몰 농도는 용액 1L에 녹아 있는 용질의 몰 수이다.

29 3N-HCl 60mL에 5N-HCl 40mL를 혼합한 용액의 노르말 농도(N)는 얼마인가?

① 1.6N
② 3.8N
③ 5.0N
④ 7.2N

해설
$$N = \frac{N_1 V_1 + N_2 V_2}{V_1 + V_2} = \frac{3\times60+5\times40}{60+40} = 3.8N$$

30 약산과 강염기 적정 시 사용할 수 있는 지시약은 어느 것인가?

① bromphenol blue
② methyl orange
③ methyl red
④ phenolphthalein

해설 약산과 강염기의 적정 시 사용하는 지시약 : phenol phthalein

31 다음 중 침전 적정법에서 주로 사용하는 시약은?

① $AgNO_3$
② $NaOH$
③ $Na_2C_2O_4$
④ $KMnO_4$

해설 침전 적정법에서 사용하는 시약 : $AgNO_3$

32 다음 중 Arrhenius 산, 염기 이론에 대하여 설명한 것은?

① 산은 물에서 이온화될 때 수소 이온을 내는 물질이다.
② 산은 전자쌍을 받을 수 있는 물질이고, 염기는 전자쌍을 줄 수 있는 물질이다.
③ 산은 진공에서 양성자를 줄 수 있는 물질이고, 염기는 진공에서 양성자를 받을 수 있는 물질이다.
④ 산은 용매에 양이온을 방출하는 용질이고, 염기는 용질에 음이온을 방출하는 용매이다.

해설 산, 염기의 학설

학 설	산(acid)	염기(base)
아레니우스설	수용액에서 $H^+(H_3O^+)$을 내놓는 것	수용액에서 OH^-을 내놓는 것

정답 27.④ 28.② 29.② 30.④ 31.① 32.①

33 다음 중 수용액에서 이온화도가 5% 이하인 산은?

① HNO_3 ② H_2CO_3
③ H_2SO_4 ④ HCl

해설
- 이온화도 : 전해질 수용액에서 용해된 전해질의 몰 수에 대한 이온화된 전해질의 몰 수의 비로 이온화도가 클수록 강한 산, 강한 염기이다.
- 강산(HNO_3, H_2SO_4, HCl)은 수용액에서 실질적으로 완전히 이온화하는 산이며, 약산(H_2CO_3)은 이온화도가 5% 이하이다.

34 Ba^{2+}, Ca^{2+}, Na^+, K^+ 4가지 이온이 섞여 있는 혼합 용액이 있다. 양이온 정성 분석 시 이들 이온을 Ba^{2+}, Ca^{2+}(5족)와 Na^+, K^+(6족) 이온으로 분족하기 위한 시약은?

① $(NH_4)_2CO_3$ ② $(NH_4)_2S$
③ H_2S ④ 6M HCl

해설

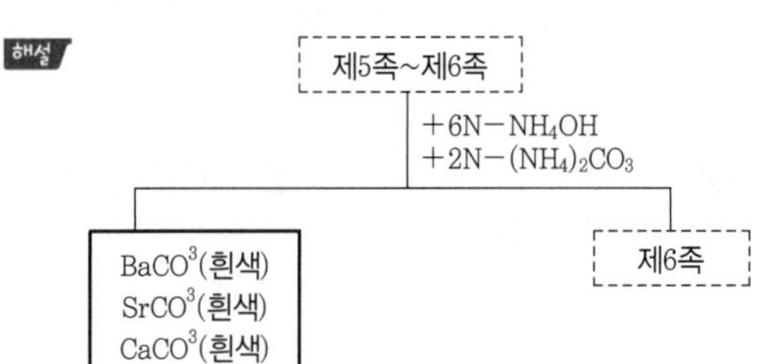

35 다음 중 양이온 제3족이 아닌 것은?

① Fe ② Cr
③ Al ④ Zn

해설 양이온의 분류

족		분족 시약	소속 양이온
1족		HCl	Ag^+, Pb^{2+}, Hg_2^{2+}
2족	구리족	H_2S	Pb^{2+}, Bi^{3+}, Cu^{2+}, Cd^{2+}
	주석족		Hg^{2+}, As^{3+}, As^{5+}, Sb^{3+}, Sb^{5+}, Sn^{2+}, Sn^{4+}
3족		NH_4OH	Fe^{3+}, Fe^{2+}, Al^{3+}, Cr^{3+}
4족		H_2S와 NH_4OH	Co^{2+}, Ni^{2+}, Mn^{2+}, Zn^{2+}
5족		$(NH_4)_2CO_3$	Ba^{2+}, Sr^{2+}, Ca^{2+}
6족			Mg^{2+}, K^+, Na^+, NH_4^+

36 Cu^{2+} 시료 용액에 깨끗한 쇠못을 담가두고 5분간 방치한 후 못 표면을 관찰하면 쇠못 표면에 붉은색 구리가 석출한다. 그 이유는?

① 철이 구리보다 이온화 경향이 크기 때문에
② 침전물이 분해하기 때문에
③ 용해도의 차이 때문에
④ Cu^{2+} 시료 용액의 농도가 진하기 때문에

해설 $Fe(s)+Cu^{2+}(aq) \rightarrow Fe^{2+}(aq)+Cu$: 철이 구리보다 이온화 경향이 크기 때문이다.

37 고체가 액체에 용해되는 경우 용해 속도에 영향을 주는 인자로서 가장 거리가 먼 것은?

① 고체 표면적의 크기
② 교반 속도
③ 압력의 증감
④ 온도의 변화

해설 고체가 액체에 용해되는 경우 용해 속도에 영향을 주는 인자
㉠ 고체 표면적의 크기
㉡ 교반 속도
㉢ 온도의 변화

38 리만 그린(Rinmanns green) 반응 결과 녹색의 덩어리로 얻어지는 물질은?

① $Fe(SCN)_2$ ② $Co(ZnO_2)$
③ $Na_2B_4O_7$ ④ $Co(AlO_2)_2$

해설 리만 그린(Rinmanns green) 반응 결과 : $Co(ZnO_2)$(녹색의 덩어리)

39 염기 표준액의 1차 표준 물질로 사용하지 않는 것은?

① 프탈산수소칼륨($C_6H_4COOKCOOH$)
② 옥살산($H_2C_2O_4$)
③ 술퍼민산($HOSO_2NH_2$)
④ 석탄산(C_6H_5OH)

정답 33.② 34.① 35.④ 36.① 37.③ 38.② 39.④

해설 • 산-염기의 적정 : 산-염기의 적정은 산과 염기의 중화 반응을 이용하여 정량하는 방법으로 염기 표준액을 사용하여 산을 적정하는 것을 산 적정이라 하고, 산 표준액을 사용하여 염기를 적정하는 것을 염기 적정이라고 한다. 산-염기의 표준 용액을 일차 표준 물질의 일정량을 녹여 일정 부피의 용액으로 만들어 쓰는 경우와 적당한 농도를 갖는 용액을 만든 다음에 일차 표준 물질로 용액을 적가하여 종말점을 구하거나 역으로 하는 경우 정량하는 조작을 말한다.

• 염기 표준액의 1차 표준 물질
㉠ 프탈산수소칼륨($C_6H_4COOKCOOH$)
㉡ 옥살산($H_2C_2O_4$)
㉢ 술퍼민산($HOSO_2NH_2$)

40 일반적으로 바닷물은 1,000mL당 27g의 NaCl을 함유하고 있다. 바닷물 중에서 NaCl의 몰농도는 약 얼마인가? (단, NaCl의 분자량은 58.5g/mol이다.)

① 0.05 ② 0.5
③ 1 ④ 5

해설

$$\text{NaCl의 몰 농도} = \frac{27\text{g NaCl}}{\text{바닷물 1L}} \left| \frac{1\text{mol}}{58.5\text{g NaCl}} \right.$$
$$= 0.46\text{mol/L}$$

41 종이 크로마토그래피에 의한 분석에서 구리, 비스무트, 카드뮴 이온을 분리할 때 사용하는 전개액으로 가장 적당한 것은?

① 묽은 염산, n-부탄올
② 페놀, 암모니아수
③ 메탄올, n-부탄올
④ 메탄올, 암모니아수

해설 종이 크로마토그래피에서 구리, 비스무트, 카드뮴 이온 분리 시 전개액 : 묽은 염산, n-부탄올

42 유기 화합물의 전자 전이 중에서 가장 작은 에너지의 빛을 필요로 하고, 일반적으로 약 280nm 이상에서 흡수를 일으키는 것은?

① $\sigma^* \rightarrow \sigma^*$ ② $n^* \rightarrow \sigma^*$
③ $\pi^* \rightarrow \pi^*$ ④ $n^* \rightarrow \pi^*$

해설 유기 화합물의 전자 전이 중 280nm 이상에서 흡수를 일으키는 것 : $n^* \rightarrow \pi^*$

43 분광 광도법에서 자외선 영역에는 어떤 셀을 주로 이용하는가?

① 플라스틱 셀 ② 유리 셀
③ 석영 셀 ④ 반투명 유리 셀

해설 분광 광도법에서 자외선 영역을 사용하는 셀 : 석영 셀

44 가스 크로마토그래피의 검출기 중 기체의 전기 전도도가 기체 중의 전하를 띤 입자의 농도에 직접 비례한다는 원리를 이용한 것은?

① FID ② TCD
③ ECD ④ TID

해설 가스 크로마토그래피의 검출기 종류
① FID(불꽃 이온화 검출기) : 기체의 전기 전도도가 기체 중의 전하를 띤 입자의 농도에 직접 비례한다는 원리를 이용한 것
② TCD(열전도도 검출기)
③ ECD(전자 포착 검출기)
④ TID(열이온 검출기)

45 분자가 자외선과 가시광선 영역의 광 에너지를 흡수할 때 전자가 낮은 에너지 상태에서 높은 에너지 상태로 변화하게 된다. 이때 흡수된 에너지를 무엇이라 하는가?

① 전기 에너지 ② 광 에너지
③ 여기 에너지 ④ 파장

해설 여기 에너지 : 분자가 자외선과 가시광선 영역의 광 에너지를 흡수할 때 전자가 낮은 에너지 상태에서 높은 에너지 상태로 변화하게 된다. 이때 흡수된 에너지를 말한다.

46 가스 크로마토그래피는 두 가지 이상의 성분을 단일 성분으로 분리하는데, 혼합물의 각 성분은 어떤 차이에 의해 분리되는가?

① 반응 속도 ② 흡수 속도
③ 주입 속도 ④ 이동 속도

정답 40.② 41.① 42.④ 43.③ 44.① 45.③ 46.④

해설 가스 크로마토그래피 : 두 가지 이상의 성분을 단일 성분으로 분리하는데, 혼합물의 각 성분은 이동 속도 차이에 의해 분리된다.

47 UV/VIS는 빛과 물질의 상호 작용 중에서 어느 작용을 이용한 것인가?

① 흡수 ② 산란
③ 형광 ④ 인광

해설 UV/VIS : 빛과 물질의 상호 작용 중에서 흡수 작용을 이용한 것이다.

48 분광 광도계의 구조 중 일반적으로 단색화 장치나 필터가 사용되는 곳은?

① 광원부 ② 파장 선택부
③ 시료부 ④ 검출부

해설 파장 선택부 : 단색화 장치나 필터가 사용된다.

49 Fe^{3+}/Fe^{2+} 및 Cu^{2+}/Cu^{0}로 구성되어 있는 가상 전지에서 얻을 수 있는 전위는? (단, 표준 환원 전위는 다음과 같다.)

$$Fe^{3+}+e^{-} \rightarrow Fe^{2+},\ E^{0}=0.771$$
$$Cu^{2+}+2e^{-} \rightarrow Cu^{0},\ E^{0}=0.337$$

① 0.434V ② 1.018V
③ 1.205V ④ 1.879V

해설 0.771−0.337=0.434V

50 다음 기기 분석법 중 광학적 방법이 아닌 것은?

① 전위차 적정법 ② 분광 분석법
③ 적외선 분광법 ④ X선 분석법

해설 광학적 방법의 종류
㉠ 분광 분석법
㉡ 적외선 분광법
㉢ X-선 분석법

51 가스 크로마토그래피에서 시료를 흡착법에 의해 분리하는 곳은?

① 운반 기체부 ② 주입부
③ 칼럼 ④ 검출기

해설 칼럼 : 가스 크로마토그래피에서 시료를 흡착법에 의해 분리

52 어떤 물질 30g을 넣어 용액 150g을 만들었더니 더 이상 녹지 않았다. 이 물질의 용해도는? (단, 온도는 변하지 않았다.)

① 20 ② 25
③ 30 ④ 35

해설 용해도는 용매 100g에 녹는 용질의 양이며, 용액은 용질(녹는 물질)+용매(녹이는 물질)이다. 따라서 용매=용액−용질=150−30=120g이다.

$$\therefore \text{용해도}=\frac{\text{용질의 g수}}{\text{용매의 g수}}\times 100$$
$$=\frac{30}{120}\times 100$$
$$=25$$

53 분광 광도법에서 정량 분석의 검량선 그래프에 X축은 농도를 나타내고, Y축에는 무엇을 나타내는가?

① 흡광도 ② 투광도
③ 파장 ④ 여기 에너지

해설 분광 광도법 중 정량 분석의 검량선 그래프
• X축 : 농도
• Y축 : 흡광도

54 람베르트-비어(Lambert-Beer)의 법칙에 대한 설명으로 틀린 것은?

① 흡광도는 액층의 두께에 비례한다.
② 투광도는 용액의 농도에 반비례한다.
③ 흡광도는 용액의 농도에 비례한다.
④ 투광도는 액층의 두께에 비례한다.

해설 ④ 투광도는 액층의 두께에 반비례한다.

정답 47.① 48.② 49.① 50.① 51.③ 52.② 53.① 54.④

55 화학 전지에서 염다리(salt bridge)는 무엇으로 만드는가?

① 포화 KCl 용액과 젤라틴
② 포화 염산 용액과 우뭇가사리
③ 황산알루미늄과 황산칼륨
④ 포화 KCl 용액과 황산알루미늄

해설 화학 전지에서 염다리(salt bridge)는 포화 KCl 용액과 젤라틴으로 만든다.

56 용리액으로 불리는 이동상을 고압 펌프로 운반하는 크로마토 장치를 말하며, 펌프, 주입기, 칼럼, 검출기, 데이터 처리 장치 등으로 구성되어 있는 기기는?

① 분광 광도계
② 원자 흡광 광도계
③ 가스 크로마토그래프
④ 고성능 액체 크로마토그래프

해설 고성능 액체 크로마토그래프에 대한 설명이다.

57 HPLC에서 Y축을 높이로 하여 파형의 축을 밑변으로 한 넓이로 알 수 있는 것은?

① 성분
② 신호의 세기
③ 머무른 시간
④ 성분의 양

해설 HPLC : Y축을 높이로 하여 파형의 축을 밑변으로 한 넓이로 성분의 양을 알 수 있다.

58 전기 분석법의 분류 중 전자의 이동이 없는 분석 방법은?

① 전위차 적정법 ② 전기 분해법
③ 전압 전류법 ④ 전기 전도도법

해설 전기 전도도법은 전자의 이동이 없는 분석법이다.

59 pH를 측정하는 전극으로 맨 끝에 얇은 막(0.03~0.01mm)이 있고, 그 얇은 막의 양쪽에 pH가 다른 두 용액이 있으며, 그 사이에 전위차가 생기는 것을 이용한 측정법은?

① 수소 전극법
② 유리 전극법
③ 퀸하이드론(Quinhydrone) 전극법
④ 칼로멜(Calomel) 전극법

해설 유리 전극법에 대한 설명이다.

60 크로마토그래피에 관한 설명 중 옳지 않은 것은?

① 정지상으로 고체가 사용된다.
② 정지상과 이동상을 필요로 한다.
③ 이동상으로 액체나 고체가 사용된다.
④ 혼합물을 분리·분석하는 방법 중의 하나이다.

해설 ③ 이동상으로 액체나 기체가 사용된다.

정답 55.① 56.④ 57.④ 58.④ 59.② 60.③

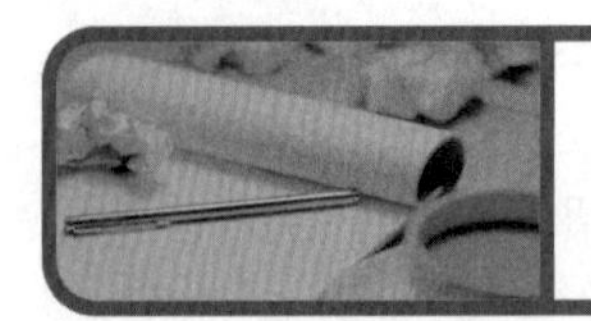

화학분석기능사

제4회 필기시험 ◂▸ 2014년 7월 20일 시행

01 1ppm은 몇 %인가?

① 10^{-2}　② 10^{-3}
③ 10^{-4}　④ 10^{-5}

해설 %농도 = ppm × 10^{-4}

02 다음 중 식물 세포벽의 기본 구조 성분은?

① 셀룰로오스　② 나프탈렌
③ 아닐린　④ 에틸에테르

해설 식물 세포벽은 셀룰로오스로 이루어져 있고, 동물 세포는 세포벽이 없고 세포막만을 가진다.

03 다음 반응은 물(H_2O)의 변화를 반응식으로 나타낸 것이다. 이 반응에 대한 설명으로 옳지 않은 것은?

$$H_2O(l) \rightleftarrows H_2O(g)$$

① 가역 반응이다.
② 반응의 속도는 온도에 따라 변한다.
③ 정반응 속도는 압력의 변화와 관계없이 일정하다.
④ 반응의 평형은 정반응 속도와 역반응 속도가 같을 때 이루어진다.

해설 ③ 정반응 속도는 압력이 증가하면 감소한다. 정반응은 부피가 커지는 반응이기 때문이다.

04 다음 원소와 이온 중 최외각 전자의 개수가 다른 것은?

① Na^+　② K^+
③ Ne　④ F

해설

원소와 이온	전자의 개수		
	K각	L각	N각
Na^+	2	8	
K^+	2	8	8
Ne	2	8	
F	2	7	

05 다음 중 반 데르 발스 결합이 가장 강한 것은?

① H_2-Ne　② Cl_2-Xe
③ O_2-Ar　④ N_2-Ar

해설 반 데르 발스(van der Waals) 결합 : 분자와 분자 사이에 약한 전기적 쌍극자에 의하여 생기는 반 데르 발스 힘으로 액체나 고체를 이루는 분자간의 결합을 말하며, 반 데르 발스 힘은 분자 구조가 비슷한 물질에서는 분자량이 클수록 작용하는 힘이 강하고 융점 및 비등점이 높다.
예 Cl_2-Xe

06 다음 중 1차(primary) 알코올로 분류되는 것은?

① $(CH_3)_2CHOH$　② $(CH_3)_3COH$
③ C_2H_5OH　④ $(CH_2)_2Br_2$

해설 1차(제1급) 알코올 : OH기가 결합된 탄소가 다른 탄소 1개와 연결된 알코올
예 C_2H_5OH

07 분자량이 100인 어떤 비전해질을 물에 녹였더니 5M 수용액이 되었다. 이 수용액의 밀도가 1.3g/mL이면 몇 몰랄 농도(molality)인가?

① 6.25　② 7.13
③ 8.15　④ 9.84

정답 01.③ 02.① 03.③ 04.④ 05.② 06.③ 07.①

해설 수용액 1L의 무게= $1L \times 1.3g/mL$

$$= 1L \times \frac{1.3g}{10^{-3}L}$$

$$= 1,300g = 1.3kg$$

용매의 무게= 수용액의 무게− 용질의 무게

$$= 1.3kg - 0.5kg = 0.8kg$$

$$몰랄\ 농도 = \frac{용질의\ 몰\ 수(mol)}{용매의\ 무게(kg)} = \frac{5mol}{0.8kg} = 6.25m$$

08 다음 물질의 성질에 대한 설명으로 틀린 것은?

① $CuSO_4$는 푸른색 결정이다.
② $KMnO_4$은 환원제이며, 용액은 보라색이다.
③ CrO_3에서 크롬은 +6가이다.
④ $AgNO_3$ 용액은 염소 이온과 반응하여 흰색 침전을 생성한다.

해설 ② $KMnO_4$은 산화제이며, 용액은 보라색이다.

09 다음의 반응을 무엇이라고 하는가?

$$3C_2H_2 \rightleftarrows C_6H_6$$

① 치환 반응 ② 부가 반응
③ 중합 반응 ④ 축합 반응

해설 아세틸렌 3분자의 중합 반응 : $3C_2H_2 \rightleftarrows C_6H_6$

10 원자나 이온의 반지름은 전자껍질의 수, 핵의 전하량, 전자 수에 따라 달라진다. 핵의 전하량 변화에 따른 반지름의 변화를 살펴보기 위하여 다음 중 어떤 원자 또는 이온들을 서로 비교해 보는 것이 가장 좋겠는가?

① S^{2-}, Cl^-, K^+, Ca^{2+}
② Li, Na, K, Rb
③ F^+, F^-, Cl^+, Cl^-
④ Na, Mg, O, F

해설 핵의 전하량 변화에 따른 반지름의 변화를 살펴보기 위하여 S^{2-}, Cl^-, K^+, Ca^{2+}들을 서로 비교한다.

11 다음 공유 결합 중 2중 결합을 이루고 있는 분자는?

① H_2 ② O_2
③ HCl ④ F_2

해설 공유 결합 : 두 원자가 서로 전자 1개 또는 그 이상을 제공하여 전자쌍을 서로 공유함으로써 이루어지는 결합을 말한다.

① H_2(수소) : (H·) + (·H) → (H:H) H-H, 단일 결합
② O_2(산소) : (:Ö:) + (:Ö:) → (Ö::Ö) O=O, 이중 결합
③ HCl : 극성 공유 결합
④ F_2 : 비극성 공유 결합

12 다음 금속 중 환원력이 가장 큰 것은?

① 니켈 ② 철
③ 구리 ④ 아연

해설
- 금속의 이온화 경향 : K > Ca > Na > Mg > Al > Zn > Fe > Ni > Sn > Pb > H > Cu > Hg > Ag > Pt > Au
- 환원력이 크다는 것은 금속의 이온화 경향이 큰 것이다.

13 철을 고온으로 가열한 다음 수증기를 통과시키면 표면에 피막이 생겨 녹스는 것을 방지하는 역할을 하는 자철광의 주성분은 무엇인가?

① Fe_2O_3 ② Fe_3O_4
③ $FeSO_4$ ④ $FeCl_2$

해설 자철광의 주성분 : Fe_3O_4

14 7.40g의 물을 29.0℃에서 46.0℃로 온도를 높이려고 할 때 필요한 에너지(열)는 약 몇 J인가? (단, 물(L)의 비열은 4.184J/g·℃이다.)

① 305 ② 416
③ 526 ④ 627

해설 필요한 에너지= $7.4g(46.0-29.0)℃ \times 4.184J/g \cdot ℃$

$$= 526J$$

정답 08.② 09.③ 10.① 11.② 12.④ 13.② 14.③

15 **원자의 성질에 대한 설명으로 옳지 않은 것은?**

① 원자가 양이온이 되면 크기가 작아진다.
② 0족의 기체는 최외각의 전자껍질에 전자가 채워져서 반응성이 낮다.
③ 전기 음성도 차이가 큰 원자끼리의 결합은 공유 결합성 비율이 커진다.
④ 염화수소(HCl) 분자에서 염소(Cl)쪽으로 공유된 전자들이 더 많이 분포한다.

해설 전기 음성도 차이에 의한 화학 결합
㉠ 1.7보다 클 경우 : 극성이 강한 이온 결합
㉡ 1.7보다 작을 경우 : 극성 공유 결합
㉢ 비슷하거나 같을 경우 : 비극성 공유 결합

16 **다음 중 가장 강한 산화제는?**

① $KMnO_4$ ② MnO_2
③ Mn_2O_3 ④ $MnCl_2$

해설 강한 산화제 : 산화력이 강한 물질이다.
예 $KMnO_4$

17 **2.5mol의 질산(HNO_3)의 질량은 얼마인가? (단, N의 원자량은 14, O의 원자량은 16이다.)**

① 0.4g ② 25.2g
③ 60.5g ④ 157.5g

해설 질산(HNO_3) 2.5몰의 질량 $= (1+14+3\times16)\times2.5$
$= 157.5g$

18 **다음 중 P형 반도체 제조에 소량 첨가하는 원소는?**

① 인 ② 비소
③ 붕소 ④ 안티몬

해설 붕소 : P형 반도체 제조에 소량 첨가하는 원소

19 **다음 중 수소 결합을 할 수 없는 화합물은?**

① H_2O ② CH_4
③ HF ④ CH_3OH

해설
• 수소 결합 : 전기 음성도가 극히 큰 불소(F), 산소(O), 질소(N) 원자와 전기 음성도가 작은 수소 원자가 결합된 HF, OH, NH_3와 같은 원자단을 포함한 분자와 분자 사이의 결합이다.
예 HF, H_2O, CH_3OH 등
• 비극성 공유 결합 : 극성 공유 결합 물질이 대칭 구조를 이룰 때는 극성이 서로 상쇄되어 비극성 분자가 된다.
예 CH_4 등

20 **산과 염기가 반응하여 염과 물을 생성하는 반응을 무엇이라 하는가?**

① 중화 반응 ② 산화 반응
③ 환원 반응 ④ 연화 반응

해설 중화 반응 : 산과 염기가 반응하여 염과 물을 생성하는 반응

21 **다음 할로겐 원소 중 다른 원소와의 반응성이 가장 강한 것은?**

① I ② Br
③ Cl ④ F

해설 전기 음성도 : F > O > N > Cl > Br > C > S > I > H > P
할로겐 원소 중 다른 원소와 반응성이 가장 강한 것은 전기 음성도가 큰 것이다.

22 **공유 결합(covalent bond)에 대한 설명으로 틀린 것은?**

① 두 원자가 전자쌍을 공유함으로써 형성되는 결합이다.
② 공유되지 않고 원자에 남아 있는 전자쌍을 비결합 전자쌍 또는 고립 전자쌍이라고 한다.
③ 수소 분자나 염소 분자의 경우 분자 내 두 원자는 두 개의 결합 전자쌍을 가지는 이중 결합을 한다.
④ 분자 내에서 두 원자가 2개 또는 3개의 전자쌍을 공유할 수 있는데 이것을 다중 공유 결합이라고 한다.

정답 15.③ 16.① 17.④ 18.③ 19.② 20.① 21.④ 22.③

해설 ③ 수소 분자나 염소 분자의 경우 분자 내 두 원자는 두 개의 결합 전자쌍을 가지는 단일 결합을 한다.

H_2(수소) : H· + ·H → H:H H–H, 단일 결합

Cl_2(염소) : :Cl· + ·Cl: → :Cl:Cl: Cl–Cl, 단일 결합

23 황린과 적린이 동소체라는 사실을 증명하는 데 가장 효과적인 실험방법은?

① 녹는점 비교
② 연소 생성물 비교
③ 전기 전도성 비교
④ 물에 대한 용해도 비교

해설 동소체의 연소 생성물은 같다.

24 산(acid)에 대한 설명으로 틀린 것은?

① 물에 용해되어 수소 이온(H^+)을 내는 물질이다.
② 양성자(H^+)를 받아들이는 분자 또는 이온이다.
③ 푸른색 리트머스 종이를 붉게 변화시킨다.
④ 비공유 전자쌍을 받는 물질이다.

해설 산·염기의 학설

학 설	산(acid)	염기(base)
아레니우스설	수용액에서 $H^+(H_3O^+)$을 내는 것	수용액에서 OH^-을 내는 것
브뢴스테드설	H^+을 줄 수 있는 것	H^+을 받을 수 있는 것
루이스설	비공유 전자쌍을 받는 물질	비공유 전자쌍을 줄 수 있는 물질

25 포도당의 분자식은?

① $C_6H_{12}O_6$　② $C_{12}H_{22}O_{11}$
③ $(C_6H_{10}O_5)_n$　④ $C_{12}H_{20}O_{10}$

해설 포도당 분자식 : $C_6H_{12}O_6$

26 하이드로퀴논(Hydroquinone)을 중크롬산칼륨으로 적정하는 것과 같이 분석 물질과 적정액 사이의 산화·환원 반응을 이용하여 시료를 정량하는 분석법은?

① 중화 적정법
② 침전 적정법
③ 킬레이트 적정법
④ 산화·환원 적정법

해설 ① 중화 적정법 : 산과 염기가 완전히 중화되려면 산이 내는 H^+의 몰 수와 염기가 내는 OH^-의 몰 수가 같아야 한다. 이와 같은 관계를 이용하여 농도를 알고 있는 산이나 염기의 수용액을 가지고 농도를 모르는 염기나 산의 수용액의 농도를 결정하는 실험이다.
② 침전 적정법 : 정량하고자 하는 물질이 정량적으로 침전하는 반응을 응용하는 적정법으로 조작이 비교적 간단하고 신속히 정량할 수 있지만 반응의 종말점을 확인하는 방법이 적기 때문에 이용되는 침전 반응은 한정되어 있으며, 침전 반응을 이용하는 부피 분석법인데 시료 이온과 표준 용액이 서로 반응하여 침전이 모두 완결된 다음에 침전제인 표준 용액 한 방울의 과량에 의한 지시약의 변색으로 그 종말점을 결정하는 원리를 이용한 정량법이다.
③ 킬레이트 적정법 : 착염 적정법이라고도 하며 킬레이트 시약을 사용하여 금속 이온을 정량하는 방법으로, 즉 금속 이온을 함유한 용액에 금속 이온과 반응하여 변색하는 지시약을 넣어 정색시킨 뒤 킬레이트 표준 용액으로 적정한다. 이때 금속 이온은 킬레이트 시약과 반응하여서 안정된 금속 킬레이트 화합물을 형성하므로 당량점에서 금속 지시약이 유리하여 본래의 지시약 색깔로 환원되어서 변색이 된다.

27 1%의 NaOH 용액으로 0.1N-NaOH 100mL를 만들고자 한다. 다음 중 어떤 방법으로 조제하여야 하는가? (단, NaOH의 분자량은 40이다.)

① 원용액 40mL에 60mL의 물을 가한다.
② 원용액 40g에 물을 가하여 100mL로 한다.
③ 원용액 40g에 60g의 물을 가한다.
④ 원용액 40mL에 물을 가하여 100mL로 한다.

정답 23.② 24.② 25.① 26.④ 27.②

해설 0.1N-NaOH 100mL 속에는 NaOH 0.4g이 포함되며, NaOH 용액은 1%이므로 $\frac{0.4}{0.01} = 40g$이 필요하다. 따라서 원용액 40g에 물을 가하여 100mL로 만들면 1N 용액이 된다.

28 양이온의 분리 검출에서 각종 금속 이온의 용해도를 고려하여 1족~6족으로 구분하고 있다. 제4족에 해당하는 금속은?

① Pb^{2+}　② Ni^{2+}
③ Cr^{3+}　④ Fe^{3+}

해설 ① : 제1족
② : 제4족
③ : 제3족
④ : 제3족

29 네슬러 시약의 조제에 사용되지 않는 약품은?

① KI　② MgI_2
③ KOH　④ I_2

해설 네슬러(Nessler) 시약
㉠ 요오드화칼륨 5g을 물 5mL에 용해시키고, 염화제이수은 2.5g을 뜨거운 물 10mL에 용해시킨 용액을 잘 저으면서 조금씩 넣는다.
㉡ 생긴 침전의 일부가 용해되지 않고 남아 있는 정도로 한다.
㉢ 냉각한 다음 수산화칼륨 용액(수산화칼륨 15 g)을 물 30mL에 용해시킨 용액과 물을 넣어 100mL가 되게 한다.
㉣ 염화제이수은 용액(5%) 0.5mL를 넣어 잘 젓고, 원심분리하여 상층액을 사용한다.

30 다음 중 가장 정확하게 시료를 채취할 수 있는 실험 기구는?

① 비커
② 미터글라스
③ 피펫
④ 플라스크

해설 ③ 피펫 : 가장 정확하게 시료를 채취할 수 있는 실험 기구

31 히파 반응(Hepar reaction)에 의해 주로 검출되는 것은?

① SiF_6^{-2}　② CrO_4^{-2}
③ SO_4^{-2}　④ ClO_3^{-}

해설 히파 반응(Hepar reaction)에 의해 주로 검출되는 것 : SO_4^{-2}

32 제2족 양이온 분족 시 염산의 농도가 너무 묽으면 어떠한 현상이 일어나는가?

① 황이온(S^{2-})의 농도가 적어진다.
② H_2S의 용해도가 적어진다.
③ 제2족 양이온의 황화물 침전이 잘 안 된다.
④ 제4족 양이온이 황화물로 침전한다.

해설 제2족 양이온 분족 시 염산의 농도가 너무 묽으면 제4족 양이온이 황화물로 침전한다.

33 2M－NaCl 용액 0.5L를 만들려면 염화나트륨 몇 g이 필요한가? (단, 각 원소의 원자량은 Na은 23이고, Cl은 35.5이다.)

① 24.25　② 58.5
③ 117　④ 127

해설 필요한 염화나트륨을 x(mol)라고 하면
$$\frac{2mol}{1L} = \frac{x(mol)}{0.5L}$$
$x = 1mol$
NaCl 1mol = 23 + 35.5 = 58.5g

34 침전 적정법에서 사용하지 않는 표준 시약은?

① 질산은
② 염화나트륨
③ 티오시안산암모늄
④ 과망간산칼륨

해설 침전 적정법에 사용하는 표준 시약 : 질산은, 염화나트륨, 티오시안산암모늄

정답	28.② 29.④ 30.③ 31.③ 32.④ 33.② 34.④

35 A(g)+B(g) ⇄ C(g)+D(g)의 반응에서 A와 B가 각각 2mol씩 주입된 후 고온에서 평형을 이루었다. 평형 상수값이 1.5이면 평형에서 C의 농도는 몇 mol인가?

① 0.799 ② 0.899
③ 1.101 ④ 1.202

해설

	A	+	B	→	C	+	D
초기	2mol		2mol				
변화	$-x$		$-x$		$+x$		$+x$
최종	$2-x$		$2-x$		x		x

$K=\dfrac{x^2}{(2-x)^2}=1.5$

여기서, $x^2=1.5(x^2-4x+4)$, $0.5x^2-6x+6=0$

근의 공식에 적용하면,

$x=\dfrac{6\pm\sqrt{36-4\times0.5\times6}}{2\times0.5}=\dfrac{6\pm\sqrt{24}}{1}=1.101$

36 Pb^{2+} 이온을 확인하는 최종 확인 시약은?

① H_2S ② K_2CrO_4
③ $NaBiO_3$ ④ $(NH_4)_2C_2O_4$

해설 Pb^{2+} 이온을 확인하는 최종 확인 시약 : K_2CrO_4

37 킬레이트 적정에서 EDTA 표준 용액 사용 시 완충 용액을 가하는 주된 이유는?

① 적정 시 알맞은 pH를 유지하기 위하여
② 금속 지시약 변색을 선명하게 하기 위하여
③ 표준 용액의 농도를 일정하게 하기 위하여
④ 적정에 의하여 생기는 착화합물을 억제하기 위하여

해설 킬레이트 적정에서 EDTA 표준 용액 사용 시 완충 용액을 가하는 주된 이유 : 적정 시 알맞은 pH를 유지하기 위하여

38 $[Ag(NH_3)_2]Cl$에서 AgCl의 침전을 얻기 위해 사용되는 물질은?

① NH_4OH ② HNO_3
③ NaOH ④ KCN

해설 $[Ag(NH_3)_2]Cl$에서 AgCl의 침전을 얻기 위해 사용되는 물질 : HNO_3

39 수산화알루미늄$[Al_2(OH)_3]$의 침전은 어떤 pH의 범위에서 침전이 가장 잘 생성되는가?

① 4.0 이하
② 6.0~8.0
③ 10.0 이하
④ 10~14

해설 수산화알루미늄$[Al_2(OH)_3]$의 침전은 pH 6.0~8.0 범위에서 침전이 가장 잘 생성된다.

40 다음 두 용액을 혼합했을 때 완충 용액이 되지 않는 것은?

① NH_4Cl과 NH_4OH
② CH_3COOH와 CH_3COONa
③ NaCl과 HCl
④ CH_3COOH와 $Pb(CH_3COO)_2$

해설 완충 용액(buffer solution) : 약산에 그 약산의 염을 포함한 혼합 용액에 산을 가하거나 또는 약염기에 그 약염기의 염을 포함한 혼합 용액에 염기를 가하여도 혼합 용액의 pH는 그다지 변하지 않는다. 이와 같은 용액을 완충 용액이라 한다.

예 $CH_3COOH + CH_3COONa$(약산+약산의 염)
$CH_3COOH + Pb(CH_3COO)_2$ (약산+약산의 염)
$NH_4OH + NH_4Cl$ (약염기+약염기의 염)

41 불꽃 없는 원자화 기기의 특징이 아닌 것은?

① 감도가 매우 좋다.
② 시료를 전처리하지 않고 직접 분석이 가능하다.
③ 산화 작용을 방지할 수 있어 원자화 효율이 크다.
④ 상대 정밀도가 높고, 측정 농도 범위가 아주 넓다.

해설 ④ 상대 정밀도가 낮고, 측정 농도 범위가 아주 좁다.

정답 35.③ 36.② 37.① 38.② 39.② 40.③ 41.④

42 $[H^+][OH^-] = K_w$ 일 때 상온에서 K_w의 값은?

① 6.02×10^{23}　② 1×10^{-7}
③ 1×10^{-14}　④ 3×10^{-8}

해설 $K_w = [H^+][OH^-] = 10^{-7} \times 10^{-7} = 1 \times 10^{-14}$

43 다음 중 자외선 파장에 해당하는 것은?

① 300nm　② 500nm
③ 800nm　④ 900nm

해설 자외선 파장 : 300nm

44 전위차법 분석용 전지에서 용액 중의 분석 물질 농도나 다른 이온 농도와 무관하게 일정 값의 전극 전위를 갖는 것은?

① 기준 전극
② 지시 전극
③ 이온 전극
④ 경계 전위 전극

해설 ① 기준 전극 : 용액 중의 분석 물질 농도나 다른 이온 농도와 무관하게 일정값의 전극 전위를 갖는 것을 말한다.
② 지시 전극 : 작업 전극이라고도 하며, 측정 용액의 성분 농도에 따라 전위값이 변한다.
③ 이온 전극 : 특정 이온만이 감응하여 이온 농도에 의해 전위를 표시하는 전극이다.
④ 경계 전위 전극 : 땅과 접촉하여 전위를 측정하는 전극을 말한다.

45 제1류 위험물에 대한 설명으로 틀린 것은?

① 분해하여 산소를 방출한다.
② 다른 가연성 물질의 연소를 돕는다.
③ 모두 물에 접촉하면 격렬한 반응을 일으킨다.
④ 불연성 물질로서 환원성 물질 또는 가연성 물질에 대하여 강한 산화성을 가진다.

해설 ③ 대부분 물에 잘 녹으며 물에 접촉하면 격렬한 반응을 일으키는 것도 있다.

46 얇은 막 크로마토그래피를 제조하는 과정에서 도포용 유리의 표면이 더럽혀져 있으면 균일한 얇은 막을 만들기 어렵다. 이를 방지하기 위하여 유리를 담가두는 용액으로 가장 적당한 것은?

① 증류수　② 크롬산 용액
③ 알코올 용액　④ 암모니아 용액

해설 ② 크롬산 용액 : 얇은 막 크로마토그래피를 제조하는 과정에서 도포용 유리의 표면이 더럽혀져 있으면 균일한 얇은 막을 만들기 어렵다. 이를 방지하기 위하여 유리를 담가두는 용액

47 HCl의 표준 용액 25.00mL를 채취하여 농도를 분석하기 위해 0.1M NaOH 표준 용액을 이용하여 전위차 적정하였다. pH 7에서 소비량이 25.40mL라면 HCl의 농도는 약 몇 M인가? (단, 0.1M NaOH 표준 용액의 역가(f)는 1.092이다.)

① 0.01　② 0.11
③ 1.11　④ 2.11

해설 pH 7에서 NaOH : HCl = 1 : 1
NaOH의 몰 수 = $M \times V$ = mol,
0.1M NaOH × 0.02540L = 0.00254mol NaOH
0.00254mol NaOH × f(= 1.092)
= 0.00277368mol
= 0.00277mol NaOH
NaOH의 몰 수 = HCl 몰 수 = 0.00277mol HCl

$$\text{HCl 농도} = \frac{0.00277\text{mol HCl}}{0.02500\text{L}} = 0.11\text{M}$$

48 정지상으로 작용하는 물을 흡착시켜 머무르게 하기 위한 지지체로서 거름종이를 사용하는 분배 크로마토그래피는?

① 관 크로마토그래피
② 박막 크로마토그래피
③ 기체 크로마토그래피
④ 종이 크로마토그래피

해설 ④ 종이 크로마토그래피 : 정지상으로 작용하는 물을 흡착시켜 머무르게 하기 위한 지지체로서 거름종이를 사용하는 분배 크로마토그래피

정답 42.③ 43.① 44.① 45.③ 46.② 47.② 48.④

49 전기 전도도법에 대한 설명으로 틀린 것은?

① 같은 전도도를 가진 용액은 구성 성분과 농도가 같다.
② 전류가 흐르는 정도는 이온의 수와 종류에 따라 다르다.
③ 전도도는 이온의 농도 및 이동도(mobility)에 따라 다르다.
④ 적정을 통해 많은 물질을 정량할 수 있는 전기 화학적 분석법 중의 하나이다.

해설 ① 같은 전도도를 가진 용액은 구성 성분과 농도가 다르다.

50 가스 크로마토그래피에서 운반 기체로 사용할 수 없는 것은?

① N_2 ② He
③ O_2 ④ H_2

해설 가스 크로마토그래피의 운반 기체 : N_2, He, H_2

51 초임계 유체 크로마토그래피법에서 이동상으로 가장 널리 사용되는 기체는?

① 이산화탄소 ② 일산화질소
③ 암모니아 ④ 메탄

해설 초임계 유체 크로마토그래피법에서 이동상으로 널리 사용하는 기체 : CO_2

52 분자가 자외선 광 에너지를 받으면 낮은 에너지 상태에서 높은 에너지 상태로 된다. 이때 흡수된 에너지를 무엇이라 하는가?

① 투광 에너지
② 자외선 에너지
③ 여기 에너지
④ 복사 에너지

해설 ③ 여기 에너지 : 분자가 자외선 광 에너지를 받으면 낮은 에너지 상태에서 높은 에너지 상태로 되는데, 이때 흡수된 에너지

53 다음 중 인화성 물질이 아닌 것은?

① 질소 ② 벤젠
③ 메탄올 ④ 에틸에테르

해설 ① 질소 : 불연성 물질

54 충분히 큰 에너지의 복사선을 금속 표면에 쪼이면 금속의 자유전자가 방출되는 현상을 무엇이라 하는가?

① 광전 효과 ② 굴절 효과
③ 산란 효과 ④ 반사 효과

해설 ① 광전 효과 : 충분히 큰 에너지의 복사선을 금속 표면에 쪼이면 금속의 자유 전자가 방출되는 현상

55 pH에 관한 식을 옳게 나타낸 것은?

① $pH = \log[H^+]$ ② $pH = -\log[H^+]$
③ $pH = \log[OH^-]$ ④ $pH = -\log[OH^-]$

해설
$$pH = \frac{1}{\log[H^+]} = -\log[H^+]$$

56 가스 크로마토그래피에서 정성 분석은 무엇을 이용해서 하는가?

① 크로마토그램의 무게
② 크로마토그램의 면적
③ 크로마토그램의 높이
④ 크로마토그램의 머무름 시간

해설 가스 크로마토그래피에서 정성 분석은 크로마토그램의 머무름 시간을 이용해서 한다.

57 산과 염기의 농도 분석을 전위차법으로 할 때 사용하는 전극은?

① 은 전극 – 유리 전극
② 백금 전극 – 유리 전극
③ 포화 칼로멜 전극 – 은 전극
④ 포화 칼로멜 전극 – 유리 전극

정답 49.① 50.③ 51.① 52.③ 53.① 54.① 55.② 56.④ 57.④

해설 산과 염기의 농도 분석을 전위차법으로 할 때 사용하는 전극 : 포화 칼로멜 전극 – 유리 전극

58 분광 광도계를 이용하여 측정한 결과 투과도가 10%이었다. 흡광도는 얼마인가?

① 0 ② 0.5
③ 1 ④ 2

해설 $\frac{I}{I_o} \times 100 = 10\%$,

$$흡광도 = -\log\left(\frac{I}{I_o}\right) = -\log\left(\frac{10}{100}\right) = 1$$

59 비휘발성 또는 열에 불안정한 시료의 분석에 가장 적합한 크로마토그래피는?

① GC(기체 크로마토그래피)
② GSC(기체–고체 크로마토그래피)
③ GLC(기체–액체 크로마토그래피)
④ HPLC(고성능 액체 크로마토그래피)

해설 ④ HPLC(고성능 액체 크로마토그래피) : 비휘발성 또는 열에 불안정한 시료의 분석에 가장 적합한 크로마토그래피

60 전해 결과 두 전극에 전지가 생성되면 이것이 외부로부터 가해지는 전압을 상쇄시키는 기전력을 내는데 이것을 무엇이라 하는가?

① 분해 전압 ② 과전압
③ 역기전력 ④ 전극 반응

해설 ③ 역기전력 : 전해 결과 두 전극에 전지가 생성되면 외부로부터 가해지는 전압을 상쇄시키는 기전력

정답 58.③ 59.④ 60.③

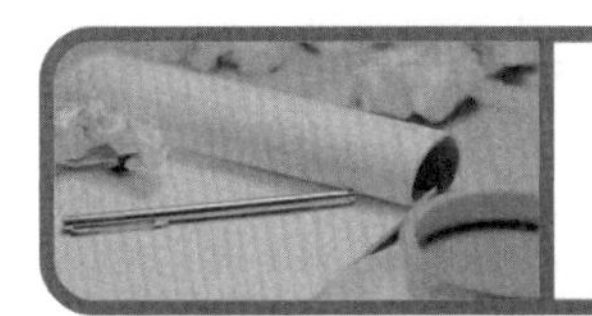

화학분석기능사

제1회 필기시험 ◀▶ 2015년 1월 25일 시행

01 다음 중 아염소산의 화학식은?

① HClO　② $HClO_2$
③ $HClO_3$　④ $HClO_4$

해설 ① 차아염소산수소
② 아염소산
③ 염소산수소
④ 과염소산수소

02 같은 주기에서 원자번호가 증가할 때 나타나는 전형원소의 일반적 특성에 대한 설명으로 틀린 것은?

① 이온화에너지는 증가하지만 전자친화도는 감소한다.
② 전기음성도와 전자친화도 모두 증가한다.
③ 금속성과 원자의 크기가 모두 감소한다.
④ 금속성은 감소하고 전자친화도는 증가한다.

해설 ① 같은 주기에서 원자번호가 증가할 때 핵의 전하가 증가하여 이온화에너지와 전자친화도는 증가한다.

03 알칼리 금속에 대한 설명으로 틀린 것은?

① 공기 중에서 쉽게 산화되어 금속광택을 잃는다.
② 원자가전자가 1개이므로 +1가의 양이온이 되기 쉽다.
③ 할로겐원소와 직접 반응하여 할로겐화합물을 만든다.
④ 염소와 1 : 2 화합물을 형성한다.

해설 ④ 알칼리 금속은 최외각 전자가 1개이므로 할로겐족 원소인 염소와 1 : 1 화합물을 형성한다.

04 염화나트륨 용액을 전기분해할 때 일어나는 반응이 아닌 것은?

① 양극에서 Cl_2 기체가 발생한다.
② 음극에서 O_2 기체가 발생한다.
③ 양극은 산화반응을 한다.
④ 음극은 환원반응을 한다.

해설 $NaCl \rightleftarrows Na^+ + Cl^-$, $H_2O \rightleftarrows H^+ + OH^-$
(+)극에서의 변화 : $2Cl^- - e^- \rightarrow Cl_2\uparrow$(산화)
(−)극에서의 변화 : $2H^+ + 2e^- \rightarrow H_2\uparrow$(환원)
용액 속에서는 Na^+와 OH^-가 남게 되어 수산화나트륨이 생기게 된다.
$Na^+ + OH^- \rightarrow NaOH$
전체 반응 :
$$2NaCl + 2H_2O \xrightarrow{\text{전기분해}} \underbrace{2NaOH + H_2\uparrow}_{(-극)} + \underbrace{Cl_2\uparrow}_{(+극)}$$

05 어떤 NaOH수용액 1,000mL를 중화하는 데 2.5N의 HCl 80mL가 소요되었다. 중화한 것을 끓여서 물을 완전히 증발시킨 다음 얻을 수 있는 고체의 양은 약 몇 g인가? (단, 원자량은 Na : 23, O : 16, Cl : 35.45, H : 1이다.)

① 1　② 2
③ 4　④ 12

해설 $Na^+ + OH^- + H^+ + Cl^- \rightarrow H_2O(l) + NaCl(aq)$
$$2.5N = \frac{x[g]}{35.45g/mol} \times \frac{1,000mL}{80mL}$$
$$\text{노르말 농도} = \frac{x[g]}{\text{분자량}} \times \frac{1,000mL}{L[mL]}$$

정답 01.② 02.① 03.④ 04.② 05.④

$$2.5N \times \frac{80}{1,000} \times 35.45g/mol = x[g]$$

$x = 7.09g$

여기서, NaOH와 HCl은 같은 비이므로

$7.09g : y[g] = 35.45g : 23g$

$$y = \frac{7.09 \times 23}{35.45}$$

$= 4.6g$

Na^+의 g수+Cl^-의 g수

$= 7.09g + 4.6g$

$= 11.64g \fallingdotseq 12g$

06 할로겐 원소의 성질 중 원자번호가 증가할수록 작아지는 것은?

① 금속성

② 반지름

③ 이온화에너지

④ 녹는점

해설 할로겐 원소의 성질 중 원자번호가 증가할수록 이온화에너지는 작아진다.

07 다음 화합물 중 순수한 이온결합을 하고 있는 물질은?

① CO_2 ② NH_3

③ KCl ④ NH_4Cl

해설 ① 극성 공유결합
② 극성 공유결합
③ 이온결합
④ 이온 · 공유 · 배위 결합

08 헥사메틸렌디아민($H_2N(CH_2)_6NH_2$)과 아디프산($HOOC(CH_2)_4COOH$)이 반응하여 고분자가 생성되는 반응을 무엇이라 하는가?

① Addition

② Synthetic resin

③ Reduction

④ Condensation

해설 축합(Condensation) : 유기화합물의 2분자 또는 그 이상의 분자가 반응하여 간단한 분자가 제거되면서 새로운 화합물을 만드는 반응

$$n\,\boxed{H} - \overset{H}{\overset{|}{N}} - (CH_2)_6 - \overset{H}{\overset{|}{N}} - \boxed{H + nHO} - \overset{H}{\overset{\|}{C}} - (CH_2)_4 - \overset{O}{\overset{\|}{C}} - \boxed{OH} \xrightarrow{\text{축합 중합}}$$

헥사메틸렌디아민 / 아디프산 (탈수 축합)

$$\left(- \overset{H}{\overset{|}{N}} - (CH_2)_6 - \boxed{\overset{H}{\overset{|}{N}} - \overset{O}{\overset{\|}{C}}} - (CH_2)_4 - \overset{O}{\overset{\|}{C}} \right)_n + \boxed{(2n-1)H_2O}$$

6.6-나일론 : 아미드(펩티드) 결합

09 다음 중 원자 반지름이 가장 큰 원소는 어느 것인가?

① Mg ② Na

③ S ④ Si

해설 같은 주기에서는 I족에서 VII족으로 갈수록 원자 반지름이 작아지므로 원자 반지름이 가장 큰 원소는 Na이다.

10 황산 49g을 물에 녹여 용액 1L를 만들었다. 이 수용액의 몰 농도는 얼마인가? (단, 황산의 분자량은 98이다.)

① 0.5M ② 1M

③ 1.5M ④ 2M

해설

$$M\text{농도} = \frac{\text{용질의 무게}}{\text{용질의 분자량}} \times \frac{1,000}{\text{용액의 부피(mL)}}$$

$$= \frac{49}{98} \times \frac{1,000}{1,000}$$

$= 0.5M$

11 다음 중 산, 염기의 반응이 아닌 것은?

① $NH_3 + HCl \rightarrow NH_4^+ + Cl^-$

② $2C_2H_5OH + 2Na \rightarrow 2C_2H_5ONa + H_2$

③ $H^+ + OH^- \rightarrow H_2O$

④ $NH_3 + BF_3 \rightarrow NH_3BF_3$

해설 에틸알코올(C_2H_5OH)은 산성, 염기성이 아닌 중성을 나타낸다.

정답 06. ③ 07. ③ 08. ④ 09. ② 10. ① 11. ②

12 다음 중 포화탄화수소 화합물은?

① 요오드 값이 큰 것
② 건성유
③ 시클로헥산
④ 생선기름

해설 포화탄화수소 화합물 : 시클로헥산(C_6H_{12})

13 일정한 온도에서 일정한 몰 수를 가지는 기체의 부피는 압력에 반비례한다는 것(보일의 법칙)을 올바르게 표현한 식은? (단, P : 압력, V : 부피, k : 비례상수이다.)

① $PV=k$ ② $P=kV$
③ $V=kP$ ④ $P=\frac{1}{k}V^2$

해설 보일의 법칙 : 일정한 온도에서 일정한 몰 수를 가지는 기체의 부피는 압력에 반비례한다. 압력을 P, 부피를 V라 하면 $V=\frac{1}{P}$이 되며, $PV=k$이다.

14 질량 수가 23인 나트륨의 원자번호가 11이라면 양성자 수는 얼마인가?

① 11 ② 12
③ 23 ④ 34

해설 질량 수 = 양성자 수+중성자 수
원자번호 = 양성자 수 = 전자 수
11=11=11

15 공기는 많은 종류의 기체로 이루어져 있다. 이 중 가장 많이 포함되어 있는 기체는?

① 산소 ② 네온
③ 질소 ④ 이산화탄소

해설

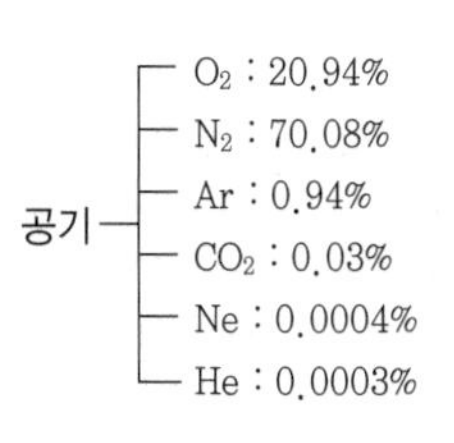

16 다음 반응 중 이산화황이 산화제로 작용한 것은?

① $SO_2+NaOH \rightleftarrows NaHSO_3$
② $SO_2+Cl_2+2H_2O \rightleftarrows H_2SO_4+2HCl$
③ $SO_2+H_2O \rightleftarrows H_2SO_3$
④ $SO_2+2H_2S \rightleftarrows 3S+2H_2O$

해설 ㉠ 산화제로 작용 : 환원력이 강한 H_2S와 반응한다.

$S^{4+}O_2+2H_2S \rightarrow 2H_2O+3S^{o}$

환원(산화제로 작용)

㉡ 환원제로 작용

$S^{4+}O_2+2H_2O+Cl_2 \rightarrow H_2S^{6+}O_4+2HCl$

산화(환원제로 작용)

17 다음 중 헨리의 법칙에 적용이 잘되지 않는 것은?

① O_2 ② H_2
③ CO_2 ④ NaCl

해설 ㉠ 헨리의 법칙에 적용되는 기체 : 물에 대한 용해도가 적다.
예 H_2, N_2, O_2, CO_2 등
㉡ 헨리의 법칙에 적용되지 않는 기체 : 물에 대한 용해도가 크다.
예 NaCl, HCl, NH_3, SO_2, H_2S 등

18 일정한 온도에서 1atm의 이산화탄소 1L와 2atm의 질소 2L를 밀폐된 용기에 넣었더니 전체 압력이 2atm이 되었다. 이 용기의 부피는?

① 1.5L ② 2L
③ 2.5L ④ 3L

해설 $T=K$(일정)

$\frac{PV}{T}=\frac{P'V'}{T}$, $PV=P'V'$

CO_2 : $1atm \times 1L = 2atm \times \frac{1}{2}L$

N_2 : $2atm \times 2L$

즉, $2L+\frac{1}{2}L=\frac{5}{2}L=2.5L$

정답 12. ③ 13. ① 14. ① 15. ③ 16. ④ 17. ④ 18. ③

19 수은 기압계에서 수은 기둥의 높이가 380mm이었다. 이것은 약 몇 atm인가?

① 0.5　② 0.6
③ 0.7　④ 0.8

해설 760mmHg : 1atm = 380mmHg : x[atm]

$x = \frac{1 \times 380}{760}$

$\therefore x = 0.5\text{atm}$

20 산화-환원반응에서 산화 수에 대한 설명으로 틀린 것은?

① 한 원소로만 이루어진 화합물의 산화 수는 0이다.
② 단원자 이온의 산화 수는 전하량과 같다.
③ 산소의 산화 수는 항상 -2이다.
④ 중성인 화합물에서 모든 원자와 이온들의 산화 수의 합은 0이다.

해설 ③ 화합물에서 산소의 산화 수는 -2로 한다.
예 H_2O^{-2}에서 O의 산화 수는 -2이다.
단, 과산화물($H_2O_2^{-1}$, $Na_2O_2^{-1}$에서 O의 산화 수는 -1이며, OF_2에서 O의 산화 수는 +2이다.)

21 다음 중 산성의 세기가 가장 큰 것은?

① HF
② HCl
③ HBr
④ HI

해설 산성의 세기가 큰 순서 : HI > HBr > HCl > HF

22 질산(HNO_3)의 분자량은 얼마인가? (단, 원자량 H=1, N=14, O=16이다.)

① 63　② 65
③ 67　④ 69

해설 $HNO_3 = 1 + 14 + 16 \times 3 = 63$

23 산이나 알칼리에 반응하여 수소를 발생시키는 것은?

① Mg　② Si
③ Al　④ Fe

해설 양쪽성 원소 : 산이나 알칼리에 반응하여 수소를 발생시킨다.
예 Al, Zn, Sn, Pb, As

24 다음 중 탄소와 탄소 사이에 π결합이 없는 물질은?

① 벤젠　② 페놀
③ 톨루엔　④ 이소부탄

해설

① 벤젠 :
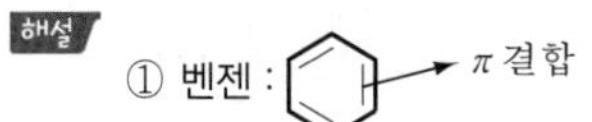

② 페놀 :
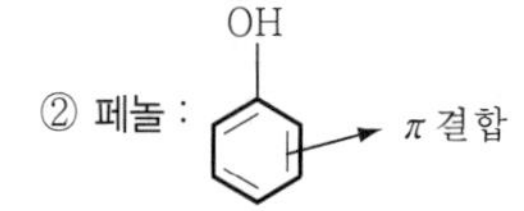

③ 톨루엔 : CH_3 π 결합

④ 이소부탄 :
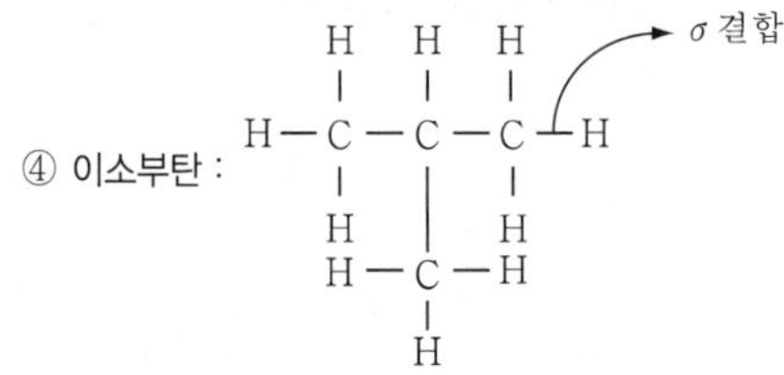

즉, π결합은 이중결합이 있는 것이고, σ결합은 단일결합이 있는 것이다.

25 다음 중 산성 산화물은?

① P_2O_5　② Na_2O
③ MgO　④ CaO

해설 ㉠ 산성 산화물 : 물에 녹아 산이 되거나, 염기와 반응할 때 염과 물을 만드는 비금속산화물
예 P_2O_2, CO_2, SiO_2, NO_2, SO_3, Cl_2O_7 등
㉡ 염기성 산화물 : 물에 녹아 염기가 되거나 산과 반응하여 염과 물을 만드는 금속산화물
예 Na_2O, MgO, CaO, BaO, CuO 등

정답 19. ① 20. ③ 21. ④ 22. ① 23. ③ 24. ④ 25. ①

26 다음 반응에서 반응계에 압력을 증가시켰을 때 평형이 이동하는 방향은?

$$2SO_2 + O_2 \rightleftarrows 2SO_3$$

① SO_3가 많이 생성되는 방향
② SO_3가 감소되는 방향
③ SO_2가 많이 생성되는 방향
④ 이동이 없다.

해설 $2SO_2+O_2(2+1=3몰) \rightleftarrows 2SO_3(2몰)$: 압력을 증가시키면 몰 수가 작아지는 방향으로 평형이 이동한다.

27 용액 1L 중에 녹아 있는 용질의 g당량 수로 나타낸 것을 그 물질의 무엇이라고 하는가?

① 몰 농도 ② 몰랄 농도
③ 노르말 농도 ④ 포르말 농도

해설 ① 몰 농도 : 용액 1L 속에 포함된 용질의 몰 수(용질/분자량)를 나타낸 정도
② 몰랄 농도 : 용매 1kg(1,000g)에 포함된 용질의 몰 수를 나타낸 농도

28 다음 반응에서 생성되는 침전물의 색상은?

$$Pb^{2+} + H_2SO_4 \rightarrow PbSO_4 + 2H^+$$

① 흰색 ② 노란색
③ 초록색 ④ 검정색

해설 $PbSO_4\downarrow$: 흰색

29 고체를 액체에 녹일 때 일정 온도에서 일정량의 용매에 녹을 수 있는 용질의 최대량은?

① 몰 농도
② 용해도
③ 백분율
④ 천분율

해설 용해도 : 고체를 액체에 녹일 때 일정 온도에서 일정량이 용매에 녹을 수 있는 용질의 최대량

30 산의 전리상수 값이 다음과 같을 때 가장 강한 산은?

① 5.8×10^{-2}
② 2.4×10^{-4}
③ 8.9×10^{-2}
④ 9.3×10^{-5}

해설 $HA \rightarrow H^+ + A^-$

전리상수$=K_a=\dfrac{[H^+][A^-]}{[HA]}$

K_a가 클수록 $HA \rightarrow H^+ + A^-$의 정반응이 잘 일어난다. 그러므로 전리상수 값이 큰 것이 가장 강한 산이다.

31 pH가 10인 NaOH 용액 1L에는 Na^+ 이온이 몇 개 포함되어 있는가? (단, 아보가드로수는 6×10^{23}이다.)

① 6×10^{16}
② 6×10^{19}
③ 6×10^{21}
④ 6×10^{25}

해설 $pH=-\log[H^+]$
$pOH=14-pH=-\log[OH^-]$
$pOH=4=-\log[OH^-]$
$[OH^-]=10^{-4}mol/L$
$[OH^-]:[Na^+]=1:1$
$[Na^+]=10^{-4}mol/L$
즉, 1L 속 $Na^+=1L\times10^{-4}mol/L=10^{-4}mol$
$\therefore\ 6.022\times10^{23}\times10^{-4}=6.022\times10^{19}$개

32 수산화크롬, 수산화알루미늄은 산과 만나면 염기로 작용하고, 염기와 만나면 산으로 작용한다. 이런 화합물을 무엇이라 하는가?

① 이온성 화합물
② 양쪽성 화합물
③ 혼합물
④ 착화물

해설 양쪽성 화합물 : 산과 만나면 염기로 작용하고, 염기와 만나면 산으로 작용한다.
예 $Cr(OH)_3$, $Al(OH)_3$ 등

정답 26. ① 27. ③ 28. ① 29. ② 30. ③ 31. ② 32. ②

33 칼륨이 불꽃 반응을 하면 어떤 색깔의 불꽃으로 나타나는가?

① 백색 ② 빨간색
③ 노란색 ④ 보라색

해설

원소	K
불꽃 반응색	보라색

34 이온곱과 용해도곱 상수(K_{sp})의 관계 중 침전을 생성시킬 수 있는 것은?

① 이온곱 > K_{sp}
② 이온곱 = K_{sp}
③ 이온곱 < K_{sp}
④ 이온곱 = $\frac{K_{sp}}{해리상수}$

해설 침전을 생성시킬 수 있는 것 : 이온곱 > K_{sp}

35 요오드포름 반응으로 확인할 수 있는 물질은?

① 에틸알코올 ② 메틸알코올
③ 아밀알코올 ④ 옥틸알코올

해설 에틸알코올의 검출법(요오드포름 반응)
$C_2H_5OH + 6KOH + 4I_2$
$\rightarrow \underline{CHI_3\downarrow} + 5KI + HCOOK + 5H_2O$
(노란색 침전)

36 다음 실험기구 중 적정실험을 할 때 직접적으로 쓰이지 않는 것은?

① 분석천칭
② 뷰렛
③ 데시케이터
④ 메스플라스크

해설 적정실험을 할 때 직접적으로 쓰이는 기구
㉠ 분석천칭
㉡ 뷰렛
㉢ 메스플라스크

37 AgCl의 용해도가 0.0016g/L일 때 AgCl의 용해도 곱은 약 얼마인가? (단, Ag의 원자량은 108, Cl의 원자량은 35.5이다.)

① 1.12×10^{-5}
② 1.12×10^{-3}
③ 1.2×10^{-5}
④ 1.2×10^{-10}

해설 $AgCl(s) \rightleftarrows Ag^+ + Cl^-$에서, $K_{sp} = [Ag^+][Cl^-]$이다.

$[AgCl] = \frac{0.0016g}{1L} \times \frac{1mol}{143.5g} = 1.11\times10^{-5}M$

$K_{sp} = (1.11\times10^{-5})^2 = 1.24\times10^{-10}$

38 '용해도가 크지 않은 기체의 용해도는 그 기체의 압력에 비례한다.'와 관련이 깊은 것은?

① 헨리의 법칙
② 보일의 법칙
③ 보일-샤를의 법칙
④ 질량보전의 법칙

해설 ② 보일의 법칙 : 일정한 온도에서 기체가 차지하는 부피는 압력에 반비례한다.
③ 보일-샤를의 법칙 : 일정량의 기체가 차지하는 부피는 압력에 반비례하고 절대온도에 비례한다.
④ 질량보전의 법칙 : 화학변화에서 그 변화의 전후에서 반응에 참여한 물질의 질량의 총합은 일정불변이다. 즉 화학반응에서 반응물질의 질량의 총합과 생성물질의 총합은 같다.

39 황산(H_2SO_4)의 1g당량은 얼마인가? (단, 황산의 분자량은 98g/mol이다.)

① 4.9g
② 49g
③ 9.8g
④ 98g

해설 황산(H_2SO_4)의 1g당량 $= \frac{98g}{2} = 49g$

정답 33. ④ 34. ① 35. ① 36. ③ 37. ④ 38. ① 39. ②

40 다음 중 침전 적정법이 아닌 것은?

① 모르법
② 파얀스법
③ 폴하르트법
④ 킬레이트법

해설 ㉠ 침전 적정법 : 모르법, 파얀스법, 폴하르트법
㉡ 착염 적정법 : 킬레이트법

41 다음 중 시약의 취급방법에 대한 설명으로 틀린 것은?

① 나트륨과 칼륨의 알칼리금속은 물속에 보관한다.
② 브롬산, 플루오르화수소산은 피부에 닿지 않게 한다.
③ 알코올, 아세톤, 에테르 등은 가연성이므로 취급에 주의한다.
④ 농축 및 가열 등의 조작 시 끓임쪽을 넣는다.

해설 ① 나트륨과 칼륨의 알칼리금속은 석유(등유) 속에 보관한다.

42 가시-자외선 분광광도계의 기본적인 구성요소의 순서로서 가장 올바른 것은?

① 광원-단색화 장치-검출기-흡수용기-기록계
② 광원-단색화 장치-흡수용기-검출기-기록계
③ 광원-흡수용기-검출기-단색화 장치-기록계
④ 광원-흡수용기-단색화 장치-검출기-기록계

해설 가시-자외선 분광광도계의 기본적인 구성요소의 순서 : 광원-단색화 장치-흡수용기-검출기-기록계

43 전해로 석출되는 속도와 확산에 의해 보충되는 물질의 속도가 같아서 흐르는 전류를 무엇이라 하는가?

① 이동전류
② 한계전류
③ 잔류전류
④ 확산전류

해설 ① 이동전류 : 폴라로그래피에서 한계전류의 일부분, 용액 가운데를 전류가 흐를 때에 용액 내에서 생기는 전위강하, 즉 전류×저항에 기인한 전류이다. 이와 같은 전기장에서는 전해되는 이온은 그 농도와 운반율과 흐르는 전 전류와의 곱과 같은 이동전류가 생긴다.
③ 잔류전류=한계전류 - 확산전류
④ 확산전류 : 원하는 산화 - 환원 반응으로 생기는 전류 이외에 몇몇 원인에 의해 미소한 전류가 흐름으로 인해 전류가 생긴다.

44 pH미터에 사용하는 포화 칼로멜 전극의 내부 관에 채워져 있는 재료로 나열된 것은?

① Hg, Hg_2Cl_2, 포화 KCl
② 포화 KOH 용액
③ Hg_2Cl_2, KCl
④ Hg, KCl

해설 pH미터에 사용하는 포화 칼로멜 전극의 내부 관에 채워져 있는 재료 : Hg, Hg_2Cl_2, 포화 KCl

45 분광광도계에서 빛의 파장을 선택하기 위한 단색화장치로 사용되는 것만으로 짝지어진 것은?

① 프리즘, 회절격자
② 프리즘, 반사거울
③ 반사거울, 회절격자
④ 볼록거울, 오목거울

해설 분광광도계에서 빛의 파장을 선택하기 위한 단색화장치 : 프리즘, 회절격자

정답 40. ④ 41. ① 42. ② 43. ② 44. ① 45. ①

46 분광광도계에서 빛이 지나가는 순서로 맞는 것은?

① 입구슬릿 → 시료부 → 분산장치 → 출구슬릿 → 검출부
② 입구슬릿 → 분산장치 → 시료부 → 출구슬릿 → 검출부
③ 입구슬릿 → 분산장치 → 출구슬릿 → 시료부 → 검출부
④ 입구슬릿 → 출구슬릿 → 분산장치 → 시료부 → 검출부

해설 분광광도계에서 빛이 지나가는 순서 : 입구슬릿 → 분산장치 → 출구슬릿 → 시료부 → 검출부

47 분석시료의 각 성분이 액체 크로마토그래피 내부에서 분리되는 이유는?

① 흡착 ② 기화
③ 건류 ④ 혼합

해설 분석시료의 각 성분이 액체 크로마토그래피 내부에서 분리되는 이유 : 흡착

48 원자흡광광도계에 사용할 표준용액을 제조하려고 한다. 이 때 정확히 100mL를 조제하고자 할 때 가장 적합한 실험기구는?

① 메스피펫
② 용량플라스크
③ 비커
④ 뷰렛

해설 용량플라스크 : 원자흡광광도계에 사용할 표준용액을 조제하고자 할 때 가장 적합한 실험기구

49 종이 크로마토그래피에서 우수한 분리도에 대한 이동도의 값은?

① 0.2~0.4 ② 0.4~0.8
③ 0.8~1.2 ④ 1.2~1.6

해설 종이 크로마토그래피에서 우수한 분리도에 대한 이동도의 값 : 0.4~0.8

50 0.01M NaOH의 pH는 얼마인가?

① 10 ② 11
③ 12 ④ 13

해설 14−(−log 0.01)=14−2=12

51 황산구리($CuSO_4$) 수용액에 10A의 전류를 30분 동안 가하였을 때, (−)극에서 석출하는 구리의 양은 약 몇 g인가? (단, Cu 원자량은 64이다.)

① 0.01g ② 3.98g
③ 5.97g ④ 8.45g

해설 $Cu^{2+}(aq)+SO_4^{2-}(aq) \rightarrow Cu(S)+SO_4^{2-}(aq)$

$2e^- \rightarrow 96,485C \times 2$

$A \times t = C$

$10A \times 30 \times 60sec = 18,000C$

1mol의 Cu 석출 → $2 \times 96,485C$

$\therefore 1 : 2 \times 96,485 = x : 18,000$

$= \dfrac{18,000}{2 \times 96,485}$

$x = 0.093mol = 0.093mol \times 64g/mol$

$\therefore Cu = 5.97g$

52 가스 크로마토그래피의 기본 원리로 보기 어려운 것은?

① 이동상이 기체이다.
② 고정상은 휘발성 액체이다.
③ 혼합물이 각 성분의 이동 속도의 차이 때문에 분리된다.
④ 분리된 각 성분들은 검출기에서 검출된다.

해설 가스 크로마토그래피의 기본 원리
㉠ 이동상이 기체이다.
㉡ 혼합물이 각 성분의 이동 속도의 차이 때문에 분리된다.
㉢ 분리된 각 성분들은 검출기에서 검출된다.

정답 46.③ 47.① 48.② 49.② 50.③ 51.③ 52.②

53 다음 중 전위차법에서 사용하는 장치로 옳은 것은?

① 광원 ② 시료용기
③ 파장선택기 ④ 기준전극

해설 전위차법에서 사용하는 장치 : 기준전극

54 유지의 추출에 사용되는 용제는 대부분 어떤 물질인가?

① 발화성 물질 ② 용해성 물질
③ 인화성 물질 ④ 폭발성 물질

해설 유지의 추출에 사용되는 용제 : 인화성 물질

55 원자흡광광도법에서 빛의 흡수와 원자 농도와의 관계는?

① 비례 ② 반비례
③ 제곱근에 비례 ④ 제곱근에 반비례

해설 원자흡광광도법 : 빛의 흡수와 원자 농도와의 관계는 비례한다.

56 분극성의 미소전극과 비분극성의 대극과의 사이에 연속적으로 변화하는 전압을 가하여 전해에 의해 생긴 전류를 측정하여, 전압과 전류의 관계곡선(전류-전압 곡선)을 그려 이것을 해석하여 목적 성분을 분리하는 방법은?

① 전위차 분석 ② 폴라로그래피
③ 전해 중량분석 ④ 전기량 분석

해설 폴라로그래피에 대한 설명이다.

57 가스 크로마토그래피에서 사용되는 운반기체로서 가장 부적당한 것은?

① He ② N_2
③ H_2 ④ C_2H_2

해설 가스 크로마토그래피에서 사용되는 운반기체 : H_2, He, N_2 등

58 1,350cm^{-1}에서 나타나는 벤젠 흡수피크의 몰흡광계수의 값은 4,950M^{-1}·cm^{-1}이다. 0.05mm 용기에서 이 피크의 흡광도가 0.01이 되는 벤젠의 몰농도는?

① 4.04×10^{-2}M ② 4.04×10^{-3}M
③ 4.04×10^{-4}M ④ 4.04×10^{-5}M

해설 1m=100cm=1,000mm

$0.05\text{mm}=5\times10^{-2}\text{mm}=5\times10^{-5}\text{m}=5\times10^{-3}\text{cm}$

$A=\varepsilon cl$

여기서, A : 0.01

ε : 4,950M^{-1}·cm^{-1}

l : 5×10^{-3}cm

$0.01=4{,}950\text{M}^{-1}\cdot\text{cm}^{-1}\times5\times10^{-3}\text{cm}\times x[\text{M}]$

$$x=\frac{0.01}{4{,}950\times5\times10^{-3}}$$

$$=4.04\times10^{-4}\text{M}$$

59 분광광도계에 사용할 시료용기에 용액을 채울 때 어느 정도가 가장 적당한가?

① 1/2 ② 1/3
③ 2/3 ④ 1/4

해설 분광광도계에서 시료용기에 용액을 채울 때 2/3가 가장 적당하다.

60 분광광도계에서 정성분석에 대한 정보를 주는 흡수 스펙트럼 파장은 어느 것인가?

① 최저 흡수파장
② 최대 흡수파장
③ 중간 흡수파장
④ 평균 흡수파장

해설 최대 흡수파장 : 분광광도계에서 정성분석에 대한 정보를 주는 흡수 스펙트럼 파장이다.

정답 53. ④ 54. ③ 55. ① 56. ② 57. ④ 58. ③ 59. ③ 60. ②

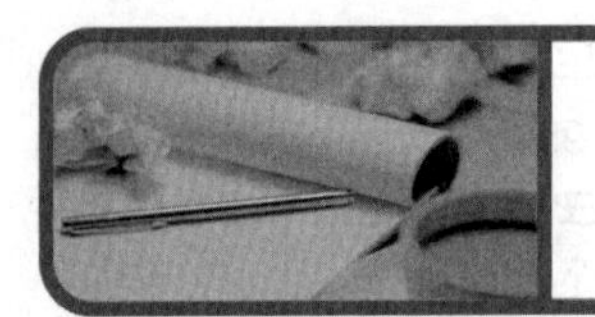

화학분석기능사

제4회 필기시험 ◀▶ 2015년 7월 19일 시행

01 20℃, 0.5atm에서 10L인 기체가 있다. 표준 상태에서 이 기체의 부피는?

① 2.54L
② 4.65L
③ 5L
④ 10L

해설 $PV=nRT$

$$V=\frac{nRT}{P}$$

$$10\text{L}=\frac{x\times 8.314J\cdot K\times(273+20)}{0.5\text{atm}}$$

$$x=\frac{5}{8.314\times(273+20)}=2.05\times10^{-3}$$

$$=\frac{(2.05\times10^{-3})\times8.314\times273}{1\text{atm}}$$

$$=4.65\text{L}$$

02 에탄올에 진한 황산을 넣고 180℃에서 반응시켰을 때 알코올의 제거반응으로 생성되는 물질은?

① CH_3OH
② $CH_2=CH_2$
③ $CH_3CH_2CH_2SO_3$
④ CH_3CH_2S

해설 H–C(H)(H)–C(H)(H)–OH $\xrightarrow[160\sim180℃]{c-H_2SO_4}$ $CH_2=CH_2+H_2O$
에틸렌

03 이온 결합에 대한 설명으로 틀린 것은?

① 이온 결정은 극성 용매인 물에 잘 녹지 않는 것이 많다.
② 전자를 잃은 원자는 양이온이 되고, 전자를 얻은 원자는 음이온이 된다.
③ 이온 결정은 고체 상태에서는 양이온과 음이온이 강하게 결합되어 있기 때문에 전류가 흐르지 않는다.
④ 전자를 잃기 쉬운 금속 원자로부터 전자를 얻기 쉬운 비금속 원자로 하나 이상의 전자가 이동할 때 형성된다.

해설 ① 이온 결정은 극성 용매인 물에 잘 녹는다.

04 CO_2와 H_2O는 모두 공유결합으로 된 삼원자 분자인데 CO_2는 비극성이고 H_2O는 극성을 띠고 있다. 그 이유로 옳은 것은?

① C가 H보다 비금속성이 크다.
② 결합구조가 H_2O는 굽은형이고 CO_2는 직선형이다.
③ H_2O의 분자량이 CO_2의 분자량보다 적다.
④ 상온에서 H_2O는 액체이고 CO_2는 기체이다.

해설 H–Ö–H (굽은형): 극성   Ö = C = Ö: 비극성

정답 01. ② 02. ② 03. ① 04. ②

05 수산화나트륨(NaOH) 80g을 물에 녹여 전체 부피가 1,000mL가 되게 하였다. 이 용액의 N농도는 얼마인가? (단, 수산화나트륨의 분자량은 40이다.)

① 0.08N ② 1N
③ 2N ④ 4N

해설 $\frac{\frac{80g}{40}}{1L} = 2N$

06 500mL의 물을 증발시키는 데 필요한 열은 얼마인가? (단, 물의 증발열은 40.6kJ/mol이다.)

① 222kJ ② 1,128kJ
③ 2,256kJ ④ 20,300kJ

해설 $\frac{500g}{18} = 40.6kJ/mol$
$= 27.78mol \times 40.6kJ/mol$
$= 1,127kJ$

07 칼륨(K) 원자는 19개의 양성자와 20개의 중성자를 가지고 있다. 원자번호와 질량 수는 얼마인가?

① 9, 19 ② 9, 39
③ 19, 20 ④ 19, 39

해설 ㉠ 원자번호=양성자 수=전자 수=19
㉡ 질량 수=양성자 수(전자 수)+중성자 수
39 = 19 + 20

08 다음 중 이온화에너지가 가장 작은 원소는?

① 나트륨(Na)
② 마그네슘(Mg)
③ 알루미늄(Al)
④ 규소(Si)

해설 이온화에너지는 0족으로 갈수록 증가하고, 같은 족에서는 원자번호가 증가할수록 작아진다.

09 벤젠의 반응에서 소량의 철의 존재하에서 벤젠과 염소가스를 반응시키면 수소 원자와 염소 원자의 치환이 일어나 클로로벤젠이 생기는 반응을 무엇이라 하는가?

① 니트로화 ② 술폰화
③ 할로겐화 ④ 알킬화

해설 할로겐화
(벤젠)−H + Cl−Cl $\xrightarrow{FeCl_2}$ (벤젠)−Cl + HCl
클로로벤젠

10 "어떠한 화학반응이라도 반응물 전체의 질량과 생성물 전체의 질량은 서로 차이가 없고 완전히 같다."라고 설명할 수 있는 법칙은?

① 일정성분비의 법칙
② 배수비례의 법칙
③ 질량보존의 법칙
④ 기체반응의 법칙

해설 ① 일정성분비의 법칙 : 순수한 화합물에서 성분 원소의 중량비는 항상 일정하다. 즉, 한 가지 화합물을 구성하는 각 성분 원소의 질량비는 항상 일정하다.
② 배수비례의 법칙 : 두 가지 원소가 두 가지 이상의 화합물을 만들 때, 한 원소의 일정 중량에 대하여 결합하는 다른 원소의 중량 간에는 항상 간단한 정수비가 성립된다.
④ 기체반응의 법칙 : 화학 반응을 하는 물질이 기체일 때 반응 물질과 생성 물질의 부피 사이에는 간단한 정수비가 성립된다.

11 다음 중 카르복시기는?

① −O−
② −OH
③ −CHO
④ −COOH

해설 ② −OH : 히드록시기
③ −CHO : 알데히드기
④ −COOH : 카르복시기

정답 05. ③ 06. ② 07. ④ 08. ① 09. ③ 10. ③ 11. ④

12 다음 유기화합물 중 파라핀계 탄화수소는?

① C_5H_{10} ② C_4H_8
③ C_3H_6 ④ CH_4

해설 파라핀계 일반식 : C_nH_{2n+2}
$n=1$: CH_4
$n=2$: C_2H_6
$n=3$: C_3H_8
$n=4$: C_4H_{10}

13 다음 중 성격이 다른 화학식은?

① CH_3COOH
② C_2H_5OH
③ C_2H_5CHO
④ $C_2H_3O_2$

해설 $C_2H_3O_2$ 외에는 모두 OH기를 가지고 있다.

14 다음 물질 중 혼합물인 것은?

① 염화수소
② 암모니아
③ 공기
④ 이산화탄소

해설 ㉠ 화합물 : 두 가지 이상의 원소로 된 순물질
예 염화수소, 암모니아, 이산화탄소 등
㉡ 혼합물 : 두 가지 이상의 단체 또는 화합물이 혼합하여 이루어진 물질
예 단체+화합물 : 공기

15 27℃인 수소 4L를 압력을 일정하게 유지하면서 부피를 2L로 줄이려면 온도를 얼마로 하여야 하는가?

① −273℃ ② −123℃
③ 157℃ ④ 327℃

해설 $\frac{V}{T}=\frac{V'}{T'}$

$\frac{4}{(273+27)}=\frac{2}{T'}$

$T'=\frac{2\times(273+27)}{4}=150\text{K}$

$=150-273$

$=-123℃$

16 건조 공기 속에서 네온은 0.0018%를 차지한다. 몇 ppm인가?

① 1.8ppm
② 18ppm
③ 180ppm
④ 1,800ppm

해설 1%=10,000ppm
0.0018%=18ppm

17 1g의 라듐으로부터 1m 떨어진 거리에서 1시간 동안 받는 방사선의 영향을 무엇이라 하는가?

① 1뢴트겐
② 1큐리
③ 1렘
④ 1베크렐

해설 ① 1렌트겐 : 1kg의 공기에 방사선이 조사되어 2.58×10^{-4}쿨롬의 전하를 만드는 방사선 양
② 1큐리 : 라듐 $_{226}Ra$ 1g에서 1초 동안 방출하는 방사선 양
③ 1렘 : 1g의 라듐으로부터 1m 떨어진 거리에서 1시간 동안 받은 방사선의 영향
④ 1베크렐 : 1개의 원자핵의 붕괴 시 1초 동안 방출하는 방사선 양

18 다음 중 분자 안에 배위결합이 존재하는 화합물은?

① 벤젠
② 에틸알코올
③ 염소이온
④ 암모늄이온

정답 12. ④ 13. ④ 14. ③ 15. ② 16. ② 17. ③ 18. ④

해설 배위결합 : 공유할 전자쌍을 한쪽 원자에서만 일방적으로 제공하는 형식의 공유결합으로 주로 착이온을 형성하는 물질이다. (단, 배위결합을 하기 위해서는 반드시 비공유 전자쌍을 가진 원자나 원자단이 있어야 한다.)

$$H:\overset{H}{\underset{H}{\ddot{N}}}: + H^{+} \longrightarrow \left[H:\overset{H}{\underset{H}{N}}:H \right]^{+}$$

비공유 전자쌍

19 증기압에 대한 설명으로 틀린 것은?

① 증기압이 크면 증발이 어렵다.
② 증기압이 크면 끓는점이 낮아진다.
③ 증기압은 온도가 높아짐에 따라 커진다.
④ 증기압이 크면 분자간 인력이 작아진다.

해설 ① 증기압이 크면 증발이 쉽다.

20 볼타전지의 음극에서 일어나는 반응은?

① 환원
② 산화
③ 응집
④ 킬레이트

해설 볼타전지 $(-)Zn \parallel H_2SO_4 \parallel Cu(+)$
(−)극 (산화반응) : $Zn \rightarrow Zn^{2+} + 2e^{-}$
(+)극 (환원반응) : $2H^{+} + 2e^{-} \rightarrow H_2\uparrow$

21 황산구리 용액에 아연을 넣을 경우 구리가 석출되는 것은 아연이 구리보다 무엇의 크기가 크기 때문인가?

① 이온화경향
② 전기저항
③ 원자가전자
④ 원자번호

해설 아연이 구리보다 이온화경향이 크기 때문에 아연이 이온화되며 구리는 석출된다.

22 NH_4^{+}의 원자가전자는 총 몇 개인가?

① 7
② 8
③ 9
④ 10

해설

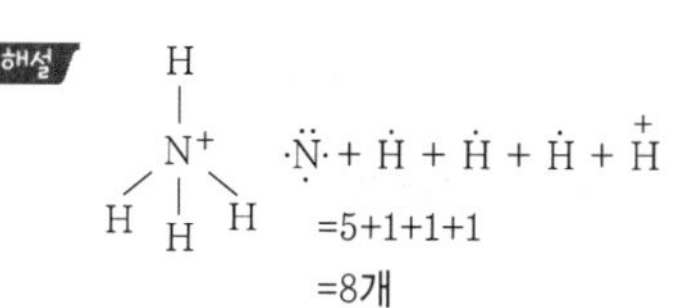

=5+1+1+1
=8개

23 다음 중 1패럿(F)의 전기량은?

① 1mol의 물질이 갖는 전기량
② 1개의 전자가 갖는 전기량
③ 96,500개의 전자가 갖는 전기량
④ 1g당량 물질이 생성될 때 필요한 전기량

해설 1F : 물질 1g당량을 석출하는 데 필요한 전기량

24 반응속도에 영향을 주는 인자로서 가장 거리가 먼 것은?

① 반응온도
② 반응식
③ 반응물의 농도
④ 촉매

해설 반응속도에 영향을 주는 인자
㉠ 반응온도
㉡ 반응물질의 온도
㉢ 촉매

25 다음 중 콜로이드 용액이 아닌 것은?

① 녹말 용액
② 점토 용액
③ 설탕 용액
④ 수산화알루미늄 용액

해설 콜로이드 용액 : 녹말 용액, 점토 용액, 수산화알루미늄 용액

정답 19. ① 20. ② 21. ① 22. ② 23. ④ 24. ② 25. ③

26 Ni^{2+}의 확인반응에서 디메틸글리옥심(dimethylglyoxime)을 넣으면 무슨 색으로 변하는가?

① 붉은색　② 푸른색
③ 검정색　④ 하얀색

해설 Ni^{2+}+디메틸글리옥심 → 붉은색

27 다음 황화물 중 흑색 침전이 아닌 것은?

① PbS　② CuS
③ HgS　④ CdS

해설 ① PbS : 흑색
② CuS : 흑색
③ HgS : 흑색
④ CdS : 황색

28 양이온의 계통적인 분리 검출법에서는 방해 물질을 제거시켜야 한다. 다음 중 방해 물질이 아닌 것은?

① 유기물
② 옥살산이온
③ 규산이온
④ 암모늄이온

해설 양이온의 계통적인 분리 검출법에서 방해 물질
㉠ 유기물
㉡ 옥살산이온
㉢ 규산이온

29 중화 적정에 사용되는 지시약으로서 pH 8.3~10.0 정도의 변색범위를 가지며 약산과 강염기의 적정에 사용되는 것은?

① 메틸옐로
② 페놀프탈레인
③ 메틸오렌지
④ 브롬티몰블루

해설 페놀프탈레인은 약산과 강염기 적정에서 사용되는 지시약이다.

30 몰 농도를 구하는 식을 옳게 나타낸 것은?

① 몰 농도$(M) = \dfrac{\text{용질의 몰 수(mol)}}{\text{용액의 부피(L)}}$

② 몰 농도$(M) = \dfrac{\text{용질의 몰 수(mol)}}{\text{용매의 질량(kg)}}$

③ 몰 농도$(M) = \dfrac{\text{용질의 질량(g)}}{\text{용액의 질량(kg)}}$

④ 몰 농도$(M) = \dfrac{\text{용질의 당량}}{\text{용액의 부피(L)}}$

해설 몰 농도$(M) = \dfrac{\text{용질의 몰 수(mol)}}{\text{용액의 부피(L)}}$

31 0.01M Ca^{2+} 50.0mL와 반응하려면 0.05M EDTA 몇 mL가 필요한가?

① 10　② 25
③ 50　④ 100

해설 $MV = M'V'$
$0.01\text{M} \times 50.0\text{mL} = 0.05\text{M} \times x[\text{mL}]$
$x = 10\text{mL}$

32 다음 반응에서 정반응이 일어날 수 있는 경우는?

$N_2 + 3H_2 \rightleftarrows 2NH_3 + 22\text{kcal}$

① 반응 온도를 높인다.
② 질소의 농도를 감소시킨다.
③ 수소의 농도를 감소시킨다.
④ 암모니아의 농도를 감소시킨다.

해설 암모니아의 농도를 감소시키면 균형을 맞추는 방향으로 반응이 진행하므로 암모니아가 생성되는 정반응이 일어난다.

33 다음 수용액 중 산성이 가장 강한 것은?

① pH=5인 용액
② $[H^+]=10^{-8}$M인 용액
③ $[OH^-]=10^{-4}$M인 용액
④ pOH=7인 용액

정답 26. ① 27. ④ 28. ④ 29. ② 30. ① 31. ① 32. ④ 33. ①

해설 ① pH=5
② $[H^+]=10^{-8}$M인 용액 : pH=8
③ $[OH^-]=10^{-4}$M인 용액 : pH=10
④ pH=7
∴ 산성이 가장 강한 것은 pH=5이다.

34 용액의 전리도(a)를 옳게 나타낸 것은?

① 전리된 몰 농도/분자량
② 분자량/전리된 몰농도
③ 전체 몰 농도/전리된 몰 농도
④ 전리된 몰 농도/전체 몰 농도

해설 $$\text{용액의 전리도}(a) = \frac{\text{전리된 몰 농도}}{\text{전체 몰 농도}}$$

35 제2족 구리족 양이온과 제2족 주석족 양이온을 분리하는 시약은?

① HCl ② H_2S
③ Na_2S ④ $(NH_4)_2CO_3$

해설 제2족 구리족 양이온과 제2족 주석족 양이온을 분리하는 시약은 H_2S이다.

36 다음 중 건조용으로 사용되는 실험기구는?

① 데시케이터 ② 피펫
③ 메스실린더 ④ 플라스크

해설 데시케이터 : 고체 또는 액체의 건조제를 사용하여 각종 물체를 건조시키거나 저장하는 데 쓰이는 두꺼운 유리 용기

37 25℃에서 용해도가 35인 염 20g을 50℃의 물 50mL에 완전 용해시킨 다음 25℃로 냉각하면 약 몇 g의 염이 석출되는가?

① 2.0 ② 2.3
③ 2.5 ④ 2.8

해설 35g/100g=25℃ 용해도이므로 밀도를 1g/mL라 하면 17.5g/50mL이다.
∴ 20g−17.5g=2.5g이 석출된다.

38 불꽃반응 색깔을 관찰할 때 노란색을 띠는 것은?

① K ② As
③ Ca ④ Na

해설 ① K : 보라색
② As : 푸른색
③ Ca : 주황색
④ Na : 노란색

39 약염기를 강산으로 적정할 때 당량점의 pH는?

① pH 4 이하 ② pH 7 이하
③ pH 7 이상 ④ pH 4 이상

해설 약염기를 강산으로 적정 시에는 약산의 당량점을 가진다. 강산은 되지 않는다.

40 97wt% H_2SO_4의 비중이 1.836이라면 이 용액 노르말 농도는 약 몇 N인가? (단, H_2SO_4의 분자량은 98.08이다.)

① 18 ② 36
③ 54 ④ 72

해설 0.97×1.836/98.08/2×1,000=36.3N

41 빛이 음파처럼 여러 가지 빛이 합쳐 빛의 세기를 증가하거나 서로 상쇄하여 없앨 수 있다. 예를 들면 여러 개의 종이에 같은 물감을 그린 다음 한 장만 보면 연하게 보이지만 여러 장을 겹쳐보면 진하게 보인다. 그리고 여러 가지 물감을 섞으면 본래의 색이 다르게 나타나는 이러한 현상을 무엇이라 하는가?

① 빛의 상쇄 ② 빛의 간섭
③ 빛의 이중성 ④ 빛의 회절

해설 ① 빛의 상쇄 : 물질에서 전반사가 일어날 때 표면에서 일어나는 파
③ 빛의 이중성 : 빛은 파동의 성질과 입자의 성질을 모두 가지고 있다.
④ 빛의 회절 : 빛이 장애물 뒤쪽의 기하학적인 그늘이 되어야 하는 부분에 침입하여 전해지는 현상

정답 34. ④ 35. ② 36. ① 37. ③ 38. ④ 39. ② 40. ② 41. ②

42 포화 칼로멜(calomel) 전극 안에 들어 있는 용액은?

① 포화 염산
② 포화 황산알루미늄
③ 포화 염화칼슘
④ 포화 염화칼륨

해설 포화 칼로멜 전극 안의 용액 : 포화 Hg_2Cl_2, 포화 KCl, Hg

43 유리 기구의 취급 방법에 대한 설명으로 틀린 것은?

① 유리 기구를 세척할 때에는 중크롬산칼륨과 황산의 혼합 용액을 사용한다.
② 유리 기구와 철제, 스테인리스강 등 금속재질의 실험 실습 기구는 같이 보관한다.
③ 뷰렛, 메스실린더, 피펫 등 눈금이 표시된 유리 기구는 가열하지 않는다.
④ 깨끗이 세척된 유리 기구는 유리 기구의 벽에 물방울이 없으며, 깨끗이 세척되지 않은 유리 기구의 벽은 물방울이 남아 있다.

해설 유리 기구와 철제, 스테인리스강 등 금속재질의 실험 기구는 같이 보관하면 유리 기구가 깨질 위험이 있다.

44 기체 크로마토그래피에서 정지상에 사용하는 흡착제의 조건이 아닌 것은?

① 점성이 높아야 한다.
② 성분이 일정해야 한다.
③ 화학적으로 안정해야 한다.
④ 낮은 증기압을 가져야 한다.

해설 ① 점성이 낮아야 한다.

45 과망간산칼륨 시료를 20ppm으로 1L를 만들려고 한다. 이 때 과망간산칼륨을 몇 g 칭량하여야 하는가?

① 0.0002g ② 0.002g
③ 0.02g ④ 0.2g

해설 ppm=mg/L이므로
20ppm=20mg/L
20mg=0.02g

46 가스 크로마토그래프의 주요 구성부가 아닌 것은?

① 운반 기체부 ② 주입부
③ 흡광부 ④ 칼럼

해설 가스 크로마토그래프의 주요부
㉠ 시료 주입부
㉡ 운반 기체부
㉢ 데이터 처리장치
㉣ 운반기체 공급기
㉤ 유량계
㉥ 전기오븐
㉦ 분리관(칼럼)
㉧ 데이터 처리장치

47 용액이 산성인지 알칼리성인지 또는 중성인지를 알려면, 용액 속에 들어 있는 공존 물질과는 관계가 없고 용액 중의 $[H^+]$: $[OH^-]$의 농도비로 결정되는데 $[H^+] > [OH^-]$의 용액은?

① 산성 ② 알칼리성
③ 중성 ④ 약성

해설 산의 정의가 $H^+(H_3O^+)$이 나타내는 성질이므로 H^+의 농도가 OH^-의 농도보다 더 크면 산성이 된다.

48 가스 크로마토그래피의 검출기 중 불꽃 이온화 검출기에 사용되는 불꽃을 위해 필요한 기체는?

① 헬륨 ② 질소
③ 수소 ④ 산소

해설 불꽃 이온화 검출기에 사용되는 운반기체는 수소(H_2), 헬륨(He) 등이다.

정답 42. ④ 43. ② 44. ① 45. ③ 46. ③ 47. ① 48. ③

49 가스 크로마토그래피의 시료 혼합 성분은 운반 기체와 함께 분리관을 따라 이동하게 되는데 분리관의 성능에 영향을 주는 요인으로 가장 거리가 먼 것은?

① 분리관의 길이
② 분리관의 온도
③ 검출기의 기록계
④ 고정상의 충전 방법

해설 가스 크로마토그래피의 분리관의 성능에 영향을 주는 요인
㉠ 분리관의 길이
㉡ 분리관의 온도
㉢ 고정상의 충전 방법

50 분광광도계를 이용하여 시료의 투과도를 측정한 결과 투과도가 10%T이었다. 이 때 흡광도는 얼마인가?

① 0.5 ② 1
③ 1.5 ④ 2

해설 흡광도=2−log(%T)이므로 (T=투과도)
2−log(10)=1

51 다음 중 발화성 위험물끼리 짝지어진 것은?

① 칼륨, 나트륨, 황, 인
② 수소, 아세톤, 에탄올, 에틸에테르
③ 등유, 아크릴산, 아세트산, 크레졸
④ 질산암모늄, 니트로셀룰로오스, 피크린산

해설 발화성 위험물 : 칼륨, 나트륨, 황, 인

52 일반적으로 어떤 금속을 그 금속이온이 포함된 용액 중에 넣었을 때 금속이 용액에 대하여 나타내는 전위를 무엇이라 하는가?

① 전극전위 ② 과전압전위
③ 산화·환원전위 ④ 분극전위

해설 금속이 용액에 대하여 나타내는 전위를 전극전위라 한다.

53 용액 중의 물질이 빛을 흡수하는 성질을 이용하는 분석기기를 무엇이라 하는가?

① 비중계
② 용액 광도계
③ 액성 광도계
④ 분광 광도계

해설 용액 중의 물질이 빛을 흡수하는 성질을 이용하는 분석기기를 분광 광도계라 한다.

54 분광광도계의 부분 장치 중 다음과 관련 있는 것은?

광전증배관, 광다이오드, 광다이오드 어레이

① 광원부 ② 파장선택부
③ 시료부 ④ 검출부

해설 광전증배관, 광다이오드, 광다이오드 어레이는 검출부와 관련이 있다.

55 다음의 기호 중 적외선을 나타내는 것은 어느 것인가?

① VIS
② UV
③ IR
④ X−Ray

해설 적외선=IR(Infrared Ray)

56 가스 크로마토그래피(gas chromatography)로 가능한 분석은?

① 정성분석만 가능
② 정량분석만 가능
③ 반응속도분석만 가능
④ 정량분석과 정성분석이 가능

해설 가스 크로마토그래피는 정량분석과 정성분석이 가능하다. 머무름시간은 정성분석에, 면적은 정량분석에 사용한다.

정답 49. ③ 50. ② 51. ① 52. ① 53. ④ 54. ④ 55. ③ 56. ④

57 가시선의 광원으로 주로 사용하는 것은?

① 수소방전등　② 중수소방전등
③ 텅스텐등　④ 나트륨등

해설 가시선 광원으로는 텅스텐등, 필라멘트등을 사용한다.

58 가스 크로마토그래피(GC)에서 운반가스로 주로 사용되는 것은?

① O_2, H_2　② O_2, N_2
③ He, Ar　④ CO_2, CO

해설 가스 크로마토그래피의 운반가스는 시료 또는 분리관의 충진물과 반응하지 않아야 한다. N_2, He, Ar, H_2, CO_2, 등 비활성 기체를 사용한다.

59 액체-고체 크로마토그래피(LSC)의 분리 메커니즘은?

① 흡착　② 이온교환
③ 배제　④ 분배

해설 액체-고체 크로마토그래피의 분리 메커니즘은 흡착이다.

60 람베르트-비어 법칙에 대한 설명이 맞는 것은?

① 흡광도는 용액의 농도에 비례하고 용액의 두께에 반비례한다.
② 흡광도는 용액의 농도에 반비례하고 용액의 두께에 비례한다.
③ 흡광도는 용액의 농도와 용액의 두께에 비례한다.
④ 흡광도는 용액의 농도와 용액의 두께에 반비례한다.

해설 람베르트-비어의 법칙 : 흡광도는 흡수층의 두께에 비례하고 흡수하는 물질의 농도에 비례한다.

정답 57. ③ 58. ③ 59. ① 60. ③

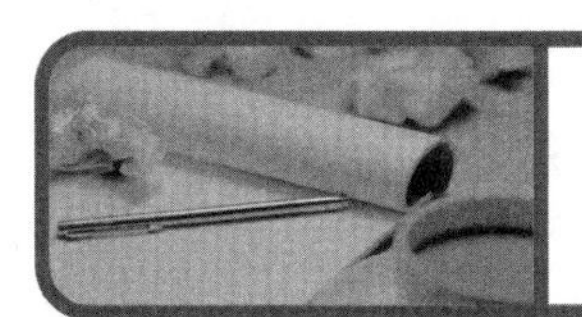

화학분석기능사

제1회 필기시험 ◀▶ 2016년 1월 24일 시행

01 벤젠고리 구조를 포함하고 있지 않은 것은?

① 톨루엔　② 페놀
③ 자일렌　④ 시클로헥산

해설

① 톨루엔

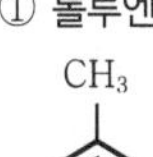

② 페놀

③ 자일렌(크실렌)

④ 시클로헥산

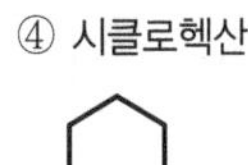

벤젠은 이중 결합이다. 시클로헥산은 단일 결합 고리 모양이다.

02 다음의 반응식을 기준으로 할 때 수소의 연소열은 몇 kcal/mol인가?

$$2H_2+O_2 \rightleftarrows 2H_2O+136kcal$$

① 136　② 68
③ 34　④ 17

해설 $2H_2+O_2 \rightleftarrows 2H_2O+136kcal$

수소는 2몰이므로, 1몰의 연소열은 $\frac{136kcal}{2mol}$=68kcal/mol

03 포화 탄화수소 중 알케인(alkane) 계열의 일반식은?

① C_nH_{2n}　② C_nH_{2n+2}
③ C_nH_{2n-2}　④ C_nH_{2n-1}

해설 ㉠ 알케인(alkane) : 포화 탄화수소(C_nH_{2n+2})
㉡ 알켄(alkene) : 이중 결합 1개를 가진 불포화 탄화수소(C_nH_{2n})
㉢ 알카인(alkyne) : 삼중 결합 1개를 가진 불포화 탄화수소(C_nH_{2n-2})

04 석고 붕대의 재료로 사용되는 소석고의 성분을 옳게 나타낸 것은?

① H_2SO_4　② $CaCO_3$
③ Fe_2O_3　④ $CaSO_4 \cdot \frac{1}{2}H_2O$

해설 ① H_2SO_4 : 황산
② $CaCO_3$: 탄산칼슘. 진주, 분필의 주성분으로 석회동굴의 주성분이다.
③ Fe_2O_3 : 산화철. 토양의 붉은색은 적철광에 기인한다.
④ $CaSO_4 \cdot \frac{1}{2}H_2O$: 소석고. 황산칼슘 반수화염

05 o-(ortho), m-(meta), p-(para)의 3가지 이성질체를 가지는 방향족 탄화수소의 유도체는?

① 벤젠
② 알데히드
③ 자일렌
④ 톨루엔

해설 자일렌(xylene)

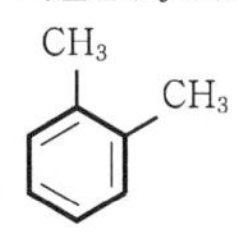
(ortho)

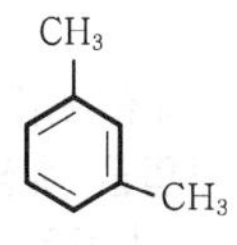
(meta)

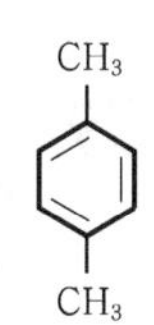
(para)

정답	01. ④	02. ②	03. ②	04. ④	05. ③

06 25wt%의 NaOH 수용액 80g이 있다. 이 용액에 NaOH를 가하여 30wt%의 용액을 만들려고 한다. 약 몇 g의 NaOH를 가해야 하는가?

① 3.7g　② 4.7g
③ 5.7g　④ 6.7g

해설 25wt% NaOH 수용액 80g에서 NaOH는 $\frac{25}{100} \times 80g = 20g$
첨가한 NaOH의 양을 x라 하고, 만들어야 할 용액이 30wt%
$\frac{20+x}{80+x} \times 100 = 30$이므로, $x = 5.7g$

07 다음의 0.1mol 용액 중 전리도가 가장 작은 것은?

① NaOH
② H_2SO_4
③ NH_4OH
④ HCl

해설 NH_4OH : 암모니아수(수산화암모늄). 암모니아(NH_3)의 수용액으로, NH_4OH의 존재로 있지 않고, 물 분자가 첨가된 $NH_3 \cdot H_2O$와 NH_4OH의 중간 상태에 있다고 여겨진다. 이온으로의 해리도가 매우 작다(약염기).

08 탄산수소나트륨 수용액의 액성은?

① 중성
② 염기성
③ 산성
④ 양쪽성

해설 탄산수소나트륨
$NaHCO_3 \rightleftarrows Na^+ + HCO_3^-$
$HCO_3^- + H_2O \rightleftarrows H_2CO_3 + OH^-$
탄산수소나트륨은 수용액에서 물과 반응하여 OH^-를 내놓으므로 염기성을 띤다.

09 어떤 비전해질 3g을 물에 녹여 1L로 만든 용액의 삼투압을 측정하였더니, 27℃에서 1기압이었다. 이 물질의 분자량은 약 얼마인가?

① 33.8　② 53.8
③ 73.8　④ 93.8

해설 $PV = nRT$
이때, $n = \frac{질량}{분자량}$, $R = 0.082 atm \cdot L/mol \cdot K$
$1atm \cdot 1L = \frac{3g}{x(g)/mol} \cdot 0.082atm \cdot L/mol \cdot K \cdot (27+273)K$
$x = 73.8$

10 전기 음성도의 크기 순서로 옳은 것은?

① Cl > Br > N > F
② Br > Cl > O > F
③ Br > F > Cl > N
④ F > O > Cl > Br

해설

H							He
Li	Be	B	C	N	[O]	[F]	Ne
Na	Mg	Al	Si	P	S	[Cl]	Ar
						[Br]	

전기 음성도↑

∴ F > O > Cl > Br
전기 음성도는 같은 족에서는 원자번호가 작을수록, 같은 주기에서는 원자번호가 클수록 크다.

11 건조 공기 속에서 헬륨은 0.00052%를 차지한다. 이는 몇 ppm인가?

① 0.052　② 0.52
③ 5.2　④ 52

해설 1%=10,000ppm이므로 0.00052%=5.2ppm

12 탄산음료수의 병마개를 열었을 때 거품(기포)이 솟아오르는 이유는?

① 수증기가 생기기 때문이다.
② 이산화탄소가 분해되기 때문이다.
③ 온도가 올라가게 되어 용해도가 증가하기 때문이다.
④ 병 속의 압력이 줄어들어 용해도가 줄어들기 때문이다.

정답 06. ③ 07. ③ 08. ② 09. ③ 10. ④ 11. ③ 12. ④

해설 탄산음료수는 밀폐된 병 속에 높은 압력으로 이산화탄소를 액체에 녹여 놓았기 때문에, 병마개를 열면 병 속 기체 부분의 기압이 낮아져서 액체 속에 녹아있는 이산화탄소가 기화된다.

13 다음 중 원소주기율표상 족이 다른 하나는?

① 리튬(Li)
② 나트륨(Na)
③ 마그네슘(Mg)
④ 칼륨(K)

해설

1족	2족	13족	14족	15족	16족	17족	18족
H							He
Li	Be	B	C	N	O	F	Ne
Na	Mg	Al	Si	P	S	Cl	Ar
K	Ca						

14 지방족 탄화수소가 아닌 것은?

① 아릴(aryl) ② 알켄(alkene)
③ 알킨(alkyne) ④ 알칸(alkane)

해설 ① 아릴(aryl) : 방향족 탄화수소
㉠ 방향족 탄화수소 : 탄소 화합물이 불포화 결합을 가지는 평면 고리 모양 예 벤젠(C_6H_6)
㉡ 지방족 탄화수소 : 방향족 화합물을 제외한 유기 화합물

15 산소 분자의 확산 속도는 수소 분자의 확산 속도의 얼마 정도인가?

① 4배 ② $\frac{1}{4}$
③ 16배 ④ $\frac{1}{16}$

해설 그레이엄 법칙(Graham) : 기체의 확산 속도는 기체의 분자량의 제곱근에 반비례한다.

$$\frac{O_2}{H_2}=\sqrt{\frac{2}{32}}=\frac{1}{4}$$

16 펜탄(C_5H_{12})은 몇 개의 이성질체가 존재하는가?

① 2개 ② 3개
③ 4개 ④ 5개

해설 C_5H_{12}는 총 3개의 이성질체가 존재

㉠ C－C－C－C－C

㉡ C－C－C－C (세 번째 C에 C 결합)

㉢ C－C－C (가운데 C의 위아래에 C 결합)

17 Na^+ 이온의 전자 배열에 해당하는 것은?

① $1s^2 2s^2 2p^6$ ② $1s^2 2s^2 3s^2 2p^4$
③ $1s^2 2s^2 3s^2 2p^5$ ④ $1s^2 2s^2 2p^6 3s^1$

해설 Na^+ 이온의 전자 배열
㉠ Na 원자번호 11번, 전자 11개 : $1s^2 2s^2 2p^6 3s^1$
㉡ Na^+는 Na에서 전자 하나를 잃고 이온화 되었으므로, $1s^2 2s^2 2p^6$

18 10g의 프로판이 완전연소하면 몇 g의 CO_2가 발생하는가?

① 25g ② 27g
③ 30g ④ 33g

해설 $C_3H_8 + 5O_2 \rightarrow 3CO_2 + 4H_2O$

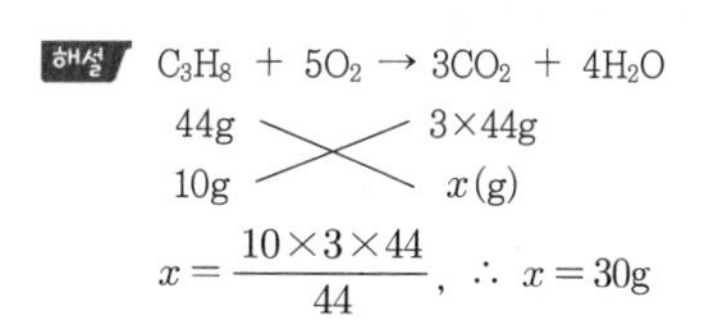

$x=\frac{10\times3\times44}{44}$, $\therefore x=30g$

19 반감기가 5년인 방사성 원소가 있다. 이 동위 원소 2g이 10년이 경과하였을 때 몇 g이 남겠는가?

① 0.125 ② 0.25
③ 0.5 ④ 1.5

해설 반감기 5년의 원소 2g → 10년 경과

$2g\times\left(\frac{1}{2}\right)^2=0.5g$

정답 13. ③ 14. ① 15. ② 16. ② 17. ① 18. ③ 19. ③

20 다음 중 원자의 반지름이 가장 큰 것은?

① Na ② K
③ Rb ④ Li

해설

H							He
Li	Be	B	C	N	O	F	Ne
Na	Mg	Al	Si	P	S	Cl	Ar
K	Ca						
Rb							

반지름↑

21 어떤 용기에 20℃, 2기압의 산소 8g이 들어 있을 때 부피는 약 몇 L인가? (단, 산소는 이상기체로 가정하고, 이상기체 상수 R의 값은 0.082atm · L/mol · K이다.)

① 3 ② 6
③ 9 ④ 12

해설 $PV=nRT$

이때, $n=\frac{\text{질량}}{\text{분자량}}$

$2\text{atm}\cdot x(\text{L})=\frac{8\text{g}}{32\text{g/mol}}\cdot 0.082\text{atm}\cdot\text{L/mol}\cdot\text{K}\cdot(20+273)\text{K}$

$\therefore\ x=3\text{L}$

22 다음 중 극성 분자인 것은?

① H_2O
② O_2
③ CH_4
④ CO_2

해설 ① H_2O (H–O–H 굽은형) 비대칭이므로 극성 분자
② O_2 O=O 대칭
③ CH_4 (H–C–H, 위아래 H) 대칭
④ CO_2 O=C=O 대칭

23 다음 중 비활성 기체가 아닌 것은?

① He ② Ne
③ Ar ④ Cl

해설 ④ Cl : 할로겐족 원소

24 물질의 일반식과 그 명칭이 옳지 않은 것은?

① R_2CO : 케톤
② R–O–R : 알코올
③ RCHO : 알데히드
④ $R-CO_2-R$: 에스테르

해설 R–O–R : 에테르(ether)

25 물 100g에 NaCl 25g을 녹여서 만든 수용액의 질량 백분율 농도는?

① 18% ② 20%
③ 22.5% ④ 25%

해설 질량 백분율$=\frac{25}{100+25}\times100=20\%$

26 아세톤이나 에탄올 검출에 이용되는 반응은?

① 은거울반응 ② 요오드포름반응
③ 비누화반응 ④ 술폰화반응

해설 ① 은거울반응 : 환원성 유기 화합물 검출에 이용된다.
예 포름알데히드, 글루코스, 타타르산염
② 요오드포름반응(리벤반응) : 아세틸기나 옥시에틸기를 가지는 화합물 검출에 이용된다. 아세틸기(CH_3CO^-) 또는 산화하면 아세틸기가 되는 $CH_3CH(OH)^-$를 가지는 화합물에 아이오딘과 수산화나트륨 수용액을 작용시키면 아이오도폼이 생성된다. 아이오도폼은 특유한 냄새가 나므로 검출하기 쉬우며, 따라서 에탄올이나 아세톤 검출반응에 사용된다.
③ 비누화반응 : 염기성 용액 내에서 에스터의 가수분해. 생성물은 알코올과 카복실산이다.
④ 술폰화반응 : 유기 화합물에 SO_3H기를 도입하여 술폰산을 합성하는 반응이다. 방향족 화합물의 술폰화반응은 공업적으로도 중요하여 염료와 세제합성에 응용된다.

정답 20. ③ 21. ① 22. ① 23. ④ 24. ② 25. ② 26. ②

27 1차 표준 물질이 갖추어야 할 조건 중 틀린 것은?

① 분자량이 작아야 한다.
② 조성이 순수하고 일정해야 한다.
③ 습기, CO_2 등의 흡수가 없어야 한다.
④ 건조 중 조성이 변하지 않아야 한다.

해설 1차 표준 물질의 조건
㉠ 물질의 조성이 일정하고, 매우 순수해야 한다.
㉡ 칭량 오차를 줄이기 위해 화학식량(분자량)이 가능한 높아야 한다.
㉢ 건조 중에 조성의 변화가 없어야 한다.
㉣ 대기 중의 습기와 이산화탄소 등의 흡수가 없어야 한다.

28 다음 중 알데히드 검출에 주로 쓰이는 시약은?

① 밀론 용액　② 비토 용액
③ 펠링 용액　④ 리베르만 용액

해설 ① 밀론 용액 : 티로신(tyrosin)이나 이를 포함하는 '단백질'의 정색 반응(발색 반응)
② 비토 용액 : '알데히드', '케톤'의 발색 반응
③ 펠링 용액 : 펠링 용액에 '알데히드'를 넣고 가열하면 Cu_2O의 붉은색 침전이 생김
$R-COH+Cu^{2+} \rightarrow R-COOH+Cu_2O\downarrow$
④ 리베르만 용액 : 생물학적 액체의 '콜레스테롤' 측정을 위한 발색 반응

29 산화환원적정에 주로 사용되는 산화제는?

① $FeSO_4$　② $KMnO_4$
③ $Na_2C_2O_4$　④ $Na_2S_2O_3$

해설 ㉠ 산화환원적정 산화제 : $KMnO_4$, O_3, Br_2, Cl_2, MnO_2, $K_2Cr_2O_7$, H_2O_2
㉡ 산화환원적정 환원제 : $FeSO_4$, $Na_2C_2O_4$, $Na_2S_2O_3$, H_2, CO, H_2S, K, Na, KI, $SnCl_2$, SO_2
㉢ 산화제, 환원제 양쪽으로 작용하는 물질 : SO_2, H_2O_2

30 황산바륨의 침전물에 흡착하기 쉽기 때문에 황산바륨의 침전물을 생성시키기 전에 제거해 주어야 할 이온은?

① Zn^{2+}　② Cu^{2+}
③ Fe^{2+}　④ Fe^{3+}

해설 황산바륨의 침전은 생성 조건에 따라 비교적 큰 결정부터 콜로이드상까지 생긴다. 또, Fe^{3+}, Cr^{3+}, Al^{3+} 등의 황산염을 공침시키는 성질이 있다.

31 양이온 제1족에 해당하는 것은?

① Ba^{++}　② K^{+}
③ Na^{+}　④ Pb^{++}

해설 ㉠ 양이온 1족 : 미지 시료 용액에 '염산' 용액을 넣을 때 앙금으로 가라앉는 성분. Ag^{+}, Hg^{2+}, Pb^{2+}
㉡ 양이온 2족 : '황화수소 가스'에 의해 앙금으로 되는 성분 Hg^{2+}, Pb^{2+}, Bi^{3+}, Cu^{2+}, Cd^{2+}, As^{3+}, As^{5+}, Sb^{3+}, Sb^{5+}, Sn^{2+}, Sn^{4+}
㉢ 양이온 3족 : '암모니아 완충 용액'으로 앙금이 되는 성분 Fe^{3+}, Al^{3+}, Cr^{3+}
㉣ 양이온 4족 : 염기성에서 '황화수소'에 의해 앙금이 되는 성분
㉤ 양이온 5족 : 탄산염으로 앙금이 되는 성분
㉥ 양이온 6족 : 앙금이 되지 않는 성분

32 다음 염소산 화합물의 세기 순서가 옳게 나열된 것은?

① $HClO > HClO_2 > HClO_3 > HClO_4$
② $HClO_4 > HClO > HClO_3 > HClO_2$
③ $HClO_4 > HClO_3 > HClO_2 > HClO$
④ $HClO > HClO_3 > HClO_2 > HClO_4$

해설 염소산 화합물의 세기 순서 : $HClO_4 > HClO_3 > HClO_2 > HClO$
H^{+}, ClO_3^{-}에서 Cl에 결합된 O의 개수가 많을수록 전자를 고르게 끌어당겨 비편재화 시킬 수 있으므로 안정하다. ClO_x가 안정할수록 H^{+}의 해리가 더 잘 진행되기 때문에 강산이다.

33 10℃에서 염화칼륨의 용해도는 43.1이다. 10℃, 염화칼륨 포화 용액의 % 농도는?

① 30.1
② 43.1
③ 76.2
④ 86.2

정답 27. ① 28. ③ 29. ② 30. ④ 31. ④ 32. ③ 33. ①

해설 ㉠ 용해도$=\frac{\text{용질(g)}}{\text{용매(g)}}\times100$

㉡ 퍼센트 농도$=\frac{\text{용질(g)}}{\text{용액(g)}}\times100$

∴ 용해도$=\frac{43.1}{100}\times100=43.1$

퍼센트 농도$=\frac{43.1}{143.1}\times100=30.1\%$

34 양이온 제1족의 분족 시약은?

① HCl ② H_2S
③ NH_4OH ④ $(NH_4)_2CO_3$

해설 ㉠ 양이온 1족 분족 시약 : HCl
㉡ 양이온 2족 분족 시약 : H_2S
㉢ 양이온 3족 분족 시약 : NH_4OH
㉣ 양이온 4족 분족 시약 : H_2S(염기성)
㉤ 양이온 5족 분족 시약 : 탄산염
※ 양이온 6족은 분족 시약이 없다.

35 양이온 계통 분리 시 분족 시약이 없는 족은?

① 제3족 ② 제4족
③ 제5족 ④ 제6족

해설 34번 해설 참조

36 20℃에서 포화 소금물 60g 속에 소금 10g이 녹아 있다면 이 용액의 용해도는?

① 10 ② 14
③ 17 ④ 20

해설 용해도$=\frac{\text{용질(g)}}{\text{용매(g)}}\times100=\frac{10}{(60-10)}\times100=20\%$

37 철광석 중의 철의 정량실험에서 자철광과 같은 시료는 염산에 분해되기 어렵다. 이때 분해되기 쉽도록 하기 위해서 넣어주는 것은?

① 염화제일주석
② 염화제이주석
③ 염화나트륨
④ 염화암모늄

해설 염화제일주석($SnCl_2$)은 Fe^{3+}을 환원시킨다.
$2Fe^{3+}(aq)+Sn^{2+}(aq) \rightleftarrows 2Fe^{2+}(aq)+Sn^{4+}(aq)$

38 기체의 용해도에 대한 설명으로 옳은 것은?

① 질소는 물에 잘 녹는다.
② 무극성인 기체는 물에 잘 녹는다.
③ 기체의 용해도는 압력에 비례한다.
④ 기체는 온도가 올라가면 물에 녹기 쉽다.

해설 ㉠ 기체의 용해도는 압력에 비례, 온도에 반비례한다.
㉡ 액체의 용해도는 압력과 온도에 비례한다.

39 제4족 양이온 분족 시 최종 확인 시약으로 디메틸글리옥심을 사용하는 것은?

① 아연 ② 철
③ 니켈 ④ 코발트

해설 디메틸글리옥심 : 니켈의 침전 시약

40 0.1N−NaOH 표준 용액 1mL에 대응하는 염산의 양(g)은? (단, HCl의 분자량은 36.47g/mol이다.)

① 0.0003647g
② 0.003647g
③ 0.03647g
④ 0.3647g

해설 $NV=N'V'$

$0.1\text{N}\cdot\text{NaOH}\,1\text{mL}=\frac{1\text{eq}}{36.47\text{g HCl}}\cdot x(\text{g})\cdot\text{HCl}$

∴ $x=0.003647\text{g}$

41 탄화수소 화합물의 검출에 가장 적합한 가스 크로마토그래피 검출기는?

① TID
② TCD
③ ECD
④ FID

정답 34. ① 35. ④ 36. ④ 37. ① 38. ③ 39. ③ 40. ② 41. ④

해설 ① TID(열이온 검출기) : 인과 질소를 함유한 유기 화합물을 선택적으로 검출한다.
② TCD(열전도도 검출기) : 분석물이 운반 기체와 함께 용출됨으로써 운반 기체의 열전도도가 변하는 것에 근거한다.
③ ECD(전자 포착 검출기) : 유기할로겐 화합물, 니트로 화합물, 유기금속 화합물을 선택적으로 검출한다.
④ FID(불꽃 이온화 검출기) : 탄화수소 화합물의 검출에 이용된다. 기체의 전기 전도도가 기체 중의 전하를 띤 입자의 농도에 직접 비례한다.

42 전기 분해 반응

$Pb^{2+}+2H_2O \rightleftarrows PbO_2(s)+H_2(g)+2H^+$에서 0.1A의 전류가 20분 동안 흐른다면, 약 몇 g의 PbO_2가 석출되겠는가? (단, PbO_2의 분자량은 239로 한다.)

① 0.10g ② 0.15g
③ 0.20g ④ 0.30g

해설 $Q=\text{It}$
$Q=0.1\text{A}\cdot(20\times60)\text{sec}=120C$
$1F=96,500C$
석출된 $PbO_2(g)=\dfrac{239\text{g}\times120C}{96,500C\times2e^-}=0.15\text{g}$

43 금속 이온의 수용액에 음극과 양극 2개의 전극을 담그고 직류 전압을 통하여 주면 금속 이온이 환원되어 석출된다. 이때, 석출된 금속 또는 금속 산화물을 칭량하여 금속 시료를 분석하는 방법은?

① 비색 분석 ② 전해 분석
③ 중량 분석 ④ 분광 분석

해설 ① 비색 분석 : 용액의 색의 농도 또는 그 색조를 표준 용액의 그것과 비교해서 물질의 양을 측정하는 분석법
② 전해 분석 : 전해 석출하는 물질의 질량, 전해에 필요한 전기량 분석
③ 중량 분석 : 정량하려고 하는 성분을 분리하여 일정 조성의 순물질로 하고, 그 질량 또는 잔류 질량에서 목적 성분의 양을 구하는 정량 분석법
④ 분광 분석 : 물질의 방출 스펙트럼 또는 흡수 스펙트럼을 조사하여 그 속에 있는 성분 원소나 화합물의 종류와 양을 판정하는 방법

44 가스크로마토그래피로 정성 및 정량 분석하고자 할 때 다음 중 가장 먼저 해야 할 것은?

① 본체의 준비
② 기록계의 준비
③ 표준 용액의 조제
④ 가스크로마토그래피에 의한 정성 및 정량 분석

해설 가스크로마토그래피 정성 · 정량 분석 순서 : 시험 용액 조제 → 본체, 기록계 준비 → 가스크로마토그래피에 의한 정성 및 정량 분석

45 액체 크로마토그래피에서 이동상으로 사용하는 용매의 구비 조건이 아닌 것은?

① 점도가 커야 한다.
② 적당한 가격으로 쉽게 구입할 수 있어야 한다.
③ 관 온도보다 20~50℃ 정도 끓는점이 높아야 한다.
④ 분석물의 봉우리와 겹치지 않는 고순도이어야 한다.

해설 액체 크로마토그래피의 이동상 용매 구비 조건
㉠ 분석 시료를 녹일 수 있어야 한다.
㉡ 분리 peak와 이동상 peak가 겹치지 않아야 한다.
㉢ 분리관의 사용 온도보다 20~50℃ 높은 온도의 비점을 가져야 한다.
㉣ 점도는 낮을수록 좋다.
㉤ 용질이나 충전물과 화학반응하지 않아야 한다.
㉥ 정지상을 용해하지 않아야 한다.

46 두 가지 이상의 혼합 물질을 단일 성분으로 분리하여 분석하는 기법은?

① 분광 광도법
② 전기 무게 분석법
③ 크로마토그래피법
④ 핵자기 공명 흡수법

정답 42. ② 43. ② 44. ③ 45. ① 46. ③

해설 ① 분광 광도법 : 빛의 스펙트럼을 이용하여 각 파장에 대한 빛 에너지의 분포를 조사하기 위해 빛의 분광기를 이용하여 단색광으로 나누고 그 세기를 측정하는 방법
② 전기 무게 분석법 : 분석 물질을 고체 상태로 작업 전극에 석출시켜 그 무게를 달아 분석하는 방법
③ 크로마토그래피법 : 무기물 및 유기물의 정성 및 정량 분석을 하는 방법. 흡착성 물질을 충전한 분리관을 고정으로 하고, 적당한 용제를 흘려 혼합 시료를 이동시키면, 시료 속의 각 성분은 충전물에 대해 흡착성과 용해성의 차에 따라 이동 속도차를 일으켜 분리되고, 검출기에 의해 성분량이 전기신호로 바껴 기록계에 보내진다.
④ 핵자기 공명 흡수법 : 원자핵의 스핀에 의한 자기 공명으로, 핵 스핀 공명이라고도 하며, NMR(Nuclear Magnetic Resonance spectroscopy)로 약칭한다.

47 람베르트-비어의 법칙은 $\log(I_0/I)=\varepsilon bC$ 로 나타낼 수 있다. 여기서 C를 mol/L, b를 액층의 두께(cm)로 표시할 때, 비례상수 ε인 몰 흡광계수의 단위는?

① L/cm · mol
② kg/cm · mol
③ L/cm
④ L/mol

해설

$$\log\left(\frac{I_o}{I}\right)=\varepsilon bC$$

$$\varepsilon=\frac{1}{b\cdot C}=\frac{1}{\text{cm}\cdot\text{mol/L}}=\text{L/cm}\cdot\text{mol}$$

48 전해 분석 방법 중 폴라로그래피(polarography)에서 작업 전극으로 주로 사용하는 전극은?

① 포화 칼로멜 전극
② 적하 수은 전극
③ 백금 전극
④ 유리막 전극

해설 전해 분석에서 폴라로그래피는 편극 상태의 작업 전극 전위를 외부로부터 변화시키면서 농도에 비례하는 전류의 변화를 측정하는 방법
㉠ 기준 전극 : 포화 칼로멜 전극
㉡ 작업 전극 : 적하 수은 전극

49 다음 중 투광도가 50%일 때 흡광도는 어느 것인가?

① 0.25 ② 0.30
③ 0.35 ④ 0.40

해설 ㉠ 투광도 $T=0.5$
㉡ 흡광도 $A=-\log T=-\log 0.5=0.3$

50 원자 흡광 광도계에서 시료 원자부가 하는 역할은?

① 시료를 검출한다.
② 시료를 원자 상태로 환원시킨다.
③ 빛의 파장을 원하는 값으로 조절한다.
④ 스펙트럼을 원하는 파장으로 분리한다.

해설 원자 흡광 광도계에서 시료 원자부는 불꽃법을 사용하여 불꽃의 열에너지로 시료를 원자 상태로 환원시킨다.

51 다음 크로마토그래피 구성 중 가스크로마토그래피에는 없고 액체 크로마토그래피에는 있는 것은?

① 펌프 ② 검출기
③ 주입구 ④ 기록계

해설 가스크로마토그래피의 운반 기체는 건조하고 순수해야 한다. 펌프를 사용하게 될 경우, 실린더 내로 수분이 들어갈 수 있으므로, 일반적으로 가스크로마토그래피에는 펌프를 사용하지 않는다.

52 pH 미터 보정에 사용하는 완충 용액의 종류가 아닌 것은?

① 붕산염 표준 용액
② 프탈산염 표준 용액
③ 옥살산염 표준 용액
④ 구리산염 표준 용액

해설 pH 미터 보정 시 사용되는 완충 용액 : 옥살산염, 프탈산염, 인산염, 붕산염, 탄산염

정답 47. ① 48. ② 49. ② 50. ② 51. ① 52. ④

53 종이 크로마토그래피법에서 이동도(R_f)를 구하는 식은? (단, C : 기본선과 이온이 나타난 사이의 거리[cm], K : 기본선과 전개 용매가 전개한 곳까지의 거리[cm]이다.)

① $R_f = \dfrac{C}{K}$

② $R_f = C \times K$

③ $R_f = \dfrac{K}{C}$

④ $R_f = K + C$

해설 종이 크로마토그래피법 이동도$(R_f) = \dfrac{C}{K}$

여기서, C : 기본선과 이온이 나타난 사이의 거리(cm)
K : 기본선과 용매가 전개한 곳까지의 거리(cm)

54 기체를 이동상으로 주로 사용하는 크로마토그래피는?

① 겔 크로마토그래피
② 분배 크로마토그래피
③ 기체-액체 크로마토그래피
④ 이온 교환 크로마토그래피

해설 ① 겔 크로마토그래피 : 액체 크로마토그래피
- 이동상 : 여러 용매
- 정지상 : 일정한 구멍 크기를 갖는 입자

② 분배 크로마토그래피 : 액체 크로마토그래피
분배 크로마토그래피는, 정지상의 종류에 따라 분류된다.

③ 기체-액체 크로마토그래피 : 기체크로마토그래피
- 이동상 : 비활성 기체(헬륨, 질소, 아르곤)
- 정지상 : 흡착성 물질

④ 이온 교환 크로마토그래피 : 액체 크로마토그래피
- 이동상 : 여러 용매
- 정지상 : 이온 교환 수지

55 다음 반반응의 Nernst 식을 바르게 표현한 것은? (단, Ox=산화형, Red=환원형, E=전극 전위, E^o=표준 전극 전위이다.)

$a\mathrm{Ox} + \mathrm{ne}^- \rightleftarrows b\mathrm{Red}$

① $E = E^o - \dfrac{0.0591}{n}\log\dfrac{[\mathrm{Red}]^b}{[\mathrm{O}x]^a}$

② $E = E^o - \dfrac{0.0591}{n}\log\dfrac{[\mathrm{O}x]^a}{[\mathrm{Red}]^b}$

③ $E = 2E^o + \dfrac{0.0591}{n}\log\dfrac{[\mathrm{Red}]^b}{[\mathrm{O}x]^a}$

④ $E = 2E^o - \dfrac{0.0591}{n}\log\dfrac{[\mathrm{Red}]^b}{[\mathrm{O}x]^a}$

해설 Nernst 식

$E = E^o - \dfrac{0.0591}{n}\log\dfrac{[\mathrm{Red}]^b}{[\mathrm{O}x]^a}$

$E = E^o - \dfrac{RT}{nF}\ln Q$

$E = E^o - \dfrac{0.0591\,V}{n}\log Q$

56 전위차 적정의 원리식(Nernst 식)에서 n은 무엇을 의미하는가?

$E = E_0 + \dfrac{0.0591}{n}\log C$

① 표준 전위차　　② 단극 전위차
③ 이온 농도　　④ 산화 수 변화

해설 $E = E_0 + \dfrac{0.0591}{n}\log C$

여기서, E : 단극 전위차
E_0 : 표준 전위차
n : 산화 수 변화(반쪽 반응의 전자 수)
C : 이온 농도

57 분광 광도계의 검출기 종류가 아닌 것은?

① 광전 증배관　　② 광 다이오드
③ 음극 진공관　　④ 광 다이오드 어레이

해설 분광 광도계의 검출기 : 광전 증배관, 광 다이오드, 광 다이오드 어레이
① 광전 증배관 : 광전 효과를 증폭시키는 장치
② 광 다이오드 : 빛에 조사되면 광전류를 발생시키는 다이오드
④ 광 다이오드 어레이 : 다수의 광 다이오드를 규칙적으로 배치하여 만든 것

정답 53. ① 54. ③ 55. ① 56. ④ 57. ③

58 원자 흡광 광도계의 특징으로 가장 거리가 먼 것은?

① 공해물질의 측정에 사용된다.
② 금속의 미량 분석에 편리하다.
③ 조작이나 전처리가 비교적 용이하다.
④ 유기 재료의 불순물 측정에 널리 사용된다.

해설 원자 흡광 광도계의 특징
㉠ 선택성과 감도가 좋다.
㉡ 시료가 용액인 경우 전처리가 필요없고, 고체 시료라도 전처리가 간단하다.
㉢ 극소량의 금속 성분 분석에 널리 사용된다.

59 분광 광도계로 미지 시료의 농도를 측정할 때 시료를 담아 측정하는 기구의 명칭은?

① 흡수 셀 ② 광 다이오드
③ 프리즘 ④ 회절격자

해설 시료 용기는 '흡수 셀' 또는 '큐벳'이라고 한다.

60 가스 크로마토그래피에서 운반 기체로 이용되지 않는 것은?

① 헬륨
② 질소
③ 수소
④ 산소

해설 가스 크로마토그래피에서 사용되는 운반 기체는 비활성 기체로 헬륨, 질소, 수소, 아르곤 등이 사용된다.

정답 58. ④ 59. ① 60. ④

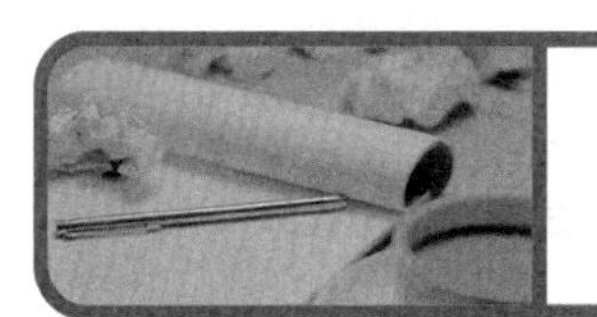

화학분석기능사

제4회 필기시험 ◀▶ 2016년 7월 10일 시행

01 유리의 원료이며 조미료, 비누, 의약품 등 화학공업의 원료로 사용되는 무기 화합물로 분자량이 약 106인 것은?

① 탄산칼슘
② 황산칼슘
③ 탄산나트륨
④ 염화칼륨

해설 ① 탄산칼슘($CaCO_3$) : 시멘트, 산화칼슘의 원료로, 제철·건축 재료 등의 각종 중화제로 사용된다.
② 황산칼슘($CaSO_4$) : 천연으로 다양하게 대량 산출되고, 공업적으로도 얻을 수 있다.
④ 염화칼륨(KCl) : 자연계 바닷물 속에 약 0.08% 포함되어 있으며, 실빈(sylvine) 또는 실바이트(sylvite)의 광물에서 얻는다.

02 다음 중 이온화 경향이 가장 큰 것은?

① Ca
② Al
③ Si
④ Cu

해설 이온화 경향 : 주기율표 왼쪽 아래(↙)로 갈수록 커진다. 그러므로, 제시된 4가지 원소 중에서 (Ca)가 가장 크다.

H							He
Li	Be	B	C	N	O	F	Ne
Na	Mg	13 (Al)	14 (Si)	P	S	Cl	Ar
K	20 (Ca)	…	29 (Cu)				

03 불순물을 10% 포함한 코크스가 있다. 이 코크스 1kg을 완전연소시키면 몇 kg의 CO_2가 발생하는가?

① 3.0
② 3.3
③ 12
④ 44

해설

$$C + O_2 \rightarrow CO_2$$

12 : 44 = 0.9×1kg : x(kg)

∴ $x = 3.3$kg

04 다음 물질 중 승화와 거리가 가장 먼 것은?

① 드라이아이스
② 나프탈렌
③ 알코올
④ 요오드

해설 승화 : 고체가 액체 상태를 거치지 않고 직접 기체로 변하거나 기체가 직접 고체로 변하는 현상
예 나프탈렌, 드라이아이스, 요오드

05 다음 반응식에서 평형이 왼쪽으로 이동하는 경우는?

$$N_2 + 3H_2 \rightleftarrows 2NH_3 + 92kJ$$

① 온도를 높이고 압력을 낮춘다.
② 온도를 낮추고 압력을 높인다.
③ 온도와 압력을 높인다.
④ 온도와 압력을 낮춘다.

해설 $N_2 + 3H_2 \rightleftarrows 2NH_3 + 92kJ$
왼쪽 반응이 우세해지기 위해서는, 분자의 몰수가 증가해야 하므로 압력을 감소시키고, 열을 흡수해야 하므로 온도를 높여준다.

정답 01. ③ 02. ① 03. ② 04. ③ 05. ①

06 다음 화학식의 올바른 명명법은?

$CH_3CH_2C \equiv CH$

① 2-에틸-3-부텐
② 2, 3-메틸에틸프로판
③ 1-부틴
④ 2-메틸-3 에틸 부텐

해설 첫 번째 탄소에 3중 결합이 포함되어 있으므로, 부틴(butyne) 또는 '뷰타인'으로 명명한다.
부틴(butyne) : 한 개의 삼중 결합을 가진 네 개의 탄소 사슬로 된 아세틸렌계 탄화수소

07 2M NaOH 용액 100mL 속에 있는 수산화나트륨의 무게는? (단, 원자량은 Na=23, O=16, H=1이다.)

① 80g ② 40g
③ 8g ④ 4g

해설 $\frac{2mol}{L} \times \frac{40g}{1mol} \times 0.1L = 8g$

08 나트륨(Na) 원자는 11개의 양성자와 12개의 중성자를 가지고 있다. 원자번호와 질량수는 각각 얼마인가?

① 원자번호 : 11, 질량수 : 12
② 원자번호 : 12, 질량수 : 11
③ 원자번호 : 11, 질량수 : 23
④ 원자번호 : 11, 질량수 : 1

해설 $^{23}_{11}Na$
원자량 : 23, 원자번호 : 11번
원자번호=양성자 수=전자 수
질량수=양성자 수+중성자 수

09 다음 중 유리를 부식시킬 수 있는 것은?

① HF ② HNO_3
③ NaOH ④ HCl

해설 HF : 불산으로, 유리를 부식시킨다.

10 47℃, 4기압에서 8L의 부피를 가진 산소를 27℃, 2기압으로 낮추었다. 이때 산소의 부피는 얼마가 되겠는가?

① 7.5L
② 15L
③ 30L
④ 60L

해설 $PV = nRT$에서 $V \propto \frac{T}{P}$이므로 비례식을 이용한다.

$8L \propto \frac{(273+47)℃}{4atm}$일 때

$x(L) \propto \frac{(273+27)℃}{2atm}$

$\therefore x = 15L$

11 중크롬산칼륨($K_2Cr_2O_7$)에서 크롬의 산화 수는?

① 2 ② 4
③ 6 ④ 8

해설 $(+1)\times2+2Cr+(-2)\times7=0$에서 $Cr=+6$

12 수소 분자 6.02×10^{23}개의 질량은 몇 g인가?

① 2 ② 16
③ 18 ④ 20

해설 6.02×10^{23}개는 1mol, 수소 분자 1mol은 2g

13 다음 물질 중에서 유기 화합물이 아닌 것은?

① 프로판
② 녹말
③ 염화코발트
④ 아세톤

해설 ㉠ 유기 화합물 : 홑원소물질인 탄소, 산화탄소, 금속의 탄산염, 시안화물, 탄화물 등을 제외한 탄소 화합물의 총칭 예 프로판, 녹말, 아세톤
㉡ 무기 화합물 : 탄소를 함유하지 않은 화합물과 탄소를 함유하는 간단한 화합물인 산화물, 시안화물, 탄산염 등을 말함 예 염화코발트

정답 06. ③ 07. ③ 08. ③ 09. ① 10. ② 11. ③ 12. ① 13. ③

14 주기율표상에서 원자번호 7의 원소와 비슷한 성질을 가진 원소의 원자번호는?

① 2　　② 11
③ 15　　④ 17

해설 원자번호 7=N(질소)
질소는 5족이므로, 같은 족에 있는 $_{7}N$, $_{15}P$, $_{33}As$의 원소들은 비슷한 성질을 갖는다.

15 소금 200g을 물 600g에 녹였을 때 소금 용액의 wt% 농도는?

① 25%　　② 33.3%
③ 50%　　④ 60%

해설
$$wt\% = \frac{용질}{용매}\times 100 = \frac{용질}{(용질+용액)}\times 100$$
$$= \frac{200g}{(200+600)g}\times 100 = 25\%$$

16 다음 중 방향족 탄화수소가 아닌 것은?

① 벤젠　　② 자일렌
③ 톨루엔　　④ 아닐린

해설 ① 벤젠

② 자일렌

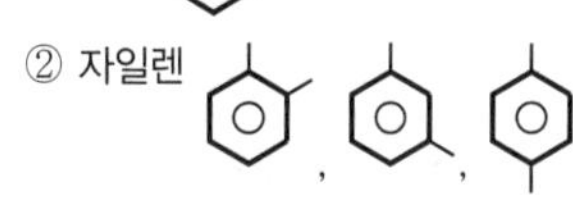

③ 톨루엔

④ 아닐린 NH_2

: 벤젠의 수소 하나가 아미노기($-NH_2$)로 치환한 화합물. '방향족 아민'에 해당함

17 이소프렌, 부타디엔, 클로로프렌은 다음 중 무엇을 제조할 때 사용되는가?

① 유리　　② 합성 고무
③ 비료　　④ 설탕

해설 합성 고무는 주로 석유의 열분해로 얻어지는 에틸렌, 아세틸렌, 프로필렌 등을 원료로 하여 부타디엔, 클로로프렌, 이소프렌, 프로필렌, 아크릴로니트릴 등을 만들어 그것을 중합시켜서 만든다.

18 어떤 기체의 공기에 대한 비중이 1.10일 때 이 기체에 해당하는 것은? (단, 공기의 평균 분자량은 29이다.)

① H_2　　② O_2
③ N_2　　④ CO_2

해설 O_2의 분자량 32g
$$\frac{32g}{29g} = 1.1034$$

19 혼합물의 분리 방법이 아닌 것은?

① 여과
② 대류
③ 증류
④ 크로마토그래피

해설 대류 : 액체나 기체가 부분적으로 가열될 때 데워진 것이 올라가고 차가운 것이 내려오면서 전체적으로 데워지는 현상

20 다음 중 이온화 에너지가 가장 작은 것은?

① Li　　② Na
③ K　　④ Rb

해설 이온화 에너지 : 주기율표상에서 오른쪽 위(↗)로 갈수록 커진다. 보기에 제시된 1족의 4개 원소 중에서는 Rb의 이온화 에너지가 가장 작다.

H							He
Li	Be	B	C	N	O	F	Ne
Na	Mg	Al	Si	P	S	Cl	Ar
K	Ca						
Rb							
Cs							
Fr							

정답 14. ③ 15. ① 16. ④ 17. ② 18. ② 19. ② 20. ④

21 MgCl₂ 2몰에 포함된 염소 분자는 몇 개인가?

① 6.02×10^{23}개
② 12.04×10^{23}개
③ 18.06×10^{23}개
④ 24.08×10^{23}개

해설 1몰에 포함된 염소 분자는 6.02×10^{23}개이므로
2몰에 포함된 염소 분자는 $(6.02 \times 10^{23}) \times 2 = 12.04 \times 10^{23}$개

22 에틸알코올의 화학식으로 옳은 것은?

① C_2H_5OH
② C_2H_4OH
③ CH_3OH
④ CH_2OH

해설 에틸알코올 화학식 : C_2H_5OH

23 순물질에 대한 설명으로 틀린 것은?

① 순수한 하나의 물질로만 구성되어 있는 물질
② 산소, 칼륨, 염화나트륨 등과 같은 물질
③ 물리적 조작을 통하여 두 가지 이상의 물질로 나누어지는 물질
④ 끓는점, 어는점 등 물리적 성질이 일정한 물질

해설 순물질 : 하나의 물질로만 구성되어 끓는점, 어는점, 밀도, 용해도의 물리적 성질이 일정하다.

24 묽은염산에 넣을 때 많은 수소 기체가 발생하며 반응하는 금속은?

① Au ② Hg
③ Ag ④ Na

해설 금속의 이온화 경향 크기
K>Ca>(Na)>Mg>Al>Zn>Fe>Ni>Sn>Pb>(H)>Cu>(Hg)>(Ag)>Pt>(Au)
Na이 H보다 이온화 경향이 커서 전자를 내놓아 양이온이 되기 쉽다. 전자를 받은 H^+은 H_2 기체가 된다.

25 다음 중 알칼리 금속에 속하지 않는 것은?

① Li ② Na
③ K ④ Si

해설 알칼리 금속 : 1족 원소(Li, Na, K, Rb, Cs, Fr)

26 다음 설명 중 틀린 것은?

① 물의 이온곱은 25℃에서 1.0×10^{-14} $(mol/L)^2$이다.
② 순수한 물의 수소이온농도는 1.0×10^{-7} mol/L이다.
③ 산성 용액은 H^+의 농도가 OH^-보다 더 큰 용액이다.
④ pOH 4는 산성 용액이다.

해설 pOH 4는 염기성 용액이다.

27 강산과 강염기의 작용에 의하여 생성되는 화합물의 액성은?

① 산성 ② 중성
③ 양성 ④ 염기성

해설 강산+강염기=중성

28 0.1N-NaOH 25.00mL를 삼각플라스크에 넣고 페놀프탈레인 지시약을 가하여 0.1N-HCl 표준 용액(f=1.000)으로 적정하였다. 적정에 사용된 0.1N-HCl 표준 용액의 양이 25.15mL 이었다. 0.1N-NaOH 표준 용액의 역가(factor)는 얼마인가?

① 0.1 ② 0.1006
③ 1.006 ④ 10.006

해설 $NVF = N'V'F'$
여기서, N : 시약의 노르말 농도
N' : 표준 용액의 노르말 농도
V : 사용된 시약의 양
V' : 사용된 표준 용액의 양
F : 시약의 역가
F' : 표준 용액의 역가

정답 21. ② 22. ① 23. ③ 24. ④ 25. ④ 26. ③ 27. ② 28. ③

$0.1N \times 25mL \times$ 역가 $= 0.1N \times 25.15mL \times 1$

$\therefore$ 역가 $F = \dfrac{0.1N \times 25.15mL \times 1}{0.1N \times 25mL}$

$= 1.006$

29 다음 중 양이온 분족 시약이 아닌 것은?

① 제1족 – 묽은염산
② 제2족 – 황화수소
③ 제3족 – 암모니아수
④ 제5족 – 염화암모늄

해설 제5족의 분족 시약 : NH_4OH, $(NH_4)_2CO_3$

30 EDTA 1mol에 대한 금속 이온 결합의 비는?

① 1 : 1 ② 1 : 2
③ 1 : 4 ④ 1 : 6

해설 EDTA 1mol에 대한 금속 이온 결합비는 1 : 1이다.

31 교반이 결정 성장에 미치는 영향이 아닌 것은?

① 확산 속도의 증진
② 1차 입자의 용해 촉진
③ 2차 입자의 용해 촉진
④ 불순물의 공침현상을 방지

해설 교반의 목적
㉠ 물질 이동(흡수, 용해, 화학반응)
㉡ 열이동(가열, 냉각)
㉢ 물리적 변화(분산, 응집, 균일화)

32 As_2O_3 중에 As의 1g 당량은 얼마인가? (단, As의 원자량은 74.92이다.)

① 18.73 ② 24.97
③ 37.46 ④ 74.92

해설 당량 $= \dfrac{\text{원자량}}{\text{원자가}}$

$= \dfrac{74.92}{3}$

$= 24.97$

33 양이온 1족에 속하는 Ag^+, Hg^{2+}, Pb^+의 염화물에 따라 용해도곱 상수(K_{sp})를 큰 순서로 바르게 나타낸 것은?

① $AgCl > PbCl_2 > Hg_2Cl_2$
② $PbCl_2 > AgCl > Hg_2Cl_2$
③ $Hg_2Cl_2 > AgCl > PbCl_2$
④ $PbCl_2 > Hg_2Cl_2 > AgCl$

해설 용해도곱(K_{sp}) 표현

$AB_2 \rightleftarrows [A^{2+}] + 2[B^-]$

$K = \dfrac{[A^{2+}][B^-]^2}{[AB_2]}$

㉠ $PbCl_2$ $K = \dfrac{[Pb^{2+}][Cl^-]^2}{[PbCl_2]}$

㉡ $AgCl$ $K = \dfrac{[Ag^+][Cl^-]}{[AgCl]}$

㉢ Hg_2Cl_2 $K = \dfrac{[Hg_2{}^{2+}][Cl^-]^2}{[Hg_2Cl_2]}$ → Hg는 농도가 반으로 간주된다.

$\therefore$ K_{sp}가 큰 순서 : ㉠ > ㉡ > ㉢

34 $aA + bB \rightleftarrows cC$ 식의 정반응 평형 상수는 어느 것인가?

① $\dfrac{[A][B]}{[C]}$ ② $\dfrac{[A]^a[B]^b}{[C]^c}$

③ $\dfrac{[C]^c}{[A]^a[B]^b}$ ④ $\dfrac{c[C]}{a[A]b[B]}$

해설 $aA + bB \rightleftarrows cC$

$K = \dfrac{[C]^c}{[A]^a[B]^b}$

35 수소화비소를 연소시켜 이 불꽃을 증발접시의 밑바닥에 접속시키면 비소거울이 된다. 이 반응의 명칭은?

① 구차이트 시험
② 베텐도르프 시험
③ 마시 시험
④ 리만 그린 시험

정답 29. ④ 30. ① 31. ③ 32. ② 33. ② 34. ③ 35. ③

해설 ① 구차이트 시험(Gutzeit) : 미량 비소의 발색을 통한 정량법이다.
② 베텐도르프 시험 : 비산염 용액을 진한염산에 가한 후, 염화주석(II)에 진한염산 포화 용액을 가해 비소를 검출한다.
④ 리만 그린 시험 : 아연 이온 시험이다.

36 10g의 어떤 산을 물에 녹여 200mL의 용액을 만들었을 때 그 농도가 0.5M이었다면, 이 산 1몰은 몇 g인가?

① 40g ② 80g
③ 100g ④ 160g

해설 $\frac{0.5\text{mol}}{\text{L}} = \frac{10\text{g}}{0.2\text{L}} \times \frac{1\text{mol}}{x(\text{g})}$
$\therefore x = 100\text{g}$

37 은법 적정 중 하나인 모르(Mohr) 적정법은 염소 이온(Cl^-)을 질산은($AgNO_3$) 용액으로 적정하면 은이온과 반응하여 적색 침전을 형성하는 반응이다. 이때 사용하는 지시약은?

① K_2CrO_4 ② Cr_2O_7
③ $KMnO_4$ ④ $Na_2C_2O_4$

해설 Mohr 적정법 : 질산은 용액을 표준 용액으로 할로겐 원소인 염소, 불소, 요오드의 각 이온을 적정에 의해 정량하는 방법
$NaCl + AgNO_3 \rightarrow AgCl\downarrow + NaNO_3$
이때, 중성 용액하에서 크롬산염을 종점지시약(적갈색으로 발색)으로 적정

38 양이온 정성 분석에서 제3족에 해당하는 이온이 아닌 것은?

① Fe^{3+} ② Ni^{2+}
③ Cr^{3+} ④ Al^{3+}

해설 양이온 제4족 : Co^{2+}, Ni^{2+}, Mn^{2+}, Zn^{2+}

39 중량 분석에 이용되는 조작 방법이 아닌 것은?

① 침전 중량법 ② 휘발 중량법
③ 전해 중량법 ④ 건조 중량법

해설 건조 중량법 : 수분을 제거하는 조작을 실시한 후의 시료의 중량

40 다음 킬레이트제 중 물에 녹지 않고 에탄올에 녹는 흰색 결정성의 가루로서 NH_3 염기성 용액에서 Cu^{2+}와 반응하여 초록색 침전을 만드는 것은?

① 쿠프론 ② 디페닐카르바지드
③ 디티존 ④ 알루미논

해설 쿠프론(cupron) : α-벤조인옥심
㉠ 화학식 : $C_{14}H_{13}NO_2$
㉡ 구조 : $C_6H_5-CH(OH)-C(=NOH)-C_6H_5$
㉢ 성질 : 백색 결정, 빛에 닿으면 흑색이 된다.
㉣ 용도 : 구리(II), 몰리브덴의 검출 및 정량 시약

41 액체 크로마토그래피의 분석용 관의 길이로서 가장 적당한 것은?

① 1~3cm ② 10~30cm
③ 100~300cm ④ 300~1,000cm

해설 액체 크로마토그래피의 분석용 관의 길이 : 10~30cm

42 가스 크로마토그래피(GC)에서 사용되는 검출기가 아닌 것은?

① 불꽃 이온화 검출기
② 전자 포획 검출기
③ 자외/가시광선 검출기
④ 열전도도 검출기

해설 자외/가시광선 검출기는 액체 크로마토그래피(LC)에 사용

43 원자 흡수 분광계에서 광원으로 속빈 음극등에 사용되는 기체가 아닌 것은?

① 네온(Ne) ② 아르곤(Ar)
③ 헬륨(He) ④ 수소(H_2)

정답 36. ③ 37. ① 38. ② 39. ④ 40. ① 41. ② 42. ③ 43. ④

해설 원자 흡수 분광계(AAS : Atomic Absorption Spectrometry)의 속빈 음극등에 사용되는 기체 : Ne, He, Ar

44 비색 측정을 하기 위한 발색 반응이 아닌 것은 어느 것인가?

① 염석 생성
② 착이온 생성
③ 콜로이드 용액 생성
④ 킬레이트 화합물 생성

해설 염석 : 다량의 전해질에 의해 수용액에 분산되어 있는 콜로이드 입자가 엉기는 현상

45 전해 분석에 대한 설명 중 옳지 않은 것은?

① 석출물은 다른 성분과 함께 전착하거나, 산화물을 함유하도록 한다.
② 이온의 석출이 완결되었으면 비커를 아래로 내리고 전원 스위치를 끈다.
③ 석출물을 세척, 건조, 칭량할 때에 전극에서 벗겨지거나 떨어지지 않도록 치밀한 전착이 이루어지게 한다.
④ 한 번 사용한 전극을 다시 사용할 때에는 따뜻한 6N-HNO_3 용액에 담가 전착된 금속을 제거한 다음 세척하여 사용한다.

해설 석출물은 다른 성분과 흡착되지 않아야 한다.

46 표준 수소 전극에 대한 설명으로 틀린 것은?

① 수소의 분압은 1기압이다.
② 수소 전극의 구성은 구리로 되어 있다.
③ 용액의 이온 평균 활동도는 보통 1에 가깝다.
④ 전위차계의 마이너스 단자에 연결된 왼쪽 반쪽 전지를 말한다.

해설 표준 수소 전극의 구성은 백금으로 되어 있다.

47 금속에 빛을 조사하면 빛의 에너지를 흡수하여 금속 중의 자유 전자가 금속 표면에 방출되는 성질을 무엇이라 하는가?

① 광전 효과
② 틴들 현상
③ Ramann 효과
④ 브라운 운동

해설 ② 틴들 현상 : 콜로이드 용액에서 빛을 비추면 입자가 분산되어 있어 빛의 통로가 밝게 보이는 현상
③ Ramann 효과 : 투명한 물질에 단일 파장의 빛을 쬐어 산란광을 분광시키면, 입사광과 같은 파장을 가진 빛 외에 다른 파장을 가진 스펙트럼선이 관측되는 현상
④ 브라운 운동 : 액체 혹은 기체 안에 떠서 움직이는 작은 입자의 불규칙한 운동

48 가스 크로마토그래피를 이용하여 분석을 할 때, 혼합물을 단일 성분으로 분리하는 원리는?

① 각 성분의 부피 차이
② 각 성분의 온도 차이
③ 각 성분의 이동 속도 차이
④ 각 성분의 농도 차이

해설 가스 크로마토그래피는 각 성분의 이동 속도 차이를 이용하여 혼합물을 분리한다.

49 용매만 있으면 모든 물질을 분리할 수 있고, 비휘발성이거나 고온에 약한 물질 분리에 적합하여 용매 및 칼럼, 검출기의 조합을 선택하여 넓은 범위의 물질을 분석 대상으로 할 수 있는 장점이 있는 분석 기기는?

① 기체 크로마토그래피(gas chromatog-raphy)
② 액체 크로마토그래피(liquid chromato-graphy)
③ 종이 크로마토그래피(paper chromato-graphy)
④ 분광 광도계(photoelectric spectropho-tometer)

정답 44. ① 45. ① 46. ② 47. ① 48. ③ 49. ②

해설 ① 기체 크로마토그래피 : 검출기가 다양하며, 검출기는 검출 한계가 낮아야 한다. 이동상의 기체를 사용하여 혼합 기체 시료를 그 성분 기체의 열전도율 차를 이용하여 검출, 정량하는 기기 분석법이다.
③ 종이 크로마토그래피 : 2종의 액상에 대하여 화합물의 분배 계수 차를 이용하는 방법이다.
④ 분광 광도계 : 시료의 파장별 세기를 측정하여 색도 좌표를 산출하는 색채 측정 장비이다.

50 특정 물질의 전류와 전압의 2가지 전기적 성질을 동시에 측정하는 방법은 무엇인가?

① 폴라로그래피 ② 전위차법
③ 전기 전도도법 ④ 전기량법

해설 ② 전위차법 : 시료 용액 중에 전극을 삽입하여 적정 반응에 수반되는 전극 전위의 변화를 측정한다.
③ 전기 전도도법 : 전해질 용액의 전기 전도도 측정에 의거한 화학 분석법이다.
④ 전기량법 : 전기량을 측정하는 분석법으로 패러데이의 법칙으로 계산할 수 있기 때문에 표준액을 필요로 하지 않는다.

51 분광 광도계에서 광전관, 광전자 증배관, 광전도 셀 또는 광전지 등을 사용하여 빛의 세기를 측정하는 장치 부분은?

① 광원부 ② 파장 선택부
③ 시료부 ④ 측광부

해설 ① 광원부 : 연속 광원(자외선, 가시선, 적외선)과 선광원(레이저 등)이 있다.
② 파장 선택부 : 단색화 장치나 필터가 사용되는 곳이다.
③ 시료부 : 시료 용기(셀, 큐벳)는 측정 영역의 복사선을 흡수하지 말아야 하고, 용매와 반응하지 않아야 한다.

52 혼합물로부터 각 성분들을 순수하게 분리하거나 확인, 정량하는 데 사용하는 편리한 방법으로 물질의 분리는 혼합물이 정지상이나 이동상에 대한 친화성이 서로 다른 점을 이용하는 분석법은?

① 분광 광도법
② 크로마토그래피법
③ 적외선 흡수 분광법
④ 자외선 흡수 분광법

해설 ① 분광 광도법 : 빛의 스펙트럼을 이용하여 각 파장에 대한 빛에너지의 분포를 조사하기 위해 빛을 분광기를 이용하여 단색광으로 나누고, 그 세기를 측정하는 방법이다.
③ 적외선 흡수 분광법 : 분자에 파장을 변화시킨 적외선을 연속적으로 조사해 나가면 분자 고유의 진동에너지에 대응하는 적외선이 흡수되어 분자의 구조에 대응하는 특유의 스펙트럼이 얻어진다.
④ 자외선 흡수 분광법 : 전자가 자외선을 흡수하여 기저 상태에서 여기 상태로 옮길 때의 흡수 스펙트럼의 상태를 조사한 자외선 파장의 함수로서 분석한 것이다.

53 pH의 값이 5일 때 pOH의 값은 얼마인가?

① 3 ② 5
③ 7 ④ 9

해설 $pH + pOH = 14$
$5 + x = 14$
$\therefore x = 9$

54 어느 시료의 평균 분자들이 칼럼의 이동상에 머무르는 시간의 분율을 무엇이라 하는가?

① 분배 계수 ② 머무름비
③ 용량 인자 ④ 머무름 부피

해설 ① 분배 계수 : 2개의 서로 섞이지 않은 액체 A, B에 어떤 물질이 일정한 온도와 압력하에서 용해하여 평형으로 달하였을 때 각 용액 중의 농도의 비 $K = C_A / C_B$를 분배 계수라고 한다.
③ 용량 인자 : 칼럼의 분리 성능을 평가하는 중요한 파라미터이다.
④ 머무름 부피 : 시료 성분 분자가 칼럼 내부에서 머무르는 동안 소요되는 용매의 부피이다.

55 분광 광도계에서 투과도에 대한 설명으로 옳은 것은?

① 시료 농도에 반비례한다.
② 입사광의 세기에 비례한다.
③ 투과광의 세기에 비례한다.
④ 투과광의 세기에 반비례한다.

정답 50. ① 51. ④ 52. ② 53. ④ 54. ② 55. ③

해설 투과도 $A = -\log T = -\log \frac{I}{I_o} = \varepsilon bC$

여기서, A : 흡광도
T : 투과도
I : 투과광의 농도
I_o : 입사광의 농도
ε : 몰흡광 계수
b : 광도의 길이
C : 농도

56 수소 이온의 농도(H^+)가 0.01mol/L일 때 수소이온농도지수(pH)는 얼마인가?

① 1 ② 2
③ 13 ④ 14

해설 $pH = -\log[H^+] = -\log(0.01) = 2$

57 기기 분석법의 장점으로 볼 수 없는 것은?

① 원소들의 선택성이 높다.
② 전처리가 비교적 간단하다.
③ 낮은 오차 범위를 나타낸다.
④ 보수, 유지 관리가 비교적 간단하다.

해설 기기 분석법 : 비교적 복잡한 메커니즘을 가진 기기를 사용하여 분석하므로 기기 분석이라 한다.

58 약 8,000Å보다 긴 파장의 광선을 무엇이라 하는가?

① 방사선 ② 자외선
③ 적외선 ④ 가시광선

해설 ① 방사선 : 어떤 원자핵이 다른 원자핵으로 바뀔 때 내놓는 알파선, 전자, 감마선, X선, 중성자를 방사선이라 한다.
② 자외선 : 약 10~397nm인 전자기파의 총칭이다.
④ 가시광선 : 380~780nm 범위의 파장을 가진 전자파이다.

59 약품을 보관하는 방법에 대한 설명으로 틀린 것은?

① 인화성 약품은 자연 발화성 약품과 함께 보관한다.
② 인화성 약품은 전기의 스파크로부터 멀고 찬 곳에 보관한다.
③ 흡습성 약품은 완전히 건조시켜 건조한 곳이나 석유 속에 보관한다.
④ 폭발성 약품은 화기를 사용하는 곳에서 멀리 떨어져 있는 창고에 보관한다.

해설 인화성 약품은 밀봉하거나 방폭형에 저장한다.

60 과망간산칼륨 표준 용액을 조제하려고 한다. 과망간산칼륨의 분자량은 얼마인가? (단, 원자량은 각각 K=39, Mn=55, O=16이다.)

① 126 ② 142
③ 158 ④ 197

해설 과망간산칼륨 : $KMnO_4 = 39 + 55 + (16 \times 4) = 158$

정답 56. ② 57. ④ 58. ③ 59. ① 60. ③

CBT 기출복원문제

화학분석기능사

제1회 필기시험 ◀▶ 2017년 1월 14일 시행

01 원소의 주기율에 대한 설명으로 틀린 것은?

① 최외각 전자는 족을 결정하고, 전자 껍질은 주기를 결정한다.
② 금속 원자는 최외각에 전자를 받아들여 음이온이 되려는 성질이 있다.
③ 이온화 경향이 큰 금속은 산과 반응하여 수소를 발생한다.
④ 같은 족에서 원자 번호가 클수록 금속성이 증가한다.

해설 금속 원자는 최외각 전자를 내보내 양이온이 되려는 성질이 있다.

02 두 원자 사이에서 극성 공유 결합한 것으로 구조가 대칭이 되므로 비극성 분자인 것은?

① CCl_4　② $CHCl_3$
③ CH_2Cl_2　④ CH_3Cl

해설 ① CCl_4

Cl
|
Cl − C − Cl
|
Cl

② $CHCl_3$

H
|
C
Cl　|　Cl
Cl

③ CH_2Cl_2

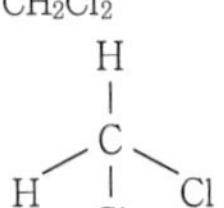

④ CH_3Cl

H
|
C
H　|　Cl
H

03 양쪽성 산화물에 해당하는 것은?

① Na_2O　② Al_2O_3
③ MgO　④ CO_2

해설 양쪽성 원소
Al, Zn, Ga, Pb, Sn, As

04 다음 중 황산 제2수은을 촉매로 아세틸렌을 물(묽은 황산 수용액)과 부가 반응시켰을 때 주로 얻을 수 있는 것은?

① 디에틸에테르
② 메틸알코올
③ 아세톤
④ 아세트알데히드

해설 $C_2H_2 + H_2O \xrightarrow{HgSO_4} CH_3CHO$

05 표준 상태(0℃, 101.3kPa)에서 22.4L의 무게가 가장 적은 기체는?

① 질소　② 산소
③ 아르곤　④ 이산화탄소

해설 표준 상태에서 22.4L=1mol의 기체 부피
① N_2 1mol=2×14g=28g
② O_2 1mol=32g
③ Ar 1mol=36g
④ CO_2 1mol=44g

06 다음 중 펠링 용액(Fehling's solution)을 환원시킬 수 있는 물질은?

① CH_3COOH　② CH_3OH
③ C_2H_5OH　④ $HCHO$

해설 펠링 용액 환원 반응, 은거울 반응 → 알데히드(−CHO)

정답 01. ② 02. ① 03. ② 04. ④ 05. ① 06. ④

07 기체를 포집하는 방법으로써 상방 치환으로 포집해야 하는 기체는?

① NH_3　② CO_2
③ SO_2　④ NO_2

해설 기체를 모으는 방법
㉠ 수상 치환 : 물에 잘 녹지 않는 기체를 물과 바꿔 놓아서 모으는 방법으로 순수한 기체를 모을 수 있다.
예 산소(O_2), 수소(H_2), 일산화탄소(CO) 등
㉡ 상방 치환 : 물에 녹는 기체 중에서 공기보다 가벼운 기체를 모으기에 적당한 방법이다.
예 암모니아(NH_3)
㉢ 하방 치환 : 물에 녹는 기체 중에서 공기보다 무거운 기체를 모으기에 적당한 방법이다.
예 염화수소(HCl), 이산화탄소(CO_2) 등

08 분자들 사이의 분산력을 결정하는 요인으로 가장 중요한 것은?

① 온도　② 전기 음성도
③ 전자수　④ 압력

해설 분자들 사이의 분산력을 결정하는 요인으로는 전자수가 가장 중요하다.

09 원자 번호가 26인 Fe의 전자 배치도에서 채워지지 않는 전자의 개수는?

① 1개　② 3개
③ 4개　④ 5개

해설
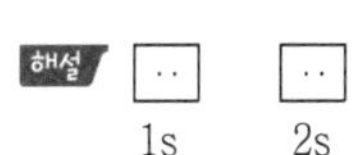
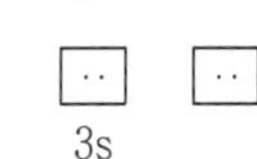
1s　2s　2p　3s　3p
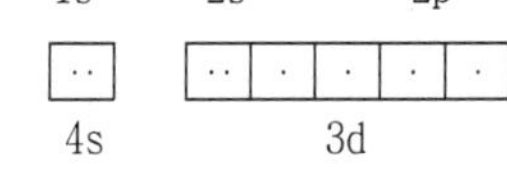
4s　3d

10 AgCl의 용해도가 0.0016g/L일 때 AgCl의 용해도곱은 얼마인가? (단, Ag의 원자량은 108, Cl의 원자량은 35.5임)

① 1.12×10^{-5}　② 1.12×10^{-3}
③ 1.2×10^{-5}　④ 1.2×10^{-10}

해설
$$[AgCl]=\frac{0.0016\,g}{L}\times\frac{mol}{143.5\,g}=11.15\times10^{-6}M$$
$$K_{sp}=[Ag^+][Cl^-]=(11.15\times10^{-6})^2=1.2\times10^{-10}M$$

11 97% H_2SO_4의 비중이 1.836이라면 이 용액은 몇 노르말인가? (단, H_2SO_4의 분자량은 98.08임)

① 28N　② 30N
③ 33N　④ 36N

해설 노르말 농도$=1,000\times1.836\times\frac{97}{100}\div49.04=36N$

12 양이온 제1족부터 제5족까지의 혼합액으로부터 양이온 제2족을 분리시키려고 할 때의 액성은 무엇인가?

① 중성
② 알칼리성
③ 산성
④ 액성과는 관계가 없다.

해설 $Mg(OH)_2 + 2H^+ \rightleftarrows Mg^{2+} + H_2O$
(산성)

13 Ba^{2+}, Ca^{2+}, Na^+, K^+ 4가지 이온이 섞여 있는 혼합 용액이 있다. 양이온 정성 분석 시 이들 이온을 Ba^{2+}, Ca^{2+}(5족)와 Na^+, K^+(6족) 이온으로 분족하기 위한 시약은?

① $(NH_4)_2CO_3$　② $(NH_4)_2S$
③ H_2S　④ 6M HCl

해설 $BaCO_3\downarrow$, $CaCO_3\downarrow$ → 하얀색 침전 생성

14 은법 적정 중 하나인 모르(Mohr) 적정법은 염소 이온(Cl^-)을 질산은($AgNO_3$) 용액으로 적정하면 은 이온과 반응하여 적색 침전을 형성하는 반응이다. 이때 사용하는 지시약은?

① K_2CrO_4　② Cr_2O_7
③ $KMnO_4$　④ $Na_2C_2O_4$

정답 07. ① 08. ③ 09. ③ 10. ④ 11. ④ 12. ③ 13. ① 14. ①

해설 은법 적정 중 하나인 모르(Mohr) 적정법은 염소 이온(Cl^-)을 질산은($AgNO_3$) 용액으로 적정하면 은 이온과 반응하여 적색 침전을 형성하는 반응으로, 이때 K_2CrO_4의 지시약을 사용한다.

15 수산화 침전물이 생성되는 것은 몇 족의 양이온인가?

① 1
② 2
③ 3
④ 4

해설 $Al(OH)_3$↓ 침전물
3족 양이온 + OH^- → 침전물

16 그래프의 적정 곡선은 다음 중 어떻게 적정하는 경우인가?

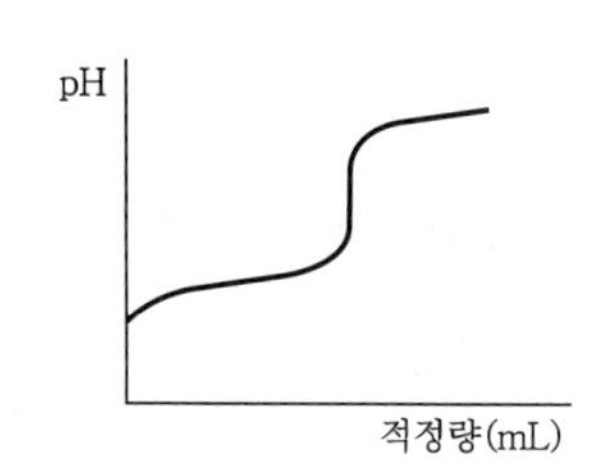

① 다가산을 적정하는 경우
② 약산을 약염기로 적정하는 경우
③ 약산을 강염기로 적정하는 경우
④ 강산을 약산으로 적정하는 경우

해설 당량점 이후로 pH가 증가하므로 약산+강염기의 적정이다.

17 오르자트(Orsat) 장치는 어떤 분석에 사용되는 장치인가?

① 기체 분석
② 액체 분석
③ 고체 분석
④ 고-액 분석

해설 오르자트(Orsat) 장치는 기체를 분석하는 장치이다.

18 다음 중 선광계(편광계)의 광원으로 사용되는 것은?

① 속빈 음극 램프
② Nernst 램프
③ 나트륨 증기 램프
④ 텅스텐 램프

해설 나트륨 증기 램프는 선광계(편광계)의 광원으로 사용된다.

19 다음 중 에너지가 가장 큰 것은?

① 적외선 ② 자외선
③ X-선 ④ 가시광선

해설 $E = h\nu = h\frac{c}{\lambda}$, $E \propto \frac{1}{\lambda}$

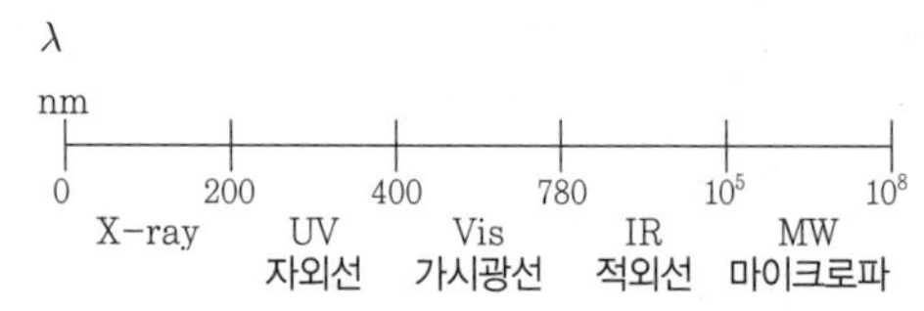

20 가스 크로마토그래피에서 비결합 전자를 갖는 원소 화합물을 분리할 때 주로 사용되는 충전 분리관의 재질은?

① 알루미늄 ② 강철
③ 유리 ④ 구리

해설 가스 크로마토그래피에서 비결합 전자를 갖는 원소 화합물을 분리할 때 유리 재질로 된 충전 분리관을 사용한다.

21 산과 염기의 농도 분석을 전위차법으로 할 때 사용하는 전극은?

① 은 전극 - 유리 전극
② 백금 전극 - 유리 전극
③ 포화 칼로멜 전극 - 은 전극
④ 포화 칼로멜 전극 - 유리 전극

해설 산과 염기의 농도 분석을 전위차법으로 할 때 사용하는 전극은 포화 칼로멜 전극-유리 전극이다.

정답 15. ③ 16. ③ 17. ① 18. ③ 19. ③ 20. ③ 21. ④

22 0℃, 2atm에서 산소 분자수가 2.15×10^{21}개이다. 이때 부피는 약 몇 mL가 되겠는가?

① 40 ② 80
③ 100 ④ 120

해설 $PV=nRT$에서

$$V=\frac{nRT}{P}$$

$$=\frac{(2.15\times10^{21}\text{개})(1\text{mol}/6.02\times10^{23}\text{개})(0.082\text{atm}\cdot\text{L/mol}\cdot\text{K})(273\text{K})}{2\text{atm}}$$

$$=3.9975\times10^{-2}\text{L}\fallingdotseq40\text{mL}$$

23 다음 중 포화탄화수소 화합물은?

① 건성유 ② 요오드값이 큰 것
③ 시클로헥산 ④ 생선 기름

해설 포화탄화수소는 alkane, cycloalkane류이다.
건성유 : 일반적으로 불포화 결합이 많을수록 요오드의 첨가 반응이 많이 일어나고, 대기 중의 산소와 반응하여 건조되는 성질이 있다.

24 열의 일당량의 값으로 옳은 것은?

① 427kgf · m/kcal
② 539kgf · m/kcal
③ 632kgf · m/kcal
④ 778kgf · m/kcal

해설 1cal=4.184J
9.8N=1kgf(kilogram-force)
9.8N · m=9.8J=1kgf · m
∴ 1kcal=4184J/(9.8J/1kgf · m)=427kgf · m

25 다음 중 명명법이 잘못된 것은?

① $NaClO_3$: 아염소산나트륨
② Na_2SO_3 : 아황산나트륨
③ $(NH_4)_2SO_4$: 황산암모늄
④ $SiCl_4$: 사염화규소

해설 ① $NaClO_3$: 염소산나트륨

26 이소프렌, 부타디엔, 클로로프렌은 다음 중 무엇을 제조할 때 사용되는가?

① 합성 섬유 ② 합성 고무
③ 합성 수지 ④ 세라믹

해설 합성 고무는 부타디엔, 스티렌, 아크릴로니트릴, 클로로프렌 등의 중합체이다.

27 화학 반응에서 촉매의 작용에 대한 설명으로 틀린 것은?

① 평형 이동에는 무관하다.
② 물리적 변화를 일으킬 수 있다.
③ 어떠한 물질이라도 반응이 일어나게 한다.
④ 반응 속도에는 소량을 가하더라도 영향이 미친다.

해설 촉매는 화학 반응 속도를 변화하게 만드는 물질이다.

28 양이온 계통 분석에서 가장 먼저 검출하여야 하는 이온은?

① Ag^{+} ② Cu^{2+}
③ Mg^{2+} ④ NH^{4+}

해설 양이온 제1족은 Ag^{+}, Pb^{2+}, Hg_2^{2+}이다.

29 다음 중 제3족 양이온으로 분류하는 이온은?

① Al^{3+} ② Mg^{2+}
③ Ca^{2+} ④ As^{3+}

해설 제3족 양이온은 Fe^{3+}, Fe^{2+}, Al^{3+}, Cr^{3+}이다.

30 제4족 양이온 분족 시 최종 확인 시약으로 디메틸글리옥심을 사용하는 것은?

① 아연 ② 철
③ 니켈 ④ 코발트

해설 양이온 제4족 Ni 확인 반응은 디메틸글리옥심(붉은색 침전)으로 한다.

정답 22. ① 23. ③ 24. ① 25. ① 26. ② 27. ③ 28. ① 29. ① 30. ③

31 유리 기구의 취급 방법에 대한 설명으로 틀린 것은?

① 유리 기구를 세척할 때에는 중크롬산칼륨과 황산의 혼합 용액을 사용한다.
② 유리 기구와 철제, 스테인리스강 등 금속으로 만들어진 실험 실습 기구는 같이 보관한다.
③ 메스플라스크, 뷰렛, 메스실린더, 피펫 등 눈금이 표시된 유리 기구는 가열하지 않는다.
④ 깨끗이 세척된 유리 기구는 유리 기구의 벽에 물방울이 없으며, 깨끗이 세척되지 않은 유리 기구의 벽은 물방울이 남아 있다.

해설 유리 기구를 금속 기구와 같이 보관하면 깨지기 쉽다.

32 가스 크로마토그래피(GC)에서 운반 가스로 주로 사용되는 것은?

① O_2, H_2　② O_2, N_2
③ He, Ar　④ CO_2, CO

해설 화학적으로 반응성이 없는 운반 기체를 사용한다.

33 적외선 흡수 분광법에서 액체 시료는 어떤 시료판에 떨어뜨리거나 발라서 측정하는가?

① K_2CrO_4　② KBr
③ CrO_3　④ $KMnO_4$

해설 KBr은 $400cm^{-1}$ 이상의 적외선을 흡수하지 않는다.

34 이상적인 pH 전극에서 pH가 1단위 변할 때 pH 전극의 전압은 약 얼마나 변하는가?

① 96.5mV　② 59.2mV
③ 96.5V　④ 59.2V

해설 이상적인 pH 전극에서 pH가 1단위 변할 때 pH 전극의 전압은 59.16mV씩 변한다(Nernst식으로부터 유도됨).

35 어떤 시료를 분광 광도계를 이용하여 측정하였더니 투과도가 10%T이었다. 이때 흡광도는 얼마인가?

① 0.1　② 0.8
③ 1　④ 1.6

해설 $A = -\log T = -\log\frac{1}{10} = 1$

36 분석하려는 시료 용액에 음극과 양극을 담근 후 음극의 금속을 전기 화학적으로 도금하여 전해 전·후의 음극 무게 차이로부터 시료에 있는 금속의 양을 계산하는 분석법은?

① 전위차법(potentiometry)
② 전해 무게 분석법(electrogravimetry)
③ 전기량법(coulometry)
④ 전압 전류법(voltammetry)

해설 ① 전위차법 : 전류가 거의 흐르지 않는 상태에서 전지 전위를 측정하여 분석에 이용하는 방법(기준 전극, 지시 전극 및 전지 전위 측정 기기가 필요)이다.
③ 전기량법 : 한 분석물을 충분한 시간 동안 완전히 산화 또는 환원시키는 데 필요한 전기량을 측정하는 방법으로, 사용된 전기량이 분석물의 양에 비례한다. 종류로는 일정 전위 전기량법, 일정 전류 전기량법, 전기량법 적정이 있다.
④ 전압 전류법 : 편극된 상태에 있는 작업 전극의 전위를 기준 전극에 대해 시간에 따라 여러 방식으로 변화시키면서 전류를 측정하는 방법이다.

37 중크롬산칼륨 표준 용액 1,000ppm으로 10ppm의 시료 용액 100mL를 제조하고자 한다. 필요한 표준 용액의 양은 몇 mL인가?

① 1　② 10
③ 100　④ 1,000

해설 $1{,}000\text{ppm} \times x(\text{mL}) = 10\text{ppm} \times 100\text{mL}$
$\therefore x = 1$

cf) • ppm(parts per millions)$= \frac{\text{mg 용질}}{\text{kg 용액}} = \frac{\text{부분}}{\text{전체}} \times 10^6$
• %(parts per cent)$= \frac{\text{부분}}{\text{전체}} \times 100$

정답 31. ② 32. ③ 33. ② 34. ② 35. ③ 36. ② 37. ①

38 할로겐 원소의 성질 중 원자번호가 증가할수록 작아지는 것은?

① 금속성
② 반지름
③ 이온화 에너지
④ 녹는점

해설 할로겐 원소의 성질 중 원자번호가 증가할수록 이온화 에너지는 작아진다.

39 다음 반응 중 이산화황이 산화제로 작용한 것은?

① $SO_2 + NaOH \rightleftarrows NaHSO_3$
② $SO_2 + Cl_2 + 2H_2O \rightleftarrows H_2SO_4 + 2HCl$
③ $SO_2 + H_2O \rightleftarrows H_2SO_3$
④ $SO_2 + 2H_2S \rightleftarrows 3S + 2H_2O$

해설 ㉠ 산화제로 작용 : 환원력이 강한 H_2S와 반응한다.

$$S^{4+}O_2 + 2H_2S \rightarrow 2H_2O + 3S^{o}$$

환원(산화제로 작용)

㉡ 환원제로 작용

$$S^{4+}O_2 + 2H_2O + Cl_2 \rightarrow H_2S^{6+}O_4 + 2HCl$$

산화(환원제로 작용)

40 다음 중 산성의 세기가 가장 큰 것은?

① HF
② HCl
③ HBr
④ HI

해설 산성의 세기가 큰 순서 : HI > HBr > HCl > HF

41 다음 반응에서 생성되는 침전물의 색상은?

$$Pb^{2+} + H_2SO_4 \rightarrow PbSO_4 + 2H^+$$

① 흰색 ② 노란색
③ 초록색 ④ 검정색

해설 $PbSO_4\downarrow$: 흰색

42 pH가 10인 NaOH 용액 1L에는 Na^+ 이온이 몇 개 포함되어 있는가? (단, 아보가드로수는 6×10^{23}이다.)

① 6×10^{16} ② 6×10^{19}
③ 6×10^{21} ④ 6×10^{25}

해설 $pH = -\log[H^+]$
$pOH = 14 - pH = -\log[OH^-]$
$pOH = 4 = -\log[OH^-]$
$[OH^-] = 10^{-4} mol/L$
$[OH^-] : [Na^+] = 1 : 1$
$[Na^+] = 10^{-4} mol/L$
즉, 1L 속 $Na^+ = 1L \times 10^{-4} mol/L = 10^{-4} mol$
$\therefore 6.022\times10^{23}\times10^{-4} = 6.022\times10^{19}$개

43 이온곱과 용해도곱 상수(K_{sp})의 관계 중 침전을 생성시킬 수 있는 것은?

① 이온곱 $> K_{sp}$
② 이온곱 $= K_{sp}$
③ 이온곱 $< K_{sp}$
④ 이온곱 $= \dfrac{K_{sp}}{\text{해리상수}}$

해설 침전을 생성시킬 수 있는 것 : 이온곱 $> K_{sp}$

44 다음 실험 기구 중 적정 실험을 할 때 직접적으로 쓰이지 않는 것은?

① 분석천칭 ② 뷰렛
③ 데시케이터 ④ 메스플라스크

해설 적정 실험을 할 때 직접적으로 쓰이는 기구
㉠ 분석천칭
㉡ 뷰렛
㉢ 메스플라스크

45 AgCl의 용해도가 0.0016g/L일 때 AgCl의 용해도 곱은 약 얼마인가? (단, Ag의 원자량은 108, Cl의 원자량은 35.5이다.)

① 1.12×10^{-5} ② 1.12×10^{-3}
③ 1.2×10^{-5} ④ 1.2×10^{-10}

정답 38. ③ 39. ④ 40. ④ 41. ① 42. ② 43. ① 44. ③ 45. ④

해설 $AgCl(s) \rightleftarrows Ag^{+} + Cl^{-}$에서, $K_{sp} = [Ag^{+}][Cl^{-}]$이다.

$$[AgCl] = \frac{0.0016g}{1L} \times \frac{1mol}{143.5g} = 1.11 \times 10^{-5}M$$

$$K_{sp} = (1.11 \times 10^{-5})^2 = 1.24 \times 10^{-10}$$

46 다음 중 시약의 취급방법에 대한 설명으로 틀린 것은?

① 나트륨과 칼륨의 알칼리금속은 물속에 보관한다.
② 브롬산, 플루오르화수소산은 피부에 닿지 않게 한다.
③ 알코올, 아세톤, 에테르 등은 가연성이므로 취급에 주의한다.
④ 농축 및 가열 등의 조작 시 끓임쪽을 넣는다.

해설 ① 나트륨과 칼륨의 알칼리금속은 석유(등유) 속에 보관한다.

47 pH미터에 사용하는 포화 칼로멜 전극의 내부 관에 채워져 있는 재료로 나열된 것은?

① Hg, Hg_2Cl_2, 포화 KCl
② 포화 KOH 용액
③ Hg_2Cl_2, KCl
④ Hg, KCl

해설 pH미터에 사용하는 포화 칼로멜 전극의 내부 관에 채워져 있는 재료 : Hg, Hg_2Cl_2, 포화 KCl

48 분석 시료의 각 성분이 액체 크로마토그래피 내부에서 분리되는 이유는?

① 흡착
② 기화
③ 건류
④ 혼합

해설 분석 시료의 각 성분이 액체 크로마토그래피 내부에서 분리되는 이유 : 흡착

49 종이 크로마토그래피에서 우수한 분리도에 대한 이동도의 값은?

① 0.2~0.4 ② 0.4~0.8
③ 0.8~1.2 ④ 1.2~1.6

해설 종이 크로마토그래피에서 우수한 분리도에 대한 이동도의 값 : 0.4~0.8

50 분극성 미소전극과 비분극성 대극과의 사이에 연속적으로 변화하는 전압을 가하여 전해에 의해 생긴 전류를 측정하여, 전압과 전류의 관계곡선(전류-전압 곡선)을 그려 이것을 해석하여 목적 성분을 분리하는 방법은?

① 전위차 분석
② 폴라로그래피
③ 전해 중량 분석
④ 전기량 분석

해설 문제는 폴라로그래피에 대한 설명이다.

51 다음 물질 중 혼합물인 것은?

① 염화수소
② 암모니아
③ 공기
④ 이산화탄소

해설 ㉠ 화합물 : 두 가지 이상의 원소로 된 순물질
예 염화수소, 암모니아, 이산화탄소 등
㉡ 혼합물 : 두 가지 이상의 단체 또는 화합물이 혼합하여 이루어진 물질
예 단체+화합물 : 공기

52 건조 공기 속에서 네온은 0.0018%를 차지한다. 몇 ppm인가?

① 1.8ppm ② 18ppm
③ 180ppm ④ 1,800ppm

해설 1%=10,000ppm
0.0018%=18ppm

정답 46. ① 47. ① 48. ① 49. ② 50. ② 51. ③ 52. ②

53 볼타전지의 음극에서 일어나는 반응은?

① 환원　② 산화
③ 응집　④ 킬레이트

해설 볼타전지 (−) Zn ‖ H_2SO_4 ‖ Cu (+)
(−)극 (산화 반응) : $Zn \rightarrow Zn^{2+} + 2e^-$
(+)극 (환원 반응) : $2H^+ + 2e^- \rightarrow H_2 \uparrow$

54 제2족 구리족 양이온과 제2족 주석족 양이온을 분리하는 시약은?

① HCl　② H_2S
③ Na_2S　④ $(NH_4)_2CO_3$

해설 제2족 구리족 양이온과 제2족 주석족 양이온을 분리하는 시약은 H_2S이다.

55 빛이 음파처럼 여러 가지 빛이 합쳐 빛의 세기를 증가하거나 서로 상쇄하여 없앨 수 있다. 예를 들면 여러 개의 종이에 같은 물감을 그린 다음 한 장만 보면 연하게 보이지만 여러 장을 겹쳐 보면 진하게 보인다. 그리고 여러 가지 물감을 섞으면 본래의 색이 다르게 나타나는 이러한 현상을 무엇이라 하는가?

① 빛의 상쇄　② 빛의 간섭
③ 빛의 이중성　④ 빛의 회절

해설 ① 빛의 상쇄 : 물질에서 전반사가 일어날 때 표면에서 일어나는 파
③ 빛의 이중성 : 빛은 파동의 성질과 입자의 성질을 모두 가지고 있다.
④ 빛의 회절 : 빛이 장애물 뒤쪽의 기하학적인 그늘이 되어야 하는 부분에 침입하여 전해지는 현상

56 포화 칼로멜(calomel) 전극 안에 들어 있는 용액은?

① 포화 염산
② 포화 황산알루미늄
③ 포화 염화칼슘
④ 포화 염화칼륨

해설 포화 칼로멜 전극 안의 용액 : 포화 Hg_2Cl_2, 포화 KCl, Hg

57 다음 중 발화성 위험물끼리 짝지어진 것은?

① 칼륨, 나트륨, 황, 인
② 수소, 아세톤, 에탄올, 에틸에테르
③ 등유, 아크릴산, 아세트산, 크레졸
④ 질산암모늄, 니트로셀룰로오스, 피크린산

해설 발화성 위험물 : 칼륨, 나트륨, 황, 인

58 분광 광도계의 부분 장치 중 다음과 관련 있는 것은?

광전증배관, 광다이오드, 광다이오드 어레이

① 광원부　② 파장 선택부
③ 시료부　④ 검출부

해설 광전증배관, 광다이오드, 광다이오드 어레이는 검출부와 관련이 있다.

59 가스 크로마토그래피(gas chromatography)로 가능한 분석은?

① 정성 분석만 가능
② 정량 분석만 가능
③ 반응 속도 분석만 가능
④ 정량 분석과 정성 분석이 가능

해설 가스 크로마토그래피는 정량 분석과 정성 분석이 가능하며, 머무름 시간은 정성 분석에, 면적은 정량 분석에 사용한다.

60 가스 크로마토그래피(GC)에서 운반 가스로 주로 사용되는 것은?

① O_2, H_2
② O_2, N_2
③ He, Ar
④ CO_2, CO

해설 가스 크로마토그래피의 운반 가스는 시료 또는 분리관의 충진물과 반응하지 않아야 한다. 따라서, N_2, He, Ar, H_2, CO_2 등의 비활성 기체를 사용한다.

정답 53. ② 54. ② 55. ② 56. ④ 57. ① 58. ④ 59. ④ 60. ③

CBT 기출복원문제

화학분석기능사

제3회 필기시험 ◂▸ 2017년 6월 10일 시행

01 다음 중 이상 기체의 성질과 가장 가까운 기체는?

① 헬륨 ② 산소
③ 질소 ④ 메탄

해설 이상 기체에 가까워지는 조건
㉠ 온도는 높고, 압력은 낮아야 한다.
㉡ 분자 크기는 작아야 한다.
㉢ 분자 간 인력이 작아야 한다.
∴ He이 이상 기체에 가장 가깝다.

02 A+2B → 3C+4D와 같은 기초 반응에서 A, B의 농도를 각각 2배로 하면 반응 속도는 몇 배로 되겠는가?

① 2 ② 4
③ 8 ④ 16

해설 반응 속도 $V=[A][B]^2$에서 A와 B의 농도를 두 배로 하면
$V=[2][2]^2=2^3=8$배
∴ V는 8배 증가(빨라짐)

03 전이 금속 화합물에 대한 설명으로 옳지 않은 것은?

① 철은 활성이 매우 커서 단원자 상태로 존재한다.
② 황산제일철($FeSO_4$)은 푸른색 결정으로 철을 황산에 녹여 만든다.
③ 철(Fe)은 +2 또는 +3의 산화수를 갖으며 +3의 산화수 상태가 가장 안정하다.
④ 사산화삼철(Fe_3O_4)은 자철광의 주성분으로 부식을 방지하는 방식용으로 사용된다.

해설 Fe은 이온화 경향이 크다. 즉, 반응성이 크므로 공기 중에서 Fe로 존재하는 것보다 산화철 상태로 존재한다.

04 원자 번호 3번 Li의 화학적 성질과 비슷한 원소의 원자 번호는?

① 8 ② 10
③ 11 ④ 18

해설 $_3Li$은 1족 원소로 알칼리 금속이라 부른다.
알칼리 금속 : $_3Li$, $_{11}Na$, $_{19}K$, $_{37}Rb$, $_{55}Cs$, $_{87}Fr$

05 펜탄(C_5H_{12})은 몇 개의 이성질체가 존재하는가?

① 2개 ② 3개
③ 4개 ④ 5개

해설 펜탄(C_5H_{12})의 이성질체
㉠ n−펜탄 : C−C−C−C−C
㉡ iso−펜탄 : C−C(−C)−C−C (두 번째 C에 C 가지)
㉢ neo−펜탄 : C−C(−C)(−C)−C (가운데 C에 위아래로 C 가지)
※ • C−C−C−C 의 끝 C 위에 C가 붙은 구조는 n−펜탄이다(끝까지는 회전이 가능함).
• C−C−C−C (두 번째 C 아래 C)와 C−C−C−C (세 번째 C 아래 C)는 iso−펜탄으로 같은 구조이다.

정답 01. ① 02. ③ 03. ① 04. ③ 05. ②

06 다음 중 방향족 탄화수소가 아닌 것은?

① 벤젠
② 자일렌
③ 톨루엔
④ 아닐린

해설 방향족 탄화수소 : 벤젠 고리 또는 나프탈렌 고리를 가진 탄화수소로서, 석탄을 건류할 때 생기는 콜타르를 분별 증류하여 얻은 화합물이다.
④ 아닐린 : 방향족 탄화수소 유도체

07 LiH에 대한 설명 중 옳은 것은?

① Li_2H, Li_3H 등의 화합물이 존재한다.
② 물과 반응하여 O_2 기체를 발생시킨다.
③ 아주 안정한 물질이다.
④ 수용액의 액성은 염기성이다.

해설 ① Li_2H, Li_3H는 존재하지 않는다.
Li은 1가 양이온이고 H도 1가 음이온(알칼리 금속과 결합 시 1개의 음이온으로 작용)이므로 1 : 1 결합한다.
② 물과 반응 시 H_2 기체가 발생한다.
③ 수소화물 중에서는 가장 안정하지만, 일반적으로 볼 때 Li은 안정한 물질이 아니며 반응성이 매우 크다.
④ $LiH + H_2O \rightarrow \underset{\text{염기}}{\underline{LiOH}} + H_2\uparrow$

08 요소 비료 중에 포함된 질소의 함량은 몇 %인가? (단, C=12, N=14, O=16, H=1)

① 44.7 ② 45.7
③ 46.7 ④ 47.7

해설 $$\frac{N_2}{(NH_2)_2CO}\times 100 = \frac{28}{60}\times 100 = 46.7\%$$

09 0℃의 얼음 2g을 100℃의 수증기로 변화시키는 데 필요한 열량은 약 몇 cal인가? (단, 기화 잠열=539cal/g, 융해열=80cal/g)

① 1,209 ② 1,438
③ 1,665 ④ 1,980

해설 Q(열량)$=Q_1$(잠열)$+Q_2$(현열)$+Q_3$(잠열)

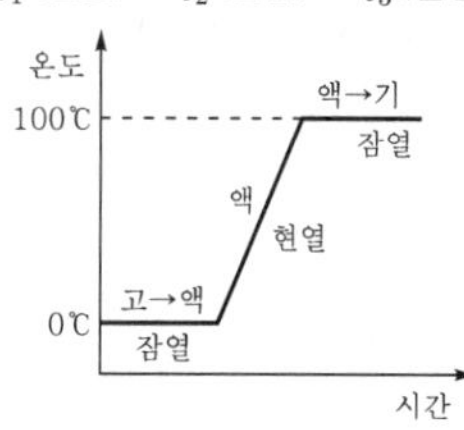

• 고→액 : 얼음의 융해 잠열 ⇒ 80cal/g
• 액→기 : 물의 기화 잠열 ⇒ 539cal/g
㉠ 현열 : 상태의 변화 없이 온도가 변화될 때 필요한 열량
$Q=m\cdot c\cdot \Delta t$
여기서, Q : 열량
m : 질량(g)
c : 비열
Δt : 온도 변화(℃)
㉡ 잠열 : 온도의 변화 없이 상태를 변화시키는 데 필요한 열량
$Q=m\cdot \gamma$
여기서, Q : 열량
m : 질량(g)
γ : 잠열
Q=융해열(융해 잠열)+현열+기화 잠열
• 융해열 : 80cal/g×2g=160cal
• 현열 : $Q=m\cdot c\cdot \Delta t$ (물의 비열=1cal/g·℃)
$=2g\times 1cal/g\cdot℃\times(100℃-0℃)$
$=2g\times 1cal/g\cdot℃\times 100℃$
$=200cal$
• 기화 잠열 : 539cal/g×2g=1,078cal
∴ $Q=160cal+200cal+1,078cal=1,438cal$

10 10g의 프로판이 연소할 경우 몇 g의 CO_2가 발생하는가? (단, 반응식은 $C_3H_8+5O_2 \rightleftarrows 3CO_2+4H_2O$, 원자량은 C=12, O=16, H=1이다.)

① 25 ② 27
③ 30 ④ 33

해설 $C_3H_8 + 5O_2 \rightarrow 3CO_2 + 4H_2O$
44g ╳ 3×44g
10g ╳ x(g)
∴ $x=\frac{10\times 3\times 44}{44}=30g$

정답 06. ④ 07. ④ 08. ③ 09. ② 10. ③

11 1N NaOH 용액 250mL를 제조하려고 한다. 이때 필요한 NaOH의 양은? (단, NaOH의 분자량=40)

① 0.4g
② 4g
③ 10g
④ 40g

해설 1N NaOH=1M NaOH

$M=\frac{용질(mol)}{용액(L)}$

$1M=\frac{x(mol)}{0.25L}$

$\therefore x=0.25mol$

$0.25mol=\frac{y(g)}{40g/mol}$

$\therefore y=40g/mol\times0.25mol=10g$

12 다음 중 산성 산화물은?

① P_2O_5
② Na_2O
③ MgO
④ CaO

해설 산성 산화물

㉠ 산의 무수물로 간주할 수 있는 산화물로, 물에 녹아 산이 되고 염기와 반응 시 염과 물을 만든다.
㉡ 일반적으로 비금속 원소의 산화물이고 CO_2, SiO_2, NO_2, SO_3, P_2O_5 등이 있다.

②, ③, ④ : 염기성 산화물(금속 산화물)

13 침전 적정에서 Ag^+에 의한 은법 적정 중 지시약법이 아닌 것은?

① Mohr법
② Fajans법
③ Volhard법
④ 네펠로법(nephelometry)

해설 네펠로법 : 혼탁 입자들에 의해 산란도를 측정하는 방법으로 탁도 측정 방법 중 기기 분석법에 속한다.

14 "20wt% 소금 용액 $d=1.10g/cm^3$"로 표시된 시약이 있다. 소금의 몰(M) 농도는 얼마인가? (단, d는 밀도이며 Na은 23g, Cl는 35.5g으로 계산한다.)

① 1.54 ② 2.47
③ 3.76 ④ 4.23

해설 $\frac{20g\ 용질}{100g\ 용액}\times\frac{1.10g\ 용액}{1mL\ 용액}\times\frac{1,000mL\ 용액}{1L\ 용액}\times\frac{1mol}{58.5g\ 용액}$

$=3.76M$

15 양이온의 계통적인 분리 검출법에서는 방해 물질을 제거시켜야 한다. 다음 중 방해 물질이 아닌 것은?

① 유기물
② 옥살산 이온
③ 규산 이온
④ 암모늄 이온

해설 양이온의 계통적인 분리 검출법에서 방해 물질로 작용하는 것은 유기물, 옥살산 이온($C_2O_4^{2-}$), 규산 이온(SiO_4^{4-}) 등이고, 이 물질들을 제거시켜 주어야 한다.

16 질산나트륨은 20℃ 물 50g에 44g 녹는다. 20℃에서 물에 대한 질산나트륨의 용해도는 얼마인가?

① 22.0 ② 44.0
③ 66.0 ④ 88.0

해설 용해도는 일정한 온도에서 용매 100g에 녹을 수 있는 최대 용질(g)이다.

∴ 물 100g에는 $NaNO_3$가 88g 녹는다.

[별해 1] 용해도$=\frac{용질(g)}{용매(g)}\times100$

$=\frac{44g}{50g}\times100=88$

[별해 2] 용매(물) 100g일 때의 용해도는 다음과 같다.

$88=\frac{x(g)}{100g}\times100$

$\therefore x=88g$

정답 11. ③ 12. ① 13. ④ 14. ③ 15. ④ 16. ④

17 제2족 구리족 양이온과 제2족 주석족 양이온을 분리하는 시약은?

① HCl　　② H_2S
③ Na_2S　　④ $(NH_4)_2CO_3$

해설 제2족 구리족 양이온과 제2족 주석족 양이온의 분리 시약은 H_2S이다.
※ • 구리족 : Pb^{2+}, Bi^{3+}, Cu^{2+}, Cd^{2+}
• 주석족 : Hg^{2+}, As^{3+}, As^{5+}, Sb^{3+}, Sb^{5+}, Sn^{2+}, Sn^{4+}

18 0.1N $KMnO_4$ 표준 용액을 적정할 때에 사용하는 시약은?

① NaOH　　② $Na_2C_2O_4$
③ K_2CrO_4　　④ NaCl

해설 0.1N $KMnO_4$ 표준 용액을 표준 적정할 때 $Na_2C_2O_4$(옥살산나트륨)을 시약으로 사용한다.
$2KMnO_4 + 5Na_2C_2O_4 + 8H_2SO_4$
$\rightarrow K_2SO_4 + 2MnSO_4 + 5Na_2SO_4 + 8H_2O$

19 수소 발생 장치를 이용하여 비소를 검출하는 방법은?

① 구짜이트 반응
② 추가에프 반응
③ 마시의 시험 반응
④ 베텐도르프 반응

해설 마시의 시험 반응(Marsh test) : 용기에 순수한 Zn 덩어리를 넣고, 묽은 황산을 부으면 수소가 발생한다. 이 수소를 염화칼슘관을 통해서 건조시킨 후 경질 유리관에 통과시킨다. 유리관 속의 공기가 발생된 기체로 완전히 치환되면 이 기체에 점화하고 불꽃에 찬 자기를 접촉시킨다. 이 불꽃 속에 시료 용액을 가하면 비소 존재 시 유리되어 자기 표면에 비소 거울을 생성한다.

20 염화물 시료 중 염소 이온을 폴하르트(Volhard)법으로 적정하고자 할 때 주로 사용하는 지시약은 어느 것인가?

① 철명반　　② 크롬산칼륨
③ 플루오레세인　　④ 녹말

해설 Volhard법에서 주로 사용하는 지시약은 철(Ⅲ)염 용액으로, 철명반[$Fe_2(SO_4)_3$]이 있다.

21 파장의 길이 단위인 1Å과 같은 길이는?

① 1nm　　② 0.1μm
③ 0.1nm　　④ 100nm

해설 10Å=1nm이므로, 1Å=0.1nm이다.
$1Å=10^{-10}$m

22 다음 반응식의 표준 전위는 얼마인가? (단, 반반응의 표준 환원 전위는 $Ag^+ + e^- \rightleftarrows Ag(s)$, $E° = +0.799V$, $Cd^{2+} + 2e^- \rightleftarrows Cd(s)$, $E° = -0.402V$)

$$Cd(s) + 2Ag^+ \rightleftarrows Cd^{2+} + 2Ag(s)$$

① +1.201V
② +0.397V
③ +2.000V
④ −1.201V

해설 $Cd(s) + 2Ag^+ \rightleftarrows Cd^{2+} + 2Ag(s)$
$Cd \rightarrow Cd^{2+} + 2e^-$, $E° = +0.402V$
$2Ag^+ + 2e^- \rightarrow 2Ag$, $E° = +0.799V$
∴ 표준 전위=0.402V+0.799V=1.201V
※ 표준 환원 전위는 전자수가 변해도 불변하는 값이므로, $2e^-$가 되어도 그대로 0.799V이다.

23 적외선 분광 광도계의 흡수 스펙트럼으로부터 유기 물질의 구조를 결정하는 방법 중 카르보닐기가 강한 흡수를 일으키는 파장의 영역은?

① 1,300~1,000cm^{-1}
② 1,820~1,660cm^{-1}
③ 3,400~2,400cm^{-1}
④ 3,600~3,300cm^{-1}

해설 카르보닐기의 흡수 파장 영역은 약 1,750~1,700cm^{-1} 부근이다.
※ 카르보닐기의 구조식 : −C(=O)−

정답 17. ② 18. ② 19. ③ 20. ① 21. ③ 22. ① 23. ②

24 용액의 두께가 10cm, 농도가 5mol/L이며 흡광도가 0.2이면 몰 흡광도(L/mol · cm) 계수는?

① 0.001 ② 0.004
③ 0.1 ④ 0.2

해설 $A = \varepsilon bc$

$$\varepsilon = \frac{A}{bc} = \frac{0.2}{10 \times 5} = 0.004\text{L/mol} \cdot \text{cm}$$

25 급격한 가열 · 충격 등으로 단독으로 분해 · 폭발할 수 있기 때문에 강한 충격이나 마찰을 주지 않아야 하는 산화성 고체 위험물은?

① 질산암모늄 ② 과염소산
③ 질산 ④ 과산화벤조일

해설 질산암모늄(NH_4NO_3)은 산화성 고체로, 급격한 가열 · 충격 등으로 인해 단독으로 분해 · 폭발할 수 있다.

26 다음 보기에서 GC(기체 크로마토그래피)의 검출기가 갖추어야 할 조건 중 옳은 것은 모두 몇 개인가?

> ㉠ 검출 한계가 높아야 한다.
> ㉡ 가능하면 모든 시료에 같은 응답 신호를 보여야 한다.
> ㉢ 검출기 내에 시료의 머무는 부피는 커야 한다.
> ㉣ 응답 시간이 짧아야 한다.
> ㉤ S/N비가 커야 한다.

① 1개 ② 2개
③ 3개 ④ 4개

해설 GC 검출기가 갖추어야 할 조건
㉠ 검출 한계가 낮아야 한다.
㉡ 시료에 대해 검출기의 응답 신호가 선형이 되어야 한다.
㉢ 가능하면 모든 시료에 같은 응답 신호를 보여야 한다.
㉣ 응답 시간이 짧아야 한다.
㉤ S/N비가 커야 한다.
㉥ 검출기 내에 시료가 머무르는 부피가 작아야 한다.

27 가스 크로마토그래피의 정량 분석에 일반적으로 사용되는 방법은?

① 크로마토그램의 무게
② 크로마토그램의 면적
③ 크로마토그램의 높이
④ 크로마토그램의 머무름 시간

해설 가스 크로마토그래피
㉠ 정성 분석 : 크로마토그램의 머무름 시간을 이용한다.
㉡ 정량 분석 : 크로마토그램의 면적을 이용한다.

28 물질의 특징에 대한 설명으로 틀린 것은?

① 염산은 공기 중에 방치하면 염화수소 가스를 발생시킨다.
② 과산화물에 열을 가하면 산소를 발생시킨다.
③ 마그네슘 가루는 공기 중의 습기와 반응하여 자연 발화한다.
④ 흰인은 공기 중의 산소와 화합하지 않는다.

해설 흰인은 공기 중의 산소와 화합한다.
$4P + 5O_2 \rightarrow 2P_2O_5$

29 다음 중 흡광 광도 분석 장치의 구성 순서로 옳은 것은?

① 광원부 – 시료부 – 파장 선택부 – 측광부
② 광원부 – 파장 선택부 – 시료부 – 측광부
③ 광원부 – 시료부 – 측광부 – 파장 선택부
④ 광원부 – 파장 선택부 – 측광부 – 시료부

해설 흡광 광도 분석 장치 구성 순서
광원부 – 파장 선택부 – 시료부 – 측광부(검출기 – 신호 처리기)

30 다음 원소 중 원자의 반지름이 가장 큰 원소는?

① Li ② Be
③ B ④ C

정답 24. ② 25. ① 26. ③ 27. ② 28. ④ 29. ② 30. ①

해설 주기율표에서 Li－Be－B－C－N－O－F 순으로, 왼쪽에서 오른쪽으로 갈수록 원자 반지름이 작아진다. 이는 유효 핵전하가 증가하기 때문이다. 또한 오른쪽으로 갈수록 원자 번호는 증가하며 이것은 핵의 양성자와 함께 원자의 전자가 증가하기 때문이다.

31 일정한 압력하에서 10℃의 기체가 2배로 팽창하였을 때의 온도는?

① 172℃ ② 293℃
③ 325℃ ④ 487℃

해설 샤를의 법칙을 이용한다.

$$\frac{V}{T}=\frac{V'}{T'}$$

$$\frac{V}{10+273}=\frac{2V}{T'}$$

$$\frac{1}{283}=\frac{2}{T'}$$

$$T'=566$$

$$\therefore t=566-273=293℃$$

32 액체 크로마토그래피의 검출기가 아닌 것은?

① UV 흡수 검출기
② IR 흡수 검출기
③ 전도도 검출기
④ 이온화 검출기

해설 LC 검출기
㉠ UV 흡수 검출기
㉡ 형광 검출기
㉢ 굴절률 검출기
㉣ 전기 화학 검출기
㉤ 질량 분석 검출기
㉥ IR 흡수 검출기
㉦ 전도도 검출기

33 다음 화합물 중 염소(Cl)의 산화수가 +3인 것은?

① HClO ② $HClO_2$
③ $HClO_3$ ④ $HClO_4$

해설 ① HClO : +1
② $HClO_2$: +3
③ $HClO_3$: +5
④ $HClO_4$: +7

34 다음 반응식 중 첨가 반응에 해당하는 것은?

① $3C_2H_2 \rightarrow C_6H_6$
② $C_2H_4 + Br_2 \rightarrow C_2H_4Br_2$
③ $C_2H_5OH \rightarrow C_2H_4 + H_2O$
④ $CH_4 + Cl_2 \rightarrow CH_3Cl + HCl$

해설 브롬수 탈색 반응 : 이중 결합이 풀리면서 적갈색의 브롬 기체가 첨가 반응을 일으켜 탈색된다.
$C_2H_4 + Br_2$(적갈색) → $C_2H_4Br_2$(무색)
적갈색을 띠는 브롬수를 통과시키면 이중 결합이나 삼중 결합이 끊어지면서 브롬이 첨가되어 탈색되는 것을 가지고 불포화탄화수소와 포화탄화수소를 구분한다.

35 용액의 끓는점 오름은 다음 중 어느 농도에 비례하는가?

① 백분율 농도 ② 몰 농도
③ 몰랄 농도 ④ 노르말 농도

해설 끓는점 오름=끓는점 오름 상수×몰랄 농도

36 하버-보시법에 의하여 암모니아를 합성하고자 한다. 다음 중 어떠한 반응 조건에서 더 많은 양의 암모니아를 얻을 수 있는가?

$$N_2 + 3H_2 \xrightarrow[\text{촉매}]{} 2NH_3 + \text{열}$$

① 많은 양의 촉매를 가한다.
② 압력을 낮추고 온도를 높인다.
③ 질소와 수소의 분압을 높이고 온도를 낮춘다.
④ 생성되는 암모니아를 제거하고 온도를 높인다.

해설 하버-보시법은 저온 · 고압에서 암모니아의 수득률이 올라간다는 점을 이용한 공정법이다.

정답 31. ② 32. ④ 33. ② 34. ② 35. ③ 36. ③

37 양이온 정성 분석에서 디메틸글리옥심을 넣었을 때 빨간색 침전이 되는 것은?

① Fe^{3+}
② Cr^{3+}
③ Ni^{2+}
④ Al^{3+}

해설 Ni에 디메틸글리옥심($C_4H_8N_2O_2$)을 반응하면 적색 착물이 형성된다.

38 다음 중 붕사 구슬 반응에서 산화 불꽃으로 태울 때 적자색(빨간 자주색)으로 나타나는 양이온은?

① Ni^{+2} ② Mn^{+2}
③ Co^{+2} ④ Fe^{+2}

해설 Mn^{+2} : 적자색(빨간 자주색)

39 물의 경도, 광물 중의 각종 금속의 정량, 간수 중의 칼슘의 정량 등에 가장 적합한 분석법은?

① 중화 적정법
② 산·염기 적정법
③ 킬레이트 적정법
④ 산화·환원 적정법

해설 킬레이트 적정법은 킬레이트 시약을 사용하여 금속 이온을 정량하는 방법이다.

40 폴라로그래피에서 사용하는 기준 전극과 작업 전극은 각각 무엇인가?

① 유리 전극과 포화 칼로멜 전극
② 포화 칼로멜 전극과 수은 적하 전극
③ 포화 칼로멜 전극과 산소 전극
④ 염화칼륨 전극과 포화 칼로멜 전극

해설 폴라로그래피에서 기준 전극과 작업 전극은 각각 포화 칼로멜 전극과 수은 적하 전극이다.

41 오스트발트 점도계를 사용하여 다음의 값을 얻었다. 액체의 점도는 얼마인가?

> ㉠ 액체의 밀도 : $0.97g/cm^3$
> ㉡ 물의 밀도 : $1.00g/cm^3$
> ㉢ 액체가 흘러내리는 데 걸린 시간 : 18.6초
> ㉣ 물이 흘러내리는 데 걸린 시간 : 20초
> ㉤ 물의 점도 : 1cP

① 0.9021cP ② 1.0430cP
③ 0.9021P ④ 1.0430P

해설 $0.97\times\frac{18.6}{20}\times1=0.9021cP$

42 다음 중 pH 미터의 보정에 사용하는 용액은?

① 증류수
② 식염수
③ 완충 용액
④ 강산 용액

해설 강산이나 강염기가 들어와도 일정하게 수소 이온 농도를 유지시켜 주는 것을 완충 용액이라 하는데, 이는 pH 미터의 보정에 사용된다.

43 유리 기구의 취급에 대한 설명으로 틀린 것은?

① 두꺼운 유리 용기를 급격히 가열하면 파손되므로 불에 서서히 가열한다.
② 유리 기구는 철제, 스테인리스강 등 금속으로 만든 실험 실습 기구와 따로 보관한다.
③ 메스플라스크, 뷰렛, 메스실린더, 피펫 등 눈금이 표시된 유리 기구는 가열하여 건조시킨다.
④ 밀봉한 관이나 마개를 개봉할 때에는 내압이 걸려 있으면 내용물이 분출하거나 폭발하는 경우가 있으므로 주의한다.

해설 유리 기구는 가열시키지 말고 자연 건조시킨다.

정답 37. ③ 38. ② 39. ③ 40. ② 41. ① 42. ③ 43. ③

44 다음 중 가장 에너지가 큰 것은?

① 적외선　　② 자외선
③ X－선　　④ 가시광선

해설
$E=h\nu=h\cdot\frac{c}{\lambda}$

$E\propto\frac{1}{\lambda}$

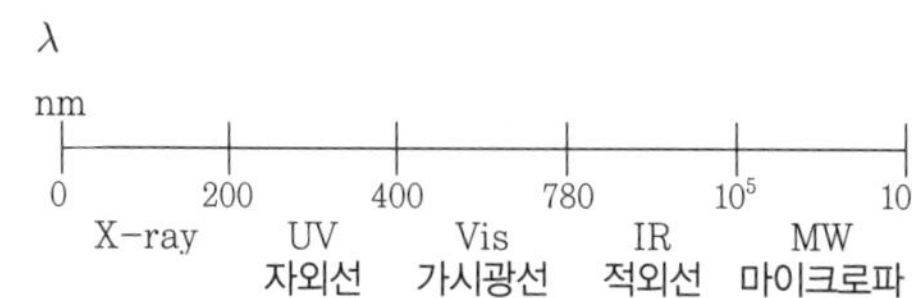

45 다음 중 가스 크로마토그래피용 검출기가 아닌 것은?

① FID(Flame Ionization Detector)
② ECD(Electron Capture Detector)
③ DAD(Diode Array Detector)
④ TCD(Thermal Conductivity Detector)

해설 DAD는 HPLC에서 사용하며, 스캔 형식으로 파장을 측정한다.

46 눈으로 감지할 수 있는 가시광선의 파장 범위는?

① 0~190nm　　② 200~400nm
③ 400~700nm　　④ 1~5m

해설 가시광선은 400~700nm의 파장 범위를 갖는다.

47 0℃의 얼음 1g을 100℃의 수증기로 변화시키는 데 필요한 열량은?

① 539cal　　② 639cal
③ 719cal　　④ 839cal

해설
Q_1(잠열)$=G\gamma=1\text{g}\times80\text{cal/g}=80\text{cal}$
Q_2(현열)$=Gc\Delta t=1\text{g}\times1\times(100-0)=100\text{cal}$
Q_3(잠열)$=G\gamma=1\text{g}\times539\text{cal/g}=539\text{cal}$
$\therefore Q=Q_1+Q_2+Q_3$
$=80+100+539=719\text{cal}$

48 R-O-R의 일반식을 가지는 지방족 탄화수소의 명칭은?

① 알데히드　　② 카르복실산
③ 에스테르　　④ 에테르

해설
① aldehyde : R—C(=O)—H
② carboxylic acid : R—C(=O)—OH
③ ester : R—C(=O)—O—R′
④ ether : R—O—R′

49 다음 수성 가스 반응의 표준 반응열은?

> $C+H_2O(l)\rightleftarrows CO+H_2$
> (여기서, 표준 생성열(290K)은 $\Delta H_f(H_2O)=-68,317\text{cal}$, $\Delta H_f(CO)=-26,416\text{cal}$이다.)

① 68,317cal　　② 26,416cal
③ 41,901cal　　④ 94,733cal

해설
㉠ $2H_2+O_2\rightarrow 2H_2O$
㉡ $2C+O_2\rightarrow 2CO$
두 식을 가지고 위 관계식을 성립시키려면 ㉡－㉠하면 된다.
$\therefore -26,416\text{cal}-(-68,317\text{cal})=41,901\text{cal}$

50 나트륨(Na) 원자는 11개의 양성자와 12개의 중성자를 가지고 있다. 원자 번호와 질량수는 각각 얼마인가?

① 원자 번호 : 11, 질량수 : 12
② 원자 번호 : 12, 질량수 : 11
③ 원자 번호 : 11, 질량수 : 23
④ 원자 번호 : 11, 질량수 : 1

해설 원자 번호＝양성자수＝전자수
질량수＝양성자＋중성자
따라서, 원자 번호 : 11, 질량수 : 23

정답 44. ③ 45. ③ 46. ③ 47. ③ 48. ④ 49. ③ 50. ③

51 다음 탄수화물 중 단당류인 것은?

① 녹말 ② 포도당
③ 글리코겐 ④ 셀룰로오스

해설 ① 녹말 : 다당류
② 포도당 : 단당류
③ 글리코겐 : 다당류
④ 셀룰로오스 : 다당류

52 0.2mol/L H_2SO_4 수용액 100mL를 중화시키는 데 필요한 NaOH의 질량은?

① 0.4g ② 0.8g
③ 1.2g ④ 1.6g

해설 0.2mol/L H_2SO_4
㉠ 중화 반응은 H^+와 OH^-가 만나서 이루어지는 반응이다. H_2SO_4에서 수소는 2개이고, 100mL이므로 0.04mol이다.
㉡ NaOH는 OH^-의 수가 1개이므로 NaOH 0.04mol이 필요하다.

$$\frac{x(g)}{40mol/g} = 0.04mol$$

$\therefore\ x = 1.6g$

53 제3족 Al^{3+}의 양이온을 NH_4OH로 침전시킬 때 $Al(OH)_3$가 콜로이드로 되는 것을 방지하기 위하여 함께 가하는 것은?

① NaOH
② H_2O_2
③ H_2S
④ NH_4Cl

해설 제3족 Al^{3+}의 양이온을 NH_4OH로 침전시킬 때 $Al(OH)_3$가 콜로이드로 되는 것을 방지하기 위하여 함께 가하는 것은 NH_4Cl이다.

54 강산과 약염기의 반응으로 생성된 염은?

① NH_4Cl ② NaCl
③ K_2SO_4 ④ $CaCl_2$

해설 $HCl + NH_4OH \rightarrow NH_4Cl + H_2O$

55 다음의 반응으로 철을 분석한다면 N/10 $KMnO_4$(f=1.000) 1mL에 대응하는 철의 양은 몇 g인가? (단, Fe의 원자량은 55.85임)

$$10FeSO_4 + 8H_2SO_4 + 2KMnO_4 \rightarrow 5Fe_2(SO_4)_3 + K_2SO_4$$

① 0.005585g Fe
② 0.05585g Fe
③ 0.5585g Fe
④ 5.585g Fe

해설 주어진 반응식 이용
$10Fe : 2KMnO_4$
$10 \times 55.85g : 2 \times 158g$

$$x(g) : \frac{0.1eq}{L}\bigg|\frac{1mL}{}\bigg|\frac{(158/5)g}{1eq}\bigg|\frac{1L}{10^3mL}$$

$\therefore\ x(Fe) = 5.585 \times 10^{-3}g = 0.005585g\ Fe$

56 다음 반응에서 생성되는 침전물의 색상은?

$$Pb^{2+} + H_2SO_4 \rightarrow PbSO_4 + 2H^+$$

① 흰색 ② 노란색
③ 초록색 ④ 검정색

해설 $PbSO_4$는 흰색이다.

57 실험실 안전 수칙에 대한 설명으로 틀린 것은?

① 시약병 마개를 실습대 바닥에 놓지 않도록 한다.
② 실험 실습실에 음식물을 가지고 올 때에는 한쪽에서 먹는다.
③ 시약병에 꽂혀 있는 피펫을 다른 시약병에 넣지 않도록 한다.
④ 화학 약품의 냄새는 직접 맡지 않도록 하며 부득이 냄새를 맡아야 할 경우에는 손을 사용하여 코가 있는 방향으로 증기를 날려서 맡는다.

해설 실험 실습실에는 음식물을 가지고 올 수 없다.

정답 51. ② 52. ④ 53. ④ 54. ① 55. ① 56. ① 57. ②

58 분광 광도계 실험에서 과망간산칼륨 시료 1,000ppm을 40ppm으로 희석시키려면, 100mL 플라스크에 시료 몇 mL를 넣고 표선까지 물을 채워야 하는가?

① 2　　② 4
③ 20　　④ 40

해설 1,000ppm → 40ppm$\left(\frac{1}{25}\right)$

100mL → 4mL$\left(\frac{1}{25}\right)$

59 눈에 산이 들어갔을 때 다음 중 가장 적절한 조치는?

① 메틸알코올로 씻는다.
② 즉시 물로 씻고, 묽은 나트륨 용액으로 씻는다.
③ 즉시 물로 씻고, 묽은 수산화나트륨 용액으로 씻는다.
④ 즉시 물로 씻고, 묽은 탄산수소나트륨 용액으로 씻는다.

해설 눈에 산이 들어갔을 때 가장 적절한 조치 : 즉시 물로 씻고, 묽은 탄산수소나트륨 용액으로 씻는다.

60 기체 크로마토그래피법에서 이상적인 검출기가 갖추어야 할 특성이 아닌 것은?

① 적당한 감도를 가져야 한다.
② 안정성과 재현성이 좋아야 한다.
③ 실온에서 약 600℃까지의 온도 영역을 꼭 지녀야 한다.
④ 유속과 무관하게 짧은 시간에 감응을 보여야 한다.

해설 기체 크로마토그래피의 종류는 TCD, NPD, MSD, ECD, FPD 등이 있으며 열전도율, 농도, 질량 감응에 따라 다르게 이용된다. 반드시 고온의 온도 영역을 지닐 필요는 없다.

정답 58. ② 59. ④ 60. ③

CBT 기출복원문제

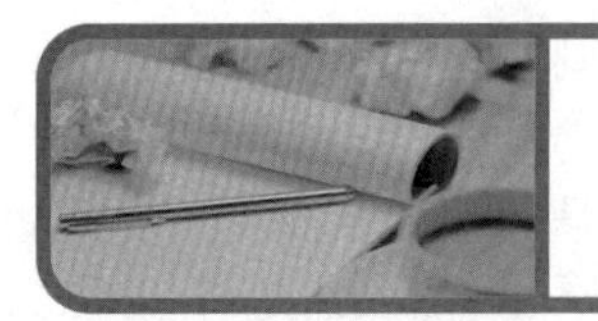

화학분석기능사

제1회 필기시험 ◀▶ 2018년 1월 20일 시행

01 탄소족 원소로서 반도체 산업의 핵심 재료로 사용되며, 최근 친환경 농업에도 활용되고 있는 원소는?

① C ② Ge
③ Se ④ Sn

해설 ① 탄소 : 탄소족 원소
② 게르마늄 : 탄소족 원소(반도체 산업의 핵심 재료로 사용되며, 최근 친환경 농업에도 활용되고 있는 원소)
③ 셀렌 : 산소족 원소
④ 주석 : 탄소족 원소

02 원자 번호 18번인 아르곤(Ar)의 질량수가 25일 때 중성자의 개수는?

① 7 ② 8
③ 42 ④ 43

해설 원자 질량수=양성자수+중성자수
양성자수=원자 번호
25=18+중성자수
Ar의 중성자수=25−18=7

03 다음 중 같은 족 원소로만 나열된 것은?

① F, Cl, Br ② Li, H, Mg
③ O, N, P ④ Ca, K, B

해설 ① F, Cl, Br−할로겐족 17족 원소
② Li, H−알칼리금속족 1족 원소
Mg−알칼리토금속 2족 원소
③ O−16족 원소
N, P−15족 원소
④ Ca−2족 원소
K−1족 원소
B−3족 원소

04 다음 할로겐화수소(halogen halide) 중 산성의 세기가 가장 강한 것은?

① HF ② HCl
③ HBr ④ HI

해설 할로겐 원소의 이온화 세기(환원을 잘 시키는) 순서 :
F>Cl>B>I
할로겐화수소의 산 세기 순서 : HI>HBr>HC>HF

05 다음 중 1차(primary) 알코올로 분류되는 것은?

① $(CH_3)_2CHOH$ ② $(CH_3)_3COH$
③ C_2H_5OH ④ $(CH_2)_2Br_2$

해설 ㉠ 1차 알코올 : CH_3OH, C_2H_5OH
㉡ 2차 알코올 : $(CH_3)_2CHOH$
㉢ 3차 알코올 : $(CH_3)_3COH$

06 공유 결합 분자의 기하학적인 모양을 예측할 수 있는 판단의 근거가 되는 것은?

① 원자가전자의 수
② 전자 친화도의 차이
③ 원자량의 크기
④ 전자쌍 반발의 원리

해설 공유 결합 분자의 기하학적인 모양의 예측은 전자쌍 반발의 원리를 근거로 판단할 수 있다.

07 농도를 모르는 황산 25.00mL를 완전히 중화하는 데 0.2몰 수산화나트륨 용액 50.00mL가 필요하였다. 이 황산의 농도는 몇 몰인가?

① 0.1 ② 0.2
③ 0.3 ④ 0.4

정답 01. ② 02. ① 03. ① 04. ④ 05. ③ 06. ④ 07. ②

해설 $NV = N'V'$
NaOH=0.2M=0.2N
$x \times 25 = 0.2 \times 50$
H_2SO_4=0.4N=0.2M

08 산의 제법 중 연실법과 접촉법에 의해 만들어지는 산은?

① 질산(HNO_3)
② 황산(H_2SO_4)
③ 염산(HCl)
④ 아세트산(CH_3COOH)

해설 황산(H_2SO_4)은 연실법과 접촉법에 의하여 만든다.

09 식물에서 클로로필은 어떤 금속 이온과 포르피린과의 착화합물이다. 이 금속 이온은?

① Zn^{2+} ② Mg^{2+}
③ Fe^{2+} ④ Co^{2+}

해설 식물에서 클로로필은 Mg^{2+} 금속 이온과 포르피린과의 착화합물을 만든다.

10 녹는점에서 고체 1g을 모두 녹이는 데 필요한 열량을 융해열이라 하고 그 물질 1몰의 융해열을 몰 융해열이라 하는데 얼음의 몰 융해열은 몇 kJ/mol인가?

① 0.34 ② 6.03
③ 18 ④ 539

해설 얼음의 몰 융해열은 6.03kJ/mol이다.

11 정상적인 조건에서 더 간단한 물질로 쪼개질 수 없는 것으로 물질의 가장 기본적인 단위는?

① 원자 ② 원소
③ 화합물 ④ 원자핵

해설 원자는 정상적인 조건에서 더 간단한 물질로 쪼개질 수 없다.

12 전기 음성도가 비슷한 비금속 사이에서 주로 일어나는 결합은?

① 이온 결합
② 공유 결합
③ 배위 결합
④ 수소 결합

해설 ① 양이온과 음이온의 결합(금속 이온과 비금속 이온 사이의 결합(예 NaCl)
② 비금속 원소 사이의 결합(예 CO_2)
③ 공유할 전자쌍을 한쪽 원자에서만 일방적으로 제공하는 형식의 공유 결합

$$\left(\text{예} \left[\begin{array}{c} H \\ \cdot\cdot \\ H : N : H \\ \cdot\cdot \\ H \end{array} \right]^+ \right)$$

④ 수소와 F, O, N 원소 사이의 강한 결합(예 H_2O)

13 알킨(alkyne)계 탄화수소의 일반식으로 옳은 것은?

① C_nH_{2n}
② C_nH_{2n+2}
③ C_nH_{2n-2}
④ C_nH_n

해설
- Alkane(알칸) : C_nH_{2n+2}
- Alkene(알켄) : C_nH_{2n}
- Alkyne(알킨) : C_nH_{2n-2}

14 AgCl의 용해도가 0.0016g/L일 때 AgCl의 용해도곱은 얼마인가? (단, Ag의 원자량은 108, Cl의 원자량은 35.5임.)

① 1.12×10^{-5}
② 1.12×10^{-3}
③ 1.2×10^{-5}
④ 1.2×10^{-10}

해설 $AgCl(s) \rightleftarrows Ag^+ + Cl^-$에서, $K_{sp} = [Ag^+][Cl^-]$이다.

$$[AgCl] = \frac{0.0016g}{1L} \times \frac{1mol}{143.5g} = 1.11 \times 10^{-5}M$$

$$K_{sp} = (1.11 \times 10^{-5})^2 = 1.24 \times 10^{-10}$$

정답 08. ② 09. ② 10. ② 11. ① 12. ② 13. ③ 14. ④

15 NH_3가 물에 녹아 알칼리성을 나타내는 것은 다음 중 무엇 때문인가?

$$NH_3 + H_2O \rightleftarrows NH_4^+ + OH^-$$

① NH_3　② H_2O
③ NH_4^+　④ OH^-

해설 NH_3가 물에 녹아 알칼리성을 나타내는 것은 OH^-이다.

16 양이온 제1족부터 제5족까지의 혼합액으로부터 양이온 제2족을 분리시키려고 할 때의 액성은 무엇인가?

① 중성
② 알칼리성
③ 산성
④ 액성과는 관계가 없다.

해설 $Mg(OH)_2 + 2H^+ \rightleftarrows Mg^{2+} + H_2O$
(산성)

17 암모늄염 중 암모니아 적정에서 암모니아가 완전히 추출되었는지를 확인하는 데 사용되는 것은?

① 황산암모늄
② 네슬러 시약
③ 톨렌 시약
④ 킬레이트 시약

해설 네슬러 시약 : 암모니아 적정에서 암모니아가 완전히 추출되었는지를 확인한다.

18 Ba^{2+}, Ca^{2+}, Na^+, K^+ 4가지 이온이 섞여 있는 혼합 용액이 있다. 양이온 정성 분석시 이들 이온을 Ba^{2+}, Ca^{2+}(5족)와 Na^+, K^+(6족) 이온으로 분족하기 위한 시약은?

① $(NH_4)_2CO_3$　② $(NH_4)_2S$
③ H_2S　④ 6M HCl

해설 $BaCO_3\downarrow$, $CaCO_3\downarrow$ → 하얀색 침전 생성

19 과망간산 이온(MnO_4^-)은 진한 보라색을 가지는 대표적인 산화제이며, 센 산성 용액(pH ≤1)에서는 환원제와 반응하여 무색의 Mn^{2+}으로 환원된다. 1몰(mol)의 과망간산 이온이 반응하였을 때 몇 당량에 해당하는 산화가 일어나게 되는가?

① 1　② 3
③ 5　④ 7

해설 MnO_4^- ⟶ Mn^{2+}
$+7-8=-1$

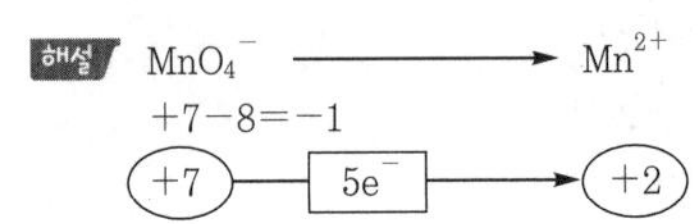

20 EDTA 적정에서 사용하는 금속 이온 지시약이 아닌 것은?

① Murexide(MX)　② PAN
③ Thymol blue　④ EBT

해설 EDTA 적정에서 사용하는 금속 이온 지시약은 Murexide(MX), PAN, EBT이다.

21 수산화 침전물이 생성되는 것은 몇 족의 양이온인가?

① 1　② 2
③ 3　④ 4

해설 $Al(OH)_3\downarrow$ 침전물
3족 양이온$+OH^-$ → 침전물

22 그래프의 적정 곡선은 다음 중 어떻게 적정하는 경우인가?

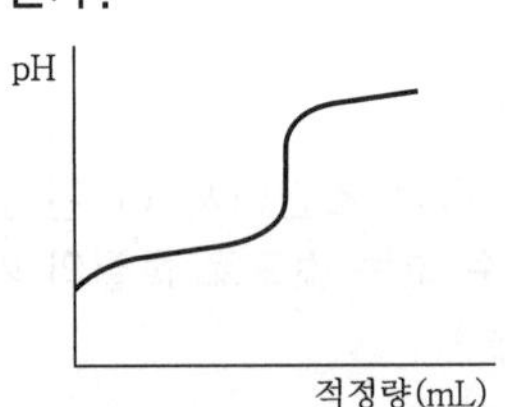

① 다가산을 적정하는 경우
② 약산을 약염기로 적정하는 경우
③ 약산을 강염기로 적정하는 경우
④ 강산을 약산으로 적정하는 경우

정답 15. ④ 16. ③ 17. ② 18. ① 19. ③ 20. ③ 21. ③ 22. ③

해설

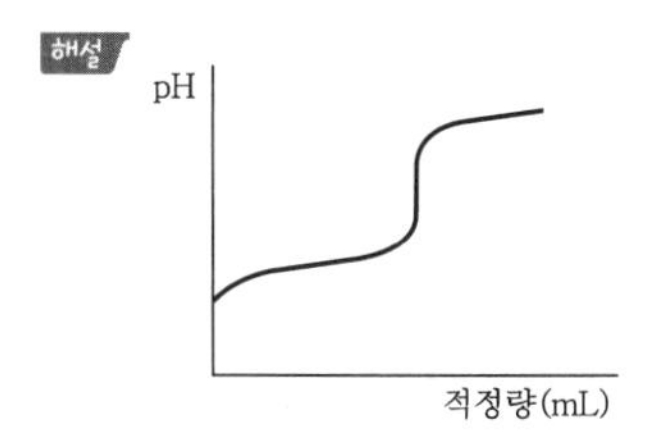

당량점 이후로 pH가 증가하므로 약산+강염기의 적정이다.

23 오르자트(Orsat) 장치는 어떤 분석에 사용되는 장치인가?

① 기체 분석 ② 액체 분석
③ 고체 분석 ④ 고-액 분석

해설 오르자트(Orsat) 장치는 기체를 분석하는 장치이다.

24 전위차 적정의 원리식(Nernst식)에서 n은 무엇을 의미하는가?

$$E = E^\circ + \frac{0.0591}{n}\log C$$

① 표준 전위차 ② 단극 전위차
③ 이온 농도 ④ 산화수 변화

해설 Nernst식

$$E = E^\circ + \frac{0.0591}{n}\log C$$

여기서, E° : 표준 전위차
n : 산화수 변화(=반쪽 반응의 전자수)
C : 이온 농도

25 글리세린을 20℃에서 점도를 측정했더니 2,300cP이었다. 동점도(ν)로는 약 몇 Stokes인가? (단, 글리세린의 밀도=1.6g/cm³임.)

① 1.44 ② 14.38
③ 3.68 ④ 36.8

해설 $동점도(\nu) = \frac{점도(\mu)}{밀도(\rho)} = \frac{2,300\text{cP}}{1.6\text{g/cm}^3} = \frac{23\text{P}}{1.6\text{g/cm}^3}$
$= 14.375\text{ Stokes} = 14.38\text{ Stokes}$

26 가스 분석에서 분석 성분과 흡수제가 올바르게 짝지어진 것은?

① CO_2 - 발연황산
② CO - 50% KOH 용액
③ H_2 - 암모니아성 Cu_2Cl_2 용액
④ O_2 - 알칼리성 피로카롤 용액

해설 ① CO_2 - 33% KOH 용액
② CO - 암모니아성 염화 제1동 용액
③ H_2 - 파라듐 블랙에 의한 흡수

27 다음 중 에너지가 가장 큰 것은?

① 적외선 ② 자외선
③ X-선 ④ 가시광선

해설

$$E = h\nu = h\frac{c}{\lambda}$$

$$E \propto \frac{1}{\lambda}$$

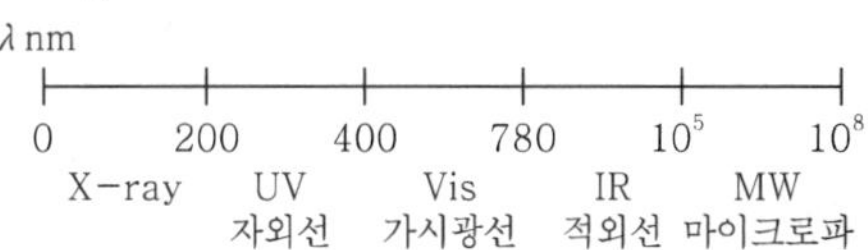

28 분광 광도계에서 흡광도가 0.300, 시료의 몰흡광계수가 0.02L/mol·cm, 광도의 길이가 1.2cm라면 시료의 농도는 몇 mol/L인가?

① 0.125 ② 1.25
③ 12.5 ④ 125

해설 $A = \varepsilon b C$

$0.3 = 0.02\text{ L/mol}\cdot\text{cm} \times 1.2\text{cm} \times C$

$$C = \frac{0.3}{0.02\text{L/mol}\cdot\text{cm} \times 1.2\text{cm}} = 12.5\text{ mol/L}$$

29 가스 크로마토그래피에서 비결합 전자를 갖는 원소 화합물을 분리할 때 주로 사용되는 충전 분리관의 재질은?

① 알루미늄 ② 강철
③ 유리 ④ 구리

정답 23. ① 24. ④ 25. ② 26. ④ 27. ③ 28. ③ 29. ③

해설 가스 크로마토그래피에서 비결합 전자를 갖는 원소 화합물을 분리할 때 재질은 유리로 된 충전 분리관을 사용한다.

30 흡수 분광법에서 정량 분석의 기본이 되는 법칙은?

① 람베르트-비어의 법칙
② 훈트의 법칙
③ 뉴턴의 법칙
④ 패러데이의 법칙

해설 람베르트-비어의 법칙은 흡수 분광법에서 정량 분석의 기본이 되는 법칙이다.

31 Fe^{3+}용액 1L가 있다. Fe^{3+}를 Fe^{2+}로 환원시키기 위해 48.246C의 전기량을 가하였다. Fe^{2+}의 몰 농도(M)는?

① 0.0005M ② 0.001M
③ 0.05M ④ 1.0M

해설 $q=nF$
(쿨롬 C)=전자 몰 수×패러데이 상수
Fe^{2+} 몰 수=전자 몰 수

$$=\frac{\text{쿨롬}}{F}=\frac{48.246\text{C}}{96,500\text{C}}=0.0005\text{mol}$$

$$Fe^{2+}\text{ 몰 농도}=\frac{0.0005\,\text{mol}}{1\text{L}}=0.0005\text{M}$$

32 원자 흡수 분광법(AAS)에서 주로 사용하는 광원은?

① X-선(X-ray)
② 적외선(infrared)
③ 마이크로파(microwave)
④ 자외-가시광선(ultraviolet-visible)

해설 원자 흡수 분광법(AAS)에서 주로 사용하는 광원은 자외-가시광선(ultraviolet-visible)이다.

33 가스 크로마토그래피 검출기 중 유기 화합물이 수소-공기의 불꽃 속에서 탈 때 생성되는 이온을 검출하는 검출기는?

① TCD ② ECD
③ FID ④ AED

해설 FID : 유기 화합물이 수소-공기의 불꽃 속에서 탈 때 생성되는 이온을 검출하는 검출기

34 산과 염기의 농도 분석을 전위차법으로 할 때 사용하는 전극은?

① 은 전극-유리 전극
② 백금 전극-유리 전극
③ 포화 칼로멜 전극-은 전극
④ 포화 칼로멜 전극-유리 전극

해설 산과 염기의 농도 분석을 전위차법으로 할 때 사용하는 전극은 포화 칼로멜 전극-유리 전극이다.

35 다음 전기 사용에 대한 설명 중 가장 부적당한 내용은?

① 전기기기는 손을 건조시킨 후에 만진다.
② 전선을 연결할 때는 전원을 차단하고 작업한다.
③ 전기기기는 접지를 하여 사용해서는 안 된다.
④ 전기 화재가 발생하였을 때는 전원을 먼저 차단한다.

해설 ③ 전기기기는 접지를 하여 사용한다.

36 다음 물질 중 승화와 관계가 없는 것은?

① 드라이아이스
② 나프탈렌
③ 알코올
④ 요오드

해설 드라이아이스, 나프탈렌, 요오드는 승화성 물질이다.

정답 30. ① 31. ① 32. ④ 33. ③ 34. ④ 35. ③ 36. ③

37 다음 중 주기율표상 V족 원소에 해당되지 않는 것은?

① P ② As
③ Si ④ Bi

해설 V족 원소는 N, P, As, Sb, Bi이다.

38 0℃, 2atm에서 산소 분자수가 2.15×10^{21}개이다. 이때 부피는 약 몇 mL가 되겠는가?

① 40 ② 80
③ 100 ④ 120

해설 $PV=nRT$에서

$$V=\frac{nRT}{P}$$
$$=\frac{(2.15\times10^{21}\text{개})(1\text{mol}/6.02\times10^{23}\text{개})(0.082\text{atm}\cdot\text{L/mol}\cdot\text{K})(273\text{K})}{2\text{atm}}$$
$$=3.9975\times10^{-2}\text{L}$$
$$\fallingdotseq 40\text{mL}$$

39 0.001M의 HCl 용액의 pH는 얼마인가?

① 2 ② 3
③ 4 ④ 5

해설 HCl은 완전 해리하므로 $pH=-\log[H^+]$
$=-\log[0.001]$
$=3$

40 $HClO_4$에서 할로겐 원소가 갖는 산화수는?

① +1 ② +3
③ +5 ④ +7

해설 과염소산(H^+ Cl^{7+} O_4^{8-})

41 다음 중 포화 탄화수소 화합물은?

① 요오드 값이 큰 것
② 건성유
③ 시클로헥산
④ 생선 기름

해설 포화 탄화수소는 alkane, cycloalkane류이다.
건성유 : 일반적으로 불포화 결합이 많을수록 요오드의 첨가 반응이 많이 일어나고, 대기 중의 산소와 반응하여 건조되는 성질이 있다.

42 다음 중 식물 세포벽의 기본 구조 성분은?

① 셀룰로오스 ② 나프탈렌
③ 아닐린 ④ 에틸에테르

해설 식물 세포벽은 셀룰로오스로 이루어져 있으며, 동물 세포는 세포벽이 없고 세포막만을 가진다.

43 열의 일당량의 값으로 옳은 것은?

① 427kgf · m/kcal
② 539kgf · m/kcal
③ 632kgf · m/kcal
④ 778kgf · m/kcal

해설 1cal=4.184J
9.8N=1kgf(kilogram−force)
9.8N · m=9.8J=1kgf · m
∴ 1kcal=4,184J/(9.8J/1kgf · m)=427kgf · m

44 다음 중 요오드포름 반응도 일어나고 은거울 반응도 일어나는 물질은?

① CH_3CHO ② CH_3CH_2OH
③ HCHO ④ CH_3COCH_3

해설 ① 요오드포름 반응을 하는 물질 : CH_3CHO, CH_3COCH_3, C_2H_5OH, $CH_3CH(OH)CH_3$
② 은거울 반응 : 알데히드(R−CHO) 검출법

45 원자의 K껍질에 들어 있는 오비탈은?

① s ② p
③ d ④ f

해설
- K : 1s
- L : 2s 2p
- M : 3s 3p 3d
- N : 4s 4p 4d 4f
- O : 5s 5p 5d 5f

정답	37. ③	38. ①	39. ②	40. ④	41. ③	42. ①	43. ①	44. ①	45. ①

46 결정의 구성 단위가 양이온과 전자로 이루어진 결정 형태는?

① 금속 결정
② 이온 결정
③ 분자 결정
④ 공유 결합 결정

해설 금속은 비편재화 원자가전자 바다에 잠긴 양이온들의 배열이라고 볼 수 있다.

47 비활성 기체에 대한 설명으로 틀린 것은?

① 다른 원소와 화합하지 않고 전자 배열이 안정하다.
② 가볍고 불연소성이므로 기구, 비행기 타이어 등에 사용된다.
③ 방전할 때 특유한 색상을 나타내므로 야간 광고용으로 사용된다.
④ 특유의 색깔, 맛, 냄새가 있다.

해설 화학적으로 비활성이므로(일반적으로) 맛, 냄새가 없다.

48 다음 중 비전해질은 어느 것인가?

① NaOH　② HNO_3
③ CH_3COOH　④ C_2H_5OH

해설 NaOH, HNO_3, CH_3COOH는 수용액에서 해리하는 전해질이다.

49 이산화탄소가 쌍극자 모멘트를 가지지 않는 주된 이유는?

① C=O 결합이 무극성이기 때문이다.
② C=O 결합이 공유 결합이기 때문이다.
③ 분자가 선형이고 대칭이기 때문이다.
④ C와 O의 전기 음성도가 비슷하기 때문이다.

해설 이산화탄소의 모형은 O=C=O이다.

50 용액의 끓는점 오름은 어느 농도에 비례하는가?

① 백분율 농도　② 몰 농도
③ 몰랄 농도　④ 노르말 농도

해설 총괄성(colligative properties, 어는점 내림, 끓는점 오름, 증기압 강하, 삼투압)은 용질 입자 수의 집합적 효과에 의존한다.

51 $KMnO_4$는 다음 중 어디에 보관하는 것이 가장 적당한가?

① 에보나이트병
② 폴리에틸렌병
③ 갈색 유리병
④ 투명 유리병

해설 과망간산칼륨은 햇빛을 받으면 이산화망간으로 분해된다.

52 Hg_2Cl_2는 물 1L에 3.8×10^{-4}g이 녹는다. Hg_2Cl_2의 용해도곱은 얼마인가? (단, Hg_2Cl_2의 분자량=472)

① 8.05×10^{-7}
② 8.05×10^{-8}
③ 6.48×10
④ 5.21×10^{-19}

해설 $Hg_2Cl_2 \rightarrow Hg_2^{2+} + 2Cl^-$

$$K_{sp} = [Hg_2^{2+}][Cl^-]^2$$
$$= \frac{3.8\times10^{-4}g}{472g\cdot mol^{-1}} \times \left(\frac{3.8\times10^{-4}g}{472g\cdot mol^{-1}}\right)^2$$
$$\fallingdotseq 5.21\times10^{-19}$$

53 양이온 계통 분석에서 가장 먼저 검출하여야 하는 이온은?

① Ag^+　② Cu^{2+}
③ Mg^{2+}　④ NH^{4+}

해설 양이온 제1족은 Ag^+, Pb^{2+}, Hg_2^{2+}이다.

정답 46. ① 47. ④ 48. ④ 49. ③ 50. ③ 51. ③ 52. ④ 53. ①

54 다음 반응에서 침전물의 색깔은?

$Pb(NO_3)_2 + K_2CrO_4 \rightarrow PbCrO_4 \downarrow + 2KNO_3$

① 검은색 ② 빨간색
③ 흰색 ④ 노란색

해설 $PbCrO_4$(크롬산납)↓ : 노란색

55 기체의 용해도에 대한 설명으로 옳은 것은?

① 질소는 물에 잘 녹는다.
② 무극성인 기체는 물에 잘 녹는다.
③ 기체는 온도가 올라가면 물에 녹기 쉽다.
④ 기체의 용해도는 압력에 비례한다.

해설 기체의 용해도는 압력에 비례한다.

56 미지 농도의 염산 용액 100mL를 중화하는 데 0.2N NaOH 용액 250mL가 소모되었다. 염산 용액의 농도는?

① 0.05N ② 0.1N
③ 0.2N ④ 0.5N

해설 $0.2 \times 250 = x \times 100$
$\therefore x = 0.5$

57 다음 중 제3족 양이온으로 분류하는 이온은?

① Al^{3+}
② Mg^{2+}
③ Ca^{2+}
④ As^{3+}

해설 제3족 양이온은 Fe^{3+}, Fe^{2+}, Al^{3+}, Cr^{3+}이다.

58 메탄올(CH_3OH, 밀도 0.8g/mL) 25mL를 클로로포름에 녹여 500mL를 만들었다. 용액 중의 메탄올의 몰 농도(M)는 얼마인가?

① 0.16 ② 1.6
③ 0.13 ④ 1.25

해설 $\dfrac{(0.8\text{g/mL} \times 25\text{mL})/32\text{g/mol}}{500\text{mL}} \times (1{,}000\text{mL}/1\text{L})$
$= 1.25\text{mol/L}$

59 다음 반응식에서 브뢴스테드-로우리가 정의한 산으로만 짝지어진 것은?

$HCl + NH_3 \rightleftarrows NH^{4+} + Cl^-$

① HCl, NH^{4+} ② HCl, Cl^-
③ NH_3, NH^{4+} ④ NH_3, Cl^-

해설 브뢴스테드-로우리(Brönsted-Lowry)의 산과 염기
㉠ 산 : H^+를 내놓는 물질
㉡ 염기 : H^+를 받아들이는 물질
㉢ 짝산과 짝염기 : H^+의 이동에 의하여 산과 염기로 되는 한 쌍의 물질

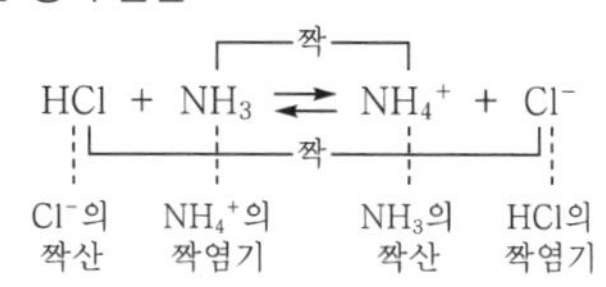

60 제4족 양이온 분족 시 최종 확인 시약으로 디메틸글리옥심을 사용하는 것은?

① 아연 ② 철
③ 니켈 ④ 코발트

해설 양이온 제4족 Ni 확인 반응은 디메틸글리옥심(붉은색 침전)으로 한다.

정답 54. ④ 55. ④ 56. ④ 57. ① 58. ④ 59. ① 60. ③

CBT 기출복원문제

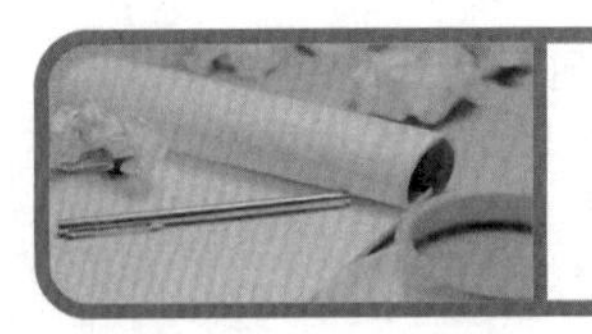

화학분석기능사

제2회 필기시험 ◀▶ 2018년 3월 31일 시행

01 pH 4인 용액 농도는 pH 6인 용액 농도의 몇 배인가?

① $\frac{1}{2}$　② $\frac{1}{200}$

③ 2　④ 100

해설 pH 4는 $[H^+]=10^{-4}M$을 뜻하고, pH 6은 $[H^+]=10^{-6}M$을 뜻한다.

02 전위차법에서 사용되는 기준 전극의 구비 조건이 아닌 것은?

① 반전지 전위값이 알려져 있어야 한다.
② 비가역적이고 편극 전극으로 작동하여야 한다.
③ 일정한 전위를 유지하여야 한다.
④ 온도 변화에 히스테리시스 현상이 없어야 한다.

해설 가역적이고, 이상적인 비편극 전극으로 작동해야 한다.

03 원자를 증기화하여 생긴 기저상태의 원자가 그 원자층을 투과하는 특유 파장의 빛을 흡수하는 성질을 이용한 것으로 극소량의 금속 성분 분석에 많이 사용되는 분석법은 다음 중 어느 것인가?

① 가시 · 자외선 흡수 분광법
② 원자 흡수 분광법
③ 적외선 흡수 분광법
④ 기체 크로마토그래피법

해설 ① 가시 · 자외선 흡수 분광법 : 자외선과 가시광선 스펙트럼 영역의 분자 흡수 분광법으로, 많은 수의 무기 · 유기 및 생물학적 화학종 정량에 사용된다.
② 원자 흡수 분광법 : 원자를 증기화하여 생긴 기저상태의 원자가 그 원자층을 투과하는 특유 파장의 빛을 흡수하는 성질을 이용하는 것으로 극소량의 금속 성분의 분석에 많이 사용되는 분석법이다.
③ 적외선 흡수 분광법 : 적외선(IR)의 스펙트럼 영역은 파수로 12,800 내지 10μm 또는 파장으로 0.78 내지 1,000μm의 복사선을 포괄한다. 비슷한 응용과 기기 장치때문에 IR 스펙트럼은 Z－IR, 중간－IR 및 원－IR로 나뉜다.
④ 기체 크로마토그래피법 : GC는 두 종류인 기체－액체, 기체－고체 크로마토그래피가 있으며, 기체화된 시료 성분들이 칼럼에 부착된 액체 또는 고체 정지상과 기체 이동상 사이의 분배 과정으로 분리된다.

04 적외선 흡수 분광법에서 액체 시료는 어떤 시료판에 떨어뜨리거나 발라서 측정하는가?

① K_2CrO_4　② KBr

③ CrO_3　④ $KMnO_4$

해설 KBr은 $400cm^{-1}$ 이상의 적외선을 흡수하지 않는다.

05 이상적인 pH 전극에서 pH가 1단위 변할 때 pH 전극의 전압은 약 얼마나 변하는가?

① 96.5mV　② 59.2mV

③ 96.5V　④ 59.2V

해설 이상적인 pH 전극에서 pH가 1단위 변할 때 pH 전극의 전압은 59.16mV씩 변한다(Nernst식으로부터 유도됨).

정답 01. ④ 02. ② 03. ② 04. ② 05. ②

06 강산이나 강알칼리 등과 같은 유독한 액체를 취할 때 실험자가 입으로 빨아올리지 않기 위하여 사용하는 기구는?

① 피펫 필러 ② 자동 뷰렛
③ 홀 피펫 ④ 스포이드

해설 피펫 필러의 설명이다.

07 가스 크로마토그래피의 검출기에서 황, 인을 포함한 화합물을 선택적으로 검출하는 것은 어느 것인가?

① 열전도도 검출기(TCD)
② 불꽃 광도 검출기(FPD)
③ 열이온화 검출기(TID)
④ 전자 포획형 검출기(ECD)

해설 ① 열전도도 검출기(TCD) : 분석물이 운반 기체와 함께 용출됨으로 인해 운반 기체의 열전도도가 변하는 것에 근거한다. 운반 기체는 H_2 또는 He을 주로 이용한다.
② 불꽃 광도 검출기(FPD) : 황(S)과 인(P)을 포함하는 화합물에 감응이 매우 큰 검출기로서, 용출물이 낮은 온도의 수소-공기 불꽃으로 들어간다.
③ 열이온화 검출기(TID) : 인과 질소를 함유한 유기 화합물에 선택적이며, 칼럼에 나오는 용출 기체가 수소와 혼합되어 불꽃을 지나며 연소된다. 이때 인과 질소를 함유한 분자들은 많은 이온을 생성해 전류가 흐르는데 이는 분석물 양과 관련이 있다.
④ 전자 포획형 검출기(ECD) : 전기 음성도가 큰 작용기(할로겐, 퀴논, 콘주게이션된 카르보닐) 등이 포함된 분자에 감도가 좋다.

08 옷, 종이, 고무, 플라스틱 등의 화재로, 소화 방법으로는 주로 물을 뿌리는 방법이 많이 이용되는 화재는?

① A급 화재 ② B급 화재
③ C급 화재 ④ D급 화재

해설 ① A급 화재 : 종이, 섬유, 목재
② B급 화재 : 유류 및 가스
③ C급 화재 : 전기
④ D급 화재 : 금속분, 박, 리본

09 어떤 시료를 분광 광도계를 이용하여 측정하였더니 투과도가 10%T이었다. 이때 흡광도는 얼마인가?

① 0.1 ② 0.8
③ 1 ④ 1.6

해설 $A = -\log T = -\log\frac{1}{10} = 1$

10 가스 크로마토그래피의 주요부가 아닌 것은?

① 시료 주입부 ② 운반 기체부
③ 시료 원자화부 ④ 데이터 처리 장치

해설 가스 크로마토그래피의 주요 장치로는 운반 기체 공급기, 유량계, 전기 오븐, 분리관, 데이터 처리 장치가 있다.
㉠ 운반 기체 공급기 : 운반 기체는 단지 용질만을 이동시키는 역할을 하여 화학적 반응성이 없는 He, N_2, H_2를 이용한다.
㉡ 시료 주입 장치 : 적당량의 시료를 짧은 기체 층으로 주입 시 칼럼 효율이 좋아지고, 많은 양의 시료를 서서히 주입 시 분리능이 떨어진다.

11 분석하려는 시료 용액에 음극과 양극을 담근 후 음극의 금속을 전기 화학적으로 도금하여 전해 전·후의 음극 무게 차이로부터 시료에 있는 금속의 양을 계산하는 분석법은?

① 전위차법(potentiometry)
② 전해 무게 분석법(electrogravimetry)
③ 전기량법(coulometry)
④ 전압 전류법(voltammetry)

해설 ① 전위차법 : 전류가 거의 흐르지 않은 상태에서 전지 전위를 측정하여 분석에 이용하는 방법(기준 전극, 지시 전극 및 전지 전위 측정 기기가 필요)이다.
③ 전기량법 : 한 분석물을 충분한 시간 동안 완전히 산화 또는 환원시키는 데 필요한 전기량을 측정하는 방법으로, 사용된 전기량이 분석물의 양에 비례한다. 종류로는 일정 전위 전기량법, 일정 전류 전기량법 또는 전기량법 적정이 있다.
④ 전압 전류법 : 편극된 상태에 있는 작업 전극의 전위를 기준 전극에 대해 시간에 따라 여러 방식으로 변화시키면서 전류를 측정하는 방법이다.

정답 06. ① 07. ② 08. ① 09. ③ 10. ③ 11. ②

12 중크롬산칼륨 표준 용액 1,000ppm으로 10ppm의 시료 용액 100mL를 제조하고자 한다. 필요한 표준 용액의 양은 몇 mL인가?

① 1 ② 10
③ 100 ④ 1,000

해설 $1{,}000\text{ppm} \times x(\text{mL}) = 10\text{ppm} \times 100\text{mL}$

$\therefore x = 1$

cf) • $\text{ppm(parts per millions)} = \dfrac{\text{mg 용질}}{\text{kg 용액}} = \dfrac{\text{부분}}{\text{전체}} \times 10^6$

• $\%(\text{parts per cent}) = \dfrac{\text{부분}}{\text{전체}} \times 100$

13 다음 중 비극성인 물질은?

① H_2O ② NH_3
③ HF ④ C_6H_6

해설 • 비극성 물질 : 전자들의 치우치는 힘의 합력이 '0'에 가깝다.

예 F_2, Cl_2, Br_2, CO_2, CH_4, CCl_4, C_6H_6

• 극성 물질 : 전자들의 치우치는 힘의 합력이 '0'이 아니다.

예 HF, HCl, HBr, NH_3, H_2O

※ 전자쌍 반발의 원리 : 전자쌍들은 반발력이 최소가 되도록 서로 가장 멀리 떨어지려고 한다.

예 • CH_4(비극성) • NH_3(극성)

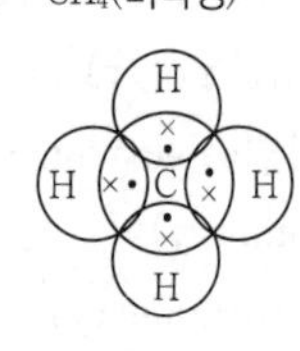

14 같은 온도와 압력에서 한 용기 속에 수소 분자 3.3×10^{23}개가 들어 있을 때 같은 부피의 다른 용기 속에 들어 있는 산소 분자의 수는?

① 3.3×10^{23}개 ② 4.5×10^{23}개
③ 6.4×10^{23}개 ④ 9.6×10^{23}개

해설 $PV = nRT$

P와 V, R, T가 같으므로

수소의 n = 산소의 n

$\therefore O_2 = 3.3\times10^{23}$개

15 20℃에서 부피 1L를 차지하는 기체가 압력의 변화 없이 부피가 3배로 팽창하였을 때 절대온도는 몇 K이 되는가? (단, 이상 기체로 가정한다.)

① 859 ② 869
③ 879 ④ 889

해설 일정한 P에서 V와 T의 관계를 나타낸 것을 샤를의 법칙(P 일정, 기체의 부피는 절대온도에 비례)이라고 한다.

$\dfrac{V_1}{T_1} = \dfrac{V_2}{T_2}$이므로 $\dfrac{1\text{L}}{293\text{K}} = \dfrac{3\text{L}}{x(\text{K})}$

$\therefore x = 293\times3 = 879\text{K}$

16 산화시키면 카르복실산이 되고, 환원시키면 알코올이 되는 것은?

① C_2H_5OH
② $C_2H_5OC_2H_5$
③ CH_3CHO
④ CH_3COCH_3

해설 $C_2H_5OH \underset{\text{환원}}{\overset{\text{산화}}{\rightleftarrows}} CH_3CHO$ (아세트알데히드) $\underset{\text{환원}}{\overset{\text{산화}}{\rightleftarrows}} CH_3COOH$

17 전이 금속 화합물에 대한 설명으로 옳지 않은 것은?

① 철은 활성이 매우 커서 단원자 상태로 존재한다.
② 황산제일철($FeSO_4$)은 푸른색 결정으로 철을 황산에 녹여 만든다.
③ 철(Fe)은 +2 또는 +3의 산화수를 갖으며 +3의 산화수 상태가 가장 안정하다.
④ 사산화삼철(Fe_3O_4)은 자철광의 주성분으로 부식을 방지하는 방식용으로 사용된다.

해설 Fe은 이온화 경향이 크다. 즉, 반응성이 크므로 공기 중에서 Fe로 존재하는 것보다 산화철 상태로 존재한다.

정답 12. ① 13. ④ 14. ① 15. ③ 16. ③ 17. ①

18 원자 번호 3번 Li의 화학적 성질과 비슷한 원소의 원자 번호는?

① 8　② 10
③ 11　④ 18

해설 $_3Li$은 1족 원소로 알칼리 금속이라 부른다.
알칼리 금속 : $_3Li$, $_{11}Na$, $_{19}K$, $_{37}Rb$, $_{55}Cs$, $_{87}Fr$

19 에틸알코올의 화학 기호는?

① C_2H_5OH　② C_6H_5OH
③ HCHO　④ CH_3COCH_3

해설 ① C_2H_5OH : 에틸알코올=에탄올
② C_6H_5OH : 페놀
③ HCHO : 포름알데히드
④ CH_3COCH_3 : 아세톤

20 가수분해 생성물이 포도당과 과당인 것은?

① 맥아당　② 설탕
③ 젖당　④ 글리코겐

해설

탄수화물 이름		분자식	가수분해 생성물	수용성
단당류	포도당	$C_6H_{12}O_6$	가수분해 없음.	녹음
	과당			
	갈락토오스			
이당류	설탕	$C_{12}H_{22}O_{11}$	포도당+과당	녹음
	맥아당 (엿당)		포도당+포도당	
	젖당		포도당 +갈락토오스	
다당류 (천연 고분자)	녹말	$(C_6H_{10}O_5)_n$	포도당	잘 안 녹음
	셀룰로오스			
	글리코겐			

∴ 포도당+과당=설탕

21 0.1M NaOH 0.5L와 0.2M HCl 0.5L를 혼합한 용액의 몰 농도(M)는?

① 0.05　② 0.1
③ 0.3　④ 1

해설 NaOH와 HCl은 염기와 산으로 중화 반응이 일어난다.
$NaOH+HCl \rightleftarrows H_2O+NaCl$
NaOH와 HCl은 1 : 1 반응이지만 농도는 2배 차이가 나므로 혼합 후에 HCl이 0.25L 남는다.
총 부피=0.5L+0.5L=1L
남은 HCl의 mol=0.2M×0.25L=0.05mol

$$\therefore M=\frac{\text{용질(mol)}}{\text{용액(L)}}=\frac{0.5\text{mol}}{1\text{L}}=0.05\text{M}$$

22 다음 중 원자에 대한 법칙이 아닌 것은?

① 질량 불변의 법칙
② 일정 성분비의 법칙
③ 기체 반응의 법칙
④ 배수 비례의 법칙

해설 ③ H_2, O_2, N_2 등 기체는 분자이므로 분자에 대한 법칙이다.

23 0℃의 얼음 2g을 100℃의 수증기로 변화시키는 데 필요한 열량은 약 몇 cal인가? (단, 기화잠열=539cal/g, 융해열=80cal/g)

① 1,209　② 1,438
③ 1,665　④ 1,980

해설 열량
Q(열량)$=Q_1$(잠열)$+Q_2$(현열)$+Q_3$(잠열)

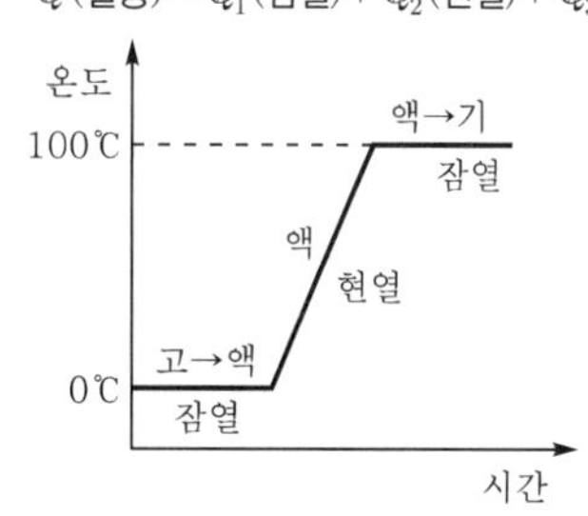

• 고 → 액 : 얼음의 융해잠열 ⇒ 80cal/g
• 액 → 기 : 물의 기화잠열 ⇒ 539cal/g

㉠ 현열 : 상태의 변화 없이 온도가 변화될 때 필요한 열량

$Q=m\cdot c\cdot \Delta t$

여기서, Q : 열량
m : 질량(g)
c : 비열
Δt : 온도 변화(℃)

정답 18. ③ 19. ① 20. ② 21. ① 22. ③ 23. ②

㉡ 잠열 : 온도의 변화 없이 상태를 변화시키는 데 필요한 열량

$Q=m \cdot \gamma$

여기서, Q : 열량

m : 질량(g)

γ : 잠열

$\therefore$ Q=융해열(융해잠열)+현열+기화잠열

- 융해열 : 80cal/g×2g=160cal
- 현열 : $Q=m \cdot c \cdot \Delta t$ (물의 비열=1cal/g·℃)
  =2g×1cal/g·℃×(100℃−0℃)
  =2g×1cal/g·℃×100℃
  =200cal
- 기화잠열 : 539cal/g×2g=1,078cal

$\therefore$ Q=160cal+200cal+1,078cal=1,438cal

24 다음 금속 중 이온화 경향이 가장 큰 것은?

① Na ② Mg

③ Ca ④ K

해설 금속의 이온화 경향

K > Ca > Na > Mg > Al > Zn > Fe > Ni > Sn > Pb > (H) > Cu > Hg > Ag > Pt > Au

25 1N NaOH 용액 250mL를 제조하려고 한다. 이때 필요한 NaOH의 양은? (단, NaOH의 분자량=40)

① 0.4g ② 4g

③ 10g ④ 40g

해설 1N NaOH=1M NaOH

$$M=\frac{\text{용질(mol)}}{\text{용액(L)}}$$

$$1M=\frac{x(\text{mol})}{0.25L}$$

$\therefore x=0.25\text{mol}$

$$0.25\text{mol}=\frac{y(\text{g})}{40\text{g/mol}}$$

$\therefore y=40\text{g/mol}\times0.25\text{mol}=10\text{g}$

26 다음 중 산성 산화물은?

① P_2O_5 ② Na_2O

③ MgO ④ CaO

해설 산성 산화물

㉠ 산의 무수물로 간주할 수 있는 산화물로, 물과 화합 시 산소산이 되고 염기와 반응 시 염이 된다.

㉡ 일반적으로 비금속 원소의 산화물이고, CO_2, SiO_2, NO_2, SO_3, P_2O_5 등이 있다.

②, ③, ④는 염기성 산화물(금속 산화물)

27 3N 황산 용액 200mL 중에는 몇 g의 H_2SO_4를 포함하고 있는가? (단, S의 원자량은 32이다.)

① 29.4 ② 58.8

③ 98.0 ④ 117.6

해설 3N H_2SO_4 → 1.5M H_2SO_4(H가 2개이므로 2당량)

1.5M H_2SO_4 0.2L(200mL)

1.5mol/L×0.2L=0.3mol

$$\therefore 0.3\text{mol}\times\frac{98\text{g}}{1\text{mol}}=29.4\text{g}$$ (H_2SO_4의 MW=98)

[별해] $$N=\frac{\text{용질의 g당량수}}{\text{용액(L)}}$$

3N×0.2L=0.6

H_2SO_4의 g 당량수=49g

$\therefore$ 49g×0.6=29.4g

28 고체의 용해도는 온도의 상승에 따라 증가한다. 그러나 이와 반대 현상을 나타내는 고체도 있다. 다음 중 이 고체에 해당되지 않는 것은?

① 황산리튬 ② 수산화칼슘

③ 수산화나트륨 ④ 황산칼슘

해설 고체의 용해도 : 일반적으로 온도가 올라가면 용해도는 증가한다. 하지만 예외적으로 Li_2SO_4, $CaSO_4$, $Ca(OH)_2$는 온도가 상승함에 따라 용해도는 감소하며, NaCl은 온도에 영향을 거의 받지 않는다.

29 미지 물질의 분석에서 용액이 강한 산성일 때의 처리 방법으로 가장 옳은 것은?

① 암모니아수로 중화한 후 질산으로 약산성이 되게 한다.

② 질산을 넣어 분석한다.

③ 탄산나트륨으로 중화한 후 처리한다.

④ 그대로 분석한다.

정답 24. ④ 25. ③ 26. ① 27. ① 28. ③ 29. ①

해설 미지 물질 분석 시 용액이 강산성일 경우에는 암모니아수로 중화한 후에 질산으로 약산성이 되게 하는 것이 가장 좋은 방법이다.

30 침전 적정에서 Ag^{+}에 의한 은법 적정 중 지시약법이 아닌 것은?

① Mohr법
② Fajans법
③ Volhard법
④ 네펠로법(nephelometry)

해설 네펠로법 : 혼탁 입자들에 의해 산란도를 측정하는 방법으로 탁도 측정 방법 중 기기 분석법에 속한다.

31 시안화칼륨을 넣으면 처음에는 흰 침전이 생기나 다시 과량으로 넣으면 흰 침전은 녹아 맑은 용액으로 된다. 이와 같은 성질을 가진 염의 양이온은 어느 것인가?

① Cu^{2+}
② Al^{3+}
③ Zn^{2+}
④ Hg^{2+}

해설 아연염에 시안화칼륨을 넣으면 처음에는 흰색 침전($Zn(CN)_2$)이 생기지만 과량으로 더 넣어 주면 침전이 녹아 다시 맑은 용액으로 된다.

32 "20wt% 소금 용액 $d=1.10g/cm^3$"로 표시된 시약이 있다. 소금의 몰(M) 농도는 얼마인가? (단, d는 밀도이며, Na은 23g, Cl는 35.5g으로 계산한다.)

① 1.54　　② 2.47
③ 3.76　　④ 4.23

해설 $\frac{20g\ 용질}{100g\ 용액} \times \frac{1.10g\ 용액}{1mL\ 용액} \times \frac{1{,}000mL\ 용액}{1L\ 용액} \times \frac{1mol}{58.5g\ 용질} = 3.76M$

33 양이온의 계통적인 분리 검출법에서는 방해 물질을 제거시켜야 한다. 다음 중 방해 물질이 아닌 것은?

① 유기물　　② 옥살산 이온
③ 규산 이온　　④ 암모늄 이온

해설 양이온의 계통적인 분리 검출법에서 방해 물질로 작용하는 것은 유기물, 옥살산 이온($C_2O_4^{2-}$), 규산 이온(SiO_4^{4-}) 등이고, 이 물질들을 제거시켜 주어야 한다.

34 다음 반응에서 반응계에 압력을 증가시켰을 때 평형이 이동하는 방향은?

$$2SO_2 + O_2 \rightleftarrows 2SO_3$$

① SO_3가 많이 생성되는 방향
② SO_3가 감소되는 방향
③ SO_2가 많이 생성되는 방향
④ 이동이 없다.

해설 압력이 증가하면 몰수가 작은 곳으로 평형 이동한다.
반응물 : 2+1=3
생성물 : 2
∴ 반응물→생성물인 정반응으로 평형 이동한다(SO_3 생성 방향).

35 질산나트륨은 20℃ 물 50g에 44g 녹는다. 20℃에서 물에 대한 질산나트륨의 용해도는 얼마인가?

① 22.0　　② 44.0
③ 66.0　　④ 88.0

해설 용해도는 일정한 온도에서 용매 100g에 녹을 수 있는 최대 용질(g)이다.
∴ 물 100g에는 $NaNO_3$가 88g 녹는다.

[별해] 용해도$=\frac{용질(g)}{용매(g)} \times 100$
$=\frac{44g}{50g} \times 100$
$=88$

용매(물) 100g일 때의 용해도는 다음과 같다.

$88 = \frac{x(g)}{100g} \times 100 \quad \therefore x = 88g$

정답 30. ④ 31. ③ 32. ③ 33. ④ 34. ① 35. ④

36 $Hg_2(NO_3)_2$ 용액에 다음과 같은 시약을 가했다. 수은을 유리시킬 수 있는 시약으로만 나열된 것은?

① NH_4OH, $SnCl_2$ ② $SnCl_4$, NaOH
③ $SnCl_2$, $FeCl_2$ ④ HCHO, $PbCl_2$

해설 수은을 유리시킬 수 있는 시약 : NH_4OH, $SnCl_2$
- $Hg_2Cl_2 + 6NH_4OH \rightarrow \underset{\text{흰색}}{\underline{Hg(NH_2)Cl}} + \underset{\text{검은색}}{\underline{Hg}}$
- Hg 확인 반응 : $1N-SnCl_2$ → 흰색, 검은색 침전

37 제2족 구리족 양이온과 제2족 주석족 양이온을 분리하는 시약은?

① HCl ② H_2S
③ Na_2S ④ $(NH_4)_2CO_3$

해설 제2족 구리족 양이온과 제2족 주석족 양이온의 분리 시약 : H_2S
※ ㉠ 구리족 : Pb^{2+}, Bi^{3+}, Cu^{2+}, Cd^{2+}
㉡ 주석족 : Hg^{2+}, As^{3+}, As^{5+}, Sb^{3+}, Sb^{5+}, Sn^{2+}, Sn^{4+}

38 0.01N HCl 용액 200mL를 NaOH로 적정하니 80.00mL가 소요되었다면, 이때 NaOH의 농도는?

① 0.05N ② 0.025N
③ 0.125N ④ 2.5N

해설 $0.1N \times 200mL = x(N) \times 80mL$

$\therefore x = \frac{0.01 \times 200}{80} = 0.025N$

39 0.1N $KMnO_4$ 표준 용액을 적정할 때에 사용하는 시약은?

① NaOH ② $Na_2C_2O_4$
③ K_2CrO_4 ④ NaCl

해설 0.1N $KMnO_4$ 표준 용액을 표준 적정할 때 $Na_2C_2O_4$(옥살산나트륨)을 시약으로 사용한다.
$2KMnO_4 + 5Na_2C_2O_4 + 8H_2SO_4$
$\rightarrow K_2SO_4 + 2MnSO_4 + 5Na_2SO_4 + 8H_2O$

40 수소 발생 장치를 이용하여 비소를 검출하는 방법은?

① 구차이트 반응 ② 추가예프 반응
③ 마시의 시험 반응 ④ 베텐도르프 반응

해설 마시의 시험 반응(Marsh test) : 용기에 순수한 Zn 덩어리를 넣고, 묽은 황산을 부으면 수소가 발생한다. 이 수소를 염화칼슘관을 통해서 건조시킨 후 경질 유리관에 통과시킨다. 유리관 속의 공기가 발생된 기체로 완전히 치환되면 이 기체에 점화하고 불꽃에 찬 자기를 접촉시킨다. 이 불꽃 속에 시료 용액을 가하면 비소 존재 시 유리되어 자기 표면에 비소 거울을 생성한다.

41 뮤렉사이드(MX) 금속 지시약은 다음 중 어떤 금속 이온의 검출에 사용되는가?

① Ca, Ba, Mg ② Co, Cu, Ni
③ Zn, Cd, Pb ④ Ca, Ba, Sr

해설
- 뮤렉사이드(MX) 금속 지시약 : Co, Cu, Ni의 검출에 사용한다.
- 뮤렉사이드(무렉시드) 지시약은 주로 EDTA 적정시 사용한다.

42 염화물 시료 중의 염소 이온을 폴하르트법(Volhard)으로 적정하고자 할 때 주로 사용하는 지시약은?

① 철명반 ② 크롬산칼륨
③ 플루오레세인 ④ 녹말

해설 Volhard법에서 주로 사용하는 지시약은 철(Ⅲ)염 용액으로, 철명반($Fe_2(SO_4)_3$)이 있다.

43 다음 중 적외선 스펙트럼의 원리로 옳은 것은?

① 핵자기 공명
② 전하 이동 전이
③ 분자 전이 현상
④ 분자의 진동이나 회전 운동

해설 적외선(IR) 스펙트럼은 분자의 진동이나 회전 운동의 원리로 작용한다.

정답 36. ① 37. ② 38. ② 39. ② 40. ③ 41. ② 42. ① 43. ④

44 파장의 길이 단위인 1Å과 같은 길이는?

① 1nm ② 0.1μm
③ 0.1nm ④ 100nm

해설 10Å=1nm이므로, 1Å=0.1nm이다(1Å=10^{-10}m).

45 pH meter를 사용하여 산화·환원 전위차를 측정할 때 사용되는 지시 전극은?

① 백금 전극 ② 유리 전극
③ 안티몬 전극 ④ 수은 전극

해설 pH 미터는 일반적으로 지시 전극으로는 유리 전극을 사용하고, 산화·환원 전극으로는 비활성 금속인 백금 전극을 사용한다.

46 기체-액체 크로마토그래피(GLC)에서 정지상과 이동상을 올바르게 표현한 것은?

① 정지상 – 고체, 이동상 – 기체
② 정지상 – 고체, 이동상 – 액체
③ 정지상 – 액체, 이동상 – 기체
④ 정지상 – 액체, 이동상 – 고체

해설 GLC(기체-액체 크로마토그래피)는 '이동상-정지상' 크로마토그래피로 이름을 짓는다. 따라서 이동상은 기체, 정지상은 액체가 된다.

47 다음 반응식의 표준 전위는 얼마인가? (단, 반반응의 표준 환원 전위는 $Ag^{+}+e^{-} \rightleftarrows Ag(s)$, $E°=+0.799V$, $Cd^{2+}+2e^{-} \rightleftarrows Cd(s)$, $E°=-0.402V$)

$Cd(s)+2Ag^{+} \rightleftarrows Cd^{2+}+2Ag(s)$

① +1.201V ② +0.397V
③ +2.000V ④ −1.201V

해설 $Cd(s)+2Ag^{+} \rightleftarrows Cd^{2+}+2Ag(s)$
$Cd \rightarrow Cd^{2+}+2e^{-}$, $E°=+0.402V$
$2Ag^{+}+2e^{-} \rightarrow 2Ag$, $E°=+0.799V$
∴ 표준 전위=0.402V+0.799V=1.201V
※ 표준 환원 전위는 전자수가 변해도 불변하는 값이므로, $2e^{-}$가 되어도 그대로 0.799V이다.

48 pH 미터에 사용하는 유리 전극에는 어떤 용액이 채워져 있는가?

① pH 7의 NaOH 불포화 용액
② pH 10의 NaOH 포화 용액
③ pH 7의 KCl 포화 용액
④ pH 10의 KCl 포화 용액

해설 유리 전극에 사용하는 용액은 pH 7의 KCl 포화 용액이다(단기간 보관 시 pH 7 KCl 용액 사용).

49 적외선 분광 광도계의 흡수 스펙트럼으로부터 유기 물질의 구조를 결정하는 방법 중 카르보닐기가 강한 흡수를 일으키는 파장의 영역은?

① 1,300~1,000cm^{-1}
② 1,820~1,660cm^{-1}
③ 3,400~2,400cm^{-1}
④ 3,600~3,300cm^{-1}

해설 카르보닐기($-\overset{O}{\overset{\|}{C}}-$)의 흡수 파장 영역
: 약 1,750~1,700cm^{-1} 부근

50 과망간산칼륨($KMnO_4$) 표준 용액 1,000ppm을 이용하여 30ppm의 시료 용액을 제조하고자 한다. 그 방법으로 옳은 것은 다음 중 어느 것인가?

① 3mL를 취하여 메스 플라스크에 넣고 증류수로 채워 10mL가 되게 한다.
② 3mL를 취하여 메스 플라스크에 넣고 증류수로 채워 100mL가 되게 한다.
③ 3mL를 취하여 메스 플라스크에 넣고 증류수로 채워 1,000mL가 되게 한다.
④ 30mL를 취하여 메스 플라스크에 넣고 증류수로 채워 10,000mL가 되게 한다.

해설 1,000ppm×3mL=30ppm×x(mL)
∴ x = 100mL

정답 44. ③ 45. ① 46. ③ 47. ① 48. ③ 49. ② 50. ②

51 기체 크로마토그래피에서 시료 주입구의 온도 설정으로 옳은 것은?

① 시료 중 휘발성이 가장 높은 성분의 끓는점보다 20℃ 낮게 설정
② 시료 중 휘발성이 가장 높은 성분의 끓는점보다 50℃ 높게 설정
③ 시료 중 휘발성이 가장 낮은 성분의 끓는점보다 20℃ 낮게 설정
④ 시료 중 휘발성이 가장 낮은 성분의 끓는점보다 50℃ 높게 설정

해설 GC에서 시료 주입구의 온도는 시료 중 휘발성이 가장 낮은 성분의 끓는점보다 50℃ 높게 설정한다.
㉠ 시료 주입구의 온도가 시료의 b.p.보다 아주 높게 되면 분석 시료가 분해되어 시료 손상이 일어난다.
㉡ 온도가 b.p.보다 낮게 되면 시료 주입구에서 응축이 일어나 오차가 발생한다.

52 용액의 두께가 10cm, 농도가 5mol/L이며 흡광도가 0.2이면 몰 흡광도(L/mol · cm) 계수는?

① 0.001 ② 0.004
③ 0.1 ④ 0.2

해설 $A=\varepsilon bc,\ \varepsilon=\frac{A}{bc}=\frac{0.2}{10\times5}=0.004\text{L/mol}\cdot\text{cm}$

53 급격한 가열 · 충격 등으로 단독으로 분해 · 폭발할 수 있기 때문에 강한 충격이나 마찰을 주지 않아야 하는 산화성 고체 위험물은?

① 질산암모늄 ② 과염소산
③ 질산 ④ 과산화벤조일

해설 질산암모늄(NH_4NO_3)은 산화성 고체로, 급격한 가열 · 충격 등으로 인해 단독으로 분해 · 폭발할 수 있다.

54 람베르트 법칙 $T=e^{-kb}$에서 b가 의미하는 것은?

① 농도 ② 상수
③ 용액의 두께 ④ 투과광의 세기

해설 람베르트 법칙 : 흡수층에 입사하는 빛의 세기와 투과광의 세기와의 비율의 로그값은 흡수층의 두께에 비례한다.

$\log_e\frac{I_o}{I}=\mu d$

여기서, μ : 흡수 계수
d : 흡수층의 두께

$T=\frac{I}{I_o}$이므로 위 식을 변형하면

$\log_e=\frac{I}{I_o}=-\mu d$

$\log_e T=-\mu d$

$\therefore\ T=e^{-\mu d}$

$\therefore\ T=e^{-kb}$에서 b는 흡수층의 두께. 즉, 용액의 두께가 된다.

55 가스 크로마토그래피의 정량 분석에 일반적으로 사용되는 방법은?

① 크로마토그램의 무게
② 크로마토그램의 면적
③ 크로마토그램의 높이
④ 크로마토그램의 머무름 시간

해설 가스 크로마토그래피
㉠ 정성 분석 : 머무름 시간을 이용한다.
㉡ 정량 분석 : 크로마토그램의 면적을 이용한다.

56 pH Meter의 사용 방법에 대한 설명으로 틀린 것은?

① pH 전극은 사용하기 전에 항상 보정해야 한다.
② pH 측정 전에 전극 유리막은 항상 말라있어야 한다.
③ pH 보정 표준 용액은 미지 시료의 pH를 포함하는 범위이어야 한다.
④ pH 전극 유리막은 정전기가 발생할 수 있으므로 비벼서 닦으면 안 된다.

해설 pH 측정 전에 전극 유리막은 항상 젖어 있어야 하고, 유리막 전극은 보관 시에도 마른 상태가 아닌 용액 속에 보관해야 한다.

정답 51. ④ 52. ② 53. ① 54. ③ 55. ② 56. ②

57 다음 보기에서 GC(기체 크로마토그래피)의 검출기가 갖추어야 할 조건 중 옳은 것은 모두 몇 개인가?

> ㉠ 검출 한계가 높아야 한다.
> ㉡ 가능하면 모든 시료에 같은 응답 신호를 보여야 한다.
> ㉢ 검출기 내에 시료의 머무는 부피는 커야 한다.
> ㉣ 응답 시간이 짧아야 한다.
> ㉤ S/N비가 커야 한다.

① 1개　② 2개
③ 3개　④ 4개

해설 GC 검출기가 갖추어야 할 조건
㉠ 검출 한계가 낮아야 한다.
㉡ 시료에 대해 검출기의 응답 신호가 선형이 되어야 한다.
㉢ 가능하면 모든 시료에 같은 응답 신호를 보여야 한다.
㉣ 응답 시간이 짧아야 한다.
㉤ S/N비가 커야 한다.
㉥ 검출기 내에 시료가 머무르는 부피가 작아야 한다.

58 황산구리 용액을 전기 무게 분석법으로 구리의 양을 분석하려고 한다. 이때 일어나는 반응이 아닌 것은?

① $Cu^{2+} + 2e^- \rightarrow Cu$
② $2H^+ + 2e^- \rightarrow H_2$
③ $2H_2O \rightarrow O_2 + 4H^+ + 4e^-$
④ $SO_4^+ \rightarrow SO_2 + O_2 + 4e^-$

해설 황산구리 용액에서 구리의 양 분석 시 일어나는 반응
① $Cu^{2+} + 2e^- \rightarrow Cu$
② $2H^+ + 2e^- \rightarrow H_2$
③ $2H_2O \rightarrow O_2 + 4H^+ + 4e^-$
④ $SO_4^- \rightarrow SO_2 + O_2 + 4e^-$
※ 전기 무게 분석법 : 분석 물질을 고체 상태로 작업 전극에 석출시켜 그 무게를 달아 분석하는 것이다.

59 다음 중 물질의 특징에 대한 설명으로 틀린 것은?

① 염산은 공기 중에 방치하면 염화수소 가스를 발생시킨다.
② 과산화물에 열을 가하면 산소를 발생시킨다.
③ 마그네슘 가루는 공기 중의 습기와 반응하여 자연발화한다.
④ 흰인은 공기 중의 산소와 화합하지 않는다.

해설 ④ 백린(황린)은 상온에서 산화한다(상온에서 자연발화함. 34℃ 전·후).

60 흡광 광도 분석 장치의 구성 순서로 옳은 것은?

① 광원부 – 시료부 – 파장 선택부 – 측광부
② 광원부 – 파장 선택부 – 시료부 – 측광부
③ 광원부 – 시료부 – 측광부 – 파장 선택부
④ 광원부 – 파장 선택부 – 측광부 – 시료부

해설 흡광 광도 분석 장치 구성 순서 : 광원부 – 파장 선택부 – 시료부 – 측광부(검출기 – 신호 처리기)

정답 57. ③　58. ④　59. ④　60. ②

CBT 기출복원문제

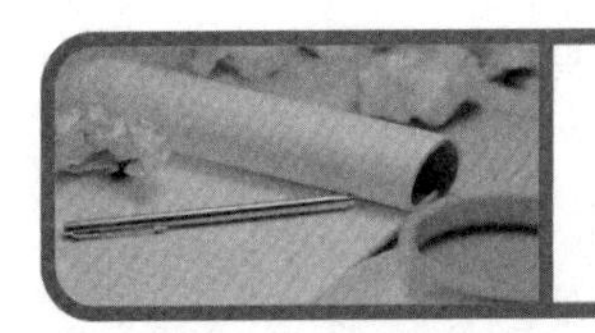

화학분석기능사

제3회 필기시험 ◀▶ 2018년 7월 7일 시행

01 다음 중 펠링 용액(Fehling's solution)을 환원시킬 수 있는 물질은?

① CH_3COOH
② CH_3OH
③ C_2H_5OH
④ HCHO

해설 펠링 용액은 −CHO(알데하이드기)의 환원성을 이용해서 Cu^{2+}을 환원시켜 Cu_2O로 만드는 것이다.

02 일정한 압력하에서 10℃의 기체가 2배로 팽창하였을 때의 온도는?

① 172℃ ② 293℃
③ 325℃ ④ 487℃

해설 샤를의 법칙을 이용한다.

$$\frac{V}{T}=\frac{V'}{T'}$$

$$\frac{V}{10+273}=\frac{2V}{T'}$$

$$\frac{1}{283}=\frac{2}{T'}$$

$$T'=566$$

$$\therefore t=566-273=293℃$$

03 탄소 화합물의 특성에 대한 설명 중 틀린 것은?

① 화합물의 종류가 많다.
② 대부분 무극성이나 극성이 약한 분자로 존재하므로 분자간 인력이 약해 녹는점, 끓는점이 낮다.
③ 대부분 비전해질이다.
④ 원자간 결합이 약해 화학 반응을 하기 쉽다.

해설 탄소 화합물은 화학적으로 안정하므로 반응성이 작고 반응 속도도 느리다. 또한 원자간 결합이 단일 결합은 강하나 이중·삼중 결합은 약하다.

04 다음 원소 중 원자의 반지름이 가장 큰 원소는 어느 것인가?

① Li ② Be
③ B ④ C

해설 주기율표에서 Li−Be−B−C−N−O−F 순으로, 왼쪽에서 오른쪽으로 갈수록 원자 반지름이 작아지는데 이는 유효 핵전하가 증가하기 때문이다. 또한 오른쪽으로 갈수록 원자 번호가 증가하고 이것은 핵의 양성자와 함께 원자의 전자가 함께 증가한다.

05 공업용 NaOH의 순도를 알고자 4.0g을 물에 용해시켜 1L로 하고 그 중 25mL를 취하여 0.1N H_2SO_4로 중화시키는 데 20mL가 소요되었다. 이 NaOH의 순도는 몇 %인가? (단, 원자량은 Na=23, S=32, H=1, O=16이다.)

① 60 ② 70
③ 80 ④ 90

해설
- NaOH 몰 수=H_2SO_4 몰 수=H_2SO_4 농도×H_2SO_4 부피
  ↑ $0.1\times0.02=0.002$몰 ↑ 0.1N H_2SO_4 ↑ 20mL=0.02L
- NaOH 질량=NaOH 몰 수×NaOH 화학식량
  $=0.002\times40=0.08$

$$\therefore \text{순도}=\frac{\text{NaOH 질량}}{\text{투입한 공업용 NaOH 질량}}\times100$$

$$=\frac{0.08}{0.1}\times100$$ (4.0g이 물 1L에 녹아 그 중 25mL이므로 0.1g이 시료에 들어 있다.)

$$=80\%$$

정답 01.④ 02.② 03.④ 04.① 05.③

06 포화 탄화수소에 대한 설명으로 옳은 것은?

① 2중 결합으로 되어 있다.
② 치환 반응을 한다.
③ 첨가 반응을 잘 한다.
④ 기하 이성질체를 갖는다.

해설 포화 탄화수소인 Alkane은 치환 반응을 하며, 첨가 반응은 불포화 탄화수소들이 잘 한다.

07 다음 중 산성염에 해당하는 것은?

① NH_4Cl
② $CaSO_4$
③ $NaHSO_4$
④ $Mg(OH)Cl$

해설 산성염은 산의 H^+의 일부가 다른 양이온으로 치환되고 H^+이 아직 남아 있는 염이다.
예 $NaHSO_4$, $KHCO_3$, Na_2HPO_4, $NaHCO_3$, NaH_2PO_4 등

08 Fe^{3+}과 반응하여 청색 침전을 만드는 물질은?

① KSCN
② $PbCrO_4$
③ $K_3Fe(CN)_6$
④ $K_4Fe(CN)_6$

해설 Fe^{3+}는 $K_4Fe(CN)_6$(육시아노철(II)산칼륨, 황혈염, 페로시안화칼륨) 용액과 반응해 청색 앙금이 생긴다.

09 600K를 랭킨온도(°R)로 표시하면 얼마인가?

① 327 ② 600
③ 1,080 ④ 1,112

해설 $600K = 273 + ℃$
$℃ = 327$
$°F = 1.8 \times ℃ + 32 = 1.8 \times 327 + 32 = 620.6$
$°R = 620.6 + 460 = 1080.6$
※ 온도 단위 환산
- °F(화씨) = 1.8 × ℃(섭씨) + 32
- K(켈빈온도) = ℃ + 273
- °R(랭킨온도) = °F + 460

10 다음 혼합물과 이를 분리하는 방법 및 원리를 연결한 것 중 잘못된 것은?

	혼합물	적용 원리	분리 방법
①	NaCl, KNO_3	용해도의 차	분별 결정
②	H_2O, C_2H_5OH	끓는점의 차	분별 증류
③	모래, 요오드	승화성	승화
④	석유, 벤젠	용해성	분액 깔때기

해설 석유·벤젠 혼합물은 끓는점이 서로 다른 여러 가지 액체의 혼합물이므로 분별 증류하여 분리한다.

11 다음 중 방향족 화합물은?

① CH_4 ② C_2H_4
③ C_3H_8 ④ C_6H_6

해설 방향족 화합물은 벤젠고리를 포함한 고리모양의 탄화수소이다.

12 다음 중 알칼리금속에 속하지 않는 것은?

① Li ② Na
③ K ④ Ca

해설 알칼리금속은 1족 원소에 해당하며, Ca은 알칼리토금속이다.

13 용액의 끓는점 오름은 어느 농도에 비례하는가?

① 백분율 농도 ② 몰 농도
③ 몰랄 농도 ④ 노르말 농도

해설 끓는점 오름 = 끓는점 오름 상수 × 몰랄 농도

14 염이 수용액에서 전리할 때 생기는 이온의 일부가 물과 반응하여 수산 이온이나 수소 이온을 냄으로써, 수용액이 산성이나 염기성을 나타내는 것을 가수분해라 한다. 다음 중 가수분해하여 산성을 나타내는 것은?

① K_2SO_4 ② NH_4Cl
③ NH_4NO_3 ④ CH_3COONa

정답 06. ② 07. ③ 08. ④ 09. ③ 10. ④ 11. ④ 12. ④ 13. ③ 14. ②

해설 NH_4Cl의 가수분해
㉠ 이온화 : $NH_4Cl \rightarrow NH_4^+ + Cl^-$
㉡ 가수분해 : $NH_4^+ + H_2O \rightleftarrows NH_3 + H_3O^+$(약산성)

15 하버-보시법에 의하여 암모니아를 합성하고자 한다. 다음 중 어떠한 반응 조건에서 더 많은 양의 암모니아를 얻을 수 있는가?

$$N_2 + 3H_2 \xrightarrow[\text{촉매}]{} 2NH_3 + \text{열}$$

① 많은 양의 촉매를 가한다.
② 압력을 낮추고 온도를 높인다.
③ 질소와 수소의 분압을 높이고 온도를 낮춘다.
④ 생성되는 암모니아를 제거하고 온도를 높인다.

해설 하버-보시법은 저온·고압에서 암모니아의 수득률이 올라간다는 점을 이용한 공정법이다.

16 $CuSO_4 \cdot 5H_2O$ 중의 Cu를 정량하기 위해 시료 0.5012g을 칭량하여 물에 녹여 KOH를 가했을 때 $Cu(OH)_2$의 청백색 침전이 생긴다. 이때 이론상 KOH는 약 몇 g이 필요한가? (단, 원자량은 각각 Cu=63.54, S=32, O=16, K=39이다.)

① 0.1125
② 0.2250
③ 0.4488
④ 1.0024

해설 $CuSO_4 \cdot 5H_2O$ 0.5012 g, 분자량 249.54 g, 몰 수로 환산하면
$\frac{0.5012}{249.54} = 2.01 \times 10^{-3}$mol
$Cu_2^+ + 2OH \rightarrow Cu(OH)_2$
KOH는 $2.01 \times 10^{-3} \times 2$mol이 필요하다.
g수로 환산하면
$2.01 \times 10^{-3} \times 2 \times 56 = 0.225$g
(KOH의 분자량은 56 g이므로)

17 양이온 정성 분석에서 디메틸글리옥심을 넣었을 때 빨간색 침전이 되는 것은?

① Fe^{3+} ② Cr^{3+}
③ Ni^{2+} ④ Al^{3+}

해설 Ni에 디메틸글리옥심($C_4H_8N_2O_2$)을 반응하면 적색 착물이 형성된다.

18 산화·환원 반응을 이용한 부피 분석법은?

① 산화·환원 적정법
② 침전 적정법
③ 중화 적정법
④ 중량 적정법

해설 산화·환원 적정은 산화제 또는 환원제의 표준 용액을 써서 시료 물질을 완전히 산화 또는 환원시키는 데 소모된 양을 측정하여 시료 물질을 정량하는 부피 분석법의 하나이다.

19 다음 금속 이온 중 수용액 상태에서 파란색을 띠는 이온은?

① Rb^{++} ② Co^{++}
③ Mn^{++} ④ Cu^{++}

해설 Cu^{2+}은 수용액 상태에서 파란색을 띤다.

20 양이온 제2족의 구리족에 속하지 않는 것은?

① Bi_2S_3 ② CuS
③ CdS ④ Na_2SnS_3

해설 양이온의 분류
- 제1족 : Pb^{2+}, Hg^{2+}, Ag^+
- 제2족
  ㉠ 구리족 : Pb^{2+}, Bi^{3+}, Cu^{2+}, Cd^{2+}
  ㉡ 주석족 : As^{3+} 또는 As^{5+}, Sb^{3+} 또는 Sb^{5+}, Sn^{2+} 또는 Sn^{4+}, Hg^{2+}
- 제3족 : Fe^{2+} 또는 Fe^{3+}, Cr^{3+}, Al^{3+}
- 제4족 : Ni^{2+}, Co^{2+}, Mn^{2+}, Zn^{2+}
- 제5족 : Ba^{2+}, Sr^{2+}, Ca^{2+}
- 제6족 : Mg^{2+}, K^+, Na^+, NH_4^+

정답 15. ③ 16. ② 17. ③ 18. ① 19. ④ 20. ④

21 산화·환원 적정법에 해당되지 않는 것은?

① 요오드법
② 과망간산염법
③ 아황산염법
④ 중크롬산염법

해설 아황산염법은 산화·환원 적정법에 해당하지 않는다.

22 어떤 물질의 포화 용액 120g 속에 40g의 용질이 녹아 있다. 이 물질의 용해도는?

① 40　② 50
③ 60　④ 70

해설 $(120-40):40=100:x$
$4,000=80x$
$\therefore\ x=50$

23 물의 경도, 광물 중의 각종 금속의 정량, 간수 중의 칼슘의 정량 등에 가장 적합한 분석법은?

① 중화 적정법
② 산·염기 적정법
③ 킬레이트 적정법
④ 산화·환원 적정법

해설 킬레이트 적정법은 킬레이트 시약을 사용하여 금속 이온을 정량하는 방법이다.

24 다음 전기 회로에서 전류는 몇 암페어(A)인가?

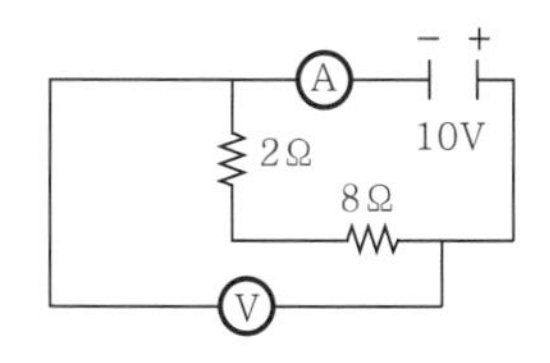

① 0.5　② 1
③ 2.8　④ 5

해설 $V=IR$
$10=I(2+8)$
$\therefore\ I=1\text{A}$

25 광원으로부터 들어온 여러 파장의 빛을 각 파장별로 분산하여 한 가지 색에 해당하는 파장의 빛을 얻어내는 장치는?

① 검출 장치　② 빛 조절관
③ 단색화 장치　④ 색 인식 장치

해설 필터, 프리즘 또는 회절격자에 의해 임의의 파장 성분에서 분리하는 장치로, 단색화 장치에 대한 설명이다.

26 불꽃 없는 원자 흡수 분광법 중 차가운 증기 생성법(cold vapor generation method)을 이용하는 금속 원소는?

① Na　② Hg
③ As　④ Sn

해설 Cold vapor generation method를 이용하는 금속 원소는 Hg이다.

27 폴라로그래피에서 사용하는 기준 전극과 작업 전극은 각각 무엇인가?

① 유리 전극과 포화 칼로멜 전극
② 포화 칼로멜 전극과 수은 적하 전극
③ 포화 칼로멜 전극과 산소 전극
④ 염화칼륨 전극과 포화 칼로멜 전극

해설 폴라로그래피에서 기준 전극과 작업 전극은 각각 포화 칼로멜 전극과 수은 적하 전극이다.

28 전위차 적정법에서 종말점을 찾을 수 있는 가장 좋은 방법은?

① 전위차를 세로 축으로, 적정 용액의 부피를 가로 축으로 해서 그래프를 그린다.
② 일정 적하량당 기전력의 변화율이 최대로 되는 점부터 구한다.
③ 지시약을 사용하여 변색 범위에서 적정 용액을 넣어 종말점을 찾는다.
④ 전위차를 계산하여 필요한 적정 용액의 mL수를 구한다.

정답 21. ③ 22. ② 23. ③ 24. ② 25. ③ 26. ② 27. ② 28. ②

해설 전위차 적정법은 당량점 가까이에서 용액의 전위차 변화가 생기는 것을 말하는 것으로, 일정 적하량당 기전력의 변화로 구한다.

29 오스트발트 점도계를 사용하여 다음의 값을 얻었다. 액체의 점도는 얼마인가?

> ㉠ 액체의 밀도 : $0.97g/cm^3$
> ㉡ 물의 밀도 : $1.00g/cm^3$
> ㉢ 액체가 흘러내리는 데 걸린 시간 : 18.6초
> ㉣ 물이 흘러내리는 데 걸린 시간 : 20초
> ㉤ 물의 점도 : 1cP

① 0.9021cP
② 1.0430cP
③ 0.9021P
④ 1.0430P

해설 $0.97 \times \frac{18.6}{20} \times 1 = 0.9021$

$\therefore$ 0.9021cP

30 두 가지 이상의 혼합 물질을 단일 성분으로 분리하여 분석하는 기법은?

① 크로마토그래피
② 핵자기 공명 흡수법
③ 전기 무게 분석법
④ 분광 광도법

해설 크로마토그래피에 대한 설명이다.

31 다음 중 pH 미터의 보정에 사용하는 용액은?

① 증류수
② 식염수
③ 완충 용액
④ 강산 용액

해설 강산이나 강염기가 들어와도 일정하게 수소 이온 농도를 유지시켜 주는 것을 완충 용액이라 하는데 이는 pH 미터의 보정에 사용된다.

32 유리 기구의 취급에 대한 설명으로 틀린 것은?

① 두꺼운 유리 용기를 급격히 가열하면 파손되므로 불에 서서히 가열한다.
② 유리 기구는 철제, 스테인리스강 등 금속으로 만든 실험 실습 기구와 따로 보관한다.
③ 메스플라스크, 뷰렛, 메스실린더, 피펫 등 눈금이 표시된 유리 기구는 가열하여 건조시킨다.
④ 밀봉한 관이나 마개를 개봉할 때에는 내압이 걸려 있으면 내용물이 분출한다든가 폭발하는 경우가 있으므로 주의한다.

해설 유리 기구는 가열시키지 말고 자연 건조시킨다.

33 유리 전극 pH 미터에 증폭 회로가 필요한 가장 큰 이유는?

① 유리막의 전기 저항이 크기 때문이다.
② 측정 가능 범위를 넓게 하기 때문이다.
③ 측정 오차를 작게 하기 때문이다.
④ 온도의 영향을 작게 하기 때문이다.

해설 유리막 사이로 H^+가 이동하기 때문에 전기 저항의 원인으로 증폭 회로가 필요하다.

34 다음 중 에너지가 가장 큰 것은?

① 적외선
② 자외선
③ X-선
④ 가시광선

해설 $E = h\nu = h \cdot \frac{c}{\lambda}$

$E \propto \frac{1}{\lambda}$

λ nm	0	200	400	780	10^5	10^8
	X-ray	UV 자외선	Vis 가시광선	IR 적외선	MW 마이크로파	

정답 29. ① 30. ① 31. ③ 32. ③ 33. ① 34. ③

35 다음 중 가스 크로마토그래피용 검출기가 아닌 것은?

① FID(Flame Ionization Detector)
② ECD(Electron Capture Detector)
③ DAD(Diode Array Detector)
④ TCD(Thermal Conductivity Detector)

해설 HPLC에서 사용하는 것이 DAD이다. DAD는 스캔 형식으로 파장을 측정하여 스캔한다.

36 종이 크로마토그래피법에서 이동도(R_f)를 구하는 식은? (단, C : 기본선과 이온이 나타난 사이의 거리(cm), K : 기본선과 전개 용매가 전개한 곳까지의 거리(cm))

① $R_f = \frac{C}{K}$ ② $R_f = C \times K$
③ $R_f = \frac{K}{C}$ ④ $R_f = K + C$

해설 $R_f = \frac{C}{K}$

37 눈으로 감지할 수 있는 가시광선의 파장 범위는?

① 0 ~ 190nm ② 200 ~ 400nm
③ 400 ~ 700nm ④ 1 ~ 5m

해설 가시광선에 대한 설명으로, 400~700nm의 파장 범위를 갖는다.

38 전기 전하를 나타내는 Faraday의 식 $q = nF$에서 F의 값은 얼마인가?

① 96,500coulomb
② 9,650coulomb
③ 6,023coulomb
④ 6.023×10^{23}coulomb

해설 Faraday의 식 $q = nF$에서
패러데이(Faraday) 상수 : 96,500coulomb

39 0℃의 얼음 1g을 100℃의 수증기로 변화시키는 데 필요한 열량은?

① 539cal ② 639cal
③ 719cal ④ 839cal

해설 Q_1(잠열) $= G\gamma = 1\text{g} \times 80\text{cal/g} = 80\text{cal}$
Q_2(현열) $= Gc\Delta t = 1\text{g} \times 1 \times (100 - 0) = 100\text{cal}$
Q_3(잠열) $= G\gamma = 1\text{g} \times 539\text{cal/g} = 539\text{cal}$
$\therefore Q = Q_1 + Q_2 + Q_3 = 80 + 100 + 539 = 719\text{cal}$

40 한 원소의 화학적 성질을 주로 결정하는 것은?

① 원자량
② 전자의 수
③ 원자 번호
④ 최외각의 전자수

해설 원소의 화학적 성질을 결정하는 것은 최외각 전자의 수이다. 원자 껍질에서 가장 바깥 껍질에 존재하는 전자로써 원자의 화학적 성질을 규정한다. Na은 최외각 전자가 1개로 전자를 잃고 최외각 전자가 8개인 안정한 상태로 존재하길 원하고, F는 최외각 전자가 7개로 전자 1개를 얻어 안정한 상태가 되길 원한다. 따라서 Na은 Na^+인 양이온의 상태를, F는 F^-인 음이온의 상태를 가진다.

41 반응 속도에 영향을 주는 인자로서 가장 거리가 먼 것은?

① 반응 온도
② 반응식
③ 반응물의 농도
④ 촉매

해설 반응식은 반응에 참여한 매체들에 관한 식으로 반응 속도와는 관계 없다.

42 다음 중 착이온을 형성할 수 없는 이온이나 분자는?

① H_2O ② NH_4^+
③ Br ④ NH_3

정답 35. ③ 36. ① 37. ③ 38. ① 39. ③ 40. ④ 41. ② 42. ②

해설 착이온은 비공유 전자쌍이 있어야 중심 금속 이온에 결합하면서 배위 결합을 이룰 수 있다.

NH_4^+

```
      H
      |
      N+
    / | \
   H  H  H
```

비공유 전자쌍이 존재하지 않으므로 착이온을 형성할 수 없다.

43 어떤 원소(M)의 1g당량과 원자량이 같을 때 이 원소 산화물의 일반적인 표현을 바르게 나타낸 것은?

① M_2O ② MO
③ MO_2 ④ M_2O_2

해설 1g당량과 원자량이 같다는 것은 1족 원소라는 것과 같다.

$\therefore\ M^+ + O^{2-} \rightarrow M_2O$

44 다음 중 분자 1개의 질량이 가장 작은 것은?

① H_2 ② NO_2
③ HCl ④ SO_2

해설 ① $H_2 = 2g/mol$
② $NO_2 = 14 + 32 = 46g/mol$
③ $HCl = 1 + 35.5 = 36.5g/mol$
④ $SO_2 = 32 + 32 = 64g/mol$

45 pH가 3인 산성 용액이 있다. 이 용액의 몰농도(M)는 얼마인가? (단, 용액은 일염기산이며 100% 이온화함)

① 0.0001 ② 0.001
③ 0.01 ④ 0.1

해설 $pH = -\log[H^+]$
$3 = -\log 10^{-3}$ $\therefore$ 0.001M

46 어떤 기체의 공기에 대한 비중이 1.10이라면 이것은 어떤 기체의 분자량과 같은가? (단, 공기의 평균 분자량은 29임.)

① H_2 ② O_2
③ N_2 ④ CO_2

해설 공기에 대한 비중이 1.1이므로 공기의 평균 분자량의 비가 1.1인 것을 찾으면 된다.

$\therefore\ \frac{32}{29} \fallingdotseq 1.1(O_2)$

47 나트륨(Na) 원자는 11개의 양성자와 12개의 중성자를 가지고 있다. 원자 번호와 질량수는 각각 얼마인가?

① 원자 번호 : 11, 질량수 : 12
② 원자 번호 : 12, 질량수 : 11
③ 원자 번호 : 11, 질량수 : 23
④ 원자 번호 : 11, 질량수 : 1

해설 양성자+중성자=질량수
원자 번호=양성자수=전자수
∴ 원자 번호 : 11, 질량수 : 23

48 다음 물질 중 0℃, 1기압하에서 물에 대한 용해도가 가장 큰 물질은?

① CO_2 ② O_2
③ CH_3COOH ④ N_2

해설 물에 대한 용해도가 크려면 극성을 띠는 물질이 존재해야 한다.

∴ CH_3COOH는

```
         O
         ‖
CH3 — C — OH
```

, 극성을 띠는 부분이 존재하므로 물에 대한 용해도가 크다.

49 다음 탄수화물 중 단당류인 것은 어느 것인가?

① 녹말 ② 포도당
③ 글리코겐 ④ 셀룰로오스

해설 ① 녹말 : 다당류
② 포도당 : 단당류
③ 글리코겐 : 다당류
④ 셀룰로오스 : 다당류

정답 43. ① 44. ① 45. ② 46. ② 47. ③ 48. ③ 49. ②

50 포화 탄화수소 중 알케인(alkane) 계열의 일반식은?

① C_nH_{2n} ② C_nH_{2n+2}
③ C_nH_{2n-2} ④ C_nH_{2n-1}

해설 ① Alkane(알케인, 알칸) : C_nH_{2n+2}
② Alkene(알켄) : C_nH_{2n}
③ Alkyne(알킨) : C_nH_{2n-2} $(n \geq 2)$

51 원자의 K껍질에 들어 있는 오비탈은?

① s ② p
③ d ④ f

해설 $^{3}K=1s^2 2s^1$
s orbital만 존재한다.

52 할로겐 분자의 일반적인 성질에 대한 설명으로 틀린 것은?

① 특유한 색깔을 가지며, 원자 번호가 증가함에 따라 색깔이 진해진다.
② 원자 번호가 증가함에 따라 분자간의 인력이 커지므로 녹는점과 끓는점이 높아진다.
③ 수소 기체와 반응하여 할로겐화수소를 만든다.
④ 원자 번호가 작을수록 산화력이 작아진다.

해설 할로겐 분자의 원자 번호가 커질수록 인력이 커진다. 그만큼 반응하기 위해서는 많은 E가 필요하다. 따라서 전자를 얻어 자신은 환원되고 남을 산화시키는 산화력은 원자 번호가 작을수록 커진다.

53 제3족 Al^{3+}의 양이온을 NH_4OH로 침전시킬 때 $Al(OH)_3$가 콜로이드로 되는 것을 방지하기 위하여 함께 가하는 것은?

① NaOH ② H_2O_2
③ H_2S ④ NH_4Cl

해설 제3족 Al^{3+}의 양이온을 NH_4OH로 침전시킬 때 $Al(OH)_3$가 콜로이드로 되는 것을 방지하기 위하여 함께 가하는 것은 NH_4Cl이다.

54 산화·환원 적정법 중의 하나인 과망간산칼륨 적정은 주로 산성 용액 상태에서 이루어진다. 이때 분석액을 산성화하기 위하여 주로 사용하는 산은?

① 황산(H_2SO_4)
② 질산(HNO_3)
③ 염산(HCl)
④ 아세트산(CH_3COOH)

해설 과망간산칼륨 적정에서 분석액을 산성으로 만들어 주기 위해서 H_2SO_4를 사용한다.

55 중화 적정법에서 당량점(equivalence point)에 대한 설명으로 가장 거리가 먼 것은 어느 것인가?

① 실질적으로 적정이 끝난 점을 말한다.
② 적정에서 얻고자 하는 이상적인 결과이다.
③ 분석 물질과 가해준 적정액의 화학양론적 양이 정확하게 동일한 점을 말한다.
④ 당량점을 정하는 데는 지시약 등을 이용한다.

해설 반응이 끝나는 점을 종말점이라 한다.

56 공기 중에 방치하면 불안정하여 검은 갈색으로 변화되는 수산화물은?

① $Cu(OH)_2$
② $Pb(OH)_2$
③ $Fe(OH)_3$
④ $Cd(OH)_2$

해설 $Cu(OH)_2$는 공기 중의 산화 효소의 작용으로 인하여 갈색으로 변한다.

정답	50. ②	51. ①	52. ④	53. ④	54. ①	55. ①	56. ①

57 AAS(원자 흡수 분광법)을 화학 분석에 이용하는 특성이 아닌 것은?

① 선택성이 좋고 감도가 좋다.
② 방해 물질의 영향이 비교적 적다.
③ 반복하는 유사 분석을 단시간에 할 수 있다.
④ 대부분의 원소를 동시에 검출할 수 있다.

해설 하나의 원소씩 검출 가능하다.

58 눈에 산이 들어갔을 때 다음 중 가장 적절한 조치는?

① 메틸알코올로 씻는다.
② 즉시 물로 씻고, 묽은 나트륨 용액으로 씻는다.
③ 즉시 물로 씻고, 묽은 수산화나트륨 용액으로 씻는다.
④ 즉시 물로 씻고, 묽은 탄산수소나트륨 용액으로 씻는다.

해설 눈에 산이 들어갔을 때 가장 적절한 조치 : 즉시 물로 씻고, 묽은 탄산수소나트륨 용액으로 씻는다.

59 다음 중 수소 이온 농도(pH)의 정의는?

① $pH = \frac{1}{[H^+]}$ ② $pH = \log[H^+]$

③ $pH = -\frac{1}{[H^-]}$ ④ $pH = -\log[H^+]$

해설 $pH = -\log[H^+]$

60 선광도 측정에 대한 설명으로 틀린 것은?

① 선광성은 관측자가 보았을 때 시계 방향으로 회전하는 것을 좌선성이라 하고 선광도에 [-]를 붙인다.
② 선광계의 기본 구성은 단색 광원, 편광을 만드는 편광 프리즘, 시료 용기, 원형 눈금을 가진 분석용 프리즘과 검출기로 되어 있다.
③ 유기 화합물에서는 액체나 용액 상태로 편광하고 그 진행 방향을 회전시키는 성질을 가진 것이 있다. 이러한 성질을 선광성이라 한다.
④ 빛은 그 진행 방향과 직각인 방향으로 진행하고 있는 횡파이지만, 니콜 프리즘을 통해 일정 방향으로 파동하는 빛이 된다. 이것을 편광이라 한다.

해설 반시계 방향으로 회전하는 것을 좌선성이라 한다.

정답 57. ④ 58. ④ 59. ④ 60. ①

CBT 기출복원문제

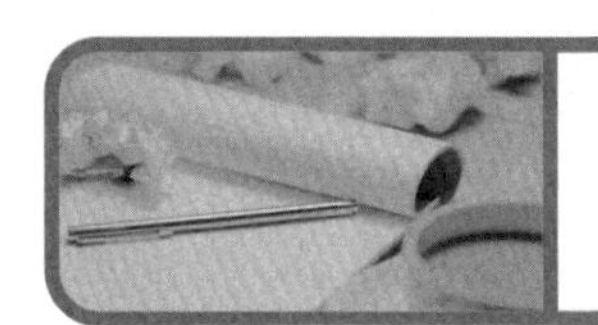

화학분석기능사

제1회 필기시험 ◀▶ 2019년 1월 19일 시행

01 다음 물질 중 승화와 관계가 없는 것은?

① 드라이아이스 ② 나프탈렌
③ 알코올 ④ 요오드

해설 드라이아이스, 나프탈렌, 요오드는 승화성 물질이다.

02 다음 중 주기율표상 V족 원소에 해당되지 않는 것은?

① P ② As
③ Si ④ Bi

해설 V족 원소는 N, P, As, Sb, Bi이다.

03 0℃, 2atm에서 산소 분자수가 2.15×10^{21}개이다. 이때 부피는 약 몇 mL가 되겠는가?

① 40 ② 80
③ 100 ④ 120

해설 $PV=nRT$에서

$$V=\frac{nRT}{P}$$

$$=\frac{(2.15\times10^{21}\text{개})(1\text{mol}/6.02\times10^{23}\text{개})(0.082\text{atm}\cdot\text{L/mol}\cdot\text{K})(273\text{K})}{2\text{atm}}$$

$$=3.9975\times10^{-2}\text{L}$$

$$\fallingdotseq 40\text{mL}$$

04 원자 번호 7번인 질소(N)는 2p 궤도에 몇 개의 전자를 갖는가?

① 3 ② 5
③ 7 ④ 14

해설 N : $1s^2 2s^2 2p^3$

05 황산(H_2SO_4) 용액 100mL에 황산이 4.9g 용해되어 있다. 이 황산 용액의 노르말 농도는?

① 0.5N
② 1N
③ 4.9N
④ 9.8N

해설 N농도=M농도×산도수(염기도수)이고,
$H_2SO_4 \rightarrow 2H^+ + SO_4^{2-}$이므로

$$\text{N농도}=\frac{\left(\frac{4.9\text{g}}{98\text{g/mol}}\right)}{100\text{mL}}\times\frac{1{,}000\text{mL}}{1\text{L}}\times2=0.5\text{M}\times2$$

∴ 1N

06 다음 중 식물 세포벽의 기본 구조 성분은?

① 셀룰로오스
② 나프탈렌
③ 아닐린
④ 에틸에테르

해설 식물 세포벽은 셀룰로오스로 이루어져 있으며, 동물 세포는 세포벽이 없고 세포막만을 가진다.

07 열의 일당량의 값으로 옳은 것은?

① 427kgf・m/kcal
② 539kgf・m/kcal
③ 632kgf・m/kcal
④ 778kgf・m/kcal

해설 1cal=4.184J
9.8N=1kgf
9.8N・m=9.8J=1kgf・m
∴ 1kcal=4184J/(9.8J/1kgf・m)=427kgf・m

정답 01.③ 02.③ 03.① 04.① 05.② 06.① 07.①

08 다음 중 요오드포름 반응도 일어나고 은거울 반응도 일어나는 물질은?

① CH_3CHO ② CH_3CH_2OH
③ $HCHO$ ④ CH_3COCH_3

해설 ㉠ 요오드포름 반응을 하는 물질 : CH_3CHO, CH_3COCH_3, C_2H_5OH, $CH_3CH(OH)CH_3$
㉡ 은거울 반응 : 알데히드(R-CHO) 검출법

09 원자의 K껍질에 들어 있는 오비탈은?

① s ② p
③ d ④ f

해설
- K : 1s
- L : 2s 2p
- M : 3s 3p 3d
- N : 4s 4p 4d 4f
- O : 5s 5p 5d 5f

10 결정의 구성 단위가 양이온과 전자로 이루어진 결정 형태는?

① 금속 결정 ② 이온 결정
③ 분자 결정 ④ 공유결합 결정

해설 금속은 비편재화 원자가전자 바다에 잠긴 양이온들의 배열이라고 볼 수 있다.

11 다음 중 비전해질은 어느 것인가?

① $NaOH$ ② HNO_3
③ CH_3COOH ④ C_2H_5OH

해설 $NaOH$, HNO_3, CH_3COOH는 수용액에서 해리하는 전해질이다.

12 이소프렌, 부타디엔, 클로로프렌은 다음 중 무엇을 제조할 때 사용되는가?

① 합성 섬유 ② 합성 고무
③ 합성 수지 ④ 세라믹

해설 합성 고무는 부타디엔, 스티렌, 아크릴로니트릴, 클로로프렌 등의 중합체이다.

13 용액의 끓는점 오름은 어느 농도에 비례하는가?

① 백분율 농도
② 몰 농도
③ 몰랄 농도
④ 노르말 농도

해설 총괄성(colligative properties, 어는점 내림, 끓는점 오름, 증기압 강하, 삼투압)은 용질 입자 수의 집합적 효과에 의존한다.

14 화학 반응에서 촉매의 작용에 대한 설명으로 틀린 것은?

① 평형 이동에는 무관하다.
② 물리적 변화를 일으킬 수 있다.
③ 어떠한 물질이라도 반응이 일어나게 한다.
④ 반응 속도에는 소량을 가하더라도 영향이 미친다.

해설 촉매는 화학 반응 속도를 변화하게 만드는 물질이다.

15 다음 염소산 화합물의 세기 순서가 옳게 나열된 것은?

① $HOCl > HClO_2 > HClO_3 > HClO_4$
② $HClO_4 > HOCl > HClO_3 > HClO_2$
③ $HClO_4 > HClO_3 > HClO_2 > HOCl$
④ $HOCl > HClO_3 > HClO_2 > HClO_4$

해설 염소산의 세기 : 과염소산 > 염소산 > 아염소산 > 차아염소산

16 다음 반응에서 침전물의 색깔은?

$$Pb(NO_3)_2 + K_2CrO_4 \rightarrow PbCrO_4\downarrow + 2KNO_3$$

① 검은색 ② 빨간색
③ 흰색 ④ 노란색

해설 $PbCrO_4$(크롬산납)↓ : 노란색

정답 08. ① 09. ① 10. ① 11. ④ 12. ② 13. ③ 14. ③ 15. ③ 16. ④

17 **기체의 용해도에 대한 설명으로 옳은 것은?**

① 질소는 물에 잘 녹는다.
② 무극성인 기체는 물에 잘 녹는다.
③ 기체는 온도가 올라가면 물에 녹기 쉽다.
④ 기체의 용해도는 압력에 비례한다.

해설 기체의 용해도는 압력에 비례한다.

18 **다음 중 제3족 양이온으로 분류하는 이온은?**

① Al^{3+}　② Mg^{2+}
③ Ca^{2+}　④ As^{3+}

해설 제3족 양이온은 Fe^{3+}, Fe^{2+}, Al^{3+}, Cr^{3+}이다.

19 **메탄올(CH_3OH, 밀도 0.8g/mL) 25mL를 클로로포름에 녹여 500mL를 만들었다. 용액 중의 메탄올의 몰 농도(M)는 얼마인가?**

① 0.16　② 1.6
③ 0.13　④ 1.25

해설 $\frac{(0.8\text{g/mL}\times 25\text{mL})/32\text{g/mol}}{500\text{mL}}\times(1{,}000\text{mL}/1\text{L})$
$=1.25\text{mol/L}$

20 **제4족 양이온 분족 시 최종 확인 시약으로 디메틸글리옥심을 사용하는 것은?**

① 아연　② 철
③ 니켈　④ 코발트

해설 양이온 제4족 Ni 확인 반응은 디메틸글리옥심(붉은색 침전)으로 한다.

21 **유리 기구의 취급 방법에 대한 설명으로 틀린 것은?**

① 유리 기구를 세척할 때에는 중크롬산칼륨과 황산의 혼합 용액을 사용한다.
② 유리 기구와 철제, 스테인리스강 등 금속으로 만들어진 실험 실습 기구는 같이 보관한다.
③ 메스플라스크, 뷰렛, 메스실린더, 피펫 등 눈금이 표시된 유리 기구는 가열하지 않는다.
④ 깨끗이 세척된 유리 기구는 유리 기구의 벽에 물방울이 없으며, 깨끗이 세척되지 않은 유리 기구의 벽은 물방울이 남아 있다.

해설 유리 기구를 금속 기구와 같이 보관하면 깨지기 쉽다.

22 **pH 4인 용액 농도는 pH 6인 용액 농도의 몇 배인가?**

① $\frac{1}{2}$　② $\frac{1}{200}$
③ 2　④ 100

해설 pH 4는 $[H^+]=10^{-4}$M을 뜻하고, pH 6은 $[H^+]=10^{-6}$M을 뜻한다.

23 **전위차법에서 사용되는 기준 전극의 구비 조건이 아닌 것은?**

① 반전지 전위값이 알려져 있어야 한다.
② 비가역적이고 편극 전극으로 작동하여야 한다.
③ 일정한 전위를 유지하여야 한다.
④ 온도 변화에 히스테리시스 현상이 없어야 한다.

해설 가역적이고, 이상적인 비편극 전극으로 작동해야 한다.

24 **원자를 증기화하여 생긴 기저 상태의 원자가 그 원자 층을 투과하는 특유 파장의 빛을 흡수하는 성질을 이용한 것으로 극소량의 금속 성분 분석에 많이 사용되는 분석법은?**

① 가시·자외선 흡수 분광법
② 원자 흡수 분광법
③ 적외선 흡수 분광법
④ 기체 크로마토그래피법

정답 17. ④ 18. ① 19. ④ 20. ③ 21. ② 22. ④ 23. ② 24. ②

해설 ① 가시·자외선 흡수 분광법 : 자외선과 가시선 스펙트럼 영역의 분자 흡수 분광법으로, 많은 수의 무기·유기 및 생물학적 화학종 정량에 사용된다.
② 원자 흡수 분광법 : 원자를 증기화하여 생긴 기저 상태의 원자가 그 원자 층을 투과하는 특유 파장의 빛을 흡수하는 성질을 이용하는 것으로 극소량의 금속 성분의 분석에 많이 사용되는 분석법이다.
③ 적외선 흡수 분광법 : 적외선(IR)의 스펙트럼 영역은 파수로 12,800 내지 10μm 또는 파장으로 0.78 내지 1,000μm의 복사선을 포괄한다. 비슷한 응용과 기기 장치 때문에 IR 스펙트럼은 Z−IR, 중간−IR 및 원−IR로 나뉜다.
④ 기체 크로마토그래피법 : GC는 두 종류인 기체−액체, 기체−고체 크로마토그래피가 있으며, 기체화된 시료 성분들이 칼럼에 부착된 액체 또는 고체 정지상과 기체 이동상 사이의 분배 과정으로 분리된다.

25 적외선 흡수 스펙트럼의 1,700cm^{-1} 부근에서 강한 신축 진동(stretching vibration) 피크를 나타내는 물질은?

① 아세틸렌 ② 아세톤
③ 메탄 ④ 에탄올

해설 1,700cm^{-1} 부근에서의 신축 진동은 C=O를 나타낸다.

26 고성능 액체 크로마토그래피는 고정상의 종류에 의해 4가지로 분류된다. 다음 중 해당되지 않는 것은?

① 분배
② 흡수
③ 흡착
④ 이온 교환

해설 HPLC는 분배, 흡착, 이온 교환, 크기별 배제 크로마토그래피가 있다.

27 분광 광도계의 광원 중 중수소 램프는 어느 범위에서 사용하는 광원인가?

① 자외선 ② 가시광선
③ 적외선 ④ 감마선

해설 중수소 아크 램프(deuterium arc lamp)는 자외선 분광법에서 사용된다.

28 옷, 종이, 고무, 플라스틱 등의 화재로, 소화방법으로는 주로 물을 뿌리는 방법이 많이 이용되는 화재는?

① A급 화재
② B급 화재
③ C급 화재
④ D급 화재

해설
- A급 화재 : 종이, 섬유, 목재
- B급 화재 : 유류 및 가스
- C급 화재 : 전기
- D급 화재 : 금속분, 박, 리본

29 가스 크로마토그래피의 주요부가 아닌 것은?

① 시료 주입부
② 운반 기체부
③ 시료 원자화부
④ 데이터 처리 장치

해설 가스 크로마토그래피의 주요 장치로는 운반 기체 공급기, 유량계, 전기 오븐, 분리관, 데이터 처리 장치가 있다.
㉠ 운반 기체 공급기 : 운반 기체는 단지 용질만을 이동시키는 역할을 하여 화학적 반응성이 없는 He, N_2, H_2를 이용한다.
㉡ 시료 주입 장치 : 적당량의 시료를 짧은 기체 층으로 주입 시 칼럼 효율이 좋아지고, 많은 양의 시료를 서서히 주입 시 분리능이 떨어진다.

30 분석하려는 시료 용액에 음극과 양극을 담근 후 음극의 금속을 전기화학적으로 도금하여 전해 전·후의 음극 무게 차이로부터 시료에 있는 금속의 양을 계산하는 분석법은?

① 전위차법(potentiometry)
② 전해 무게 분석법(electrogravimetry)
③ 전기량법(coulometry)
④ 전압 전류법(voltammetry)

정답 25. ② 26. ② 27. ① 28. ① 29. ③ 30. ②

해설 ① 전위차법 : 전류가 거의 흐르지 않은 상태에서 전지 전위를 측정하여 분석에 이용하는 방법(기준 전극, 지시 전극 및 전지 전위 측정 기기가 필요)이다.
③ 전기량법 : 한 분석물을 충분한 시간 동안 완전히 산화 또는 환원시키는 데 필요한 전기량을 측정하는 방법으로, 사용된 전기량이 분석물의 양에 비례한다. 종류로는 일정 전위 전기량법, 일정 전류 전기량법 또는 전기량법 적정이 있다.
④ 전압 전류법 : 편극된 상태에 있는 작업 전극의 전위를 기준 전극에 대해 시간에 따라 여러 방식으로 변화시키면서 전류를 측정하는 방법이다.

31 다음 중 비극성인 물질은?

① H_2O ② NH_3
③ HF ④ C_6H_6

해설 ㉠ 비극성 물질 : 전자들의 치우치는 힘의 합력이 '0'에 가깝다.
예 F_2, Cl_2, Br_2, CO_2, CH_4, CCl_4, C_6H_6
㉡ 극성 물질 : 전자들의 치우치는 힘의 합력이 '0'이 아니다.
예 HF, HCl, HBr, NH_3, H_2O
※ 전자쌍 반발의 원리 : 전자쌍들은 반발력이 최소가 되도록 서로 가장 멀리 떨어지려고 한다.
예 • CH_4(비극성) • NH_3(극성)

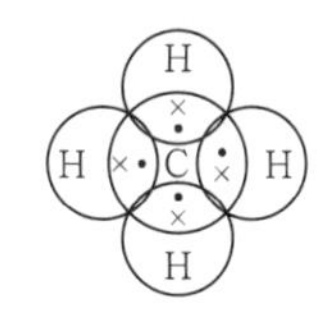

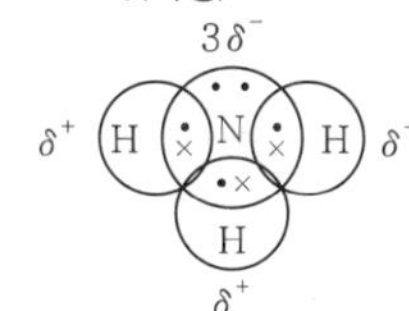

32 이상 기체의 성질과 가장 가까운 기체는?

① 헬륨 ② 산소
③ 질소 ④ 메탄

해설 이상 기체에 가까워지는 조건
㉠ 온도는 높고, 압력은 낮아야 한다.
㉡ 분자 크기는 작아야 한다.
㉢ 분자간 인력이 작아야 한다.
∴ He이 이상 기체에 가장 가깝다.

33 A+2B→3C+4D와 같은 기초 반응에서 A, B의 농도를 각각 2배로 하면 반응 속도는 몇 배로 되겠는가?

① 2 ② 4
③ 8 ④ 16

해설 반응 속도 $V=[A][B]^2$에서 A와 B의 농도를 두 배로 하면
$V=[2][2]^2=2^3=8$배
∴ V는 8배 증가(빨라짐)

34 다음 중 수소 결합에 대한 설명으로 틀린 것은?

① 원자와 원자 사이의 결합이다.
② 전기 음성도가 큰 F, O, N의 수소 화합물에 나타난다.
③ 수소 결합을 하는 물질은 수소 결합을 하지 않는 물질에 비해 녹는점과 끓는점이 높다.
④ 대표적인 수소 결합 물질로는 HF, H_2O, NH_3 등이 있다.

해설 수소 결합 : 전자를 끌어당기는 힘이 큰 F, O, N과 같은 원자와 공유 결합을 하고 있는 H원자가 다른 분자 중에 있는 비공유 전자쌍에 끌려 이루어지는 분자간의 강한 인력이다.
예

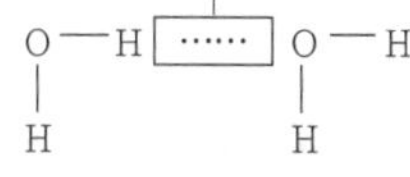

① 수소 결합에서 원자와 원자 사이의 결합은 이루어지지 않는다.

35 원자 번호 20인 Ca의 원자량은 40이다. 원자핵의 중성자수는 얼마인가?

① 19 ② 20
③ 39 ④ 40

해설 원자 번호 20→양성자수 20, 전자수 20
원자량 40
원자량=양성자수+중성자수
∴ 중성자수=원자량−양성자수=40−20=20

36 에틸알코올의 화학 기호는?

① C_2H_5OH ② C_6H_5OH
③ HCHO ④ CH_3COCH_3

해설 ① C_2H_5OH : 에틸알코올=에탄올
② C_6H_5OH : 페놀
③ HCHO : 포름알데히드
④ CH_3COCH_3 : 아세톤

정답 31. ④ 32. ① 33. ③ 34. ① 35. ② 36. ①

37 다음 중 가수분해 생성물이 포도당과 과당인 것은 어느 것인가?

① 맥아당 ② 설탕
③ 젖당 ④ 글리코겐

해설

탄수화물 이름		분자식	가수분해 생성물	수용성
단당류	포도당	$C_6H_{12}O_6$	가수분해 없음	녹음
	과당			
	갈락토오스			
이당류	설탕	$C_{12}H_{22}O_{11}$	포도당+과당	녹음
	맥아당 (엿당)		포도당+포도당	
	젖당		포도당 +갈락토오스	
다당류 (천연 고분자)	녹말	$(C_6H_{10}O_5)_n$	포도당	잘 안 녹음
	셀룰로오스			
	글리코겐			

∴ 포도당+과당=설탕

38 0.1M NaOH 0.5L와 0.2M HCl 0.5L를 혼합한 용액의 몰 농도(M)는?

① 0.05 ② 0.1
③ 0.3 ④ 1

해설 NaOH와 HCl은 염기와 산으로 중화 반응이 일어난다.
$NaOH + HCl \rightleftarrows H_2O + NaCl$
NaOH와 HCl은 1 : 1 반응이지만 농도는 2배 차이가 나므로 혼합 후에 HCl이 0.25L 남는다.
총 부피=0.5L+0.5L=1L
남은 HCl의 mol=0.2M×0.25L=0.05mol
$\therefore M = \frac{\text{용질 (mol)}}{\text{용액 (L)}} = \frac{0.5\text{mol}}{1\text{L}} = 0.05\text{M}$

39 다음 중 원자에 대한 법칙이 아닌 것은?

① 질량 불변의 법칙
② 일정 성분비의 법칙
③ 기체 반응의 법칙
④ 배수 비례의 법칙

해설 ③ H_2, O_2, N_2 등 기체는 분자이므로 분자에 대한 법칙이다.

40 0℃의 얼음 2g을 100℃의 수증기로 변화시키는 데 필요한 열량은 약 몇 cal인가? (단, 기화 잠열=539cal/g, 융해열=80cal/g)

① 1,209
② 1,438
③ 1,665
④ 1,980

해설 열량
Q(열량)$= Q_1$(잠열)$+ Q_2$(현열)$+ Q_3$(잠열)

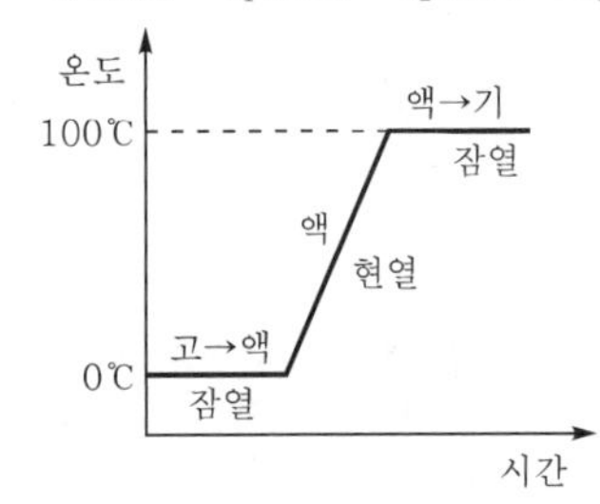

• 고→액 : 얼음의 융해 잠열⇒80cal/g
• 액→기 : 물의 기화 잠열⇒539cal/g

㉠ 현열 : 상태의 변화 없이 온도가 변화될 때 필요한 열량
$Q = m \cdot c \cdot \Delta t$
여기서, Q : 열량
m : 질량(g)
c : 비열
Δt : 온도 변화(℃)

㉡ 잠열 : 온도의 변화 없이 상태를 변화시키는 데 필요한 열량
$Q = m \cdot \gamma$
여기서, Q : 열량
m : 질량(g)
γ : 잠열

∴ Q=융해열(융해 잠열)+현열+기화 잠열
• 융해열 : 80cal/g×2g=160cal
• 현열 : $Q = m \cdot c \cdot \Delta t$ (물의 비열=1cal/g·℃)
$= 2\text{g} \times 1\text{cal/g} \cdot ℃ \times (100℃ - 0℃)$
$= 2\text{g} \times 1\text{cal/g} \cdot ℃ \times 100℃$
$= 200\text{cal}$
• 기화 잠열 : 539cal/g×2g=1,078cal
∴ $Q = 160\text{cal} + 200\text{cal} + 1{,}078\text{cal}$
$= 1{,}438\text{cal}$

정답 37. ② 38. ① 39. ③ 40. ②

41 10g의 프로판이 연소하면 몇 g의 CO_2가 발생하는가? (단, 반응식은 $C_3H_8+5O_2 \rightleftarrows 3CO_2+4H_2O$, 원자량은 C=12, O=16, H=1이다.)

① 25 ② 27
③ 30 ④ 33

해설 $C_3H_8 + 5O_2 \rightleftarrows 3CO_2 + 4H_2O$
10g x(g)
↓
$\frac{10g}{44g/mol} \times 0.227mol$
$x = 3 \times 0.227mol = 0.681mol$
$\therefore 0.681\,mol \times \frac{44g}{1mol} = 30g$

42 0.4g의 NaOH를 물에 녹여 1L의 용액을 만들었다. 이 용액의 몰 농도는 얼마인가?

① 1M ② 0.1M
③ 0.01M ④ 0.001M

해설 $M = \frac{용질(mol)}{용액(L)}$
NaOH=40g/mol이므로
$NaOH(mol) = \frac{0.4g}{40g/mol} = 0.01mol$
$\therefore M = \frac{0.01mol}{1L} = 0.01M$

43 3N 황산 용액 200mL 중에는 몇 g의 H_2SO_4를 포함하고 있는가? (단, S의 원자량은 32이다.)

① 29.4 ② 58.8
③ 98.0 ④ 117.6

해설 3N H_2SO_4 → 1.5M H_2SO_4 (H가 2개이므로 2당량)
1.5M H_2SO_4 0.2L(200mL)
1.5mol/L×0.2L=0.3mol
$\therefore 0.3mol \times \frac{98g}{1mol} = 29.4g$ (H_2SO_4의 MW=98)
[별해] $N = \frac{용질의\ g당량수}{용액(L)}$
3N×0.2L=0.6
H_2SO_4의 g 당량수=49g
∴ 49g×0.6=29.4g

44 미지 물질의 분석에서 용액이 강한 산성일 때의 처리 방법으로 가장 옳은 것은?

① 암모니아수로 중화한 후 질산으로 약산성이 되게 한다.
② 질산을 넣어 분석한다.
③ 탄산나트륨으로 중화한 후 처리한다.
④ 그대로 분석한다.

해설 미지 물질 분석 시 용액이 강산성일 경우에는 암모니아수로 중화한 후에 질산으로 약산성이 되게 하는 것이 가장 좋은 방법이다.

45 시안화칼륨을 넣으면 처음에는 흰 침전이 생기나 다시 과량으로 넣으면 흰 침전은 녹아 맑은 용액으로 된다. 이와 같은 성질을 가진 염의 양이온은 어느 것인가?

① Cu^{2+} ② Al^{3+}
③ Zn^{2+} ④ Hg^{2+}

해설 아연염에 시안화칼륨을 넣으면 처음에는 흰색 침전($Zn(CN)_2$)이 생기지만 과량으로 더 넣어 주면 침전이 녹아 다시 맑은 용액으로 된다.

46 양이온의 계통적인 분리 검출법에서는 방해 물질을 제거시켜야 한다. 다음 중 방해 물질이 아닌 것은?

① 유기물 ② 옥살산 이온
③ 규산 이온 ④ 암모늄 이온

해설 양이온의 계통적인 분리 검출법에서 방해 물질로 작용하는 것은 유기물, 옥살산 이온($C_2O_4^{2-}$), 규산 이온(SiO_4^{4-}) 등이고, 이 물질들을 제거시켜 주어야 한다.

47 질산나트륨은 20℃ 물 50g에 44g 녹는다. 20℃에서 물에 대한 질산나트륨의 용해도는 얼마인가?

① 22.0 ② 44.0
③ 66.0 ④ 88.0

정답 41. ③ 42. ③ 43. ① 44. ① 45. ③ 46. ④ 47. ④

해설 용해도는 일정한 온도에서 용매 100g에 녹을 수 있는 최대 용질(g)이다.
∴ 물 100g에는 $NaNO_3$가 88g 녹는다.
[별해] 용해도$=\frac{용질(g)}{용매(g)}\times 100$
$=\frac{44g}{50g}\times 100$
$=88$
용매(물) 100g일 때의 용해도는 다음과 같다.
$88=\frac{x(g)}{100g}\times 100$
$\therefore x=88g$

48 제2족 구리족 양이온과 제2족 주석족 양이온을 분리하는 시약은?

① HCl ② H_2S
③ Na_2S ④ $(NH_4)_2CO_3$

해설 제2족 구리족 양이온과 제2족 주석족 양이온의 분리 시약 : H_2S
※ ㉠ 구리족 : Pb^{2+}, Bi^{3+}, Cu^{2+}, Cd^{2+}
㉡ 주석족 : Hg^{2+}, As^{3+}, As^{5+}, Sb^{3+}, Sb^{5+}, Sn^{2+}, Sn^{4+}

49 0.1N $KMnO_4$ 표준 용액을 적정할 때에 사용하는 시약은?

① NaOH ② $Na_2C_2O_4$
③ K_2CrO_4 ④ NaCl

해설 0.1N $KMnO_4$ 표준 용액을 표준 적정할 때 $Na_2C_2O_4$(옥살산나트륨)을 시약으로 사용한다.
$2KMnO_4 + 5Na_2C_2O_4 + 8H_2SO_4$
$\rightarrow K_2SO_4 + 2MnSO_4 + 5Na_2SO_4 + 8H_2O$

50 뮤렉사이드(MX) 금속 지시약은 다음 중 어떤 금속 이온의 검출에 사용되는가?

① Ca, Ba, Mg
② Co, Cu, Ni
③ Zn, Cd, Pb
④ Ca, Ba, Sr

해설 ㉠ 뮤렉사이드(MX) 금속 지시약 : Co, Cu, Ni의 검출에 사용한다.
㉡ 뮤렉사이드(무렉시드) 지시약은 주로 EDTA 적정시 사용한다.

51 다음 중 적외선 스펙트럼의 원리로 옳은 것은 어느 것인가?

① 핵자기 공명
② 전하 이동 전이
③ 분자 전이 현상
④ 분자의 진동이나 회전 운동

해설 적외선(IR) 스펙트럼은 분자의 진동이나 회전 운동의 원리로 작용한다.

52 pH meter를 사용하여 산화·환원 전위차를 측정할 때 사용되는 지시 전극은?

① 백금 전극 ② 유리 전극
③ 안티몬 전극 ④ 수은 전극

해설 pH 미터는 일반적으로 지시 전극으로는 유리 전극을 사용하고, 산화·환원 전극으로는 비활성 금속인 백금 전극을 사용한다.

53 다음 반응식의 표준 전위는 얼마인가? (단, 반반응의 표준 환원 전위는 $Ag^+ + e^- \rightleftarrows Ag(s)$, $E°=+0.799V$, $Cd^{2+}+2e^- \rightleftarrows Cd(s)$, $E°=-0.402V$)

$Cd(s) + 2Ag^+ \rightleftarrows Cd^{2+} + 2Ag(s)$

① +1.201V ② +0.397V
③ +2.000V ④ −1.201V

해설 $Cd(s) + 2Ag + \rightleftarrows Cd^{2+} + 2Ag(s)$
$Cd \rightarrow Cd^{2+} + 2e^-$, $E°=+0.402V$
$2Ag^+ + 2e^- \rightarrow 2Ag$, $E°=+0.799V$
∴ 표준 전위=0.402V+0.799V=1.201V
※ 표준 환원 전위는 전자수가 변해도 불변하는 값이므로, $2e^-$가 되어도 그대로 0.799V이다.

정답 48. ② 49. ② 50. ② 51. ④ 52. ① 53. ①

54 적외선 분광 광도계의 흡수 스펙트럼으로부터 유기 물질의 구조를 결정하는 방법 중 카르보닐기가 강한 흡수를 일으키는 파장의 영역은?

① 1,300~1,000cm^{-1}
② 1,820~1,660cm^{-1}
③ 3,400~2,400cm^{-1}
④ 3,600~3,300cm^{-1}

해설 카르보닐기($-\overset{O}{\overset{\|}{C}}-$)의 흡수 파장 영역 : 약 1,750~1,700cm^{-1} 부근

55 기체 크로마토그래피에서 시료 주입구의 온도 설정으로 옳은 것은?

① 시료 중 휘발성이 가장 높은 성분의 끓는점보다 20℃ 낮게 설정
② 시료 중 휘발성이 가장 높은 성분의 끓는점보다 50℃ 높게 설정
③ 시료 중 휘발성이 가장 낮은 성분의 끓는점보다 20℃ 낮게 설정
④ 시료 중 휘발성이 가장 낮은 성분의 끓는점보다 50℃ 높게 설정

해설 GC에서 시료 주입구의 온도는 시료 중 휘발성이 가장 낮은 성분의 끓는점보다 50℃ 높게 설정한다.
㉠ 시료 주입구의 온도가 시료의 b.p.보다 아주 높게 되면 분석 시료가 분해되어 시료 손상이 일어난다.
㉡ 온도가 b.p.보다 낮게 되면 시료 주입구에서 응축이 일어나 오차가 발생한다.

56 급격한 가열·충격 등으로 단독으로 분해·폭발할 수 있기 때문에 강한 충격이나 마찰을 주지 않아야 하는 산화성 고체 위험물은?

① 질산암모늄　② 과염소산
③ 질산　④ 과산화벤조일

해설 질산암모늄(NH_4NO_3)은 산화성 고체로, 급격한 가열·충격 등으로 인해 단독으로 분해·폭발할 수 있다.

57 가스 크로마토그래피의 정량 분석에 일반적으로 사용되는 방법은?

① 크로마토그램의 무게
② 크로마토그램의 면적
③ 크로마토그램의 높이
④ 크로마토그램의 머무름 시간

해설 가스 크로마토그래피
㉠ 정성 분석 : 머무름 시간을 이용한다.
㉡ 정량 분석 : 크로마토그램의 면적을 이용한다.

58 다음 보기에서 GC(기체 크로마토그래피)의 검출기가 갖추어야 할 조건 중 옳은 것은 모두 몇 개인가?

㉠ 검출 한계가 높아야 한다. ㉡ 가능하면 모든 시료에 같은 응답 신호를 보여야 한다. ㉢ 검출기 내에 시료의 머무는 부피는 커야 한다. ㉣ 응답 시간이 짧아야 한다. ㉤ S/N비가 커야 한다.

① 1개　② 2개
③ 3개　④ 4개

해설 GC 검출기가 갖추어야 할 조건
㉠ 검출 한계가 낮아야 한다.
㉡ 시료에 대해 검출기의 응답 신호가 선형이 되어야 한다.
㉢ 가능하면 모든 시료에 같은 응답 신호를 보여야 한다.
㉣ 응답 시간이 짧아야 한다.
㉤ S/N비가 커야 한다.
㉥ 검출기 내에 시료가 머무르는 부피가 작아야 한다.

59 물질의 특징에 대한 설명으로 틀린 것은?

① 염산은 공기 중에 방치하면 염화수소 가스를 발생시킨다.
② 과산화물에 열을 가하면 산소를 발생시킨다.
③ 마그네슘 가루는 공기 중의 습기와 반응하여 자연발화 한다.
④ 흰인은 공기 중의 산소와 화합하지 않는다.

정답 54. ② 55. ④ 56. ① 57. ② 58. ③ 59. ④

해설 ④ 백린(황린)은 상온에서 산화한다(상온에서 자연발화함. 34℃ 전·후).

60 가시광선의 파장 영역으로 가장 옳은 것은?

① 400nm 이하
② 400~800nm
③ 800~1,200nm
④ 1,200nm 이상

해설 가시광선의 파장 영역 : 약 350~780nm

정답 60. ②

CBT 기출복원문제

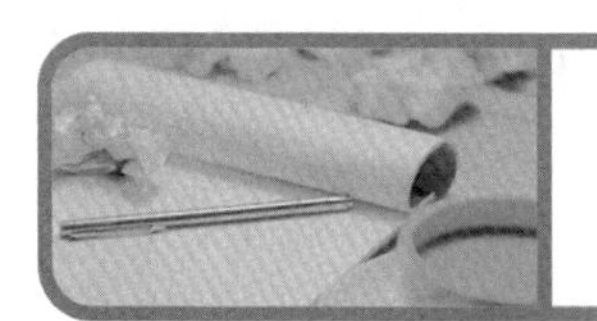

화학분석기능사

제2회 필기시험 ◀▶ 2019년 4월 6일 시행

01 다음 물질 중 물에 가장 잘 녹는 기체는?

① NO ② C_2H_2
③ NH_3 ④ CH_4

해설 NH_3는 극성 물질이므로 물에 잘 녹는다.

02 금속 결합의 특징에 대한 설명으로 틀린 것은?

① 양이온과 자유 전자 사이의 결합이다.
② 열과 전기의 부도체이다.
③ 연성과 전성이 크다.
④ 광택을 가진다.

해설 금속은 자유 전자로 인하여 열, 전기 전도도가 높다.

03 0.001M의 HCl 용액의 pH는 얼마인가?

① 2 ② 3
③ 4 ④ 5

해설 HCl은 완전 해리하므로 $pH=-\log[H^+]=-\log[0.001]=3$

04 $HClO_4$에서 할로겐 원소가 갖는 산화수는?

① +1 ② +3
③ +5 ④ +7

해설 $HClO_4$: $(+1)\times1+Cl+(-2)\times4=0$
∴ Cl의 산화수 = +7

05 다음 중 포화탄화수소 화합물은?

① 요오드 값이 큰 것
② 건성유
③ 시클로헥산
④ 생선 기름

해설 포화탄화수소는 alkane, cycloalkane류이다.

06 펜탄의 구조 이성질체는 몇 개인가?

① 2
② 3
③ 4
④ 5

해설 구조 이성질체(constitutional isomers) : 분자식은 서로 같으나 다른 화합물로서, 서로 연결 모양이 다르다. 즉, 원자들이 서로 결합하는 순서가 다른 것이다. 구조 이성질체는 물리적 성질과 화학적 성질이 서로 다르다.
C_5H_{12}(펜탄)은 3개의 이성질체가 있다.

㉠ $CH_3-CH_2-CH_2-CH_2-CH_3$
노르말(n)-펜탄(b.p. 36℃)

㉡ $CH_3-CH_2-CH(CH_3)-CH_3$
```
CH3 — CH2 — CH2 — CH3
             |
            CH3
```
이소(iso)-펜탄(b.p. 28℃)

㉢
```
        CH3
        |
  CH3 — C — CH3
        |
        CH3
```
네오(neo)-펜탄(b.p. 9.5℃)

※ 같은 탄소수에서는 가짓수가 많을수록 b.p.(비등점)가 낮다.

07 다음 중 명명법이 잘못된 것은?

① $NaClO_3$: 아염소산나트륨
② Na_2SO_3 : 아황산나트륨
③ $(NH_4)_2SO_4$: 황산암모늄
④ $SiCl_4$: 사염화규소

해설 ① $NaClO_3$: 염소산나트륨

정답	01. ③	02. ②	03. ②	04. ④	05. ③	06. ②	07. ①

08 에탄올에 진한 황산을 촉매로 사용하여 160~170℃의 온도를 가해 반응시켰을 때 만들어지는 물질은?

① 에틸렌
② 메탄
③ 황산
④ 아세트산

해설 알코올에 c-H_2SO_4을 가한 후 160℃로 가열하면 에틸렌이 생성된다.

09 다음 착이온 $Fe(CN)_6^{-4}$의 중심 금속 전하수는?

① +2 ② −2
③ +3 ④ −3

해설 $6CN^- + Fe^{2+} \rightleftarrows Fe(CN)_6^{-4}$

10 다음 중 비활성 기체에 대한 설명으로 틀린 것은 어느 것인가?

① 다른 원소와 화합하지 않고, 전자 배열이 안정하다.
② 가볍고 불연소성이므로 기구, 비행기 타이어 등에 사용된다.
③ 방전할 때 특유한 색상을 나타내므로 야간 광고용으로 사용된다.
④ 특유의 색깔, 맛, 냄새가 있다.

해설 화학적으로 비활성이므로(일반적으로) 맛, 냄새가 없다.

11 다이아몬드, 흑연은 같은 원소로 되어 있다. 이러한 단체를 무엇이라고 하는가?

① 동소체
② 전이체
③ 혼합물
④ 동위 화합물

해설 동소체(同素體) : 동일한 상태에서 같은 원소의 다른 형태인 단체를 말한다.

12 이산화탄소가 쌍극자 모멘트를 가지지 않는 주된 이유는?

① C=O 결합이 무극성이기 때문이다.
② C=O 결합이 공유 결합이기 때문이다.
③ 분자가 선형이고 대칭이기 때문이다.
④ C와 O의 전기 음성도가 비슷하기 때문이다.

해설 이산화탄소의 모형은 O=C=O이다.

13 $KMnO_4$는 어디에 보관하는 것이 가장 적당한가?

① 에보나이트병
② 폴리에틸렌병
③ 갈색 유리병
④ 투명 유리병

해설 과망간산칼륨은 햇빛을 받으면 이산화망간으로 분해된다.

14 Hg_2Cl_2는 물 1L에 3.8×10^{-4}g이 녹는다. Hg_2Cl_2의 용해도곱은 얼마인가? (단, Hg_2Cl_2의 분자량=472)

① 8.05×10^{-7} ② 8.05×10^{-8}
③ 6.48×10^{-13} ④ 5.21×10^{-19}

해설 $Hg_2Cl_2 \rightarrow Hg_2^{2+} + 2Cl^-$

$$K_{sp} = [Hg_2^{\ 2+}][Cl^-]^2$$
$$= \frac{3.8\times10^{-4}g}{472g\cdot mol^{-1}} \times \left(\frac{3.8\times10^{-4}g}{472g\cdot mol^{-1}}\right)^2$$
$$\fallingdotseq 5.21\times10^{-19}$$

15 양이온 계통 분석에서 가장 먼저 검출하여야 하는 이온은?

① Ag^+ ② Cu^{2+}
③ Mg^{2+} ④ NH^{4+}

해설 양이온 제1족은 Ag^+, Pb^{2+}, $Hg_2^{\ 2+}$이다.

정답 08. ① 09. ① 10. ④ 11. ① 12. ③ 13. ③ 14. ④ 15. ①

16 황산(H_2SO_4=98) 1.5노르말 용액 3L를 1노르말 용액으로 만들고자 한다. 물은 몇 L 가 필요한가?

① 1.5 ② 2.5
③ 3.5 ④ 4.5

해설 $1.5 \times 3 = 1 \times x$
$\therefore x = 4.5$
$4.5 - 3 = 1.5L$

17 미지 농도의 염산 용액 100mL를 중화하는데 0.2N NaOH 용액 250mL가 소모되었다. 염산 용액의 농도는?

① 0.05N ② 0.1N
③ 0.2N ④ 0.5N

해설 $0.2 \times 250 = x \times 100$
$\therefore x = 0.5$

18 페놀류의 정색 반응에 사용되는 약품은?

① CS_2 ② KI
③ $FeCl_3$ ④ $(NH_4)_2Ce(NO_3)_6$

해설 페놀류의 수용액에 염화제이철($FeCl_3$)을 넣으면 정색 반응(적색~청색)을 한다.

19 다음 반응식에서 브뢴스테드-로우리가 정의한 산으로만 짝지어진 것은?

$$HCl + NH_3 \rightleftarrows NH_4^+ + Cl^-$$

① HCl, NH_4^+ ② HCl, Cl^-
③ NH_3, NH_4^+ ④ NH_3, Cl^-

해설 브뢴스테드-로우리(Brönsted-Lowry)의 산과 염기
㉠ 산 : H^+를 내놓는 물질
㉡ 염기 : H^+를 받아들이는 물질
㉢ 짝산과 짝염기 : H^+의 이동에 의하여 산과 염기로 되는 한 쌍의 물질

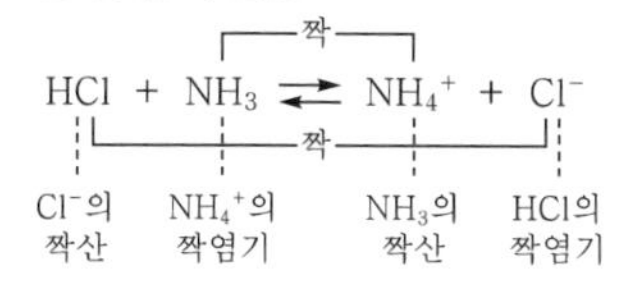

20 침전 적정법 중에서 모어(Mohr)법에 사용하는 지시약은?

① 질산은
② 플루오르세인
③ NH_4SCN
④ K_2CrO_4

해설 모어(Mohr)법의 지시약은 크롬산칼륨이다.

21 비색계의 원리와 관계가 없는 것은?

① 두 용액의 물질의 조성이 같고 용액의 깊이가 같을 때 두 용액의 색깔의 짙기는 같다.
② 용액 층의 깊이가 같을 때 색깔의 짙기는 용액의 농도에 반비례한다.
③ 농도가 같은 용액에서 그 색깔의 짙기는 용액 층의 깊이에 비례한다.
④ 두 용액의 색깔이 같고 색깔의 짙기가 같을 때라도 같은 물질이 아닐 수 있다.

해설 용액 층의 깊이가 같을 때 색깔의 짙기는 용액의 농도에 비례한다.

22 가스 크로마토그래피(GC)에서 운반 가스로 주로 사용되는 것은?

① O_2, H_2 ② O_2, N_2
③ He, Ar ④ CO_2, CO

해설 화학적으로 반응성이 없는 운반 기체를 사용한다.

23 다음 ( )에 들어갈 용어는?

> 점성 유체의 흐르는 모양, 또는 유체 역학적인 문제에 있어서는 점도를 그 상태의 유체 ( )로 나눈 양에 지배되므로 이 양을 동점도라 한다.

① 밀도 ② 부피
③ 압력 ④ 온도

해설 동점도(m^2/s) : 유체의 점성계수를 밀도로 나눈 것

정답 16. ① 17. ④ 18. ③ 19. ① 20. ④ 21. ② 22. ③ 23. ①

24 적외선 흡수 분광법에서 액체 시료는 어떤 시료판에 떨어뜨리거나 발라서 측정하는가?

① K_2CrO_4
② KBr
③ CrO_3
④ $KMnO_4$

해설 KBr은 $400cm^{-1}$ 이상의 적외선을 흡수하지 않는다.

25 이상적인 pH 전극에서 pH가 1단위 변할 때 pH 전극의 전압은 약 얼마나 변하는가?

① 96.5mV ② 59.2mV
③ 96.5V ④ 59.2V

해설 이상적인 pH 전극에서 pH가 1단위 변할 때 pH 전극의 전압은 59.16mV씩 변한다(Nernst식으로부터 유도됨).

26 강산이나 강알칼리 등과 같은 유독한 액체를 취할 때 실험자가 입으로 빨아올리지 않기 위하여 사용하는 기구는?

① 피펫 필러
② 자동 뷰렛
③ 홀 피펫
④ 스포이드

해설 피펫 필러의 설명이다.

27 가스 크로마토그래피의 검출기에서 황, 인을 포함한 화합물을 선택적으로 검출하는 것은?

① 열전도도 검출기(TCD)
② 불꽃광도 검출기(FPD)
③ 열이온화 검출기(TID)
④ 전자포획형 검출기(ECD)

해설 ① 열전도도 검출기(TCD) : 분석물이 운반 기체와 함께 용출됨으로 인해 운반 기체의 열전도도가 변하는 것에 근거한다. 운반 기체는 H_2 또는 He을 주로 이용한다.
② 불꽃광도 검출기(FPD) : 황(S)과 인(P)을 포함하는 화합물에 감응이 매우 큰 검출기로서, 용출물이 낮은 온도의 수소-공기 불꽃으로 들어간다.
③ 열이온화 검출기(TID) : 인과 질소를 함유한 유기 화합물에 선택적이며, 칼럼에 나오는 용출 기체가 수소와 혼합되어 불꽃을 지나며 연소된다. 이때 인과 질소를 함유한 분자들은 많은 이온을 생성해 전류가 흐르는데 이는 분석물 양과 관련있다.
④ 전자포획형 검출기(ECD) : 전기 음성도가 큰 작용기(할로겐, 퀴논, 콘주게이션된 카르보닐) 등이 포함된 분자에 감도가 좋다.

28 어떤 시료를 분광 광도계를 이용하여 측정하였더니 투과도가 10%T이었다. 이때 흡광도는 얼마인가?

① 0.1 ② 0.8
③ 1 ④ 1.6

해설 $A = -\log T = -\log\frac{1}{10} = 1$

29 불꽃이온화 검출기의 특징에 대한 설명으로 옳은 것은?

① 유기 및 무기 화합물을 모두 검출할 수 있다.
② 검출 후에도 시료를 회수할 수 있다.
③ 감도가 비교적 낮다.
④ 시료를 파괴한다.

해설 FID에서 용출액은 수소와 공기 혼합물 내에서 태워지기 때문에 시료가 파괴된다.

30 중크롬산칼륨 표준 용액 1,000ppm으로 10ppm의 시료 용액 100mL를 제조하고자 한다. 필요한 표준 용액의 양은 몇 mL인가?

① 1 ② 10
③ 100 ④ 1000

해설 $1{,}000\text{ppm} \times x(\text{mL}) = 10\text{ppm} \times 100\text{mL}$
$\therefore x = 1$

cf) • ppm(parts per millions) $= \frac{\text{mg 용질}}{\text{kg 용액}} = \frac{\text{부분}}{\text{전체}} \times 10^6$
• %(parts per cent) $= \frac{\text{부분}}{\text{전체}} \times 100$

정답 24. ② 25. ② 26. ① 27. ② 28. ③ 29. ④ 30. ①

31 같은 온도와 압력에서 한 용기 속에 수소 분자 3.3×10^{23}개가 들어 있을 때 같은 부피의 다른 용기 속에 들어 있는 산소 분자의 수는?

① 3.3×10^{23}개 ② 4.5×10^{23}개
③ 6.4×10^{23}개 ④ 9.6×10^{23}개

해설 $PV=nRT$
P와 V, R, T가 같으므로
수소의 $n=$ 산소의 n
$\therefore O_2=3.3\times10^{23}$개

32 20℃에서 부피 1L를 차지하는 기체가 압력의 변화 없이 부피가 3배로 팽창하였을 때 절대 온도는 몇 K가 되는가? (단, 이상 기체로 가정한다.)

① 859 ② 869
③ 879 ④ 889

해설 일정한 P에서 V와 T의 관계를 나타낸 것을 샤를의 법칙(P 일정, 기체의 부피는 절대 온도에 비례)이라고 한다.
$\frac{V_1}{T_1}=\frac{V_2}{T_2}$이므로 $\frac{1L}{293K}=\frac{3L}{x(K)}$
$\therefore x=293\times3=879K$

33 산화시키면 카르복실산이 되고, 환원시키면 알코올이 되는 것은?

① C_2H_5OH ② $C_2H_5OC_2H_5$
③ CH_3CHO ④ CH_3COCH_3

해설 $C_2H_5OH \underset{환원}{\overset{산화}{\rightleftarrows}} CH_3CHO \underset{환원}{\overset{산화}{\rightleftarrows}} CH_3COOH$
(CH3CHO: 아세트알데히드)

34 전이 금속 화합물에 대한 설명으로 옳지 않은 것은?

① 철은 활성이 매우 커서 단원자 상태로 존재한다.
② 황산제일철($FeSO_4$)은 푸른색 결정으로 철을 황산에 녹여 만든다.
③ 철(Fe)은 +2 또는 +3의 산화수를 갖으며, +3의 산화수 상태가 가장 안정하다.
④ 사산화삼철(Fe_3O_4)은 자철광의 주성분으로 부식을 방지하는 방식용으로 사용된다.

해설 Fe은 이온화 경향이 크다. 즉, 반응성이 크므로 공기 중에서 Fe로 존재하는 것보다 산화철 상태로 존재한다.

35 원자 번호 3번 Li의 화학적 성질과 비슷한 원소의 원자 번호는?

① 8
② 10
③ 11
④ 18

해설 $_3Li$은 1족 원소로 알칼리 금속이라 부른다.
알칼리 금속 : $_3Li$, $_{11}Na$, $_{19}K$, $_{37}Rb$, $_{55}Cs$, $_{87}Fr$

36 펜탄(C_5H_{12})은 몇 개의 이성질체가 존재하는가?

① 2개 ② 3개
③ 4개 ④ 5개

해설 펜탄(C_5H_{12})의 이성질체

㉠ n－펜탄 : C－C－C－C－C

㉡ iso－펜탄 : C－C－C－C (두 번째 C에 C 결합)
```
C － C － C － C
     |
     C
```

㉢ neo－펜탄 : C－C－C (가운데 C에 위아래 C 결합)
```
        C
        |
C － C － C
        |
        C
```

※ ㉠
```
          C
          |
C － C － C － C 는
```
n－펜탄이다(끝까지는 회전이 가능함).

㉡
```
C － C － C － C와 C－C－C－C는
     |                  |
     C                  C
```
iso－펜탄으로 같은 구조이다.

정답 31. ① 32. ③ 33. ③ 34. ① 35. ③ 36. ②

37 다음 중 방향족 탄화수소가 아닌 것은 어느 것인가?

① 벤젠
② 자일렌
③ 톨루엔
④ 아닐린

해설 탄화수소
㉠ 방향족 탄화수소 : 벤젠 고리를 포함한 고리 모양의 탄화수소이다.
㉡ 탄화수소 : C, H로만 되어 있다.

㉮ 벤젠 :

㉯ 자일렌(크실렌) : CH_3 CH_3 (o－크실렌)

㉰ 톨루엔 : CH_3

㉱ 아닐린 : NH_2 － 방향족 탄화수소 유도체

※ • 방향족 :

• 방향족 탄화수소 : CH_3

• 방향족 탄화수소 유도체 : CH_3 OH

38 다음 중 LiH에 대한 설명으로 옳은 것은 어느 것인가?

① Li_2H, Li_3H 등의 화합물이 존재한다.
② 물과 반응하여 O_2 기체를 발생시킨다.
③ 아주 안정한 물질이다.
④ 수용액의 액성은 염기성이다.

해설 ① Li_2H, Li_3H는 존재하지 않는다.
Li은 1가 양이온이고 H도 1가 음이온(알칼리 금속과 결합 시 1개의 음이온으로 작용)이므로 1 : 1 결합한다.
② 물과 반응 시 H_2 기체가 발생한다.
③ 수소화물 중에서는 가장 안정하지만, 일반적으로 볼 때 Li은 안정한 물질이 아니며 반응성이 매우 크다.
④ 수용액의 액성은 염기성이다.

$$LiH + H_2O \rightarrow \underset{\text{염기}}{\underline{LiOH}} + H_2\uparrow$$

39 요소 비료 중에 포함된 질소의 함량은 몇 %인가? (단, C=12, N=14, O=16, H=1)

① 44.7 ② 45.7
③ 46.7 ④ 47.7

해설 요소 비료(MW=60) :

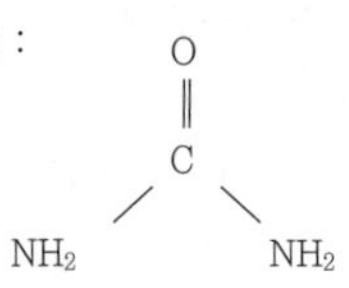

$$\text{N의 함량(\%)} = \frac{\text{N의 원자량} \times \text{N의 개수}}{\text{요소의 분자량}} \times 100$$

$$= \frac{14 \times 2}{60} \times 100$$

$$= 46.7\%$$

40 다음 금속 중 이온화 경향이 가장 큰 것은?

① Na ② Mg
③ Ca ④ K

해설 금속의 이온화 경향
K > Ca > Na > Mg > Al > Zn > Fe > Ni > Sn > Pb > (H) > Cu > Hg > Ag > Pt > Au

41 1N NaOH 용액 250mL를 제조하려고 한다. 이때 필요한 NaOH의 양은? (단, NaOH의 분자량=40)

① 0.4g ② 4g
③ 10g ④ 40g

해설 1N NaOH=1M NaOH

$$M = \frac{\text{용질(mol)}}{\text{용액(L)}}$$

$$1M = \frac{x\text{(mol)}}{0.25L}$$

$$\therefore x = 0.25\text{mol}$$

$$0.25\text{mol} = \frac{y\text{(g)}}{40\text{g/mol}}$$

$$\therefore y = 40\text{g/mol} \times 0.25\text{mol} = 10\text{g}$$

42 다음 중 산성 산화물은?

① P_2O_5 ② Na_2O
③ MgO ④ CaO

정답 37. ④ 38. ④ 39. ③ 40. ④ 41. ③ 42. ①

해설 산성 산화물
㉠ 산의 무수물로 간주할 수 있는 산화물로, 물과 화합 시 산소산이 되고 염기와 반응 시 염이 된다.
㉡ 일반적으로 비금속 원소의 산화물이고 CO_2, SiO_2, NO_2, SO_3, P_2O_5 등이 있다.
②, ③, ④ 염기성 산화물(금속 산화물)

43 고체의 용해도는 온도의 상승에 따라 증가한다. 그러나 이와 반대 현상을 나타내는 고체도 있다. 다음 중 이 고체에 해당되지 않는 것은?

① 황산리튬
② 수산화칼슘
③ 수산화나트륨
④ 황산칼슘

해설 고체의 용해도 : 일반적으로 온도가 올라가면 용해도는 증가한다. 하지만 예외적으로 Li_2SO_4, $CaSO_4$, $Ca(OH)_2$는 온도가 상승함에 따라 용해도는 감소하며, NaCl은 온도에 영향을 거의 받지 않는다.

44 침전 적정에서 Ag^+에 의한 은법 적정 중 지시약법이 아닌 것은?

① Mohr법
② Fajans법
③ Volhard법
④ 네펠로법(nephelometry)

해설 네펠로법 : 혼탁 입자들에 의해 산란도를 측정하는 방법으로 탁도 측정 방법 중 기기 분석법에 속한다.

45 "20wt% 소금 용액 $d=1.10g/cm^3$"로 표시된 시약이 있다. 소금의 몰(M) 농도는 얼마인가? (단, d는 밀도이며, Na은 23g, Cl는 35.5g으로 계산한다.)

① 1.54
② 2.47
③ 3.76
④ 4.23

해설 $\frac{20g\ 용질}{100g\ 용액} \times \frac{1.10g\ 용액}{1mL\ 용액} \times \frac{1,000mL\ 용액}{1L\ 용액} \times \frac{1mol}{58.5g\ 용질} = 3.76M$

46 다음 반응에서 반응계에 압력을 증가시켰을 때 평형이 이동하는 방향은?

$$2SO_2 + O_2 \rightleftarrows 2SO_3$$

① SO_3가 많이 생성되는 방향
② SO_3가 감소되는 방향
③ SO_2가 많이 생성되는 방향
④ 이동이 없다.

해설 압력이 증가하면 몰수가 작은 곳으로 평형 이동한다.
반응물 : 2+1=3
생성물 : 2
∴ 반응물→생성물인 정반응으로 평형 이동한다(SO_3 생성 방향).

47 $Hg_2(NO_3)_2$ 용액에 다음과 같은 시약을 가했다. 수은을 유리시킬 수 있는 시약으로만 나열된 것은?

① NH_4OH, $SnCl_2$ ② $SnCl_4$, NaOH
③ $SnCl_2$, $FeCl_2$ ④ HCHO, $PbCl_2$

해설 수은을 유리시킬 수 있는 시약 : NH_4OH, $SnCl_2$
㉠ $Hg_2Cl_2 + 6NH_4OH \rightarrow \underline{Hg(NH_2)Cl} + \underline{Hg}$
흰색 검은색
㉡ Hg 확인 반응 : $1N-SnCl_2$ → 흰색, 검은색 침전

48 0.01N HCl 용액 200mL를 NaOH로 적정하니 80.00mL가 소요되었다면, 이때 NaOH의 농도는?

① 0.05N ② 0.025N
③ 0.125N ④ 2.5N

해설 $0.1N \times 200mL = x(N) \times 80mL$
$\therefore x = \frac{0.01 \times 200}{80} = 0.025N$

정답 43. ③ 44. ④ 45. ③ 46. ① 47. ① 48. ②

49 수소 발생 장치를 이용하여 비소를 검출하는 방법은?

① 구차이트 반응
② 추가예프 반응
③ 마시의 시험 반응
④ 베텐도르프 반응

해설 마시의 시험 반응(Marsh test) : 용기에 순수한 Zn 덩어리를 넣고 묽은 황산을 부으면 수소가 발생한다. 이 수소를 염화칼슘관을 통해서 건조시킨 후 경질 유리관에 통과시킨다. 유리관 속의 공기가 발생된 기체로 완전히 치환되면 이 기체에 점화하고 불꽃에 찬 자기를 접촉시킨다. 이 불꽃 속에 시료 용액을 가하면 비소 존재 시 유리되어 자기 표면에 비소 거울을 생성한다.

50 염화물 시료 중의 염소 이온을 폴하르트법(Volhard)으로 적정하고자 할 때 주로 사용하는 지시약은?

① 철명반 ② 크롬산칼륨
③ 플루오레세인 ④ 녹말

해설 Volhard법에서 주로 사용하는 지시약은 철(Ⅲ)염 용액으로, 철명반($Fe_2(SO_4)_3$)이 있다.

51 파장의 길이 단위인 1Å과 같은 길이는?

① 1nm ② 0.1μm
③ 0.1nm ④ 100nm

해설 10Å=1nm이므로, 1Å=0.1nm이다(1Å=10^{-10}m).

52 기체-액체 크로마토그래피(GLC)에서 정지상과 이동상을 올바르게 표현한 것은?

① 정지상 - 고체, 이동상 - 기체
② 정지상 - 고체, 이동상 - 액체
③ 정지상 - 액체, 이동상 - 기체
④ 정지상 - 액체, 이동상 - 고체

해설 GLC(기체-액체 크로마토그래피)는 '이동상-정지상' 크로마토그래피로 이름을 짓는다. 따라서 이동상은 기체, 정지상은 액체가 된다.

53 pH 미터에 사용하는 유리 전극에는 어떤 용액이 채워져 있는가?

① pH 7의 NaOH 불포화 용액
② pH 10의 NaOH 포화 용액
③ pH 7의 KCl 포화 용액
④ pH 10의 KCl 포화 용액

해설 유리 전극에 사용하는 용액은 pH 7의 KCl 포화 용액이다(단기간 보관 시 pH 7 KCl 용액 사용).

54 과망간산칼륨($KMnO_4$) 표준 용액 1,000ppm을 이용하여 30ppm의 시료 용액을 제조하고자 한다. 그 방법으로 옳은 것은?

① 3mL를 취하여 메스 플라스크에 넣고 증류수로 채워 10mL가 되게 한다.
② 3mL를 취하여 메스 플라스크에 넣고 증류수로 채워 100mL가 되게 한다.
③ 3mL를 취하여 메스 플라스크에 넣고 증류수로 채워 1000mL가 되게 한다.
④ 30mL를 취하여 메스 플라스크에 넣고 증류수로 채워 10,000mL가 되게 한다.

해설 $1{,}000\text{ppm}\times 3\text{mL}=30\text{ppm}\times x(\text{mL})$

$\therefore\ x=100\text{mL}$

55 용액의 두께가 10cm, 농도가 5mol/L이며 흡광도가 0.2이면 몰 흡광도(L/mol·cm) 계수는?

① 0.001 ② 0.004
③ 0.1 ④ 0.2

해설 $A=\varepsilon bc$

$$\varepsilon=\frac{A}{bc}=\frac{0.2}{10\times 5}=0.004\text{L/mol}\cdot\text{cm}$$

56 람베르트 법칙 $T=e^{-kb}$에서 b가 의미하는 것은?

① 농도 ② 상수
③ 용액의 두께 ④ 투과광의 세기

정답 49. ③ 50. ① 51. ③ 52. ③ 53. ③ 54. ② 55. ② 56. ③

해설 람베르트 법칙 : 흡수층에 입사하는 빛의 세기와 투과광의 세기와의 비율의 로그값은 흡수층의 두께에 비례한다.

$\log_e \frac{I_o}{I} = \mu d$

여기서, μ : 흡수 계수, d : 흡수층의 두께

$T = \frac{I}{I_o}$ 이므로 위 식을 변형하면

$\log_e = \frac{I}{I_o} = -\mu d$

$\log_e T = -\mu d$

$\therefore T = e^{-\mu d}$

$\therefore T = e^{-kb}$에서 b는 흡수층의 두께, 즉 용액의 두께가 된다.

57 pH Meter의 사용 방법에 대한 설명으로 틀린 것은?

① pH 전극은 사용하기 전에 항상 보정해야 한다.
② pH 측정 전에 전극 유리막은 항상 말라있어야 한다.
③ pH 보정 표준 용액은 미지 시료의 pH를 포함하는 범위이어야 한다.
④ pH 전극 유리막은 정전기가 발생할 수 있으므로 비벼서 닦으면 안 된다.

해설 pH 측정 전에 전극 유리막은 항상 젖어 있어야 하고, 유리막 전극은 보관 시에도 마른 상태가 아닌 용액 속에 보관해야 한다.

58 황산구리 용액을 전기 무게 분석법으로 구리의 양을 분석하려고 한다. 이때 일어나는 반응이 아닌 것은?

① $Cu^{2+} + 2e^- \rightarrow Cu$
② $2H^+ + 2e^- \rightarrow H_2$
③ $2H_2O \rightarrow O_2 + 4H^+ + 4e^-$
④ $SO_4^+ \rightarrow SO_2 + O_2 + 4e^-$

해설 황산구리 용액에서 구리의 양 분석 시 일어나는 반응
① $Cu^{2+} + 2e^- \rightarrow Cu$
② $2H^+ + 2e^- \rightarrow H_2$
③ $2H_2O \rightarrow O_2 + 4H^+ + 4e^-$
④ $SO_4^- \rightarrow SO_2 + O_2 + 4e^-$
※ 전기 무게 분석법 : 분석 물질을 고체 상태로 작업 전극에 석출시켜 그 무게를 달아 분석하는 것이다.

59 흡광 광도 분석 장치의 구성 순서로 옳은 것은?

① 광원부 – 시료부 – 파장 선택부 – 측광부
② 광원부 – 파장 선택부 – 시료부 – 측광부
③ 광원부 – 시료부 – 측광부 – 파장 선택부
④ 광원부 – 파장 선택부 – 측광부 – 시료부

해설 흡광 광도 분석 장치 구성 순서 : 광원부 – 파장 선택부 – 시료부 – 측광부(검출기 – 신호 처리기)

60 액체 크로마토그래피의 검출기가 아닌 것은?

① UV 흡수 검출기
② IR 흡수 검출기
③ 전도도 검출기
④ 이온화 검출기

해설 LC 검출기
㉠ UV 흡수 검출기
㉡ 형광 검출기
㉢ 굴절률 검출기
㉣ 전기 화학 검출기
㉤ 질량 분석 검출기
㉥ IR 흡수 검출기
㉦ 전도도 검출기

정답 57. ② 58. ④ 59. ② 60. ④

CBT 기출복원문제

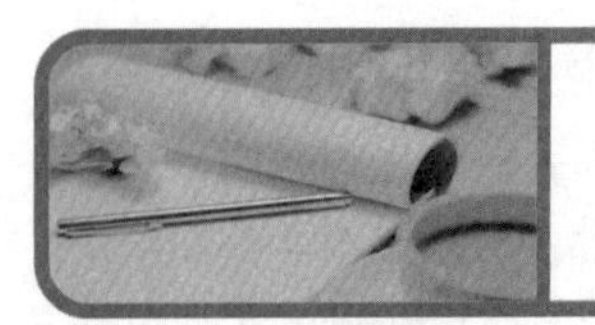

화학분석기능사

제3회 필기시험 ◀▶ 2019년 7월 13일 시행

01 금속 결합의 특징에 대한 설명으로 틀린 것은?

① 양이온과 자유 전자 사이의 결합이다.
② 열과 전기의 부도체이다.
③ 연성과 전성이 크다.
④ 광택을 가진다.

해설 열과 전기의 부도체는 플라스틱이다.

02 다음 중 화학 결합물 분자의 입체 구조가 정사면체 모양이 아닌 것은?

① CH_4 ② BH_4^-
③ NH_3 ④ NH_4^+

해설 NH_3의 입체 구조 : 삼각뿔 형태

$$H \cdots \ddot{N} - H \ (107^\circ), \ N - H$$

03 pH 5인 염산과 pH 10인 수산화나트륨을 어떤 비율로 섞으면 완전 중화가 되는가? (단, 염산 : 수산화나트륨의 비)

① 1 : 2
② 2 : 1
③ 10 : 1
④ 1 : 10

해설 pH 5인 염산의 [H+] 농도$=10^{-5}$
pH 10인 NaOH의 pOH=4, $[OH^-]$ 농도$=10^{-4}$
NaOH의 $[OH^-]$ 농도가 $[H^+]$ 농도의 10배이므로 pH 7 중성 용액을 만들기 위해서는 다음과 같은 비율이 되어야 한다.
pH 5 HCl의 부피 : pH 10 NaOH의 부피=10 : 1

04 다음 중 비전해질은 어느 것인가?

① NaOH ② HNO_3
③ CH_3COOH ④ C_2H_5OH

해설 NaOH, HNO_3, CH_3COOH는 모두 수용성에서 해리하는 전해질이다.

05 다음 중 상온에서 찬물과 반응하여 심하게 수소를 발생시키는 것은?

① K ② Mg
③ Al ④ Fe

해설 알칼리 금속이 물과 반응하면 수소 기체가 발생한다.
$H_2O(aq) + K(s) \rightarrow KOH(l) + H_2(g)$

06 물 1몰을 전기 분해하여 산소를 얻을 때 필요한 전하량은 몇 F인가? (단, 물의 산화 반응은 $H_2O \rightarrow \frac{1}{2}O_2 + 2H^+ + 2e^-$)

① 1 ② 2
③ 40 ④ 96,500

해설 1F(패럿)이란 물질 1g 당량을 석출하는 데 필요한 전기량[96,500쿨롬, 전자(e^-) 1몰(6×10^{23}개)의 전기량]이다.
$H_2O \rightarrow H_2 + \frac{1}{2}O_2$에서 H와 O는 각각 2g 당량을 가지므로 1g당량을 전기 분해할 때 1F의 전기량이 필요하므로 2g당량이 필요한 전기량은 2F(패럿)이다.

07 다음 화합물 중 염소(Cl)의 산화수가 +3인 것은?

① HClO ② $HClO_2$
③ $HClO_3$ ④ $HClO_4$

정답 01. ② 02. ③ 03. ③ 04. ④ 05. ① 06. ② 07. ②

해설 ① $HClO$: +1
② $HClO_2$: +3
③ $HClO_3$: +5
④ $HClO_4$: +7

08 다음 반응식 중 첨가 반응에 해당하는 것은?

① $3C_2H_2 \rightarrow C_6H_6$
② $C_2H_4 + Br_2 \rightarrow C_2H_4Br_2$
③ $C_2H_5OH \rightarrow C_2H_4 + H_2O$
④ $CH_4 + Cl_2 \rightarrow CH_3Cl + HCl$

해설 브롬수 탈색 반응 : 이중 결합이 풀리면서 적갈색의 브롬 기체가 첨가 반응을 일으켜 탈색된다.
$C_2H_4 + Br_2$(적갈색) → $C_2H_4Br_2$(무색)
적갈색을 띠는 브롬수를 통과시키면 이중 결합이나 삼중 결합이 끊어지면서 브롬이 첨가되어 탈색되는 것을 가지고 불포화탄화수소와 포화탄화수소를 구분한다.

09 물 200g에 $C_6H_{12}O_6$(포도당) 18g을 용해하였을 때 용액의 wt% 농도는?

① 7 ② 8.26
③ 9 ④ 10.26

해설
$$wt\% = \frac{\text{용질의 g수}}{\text{용액의 g수}} \times 100 = \frac{18}{200+18} \times 100 = 8.26wt\%$$

10 다음 혼합물과 이를 분리하는 방법 및 원리를 연결한 것 중 잘못된 것은?

	혼합물	적용 원리	분리 방법
①	$NaCl$, KNO_3	용해도의 차	분별 결정
②	H_2O, C_2H_5OH	끓는점의 차	분별 증류
③	모래, 요오드	승화성	승화
④	석유, 벤젠	용해성	분액 깔때기

해설 석유·벤젠 혼합물은 끓는점이 서로 다른 여러 가지 액체의 혼합물이므로 분별 증류하여 분리한다.

11 다음 중 보일-샤를의 법칙이 가장 잘 적용되는 기체는?

① O_2
② CO_2
③ NH_3
④ H_2

해설 실제 기체가 이상기체에 가까우려면 기체 분자간의 인력을 무시할 수 있는 조건이거나 분자 자체의 부피를 무시할 수 있는 경우이다. 분자량이 적고 비점이 낮은 H_2는 이상기체에 가깝다.

12 지방족 탄화수소 중 알칸(alkane)류에 해당하며 탄소가 5개로 이루어진 유기 화합물의 구조적 이성질체수는 모두 몇 개인가?

① 2 ② 3
③ 4 ④ 5

해설 구조적 이성질체
㉠ C−C−C−C−C
㉡ C−C−C−C (두 번째 C에 C 결합)
㉢ C−C−C (가운데 C에 위·아래로 C 결합)

13 염이 수용액에서 전리할 때 생기는 이온의 일부가 물과 반응하여 수산 이온이나 수소 이온을 냄으로써, 수용액이 산성이나 염기성을 나타내는 것을 가수분해라 한다. 다음 중 가수분해하여 산성을 나타내는 것은?

① K_2SO_4
② NH_4Cl
③ NH_4NO_3
④ CH_3COONa

해설 NH_4Cl의 가수분해
㉠ 이온화 : $NH_4Cl \rightarrow NH_4^+ + Cl^-$
㉡ 가수분해 : $NH_4^+ + H_2O \rightleftarrows NH_3 + H_3O^+$(약산성)

정답 08. ② 09. ② 10. ④ 11. ④ 12. ② 13. ②

14 하버-보시법에 의하여 암모니아를 합성하고자 한다. 다음 중 어떠한 반응 조건에서 더 많은 양의 암모니아를 얻을 수 있는가?

$$N_2 + 3H_2 \xrightarrow[\text{촉매}]{} 2NH_3 + \text{열}$$

① 많은 양의 촉매를 가한다.
② 압력을 낮추고 온도를 높인다.
③ 질소와 수소의 분압을 높이고 온도를 낮춘다.
④ 생성되는 암모니아를 제거하고 온도를 높인다.

해설 하버-보시법은 저온·고압에서 암모니아의 수득률이 올라간다는 점을 이용한 공정법이다.

15 양이온 정성 분석에서 디메틸글리옥심을 넣었을 때 빨간색 침전이 되는 것은?

① Fe^{3+}　② Cr^{3+}
③ Ni^{2+}　④ Al^{3+}

해설 Ni에 디메틸글리옥심($C_4H_8N_2O_2$)을 반응하면 적색 착물이 형성된다.

16 다음 중 화학 평형의 이동과 관계없는 것은?

① 입자의 운동 에너지 증감
② 입자간 거리의 변동
③ 입자 수의 증감
④ 입자 표면적의 크고 작음

해설 화학 평형의 이동에서 입자 표면적의 크기와는 상관 없다.

17 다음 반응에서 침전물의 색깔은?

$$Pb(NO_3)_2 + K_2CrO_4 \rightarrow PbCrO_4\downarrow + 2KNO_3$$

① 검은색　② 빨간색
③ 흰색　④ 노란색

해설 $PbCrO_4$는 노란색 침전이다.

18 산화·환원 적정법에 해당되지 않는 것은?

① 요오드법
② 과망간산염법
③ 아황산염법
④ 중크롬산염법

해설 아황산염법은 산화·환원 적정법에 해당하지 않는다.

19 다음 중 붕사 구슬 반응에서 산화 불꽃으로 태울 때 적자색(빨간 자주색)으로 나타나는 양이온은?

① Ni^{+2}　② Mn^{+2}
③ Co^{+2}　④ Fe^{+2}

해설 Mn^{+2} : 적자색(빨간 자주색)

20 물의 경도, 광물 중의 각종 금속의 정량, 간수 중의 칼슘의 정량 등에 가장 적합한 분석법은?

① 중화 적정법
② 산·염기 적정법
③ 킬레이트 적정법
④ 산화·환원 적정법

해설 킬레이트 적정법은 킬레이트 시약을 사용하여 금속 이온을 정량하는 방법이다.

21 다음 전기 회로에서 전류는 몇 암페어(A)인가?

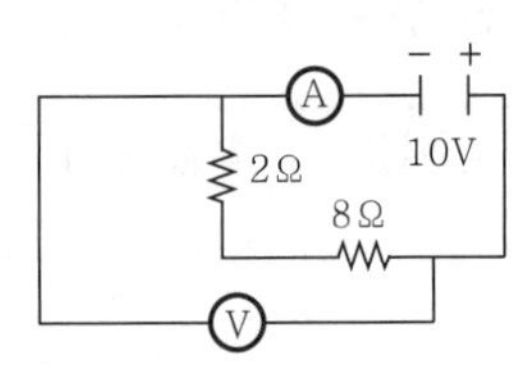

① 0.5　② 1
③ 2.8　④ 5

해설 $V = IR$
$10 = I(2+8)$
$\therefore I = 1A$

정답 14. ③ 15. ③ 16. ④ 17. ④ 18. ③ 19. ② 20. ③ 21. ②

22 원자 흡수 분광계에서 속빈 음극 램프의 음극 물질로 Li이나 As를 사용할 경우 충전 기체로 가장 적당한 것은?

① Ne ② Ar
③ He ④ H_2

해설 비활성 기체로 Ar이 적당하다.

23 다음은 원자 흡수와 원자 방출을 나타낸 것이다. A와 B가 바르게 짝지어진 것은?

$$\underset{\text{중성 원자}}{M} + \underset{\text{에너지}}{E} \underset{B}{\overset{A}{\rightleftarrows}} \underset{\text{들뜬 상태}}{M^+}$$

① A : 방출, B : 흡수
② A : 방출, B : 방출
③ A : 흡수, B : 방출
④ A : 흡수, B : 흡수

해설 들뜬 상태로 되기 위해서는 에너지를 흡수해야 하고, 들뜬 상태에서 바닥 상태로 내려갈 때는 방출해야 한다.

24 강산이 피부나 의복에 묻었을 경우 중화시키기 위한 가장 적당한 것은?

① 묽은 암모니아수
② 묽은 아세트산
③ 묽은 황산
④ 글리세린

해설 강산이 묻었을 경우 약하게 희석한 염기로 중화한다.

25 오스트발트 점도계를 사용하여 다음의 값을 얻었다. 액체의 점도는 얼마인가?

㉠ 액체의 밀도 : 0.97g/cm^3
㉡ 물의 밀도 : 1.00g/cm^3
㉢ 액체가 흘러내리는 데 걸린 시간 : 18.6초
㉣ 물이 흘러내리는 데 걸린 시간 : 20초
㉤ 물의 점도 : 1cP

① 0.9021cP ② 1.0430cP
③ 0.9021P ④ 1.0430P

해설
$$0.97 \times \frac{18.6}{20} \times 1 = 0.9021$$
∴ 0.9021cP

26 분광 광도계의 시료 흡수 용기 중 자외선 영역에서의 셀로 적합한 것은?

① 석영 셀 ② 유리 셀
③ 플라스틱 셀 ④ KBr 셀

해설 시료 셀
㉠ 자외선 : 석영, 용융실리카
㉡ 적외선 : 플라스틱, 유리
㉢ 적외선 : NaCl, KBr로 만든 셀

27 유리 기구의 취급에 대한 설명으로 틀린 것은?

① 두꺼운 유리 용기를 급격히 가열하면 파손되므로 불에 서서히 가열한다.
② 유리 기구는 철제, 스테인리스강 등 금속으로 만든 실험 실습 기구와 따로 보관한다.
③ 메스플라스크, 뷰렛, 메스실린더, 피펫 등 눈금이 표시된 유리 기구는 가열하여 건조시킨다.
④ 밀봉한 관이나 마개를 개봉할 때에는 내압이 걸려 있으면 내용물이 분출한다든가 폭발하는 경우가 있으므로 주의한다.

해설 유리 기구는 가열시키지 말고 자연 건조시킨다.

28 유리 전극 pH 미터에 증폭 회로가 필요한 가장 큰 이유는?

① 유리막의 전기 저항이 크기 때문이다.
② 측정 가능 범위를 넓게 하기 때문이다.
③ 측정 오차를 작게 하기 때문이다.
④ 온도의 영향을 작게 하기 때문이다.

해설 유리막 사이로 H^+가 이동하기 때문에 전기 저항의 원인으로 증폭 회로가 필요하다.

정답 22. ② 23. ③ 24. ① 25. ① 26. ① 27. ③ 28. ①

29 다음 크로마토그래피 구성 중 가스 크로마토그래피에는 없고 액체 크로마토그래피에는 있는 것은?

① 펌프
② 검출기
③ 주입구
④ 기록계

해설 가스 크로마토그래피에는 펌프가 없다.

30 종이 크로마토그래피법에서 이동도(R_f)를 구하는 식은? (단, C : 기본선과 이온이 나타난 사이의 거리(cm), K : 기본선과 전개 용매가 전개한 곳까지의 거리(cm))

① $R_f = \frac{C}{K}$
② $R_f = C \times K$
③ $R_f = \frac{K}{C}$
④ $R_f = K + C$

해설 $R_f = \frac{C}{K}$

31 어떤 석회석의 분석치는 다음과 같다. 이 석회석 5ton에서 생성되는 CaO의 양은 약 몇 kg인가? (단, Ca의 원자량은 40, Mg의 원자량은 24.8이다.)

$CaCO_3$: 92%, $MgCO_3$: 5.1%, 불용물 : 2.9%

① 2,576
② 2,776
③ 2,976
④ 3,176

해설 $CaCO_3 \rightarrow CaO + CO_2$

100g : 56g

5,000kg : x(kg)

$x = \frac{5,000 \times 56}{100}$, $x = 2,800\text{kg}$

$\therefore x = 2,800\text{kg} \times \frac{92}{100} = 2,576\text{kg}$

32 전이원소의 특성에 대한 설명으로 옳지 않은 것은?

① 모두 금속이며, 대부분 중금속이다.
② 녹는점이 매우 높은 편이고, 열과 전기 전도성이 좋다.
③ 색깔을 띤 화합물이나 이온이 대부분이다.
④ 반응성이 아주 강하며, 모두 환원제로 작용한다.

해설 ④ 반응성이 약하며, 촉매로 쓰이는 것이 많다.

33 다음 중 Na^+ 이온의 전자 배열에 해당하는 것은?

① $1s^2 2s^2 2p^6$
② $1s^2 2s^2 3s^2 2p^4$
③ $1s^2 2s^2 3s^2 2p^5$
④ $1s^2 2s^2 2p^6 3s^1$

해설 원자 번호=양성자 수=전자수
Na^+ 이온 전자 $= 10 = 1s^2 2s^2 2p^6$

34 다음 중 삼원자 분자가 아닌 것은?

① 아르곤
② 오존
③ 물
④ 이산화탄소

해설 ㉠ 단원자 분자 : 1개의 원자로 구성된 분자
예 아르곤(Ar)
㉡ 삼원자 분자 : 3개의 원자로 구성된 분자
예 오존(O_3), 물(H_2O), 이산화탄소(CO_2)

35 원소는 색깔이 없는 일원자 분자 기체이며 반응성이 거의 없어 비활성 기체라고도 하는 것은?

① Li, Na
② Mg, Al
③ F, Cl
④ Ne, Ar

해설 비활성 기체(0족 원소) : He(헬륨), Ne(네온), Ar(아르곤), Kr(크립톤), Xe(크세논), Rn(라돈) 등의 6개의 원소이며, 최외각 전자가 8개로 안정하여 단원자 분자이다. 또한 대부분 화합물을 만들지 않는 원소이다.

정답 29. ① 30. ① 31. ① 32. ④ 33. ① 34. ① 35. ④

36 전자궤도 d－오비탈에 들어갈 수 있는 전자의 총 수는?

① 2　② 6
③ 10　④ 14

해설 부전자 껍질에 수용할 수 있는 전자 수
s : 2개, p : 6개, d : 10개, f : 14개

37 농도가 1.0×10^{-5}mol/L인 HCl 용액이 있다. HCl 용액이 100% 전리한다고 한다면 25℃에서 OH^-의 농도는 몇 mol/L인가?

① 1.0×10^{-14}
② 1.0×10^{-10}
③ 1.0×10^{-9}
④ 1.0×10^{-7}

해설 $HCl \rightleftarrows H^+ + Cl^-$
1.0×10^{-5}　1.0×10^{-5}　1.0×10^{-5}
$K_w = [H^+][OH^-]$, $1.0 \times 10^{-14} = 1.0 \times 10^{-5} \times [OH^-]$
$[OH^-] = 1.0 \times 10^{-9}$mol/L

38 화학 평형의 이동에 영향을 주지 않는 것은?

① 온도　② 농도
③ 압력　④ 촉매

해설 화학 평형의 이동에 영향을 주는 인자
㉠ 온도
㉡ 농도
㉢ 압력

39 알데히드는 공기와 접촉하였을 때 무엇이 생성되는가?

① 알코올
② 카르복실산
③ 글리세린
④ 케톤

해설
제1차 알코올 $\xrightarrow{\text{산화}}$ 알데히드 $\xrightarrow{\text{산화}}$ 카르복시산
$CH_3CH_2OH \xrightarrow{\text{산화}} CH_3CHO \xrightarrow{\text{산화}} CH_3COOH$

40 화학 평형에 대한 설명으로 틀린 것은?

① 화학 반응에서 반응 물질(왼쪽)로부터 생성 물질(오른쪽)로 가는 반응을 정반응이라고 한다.
② 화학 반응에서 생성 물질(오른쪽)로부터 반응 물질(왼쪽)로 가는 반응을 비가역 반응이라고 한다.
③ 온도, 압력, 농도 등 반응 조건에 따라 정반응과 역반응이 모두 일어날 수 있는 반응을 가역 반응이라고 한다.
④ 가역 반응에서 정반응 속도와 역반응 속도가 같아져서 겉보기에는 반응이 정지된 것처럼 보이는 상태를 화학 평형 상태라고 한다.

해설 ② 화학 반응에서 생성 물질(오른쪽)로부터 반응 물질(왼쪽)로 가는 반응을 가역 반응이라고 한다.

41 다음 화합물 중 반응성이 가장 큰 것은?

① $CH_3-CH=CH_2$
② $CH_3-CH=CH-CH_3$
③ $CH \equiv C-CH_3$
④ C_4H_8

해설 ㉠ 단일 결합 : 결합이 강한 시그마 결합. 1개라서 강하다.
예 C_4H_8
㉡ 이중 결합 : 시그마＋파이라서 오히려 결합이 약하다.
예 $CH_3-CH=CH_2$, $CH_3-CH=CH-CH_3$
㉢ 삼중 결합 : 시그마＋파이＋파이라서 결합이 가장 약해 반응성이 크다.
예 $CH \equiv C-CH_3$

42 분자식이 $C_{18}H_{30}$인 탄화수소 1분자 속에는 2중 결합이 최대 몇 개 존재할 수 있는가? (단, 3중 결합은 없다.)

① 2　② 3
③ 4　④ 5

해설 C_nH_{2n+2}, $C_{18}H_{38} - C_{18}H_{30} = 8$
$8 \div 2 = 4$개

정답 36. ③　37. ③　38. ④　39. ②　40. ②　41. ③　42. ③

43 양이온 제1족부터 제5족까지의 혼합액으로부터 양이온 제2족을 분리시키려고 할 때의 액성은?

① 중성
② 알칼리성
③ 산성
④ 액성과는 관계가 없다.

해설 양이온 제2족을 분리시키려고 할 때의 액성은 산성이다.

44 다음 중 공실험(blank test)을 하는 가장 주된 목적은?

① 불순물 제거
② 시약의 절약
③ 시간의 단축
④ 오차를 줄이기 위함

해설 공실험(blank test)을 하는 목적은 오차를 줄이기 위함이다.

45 0.1038N인 중크롬산칼륨 표준 용액 25mL를 취하여 티오황산나트륨 용액으로 적정하였더니 25mL가 사용되었다. 티오황산나트륨의 역가는?

① 0.1021　② 0.1038
③ 1.021　④ 1.038

해설 $NVF = N'V'F'$
여기서, N : 시약의 노말 농도
N' : 표준 용액의 노말 농도
V : 사용된 시약의 양
V' : 사용된 표준 용액의 양
F : 시약의 역가
F' : 표준 용액의 역가
여기서, 표준 용액이란 보통 역가가 1로 되어 있는 것을 사용하고 시약의 농도는 0.1N의 것을 사용하므로 다음과 같다.
0.1N×25mL×역가=0.1038N×25m×1

$$\therefore \text{역가 } F = \frac{0.1038\text{N} \times 25\text{mL} \times 1}{0.1\text{N} \times 25\text{mL}} = 1.038$$

46 I^-, SCN^-, $Fe(CN)_6^{4-}$, $Fe(CN)_6^{3-}$, NO_3^- 등이 공존할 때 NO_3^-을 분리하기 위하여 필요한 시약은?

① $BaCl_2$　② CH_3COOH
③ $AgNO_3$　④ H_2SO_4

해설 NO_3^-을 분리하기 위하여 필요한 시약 : $AgNO_3$

47 중성 용액에서 $KMnO_4$ 1g당량은 몇 g인가? (단, $KMnO_4$의 분자량은 158.03이다.)

① 52.68　② 79.02
③ 105.35　④ 158.03

해설 $2KMnO_4 \rightarrow K_2O + 2MnO_2 + 3O$
+7 → +4
즉, (+7)−(+4)=+3이다.

$$\therefore \frac{158.03}{3} = 52.68\text{g}$$

48 물 500g에 비전해질 물질이 12g 녹아있다. 이 용액의 어는점이 −0.93℃일 때 녹아 있는 비전해질의 분자량은 얼마인가? (단, 물의 어는점 내림 상수(K_f)는 1.86이다.)

① 6　② 12
③ 24　④ 48

해설 $\Delta T_f = K_f \times m$,

$$0.93 = 1.86 \times \frac{\frac{12}{M}}{\frac{500}{1,000}} = 1.86 \times \frac{1,000 \times 12}{500M}$$

$$500M = \frac{1.86 \times 1,000 \times 12}{0.93}$$

$$M = \frac{1.86 \times 1,000 \times 12}{0.93 \times 500} = \frac{22,320}{465} = 48$$

49 전해질이 보통 농도의 수용액에서도 거의 완전히 이온화되는 것을 무슨 전해질이라고 하는가?

① 약전해질　② 초전해질
③ 비전해질　④ 강전해질

정답 43. ③ 44. ④ 45. ④ 46. ③ 47. ① 48. ④ 49. ④

해설 전해질의 종류
㉠ 약전해질 : 용매에 용해시켰을 때 이온으로 해리하는 정도가 낮은 물질을 말한다.
㉡ 강전해질 : 전해질이 보통 농도의 수용액에서도 거의 완전히 이온화되는 것을 말한다.
㉢ 비전해질 : 물 등의 용매에 녹았을 때 이온화 하지 않는 물질로, 전하 입자가 생기지 않아 전류가 흐르지 못한다.

50 적정 반응에서 용액의 물리적 성질이 갑자기 변화되는 점이며, 실질 적정 반응에서 적정의 종결을 나타내는 점은?

① 당량점 ② 종말점
③ 시작점 ④ 중화점

해설 ① 당량점(equivalence point) : 중화 반응을 포함한 모든 적정에서 적정 당하는 물질과 적정하는 물질 사이에 양적인 관계를 이론적으로 계산해서 구한 점
③ 시작점(initial point, starting piont) : 표시 장치에서 데이터 표시를 시작하는 표시 화면상의 위치 또는 좌표
④ 중화점(neutral point) : 산과 염기의 중화 반응이 완결된 지점

51 분광 광도계에 이용되는 빛의 성질은?

① 굴절 ② 흡수
③ 산란 ④ 전도

해설 분광 광도계에 이용되는 빛의 성질은 흡수이다.

52 가스 크로마토그래피에서 운반 기체에 대한 설명으로 옳지 않은 것은?

① 화학적으로 비활성이어야 한다.
② 수증기, 산소 등이 주로 이용된다.
③ 운반 기체와 공기의 순도는 99.995% 이상이 요구된다.
④ 운반 기체의 선택은 검출기의 종류에 의해 결정된다.

해설 ② 질소, 헬륨, 아르곤, 수소, 이산화탄소, 메테인, 에테인 등 비활성 기체를 사용한다.

53 다음 표준 전극 전위에 대한 설명 중 틀린 것은?

① 각 표준 전극 전위는 0.000V를 기준으로 하여 정한다.
② 수소의 환원 반쪽 반응에 대한 전극 전위는 0.000V이다.
③ $2H^+ + 2e \rightarrow H_2$은 산화 반응이다.
④ $2H^+ + 2e \rightarrow H_2$의 반응에서 생긴 전극 전위를 기준으로 하여 다른 반응의 표준 전극 전위를 정한다.

해설 ③ $2H^+ + 2e \rightarrow H_2$는 환원 반응이다.

54 분광 광도계의 구조로 옳은 것은?

① 광원 → 입구 슬릿 → 회절 격자 → 출구 슬릿 → 시료부 → 검출부
② 광원 → 회절 격자 → 입구 슬릿 → 출구 슬릿 → 시료부 → 검출부
③ 광원 → 입구 슬릿 → 회절 격자 → 출구 슬릿 → 검출부 → 시료부
④ 광원 → 입구 슬릿 → 시료부 → 출구 슬릿 → 회절 격자 → 검출부

해설 분광 광도계의 구조 : 광원 → 입구 슬릿 → 회절 격자 → 출구 슬릿 → 시료부 → 검출부

55 다음 중 전기 전류의 분석 신호를 이용하여 분석하는 방법은?

① 비탁법
② 방출 분광법
③ 폴라로그래피법
④ 분광 광도법

해설 ㉠ 전기 전류의 분석 신호를 이용하여 분석하는 방법 : 폴라로그래피법
㉡ 폴라로그래피(polarography)법 : 전기 분해를 이용한 분석법의 일종이며, 모세관에서 적하하는 수은 방울을 음극, 표면적이 큰 수은면을 양극으로 하고 시료 용액을 전해할 때의 전류, 전압 곡선을 구하여 해석하는 방법이다.

정답 50. ② 51. ② 52. ② 53. ③ 54. ① 55. ③

56 분광 분석법에서는 파장을 nm 단위로 사용한다. 1nm는 몇 m인가?

① 10^{-3} ② 10^{-6}
③ 10^{-9} ④ 10^{-12}

해설 $1nm = 10^{-9}m$

57 전위차법에 사용되는 이상적인 기준 전극이 갖추어야 할 조건 중 틀린 것은?

① 시간에 대하여 일정한 전위를 나타내어야 한다.
② 분석물 용액에 감응이 잘되고 비가역적이어야 한다.
③ 작은 전류가 흐른 후에는 본래 전위로 돌아와야 한다.
④ 온도 사이클에 대하여 히스테리시스를 나타내지 않아야 한다.

해설 ② 가역적이어야 하며, Nernst식에 따라야 한다.

58 가스 크로마토그래피의 기록계에 나타난 크로마토그램을 이용하여 피크의 넓이 또는 높이를 측정하여 분석할 수 있는 것은?

① 정성 분석
② 정량 분석
③ 이동 속도 분석
④ 전위차 분석

해설 ① 정성 분석 : 화학 분석법 중에서 시료가 어떤 성분으로 구성되어 있는지 알아내기 위한 분석법의 총칭
④ 전위차 분석 : 계면 반응이 화학 평형의 상태로 되었을 때 전극 전위는 안정되며, 이와 같은 계를 평형 전극이라고 한다. 일반적으로 평형 전극의 전위를 측정하여 용액의 화학적 조성이나 농도를 분석하는 방법을 전위차 분석법이라고 한다.

59 기체 크로마토그래피에서 충진제의 입자는 일반적으로 60~100mesh 크기로 사용되는데 이보다 더 작은 입자를 사용하지 않는 주된 이유는?

① 분리관에서 압력 강하가 발생하므로
② 분리관에서 압력 상승이 발생하므로
③ 분리관의 청소를 불가능하게 하므로
④ 고정상과 이동상이 화학적으로 반응하므로

해설 기체 크로마토그래피에서 충진제의 입자는 일반적으로 60~100mesh 크기로 사용되는데 이보다 더 작은 입자를 사용하지 않는 주된 이유는 분리관에서 압력 강하가 발생하기 때문이다.

60 수산화 이온의 농도가 5×10^{-5}일 때 이 용액의 pH는 얼마인가?

① 7.7 ② 8.3
③ 9.7 ④ 10.3

해설
$$\begin{aligned} pH &= 14 - pOH \\ &= 14 - \log\frac{1}{[OH^-]} \\ &= 14 - \log\frac{1}{5\times10^{-5}} \\ &= 9.699 \fallingdotseq 9.7 \end{aligned}$$

정답 56. ③ 57. ② 58. ② 59. ① 60. ③

CBT 기출복원문제

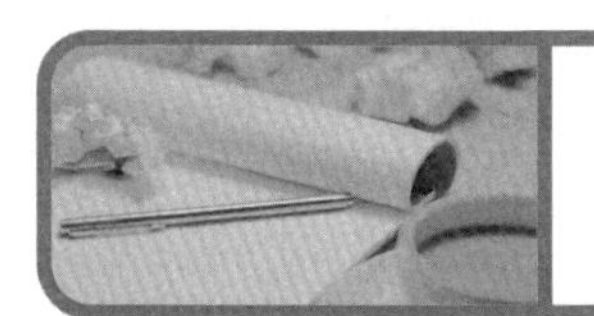

화학분석기능사

제1회 필기시험 ◀▶ 2020년 2월 9일 시행

01 전기 전하를 나타내는 Faraday의 식 $q=nF$에서 F의 값은 얼마인가?

① 96,500coulomb
② 9,650coulomb
③ 6,023coulomb
④ 6.023×10^{23}coulomb

해설 Faraday의 식 $q=nF$에서
패러데이(Faraday) 상수 : 96,500coulomb

02 0℃의 얼음 1g을 100℃의 수증기로 변화시키는 데 필요한 열량은?

① 539cal
② 639cal
③ 719cal
④ 839cal

해설 Q_1(잠열)$=G\gamma=1\text{g}\times80\text{cal/g}=80\text{cal}$
Q_2(현열)$=Gc\Delta t=1\text{g}\times1\times(100-0)=100\text{cal}$
Q_3(잠열)$=G\gamma=1\text{g}\times539\text{cal/g}=539\text{cal}$
$Q=Q_1+Q_2+Q_3=80+100+539=719\text{cal}$

03 금속 결합 물질에 대한 설명 중 틀린 것은?

① 금속 원자끼리의 결합이다.
② 금속 결합의 특성은 이온 전자 때문에 나타난다.
③ 고체 상태나 액체 상태에서 전기를 통한다.
④ 모든 파장의 빛을 반사하므로 고유한 금속 광택을 가진다.

해설 금속 결합의 특성은 자유 전자 때문에 나타난다.

04 R-O-R의 일반식을 가지는 지방족 탄화수소의 명칭은?

① 알데히드
② 카르복실산
③ 에스테르
④ 에테르

해설
① R—C(=O)—H : aldehyde
② R—C(=O)—OH : carboxylic acid
③ R—C(=O)—O—R′ : ester
④ R—O—R′ : ether

05 다음 수성 가스 반응의 표준 반응열은?

$$C+H_2O(l)\rightleftarrows CO+H_2$$
㉠ 표준 생성열(290K) : $\Delta H_f(H_2O)=-68,317\text{cal}$
㉡ $\Delta H_f(CO)=-26,416\text{cal}$

① 68,317cal
② 26,416cal
③ 41,901cal
④ 94,733cal

해설 ㉠ $2H_2+O_2\rightarrow2H_2O$
㉡ $2C+O_2\rightarrow2CO$
두 식을 가지고 위 관계식을 성립시키려면 ㉡-㉠하면 된다.
∴ $-26,416\text{cal}-(-68,317\text{cal})=41,901\text{cal}$

정답 01.① 02.③ 03.② 04.④ 05.③

06 단백질의 검출에 이용되는 정색 반응이 아닌 것은?

① 뷰렛 반응
② 크산토프로테인 반응
③ 난히드린 반응
④ 은거울 반응

해설 은거울 반응 : aldehyde의 환원성을 알아보기 위한 반응이다.

07 주기율표에서 전형 원소에 대한 설명으로 틀린 것은?

① 전형 원소는 1족, 2족, 12~18족이다.
② 전형 원소는 대부분 밀도가 큰 금속이다.
③ 전형 원소는 금속 원소와 비금속 원소가 있다.
④ 전형 원소는 원자가전자수가 족의 끝 번호와 일치한다.

해설 전형 원소는 대부분 밀도가 작은 금속이다.

08 수산화나트륨과 같이 공기 중의 수분을 흡수하여 스스로 녹는 성질을 무엇이라 하는가?

① 조해성
② 승화성
③ 풍해성
④ 산화성

해설 조해성 : 고체 결정이 공기 중의 수분을 흡수하여 스스로 용해되는 현상으로 조해성을 가진 물질은 물에 대한 용해도가 크다.

09 나트륨(Na) 원자는 11개의 양성자와 12개의 중성자를 가지고 있다. 원자 번호와 질량수는 각각 얼마인가?

① 원자 번호 : 11, 질량수 : 12
② 원자 번호 : 12, 질량수 : 11
③ 원자 번호 : 11, 질량수 : 23
④ 원자 번호 : 11, 질량수 : 1

해설 양성자+중성자=질량수
원자 번호=양성자수=전자수
원자 번호 : 11, 질량수 : 23

10 다음 물질 중 0℃, 1기압하에서 물에 대한 용해도가 가장 큰 물질은?

① CO_2
② O_2
③ CH_3COOH
④ N_2

해설 물에 대한 용해도가 크려면 극성을 띠는 물질이 존재해야 한다.
∴ CH_3COOH는 $CH_3-\overset{\overset{\displaystyle O}{\|}}{C}-OH$, 극성을 띠는 부분이 존재하므로 물에 대한 용해도가 크다.

11 다음 탄수화물 중 단당류인 것은?

① 녹말
② 포도당
③ 글리코겐
④ 셀룰로오스

해설 ① 녹말 : 다당류
② 포도당 : 단당류
③ 글리코겐 : 다당류
④ 셀룰로오스 : 다당류

12 원자의 K껍질에 들어 있는 오비탈은?

① s
② p
③ d
④ f

해설 $^{3}K=1s^{2}2s^{1}$
s orbital만 존재한다.

정답 06.④ 07.② 08.① 09.③ 10.③ 11.② 12.①

13 할로겐 분자의 일반적인 성질에 대한 설명으로 틀린 것은?

① 특유한 색깔을 가지며, 원자 번호가 증가함에 따라 색깔이 진해진다.
② 원자 번호가 증가함에 따라 분자간의 인력이 커지므로 녹는점과 끓는점이 높아진다.
③ 수소 기체와 반응하여 할로겐화수소를 만든다.
④ 원자 번호가 작을수록 산화력이 작아진다.

해설 할로겐 분자의 원자 번호가 커질수록 인력이 커진다. 그만큼 반응하기 위해서는 많은 E가 필요하다. 따라서 전자를 얻어 자신은 환원되고 남을 산화시키는 산화력은 원자 번호가 작을수록 커진다.

14 제3족 Al^{3+}의 양이온을 NH_4OH로 침전시킬 때 $Al(OH)_3$가 콜로이드로 되는 것을 방지하기 위하여 함께 가하는 것은?

① NaOH
② H_2O_2
③ H_2S
④ NH_4Cl

해설 제3족 Al^{3+}의 양이온을 NH_4OH로 침전시킬 때 $Al(OH)_3$가 콜로이드로 되는 것을 방지하기 위하여 함께 가하는 것은 NH_4Cl이다.

15 다음의 반응으로 철을 분석한다면 N/10 $KMnO_4$(f=1.000) 1mL에 대응하는 철의 양은 몇 g인가? (단, Fe의 원자량은 55.85임.)

$$10FeSO_4+8H_2SO_4+2KMnO_4$$
$$=5Fe_2(SO_4)_3+K_2SO_4$$

① 0.005585g Fe
② 0.05585g Fe
③ 0.5585g Fe
④ 5.585g Fe

해설 주어진 반응식 이용
$10Fe : 2KMnO_4$
$10\times55.85g : 2\times158g$

$$x(g) : \frac{0.1eq}{L}\left|\frac{1mL}{}\right|\frac{\left(\frac{158}{5}\right)g}{1eq}\left|\frac{1L}{10^3mL}\right.$$

$\therefore\ x(Fe)=5.585\times10^{-3}g=0.005585g\ Fe$

16 공기 중에 방치하면 불안정하여 검은 갈색으로 변화되는 수산화물은?

① $Cu(OH)_2$
② $Pb(OH)_2$
③ $Fe(OH)_3$
④ $Cd(OH)_2$

해설 $Cu(OH)_2$는 공기 중의 산화 효소의 작용으로 인하여 갈색으로 변한다.

17 다음 중 산의 성질이 아닌 것은?

① 신맛이 있다.
② 붉은 리트머스를 푸르게 변색시킨다.
③ 금속과 반응하여 수소를 발생한다.
④ 염기와 중화 반응한다.

해설 붉은 리트머스 종이를 푸르게 변화시키는 것은 염기성의 성질이다.

18 SO_4^{2-} 이온을 함유하는 용액으로부터 황산바륨의 침전을 만들기 위하여 염화바륨 용액을 사용할 수 있으나 질산바륨은 사용할 수 없다. 주된 이유는?

① 침전을 생성시킬 수 없기 때문에
② 질산기가 황산바륨의 용해도를 크게 하기 때문에
③ 침전의 입자를 작게 생성하기 때문에
④ 황산기에 흡착되기 때문에

해설 NO_3^-가 황산바륨의 용해도를 크게 하기 때문에 황산바륨의 침전을 만들 수 없다.

정답 13.④ 14.④ 15.① 16.① 17.② 18.②

19 다음 중 융점(녹는점)이 가장 낮은 금속은?

① W ② Pt
③ Hg ④ Na

해설 금속의 융점
① W : 3,370℃
② Pt : 1,549 ~ 2,700℃
③ Hg : −38.9℃
④ Na : 97.5℃

20 다음 중 용해도의 정의를 가장 바르게 나타낸 것은?

① 용액 100g 중에 녹아 있는 용질의 질량
② 용액 1L 중에 녹아 있는 용질의 몰 수
③ 용매 1kg 중에 녹아 있는 용질의 몰 수
④ 용매 100g에 녹아서 포화 용액이 되는 데 필요한 용질의 g 수

해설 ① w/w% 농도
② 노르말(N) 농도
③ 몰랄(m) 농도
④ 용해도

21 원자 흡수 분광법의 시료 전처리에서 착화제를 가하여 착화합물을 형성한 후, 유기 용매로 추출하여 분석하는 용매 추출법을 이용하는 주된 이유는?

① 분석 재현성이 증가하기 때문에
② 감도가 증가하기 때문에
③ pH의 영향이 적어지기 때문에
④ 조작이 간편하기 때문에

해설 감도를 증가시켜 효율을 증대시키기 때문이다.

22 다음 중 1nm에 해당되는 값은?

① 10^{-7}m ② 1μm
③ 10^{-9}m ④ 1Å

해설 $1nm = 10^{-9}m$

23 화학 실험 시 사용하는 약품의 보관에 대한 설명으로 틀린 것은?

① 폭발성 또는 자연발화성의 약품은 화기를 멀리 한다.
② 흡습성 약품은 완전히 건조시켜 건조한 곳이나 석유 속에 보관한다.
③ 모든 화합물은 될 수 있는 대로 같은 장소에 보관하고 정리정돈을 잘한다.
④ 직사광선을 피하고, 약품에 따라 유색병에 보관한다.

해설 화학적 성질 및 빛과의 반응 유무에 따라 시료를 따로 보관한다.

24 전위차 적정으로 중화 적정을 할 때 반드시 필요로 하지 않는 것은?

① pH미터
② 자석 교반기
③ 페놀프탈레인
④ 뷰렛과 피펫

해설 페놀프탈레인은 중화 적정 시 필요하다.
※ 전위차 적정 시와 다르다.

25 전위차 적정에 의한 당량점 측정 실험에서 필요하지 않은 재료는?

① 0.1N−HCl ② 0.1N−NaOH
③ 증류수 ④ 황산구리

해설 전위차 적정에 의한 당량점 측정 실험에서 필요한 재료
① 0.1N−HCl
② 0.1N−NaOH
③ 증류수

26 이상적인 pH 전극에서 pH가 1단위 변할 때, pH 전극의 전압은 약 얼마나 변하는가?

① 96.5mV ② 59.2mV
③ 96.5V ④ 59.2V

정답 19.③ 20.④ 21.② 22.③ 23.③ 24.③ 25.④ 26.②

해설 $[H^+] = -\log[H^+]$

$E_v = 2.303RT/nF$

표준 상태 25℃ 1기압=59.16mV/pH값

pH가 1씩 변할 때

$\frac{59.16mV}{1} = 59.16mV$

27 다음 결합 중 적외선 흡수 분광법에서 파수가 가장 큰 것은?

① C−H 결합 ② C−N 결합
③ C−O 결합 ④ C−Cl 결합

해설 ① C−H 결합 : 3,000 ~ 2,850cm^{-1} 검출
② C−N 결합 : 1,350 ~ 1,000cm^{-1} 검출
③ C−O 결합 : 1,740 ~ 1,720cm^{-1} 검출
④ C−Cl 결합 : 할로겐 검출 부분은 1,000cm^{-1} 이하에서 검출

28 다음 중 수소 이온 농도(pH)의 정의는?

① $pH = \frac{1}{[H^+]}$

② $pH = \log[H^+]$

③ $pH = -\frac{1}{[H^-]}$

④ $pH = -\log[H^+]$

해설 수소 이온 지수(pH) : 수소 이온 농도의 역수를 상용대수(log)로 나타낸 값

29 적외선 흡수 스펙트럼의 1,700cm^{-1} 부근에서 강한 신축 진동(stretching vibration) 피크를 나타내는 물질은?

① 아세틸렌 ② 아세톤
③ 메탄 ④ 에탄올

해설 1,718cm^{-1} 부근에서 C=O bend가 나오므로 케톤 결합을 가지고 있는 아세톤이 강한 신축 진동 피크를 나타낸다.

$$CH_3 - \overset{\overset{\displaystyle O}{\|}}{C} - CH_3$$

30 기체 크로마토그래피법에서 이상적인 검출기가 갖추어야 할 특성이 아닌 것은?

① 적당한 감도를 가져야 한다.
② 안정성과 재현성이 좋아야 한다.
③ 실온에서 약 600℃까지의 온도 영역을 꼭 지녀야 한다.
④ 유속과 무관하게 짧은 시간에 감응을 보여야 한다.

해설 기체 크로마토그래피의 종류는 TCD, NPD, MSD, ECD, FPD 등이 있으며 열전도율, 농도, 질량 감응에 따라 다르게 이용된다. 반드시 고온의 온도 영역을 지닐 필요는 없다.

31 다음 중 비극성인 물질은?

① H_2O ② NH_3
③ HF ④ C_6H_6

해설
- 비극성 물질 : 전자들의 치우치는 힘의 합력이 '0'에 가깝다.
  예 F_2, Cl_2, Br_2, CO_2, CH_4, CCl_4, C_6H_6
- 극성 물질 : 전자들의 치우치는 힘의 합력이 '0'이 아니다.
  예 HF, HCl, HBr, NH_3, H_2O

※ 전자쌍 반발의 원리 : 전자쌍들은 반발력이 최소가 되도록 서로 가장 멀리 떨어지려고 한다.

예 • CH_4(비극성) • NH_3(극성)

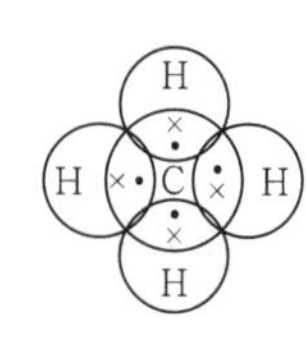

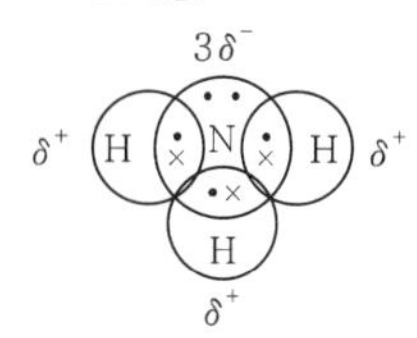

32 다음 물질의 공통된 성질을 나타낸 것은?

K_2O_2, Na_2O_2, BaO_2, MgO_2

① 과산화물이다.
② 수소를 발생시킨다.
③ 물에 잘 녹는다.
④ 양쪽성 산화물이다.

정답 27.① 28.④ 29.② 30.③ 31.④ 32.①

해설 과산화물(peroxide) : 분자 내에 −2가의 O_2기를 가지고 있는 산화물. 무기 화합물에서는 알칼리금속 및 알칼리토금속 등의 화합물 즉, 금속과산화물이 대표적인 것이며, 각각 M_2O_2', MO_2''의 형이 알려져 있다. 이들 금속과산화물은 금속의 양성이 강할수록 안정하고, 양성이 약해짐에 따라 불안정해진다. 따라서 리튬을 제외한 알칼리금속과 바륨, 스트론튬, 칼슘 등은 안정한 과산화물을 만들지만 리튬, 마그네슘, 아연, 카드뮴 등의 과산화물은 불안정하다.

33 30% 수산화나트륨 용액 200g에 물 20g을 가하면 약 몇 %의 수산화나트륨 용액이 되겠는가?

① 27.3% ② 25.3%
③ 23.3% ④ 20.3%

해설 퍼센트 농도(%)$=\frac{용질}{용액+용매}\times 100$

$$=\frac{200\times\frac{30}{100}}{200+20}\times 100$$

$$=27.27\% \fallingdotseq 27.3\%$$

34 다음 물질과 그 분류가 바르게 연결된 것은?

① 물 − 홑원소 물질
② 소금물 − 균일 혼합물
③ 산소 − 화합물
④ 염화수소 − 불균일 혼합물

해설
- 화합물 : 두 가지 이상의 성분으로 되어 있으며, 성분 원소가 일정한 순물질
  예 물, 염화수소
- 균일 혼합물 : 혼합물의 조성이 용액 전체에 걸쳐서 동일하게 되는 것
  예 소금물
- 단체(홑몸) : 한 가지 성분으로 된 것으로 더 이상 분해시킬 수 없는 물질
  예 산소
- 불균일 혼합물 : 각 성분들이 고르게 섞이지 않아 부분마다 성질이 다른 혼합물
  예 우유 등

35 탄소 화합물의 특징에 대한 설명으로 옳은 것은?

① CO_2, $CaCO_3$는 유기 화합물로 분류된다.
② CH_4, C_2H_6, C_3H_8은 포화 탄화수소이다.
③ CH_4에서 결합각은 90°이다.
④ 탄소의 수가 많아도 이성질체 수는 변하지 않는다.

해설 ① CO_2, $CaCO_3$는 무기 화합물로 분류된다.
③ CH_4의 결합각은 109°28′이다.
④ 탄소의 수가 많으면 이성질체 수가 많아진다.

36 할로겐에 대한 설명으로 옳지 않은 것은?

① 자연상태에서 2원자 분자로 존재한다.
② 전자를 얻어 음이온이 되기 쉽다.
③ 물에는 거의 녹지 않는다.
④ 원자 번호가 증가할수록 녹는점이 낮아진다.

해설 ④ 원자 번호가 증가할수록 녹는점이 높아진다.

37 다음 물질 중 물에 가장 잘 녹는 기체는?

① NO ② C_2H_2
③ NH_3 ④ CH_4

해설
- 물에 대한 용해도가 큰 기체 : NH_3, HCl, HF, H_2S 등
- 물에 대한 용해도가 작은 기체 : NO, C_2H_2, CH_4, CO_2, H_2, O_2, N_2 등

38 해수 속에 존재하며, 상온에서 붉은 갈색의 액체인 할로겐 물질은?

① F_2 ② Cl_2
③ Br_2 ④ I_2

해설 ① F_2(불소) : 연한 황색 기체이며, 자극성이 강하고, 가장 강한 산화제로서 화합력이 강해 모든 원소와 반응한다.
② Cl_2(염소) : 황록색의 자극성 기체로 매우 유독하며, 액화하기 쉬운 물질이다.
③ Br_2(브롬) : 해수 속에 존재하며, 상온에서 붉은 갈색의 액체인 할로겐 물질이다.
④ I_2(요오드) : 판상 흑자색의 고체로 승화성이 있다.

정답 33.① 34.② 35.② 36.④ 37.③ 38.③

39 다음 중 동소체끼리 짝지어진 것이 아닌 것은?

① 흰인 – 붉은인
② 일산화질소 – 이산화질소
③ 사방황 – 단사황
④ 산소 – 오존

해설 동소체 : 같은 원소로 되어 있으나 성질이 다른 단체

동소체의 구성 원소	동소체의 종류
인(P_4)	흰인, 붉은인
황(S_8)	사방황, 단사황, 고무상황
산소(O)	산소, 오존

40 0℃, 1기압에서 수소 22.4L 속의 분자의 수는 얼마인가?

① 5.38×10^{22}
② 3.01×10^{23}
③ 6.02×10^{23}
④ 1.20×10^{24}

해설 아보가드로의 법칙 : 온도와 압력이 일정하면 모든 기체는 같은 부피 속에 같은 수의 분자가 들어있다. 즉, 표준상태(0℃, 1기압)에서 모든 기체 22.4L 속에는 6.02×10^{23}개의 분자가 들어 있다.

41 다음 중 같은 족 원소로만 나열된 것은?

① F, Cl, Br
② Li, H, Mg
③ C, N, P
④ Ca, K, B

해설 할로겐족 : F, Cl, Br, I, At

42 다음 유기 화합물의 화학식이 틀린 것은?

① 메탄 – CH_4
② 프로필렌 – C_3H_8
③ 펜탄 – C_5H_{12}
④ 아세틸렌 – C_2H_2

해설 ② 프로필렌 – C_3H_6

43 다음 알칼리 금속 중 이온화 에너지가 가장 작은 것은?

① Li　② Na
③ K　④ Rb

해설 이온화 에너지 : 중성인 원자로부터 전자 1개를 떼어 양이온으로 만드는 데 필요로 하는 최소한의 에너지. 같은 족에서는 원자 번호가 증가할수록 작아진다.
예 $_3Li$, $_{11}Na$, $_{19}K$, $_{37}Rb$

44 산·염기 지시약 중 변색 범위가 pH 약 8.3~10 정도이며, 무색~분홍색으로 변하는 지시약은?

① 메틸 오렌지
② 페놀프탈레인
③ 콩고 레드
④ 디메틸 옐로

해설 지시약의 종류
㉠ 메틸 오렌지 : 변색 범위가 pH 약 3.2~4.4 정도까지이며 적색~등황색으로 변한다.
㉡ 콩고 레드 : 물, 알코올에 가용성인 산성 색소, pH 지시약, pH 3.0에서 청자색, pH 4.5에서 적색이 된다. 2% 콩고 레드는 음성 염색에 사용한다.
㉢ 디메틸 옐로 : 산성일 때 색깔은 빨강, 변색 pH 4.2, 알칼리성일 때 색깔은 녹색~파랑이다.

45 일정한 온도 및 압력하에서 용질이 용매에 용해도 이하로 용해된 용액을 무엇이라고 하는가?

① 포화 용액
② 불포화 용액
③ 과포화 용액
④ 일반 용액

해설 용액의 종류
① 포화 용액 : 일정한 온도, 압력하에서 일정량의 용매에 용질이 최대한 녹아 있는 용액
② 불포화 용액 : 일정한 온도, 압력하에서 용질이 용매에 용해도 이하로 용해된 용액
③ 과포화 용액 : 용질이 한도 이상으로 녹아 있는 용액

정답 39.② 40.③ 41.① 42.② 43.④ 44.② 45.②

46 다음 중 양이온 제4족 원소는?

① 납 ② 바륨
③ 철 ④ 아연

해설 ① 납 : 제2족 원소
② 바륨 : 제5족 원소
③ 철 : 제3족 원소
④ 아연 : 제4족 원소

47 양이온 제2족 분석에서 진한 황산을 가하고 흰 연기가 날 때까지 증발 건고시키는 이유는 무엇을 제거하기 위함인가?

① 황산 ② 염산
③ 질산 ④ 초산

해설 양이온 제2족 분석에서 진한 황산을 가하고 흰 연기가 날 때까지 증발 건고시키는 이유 : 질산을 제거하기 위해서이다.

48 다음과 같은 반응에 대해 평형상수(K)를 옳게 나타낸 것은?

$$aA+bB \leftrightarrow cC+dD$$

① $K=[C]^c\ [D]^d\ /\ [A]^a\ [B]^b$
② $K=[A]^a\ [B]^b\ /\ [C]^c\ [D]^d$
③ $K=[C]^c\ /\ [A]^a\ [B]^b$
④ $K=1\ /\ [A]^a\ [B]^b$

해설 $aA+bB \leftrightarrow cC+dD$에서
평형상수$(K)=[C]^c\ [D]^d\ /\ [A]^a\ [B]^b$

49 침전 적정에서 Ag^+에 의한 은법 적정 중 지시약법이 아닌 것은?

① Mohr법
② Fajans법
③ Volhard법
④ 네펠로법(nephelometry)

해설 네펠로법 : 혼탁 입자들에 의해 산란도를 측정하는 방법으로 탁도 측정 방법 중 기기 분석법에 속한다.

50 $SrCO_3$, $BaCO_3$ 및 $CaCO_3$를 모두 녹일 수 있는 시약은?

① NH_4OH ② CH_3COOH
③ H_2SO_4 ④ HNO_3

해설 $SrCO_3$, $BaCO_3$, $CaCO_3$를 모두 녹일 수 있는 시약 : CH_3COOH

51 액체 크로마토그래피법 중 고체 정지상에 흡착된 상태와 액체 이동상 사이의 평형으로 용질 분자를 분리하는 방법은?

① 친화 크로마토그래피(affinity chromatography)
② 분배 크로마토그래피(partition chromatography)
③ 흡착 크로마토그래피(adsorption chromatography)
④ 이온 교환 크로마토그래피(ion-exchange chromatography)

해설 ① 친화 크로마토그래피 : 여러 가지 성분이 특이성을 가지는 성질을 이용하여 분리시키는 크로마토그래피
② 분배 크로마토그래피 : 2개의 서로 섞이지 않는 액체를 각각 이동상과 고정상으로 하여 이 양자에 대하는 시료 성분의 친화성의 차. 즉, 분배계수의 차이를 이용하여 성분 분리를 하는 크로마토그래피
④ 이온 교환 크로마토그래피 : 고정상에 이온 교환체를 사용하여 고정상과 이동상과의 사이에서 가역적인 이온 교환을 하여 시료 이온의 고정상에 대한 친화성의 차를 이용하여 분리, 분석하는 방법

52 분광 분석에 쓰이는 분광계의 검출기 중 광자 검출기(photo detectors)는?

① 볼로미터(bolometers)
② 열전기쌍(thermocouples)
③ 규소 다이오드(silicon diodes)
④ 초전기 전지(pyroelectric cells)

해설 분광계의 검출기 중 광자 검출기 : 규소 다이오드(silicon diodes)

정답 46.④ 47.③ 48.① 49.④ 50.② 51.③ 52.③

53 약품을 보관하는 방법에 대한 설명으로 틀린 것은?

① 인화성 약품은 자연발화성 약품과 함께 보관한다.
② 인화성 약품은 전기 스파크로부터 멀고 찬 곳에 보관한다.
③ 흡습성 약품은 완전히 건조시켜 건조한 곳이나 석유 속에 보관한다.
④ 폭발성 약품은 화기를 사용하는 곳에서 멀리 떨어져 있는 창고에 보관한다.

해설 ① 인화성 약품은 자연발화성 약품과 각각 보관한다.

54 분광 광도계의 광원으로 사용되는 램프의 종류로만 짝지어진 것은?

① 형광 램프, 텅스텐 램프
② 형광 램프, 나트륨 램프
③ 나트륨 램프, 중수소 램프
④ 텅스텐 램프, 중수소 램프

해설 분광 광도계의 광원으로 사용되는 램프의 종류 : 텅스텐 램프, 중수소 램프

55 다음의 전자기 복사선 중 주파수가 가장 높은 것은?

① X선　② 자외선
③ 가시광선　④ 적외선

해설 주파수(frequency)가 높은 순서 : 감마선 > X선 > 자외선 > 가시광선 > 적외선

56 Fe^{3+} 용액 1L가 있다. Fe^{3+}를 Fe^{2+}로 환원시키기 위해 48.246C의 전기량을 가하였다. Fe^{2+}의 몰 농도(M)는?

① 0.0005　② 0.001
③ 0.05　④ 1.0

해설 $q=nF$
(쿨롱 C)=전자 몰 수×패러데이 상수

Fe^{2+} 몰 수=전자 몰 수

$$=n=\frac{q}{F}=\frac{48.246\text{C}}{96,500\text{C}}=0.0005\text{mol}$$

Fe^{2+} 몰 농도$=\dfrac{0.0005\text{mol}}{1\text{L}}=0.0005\text{M}$

57 전기 무게 분석법에 사용되는 방법이 아닌 것은?

① 일정 전압 전기 분해
② 일정 전류 전기 분해
③ 조절 전위 전기 분해
④ 일정 저항 전기 분해

해설 전기 무게 분석법에 사용되는 방법
① 일정 전압 전기 분해
② 일정 전류 전기 분해
③ 조절 전위 전기 분해

58 가스 크로마토그래피의 설치 장소로 적당한 곳은?

① 온도 변화가 심한 곳
② 진동이 없는 곳
③ 공급 전원의 용량이 일정하지 않은 곳
④ 주파수 변동이 심한 곳

해설 가스 크로마토그래피의 설치 장소
㉠ 온도 변화가 없는 곳
㉡ 진동이 없는 곳
㉢ 공급 전원의 용량이 일정한 곳
㉣ 주파수 변동이 없는 곳

59 원자 흡광 광도계로 시료를 측정하기 위하여 시료를 원자상태로 환원해야 한다. 이때 적합한 방법은?

① 냉각
② 동결
③ 불꽃에 의한 가열
④ 급속 해동

해설 불꽃에 의한 가열 : 원자 흡광 광도계로 시료를 측정하기 위하여 시료를 원자상태로 환원한다.

정답 53.① 54.④ 55.① 56.① 57.④ 58.② 59.③

60 다음 중 실험실에서 일어나는 사고의 원인과 그 요소를 연결한 것으로 옳지 않은 것은 어느 것인가?

① 정신적 원인 – 성격적 결함
② 신체적 결함 – 피로
③ 기술적 원인 – 기계 장치의 설계 불량
④ 교육적 원인 – 지각적 결함

해설 ④ 교육적 원인 – 지식의 부족, 수칙의 오해

정답 60.④

CBT 기출복원문제

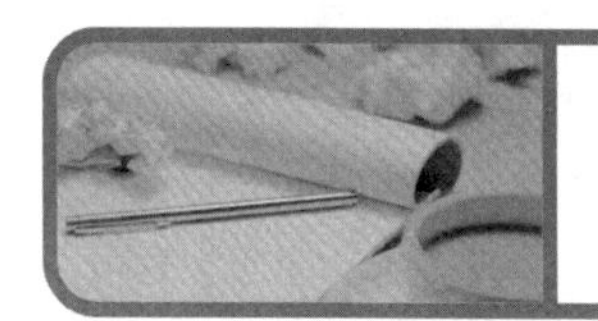

화학분석기능사

제2회 필기시험 ◀▶ 2020년 4월 19일 시행

01 101.325kPa에서 부피가 22.4L인 어떤 기체가 있다. 이 기체를, 같은 온도에서 압력을 202.650kPa로 하면 이 기체의 부피는 얼마가 되겠는가?

① 5.6L ② 11.2L
③ 22.4L ④ 44.8L

해설 보일의 법칙 : $PV=P'V'$에서
$101.325\times22.4=202.650\times V'$
$\therefore\ V'=\dfrac{101.325\times22.4}{202.650}=11.2\mathrm{L}$

02 한 원소의 화학적 성질을 주로 결정하는 것은?

① 원자량
② 전자의 수
③ 원자 번호
④ 최외각의 전자수

해설 원소의 화학적 성질을 결정하는 것은 최외각 전자의 수이다. 원자 껍질에서 가장 바깥 껍질에 존재하는 전자로써 원자의 화학적 성질을 규정한다. Na은 최외각 전자가 1개로 전자를 잃고 최외각 전자가 8개인 안정한 상태로 존재하길 원하고, F는 최외각 전자가 7개로 전자 1개를 얻어 안정한 상태가 되길 원한다. 따라서 Na는 Na^+인 양이온의 상태를, F는 F^-인 음이온의 상태를 가진다.

03 반응 속도에 영향을 주는 인자로서 가장 거리가 먼 것은?

① 반응 온도 ② 반응식
③ 반응물의 농도 ④ 촉매

해설 반응식은 반응에 참여한 매체들에 관한 식으로 반응 속도와는 관계 없다.

04 다음 중 착이온을 형성할 수 없는 이온이나 분자는?

① H_2O
② NH_4^+
③ Br^-
④ NH_3

해설 착이온은 비공유 전자쌍이 있어야 중심 금속 이온에 결합하면서 배위 결합을 이룰 수 있다.

NH_4^+

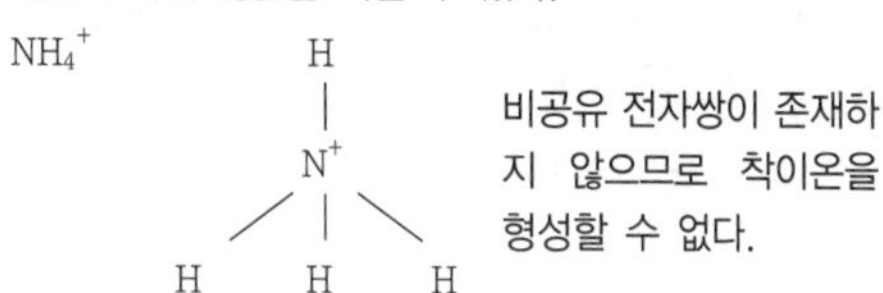

05 어떤 원소(M)의 1g당량과 원자량이 같을 때 이 원소 산화물의 일반적인 표현을 바르게 나타낸 것은?

① M_2O ② MO
③ MO_2 ④ M_2O_2

해설 1g당량과 원자량이 같다는 것은 1족 원소라는 것과 같다.
$\therefore\ M^+ + O^{2-} \rightarrow M_2O$

06 다음 중 분자 1개의 질량이 가장 작은 것은?

① H_2 ② NO_2
③ HCl ④ SO_2

해설 ① $H_2=2\mathrm{g/mol}$
② $NO_2=14+32=46\mathrm{g/mol}$
③ $HCl=1+35.5=36.5\mathrm{g/mol}$
④ $SO_2=32+32=64\mathrm{g/mol}$

정답 01.② 02.④ 03.② 04.② 05.① 06.①

07 pH가 3인 산성 용액이 있다. 이 용액의 몰 농도(M)는 얼마인가? (단, 용액은 일염기산이며, 100% 이온화함.)

① 0.0001 ② 0.001
③ 0.01 ④ 0.1

해설 $pH = -\log[H^+]$
$3 = -\log 10^{-3}$
$\therefore$ 0.001M

08 어떤 기체의 공기에 대한 비중이 1.10이라면 이것은 어떤 기체의 분자량과 같은가? (단, 공기의 평균 분자량은 29임.)

① H_2 ② O_2
③ N_2 ④ CO_2

해설 공기에 대한 비중이 1.1이므로 공기의 평균 분자량의 비가 1.1인 것을 찾으면 된다.
$\therefore \frac{32}{29} \fallingdotseq 1.1(O_2)$

09 페놀과 중화 반응하여 염을 만드는 것은?

① HCl
② NaOH
③ $Cl_6H_5CO_2H$
④ $C_6H_5CH_3$

해설 O−H
Phenol은 물에 약간 녹으며, 약한 산성을 띤다.

O−H → O⁻ + H^+

염기와 만나서 중화 반응을 하고 염을 생성한다.
$C_6H_5OH + NaOH$
$\rightarrow H_2O + C_6H_5ONa$
(나트륨페놀레이트)

10 0.205M의 $Ba(OH)_2$ 용액이 있다. 이 용액의 몰랄 농도(m)는 얼마인가? (단, $Ba(OH)_2$의 분자량은 171.34임.)

① 0.205 ② 0.212
③ 0.351 ④ 3.51

해설 몰랄 농도$\left(\frac{mol}{kg}\right) = \frac{0.205mol}{L}\left|\frac{L}{1kg}\right. = 0.205mol/kg$
여기서, 1kg/L → 물의 밀도(4℃ 가정)

11 포화탄화수소 중 알케인(alkane) 계열의 일반식은?

① C_nH_{2n}
② C_nH_{2n+2}
③ C_nH_{2n-2}
④ C_nH_{2n-1}

해설
- 알케인(Alkane) : C_nH_{2n+2}
- 알켄(Alkene) : C_nH_{2n}
- 알킨(알카인)(Alkyne) : $C_nH_{2n-2}(n \geq 2)$

12 결합 전자쌍이 전기 음성도가 큰 원자 쪽으로 치우치는 공유 결합을 무엇이라 하는가?

① 극성 공유 결합
② 다중 공유 결합
③ 이온 공유 결합
④ 배위 공유 결합

해설 전기 음성도 차이에 의해서 생기는 결합은 극성 공유 결합이다.

13 0.2mol/L H_2SO_4 수용액 100mL를 중화시키는 데 필요한 NaOH의 질량은?

① 0.4g ② 0.8g
③ 1.2g ④ 1.6g

해설 0.2mol/L H_2SO_4
- 중화 반응은 H^+와 OH^-가 만나서 이루어지는 반응이다. H_2SO_4에서 수소가 2개, 그리고 100mL이므로 0.04mol이다.
- NaOH는 OH^-의 수가 1개이므로 NaOH 0.04mol이 필요하다.

$\frac{x(g)}{40mol/g} = 0.04mol$
$\therefore x = 1.6g$

정답 07.② 08.② 09.② 10.① 11.② 12.① 13.④

14 산화·환원 적정법 중의 하나인 과망간산칼륨 적정은 주로 산성 용액 상태에서 이루어진다. 이때 분석액을 산성화하기 위하여 주로 사용하는 산은?

① 황산(H_2SO_4)
② 질산(HNO_3)
③ 염산(HCl)
④ 아세트산(CH_3COOH)

해설 과망간산칼륨 적정에서 분석액을 산성으로 만들어 주기 위해서 H_2SO_4를 사용한다.

15 중화 적정법에서 당량점(equivalence point)에 대한 설명으로 가장 거리가 먼 것은?

① 실질적으로 적정이 끝난 점을 말한다.
② 적정에서 얻고자 하는 이상적인 결과이다.
③ 분석 물질과 가해준 적정액의 화학양론적 양이 정확하게 동일한 점을 말한다.
④ 당량점을 정하는 데는 지시약 등을 이용한다.

해설 반응이 끝나는 점은 종말점이라 한다.

16 양이온 정성 분석에서 어떤 용액에 황화수소(H_2S) 가스를 통하였을 때 황화물로 침전되는 족은?

① 제1족 ② 제2족
③ 제3족 ④ 제4족

해설 제2족은 황화수소(H_2S) 가스를 통하였을 때 황화물로 침전된다.

17 다음 중 강산과 약염기의 반응으로 생성된 염은?

① NH_4Cl
② $NaCl$
③ K_2SO_4
④ $CaCl_2$

해설 $HCl + NH_4OH \rightarrow NH_4Cl + H_2O$

18 다음 중 Ni의 검출 반응은?

① 포겔 반응
② 리만그리인 반응
③ 추가예프 반응
④ 테나르 반응

해설 추가예프 반응 : Ni의 검출 반응이다.

19 다음 반응에서 생성되는 침전물의 색상은?

$$Pb^{2+} + H_2SO_4 \rightarrow PbSO_4 + 2H^+$$

① 흰색
② 노란색
③ 초록색
④ 검정색

해설 $PbSO_4$는 흰색이다.

20 황산(H_2SO_4)의 1당량은 얼마인가? (단, 황산의 분자량은 98g/mol임.)

① 4.9g
② 49g
③ 9.8g
④ 98g

해설 1당량은 H^+, OH^- 이온 1개와 동일하게 반응할 수 있는 양을 말한다.

황산은 H가 2개 있으므로 $\frac{98}{2} = 49g$ 이다.

21 적외선 분광기의 광원으로 사용되는 램프는?

① 텅스텐 램프
② 네른스트 램프
③ 음극 방전관(측정하고자 하는 원소로 만든 것)
④ 모노크로미터

해설 적외선 분광기의 광원 : 네른스트 램프

정답 14.① 15.① 16.② 17.① 18.③ 19.① 20.② 21.②

22 분광 광도계 실험에서 과망간산칼륨 시료 1,000ppm을 40ppm으로 희석시키려면, 100mL 플라스크에 시료 몇 mL를 넣고 표선까지 물을 채워야 하는가?

① 2
② 4
③ 20
④ 40

해설 1,000ppm → 40ppm$\left(\frac{1}{25}\right)$
100mL → 4mL$\left(\frac{1}{25}\right)$

23 다음 중 가스 크로마토그래피의 검출기가 아닌 것은?

① 열전도도 검출기
② 불꽃 이온화 검출기
③ 전자 포획 검출기
④ 광전 증배관 검출기

해설 광전 증배관 검출기는 UV-vis 분광 광도계의 검출기이다.

24 pH 측정기에 사용하는 유리 전극의 내부에는 보통 어떤 용액이 들어 있는가?

① 0.1N-HCl 표준 용액
② pH 7의 KCl 포화 용액
③ pH 9의 KCl 포화 용액
④ pH 7의 NaCl 포화 용액

해설 유리 전극 내부에는 포화 KCl(pH 7) 용액이 들어 있다.

25 실험실 안전 수칙에 대한 설명으로 틀린 것은?

① 시약병 마개를 실습대 바닥에 놓지 않도록 한다.
② 실험 실습실에 음식물을 가지고 올 때에는 한쪽에서 먹는다.
③ 시약병에 꽂혀 있는 피펫을 다른 시약병에 넣지 않도록 한다.
④ 화학 약품의 냄새는 직접 맡지 않도록 하며 부득이 냄새를 맡아야 할 경우에는 손을 사용하여 코가 있는 방향으로 증기를 날려서 맡는다.

해설 실험 실습실에는 음식물을 가지고 올 수 없다.

26 AAS(원자 흡수 분광법)을 화학 분석에 이용하는 특성이 아닌 것은?

① 선택성이 좋으며, 감도가 좋다.
② 방해 물질의 영향이 비교적 적다.
③ 반복하는 유사 분석을 단시간에 할 수 있다.
④ 대부분의 원소를 동시에 검출할 수 있다.

해설 하나의 원소씩 검출 가능하다.

27 눈에 산이 들어갔을 때 다음 중 가장 적절한 조치는?

① 메틸알코올로 씻는다.
② 즉시 물로 씻고, 묽은 나트륨 용액으로 씻는다.
③ 즉시 물로 씻고, 묽은 수산화나트륨 용액으로 씻는다.
④ 즉시 물로 씻고, 묽은 탄산수소나트륨 용액으로 씻는다.

해설 눈에 산이 들어갔을 때 가장 적절한 조치 : 즉시 물로 씻고, 묽은 탄산수소나트륨 용액으로 씻는다.

28 poise는 무엇을 나타내는 단위인가?

① 비열
② 무게
③ 밀도
④ 점도

해설 poise는 점도를 나타내는 단위이다.

정답 22.② 23.④ 24.② 25.② 26.④ 27.④ 28.④

29 다음 중 선광도 측정에 대한 설명으로 틀린 것은?

① 선광성은 관측자가 보았을 때 시계 방향으로 회전하는 것을 좌선성이라 하고 선광도에 [-]를 붙인다.
② 선광계의 기본 구성은 단색 광원, 편광을 만드는 편광 프리즘, 시료 용기, 원형 눈금을 가진 분석용 프리즘과 검출기로 되어 있다.
③ 유기 화합물에서는 액체나 용액 상태로 편광하고 그 진행 방향을 회전시키는 성질을 가진 것이 있다. 이러한 성질을 선광성이라 한다.
④ 빛은 그 진행 방향과 직각인 방향으로 진행하고 있는 횡파이지만, 니콜 프리즘을 통해 일정 방향으로 파동하는 빛이 된다. 이것을 편광이라 한다.

해설 반시계 방향으로 회전하는 것을 좌선성이라 한다.

30 전위차법에서 사용되는 기준 전극의 구비 조건이 아닌 것은?

① 반전지 전위값이 알려져 있어야 한다.
② 비가역적이고, 편극 전극으로 작동하여야 한다.
③ 일정한 전위를 유지하여야 한다.
④ 온도 변화에 히스테리시스 현상이 없어야 한다.

해설 전위차법에서 기준 전극의 구비 조건
㉠ 반전지 전위값이 알려져 있어야 한다.
㉡ 일정한 전위를 유지해야 한다.
㉢ 측정하려는 조성 물질과 비활성이어야 한다.
㉣ 가역적이어야 하며, Nernst식에 따라야 한다.
㉤ 빠른 시간에 평형 전위를 나타내야 한다.
㉥ 온도 변화에 히스테리시스(hysterisis) 현상을 나타내지 않아야 한다.
㉦ 이상적인 비편극 전극으로 작동해야 한다.

31 어떤 석회석의 분석치는 다음과 같다. 이 석회석 5ton에서 생성되는 CaO의 양은 약 몇 kg인가? (단, Ca의 원자량은 40, Mg의 원자량은 24.8이다.)

$CaCO_3$: 92%, $MgCO_3$: 5.1%, 불용물 : 2.9%

① 2,576
② 2,776
③ 2,976
④ 3,176

해설 $CaCO_3 \rightarrow CaO + CO_2$
100g : 56g
5,000kg : x(kg)

$x=\dfrac{5,000\times 56}{100}$, $x=2,800\text{kg}$

$\therefore\ x=2,800\text{kg}\times\dfrac{92}{100}=2,576\text{kg}$

32 전이원소의 특성에 대한 설명으로 옳지 않은 것은?

① 모두 금속이며, 대부분 중금속이다.
② 녹는점이 매우 높은 편이고, 열과 전기 전도성이 좋다.
③ 색깔을 띤 화합물이나 이온이 대부분이다.
④ 반응성이 아주 강하며, 모두 환원제로 작용한다.

해설 ④ 반응성이 약하며, 촉매로 쓰이는 것이 많다.

33 다음 중 Na^+ 이온의 전자 배열에 해당하는 것은?

① $1s^22s^22p^6$
② $1s^22s^23s^22p^4$
③ $1s^22s^23s^22p^5$
④ $1s^22s^22p^63s^1$

해설 원자 번호=양성자 수=전자 수
Na^+ 이온 전자 $=10=1s^22s^22p^6$

정답 29.① 30.② 31.① 32.④ 33.①

34 다음 중 삼원자 분자가 아닌 것은?

① 아르곤
② 오존
③ 물
④ 이산화탄소

해설
- 단원자 분자 : 1개의 원자로 구성된 분자
  예 아르곤(Ar)
- 삼원자 분자 : 3개의 원자로 구성된 분자
  예 오존(O_3), 물(H_2O), 이산화탄소(CO_2)

35 원소는 색깔이 없는 일원자 분자 기체이며, 반응성이 거의 없어 비활성 기체라고도 하는 것은?

① Li, Na
② Mg, Al
③ F, Cl
④ Ne, Ar

해설 비활성 기체(0족 원소) : He(헬륨), Ne(네온), Ar(아르곤), Kr(크립톤), Xe(크세논), Rn(라돈) 등의 6개의 원소이며, 최외각 전자가 8개로 안정하여 단원자 분자이다. 또한 대부분 화합물을 만들지 않는 원소이다.

36 전자궤도 d－오비탈에 들어갈 수 있는 전자의 총 수는?

① 2 ② 6
③ 10 ④ 14

해설 부전자 껍질에 수용할 수 있는 전자 수
s : 2개, p : 6개, d : 10개, f : 14개

37 농도가 1.0×10^{-5}mol/L인 HCl 용액이 있다. HCl 용액이 100% 전리한다고 한다면 25℃에서 OH^-의 농도는 몇 mol/L인가?

① 1.0×10^{-14}
② 1.0×10^{-10}
③ 1.0×10^{-9}
④ 1.0×10^{-7}

해설 $HCl \rightleftarrows H^+ + Cl^-$
1.0×10^{-5} 1.0×10^{-5} 1.0×10^{-5}
$K_w=[H^+][OH^-]$, $1.0\times10^{-14}=1.0\times10^{-5}\times[OH^-]$
$[OH^-]=1.0\times10^{-9}$mol/L

38 화학 평형의 이동에 영향을 주지 않는 것은?

① 온도 ② 농도
③ 압력 ④ 촉매

해설 화학 평형의 이동에 영향을 주는 인자
① 온도
② 농도
③ 압력

39 알데히드는 공기와 접촉하였을 때 무엇이 생성되는가?

① 알코올 ② 카르복실산
③ 글리세린 ④ 케톤

해설 제1차 알코올 $\xrightarrow{산화}$ 알데히드 $\xrightarrow{산화}$ 카르복실산
$CH_3CH_2OH \xrightarrow{산화} CH_3CHO \xrightarrow{산화} CH_3COOH$

40 화학 평형에 대한 설명으로 틀린 것은?

① 화학 반응에서 반응 물질(왼쪽)로부터 생성 물질(오른쪽)로 가는 반응을 정반응이라고 한다.
② 화학 반응에서 생성 물질(오른쪽)로부터 반응 물질(왼쪽)로 가는 반응을 비가역 반응이라고 한다.
③ 온도, 압력, 농도 등 반응 조건에 따라 정반응과 역반응이 모두 일어날 수 있는 반응을 가역 반응이라고 한다.
④ 가역 반응에서 정반응 속도와 역반응 속도가 같아져서 겉보기에는 반응이 정지된 것처럼 보이는 상태를 화학 평형 상태라고 한다.

정답 34.① 35.④ 36.③ 37.③ 38.④ 39.② 40.②

해설 ② 화학 반응에서 생성 물질(오른쪽)로부터 반응 물질(왼쪽)로 가는 반응을 가역 반응이라고 한다.

41 다음 화합물 중 반응성이 가장 큰 것은?

① $CH_3-CH=CH_2$
② $CH_3-CH=CH-CH_3$
③ $CH\equiv C-CH_3$
④ C_4H_8

해설
- 단일 결합 : 결합이 강한 시그마 결합, 1개라서 강하다.
  예 C_4H_8
- 이중 결합 : 시그마+파이라서 오히려 결합이 약하다.
  예 $CH_3-CH=CH_2$, $CH_3-CH=CH-CH_3$
- 삼중 결합 : 시그마+파이+파이라서 결합이 가장 약해 반응성이 크다.
  예 $CH\equiv C-CH_3$

42 분자식이 $C_{18}H_{30}$인 탄화수소 1분자 속에는 2중 결합이 최대 몇 개 존재할 수 있는가? (단, 3중 결합은 없다.)

① 2
② 3
③ 4
④ 5

해설 $C_nH_{2n}+2$, $C_{18}H_{38}-C_{18}H_{30}=8$
∴ 8÷2=4개

43 양이온 제1족부터 제5족까지의 혼합액으로부터 양이온 제2족을 분리시키려고 할 때의 액성은?

① 중성
② 알칼리성
③ 산성
④ 액성과는 관계가 없다.

해설 양이온 제2족을 분리시키려고 할 때의 액성은 산성이다.

44 공실험(blank test)을 하는 가장 주된 목적은?

① 불순물 제거
② 시약의 절약
③ 시간의 단축
④ 오차를 줄이기 위함

해설 공실험(blank test)을 하는 목적 : 오차를 줄이기 위함이다.

45 0.1038N인 중크롬산칼륨 표준 용액 25mL를 취하여 티오황산나트륨 용액으로 적정하였더니 25mL가 사용되었다. 티오황산나트륨의 역가는?

① 0.1021 ② 0.1038
③ 1.021 ④ 1.038

해설 $NVF=N'V'F'$
여기서, N : 시약의 노말 농도
N' : 표준 용액의 노말 농도
V : 사용된 시약의 양
V' : 사용된 표준 용액의 양
F : 시약의 역가
F' : 표준 용액의 역가
여기서, 표준 용액이란 보통 역가가 1로 되어 있는 것을 사용하고 시약의 농도는 0.1N의 것을 사용하므로
0.1N×25mL×역가=0.1038N×25mL×1

$$\therefore \text{역가 } F=\frac{0.1038\text{N}\times 25\text{mL}\times 1}{0.1\text{N}\times 25\text{mL}}=1.038$$

46 I^-, SCN^-, $Fe(CN)_6^{4-}$, $Fe(CN)_6^{3-}$, NO_3^- 등이 공존할 때 NO_3^-을 분리하기 위하여 필요한 시약은?

① $BaCl_2$ ② CH_3COOH
③ $AgNO_3$ ④ H_2SO_4

해설 NO_3^-을 분리하기 위하여 필요한 시약 : $AgNO_3$

47 중성 용액에서 $KMnO_4$ 1g당량은 몇 g인가? (단, $KMnO_4$의 분자량은 158.03이다.)

① 52.68 ② 79.02
③ 105.35 ④ 158.03

정답 41.③ 42.③ 43.③ 44.④ 45.④ 46.③ 47.①

해설 $2KMnO_4 \rightarrow K_2O + 2MnO_2 + 3O$

$+7 \rightarrow +4$

즉, $(+7)-(+4)=+3$이다.

$\therefore \frac{158.03}{3}=52.68g$

48 물 500g에 비전해질 물질이 12g 녹아 있다. 이 용액의 어는점이 -0.93℃일 때 녹아 있는 비전해질의 분자량은 얼마인가? (단, 물의 어는점 내림상수(K_f)는 1.86이다.)

① 6 ② 12
③ 24 ④ 48

해설 $\Delta T_f = K_f \times m$,

$$0.93 = 1.86 \times \frac{\frac{12}{M}}{\frac{500}{1,000}} = 1.86 \times \frac{1,000 \times 12}{500M}$$

$$500M = \frac{1.86 \times 1,000 \times 12}{0.93}$$

$$\therefore M = \frac{1.86 \times 1,000 \times 12}{0.93 \times 500} = \frac{22,320}{465} = 48$$

49 전해질이 보통 농도의 수용액에서도 거의 완전히 이온화되는 것을 무슨 전해질이라고 하는가?

① 약전해질 ② 초전해질
③ 비전해질 ④ 강전해질

해설 전해질 종류
① 약전해질 : 용매에 용해시켰을 때, 이온으로 해리하는 정도가 낮은 물질
② 강전해질 : 전해질이 보통 농도의 수용액에서도 거의 완전히 이온화되는 것을 말한다.
③ 비전해질 : 물 등의 용매에 녹았을 때 이온화하지 않는 물질로 전하 입자가 생기지 않아 전류가 흐르지 못한다.

50 적정 반응에서 용액의 물리적 성질이 갑자기 변화되는 점이며, 실질 적정 반응에서 적정의 종결을 나타내는 점은?

① 당량점 ② 종말점
③ 시작점 ④ 중화점

해설 ① 당량점(equivalence point) : 중화 반응을 포함한 모든 적정에서 적정 당하는 물질과 적정하는 물질 사이에 양적인 관계를 이론적으로 계산해서 구한 점
③ 시작점(initial point, starting piont) : 표시 장치에서 데이터 표시를 시작하는 표시 화면상의 위치 또는 좌표
④ 중화점(neutral point) : 산과 염기의 중화 반응이 완결된 지점

51 분광 광도계에 이용되는 빛의 성질은?

① 굴절 ② 흡수
③ 산란 ④ 전도

해설 분광 광도계에 이용되는 빛의 성질은 흡수이다.

52 가스 크로마토그래피에서 운반 기체에 대한 설명으로 옳지 않은 것은?

① 화학적으로 비활성이어야 한다.
② 수증기, 산소 등이 주로 이용된다.
③ 운반 기체와 공기의 순도는 99.995% 이상이 요구된다.
④ 운반 기체의 선택은 검출기의 종류에 의해 결정된다.

해설 운반 기체로는 질소, 헬륨, 아르곤, 수소, 이산화탄소, 메테인, 에테인 등 비활성 기체를 사용한다.

53 다음 표준 전극 전위에 대한 설명 중 틀린 것은?

① 각 표준 전극 전위는 0.000V를 기준으로 하여 정한다.
② 수소의 환원 반쪽 반응에 대한 전극 전위는 0.000V이다.
③ $2H^+ + 2e \rightarrow H_2$은 산화 반응이다.
④ $2H^+ + 2e \rightarrow H_2$의 반응에서 생긴 전극 전위를 기준으로 하여 다른 반응의 표준 전극 전위를 정한다.

해설 ③ $2H^+ + 2e \rightarrow H_2$는 환원 반응이다.

정답 48.④ 49.④ 50.② 51.② 52.② 53.③

54 **분광 광도계의 구조로 옳은 것은?**

① 광원→입구 슬릿→회절격자→출구 슬릿→시료부→검출부
② 광원→회절격자→입구 슬릿→출구 슬릿→시료부→검출부
③ 광원→입구 슬릿→회절격자→출구 슬릿→검출부→시료부
④ 광원→입구 슬릿→시료부→출구 슬릿→회절격자→검출부

해설 분광 광도계의 구조 : 광원→입구 슬릿→회절 격자→출구 슬릿→시료부→검출부

55 **다음 중 전기 전류의 분석 신호를 이용하여 분석하는 방법은?**

① 비탁법 ② 방출 분광법
③ 폴라로그래피법 ④ 분광 광도법

해설
- 전기 전류의 분석 신호를 이용하여 분석하는 방법 : 폴라로그래피법
- 폴라로그래피(polarography)법 : 전기 분해를 이용한 분석법의 일종이며, 모세관에서 적하하는 수은방울을 음극, 표면적이 큰 수은면을 양극으로 하고, 시료 용액을 전해할 때의 전류, 전압 곡선을 구하여 해석하는 방법이다.

56 **분광 분석법에서는 파장을 nm단위로 사용한다. 1nm는 몇 m인가?**

① 10^{-3} ② 10^{-6}
③ 10^{-9} ④ 10^{-12}

해설 $1nm=10^{-9}m$

57 **전위차법에 사용되는 이상적인 기준 전극이 갖추어야 할 조건 중 틀린 것은?**

① 시간에 대하여 일정한 전위를 나타내어야 한다.
② 분석물 용액에 감응이 잘되고 비가역적이어야 한다.
③ 작은 전류가 흐른 후에는 본래 전위로 돌아와야 한다.
④ 온도 사이클에 대하여 히스테리시스를 나타내지 않아야 한다.

해설 ② 가역적이어야 하며, Nernst식에 따라야 한다.

58 **가스 크로마토그래피의 기록계에 나타난 크로마토그램을 이용하여 피크의 넓이 또는 높이를 측정하여 분석할 수 있는 것은?**

① 정성 분석 ② 정량 분석
③ 이동 속도 분석 ④ 전위차 분석

해설
① 정성 분석 : 화학 분석법 중에서 시료가 어떤 성분으로 구성되어 있는지 알아내기 위한 분석법의 총칭
④ 전위차 분석 : 계면 반응이 화학 평형의 상태로 되었을 때 전극 전위는 안정되며, 이와 같은 계를 평형 전극이라고 한다. 일반적으로 평형 전극의 전위를 측정하여 용액의 화학적 조성이나 농도를 분석하는 방법을 전위차 분석법이라고 한다.

59 **기체 크로마토그래피에서 충진제의 입자는 일반적으로 60~100mesh 크기로 사용되는데 이보다 더 작은 입자를 사용하지 않는 주된 이유는?**

① 분리관에서 압력 강하가 발생하므로
② 분리관에서 압력 상승이 발생하므로
③ 분리관의 청소를 불가능하게 하므로
④ 고정상과 이동상이 화학적으로 반응하므로

해설 기체 크로마토그래피에서 충진제의 입자는 일반적으로 60~100mesh 크기로 사용되는데, 이보다 더 작은 입자를 사용하지 않는 주된 이유는 분리관에서 압력 강하가 발생하기 때문이다.

60 **수산화 이온의 농도가 5×10^{-5}일 때 이 용액의 pH는 얼마인가?**

① 7.7 ② 8.3
③ 9.7 ④ 10.3

해설

$$pH = 14 - pOH = 14 - \log\frac{1}{[OH^-]}$$

$$= 14 - \log\frac{1}{5\times10^{-5}} = 9.699 = 9.7$$

정답 54.① 55.③ 56.③ 57.② 58.② 59.① 60.③

CBT 기출복원문제

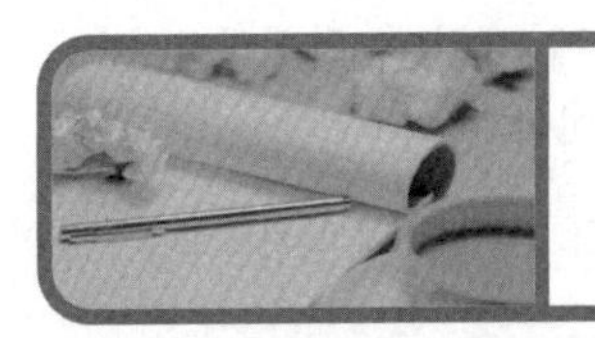

화학분석기능사

제4회 필기시험 ◀▶ 2020년 10월 11일 시행

01 P형 반도체를 만드는 데 사용하는 것은?

① P ② Sb
③ Ga ④ As

해설 P형 반도체 : 순도가 높은 4가의 Ge(게르미늄)이나 Si(실리콘)의 결정에 3가의 In(인듐)이나 Ga(갈륨)을 극미량 넣으면 8개의 전자가 서로 공유 결합하여야 되는데 하나가 부족한 곳이 생긴다. 이와 같은 곳을 정공(hole)이라고 한다. 이때 이 홀을 이웃한 전자들이 자꾸 메움으로써 회로에 전류가 흐른다. 홀은 음(−)전하를 띤 전자가 하나 모자란 상태이므로 양(+)전하로 볼 수 있다. 이 홀이 전하의 운반체 역할을 하는 반도체를 말한다.

02 다음 화합물 중 NaOH 용액과 HCl 용액에 가장 잘 용해되는 물질은?

① Al_2O_3
② Cu_2O
③ Fe_2O_3
④ SiO_2

해설 양쪽성 산화물 : 양쪽성 원소(Al, Zn, Sn, Pb 등)의 산화물로서 산, 염기와 모두 반응하여 염과 물을 만든다.
예 Al_2O_3, ZnO, SnO, PbO 등

03 다음 중 은백색의 연성으로 석유 속에 저장하여야 하는 금속은?

① Na ② Al
③ Mg ④ Sn

해설

물 질	보호액
Na	석유(등유)

04 다음 중 산화제는?

① 염소 ② 나트륨
③ 수소 ④ 옥살산

해설 산화제 : 다른 물질을 산화시키는 성질이 강한 물질. 즉 자신은 환원되기 쉬운 물질
예 Cl_2, O_2 등

05 표준 상태(0℃, 1atm)에서 부피가 22.4L인 어떤 기체가 있다. 이 기체를 같은 온도에서 4atm으로 압력을 증가시키면 부피는 얼마가 되는가?

① 5.6L
② 11.2L
③ 22.4L
④ 44.8L

해설 보일의 법칙을 이용한다.
$P_1V_1 = P_2V_2$, $1 \times 22.4 = 4 \times V_2$
$\therefore V_2 = 5.6\text{L}$

06 할로겐 원소의 성질에 대한 설명으로 틀린 것은?

① Fe, Cl, Br, I 등이 있다.
② 전자 2개를 얻어 −2가의 음이온이 된다.
③ 물에는 거의 녹지 않는다.
④ 기체로 변했을 때도 독성이 매우 강하다.

해설 ② 최외각 전자가 7개이므로 전자 1개를 받아서 −1가의 음이온이 된다.

정답 01.③ 02.① 03.① 04.① 05.① 06.②

07 다음 중 기하학적 구조가 굽은형인 것은?

① H_2O ② HCl
③ HF ④ HI

해설 ① H_2O : p^2결합, 굽은형(V자형)
② HCl, ③ HF, ④ HI : p결합, 직선형

08 주기율표에서 원소들의 족의 성질 중 원자번호가 증가할수록 원자 반지름이 일반적으로 증가하는 이유는?

① 전자 친화도가 증가하기 때문에
② 전자껍질이 증가하기 때문에
③ 핵의 전하량이 증가하기 때문에
④ 양성자수가 증가하기 때문에

해설 같은 족에서 원자 번호가 증가할수록 원자 반지름이 커지는 것은 전자껍질이 증가하기 때문이다.

09 각 원자가 같은 수의 맨 바깥 전자껍질의 전자를 내놓아 전자쌍을 이루어 서로 공유하여 결합하는 것을 무엇이라 하는가?

① 이온 결합
② 배위 결합
③ 다중 결합
④ 공유 결합

해설 ① 이온 결합 : 양이온과 음이온의 정전인력에 의해 결합하는 화학 결합이다.
② 배위 결합 : 공유할 전자쌍을 한쪽 원자에서만 일방적으로 제공하는 형식의 공유 결합으로, 주로 착이온을 형성하는 물질이다.
③ 다중 결합(multiple bond) : 이중 결합과 삼중 결합의 총칭, 혹은 그러한 것을 일반화한 개념으로 불포화 결합이라 부르는 일도 있다. 2개의 원자가 2 또는 3조의 전자쌍을 공유하는 결합을 삼중 결합이라 하며, 예를 들면 C=C, C≡C, C=O, C=N, N=O 결합과 같이 표시한다.

10 어두운 방에서 문 틈으로 들어오는 햇빛의 진로가 밝게 보이는데 이와 같은 현상은 무엇이라 하는가?

① 필러 현상 ② 뱅뱅 현상
③ 틴들 현상 ④ 필터링 현상

해설 ③ 틴들 현상 : 콜로이드 입자의 산란성에 의해 빛의 진로가 보이는 현상
예 어두운 방에서 문틈으로 들어오는 햇빛의 진로가 밝게 보이는 것

11 어떤 전해질 5mol이 녹아있는 용액 속에서 그 중 0.2mol이 전리되었다면 전리도는 얼마인가?

① 0.01 ② 0.04
③ 1 ④ 25

해설 용액의 전리도 $= \dfrac{\text{전리된 몰 농도}}{\text{전체 몰 농도}}$

$= \dfrac{0.2}{5}$

$= 0.04$

12 물질의 상태변화에서 드라이아이스(고체 CO_2)가 공기 중에서 기체로 변화하는데, 이와 같은 현상을 무엇이라 하는가?

① 증발 ② 응축
③ 액화 ④ 승화

해설 ① 증발(vaporization) : 액체의 표면에서 일어나는 기화 현상
② 응축(condensation) : 기체가 액체로 변화하는 현상
③ 액화(liquefaction) : 기체상태에 있는 물질이 에너지를 방출하고 응축되어 액체로 변하는 현상

13 다음 중 수용액에서 만들어질 때 흰색(백색)인 침전물은?

① ZnS
② Cds
③ CuS
④ MnS

해설 Zn^{2+} : $Zn(NO_3)_2$ + $(NH_4)_2S$ → $ZnS\downarrow$ + $2NH_4NO_3$
질산아연 황화아연(흰색)

정답 07.① 08.② 09.④ 10.③ 11.② 12.④ 13.①

14 킬레이트 적정 시 금속 이온이 킬레이트 시약과 반응하기 위한 최적의 pH가 있는데 적정의 진행에 따라 수소 이온이 생겨 pH의 변화가 생긴다. 이것을 조절하고 pH를 일정하게 유지하기 위하여 가하는 것은?

① chelate reagent
② buffer solution
③ metal indicator
④ metal chelate compound

해설 킬레이트 적정 시 pH를 일정하게 유지하기 위하여 가하는 것 : buffer solution

15 FeS와 HgS를 묽은 염산으로 반응시키면 FeS는 HCl에 녹으나 HgS는 녹지 않는다. 그 이유는 무엇인가?

① FeS가 HgS보다 용해도적이 크므로
② FeS가 HgS보다 이온화 경향이 크므로
③ HgS가 FeS보다 용해도적이 크므로
④ HgS가 FeS보다 이온화 경향이 크므로

해설 FeS와 HgS를 묽은 염산으로 반응시키면 HgS가 HCl에 녹지 않는 이유 : FeS가 HgS보다 용해도적이 크기 때문이다.

16 물 50mL를 취하여 0.01M EDTA 용액으로 적정하였더니 25mL가 소요되었다. 이 물의 경도는? (단, 경도는 물 1L당 포함된 $CaCO_3$의 양으로 나타낸다.)

① 100ppm
② 300ppm
③ 500ppm
④ 1,000ppm

해설 물시료에서 Ca^{2+}의 전체 몰수=EDTA 몰수
=EDTA M 농도×ETDA 적가 부피(L)
=0.01M×0.025L
$=2.5\times10^{-4}$mol

$$CaCO_3\ ppm(mg/L)=\frac{\left(\begin{array}{c}CaCO_3\ 몰수\times CaCO_3\\ 화학식량\times 1{,}000mg/g\end{array}\right)}{시료\ 부피(L)}$$
$$=\frac{2.5\times10^{-4}mol\times100g/mol\times1{,}000mg/g}{0.05L}$$
=500ppm

17 전해질의 전리도 비교는 주로 무엇을 측정하여 구할 수 있는가?

① 용해도
② 어는점 내림
③ 융점
④ 중화적 정량

해설 전해질의 전리도 비교는 어는점 내림을 측정하여 구한다.

18 산화·환원 적정법 중의 하나인 요오드 적정법에서는 산화제인 요오드(I_2) 자체만의 색으로 종말점을 확인하기가 어려우므로 지시약을 사용한다. 이때 사용하는 지시약은 어느 것인가?

① 전분(starch)
② 과망간산칼륨($KMnO_4$)
③ EBT(에리오크롬블랙 T)
④ 페놀프탈레인(phenolphthalene)

해설 요오드 적정법에서 사용하는 지시약 : 전분(starch)

19 킬레이트 적정에 사용되는 물질에 해당되지 않은 것은?

① 완충 용액
② 금속 지시약
③ 은폐제
④ 반응판

해설 킬레이트 적정에 사용되는 물질
① 완충 용액
② 금속 지시약
③ 은폐제

정답 14.② 15.① 16.③ 17.② 18.① 19.④

20 일정한 온도 및 압력하에서 용질이 용해도 이상으로 용해된 용액을 무엇이라고 하는가?

① 포화 용액 ② 불포화 용액
③ 과포화 용액 ④ 일반 용액

해설 용액의 분류
① 포화 용액 : 일정한 온도, 압력하에서 일정량의 용매에 용질이 최대한 녹아있는 용액
② 불포화 용액 : 용질이 더 녹을 수 있는 상태의 용액
③ 과포화 용액 : 일정한 온도, 압력하에서 용질이 용해도 이상으로 용해된 용액

21 pH미터는 검액과 완충 용액 사이에 생기는 기전력에 의해 용액의 무엇을 측정하는가?

① 비색 ② 농도
③ 점도 ④ 비중

해설 pH미터 : 검액과 완충 용액 사이에 생기는 기전력에 의해 용액의 농도를 측정한다.

22 크로마토그램에서 시료의 주입점으로부터 피크의 최고점까지의 간격을 나타낸 것은?

① 절대 피크
② 주입점 간격
③ 절대 머무름 시간
④ 피크 주기

해설 절대 머무름 시간 : 크로마토그램에서 시료의 주입점으로부터 피크의 최고점까지의 간격

23 순수한 물이 다음과 같이 전리 평형을 이룰 때 평형상수(K)를 구하는 식은?

$$H_2O \rightleftarrows H^+ + OH^-$$

① $\dfrac{[H^+]\cdot[OH^-]}{[H_2O]}$ ② $\dfrac{[H_2O]}{[H^+]\cdot[OH^-]}$

③ $\dfrac{[H^+]\cdot[OH^-]}{[H_2O]^2}$ ④ $\dfrac{[H_2O]^2}{[H^+]\cdot[OH^-]}$

해설 $H_2O \rightleftarrows H^+ + OH^-$, $K=\dfrac{[H^+]\cdot[OH^-]}{[H_2O]}$

24 종이 크로마토그래피 제조법에 대한 설명 중 틀린 것은?

① 종이 조각은 사용 전에 습도가 조절된 상태에서 보관한다.
② 점적의 크기는 직경을 약 2mm 이상으로 만든다.
③ 시료를 점적할 때는 주사기나 미세 피펫을 사용한다.
④ 시료의 농도가 너무 묽으면 여러 방울을 찍어서 농도를 증가시킨다.

해설 ② 점적의 크기는 직경을 약 5mm 이상으로 만든다.

25 액체 크로마토그래피 분석법 중 정상 용리(normal phase elution)의 특성이 아닌 것은?

① 극성의 정지상을 사용한다.
② 이동상의 극성은 작다.
③ 극성이 큰 성분이 먼저 용리된다.
④ 이동상의 극성이 증가하면 용리 시간이 감소한다.

해설 ③ 극성이 작은 성분이 먼저 용리된다.

26 전위차법에서 이상적인 기준 전극에 대한 설명 중 옳은 것은?

① 비가역적이어야 한다.
② 작은 전류가 흐른 후에는 본래 전위로 돌아오지 않아야 한다.
③ Nernst식에 벗어나도 상관이 없다.
④ 온도 사이클에 대하여 히스테리시스를 나타내지 않아야 한다.

해설 ① 가역적이어야 한다.
② 큰 전류가 흐른 후에는 본래 전위로 돌아오지 않아야 한다.
③ Nernst식에 벗어나지 않아야 한다.

정답 20.③ 21.② 22.③ 23.① 24.② 25.③ 26.④

27 고성능 액체 크로마토그래피의 구성 중 검출기에서 나오는 전기적 신호를 시간에 대한 신호의 크기로 받아 크로마토그램을 그려내는 장치는?

① 펌프
② 주입구
③ 데이터 처리 장치
④ 검출기

해설 데이터 처리 장치 : 고성능 액체 크로마토그래피의 구성 중 검출기에서 나오는 전기적 신호를 시간에 대한 신호의 크기로 받아 크로마토그램을 그려내는 장치

28 가스 크로마토그래피에서 검출기 필라멘트 온도에 따른 전류는 일반적으로 전개가스가 헬륨인 경우에는 몇 mA 정도인가?

① 100　② 200
③ 350　④ 450

해설 가스 크로마토그래피에서 검출기 필라멘트 온도에 따른 전류 전개가스가 헬륨인 경우에는 200mA 정도이다.

29 다음은 전자 전이가 일어날 때 흡수하는 ΔE값을 순서로 나타낸 것이다. 맞는 것은?

① $\sigma \rightarrow \sigma^* \gg n \rightarrow \sigma^* > \pi \rightarrow \pi^*$
② $n \rightarrow \sigma^* \gg \sigma \rightarrow \sigma^* > \pi \rightarrow \pi^*$
③ $n \rightarrow \sigma^* \gg \sigma \rightarrow \sigma^* > n \rightarrow \pi^*$
④ $n \rightarrow \pi^* \gg n \rightarrow \sigma^* > \sigma \rightarrow \sigma^*$

해설 ΔE값 : $\sigma \rightarrow \sigma^* \gg n \rightarrow \sigma^* > \pi \rightarrow \pi^*$

30 실습할 때 사용하는 약품 중 나트륨을 보관하여야 하는 곳으로 옳은 것은?

① 공기　② 물 속
③ 석유 속　④ 모래 속

해설

실습 약품	보호액
K, Na, 적린	석유(등유)
황린, CS_2	물 속(수조)

31 실리콘이라고도 하며, 반도체로서 트랜지스터나 다이오드 등의 원료가 되는 물질은?

① C　② Si
③ Cu　④ Mn

해설 규소(Si) : 실리콘이라고도 하며, 반도체로서 트랜지스터나 다이오드 등의 원료가 된다.

32 다음 중 환원의 정의를 나타내는 것은?

① 어떤 물질이 산소와 화합하는 것
② 어떤 물질이 수소를 잃는 것
③ 어떤 물질에서 전자를 방출하는 것
④ 어떤 물질에서 산화수가 감소하는 것

해설

구 분	산화(oxidation)	환원(reduction)
산소	산소와 화합하는 것	산소를 잃는 것
수소	수소를 잃는 것	수소와 결합하는 것
전자	전자를 방출하는 것	전자를 얻는 것
산화수	산화수가 증가하는 것	산화수가 감소하는 것

33 유기 화합물은 무기 화합물에 비하여 다음과 같은 특성을 가지고 있다. 이에 대한 설명 중 틀린 것은?

① 유기 화합물은 일반적으로 탄소 화합물이므로 가연성이 있다.
② 유기 화합물은 일반적으로 물에 용해되기 어렵고, 알코올이나 에테르 등의 유기 용매에 용해되는 것이 많다.
③ 유기 화합물은 일반적으로 녹는점, 끓는점이 무기 화합물보다 낮으며, 가열했을 때 열에 약하여 쉽게 분해된다.
④ 유기 화합물에는 물에 용해 시 양이온과 음이온으로 해리되는 전해질이 많으나 무기 화합물은 이온화되지 않는 비전해질이 많다.

해설 ④ 유기 화합물은 물에 녹기 어렵고, 무기 화합물은 이온화되는 전해질이 많다.

정답 27.③ 28.② 29.① 30.③ 31.② 32.④ 33.④

34 K_2CrO_4에서 Cr의 산화상태(원자가)는?

① +3 ② +4
③ +5 ④ +6

해설 $(+1)\times2+Cr+(-2)\times4=0$
$\therefore Cr=+6$

35 분자간에 작용하는 힘에 대한 설명으로 틀린 것은?

① 반 데르 발스 힘은 분자간에 작용하는 힘으로서 분산력, 이중극자간 인력 등이 있다.
② 분산력은 분자들이 접근할 때 서로 영향을 주어 전하의 분포가 비대칭이 되는 편극 현상에 의해 나타나는 힘이다.
③ 분산력은 일반적으로 분자의 분자량이 커질수록 강해지나 분자의 크기와는 무관하다.
④ 헬륨이나 수소 기체도 낮은 온도와 높은 압력에서는 액체나 고체 상태로 존재할 수 있는데, 이는 각각의 분자간에 분산력이 작용하기 때문이다.

해설 ③ 분산력은 일반적으로 분자의 분자량이 커질수록 강해지고, 분자의 크기가 클수록 강해진다.

36 전기 음성도가 비슷한 비금속 사이에서 주로 일어나는 결합은?

① 이온 결합 ② 공유 결합
③ 배위 결합 ④ 수소 결합

해설 공유 결합(비극성 공유 결합) : 전기 음성도가 같거나 비슷한 원자들은 그 전자쌍이 두 개의 원자로부터 같은 거리에 있게 되는데 이러한 결합을 말한다.

37 다음 금속 이온을 포함한 수용액으로부터 전기 분해로 같은 무게의 금속을 각각 석출시킬 때 전기량이 가장 적게 드는 것은?

① Ag^{+} ② Cu^{2+}
③ Ni^{2+} ④ Fe^{3+}

해설 ① $Ag^{+}+e^{-}\rightarrow Ag$
Ag 108g 석출에 필요한 전하량 : e^{-}
Ag 1g 석출에 필요한 전하량을 x라 하면
$108g : e^{-}=1g : x$에서 $x=\frac{1}{108}\times e^{-}=0.0093e^{-}$

② $Cu^{2+}+2e^{-}\rightarrow Cu$
Cu 63.5g 석출에 필요한 전하량 : $2e^{-}$
Cu 1g 석출에 필요한 전하량을 x라 하면
$63.5g : 2e^{-}=1g : x$에서 $x=\frac{2}{63.5}\times e^{-}=0.031e^{-}$

③ $Ni^{2+}+2e^{-}\rightarrow Ni$
Ni 59g 석출에 필요한 전하량 : $2e^{-}$
Ni 1g 석출에 필요한 전하량을 x라 하면
$59g : 2e^{-}=1g : x$에서 $x=\frac{2}{59}\times e^{-}=0.034e^{-}$

④ $Fe^{3+}+3e^{-}\rightarrow Fe$
Fe 56g 석출에 필요한 전하량 : $3e^{-}$
Fe 1g 석출에 필요한 전하량을 x라 하면
$56g : 3e^{-}=1g : x$에서 $x=\frac{3}{56}\times e^{-}=0.054e^{-}$

38 Na의 전자 배열에 대한 설명으로 옳은 것은?

① 전자 배치는 $1s^22s^22p^63s^1$이다.
② 부껍질은 f껍질까지 갖는다.
③ 최외각 껍질에 존재하는 전자는 2개이다.
④ 전자껍질은 2개를 갖는다.

해설 ② 부껍질은 d껍질까지 갖는다.
③ 최외각 껍질에 존재하는 전자는 1개이다.
④ 전자껍질은 1개를 갖는다.

39 수산화나트륨에 대한 설명 중 틀린 것은?

① 물에 잘 녹는다.
② 조해성 물질이다.
③ 양쪽성 원소와 반응하여 수소를 발생한다.
④ 공기 중의 이산화탄소를 흡수하여 탄산나트륨이 된다.

해설 ③ 양쪽성 원소와 반응하여 산소를 발생한다.
$Zn+2NaOH \rightarrow Na_2ZnO_2+H_2$

정답 34.④ 35.③ 36.② 37.① 38.① 39.③

40 하나의 물질로만 구성되어 있는 것으로 물, 소금, 산소 등이 예이고, 끓는점, 어는점, 밀도, 용해도 등의 물리적 성질이 일정한 것을 가리키는 말은?

① 단체
② 순물질
③ 화합물
④ 균일 혼합물

해설 ① 단체 : 한 가지 원소로 된 순물질
③ 화합물 : 두 가지 이상의 원소로 된 순물질
④ 균일 혼합물 : 혼합물의 조성이 용액 전체에 걸쳐 동일하게 되는 것

41 같은 주기에서 이온화 에너지가 가장 작은 것은?

① 알칼리 금속
② 알칼리 토금속
③ 할로겐족
④ 비활성 기체

해설
- 이온화 에너지 : 중성인 원자로부터 전자 1개를 제거하는 데 필요한 에너지
- 이온화 에너지가 가장 작은 것은 I족 원소인 알칼리 금속이며, 가장 큰 것은 0족 원소인 비활성 기체이다.

42 비활성 기체에 대한 설명으로 틀린 것은?

① 전자 배열이 안정하다.
② 특유의 색깔, 맛, 냄새가 있다.
③ 방전할 때 특유한 색상을 나타내므로 야간 광고용으로 사용된다.
④ 다른 원소와 화합하여 반응을 일으키기 어렵다.

해설 ② 특유의 색깔, 맛, 냄새가 없다.

43 다음 중 제1차 이온화 에너지가 가장 큰 원소는?

① 나트륨 ② 헬륨
③ 마그네슘 ④ 티타늄

해설
- 1차 이온화 에너지 : 원자에서는 중성 원자에서 전자를 1개 꺼낼 경우이고, 분자에서는 중성 분자 중에서 가장 높은 에너지를 꺼내는 경우이다.
- 1차 이온화 에너지는 0족으로 갈수록 증가하고, 같은 족에서는 원자 번호가 증가할수록 작아진다.
- 1차 이온화 에너지가 가장 큰 것은 0족 원소인 불활성 원소이고, 이온화 에너지가 가장 작은 것은 I족 원소인 알칼리 금속이다.

44 다음 중 용액에 대한 설명으로 옳은 것은?

① 물에 대한 고체의 용해도는 일반적으로 물 1,000g에 녹아 있는 용질의 최대 질량을 말한다.
② 몰분율은 용액 중 어느 한 성분의 몰 수를 용액 전체의 몰 수로 나눈 값이다.
③ 질량 백분율은 용질의 질량을 용액의 부피로 나눈 값을 말한다.
④ 몰 농도는 용액 1L 중에 들어 있는 용질의 질량을 말한다.

해설 ① 물에 대한 고체의 용해도는 용질과 용매의 종류에 따라 달라지며, 압력의 영향은 거의 받지 않으나 온도의 영향을 크게 받는다. 용해 과정이 흡열 과정인 경우에는 온도를 높이면 용해도가 증가하고, 온도를 낮추면 용해도는 감소한다. 하지만, 발열 과정인 경우에는 그 반대가 된다. 따라서 고체의 용해도를 나타낼 때는 용매의 종류와 온도를 반드시 표시해야 한다.
③ 질량 백분율 : 여러 가지 원소가 결합하여 화합물을 구성할 때 각각의 원소가 이 화합물에서 차지하는 질량의 비이다.
④ 몰 농도는 용액 1L에 녹아 있는 용질의 몰 수이다.

45 약산과 강염기 적정 시 사용할 수 있는 지시약은 어느 것인가?

① bromphenol blue
② methyl orange
③ methyl red
④ phenolphthalein

해설 약산과 강염기의 적정 시 사용하는 지시약 : phenol phthalein

정답 40.② 41.① 42.② 43.② 44.② 45.④

46 다음 중 Arrhenius 산, 염기 이론에 대하여 설명한 것은?

① 산은 물에서 이온화될 때 수소 이온을 내는 물질이다.
② 산은 전자쌍을 받을 수 있는 물질이고, 염기는 전자쌍을 줄 수 있는 물질이다.
③ 산은 진공에서 양성자를 줄 수 있는 물질이고, 염기는 진공에서 양성자를 받을 수 있는 물질이다.
④ 산은 용매에 양이온을 방출하는 용질이고, 염기는 용질에 음이온을 방출하는 용매이다.

해설 산, 염기의 학설

학 설	산(acid)	염기(base)
아레니우스설	수용액에서 $H^+(H_3O^+)$을 내놓는 것	수용액에서 OH^-을 내놓는 것

47 Ba^{2+}, Ca^{2+}, Na^+, K^+ 4가지 이온이 섞여 있는 혼합 용액이 있다. 양이온 정성 분석 시 이들 이온을 Ba^{2+}, Ca^{2+}(5족)와 Na^+, K^+(6족) 이온으로 분족하기 위한 시약은?

① $(NH_4)_2CO_3$ ② $(NH_4)_2S$
③ H_2S ④ 6M HCl

해설

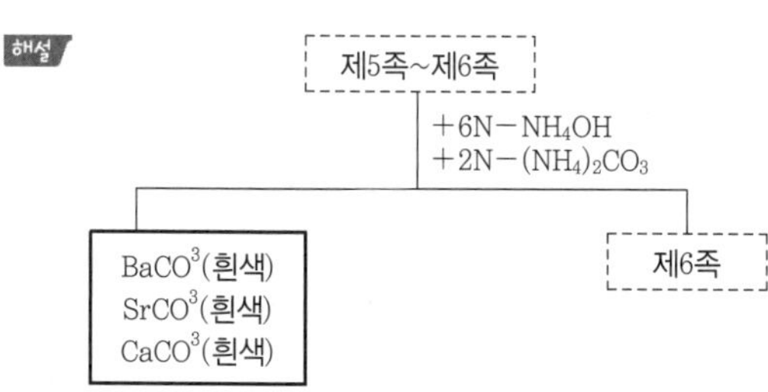

48 Cu^{2+} 시료 용액에 깨끗한 쇠못을 담가두고 5분간 방치한 후 못 표면을 관찰하면 쇠못 표면에 붉은색 구리가 석출한다. 그 이유는?

① 철이 구리보다 이온화 경향이 크기 때문에
② 침전물이 분해하기 때문에
③ 용해도의 차이 때문에
④ Cu^{2+} 시료 용액의 농도가 진하기 때문에

해설 $Fe(s)+Cu^{2+}(aq) \rightarrow Fe^{2+}(aq)+Cu$: 철이 구리보다 이온화 경향이 크기 때문이다.

49 리만 그린(Rinmanns green) 반응 결과 녹색의 덩어리로 얻어지는 물질은?

① $Fe(SCN)_2$
② $Co(ZnO_2)$
③ $Na_2B_4O_7$
④ $Co(AlO_2)_2$

해설 리만 그린(Rinmanns green) 반응 결과 : $Co(ZnO_2)$(녹색의 덩어리)

50 일반적으로 바닷물은 1,000mL당 27g의 NaCl을 함유하고 있다. 바닷물 중에서 NaCl의 몰농도는 약 얼마인가? (단, NaCl의 분자량은 58.5g/mol이다.)

① 0.05 ② 0.5
③ 1 ④ 5

해설

$$\text{NaCl의 몰 농도} = \frac{27\text{g NaCl}}{\text{바닷물 1L}} \times \frac{1\text{mol}}{58.5\text{g NaCl}}$$
$$= 0.46\text{mol/L}$$

51 유기 화합물의 전자 전이 중에서 가장 작은 에너지의 빛을 필요로 하고, 일반적으로 약 280nm 이상에서 흡수를 일으키는 것은?

① $\sigma^* \rightarrow \sigma^*$ ② $n^* \rightarrow \sigma^*$
③ $\pi^* \rightarrow \pi^*$ ④ $n^* \rightarrow \pi^*$

해설 유기 화합물의 전자 전이 중 280nm 이상에서 흡수를 일으키는 것 : $n^* \rightarrow \pi^*$

정답 46.① 47.① 48.① 49.② 50.② 51.④

52 가스 크로마토그래피의 검출기 중 기체의 전기 전도도가 기체 중의 전하를 띤 입자의 농도에 직접 비례한다는 원리를 이용한 것은?

① FID ② TCD
③ ECD ④ TID

해설 가스 크로마토그래피의 검출기 종류
① FID(불꽃 이온화 검출기) : 기체의 전기 전도도가 기체 중의 전하를 띤 입자의 농도에 직접 비례한다는 원리를 이용한 것
② TCD(열전도도 검출기)
③ ECD(전자 포착 검출기)
④ TID(열이온 검출기)

53 가스 크로마토그래피는 두 가지 이상의 성분을 단일 성분으로 분리하는데, 혼합물의 각 성분은 어떤 차이에 의해 분리되는가?

① 반응 속도 ② 흡수 속도
③ 주입 속도 ④ 이동 속도

해설 가스 크로마토그래피 : 두 가지 이상의 성분을 단일 성분으로 분리하는데, 혼합물의 각 성분은 이동 속도 차이에 의해 분리된다.

54 분광 광도계의 구조 중 일반적으로 단색화 장치나 필터가 사용되는 곳은?

① 광원부 ② 파장 선택부
③ 시료부 ④ 검출부

해설 파장 선택부 : 단색화 장치나 필터가 사용된다.

55 다음 기기 분석법 중 광학적 방법이 아닌 것은?

① 전위차 적정법 ② 분광 분석법
③ 적외선 분광법 ④ X선 분석법

해설 광학적 방법의 종류
- 분광 분석법
- 적외선 분광법
- X-선 분석법

56 어떤 물질 30g을 넣어 용액 150g을 만들었더니 더 이상 녹지 않았다. 이 물질의 용해도는? (단, 온도는 변하지 않았다.)

① 20 ② 25
③ 30 ④ 35

해설 용해도는 용매 100g에 녹는 용질의 양이며, 용액은 용질(녹는 물질)+용매(녹이는 물질)이다. 따라서 용매=용액−용질=150−30=120g이다.

$$\therefore \text{용해도}=\frac{\text{용질의 g수}}{\text{용매의 g수}}\times 100 = \frac{30}{120}\times 100 = 25$$

57 람베르트-비어(Lambert-Beer)의 법칙에 대한 설명으로 틀린 것은?

① 흡광도는 액층의 두께에 비례한다.
② 투광도는 용액의 농도에 반비례한다.
③ 흡광도는 용액의 농도에 비례한다.
④ 투광도는 액층의 두께에 비례한다.

해설 ④ 투광도는 액층의 두께에 반비례한다.

58 용리액으로 불리는 이동상을 고압 펌프로 운반하는 크로마토 장치를 말하며, 펌프, 주입기, 칼럼, 검출기, 데이터 처리 장치 등으로 구성되어 있는 기기는?

① 분광 광도계
② 원자 흡광 광도계
③ 가스 크로마토그래프
④ 고성능 액체 크로마토그래프

해설 고성능 액체 크로마토그래프에 대한 설명이다.

59 전기 분석법의 분류 중 전자의 이동이 없는 분석 방법은?

① 전위차 적정법 ② 전기 분해법
③ 전압 전류법 ④ 전기 전도도법

해설 전기 전도도법은 전자의 이동이 없는 분석법이다.

정답 52.① 53.④ 54.② 55.① 56.② 57.④ 58.④ 59.④

60 크로마토그래피에 관한 설명 중 옳지 않은 것은?

① 정지상으로 고체가 사용된다.
② 정지상과 이동상을 필요로 한다.
③ 이동상으로 액체나 고체가 사용된다.
④ 혼합물을 분리·분석하는 방법 중의 하나이다.

해설 ③ 이동상으로 액체나 기체가 사용된다.

정답 60.③

CBT 기출복원문제

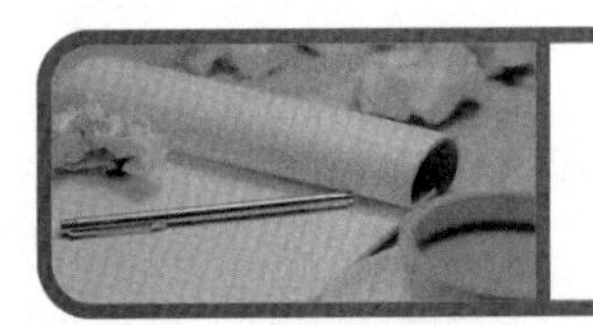

화학분석기능사

제1회 필기시험 ◀▶ 2021년 1월 31일 시행

01 다음 중 모든 화학 변화가 일어날 때 항상 따르는 현상으로 가장 옳은 것은?

① 열의 흡수 ② 열의 발생
③ 질량의 감소 ④ 에너지의 변화

해설 화학적 변화란 물질의 본질이 변하여 전혀 다른 물질로 되는 것으로 에너지의 변화가 일어난다.

02 원자 번호 18번인 아르곤(Ar)의 질량수가 25일 때 중성자의 개수는?

① 7 ② 8
③ 42 ④ 43

해설 원자 질량수=양성자수+중성자수
양성자수=원자 번호
25=18+중성자수
Ar의 중성자수=25−18=7

03 두 원자 사이에서 극성 공유 결합한 것으로 구조가 대칭이 되므로 비극성 분자인 것은?

① CCl_4 ② $CHCl_3$
③ CH_2Cl_2 ④ CH_3Cl

해설 ① CCl_4 ② $CHCl_3$

```
      Cl                  (H)
      |                    |
Cl — C — Cl                C
      |                 /  |  \
      Cl              Cl   Cl   Cl
```

③ CH_2Cl_2 ④ CH_3Cl

```
      H                  H
      |                  |
      C                  C
    / | \              / | \
   H  Cl  Cl          H  H  Cl
```

04 양쪽성 산화물에 해당하는 것은?

① Na_2O ② Al_2O_3
③ MgO ④ CO_2

해설 양쪽성 원소
Al, Zn, Ga, Pb, Sn, As

05 다음 중 황산 제2 수은을 촉매로 아세틸렌을 물(묽은 황산 수용액)과 부가 반응시켰을 때 주로 얻을 수 있는 것은?

① 디에틸에테르 ② 메틸알코올
③ 아세톤 ④ 아세트알데히드

해설 $C_2H_2 + H_2O \xrightarrow{HgSO_4} CH_3CHO$

06 표준 상태(0℃, 101.3kPa)에서 22.4L의 무게가 가장 적은 기체는?

① 질소 ② 산소
③ 아르곤 ④ 이산화탄소

해설 표준 상태에서 22.4L=1mol의 기체 부피
㉠ N_2 1mol=2×14g=28g
㉡ O_2 1mol=32g
㉢ Ar 1mol=36 g
㉣ CO_2 1mol=44g

07 산의 제법 중 연실법과 접촉법에 의해 만들어지는 산은?

① 질산(HNO_3)
② 황산(H_2SO_4)
③ 염산(HCl)
④ 아세트산(CH_3COOH)

정답 01.④ 02.① 03.① 04.② 05.④ 06.① 07.②

해설 황산(H_2SO_4)은 묽은 황산을 제조하는 연실법과 진한 황산을 제조하는 접촉법에 의하여 만든다.

08 프로페인(C_3H_8) 4L를 완전 연소시키려면 공기는 몇 L가 필요한가? (단, 표준 상태 기준이며, 공기 중의 O_2는 20%임.)

① 11.2 ② 22.4
③ 100 ④ 140

해설 $C_3H_8 + 5O_2 \rightarrow 3CO_2 + 4H_2O$

1 : 5 산소 필요량=20L

4 : x 공기 필요량=산소 필요량$\times \frac{1}{0.2}$

$=20\times\frac{1}{0.2}=100L$

09 기체를 포집하는 방법으로써 상방 치환으로 포집해야 하는 기체는?

① NH_3 ② CO_2
③ SO_2 ④ NO_2

해설 기체를 모으는 방법

㉠ 수상 치환 : 물에 잘 녹지 않는 기체를 물과 바꿔 놓아서 모으는 방법으로 순수한 기체를 모을 수 있다.
예 산소(O_2), 수소(H_2), 일산화탄소(CO) 등

㉡ 상방 치환 : 물에 녹는 기체 중에서 공기보다 가벼운 기체를 모으기에 적당한 방법이다.
예 암모니아(NH_3)

㉢ 하방 치환 : 물에 녹는 기체 중에서 공기보다 무거운 기체를 모으기에 적당한 방법이다.
예 염화수소(HCl), 이산화탄소(CO_2) 등

10 분자들 사이의 분산력을 결정하는 요인으로 가장 중요한 것은?

① 온도
② 전기 음성도
③ 전자수
④ 압력

해설 분자들 사이의 분산력을 결정하는 요인으로 전자수가 가장 중요하다.

11 원자 번호가 26인 Fe의 전자 배치도에서 채워지지 않는 전자의 개수는?

① 1개 ② 3개
③ 4개 ④ 5개

해설

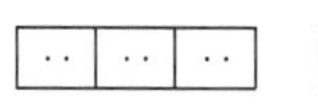

1s 2s 2p 3s

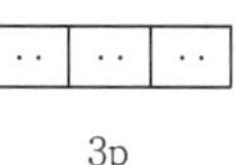
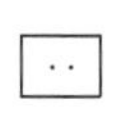
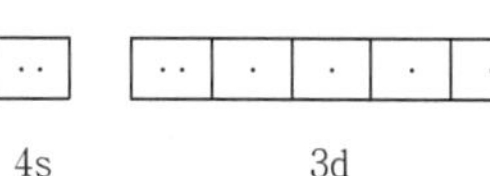

3p 4s 3d

12 알카인(alkyne)계 탄화수소의 일반식으로 옳은 것은?

① C_nH_{2n} ② C_nH_{2n+2}
② C_nH_{2n-2} ④ C_nH_n

해설
- Alkane : C_nH_{2n+2}
- Alkene : C_nH_{2n}
- Alkyne : C_nH_{2n-2}

13 AgCl의 용해도가 0.0016g/L일 때 AgCl의 용해도곱은 얼마인가? (단, Ag의 원자량은 108, Cl의 원자량은 35.5임.)

① 1.12×10^{-5} ② 1.12×10^{-3}
③ 1.2×10^{-5} ④ 1.2×10^{-10}

해설 $[AgCl]=\frac{0.0016g}{L}\times\frac{mol}{143.5g}=11.15\times10^{-6}M$

$K_{sp}=[Ag^+][Cl^-]=(11.15\times10^{-6})^2=1.2\times10^{-10}M$

14 97% H_2SO_4의 비중이 1.836이라면 이 용액은 몇 노르말인가? (단, H_2SO_4의 분자량은 98.08임.)

① 28N ② 30N
③ 33N ④ 36N

해설 노르말 농도$=\frac{1836g}{L}\times\frac{1eq}{98.08/2g}=37.44N≒36N$

정답 08.③ 09.① 10.③ 11.③ 12.② 13.④ 14.④

15 CH_3COOH 용액에 지시약으로 페놀프탈레인 몇 방울을 넣고 NaOH 용액으로 적정하였더니 당량점에서 변색되었다. 이때의 색깔 변화를 바르게 나타낸 것은?

① 적색에서 청색으로 변한다.
② 적색에서 무색으로 변한다.
③ 청색에서 적색으로 변한다.
④ 무색에서 적색으로 변한다.

해설 $CH_3COOH + NaOH \rightleftharpoons CH_3COONa + H_2O$
산성 : 무색 　 중성 : 무색

$\xrightleftharpoons{+NaOH} CH_3COONa + H_2O + NaOH$
염기성 : 적색

16 Ba^{2+}, Ca^{2+}, Na^{+}, K^{+} 4가지 이온이 섞여 있는 혼합 용액이 있다. 양이온 정성 분석 시 이들 이온을 Ba^{2+}, Ca^{2+}(5족)와 Na^{+}, K^{+}(6족) 이온으로 분족하기 위한 시약은?

① $(NH_4)_2CO_3$ 　 ② $(NH_4)_2S$
③ H_2S 　 ④ 6M HCl

해설 $BaCO_3\downarrow$, $CaCO_3\downarrow$ → 하얀색 침전 생성

17 과망간산 이온(MnO_4^-)은 진한 보라색을 가지는 대표적인 산화제이며, 센 산성 용액(pH ≤1)에서는 환원제와 반응하여 무색의 Mn^{2+}으로 환원된다. 1몰(mol)의 과망간산 이온이 반응하였을 때 몇 당량에 해당하는 산화가 일어나게 되는가?

① 1 　 ② 3
③ 5 　 ④ 7

해설 $MnO_4^- \longrightarrow Mn^{2+}$
$+7-8=-1$
(+7) — $5e^-$ → (+2)

18 EDTA 적정에서 사용하는 금속 이온 지시약이 아닌 것은?

① Murexide(MX) 　 ② PAN
③ Thymol blue 　 ④ EBT

해설 EDTA 적정에서 사용하는 금속 이온 지시약은 Murexide(MX), PAN, EBT이다.

19 수산화 침전물이 생성되는 것은 몇 족의 양이온인가?

① 1 　 ② 2
③ 3 　 ④ 4

해설 $Al(OH)_3\downarrow$ 침전물
3족 양이온$+OH^-$ → 침전물

20 그래프의 적정 곡선은 다음 중 어떻게 적정하는 경우인가?

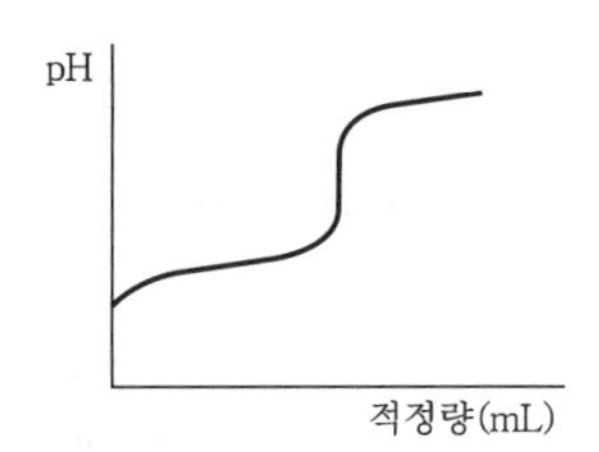

① 다가산을 적정하는 경우
② 약산을 약염기로 적정하는 경우
③ 약산을 강염기로 적정하는 경우
④ 강산을 약산으로 적정하는 경우

해설
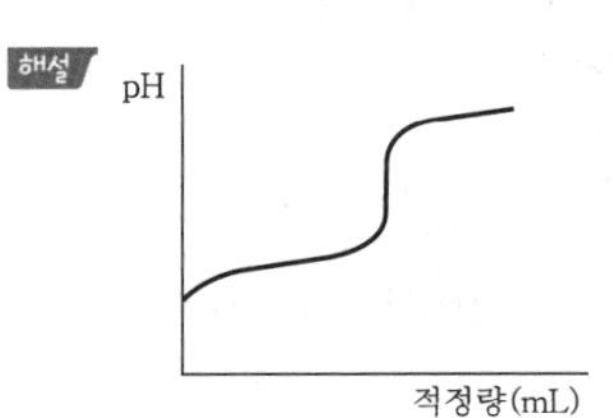

당량점 이후로 pH가 증가하므로 약산+강염기의 적정이다.

21 오르자트(Orsat) 장치는 어떤 분석에 사용되는 장치인가?

① 기체 분석 　 ② 액체 분석
③ 고체 분석 　 ④ 고-액 분석

해설 오르자트(Orsat) 장치는 배기가스 중의 CO_2, O_2, CO의 성분 분석을 통하여 연소 상태를 파악하고 각종 기체의 불순물을 검사하는 데 사용하는 장치이다.

정답 15.④ 16.① 17.③ 18.③ 19.③ 20.③ 21.①

22 선광계(편광계)의 광원으로 사용되는 것은?

① 속빈 음극 램프 ② Nernst 램프
③ 나트륨 증기 램프 ④ 텅스텐 램프

해설 나트륨 증기 램프는 선광계(편광계)의 광원으로 사용된다.

23 가스 분석에서 분석 성분과 흡수제가 올바르게 짝지어진 것은?

① CO_2 – 발연황산
② CO – 50% KOH 용액
③ H_2 – 암모니아성 Cu_2Cl_2 용액
④ O_2 – 알칼리성 피로카롤 용액

해설 ① CO_2 – 33% KOH 용액
② CO – 암모니아성 염화 제1동 용액
③ H_2 – 파라듐 블랙에 의한 흡수

24 일반적으로 화학 실험실에서 발생하는 폭발 사고의 유형이 아닌 것은?

① 조절 불가능한 발열 반응
② 이산화탄소 누출에 의한 폭발
③ 불안전한 화합물의 가열 · 건조 · 증류 등에 의한 폭발
④ 에테르 용액 증류 시 남아 있는 과산화물에 의한 폭발

해설 화학 실험실에서 발생하는 폭발 사고 유형
㉠ 조절 불가능한 발열 반응
㉡ 불안전한 화합물의 가열 · 건조 · 증류 등에 의한 폭발
㉢ 에테르 용액 증류 시 남아 있는 과산화물에 의한 폭발

25 Wheatstone bridge의 원리를 이용하여 측정 가능한 것은?

① 굴절률 ② 선광도
③ 전위차 ④ 전도도

해설 Wheatstone bridge의 원리란 4개의 저항이 정사각형을 이루고 있는 회로로, 미지의 저항값을 구하기 위해서 사용을 하며 전류가 잘 통하는 정도의 전도도를 측정 가능하다.

26 가스 크로마토그래피에서 정성 분석의 기초가 되는 것은?

① 검량선
② 머무름 시간
③ 크로마토그램의 봉우리 높이
④ 크로마토그램의 봉우리 넓이

해설 머무름 시간은 시료를 넣을 때부터 해당 성분의 봉우리가 나타나기까지의 시간으로 가스 크로마토그래피에서 정성 분석의 기초이다.

27 산 · 염기 적정에 전위차 적정을 이용할 수 있다. 다음 설명 중 틀린 것은?

① 지시 전극으로는 유리 전극을 사용한다.
② 측정되는 전위는 용액의 수소 이온 농도에 비례한다.
③ 종말점 부근에는 염기 첨가에 대한 전위 변화가 매우 적다.
④ pH가 한 단위 변화함에 따라 측정 전위는 59.1mV씩 변한다.

해설 ③ 종말점 부근에는 염기 첨가에 대한 전위 변화가 매우 크다.

28 가스 크로마토그래피 검출기 중 유기 화합물이 수소–공기의 불꽃 속에서 탈 때 생성되는 이온을 검출하는 검출기는?

① TCD ② ECD
③ FID ④ AED

해설 ① TCD : 열전도도 검출기
② ECD : 전자 포착 검출기
④ AED : 원자 방출 분광 검출기

29 산과 염기의 농도 분석을 전위차법으로 할 때 사용하는 전극은?

① 은 전극 – 유리 전극
② 백금 전극 – 유리 전극
③ 포화 칼로멜 전극 – 은 전극
④ 포화 칼로멜 전극 – 유리 전극

정답 22.③ 23.④ 24.② 25.④ 26.② 27.③ 28.③ 29.④

해설 산과 염기의 농도 분석을 전위차법으로 할 때 사용하는 전극은 포화 칼로멜 전극-유리 전극이다.

30 다음 전기 사용에 대한 설명 중 가장 부적당한 내용은?

① 전기 기기는 손을 건조시킨 후에 만진다.
② 전선을 연결할 때는 전원을 차단하고 작업한다.
③ 전기 기기는 접지를 하여 사용해서는 안 된다.
④ 전기 화재가 발생하였을 때는 전원을 먼저 차단한다.

해설 ③ 전기 기기는 접지를 하여 사용한다.

31 다음 물질 중 물에 가장 잘 녹는 기체는?

① NO　② C_2H_2
③ NH_3　④ CH_4

해설 NH_3는 극성 물질이므로 물에 잘 녹는다.

32 금속 결합의 특징에 대한 설명으로 틀린 것은?

① 양이온과 자유 전자 사이의 결합이다.
② 열과 전기의 부도체이다.
③ 연성과 전성이 크다.
④ 광택을 가진다.

해설 금속은 자유 전자로 인하여 열, 전기 전도도가 높다.

33 0.001M의 HCl 용액의 pH는 얼마인가?

① 2　② 3
③ 4　④ 5

해설 HCl은 완전 해리하므로
$pH=-\log[H^+]=-\log[0.001]=3$

34 $HClO_4$에서 할로겐 원소가 갖는 산화수는?

① +1　② +3
③ +5　④ +7

해설 과염소산(H^+ Cl^{7+} O_4^{8-})

35 다음 중 포화탄화수소 화합물은?

① 요오드 값이 큰 것
② 건성유
③ 시클로헥산
④ 생선 기름

해설 포화탄화수소는 alkane, cycloalkane류이다.
건성유 : 일반적으로 불포화 결합이 많을수록 요오드의 첨가 반응이 많이 일어나고, 대기 중의 산소와 반응하여 건조되는 성질이 있다.

36 펜탄의 구조 이성질체는 몇 개인가?

① 2　② 3
③ 4　④ 5

해설 구조 이성질체(constitutional isomers) : 분자식은 서로 같으나 다른 화합물로서, 서로 연결 모양이 다르다. 즉, 원자들이 서로 결합하는 순서가 다른 것이다. 구조 이성질체는 물리적 성질과 화학적 성질이 서로 다르다.
C_5H_{12}(펜탄)은 3개의 이성질체가 있다.

- $CH_3-CH_2-CH_2-CH_2-CH_3$
  노르말(n)－펜탄(b.p. 36℃)
- $CH_3-CH_2-CH_2-CH_3$ (두 번째 CH_2에 CH_3 결합)
  이소(iso)－펜탄(b.p. 28℃)
- CH_3-C-CH_3 (C에 위아래로 CH_3 결합)
  네오(neo)－펜탄(b.p. 9.5℃)

※ 같은 탄소수에서는 가짓수가 많을수록 b.p.(비등점)가 낮다.

37 다음 중 명명법이 잘못된 것은?

① $NaClO_3$: 아염소산나트륨
② Na_2SO_3 : 아황산나트륨
③ $(NH_4)_2SO_4$: 황산암모늄
④ $SiCl_4$: 사염화규소

해설 ① $NaClO_3$: 염소산나트륨

정답 30.③ 31.③ 32.② 33.② 34.④ 35.③ 36.② 37.①

38 에탄올에 진한 황산을 촉매로 사용하여 160~170℃의 온도를 가해 반응시켰을 때 만들어지는 물질은?

① 에틸렌 ② 메탄
③ 황산 ④ 아세트산

해설 알코올에 $c-H_2SO_4$을 가한 후 160℃로 가열하면 에틸렌이 생성된다.

39 다음 착이온 $Fe(CN)_6^{-4}$의 중심 금속 전하수는?

① +2 ② −2
③ +3 ④ −3

해설 $6CN^- + Fe^{2+} \rightleftarrows Fe(CN)_6^{-4}$

40 비활성 기체에 대한 설명으로 틀린 것은?

① 다른 원소와 화합하지 않고 전자 배열이 안정하다.
② 가볍고 불연소성이므로 기구, 비행기 타이어 등에 사용된다.
③ 방전할 때 특유한 색상을 나타내므로 야간 광고용으로 사용된다.
④ 특유의 색깔, 맛, 냄새가 있다.

해설 화학적으로 비활성이므로(일반적으로) 맛, 냄새가 없다.

41 다이아몬드, 흑연은 같은 원소로 되어 있다. 이러한 단체를 무엇이라고 하는가?

① 동소체 ② 전이체
③ 혼합물 ④ 동위 화합물

해설 동소체(同素體) : 동일한 상태에서 같은 원소의 다른 형태인 단체를 말한다.

42 이산화탄소가 쌍극자 모멘트를 가지지 않는 주된 이유는?

① C=O 결합이 무극성이기 때문이다.
② C=O 결합이 공유 결합이기 때문이다.
③ 분자가 선형이고 대칭이기 때문이다.
④ C와 O의 전기 음성도가 비슷하기 때문이다.

해설 이산화탄소의 모형은 O=C=O이다.

43 $KMnO_4$는 어디에 보관하는 것이 가장 적당한가?

① 에보나이트병 ② 폴리에틸렌병
③ 갈색 유리병 ④ 투명 유리병

해설 과망간산칼륨은 햇빛을 받으면 이산화망간으로 분해된다.

44 Hg_2Cl_2는 물 1L에 3.8×10^{-4}g이 녹는다. Hg_2Cl_2의 용해도곱은 얼마인가? (단, Hg_2Cl_2의 분자량=472)

① 8.05×10^{-7} ② 8.05×10^{-8}
③ 6.48×10^{-13} ④ 5.21×10^{-19}

해설 $Hg_2Cl_2 \rightarrow Hg_2^{2+} + 2Cl^-$

$$K_{sp} = [Hg_2^{\ 2+}][Cl^-]^2 = \frac{3.8\times10^{-4}g}{472g\cdot mol^{-1}}\times\left(\frac{3.8\times10^{-4}g}{472g\cdot mol^{-1}}\right)^2 \fallingdotseq 5.21\times10^{-19}$$

45 양이온 계통 분석에서 가장 먼저 검출하여야 하는 이온은?

① Ag^+ ② Cu^{2+}
③ Mg^{2+} ④ NH^{4+}

해설 양이온 제1족은 Ag^+, Pb^{2+}, Hg_2^{2+}이다.

46 황산(H_2SO_4=98) 1.5노르말 용액 3L를 1노르말 용액으로 만들고자 한다. 물은 몇 L가 필요한가?

① 1.5 ② 2.5
③ 3.5 ④ 4.5

해설 $1.5\times3 = 1\times x$

$\therefore\ x = 4.5$

$4.5 - 3 = 1.5L$

정답 38.① 39.① 40.④ 41.① 42.③ 43.③ 44.④ 45.① 46.①

47 미지 농도의 염산 용액 100mL를 중화하는 데 0.2N NaOH 용액 250mL가 소모되었다. 염산 용액의 농도는?

① 0.05N ② 0.1N
③ 0.2N ④ 0.5N

해설 $0.2 \times 250 = x \times 100$
$\therefore x = 0.5N$

48 페놀류의 정색 반응에 사용되는 약품은?

① CS_2 ② KI
③ $FeCl_3$ ④ $(NH_4)_2Ce(NO_3)_6$

해설 페놀류의 수용액에 염화제이철($FeCl_3$)을 넣으면 정색 반응(적색~청색)을 한다.

49 다음 반응식에서 브뢴스테드-로우리가 정의한 산으로만 짝지어진 것은?

$$HCl + NH_3 \rightleftarrows NH_4^+ + Cl^-$$

① $HCl,\ NH_4^+$ ② $HCl,\ Cl^-$
③ $NH_3,\ NH_4^+$ ④ $NH_3,\ Cl^-$

해설 브뢴스테드-로우리(Brönsted-Lowry)의 산과 염기
㉠ 산 : H^+를 내놓는 물질
㉡ 염기 : H^+를 받아들이는 물질
㉢ 짝산과 짝염기 : H^+의 이동에 의하여 산과 염기로 되는 한 쌍의 물질

$$HCl + NH_3 \rightleftarrows NH_4^+ + Cl^-$$

짝 (NH_3 – NH_4^+), 짝 (HCl – Cl^-)

Cl^-의 짝산 / NH_4^+의 짝염기 / NH_3의 짝산 / HCl의 짝염기

50 제4족 양이온 분족 시 최종 확인 시약으로 디메틸글리옥심을 사용하는 것은?

① 아연 ② 철
③ 니켈 ④ 코발트

해설 양이온 제4족 Ni 확인 반응은 디메틸글리옥심(붉은색 침전)으로 한다.

51 침전 적정법 중에서 모르(Mohr)법에 사용하는 지시약은?

① 질산은 ② 플루오르세인
③ NH_4SCN ④ K_2CrO_4

해설 모르(Mohr)법의 지시약은 크롬산칼륨이다.

52 비색계의 원리와 관계가 없는 것은?

① 두 용액의 물질의 조성이 같고 용액의 깊이가 같을 때 두 용액의 색깔의 짙기는 같다.
② 용액 층의 깊이가 같을 때 색깔의 짙기는 용액의 농도에 반비례한다.
③ 농도가 같은 용액에서 그 색깔의 짙기는 용액 층의 깊이에 비례한다.
④ 두 용액의 색깔이 같고 색깔의 짙기가 같을 때라도 같은 물질이 아닐 수 있다.

해설 용액 층의 깊이가 같을 때 색깔의 짙기는 용액의 농도에 비례한다.

53 pH 4인 용액 농도는 pH 6인 용액 농도의 몇 배인가?

① $\frac{1}{2}$ ② $\frac{1}{200}$
③ 2 ④ 100

해설 pH 4는 $[H^+]=10^{-4}M$을 뜻하고, pH 6은 $[H^+]=10^{-6}M$을 뜻한다.

54 전위차법에서 사용되는 기준 전극의 구비 조건이 아닌 것은?

① 반전지 전위값이 알려져 있어야 한다.
② 비가역적이고 편극 전극으로 작동하여야 한다.
③ 일정한 전위를 유지하여야 한다.
④ 온도 변화에 히스테리시스 현상이 없어야 한다.

해설 가역적이고, 이상적인 비편극 전극으로 작동해야 한다.

정답 47.④ 48.③ 49.① 50.③ 51.④ 52.② 53.④ 54.②

55 원자를 증기화하여 생긴 기저 상태의 원자가 그 원자 층을 투과하는 특유 파장의 빛을 흡수하는 성질을 이용한 것으로 극소량의 금속 성분 분석에 많이 사용되는 분석법은?

① 가시 · 자외선 흡수 분광법
② 원자 흡수 분광법
③ 적외선 흡수 분광법
④ 기체 크로마토그래피법

해설 ① 가시 · 자외선 흡수 분광법 : 자외선과 가시선 스펙트럼 영역의 분자 흡수 분광법으로, 많은 수의 무기 · 유기 및 생물학적 화학종 정량에 사용된다.
③ 적외선 흡수 분광법 : 적외선(IR)의 스펙트럼 영역은 파수로 12,800 내지 10μm 또는 파장으로 0.78 내지 1,000μm의 복사선을 포괄한다. 비슷한 응용과 기기 장치 때문에 IR 스펙트럼은 Z－IR, 중간－IR 및 원－IR로 나뉜다.
④ 기체 크로마토그래피법 : GC는 두 종류인 기체－액체, 기체－고체 크로마토그래피가 있으며, 기체화된 시료 성분들이 칼럼에 부착된 액체 또는 고체 정지상과 기체 이동상 사이의 분배 과정으로 분리된다.

56 적외선 흡수 분광법에서 액체 시료는 어떤 시료판에 떨어뜨리거나 발라서 측정하는가?

① K_2CrO_4
② KBr
③ CrO_3
④ $KMnO_4$

해설 KBr은 400cm^{-1} 이상의 적외선을 흡수하지 않는다.

57 이상적인 pH 전극에서 pH가 1단위 변할 때 pH 전극의 전압은 약 얼마나 변하는가?

① 96.5mV
② 59.2mV
③ 96.5V
④ 59.2V

해설 이상적인 pH 전극에서 pH가 1단위 변할 때 pH 전극의 전압은 59.16mV씩 변한다(Nernst식으로부터 유도됨).

58 강산이나 강알칼리 등과 같은 유독한 액체를 취할 때 실험자가 입으로 빨아올리지 않기 위하여 사용하는 기구는?

① 피펫 필러 ② 자동 뷰렛
③ 홀 피펫 ④ 스포이드

해설 ② 자동 뷰렛 : 적정하는 용액을 뷰렛에 넣을 때에 액면이 자동적으로 0mL의 눈금에 오르도록 만든 뷰렛
③ 홀 피펫 : 일정한 부피의 액체를 정밀하게 측정하기 위한 기구
④ 스포이드 : 잉크나 물약 등을 빨아올려 다른 곳에 옮겨 넣을 때 쓰는 고무꼭지가 달린 유리관

59 가스 크로마토그래피의 검출기에서 황, 인을 포함한 화합물을 선택적으로 검출하는 것은?

① 열전도도 검출기(TCD)
② 불꽃 광도 검출기(FPD)
③ 열이온화 검출기(TID)
④ 전자 포획형 검출기(ECD)

해설 ① 열전도도 검출기(TCD) : 분석물이 운반 기체와 함께 용출됨으로 인해 운반 기체의 열전도도가 변하는 것에 근거한다. 운반 기체는 H_2 또는 He을 주로 이용한다.
② 불꽃 광도 검출기(FPD) : 황(S)과 인(P)을 포함하는 화합물에 감응이 매우 큰 검출기로서, 용출물이 낮은 온도의 수소－공기 불꽃으로 들어간다.
③ 열이온화 검출기(TID) : 인과 질소를 함유한 유기 화합물에 선택적이며, 칼럼에 나오는 용출 기체가 수소와 혼합하여 불꽃을 지나며 연소된다. 이때 인과 질소를 함유한 분자들은 많은 이온을 생성해 전류가 흐르는데 이는 분석물 양과 관련있다.
④ 전자 포획형 검출기(ECD) : 전기 음성도가 큰 작용기(할로겐, 퀴논, 콘주게이션된 카르보닐) 등이 포함된 분자에 감도가 좋다.

60 어떤 시료를 분광 광도계를 이용하여 측정하였더니 투과도가 10%T이었다. 이때 흡광도는 얼마인가?

① 0.1 ② 0.8
③ 1 ④ 1.6

해설 $A = -\log T = -\log\frac{1}{10} = 1$

정답 55.② 56.② 57.② 58.① 59.② 60.③

CBT 기출복원문제

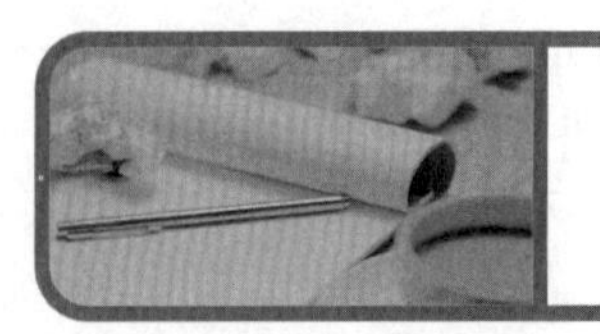

화학분석기능사

제2회 필기시험 ◀▶ 2021년 4월 18일 시행

01 중크롬산칼륨 표준 용액 1,000ppm으로 10ppm의 시료 용액 100mL를 제조하고자 한다. 필요한 표준 용액의 양은 몇 mL인가?

① 1　② 10
③ 100　④ 1,000

해설 1,000ppm × x(mL) = 10ppm × 100mL
∴ $x = 1$
cf) • ppm(parts per millions)
$= \frac{\text{mg 용질}}{\text{kg 용액}} = \frac{\text{부분}}{\text{전체}} \times 10^6$
• %(parts per cent) $= \frac{\text{부분}}{\text{전체}} \times 100$

02 같은 온도와 압력에서 한 용기 속에 수소 분자 3.3×10^{23}개가 들어 있을 때 같은 부피의 다른 용기 속에 들어 있는 산소 분자의 수는?

① 3.3×10^{23}개　② 4.5×10^{23}개
③ 6.4×10^{23}개　④ 9.6×10^{23}개

해설 $PV = nRT$
P와 V, R, T가 같으므로
수소의 n = 산소의 n
∴ $O_2 = 3.3 \times 10^{23}$개

03 A＋2B → 3C＋4D와 같은 기초 반응에서 A, B의 농도를 각각 2배로 하면 반응 속도는 몇 배로 되겠는가?

① 2　② 4
③ 8　④ 16

해설 반응 속도 $V = [A][B]^2$에서 A와 B의 농도를 두 배로 하면
$V = [2][2]^2 = 2^3 = 8$배
∴ V는 8배 증가(빨라짐)

04 다음 중 수소 결합에 대한 설명으로 틀린 것은?

① 원자와 원자 사이의 결합이다.
② 전기 음성도가 큰 F, O, N의 수소 화합물에 나타난다.
③ 수소 결합을 하는 물질은 수소 결합을 하지 않는 물질에 비해 녹는점과 끓는점이 높다.
④ 대표적인 수소 결합 물질로는 HF, H_2O, NH_3 등이 있다.

해설 수소 결합 : 전자를 끌어당기는 힘이 큰 F, O, N과 같은 원자와 공유 결합을 하고 있는 H 원자가 다른 분자 중에 있는 비공유 전자쌍에 끌려 이루어지는 분자 간의 강한 인력이다.

예 수소 결합(분자 사이의 인력)

O—H ⋯⋯ O—H
|　　　　|
H　　　　H

① 수소 결합에서 원자와 원자 사이의 결합은 이루어지지 않는다.

05 원자 번호 20인 Ca의 원자량은 40이다. 원자핵의 중성자수는 얼마인가?

① 19　② 20
③ 39　④ 40

해설 원자 번호 20 → 양성자수 20, 전자수 20
원자량 40
원자량＝양성자수＋중성자수
∴ 중성자수＝원자량－양성자수＝40－20＝20

06 원자 번호 3번 Li의 화학적 성질과 비슷한 원소의 원자 번호는?

① 8　② 10
③ 11　④ 18

정답 01.① 02.① 03.③ 04.① 05.② 06.③

해설 $_3$Li은 1족 원소로 알칼리 금속이라 부른다.
알칼리 금속 : $_3$Li, $_{11}$Na, $_{19}$K, $_{37}$Rb, $_{55}$Cs, $_{87}$Fr

07 펜탄(C_5H_{12})은 몇 개의 이성질체가 존재하는가?

① 2개 ② 3개
③ 4개 ④ 5개

해설 펜탄(C_5H_{12})의 이성질체
- n−펜탄 : C − C − C − C − C
- iso−펜탄 : C − C − C − C
  (두 번째 C에 C가 붙음)

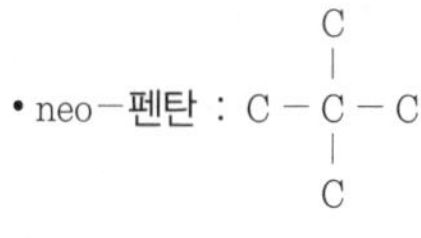

- neo−펜탄 : C − C − C (가운데 C의 위·아래에 C가 붙음)

※
- C − C − C − C는 (끝 C의 위에 C가 붙음)
  n−펜탄이다(끝까지는 회전이 가능함).
- C − C − C − C와 (두 번째 C의 아래에 C가 붙음)
  C − C − C − C는 (세 번째 C의 아래에 C가 붙음)
  iso−펜탄으로 같은 구조이다

08 다음 중 방향족 탄화수소가 아닌 것은?

① 벤젠
② 자일렌
③ 톨루엔
④ 아닐린

해설 탄화수소
㉠ 방향족 탄화수소 : 벤젠 고리를 포함한 고리 모양의 탄화수소이다.
㉡ 탄화수소 : C, H로만 되어 있다.

① 벤젠 : 

② 자일렌(크실렌) : 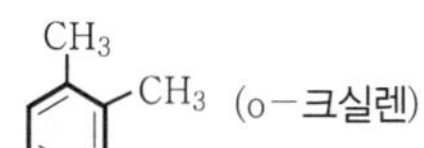

(o−크실렌)

③ 톨루엔 : 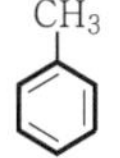

④ 아닐린 : 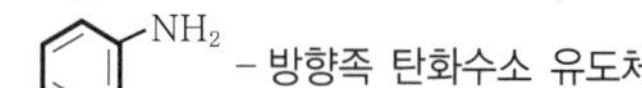

− 방향족 탄화수소 유도체

※ • 방향족 :
• 방향족 탄화수소 : (CH_3)
• 방향족 탄화수소 유도체 : (CH_3, OH)

09 0.1M NaOH 0.5L와 0.2M HCl 0.5L를 혼합한 용액의 몰 농도(M)는?

① 0.05 ② 0.1
③ 0.3 ④ 1

해설 NaOH와 HCl은 염기와 산으로 중화 반응이 일어난다.
$NaOH + HCl \rightleftarrows H_2O + NaCl$
NaOH와 HCl은 1 : 1 반응이지만 농도는 2배 차이가 나므로 혼합 후에 HCl이 0.25L 남는다.
총 부피=0.5L+0.5L=1L
남은 HCl의 mol=0.2M×0.25L=0.05mol
$\therefore M = \frac{\text{용질(mol)}}{\text{용액(L)}} = \frac{0.5\text{mol}}{1\text{L}} = 0.05\text{M}$

10 다음 중 원자에 대한 법칙이 아닌 것은?

① 질량 불변의 법칙
② 일정 성분비의 법칙
③ 기체 반응의 법칙
④ 배수 비례의 법칙

해설 ③ H_2, O_2, N_2 등 기체는 분자이므로 분자에 대한 법칙이다.

11 0℃의 얼음 2g을 100℃의 수증기로 변화시키는 데 필요한 열량은 약 몇 cal인가? (단, 기화 잠열=539cal/g, 융해열=80cal/g)

① 1,209 ② 1,438
③ 1,665 ④ 1,980

해설 열량
Q(열량)$= Q_1$(잠열)$+ Q_2$(현열)$+ Q_3$(잠열)

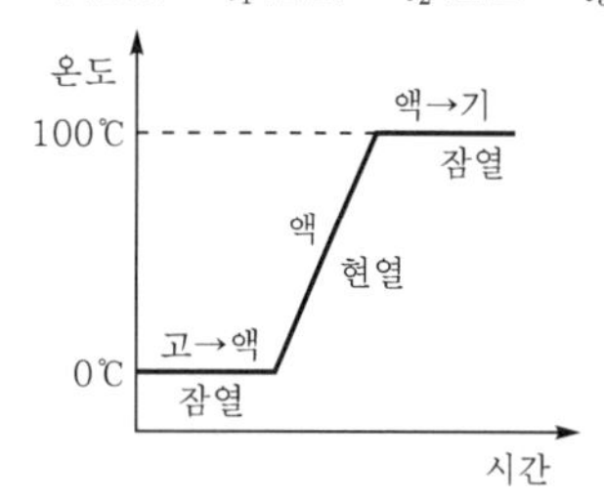

정답 07.② 08.④ 09.① 10.③ 11.②

- 고→액 : 얼음의 융해 잠열⇒80cal/g
- 액→기 : 물의 기화 잠열⇒539cal/g

㉠ 현열 : 상태의 변화 없이 온도가 변화될 때 필요한 열량
$Q=m\cdot c\cdot \Delta t$
여기서, Q : 열량
m : 질량(g)
c : 비열
Δt : 온도 변화(℃)

㉡ 잠열 : 온도의 변화 없이 상태를 변화시키는 데 필요한 열량
$Q=m\cdot \gamma$
여기서, Q : 열량
m : 질량(g)
γ : 잠열

∴ Q=융해열(융해 잠열)+현열+기화 잠열
- 융해열 : 80cal/g×2g=160cal
- 현열 : $Q=m\cdot c\cdot \Delta t$ (물의 비열=1cal/g·℃)
$=2g\times 1cal/g\cdot ℃\times(100℃-0℃)$
$=2g\times 1cal/g\cdot ℃\times 100℃$
$=200cal$
- 기화 잠열 : 539cal/g×2g=1,078cal

∴ $Q=160cal+200cal+1{,}078cal$
$=1{,}438cal$

12 다음 금속 중 이온화 경향이 가장 큰 것은?

① Na ② Mg
③ Ca ④ K

해설 금속의 이온화 경향
K > Ca > Na > Mg > Al > Zn > Fe > Ni > Sn > Pb > (H) > Cu > Hg > Ag > Pt > Au

13 1N NaOH 용액 250mL를 제조하려고 한다. 이때 필요한 NaOH의 양은? (단, NaOH의 분자량=40)

① 0.4g ② 4g
③ 10g ④ 40g

해설 1N NaOH=1M NaOH

$M=\dfrac{용질(mol)}{용액(L)}$

$1M=\dfrac{x(mol)}{0.25L}$

∴ $x=0.25mol$

$0.25mol=\dfrac{y(g)}{40g/mol}$

∴ $y=40g/mol\times 0.25mol=10g$

14 다음 중 산성 산화물은?

① P_2O_5 ② Na_2O
③ MgO ④ CaO

해설 산성 산화물
- 산의 무수물로 간주할 수 있는 산화물로, 물과 화합 시 산소산이 되고 염기와 반응 시 염이 된다.
- 일반적으로 비금속 원소의 산화물이고 CO_2, SiO_2, NO_2, SO_3, P_2O_5 등이 있다.

②, ③, ④ 염기성 산화물(금속 산화물)

15 미지 물질의 분석에서 용액이 강한 산성일 때의 처리 방법으로 가장 옳은 것은?

① 암모니아수로 중화한 후 질산으로 약산성이 되게 한다.
② 질산을 넣어 분석한다.
③ 탄산나트륨으로 중화한 후 처리한다.
④ 그대로 분석한다.

해설 미지 물질 분석 시 용액이 강산성일 경우에는 암모니아수로 중화한 후에 질산으로 약산성이 되게 하는 것이 가장 좋은 방법이다.

16 시안화칼륨을 넣으면 처음에는 흰 침전이 생기나 다시 과량으로 넣으면 흰 침전은 녹아 맑은 용액으로 된다. 이와 같은 성질을 가진 염의 양이온은 어느 것인가?

① Cu^{2+} ② Al^{3+}
③ Zn^{2+} ④ Hg^{2+}

해설 아연염에 시안화칼륨을 넣으면 처음에는 흰색 침전($Zn(CN)_2$)이 생기지만 과량으로 더 넣어 주면 침전이 녹아 다시 맑은 용액으로 된다.

17 "20wt% 소금 용액 $d=1.10g/cm^3$"로 표시된 시약이 있다. 소금의 몰(M) 농도는 얼마인가? (단, d는 밀도이며, Na은 23g, Cl는 35.5g으로 계산한다.)

① 1.54 ② 2.47
③ 3.76 ④ 4.23

정답 12.④ 13.③ 14.① 15.① 16.③ 17.③

해설 $\frac{20g\ 용질}{100g\ 용액} \times \frac{1.10g\ 용액}{1mL\ 용액} \times \frac{1000mL\ 용액}{1L\ 용액} \times \frac{1mol}{58.5g\ 용질} = 3.76M$

18 양이온의 계통적인 분리 검출법에서는 방해 물질을 제거시켜야 한다. 다음 중 방해 물질이 아닌 것은?

① 유기물 ② 옥살산 이온
③ 규산 이온 ④ 암모늄 이온

해설 양이온의 계통적인 분리 검출법에서 방해 물질로 작용하는 것은 유기물, 옥살산 이온($C_2O_4^{2-}$), 규산 이온(SiO_4^{4-}) 등이고, 이 물질들을 제거시켜 주어야 한다.

19 질산나트륨은 20℃ 물 50g에 44g 녹는다. 20℃에서 물에 대한 질산나트륨의 용해도는 얼마인가?

① 22.0 ② 44.0
③ 66.0 ④ 88.0

해설 용해도는 일정한 온도에서 용매 100g에 녹을 수 있는 최대 용질(g)이다.
∴ 물 100g에는 $NaNO_3$가 88g 녹는다.

[별해] 용해도 $= \frac{용질(g)}{용매(g)} \times 100$
$= \frac{44g}{50g} \times 100$
$= 88$

용매(물) 100g일 때의 용해도는 다음과 같다.

$88 = \frac{x(g)}{100g} \times 100$
$\therefore x = 88g$

20 $Hg_2(NO_3)_2$ 용액에 다음과 같은 시약을 가했다. 수은을 유리시킬 수 있는 시약으로만 나열된 것은?

① NH_4OH, $SnCl_2$
② $SnCl_4$, $NaOH$
③ $SnCl_2$, $FeCl_2$
④ $HCHO$, $PbCl_2$

해설 수은을 유리시킬 수 있는 시약 : NH_4OH, $SnCl_2$

- $Hg_2Cl_2 + 6NH_4OH \rightarrow \underset{흰색}{\underline{Hg(NH_2)Cl}} + \underset{검은색}{\underline{Hg}}$
- Hg 확인 반응 : $1N-SnCl_2$ → 흰색, 검은색 침전

21 0.01N HCl 용액 200mL를 NaOH로 적정하니 80.00mL가 소요되었다면, 이때 NaOH의 농도는?

① 0.05N ② 0.025N
③ 0.125N ④ 2.5N

해설 $0.1N \times 200mL = x(N) \times 80mL$
$\therefore x = \frac{0.01 \times 200}{80}$
$= 0.025N$

22 수소 발생 장치를 이용하여 비소를 검출하는 방법은?

① 구차이트 반응
② 추가예프 반응
③ 마시의 시험 반응
④ 베텐도르프 반응

해설 마시의 시험 반응(Marsh test) : 용기에 순수한 Zn 덩어리를 넣고 묽은 황산을 부으면 수소가 발생한다. 이 수소를 염화칼슘관을 통해서 건조시킨 후 경질 유리관에 통과시킨다. 유리관 속의 공기가 발생된 기체로 완전히 치환되면 이 기체에 점화하고 불꽃에 찬 자기를 접촉시킨다. 이 불꽃 속에 시료 용액을 가하면 비소 존재 시 유리되어 자기 표면에 비소 거울을 생성한다.

23 뮤렉사이드(MX) 금속 지시약은 다음 중 어떤 금속 이온의 검출에 사용되는가?

① Ca, Ba, Mg
② Co, Cu, Ni
③ Zn, Cd, Pb
④ Ca, Ba, Sr

해설
- 뮤렉사이드(MX) 금속 지시약 : Co, Cu, Ni의 검출에 사용한다.
- 뮤렉사이드(무렉시드) 지시약은 주로 EDTA 적정 시 사용한다.

정답 18.④ 19.④ 20.① 21.② 22.③ 23.②

24 다음 중 적외선 스펙트럼의 원리로 옳은 것은?

① 핵자기 공명
② 전하 이동 전이
③ 분자 전이 현상
④ 분자의 진동이나 회전 운동

해설 적외선(IR) 스펙트럼은 여러 진동상태 사이의 작은 에너지차가 존재하는 화학 종에서만 일어나며, 분자의 진동이나 회전 운동의 원리로 작용한다.

25 pH meter를 사용하여 산화 · 환원 전위차를 측정할 때 사용되는 지시 전극은?

① 백금 전극 ② 유리 전극
③ 안티몬 전극 ④ 수은 전극

해설 pH 미터는 일반적으로 지시 전극으로는 유리 전극을 사용하고, 산화 · 환원 전극으로는 비활성 금속인 백금 전극을 사용한다.

26 다음 반응식의 표준 전위는 얼마인가? (단, 반응의 표준 환원 전위는 $Ag^+ + e^- \rightleftarrows Ag(s)$, $E° = +0.799V$, $Cd^{2+} + 2e^- \rightleftarrows Cd(s)$, $E° = -0.402V$)

$Cd(s) + 2Ag^+ \rightleftarrows Cd^{2+} + 2Ag(s)$

① +1.201V ② +0.397V
③ +2.000V ④ −1.201V

해설 $Cd(s) + 2Ag^+ \rightleftarrows Cd^{2+} + 2Ag(s)$
$Cd \rightarrow Cd^{2+} + 2e^-$, $E° = +0.402V$
$2Ag^+ + 2e^- \rightarrow 2Ag$, $E° = +0.799V$
∴ 표준 전위 = 0.402V + 0.799V = 1.201V
※ 표준 환원 전위는 전자수가 변해도 불변하는 값이므로, $2e^-$가 되어도 그대로 0.799V이다.

27 적외선 분광 광도계의 흡수 스펙트럼으로부터 유기 물질의 구조를 결정하는 방법 중 카르보닐기가 강한 흡수를 일으키는 파장의 영역은?

① $1,300 \sim 1,000cm^{-1}$ ② $1,820 \sim 1,660cm^{-1}$
③ $3,400 \sim 2400cm^{-1}$ ④ $3,600 \sim 3,300cm^{-1}$

해설 카르보닐기($-\overset{O}{\overset{\|}{C}}-$)의 흡수 파장 영역 :
약 $1,750 \sim 1,700cm^{-1}$ 부근

28 과망간산칼륨($KMnO_4$) 표준 용액 1,000ppm을 이용하여 30ppm의 시료 용액을 제조하고자 한다. 그 방법으로 옳은 것은?

① 3mL를 취하여 메스 플라스크에 넣고 증류수로 채워 10mL가 되게 한다.
② 3mL를 취하여 메스 플라스크에 넣고 증류수로 채워 100mL가 되게 한다.
③ 3mL를 취하여 메스 플라스크에 넣고 증류수로 채워 1,000mL가 되게 한다.
④ 30mL를 취하여 메스 플라스크에 넣고 증류수로 채워 10,000mL가 되게 한다.

해설 $1,000ppm \times 3mL = 30ppm \times x(mL)$
∴ $x = 100mL$

29 용액의 두께가 10cm, 농도가 5mol/L이며 흡광도가 0.2이면 몰 흡광도(L/mol · cm) 계수는?

① 0.001 ② 0.004
③ 0.1 ④ 0.2

해설 $A = \varepsilon bc$
$\varepsilon = \dfrac{A}{bc}$
$= \dfrac{0.2}{10 \times 5} = 0.004L/mol \cdot cm$

30 람베르트 법칙 $T = e^{-kb}$에서 b가 의미하는 것은?

① 농도 ② 상수
③ 용액의 두께 ④ 투과광의 세기

해설 람베르트 법칙 : 흡수층에 입사하는 빛의 세기와 투과광의 세기와의 비율의 로그값은 흡수층의 두께에 비례한다.
$\log_e \dfrac{I_o}{I} = \mu d$

정답 24.④ 25.① 26.① 27.② 28.② 29.② 30.③

여기서, μ : 흡수 계수, d : 흡수층의 두께

$T=\frac{I}{I_o}$ 이므로 위 식을 변형하면

$\log_e = \frac{I}{I_o} = -\mu d$

$\log_e T = -\mu d$

$\therefore\ T = e^{-\mu d}$

$\therefore\ T = e^{-kb}$에서 b는 흡수층의 두께, 즉 용액의 두께가 된다.

31 pH meter의 사용 방법에 대한 설명으로 틀린 것은?

① pH 전극은 사용하기 전에 항상 보정해야 한다.
② pH 측정 전에 전극 유리막은 항상 말라있어야 한다.
③ pH 보정 표준 용액은 미지 시료의 pH를 포함하는 범위이어야 한다.
④ pH 전극 유리막은 정전기가 발생할 수 있으므로 비벼서 닦으면 안 된다.

해설 pH 측정 전에 전극 유리막은 항상 젖어 있어야 하고, 유리막 전극은 보관 시에도 마른 상태가 아닌 용액 속에 보관해야 한다.

32 황산구리 용액을 전기 무게 분석법으로 구리의 양을 분석하려고 한다. 이때 일어나는 반응이 아닌 것은?

① $Cu^{2+} + 2e^- \rightarrow Cu$
② $2H^+ + 2e^- \rightarrow H_2$
③ $2H_2O \rightarrow O_2 + 4H^+ + 4e^-$
④ $SO_4^+ \rightarrow SO_2 + O_2 + 4e^-$

해설 황산구리 용액에서 구리의 양 분석 시 일어나는 반응
- $Cu^{2+} + 2e^- \rightarrow Cu$
- $2H^+ + 2e^- \rightarrow H_2$
- $2H_2O \rightarrow O_2 + 4H^+ + 4e^-$
- $SO_4^- \rightarrow SO_2 + O_2 + 4e^-$

※ 전기 무게 분석법 : 분석 물질을 고체 상태로 작업 전극에 석출시켜 그 무게를 달아 분석하는 것이다.

33 흡광 광도 분석 장치의 구성 순서로 옳은 것은?

① 광원부 – 시료부 – 파장 선택부 – 측광부
② 광원부 – 파장 선택부 – 시료부 – 측광부
③ 광원부 – 시료부 – 측광부 – 파장 선택부
④ 광원부 – 파장 선택부 – 측광부 – 시료부

해설 흡광 광도 분석 장치 구성 순서 : 광원부 – 파장 선택부 – 시료부 – 측광부(검출기 – 신호 처리기)

34 액체 크로마토그래피의 검출기가 아닌 것은?

① UV 흡수 검출기 ② IR 흡수 검출기
③ 전도도 검출기 ④ 이온화 검출기

해설 LC 검출기
- UV 흡수 검출기
- 형광 검출기
- 굴절률 검출기
- 전기 화학 검출기
- 질량 분석 검출기
- IR 흡수 검출기
- 전도도 검출기

35 금속 결합의 특징에 대한 설명으로 틀린 것은?

① 양이온과 자유 전자 사이의 결합이다.
② 열과 전기의 부도체이다.
③ 연성과 전성이 크다.
④ 광택을 가진다.

해설 열과 전기의 부도체는 플라스틱이다.

36 일정한 압력하에서 10℃의 기체가 2배로 팽창하였을 때의 온도는?

① 172℃ ② 293℃
③ 325℃ ④ 487℃

해설 샤를의 법칙을 이용한다.

$\frac{V}{T} = \frac{V'}{T'}$

$\frac{V}{10+273} = \frac{2V}{T'}$

$\frac{1}{283} = \frac{2}{T'}$

$T' = 566$

$\therefore\ t = 566 - 273 = 293℃$

정답 31.② 32.④ 33.② 34.④ 35.② 36.②

37 pH 5인 염산과 pH 10인 수산화나트륨을 어떤 비율로 섞으면 완전 중화가 되는가? (단, 염산 : 수산화나트륨의 비)

① 1 : 2　② 2 : 1
③ 10 : 1　④ 1 : 10

해설 pH 5인 염산의 $[H^+]$ 농도$=10^{-5}$
pH 10인 NaOH의 pOH=4, $[OH^-]$ 농도$=10^{-4}$
NaOH의 $[OH^-]$ 농도가 $[H^+]$ 농도의 10배이므로 pH 7 중성 용액을 만들기 위해서는 다음과 같은 비율이 되어야 한다.
pH 5 HCl의 부피 : pH 10 NaOH의 부피=10 : 1

38 다음 중 비전해질은 어느 것인가?

① NaOH　② HNO_3
③ CH_3COOH　④ C_2H_5OH

해설 NaOH, HNO_3, CH_3COOH는 모두 수용성에서 해리하는 전해질이다.

39 다음 중 상온에서 찬물과 반응하여 심하게 수소를 발생시키는 것은?

① K　② Mg
③ Al　④ Fe

해설 알칼리 금속이 물과 반응하면 수소 기체가 발생한다.
$H_2O(aq) + K(s) \rightarrow KOH(l) + H_2(g)$

40 공업용 NaOH의 순도를 알고자 4.0g을 물에 용해시켜 1L로 하고 그 중 25mL를 취하여 0.1N H_2SO_4로 중화시키는 데 20mL가 소요되었다. 이 NaOH의 순도는 몇 %인가? (단, 원자량은 Na=23, S=32, H=1, O=16이다.)

① 60　② 70
③ 80　④ 90

해설 ① NaOH 몰수=H_2SO_4 몰수=H_2SO_4 농도×H_2SO_4 부피
↑ $0.1 \times 0.02 = 0.002$몰　↑ 0.1N H_2SO_4　↑ 20mL = 0.02L
② NaOH 질량=NaOH 몰수×NaOH 화학식량
$=0.002 \times 40 = 0.08$
③ 순도$=\dfrac{\text{NaOH 질량}}{\text{투입한 공업용 NaOH 질량}} \times 100$
$=\dfrac{0.08}{0.1} \times 100$(4.0g이 물 1L에 녹아 그 중 25mL이므로 0.1g이 시료에 들어있다.)
$=80\%$

41 포화탄화수소에 대한 설명으로 옳은 것은?

① 2중 결합으로 되어 있다.
② 치환 반응을 한다.
③ 첨가 반응을 잘 한다.
④ 기하 이성질체를 갖는다.

해설 포화탄화수소인 Alkane은 치환 반응을 한다. 첨가 반응은 불포화탄화수소들이 잘 한다.

42 다음 중 산성염에 해당하는 것은?

① NH_4Cl　② $CaSO_4$
③ $NaHSO_4$　④ $Mg(OH)Cl$

해설 산성염은 산의 H^+의 일부가 다른 양이온으로 치환되고 H^+이 아직 남아 있는 염이다.
예 $NaHSO_4$, $KHCO_3$, Na_2HPO_4, $NaHCO_3$, NaH_2PO_4 등

43 다음 반응식 중 첨가 반응에 해당하는 것은?

① $3C_2H_2 \rightarrow C_6H_6$
② $C_2H_4 + Br_2 \rightarrow C_2H_4Br_2$
③ $C_2H_5OH \rightarrow C_2H_4 + H_2O$
④ $CH_4 + Cl_2 \rightarrow CH_3Cl + HCl$

해설 브롬수 탈색 반응 : 이중 결합이 풀리면서 적갈색의 브롬 기체가 첨가 반응을 일으켜 탈색된다.
$C_2H_4 + Br_2$(적갈색) $\rightarrow C_2H_4Br_2$(무색)
적갈색을 띠는 브롬수를 통과시키면 이중 결합이나 삼중 결합이 끊어지면서 브롬이 첨가되어 탈색되는 것을 가지고 불포화탄화수소와 포화탄화수소를 구분한다.

44 600K을 랭킨 온도(°R)로 표시하면 얼마인가?

① 327　② 600
③ 1,080　④ 1,112

해설 600K = 273 + ℃
℃ = 327
°F = 1.8 × ℃ + 32 = 1.8 × 327 + 32 = 620.6
°R = 620.6 + 460 = 1080.6
※ 온도 단위 환산
- °F(화씨) = 1.8 × ℃(섭씨) + 32
- K(켈빈 온도) = ℃ + 273
- °R(랭킨 온도) = °F + 460

정답 37.③ 38.④ 39.① 40.③ 41.② 42.③ 43.② 44.③

45 다음 중 방향족 화합물은?

① CH_4 ② C_2H_4
③ C_3H_8 ④ C_6H_6

해설 방향족 화합물은 벤젠 고리를 포함한 고리 모양의 탄화수소이다.

46 다음 중 알칼리 금속에 속하지 않는 것은?

① Li ② Na
③ K ④ Ca

해설 알칼리 금속은 1족 원소에 해당하며, Ca은 알칼리 토금속이다.

47 용액의 끓는점 오름은 어느 농도에 비례하는가?

① 백분율 농도 ② 몰 농도
③ 몰랄 농도 ④ 노르말 농도

해설 끓는점 오름 = 끓는점 오름 상수 × 몰랄 농도

48 염이 수용액에서 전리할 때 생기는 이온의 일부가 물과 반응하여 수산 이온이나 수소 이온을 냄으로써 수용액이 산성이나 염기성을 나타내는 것을 가수분해라 한다. 다음 중 가수분해하여 산성을 나타내는 것은?

① K_2SO_4 ② NH_4Cl
③ NH_4NO_3 ④ CH_3COONa

해설 NH_4Cl의 가수분해
- 이온화 : $NH_4Cl \rightarrow NH_4+ + Cl-$
- 가수분해 : $NH_4^+ + H_2O \rightleftarrows NH3 + H3O+$(약산성)

49 하버-보시법에 의하여 암모니아를 합성하고자 한다. 다음 중 어떠한 반응 조건에서 더 많은 양의 암모니아를 얻을 수 있는가?

$$N_2 + 3H_2 \xrightarrow[\text{촉매}]{} 2NH_3 + \text{열}$$

① 많은 양의 촉매를 가한다.
② 압력을 낮추고 온도를 높인다.
③ 질소와 수소의 분압을 높이고 온도를 낮춘다.
④ 생성되는 암모니아를 제거하고 온도를 높인다.

해설 하버-보시법은 저온·고압에서 암모니아의 수득률이 올라간다는 점을 이용한 공정법이다.

50 $CuSO_4 \cdot 5H_2O$ 중의 Cu를 정량하기 위해 시료 0.5012g을 칭량하여 물에 녹여 KOH를 가했을 때 $Cu(OH)_2$의 청백색 침전이 생긴다. 이때 이론상 KOH는 약 몇 g이 필요한가? (단, 원자량은 각각 Cu=63.54, S=32, O=16, K=39이다.)

① 0.1125
② 0.2250
③ 0.4488
④ 1.0024

해설 $CuSO_4 \cdot 5H_2O$ 0.5012g, 분자량 249.54g, 몰수로 환산하면

$$\frac{0.5012}{249.54} = 2.01 \times 10^{-3}\text{mol}$$

$Cu^{2+} + 2OH \rightarrow Cu(OH)_2$

KOH는 $2.01 \times 10^{-3} \times 2$mol이 필요하다.

g수로 환산하면

$2.01 \times 10^{-3} \times 2 \times 56 = 0.225$g (KOH의 분자량은 56g이므로)

51 다음 금속 이온 중 수용액 상태에서 파란색을 띠는 이온은?

① Rb^{++} ② Co^{++}
③ Mn^{++} ④ Cu^{++}

해설 Cu^{2+}은 수용액 상태에서 파란색을 띤다.

52 양이온 제2족의 구리족에 속하지 않는 것은?

① Bi_2S_3
② CuS
③ CdS
④ Na_2SnS_3

정답 45.④ 46.④ 47.③ 48.② 49.③ 50.② 51.④ 52.④

해설 양이온의 분류

㉠ 제1족 : Pb^{2+}, Hg^{2+}, Ag^{+}

㉡ 제2족

- 구리족 : Pb^{2+}, Bi^{3+}, Cu^{2+}, Cd^{2+}
- 주석족 : As^{3+} 또는 As^{5+}, Sb^{3+} 또는 Sb^{5+}, Sn^{2+} 또는 Sn^{4+}, Hg^{2+}

㉢ 제3족 : Fe^{2+} 또는 Fe^{3+}, Cr^{3+}, Al^{3+}

㉣ 제4족 : Ni^{2+}, Co^{2+}, Mn^{2+}, Zn^{2+}

㉤ 제5족 : Ba^{2+}, Sr^{2+}, Ca^{2+}

㉥ 제6족 : Mg^{2+}, K^{+}, Na^{+}, NH_4^{+}

53 다음 중 붕사 구슬 반응에서 산화 불꽃으로 태울 때 적자색(빨간 자주색)으로 나타나는 양이온은?

① Ni^{+2}　② Mn^{+2}
③ Co^{+2}　④ Fe^{+2}

해설 Mn^{+2} : 적자색(빨간 자주색)

54 광원으로부터 들어온 여러 파장의 빛을 각 파장별로 분산하여 한 가지 색에 해당하는 파장의 빛을 얻어내는 장치는?

① 검출 장치
② 빛 조절관
③ 단색화 장치
④ 색 인식 장치

해설 필터, 프리즘 또는 회절 격자에 의해 임의의 파장 성분에서 분리하는 장치로, 단색화 장치에 대한 설명이다.

55 강산이 피부나 의복에 묻었을 경우 중화시키기 위한 가장 적당한 것은?

① 묽은 암모니아수
② 묽은 아세트산
③ 묽은 황산
④ 글리세린

해설 강산이 묻었을 경우 약하게 희석한 염기로 중화한다.

56 두 가지 이상의 혼합 물질을 단일 성분으로 분리하여 분석하는 기법은?

① 크로마토그래피
② 핵자기 공명 흡수법
③ 전기 무게 분석법
④ 분광 광도법

해설 ② 핵자기 공명 흡수법 : 분석할 화합물을 강한 자기장 속에 넣고 라디오파를 쪼이면서 화합물이 라디오파를 흡수하는 형태를 관찰하여 화합물의 구조를 결정하는 방법
③ 전기 무게 분석법 : 분석 물질을 고체 상태로 작업 전극에 석출시켜 그 무게를 달아 분석하는 것
④ 분광 광도법 : 단색광을 시료 물질에 투사하여 그 시료가 흡수한 빛의 정도를 측정하는 방법

57 다음 중 pH 미터의 보정에 사용하는 용액은?

① 증류수
② 식염수
③ 완충 용액
④ 강산 용액

해설 강산이나 강염기가 들어와도 일정하게 수소 이온 농도를 유지시켜 주는 것을 완충 용액이라 하는데 이는 pH 미터의 보정에 사용된다.

58 유리 기구의 취급에 대한 설명으로 틀린 것은?

① 두꺼운 유리 용기를 급격히 가열하면 파손되므로 불에 서서히 가열한다.
② 유리 기구는 철제, 스테인리스강 등 금속으로 만든 실험 실습 기구와 따로 보관한다.
③ 메스플라스크, 뷰렛, 메스실린더, 피펫 등 눈금이 표시된 유리 기구는 가열하여 건조시킨다.
④ 밀봉한 관이나 마개를 개봉할 때에는 내압이 걸려 있으면 내용물이 분출한다든가 폭발하는 경우가 있으므로 주의한다.

해설 유리 기구는 가열시키지 말고 자연 건조시킨다.

정답 53.② 54.③ 55.① 56.① 57.③ 58.③

59 종이 크로마토그래피법에서 이동도(R_f)를 구하는 식은? (단, C : 기본선과 이온이 나타난 사이의 거리(cm), K : 기본선과 전개 용매가 전개한 곳까지의 거리(cm))

① $R_f = \frac{C}{K}$　② $R_f = C \times K$

③ $R_f = \frac{K}{C}$　④ $R_f = K + C$

해설 종이 크로마토그래피에서 정지상과 이동상은 무엇이며 분리 원리는 어떤 것인지 혼합 색소의 분리를 통해 알아보고 각각의 이동도(R_f) 값을 비교함으로써 미지의 물질을 확인한다.

60 눈으로 감지할 수 있는 가시광선의 파장 범위는?

① 0~190nm　② 200~400nm

③ 400~700nm　④ 1~5m

해설 가시광선은 사람의 눈에 보이는 영역대를 말하며, 파장 범위는 400~700nm이다.

정답 59.① 60.③

CBT 기출복원문제

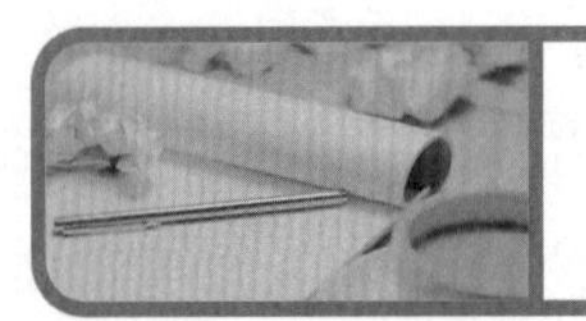

화학분석기능사

제3회 필기시험 ◀▶ 2021년 6월 27일 시행

01 다음 중 같은 족 원소로만 나열된 것은?

① F, Cl, Br ② Li, H, Mg
③ O, N, P ④ Ca, K, B

해설 ① F, Cl, Br－할로겐족 17족 원소
② Li, H－알칼리 금속족 1족 원소
Mg－알칼리 토금속 2족 원소
③ O－16족 원소
N, P－15족 원소
④ Ca－2족 원소
K－1족 원소
B－3족 원소

02 다음 할로겐화수소(halogen halide) 중 산성의 세기가 가장 강한 것은?

① HF ② HCl
③ HBr ④ HI

해설 • 할로겐 원소의 이온화 세기(환원을 잘 시키는) 순서 : F > Cl > Br > I
• 할로겐화수소의 산 세기 : HI > HBr > HCl > HF

03 다음 중 1차(primary) 알코올로 분류되는 것은?

① $(CH_3)_2CHOH$ ② $(CH_3)_3COH$
③ C_2H_5OH ④ $(CH_2)_2Br_2$

해설 • 1차 알코올 : CH_3OH, C_2H_5OH
• 2차 알코올 : $(CH_3)_2CHOH$
• 3차 알코올 : $(CH_3)_3COH$

04 농도를 모르는 황산 25.00mL를 완전히 중화하는 데 0.2몰 수산화나트륨 용액 50.00mL가 필요하였다. 이 황산의 농도는 몇 몰인가?

① 0.1 ② 0.2
③ 0.3 ④ 0.4

해설 $NV=N'V'$
NaOH＝0.2M＝0.2N
$x\times25=0.2\times50$
H_2SO_4＝0.4N＝0.2M

05 다음 중 펠링 용액(Fehling's solution)을 환원시킬 수 있는 물질은?

① CH_3COOH
② CH_3OH
③ C_2H_5OH
④ HCHO

해설 펠링 용액 환원 반응, 은거울 반응 → 알데히드(－CHO)

06 식물에서 클로로필은 어떤 금속 이온과 포르피린과의 착화합물이다. 이 금속 이온은?

① Zn^{2+} ② Mg^{2+}
③ Fe^{2+} ④ Co^{2+}

해설 식물에서 클로로필은 Mg^{2+} 금속 이온과 포르피린과의 착화합물을 만든다.

07 정상적인 조건에서 더 간단한 물질로 쪼개질 수 없는 것으로 물질의 가장 기본적인 단위는?

① 원자
② 원소
③ 화합물
④ 원자핵

해설 원자는 물질을 구성하는 기본적인 입자로 정상적인 조건에서 더 간단한 물질로 쪼개질 수 없다.

정답 01.① 02.④ 03.③ 04.② 05.④ 06.② 07.①

08 표준 상태(0℃, 101.3kPa)에서 1.12L의 부피를 차지하는 기체가 있다. 이 기체의 질량이 1.6g일 때 이 기체의 분자량은?

① 24 ② 32
③ 44 ④ 64

해설 표준 상태에서 1 mol 기체 부피=22.4L

$$\frac{1.12L}{22.4L/mol}=0.05mol=\frac{1.6g}{x(g/mol)}\ x(g/mol)=32g/mol$$

09 NH_3가 물에 녹아 알칼리성을 나타내는 것은 다음 중 무엇 때문인가?

$$NH_3+H_2O \rightleftarrows NH_4^+ + OH^-$$

① NH_3 ② H_2O
③ NH_4^+ ④ OH^-

해설 NH_3가 물에 녹아 알칼리성을 나타내는 것은 OH^-이다.

10 양이온 제1족부터 제5족까지의 혼합액으로부터 양이온 제2족을 분리시키려고 할 때의 액성은 무엇인가?

① 중성
② 알칼리성
③ 산성
④ 액성과는 관계가 없다.

해설 $Mg(OH)_2+2H^+ \rightleftarrows Mg^{2+}+H_2O$
(산성)

11 은법 적정 중 하나인 모르(Mohr) 적정법은 염소 이온(Cl^-)을 질산은($AgNO_3$) 용액으로 적정하면 은 이온과 반응하여 적색 침전을 형성하는 반응이다. 이때 사용하는 지시약은?

① K_2CrO_4 ② Cr_2O_7
③ $KMnO_4$ ④ $Na_2C_2O_4$

해설 은법 적정량 중 하나인 모르(Mohr) 적정법은 염소 이온(Cl^-)을 질산은($AgNO_3$) 용액으로 적정하면 은 이온과 반응하여 적색 침전을 형성한다. 이때 K_2CrO_4의 지시약을 사용한다.

12 용해도의 정의를 가장 바르게 나타낸 것은?

① 용액 100g 중에 녹아 있는 용질의 질량
② 용액 1L 중에 녹아 있는 용질의 몰수
③ 용매 1kg 중에 녹아 있는 용질의 몰수
④ 용매 100g에 녹아서 포화 용액이 되는 데 필요한 용질의 g수

해설 용해도 : 용매 100g에 녹아서 포화 용액이 되는 데 필요한 용질의 g수

13 전위차 적정의 원리식(Nernst식)에서 n은 무엇을 의미하는가?

$$E=E^\circ+\frac{0.0591}{n}\log C$$

① 표준 전위차 ② 단극 전위차
③ 이온 농도 ④ 산화수 변화

해설 Nernst식

$$E=E^\circ+\frac{0.0591}{n}\log C$$

여기서, E° : 표준 전위차
n : 산화수 변화(=반쪽 반응의 전자수)
C : 이온 농도

14 분광 광도계에서 흡광도가 0.300, 시료의 몰흡광계수가 0.02L/mol·cm, 광도의 길이가 1.2cm라면 시료의 농도는 몇 mol/L인가?

① 0.125 ② 1.25
③ 12.5 ④ 125

해설 $A=\varepsilon bC$

$0.3=0.02\ L/mol\cdot cm\times1.2cm\times C$

$$C=\frac{0.3}{0.02L/mol\cdot cm\times1.2cm}=12.5\ mol/L$$

15 가스 크로마토그래피에서 비결합 전자를 갖는 원소 화합물을 분리할 때 주로 사용되는 충전 분리관의 재질은?

① 알루미늄 ② 강철
③ 유리 ④ 구리

정답 08.② 09.④ 10.③ 11.① 12.④ 13.④ 14.③ 15.③

해설 가스 크로마토그래피에서 비결합 전자를 갖는 원소 화합물을 분리할 때 재질은 유리로 된 충전 분리관을 사용한다.

16 Fe^{3+}용액 1 L가 있다. Fe^{3+}를 Fe^{2+}로 환원시키기 위해 48.246C의 전기량을 가하였다. Fe^{2+}의 몰 농도(M)는?

① 0.0005M ② 0.001M
③ 0.05M ④ 1.0M

해설 $q=nF$
(쿨롬 C)=전자 몰수×패러데이 상수
Fe^{2+} 몰수=전자 몰수$=\frac{쿨롬}{F}=\frac{48.246C}{96500C}=0.0005mol$
Fe^{2+} 몰 농도$=\frac{0.0005mol}{1L}=0.0005M$

17 원자 흡수 분광법(AAS)에서 주로 사용하는 광원은?

① X-선(X-ray)
② 적외선(infrared)
③ 마이크로파(microwave)
④ 자외-가시광선(ultraviolet-visible)

해설 원자 흡수 분광법(AAS)에서 주로 사용하는 광원은 자외-가시광선(ultraviolet-visible)이다.

18 다음 물질 중 승화와 관계가 없는 것은?

① 드라이아이스 ② 나프탈렌
③ 알코올 ④ 요오드

해설 승화란 고체가 액체를 거치지 않고 기체로 되는 것 또는 기체가 액체를 거치지 않고 고체로 되는 것이다.

19 원자 번호 7번인 질소(N)는 2p 궤도에 몇 개의 전자를 갖는가?

① 3 ② 5
③ 7 ④ 14

해설 N : $1s^2 2s^2 2p^3$

20 열의 일당량의 값으로 옳은 것은?

① 427kgf · m/kcal
② 539kgf · m/kcal
③ 632kgf · m/kcal
④ 778kgf · m/kcal

해설 1cal=4.184J
9.8N=1kgf(kilogram-force)
9.8N · m=9.8J=1kgf · m
∴ 1kcal=4184J/(9.8J/1kgf · m)=427kgf · m

21 다음 중 요오드포름 반응도 일어나고 은거울 반응도 일어나는 물질은?

① CH_3CHO
② CH_3CH_2OH
③ $HCHO$
④ CH_3COCH_3

해설
- 요오드포름 반응을 하는 물질 : CH_3CHO, CH_3COCH_3, C_2H_5OH, $CH_3CH(OH)CH_3$
- 은거울 반응 : 알데히드(R-CHO) 검출법

22 다음 중 비전해질은 어느 것인가?

① $NaOH$ ② HNO_3
③ CH_3COOH ④ C_2H_5OH

해설 $NaOH$, HNO_3, CH_3COOH는 수용액에서 해리하는 전해질이다.

23 용액의 끓는점 오름은 어느 농도에 비례하는가?

① 백분율 농도
② 몰 농도
③ 몰랄 농도
④ 노르말 농도

해설 총괄성(colligative properties, 어는점 내림, 끓는점 오름, 증기압 강하, 삼투압)은 용질 입자 수의 집합적 효과에 의존한다.

정답 16.① 17.④ 18.③ 19.① 20.① 21.① 22.④ 23.③

24 다음 염소산 화합물의 세기 순서가 옳게 나열된 것은?

① $HOCl > HClO_2 > HClO_3 > HClO_4$
② $HClO_4 > HOCl > HClO_3 > HClO_2$
③ $HClO_4 > HClO_3 > HClO_2 > HOCl$
④ $HOCl > HClO_3 > HClO_2 > HClO_4$

해설 염소산 화합물의 세기 : 과염소산 > 염소산 > 아염소산 > 차아염소산

25 다음 반응에서 침전물의 색깔은?

$$Pb(NO_3)_2 + K_2CrO_4 \rightarrow PbCrO_4 \downarrow + 2KNO_3$$

① 검은색　② 빨간색
③ 흰색　④ 노란색

해설 $PbCrO_4$(크롬산납)↓ : 노란색

26 기체의 용해도에 대한 설명으로 옳은 것은?

① 질소는 물에 잘 녹는다.
② 무극성인 기체는 물에 잘 녹는다.
③ 기체는 온도가 올라가면 물에 녹기 쉽다.
④ 기체의 용해도는 압력에 비례한다.

해설 ① 질소는 물에 약간 녹는다.
② 무극성인 기체는 물에 녹지 않는다.
③ 기체는 온도가 올라가면 물에 녹기 어렵다.

27 메탄올(CH_3OH, 밀도 0.8g/mL) 25mL를 클로로포름에 녹여 500mL를 만들었다. 용액 중의 메탄올의 몰 농도(M)는 얼마인가?

① 0.16
② 1.6
③ 0.13
④ 1.25

해설 $\frac{(0.8g/mL \times 25mL)/32g/mol}{500mL} \times (1000mL/1L)$
$= 1.25mol/L$

28 유리 기구의 취급 방법에 대한 설명으로 틀린 것은?

① 유리 기구를 세척할 때에는 중크롬산칼륨과 황산의 혼합 용액을 사용한다.
② 유리 기구와 철제, 스테인리스강 등 금속으로 만들어진 실험 실습 기구는 같이 보관한다.
③ 메스플라스크, 뷰렛, 메스실린더, 피펫 등 눈금이 표시된 유리 기구는 가열하지 않는다.
④ 깨끗이 세척된 유리 기구는 유리 기구의 벽에 물방울이 없으며, 깨끗이 세척되지 않은 유리 기구의 벽은 물방울이 남아 있다.

해설 유리 기구를 금속 기구와 같이 보관하면 깨지기 쉽다.

29 가스 크로마토그래피(GC)에서 운반 가스로 주로 사용되는 것은?

① O_2, H_2
② O_2, N_2
③ He, Ar
④ CO_2, CO

해설 화학적으로 반응성이 없는 운반 기체를 사용한다.

30 다음 (　)에 들어갈 용어는?

> 점성 유체의 흐르는 모양, 또는 유체 역학적인 문제에 있어서는 점도를 그 상태의 유체 (　)로 나눈 양에 지배되므로 이 양을 동점도라 한다.

① 밀도　② 부피
③ 압력　④ 온도

해설 유체의 점도를 그 유체의 질량 밀도로 나눈 값이며, 단위는 m^2/s, cm^2/s를 사용한다.

정답 24.③ 25.④ 26.④ 27.④ 28.② 29.③ 30.①

31 적외선 흡수 스펙트럼의 $1,700cm^{-1}$ 부근에서 강한 신축 진동(stretching vibration) 피크를 나타내는 물질은?

① 아세틸렌　② 아세톤
③ 메탄　④ 에탄올

해설 $1,700cm^{-1}$ 부근에서의 신축 진동은 C=O를 나타낸다.

32 분광 광도계의 광원 중 중수소 램프는 어느 범위에서 사용하는 광원인가?

① 자외선　② 가시광선
③ 적외선　④ 감마선

해설 중수소 아크 램프(deuterium arc lamp)는 자외선 분광법에서 사용된다.

33 옷, 종이, 고무, 플라스틱 등의 화재로, 소화 방법으로는 주로 물을 뿌리는 방법이 많이 이용되는 화재는?

① A급 화재　② B급 화재
③ C급 화재　④ D급 화재

해설
- A급 화재 : 종이, 섬유, 목재
- B급 화재 : 유류 및 가스
- C급 화재 : 전기
- D급 화재 : 금속분, 박, 리본

34 가스 크로마토그래피의 주요부가 아닌 것은?

① 시료 주입부
② 운반 기체부
③ 시료 원자화부
④ 데이터 처리 장치

해설 가스 크로마토그래피의 주요 장치로는 운반 기체 공급기, 유량계, 전기 오븐, 분리관, 데이터 처리 장치가 있다.
- 운반 기체 공급기 : 운반 기체는 단지 용질만을 이동시키는 역할을 하여 화학적 반응성이 없는 He, N_2, H_2를 이용한다.
- 시료 주입 장치 : 적당량의 시료를 짧은 기체 층으로 주입시 칼럼 효율이 좋아지고, 많은 양의 시료를 서서히 주입 시 분리능이 떨어진다.

35 분석하려는 시료 용액에 음극과 양극을 담근 후 음극의 금속을 전기 화학적으로 도금하여 전해 전·후의 음극 무게 차이로부터 시료에 있는 금속의 양을 계산하는 분석법은?

① 전위차법(potentiometry)
② 전해 무게 분석법(electrogravimetry)
③ 전기량법(coulometry)
④ 전압 전류법(voltammetry)

해설 ① 전위차법 : 전류가 거의 흐르지 않은 상태에서 전지 전위를 측정하여 분석에 이용하는 방법(기준 전극, 지시 전극 및 전지 전위 측정 기기가 필요)이다.
③ 전기량법 : 한 분석물을 충분한 시간 동안 완전히 산화 또는 환원시키는 데 필요한 전기량을 측정하는 방법으로, 사용된 전기량이 분석물의 양에 비례한다. 종류로는 일정 전위 전기량법, 일정 전류 전기량법 또는 전기량법 적정이 있다.
④ 전압 전류법 : 편극된 상태에 있는 작업 전극의 전위를 기준 전극에 대해 시간에 따라 여러 방식으로 변화시키면서 전류를 측정하는 방법이다.

36 다음 중 이상 기체의 성질과 가장 가까운 기체는?

① 헬륨　② 산소
③ 질소　④ 메탄

해설 이상 기체에 가까워지는 조건
㉠ 온도는 높고 압력은 낮아야 한다.
㉡ 분자 크기는 작아야 한다.
㉢ 분자 간 인력이 작아야 한다.
∴ He이 이상 기체에 가장 가깝다.

37 산화시키면 카르복실산이 되고, 환원시키면 알코올이 되는 것은?

① C_2H_5OH
② $C_2H_5OC_2H_5$
③ CH_3CHO
④ CH_3COCH_3

해설 $C_2H_5OH \underset{\text{환원}}{\overset{\text{산화}}{\rightleftharpoons}} CH_3CHO \underset{\text{환원}}{\overset{\text{산화}}{\rightleftharpoons}} CH_3COOH$

아세트알데히드

정답 31.② 32.① 33.① 34.③ 35.② 36.① 37.③

38 에틸알코올의 화학 기호는?

① C_2H_5OH ② C_6H_5OH
③ HCHO ④ CH_3COCH_3

해설 ① C_2H_5OH : 에틸알코올=에탄올
② C_6H_5OH : 페놀
③ HCHO : 포름알데히드
④ CH_3COCH_3 : 아세톤

39 가수분해 생성물이 포도당과 과당인 것은?

① 맥아당 ② 설탕
③ 젖당 ④ 글리코겐

해설

탄수화물 이름		분자식	가수분해 생성물	수용성
단당류	포도당	$C_6H_{12}O_6$	가수분해 없음	녹음
	과당			
	갈락토오스			
이당류	설탕	$C_{12}H_{22}O_{11}$	포도당+과당	녹음
	맥아당 (엿당)		포도당+포도당	
	젖당		포도당 +갈락토오스	
다당류 (천연 고분자)	녹말	$(C_6H_{10}O_5)_n$	포도당	잘 안 녹음
	셀룰로오스			
	글리코겐			

∴ 포도당+과당=설탕

40 LiH에 대한 설명 중 옳은 것은?

① Li_2H, Li_3H 등의 화합물이 존재한다.
② 물과 반응하여 O_2 기체를 발생시킨다.
③ 아주 안정한 물질이다.
④ 수용액의 액성은 염기성이다.

해설 ① Li_2H, Li_3H는 존재하지 않는다.
Li은 1가 양이온이고 H도 1가 음이온(알칼리 금속과 결합 시 1개의 음이온으로 작용)이므로 1 : 1 결합한다.
② 물과 반응 시 H_2 기체가 발생한다.
③ 수소화물 중에서는 가장 안정하지만, 일반적으로 볼 때 Li은 안정한 물질이 아니며 반응성이 매우 크다.
④ 수용액의 액성은 염기성이다.
$LiH+H_2O \rightarrow \underline{LiOH}+H_2\uparrow$ (LiOH: 염기)

41 요소 비료 중에 포함된 질소의 함량은 몇 %인가? (단, C=12, N=14, O=16, H=1)

① 44.7 ② 45.7
③ 46.7 ④ 47.7

해설 요소 비료(MW=60) :

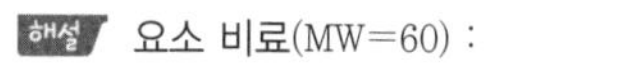

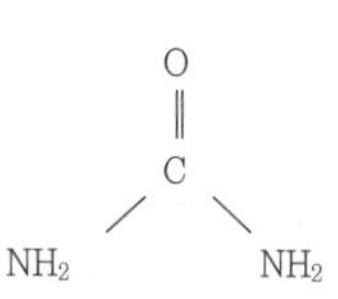

$$N의\ 함량(\%)=\frac{N의\ 원자량\times N의\ 개수}{요소의\ 분자량}\times 100$$
$$=\frac{14\times 2}{60}\times 100$$
$$=46.7\%$$

42 10g의 프로판이 연소하면 몇 g의 CO_2가 발생하는가? (단, 반응식은 $C_3H_8+5O_2 \rightleftarrows 3CO_2+4H_2O$, 원자량은 C=12, O=16, H=1이다.)

① 25 ② 27
③ 30 ④ 33

해설 $C_3H_8 + 5O_2 \rightleftarrows 3CO_2 + 4H_2O$
10g　　　　x(g)
↓
$$\frac{10g}{44g/mol}\times 0.227mol$$
$x = 3\times 0.227mol = 0.681mol$
$$\therefore\ 0.681\,mol\times\frac{44g}{1mol}=30g$$

43 0.4g의 NaOH를 물에 녹여 1L의 용액을 만들었다. 이 용액의 몰 농도는 얼마인가?

① 1M ② 0.1M
③ 0.01M ④ 0.001M

해설 $$M=\frac{용질(mol)}{용액(L)}$$
NaOH=40g/mol이므로
$$NaOH(mol)=\frac{0.4g}{40g/mol}=0.01mol$$
$$\therefore\ M=\frac{0.01mol}{1L}=0.01M$$

정답 38.① 39.② 40.④ 41.③ 42.③ 43.③

44 침전 적정에서 Ag^+에 의한 은법 적정 중 지시약법이 아닌 것은?

① Mohr법
② Fajans법
③ Volhard법
④ 네펠로법(nephelometry)

해설 네펠로법 : 혼탁 입자들에 의해 산란도를 측정하는 방법으로 탁도 측정 방법 중 기기 분석법에 속한다.

45 다음 반응에서 반응계에 압력을 증가시켰을 때 평형이 이동하는 방향은?

$$2SO_2 + O_2 \rightleftarrows 2SO_3$$

① SO_3가 많이 생성되는 방향
② SO_3가 감소되는 방향
③ SO_2가 많이 생성되는 방향
④ 이동이 없다.

해설 압력이 증가하면 몰수가 작은 곳으로 평형 이동한다.
반응물 : 2+1=3
생성물 : 2
∴ 반응물→생성물인 정반응으로 평형 이동한다(SO_3 생성 방향).

46 제2족 구리족 양이온과 제2족 주석족 양이온을 분리하는 시약은?

① HCl ② H_2S
③ Na_2S ④ $(NH_4)_2CO_3$

해설 제2족 구리족 양이온과 제2족 주석족 양이온의 분리 시약 : H_2S
※ • 구리족 : Pb^{2+}, Bi^{3+}, Cu^{2+}, Cd^{2+}
• 주석족 : Hg^{2+}, As^{3+}, As^{5+}, Sb^{3+}, Sb^{5+}, Sn^{2+}, Sn^{4+}

47 파장의 길이 단위인 1Å과 같은 길이는?

① 1nm ② 0.1μm
③ 0.1nm ④ 100nm

해설 10Å=1nm이므로, 1Å=0.1nm이다(1Å=10^{-10}m).

48 pH 미터에 사용하는 유리 전극에는 어떤 용액이 채워져 있는가?

① pH 7의 NaOH 불포화 용액
② pH 10의 NaOH 포화 용액
③ pH 7의 KCl 포화 용액
④ pH 10의 KCl 포화 용액

해설 유리 전극에 사용하는 용액은 pH 7의 KCl 포화 용액이다(단기간 보관 시 pH 7 KCl 용액 사용).

49 기체 크로마토그래피에서 시료 주입구의 온도 설정으로 옳은 것은?

① 시료 중 휘발성이 가장 높은 성분의 끓는점보다 20℃ 낮게 설정
② 시료 중 휘발성이 가장 높은 성분의 끓는점보다 50℃ 높게 설정
③ 시료 중 휘발성이 가장 낮은 성분의 끓는점보다 20℃ 낮게 설정
④ 시료 중 휘발성이 가장 낮은 성분의 끓는점보다 50℃ 높게 설정

해설 GC에서 시료 주입구의 온도는 시료 중 휘발성이 가장 낮은 성분의 끓는점보다 50℃ 높게 설정한다.
• 시료 주입구의 온도가 시료의 b.p.보다 아주 높게 되면 분석 시료가 분해되어 시료 손상이 일어난다.
• 온도가 b.p.보다 낮게 되면 시료 주입구에서 응축이 일어나 오차가 발생한다.

50 가스 크로마토그래피의 정량 분석에 일반적으로 사용되는 방법은?

① 크로마토그램의 무게
② 크로마토그램의 면적
③ 크로마토그램의 높이
④ 크로마토그램의 머무름 시간

해설 가스 크로마토그래피
• 정성 분석 : 머무름 시간을 이용한다.
• 정량 분석 : 크로마토그램의 면적을 이용한다.

정답 44.④ 45.① 46.② 47.③ 48.③ 49.④ 50.②

51 다음 중 물질의 특징에 대한 설명으로 틀린 것은?

① 염산은 공기 중에 방치하면 염화수소 가스를 발생시킨다.
② 과산화물에 열을 가하면 산소를 발생시킨다.
③ 마그네슘 가루는 공기 중의 습기와 반응하여 자연 발화한다.
④ 흰인은 공기 중의 산소와 화합하지 않는다.

해설 ④ 백린(황린)은 상온에서 산화한다(상온에서 자연 발화함. 34℃ 전·후).

52 가시광선의 파장 영역으로 가장 옳은 것은?

① 400nm 이하 ② 400~800nm
③ 800~1,200nm ④ 1,200nm 이상

해설 가시광선은 사람의 눈에 보이는 영역대를 말하며, 파장은 약 400nm~800nm이다.

53 다음 전기 회로에서 전류는 몇 암페어(A)인가?

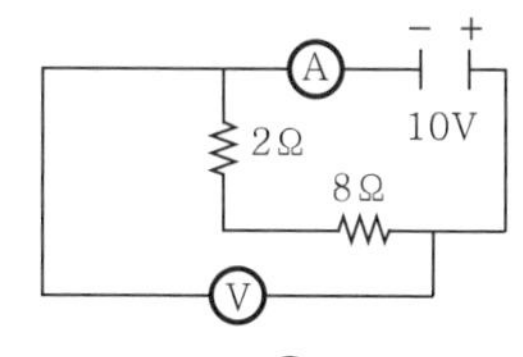

① 0.5 ② 1
③ 2.8 ④ 5

해설 $V = IR$
$10 = I(2+8)$
$\therefore I = 1\text{A}$

54 원자 흡수 분광계에서 속빈 음극 램프의 음극 물질로 Li이나 As를 사용할 경우 충전 기체로 가장 적당한 것은?

① Ne ② Ar
③ He ④ H_2

해설 비활성 기체로 Ar이 적당하다.

55 전위차 적정법에서 종말점을 찾을 수 있는 가장 좋은 방법은?

① 전위차를 세로 축으로, 적정 용액의 부피를 가로 축으로 해서 그래프를 그린다.
② 일정 적하량당 기전력의 변화율이 최대로 되는 점부터 구한다.
③ 지시약을 사용하여 변색 범위에서 적정 용액을 넣어 종말점을 찾는다.
④ 전위차를 계산하여 필요한 적정 용액의 mL 수를 구한다.

해설 전위차 적정법은 당량점 가까이에서 용액의 전위차 변화가 생기는 것을 말하는 것으로, 일정 적하량당 기전력의 변화로 구한다.

56 분광 광도계의 시료 흡수 용기 중 자외선 영역에서 셀이 적합한 것은?

① 석영 셀 ② 유리 셀
③ 플라스틱 셀 ④ KBr 셀

해설 시료 셀
㉠ 자외선 : 석영, 용융 실리카
㉡ 가시선 : 플라스틱, 유리
㉢ 적외선 : NaCl, KBr로 만든 셀

57 적외선 분광 광도계에 의한 고체 시료의 분석 방법 중 시료의 취급 방법이 아닌 것은?

① 용액법
② 페이스트(paste)법
③ 기화법
④ KBr 정제법

해설 적외선 분광 광도계 고체 시료의 분석 방법 중 취급 방법
㉠ 용액법
㉡ 페이스트(paste)법
㉢ KBr 정제법

58 다음 중 에너지가 가장 큰 것은?

① 적외선 ② 자외선
③ X－선 ④ 가시광선

정답 51.④ 52.② 53.② 54.② 55.② 56.① 57.③ 58.③

해설

$E = h\nu = h \cdot \dfrac{c}{\lambda}$

$E \propto \dfrac{1}{\lambda}$

λ
nm

0	200	400	780	10^5	10^8
X-ray	UV	Vis	IR	MW	
	자외선	가시광선	적외선	마이크로파	

59 다음 크로마토그래피 구성 중 가스 크로마토그래피에는 없고 액체 크로마토그래피에는 있는 것은?

① 펌프 ② 검출기
③ 주입구 ④ 기록계

해설
- 가스 크로마토그래피 : 주입구 – 기록계 – 검출기
- 액체 크로마토그래피 : 펌프 – 주입구 – 기록계 – 검출기

60 다음 중 가스 크로마토그래피용 검출기가 아닌 것은?

① FID(Flame Ionization Detector)
② ECD(Electron Capture Detector)
③ DAD(Diode Array Detector)
④ TCD(Thermal Conductivity Detector)

해설 HPLC에서 사용하는 것이 DAD이다. DAD는 스캔 형식으로 파장을 측정하여 스캔한다.

정답 59.① 60.③

CBT 기출복원문제

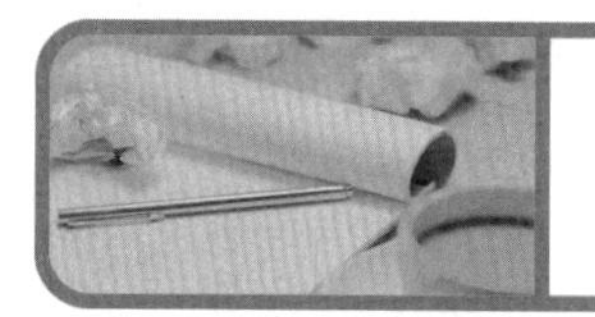

화학분석기능사

제1회 필기시험 ◂▸ 2022년 1월 23일 시행

01 탄소족 원소로서 반도체 산업의 핵심 재료로 사용되며, 최근 친환경 농업에도 활용되고 있는 원소는?

① C ② Ge
③ Se ④ Sn

해설 ① 탄소 : 탄소족 원소
② 게르마늄 : 탄소족 원소(반도체 산업의 핵심 재료로 사용되며, 최근 친환경 농업에도 활용되고 있는 원소)
③ 셀렌 : 산소족 원소
④ 주석 : 탄소족 원소

02 원소의 주기율에 대한 설명으로 틀린 것은?

① 최외각 전자는 족을 결정하고, 전자 껍질은 주기를 결정한다.
② 금속 원자는 최외각에 전자를 받아들여 음이온이 되려는 성질이 있다.
③ 이온화 경향이 큰 금속은 산과 반응하여 수소를 발생한다.
④ 같은 족에서 원자 번호가 클수록 금속성이 증가한다.

해설 금속 원자는 최외각 전자를 내보내 양이온이 되려는 성질이 있다.

03 다음 중 1차(primary) 알코올로 분류되는 것은?

① $(CH_3)_2CHOH$ ② $(CH_3)_3COH$
③ C_2H_5OH ④ $(CH_2)_2Br_2$

해설
- 1차 알코올 : CH_3OH, C_2H_5OH
- 2차 알코올 : $(CH_3)_2CHOH$
- 3차 알코올 : $(CH_3)_3COH$

04 다음 중 같은 족 원소로만 나열된 것은?

① F, Cl, Br
② Li, H, Mg
③ O, N, P
④ Ca, K, B

해설 ① F, Cl, Br－할로겐족 17족 원소
② Li, H－알칼리 금속족 1족 원소
Mg－알칼리 토금속족 2족 원소
③ O－16족 원소
N, P－15족 원소
④ Ca-2족 원소
K-1족 원소
B-3족 원소

05 다음 할로겐화수소(halogen halide) 중 산성의 세기가 가장 강한 것은?

① HF ② HCl
③ HBr ④ HI

해설
- 할로겐 원소의 이온화 세기(환원을 잘 시키는) 순서 : F > Cl > Br > I
- 할로겐화수소의 산 세기 : HI > HBr > HCl > HF

06 공유 결합 분자의 기하학적인 모양을 예측할 수 있는 판단의 근거가 되는 것은?

① 원자가전자의 수
② 전자 친화도의 차이
③ 원자량의 크기
④ 전자쌍 반발의 원리

해설 공유 결합 분자의 기하학적인 모양의 예측은 전자쌍 반발의 원리를 근거로 판단할 수 있다.

정답 01.② 02.② 03.③ 04.① 05.④ 06.④

07 농도를 모르는 황산 25.00mL를 완전히 중화하는 데 0.2몰 수산화나트륨 용액 50.00mL가 필요하였다. 이 황산의 농도는 몇 몰인가?

① 0.1　② 0.2
③ 0.3　④ 0.4

해설 $NV=N'V'$
NaOH=0.2M=0.2N
$x\times 25=0.2\times 50$
H_2SO_4=0.4N=0.2M

08 다음 중 펠링 용액(Fehling's solution)을 환원시킬 수 있는 물질은?

① CH_3COOH　② CH_3OH
③ C_2H_5OH　④ HCHO

해설 펠링 용액 환원 반응, 은거울 반응 → 알데히드(−CHO)

09 식물에서 클로로필은 어떤 금속 이온과 포르피린과의 착화합물이다. 이 금속 이온은?

① Zn^{2+}　② Mg^{2+}
③ Fe^{2+}　④ Co^{2+}

해설 식물에서 클로로필은 Mg^{2+} 금속 이온과 포르피린과의 착화합물을 만든다.

10 녹는점에서 고체 1g을 모두 녹이는 데 필요한 열량을 융해열이라 하고 그 물질 1몰의 융해열을 몰 융해열이라 하는데 얼음의 몰 융해열은 몇 kJ/mol인가?

① 0.34　② 6.03
③ 18　④ 539

해설 얼음의 몰 융해열은 6.03kJ/mol이다.

11 정상적인 조건에서 더 간단한 물질로 쪼개질 수 없는 것으로 물질의 가장 기본적인 단위는?

① 원자　② 원소
③ 화합물　④ 원자핵

해설 원자는 정상적인 조건에서 더 간단한 물질로 쪼개질 수 없다.

12 전기 음성도가 비슷한 비금속 사이에서 주로 일어나는 결합은?

① 이온 결합　② 공유 결합
③ 배위 결합　④ 수소 결합

해설 ① 양이온과 음이온의 결합(금속 이온과 비금속 이온 사이의 결합(예 NaCl)
② 비금속 원소 사이의 결합(예 CO_2)
③ 공유할 전자쌍을 한쪽 원자에서만 일방적으로 제공하는 형식의 공유 결합

$$\left(\text{예}\ \left[\begin{array}{c} H \\ \cdot\cdot \\ H : N : H \\ \cdot\cdot \\ H \end{array}\right]^+\right)$$

④ 수소와 F, O, N 원소 사이의 강한 결합(예 H_2O)

13 표준 상태(0℃, 101.3kPa)에서 1.12L의 부피를 차지하는 기체가 있다. 이 기체의 질량이 1.6g일 때 이 기체의 분자량은?

① 24　② 32
③ 44　④ 64

해설 표준 상태에서 1mol 기체 부피=22.4L

$$\frac{1.12L}{22.4L/mol}=0.05mol=\frac{1.6g}{x(g/mol)}\ x(g/mol)=32g/mol$$

14 NH_3가 물에 녹아 알칼리성을 나타내는 것은 다음 중 무엇 때문인가?

$$NH_3+H_2O \rightleftarrows NH_4^+ + OH^-$$

① NH_3　② H_2O
③ NH_4^+　④ OH^-

해설 NH_3가 물에 녹아 알칼리성을 나타내는 것은 OH^-이다.

15 암모늄염 중 암모니아 적정에서 암모니아가 완전히 추출되었는지를 확인하는 데 사용되는 것은?

① 황산암모늄　② 네슬러 시약
③ 톨렌 시약　④ 킬레이트 시약

해설 네슬러 시약 : 암모니아 적정에서 암모니아가 완전히 추출되었는지를 확인한다.

정답 07.② 08.④ 09.② 10.② 11.① 12.② 13.② 14.④ 15.②

16 양이온 제1족부터 제5족까지의 혼합액으로부터 양이온 제2족을 분리시키려고 할 때의 액성은 무엇인가?

① 중성
② 알칼리성
③ 산성
④ 액성과는 관계가 없다.

해설 $Mg(OH)_2 + 2H^+ \rightleftarrows Mg^{2+} + H_2O$
(산성)

17 산화 · 환원 적정법 중의 하나인 요오드 적정법에서는 산화제인 요오드(I_2) 자체만의 색으로 종말점을 확인하기가 어려우므로 지시약을 사용한다. 이때 사용하는 지시약은 어느 것인가?

① 전분(starch)
② 과망간산칼륨($KMnO_4$)
③ EBT(에리오크롬 블랙 T)
④ 페놀프탈레인(phenolphthalene)

해설 산화 · 환원 적정법 중의 하나인 요오드 적정법에서는 산화제인 요오드(I_2) 자체만의 색으로 종말점을 확인하기가 어려우므로 전분(starch) 지시약을 사용한다.

18 은법 적정 중 하나인 모르(Mohr) 적정법은 염소 이온(Cl^-)을 질산은($AgNO_3$) 용액으로 적정하면 은 이온과 반응하여 적색 침전을 형성하는 반응이다. 이때 사용하는 지시약은?

① K_2CrO_4 ② Cr_2O_7
③ $KMnO_4$ ④ $Na_2C_2O_4$

해설 은법 적정량 중 하나인 모르(Mohr) 적정법은 염소 이온(Cl^-)을 질산은($AgNO_3$) 용액으로 적정하면 은 이온과 반응하여 적색 침전을 형성한다. 이때 K_2CrO_4의 지시약을 사용한다.

19 $AgNO_3$ 수용액과 반응하여 흰색 침전을 생성하는 할로겐(halogen) 이온은?

① F^- ② Cl^-
③ Br^- ④ I^-

해설 $AgNO_3$ 수용액과 반응하여 흰색 침전을 생성하는 것은 Cl^- 이온이다.

20 용해도의 정의를 가장 바르게 나타낸 것은?

① 용액 100g 중에 녹아 있는 용질의 질량
② 용액 1L 중에 녹아 있는 용질의 몰수
③ 용매 1kg 중에 녹아 있는 용질의 몰수
④ 용매 100g에 녹아서 포화 용액이 되는 데 필요한 용질의 g수

해설 용해도 : 용매 100g에 녹아서 포화 용액이 되는 데 필요한 용질의 g수

21 어떤 용액의 전도도를 측정하였더니 0.5℧이었다. 이 용액의 저항은?

① 0.5Ω ② 1Ω
③ 1.5Ω ④ 2Ω

해설 $저항 = \frac{1}{전도도} = \frac{1}{0.5℧} = 2\Omega$

22 전위차 적정의 원리식(Nernst식)에서 n은 무엇을 의미하는가?

$$E = E^\circ + \frac{0.0591}{n}\log C$$

① 표준 전위차 ② 단극 전위차
③ 이온 농도 ④ 산화수 변화

해설 Nernst식

$$E = E^\circ + \frac{0.0591}{n}\log C$$

여기서, E° : 표준 전위차
n : 산화수 변화(=반쪽 반응의 전자수)
C : 이온 농도

23 글리세린을 20℃에서 점도를 측정하였더니 2,300cP였다. 동점도(ν)로는 약 몇 Stokes인가? (단, 글리세린의 밀도=1.6g/cm^{3}임.)

① 1.44 ② 14.38
③ 3.68 ④ 36.8

해설 $동점도(\nu) = \frac{점도(\mu)}{밀도(\rho)} = \frac{2{,}300\,cP}{1.6\,g/cm^3} = \frac{23\,P}{1.6\,g/cm^3}$
$= 14.375\,Stokes \fallingdotseq 14.38\,Stokes$

정답	16.③	17.①	18.①	19.②	20.④	21.④	22.④	23.②

24 다음 중 가장 에너지가 큰 것은?

① 적외선　② 자외선
③ X-선　④ 가시광선

해설 $E = h\nu = h\frac{c}{\lambda}$

$E \propto \frac{1}{\lambda}$

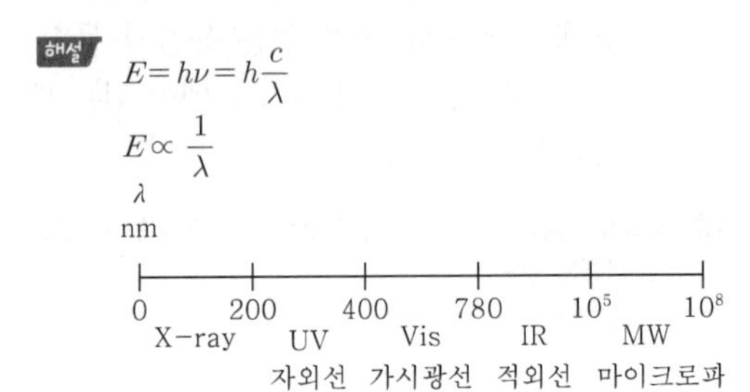

25 분광 광도계에서 흡광도가 0.300, 시료의 몰 흡광계수가 0.02L/mol · cm, 광도의 길이가 1.2cm라면 시료의 농도는 몇 mol/L인가?

① 0.125　② 1.25
③ 12.5　④ 125

해설 $A = \varepsilon bC$

$0.3 = 0.02\text{L/mol}\cdot\text{cm} \times 1.2\text{cm} \times C$

$C = \frac{0.3}{0.02\text{L/mol}\cdot\text{cm} \times 1.2\text{cm}} = 12.5\text{mol/L}$

26 가스 크로마토그래피에서 비결합 전자를 갖는 원소 화합물을 분리할 때 주로 사용되는 충전 분리관의 재질은?

① 알루미늄　② 강철
③ 유리　④ 구리

해설 가스 크로마토그래피에서 비결합 전자를 갖는 원소 화합물을 분리할 때 재질은 유리로 된 충전 분리관을 사용한다.

27 흡수 분광법에서 정량 분석의 기본이 되는 법칙은?

① 람베르트-비어의 법칙
② 훈트의 법칙
③ 뉴턴의 법칙
④ 패러데이의 법칙

해설 람베르트-비어의 법칙은 흡수 분광법에서 정량 분석의 기본이 되는 법칙이다.

28 Fe^{3+}용액 1L가 있다. Fe^{3+}를 Fe^{2+}로 환원시키기 위해 48.246C의 전기량을 가하였다. Fe^{2+}의 몰 농도(M)는?

① 0.0005M
② 0.001M
③ 0.05M
④ 1.0M

해설 $q = nF$

(쿨롬 C)=전자 몰수×패러데이 상수

Fe^{2+} 몰수=전자 몰수$=\frac{\text{쿨롬}}{F}=\frac{48.246\text{C}}{96500\text{C}}$

$=0.0005\text{mol}$

Fe^{2+} 몰 농도$=\frac{0.0005\text{mol}}{1\text{L}}=0.0005\text{M}$

29 가스 크로마토그래피 검출기 중 유기 화합물이 수소-공기의 불꽃 속에서 탈 때 생성되는 이온을 검출하는 검출기는?

① TCD
② ECD
③ FID
④ AED

해설 FID : 유기 화합물이 수소-공기의 불꽃 속에서 탈 때 생성되는 이온을 검출하는 검출기

30 산과 염기의 농도 분석을 전위차법으로 할 때 사용하는 전극은?

① 은 전극-유리 전극
② 백금 전극-유리 전극
③ 포화 칼로멜 전극-은 전극
④ 포화 칼로멜 전극-유리 전극

해설 산과 염기의 농도 분석을 전위차법으로 할 때 사용하는 전극은 포화 칼로멜 전극-유리 전극이다.

정답 24.③ 25.③ 26.③ 27.① 28.① 29.③ 30.④

31 다음 물질 중 승화와 관계가 없는 것은?

① 드라이아이스 ② 나프탈렌
③ 알코올 ④ 요오드

해설 드라이아이스, 나프탈렌, 요오드는 승화성 물질이다.

32 다음 중 주기율표상 V족 원소에 해당되지 않는 것은?

① P ② As
③ Si ④ Bi

해설 V족 원소는 N, P, As, Sb, Bi이다.

33 0℃, 2atm에서 산소 분자수가 2.15×10^{21}개이다. 이때 부피는 약 몇 mL가 되겠는가?

① 40 ② 80
③ 100 ④ 120

해설 $PV=nRT$에서

$$V=\frac{nRT}{P}$$

$$=\frac{(2.15\times10^{21}\text{개})(1\text{mol}/6.02\times10^{23}\text{개})(0.082\text{atm}\cdot\text{L/mol}\cdot\text{K})(273\text{K})}{2\text{atm}}$$

$$=3.9975\times10^{-2}\text{L}\fallingdotseq 40\text{mL}$$

34 원자 번호 7번인 질소(N)는 2p 궤도에 몇 개의 전자를 갖는가?

① 3 ② 5
③ 7 ④ 14

해설 N : $1s^2 2s^2 2p^3$

35 황산(H_2SO_4) 용액 100mL에 황산이 4.9g 용해되어 있다. 이 황산 용액의 노르말 농도는?

① 0.5N ② 1N
③ 4.9N ④ 9.8N

해설 N농도=M농도×산도수(염기도수)이고,
$H_2SO_4 \rightarrow 2H^+ + SO_4^{2-}$이므로

$$\text{N농도}=\frac{\left(\frac{4.9\text{g}}{98\text{g/mol}}\right)}{100\text{mL}}\times\frac{1{,}000\text{mL}}{1\text{L}}\times2$$

$$=0.5\text{M}\times2=1\text{N}$$

36 다음 중 식물 세포벽의 기본 구조 성분은?

① 셀룰로오스 ② 나프탈렌
③ 아닐린 ④ 에틸에테르

해설 식물 세포벽은 셀룰로오스로 이루어져 있으며, 동물 세포는 세포벽이 없고 세포막만을 가진다.

37 열의 일당량의 값으로 옳은 것은?

① 427kgf · m/kcal ② 539kgf · m/kcal
③ 632kgf · m/kcal ④ 778kgf · m/kcal

해설 1cal=4.184J
9.8N=1kgf(kilogram-force)
9.8N · m=9.8J=1kgf · m
∴ 1kcal=4.184J/(9.8J/1kgf · m)=427kgf · m

38 다음 중 요오드포름 반응도 일어나고 은거울 반응도 일어나는 물질은?

① CH_3CHO ② CH_3CH_2OH
③ $HCHO$ ④ CH_3COCH_3

해설
- 요오드포름 반응을 하는 물질 : CH_3CHO, CH_3COCH_3, C_2H_5OH, $CH_3CH(OH)CH_3$
- 은거울 반응 : 알데히드(R–CHO) 검출법

39 원자의 K껍질에 들어 있는 오비탈은?

① s ② p
③ d ④ f

해설
- K : 1s
- L : 2s 2p
- M : 3s 3p 3d
- N : 4s 4p 4d 4f
- O : 5s 5p 5d 5f

40 결정의 구성 단위가 양이온과 전자로 이루어진 결정 형태는?

① 금속 결정 ② 이온 결정
③ 분자 결정 ④ 공유 결합 결정

해설 금속은 비편재화 원자가전자 바다에 잠긴 양이온들의 배열이라고 볼 수 있다.

정답 31.③ 32.③ 33.① 34.① 35.② 36.① 37.① 38.① 39.① 40.①

41 다음 중 비전해질은 어느 것인가?

① NaOH　② HNO_3
③ CH_3COOH　④ C_2H_5OH

해설 NaOH, HNO_3, CH_3COOH는 수용액에서 해리하는 전해질이다.

42 이소프렌, 부타디엔, 클로로프렌은 다음 중 무엇을 제조할 때 사용되는가?

① 합성 섬유　② 합성 고무
③ 합성 수지　④ 세라믹

해설 합성 고무는 부타디엔, 스티렌, 아크릴로니트릴, 클로로프렌 등의 중합체이다.

43 용액의 끓는점 오름은 어느 농도에 비례하는가?

① 백분율 농도　② 몰 농도
③ 몰랄 농도　④ 노르말 농도

해설 총괄성(colligative properties, 어는점 내림, 끓는점 오름, 증기압 강하, 삼투압)은 용질 입자 수의 집합적 효과에 의존한다.

44 화학 반응에서 촉매의 작용에 대한 설명으로 틀린 것은?

① 평형 이동에는 무관하다.
② 물리적 변화를 일으킬 수 있다.
③ 어떠한 물질이라도 반응이 일어나게 한다.
④ 반응 속도에는 소량을 가하더라도 영향이 미친다.

해설 촉매는 화학 반응 속도를 변화하게 만드는 물질이다.

45 다음 염소산 화합물의 세기 순서가 옳게 나열된 것은?

① $HClO > HClO_2 > HClO_3 > HClO_4$
② $HClO_4 > HClO > HClO_3 > HClO_2$
③ $HClO_4 > HClO_3 > HClO_2 > HClO$
④ $HClO > HClO_3 > HClO_2 > HClO_4$

해설 염소산의 세기
과염소산 > 염소산 > 아염소산 > 차아염소산

46 다음 반응에서 침전물의 색깔은?

$$Pb(NO_3)_2 + K_2CrO_4 \rightarrow PbCrO_4\downarrow + 2KNO_3$$

① 검은색　② 빨간색
③ 흰색　④ 노란색

해설 $PbCrO_4$(크롬산납)↓ : 노란색

47 기체의 용해도에 대한 설명으로 옳은 것은?

① 질소는 물에 잘 녹는다.
② 무극성인 기체는 물에 잘 녹는다.
③ 기체는 온도가 올라가면 물에 녹기 쉽다.
④ 기체의 용해도는 압력에 비례한다.

해설 기체의 용해도는 압력에 비례한다.

48 다음 중 제3족 양이온으로 분류하는 이온은?

① Al^{3+}　② Mg^{2+}
③ Ca^{2+}　④ As^{3+}

해설 제3족 양이온은 Fe^{3+}, Fe^{2+}, Al^{3+}, Cr^{3+}이다.

49 메탄올(CH_3OH, 밀도 0.8g/mL) 25mL를 클로로포름에 녹여 500mL를 만들었다. 용액 중의 메탄올의 몰 농도(M)는 얼마인가?

① 0.16　② 1.6
③ 0.13　④ 1.25

해설 $$\frac{(0.8\text{g/mL} \times 25\text{mL})/32\text{g/mol}}{500\text{mL}} \times (1{,}000\text{mL}/1\text{L})$$
$= 1.25\text{mol/L}$

50 제4족 양이온 분족 시 최종 확인 시약으로 디메틸글리옥심을 사용하는 것은?

① 아연　② 철
③ 니켈　④ 코발트

해설 양이온 제4족 Ni 확인 반응은 디메틸글리옥심(붉은색 침전)으로 한다.

정답 41.④ 42.② 43.③ 44.③ 45.③ 46.④ 47.④ 48.① 49.④ 50.③

51 유리 기구의 취급 방법에 대한 설명으로 틀린 것은?

① 유리 기구를 세척할 때에는 중크롬산칼륨과 황산의 혼합 용액을 사용한다.
② 유리 기구와 철제, 스테인리스강 등 금속으로 만들어진 실험 실습 기구는 같이 보관한다.
③ 메스플라스크, 뷰렛, 메스실린더, 피펫 등 눈금이 표시된 유리 기구는 가열하지 않는다.
④ 깨끗이 세척된 유리 기구는 유리 기구의 벽에 물방울이 없으며, 깨끗이 세척되지 않은 유리 기구의 벽은 물방울이 남아 있다.

해설 유리 기구를 금속 기구와 같이 보관하면 깨지기 쉽다.

52 pH 4인 용액 농도는 pH 6인 용액 농도의 몇 배인가?

① $\frac{1}{2}$
② $\frac{1}{200}$
③ 2
④ 100

해설 pH 4는 $[H^+]=10^{-4}$M을 뜻하고, pH 6은 $[H^+]=10^{-6}$M을 뜻한다.

53 전위차법에서 사용되는 기준 전극의 구비 조건이 아닌 것은?

① 반전지 전위값이 알려져 있어야 한다.
② 비가역적이고 편극 전극으로 작동하여야 한다.
③ 일정한 전위를 유지하여야 한다.
④ 온도 변화에 히스테리시스 현상이 없어야 한다.

해설 가역적이고 이상적인 비편극 전극으로 작동해야 한다.

54 원자를 증기화하여 생긴 기저 상태의 원자가 그 원자 층을 투과하는 특유 파장의 빛을 흡수하는 성질을 이용한 것으로 극소량의 금속 성분 분석에 많이 사용되는 분석법은?

① 가시 · 자외선 흡수 분광법
② 원자 흡수 분광법
③ 적외선 흡수 분광법
④ 기체 크로마토그래피법

해설 ① 가시 · 자외선 흡수 분광법 : 자외선과 가시선 스펙트럼 영역의 분자 흡수 분광법으로, 많은 수의 무기 · 유기 및 생물학적 화학종 정량에 사용된다.
③ 적외선 흡수 분광법 : 적외선(IR)의 스펙트럼 영역은 파수로 12,800 내지 10μm 또는 파장으로 0.78 내지 1,000μm의 복사선을 포괄한다. 비슷한 응용과 기기 장치 때문에 IR 스펙트럼은 Z−IR, 중간−IR 및 원−IR로 나뉜다.
④ 기체 크로마토그래피법 : GC는 두 종류인 기체−액체, 기체−고체 크로마토그래피가 있으며, 기체화된 시료 성분들이 칼럼에 부착된 액체 또는 고체 정지상과 기체 이동상 사이의 분배 과정으로 분리된다.

55 적외선 흡수 스펙트럼의 1,700cm^{-1} 부근에서 강한 신축 진동(stretching vibration) 피크를 나타내는 물질은?

① 아세틸렌
② 아세톤
③ 메탄
④ 에탄올

해설 1,700cm^{-1} 부근에서의 신축 진동은 C=O를 나타낸다.

56 고성능 액체 크로마토그래피는 고정상의 종류에 의해 4가지로 분류된다. 다음 중 해당되지 않는 것은?

① 분배 ② 흡수
③ 흡착 ④ 이온 교환

해설 HPLC는 분배, 흡착, 이온 교환, 크기별 배제 크로마토그래피가 있다.

정답 51.② 52.④ 53.② 54.② 55.② 56.②

57 **분광 광도계의 광원 중 중수소 램프는 어느 범위에서 사용하는 광원인가?**

① 자외선 ② 가시광선
③ 적외선 ④ 감마선

해설 중수소 아크 램프(deuterium arc lamp)는 자외선 분광법에서 사용된다.

58 **옷, 종이, 고무, 플라스틱 등의 화재로, 소화 방법으로는 주로 물을 뿌리는 방법이 많이 이용되는 화재는?**

① A급 화재 ② B급 화재
③ C급 화재 ④ D급 화재

해설 ① A급 화재 : 종이, 섬유, 목재
② B급 화재 : 유류 및 가스
③ C급 화재 : 전기
④ D급 화재 : 금속분, 박, 리본

59 **가스 크로마토그래피의 주요부가 아닌 것은?**

① 시료 주입부 ② 운반 기체부
③ 시료 원자화부 ④ 데이터 처리 장치

해설 가스 크로마토그래피의 주요 장치로는 운반 기체 공급기, 유량계, 전기 오븐, 분리관, 데이터 처리 장치가 있다.
㉠ 운반 기체 공급기 : 운반 기체는 단지 용질만을 이동시키는 역할을 하여 화학적 반응성이 없는 He, N_2, H_2를 이용한다.
㉡ 시료 주입 장치 : 적당량의 시료를 짧은 기체 층으로 주입 시 칼럼 효율이 좋아지고, 많은 양의 시료를 서서히 주입 시 분리능이 떨어진다.

60 **분석하려는 시료 용액에 음극과 양극을 담근 후 음극의 금속을 전기 화학적으로 도금하여 전해 전·후의 음극 무게 차이로부터 시료에 있는 금속의 양을 계산하는 분석법은?**

① 전위차법(potentiometry)
② 전해 무게 분석법(electrogravimetry)
③ 전기량법(coulometry)
④ 전압 전류법(voltammetry)

해설 ① 전위차법 : 전류가 거의 흐르지 않은 상태에서 전지 전위를 측정하여 분석에 이용하는 방법이다(기준 전극, 지시 전극 및 전지 전위 측정 기기가 필요하다).
③ 전기량법 : 한 분석물을 충분한 시간 동안 완전히 산화 또는 환원시키는 데 필요한 전기량을 측정하는 방법으로, 사용된 전기량이 분석물의 양에 비례한다. 종류로는 일정 전위 전기량법, 일정 전류 전기량법 또는 전기량법 적정이 있다.
④ 전압 전류법 : 편극된 상태에 있는 작업 전극의 전위를 기준 전극에 대해 시간에 따라 여러 방식으로 변화시키면서 전류를 측정하는 방법이다.

정답 57.① 58.① 59.③ 60.②

CBT 기출복원문제

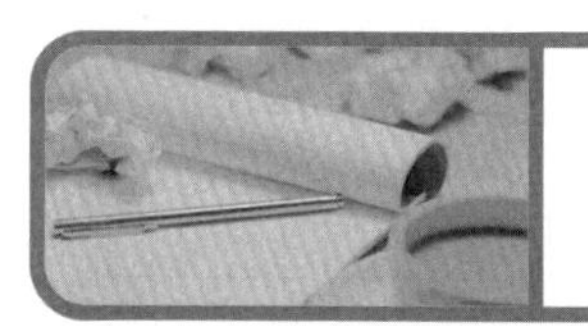

화학분석기능사

제2회 필기시험 ◀▶ 2022년 3월 27일 시행

01 다음 중 모든 화학 변화가 일어날 때 항상 따르는 현상으로 가장 옳은 것은?

① 열의 흡수 ② 열의 발생
③ 질량의 감소 ④ 에너지의 변화

해설 화학 변화가 일어날 때는 에너지 변화가 항상 수반된다.

02 원자 번호 18번인 아르곤(Ar)의 질량수가 25일 때 중성자의 개수는?

① 7 ② 8
③ 42 ④ 43

해설 원자 질량수=양성자수+중성자수
양성자수=원자 번호
25=18+중성자수
Ar의 중성자수=25−18=7

03 두 원자 사이에서 극성 공유 결합한 것으로 구조가 대칭이 되므로 비극성 분자인 것은?

① CCl_4 ② $CHCl_3$
③ CH_2Cl_2 ④ CH_3Cl

해설 ① CCl_4

```
     Cl
     |
Cl — C — Cl
     |
     Cl
```

② $CHCl_3$

```
      H
      |
      C
    ／ | ＼
  Cl  |  Cl
      Cl
```

③ CH_2Cl_2

```
      H
      |
      C
    ／ | ＼
  H   |   Cl
      Cl
```

④ CH_3Cl

```
      H
      |
      C
    ／ | ＼
  H   |   Cl
      H
```

04 다음 중 양쪽성 산화물에 해당하는 것은 어느 것인가?

① Na_2O ② Al_2O_3
③ MgO ④ CO_2

해설 양쪽성 원소 : Al, Zn, Ga, Pb, Sn, As

05 다음 중 황산 제2수은을 촉매로 아세틸렌을 물(묽은황산 수용액)과 부가 반응시켰을 때 주로 얻을 수 있는 것은?

① 디에틸에테르 ② 메틸알코올
③ 아세톤 ④ 아세트알데히드

해설 $C_2H_2 + H_2O \xrightarrow{HgSO_4} CH_3CHO$

06 표준 상태(0℃, 101.3kPa)에서 22.4L의 무게가 가장 적은 기체는?

① 질소 ② 산소
③ 아르곤 ④ 이산화탄소

해설 표준 상태에서 22.4L=1mol의 기체 부피
① N_2 1mol=2×14g=28g
② O_2 1mol=32g
③ Ar 1mol=36 g
④ CO_2 1mol=44g

07 산의 제법 중 연실법과 접촉법에 의해 만들어지는 산은?

① 질산(HNO_3) ② 황산(H_2SO_4)
③ 염산(HCl) ④ 아세트산(CH_3COOH)

해설 황산(H_2SO_4)은 연실법과 접촉법에 의하여 만든다.

정답 01.④ 02.① 03.① 04.② 05.④ 06.① 07.②

08 프로페인(C_3H_8) 4L를 완전 연소시키려면 공기는 몇 L가 필요한가? (단, 표준 상태 기준이며, 공기 중의 O_2는 20%임.)

① 11.2 ② 22.4
③ 100 ④ 140

해설 $C_3H_8+5O_2 \rightarrow 3CO_2+4H_2O$

1 : 5 산소 필요량=20L

4 : x 공기 필요량=산소 필요량$\times\frac{1}{0.2}$

$=20\times\frac{1}{0.2}=100L$

09 기체를 포집하는 방법으로써 상방 치환으로 포집해야 하는 기체는?

① NH_3 ② CO_2
③ SO_2 ④ NO_2

해설 기체를 모으는 방법

㉠ 수상 치환 : 물에 잘 녹지 않는 기체를 물과 바꿔 놓아서 모으는 방법으로 순수한 기체를 모을 수 있다.
예 산소(O_2), 수소(H_2), 일산화탄소(CO) 등

㉡ 상방 치환 : 물에 녹는 기체 중에서 공기보다 가벼운 기체를 모으기에 적당한 방법이다.
예 암모니아(NH_3)

㉢ 하방 치환 : 물에 녹는 기체 중에서 공기보다 무거운 기체를 모으기에 적당한 방법이다.
예 염화수소(HCl), 이산화탄소(CO_2) 등

10 분자들 사이의 분산력을 결정하는 요인으로 가장 중요한 것은?

① 온도 ② 전기 음성도
③ 전자수 ④ 압력

해설 분자들 사이의 분산력을 결정하는 요인으로 전자수가 가장 중요하다.

11 원자 번호가 26인 Fe의 전자 배치도에서 채워지지 않는 전자의 개수는?

① 1개 ② 3개
③ 4개 ④ 5개

해설

··	··	·· ·· ··	··
1s	2s	2p	3s

·· ·· ··	··	·· · · · ·
3p	4s	3d

12 알카인(alkyne)계 탄화수소의 일반식으로 옳은 것은?

① C_nH_{2n} ② C_nH_{2n+2}
③ C_nH_{2n-2} ④ C_nH_n

해설
- Alkane : C_nH_{2n+2}
- Alkene : C_nH_{2n}
- Alkyne : C_nH_{2n-2}

13 AgCl의 용해도가 0.0016g/L일 때 AgCl의 용해도곱은 얼마인가? (단, Ag의 원자량은 108, Cl의 원자량은 35.5임.)

① 1.12×10^{-5} ② 1.12×10^{-3}
③ 1.2×10^{-5} ④ 1.2×10^{-10}

해설 $[AgCl]=\frac{0.0016g}{L}\times\frac{mol}{143.5g}=11.15\times10^{-6}M$

$K_{sp}=[Ag^+][Cl^-]=(11.15\times10^{-6})^2=1.2\times10^{-10}M$

14 97% H_2SO_4의 비중이 1.836이라면 이 용액은 몇 노르말인가? (단, H_2SO_4의 분자량은 98.08임.)

① 28N ② 30N
③ 33N ④ 36N

해설 노르말 농도$=\frac{1.836g}{L}\times\frac{1eq}{98.08/2g}=37.44N\fallingdotseq36N$

15 Ba^{2+}, Ca^{2+}, Na^+, K^+ 4가지 이온이 섞여 있는 혼합 용액이 있다. 양이온 정성 분석 시 이들 이온을 Ba^{2+}, Ca^{2+}(5족)와 Na^+, K^+(6족) 이온으로 분족하기 위한 시약은?

① $(NH_4)_2CO_3$ ② $(NH_4)_2S$
③ H_2S ④ 6M HCl

해설 $BaCO_3\downarrow$, $CaCO_3\downarrow$ → 하얀색 침전 생성

정답 08.③ 09.① 10.③ 11.③ 12.③ 13.④ 14.④ 15.①

16 CH_3COOH 용액에 지시약으로 페놀프탈레인 몇 방울을 넣고 NaOH 용액으로 적정하였더니 당량점에서 변색되었다. 이때의 색깔 변화를 바르게 나타낸 것은?

① 적색에서 청색으로 변한다.
② 적색에서 무색으로 변한다.
③ 청색에서 적색으로 변한다.
④ 무색에서 적색으로 변한다.

해설 $\underline{CH_3COOH}+NaOH \rightleftarrows \underline{CH_3COONa}+H_2O$
산성 : 무색　　　　　중성 : 무색
$+NaOH$
$\rightleftarrows CH_3COONa+H_2O+\underline{NaOH}$
염기성 : 적색

17 과망간산 이온(MnO_4^-)은 진한 보라색을 가지는 대표적인 산화제이며, 센 산성 용액(pH ≤1)에서는 환원제와 반응하여 무색의 Mn^{2+}으로 환원된다. 1몰(mol)의 과망간산 이온이 반응하였을 때 몇 당량에 해당하는 산화가 일어나게 되는가?

① 1　　② 3
③ 5　　④ 7

해설 $MnO_4^- \longrightarrow Mn^{2+}$
$+7-8=-1$
(+7) — [$5e^-$] → (+2)

18 EDTA 적정에서 사용하는 금속 이온 지시약이 아닌 것은?

① Murexide(MX)　　② PAN
③ Thymol blue　　④ EBT

해설 EDTA 적정에서 사용하는 금속 이온 지시약은 Murexide(MX), PAN, EBT이다.

19 수산화 침전물이 생성되는 것은 몇 족의 양이온인가?

① 1　　② 2
③ 3　　④ 4

해설 $Al(OH)_3\downarrow$ 침전물
3족 양이온$+OH^- \rightarrow$ 침전물

20 그래프의 적정 곡선은 다음 중 어떻게 적정하는 경우인가?

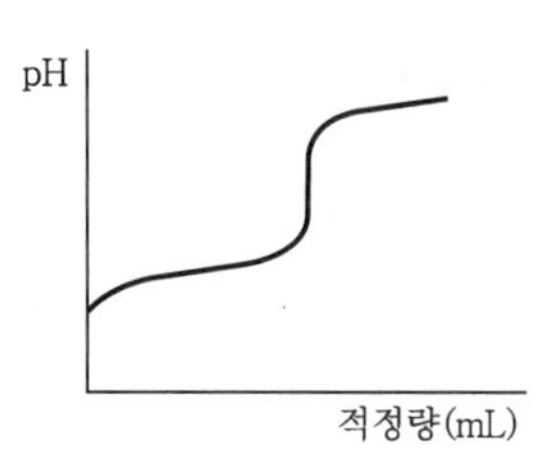

① 다가산을 적정하는 경우
② 약산을 약염기로 적정하는 경우
③ 약산을 강염기로 적정하는 경우
④ 강산을 약산으로 적정하는 경우

해설 위의 그래프를 보면 당량점 이후로 pH가 증가하므로 약산+강염기의 적정이다.

21 오르자트(orsat) 장치는 어떤 분석에 사용되는 장치인가?

① 기체 분석
② 액체 분석
③ 고체 분석
④ 고-액 분석

해설 오르자트(orsat) 장치는 기체를 분석하는 장치이다.

22 일반적으로 화학 실험실에서 발생하는 폭발 사고의 유형이 아닌 것은?

① 조절 불가능한 발열 반응
② 이산화탄소 누출에 의한 폭발
③ 불안전한 화합물의 가열 · 건조 · 증류 등에 의한 폭발
④ 에테르 용액 증류 시 남아 있는 과산화물에 의한 폭발

해설 화학 실험실에서 발생하는 폭발 사고 유형
㉠ 조절 불가능한 발열 반응
㉡ 불안전한 화합물의 가열 · 건조 · 증류 등에 의한 폭발
㉢ 에테르 용액 증류 시 남아 있는 과산화물에 의한 폭발

정답 16.④ 17.③ 18.③ 19.③ 20.③ 21.① 22.②

23 선광계(편광계)의 광원으로 사용되는 것은?

① 속빈 음극 램프
② Nernst 램프
③ 나트륨 증기 램프
④ 텅스텐 램프

해설 나트륨 증기 램프는 선광계(편광계)의 광원으로 사용된다.

24 가스 분석에서 분석 성분과 흡수제가 올바르게 짝지어진 것은?

① CO_2-발연황산
② CO-50% KOH 용액
③ H_2-암모니아성 Cu_2Cl_2 용액
④ O_2-알칼리성 피로갈롤 용액

해설 ① CO_2-33% KOH 용액
② CO-암모니아성 염화 제1동 용액
③ H_2-파라듐 블랙에 의한 흡수

25 가스 크로마토그래피에서 정성 분석의 기초가 되는 것은?

① 검량선
② 머무름 시간
③ 크로마토그램의 봉우리 높이
④ 크로마토그램의 봉우리 넓이

해설 머무름 시간은 가스 크로마토그래피에서 정성 분석의 기초이다.

26 산 · 염기 적정에 전위차 적정을 이용할 수 있다. 다음 설명 중 틀린 것은?

① 지시 전극으로는 유리 전극을 사용한다.
② 측정되는 전위는 용액의 수소 이온 농도에 비례한다.
③ 종말점 부근에는 염기 첨가에 대한 전위 변화가 매우 적다.
④ pH가 한 단위 변화함에 따라 측정 전위는 59.1 mV씩 변한다.

해설 ③ 종말점 부근에는 염기 첨가에 대한 전위 변화가 매우 크다.

27 Wheatstone bridge의 원리를 이용하여 측정 가능한 것은?

① 굴절률 ② 선광도
③ 전위차 ④ 전도도

해설 전도도는 Wheatstone bridge의 원리를 이용하여 측정한다.

28 원자 흡수 분광법(AAS)에서 주로 사용하는 광원은?

① X-선(X-ray)
② 적외선(infrared)
③ 마이크로파(microwave)
④ 자외-가시광선(ultraviolet-visible)

해설 원자 흡수 분광법(AAS)에서 주로 사용하는 광원은 자외-가시광선(ultraviolet-visible)이다.

29 적외선 흡수 분광법(IR)에서 고체 시료를 제조하는 가장 일반적인 방법은?

① 순수한 결정을 얻어 측정한다.
② 수용성 용매에 녹여서 측정한다.
③ 순수한 분말로 만들어 측정한다.
④ KBr 펠렛(pellet)을 만들어 측정한다.

해설 적외선 흡수 분광법(IR)에서 고체 시료를 제조하는 가장 일반적인 방법은 KBr 펠렛(pellet)을 만들어 측정하는 것이다.

30 다음 전기 사용에 대한 설명 중 가장 부적당한 내용은?

① 전기기기는 손을 건조시킨 후에 만진다.
② 전선을 연결할 때는 전원을 차단하고 작업한다.
③ 전기기기는 접지를 하여 사용해서는 안 된다.
④ 전기 화재가 발생하였을 때는 전원을 먼저 차단한다.

해설 ③ 전기기기는 접지를 하여 사용한다.

정답 23.③ 24.④ 25.② 26.③ 27.④ 28.④ 29.④ 30.③

31 다음 물질 중 물에 가장 잘 녹는 기체는?

① NO ② C_2H_2
③ NH_3 ④ CH_4

해설 NH_3는 극성 물질이므로 물에 잘 녹는다.

32 금속 결합의 특징에 대한 설명으로 틀린 것은?

① 양이온과 자유 전자 사이의 결합이다.
② 열과 전기의 부도체이다.
③ 연성과 전성이 크다.
④ 광택을 가진다.

해설 금속은 자유 전자로 인하여 열, 전기 전도도가 높다.

33 0.001M의 HCl 용액의 pH는 얼마인가?

① 2 ② 3
③ 4 ④ 5

해설 HCl은 완전 해리하므로 $pH = -\log[H^+] = -\log[0.001] = 3$

34 $HClO_4$에서 할로겐 원소가 갖는 산화수는?

① +1 ② +3
③ +5 ④ +7

해설 과염소산(H^+ Cl^{7+} O_4^{8-})

35 다음 중 포화탄화수소 화합물은?

① 요오드 값이 큰 것
② 건성유
③ 시클로헥산
④ 생선 기름

해설
- 포화탄화수소는 alkane, cycloalkane류이다.
- 건성유 : 일반적으로 불포화 결합이 많을수록 요오드의 첨가 반응이 많이 일어나고, 대기 중의 산소와 반응하여 건조되는 성질이 있다.

36 펜탄의 구조 이성질체는 몇 개인가?

① 2 ② 3
③ 4 ④ 5

해설 구조 이성질체(constitutional isomers) : 분자식은 서로 같으나 다른 화합물로서, 서로 연결 모양이 다르다. 즉, 원자들이 서로 결합하는 순서가 다른 것이다. 구조 이성질체는 물리적 성질과 화학적 성질이 서로 다르다.
C_5H_{12}(펜탄)은 3개의 이성질체가 있다.

㉠ $CH_3-CH_2-CH_2-CH_2-CH_3$
노르말(n)−펜탄(b.p. 36℃)

㉡ $CH_3-CH_2-CH(CH_3)-CH_3$
이소(iso)−펜탄(b.p. 28℃)

㉢ $CH_3-C(CH_3)_2-CH_3$
네오(neo)−펜탄(b.p. 9.5℃)

※ 같은 탄소수에서는 가짓수가 많을수록 b.p.(비등점)가 낮다.

37 다음 중 명명법이 잘못된 것은?

① $NaClO_3$: 아염소산나트륨
② Na_2SO_3 : 아황산나트륨
③ $(NH_4)_2SO_4$: 황산암모늄
④ $SiCl_4$: 사염화규소

해설 ① $NaClO_3$: 염소산나트륨

38 다음 중 에탄올에 진한 황산을 촉매로 사용하여 160~170℃의 온도를 가해 반응시켰을 때 만들어지는 물질은?

① 에틸렌 ② 메탄
③ 황산 ④ 아세트산

해설 알코올에 c−H_2SO_4을 가한 후 160℃로 가열하면 에틸렌이 생성된다.

39 다음 착이온 $Fe(CN)_6^{-4}$의 중심 금속 전하수는?

① +2 ② −2
③ +3 ④ −3

해설 $6CN^- + Fe^{2+} \rightleftarrows Fe(CN)_6^{-4}$

정답 31.③ 32.② 33.② 34.④ 35.③ 36.② 37.① 38.① 39.①

40 비활성 기체에 대한 설명으로 틀린 것은?

① 다른 원소와 화합하지 않고 전자 배열이 안정하다.
② 가볍고 불연소성이므로 기구, 비행기 타이어 등에 사용된다.
③ 방전할 때 특유한 색상을 나타내므로 야간 광고용으로 사용된다.
④ 특유의 색깔, 맛, 냄새가 있다.

해설 화학적으로 비활성이므로(일반적으로) 맛, 냄새가 없다.

41 다이아몬드, 흑연은 같은 원소로 되어 있다. 이러한 단체를 무엇이라고 하는가?

① 동소체 ② 전이체
③ 혼합물 ④ 동위 화합물

해설 동소체(同素體) : 동일한 상태에서 같은 원소의 다른 형태인 단체를 말한다.

42 이산화탄소가 쌍극자 모멘트를 가지지 않는 주된 이유는?

① C=O 결합이 무극성이기 때문이다.
② C=O 결합이 공유 결합이기 때문이다.
③ 분자가 선형이고 대칭이기 때문이다.
④ C와 O의 전기 음성도가 비슷하기 때문이다.

해설 이산화탄소의 모형은 O=C=O이다.

43 $KMnO_4$는 어디에 보관하는 것이 가장 적당한가?

① 에보나이트병 ② 폴리에틸렌병
③ 갈색 유리병 ④ 투명 유리병

해설 과망간산칼륨은 햇빛을 받으면 이산화망간으로 분해된다.

44 Hg_2Cl_2는 물 1L에 3.8×10^{-4}g이 녹는다. Hg_2Cl_2의 용해도곱은 얼마인가? (단, Hg_2Cl_2의 분자량=472)

① 8.05×10^{-7} ② 8.05×10^{-8}
③ 6.48×10^{-13} ④ 5.21×10^{-19}

해설 $Hg_2Cl_2 \rightarrow Hg_2^{2+} + 2Cl^-$

$$K_{sp} = [Hg_2^{\ 2+}][Cl^-]^2$$
$$= \frac{3.8\times10^{-4}g}{472g\cdot mol^{-1}} \times \left(\frac{3.8\times10^{-4}g}{472g\cdot mol^{-1}}\right)^2$$
$$\fallingdotseq 5.21\times10^{-19}$$

45 양이온 계통 분석에서 가장 먼저 검출하여야 하는 이온은?

① Ag^+ ② Cu^{2+}
③ Mg^{2+} ④ NH^{4+}

해설 양이온 제1족은 Ag^+, Pb^{2+}, $Hg_2^{\ 2+}$이다.

46 황산(H_2SO_4=98) 1.5노르말 용액 3L를 1노르말 용액으로 만들고자 한다. 물은 몇 L가 필요한가?

① 1.5 ② 2.5
③ 3.5 ④ 4.5

해설 $1.5\times3 = 1\times x$, $x = 4.5$
$\therefore\ 4.5-3 = 1.5L$

47 미지 농도의 염산 용액 100mL를 중화하는 데 0.2N NaOH 용액 250mL가 소모되었다. 염산 용액의 농도는?

① 0.05N ② 0.1N
③ 0.2N ④ 0.5N

해설 $0.2\times250 = x\times100$
$\therefore\ x = 0.5$

48 페놀류의 정색 반응에 사용되는 약품은?

① CS_2
② KI
③ $FeCl_3$
④ $(NH_4)_2Ce(NO_3)_6$

해설 페놀류의 수용액에 염화제이철($FeCl_3$)을 넣으면 정색 반응(적색~청색)을 한다.

정답 40.④ 41.① 42.③ 43.③ 44.④ 45.① 46.① 47.④ 48.③

49 다음 반응식에서 브뢴스테드-로우리가 정의한 산으로만 짝지어진 것은?

$$HCl + NH_3 \rightleftarrows NH_4^+ + Cl^-$$

① HCl, NH_4^+ ② HCl, Cl^-
③ NH_3, NH_4^+ ④ NH_3, Cl^-

해설 브뢴스테드-로우리(Brönsted-Lowry)의 산과 염기
- 산 : H^+를 내놓는 물질
- 염기 : H^+를 받아들이는 물질
- 짝산과 짝염기 : H^+의 이동에 의하여 산과 염기로 되는 한 쌍의 물질

$$HCl + NH_3 \rightleftarrows NH_4^+ + Cl^-$$

(HCl–Cl^- 짝, NH_3–NH_4^+ 짝)

Cl^-의 짝산 / NH_4^+의 짝염기 / NH_3의 짝산 / HCl의 짝염기

50 침전 적정법 중에서 모르(Mohr)법에 사용하는 지시약은?

① 질산은 ② 플루오르세인
③ NH_4SCN ④ K_2CrO_4

해설 모르(Mohr)법의 지시약은 크롬산칼륨이다.

51 비색계의 원리와 관계가 없는 것은?

① 두 용액의 물질의 조성이 같고 용액의 깊이가 같을 때 두 용액의 색깔의 짙기는 같다.
② 용액 층의 깊이가 같을 때 색깔의 짙기는 용액의 농도에 반비례한다.
③ 농도가 같은 용액에서 그 색깔의 짙기는 용액 층의 깊이에 비례한다.
④ 두 용액의 색깔이 같고 색깔의 짙기가 같을 때라도 같은 물질이 아닐 수 있다.

해설 용액 층의 깊이가 같을 때 색깔의 짙기는 용액의 농도에 비례한다.

52 가스 크로마토그래피(GC)에서 운반 가스로 주로 사용되는 것은?

① O_2, H_2 ② O_2, N_2
③ He, Ar ④ CO_2, CO

해설 화학적으로 반응성이 없는 운반 기체를 사용한다.

53 다음 ( )에 들어갈 용어는?

> 점성 유체의 흐르는 모양, 또는 유체역학적인 문제에 있어서는 점도를 그 상태의 유체 ( )로 나눈 양에 지배되므로 이 양을 동점도라 한다.

① 밀도 ② 부피
③ 압력 ④ 온도

해설 온도가 증가할수록 점도는 감소한다.

54 적외선 흡수 분광법에서 액체 시료는 어떤 시료판에 떨어뜨리거나 발라서 측정하는가?

① K_2CrO_4 ② KBr
③ CrO_3 ④ $KMnO_4$

해설 KBr은 $400cm^{-1}$ 이상의 적외선을 흡수하지 않는다.

55 이상적인 pH 전극에서 pH가 1단위 변할 때 pH 전극의 전압은 약 얼마나 변하는가?

① 96.5mV
② 59.2mV
③ 96.5V
④ 59.2V

해설 이상적인 pH 전극에서 pH가 1단위 변할 때 pH 전극의 전압은 59.16mV씩 변한다(Nernst식으로부터 유도됨).

56 강산이나 강알칼리 등과 같은 유독한 액체를 취할 때 실험자가 입으로 빨아올리지 않기 위하여 사용하는 기구는?

① 피펫 필러
② 자동 뷰렛
③ 홀 피펫
④ 스포이드

해설 피펫 필러의 설명이다.

정답 49.① 50.④ 51.② 52.③ 53.① 54.② 55.② 56.①

57 가스 크로마토그래피의 검출기에서 황, 인을 포함한 화합물을 선택적으로 검출하는 것은?

① 열전도도 검출기(TCD)
② 불꽃 광도 검출기(FPD)
③ 열이온화 검출기(TID)
④ 전자 포획형 검출기(ECD)

해설 ① 열전도도 검출기(TCD) : 분석물이 운반 기체와 함께 용출됨으로 인해 운반 기체의 열전도도가 변하는 것에 근거한다. 운반 기체는 H_2 또는 He을 주로 이용한다.
② 불꽃 광도 검출기(FPD) : 황(S)과 인(P)을 포함하는 화합물에 감응이 매우 큰 검출기로서, 용출물이 낮은 온도의 수소-공기 불꽃으로 들어간다.
③ 열이온화 검출기(TID) : 인과 질소를 함유한 유기 화합물에 선택적이며 칼럼에 나오는 용출 기체가 수소와 혼합되어 불꽃을 지나며 연소된다. 이때 인과 질소를 함유한 분자들은 많은 이온을 생성해 전류가 흐르는데 이는 분석물 양과 관련있다.
④ 전자 포획형 검출기(ECD) : 전기 음성도가 큰 작용기(할로겐, 퀴논, 콘주게이션된 카르보닐) 등이 포함된 분자에 감도가 좋다.

58 어떤 시료를 분광 광도계를 이용하여 측정하였더니 투과도가 10% T였다. 이때 흡광도는 얼마인가?

① 0.1　② 0.8
③ 1　④ 1.6

해설 $A=-\log T=-\log\frac{1}{10}=1$

59 불꽃 이온화 검출기의 특징에 대한 설명으로 옳은 것은?

① 유기 및 무기 화합물을 모두 검출할 수 있다.
② 검출 후에도 시료를 회수할 수 있다.
③ 감도가 비교적 낮다.
④ 시료를 파괴한다.

해설 FID에서 용출액은 수소와 공기 혼합물 내에서 태워지기 때문에 시료가 파괴된다.

60 중크롬산칼륨 표준 용액 1,000ppm으로 10ppm의 시료 용액 100mL를 제조하고자 한다. 필요한 표준 용액의 양은 몇 mL인가?

① 1　② 10
③ 100　④ 1,000

해설 $1{,}000\text{ppm}\times x(\text{mL})=10\text{ppm}\times 100\text{mL}$
$\therefore x=1$

cf) • $\text{ppm(parts per millions)}=\frac{\text{mg 용질}}{\text{kg 용액}}=\frac{\text{부분}}{\text{전체}}\times 10^6$

• $\text{\%(parts per cent)}=\frac{\text{부분}}{\text{전체}}\times 100$

정답 57.② 58.③ 59.④ 60.①

CBT 기출복원문제

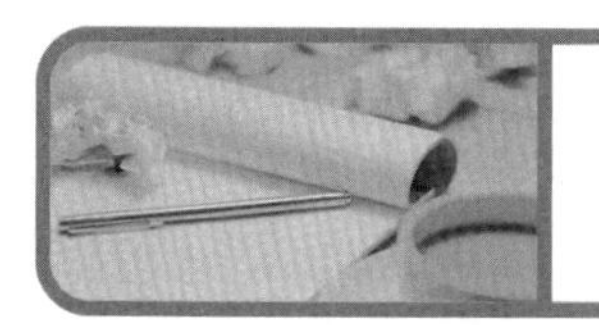

화학분석기능사

제3회 필기시험 ◀▶ 2022년 6월 12일 시행

01 같은 온도와 압력에서 한 용기 속에 수소 분자 3.3×10^{23}개가 들어 있을 때 같은 부피의 다른 용기 속에 들어 있는 산소 분자의 수는?

① 3.3×10^{23}개　② 4.5×10^{23}개
③ 6.4×10^{23}개　④ 9.6×10^{23}개

해설 $PV=nRT$
P와 V, R, T가 같으므로
수소의 $n=$ 산소의 n
∴ $O_2=3.3\times10^{23}$개

02 20℃에서 부피 1L를 차지하는 기체가 압력의 변화 없이 부피가 3배로 팽창하였을 때 절대온도는 몇 K이 되는가? (단, 이상 기체로 가정한다.)

① 859　② 869
③ 879　④ 889

해설 일정한 P에서 V와 T의 관계를 나타낸 것을 샤를의 법칙(P 일정, 기체의 부피는 절대온도에 비례)이라고 한다.
$\frac{V_1}{T_1}=\frac{V_2}{T_2}$이므로 $\frac{1L}{293K}=\frac{3L}{x(K)}$
∴ $x=293\times3=879K$

03 펜탄(C_5H_{12})은 몇 개의 이성질체가 존재하는가?

① 2개　② 3개
③ 4개　④ 5개

해설 펜탄(C_5H_{12})의 이성질체
- n－펜탄 : C－C－C－C－C
- iso－펜탄 : C－C(－C)－C－C (두 번째 C에 C가 아래로 결합)
- neo－펜탄 : C－C(－C)(－C)－C (가운데 C에 C가 위아래로 결합)

※
- C－C－C－C(－C)는 (마지막 C에 C가 위로 결합) n－펜탄이다(끝까지는 회전이 가능함).
- C－C(－C)－C－C와 C－C－C(－C)－C는 (C가 아래로 결합) iso－펜탄으로 같은 구조이다.

04 산화시키면 카르복실산이 되고, 환원시키면 알코올이 되는 것은?

① C_2H_5OH　② $C_2H_5OC_2H_5$
③ CH_3CHO　④ CH_3COCH_3

해설 $C_2H_5OH \underset{환원}{\overset{산화}{\rightleftarrows}} CH_3CHO \underset{환원}{\overset{산화}{\rightleftarrows}} CH_3COOH$
(CH_3CHO: 아세트알데히드)

05 전이 금속 화합물에 대한 설명으로 옳지 않은 것은?

① 철은 활성이 매우 커서 단원자 상태로 존재한다.
② 황산제일철($FeSO_4$)은 푸른색 결정으로 철을 황산에 녹여 만든다.
③ 철(Fe)은 +2 또는 +3의 산화수를 갖으며 +3의 산화수 상태가 가장 안정하다.
④ 사산화삼철(Fe_3O_4)은 자철광의 주성분으로 부식을 방지하는 방식용으로 사용된다.

해설 Fe은 이온화 경향이 크다. 즉, 반응성이 크므로 공기 중에서 Fe로 존재하는 것보다 산화철 상태로 존재한다.

정답 01.① 02.③ 03.② 04.③ 05.①

06 원자 번호 3번 Li의 화학적 성질과 비슷한 원소의 원자 번호는?

① 8　　② 10
③ 11　　④ 18

해설
- $_3Li$은 1족 원소로 알칼리 금속이라 부른다.
- 알칼리 금속 : $_3Li$, $_{11}Na$, $_{19}K$, $_{37}Rb$, $_{55}Cs$, $_{87}Fr$

07 다음 중 방향족 탄화수소가 아닌 것은?

① 벤젠　　② 자일렌
③ 톨루엔　　④ 아닐린

해설 탄화수소
㉠ 방향족 탄화수소 : 벤젠 고리를 포함한 고리 모양의 탄화수소이다.
㉡ 탄화수소 : C, H로만 되어 있다.

① 벤젠 :
② 자일렌(크실렌) : CH_3, CH_3 (o－크실렌)
③ 톨루엔 : CH_3
④ 아닐린 : NH_2 －방향족 탄화수소 유도체

※ • 방향족 :
• 방향족 탄화수소 : CH_3
• 방향족 탄화수소 유도체 : CH_3, OH

08 LiH에 대한 설명 중 옳은 것은?

① Li_2H, Li_3H 등의 화합물이 존재한다.
② 물과 반응하여 O_2 기체를 발생시킨다.
③ 아주 안정한 물질이다.
④ 수용액의 액성은 염기성이다.

해설 ① Li_2H, Li_3H는 존재하지 않는다.
Li은 1가 양이온이고 H도 1가 음이온(알칼리 금속과 결합 시 1개의 음이온으로 작용)이므로 1 : 1 결합한다.
② 물과 반응 시 H_2 기체가 발생한다.
③ 수소화물 중에서는 가장 안정하지만, 일반적으로 볼 때 Li은 안정한 물질이 아니며 반응성이 매우 크다.
④ 수용액의 액성은 염기성이다.

$$LiH + H_2O \rightarrow \underset{\text{염기}}{\underline{LiOH}} + H_2 \uparrow$$

09 요소 비료 중에 포함된 질소의 함량은 몇 %인가? (단, C=12, N=14, O=16, H=1)

① 44.7　　② 45.7
③ 46.7　　④ 47.7

해설 요소 비료(MW=60) :

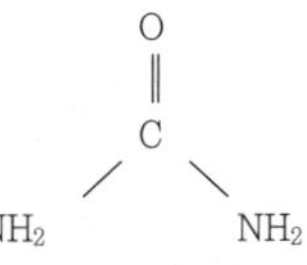

$$\text{N의 함량(\%)} = \frac{\text{N의 원자량} \times \text{N의 개수}}{\text{요소의 분자량}} \times 100 = \frac{14 \times 2}{60} \times 100 = 46.7\%$$

10 다음 금속 중 이온화 경향이 가장 큰 것은?

① Na　　② Mg
③ Ca　　④ K

해설 금속의 이온화 경향
K > Ca > Na > Mg > Al > Zn > Fe > Ni > Sn > Pb > (H) > Cu > Hg > Ag > Pt > Au

11 1N NaOH 용액 250mL를 제조하려고 한다. 이때 필요한 NaOH의 양은? (단, NaOH의 분자량=40)

① 0.4g　　② 4g
③ 10g　　④ 40g

해설 1N NaOH=1M NaOH

$$M = \frac{\text{용질(mol)}}{\text{용액(L)}}$$

$$1M = \frac{x(\text{mol})}{0.25L}, \quad x = 0.25\text{mol}$$

$$0.25\text{mol} = \frac{y(\text{g})}{40\text{g/mol}}$$

$$\therefore y = 40\text{g/mol} \times 0.25\text{mol} = 10\text{g}$$

정답 06.③ 07.④ 08.④ 09.③ 10.④ 11.③

12 다음 중 산성 산화물은?

① P_2O_5　② Na_2O
③ MgO　④ CaO

해설 산성 산화물
㉠ 산의 무수물로 간주할 수 있는 산화물로, 물과 화합 시 산소산이 되고 염기와 반응 시 염이 된다.
㉡ 일반적으로 비금속 원소의 산화물이고, CO_2, SiO_2, NO_2, SO_3, P_2O_5 등이 있다.
②, ③, ④ 염기성 산화물(금속 산화물)

13 고체의 용해도는 온도의 상승에 따라 증가한다. 그러나 이와 반대 현상을 나타내는 고체도 있다. 다음 중 이 고체에 해당되지 않는 것은?

① 황산리튬　② 수산화칼슘
③ 수산화나트륨　④ 황산칼슘

해설 고체의 용해도 : 일반적으로 온도가 올라가면 용해도는 증가한다. 하지만 예외적으로 Li_2SO_4, $CaSO_4$, $Ca(OH)_2$는 온도가 상승함에 따라 용해도는 감소하며, NaCl은 온도의 영향을 거의 받지 않는다.

14 침전 적정에서 Ag^+에 의한 은법 적정 중 지시약법이 아닌 것은?

① Mohr법
② Fajans법
③ Volhard법
④ 네펠로법(nephelometry)

해설 네펠로법 : 혼탁 입자들에 의해 산란도를 측정하는 방법으로 탁도 측정 방법 중 기기 분석법에 속한다.

15 "20wt% 소금 용액 $d=1.10g/cm^3$"로 표시된 시약이 있다. 소금의 몰(M) 농도는 얼마인가? (단, d는 밀도이며, Na은 23g, Cl는 35.5g으로 계산한다.)

① 1.54　② 2.47
③ 3.76　④ 4.23

해설 $\frac{20g\ 용질}{100g\ 용액} \times \frac{1.10g\ 용액}{1mL\ 용액} \times \frac{1,000mL\ 용액}{1L\ 용액} \times \frac{1mol}{58.5g\ 용질}$
$= 3.76M$

16 다음 반응에서 반응계에 압력을 증가시켰을 때 평형이 이동하는 방향은?

$$2SO_2 + O_2 \rightleftarrows 2SO_3$$

① SO_3가 많이 생성되는 방향
② SO_3가 감소되는 방향
③ SO_2가 많이 생성되는 방향
④ 이동이 없다.

해설 압력이 증가하면 몰수가 작은 곳으로 평형 이동한다.
반응물 : 2+1=3
생성물 : 2
∴ 반응물 → 생성물인 정반응으로 평형 이동한다(SO_3 생성 방향).

17 $Hg_2(NO_3)_2$ 용액에 다음과 같은 시약을 가했다. 수은을 유리시킬 수 있는 시약으로만 나열된 것은?

① NH_4OH, $SnCl_2$　② $SnCl_4$, NaOH
③ $SnCl_2$, $FeCl_2$　④ HCHO, $PbCl_2$

해설 수은을 유리시킬 수 있는 시약 : NH_4OH, $SnCl_2$
㉠ $Hg_2Cl_2 + 6NH_4OH \rightarrow \underset{흰색}{\underline{Hg(NH_2)Cl}} + \underset{검은색}{\underline{Hg}}$
㉡ Hg 확인 반응 : $1N-SnCl_2$ → 흰색, 검은색 침전

18 0.01N HCl 용액 200mL를 NaOH로 적정하니 80.00mL가 소요되었다면, 이때 NaOH의 농도는?

① 0.05N　② 0.025N
③ 0.125N　④ 2.5N

해설 $0.1N \times 200mL = x(N) \times 80mL$
$\therefore x = \frac{0.01 \times 200}{80} = 0.025N$

19 파장의 길이 단위인 1Å과 같은 길이는?

① 1nm　② 0.1μm
③ 0.1nm　④ 100nm

해설 10Å=1nm이므로, 1Å=0.1nm이다($1Å=10^{-10}m$).

정답 12.① 13.③ 14.④ 15.③ 16.① 17.① 18.② 19.③

20 수소 발생 장치를 이용하여 비소를 검출하는 방법은?

① 구차이트 반응
② 추가예프 반응
③ 마시의 시험 반응
④ 베텐도르프 반응

해설 마시의 시험 반응(Marsh test) : 용기에 순수한 Zn 덩어리를 넣고 묽은 황산을 부으면 수소가 발생한다. 이 수소를 염화칼슘관을 통해서 건조시킨 후 경질 유리관에 통과시킨다. 유리관 속의 공기가 발생된 기체로 완전히 치환되면 이 기체에 점화하고 불꽃에 찬 자기를 접촉시킨다. 이 불꽃 속에 시료 용액을 가하면 비소 존재 시 유리되어 자기 표면에 비소 거울을 생성한다.

21 염화물 시료 중의 염소 이온을 폴하르트법(Volhard)으로 적정하고자 할 때 주로 사용하는 지시약은?

① 철명반 ② 크롬산칼륨
③ 플루오레세인 ④ 녹말

해설 Volhard법에서 주로 사용하는 지시약은 철(Ⅲ)염 용액으로, 철명반($Fe_2(SO_4)_3$)이 있다.

22 기체-액체 크로마토그래피(GLC)에서 정지상과 이동상을 올바르게 표현한 것은?

① 정지상-고체, 이동상-기체
② 정지상-고체, 이동상-액체
③ 정지상-액체, 이동상-기체
④ 정지상-액체, 이동상-고체

해설 GLC(기체-액체 크로마토그래피)는 '이동상-정지상' 크로마토그래피로 이름을 짓는다. 따라서 이동상은 기체, 정지상은 액체가 된다.

23 pH미터에 사용하는 유리 전극에는 어떤 용액이 채워져 있는가?

① pH 7의 NaOH 불포화 용액
② pH 10의 NaOH 포화 용액
③ pH 7의 KCl 포화 용액
④ pH 10의 KCl 포화 용액

해설 유리 전극에 사용하는 용액은 pH 7의 KCl 포화 용액이다(단기간 보관 시 pH 7 KCl 용액 사용).

24 과망간산칼륨($KMnO_4$) 표준 용액 1,000ppm을 이용하여 30ppm의 시료 용액을 제조하고자 한다. 그 방법으로 옳은 것은?

① 3mL를 취하여 메스 플라스크에 넣고 증류수로 채워 10mL가 되게 한다.
② 3mL를 취하여 메스 플라스크에 넣고 증류수로 채워 100mL가 되게 한다.
③ 3mL를 취하여 메스 플라스크에 넣고 증류수로 채워 1,000mL가 되게 한다.
④ 30mL를 취하여 메스 플라스크에 넣고 증류수로 채워 10,000mL가 되게 한다.

해설 $1{,}000\text{ppm} \times 3\text{mL} = 30\text{ppm} \times x\,(\text{mL})$
$\therefore x = 100\text{mL}$

25 용액의 두께가 10cm, 농도가 5mol/L이며 흡광도가 0.2이면 몰 흡광도(L/mol·cm) 계수는?

① 0.001 ② 0.004
③ 0.1 ④ 0.2

해설 $A = \varepsilon bc$

$$\varepsilon = \frac{A}{bc} = \frac{0.2}{10 \times 5} = 0.004\text{L/mol} \cdot \text{cm}$$

26 pH meter의 사용 방법에 대한 설명으로 틀린 것은?

① pH 전극은 사용하기 전에 항상 보정해야 한다.
② pH 측정 전에 전극 유리막은 항상 말라 있어야 한다.
③ pH 보정 표준 용액은 미지 시료의 pH를 포함하는 범위여야 한다.
④ pH 전극 유리막은 정전기가 발생할 수 있으므로 비벼서 닦으면 안 된다.

해설 pH 측정 전에 전극 유리막은 항상 젖어 있어야 하고, 유리막 전극은 보관 시에도 마른 상태가 아닌 용액 속에 보관해야 한다.

정답 20.③ 21.① 22.③ 23.③ 24.② 25.② 26.②

27 람베르트 법칙 $T=e^{-kb}$에서 b가 의미하는 것은?

① 농도
② 상수
③ 용액의 두께
④ 투과광의 세기

해설 람베르트 법칙 : 흡수층에 입사하는 빛의 세기와 투과광의 세기와의 비율의 로그값은 흡수층의 두께에 비례한다.

$\log_e \frac{I_o}{I} = \mu d$

여기서, μ : 흡수 계수, d : 흡수층의 두께

$T = \frac{I}{I_o}$이므로 위 식을 변형하면

$\log_e = \frac{I}{I_o} = -\mu d$

$\log_e T = -\mu d,\ \ T = e^{-\mu d}$

∴ $T = e^{-kb}$에서 b는 흡수층의 두께, 즉 용액의 두께가 된다.

28 황산구리 용액을 전기 무게 분석법으로 구리의 양을 분석하려고 한다. 이때 일어나는 반응이 아닌 것은?

① $Cu^{2+} + 2e^- \rightarrow Cu$
② $2H^+ + 2e^- \rightarrow H_2$
③ $2H_2O \rightarrow O_2 + 4H^+ + 4e^-$
④ $SO_4^+ \rightarrow SO_2 + O_2 + 4e^-$

해설 황산구리 용액에서 구리의 양 분석 시 일어나는 반응
① $Cu^{2+} + 2e^- \rightarrow Cu$
② $2H^+ + 2e^- \rightarrow H_2$
③ $2H_2O \rightarrow O_2 + 4H^+ + 4e^-$
④ $SO_4^- \rightarrow SO_2 + O_2 + 4e^-$
※ 전기 무게 분석법 : 분석 물질을 고체 상태로 작업 전극에 석출시켜 그 무게를 달아 분석하는 것이다.

29 액체 크로마토그래피의 검출기가 아닌 것은?

① UV 흡수 검출기
② IR 흡수 검출기
③ 전도도 검출기
④ 이온화 검출기

해설 LC 검출기
㉠ UV 흡수 검출기
㉡ 형광 검출기
㉢ 굴절률 검출기
㉣ 전기 화학 검출기
㉤ 질량 분석 검출기
㉥ IR 흡수 검출기
㉦ 전도도 검출기

30 흡광 광도 분석 장치의 구성 순서로 옳은 것은?

① 광원부－시료부－파장 선택부－측광부
② 광원부－파장 선택부－시료부－측광부
③ 광원부－시료부－측광부－파장 선택부
④ 광원부－파장 선택부－측광부－시료부

해설 흡광 광도 분석 장치 구성 순서 : 광원부－파장 선택부－시료부－측광부(검출기－신호 처리기)

31 다음 중 펠링 용액(Fehling's solution)을 환원시킬 수 있는 물질은?

① CH_3COOH
② CH_3OH
③ C_2H_5OH
④ $HCHO$

해설 펠링 용액은 $-CHO$(알데하이드기)의 환원성을 이용해서 Cu^{2+}를 환원시켜 Cu_2O로 만드는 것이다.

32 일정한 압력하에서 10℃의 기체가 2배로 팽창하였을 때의 온도는?

① 172℃ ② 293℃
③ 325℃ ④ 487℃

해설 샤를의 법칙을 이용한다.

$\frac{V}{T} = \frac{V'}{T'}$

$\frac{V}{10+273} = \frac{2V}{T'}$

$\frac{1}{283} = \frac{2}{T'}$

$T' = 566$

∴ $t = 566 - 273 = 293$℃

정답 27.③ 28.④ 29.④ 30.② 31.④ 32.②

33 탄소 화합물의 특성에 대한 설명 중 틀린 것은?

① 화합물의 종류가 많다.
② 대부분 무극성이나 극성이 약한 분자로 존재하므로 분자 간 인력이 약해 녹는점, 끓는점이 낮다.
③ 대부분 비전해질이다.
④ 원자 간 결합이 약해 화학 반응을 하기 쉽다.

해설 탄소 화합물은 화학적으로 안정하므로 반응성이 작고 반응 속도도 느리다. 원자 간 결합이 단일 결합은 강하나 이중·삼중 결합은 약하다.

34 다음 원소 중 원자의 반지름이 가장 큰 원소는?

① Li ② Be
③ B ④ C

해설 주기율표에서 Li−Be−B−C−N−O−F 순으로, 왼쪽에서 오른쪽으로 갈수록 원자 반지름이 작아진다. 이는 유효 핵전하가 증가하기 때문이다. 오른쪽으로 갈수록 원자 번호가 증가하고 이것은 핵의 양성자와 함께 원자의 전자가 함께 증가한다.

35 공업용 NaOH의 순도를 알고자 4.0g을 물에 용해시켜 1L로 하고 그 중 25mL를 취하여 0.1N H_2SO_4로 중화시키는 데 20mL가 소요되었다. 이 NaOH의 순도는 몇 %인가? (단, 원자량은 Na=23, S=32, H=1, O=16이다.)

① 60 ② 70
③ 80 ④ 90

해설 ㉠ NaOH 몰수=H_2SO_4 몰수=H_2SO_4 농도×H_2SO_4 부피
↑ $0.1\times0.02=0.002$몰, ↑ 0.1N H_2SO_4, ↑ 20mL=0.02L

㉡ NaOH 질량=NaOH 몰수×NaOH 화학식량
$=0.002\times40=0.08$

㉢ 순도$=\dfrac{\text{NaOH 질량}}{\text{투입한 공업용 NaOH 질량}}\times100$
$=\dfrac{0.08}{0.1}\times100$(4.0g이 물 1L에 녹아 그 중 25mL이므로 0.1g이 시료에 들어 있다.)
$=80\%$

36 포화 탄화수소에 대한 설명으로 옳은 것은?

① 2중 결합으로 되어 있다.
② 치환 반응을 한다.
③ 첨가 반응을 잘 한다.
④ 기하 이성질체를 갖는다.

해설 포화 탄화수소인 Alkane은 치환 반응을 한다. 첨가 반응은 불포화 탄화수소들이 잘 한다.

37 다음 중 산성염에 해당하는 것은?

① NH_4Cl ② $CaSO_4$
③ $NaHSO_4$ ④ $Mg(OH)Cl$

해설 산성염은 산의 H^+의 일부가 다른 양이온으로 치환되고 H^+이 아직 남아 있는 염이다.
예 $NaHSO_4$, $KHCO_3$, Na_2HPO_4, $NaHCO_3$, NaH_2PO_4 등

38 Fe^{3+}과 반응하여 청색 침전을 만드는 물질은?

① KSCN ② $PbCrO_4$
③ $K_3Fe(CN)_6$ ④ $K_4Fe(CN)_6$

해설 Fe^{3+}는 $K_4Fe(CN)_6$(육시아노철(Ⅱ)산칼륨, 황혈염, 페로시안화칼륨) 용액과 반응해 청색 앙금이 생긴다.

39 600K을 랭킨 온도(°R)로 표시하면 얼마인가?

① 327 ② 600
③ 1,080 ④ 1,112

해설 600K=273+℃
℃=327
°F=1.8×℃+32=1.8×327+32=620.6
°R=620.6+460=1080.6

※ 온도 단위 환산
- °F(화씨)=1.8×℃(섭씨)+32
- K(켈빈 온도)=℃+273
- °R(랭킨 온도)=°F+460

40 다음 중 방향족 화합물은?

① CH_4 ② C_2H_4
③ C_3H_8 ④ C_6H_6

해설 방향족 화합물은 벤젠 고리를 포함한 고리 모양의 탄화수소이다.

정답 33.④ 34.① 35.③ 36.② 37.③ 38.④ 39.③ 40.④

41 다음 중 알칼리 금속에 속하지 않는 것은?

① Li ② Na
③ K ④ Ca

해설 알칼리 금속은 1족 원소에 해당하며, Ca은 알칼리 토금속이다.

42 용액의 끓는점 오름은 어느 농도에 비례하는가?

① 백분율 농도 ② 몰 농도
③ 몰랄 농도 ④ 노르말 농도

해설 끓는점 오름 = 끓는점 오름 상수×몰랄 농도

43 다음 중 금속 지시약이 아닌 것은?

① EBT(Eriochrome Black T)
② MX(Murexide)
③ 플루오레세인(fluorescein)
④ PV(Pyrocatechol Violet)

해설 플루오레세인은 침전에 흡착될 때 변색되며, 침전 적정에 사용되는 흡착 지시약이다.

44 $CuSO_4 \cdot 5H_2O$ 중의 Cu를 정량하기 위해 시료 0.5012g을 칭량하여 물에 녹여 KOH를 가했을 때 $Cu(OH)_2$의 청백색 침전이 생긴다. 이때 이론상 KOH는 약 몇 g이 필요한가? (단, 원자량은 각각 Cu=63.54, S=32, O=16, K=39이다.)

① 0.1125 ② 0.2250
③ 0.4488 ④ 1.0024

해설 $CuSO_4 \cdot 5H_2O$ 0.5012g, 분자량 249.54g, 몰수로 환산하면

$\frac{0.5012}{249.54} = 2.01\times10^{-3}$mol

$Cu^{2+} + 2OH \rightarrow Cu(OH)_2$

KOH는 $2.01\times10^{-3}\times2$mol이 필요하다.

g수로 환산하면

$2.01\times10^{-3}\times2\times56 = 0.225$g (KOH의 분자량은 56g이므로)

45 다음 금속 이온 중 수용액 상태에서 파란색을 띠는 이온은?

① Rb^{++} ② Co^{++}
③ Mn^{++} ④ Cu^{++}

해설 Cu^{2+}은 수용액 상태에서 파란색을 띤다.

46 산화 · 환원 반응을 이용한 부피 분석법은?

① 산화 · 환원 적정법
② 침전 적정법
③ 중화 적정법
④ 중량 적정법

해설 산화 · 환원 적정은 산화제 또는 환원제의 표준 용액을 써서 시료 물질을 완전히 산화 또는 환원시키는 데 소모된 양을 측정하여 시료 물질을 정량하는 부피 분석법의 하나이다.

47 양이온 제2족의 구리족에 속하지 않는 것은?

① Bi_2S_3 ② CuS
③ CdS ④ Na_2SnS_3

해설 양이온의 분류

㉠ 제1족 : Pb^{2+}, Hg^{2+}, Ag^{+}
㉡ 제2족
- 구리족 : Pb^{2+}, Bi^{3+}, Cu^{2+}, Cd^{2+}
- 주석족 : As^{3+} 또는 As^{5+}, Sb^{3+} 또는 Sb^{5+}, Sn^{2+} 또는 Sn^{4+}, Hg^{2+}

㉢ 제3족 : Fe^{2+} 또는 Fe^{3+}, Cr^{3+}, Al^{3+}
㉣ 제4족 : Ni^{2+}, Co^{2+}, Mn^{2+}, Zn^{2+}
㉤ 제5족 : Ba^{2+}, Sr^{2+}, Ca^{2+}
㉥ 제6족 : Mg^{2+}, K^{+}, Na^{+}, NH_4^{+}

48 어떤 물질의 포화 용액 120g 속에 40g의 용질이 녹아 있다. 이 물질의 용해도는?

① 40 ② 50
③ 60 ④ 70

해설 $(120-40) : 40 = 100 : x$

$4,000 = 80x$

$\therefore x = 50$

49 0.5L의 수용액 중에 수산화나트륨이 40g 용해되어 있으면 몇 노르말(N) 농도인가? (단, 원자량은 각각 Na=23, H=1, O=16이다.)

① 0.5 ② 1
③ 2 ④ 5

해설 NaOH의 분자량=40

$\frac{40g}{40g/mol} = 1mol$

$1mol/0.5L = 2N$

정답 41.④ 42.③ 43.③ 44.② 45.④ 46.① 47.④ 48.② 49.③

50 KMnO$_4$ 표준 용액으로 적정할 때 HCl 산성으로 하지 않는 주된 이유는?

① MnO$_2$가 생성되므로
② Cl$_2$가 발생하므로
③ 높은 온도로 가열해야 하므로
④ 종말점 판정이 어려우므로

해설 KMnO$_4$ 적정에서 염산이나 질산을 사용하지 않고 황산 용액을 사용하는데, 그 이유는 H$^+$의 공급이 충분하지 않으면 MnO$_2$이 생성되어 갈색으로 탁해지고, 반응의 정량성도 달라지기 때문이다. 또한, 염산은 산화되어 Cl$_2$를 발생시키고 질산은 그 자체로 산화성이 있어 적절하지 못하다.

51 광원으로부터 들어온 여러 파장의 빛을 각 파장별로 분산하여 한 가지 색에 해당하는 파장의 빛을 얻어내는 장치는?

① 검출 장치
② 빛 조절관
③ 단색화 장치
④ 색 인식 장치

해설 필터, 프리즘 또는 회절 격자에 의해 임의의 파장 성분에서 분리하는 장치로, 단색화 장치에 대한 설명이다.

52 불꽃 없는 원자 흡수 분광법 중 차가운 증기 생성법(cold vapor generation method)을 이용하는 금속 원소는?

① Na ② Hg
③ As ④ Sn

해설 Cold vapor generation method를 이용하는 금속 원소는 Hg이다.

53 폴라로그래피에서 사용하는 기준 전극과 작업 전극은 각각 무엇인가?

① 유리 전극과 포화 칼로멜 전극
② 포화 칼로멜 전극과 수은 적하 전극
③ 포화 칼로멜 전극과 산소 전극
④ 염화칼륨 전극과 포화 칼로멜 전극

해설 폴라로그래피에서 기준 전극과 작업 전극은 각각 포화 칼로멜 전극과 수은 적하 전극이다.

54 전위차 적정법에서 종말점을 찾을 수 있는 가장 좋은 방법은?

① 전위차를 세로 축으로, 적정 용액의 부피를 가로 축으로 해서 그래프를 그린다.
② 일정 적하량당 기전력의 변화율이 최대로 되는 점부터 구한다.
③ 지시약을 사용하여 변색 범위에서 적정 용액을 넣어 종말점을 찾는다.
④ 전위차를 계산하여 필요한 적정 용액의 mL 수를 구한다.

해설 전위차 적정법은 당량점 가까이에서 용액의 전위차 변화가 생기는 것을 말하는 것으로, 일정 적하량당 기전력의 변화로 구한다.

55 두 가지 이상의 혼합 물질을 단일 성분으로 분리하여 분석하는 기법은?

① 크로마토그래피
② 핵자기 공명 흡수법
③ 전기 무게 분석법
④ 분광 광도법

해설 크로마토그래피에 대한 설명이다.

56 다음 중 pH미터의 보정에 사용하는 용액은?

① 증류수 ② 식염수
③ 완충 용액 ④ 강산 용액

해설 강산이나 강염기가 들어와도 일정하게 수소 이온 농도를 유지시켜 주는 것을 완충 용액이라 하는데, 이는 pH미터의 보정에 사용된다.

57 눈으로 감지할 수 있는 가시광선의 파장 범위는?

① 0~190nm ② 200~400nm
③ 400~700nm ④ 1~5m

해설 가시광선은 400~700nm의 파장 범위를 갖는다.

정답 50.② 51.③ 52.② 53.② 54.② 55.① 56.③ 57.③

58 적외선 분광 광도계에 의한 고체 시료의 분석 방법 중 시료의 취급 방법이 아닌 것은?

① 용액법 ② 페이스트(paste)법
③ 기화법 ④ KBr 정제법

해설 적외선 분광 광도계 고체 시료의 분석 방법 중 취급 방법
㉠ 용액법
㉡ 페이스트(paste)법
㉢ KBr 정제법

59 다음 중 에너지가 가장 큰 것은?

① 적외선 ② 자외선
③ X-선 ④ 가시광선

해설

$$E = h\nu = h \cdot \frac{c}{\lambda}$$

$$E \propto \frac{1}{\lambda}$$

λ
nm

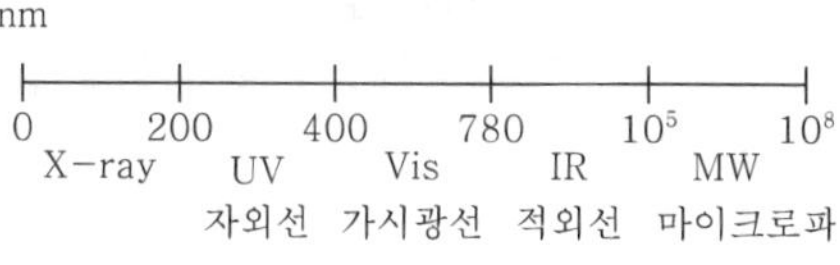

60 다음 중 가스 크로마토그래피용 검출기가 아닌 것은?

① FID(Flame Ionization Detector)
② ECD(Electron Capture Detector)
③ DAD(Diode Array Detector)
④ TCD(Thermal Conductivity Detector)

해설 HPLC에서 사용하는 것이 DAD이다. DAD는 스캔 형식으로 파장을 측정하여 스캔한다.

정답 58.③ 59.③ 60.③

CBT 기출복원문제

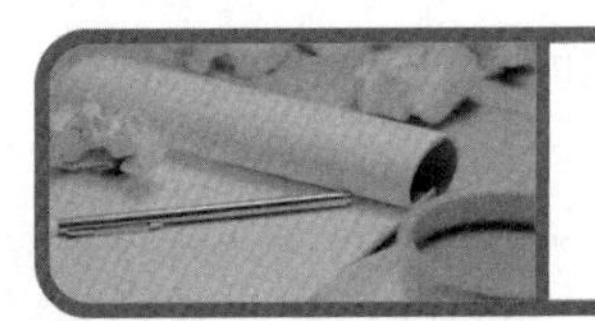

화학분석기능사

제1회 필기시험 ◀▶ 2023년 1월 28일 시행

01 다음 중 단체로만 된 것은?

① 산소, 오존, 금강석
② 수소, 금, 대리석
③ 청동, 은, 철
④ 산소, 금, 수정

해설 단체 : 한 가지 원소로만 이루어진 것으로, 산소(O_2), 오존(O_3), 금강석(C), 수소(H_2), 은(Ag), 철(Fe) 등이 있다.

02 다음 조작 중 인화의 위험이 가장 큰 것은 어느 것인가?

① 추출 조작
② 증류 조작
③ 여과 조작
④ 냉각 조작

해설 인화란 가연물을 가열하면서 한쪽에서 점화원을 접촉시키면 발화 온도보다 낮은 온도에서 연소가 일어나는 것을 말하며, 인화가 일어나는 온도를 인화점(flash point)이라고 한다. 인화는 휘발성이 강한 액체의 증류 조작에서 위험성이 크다.

03 다음 용액의 성질 중 옳지 않은 것은 어느 것인가?

① 극성 물질은 무극성 물질과 잘 섞인다.
② 극성 물질과 극성 물질은 잘 섞인다.
③ 이온화가 되면 전류가 흐를 수 있다.
④ 용매에 용질이 녹아 들어가는 현상을 용해라 한다.

해설 극성 물질은 극성 물질과, 무극성 물질은 무극성 물질과 잘 섞인다.

04 어떤 기체의 공기에 대한 비중이 약 1.10이었다. 이것은 어떤 기체의 분자량과 같은가?

① 수소　② 산소
③ 질소　④ 이산화탄소

해설 공기에 대한 비중이 1.10이므로 공기의 평균 분자량의 비가 1.1인 것을 찾으면 된다.

$\therefore \frac{32}{29} \fallingdotseq 1.1(O_2)$

05 원인을 알 수 없는 오차로서 측정 때마다 측정치가 일정하지 않고 분포 현상을 일으키는 오차는?

① 계통적 오차　② 과오에 의한 오차
③ 계량기 오차　④ 우연 오차

해설 우연 오차의 설명이다.

06 주기율표를 보면 같은 족에서 아래로 갈수록 점차 증가하는 성질이 있는데 이에 해당되지 않는 것은?

① 원자 번호　② 원자량
③ 가전자의 수　④ 오비탈의 총 수

해설 주기율표를 보면 같은 족에서 가전자의 수는 같다.

07 원소들 중 원자가전자 배열이 $ns^2np^3 (n=2, 3, 4)$인 것은?

① N, P, As　② C, Si, Ge
③ Li, Na, K　④ Be, Mg, Ca

해설 원자가전자가 5이므로 5족 원소이다.

정답 01.① 02.② 03.① 04.② 05.④ 06.③ 07.①

08 결정의 구성 단위가 양이온과 전자로 이루어진 결정 형태는?

① 금속 결정 ② 이온 결정
③ 분자 결정 ④ 공유 결합 결정

해설 금속은 비편재화 원자가전자 바다에 잠긴 양이온들의 배열이라고 볼 수 있다.

09 수은의 염화물인 감홍(염화제일수은)의 화학식 및 색깔을 옳게 표시한 것은?

① Hg_2Cl_2 – 검은색
② Hg_2Cl_2 – 흰색의 광택
③ $HgCl_2$ – 검은색
④ $HgCl_2$ – 흰색 결정

해설 ① $HgCl_2$: 승홍, ② Hg_2Cl_2 : 감홍

10 환원력이 가장 큰 것은?

① Na ② Mg
③ H ④ Cl

해설 1족 금속 원소들은 큰 이온화 경향을 보이며, 격렬한 반응을 한다. 즉, Na이 환원력이 가장 크다.

11 다음 중 반응성이 가장 작은 원소의 족은 어느 것인가?

① 0족 ② 1족
③ 2족 ④ 3족

해설 0족은 불활성(비활성) 원소, 즉 반응성이 거의 없다.

12 γ선에 대한 설명으로 맞는 것은?

① 질량을 갖고, 음의 전하를 띰.
② 질량을 갖고, 전하를 띠지 않음.
③ 질량이 없고, 전하를 띠지 않음.
④ 질량이 없고, 음의 전하를 띰.

해설 γ선은 극초단파의 전자기파며, 전기량 0, 질량 0이다.

13 활성화 에너지란 무엇인가?

① 물질이 반응할 때 방출하는 에너지
② 물질이 반응할 때 흡수하는 에너지
③ 물질이 반응을 일으키기 전에 가지고 있는 에너지
④ 물질이 반응을 일으키는 데 필요한 에너지

해설 활성화 에너지 : 물질이 반응을 일으키는 데 필요한 에너지로서, 활성화 에너지가 클수록 반응 속도가 느려진다.

14 다음 중 물이 산으로 작용하는 반응은?

① $NH_4^+ + H_2O \leftrightarrows NH_3 + H_3O^+$
② $HCOOH + H_2O \leftrightarrows HCOO^- + H_3O^+$
③ $3Fe + 4H_2O \leftrightarrows Fe_3O_4 + 4H_2$
④ $CH_3COO^- + H_2O \leftrightarrows CH_3COOH + OH^-$

해설 산과 염기의 학설

구분	아레니우스설
산	수용액에서 $H^+(H_3O^+)$를 낼 수 있는 물질
염기	수용액에서 OH^-를 낼 수 있는 물질

15 다음 물질 중 탈수제로 사용되는 물질은?

① N_2 ② H_2SO_4
③ CH_3COOH ④ NaCl

해설 H_2SO_4(황산)은 대표적인 탈수제이며, 강산이다.

16 NH_4OH와 NH_4Cl 혼합 용액에 알칼리성 용액을 조금씩 가하면 어떻게 되겠는가?

① 액성이 중성이 된다.
② 액성이 알칼리성이 된다.
③ 액성이 산성이 된다.
④ 액성은 크게 변하지 않는다.

해설 완충 용액은 산·염기를 가해도 그 액성이 크게 변하지 않는다.
- 완충 용액(buffers) : 약산에 그 약산의 염을 포함한 혼합 용액에 산을 가하거나 또는 약염기에 그 약염기의 염을 포함한 혼합 용액에 염기를 가하여도 혼합 용액의 pH가 그다지 변하지 않는다.

정답 08.① 09.② 10.① 11.① 12.③ 13.④ 14.④ 15.② 16.④

17 다음 중 산화제는?

① 염소 ② 나트륨
③ 수소 ④ 옥살산

해설 산화제 : 다른 물질을 산화시키는 성질이 강한 물질. 즉 자신은 환원되기 쉬운 물질
예 Cl_2, O_2 등

18 전지에서 감극제를 썼을 때 양극으로 적당한 것은?

① 탄소 ② 구리
③ 납 ④ 아연

해설 감극제(소극제)로 MnO_2를 사용하면, (+)극은 탄소(C)를 사용하며 (−)극은 아연(Zn)을 사용한다.

19 1F(패럿)의 전기량은?

① 전자 96,500개가 갖는 전기량이다.
② 1A의 전류로 1초 동안 전기분해할 때 흐르는 전기량이다.
③ 6×10^{23}쿨롬의 전기량이다.
④ 아보가드로수 만큼의 전자가 가지는 전기량이다.

해설 1F(패럿)이란 물질 1g당량을 석출하는 데 필요한 전기량 [96,500쿨롬, 전자(e^-) 1mol(6×10^{23}개)의 전기량]이다.

20 유기 화합물 간의 반응이 무기 화합물 간의 반응에 비해 일반적으로 더디게 일어나는 이유는 유기 화합물이 대체로 어떤 화합물이기 때문인가?

① 공유 결합
② 분자량이 큰 화합물
③ 이온 결합
④ 끓는점이 높은 화합물

해설 유기 화합물은 공유 결합을 하고 있어 비전해질의 성질을 띠며 반응 속도도 대체로 느리다. 그에 반해 무기 화합물은 이온 결합을 하고 있어 반응 속도가 빠르다.

21 0℃의 얼음 2g을 100℃의 수증기로 변화시키는 데 필요한 열량은 약 몇 cal인가? (단, 기화잠열=539cal/g, 융해열=80cal/g)

① 1,209 ② 1,438
③ 1,665 ④ 1,980

해설 열량
Q(열량)$=Q_1$(잠열)$+Q_2$(현열)$+Q_3$(잠열)

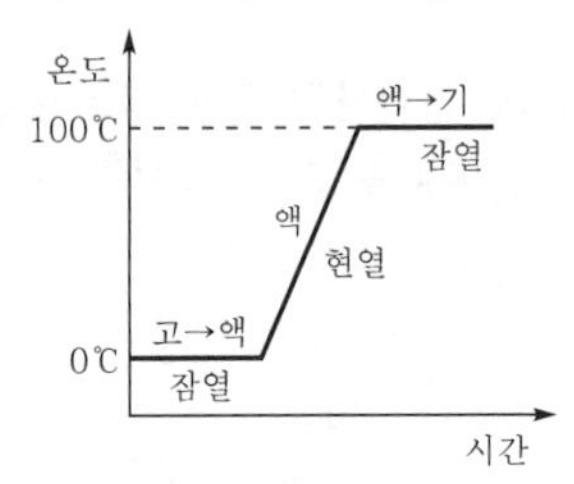

고→액 : 얼음의 융해잠열 ⇒ 80cal/g
액→기 : 물의 기화잠열 ⇒ 539cal/g
㉠ 현열 : 상태의 변화 없이 온도가 변화될 때 필요한 열량
$Q=m\cdot c\cdot \Delta t$
여기서, Q : 열량
m : 질량(g)
c : 비열
Δt : 온도 변화(℃)
㉡ 잠열 : 온도의 변화 없이 상태를 변화시키는 데 필요한 열량
$Q=m\cdot \gamma$
여기서, Q : 열량
m : 질량(g)
γ : 잠열
∴ Q=융해열(융해 잠열)+현열+기화 잠열
융해열 : 80cal/g×2g=160cal
현열 : $Q=m\cdot c\cdot \Delta t$ (물의 비열=1cal/(g·℃))
=2g×1cal/(g·℃)×(100℃−0℃)
=2g×1cal/(g·℃)×100℃
=200cal
기화잠열 : 539cal/g×2g=1,078cal
∴ Q=160cal+200cal+1,078cal=1,438cal

22 메탄에 요오드를 작용시켜 요오드포름(CHI_3)을 만드는 반응은?

① 부가 반응 ② 치환 반응
③ 탈수 반응 ④ 중합 반응

정답 17.① 18.① 19.④ 20.① 21.② 22.②

해설 메탄계 탄화수소(알칸계, 파라핀계)는 단일 결합으로 이루어진 포화 탄화수소(C_nH_{2n+2})로서 안정되어 반응성이 적으므로 주로 치환 반응을 한다. 그에 반해 알케인계(C_nH_{2n}, 올레핀계, 에틸렌계)와 알카인계(C_nH_{2n-2}, 아세틸렌계)는 2중 또는 3중 결합 구조인 불포화 탄화수소로서 반응성이 풍부하여 치환 반응보다는 주로 부가 또는 중합 반응을 한다.

23 다음 중 요오드포름 반응도 하고 은거울 반응도 하는 물질은?

① CH_3CHO　　② CH_3CH_2OH
③ CH_3COCH_3　　④ $HCHO$

해설 ㉠ 요오드포름 반응을 하는 물질 : C_2H_5OH(에틸알코올), CH_3COCH_3(아세톤), CH_3CHO(아세트알데히드) 등
㉡ 은거울 반응을 하는 물질 : CH_3CHO(아세트알데히드), $HCHO$(포름알데히드), $HCOOH$(포름산) 등

- 에탄올 검출법(요오드포름 반응)
  에탄올(C_2H_5OH)에 KOH(또는 NaOH)과 I_2(요오드)를 작용시키면 독특한 냄새를 가진 CHI_3(요오드포름)의 노란색 침전이 생기는 반응이다.
  $C_2H_5OH+KOH+I_2 \rightarrow CHI_3\downarrow$ (노란색 침전)
- 은거울 반응(silver mirror reaction)
  알데히드(R−CHO)의 검출법으로, R−CHO에 암모니아성 질산은 용액($AgNO_3$)을 가하면 Ag이 환원되어 석출되는 반응이다.
  $R-CHO+Ag_2O \rightarrow RCOOH+2Ag$

24 다음 중 방향족 화합물이 아닌 것은?

① 톨루엔　　② 아세톤
③ 페놀　　④ 아닐린

해설 ① CH_3

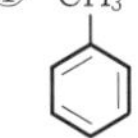

② CH_3COCH_3

③ OH

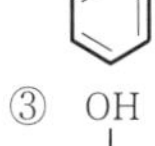

④ NH_2

25 $(NH_4)_2SO_4$ 66g에 들어 있는 이온(NH_4^+와 SO_4^{2-})은 총 몇 몰인가?

① 1　　② 1.5
③ 2　　④ 3

해설 $(NH_4)_2SO_4 \rightarrow 2NH_4^+ + SO_4^{2-}$
$(NH_4)_2SO_4$ 66g은 $\frac{66}{132}=0.5$몰이다. $(NH_4)_2SO_4$ 1몰이 해리되면 2몰의 NH_4^+과 1몰의 SO_4^{2-}이 생성된다. 그러므로 $(NH_4)_2SO_4$ 0.5몰이 해리되면 1몰의 NH_4^+과 0.5몰의 SO_4^{2-}이 생성되어 총 몰수는 1.5몰이다.

26 요오드화 값이 큰 유지에 대한 설명으로 옳은 것은?

① 2중 결합이 작다.
② 불포화도가 크다.
③ 분자량이 크다.
④ 불포화도가 작다.

해설 요오드화 값 : 기름 100g에 부가되는 요오드(I_2)의 g수로서 기름의 불포화도를 규정하며, 2중 결합이 많을수록 요오드화 값은 커진다.
㉠ 건성유 : 요오드화 값 130 이상
㉡ 반건성유 : 요오드화 값 100 이상 130 이하
㉢ 불건성유 : 요오드화 값 100 이하

27 다음 중 비혼합인 것은?

① 글리세린과 물　　② 물과 알코올
③ 에테르와 물　　④ 벤젠과 물

해설 ㉠ 혼합 : 용매와 용질이 균일하게 섞이는 것
　예 글리세린과 물, 물과 알코올, 에테르와 물
㉡ 비혼합 : 용매와 용질이 불균일하게 섞인 것
　예 벤젠과 물

28 고체가 액체에 용해되는 경우 용해 속도에 영향을 주는 인자로서 가장 거리가 먼 것은?

① 고체 표면적의 크기
② 교반 속도
③ 압력의 증감
④ 온도의 변화

해설 고체가 액체에 용해되는 경우 용해 속도에 영향을 주는 인자
㉠ 고체 표면적의 크기
㉡ 교반 속도
㉢ 온도의 변화

정답 23.① 24.② 25.② 26.② 27.④ 28.③

29 목적하는 이온과 난용성 물질을 생성시키기 위하여 침전제를 넣었을 때 고체로 석출되는 물질은?

① 침전제 ② 화학물
③ 작용물 ④ 침전물

해설 침전물에 대한 설명이다.

30 2원자 분자의 난용성 물질인 MA의 포화 용액에서 분자 용해도(L_m)의 값은?

① $L_m = \sqrt{\frac{K_{sp}}{2}}$

② $L_m = \sqrt{\frac{K_{sp}}{4}}$

③ $L_m = \sqrt{K_{sp}}$

④ $L_m = 3\sqrt{\frac{K_{sp}}{4}}$

해설 $MA \rightleftarrows M^+ + A^-$
$[M^+][A^-] = K_{sp}$
$\therefore L_m = \sqrt{K_{sp}}$

31 공업용 NaOH의 순도를 알고자 4.0g을 물에 용해시켜 1L로 하고 그 중 25mL를 취하여 0.1N H_2SO_4로 중화시키는 데 20mL가 소요되었다. 이 NaOH의 순도는 몇 %인가? (단, 원자량은 Na=23, S=32, H=1, O=16이다.)

① 60 ② 70
③ 80 ④ 90

해설 ㉠ NaOH 몰수=H_2SO_4 몰수=H_2SO_4 농도×H_2SO_4 부피
(↑ 0.1×0.02=0.002몰, ↑ 0.1N H_2SO_4, ↑ 20mL=0.02L)
㉡ NaOH 질량=NaOH 몰수×NaOH 화학식량
=0.002×40
=0.08
㉢ 순도 = $\frac{\text{NaOH 질량}}{\text{투입한 공업용 NaOH 질량}} \times 100$
$= \frac{0.08}{0.1} \times 100$(4.0g이 물 1L에 녹아 그 중 25mL이므로 0.1g이 시료에 들어 있다.)
=80%

32 공실험(blank test)을 하는 가장 주된 목적은?

① 불순물 제거
② 시약의 절약
③ 시간의 단축
④ 오차를 줄이기 위함

해설 공실험(blank test)을 하는 목적 : 오차를 줄이기 위함이다.

33 양이온 제1족에 해당되는 것은?

① Ba^{2+} ② K^+
③ Na^+ ④ Pb^{2+}

해설 제1족 양이온은 Ag^+, Pb^{2+}, $Hg_2{}^{2+}$이다.

34 음이온의 중성 용액에 질산은($AgNO_3$)을 넣었을 때 침전하지 않는 것은?

① F^- ② SO_3^-
③ $Cr_2O_7^-$ ④ $S_2O_3^-$

해설 F^- : 질산은($AgNO_3$)에 침전되지 않는다.

35 다음 중 더운물에 쉽게 용해되는 것은?

① AgCl ② $PbCl_2$
③ CuS ④ Hg_2Cl_2

해설 Pb^{2+} : $Pb(NO_3)_2$(질산납) $+ 2HCl \rightarrow PbCl_2\downarrow$(염화납(흰색)) $+ 2HNO_3$
염화납은 찬물에는 잘 녹지 않으나 더운물에는 매우 잘 녹는다. 진한 염화납 용액을 냉각시키면 바늘 모양의 결정이 석출되며, 여기에 다시 더운물을 넣으면 녹는다.

36 지시약인 페놀프탈레인 용액이 액성에 따라 나타내는 색깔은?

① 산성에서 붉은색이다.
② 산성에서 노란색이다.
③ 알칼리성에서 무색이다.
④ 알칼리성에서 붉은색이다.

해설 산성에서는 무색이다.

정답 29.④ 30.③ 31.③ 32.④ 33.④ 34.① 35.② 36.④

37 산화·환원 적정법에 해당되지 않는 것은?

① 요오드법
② 과망간산염법
③ 아황산염법
④ 중크롬산염법

해설 아황산염법은 산화·환원 적정법에 해당하지 않는다.

38 전해 생성물이 만드는 전해 전압과 반대의 기전력을 역기전력이라고 하는데, 이와 같이 전위차가 생기는 현상을 무엇이라고 하는가?

① 기전력 ② 분극
③ 전압 ④ 전해

해설 기전력 : 전해 생성물이 만드는 전해 전압과 반대의 기전력을 역기전력이라 하고 이때 전위차가 생기는 현상을 말한다.

39 염소 이온이 포함된 물에 질산은 용액 몇 방울을 첨가한 결과 침전이 생성되었다. 이 침전의 색깔은?

① 노란색 ② 흰색
③ 적색 ④ 흑색

해설 $Ag^{+}+Cl^{-} \rightarrow AgCl(s)$, AgCl 앙금은 흰색이다.

40 염소 이온의 정량법과 가장 관계가 먼 것은?

① 티오시안산 적정법
② 크롬산 지시약법
③ 흡착 지시약법
④ 연속 적정법

해설 염소 이온 정량법의 종류 : 티오시안산 적정법, 크롬산 지시약법, 흡착 지시약법

41 다음 중 에너지가 가장 큰 것은?

① 적외선 ② 자외선
③ X-선 ④ 가시광선

해설 $E=h\nu=\frac{h \cdot c}{\lambda}$

$E \propto \frac{1}{\lambda}$

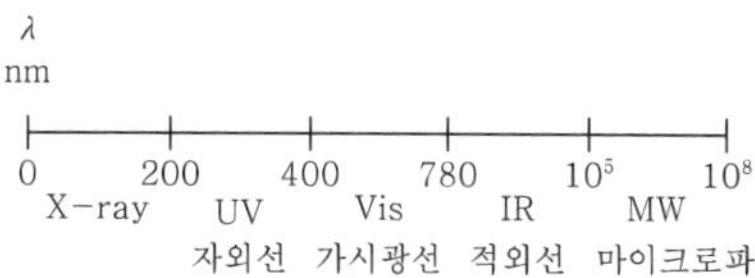

42 가시광선 파장의 범위는?

① 200~400nm ② 350~800nm
③ 2.5~25μm ④ 0.1~10μm

해설 가시광선 파장의 범위는 약 350 ~800nm 정도이다.

43 분광 광도계가 광전 비색계와 다른 점은?

① Lambert-Beer의 법칙을 적용시킨다.
② 검량선을 작성하여 정량 분석을 한다.
③ 단색화 장치로 프리즘이나 회절격자를 사용한다.
④ 시료의 색깔이 없을 때 발색 시약을 사용하여 발색시킨다.

해설 회절판(grating)이 많이 사용된다.

44 전자기 복사선 중 파장이 가장 긴 것은?

① 적외선 ② 자외선
③ X-선 ④ 가시광선

해설 파장이 긴 순서는 적외선>가시광선>자외선>X-선이다.

45 IR 분석의 시료 취급법에 있어서 각종 탄화수소, 할로겐화 탄화수소 등의 용매로 적합하지 않은 것은?

① heptane ② nitrobenzene
③ benzene ④ cyclohexane

해설 보통 IR 용매는 CCl_4나 Nujol(탄화수소, 광유, mineral oil)이 사용된다. 용매도 peak가 있기 때문에 신중히 선택해야 한다.

정답 37.③ 38.① 39.② 40.④ 41.③ 42.② 43.③ 44.① 45.②

46 적외선 조사용 시료를 적당한 용매로 용해시킬 수가 없는 경우에 페이스트(paste)법을 사용한다. 이때 사용하는 약품은?

① aluminium stearate
② Nujol
③ polyethylene
④ CCl_4

해설 paste 상태로 하기 위해서는 흡수 띠가 가장 적은 불휘발성의 광물성 기름이나 유동 파라핀, Nujol이 사용된다.

47 다음 분석법 중 여러 성분의 혼합물을 분리 · 분석하는 데 적당한 분석법은 어느 것인가?

① 원자 흡수 분광법
② 크로마토그래피법
③ 적외선 흡수 분광법
④ 전위차 측정법

해설 ② chromatography는 column을 통해 정량 분석도 가능하다.

48 고성능 액체 크로마토그래피(HPLC)를 구성하는 부분 장치가 아닌 것은?

① 송액 펌프 및 제어 밸브
② 시료 주입 밸브 및 용매 분배 밸브
③ 액체 크로마토그래피관(칼럼) 및 보호관(가드 칼럼)
④ 이온화 장치 및 검출기

해설 ④ 이온화 장치는 플라스마 분광기이다.

49 다음 중 액체 크로마토그래피의 검출기가 아닌 것은?

① UV 흡수 검출기 ② IR 흡수 검출기
③ 전도도 검출기 ④ 이온화 검출기

해설 액체 크로마토그래피(LC, HPLC)의 주된 검출기 : 자외선 검출기, 형광 검출기, 굴절률 검출기, 증발 광-산란 검출기, 전기 화학 검출기

50 액체 흡착제를 가스 크로마토그래피에서 사용할 때 분리의 원리가 되는 것은?

① 흡착 계수의 차
② 분배 계수의 차
③ 확산 전류의 차
④ 전개 가스 용적의 차

해설 기체-액체 크로마토그래피에서 비활성 고체의 표면에 고정시킨 액체상과 기체 이동상 사이에서 분석물이 분배하는 것에 기초한다.

51 가스 크로마토그래피(GC)의 칼럼(분리관)에서 시료가 분리되는 원리는?

① 성분의 양 ② 이동 속도의 차
③ 예열 정도 ④ 압력의 차

해설 머무름 인자(retention factor) : 이동상과 정지상이 시료를 붙잡아 두는 힘의 차이에 의해 시료가 분리된다.

52 다음 중 가스 크로마토그래피의 정량 분석에 일반적으로 사용되는 방법은 어느 것인가?

① 크로마토그램의 무게
② 크로마토그램의 면적
③ 크로마토그램의 높이
④ 크로마토그램의 머무름 시간

해설 가스 크로마토그래피
㉠ 정성 분석 : 머무름 시간을 이용한다.
㉡ 정량 분석 : 크로마토그램의 면적을 이용한다.

53 pH를 측정하는 전극으로 맨 끝에 얇은 막(0.03~0.01mm)이 있고, 그 얇은 막의 양쪽에 pH가 다른 두 용액이 있으며, 그 사이에 전위차가 생기는 것을 이용한 측정법은?

① 수소 전극법
② 유리 전극법
③ 퀸히드론(quinhydrone) 전극법
④ 칼로멜(calomel) 전극법

해설 유리 전극법에 대한 설명이다.

정답 46.② 47.② 48.④ 49.④ 50.② 51.② 52.② 53.②

54 다음 전기 사용에 대한 설명 중 가장 부적당한 내용은?

① 전기 기기는 손을 건조시킨 후에 만진다.
② 전선을 연결할 때는 전원을 차단하고 작업한다.
③ 전기 기기는 접지를 하여 사용해서는 안 된다.
④ 전기 화재가 발생하였을 때는 전원을 먼저 차단한다.

해설 ③ 전기 기기는 접지를 하여 사용한다.

55 pH meter를 사용하여 산화·환원 전위차를 측정할 때 사용되는 지시 전극은?

① 백금 전극
② 유리 전극
③ 안티몬 전극
④ 수은 전극

해설 pH 미터는 일반적으로 지시 전극으로는 유리 전극을 사용하고, 산화·환원 전극으로는 비활성 금속인 백금 전극을 사용한다.

56 적정의 종말점을 전극 전위의 측정으로 구하는 용량 분석은?

① 전도도 적정
② 전위차 적정
③ 당량 전도도 적정
④ 등전점 적정

해설 전위의 차이로 종말점을 구하는 것을 전위차 적정이라 한다.

57 폴라로그래피에서 얻은 폴라로그램 중 어느 것을 정성 분석에 이용하는가?

① 한계 전류 ② 확산 전류
③ 반파 전위 ④ 산소파

해설 ②는 정량 분석에 이용한다.

58 실험 중에 지켜야 할 유의 사항이 아닌 것은 어느 것인가?

① 반드시 실험복을 착용한다.
② 실험 과정은 반드시 노트에 기록한다.
③ 실험대 위에는 항상 깨끗하게 정돈되어 있어야 한다.
④ 실험을 빨리 하기 위해서는 두 가지 이상의 실험을 동시에 한다.

해설 ④ 실험을 여러 가지 하면 실수할 확률이 높아져 위험하다.

59 유기 정성의 위험에 대한 유의 사항 중 가장 올바른 것은?

① 인화성 액체는 보통 1~2L 정도 채취하여 실습에 임한다.
② 인화성 물질은 1회 적정 시 3g 정도 채취하여 실습한다.
③ 염소나 브롬 등 독가스를 마셨을 때는 에틸알코올을 마신다.
④ 다이아조염이나 나이트로 화합물은 경제적으로 이득이 있게 다량 채취하여 실습한다.

해설 실험은 항상 최소한의 비용을 들여 정확한 실험이 될 수 있게 한다.

60 눈에 산이 들어갔을 때는 다음 중 어떻게 조치하는가?

① 메틸알코올로 씻는다.
② 즉시 물로 씻고 묽은 나트륨 용액으로 씻는다.
③ 즉시 물로 씻고 묽은 수산화나트륨 용액으로 씻는다.
④ 즉시 물로 씻고 묽은 탄산수소나트륨 용액으로 씻는다.

해설 눈에 산이 들어가면 즉시 물로 씻고 묽은 탄산수소나트륨 용액으로 씻는다.

정답 54.③ 55.① 56.② 57.③ 58.④ 59.② 60.④

CBT 기출복원문제

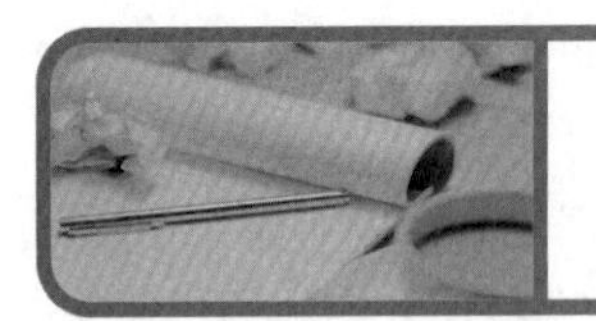

화학분석기능사

제2회 필기시험 ◀▶ 2023년 4월 8일 시행

01 다음 변화 중 물리적 변화에 해당되는 것은?

① 연소
② 승화
③ 발효
④ 금속이 공기 중에서 녹을 때

해설 승화는 물리적 변화 중 기체 → 고체로 되는 과정이다.

02 물의 끓는점을 낮출 수 있는 방법으로 옳은 것은?

① 밀폐된 그릇에서 물을 끓인다.
② 알코올을 넣는다.
③ 설탕을 넣어 준다.
④ 외부 압력을 낮추어 준다.

해설 ①, ②, ③의 방법으로 하면 물의 끓는점을 높여 준다.

03 2기압의 산소 4L와 4기압의 산소 5L를 같은 온도에서 7L의 용기에 넣으면 전체 압력은 얼마인가?

① 4기압
② 6기압
③ 8기압
④ 2기압

해설 돌턴의 분압 법칙에서 혼합 기체 전압은 각 성분 기체의 분압의 합과 같다.
$P_1V_1 = P_2V_2 = PV$에서 전압(P)을 구한다.

$$\therefore P = \frac{P_1V_1 + P_2V_2}{V}$$
$$= \frac{(2\times4)+(4\times5)}{7} = 4\text{기압}$$

04 물, 벤젠, 석유의 3가지 용매가 있다. 이 중 서로 혼합되는 것으로만 짝지어진 것은?

① 물, 벤젠 ② 물, 석유
③ 벤젠, 석유 ④ 물, 벤젠, 석유

해설 물은 극성이고, 벤젠과 석유는 무극성(비극성)이다.

05 다음은 우연 오차에 관한 설명이다. 잘못된 것은?

① 온도, 조명, 기압, 진동 등의 영향을 받는다.
② 이상이 큰 우연 오차는 보통 생기지 않는다.
③ 같은 크기의 (+), (−)의 우연 오차 중 보통 (+)쪽에 많다.
④ 우연 오차는 통계적으로 처리하여 최소로 되게 하여 준다.

해설 같은 크기의 (+), (−)의 우연 오차는 대체로 같은 횟수로 발생한다.

06 원소의 주기율에 대한 설명으로 틀린 것은?

① 최외각 전자는 족을 결정하고, 전자 껍질은 주기를 결정한다.
② 금속 원자는 최외각에 전자를 받아들여 음이온이 되려는 성질이 있다.
③ 이온화 경향이 큰 금속은 산과 반응하여 수소를 발생한다.
④ 같은 족에서 원자 번호가 클수록 금속성이 증가한다.

해설 금속 원자는 최외각 전자를 내보내 양이온이 되려는 성질이 있다.

정답 01.② 02.④ 03.① 04.③ 05.③ 06.②

07 가장 많은 최외각 전자를 가지는 것은?

① $1s^2 2s^2 2p^6 3s^1$
② $1s^2 2s^2$
③ $1s^2 2s^2 2p^3$
④ $1s^2 2s^2 2p^6 3s^2 3p^5$

해설 ① 최외각 전자는 $3s^1$이므로 1개이다.
② 최외각 전자는 $2s^2$이므로 2개이다.
③ 최외각 전자는 $2s^2 2p^3$이므로 5개이다.
④ 최외각 전자는 $3s^2 3p^5$이므로 7개이다.

08 공유 결합 분자의 기하학적인 모양을 예측 · 판단하는 근거가 되는 것은?

① 원자가전자의 수
② 전자 친화도의 차이
③ 원자량의 크기
④ 전자쌍 반발의 원리

해설 공유 결합 분자의 기하학적인 모양의 예측은 전자쌍 반발의 원리를 근거로 판단할 수 있다.

09 다음 불활성 기체 중 공기 속에 제일 많이 있는 것은?

① He ② Ar
③ Ne ④ Kr

해설 불활성 기체에는 He, Ne, Ar, Kr, Xe, Ra 등이 있는데, 공기 중에 Ar이 제일 많다.

10 비활성 기체에 대한 설명으로 적당하지 않은 것은?

① 단원자 분자이다.
② 화합물을 잘 만든다.
③ 대부분 최외각 전자는 8개이다.
④ 저압에서 방전되면 색을 나타낸다.

해설 비활성 기체는 최외각 전자의 orbital에 있는 전자가 octet rule을 만족해 큰 반응성이 없는 기체로, 화합물을 만들지 않는다.

11 다음 중 상온(25℃)에서 물 또는 습기와 접촉하여 발화하는 금속은?

① Na ② Si
③ Cu ④ Be

해설 물과 격렬하게 반응하여 발열하고 수소를 발생하며 발화한다.
$2Na + 2H_2O \rightarrow 2NaOH + H_2\uparrow + 2\times 44.2kcal$

12 1초에 370억 개의 원자핵이 붕괴하여 방사선을 내는 방사능 물질의 양으로서 방사능의 강도 및 방사성 물질의 양을 나타내는 단위는?

① 1렘 ② 1그레이
③ 1래드 ④ 1큐리

해설 ① 1렘 : 인체가 방사선을 받았을 때의 영향을 나타내는 단위. 보통 1g의 라듐(1큐리의 방사능)으로부터 1m 떨어진 거리에서 1시간 동안 받는 방사선의 영향이 약 1렘에 해당된다. 방사선량을 측정한다고 하는 것은 어떤 물체에 방사선의 에너지가 얼마나 흡수되는지를 측정하는 것이고 방사선은 우리 몸(신체)에 생물학적 영향을 주기 때문에 이 경우에는 특별히 렘(rem)이라는 단위를 사용한다. 1렘의 1천분의 1을 1밀리렘(mrem)이라고 하며, 밀리렘은 우리가 일상생활에서 많이 사용하는 단위이다. 예를 들어, 가슴에 X－선을 1회 촬영하는 데에는 약 100밀리렘의 방사선량을 받는다는 식이다.
② 1그레이 : 흡수선량의 새로운 단위로, 1gray＝100rad이다.
③ 1래드 : 방사선량을 나타내는 단위로서, 방사선의 조사를 받는 물질 1g당의 흡수 에너지가 100에르그(erg)인 경우의 흡수선량이 1래드이다.($1rad = 10^{-2}J/kg$)

13 산의 정의가 부적당한 것은?

① 비공유 전자쌍을 받아들이는 이온 또는 분자
② 비공유 전자쌍을 주는 이온 또는 분자
③ 수용액에서 옥소늄 이온을 낼 수 있는 분자 또는 이온
④ 플로톤을 낼 수 있는 분자 또는 이온

해설 비공유 전자쌍을 주는 것은 염기이다.

정답 07.④ 08.④ 09.② 10.② 11.① 12.④ 13.②

14 촉매에 의하여 변화되지 않는 것은?

① 정반응의 활성화 에너지
② 역반응의 활성화 에너지
③ 반응열
④ 반응 속도

해설

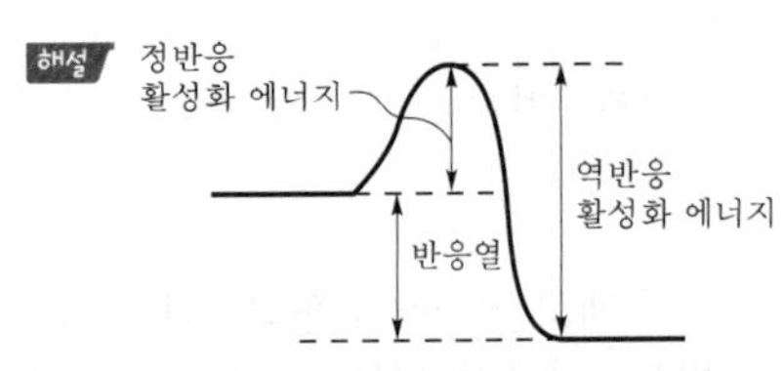

촉매는 활성화 에너지를 변화시킨다.

15 다음 중 Arrhenius 산, 염기 이론에 대하여 설명한 것은?

① 산은 물에서 이온화될 때 수소 이온을 내는 물질이다.
② 산은 전자쌍을 받을 수 있는 물질이고, 염기는 전자쌍을 줄 수 있는 물질이다.
③ 산은 진공에서 양성자를 줄 수 있는 물질이고, 염기는 진공에서 양성자를 받을 수 있는 물질이다.
④ 산은 용매에 양이온을 방출하는 용질이고, 염기는 용질에 음이온을 방출하는 용매이다.

해설 산, 염기의 학설

학설	산(acid)	염기(base)
아레니우스설	수용액에서 $H^+(H_3O^+)$을 내놓는 것	수용액에서 OH^-을 내놓는 것

16 다음 염 중 수용액이 알칼리성을 띠는 것은?

① $NaHCO_3$
② $NaHSO_4$
③ K_2SO
④ KCl

해설 약산+강염기 → 알칼리성
예 $NaHCO_3$, KCN, Na_2CO_3, CH_3COONa

17 다음 중 환원제(reducing agent)로 작용할 수 없는 물질은?

① 수소 원자를 내기 쉬운 물질
② 산소와 화합하기 쉬운 물질
③ 전자를 잃기 쉬운 물질
④ 발생기의 산소를 내는 물질

해설 ④는 산화제

18 납축전지 속에서는 전체적으로 다음 반응이 일어난다. 방전할 때 (−)극에서 일어나는 반응은?

$$2PbSO_4 + 2H_2O \underset{충전}{\overset{방전}{\longleftrightarrow}} Pb + PbO_2 + 2H_2SO_4$$

① $PbO_2 + 4H^+ + SO_4^{2-} + 2e^- \rightarrow PbSO_4 + 2H_2O$
② $PbSO_4 + 2e^- \rightarrow Pb + SO_4^{2-}$
③ $PbSO_4 + 2H_2O \rightarrow PbO_2 + 4H^+ + SO_4^{2-} + 2e^-$
④ $Pb + SO_4^{2-} \rightarrow PbSO_4 + 2e^-$

해설 ①은 +극에서 일어나는 반응이다.

19 Fe^{3+} 용액 1L가 있다. Fe^{3+}를 Fe^{2+}로 환원시키기 위해 48.246C의 전기량을 가하였다. Fe^{2+}의 몰 농도(M)는?

① 0.0005
② 0.001
③ 0.05
④ 1.0

해설 $q = nF$
C(쿨롬)=전자 몰수×패러데이 상수

Fe^{2+} 몰수=전자 몰수$= n = \frac{q}{F}$

$$= \frac{48.246C}{96,500C} = 0.0005mol$$

$\therefore$ Fe^{2+} 몰 농도$= \frac{0.0005\,mol}{1L} = 0.0005M$

정답 14.③ 15.① 16.① 17.④ 18.④ 19.①

20 0℃의 얼음 1g을 100℃의 수증기로 변화시키는 데 필요한 열량은?

① 539cal ② 639cal
③ 719cal ④ 839cal

해설 Q_1(잠열) $= G\gamma = 1g \times 80cal/g = 80cal$
Q_2(현열) $= Gc\Delta t = 1g \times 1 \times (100-0) = 100cal$
Q_3(잠열) $= G\gamma = 1g \times 539cal/g = 539cal$
$\therefore Q = Q_1 + Q_2 + Q_3 = 80 + 100 + 539 = 719cal$

21 유기 화합물은 무기 화합물에 비하여 다음과 같은 특성을 가지고 있다. 이에 대한 설명 중 틀린 것은?

① 유기 화합물은 일반적으로 탄소 화합물이므로 가연성이 있다.
② 유기 화합물은 일반적으로 물에 용해되기 어렵고, 알코올이나 에테르 등의 유기 용매에 용해되는 것이 많다.
③ 유기 화합물은 일반적으로 녹는점, 끓는점이 무기 화합물보다 낮으며, 가열했을 때 열에 약하여 쉽게 분해된다.
④ 유기 화합물에는 물에 용해 시 양이온과 음이온으로 해리되는 전해질이 많으나 무기 화합물은 이온화되지 않는 비전해질이 많다.

해설 ④ 유기 화합물은 물에 녹기 어렵고, 무기 화합물은 이온화되는 전해질이 많다.

22 은거울 반응을 하는 분자는?

① 페놀 ② 에탄올
③ 포름알데히드 ④ 에테르

해설 알데히드(CHO)가 있는 물질은 은거울 반응을 한다.

23 유기 화합물의 화학식이 틀린 것은?

① 프로페인 – C_3H_8 ② 프로필렌 – C_3H_9
③ 펜탄 – C_5H_{12} ④ 아세틸렌 – C_2H_2

해설 ① 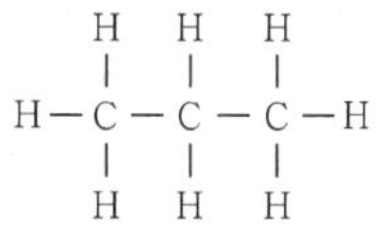
```
    H   H   H
    |   |   |
H - C - C - C - H
    |   |   |
    H   H   H
```
② Octet rule 위반
③ 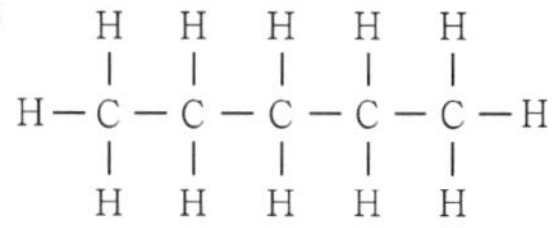
```
    H   H   H   H   H
    |   |   |   |   |
H - C - C - C - C - C - H
    |   |   |   |   |
    H   H   H   H   H
```
④ H − C ≡ C − H

24 다음 중 방향족 탄화수소가 아닌 것은?

① 벤젠 ② 자일렌
③ 톨루엔 ④ 아닐린

해설 탄화수소
- 방향족 탄화수소 : 벤젠 고리를 포함한 고리 모양의 탄화수소이다.
- 탄화수소 : C, H로만 되어 있다.

㉠ 방향족 : (벤젠 고리)
㉡ 방향족 탄화수소 : (벤젠 고리)–CH_3
㉢ 방향족 탄화수소 유도체 : (벤젠 고리)–CH_3, –OH

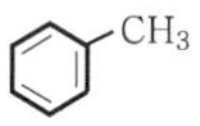

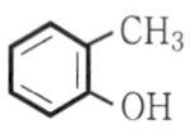

① 벤젠 : (벤젠 고리)
② 자일렌(크실렌) : (벤젠 고리)–CH_3, –CH_3 (o−크실렌)
③ 톨루엔 : (벤젠 고리)–CH_3
④ 아닐린 : (벤젠 고리)–NH_2 – 방향족 탄화수소 유도체

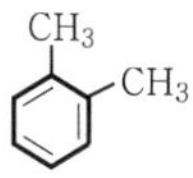

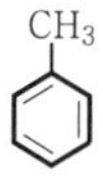

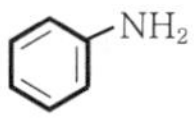

25 유지에 대한 설명으로 옳은 것은?

① 지방산과 1가 알코올의 에스테르이다.
② 지방산과 2가 알코올의 에스테르이다.
③ 지방산과 글리세린의 에스테르이다.
④ 유지는 상온에서 고체이다.

해설 유지는 지방산과 글리세린의 에스테르이다.

정답 20.③ 21.④ 22.③ 23.② 24.④ 25.③

26 pH가 3인 산성 용액이 있다. 이 용액의 몰 농도(M)는 얼마인가? (단, 용액은 일염기산이며, 100% 이온화한다.)

① 0.0001 ② 0.001
③ 0.01 ④ 0.1

해설 $pH = -\log[H^+]$
$3 = -\log 10^{-3}$
∴ 0.001M

27 어떤 전해질 5mol이 녹아 있는 용액 속에서 그 중 0.2mol이 전리되었다면 전리도는?

① 0.01 ② 0.04
③ 1 ④ 25

해설 용액의 전리도 $= \frac{\text{전리된 몰 농도}}{\text{전체 몰 농도}} = \frac{0.2}{5} = 0.04$

28 기체의 용해도에 관한 설명 중 옳은 것은?

① 이산화탄소는 물에 잘 녹는다.
② 무극성인 기체는 물에 더욱 녹기 쉽다.
③ 기체의 온도가 올라가면 물에 녹기 쉽다.
④ 무극성인 기체에서 용해하는 질량은 압력에 비례한다.

해설 Henry의 법칙에서 용해도는 온도가 증가함에 따라 감소하고 온도가 감소함에 따라 증가하며, 기체의 분압에 비례한다.

29 다음과 같은 반응에 대해 평형 상수(K)를 옳게 나타낸 것은?

$$aA + bB \leftrightarrow cC + dD$$

① $K=[C]^c [D]^d / [A]^a [B]^b$
② $K=[A]^a [B]^b / [C]^c [D]^d$
③ $K=[C]^c / [A]^a [B]^b$
④ $K=1 / [A]^a [B]^b$

해설 $aA+bB \leftrightarrow cC+dD$에서
평형 상수$(K)=[C]^c[D]^d / [A]^a[B]^b$

30 크롬산은(Ag_2CrO_4)의 포화 용액에서 $[Ag^+] = 5.0\times10^{-5}$M이고, $[CrO_4^{2-}] = 4.4\times10^{-4}$M이다. Ag_2CrO_4의 K_{sp}는 얼마인가?

① 1.1×10^{-9} ② 1.1×10^{-10}
③ 1.1×10^{-11} ④ 1.1×10^{-12}

해설 $K_{sp} = [Ag^+]^2[CrO_4^{2-}]$
$= (5.0\times10^{-5})^2(4.4\times10^{-4}) = 1.1\times10^{-12}$

31 98% 황산과 30% 황산을 혼합하여 80% 황산을 만들 때 그 혼합비는?

① 98 : 30 ② 98 : 80
③ 30 : 80 ④ 50 : 18

해설 98%와 30% 황산
$a+b \rightarrow c$
$A = \frac{c-b}{a-b}\times100 = \frac{80-30}{98-30}\times100 = 73.5$
$B = \frac{a-c}{a-b}\times100 = \frac{98-80}{98-30}\times100 = 26.5$
∴ 73.5 : 26.5 = 50 : 18

32 PbO_4을 포함한 시료 10g을 침전시켜 $PbSO_4$ 6g을 얻었다. 이 시료 중 Pb은 몇 % 함유되어 있는가? (단, 각각의 원소 분자량은 Pb=207.2, O=16.0, S=32.0이다.)

① 41.0 ② 60.0
③ 68.3 ④ 90.7

해설 $\frac{Pb}{PbSO_4}\times6g = \frac{207.32}{303.2}\times6 = 4.1g$
$\therefore \frac{4.1}{10}\times100 = 41\%$

33 제2족(구리 및 주석족 포함)을 계통 분석법에 의하여 완전히 침전시키려면 어느 약품을 사용하는가?

① HCl ② $(NH_4)_2CO_3$
③ NaOH ④ H_2S

해설 제2족(구리 및 주석족 포함)을 계통 분석법에 의하여 완전히 침전시키려면 H_2S의 약품을 사용한다.

정답 26.② 27.② 28.④ 29.① 30.④ 31.④ 32.① 33.④

34 음이온에 대한 설명 중 잘못된 것은?

SO_4^{2-}, SO_3^{2-}, CrO_4^{2-}, $Cr_2O_4^{2-}$

① 제1족 음이온이다.
② $Ba(NO_3)_2$에 의하여 침전된다.
③ $Ca(NO_3)_2$에 의하여 침전된다.
④ $Ag(NO_3)$에 의하여 침전된다.

해설 제1족 음이온은 $Ca(NO_3)_2$에 의하여 침전되지 않는다.

35 다음 중 용해도가 가장 큰 것은?

① Hg_2Cl_2 ② $AgCl$
③ $PbCl_2$ ④ $PbSO_4$

해설 $PbCl_2$는 K_{sp}가 큰 값을 가진다. 즉, 잘 용해된다.

36 두 종류 또는 그 이상의 지시약을 혼합하였을 경우 그 색이 급격히 변화하지 않고 점차적으로 변화하는 지시약은?

① 만능 지시약
② 중성 지시약
③ 혼합 지시약
④ 불활성 지시약

해설 ① 만능 지시약 : 두 종류 또는 그 이상의 지시약을 혼합하였을 경우 그 색이 급격히 변화하지 않고 점차적으로 변화하는 지시약
③ 혼합 지시약 : 지시약의 색이 급격한 변화를 보이는 지시약

37 산화·환원 반응계(oxidation–reduction system)에서 어떤 물질로부터 전자를 받아들임으로써 상대방을 산화시키고, 자기 자신은 환원되는 것은?

① 억압제 ② 촉진제
③ 환원제 ④ 산화제

해설
• 산화제 : 자신은 환원되고, 다른 것을 산화시킨다.
• 환원제 : 자신은 산화되고, 다른 것을 환원시킨다.

38 외부에서 가한 방향과 반대 방향의 기전력을 발생하여 분극이 일어나는데, 농도의 차에 의하여 만들어지는 분극을 무엇이라고 하는가?

① 농도 분극 ② 복극
③ 전해 분극 ④ 보조 분극

해설 농도 분극은 농도차에 의해 일어나는 분극 현상이다.

39 지시약의 변색은 흡착에 의해 일어나는 것인데 다음 음이온 중 흡착력의 세기가 가장 큰 것은?

① I^- ② NO_3^-
③ F^- ④ Br^-

해설 흡착력의 세기는 $Br^- > F^- > NO_3^- > I^-$ 순이다.

40 용액 중의 어떤 물질에 대하여 표준 용액을 과잉으로 가하여 이 과잉의 양을 다른 표준 용액으로 적정하는 법은?

① 직접 적정법 ② 정 적정법
③ 후 적정법 ④ 역 적정법

해설 ① 직접 적정법 : 시료와 표준 물질을 바로 적정하는 방법이다.
④ 역 적정법 : 과량의 표준 물질을 시료에 넣어 완전 반응시키고, 남은 표준 물질을 다른 표준 물질로 적정하는 방법이다.

41 빛의 성질에 대한 설명으로 틀린 것은 어느 것인가?

① 백색광은 여러 가지 파장의 빛이 모여 있는 것을 말한다.
② 단색광은 단일 파장으로 이루어진 빛을 말한다.
③ 편광은 빛의 진동면이 같은 것으로 이루어진 빛을 말한다.
④ 태양빛으로는 편광을 만들 수 없다.

해설 ④ 태양빛으로도 편광을 만들 수 있다.

정답 34.③ 35.③ 36.① 37.④ 38.① 39.④ 40.④ 41.④

42 수소나 아세틸렌 등을 연소염에 시료를 넣어 발생하는 염광 스펙트럼을 측정하는 분석법은 어느 것인가?

① 적외선 분광 분석
② 자외선 분광 분석
③ 발광 분광 분석
④ 염광 분광 분석

해설 염광 분광 분석법에 대한 설명이다.

43 흡수 분광법에서 정량 분석의 기본이 되는 법칙은?

① 람베르트-비어의 법칙
② 훈트의 법칙
③ 뉴턴의 법칙
④ 패러데이의 법칙

해설 ② 훈트의 법칙 : 원자의 에너지 준위에 관한 법칙으로, 같은 전자 배열에서 생성되는 상태에서는 다중도가 클수록 안정하고, 같은 전자 배열에서 같은 다중도를 가진 상태에서는 궤도 각운동량이 클수록 안정하다.
③ 뉴턴의 법칙 : 관성의 법칙, 가속도의 법칙, 작용-반작용의 법칙
④ 패러데이의 법칙 : 전기분해에 의해서 전극에 석출되는 물질의 양은 물질이 종류가 같을 때는 용액을 통하는 전기량에 비례하고, 용액을 통하는 전기량이 같을 때에는 화학당량에 비례한다.

$$m = \frac{MQ}{96,500}$$

여기서, m : 전극에서 석출되는 물질의 양(g)
M : 물질의 화학당량(g)
Q : 전기량(C)

44 각각의 준위가 변화한 들뜬 상태를 방치하면 어떤 상태로 되는가?

① 전자 상태
② 바닥 상태
③ 회전 상태
④ 진동 상태

해설 흡수한 에너지를 발산하여 가장 안정한 상태인 바닥 상태가 된다.

45 다음 기기 분석 방법 중에서 람베르트-비어의 법칙이 쓰이지 않는 분석 방법은?

① 가시자외선 흡수 분광법
② 원자 흡수 분광법
③ 적외선 흡수 분광법
④ 가스 크로마토그래피법

해설 람베르트-비어의 법칙은 빛이 투과할 때 흡광도에 관한 법칙이다.

$$A = \varepsilon bc = -\log\left(\frac{I}{I_0}\right)$$

I_0 → [sample] → I

sample

46 적외선 조사용 시료를 분산법(dispersion method)으로 가장 많이 사용하고 있는 방법은?

① aluminium stearate법
② solution법
③ sandwich법
④ KBr 정제법

해설 분산법으로는 aluminium stearate법, polyethylene법이 이용된다.

47 다음 중 분리 분석법에 해당되는 것은?

① chromatography
② polarography
③ atomic absorption spectrometry
④ X-ray

해설 ② 전기 분석, ③, ④ 분광법

48 다음 크로마토그래피 구성 중 가스 크로마토그래피에는 없고 액체 크로마토그래피에는 있는 것은?

① 펌프 ② 검출기
③ 주입구 ④ 기록계

해설 가스 크로마토그래피에는 펌프가 없다.

정답 42.④ 43.① 44.② 45.④ 46.① 47.① 48.①

49 액체 크로마토그래피법 중 고체 정지상에 흡착된 상태와 액체 이동상 사이의 평형으로 용질 분자를 분리하는 방법은?

① 친화 크로마토그래피 (affinity chromatography)
② 분배 크로마토그래피 (partition chromatography)
③ 흡착 크로마토그래피 (adsorption chromatography)
④ 이온 교환 크로마토그래피 (ion−exchange chromatography)

해설 ① 친화 크로마토그래피 : 여러 가지 성분이 특이성을 가지는 성질을 이용하여 분리시키는 크로마토그래피
② 분배 크로마토그래피 : 2개의 서로 섞이지 않는 액체를 각각 이동상과 고정상으로 하여 이 양자에 대하는 시료 성분의 친화성의 차. 즉, 분배 계수의 차이를 이용하여 성분 분리를 하는 크로마토그래피
④ 이온 교환 크로마토그래피 : 고정상에 이온 교환체를 사용하여 고정상과 이동상과의 사이에서 가역적인 이온 교환을 하여 시료 이온의 고정상에 대한 친화성의 차를 이용하여 분리, 분석하는 방법

50 다음 얇은 막 크로마토그래피(TLC) 작동법 중 틀린 것은?

① 침적의 지름은 2~5mm 정도가 좋다.
② 시약량은 분석용 TLC법에서는 점적당 10~100μg 정도이다.
③ 상승 전개나 하강 전개법 그리고 일차원 혹은 다차원 방법을 사용할 수 있다.
④ 전개 시간이 보통 종이 크로마토그래피법에 보다 얇은 막 크로마토그래피법이 더 느리다.

해설 ④ 전개 시간이 보통 종이 크로마토그래피법보다 빠르다.

51 기체 크로마토그래피에 사용하는 운반 기체로 적당하지 않은 것은?

① He ② N_2
③ H_2 ④ Cl_2

해설 운반 기체는 반응성이 없어야 한다.

52 가스 크로마토그래피에서 정성 분석의 기초가 되는 것은?

① 검량선
② 머무름 시간
③ 크로마토그램의 봉우리 높이
④ 크로마토그램의 봉우리 넓이

해설 머무름 시간은 가스 크로마토그래피에서 정성 분석의 기초이다.

53 pH 미터로 농도와 액성을 측정할 때 pH 미터의 온도는 일반적으로 몇 ℃로 놓고 조작하는가?

① 10 ② 15
③ 20 ④ 25

해설 buffer로 standardization을 할 때는 실험의 온도와 같게 하는 것이 기본이다. 보통 실험실 온도나 실온으로 계산한다.

54 전해질 용액에 전류가 통하면 용액 중의 이온은 전극에 끌리게 되어 전기를 방출하면서 하전을 잃게 된다. 이러한 현상은?

① 전기 분해 ② 방전
③ 과전압 ④ 분해 전압

해설 전해질 분자에 전류가 흐르면 전기 분해된다.

55 전해 생성물이 만드는 전해 전압과 반대의 기전력을 역기전력이라고 한다. 이때 전위차가 생기는 현상을 무엇이라고 하는가?

① 분극
② 기전력
③ 전해
④ 전압

해설 기전력 : 전해 생성물이 만드는 전해 전압과 반대의 기전력을 역기전력이라 하고 이때 전위차가 생기는 현상을 말한다.

정답 49.③ 50.④ 51.④ 52.② 53.④ 54.① 55.②

56 산과 염기의 농도 분석을 전위차법으로 할 때 사용하는 전극은?

① 은 전극 – 유리 전극
② 백금 전극 – 유리 전극
③ 포화 칼로멜 전극 – 은 전극
④ 포화 칼로멜 전극 – 유리 전극

해설 산과 염기의 농도 분석을 전위차법으로 할 때 사용하는 전극은 포화 칼로멜 전극 – 유리 전극이다.

57 다음 중 전기 전류의 분석 신호를 이용하여 분석하는 방법은?

① 비탁법 ② 방출 분광법
③ 폴라로그래피법 ④ 분광 광도법

해설 폴라로그래피(polarography)법 : 전기분해를 이용한 분석법의 일종이며, 모세관에서 적하하는 수은방울을 음극, 표면적이 큰 수은면을 양극으로 하고, 시료 용액을 전해할 때의 전류, 전압 곡선을 구하여 해석하는 방법이다.

58 다음 중 실험실 안전에 관한 설명으로 옳지 않은 것은?

① 눈금이 새겨진 유리 기구는 서서히 가열하여야 한다.
② 모든 응급 실험 기구 및 장치의 위치와 작동을 알아야 한다.
③ 실험실 기구를 사용하여 음식 저장이나 보관은 하지 말아야 한다.
④ 화학 물질을 사용하는 지역에서는 음식을 먹거나 담배를 피우지 말아야 한다.

해설 눈금이 새겨진 유리 기구는 서서히 가열하지 말아야 한다.

59 실습할 때 사용하는 약품 중 나트륨을 보관하여야 하는 곳은?

① 공기 ② 물속
③ 석유 속 ④ 모래 속

해설

실습 약품	보호액
K, Na, 적린	석유(등유) 속
황린, CS_2	물속(수조)

60 실험실 안전 수칙에 대한 설명으로 틀린 것은 어느 것인가?

① 시약병 마개를 실습대 바닥에 놓지 않도록 한다.
② 실험 실습실에 음식물을 가지고 올 때에는 한쪽에서 먹는다.
③ 시약병에 꽂혀 있는 피펫을 다른 시약병에 넣지 않도록 한다.
④ 화학 약품의 냄새는 직접 맡지 않도록 하며 부득이 냄새를 맡아야 할 경우에는 손을 사용하여 코가 있는 방향으로 증기를 날려서 맡는다.

해설 실험 실습실에는 음식물을 가지고 올 수 없다.

정답 56.④ 57.③ 58.① 59.③ 60.②

CBT 기출복원문제

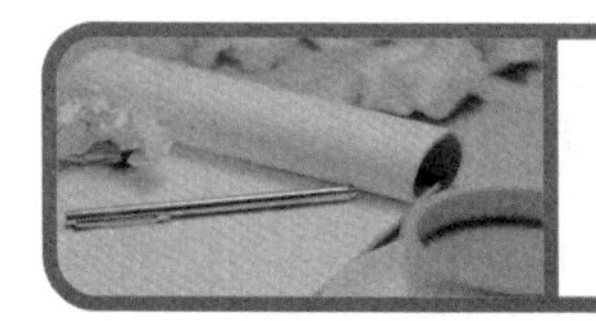

화학분석기능사

제3회 필기시험 ◂▸ 2023년 6월 24일 시행

01 1기압에서 순수한 물은 100℃에서 끓는다. 물의 끓는점을 높이기 위한 여러 가지 제안 중 옳은 것은?

① 감압하에 끓인다.
② 메테인에테르를 가한다.
③ 물을 저으면서 끓인다.
④ 밀폐한 그릇에서 끓인다.

해설 물의 끓는점을 높이는 방법은 압력을 증가시키거나 비휘발성 물질을 첨가한다.

02 다음 중 원자핵을 구성하는 물질이 아닌 것은?

① 전자 ② 양성자
③ 중간자 ④ 중성자

해설 원자핵은 양성자 및 중성자를 연결하는 중간자로 구성되어 있다.

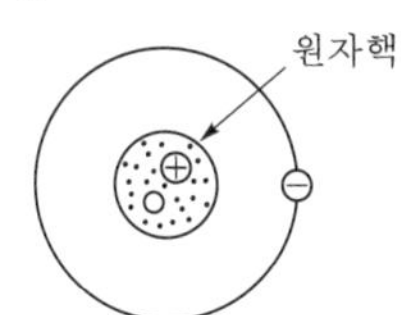

▌원자의 구조▐

03 다음 중 분자 1개의 질량이 가장 작은 것은 어느 것인가?

① H_2 ② NO_2
③ HCl ④ SO_2

해설 ① $H_2 = 2g/mol$
② $NO_2 = 14+32 = 46g/mol$
③ $HCl = 1+35.5 = 36.5g/mol$
④ $SO_2 = 32+32 = 64g/mol$

04 극성 분자는 어느 것인가?

① H_2 ② O_2
③ H_2O ④ CH_4

해설 ①, ②, ④는 비극성(무극성) 분자이다.

05 여러 번 측정하여 통계적으로 처리하는 오차는?

① 기차(器差 : instrumental error)
② 이론 오차
③ 착오(mistake)
④ 우연 오차(accidental error)

해설 착오는 보정이 가능한 것이나, 보정하여도 측정값이 다소 차이가 나는 것이 우연 오차이다.

06 주기율표의 같은 주기에 있는 원소들은 왼쪽에서 오른쪽으로 갈수록 어떻게 변하는가?

① 금속성이 증가한다.
② 전자를 끄는 힘이 약해진다.
③ 양이온이 되려는 경향이 커진다.
④ 산화물들이 점점 산성이 강해진다.

해설 ④ 같은 주기에 있는 원소들은 왼쪽에서 오른쪽으로 갈수록 산화물들이 점점 산성이 강해진다.

07 Na^+ 이온의 전자 배열에 해당하는 것은?

① $1s^2 2s^2 2p^6$ ② $1s^2 2s^2 3s^2 2p^4$
③ $1s^2 2s^2 3s^2 2p^5$ ④ $1s^2 2s^2 2p^6 3s^1$

해설 원자 번호=양성자 수=전자 수
Na^+ 이온 전자 $= 10 = 1s^2 2s^2 2p^6$

정답 01.④ 02.① 03.① 04.③ 05.④ 06.④ 07.①

08 결합 전자쌍이 전기 음성도가 큰 원자 쪽으로 치우치는 공유 결합을 무엇이라 하는가?

① 극성 공유 결합
② 다중 공유 결합
③ 이온 공유 결합
④ 배위 공유 결합

해설 전기 음성도 차이에 의해서 생기는 결합은 극성 공유 결합이다.

09 다음은 여러 가지 이온 반응식이다. 오른쪽으로 진행되는 반응은?

① $Pb^{2+} + Zn \rightarrow Zn^{2+} + Pb$
② $I_2 + 2Cl^- \rightarrow 2I^- + Cl_2$
③ $Mg^{2+} + Zn \rightarrow Zn^{2+} + Mg$
④ $2H^+ + Cu \rightarrow Cu^{2+} + H_2$

해설
- 금속의 이온화 경향 : K > Ca > Na > Mg > Al > Zn > Fe > Ni > Sn > Pb > (H) > Cu > Hg > Ag > Pt > Au
- 전기 음성도 : F > O > N > Cl > Br > C > S > I > H > P

10 수산화나트륨과 같이 공기 중의 수분을 흡수하여 스스로 녹는 성질을 무엇이라 하는가?

① 조해성 ② 승화성
③ 풍해성 ④ 산화성

해설 조해성 : 고체 결정이 공기 중의 수분을 흡수하여 스스로 용해되는 현상으로, 조해성을 가진 물질은 물에 대한 용해도가 크다.

11 원소는 색깔이 없는 일원자 분자 기체이며, 반응성이 거의 없어 비활성 기체라고도 하는 것은?

① Li, Na ② Mg, Al
③ F, Cl ④ Ne, Ar

해설 비활성 기체(0족 원소) : He(헬륨), Ne(네온), Ar(아르곤), Kr(크립톤), Xe(크세논), Rn(라돈) 등의 6개의 원소이며, 최외각 전자가 8개로 안정하여 단원자 분자이다. 또한 대부분 화합물을 만들지 않는 원소이다.

12 반감기가 5년인 방사성 원소가 있다. 이 동위원소 2g이 10년 경과하였을 때 몇 g이 남겠는가?

① 0.125 ② 0.25
③ 0.5 ④ 1

해설 $2g \xrightarrow[\text{반감기(5년)}]{} 1g \xrightarrow[\text{반감기(5년)}]{} 0.5g$
10년 후 0.5g 남아 있게 된다.

13 에탄이 산소 중에서 연소하여 CO_2와 수증기로 될 때의 연소열을 계산하면 얼마인가?

- $C_2H_6(g) \rightarrow 2C(s) + 3H_2(g)$
  $\Delta H = +20.4$ kcal
- $2C(s) + 2O_2(g) \rightarrow 2CO_2(g)$
  $\Delta H = -188.0$ kcal
- $3H_2(g) + \frac{3}{2}O_2(g) \rightarrow 3H_2O(g)$
  $\Delta H = -173.0$ kcal

① $\Delta H = -340.6$ kcal
② $\Delta H = 340.6$ kcal
③ $\Delta H = -35.4$ kcal
④ $\Delta H = 35.4$ kcal

해설 $C_6H_6(g) \rightarrow 2C(s) + 3H_2(g)$
$\Delta H = +20.4$ kcal ······ ㉠
$2C(s) + 2O_2(g) \rightarrow 2CO_2(g)$
$\Delta H = -188.0$ kcal ······ ㉡
$3H_2(g) + \frac{3}{2}O_2(g) \rightarrow 3H_2O(g)$
$\Delta H = -173.0$ kcal ······ ㉢
㉠+㉡+㉢=20.4−188.0−173.0=−340.6 kcal
$C_6H_6 + 2O_2 + \frac{3}{2}O_2 \rightarrow 2CO_2 + 3H_2O$

14 산의 성질에 대한 설명으로 옳지 않은 것은?

① 양성자를 줄 수 있는 물질이다.
② 비공유 전자쌍을 받을 수 있는 물질이다.
③ 전리 분해에서 +극에서 산소를 발생한다.
④ 리트머스 시험지를 청색에서 적색으로 변화시킨다.

정답 08.① 09.① 10.① 11.④ 12.③ 13.① 14.③

해설 ①

구분	브뢴스테드설
산	H^+(양성자)를 낼 수 있는 물질
염기	H^+(양성자)를 받아들일 수 있는 물질

②

구분	루이스설
산	비공유 전자쌍을 받아들일 수 있는 물질
염기	비공유 전자쌍을 갖고 있는 물질

④ pH가 낮으면 산(리트머스 시험지가 적색으로 변함)

15 브뢴스테드－로우리의 산·염기 정의에 의하면 H_2O이 산으로도, 염기로도 작용한다. 다음 화학 반응식 중 반응이 오른쪽으로 진행될 때 H_2O이 산으로 작용하는 것은?

① $HCO_3^- + H_2O \leftrightarrows CO_3^{2-} + H_3O^+$

② $HCO_3^- + H_2O \leftrightarrows H_2CO_3 + OH^-$

③ $HCO_3^- + OH^- \leftrightarrows H_2CO_3 + O^{2-}$

④ $HCO_3^- + H_3O^+ \leftrightarrows CO_2 + 2H_2O$

해설 브뢴스테드－로우리의 산·염기 정의

산 : H^+을 내어 놓는 물질, 염기 : H^+을 받는 물질

$HCO_3^- + H_2O \leftrightarrows H_2CO_3 + OH^-$

H^+을 내 놓음.

16 다음 중 두 용액을 혼합했을 때 완충 용액이 되지 않는 것은?

① NH_4Cl과 NH_4OH

② NH_4Cl과 CH_3COOH

③ $NaCl$과 HCl

④ CH_3COOH과 $Pb(CH_3COO)_2$

해설 완충 용액

㉠ 평형 상태에 도달했을 때 짝산 혹은 짝염기와의 농도 비율에 의해 쉽게 H^+의 농도가 변하지 않는 용액이다.

㉡ 제조는 약산과 짝염기 또는 약염기와 짝산으로 만든다.

17 다음 중 환원의 정의를 나타내는 것은 어느 것인가?

① 어떤 물질이 산소와 화합하는 것

② 어떤 물질이 수소를 잃는 것

③ 어떤 물질에서 전자를 방출하는 것

④ 어떤 물질에서 산화 수가 감소하는 것

해설

구분	산화(oxidation)	환원(reduction)
산소	산소와 화합하는 것	산소를 잃는 것
수소	수소를 잃는 것	수소와 결합하는 것
전자	전자를 방출하는 것	전자를 얻는 것
산화 수	산화 수가 증가하는 것	산화 수가 감소하는 것

18 볼타 전지에서 갑자기 전류가 약해지는 현상을 '분극 현상'이라고 한다. 이 분극 현상을 방지해 주는 감극제로 사용되는 물질은?

① MnO_2　② $CuSO_4$

③ $NaCl$　④ $Pb(NO_3)_2$

해설 분극 현상은 수소에 원인이 있으므로 수소를 산화시킬 수 있는 산화제가 되어야 한다.

19 1F의 전기량으로 물을 전기분해하였을 때 기체의 총 분자 수는 얼마인가? (단, 아보가드로수는 6.02×10^{23}이다.)

① 3×10^{23}　② 9×10^{23}

③ 4.5×10^{23}　④ 6.02×10^{23}

해설 1F(패럿)이란 물질 1g당량을 석출하는 데 필요한 전기량[96,500쿨롬, 전자(e^-) 1mol(6×10^{23}개)의 전기량]이므로 1F의 전기량으로 H_2는 0.5mol, O_2는 0.25mol이 생성되므로 $6.02 \times 10^{23} \times 0.75 = 4.515 \times 10^{23}$개이다.

20 열의 일당량의 값으로 옳은 것은?

① 427kgf·m/kcal

② 539kgf·m/kcal

③ 632kgf·m/kcal

④ 778kgf·m/kcal

해설 1cal=4.184J

9.8N=1kgf(kilogram force)

9.8N·m=9.8J=1kgf·m

$$\therefore 1\text{kcal} = \frac{4,184\text{J}}{9.8\text{J}/1\text{kgf}\cdot\text{m}} = 427\text{kgf}\cdot\text{m}$$

정답 15.② 16.③ 17.④ 18.① 19.③ 20.①

21 탄소 화합물의 특성에 대한 설명 중 틀린 것은?

① 화합물의 종류가 많다.
② 대부분 무극성이나 극성이 약한 분자로 존재하므로 분자 간 인력이 약해 녹는점, 끓는점이 낮다.
③ 대부분 비전해질이다.
④ 원자 간 결합이 약해 화학 반응을 하기 쉽다.

해설 탄소 화합물은 화학적으로 안정하므로 반응성이 작고 반응 속도도 느리며, 원자 간 단일 결합은 강하나 이중·삼중 결합은 약하다.

22 다음 유기 화합물 중 반응성이 가장 큰 것은?

① CH_4　② C_2H_6
③ C_2H_4　④ C_2H_2

해설
① H–C–H (C에 H 4개 결합: 위·아래 H)
② H–C–C–H (각 C에 위·아래 H)
③ H₂C=CH₂ (C=C, 양쪽 C에 H 2개씩)
④ H–C≡C–H

23 Na과 반응하여 H_2를 생성시키고 은거울 반응을 하는 것은?

① CH_3COOH
② CH_3OH
③ HCHO
④ HCOOH

해설
- 은거울 반응(silver mirror reaction) : 암모니아성 질산은 용액(Ag_2O)에 알데히드를 가하면 은이 환원되어 석출되므로 거울이 된다. → 알데히드의 검출법
$R-CHO + Ag_2O \rightarrow RCOOH + 2Ag$
- 알데히드와 같은 강한 환원력을 가지므로 은거울 반응과 펠링 용액을 환원한다. 포름산은 분자 속에 산성을 나타내는 $-COOH$기와 환원성을 나타내는 $-CHO$기를 동시에 가지고 있다.

24 벤젠을 공기 중에서 태울 경우 매연이 많이 나오는 이유는?

① 벤젠의 조성이 수소에 비해 탄소를 많이 포함하고 있기 때문이다.
② 벤젠이 기체이기 때문이다.
③ 벤젠이 어느 정도 수분을 포함하고 있기 때문이다.
④ 벤젠이 액체 연료이기 때문이다.

해설 벤젠을 연소시킬 때 매연이 많이 나오는 이유는 조성이 수소에 비해 탄소의 함량이 많기 때문이다.

25 유지의 불포화도를 규정하며 2중 결합 수에 비례하는 것은?

① 비누화 값　② 요오드화 값
③ 산 값　④ 에스테르화 값

해설 요오드화 값 : 기름 100g에 부가되는 요오드(I_2)의 g수로 기름의 불포화도를 규정하며, 2중 결합이 많을수록 요오드화 값은 커진다.

26 $AgNO_3$ 10g을 정확히 칭량하여 물에 녹인 뒤 500mL 메스 플라스크의 눈금까지 희석시켰다. 이 용액은 몇 N인가? (단, $AgNO_3$의 분자량 = 169.89)

① 0.118　② 0.169
③ 0.391　④ 0.503

해설 $AgNO_3 \rightarrow Ag^+ + NO_3^-$ 1가이므로

$$\frac{\dfrac{10\text{ g}}{AgNO_3\text{의 분자량}}}{0.5\text{ L}} = 0.118\text{ N}$$

27 양쪽 용매가 평형에 도달했을 때 이 두 용매 중에 녹아 들어가는 용질의 농도차는 일정 온도 하에서 일정해진다는 관계를 무엇이라 하는가?

① 분포비　② 농도율
③ 등온율　④ 일정률

해설 농도차가 일정 온도에서 일정하다는 것은 분포 계수 K로써 표시한다.

정답 21.④ 22.② 23.④ 24.① 25.② 26.① 27.①

28 다음 물질 중 0℃, 1기압하에서 물에 대한 용해도가 가장 큰 물질은?

① CO_2
② O_2
③ CH_3COOH
④ N_2

해설 물에 대한 용해도가 크려면 극성을 띠는 물질이 존재해야 한다.

∴ CH_3COOH는 $CH_3-\overset{\overset{\displaystyle O}{\|}}{C}-OH$, 극성을 띠는 부분이 존재하므로 물에 대한 용해도가 크다.

29 순수한 물이 다음과 같이 전리 평형을 이룰 때 평형 상수(K)를 구하는 식은?

$$H_2O \rightleftarrows H^+ + OH^-$$

① $\dfrac{[H^+] \cdot [OH^-]}{[H_2O]}$

② $\dfrac{[H_2O]}{[H^+] \cdot [OH^-]}$

③ $\dfrac{[H^+] \cdot [OH^-]}{[H_2O]^2}$

④ $\dfrac{[H_2O]^2}{[H^+] \cdot [OH^-]}$

해설 $H_2O \rightleftarrows H^+ \cdot OH^-$

$K = \dfrac{[H^+] \cdot [OH^-]}{[H_2O]}$

30 AgCl의 용해도적은 1.2×10^{-10}이다. 포화 용액 중의 AgCl 용해도는 몇 g/L인가? (단, AgCl의 분자량=143.31)

① 1.1×10^{-5}　　② 2.2×10^{-5}
③ 1.6×10^{-3}　　④ 1.6×10^{-2}

해설 $K_{sp} = 1.2 \times 10^{-10}$

$[Ag^+] = \sqrt{K_{sp}} = 1.1 \times 10^{-5}$

∴ 1.1×10^{-5} mol/L × 143.31 g/mol $= 1.6 \times 10^{-3}$ g/L

31 같은 농도의 두 약산이 있다. 해리 정수가 적은 쪽의 수소 이온 농도는?

① 크다.
② 적다.
③ 같다.
④ 관계 없다.

해설 $K = \dfrac{[H^+][A^-]}{[HA]}$

K가 크면 $[H^+]$이 증가하고, K가 작으면 $[H^+]$이 감소한다.

32 기름 중탕(oil bath)을 사용할 때 가장 높은 온도까지 올릴 수 있는 물질은?

① 파라핀
② 에틸렌글리콜
③ 트리에틸렌글리콜
④ 글리세린

해설 ① 300℃ 이상
② 197.2℃
③ 278℃
④ 290℃

33 종합 시료에서 제1족 양이온을 분리할 때 어떤 물질을 사용하면 되는가?

① HCl　　② H_2S
③ Na_2S　　④ NH_4OH

해설 종합 시료에서 제1족 양이온을 분리할 때는 HCl을 사용한다.

34 음이온의 추정 실험과 거리가 먼 것은?

① 염산을 넣었을 때 발생하는 기체
② 산화성, 환원성 이온의 존재 여부
③ 이온의 색깔
④ 황산을 넣을 때 발생하는 기체

해설 음이온의 추정 실험 : 음이온의 분석은 양이온 때와는 달리 이것을 계통적으로 분리 검출할 수 없으므로 그 완전 분석을 실험하려면 추정 실험을 한다.

정답 28.③ 29.① 30.③ 31.② 32.① 33.① 34.①

35 염화납과 염화은의 혼합물 분리 방법은?

① H_2S를 통한다. ② HCl을 통한다.
③ 끓인다. ④ 여과한다.

해설 $PbCl_2$와 AgCl의 혼합물을 분리하기 위해선 끓이면 된다.

36 C_6H_5COOH을 NaOH으로 적정할 때 어느 지시약을 사용해야 하는가?

① pH 1.3~3.2
② pH 3.1~4.4
③ pH 8.0~10.0
④ pH 10.0~11.0

해설 약산과 강염기의 관계에서 적정 종말점은 pH 8 이상이다.

37 산화 · 환원 반응계에서 어떤 물질에 전자를 줌으로써 상대방을 환원시키고 자기 자신은 산화되는 것은?

① 환원제 ② 촉진제
③ 억압제 ④ 산화제

해설
- 산화제 : 자신은 환원되고, 다른 것을 산화시킨다.
- 환원제 : 자신은 산화되고, 다른 것을 환원시킨다.

38 전위차 전극법에서 주로 보조 전극으로 사용되는 전극은?

① 수소 전극 ② 백극 전극
③ 칼로멜 전극 ④ 퀸히드론 전극

해설 칼로멜 전극(SCE ; Saturated Calomel Electrode) : 포화 KCl로 충전되어 있다.

39 I^-, SCN^-, $Fe(CN)_6^{4-}$, $Fe(CN)_6^{3-}$, NO_3^- 등이 공존할 때 NO_3^-을 분리하기 위하여 필요한 시약은?

① $BaCl_2$ ② CH_3COOH
③ $AgNO_3$ ④ H_2SO_4

해설 NO_3^-을 분리하기 위하여 필요한 시약 : $AgNO_3$

40 다음 정량 분석 방법 중 여러 가지 방해 작용이 우려될 경우 사용하는 적당한 분석 방법은?

① 검량선법(표준 검정 곡선법)
② 내부 표준법
③ 표준물 첨가법
④ 면적 백분율법

해설 표준물 첨가법에 대한 설명이다.

41 흡광도 분석 장치의 구성이 맞는 것은?

① 광원부 – 시료부 – 파장 선택부 – 측광부
② 광원부 – 파장 선택부 – 시료부 – 측광부
③ 광원부 – 시료부 – 측광부 – 파장 선택부
④ 광원부 – 파장 선택부 – 측광부 – 시료부

해설 흡광도 분석 장치 구성
광원(light source)부 – 파장 선택부(monochromator) – 시료부(analyte) – 측광부(detector)

42 광화학 반응을 일으키는 물질의 양은 빛이 물질에 작용하는 시간과의 곱에 비례한다는 법칙은?

① Grotthus–Draper의 법칙
② Bunsen–Rose coe의 법칙
③ Einstein의 법칙
④ Lambert–Beer의 법칙

해설 Bunsen–Rose coe의 법칙에 대한 설명이다.

43 분광 광도계의 시료 흡수 용기 중 자외선 영역에서 셀이 적합한 것은?

① 석영 셀
② 유리 셀
③ 플라스틱 셀
④ KBr 셀

해설 시료 셀
㉠ 자외선 : 석영, 용융 실리카
㉡ 가시선 : 플라스틱, 유리
㉢ 적외선 : NaCl, KBr로 만든 셀

정답 35.③ 36.③ 37.① 38.③ 39.③ 40.③ 41.② 42.② 43.①

44 Wheatstone bridge의 원리를 이용하여 측정 가능한 것은?

① 굴절률 ② 선광도
③ 전위차 ④ 전도도

해설 전도도는 Wheatstone bridge의 원리를 이용하여 측정한다.

45 분광 광도법에서 정량 분석의 검량선 그래프에 X축은 농도를 나타내고, Y축에는 무엇을 나타내는가?

① 흡광도 ② 투광도
③ 파장 ④ 여기 에너지

해설 분광 광도법 중 정량 분석의 검량선 그래프
㉠ X축 : 농도
㉡ Y축 : 흡광도

46 적외선 분광 광도계를 취급할 때 주의 사항 중 옳지 않은 것은?

① 온도는 10~30 ℃가 적당하다.
② 습도는 크게 문제가 되지 않는다.
③ 먼지와 부식성 가스가 없어야 한다.
④ 강한 전기장, 자기장에서 떨어져 설치한다.

해설 ② 적외선 분광 광도계는 습도에 큰 영향을 받는다.

47 칼럼 크로마토그래피의 용매는 어떠한 것을 선택하는 것이 좋은가?

① 흡착 시는 극성, 용출 시는 비극성 용매
② 용출, 흡착 시 모두 극성 용매
③ 흡착 시는 비극성, 용출 시는 극성 용매
④ 용출, 흡착 시 모두 비극성 용매

해설
- 극성 물질은 칼럼에 흡착된다.
- 비극성인 용매는 극성 물질을 녹일 수 없으므로 흡착시 사용한다.
- 극성인 용매는 극성 물질을 녹일 수 있으므로 용출시 사용한다.

48 크로마토그램에서 시료의 주입점으로부터 피크의 최고점까지의 간격을 나타낸 것은?

① 절대 피크 ② 주입점 간격
③ 절대 머무름 시간 ④ 피크 주기

해설 절대 머무름 시간 : 크로마토그램에서 시료의 주입점으로부터 피크의 최고점까지의 간격

49 액체 크로마토그래피 분석법 중 정상 용리(normal phase elution)의 특성이 아닌 것은?

① 극성의 정지상을 사용한다.
② 이동상의 극성은 작다.
③ 극성이 큰 성분이 먼저 용리된다.
④ 이동상의 극성이 증가하면 용리 시간이 감소한다.

해설 ③ 극성이 작은 성분이 먼저 용리된다.

50 가스 크로마토그래피법에 대한 설명 중 틀린 것은?

① 운반 가스는 일정한 유량으로 흘러야 한다.
② 일반적으로 유기 화합물에 대한 정성 및 정량 분석에 이용한다.
③ 시료 도입부, 분리관, 검출기 등은 적정한 온도로 유지해 주어야 한다.
④ 충전물로 흡착성 고체 분말을 사용한 것을 기체－액체 크로마토그래피라 한다.

해설 ④ 기체－고체 크로마토그래피에 대한 설명이다.

51 크로마토그래피에 관한 설명 중 옳지 않은 것은?

① 정지상으로 고체가 사용된다.
② 정지상과 이동상을 필요로 한다.
③ 이동상으로 액체나 고체가 사용된다.
④ 혼합물을 분리·분석하는 방법 중의 하나이다.

해설 ③ 이동상으로 액체나 기체가 사용된다.

정답 44.④ 45.① 46.② 47.③ 48.③ 49.③ 50.④ 51.③

52 다음 중 기체 크로마토그래피의 정성 분석 방법으로 맞는 것은?

① 내부 표준법
② 면적 측정법
③ 절대 검량선법
④ 내부 표준물 첨가법

해설 기체 크로마토그래피의 정성 분석은 머무름 시간 또는 부피를 측정하며, 표준물을 첨가하여 분리, 화학 구조를 변화시킨다.

53 다음 중 pH 미터의 보정에 사용하는 용액은?

① 증류수
② 식염수
③ 완충 용액
④ 강산 용액

해설 강산이나 강염기가 들어와도 일정하게 수소 이온 농도를 유지시켜 주는 것을 완충 용액이라 하는데 이는 pH 미터의 보정에 사용된다.

54 전해질 용액에서 전해질의 전리도를 구하는 법으로 적당하지 않은 것은?

① 빙점 강하도법
② ion 교환법
③ 전기 전도도법
④ 삼투압

해설 전해질의 전리도를 구하는 법 : 빙점 강하도법, 전기 전도도법, 삼투압

55 전해법에서 음극에서 생성되는 것은?

① 제조
② 분해
③ 염소 생성
④ 수소 생성

해설 음극에서는 수소 기포가 발생되어 분극 현상이 일어난다.

56 다음 반응식의 표준 전위는 얼마인가? (단, 반반의 표준 환원 전위는 다음과 같음.)

- $Cd(s)+2Ag^+ \rightleftarrows Cd^{2+}+2Ag(s)$
- $Ag^++e^- \rightleftarrows Ag(s)$, $E°=+0.799V$
- $Cd^{2+}+2e^- \rightleftarrows Cd(s)$, $E°=-0.402V$

$NH_3+H_2O \rightleftarrows NH_4^++OH^-$

① +1.201 V ② +0.397 V
③ +2.000 V ④ −1.201 V

해설 $Cd(s) + 2Ag^+ \rightleftarrows Cd^{2+} + 2Ag(s)$
$Cd \rightarrow Cd^{2+} + 2e^-$, $E°=+0.402V$
$2Ag^+ + 2e^- \rightarrow 2Ag$, $E°=+0.799V$
∴ 표준 전위=0.402V+0.799V
=1.201V
※ 표준 환원 전위는 전자 수가 변해도 불변하는 값이므로, $2e^-$가 되어도 그대로 0.799V이다.

57 폴라로그래피법에서 용액 속에 무엇이 들어가 있으면 질소 가스 등을 수분 간 통과시켜 제거해야 하는가?

① 수은 ② 염화수소
③ 산소 ④ 나트륨

해설 산소 기포는 정확한 측정을 방해한다.

58 실험실에서 유리로 인한 상처 발생 시 응급 조치 방법 중 틀린 것은?

① 먼저 유리 조각을 제거한 후 출혈을 막는다.
② 정맥 출혈일 경우 가제나 깨끗한 수건으로 대어 준다.
③ 동맥 출혈 시 움직이지 말고 상처 부위를 수건으로 닦는다.
④ 상처가 클 경우 응급 처치 후 외과 의사의 치료를 받는다.

해설 동맥 출혈 시 응급 처치 후 의사의 지시를 받는다.

정답 52.④ 53.③ 54.② 55.④ 56.① 57.③ 58.③

59 산소를 포함한 강한 산화제인 화약 약품은 어느 곳에 보관하는 것이 가장 적당한가?

① 통풍이 잘되고 따뜻한 곳
② 습기가 많고 따뜻한 곳
③ 습기가 없고 찬 곳
④ 햇빛이 잘 드는 곳

해설 산소를 포함한 강한 산화제인 화약 약품 보관 장소 : 습기가 없고 찬 곳

60 브롬수가 피부에 묻으면 어떤 처리를 해야 하는가?

① 염기로 세척한다.
② 아세톤으로 닦는다.
③ 자연적으로 없어지게 그냥 둔다.
④ 다량의 글리세린으로 문질러 닦아낸다.

해설 브롬수가 피부에 묻으면 다량의 글리세린으로 문질러 닦아낸다.

정답 59.③ 60.④

CBT 기출복원문제

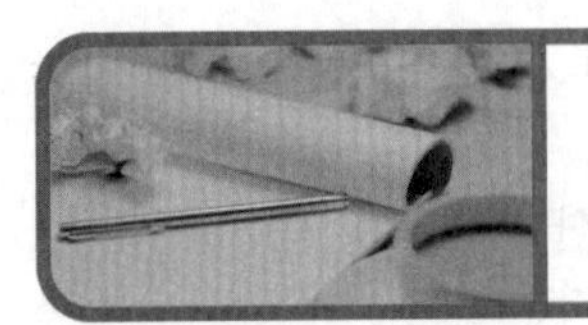

화학분석기능사

제1회 필기시험 ◂▸ 2024년 1월 21일 시행

01 산화시키면 카르복실산이 되고, 환원시키면 알코올이 되는 것은?

① C_2H_5OH
② $C_2H_5OC_2H_5$
③ CH_3CHO
④ CH_3COCH_3

해설 $C_2H_5OH \underset{\text{환원}}{\overset{\text{산화}}{\rightleftarrows}} CH_3CHO$ (아세트알데히드) $\underset{\text{환원}}{\overset{\text{산화}}{\rightleftarrows}} CH_3COOH$

02 전이금속 화합물에 대한 설명으로 옳지 않은 것은?

① 철은 활성이 매우 커서 단원자 상태로 존재한다.
② 황산제일철($FeSO_4$)은 푸른색 결정으로 철을 황산에 녹여 만든다.
③ 철(Fe)은 +2 또는 +3의 산화수를 갖으며, +3의 산화수 상태가 가장 안정하다.
④ 사산화삼철(Fe_3O_4)은 자철광의 주성분으로 부식을 방지하는 방식용으로 사용된다.

해설 Fe은 이온화 경향이 크다. 즉, 반응성이 크므로 공기 중에서 Fe로 존재하는 것보다 산화철 상태로 존재한다.

03 원자 번호 3번 Li의 화학적 성질과 비슷한 원소의 원자 번호는?

① 8 ② 10
③ 11 ④ 18

해설 $_3Li$은 1족 원소로 알칼리 금속이라 부른다.
알칼리 금속 : $_3Li$, $_{11}Na$, $_{19}K$, $_{37}Rb$, $_{55}Cs$, $_{87}Fr$

04 펜탄(C_5H_{12})은 몇 개의 이성질체가 존재하는가?

① 2개 ② 3개
③ 4개 ④ 5개

해설 펜탄(C_5H_{12})의 이성질체
• n－펜탄 : C－C－C－C－C
• iso－펜탄 : C－C－C－C (두 번째 C에 C 가지)

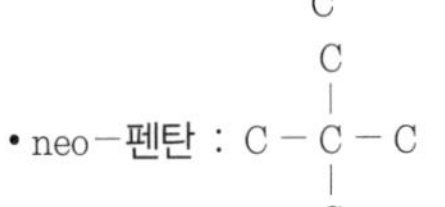

• neo－펜탄 : C－C－C (가운데 C에 위·아래로 C 가지)

※ • C－C－C－C는 (끝 C에 위로 C 가지) n－펜탄이다(끝까지는 회전이 가능함).
• C－C－C－C와 C－C－C－C는 (각각 두 번째, 세 번째 C에 C 가지) iso－펜탄으로 같은 구조이다.

05 LiH에 대한 설명 중 옳은 것은?

① Li_2H, Li_3H 등의 화합물이 존재한다.
② 물과 반응하여 O_2 기체를 발생시킨다.
③ 아주 안정한 물질이다.
④ 수용액의 액성은 염기성이다.

해설 ① Li_2H, Li_3H는 존재하지 않는다.
Li은 1가 양이온이고 H는 1가 음이온(알칼리금속과 결합 시 1개의 음이온으로 작용)이므로 1 : 1 결합한다.
② 물과 반응 시 H_2 기체가 발생한다.
③ 수소화물 중에서는 가장 안정하지만, 일반적으로 볼 때 Li은 안정한 물질이 아니며 반응성이 매우 크다.
④ 수용액의 액성은 염기성이다.
$LiH + H_2O \rightarrow \underline{LiOH}_{\text{염기}} + H_2\uparrow$

정답 01.③ 02.① 03.③ 04.② 05.④

06 다음 중 방향족 탄화수소가 아닌 것은?

① 벤젠　② 자일렌
③ 톨루엔　④ 아닐린

해설 탄화수소
- 방향족 탄화수소 : 벤젠고리를 포함한 고리모양의 탄화수소이다.
- 탄화수소 : C, H로만 되어 있다.

① 벤젠 :

② 자일렌(크실렌) : CH_3, CH_3 (o－크실렌)

③ 톨루엔 : CH_3

④ 아닐린 : NH_2 －방향족 탄화수소 유도체

※
㉠ 방향족 :

㉡ 방향족 탄화수소 : CH_3

㉢ 방향족 탄화수소 유도체 : CH_3, OH

07 요소 비료 중에 포함된 질소의 함량은 몇 %인가? (단, C=12, N=14, O=16, H=1)

① 44.7　② 45.7
③ 46.7　④ 47.7

해설 요소 비료(MW=60) :

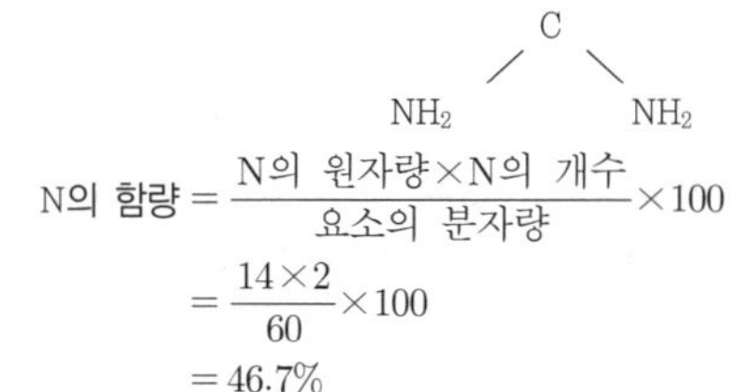

$$\text{N의 함량} = \frac{\text{N의 원자량} \times \text{N의 개수}}{\text{요소의 분자량}} \times 100 = \frac{14 \times 2}{60} \times 100 = 46.7\%$$

08 다음 금속 중 이온화 경향이 가장 큰 것은?

① Na　② Mg
③ Ca　④ K

해설 금속의 이온화 경향
K > Ca > Na > Mg > Al > Zn > Fe > Ni > Sn > Pb > (H) > Cu > Hg > Ag > Pt > Au

09 1N NaOH 용액 250mL를 제조하려고 한다. 이때 필요한 NaOH의 양은? (단, NaOH의 분자량=40)

① 0.4g　② 4g
③ 10g　④ 40g

해설 1N NaOH=1M NaOH

$$M = \frac{\text{용질(mol)}}{\text{용액(L)}}$$

$$1\text{M} = \frac{x(\text{mol})}{0.25\text{L}},\ x = 0.25\,\text{mol}$$

$$0.25\text{mol} = \frac{y(\text{g})}{40\text{g/mol}}$$

$$\therefore\ y = 40\text{g/mol} \times 0.25\text{mol} = 10\text{g}$$

10 다음 중 산성 산화물은?

① P_2O_5　② Na_2O
③ MgO　④ CaO

해설 산성 산화물
㉠ 산의 무수물로 간주할 수 있는 산화물로, 물과 화합 시 산소산이 되고 염기와 반응 시 염이 된다.
㉡ 일반적으로 비금속원소의 산화물이고, CO_2, SiO_2, NO_2, SO_3, P_2O_5 등이 있다.
②, ③, ④ 염기성 산화물(금속 산화물)

11 고체의 용해도는 온도의 상승에 따라 증가한다. 그러나 이와 반대 현상을 나타내는 고체도 있다. 다음 중 이 고체에 해당되지 않는 것은?

① 황산리튬　② 수산화칼슘
③ 수산화나트륨　④ 황산칼슘

해설 고체의 용해도 : 일반적으로 온도가 올라가면 용해도는 증가한다. 하지만 예외적으로 Li_2SO_4, $CaSO_4$, $Ca(OH)_2$는 온도가 상승함에 따라 용해도가 감소하며, NaCl은 온도에 영향을 거의 받지 않는다.

정답 06.④ 07.③ 08.④ 09.③ 10.① 11.③

12 침전 적정에서 Ag^+에 의한 은법 적정 중 지시약법이 아닌 것은?

① Mohr법
② Fajans법
③ Volhard법
④ 네펠로법(nephelometry)

해설 네펠로법 : 혼탁 입자들에 의해 산란도를 측정하는 방법으로 탁도 측정방법 중 기기분석법에 속한다.

13 "20wt% 소금 용액 $d=1.10g/cm^3$"로 표시된 시약이 있다. 소금의 몰(M) 농도는 얼마인가? (단, d는 밀도이며, Na은 23g, Cl는 35.5g으로 계산한다.)

① 1.54 ② 2.47
③ 3.76 ④ 4.23

해설 $\frac{20g\ 용질}{100g\ 용액}\times\frac{1.10g\ 용액}{1mL\ 용액}\times\frac{1{,}000mL\ 용액}{1L\ 용액}\times\frac{1mol}{58.5g\ 용질}=3.76M$

14 다음 반응에서 반응계에 압력을 증가시켰을 때 평형이 이동하는 방향은?

$$2SO_2+O_2 \rightleftarrows 2SO_3$$

① SO_3가 많이 생성되는 방향
② SO_3가 감소되는 방향
③ SO_2가 많이 생성되는 방향
④ 이동이 없다.

해설 압력이 증가하면 몰수가 작은 곳으로 평형 이동한다.
반응물 : 2+1=3, 생성물 : 2
∴ 반응물 → 생성물인 정반응으로 평형 이동한다(SO_3 생성 방향).

15 $Hg_2(NO_3)^2$ 용액에 다음과 같은 시약을 가했다. 수은을 유리시킬 수 있는 시약으로만 나열된 것은?

① NH_4OH, $SnCl_2$ ② $SnCl_4$, NaOH
③ $SnCl_2$, $FeCl_2$ ⑤ HCHO, $PbCl_2$

해설 수은을 유리시킬 수 있는 시약 : NH_4OH, $SnCl_2$
• $Hg_2Cl_2 + 6NH_4OH \rightarrow \underline{Hg(NH_2)Cl} + \underline{Hg}$ (흰색, 검은색)
• Hg 확인 반응 : 1N−$SnCl_2$ → 흰색, 검은색 침전

16 0.01N HCl 용액 200mL를 NaOH로 적정하니 80.00mL가 소요되었다면, 이때 NaOH의 농도는?

① 0.05N ② 0.025N
③ 0.125N ④ 2.5N

해설 $0.1N\times200mL=x(N)\times80mL$
$\therefore\ x=\frac{0.01\times200}{80}=0.025N$

17 수소 발생 장치를 이용하여 비소를 검출하는 방법은?

① 구짜이트 반응
② 추가예프 반응
③ 마시의 시험 반응
④ 베텐도르프 반응

해설 마시의 시험 반응(Marsh test) : 용기에 순수한 Zn 덩어리를 넣고, 묽은 황산을 부으면 수소가 발생한다. 이 수소를 염화칼슘관을 통해서 건조시킨 후 경질 유리관에 통과시킨다. 유리관 속의 공기가 발생된 기체로 완전히 치환되면 이 기체에 점화하고 불꽃에 찬 자기를 접촉시킨다. 이 불꽃 속에 시료 용액을 가하면 비소 존재 시 유리되어 자기 표면에 비소거울을 생성한다.

18 염화물 시료 중의 염소 이온을 폴하르트법(Volhard)으로 적정하고자 할 때 주로 사용하는 지시약은?

① 철명반
② 크롬산칼륨
③ 플루오레세인
④ 녹말

해설 Volhard법에서 주로 사용하는 지시약은 철(Ⅲ)염 용액으로, 철명반($Fe_2(SO_4)_3$)이 있다.

정답 12.④ 13.③ 14.① 15.① 16.② 17.③ 18.①

19 파장의 길이 단위인 1Å과 같은 길이는?

① 1nm　② 0.1μm
③ 0.1nm　④ 100nm

해설 10Å=1nm이므로, 1Å=0.1nm이다(1Å=10^{-10}m).

20 기체-액체 크로마토그래피(GLC)에서 정지상과 이동상을 올바르게 표현한 것은?

① 정지상 - 고체, 이동상 - 기체
② 정지상 - 고체, 이동상 - 액체
③ 정지상 - 액체, 이동상 - 기체
④ 정지상 - 액체, 이동상 - 고체

해설 GLC(기체-액체 크로마토그래피)는 '이동상-정지상' 크로마토그래피로 이름을 짓는다. 따라서 이동상은 기체, 정지상은 액체가 된다.

21 pH미터에 사용하는 유리전극에는 어떤 용액이 채워져 있는가?

① pH 7의 NaOH 불포화 용액
② pH 10의 NaOH 포화 용액
③ pH 7의 KCl 포화 용액
④ pH 10의 KCl 포화 용액

해설 유리전극에 사용하는 용액은 pH 7의 KCl 포화 용액이다(단기간 보관 시 pH 7 KCl 용액 사용).

22 과망간산칼륨($KMnO_4$) 표준 용액 1,000ppm을 이용하여 30ppm의 시료 용액을 제조하고자 한다. 그 방법으로 옳은 것은?

① 3mL를 취하여 메스 플라스크에 넣고 증류수로 채워 10mL가 되게 한다.
② 3mL를 취하여 메스 플라스크에 넣고 증류수로 채워 100mL가 되게 한다.
③ 3mL를 취하여 메스 플라스크에 넣고 증류수로 채워 1,000mL가 되게 한다.
④ 30mL를 취하여 메스 플라스크에 넣고 증류수로 채워 10,000mL가 되게 한다.

해설 1,000ppm×3mL=30ppm×x(mL)
∴ x=100mL

23 용액의 두께가 10cm, 농도가 5mol/L이며, 흡광도가 0.2이면, 몰 흡광도(L/mol·cm) 계수는?

① 0.001　② 0.004
③ 0.1　④ 0.2

해설 $A=\varepsilon bc$

$$\varepsilon=\frac{A}{bc}=\frac{0.2}{10\times5}=0.004\text{L/mol}\cdot\text{cm}$$

24 람베르트 법칙 $T=e^{-kb}$에서 b가 의미하는 것은?

① 농도　② 상수
③ 용액의 두께　④ 투과광의 세기

해설 람베르트 법칙 : 흡수층에 입사하는 빛의 세기와 투과광의 세기와의 비율의 로그값은 흡수층의 두께에 비례한다.

$$\log_e\frac{I_o}{I}=\mu d$$

여기서, μ : 흡수 계수, d : 흡수층의 두께

$T=\frac{I}{I_o}$이므로 위 식을 변형하면

$$\log_e=\frac{I}{I_o}=-\mu d$$

$\log_e T=-\mu d$, $T=e^{-\mu d}$

∴ $T=e^{-kb}$에서 b는 흡수층의 두께, 즉 용액의 두께가 된다.

25 pH meter의 사용방법에 대한 설명으로 틀린 것은?

① pH 전극은 사용하기 전에 항상 보정해야 한다.
② pH 측정 전에 전극 유리막은 항상 말라있어야 한다.
③ pH 보정 표준 용액은 미지시료의 pH를 포함하는 범위이어야 한다.
④ pH 전극 유리막은 정전기가 발생할 수 있으므로 비벼서 닦으면 안 된다.

해설 pH 측정 전에 전극 유리막은 항상 젖어 있어야 하고, 유리막 전극은 보관 시에도 마른 상태가 아닌 용액 속에 보관해야 한다.

정답 19.③ 20.③ 21.③ 22.② 23.② 24.③ 25.②

26 황산구리 용액을 전기무게분석법으로 구리의 양을 분석하려고 한다. 이때 일어나는 반응이 아닌 것은?

① $Cu^{2+}+2e^- \rightarrow Cu$
② $2H^+ +2e^- \rightarrow H_2$
③ $2H_2O \rightarrow O_2+4H^+ +4e^-$
④ $SO_4^+ \rightarrow SO_2+O_2+4e^-$

해설 황산구리 용액에서 구리의 양 분석 시 일어나는 반응
① $Cu^{2+}+2e^- \rightarrow Cu$
② $2H^+ +2e^- \rightarrow H_2$
③ $2H_2O \rightarrow O_2+4H^+ +4e^-$
④ $SO_4^- \rightarrow SO_2+O_2+4e^-$
※ 전기무게분석법 : 분석물질을 고체 상태로 작업 전극에 석출시켜 그 무게를 달아 분석하는 것이다.

27 흡광광도분석장치의 구성 순서로 옳은 것은?

① 광원부 – 시료부 – 파장선택부 – 측광부
② 광원부 – 파장선택부 – 시료부 – 측광부
③ 광원부 – 시료부 – 측광부 – 파장선택부
④ 광원부 – 파장선택부 – 측광부 – 시료부

해설 흡광광도분석장치 구성 순서 : 광원부 – 파장선택부 – 시료부 – 측광부(검출기 – 신호처리기)

28 액체 크로마토그래피의 검출기가 아닌 것은?

① UV 흡수검출기
② IR 흡수검출기
③ 전도도검출기
④ 이온화검출기

해설 LC 검출기
㉠ UV 흡수검출기 ㉡ 형광검출기
㉢ 굴절률검출기 ㉣ 전기화학검출기
㉤ 질량분석검출기 ㉥ IR 흡수검출기
㉦ 전도도검출기

29 다음 원소 중 원자의 반지름이 가장 큰 원소는?

① Li ② Be
③ B ④ C

해설 주기율표에서 Li–Be–B–C–N–O–F 순으로, 왼쪽에서 오른쪽으로 갈수록 원자 반지름이 작아진다. 이는 유효 핵전하가 증가하기 때문이다. 오른쪽으로 갈수록 원자번호가 증가하고 이것은 핵의 양성자와 함께 원자의 전자가 함께 증가한다.

30 일정한 압력하에서 10℃의 기체가 2배로 팽창하였을 때의 온도는?

① 172℃ ② 293℃
③ 325℃ ④ 487℃

해설 샤를의 법칙을 이용한다.

$$\frac{V}{T}=\frac{V'}{T'}$$

$$\frac{V}{10+273}=\frac{2V}{T'}$$

$$\frac{1}{283}=\frac{2}{T'}$$

$$T'=566$$

$$\therefore t=566-273=293℃$$

31 다음 중 탄소 화합물의 특성에 대한 설명으로 틀린 것은?

① 화합물의 종류가 많다.
② 대부분 무극성이나 극성이 약한 분자로 존재하므로 분자 간 인력이 약해 녹는점, 끓는점이 낮다.
③ 대부분 비전해질이다.
④ 원자 간 결합이 약해 화학반응을 하기 쉽다.

해설 탄소 화합물은 화학적으로 안정하므로 반응성이 작고 반응 속도도 느리다. 원자 간 결합이 단일결합은 강하나 이중·삼중 결합은 약하다.

32 다음 중 펠링 용액(Fehling's solution)을 환원시킬 수 있는 물질은?

① CH_3COOH ② CH_3OH
③ C_2H_5OH ④ HCHO

해설 펠링 용액은 –CHO(알데하이드기)의 환원성을 이용해서 Cu^{2+}을 환원시켜 Cu_2O로 만드는 것이다.

정답 26.④ 27.② 28.④ 29.① 30.② 31.④ 32.④

33 공업용 NaOH의 순도를 알고자 4.0g을 물에 용해시켜 1L로 하고 그 중 25mL를 취하여 0.1N H_2SO_4로 중화시키는 데 20mL가 소요되었다. 이 NaOH의 순도는 몇 %인가? (단, 원자량은 Na=23, S=32, H=1, O=16이다.)

① 60 ② 70
③ 80 ④ 90

해설 ㉠ NaOH 몰수 = H_2SO_4 몰수 = H_2SO_4 농도 × H_2SO_4 부피
(NaOH 몰수: $0.1 \times 0.02 = 0.002$몰, H_2SO_4 농도: 0.1N H_2SO_4, H_2SO_4 부피: 20mL = 0.02L)
㉡ NaOH 질량 = NaOH 몰수 × NaOH 화학식량
$= 0.002 \times 40 = 0.08$
㉢ 순도 $= \dfrac{\text{NaOH 질량}}{\text{투입한 공업용 NaOH 질량}} \times 100$
$= \dfrac{0.08}{0.1} \times 100$ (4.0g이 물 1L에 녹아 그 중 25mL이므로 0.1g이 시료에 들어 있다.)
$= 80\%$

34 포화탄화수소에 대한 설명으로 옳은 것은?

① 2중결합으로 되어 있다.
② 치환반응을 한다.
③ 첨가반응을 잘 한다.
④ 기하이성질체를 갖는다.

해설 포화탄화수소인 Alkane은 치환반응을 한다. 첨가반응은 불포화탄화수소들이 잘 한다.

35 다음 중 산성염에 해당하는 것은?

① NH_4Cl ② $CaSO_4$
③ $NaHSO_4$ ④ $Mg(OH)Cl$

해설 산성염은 산의 H^+의 일부가 다른 양이온으로 치환되고 H^+이 아직 남아 있는 염이다.
예 $NaHSO_4$, $KHCO_3$, Na_2HPO_4, $NaHCO_3$, NaH_2PO_4 등

36 Fe^{3+}과 반응하여 청색 침전을 만드는 물질은?

① KSCN ② $PbCrO_4$
③ $K_3Fe(CN)_6$ ④ $K_4Fe(CN)_6$

해설 Fe^{3+}는 $K_4Fe(CN)_6$(육시아노철(Ⅱ)산칼륨, 황혈염, 페로시안화칼륨) 용액과 반응해 청색 앙금이 생긴다.

37 600K을 랭킨온도(°R)로 표시하면 얼마인가?

① 327 ② 600
③ 1,080 ④ 1,112

해설 600K = 273 + ℃
℃ = 327
°F = 1.8 × ℃ + 32 = 1.8 × 327 + 32 = 620.6
°R = 620.6 + 460 = 1080.6
※ 온도 단위 환산
- °F(화씨) = 1.8 × ℃(섭씨) + 32
- K(켈빈온도) = ℃ + 273
- °R(랭킨온도) = °F + 460

38 다음 중 방향족 화합물은?

① CH_4 ② C_2H_4
③ C_3H_8 ④ C_6H_6

해설 방향족 화합물은 벤젠고리를 포함한 고리모양의 탄화수소이다.

39 다음 중 알칼리금속에 속하지 않는 것은?

① Li ② Na
③ K ④ Ca

해설 알칼리금속은 1족 원소에 해당하며, Ca은 알칼리토금속이다.

40 용액의 끓는점 오름은 어느 농도에 비례하는가?

① 백분율 농도 ② 몰 농도
③ 몰랄 농도 ④ 노르말 농도

해설 끓는점 오름 = 끓는점 오름 상수 × 몰랄 농도

41 다음 중 금속 지시약이 아닌 것은?

① EBT(Eriochrome Black T)
② MX(Murexide)
③ 플루오레세인(fluorescein)
④ PV(Pyrocatechol Violet)

해설 플루오레세인은 침전에 흡착될 때 변색되며, 침전 적정에 사용되는 흡착 지시약이다.

정답	33.③	34.②	35.③	36.④	37.③	38.④	39.④	40.③	41.③

42 $CuSO_4 \cdot 5H_2O$ 중의 Cu를 정량하기 위해 시료 0.5012g을 칭량하여 물에 녹여 KOH를 가했을 때 $Cu(OH)_2$의 청백색 침전이 생긴다. 이때 이론상 KOH는 약 몇 g이 필요한가? (단, 원자량은 각각 Cu=63.54, S=32, O=16, K=39이다.)

① 0.1125
② 0.2250
③ 0.4488
④ 1.0024

해설 $CuSO_4 \cdot 5H_2O$ 0.5012g, 분자량 249.54g, 몰수로 환산하면

$$\frac{0.5012}{249.54} = 2.01 \times 10^{-3} \text{mol}$$

$Cu^{2+} + 2OH \rightarrow Cu(OH)_2$

KOH는 $2.01 \times 10^{-3} \times 2$mol이 필요하다.

g수로 환산하면

$2.01 \times 10^{-3} \times 2 \times 56 = 0.225$g (KOH의 분자량은 56g이므로)

43 산화·환원 반응을 이용한 부피분석법은?

① 산화·환원적정법
② 침전적정법
③ 중화적정법
④ 중량적정법

해설 산화·환원 적정은 산화제 또는 환원제의 표준 용액을 써서 시료물질을 완전히 산화 또는 환원시키는 데 소모된 양을 측정하여 시료물질을 정량하는 부피분석법의 하나이다.

44 다음 금속이온 중 수용액 상태에서 파란색을 띠는 이온은?

① Rb^{++}　② Co^{++}
③ Mn^{++}　④ Cu^{++}

해설 Cu^{2+}은 수용액 상태에서 파란색을 띤다.

45 양이온 제2족의 구리족에 속하지 않는 것은?

① Bi_2S_3　② CuS
③ CdS　④ Na_2SnS_3

해설 양이온의 분류

㉠ 제1족 : Pb^{2+}, Hg^{2+}, Ag^{+}
㉡ 제2족
- 구리족 : Pb^{2+}, Bi^{3+}, Cu^{2+}, Cd^{2+}
- 주석족 : As^{3+} 또는 As^{5+}, Sb^{3+} 또는 Sb^{5+}, Sn^{2+} 또는 Sn^{4+}, Hg^{2+}

㉢ 제3족 : Fe^{2+} 또는 Fe^{3+}, Cr^{3+}, Al^{3+}
㉣ 제4족 : Ni^{2+}, Co^{2+}, Mn^{2+}, Zn^{2+}
㉤ 제5족 : Ba^{2+}, Sr^{2+}, Ca^{2+}
㉥ 제6족 : Mg^{2+}, K^{+}, Na^{+}, NH_4^{+}

46 어떤 물질의 포화 용액 120g 속에 40g의 용질이 녹아 있다. 이 물질의 용해도는?

① 40　② 50
③ 60　④ 70

해설 $(120-40) : 40 = 100 : x$

$4,000 = 80x$

$\therefore x = 50$

47 0.5L의 수용액 중에 수산화나트륨이 40g 용해되어 있으면 몇 노르말(N) 농도인가? (단, 원자량은 각각 Na=23, H=1, O=16이다.)

① 0.5　② 1
③ 2　④ 5

해설 NaOH의 분자량=40

$$\frac{40\text{g}}{40\text{g/mol}} = 1\text{mol}$$

$1\text{mol}/0.5\text{L} = 2\text{N}$

48 $KMnO_4$ 표준 용액으로 적정할 때 HCl 산성으로 하지 않는 주된 이유는?

① MnO_2가 생성되므로
② Cl_2가 발생하므로
③ 높은 온도로 가열해야 하므로
④ 종말점 판정이 어려우므로

해설 $KMnO_4$ 적정에서 염산이나 질산을 사용하지 않고 황산 용액을 사용하는데, 그 이유는 H^{+}의 공급이 충분하지 않으면 MnO_2이 생성되어 갈색으로 탁해지고 반응의 정량성도 달라지기 때문이다. 또한, 염산은 산화되어 Cl_2를 발생시키고 질산은 그 자체로 산화성이 있어 적절하지 못하다.

정답 42.② 43.① 44.④ 45.④ 46.② 47.③ 48.②

49 **광원으로부터 들어온 여러 파장의 빛을 각 파장별로 분산하여 한 가지 색에 해당하는 파장의 빛을 얻어내는 장치는?**

① 검출장치
② 빛조절관
③ 단색화장치
④ 색인식장치

해설 필터, 프리즘 또는 회절격자에 의해 임의의 파장 성분에서 분리하는 장치로, 단색화장치에 대한 설명이다.

50 **불꽃 없는 원자흡수분광법 중 차가운 증기 생성법(cold vapor generation method)을 이용하는 금속원소는?**

① Na
② Hg
③ As
④ Sn

해설 Cold vapor generation method를 이용하는 금속원소는 Hg이다.

51 **폴라로그래피에서 사용하는 기준전극과 작업전극은 각각 무엇인가?**

① 유리전극과 포화칼로멜전극
② 포화칼로멜전극과 수은적하전극
③ 포화칼로멜전극과 산소전극
④ 염화칼륨전극과 포화칼로멜전극

해설 폴라로그래피에서 기준전극과 작업전극은 각각 포화칼로멜전극과 수은적하전극이다.

52 **전위차적정법에서 종말점을 찾을 수 있는 가장 좋은 방법은?**

① 전위차를 세로 축으로, 적정 용액의 부피를 가로 축으로 해서 그래프를 그린다.
② 일정 적하량당 기전력의 변화율이 최대로 되는 점부터 구한다.
③ 지시약을 사용하여 변색 범위에서 적정 용액을 넣어 종말점을 찾는다.
④ 전위차를 계산하여 필요한 적정 용액의 mL 수를 구한다.

해설 전위차적정법은 당량점 가까이에서 용액의 전위차 변화가 생기는 것을 말하는 것으로, 일정 적하량당 기전력의 변화로 구한다.

53 **두 가지 이상의 혼합물질을 단일성분으로 분리하여 분석하는 기법은?**

① 크로마토그래피
② 핵자기공명흡수법
③ 전기무게분석법
④ 분광광도법

해설 크로마토그래피에 대한 설명이다.

54 **다음 중 pH미터의 보정에 사용하는 용액은?**

① 증류수
② 식염수
③ 완충 용액
④ 강산 용액

해설 강산이나 강염기가 들어와도 일정하게 수소이온 농도를 유지시켜 주는 것을 완충 용액이라 하는데, 이는 pH미터의 보정에 사용된다.

55 **적외선분광광도계에 의한 고체시료의 분석방법 중 시료의 취급방법이 아닌 것은?**

① 용액법
② 페이스트(paste)법
③ 기화법
④ KBr 정제법

해설 적외선분광광도계 고체시료의 분석방법 중 취급방법
㉠ 용액법
㉡ 페이스트(paste)법
㉢ KBr 정제법

정답 49.③ 50.② 51.② 52.② 53.① 54.③ 55.③

56 다음 중 에너지가 가장 큰 것은?

① 적외선 ② 자외선
③ X－선 ④ 가시광선

해설

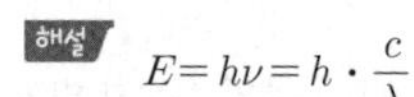

$E=h\nu=h\cdot\frac{c}{\lambda}$

$E\propto\frac{1}{\lambda}$

λ
nm

0	200	400	780	10^5	10^8
X−ray	UV	Vis	IR	MW	
	자외선	가시광선	적외선	마이크로파	

57 다음 중 가스 크로마토그래피용 검출기가 아닌 것은?

① FID(Flame Ionization Detector)
② ECD(Electron Capture Detector)
③ DAD(Diode Array Detector)
④ TCD(Thermal Conductivity Detector)

해설 HPLC에서 사용하는 것이 DAD이다. DAD는 스캔 형식으로 파장을 측정하여 스캔한다.

58 눈으로 감지할 수 있는 가시광선의 파장 범위는?

① 0 ~ 190nm ② 200 ~ 400nm
③ 400 ~ 700nm ④ 1 ~ 5m

해설 가시광선에 대한 설명으로, 400~700nm의 파장 범위를 갖는다.

59 101.325kPa에서 부피가 22.4L인 어떤 기체가 있다. 이 기체를, 같은 온도에서 압력을 202.650kPa로 하면 이 기체의 부피는 얼마가 되겠는가?

① 5.6L ② 11.2L
③ 22.4L ④ 44.8L

해설 보일의 법칙 : $PV=P'V'$에서

$101.325\times22.4=202.650\times V'$

$V'=\frac{101.325\times22.4}{202.650}=11.2\text{L}$

60 한 원소의 화학적 성질을 주로 결정하는 것은?

① 원자량
② 전자의 수
③ 원자 번호
④ 최외각의 전자수

해설 원소의 화학적 성질을 결정하는 것은 최외각 전자의 수이다. 원자 껍질에서 가장 바깥 껍질에 존재하는 전자로써 원자의 화학적 성질을 규정한다. Na은 최외각 전자가 1개로 전자를 잃고 최외각 전자가 8개인 안정한 상태로 존재하길 원하고, F는 최외각 전자가 7개로 전자 1개를 얻어 안정한 상태가 되길 원한다. 따라서 Na은 Na^+인 양이온의 상태를, F는 F^-인 음이온의 상태를 가진다.

정답 56.③ 57.③ 58.③ 59.② 60.④

CBT 기출복원문제

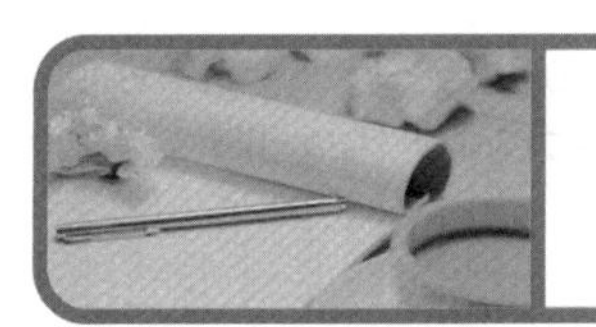

화학분석기능사

제2회 필기시험 ◂▸ 2024년 3월 31일 시행

01 에틸알코올의 화학 기호는?

① C_2H_5OH ② C_6H_5OH
③ $HCHO$ ④ CH_3COCH_3

해설 ① C_2H_5OH : 에틸알코올=에탄올
② C_6H_5OH : 페놀
③ $HCHO$: 포름알데히드
④ CH_3COCH_3 : 아세톤

02 가수분해 생성물이 포도당과 과당인 것은?

① 맥아당 ② 설탕
③ 젖당 ④ 글리코겐

해설

탄수화물 이름		분자식	가수분해 생성물	수용성
단당류	포도당	$C_6H_{12}O_6$	가수분해 없음	녹음
	과당			
	갈락토오스			
이당류	설탕	$C_{12}H_{22}O_{11}$	포도당+과당	녹음
	맥아당(엿당)		포도당+포도당	
	젖당		포도당+갈락토오스	
다당류(천연 고분자)	녹말	$(C_6H_{10}O_5)_n$	포도당	잘 안 녹음
	셀룰로오스			
	글리코겐			

∴ 포도당+과당=설탕

03 0.1M NaOH 0.5L와 0.2M HCl 0.5L를 혼합한 용액의 몰 농도(M)는?

① 0.05 ② 0.1
③ 0.3 ④ 1

해설 NaOH와 HCl은 염기와 산으로 중화반응이 일어난다.
$NaOH + HCl \rightleftarrows H_2O + NaCl$
NaOH와 HCl은 1 : 1 반응이지만 농도는 2배 차이가 나므로 혼합 후에 HCl이 0.25L 남는다.
총 부피=0.5L+0.5L=1L
남은 HCl의 mol=0.2M×0.25L=0.05mol
$\therefore M = \frac{\text{용질(mol)}}{\text{용액(L)}} = \frac{0.5\text{mol}}{1\text{L}} = 0.05\text{M}$

04 다음 중 원자에 대한 법칙이 아닌 것은?

① 질량불변의 법칙
② 일정성분비의 법칙
③ 기체반응의 법칙
④ 배수비례의 법칙

해설 ③ H_2, O_2, N_2 등 기체는 분자이므로 분자에 대한 법칙이다.

05 0℃의 얼음 2g을 100℃의 수증기로 변화시키는 데 필요한 열량은 약 몇 cal인가? (단, 기화잠열=539cal/g, 융해열=80cal/g)

① 1,209 ② 1,438
③ 1,665 ④ 1,980

해설 열량
Q(열량)$=Q_1$(잠열)$+Q_2$(현열)$+Q_3$(잠열)

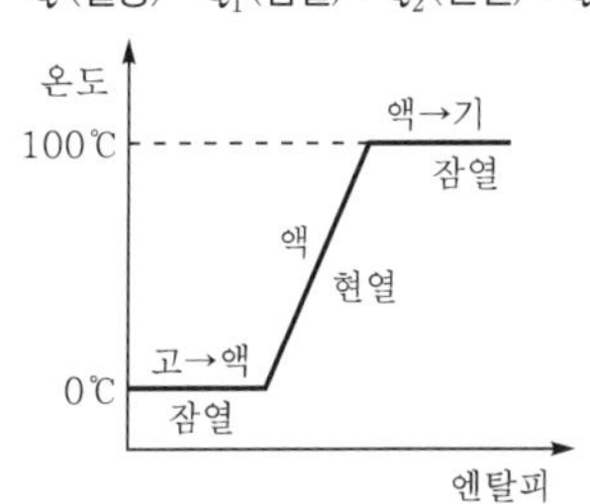

• 고→액 : 얼음의 융해잠열⇒80cal/g
• 액→기 : 물의 기화잠열⇒539cal/g

정답 01.① 02.② 03.① 04.③ 05.②

① 현열 : 상태의 변화 없이 온도가 변화될 때 필요한 열량
$Q = m \cdot c \cdot \Delta t$
여기서, Q : 열량
m : 질량(g)
c : 비열
Δt : 온도 변화(℃)

② 잠열 : 온도의 변화 없이 상태를 변화시키는 데 필요한 열량
$Q = m \cdot \gamma$
여기서, Q : 열량
m : 질량(g)
γ : 잠열

∴ Q=융해열(융해 잠열)+현열+기화잠열
- 융해열 : $80\text{cal/g} \times 2\text{g} = 160\text{cal}$
- 현열 : $Q = m \cdot c \cdot \Delta t$ (물의 비열=1cal/g · ℃)
$= 2\text{g} \times 1\text{cal/g} \cdot ℃ \times (100℃ - 0℃)$
$= 2\text{g} \times 1\text{cal/g} \cdot ℃ \times 100℃$
$= 200\text{cal}$
- 기화잠열 : $539\text{cal/g} \times 2\text{g} = 1{,}078\text{cal}$

∴ $Q = 160\text{cal} + 200\text{cal} + 1{,}078\text{cal} = 1{,}438\text{cal}$

06 미지물질의 분석에서 용액이 강한 산성일 때의 처리방법으로 가장 옳은 것은?

① 암모니아수로 중화한 후 질산으로 약산성이 되게 한다.
② 질산을 넣어 분석한다.
③ 탄산나트륨으로 중화한 후 처리한다.
④ 그대로 분석한다.

해설 미지물질 분석 시 용액이 강산성일 경우에는 암모니아수로 중화한 후에 질산으로 약산성이 되게 하는 것이 가장 좋은 방법이다.

07 0.4g의 NaOH를 물에 녹여 1L의 용액을 만들었다. 이 용액의 몰 농도는 얼마인가?

① 1M ② 0.1M
③ 0.01M ④ 0.001M

해설 $M = \dfrac{\text{용질(mol)}}{\text{용액(L)}}$
NaOH=40g/mol이므로
$\text{NaOH(mol)} = \dfrac{0.4\text{g}}{40\text{g/mol}} = 0.01\text{mol}$
∴ $M = \dfrac{0.01\text{mol}}{1\text{L}} = 0.01\text{M}$

08 3N 황산 용액 200mL 중에는 몇 g의 H_2SO_4를 포함하고 있는가? (단, S의 원자량은 32이다.)

① 29.4 ② 58.8
③ 98.0 ④ 117.6

해설 3N H_2SO_4 → 1.5M H_2SO_4 (H가 2개이므로 2당량)
1.5M H_2SO_4 0.2L(200mL)
$1.5\text{mol/L} \times 0.2\text{L} = 0.3\text{mol}$
∴ $0.3\text{mol} \times \dfrac{98\text{g}}{1\text{mol}} = 29.4\text{g}$ (H_2SO_4의 MW=98)
[별해] $N = \dfrac{\text{용질의 g당량수}}{\text{용액(L)}}$
$3\text{N} \times 0.2\text{L} = 0.6$
H_2SO_4의 g 당량수=49g
∴ $49\text{g} \times 0.6 = 29.4\text{g}$

09 10g의 프로판이 연소하면 몇 g의 CO_2가 발생하는가? (단, 반응식은 $C_3H_8 + 5O_2 \rightleftarrows 3CO_2 + 4H_2O$, 원자량은 C=12, O=16, H=1이다.)

① 25 ② 27
③ 30 ④ 33

해설 $C_3H_8 + 5O_2 \rightleftarrows 3CO_2 + 4H_2O$
10g　　　　x(g)
↓
$\dfrac{10\text{g}}{44\text{g/mol}} \times 0.227\text{mol}$
$x = 3 \times 0.227\text{mol} = 0.681\text{mol}$
∴ $0.681\text{mol} \times \dfrac{44\text{g}}{1\text{mol}} = 30\text{g}$

10 시안화칼륨을 넣으면 처음에는 흰 침전이 생기나 다시 과량으로 넣으면 흰 침전은 녹아 맑은 용액으로 된다. 이와 같은 성질을 가진 염의 양이온은 어느 것인가?

① Cu^{2+} ② Al^{3+}
③ Zn^{2+} ④ Hg^{2+}

해설 아연염에 시안화칼륨을 넣으면 처음에는 흰색 침전($Zn(CN)_2$)이 생기지만 과량으로 더 넣어 주면 침전이 녹아 다시 맑은 용액으로 된다.

정답 06.① 07.③ 08.① 09.③ 10.③

11 양이온의 계통적인 분리검출법에서는 방해물질을 제거시켜야 한다. 다음 중 방해물질이 아닌 것은?

① 유기물 ② 옥살산이온
③ 규산이온 ④ 암모늄이온

해설 양이온의 계통적인 분리검출법에서 방해물질로 작용하는 것은 유기물, 옥살산이온($C_2O_4^{2-}$), 규산이온(SiO_4^{4-}) 등이고, 이 물질들을 제거시켜 주어야 한다.

12 질산나트륨은 20℃ 물 50g에 44g 녹는다. 20℃에서 물에 대한 질산나트륨의 용해도는 얼마인가?

① 22.0 ② 44.0
③ 66.0 ④ 88.0

해설 용해도는 일정한 온도에서 용매 100g에 녹을 수 있는 최대 용질(g)이다.
∴ 물 100g에는 $NaNO_3$가 88g 녹는다.
[별해] 용해도$=\frac{용질(g)}{용매(g)}\times 100=\frac{44g}{50g}\times 100=88$
용매(물) 100g일 때의 용해도는 다음과 같다.
$88=\frac{x(g)}{100g}\times 100$
∴ $x=88g$

13 제2족 구리족 양이온과 제2족 주석족 양이온을 분리하는 시약은?

① HCl ② H_2S
③ Na_2S ④ $(NH_4)_2CO_3$

해설 제2족 구리족 양이온과 제2족 주석족 양이온의 분리 시약 : H_2S
※ • 구리족 : Pb^{2+}, Bi^{3+}, Cu^{2+}, Cd^{2+}
• 주석족 : Hg^{2+}, As^{3+}, As^{5+}, Sb^{3+}, Sb^{5+}, Sn^{2+}, Sn^{4+}

14 0.1N $KMnO_4$ 표준 용액을 적정할 때에 사용하는 시약은?

① NaOH ② $Na_2C_2O_4$
③ K_2CrO_4 ④ NaCl

해설 0.1N $KMnO_4$ 표준 용액을 표준 적정할 때 $Na_2C_2O_4$(옥살산나트륨)을 시약으로 사용한다.
$2KMnO_4 + 5Na_2C_2O_4 + 8H_2SO_4$
$\rightarrow K_2SO_4 + 2MnSO_4 + 5Na_2SO_4 + 8H_2O$

15 뮤렉사이드(MX) 금속 지시약은 다음 중 어떤 금속이온의 검출에 사용되는가?

① Ca, Ba, Mg
② Co, Cu, Ni
③ Zn, Cd, Pb
④ Ca, Ba, Sr

해설 • 뮤렉사이드(MX) 금속 지시약 : Co, Cu, Ni의 검출에 사용한다.
• 뮤렉사이드(무렉시드) 지시약은 주로 EDTA 적정 시 사용한다.

16 다음 중 적외선 스펙트럼의 원리로 옳은 것은?

① 핵자기공명
② 전하이동전이
③ 분자전이현상
④ 분자의 진동이나 회전운동

해설 적외선(IR) 스펙트럼은 분자의 진동이나 회전운동의 원리로 작용한다.

17 다음 반응식의 표준전위는 얼마인가? (단, 반반응의 표준환원전위는 $Ag^+ + e^- \rightleftarrows Ag(s)$, $E° = +0.799V$, $Cd^{2+} + 2e^- \rightleftarrows Cd(s)$, $E° = -0.402V$)

$Cd(s) + 2Ag^+ \rightleftarrows Cd^{2+} + 2Ag(s)$

① +1.201V ② +0.397V
③ +2.000V ④ −1.201V

해설 $Cd(s) + 2Ag^+ \rightleftarrows Cd^{2+} + 2Ag(s)$
$Cd \rightarrow Cd^{2+} + 2e^-$, $E° = +0.402V$
$2Ag^+ + 2e^- \rightarrow 2Ag$, $E° = +0.799V$
∴ 표준전위$=0.402V+0.799V=1.201V$
※ 표준환원전위는 전자수가 변해도 불변하는 값이므로, $2e^-$가 되어도 그대로 0.799V이다.

정답 11.④ 12.④ 13.② 14.② 15.② 16.④ 17.①

18 pH meter를 사용하여 산화·환원 전위차를 측정할 때 사용되는 지시전극은?

① 백금전극 ② 유리전극
③ 안티몬전극 ④ 수은전극

해설 pH미터는 일반적으로 지시전극으로는 유리전극을 사용하고, 산화·환원전극으로는 비활성금속인 백금전극을 사용한다.

19 적외선분광광도계의 흡수 스펙트럼으로부터 유기물질의 구조를 결정하는 방법 중 카르보닐기가 강한 흡수를 일으키는 파장의 영역은?

① 1,300~1,000cm^{-1}
② 1,820~1,660cm^{-1}
③ 3,400~2,400cm^{-1}
④ 3,600~3,300cm^{-1}

해설

카르보닐기($-\overset{O}{\overset{\|}{C}}-$)의 흡수 파장 영역 :

약 1,750~1,700cm^{-1} 부근

20 기체 크로마토그래피에서 시료 주입구의 온도 설정으로 옳은 것은?

① 시료 중 휘발성이 가장 높은 성분의 끓는점보다 20℃ 낮게 설정
② 시료 중 휘발성이 가장 높은 성분의 끓는점보다 50℃ 높게 설정
③ 시료 중 휘발성이 가장 낮은 성분의 끓는점보다 20℃ 낮게 설정
④ 시료 중 휘발성이 가장 낮은 성분의 끓는점보다 50℃ 높게 설정

해설 GC에서 시료 주입구의 온도는 시료 중 휘발성이 가장 낮은 성분의 끓는점보다 50℃ 높게 설정한다.
① 시료 주입구의 온도가 시료의 b.p.보다 아주 높게 되면 분석시료가 분해되어 시료 손상이 일어난다.
② 온도가 b.p.보다 낮게 되면 시료 주입구에서 응축이 일어나 오차가 발생한다.

21 급격한 가열·충격 등으로 단독으로 분해·폭발할 수 있기 때문에 강한 충격이나 마찰을 주지 않아야 하는 산화성 고체 위험물은?

① 질산암모늄 ② 과염소산
③ 질산 ④ 과산화벤조일

해설 질산암모늄(NH_4NO_3)은 산화성 고체로, 급격한 가열·충격 등으로 인해 단독으로 분해·폭발할 수 있다.

22 가스 크로마토그래피의 정량분석에 일반적으로 사용되는 방법은?

① 크로마토그램의 무게
② 크로마토그램의 면적
③ 크로마토그램의 높이
④ 크로마토그램의 머무름시간

해설 가스 크로마토그래피
① 정성분석 : 머무름시간을 이용한다.
② 정량분석 : 크로마토그램의 면적을 이용한다.

23 다음 보기에서 GC(기체 크로마토그래피)의 검출기가 갖추어야 할 조건 중 옳은 것은 모두 몇 개인가?

> ㉠ 검출한계가 높아야 한다.
> ㉡ 가능하면 모든 시료에 같은 응답신호를 보여야 한다.
> ㉢ 검출기 내에 시료의 머무는 부피는 커야 한다.
> ㉣ 응답시간이 짧아야 한다.
> ㉤ S/N비가 커야 한다.

① 1개 ② 2개
③ 3개 ④ 4개

해설 GC 검출기가 갖추어야 할 조건
㉠ 검출한계가 낮아야 한다.
㉡ 시료에 대해 검출기의 응답신호가 선형이 되어야 한다.
㉢ 가능하면 모든 시료에 같은 응답신호를 보여야 한다.
㉣ 응답시간이 짧아야 한다.
㉤ S/N비가 커야 한다.
㉥ 검출기 내에 시료가 머무르는 부피가 작아야 한다.

정답 18.① 19.② 20.④ 21.① 22.② 23.③

24 다음 중 물질의 특징에 대한 설명으로 틀린 것은?

① 염산은 공기 중에 방치하면 염화수소 가스를 발생시킨다.
② 과산화물에 열을 가하면 산소를 발생시킨다.
③ 마그네슘 가루는 공기 중의 습기와 반응하여 자연발화한다.
④ 흰인은 공기 중의 산소와 화합하지 않는다.

해설 ④ 백린(황린)은 상온에서 산화한다(상온에서 자연발화함. 34℃ 전·후).

25 가시광선의 파장 영역으로 가장 옳은 것은?

① 400nm 이하
② 400~800nm
③ 800~1,200nm
④ 1,200nm 이상

해설 가시광선의 파장 영역 : 약 350nm~780nm

26 금속결합의 특징에 대한 설명으로 틀린 것은?

① 양이온과 자유전자 사이의 결합이다.
② 열과 전기의 부도체이다.
③ 연성과 전성이 크다.
④ 광택을 가진다.

해설 열과 전기의 부도체는 플라스틱이다.

27 다음 중 화학결합물 분자의 입체구조가 정사면체 모양이 아닌 것은?

① CH_4 ② BH_4^-
③ NH_3 ④ NH_4^+

해설 NH_3의 입체구조 : 삼각뿔 형태

H ⋯ N — H (107°), H

28 pH 5인 염산과 pH 10인 수산화나트륨을 어떤 비율로 섞으면 완전중화가 되는가? (단, 염산 : 수산화나트륨의 비)

① 1 : 2 ② 2 : 1
③ 10 : 1 ④ 1 : 10

해설 pH 5인 염산의 $[H^+]$ 농도 $=10^{-5}$
pH 10인 NaOH의 pOH=4, $[OH^-]$ 농도 $=10^{-4}$
NaOH의 $[OH^-]$ 농도가 $[H^+]$ 농도의 10배이므로 pH 7 중성 용액을 만들기 위해서는 다음과 같은 비율이 되어야 한다.
pH 5 HCl의 부피 : pH 10 NaOH의 부피=10 : 1

29 다음 중 비전해질은 어느 것인가?

① NaOH ② HNO_3
③ CH_3COOH ④ C_2H_5OH

해설 NaOH, HNO_3, CH_3COOH는 모두 수용성에서 해리하는 전해질이다.

30 다음 중 상온에서 찬물과 반응하여 심하게 수소를 발생시키는 것은?

① K ② Mg
③ Al ④ Fe

해설 알칼리금속이 물과 반응하면 수소기체가 발생한다.
$H_2O(aq) + K(s) \rightarrow KOH(l) + H_2(g)$

31 물 1몰을 전기분해하여 산소를 얻을 때 필요한 전하량은 몇 F인가? $\left(\text{단, 물의 산화반응은 } H_2O \rightarrow \frac{1}{2}O_2 + 2H^+ + 2e^-\right)$

① 1 ② 2
③ 40 ④ 96,500

해설 1F(패럿)이란 물질 1g당량을 석출하는 데 필요한 전기량 [96,500쿨롬, 전자(e^-) 1몰(6×10^{23}개)의 전기량]이다.
$H_2O \rightarrow H_2 + \frac{1}{2}O_2$에서 H와 O는 각각 2g당량을 가지므로 1g당량을 전기분해할 때 1F의 전기량이 필요하므로 2g당량이 필요한 전기량은 2F(패럿)이다.

정답 24.④ 25.② 26.② 27.③ 28.③ 29.④ 30.① 31.②

32 다음 화합물 중 염소(Cl)의 산화수가 +3인 것은?

① $HClO$ ② $HClO_2$
③ $HClO_3$ ④ $HClO_4$

해설 ① $HClO$: +1
② $HClO_2$: +3
③ $HClO_3$: +5
④ $HClO_4$: +7

33 다음 반응식 중 첨가반응에 해당하는 것은?

① $3C_2H_2 \rightarrow C_6H_6$
② $C_2H_4 + Br_2 \rightarrow C_2H_4Br_2$
③ $C_2H_5OH \rightarrow C_2H_4 + H_2O$
④ $CH_4 + Cl_2 \rightarrow CH_3Cl + HCl$

해설 브롬수 탈색반응 : 이중결합이 풀리면서 적갈색의 브롬기체가 첨가반응을 일으켜 탈색된다.
$C_2H_4 + Br_2$(적갈색) → $C_2H_4Br_2$(무색)
적갈색을 띠는 브롬수를 통과시키면 이중결합이나 삼중결합이 끊어지면서 브롬이 첨가되어 탈색되는 것을 가지고 불포화탄화수소와 포화탄화수소를 구분한다.

34 물 200g에 $C_6H_{12}O_6$(포도당) 18g을 용해하였을 때 용액의 wt% 농도는?

① 7 ② 8.26
③ 9 ④ 10.26

해설 $$\text{wt\%} = \frac{\text{용질 g수}}{\text{용액의 g수}} \times 100 = \frac{18}{200+18} \times 100$$
$= 8.26\text{wt\%}$

35 다음 혼합물과 이를 분리하는 방법 및 원리를 연결한 것 중 잘못된 것은?

	혼합물	적용원리	분리방법
①	NaCl, KNO_3	용해도의 차	분별결정
②	H_2O, C_2H_5OH	끓는점의 차	분별증류
③	모래, 요오드	승화성	승화
④	석유, 벤젠	용해성	분액깔때기

해설 석유 · 벤젠 혼합물은 끓는점이 서로 다른 여러 가지 액체의 혼합물이므로 분별증류하여 분리한다.

36 다음 중 보일－샤를의 법칙이 가장 잘 적용되는 기체는?

① O_2 ② CO_2
③ NH_3 ④ H_2

해설 실제기체가 이상기체에 가까우려면 기체분자 간의 인력을 무시할 수 있는 조건이거나 분자 자체의 부피를 무시할 수 있는 경우이다. 분자량이 적고 비점이 낮은 H_2는 이상기체에 가깝다.

37 지방족 탄화수소 중 알칸(alkane)류에 해당하며 탄소가 5개로 이루어진 유기화합물의 구조적 이성질체 수는 모두 몇 개인가?

① 2 ② 3
③ 4 ④ 5

해설 구조적 이성질체
- C－C－C－C－C
- C－C(－C)－C－C
- C－C(－C)(－C)－C

38 염이 수용액에서 전리할 때 생기는 이온의 일부가 물과 반응하여 수산이온이나 수소이온을 냄으로써, 수용액이 산성이나 염기성을 나타내는 것을 가수분해라 한다. 다음 중 가수분해하여 산성을 나타내는 것은?

① K_2SO_4
② NH_4Cl
③ NH_4NO_3
④ CH_3COONa

해설 NH_4Cl의 가수분해
- 이온화 : $NH_4Cl \rightarrow NH_4^+ + Cl^-$
- 가수분해 : $NH_4^+ + H_2O \rightleftarrows NH_3 + H_3O^+$(약산성)

정답 32.② 33.② 34.② 35.④ 36.④ 37.② 38.②

39 하버－보시법에 의하여 암모니아를 합성하고자 한다. 다음 중 어떠한 반응 조건에서 더 많은 양의 암모니아를 얻을 수 있는가?

$$N_2 + 3H_2 \xrightarrow[\text{촉매}]{} 2NH_3 + \text{열}$$

① 많은 양의 촉매를 가한다.
② 압력을 낮추고, 온도를 높인다.
③ 질소와 수소의 분압을 높이고, 온도를 낮춘다.
④ 생성되는 암모니아를 제거하고, 온도를 높인다.

해설 하버－보시법은 저온·고압에서 암모니아의 수득률이 올라간다는 점을 이용한 공정법이다.

40 양이온 정성분석에서 디메틸글리옥심을 넣었을 때 빨간색 침전이 되는 것은?

① Fe^{3+} ② Cr^{3+}
③ Ni^{2+} ④ Al^{3+}

해설 Ni에 디메틸글리옥심($C_4H_8N_2O_2$)을 반응하면 적색 착물이 형성된다.

41 다음 중 화학평형의 이동과 관계없는 것은?

① 입자의 운동에너지 증감
② 입자 간 거리의 변동
③ 입자 수의 증감
④ 입자 표면적의 크고 작음

해설 화학평형의 이동에서 입자 표면적의 크기와는 상관 없다.

42 다음 반응에서 침전물의 색깔은?

$$Pb(NO_3)_2 + K_2CrO_4 \rightarrow PbCrO_4 \downarrow + 2KNO_3$$

① 검은색 ② 빨간색
③ 흰색 ④ 노란색

해설 $PbCrO_4$는 노란색 침전이다.

43 산화·환원 적정법에 해당되지 않는 것은?

① 요오드법 ② 과망간산염법
③ 아황산염법 ④ 중크롬산염법

해설 아황산염법은 산화·환원 적정법에 해당하지 않는다.

44 다음 중 붕사구슬반응에서 산화불꽃으로 태울 때 적자색(빨간 자주색)으로 나타나는 양이온은?

① Ni^{2+} ② Mn^{2+}
③ Co^{2+} ④ Fe^{2+}

해설 Mn^{2+} : 적자색(빨간 자주색)

45 물의 경도, 광물 중의 각종 금속의 정량, 간수 중의 칼슘의 정량 등에 가장 적합한 분석법은?

① 중화적정법
② 산·염기적정법
③ 킬레이트적정법
④ 산화·환원적정법

해설 킬레이트적정법은 킬레이트시약을 사용하여 금속이온을 정량하는 방법이다.

46 다음 전기회로에서 전류는 몇 암페어(A)인가?

① 0.5
② 1
③ 2.8
④ 5

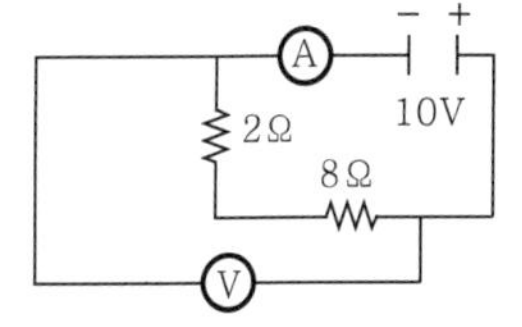

해설 $V = IR$
$10 = I(2+8)$
$\therefore\ I = 1\text{A}$

47 원자흡수분광계에서 속빈 음극램프의 음극물질로 Li이나 As를 사용할 경우 충전기체로 가장 적당한 것은?

① Ne ② Ar
③ He ④ H_2

해설 비활성 기체로 Ar이 적당하다.

정답 39.③ 40.③ 41.④ 42.④ 43.③ 44.② 45.③ 46.② 47.②

48 다음은 원자흡수와 원자방출을 나타낸 것이다. A와 B가 바르게 짝지어진 것은?

$$\underset{\text{중성원자}}{M} + \underset{\text{에너지}}{E} \underset{B}{\overset{A}{\rightleftarrows}} \underset{\text{들뜬 상태}}{M^+}$$

① A : 방출, B : 흡수
② A : 방출, B : 방출
③ A : 흡수, B : 방출
④ A : 흡수, B : 흡수

해설 들뜬 상태로 되기 위해서는 에너지를 흡수해야 하고, 들뜬 상태에서 바닥 상태로 내려갈 때는 방출해야 한다.

49 강산이 피부나 의복에 묻었을 경우 중화시키기 위한 가장 적당한 것은?

① 묽은 암모니아수 ② 묽은 아세트산
③ 묽은 황산 ④ 글리세린

해설 강산이 묻었을 경우 약하게 희석한 염기로 중화한다.

50 오스트발트 점도계를 사용하여 다음의 값을 얻었다. 액체의 점도는 얼마인가?

㉠ 액체의 밀도 : $0.97g/cm^3$
㉡ 물의 밀도 : $1.00g/cm^3$
㉢ 액체가 흘러내리는 데 걸린 시간 : 18.6초
㉣ 물이 흘러내리는 데 걸린 시간 : 20초
㉤ 물의 점도 : 1cP

① 0.9021cP ② 1.0430cP
③ 0.9021P ④ 1.0430P

해설
$$0.97 \times \frac{18.6}{20} \times 1 = 0.9021$$
∴ 0.9021cP

51 분광광도계의 시료흡수용기 중 자외선 영역에서 셀이 적합한 것은?

① 석영 셀 ② 유리 셀
③ 플라스틱 셀 ④ KBr 셀

해설 시료 셀
㉠ 자외선 : 석영, 용융실리카
㉡ 적외선 : 플라스틱, 유리
㉢ 적외선 : NaCl, KBr로 만든 셀

52 다음 중 유리기구의 취급에 대한 설명으로 틀린 것은?

① 두꺼운 유리용기를 급격히 가열하면 파손되므로 불에 서서히 가열한다.
② 유리기구는 철제, 스테인리스강 등 금속으로 만든 실험실습기구와 따로 보관한다.
③ 메스플라스크, 뷰렛, 메스실린더, 피펫 등 눈금이 표시된 유리기구는 가열하여 건조시킨다.
④ 밀봉한 관이나 마개를 개봉할 때에는 내압이 걸려 있으면 내용물이 분출한다든가 폭발하는 경우가 있으므로 주의한다.

해설 유리기구는 가열시키지 말고 자연건조 시킨다.

53 유리전극 pH미터에 증폭회로가 필요한 가장 큰 이유는?

① 유리막의 전기저항이 크기 때문이다.
② 측정가능범위를 넓게 하기 때문이다.
③ 측정오차를 작게 하기 때문이다.
④ 온도의 영향을 작게 하기 때문이다.

해설 유리막 사이로 H^+가 이동하기 때문에 전기저항의 원인으로 증폭회로가 필요하다.

54 다음 크로마토그래피 구성 중 가스 크로마토그래피에는 없고 액체 크로마토그래피에는 있는 것은?

① 펌프 ② 검출기
③ 주입구 ④ 기록계

해설 가스 크로마토그래피에는 펌프가 없다.

정답 48.③ 49.① 50.① 51.① 52.③ 53.① 54.①

55 종이 크로마토그래피법에서 이동도(R_f)를 구하는 식은? (단, C : 기본선과 이온이 나타난 사이의 거리(cm), K : 기본선과 전개용매가 전개한 곳까지의 거리(cm))

① $R_f = \frac{C}{K}$　② $R_f = C \times K$

③ $R_f = \frac{K}{C}$　④ $R_f = K + C$

해설 $R_f = \frac{C}{K}$

56 전기전하를 나타내는 Faraday의 식 $q = nF$에서 F의 값은 얼마인가?

① 96,500coulomb

② 9,650coulomb

③ 6,023coulomb

④ 6.023×10^{23}coulomb

해설 Faraday의 식 $q = nF$에서
패러데이(Faraday) 상수 : 96,500coulomb

57 R-O-R의 일반식을 가지는 지방족 탄화수소의 명칭은?

① 알데히드　② 카르복실산

③ 에스테르　④ 에테르

해설 ① R—C(=O)—H : aldehyde

② R—C(=O)—OH : carboxylic acid

③ R—C(=O)—O—R′ : ester

④ R—O—R′ : ether

58 금속결합물질에 대한 설명 중 틀린 것은?

① 금속원자끼리의 결합이다.

② 금속결합의 특성은 이온전자 때문에 나타난다.

③ 고체상태나 액체상태에서 전기를 통한다.

④ 모든 파장의 빛을 반사하므로 고유한 금속광택을 가진다.

해설 금속결합의 특성은 자유전자 때문에 나타난다.

59 반응속도에 영향을 주는 인자로서 가장 거리가 먼 것은?

① 반응온도　② 반응식

③ 반응물의 농도　④ 촉매

해설 반응식은 반응에 참여한 매체들에 관한 식으로 반응속도와는 관계 없다.

60 0℃의 얼음 1g을 100℃의 수증기로 변화시키는 데 필요한 열량은?

① 539cal　② 639cal

③ 719cal　④ 839cal

해설 Q_1(잠열)$= G\gamma = 1\text{g} \times 80\text{cal/g} = 80\text{cal}$
Q_2(현열)$= Gc\Delta t = 1\text{g} \times 1 \times (100-0) = 100\text{cal}$
Q_3(잠열)$= G\gamma = 1\text{g} \times 539\text{cal/g} = 539\text{cal}$
$\therefore\ Q = Q_1 + Q_2 + Q_3 = 80 + 100 + 539 = 719\text{cal}$

정답 55.① 56.① 57.④ 58.② 59.② 60.③

CBT 기출복원문제

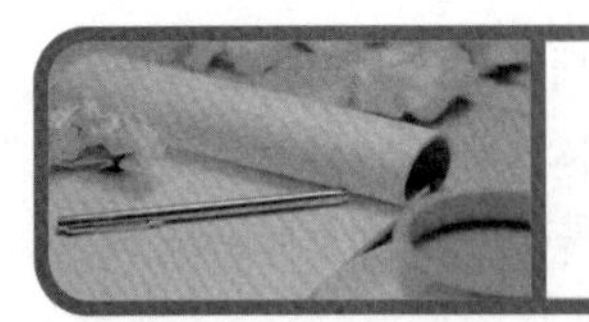

화학분석기능사

제3회 필기시험 ◀▶ 2024년 6월 16일 시행

01 어떤 원소(M)의 1g당량과 원자량이 같을 때 이 원소 산화물의 일반적인 표현을 바르게 나타낸 것은?

① M_2O ② MO
③ MO_2 ④ M_2O_2

해설 1g당량과 원자량이 같다는 것은 1족 원소라는 것과 같다.
∴ $M^+ + O^{2-} \rightarrow M_2O$

02 다음 중 분자 1개의 질량이 가장 작은 것은?

① H_2 ② NO_2
③ HCl ④ SO_2

해설 ① $H_2=2g/mol$
② $NO_2=14+32=46g/mol$
③ $HCl=1+35.5=36.5g/mol$
④ $SO_2=32+32=64g/mol$

03 pH가 3인 산성 용액이 있다. 이 용액의 몰농도(M)는 얼마인가? (단, 용액은 일염기산이며, 100% 이온화한다.)

① 0.0001 ② 0.001
③ 0.01 ④ 0.1

해설 $pH = -\log[H^+]$
$3 = -\log 10^{-3}$
∴ 0.001M

04 어떤 기체의 공기에 대한 비중이 1.10이라면 이것은 어떤 기체의 분자량과 같은가? (단, 공기의 평균 분자량은 29이다.)

① H_2 ② O_2
③ N_2 ④ CO_2

해설 공기에 대한 비중이 1.1이므로 공기의 평균 분자량의 비가 1.1인 것을 찾으면 된다.
∴ $\frac{32}{29} \fallingdotseq 1.1(O_2)$

05 페놀과 중화반응하여 염을 만드는 것은?

① HCl ② $NaOH$
③ $Cl_6H_5CO_2H$ ④ $C_6H_5CH_3$

해설

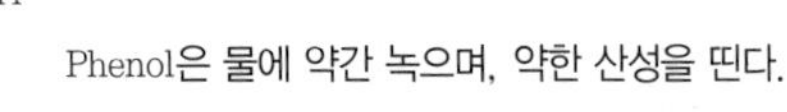

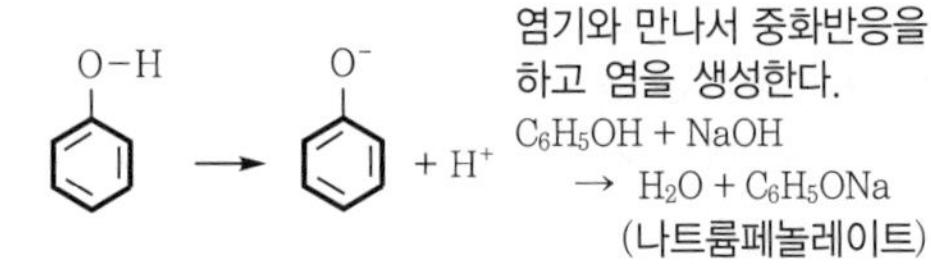

염기와 만나서 중화반응을 하고 염을 생성한다.
$C_6H_5OH + NaOH \rightarrow H_2O + C_6H_5ONa$
(나트륨페놀레이트)

06 0.205M의 $Ba(OH)_2$ 용액이 있다. 이 용액의 몰랄 농도(m)는 얼마인가? (단, $Ba(OH)_2$의 분자량은 171.34이다.)

① 0.205 ② 0.212
③ 0.351 ④ 3.51

해설 몰랄 농도$\left(\frac{mol}{kg}\right) = \frac{0.205mol}{L}\left|\frac{L}{1kg}\right. = 0.205mol/kg$
여기서, $1kg/L$ → 물의 밀도(4℃ 가정)

07 포화탄화수소 중 알케인(alkane) 계열의 일반식은?

① C_nH_{2n} ② C_nH_{2n+2}
③ C_nH_{2n-2} ④ C_nH_{2n-1}

해설
- 알케인(Alkane) : C_nH_{2n+2}
- 알켄(Alkene) : C_nH_{2n}
- 알킨(알카인)(Alkyne) : $C_nH_{2n-2}(n \geq 2)$

정답 01.① 02.① 03.② 04.② 05.② 06.① 07.②

08 결합전자쌍이 전기음성도가 큰 원자 쪽으로 치우치는 공유결합을 무엇이라 하는가?

① 극성공유결합 ② 다중공유결합
③ 이온공유결합 ④ 배위공유결합

해설 전기음성도 차이에 의해서 생기는 결합은 극성공유결합이다.

09 0.2mol/L H_2SO_4 수용액 100mL를 중화시키는 데 필요한 NaOH의 질량은?

① 0.4g ② 0.8g
③ 1.2g ④ 1.6g

해설 0.2mol/L H_2SO_4
- 중화반응은 H^+와 OH^-가 만나서 이루어지는 반응이다. H_2SO_4에서 수소가 2개, 그리고 100mL이므로 0.04mol이다.
- NaOH는 OH^-의 수가 1개이므로 NaOH 0.04mol이 필요하다.

$$\frac{x(\mathrm{g})}{40\mathrm{mol/g}} = 0.04\mathrm{mol}$$

$\therefore x = 1.6\mathrm{g}$

10 산화·환원적정법 중의 하나인 과망간산칼륨 적정은 주로 산성 용액 상태에서 이루어진다. 이때 분석액을 산성화하기 위하여 주로 사용하는 산은?

① 황산(H_2SO_4) ② 질산(HNO_3)
③ 염산(HCl) ④ 아세트산(CH_3COOH)

해설 과망간산칼륨 적정에서 분석액을 산성으로 만들어 주기 위해서 H_2SO_4를 사용한다.

11 중화적정법에서 당량점(equivalence point)에 대한 설명으로 가장 거리가 먼 것은?

① 실질적으로 적정이 끝난 점을 말한다.
② 적정에서 얻고자 하는 이상적인 결과이다.
③ 분석물질과 가해준 적정액의 화학양론적 양이 정확하게 동일한 점을 말한다.
④ 당량점을 정하는 데는 지시약 등을 이용한다.

해설 반응이 끝나는 점은 종말점이라 한다.

12 양이온 정성분석에서 어떤 용액에 황화수소(H_2S) 가스를 통하였을 때 황화물로 침전되는 족은?

① 제1족 ② 제2족
③ 제3족 ④ 제4족

해설 제2족은 황화수소(H_2S) 가스를 통하였을 때 황화물로 침전된다.

13 다음 중 강산과 약염기의 반응으로 생성된 염은?

① NH_4Cl ② NaCl
③ K_2SO_4 ④ $CaCl_2$

해설 $HCl + NH_4OH \rightarrow NH_4Cl + H_2O$

14 다음 중 Ni의 검출반응은?

① 포겔 반응
② 리만그리인 반응
③ 추가예프 반응
④ 테나르 반응

해설 추가예프 반응 : Ni의 검출반응이다.

15 다음 반응에서 생성되는 침전물의 색상은?

$$Pb^{2+} + H_2SO_4 \rightarrow PbSO_4 + 2H^+$$

① 흰색 ② 노란색
③ 초록색 ④ 검정색

해설 $PbSO_4$는 흰색이다.

16 황산(H_2SO_4)의 1당량은 얼마인가? (단, 황산의 분자량은 98g/mol이다.)

① 4.9g ② 49g
③ 9.8g ④ 98g

해설 1당량은 H^+, OH^- 이온 1개와 동일하게 반응할 수 있는 양을 말한다.

황산은 H가 2개 있으므로 $\frac{98}{2} = 49\mathrm{g}$ 이다.

정답 08.① 09.④ 10.① 11.① 12.② 13.① 14.③ 15.① 16.②

17 적외선분광기의 광원으로 사용되는 램프는?

① 텅스텐 램프
② 네른스트 램프
③ 음극방전관(측정하고자 하는 원소로 만든 것)
④ 모노크로미터

해설 적외선 분광기의 광원 : 네른스트 램프

18 분광광도계 실험에서 과망간산칼륨 시료 1,000ppm을 40ppm으로 희석시키려면, 100mL 플라스크에 시료 몇 mL를 넣고 표선까지 물을 채워야 하는가?

① 2 ② 4
③ 20 ④ 40

해설
$1,000ppm \rightarrow 40ppm\left(\frac{1}{25}\right)$
$100mL \rightarrow 4mL\left(\frac{1}{25}\right)$

19 다음 중 가스 크로마토그래피의 검출기가 아닌 것은?

① 열전도도검출기
② 불꽃이온화검출기
③ 전자포획검출기
④ 광전증배관검출기

해설 광전증배관검출기는 UV-vis 분광광도계의 검출기이다.

20 pH 측정기에 사용하는 유리전극의 내부에는 보통 어떤 용액이 들어 있는가?

① 0.1N-HCl 표준 용액
② pH 7의 KCl 포화 용액
③ pH 9의 KCl 포화 용액
④ pH 7의 NaCl 포화 용액

해설 유리전극 내부에는 포화 KCl(pH 7) 용액이 들어 있다.

21 실험실 안전수칙에 대한 설명으로 틀린 것은?

① 시약병 마개를 실습대 바닥에 놓지 않도록 한다.
② 실험 실습실에 음식물을 가지고 올 때에는 한쪽에서 먹는다.
③ 시약병에 꽂혀 있는 피펫을 다른 시약병에 넣지 않도록 한다.
④ 화학약품의 냄새는 직접 맡지 않도록 하며 부득이 냄새를 맡아야 할 경우에는 손을 사용하여 코가 있는 방향으로 증기를 날려서 맡는다.

해설 실험 실습실에는 음식물을 가지고 올 수 없다.

22 AAS(원자흡수분광법)을 화학분석에 이용하는 특성이 아닌 것은?

① 선택성이 좋으며, 감도가 좋다.
② 방해물질의 영향이 비교적 적다.
③ 반복하는 유사 분석을 단시간에 할 수 있다.
④ 대부분의 원소를 동시에 검출할 수 있다.

해설 하나의 원소씩 검출 가능하다.

23 눈에 산이 들어갔을 때 다음 중 가장 적절한 조치는?

① 메틸알코올로 씻는다.
② 즉시 물로 씻고, 묽은 나트륨 용액으로 씻는다.
③ 즉시 물로 씻고, 묽은 수산화나트륨 용액으로 씻는다.
④ 즉시 물로 씻고, 묽은 탄산수소나트륨 용액으로 씻는다.

해설 눈에 산이 들어갔을 때 가장 적절한 조치 : 즉시 물로 씻고, 묽은 탄산수소나트륨 용액으로 씻는다.

정답 17.② 18.② 19.④ 20.② 21.② 22.④ 23.④

24 poise는 무엇을 나타내는 단위인가?

① 비열 ② 무게
③ 밀도 ④ 점도

해설 poise는 점도를 나타내는 단위이다.

25 선광도 측정에 대한 설명으로 틀린 것은?

① 선광성은 관측자가 보았을 때 시계방향으로 회전하는 것을 좌선성이라 하고 선광도에 [-]를 붙인다.
② 선광계의 기본 구성은 단색광원, 편광을 만드는 편광프리즘, 시료용기, 원형 눈금을 가진 분석용 프리즘과 검출기로 되어 있다.
③ 유기화합물에서는 액체나 용액 상태로 편광하고 그 진행방향을 회전시키는 성질을 가진 것이 있다. 이러한 성질을 선광성이라 한다.
④ 빛은 그 진행방향과 직각인 방향으로 진행하고 있는 횡파이지만, 니콜 프리즘을 통해 일정 방향으로 파동하는 빛이 된다. 이것을 편광이라 한다.

해설 반시계방향으로 회전하는 것을 좌선성이라 한다.

26 전위차법에서 사용되는 기준전극의 구비조건이 아닌 것은?

① 반전지전위값이 알려져 있어야 한다.
② 비가역적이고, 편극전극으로 작동하여야 한다.
③ 일정한 전위를 유지하여야 한다.
④ 온도 변화에 히스테리시스 현상이 없어야 한다.

해설 전위차법에서 기준전극의 구비조건
㉠ 반전지 전위값이 알려져 있어야 한다.
㉡ 일정한 전위를 유지해야 한다.
㉢ 측정하려는 조성물질과 비활성이어야 한다.
㉣ 가역적이어야 하며, Nernst 식에 따라야 한다.
㉤ 빠른 시간에 평형전위를 나타내야 한다.
㉥ 온도 변화에 히스테리시스(hysterisis) 현상을 나타내지 않아야 한다.
㉦ 이상적인 비편극전극으로 작동해야 한다.

27 어떤 석회석의 분석치는 다음과 같다. 이 석회석 5ton에서 생성되는 CaO의 양은 약 몇 kg인가? (단, Ca의 원자량은 40, Mg의 원자량은 24.8이다.)

$CaCO_3$: 92%, $MgCO_3$: 5.1%, 불용물 : 2.9%

① 2,576 ② 2,776
③ 2,976 ④ 3,176

해설 $CaCO_3 \rightarrow CaO + CO_2$
100g : 56g
5,000kg : x(kg)

$x = \frac{5{,}000 \times 56}{100}$, $x = 2{,}800\text{kg}$

$\therefore x = 2{,}800\text{kg} \times \frac{92}{100} = 2{,}576\text{kg}$

28 전이원소의 특성에 대한 설명으로 옳지 않은 것은?

① 모두 금속이며, 대부분 중금속이다.
② 녹는점이 매우 높은 편이고, 열과 전기 전도성이 좋다.
③ 색깔을 띤 화합물이나 이온이 대부분이다.
④ 반응성이 아주 강하며, 모두 환원제로 작용한다.

해설 ④ 반응성이 약하며, 촉매로 쓰이는 것이 많다.

29 다음 중 Na^+이온의 전자배열에 해당하는 것은?

① $1s^22s^22p^6$ ② $1s^22s^23s^22p^4$
③ $1s^22s^23s^22p^5$ ④ $1s^22s^22p^63s^1$

해설 원자 번호=양성자 수=전자 수
Na^+이온 전자 $=10=1s^22s^22p^6$

정답 24.④ 25.① 26.② 27.① 28.④ 29.①

30 다음 중 삼원자 분자가 아닌 것은?

① 아르곤 ② 오존
③ 물 ④ 이산화탄소

해설 • 단원자 분자 : 1개의 원자로 구성된 분자
예 아르곤(Ar)
• 삼원자 분자 : 3개의 원자로 구성된 분자
예 오존(O_3), 물(H_2O), 이산화탄소(CO_2)

31 원소는 색깔이 없는 일원자 분자 기체이며, 반응성이 거의 없어 비활성 기체라고도 하는 것은?

① Li, Na ② Mg, Al
③ F, Cl ④ Ne, Ar

해설 비활성 기체(0족 원소) : He(헬륨), Ne(네온), Ar(아르곤), Kr(크립톤), Xe(크세논), Rn(라돈) 등의 6개의 원소이며, 최외각 전자가 8개로 안정하여 단원자 분자이다. 또한 대부분 화합물을 만들지 않는 원소이다.

32 전자궤도 d-오비탈에 들어갈 수 있는 전자의 총 수는?

① 2 ② 6
③ 10 ④ 14

해설 부전자 껍질에 수용할 수 있는 전자 수
s : 2개, p : 6개, d : 10개, f : 14개

33 농도가 1.0×10^{-5}mol/L인 HCl 용액이 있다. HCl 용액이 100% 전리한다고 한다면 25℃에서 OH^-의 농도는 몇 mol/L인가?

① 1.0×10^{-14}
② 1.0×10^{-10}
③ 1.0×10^{-9}
④ 1.0×10^{-7}

해설 $HCl \rightleftarrows H^+ + Cl^-$
1.0×10^{-5} 1.0×10^{-5} 1.0×10^{-5}
$K_w=[H^+][OH^-]$, $1.0\times10^{-14}=1.0\times10^{-5}\times[OH^-]$
$[OH^-]=1.0\times10^{-9}$mol/L

34 화학평형의 이동에 영향을 주지 않는 것은?

① 온도 ② 농도
③ 압력 ④ 촉매

해설 화학평형의 이동에 영향을 주는 인자
① 온도
② 농도
③ 압력

35 알데히드는 공기와 접촉하였을 때 무엇이 생성되는가?

① 알코올
② 카르복실산
③ 글리세린
④ 케톤

해설 • 제1차 알코올 $\xrightarrow{\text{산화}}$ 알데히드 $\xrightarrow{\text{산화}}$ 카르복실산
• $CH_3CH_2OH \xrightarrow{\text{산화}} CH_3CHO \xrightarrow{\text{산화}} CH_3COOH$

36 화학평형에 대한 설명으로 틀린 것은?

① 화학반응에서 반응물질(왼쪽)로부터 생성물질(오른쪽)로 가는 반응을 정반응이라고 한다.
② 화학반응에서 생성물질(오른쪽)로부터 반응물질(왼쪽)로 가는 반응을 비가역반응이라고 한다.
③ 온도, 압력, 농도 등 반응조건에 따라 정반응과 역반응이 모두 일어날 수 있는 반응을 가역반응이라고 한다.
④ 가역반응에서 정반응속도와 역반응속도가 같아져서 겉보기에는 반응이 정지된 것처럼 보이는 상태를 화학평형상태라고 한다.

해설 ② 화학반응에서 생성물질(오른쪽)로부터 반응물질(왼쪽)로 가는 반응은 가역반응이라고 한다.

정답 30.① 31.④ 32.③ 33.③ 34.④ 35.② 36.②

37 다음 화합물 중 반응성이 가장 큰 것은?

① $CH_3-CH=CH_2$
② $CH_3-CH=CH-CH_3$
③ $CH\equiv C-CH_3$
④ C_4H_8

해설
- 단일결합 : 결합이 강한 시그마결합. 1개라서 강하다.
  예 C_4H_8
- 이중결합 : 시그마+파이라서 오히려 결합이 약하다.
  예 $CH_3-CH=CH_2$, $CH_3-CH=CH-CH_3$
- 삼중결합 : 시그마+파이+파이라서 결합이 가장 약해 반응성이 크다.
  예 $CH\equiv C-CH_3$

38 분자식이 $C_{18}H_{30}$인 탄화수소 1분자 속에는 2중결합이 최대 몇 개 존재할 수 있는가? (단, 3중결합은 없다.)

① 2 ② 3
③ 4 ④ 5

해설 C_nH_{2n+2}, $C_{18}H_{38}-C_{18}H_{30}=8$
$8\div 2=4$개

39 양이온 제1족부터 제5족까지의 혼합액으로부터 양이온 제2족을 분리시키려고 할 때의 액성은?

① 중성
② 알칼리성
③ 산성
④ 액성과는 관계가 없다.

해설 양이온 제2족을 분리시키려고 할 때의 액성은 산성이다.

40 공실험(blank test)을 하는 가장 주된 목적은?

① 불순물 제거
② 시약의 절약
③ 시간의 단축
④ 오차를 줄이기 위함

해설 공실험을 하는 목적은 오차를 줄이기 위함이다.

41 0.1038N인 중크롬산칼륨 표준 용액 25mL를 취하여 티오황산나트륨 용액으로 적정하였더니 25mL가 사용되었다. 티오황산나트륨의 역가는?

① 0.1021
② 0.1038
③ 1.021
④ 1.038

해설 $NVF=N'V'F'$
여기서, N : 시약의 노말 농도
N' : 표준 용액의 노말 농도
V : 사용된 시약의 양
V' : 사용된 표준 용액의 양
F : 시약의 역가
F' : 표준 용액의 역가

표준 용액이란 보통 역가가 1로 되어 있는 것을 사용하고 시약의 농도는 0.1N의 것을 사용하므로
$0.1N\times 25mL\times$역가$=0.1038N\times 25mL\times 1$

$\therefore$ 역가 $F=\dfrac{0.1038N\times 25mL\times 1}{0.1N\times 25mL}=1.038$

42 I^-, SCN^-, $Fe(CN)_6^{4-}$, $Fe(CN)_6^{3-}$, NO_3^- 등이 공존할 때 NO_3^-을 분리하기 위하여 필요한 시약은?

① $BaCl_2$
② CH_3COOH
③ $AgNO_3$
④ H_2SO_4

해설 NO_3^-을 분리하기 위하여 필요한 시약 : $AgNO_3$

43 중성 용액에서 $KMnO_4$ 1g당량은 몇 g인가? (단, $KMnO_4$의 분자량은 158.03이다.)

① 52.68
② 79.02
③ 105.35
④ 158.03

해설 $2KMnO_4 \rightarrow K_2O + 2MnO_2 + 3O$
$+7 \rightarrow +4$
즉, $(+7)-(+4)=+3$이다.
$\therefore \dfrac{158.03}{3}=52.68g$

정답 37.③ 38.③ 39.③ 40.④ 41.④ 42.③ 43.①

44 물 500g에 비전해질물질이 12g 녹아 있다. 이 용액의 어는점이 −0.93℃일 때, 녹아 있는 비전해질의 분자량은 얼마인가? (단, 물의 어는점 내림상수(K_f)는 1.86이다.)

① 6 ② 12
③ 24 ④ 48

해설 $\Delta T_f = K_f \times m$

$$0.93 = 1.86 \times \frac{\frac{12}{M}}{\frac{500}{1,000}} = 1.86 \times \frac{1,000 \times 12}{500M}$$

$$500M = \frac{1.86 \times 1,000 \times 12}{0.93}$$

$$\therefore M = \frac{1.86 \times 1,000 \times 12}{0.93 \times 500} = \frac{22,320}{465} = 48$$

45 전해질이 보통 농도의 수용액에서도 거의 완전히 이온화되는 것을 무슨 전해질이라고 하는가?

① 약전해질 ② 초전해질
③ 비전해질 ④ 강전해질

해설 전해질 종류
㉠ 약전해질 : 용매에 용해시켰을 때 이온으로 해리하는 정도가 낮은 물질을 말한다.
㉡ 강전해질 : 전해질이 보통 농도의 수용액에서도 거의 완전히 이온화되는 것을 말한다.
㉢ 비전해질 : 물 등의 용매에 녹았을 때 이온화하지 않는 물질로 전하 입자가 생기지 않아 전류가 흐르지 못한다.

46 적정반응에서 용액의 물리적 성질이 갑자기 변화되는 점이며, 실질 적정반응에서 적정의 종결을 나타내는 점은?

① 당량점 ② 종말점
③ 시작점 ④ 중화점

해설 ① 당량점(equivalence point) : 중화반응을 포함한 모든 적정에서 적정 당하는 물질과 적정하는 물질 사이에 양적인 관계를 이론적으로 계산해서 구한 점
③ 시작점(initial point, starting piont) : 표시장치에서 데이터 표시를 시작하는 표시화면상의 위치 또는 좌표
④ 중화점(neutral point) : 산과 염기의 중화반응이 완결된 지점

47 분광광도계에 이용되는 빛의 성질은?

① 굴절 ② 흡수
③ 산란 ④ 전도

해설 분광광도계에 이용되는 빛의 성질은 흡수이다.

48 가스 크로마토그래피에서 운반기체에 대한 설명으로 옳지 않은 것은?

① 화학적으로 비활성이어야 한다.
② 수증기, 산소 등이 주로 이용된다.
③ 운반기체와 공기의 순도는 99.995% 이상이 요구된다.
④ 운반기체의 선택은 검출기의 종류에 의해 결정된다.

해설 운반기체로는 질소, 헬륨, 아르곤, 수소, 이산화탄소, 메테인, 에테인 등 비활성 기체를 사용한다.

49 수산화이온의 농도가 5×10^{-5}일 때, 이 용액의 pH는 얼마인가?

① 7.7 ② 8.3
③ 9.7 ④ 10.3

해설
$$\mathrm{pH} = 14 - \mathrm{pOH} = 14 - \log\frac{1}{[\mathrm{OH^-}]} = 14 - \log\frac{1}{5 \times 10^{-5}} = 9.699 = 9.7$$

50 분광광도계의 구조로 옳은 것은?

① 광원 → 입구 슬릿 → 회절격자 → 출구 슬릿 → 시료부 → 검출부
② 광원 → 회절격자 → 입구 슬릿 → 출구 슬릿 → 시료부 → 검출부
③ 광원 → 입구 슬릿 → 회절격자 → 출구 슬릿 → 검출부 → 시료부
④ 광원 → 입구 슬릿 → 시료부 → 출구 슬릿 → 회절격자 → 검출부

해설 분광광도계의 구조 : 광원 → 입구 슬릿 → 회절격자 → 출구 슬릿 → 시료부 → 검출부

정답 44.④ 45.④ 46.② 47.② 48.② 49.③ 50.①

51 다음 중 전기전류의 분석신호를 이용하여 분석하는 방법은?

① 비탁법
② 방출분광법
③ 폴라로그래피법
④ 분광광도법

해설
- 전기전류의 분석신호를 이용하여 분석하는 방법 : 폴라로그래피법
- 폴라로그래피(polarography)법 : 전기분해를 이용한 분석법의 일종이며, 모세관에서 적하하는 수은방울을 음극, 표면적이 큰 수은면을 양극으로 하고, 시료 용액을 전해할 때의 전류, 전압 곡선을 구하여 해석하는 방법이다.

52 다음 중에서 이온결합으로 이루어진 물질은 어느 것인가?

① H_2　　② Cl_2
③ C_2H_2　　④ NaCl

해설
- 이온결합 : 양이온과 음이온의 정전인력에 의해 결합하는 화학결합
  예 NaCl
- 공유결합 : 전기음성도가 같은 비금속 단체나 전기음성도의 차이가 심하지 않은(1.7 이하) 비금속과 비금속 간의 결합
  예 H_2, Cl_2, C_2H_2

53 전위차법에 사용되는 이상적인 기준전극이 갖추어야 할 조건 중 틀린 것은?

① 시간에 대하여 일정한 전위를 나타내어야 한다.
② 분석물 용액에 감응이 잘되고 비가역적이어야 한다.
③ 작은 전류가 흐른 후에는 본래 전위로 돌아와야 한다.
④ 온도 사이클에 대하여 히스테리시스를 나타내지 않아야 한다.

해설 ② 가역적이어야 하며, Nernst 식에 따라야 한다.

54 가스 크로마토그래피의 기록계에 나타난 크로마토그램을 이용하여 피크의 넓이 또는 높이를 측정하여 분석할 수 있는 것은?

① 정성분석
② 정량분석
③ 이동속도분석
④ 전위차분석

해설 ① 정성분석 : 화학분석법 중에서 시료가 어떤 성분으로 구성되어 있는지 알아내기 위한 분석법의 총칭
④ 전위차분석 : 계면반응이 화학평형의 상태로 되었을 때 전극전위는 안정되며, 이와 같은 계를 평형전극이라고 한다. 일반적으로 평형전극의 전위를 측정하여 용액의 화학적 조성이나 농도를 분석하는 방법을 전위차분석법이라고 한다.

55 기체 크로마토그래피에서 충전제의 입자는 일반적으로 60~100mesh 크기로 사용되는데 이보다 더 작은 입자를 사용하지 않는 주된 이유는?

① 분리관에서 압력강하가 발생하므로
② 분리관에서 압력상승이 발생하므로
③ 분리관의 청소를 불가능하게 하므로
④ 고정상과 이동상이 화학적으로 반응하므로

해설 기체 크로마토그래피에서 충전제의 입자는 일반적으로 60~100mesh 크기로 사용되는데 이보다 더 작은 입자를 사용하지 않는 주된 이유는 분리관에서 압력강하가 발생하기 때문이다.

56 다음 표준전극전위에 대한 설명 중 틀린 것은?

① 각 표준전극전위는 0.000V를 기준으로 하여 정한다.
② 수소의 환원반쪽반응에 대한 전극전위는 0.000V이다.
③ $2H^+ + 2e \rightarrow H_2$은 산화반응이다.
④ $2H^+ + 2e \rightarrow H_2$의 반응에서 생긴 전극전위를 기준으로 하여 다른 반응의 표준전극전위를 정한다.

해설 ③ $2H^+ + 2e \rightarrow H_2$는 환원반응이다.

정답 51.③ 52.④ 53.② 54.② 55.① 56.③

57 건조공기 속의 헬륨은 0.00052%를 차지한다. 이 농도는 몇 ppm인가?

① 0.052 ② 0.52
③ 5.2 ④ 52

해설 ppm=%×10^4
0.00052%×10^4=5.2ppm

58 30℃에서 소금의 용해도는 37g NaCl/100g H_2O이다. 이 온도에서 포화되어 있는 소금물 100g 중에 함유되어 있는 소금의 양은 얼마인가?

① 18.5g ② 27.0g
③ 37.0g ④ 58.7g

해설 $\text{용해도} = \frac{\text{용질의 g수}}{\text{용매의 g수}} \times 100$

소금(용질)의 양을 x라고 하면, 물(용매)의 양은 $100-x$이므로

$37 = \frac{x}{100-x} \times 100$, $0.37 = \frac{x}{100-x}$

$37 - 0.37x = x$, $1.37x = 37$

$\therefore x = 27\text{g}$

59 다음 중 산화제는?

① 염소 ② 나트륨
③ 수소 ④ 옥살산

해설 산화제 : 다른 물질을 산화시키는 성질이 강한 물질. 즉 자신은 환원되기 쉬운 물질
예 Cl_2, O_2 등

60 분광분석법에서는 파장을 nm단위로 사용한다. 1nm는 몇 m인가?

① 10^{-3} ② 10^{-6}
③ 10^{-9} ④ 10^{-12}

해설 1nm=10^{-9}m

정답 57.③ 58.② 59.① 60.③

PART 04

실기 필답형

- 필답형 적중문제 1
- 필답형 적중문제 2
- 필답형 적중문제 3
- 필답형 적중문제 4
- 필답형 적중문제 5
- 필답형 적중문제 6
- 필답형 적중문제 7
- 필답형 적중문제 8
- 필답형 적중문제 9
- 필답형 적중문제 10
- 필답형 적중문제 11
- 필답형 적중문제 12

수험자 유의사항

〈일반사항〉

1. 시험문제를 받는 즉시 응시하고자 하는 종목의 문제지가 맞는지를 확인하여야 합니다.
2. 시험문제지 총 면수 · 문제번호 순서 · 인쇄상태 등을 확인하고(**확인 이후 시험문제지 교체 불가**), 수험번호 및 성명을 답안지에 기재하여야 합니다.
3. 부정 또는 불공정한 방법(시험문제 내용과 관련된 메모지 사용 등)으로 시험을 치른 자는 부정행위자로 처리되어 당해 시험을 중지 또는 무효로 하고, 3년간 국가기술자격검정의 응시자격이 정지됩니다.
4. 저장용량이 큰 전자계산기 및 유사 전자제품 사용 시에는 반드시 저장된 메모리를 초기화한 후 사용하여야 하며, 시험위원이 초기화 여부를 확인할 시 협조하여야 합니다. 초기화되지 않은 전자계산기 및 유사 전자제품을 사용하여 적발 시에는 부정행위로 간주합니다.
5. 시험 중에는 통신기기 및 전자기기(휴대용 전화기 **및 스마트워치** 등)를 지참하거나 사용할 수 없습니다.
6. **문제 및 답안(지), 채점기준은 공개하지 않습니다.**
7. 복합형 시험의 경우 시험의 전 과정(필답형, 작업형)을 응시하지 않은 경우 채점대상에서 제외합니다.
8. 국가기술자격 시험문제는 일부 또는 전부가 저작권법상 보호되는 저작물이고, 저작권자는 한국산업인력공단입니다. 문제의 일부 또는 전부를 무단 복제, 배포, 출판, 전자출판하는 등 저작권을 침해하는 일체의 행위를 금합니다.

〈채점사항〉

1. 수험자 인적사항 및 답안 작성(계산식 포함)은 흑색 또는 청색 필기구만 사용하되, 동일한 한 가지 색의 필기구만 사용하여야 하며 **흑색, 청색을 제외한 유색 필기구 또는 연필류를 사용하거나 2가지 이상의 색을 혼합하여 사용하였을 경우 그 문항은 0점 처리됩니다.**
2. 답란에는 문제와 관련 없는 불필요한 낙서나 특이한 기록사항 등을 기재하여서는 안 되며, 답안지의 인적사항 기재란 외의 부분에 답안과 관련 없는 **특수한 표시를 하거나 특정인임을 암시하는 경우 답안지 전체를 0점 처리합니다.**
3. 계산문제는 반드시 「계산과정」과 「답」 란에 기재하여야 하며, **계산과정이 틀리거나 없는 경우 0점 처리됩니다.**
4. 계산문제는 최종 결과 값(답)에서 소수 셋째자리에서 반올림하여 둘째자리까지 구하여야 하나 개별문제에서 소수처리에 대한 요구사항이 있을 경우 그 요구사항에 따라야 합니다.
5. 답에 단위가 없으면 오답으로 처리됩니다. (단, 문제의 요구사항에 단위가 주어졌을 경우에는 생략되어도 무방합니다.)
6. 문제에서 요구한 가지 수(항 수) 이상을 답란에 표기한 경우에는 답란기재 순으로 요구한 가지 수(항 수)만 채점하고 한 항에 여러 가지를 기재하더라도 한 가지로 보며 그 중 정답과 오답이 함께 기재되어 있을 경우 오답으로 처리됩니다.
7. 답안 정정 시에는 두 줄(=)로 긋고 다시 기재 가능하며, 수정테이프(액)를 사용했을 경우 채점상의 불이익을 받을 수 있으므로 사용하지 마시기 바랍니다.

※ 수험자 유의사항 미준수로 인한 채점상의 불이익은 수험자 본인에게 책임이 있습니다.

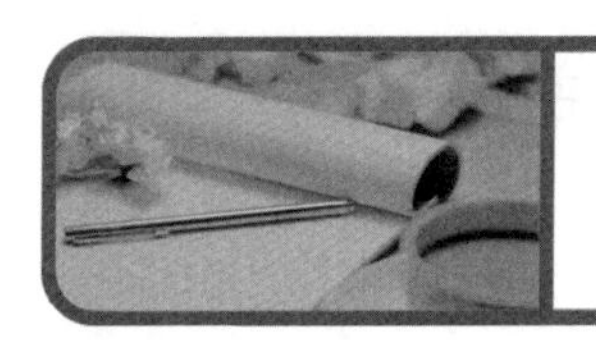

화학분석기능사 실기 필답형

필답형 적중문제 ❶

문제 01. 분광광도계에서 단색광을 만드는 것을 2가지 쓰시오.

정답 ① 프리즘
② 회절격자

문제 02. 분광광도법은 빛이 시료 용액을 지날 때 농도에 따라 어떻게 되는 것을 이용하는지 쓰시오.

정답 흡수

문제 03. 농도와 투과도의 관계에서 농도가 증가할수록 투과도는 어떻게 되는지 쓰시오.

정답 낮아진다.

문제 04. 투과도(%T)에서 흡광도 구하는 식을 쓰시오.

정답 $A = 2 - \log(\%T)$

문제 05. 중크롬산칼륨 용액이 노란색이 되는 이유를 쓰시오.

정답 400~435nm에 해당되는 보라색이 흡수되기 때문에

문제 06. 과망간산칼륨 용액이 붉은 보라색이 되는 이유를 쓰시오.

정답 500~580nm에 해당되는 노란색이 흡수되기 때문에

문제 07. 분광광도계의 구조를 간단히 나타내시오.

정답 광원 → 입구 슬릿 → 회절격자 → 출구 슬릿 → 시료 → 검출기

문제 08. 물질의 양 또는 농도와 그 물질의 화학적, 물리적 측정치와 관계를 그래프로 나타낸 선을 무엇이라 하는지 쓰시오.

정답 검량선(Calibration curve)

문제 09. 파동의 반사원리를 이용한 장치를 쓰시오.

정답 위성 안테나

문제 10. 40% 용액을 가지고 10% 용액 100mL를 제조하려고 한다. 40% 용액 몇 mL를 취해야 하는지 구하시오.

해설 $NV = N'V'$

$40 \times V = 10 \times 100$

$V = \dfrac{(10 \times 100)}{40} = 25\,\text{mL}$

정답 25mL

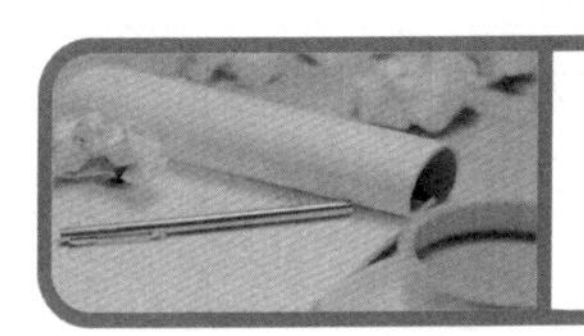

화학분석기능사 실기 필답형

필답형 적중문제 ❷

문제 01. 흡광도 $A = c \cdot \varepsilon \cdot L$에서 ε이 의미하는 것을 쓰시오.

정답 몰흡광계수

문제 02. 지방족 포화탄화수소 화합물(alkane)이 높은 준위인 들뜬상태(excited state)로 전이될 수 있는 형태를 쓰시오.

정답 $\delta \rightarrow \delta^*$

문제 03. 시료를 통과한 광의 세기를 측정하는 장치를 무엇이라 하는지 쓰시오.

정답 검출기(광전관, 광기전전지, 광전증배관)

문제 04. 1N-NaOH 용액 10L를 만드는 데 필요한 질량(g)을 구하시오.

해설 NaOH 1g당량 =40g
1L : 40g=10L : x(g)
∴ x =400g

정답 400g

문제 05. 가시광선의 파장(nm)범위를 쓰시오.

정답 400~800nm

문제 06. 액체 혼합물을 구성 성분의 끓는점 차이를 이용하여 성분별로 분리, 분취, 정제하는 물리적 전처리 방법을 쓰시오.

정답 증류

문제 07. 농도와 투과도의 관계에서 농도가 증가할수록 투과도는 어떻게 되는지 쓰시오.

정답 반비례한다.

문제 08. 분광광도법에서는 파장을 나노미터(nm) 단위를 사용한다. 1nm는 몇 m인지 쓰시오.

정답 10^{-9}m

문제 09. 시료 1,000ppm을 100ppm으로 희석하려면, 100mL 플라스크에 시료를 몇 mL 넣고 표선까지 물을 채워야 하는지 쓰시오.

정답 10mL

문제 10. 중크롬산칼륨 1,000ppm은 몇 % 용액인지 쓰시오.

정답 0.1%

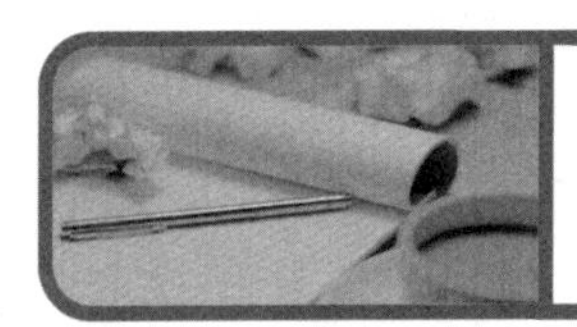

화학분석기능사 실기 필답형

필답형 적중문제 ❸

문제 01. $A = 2 - \log(\%T) = abc$식은 무슨 법칙을 나타낸 식인지 쓰시오.

정답 람베르트-비어(Lambert-Beer) 법칙

문제 02. 작은 틈에서 나오는 불빛이 주변을 밝히는 현상을 무엇이라 하는지 쓰시오.

정답 회절현상

문제 03. 시료를 통과한 광의 세기를 측정하는 장치를 무엇이라 하는지 쓰시오.

정답 광전분광도계(분광광도계)

문제 04. 2,000ppm의 시료를 10ppm으로 만들려고 한다. 100mL 메스플라스크를 이용한다면 몇 mL의 원액이 필요한지 구하시오.

해설 $(10/2,000) \times 100 = 0.5\text{mL}$

정답 0.5mL

문제 05. 불순물이 포함되어 있는 것을 분석대상물질과 용해도 차이에 의해서 혼합성분을 분리하는 것으로, 물질의 정제기술로 분석시료의 전처리 시 매우 중요한 물리적 전처리 방법을 쓰시오.

정답 재결정

문제 06. 자외선 및 가시광선 영역에서 흡수하는 불포화 유기 작용기를 무엇이라고 하는지 쓰시오.

정답 발색단

문제 07. 어떤 물질의 몰흡광계수가 $500M^{-1}cm^{-1}$이다. 흡수용기의 길이가 2.0cm일 때, 0.0012M 용액의 투광도(%)는 얼마인지 구하시오.

해설 $A=\varepsilon bc=(500M^{-1}cm^{-1})(0.0012M)(2.0cm)=1.20$

$-\log T=-A$

$T=10-\log T=10^{-1.20}=0.063=6.3\%$

정답 6.3%

문제 08. 아세트알데히드는 160.18nm 및 290nm에서 흡수띠를 가지는데 이 중 290nm의 흡수는 어떤 전이를 하는지 쓰시오.

정답 $n \rightarrow \pi^*$

문제 09. 5ppm 용액 100mL를 만들려면 10ppm 용액 몇 mL를 채취하여야 하는지 쓰시오.

해설 $5\times100=10x$

$\therefore\ x=50mL$

정답 50mL

문제 10. 액체의 액량을 감소시킬 때, 용질의 농도 증가가 필요할 때, 용액의 용매를 완전히 제거할 때 실시하는 시료의 물리적 전처리 방법을 쓰시오.

정답 증발

화학분석기능사 실기 필답형

필답형 적중문제 ④

문제 01. 입사광이 흡수되는 비율은 물질의 두께와 흡수물질의 농도에 비례한다는 법칙은 무엇인지 쓰시오.

정답 람베르트–비어(Lambert–Beer)의 법칙

문제 02. 빛 중에서 퍼짐이 적고 저항성이 뛰어나며 간섭성이 좋은 것은 무엇인지 쓰시오.

정답 레이저(Laser)

문제 03. 1,000ppm 시료원액 1mL를 피펫으로 채취하여 10ppm 시료로 희석하려고 할 때 가장 정확하게 희석할 수 있는 100mL 용량의 유리기구는 무엇인지 쓰시오.

정답 메스플라스크

문제 04. 순도 100%인 $KMnO_4$ 2g을 녹여서 용액 1,000g을 제조하였다. 이 용액의 농도는 몇 ppm인지 구하시오.

해설 $(2g/1,000g) \times 1,000,000 = 2,000ppm$

정답 2,000ppm

문제 05. 분석시료의 균질화와 고순도화에 의해 원소 및 성분 분석의 정밀도와 정확도를 높이기 위하여 실시하는 것을 쓰시오.

정답 시료 전처리

문제 06. 흡광도 A와 투과율 T와의 관계를 식으로 나타내시오.

정답 $A = -\ln T$

문제 07. 분광학에서 비결합인 n전자는 어떤 두 가지 형태로 전이하는지 쓰시오.

정답 δ^*와 π^*

문제 08. 분광광도계의 구조 중에서 회절발은 광원에서 나온 빛을 분산시켜 무슨 광으로 만드는지 쓰시오.

정답 단색광

문제 09. 3N-HCl 60mL에 5N-HCl 40mL를 혼합한 혼합액의 당량농도는 얼마인지 쓰시오.

해설 $NV+N'V'=N''V''$

$(3\times60)+(5\times40)=N''\times100$

$380=N''\times100$

$N''=380/100=3.8\text{N}$

정답 3.8N

문제 10. 금속표면에 자외선을 비출 때 표면에 있는 전자가 방출되는 현상을 무엇이라 하는지 쓰시오.

정답 광전효과

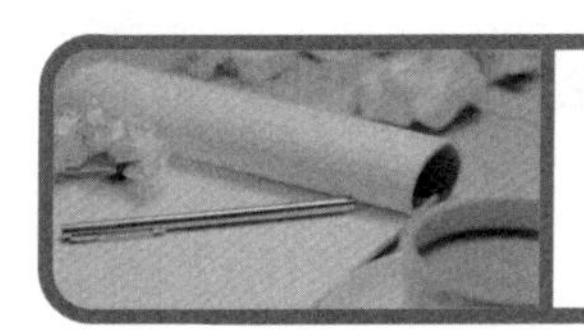

화학분석기능사 실기 필답형

필답형 적중문제 ⑤

문제 01. 반응계에 의하여 흡수된 복사선만이 화학변화를 일으키는 데 유효하다는 법칙은 무엇인지 쓰시오.

정답 Grotthus-Draper 법칙

문제 02. 전자 흡수(Electronic absorption)가 일어나는 전자기 스펙트럼 영역을 쓰시오.

정답 자외선 영역(320nm)

문제 03. 354nm에서 용액의 %투광도는 10%이다. 이 파장에서 흡광도를 쓰시오.

해설 $A=2-\log T(\%)=2-\log 10=1$

정답 1

문제 04. 10ppm 용액 1,000mL를 만들려면 1,000ppm 원액 몇 mL를 취하여야 하는지 구하시오.

해설 $10\times 1,000=1,000\times x$

$\therefore\ x=10\text{mL}$

정답 10mL

문제 05. 검량선을 이용한 미지농도값이 20ppm이라면 표준용액(1,000ppm)으로부터 몇 배 희석되었는지 쓰시오.

정답 50배

문제 06. 빛의 투과도와 농도와의 관계를 나타내는 법칙, 즉 입사광이 용질에 흡수되는 비율은 용질의 농도에 비례한다는 법칙은 무엇인지 쓰시오.

정답 비어(Beer) 법칙

문제 07. 파동에서 마루와 마루 사이의 거리를 무엇이라 하는지 쓰시오.

정답 파장(Wave)

문제 08. 시료를 통과한 빛의 양을 전기적 에너지로 바꾸어 측광하여 결과값을 나타내는 장치를 무엇이라 하는지 쓰시오.

정답 광증배관(광전자증배관)

문제 09. 100g의 $Na_2C_2O_4$(분자량 : 134)를 가지고 1.4M용액을 만들려면 용액의 부피는 얼마가 되는지 구하시오.

해설 $V=1{,}000G/M\times W$

$\therefore\ V=1{,}000\times100/134\times1.4=534.2mL$

정답 534.2mL

문제 10. 시료 속의 어떤 성분의 종류와 함량 또는 화학조성, 나아가서는 구조, 상태에 대한 정보까지도 얻을 수 있는 실험조작이나 기술을 무엇이라고 하는지 쓰시오.

정답 화학분석

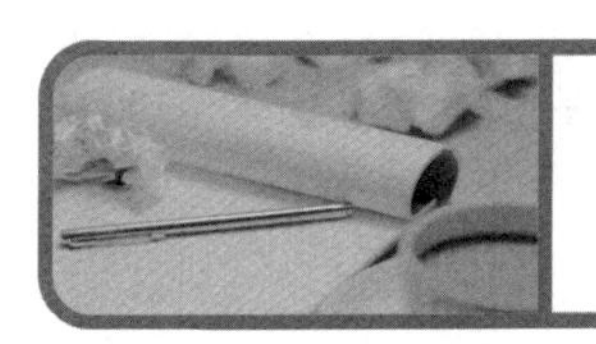

화학분석기능사 실기 필답형

필답형 적중문제 ⑥

문제 01. 눈으로 지각되는 파장범위(380~780nm)를 가진 빛을 가시광선이라 한다. 스펙트럼에서 가시광선의 적색 바깥쪽에 나타나는 광선으로 가시광선보다 파장이 길며 눈에는 보이지 않지만 물체에 흡수되어 열에너지로 변하는 특성이 있는 빛을 무엇이라 하는지 쓰시오.

정답 적외선

문제 02. 다음 (　　) 안에 알맞은 용어를 써 넣으시오.

> 실제 값과 이론적으로 정확한 값과의 차이를 말하며, 잘된 실험은 (　　　)의 크기는 줄일 수는 있으나 완전히 없애는 것은 불가능하다.

정답 오차

문제 03. 에탄올 수용액 500mL에 에탄올이 120mL 함유되어 있다. 에탄올의 부피백분율 농도(vol%)를 구하시오.

해설 $\frac{120}{500} \times 100 = 24\text{vol\%}$

정답 24vol%

문제 04. 1,000ppm $K_2Cr_2O_7$(중크롬산칼륨) 표준용액을 이용하여 40ppm의 시료용액 100mL를 제조하고자 한다. 이때 필요한 표준용액은 몇 mL인지 구하시오.

해설 $1,000 \times x = 40 \times 100$

$\therefore\ x = 4\text{mL}$

정답 4mL

문제 05. 여러 가지 약품으로부터 자기 자신의 의복과 몸을 보호하기 위하여 실습을 시작하기 전에 반드시 착용하여야 하는 것의 명칭을 쓰시오.

정답 실험복

문제 06. 과망간산칼륨 1,000ppm은 몇 %인지 구하시오.

해설 10,000ppm은 1%이므로 1,000ppm은 0.1%이다.

정답 0.1%

문제 07. 아래쪽에 있는 막는 스톱 꼭지(Stop cock)를 조절하여 액체를 흘러내리게 하여 옮겨진 액체의 부피를 측정할 수 있도록 눈금이 새겨져 있는 유리관으로 된 실험기구의 명칭을 쓰시오.

정답 뷰렛

문제 08. 빛이 색깔이 있는 용액을 통과할 때 투과되어 나오는빛의 세기는 들어가는 빛의 세기보다 약하다. 빛의 흡광도와 농도와의 관계를 나타내는 법칙의 명칭을 쓰시오.

정답 람베르트-비어의 법칙

문제 09. 가스 크로마토그래피에서 주로 사용하는 이동상(운반기체)을 1가지만 쓰시오.

정답 Ne

문제 10. 어떤 시료가 자외선, 가시광선 영역에서 거의 흡수되지 않을 때에는 적당한 시약을 넣어 흡수되는 화합물로 변화시켜 준다. 이때 넣어주는 시약을 무엇이라고 하는지 쓰시오.

정답 발색시약

화학분석기능사 실기 필답형

필답형 적중문제 ⑦

문제 01. 수산화나트륨 20g을 물 200mL에 녹인 용액의 중량농도(%)를 구하시오. (단, 소수점 둘째자리까지 표기하시오.)

해설 물 200mL=200g

$$\text{중량농도}(\%)=\frac{\text{용질의 g수}}{\text{용액의 g수}}\times 100=\frac{200}{20+200}\times 100=90.91\%$$

정답 90.91%

문제 02. 자외선 또는 가시광선을 흡수하여 분자로 하여금 색조를 띄게 하는 작용기와 화학구조를 무엇이라 하는지 쓰시오.

정답 발색단

문제 03. 용액의 흡광도는 용액의 농도와 용액 층의 두께에 비례하는 람베르트-비어의 법칙 [$A=2-\log(\%T)=\varepsilon bc$]으로 정의된다. 여기에서 ε는 L/mol · cm로 나타내는데 이를 무엇이라 하는지 쓰시오.

정답 몰흡광계수

문제 04. 실험 중 알칼리 약품이 피부에 묻었을 때 가장 먼저 하여야 할 응급조치 방법을 쓰시오.

정답 묽은 아세트산으로 씻은 후, 흐르는 물로 한 번 더 세척한다.

문제 05. 4N-HCl 50mL에 6N-HCl 50mL를 혼합한 용액의 노르말농도(N)를 구하시오.

해설 $NV+N'V'=N''V''$

$(4\times 50)+(6\times 50)=N''\times 100$

$500=N''\times 100$

$$N''=\frac{500}{100}=5\text{N}$$

정답 5N

문제 06. 분광광도법으로 미지시료의 농도를 측정할 때 사용하는 검량선에서 Y축은 무엇을 나타내는지 쓰시오.

정답 흡광도

문제 07. 용액 1,000mL 중에 포함된 용질의 mg 수로써 나타내는 단위이며 백만분율을 의미하는 농도를 통상 무엇이라 하는지 쓰시오.

정답 ppm

문제 08. 햇빛 차단의 SPF 지수는 햇빛 차단을 하지 않았을 때의 시간에 비하여 피부가 붉게 변하기 전 햇빛에 얼마동안 노출될 수 있는가를 설명해 준다. SPF=1/T이고, SPF=2일 때, 투과율과 흡광도를 각각 구하시오. (단, log0.5=−0.3)

해설

① 투과율 : $T=\frac{1}{2}$, $T\%=\frac{1}{2}\times100=50\%$

② 흡광도 : $A=2-\log(T\%)=2-\log(50)=2-\log(0.5\times100)=2-\log0.5-2=0.3$

정답 ① 투과율 : 50%
② 흡광도 : 0.3

문제 09. 어떤 시료를 분광광도계를 이용하여 흡광도를 측정하려고 한다. 이때 시료를 넣는 실험기구의 명칭을 통상 영문으로 무엇이라고 하는지 쓰시오.

정답 Cell

문제 10. 다음의 일반적인 정량분석 과정을 순서대로 기호로 나열하시오.

㉠ 신뢰도 평가
㉡ 대표시료 취하기
㉢ 분석방법 선택하기
㉣ 실험시료 만들기
㉤ 시료 분석 및 결과 계산

정답 ㉢ → ㉡ → ㉣ → ㉤ → ㉠

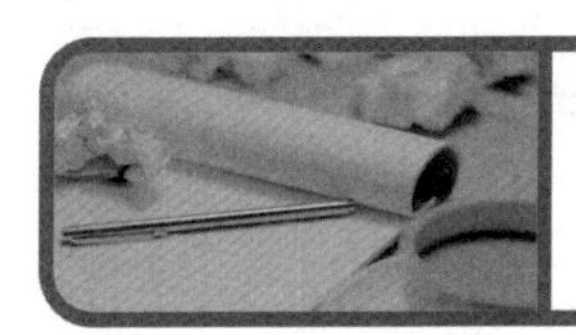

화학분석기능사 실기 필답형

필답형 적중문제 ⑧

문제 01. 어떤 양을 측정하려 할 때 정확한 참값을 구하기는 거의 불가능하다. 즉, 측정치와 참값 사이에는 항상 차이가 발생하게 되는데, 이때 발생되는 차이를 무엇이라 하는지 쓰시오.

정답 정확도

문제 02. 실험실 안전에 대한 다음 (　) 안에 알맞은 용어를 써 넣으시오.

> 진한황산은 다루기 위험하기 때문에 보통 증류수로 묽게 희석해서 사용하여야 한다. 이것을 희석할 때에는 비커에 (　)(를)을 먼저 담은 다음 그 후에 (　)(를)을 조금씩 흘려 넣어야 한다.

정답 증류수, 황산

문제 03. 수산화나트륨 20g을 물에 녹여 500mL로 만들었다. 이 용액의 몰농도를 구하시오.

해설

$$\text{몰농도} = \frac{\text{용질의 무게}}{\text{용질의 분자량}} \times \frac{1{,}000}{\text{용액의 부피(mL)}}$$

$$= \frac{20}{40} \times \frac{1{,}000}{500} = 1\text{M}$$

정답 1M

문제 04. 부피가 1.2cm^{3}인 고체를 질량이 0.42g인 약포지 위에 올려놓았더니 눈금이 10.02g이었다. 이 고체의 밀도를 구하시오.

해설 순수고체의 무게 : 10.02－0.42＝9.6g

$$\therefore \ \rho_{\text{고체}} = \frac{m}{V} = \frac{9.6\text{g}}{1.2\text{cm}^3} = 8\text{g/cm}^3$$

정답 8g/cm^3

문제 05. 입사된 빛을 각 성분 파장으로 분리하여 원하는 빛만 골라내는 장치를 말하며, 슬릿, 렌즈, 프리즘, 회절발과 같은 분석장치의 명칭을 쓰시오.

정답 파장선택부(단색화장치)

문제 06. 표준작업지침서에 따라 다음의 기구 및 시약이 필요한 이화학분석법의 명칭을 쓰시오.

> 전자저울, 건조기, 칭량병, 메스플라스크, 삼각플라스크, 뷰렛, 비커, 깔때기, 세척병, 피펫, 클램프, 뷰렛대, 염산, 수산화나트륨 표준용액, 지시약 등

정답 중화적정법

문제 07. 분자가 자외선과 가시광선 영역의 광에너지를 흡수하게 되면, 전자가 낮은 에너지에서 높은 에너지 상태로 변화하는데, 이때 흡수된 에너지를 무엇이라 하는지 쓰시오.

정답 여기에너지

문제 08. 물속에 카드뮴이온이 5ppm(질량기준) 들어 있다. 그 함유량을 질량%로 나타내면 얼마인지 구하시오.

해설 $1\% = 10^{+4}$ppm
$1\text{ppm} = 10^{-4}\%$
$5\text{ppm} = 5 \times 10^{-4}\%$

정답 5×10^{-4}wt%

문제 09. 부피분석에서 기준용액으로 사용되며 농도가 정확히 밝혀진 용액을 무엇이라 하는지 쓰시오.

정답 표준용액

문제 10. 에너지와 주파수의 관계에서 다음 빈칸에 알맞은 숫자를 써 넣으시오.

> • 만약 전자기 복사선의 주파수를 두 배로 하면, 에너지는 (①)배로 된다.
> • 만약 파수를 두 배로 하면, 에너지는 (②)배로 된다.

정답 ① 2, ② 2

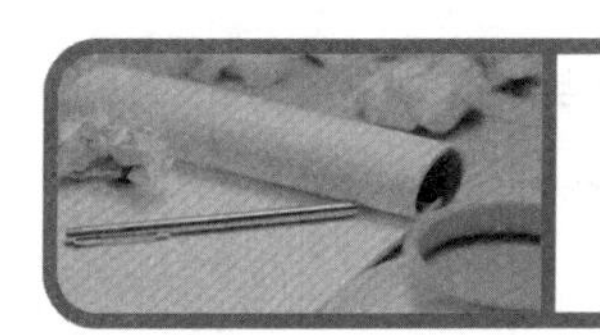

화학분석기능사 실기 필답형

필답형 적중문제 ⑨

문제 01. 나트륨(Na)을 안전하게 보관하기 위하여 어느 물질 속에 보관하여야 하는지 쓰시오.

정답 석유

문제 02. 일정한 온도에서 일정량의 용매에 녹을 수 있는 용질의 최대량을 무엇이라 하는지 쓰시오.

정답 용해도

문제 03. 외부의 직접적인 점화원에 의하여 인화될 수 있는 최저온도 또는 가연성 증기의 연소에서 연소가 가능한 가연성 증기를 액체 표면에서 증발시킬 수 있는 최저온도를 무엇이라 하는지 쓰시오.

정답 인화점

문제 04. 다음은 무엇에 대한 설명인지 쓰시오.

- 에너지와 유사한 성질의 상태함수이다.
- 에너지의 차원을 가지고 있다.
- 계가 지나온 과정과 관계없이 온도, 압력, 그 계의 조성에 의해서만 결정되는 값이다.

정답 엔탈피

문제 05. "기체의 용해도는 용액에 작용하는 기체의 압력에 비례한다."는 누구의 법칙인지 쓰시오.

정답 헨리의 법칙

문제 06. 과망간산칼륨 2g을 메스플라스크에 넣고 증류수 998g을 넣어 녹였다. 이 용액 중 과망간산칼륨의 농도(ppm)를 구하시오. (단, 과망간산칼륨($KMnO_4$)의 분자량은 158이다.)

해설

$$\frac{2}{1,000} \times 100 = 0.2\text{wt\%},\ 1\% = 10^4\text{ppm}$$
$$= 0.2 \times 10^4\text{ppm}$$
$$= 2,000\text{ppm}$$

정답 2,000ppm

문제 07. 연소의 3요소를 모두 바르게 쓰시오.

정답 가연물, 산소공급원, 점화원

문제 08. 물 200g에 $C_6H_{12}O_6$(포도당) 20g을 용해하였을 때 용액의 질량백분율은 얼마인지 구하시오.

해설

$$\text{질량백분율(\%농도)} = \frac{\text{용질의 g수}}{\text{용액의 g수}} \times 100 = \frac{20}{220} \times 100 = 9.09\text{wt\%}$$

정답 9.09wt%

문제 09. 심폐 소생술 시행 시 흉부압박 실시는 한 차례에 몇 회씩 실시하는 것이 가장 적당한지 그 횟수를 쓰시오.

정답 30회

문제 10. 1,000ppm 표준용액을 이용하여 10ppm 용액을 제조하고자 한다. 원액을 정확히 채취하여 옮기는 데 사용되는 실험기구의 명칭을 쓰시오.

정답 피펫

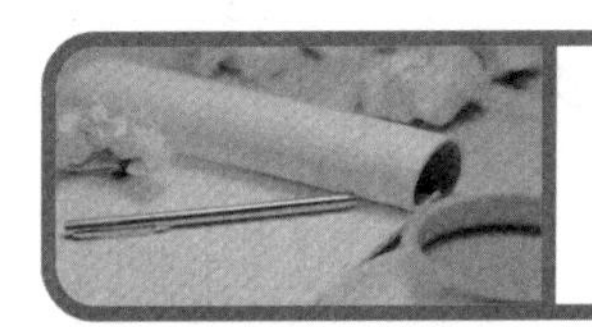

화학분석기능사 실기 필답형

필답형 적중문제 ⑩

문제 01. 일반적으로 분자가 자외선과 가시광선 영역에서 무엇을 흡수하게 되는지 쓰시오.

해설 모든 유기화합물은 높은 에너지 준위로 들뜰 수 있는 원자가전자를 포함하기 때문에 전자기 복사선을 흡수할 수 있다.

정답 복사선

문제 02. 어떤 시료를 분광광도계를 이용하여 흡광도를 측정하고자 한다. 이때 시료를 넣은 실험 기구를 무엇이라고 하는지 쓰시오.

해설 방출 분광법을 제외한 모든 분광법을 측정하는 데는 시료용기가 필요하다. 이용하는 스펙트럼 영역의 복사선에 투명한 재질로 만들어야 한다.

정답 시료용기(cell, cuvett)

문제 03. 일정한 농도의 용액을 가지고 파장을 변화시키면서 흡광도를 측정하여 x축에는 파장, y축에는 흡광도를 나타낸 그래프를 그렸다. 이 그래프를 무엇이라 하는지 쓰시오.

해설 스펙트럼은 세로축은 흡광도(또는 투과도)의 선형 눈금, 가로축은 파장의 선형 눈금이다.

정답 스펙트럼

문제 04. 1,000ppm의 시료를 20ppm으로 만들려면 몇 배를 희석해야 하는지 구하시오.

해설 1,000ppm÷20ppm=50

정답 50배를 희석해야 한다.

문제 05. 파장이 2×10^5cm인 빛의 진동수(s^{-1})는 얼마인지 구하시오.

해설 $E=h\nu=h\dfrac{C}{\lambda}=h\bar{\nu}C$에서 $\nu=\dfrac{C}{\lambda}$이므로

$$\therefore\ x=\frac{3\times10^8\text{m/sec}}{2\times10^5\text{cm}}=1.5\times10^5(\text{s}^{-1})$$

정답 $1.5\times10^5(\text{s}^{-1})$

문제 06. 분광학에서 비결합인 n전자는 어떤 두 가지 형태로 전이하는지 쓰시오.

해설 〈에너지 준위〉

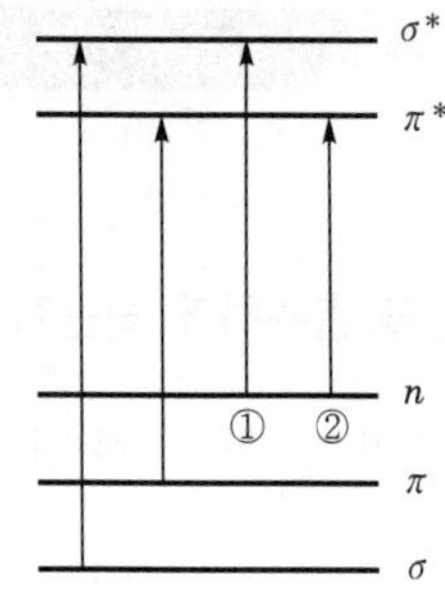

비결합인 n전자는 아래와 같이 2가지 형태로 전이
① $n \rightarrow \sigma^*$, ② $n \rightarrow \pi^*$

정답 $n \rightarrow \sigma^*$, $n \rightarrow \pi^*$

문제 07. 분광광도계의 구조 중에서 회절발은 광원에서 나온 빛을 분산시켜 무슨 광으로 만드는지 쓰시오.

해설 회절발과 같이 단색화 장치는 복사선의 넓은 파장 범위에서 연속적으로 변화시켜야 할 경우에 사용된다.

정답 복사선

문제 08. 0.53N−KOH를 물에 희석시켜 0.2N−KOH 1L를 만들려고 한다. 이때 필요한 0.53N−KOH의 양은 몇 mL인지 구하시오.

해설 $0.53\text{N} \times x(\text{mL}) = 0.2\text{N} \times 1{,}000\text{mL}$
$\therefore\ x = 377\text{mL}$

정답 377mL

문제 09. 공실험(blank test)을 하는 주된 목적을 쓰시오.

정답 오차를 줄이기 위하여

문제 10. 강산이나 강알칼리 등과 같은 유독한 액체를 취할 때 실험자가 입으로 빨아올리지 않기 위하여 사용하는 기구를 쓰시오.

정답 피펫 필러

화학분석기능사 실기 필답형

필답형 적중문제 ⑪

문제 01. 빛의 흡광도와 농도의 관계를 나타내는 비어(Beer)의 법칙에서 투광도(A)와 농도(c)와의 관계를 쓰시오.

해설 비어(Beer) 법칙 : 어떤 물질을 통과하는 빛의 흡광도는 물질의 농도에 비례한다는 법칙이다. 이 법칙을 통해 어떤 빛이 통과하는 경로에 시료가 존재하여 시료에 의해서 빛이 흡수되면 광량이 감소하는 원리를 설명하였다. 이때 빛의 투과도는 시료를 통과하기 전/후의 빛의 강도의 분율로서 정의된다.

투과도(T) $= I_t/I_o$

흡광도(A) $= \varepsilon\beta c = \log(I_o/I_t) = -\log T$

여기서, ε : 흡광계수

β : 광 투과 경로

c : 빛이 통과하는 물질의 농도

정답 투과도와 농도의 관계는 $-\log T \propto c$

문제 02. 폐수 중에 녹아 있는 미량 성분의 측정 시 ppm 단위를 사용한다. 어떤 수용액 1L 중에 NaOH 0.1g이 녹아있다면 이 용액은 몇 ppm인지 구하시오.

해설 1ppm = 1mg/L

$$\therefore\ x(\text{ppm}) = \frac{0.1\text{g}}{1\text{L}} \times \frac{10^3\text{mg}}{1\text{g}}$$

$$= 10^3\text{mg/L}$$

정답 10^3mg/L

문제 03. 음파가 1초 동안 몇 번 진동하는지를 측정하는 단위로서 기호로는 ν를 무엇이라 하는지 쓰시오.

해설 진동수는 1초 동안 전파 및 음파가 진동한 횟수이다(주파수라고도 한다).
단위는 Hz(Hertz, 헤르츠)를 사용한다.

정답 진동수(또는 주파수)

문제 04. 화학 물질 관리 세계조화시스템(GHS)에 따른 유독물 그림문자에서 다음 그림이 의미하는 것을 쓰시오.

정답 급성 독성(치명 또는 독성)

문제 05. "물질의 흡광도는 그 물질 속의 광로 길이에 비례한다."라고 하는 법칙은 누구의 법칙인지 쓰시오.

해설 람베르트의 법칙(Lambert's law)은 빛의 흡수에서 흡수층에 입사하는 빛의 세기와 투과광의 세기의 비율 로그값은 흡수층의 두께(광로 길이)에 비례한다.

정답 람베르트의 법칙(Lambert's law)

문제 06. 용액의 농도 표시 방법을 2가지만 쓰시오.

해설 ① 질량 퍼센트 농도(%)
용액 전체의 양을 100으로 할 때 용질이 나타내는 양
$\left[\% \text{ 농도} = \frac{\text{용질의 질량}}{\text{용액의 질량}} \times 100\right]$
② 몰 농도(M)
용액 1L에 녹아 있는 용질의 몰수
$\left[M = \frac{\text{용질의 몰수(mol)}}{\text{용액의 부피(L)}}\right]$
③ 몰랄 농도(m)
용매 1kg의 속에 녹아 있는 용질의 몰수
$\left[m = \frac{\text{용질의 몰수(mol)}}{\text{용매의 질량(kg)}}\right]$

정답 질량 퍼센트 농도(%), 물농도(M), 몰랄농도(m)

문제 07. 0.1N HCl 표준용액 1L를 제조하기 위하여 필요한 염산의 양(mL)을 구하시오. (단, 염산의 농도는 35%이고, 분자량은 36.5, 밀도는 1.18g/mL이다.)

해설
0.1N HCl 표준용액 1L의 mol$= \frac{0.1\text{mol}}{\text{L}} \times 1\text{L} = 0.1\text{mol}$

∴ 필요한 염산의 양(mL)$= \frac{0.1\text{mol} \times 36.5\text{g/mol} \times 0.35}{1.18\text{g/mL}} = 1.08\text{mL}$

정답 1.08mL

문제 08. 물질의 양 또는 농도와 그 물질의 흡광도와의 관계를 나타낸 그래프를 무엇이라 하는지 쓰시오.

해설 흡광광도법은 용액에 흡수되는 빛의 양과 그 용액의 농도와의 관계를 이용하여 용액 중의 물질을 정량하는 방법이다. 이때 사용되는 그래프를 스펙트럼이라고 한다.

정답 스펙트럼

문제 09. 다음 (　) 안에 알맞은 용어를 써 넣으시오.

"화학반응 속도에 영향을 미치는 요인 중 (　)는(은) 활성화에너지를 변경시켜 반응속도를 빠르게 하거나 느리게 한다."

해설 촉매는 반응속도를 변화시킨다. 대개 반응속도를 빠르게 하지만 더러는 반응속도를 느리게 하는 촉매도 있는데, 전자를 정촉매라 하고 후자를 부촉매라 한다.

정답 촉매

문제 10. 1,000ppm 시료 원액 1mL를 피펫으로 채취하여 10ppm 시료로 희석하려고 할 때 가장 정확하게 희석할 수 있는 100mL 용량의 유리기구의 명칭을 쓰시오.

해설 메스플라스크는 일정한 부피의 액체를 측정하는 화학용 체적계로 용기의 모양은 다양하며, 용기에 눈금이 표시되어 있어 일정 용량만 측정할 수 있다.

정답 메스플라스크

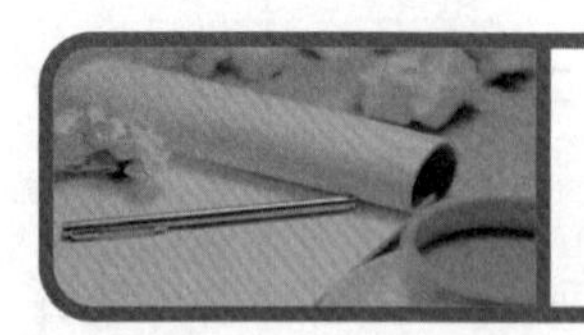

화학분석기능사 실기 필답형

필답형 적중문제 ⑫

문제 01. 일정한 온도에서 일정량의 용매에 녹을 수 있는 용질의 최대량을 무엇이라고 하는지 쓰시오.

해설 용해도는 일정한 온도에서 용매에 녹는 용질의 최대량으로 정의되며, 용질을 녹일 수 있는 능력에 따라 포화 용액, 불포화 용액, 과포화 용액으로 용액을 구분한다.

정답 용해도

문제 02. 유효숫자를 고려하여 [보기]의 측정값을 계산하시오.

[보기] 2.0cm×11.1cm

해설 곱셈에서 유효숫자는 반올림하여 유효숫자 개수가 가장 작은 측정값의 유효숫자 개수로 맞춘다.
$2.0\text{cm} \times 11.1\text{cm} = 22.2\text{cm}^2 \;\therefore\; 22.2\text{cm}^2 \rightarrow 22\text{cm}^2$

정답 22cm^2

문제 03. 주로 적정 시 사용되며 일정한 굵기의 유리관에 0.1mL마다 눈금이 새겨져 있고 아랫부분에는 조절장치인 스톱 콕의 조절로 액체를 흘러내리게 하여 떨어진 액체의 정확한 양을 측정할 수 있는 실험기구의 명칭을 쓰시오.

해설 뷰렛(Burette)은 임의의 액체량을 적하시키기 위해 만든 체적계로, 두께가 일정하고 긴 유리관에 균등한 눈금선을 새겨 끝단을 가늘게 하고, 코크를 달아 적하량을 조정해 적하 유출 체적을 측정한다.

정답 뷰렛(Burette)

문제 04. 물질안전보건자료(MSDS)에 따른 화학물질 분류에서 다음 그림문자의 유해·위험물은 무엇인지 쓰시오.

정답 수생환경유해성 물질

문제 05. 분광광도계에서 시료 중에 존재하는 흡광물질의 농도를 측정하는 데 필요한 일정한 파장의 빛을 내는 부분이 광원부이다. 자외선 범위의 분석을 위해서 주로 사용하는 램프의 명칭을 쓰시오.

해설 자외선 영역의 연속 스펙트럼은 낮은 압력의 중수소 또는 수소를 전기적으로 들뜨게 하여 얻는다.

정답 중수소 및 수소등(160~400nm)

문제 06. 투광도가 20%인 용액의 흡광도를 구하시오.

해설 투과도$(T)=\frac{I_t}{I_o}$, 흡광도$(A)=-\log\frac{I_t}{I_o}=-\log T$

∴ 흡광도$(A)=-\log(0.2)=0.699 \fallingdotseq 0.7$

정답 0.7

문제 07. 황산을 물에 녹일 때 가장 유의하여야 할 사항에 대하여 설명하시오.

정답 황산은 물과 심하게 발열반응을 하므로 황산쪽에 먼저 물을 넣어서는 안 된다. 물에 황산을 넣을 때에는 유리막대를 비스듬히 넣고 유리막대를 따라 천천히 흘려준다.

문제 08. 0.01M NaOH 용액의 pH를 구하시오.

해설 $pH=-\log[H^+]$, $pOH=-\log[OH^-]$, $pH+pOH=14$

$pOH=-\log(0.01)=2$

∴ $pH=14-2=12$

정답 12

문제 09. 고체 분석대상 물질에 소량의 불순물이 포함되어 있을 때, 불순물을 포함한 분석대상 모두를 용해시키는 용매를 사용하여 용해시킨 후 용해도 차이에 의해 혼합성분을 분리하는 방법을 무엇이라 하는지 쓰시오.

해설 추출(extraction)은 혼합물 속에서 필요한 성분물질을 잘 녹이는 용매를 사용하여 분리하거나 불필요한 성분 물질을 제거하는 데 이용한다.

정답 추출(extraction)

문제 10. 1L의 수용액 중 수산화나트륨(NaOH) 20g이 용해되어 있다. 노르말농도를 구하시오.

해설 노르말농도(N) : 용액 1L 중에 녹아 있는 용질의 g당량수

$\therefore\ N = \frac{20g(\text{용질})}{40g(g\text{당량})} \times \frac{1eq}{1L(\text{수용액})} = 0.5N$

정답 0.5N

PART 05

실기 작업형

1. 국가기술자격 실기시험 문제지 양식
2. 국가기술자격 실기시험 답안지 양식
3. 작업형 실기시험 진행순서
4. 분광광도계(spetrophotometer)

화학분석기능사 실기 작업형

1 국가기술자격 실기시험 문제지 양식

자격종목	**화학분석기능사**	과 제 명	**분광광도법**

※ 문제지는 시험종료 후 본인이 가져갈 수 있습니다.

1. 요구사항

※ 지급된 재료 및 시설을 이용하여 아래 작업을 완성하시오.

가. 분석장비의 Calibration : 분광광도계의 파장이 540nm로 정확하게 맞추어져 있는지, 시료 희석용 순수용액을 사용하여 측정하였을 때 100%T 또는 0.0000A(흡광도)를 정확하게 나타내는지 확인하시오.

나. 표준용액 흡광도 측정 : 지급된 $KMnO_4$ 표준용액($KMnO_4$, 1,000ppm)으로 blank, 5ppm, 10ppm, 15ppm의 농도로 100mL 메스플라스크를 이용하여 조제한 후 이 용액을 지급된 흡수셀로 흡광도를 측정하여 답안지 "1. 흡광도 측정"에 작성하시오.

※ 표준용액의 흡광도 측정은 원칙적으로 1회만 허용되니 각별히 유의합니다.

다. 미지시료 흡광도 측정 : 지급된 미지시료(농도 20~80ppm 범위에 있음, 희석작업과 흡광도 측정횟수의 제한은 없습니다)를 흡광도의 값이 5~15ppm 범위 안에 들도록 적절히 희석하여 흡광도를 측정하여 답안지 "1. 흡광도 측정"에 작성하시오.

※ 미지시료 흡광도 측정값이 표준용액 흡광도의 적정범위를 벗어났을 경우 흡광도의 값이 5~15ppm 농도 범위 안에 들도록 반드시 희석작업을 재수행하시오.

라. 분석그래프 작성 : 아래의 조건에 모두 부합하는 그래프를 답안지 "2. 분석그래프 작성"에 완성하시오.

1) 그래프의 가로축은 농도, 세로축은 흡광도로 하고, 세로축에 흡광도 측정값을 모두 포함하도록 눈금 단위(scale)를 기록하시오.

2) 표준물질의 각 농도에 해당하는 흡광도 값을 그래프에 점(·)으로 모두 정확하게 기록하고, 각 점에 해당하는 값을 (농도, 흡광도)의 양식으로 기록하고, 자 등을 이용하여 되도록 그래프상 모든 점과 근접한 검량선을 반드시 일직선으로 그리시오.

3) 미지시료의 흡광도 측정값을 세로축에 화살표(→)로 표시하고 그 값을 그래프용지 좌측에 기록하고, 가로축과 평행한 점선을 검량선과 접하게 그리고 접점에서 세로축과 평행

한 점선을 그려 가로축 값에 해당하는 점을 가로축 하단에 화살표(↑)로 표시하고 그 값을 소수점 둘째자리까지 읽어 기록하시오. [단, 소수 둘째자리가 0일 때에도 두 자리 모두 기록하시오. 예시) 5.25, 6.30]

마. 지급된 미지시료 농도가 표준용액으로부터 몇 배 희석되었는지를 계산하시오.

2. 수험자 유의사항

※ 다음 유의사항을 고려하여 요구사항을 완성하시오.

1) 수험자 인적사항 및 계산식을 포함한 답안작성은 흑색 필기구만 사용해야 하며, 그 외 연필류, 빨간색, 청색 등 필기구 및 수정테이프(액)를 사용해 작성한 답안은 0점 처리되오니 불이익을 당하지 않도록 유의해 주시기 바랍니다.
2) 답안 정정 시에는 정정하고자 하는 단어에 두 줄(=)을 긋고 다시 작성해 주시기 바랍니다.
3) 원칙적으로 지급된 시설, 기구 및 재료 및 수험자 지참 준비물에 한하여 사용이 가능합니다.
4) 수험자 간에 대화나 시험에 불필요한 행위는 금지되며, 이를 위반하게 되면 실격 조치되오니 주의하시기 바랍니다.
5) 시험이 종료되면 답안지 및 지급 받은 재료 일체를 반납하여야 합니다.
6) 시험에 사용한 시설 및 기구는 깨끗이 세척한 후 정리정돈하고 감독위원의 안내에 따라 퇴장합니다.
7) 요구사항을 만족하는 답안지 작성기준은 다음과 같습니다.
   ① "1. 흡광도 측정"의 농도 및 흡광도 값은 반드시 감독위원의 입회하에 수험자가 기기에 표시되는 값을 그대로 기재한 후 즉시 감독위원의 확인 날인을 받아야 하며 그렇지 않을 경우에는 실격 처리됩니다.
   ② 답안지의 모든 값은 문항 간 일치하여야 하며 일치하지 않는 경우 일치하지 않는 항부터 이후 문항의 배점이 "0점" 처리됩니다.
   - 예시 1) "1. 흡광도 측정"과 "2. 분석그래프 작성"의 모든 값과 일치하지 않는 경우 문항 2, 3, 4 배점이 "0점" 처리됩니다.
   - 예시 2) "2. 분석그래프 작성"에서 읽은 미지시료의 농도 값이 이후 문항과 일치하지 않는 경우 문항 3, 4 배점이 "0점" 처리됩니다.
   ③ 미지시료를 희석하지 않아 표준용액의 흡광도 또는 농도 범위를 벗어난 경우 문항 2, 3, 4 배점이 "0점" 처리됩니다.
   ④ "4. 희석배수 계산"의 답안 작성 시 반드시 「계산과정」과 「답」란에 계산과정과 답을 정확하게 기재하여야 하며, 계산과정과 답이 일치하지 않거나 계산과정에 오류가 있거나 계산과정이 누락된 경우 0점 처리되며, 답 작성 시 반올림을 잘못 수행하였을 경우 5점 감점됩니다. 예시) 10.235 → 10.24, 12.002 → 12.00, 15.596 → 15.60

8) 실험복은 반드시 착용하여야 하며 미착용 시 10점(실험복 단추가 열려있거나, 슬리퍼 착용 등 실험복을 착용하였더라도 실험에 부적합하다고 감독위원이 판단될 시 10점), 시험도중 초자기구 등을 파손하였을 시 10점, 시약을 과도하게 흘렸을 경우에는 5점이 감점됩니다. (단, 초자의 파손으로 인한 시약의 흘림은 중복감점하지 않습니다.)
9) 미지시료를 제외한 지급재료는 1회 지급이 원칙이나, 수험자 및 시험장의 상황에 따라 감독위원의 합의가 있을 경우 추가 지급할 수 있습니다.
10) 본인의 실수로 인하여 발생하는 안전사고는 본인에게 귀책사유가 있음을 특히 유의하여야 하며, 실험도구 및 약품을 다룰 때에는 항상 주의하시기 바랍니다.
11) 실험 중 기기파손 등으로 인하여 상처 등을 입었을 때나 지급된 재료 및 약품 중 인체에 위험하거나 유해한 것을 취급 시 항상 주의하여야 하며 특히, 유독물이 눈에 들어갔을 경우 및 사고 발생 시 즉시 감독위원에게 알리고 조치를 받아야 합니다.
12) 다음 사항에 대해서는 채점대상에서 제외하니 특히 유의하시기 바랍니다.
   ① 기권
      - 복합형(작업형+필답형)으로 구성된 시험에서 전 과정을 응시하지 아니한 경우
      - 수험자 본인이 수험 도중 시험에 대한 의사를 표시하고 포기하는 경우
   ② 실격
      - 감독위원의 입회하에 즉시 감독위원의 확인 날인을 받지 않은 경우
      - 흡광도 측정값을 임의로 고친 경우나, 측정값을 검량선에 고의로 변경한 경우
      - 작업과정이 적절치 못하고 숙련성이 없다고 감독위원의 전원합의가 있는 경우
      - 실험방법 및 결과값의 도출을 정식적인 방법에 따르지 않는다고 감독위원의 전원 합의가 있는 경우
        예시) 검량선 작도 시 직선이 아닌 꺾은선 또는 곡선 등으로 작도 등
   ③ 미완성
      - 표준시험 시간 내에 실험결과값(희석배수)을 제출하지 못한 경우

3. 지급재료 목록

		자격종목	화학분석기능사		
일련번호	재료명	규 격	단 위	수 량	비 고
1	$KMnO_4$(표준용액)	1,000mg/L	mL	100	1인
2	견출지	2.5cm×5cm 정도	개	5	1인
3	킴와이프스	–	장	10	1인
4	실험용 장갑	–	개	1	1인
5	분광광도용 흡수셀	10mm(1회용 플라스틱)	개	5	1인
6	피펫	5mL	개	1	1인
7	증류수	실험용	L	2	1인

2 국가기술자격 실기시험 답안지 양식

자격종목	화학분석기능사	비번호		감독확인	

1. 흡광도 측정

표준물질					미지시료	득 점
농도(ppm)	blank	5	10	15		
흡광도					①	점
					②	
					③	

※ 미지시료의 흡광도 값이 표준용액의 흡광도 범위를 벗어난 경우 위 표에 최종값을 제외한 나머지 값은 두 줄로 그은 다음 작성하시오.

득 점	점

2. 분석그래프 작성

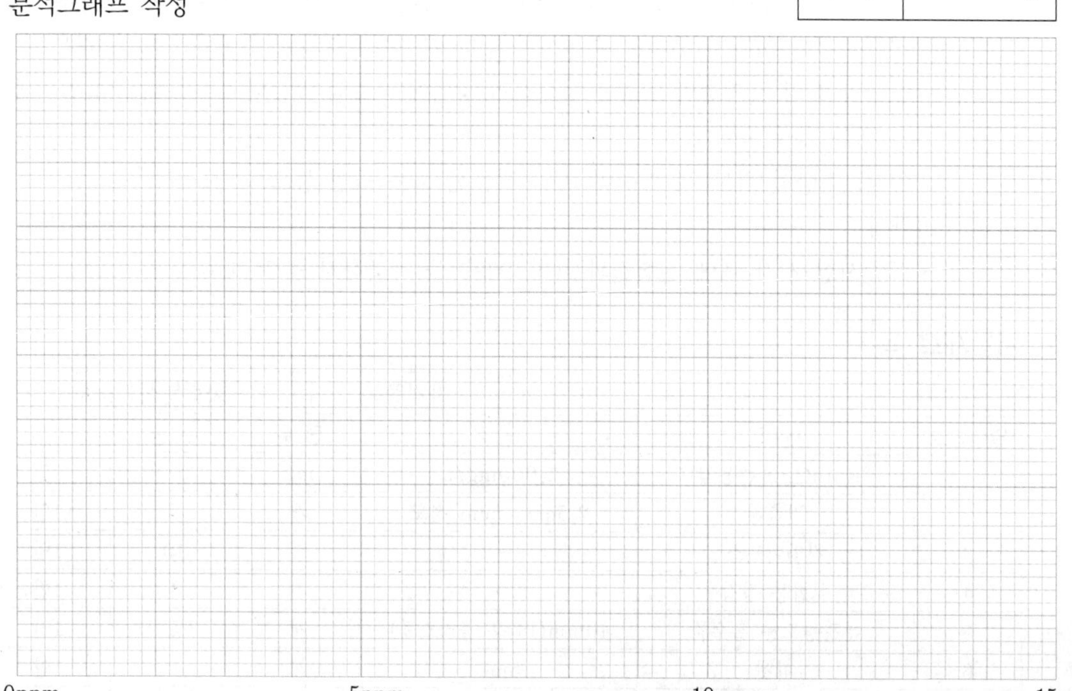

3. 측정한 미지시료의 흡광도 값과 그래프에 대응하는 미지시료의 농도 값을 쓰시오.

득 점	점

미지시료 흡광도	미지시료 농도

4. 지급된 미지시료가 표준용액으로부터 몇 배 희석되었는지 계산과정과 함께 희석배수를 구하여 쓰시오.

득 점	점

계산과정 :

답 :

3 작업형 실기시험 진행순서

① 1,000ppm 표준용액을 제조한다.

② 1,000ppm 표준용액을 이용한 검량선 작성을 위한 표준용액을 제조한다.

③ 분광광도계를 이용해 흡광도를 측정한다.

④ 검량선을 작성한다.

⑤ 검량선을 이용한 미지농도값을 구한다.

⑥ 미지시료의 농도값을 이용하여 표준용액으로부터 몇 배 희석되었는가를 계산한다.

4 분광광도계(spetrophotometer)

① 빛의 투과도는 농도에 따라 다르게 나타나는 것을 측정하는 기계로 종류도 다양하다.

② 빛을 감지하여 흡수하는 정도를 소수점 3자리까지 판독할 수 있다.

③ 기계의 작동은 감독관이, 흡광도의 측정은 감독관과 수험자가 함께 한다.

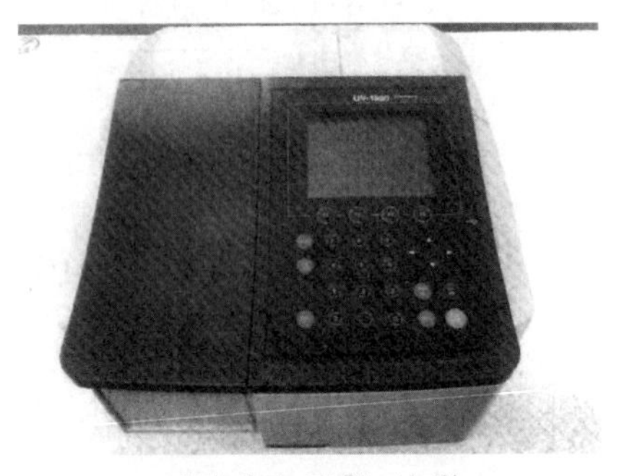

〈덮개가 닫힌 상태〉

〈덮개가 열린 모습〉

1. 분광광도계의 사용법

① 수험자는 감독관의 지시에 따라 시료를 차례로 넣어준다.

② 감독관이 덮개를 덮고 측정버튼을 누르면 흡광도가 표시된다.

③ 감독관과 수험생이 동시에 확인하여 수험생이 흡광도를 답안지에 기록한다.

2. 전처리과정에 필수적인 유리기구 및 필러(filler)

① 메스플라스크 ② 피펫 ③ 필러

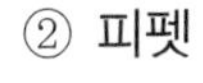

3. 셀의 형태

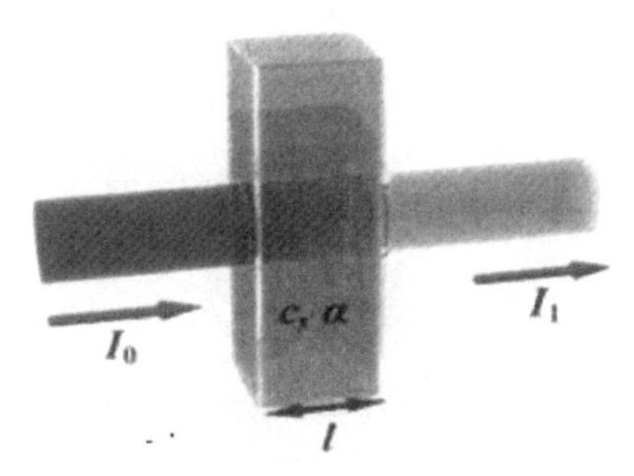

〈측정용 셀의 빛이 투과되는 형태〉

① 시험 시에는 셀(cell)을 본인이 직접 분광광도계 투입구에 맨 위쪽이 blank, 차례로 5, 10, 15, 미지시료 순서로 넣은 후 뚜껑을 닫는다.

② Enter 스위치를 누르면 전광판에 숫자가 나타나고 그 수치를 감독관과 함께 확인 후 답안지에 기록한다.

M · E · M · O

M · E · M · O

M · E · M · O

M · E · M · O

화학분석기능사 필기+실기

2009. 4. 17. 초 판 1쇄 발행
2025. 1. 8. 개정 16판 1쇄(통산 26쇄) 발행

지은이 | 김재호
펴낸이 | 이종춘
펴낸곳 | BM (주)도서출판 성안당
주소 | 04032 서울시 마포구 양화로 127 첨단빌딩 3층(출판기획 R&D 센터)
10881 경기도 파주시 문발로 112 파주 출판 문화도시(제작 및 물류)
전화 | 02) 3142-0036
031) 950-6300
팩스 | 031) 955-0510
등록 | 1973. 2. 1. 제406-2005-000046호
출판사 홈페이지 | **www.cyber.co.kr**
ISBN | 978-89-315-8441-7 (13570)
정가 | 29,000원

이 책을 만든 사람들
기획 | 최옥현
진행 | 이용화
전산편집 | 이다혜
표지 디자인 | 임흥순
홍보 | 김계향, 임진성, 김주승, 최정민
국제부 | 이선민, 조혜란
마케팅 | 구본철, 차정욱, 오영일, 나진호, 강호묵
마케팅 지원 | 장상범
제작 | 김유석